"十四五"国家重点出版物
出版规划项目

中国兽药
研究与应用全书

COMPREHENSIVE SERIES
ON VETERINARY DRUG
RESEARCH AND APPLICATION
IN CHINA

中兽药及应用

曾建国 主编

化学工业出版社
·北京·

内容简介

本书从中兽药概论、中兽药原料、中兽药药效物质中兽药药效物质生产制备、中兽药制剂、中兽药生产管理、中兽药质量控制、现代中兽药研究与开发、中兽药方剂与中兽药临床应用等九个方面系统阐述中兽药从原料到生产与应用情况，是一部集中兽药科普、最新科研进展、生产技术、产品开发与应用实例于一体的综合性专著。

本书是高等院校动物医学、动物药学、动物科学等专业师生，相关专业研究机构科研人员，兽药企业及养殖企业的良好参考书，具有很高的学术价值和生产应用指导意义。

图书在版编目（CIP）数据

中兽药及应用 / 曾建国主编．— 北京：化学工业出版社，2025．1．—（中国兽药研究与应用全书）．

ISBN 978-7-122-46299-2

Ⅰ．S853．7

中国国家版本馆 CIP 数据核字第 2024BQ5994 号

责任编辑：邵桂林　刘　军　　文字编辑：张晓锦

责任校对：李雨晴　　装帧设计：尹琳琳

出版发行：化学工业出版社

（北京市东城区青年湖南街 13 号　邮政编码 100011）

印　　装：北京建宏印刷有限公司

787mm×1092mm　1/16　印张 50¼　字数 1272 千字

2025 年 6 月北京第 1 版第 1 次印刷

购书咨询：010-64518888　　售后服务：010-64518899

网　　址：http://www.cip.com.cn

凡购买本书，如有缺损质量问题，本社销售中心负责调换。

定　　价：388.00 元

《中国兽药研究与应用全书》编辑委员会

本书编写人员名单

主　编　曾建国

副主编　李宏全

编写人员（按姓氏笔画排序）

王帅玉　中国农业大学
王亚芳　北京市兽药监察所
王德云　南京农业大学
王德海　华中农业大学
史万玉　河北农业大学
许小琴　扬州大学
孙　娜　山西农业大学
李卫真　湖南中医药大学
李宏全　山西农业大学
李建喜　中国农业科学院兰州畜牧与兽药研究所
杨广民　湖南美可达生物资源股份有限公司
张会艳　中国农业科学院北京畜牧兽医研究所
张明军　湖南农业大学
林珈好　中国农业大学
段慧琴　北京农学院
侯晓礁　北京生泰尔科技股份有限公司
卿志星　湖南农业大学
郭世宁　华南农业大学
黄　鹏　湖南农业大学
程　辟　湖南农业大学
曾忠良　西南大学
曾建国　湖南农业大学
谢红旗　湖南农业大学

丛书序言

我国是世界养殖业第一大国。兽药作为不可或缺的生产资料，对保障和促进养殖业健康发展至关重要，对保障我国动物源性食品安全具有重大战略意义，在我国国民经济的发展中起着不可替代的重要作用。党和政府高度重视兽药科研、生产、应用和管理，要求大力发展和推广使用安全、有效、质量可控、低残留兽药，除了要求保障我国畜牧养殖业健康发展外，进一步保障人民群众“舌尖上的安全”。国家发布的《“十四五”全国畜牧兽医行业发展规划》中明确规定，要继续完善兽药质量标准体系、检验体系等；同时提出推动兽药产业转型升级，加快兽用中药产业发展，加强中兽药饲料添加剂研发，支持发展动物专用原料药及制剂、安全高效的多价多联疫苗、新型标记疫苗及兽医诊断制品。以2020年《兽药管理条例》修订、突出“减抗替抗”为标志，我国兽药生产、管理工作和行业发展面临深刻调整，进入全新的发展时代。

兽药创新发展势在必行，成果的产业化应用推广是行业发展的关键。在国家科技创新政策的支持下，广大兽药从业人员深入实施创新驱动发展战略，推动高水平农业科技自立自强，兽药创制能力得到了大幅提升，取得了相当成效，特别是针对重大动物疾病和新发病的预防控制的兽药（尤其是疫苗）创制开发取得了丰硕的成果。我国兽药科技创新平台初具规模、兽药创制体系形成并稳步发展，取得一系列自主研发的新兽药品种，已经成为世界上少数几个具有新兽药创制能力的国家，为我国实现科技强国、加快建设农业强国提供坚实保障。

为了系统总结新中国成立以来兽药工业的研究与应用发展状况和取得的成果，尤其是介绍近年来我国在新兽药研究、创制与应用过程中取得的新技术、新成果和新思路，包括兽药安全评价、管理和贸易流通等，在化学工业出版社的邀请和提议下，沈建忠院士、金宁一院士组织了国内兽药教学、科研、生产、应用和管理等各领域知名专家编写了《中国兽药研究与应用全书》。参与编写的专家在本领域学术造诣深厚、取得了丰硕的成果、具有丰富的经验，代表了当前我国兽药学科领域的水平，保证了本套全书内容的权威性。

《中国兽药研究与应用全书》包含10卷，紧紧围绕党中央提出的新五大发展理念，结合国家兽药施用“减量增效”方针、最新修订的《兽药管理条例》和农业农村部“减抗限抗”政策，分别从中国兽药产业发展、兽用化学药物及应用、中兽药及应用、兽用疫苗及应用、兽用诊断试剂及应用、兽用抗生素替代物及应用、兽药残留与分析、兽药管理与国际贸易、兽药安全性与有效性评价、新兽药创制等方面给予了深入阐述，对学科和行业发展具有重要的参考价值和指导价值。

我相信，《中国兽药研究与应用全书》的顺利出版必将对推动我国兽药技术创新，提升兽药行业竞争力，保障畜牧养殖业的绿色和良性发展、动物和人类健康，保护生态环境等方面起到重要和积极作用。

祝贺《中国兽药研究与应用全书》顺利出版，是为序。

中国工程院院士
国家兽药安全评价中心主任、兽医公共卫生安全全国重点实验室主任
沈建忠

前言

在现代社会，随着人们对健康与生态平衡的重视日益增加，传统兽医治疗方法，特别是兽用中药用于治疗正迅速成为畜牧业和动物保健领域的焦点。在此背景下，我们组织编写了《中兽药及应用》一书。本书旨在深入探讨和全面整合兽用中药领域的传统智慧与现代科学技术，以满足现代畜牧业发展的需求，并提升动物健康管理的效率与安全性。

本书以兽用中药的历史背景、理论基础为起点，详细介绍了兽用中药在动物疾病预防和治疗中的应用实践。书中内容覆盖了兽用中药的原料、配伍原则、效用物质、研究与开发、生产管理以及临床应用策略等，旨在为兽医、畜牧业工作者和动物保健研究者提供一个系统、实用的知识框架。此外，本书还特别强调了兽用中药与现代畜牧业、动物营养学、动物福利等领域的交叉融合，展示了兽用中药在促进动物健康与生产效率方面的潜力和价值。

在编写本书的过程中，我们不仅参考了大量国内外最新的研究成果，还结合了丰富的实践经验。我们力求本书内容科学、严谨、前沿，同时也注重理论与实践相结合，以便读者能够更好地理解和应用兽用中药。

尽管我们投入了大量的精力和热情，但本书仍可能存在不足之处。因此，我们期待和欢迎广大读者的反馈和建议，希望能够在未来对本书不断完善和发展。

衷心感谢所有参与本书编写、审稿和出版的专家、学者和工作人员，是他们的辛勤工作及宝贵意见和建议使本书得以顺利完成。我们也衷心希望本书能够为推动中兽药学科的进步、提高动物健康水平以及促进人与自然和谐共生做出贡献。

编　者

2024 年 12 月

目录

第 5 章 中兽药制剂 278

第 6 章 中兽药生产管理 314

第 7 章 中兽药质量控制 356

第 8 章 现代中兽药研究与开发 457

第 9 章
中兽药方剂与中兽药临床应用 602

第 1 章
绪　论

1.1

中兽药相关理论沿革

1.1.1 中兽医与中医

中兽医是我国历代劳动人民长期与家畜家禽疾病作斗争积累起来的临床经验的总结。中兽医学是在我国传统文化和医学的影响下，在古代唯物论和辩证法思想的指导下逐步形成和发展起来的一门学科。

中医是以中医理论与实践经验为主体，研究人类生命活动中健康和疾病转化规律，及预防、诊断、治疗、康复和保健的一门学科。中医是发源于我国的具有原创性的传统医学，是我国劳动人民在长期的生产、生活和医疗实践中，积累起来的认识生命健康与疾病、防治疾病的宝贵医疗经验，是随着我国人类社会的发展而传延了数千年，并还在不断发展的综合性医学。

中兽医与中医不仅起源一致，产生的历史文化背景一致，发展也是一脉相承，它们相互融合，相互促进，相互影响。

1.1.1.1 文化背景与指导思想的相同性

中医是中华民族传统文化的重要组成部分，中医的原创性就在于它的指导思想和理论方法源自中国的传统文化。中医的学术理论体系是在中国哲学方法以及《易经》文化的背景下发展而来的，它以阴阳五行学说为说理工具，以脏腑经络学说为理论核心，以辨证论治为诊疗特点。随着原始人类社会的发展，在驯养家畜家禽的过程中，除了会将人的用药经验用于动物外，也会用同样的指导思想和理论方法去研究动物的生命健康和疾病状态。如《元亨疗马集》中“人之与兽二五相同”（二指阴阳，五指五行），“……夫兽者，物类也，禀阴阳之偏运，受天地之余精，得五行之未求，体无气而少全”，意即人兽两医，同出一本，都是建立在阴阳五行学说、脏腑经络、营卫气血等基本理论基础上的。因此，早期的中兽医学经验也有部分融合在中医学中。可见，中兽医也是在中国传统大文化背景下，在儒、道、农、医等诸家思想指导下逐步形成和发展起来的。两者的文化背景和指导思想不但一致，且均以四诊、辨证、方药及针灸为主要诊疗手段，只是研究对象不同，中医研究的是人，中兽医研究的是家禽家畜。此外，中兽医学发展的后期，又与少数民族（如藏、蒙古、苗、回、彝等）兽医学一起构成了中国传统兽医学，虽然理论体系有所不同，但运用的方法和手段有相似之处。

1.1.1.2 医药历史文化的相关性

中兽医历史文化也是中医药历史文化的重要组成部分。上古之时，人兽同医不分，至西周《山海经》之后才基本分开，但各历史时期的文献或医药本草书籍中也依然有记载着同时用于人与兽的医药知识。战国时期成书的《周礼》详细记载了周朝医师制度，上设总管医药行政的医师，下分食医、疾医、疡医、兽医四科，实行医疗考核制，并有病历和死亡原因报告。四项专科互相配合，对当时的人畜保健起了重要的作用。汉代名医华佗，为中医外科鼻祖，据传在其著的《青囊书》中有猪、鸡去势术的记载。西晋南北朝时期的著名医家、道家葛洪编写的书中，也有马鼻疽的传染情况及狂犬病的治疗方法等记载。在明代，中医也兼疗兽病。显而易见，二者的理论相互为用，二者的医事活动互相影响，是传统医疗体系中不可分割的两个部分。古代医药专著中同时记载人畜疾病防治的不乏其例。如我国最早的一部人、畜通用药学书籍——《神农本草经》，其中特别提到“牛扁疗牛病”“桐叶治猪疮”等。明代李时珍在编撰《本草纲目》时，参考的畜牧兽医书籍达五六种之多，书中除列有大量人、畜通用的方药外，还列有对家畜疾病有防治作用的药物 63 种，并指明对家畜有毒性药物 20 多种，以及对家畜生理方面的记载：“马十二月而生，狗三月而生，豕四月而生”“牛嚼草复出回龆”等。可见古代时期中兽医与中医情同手足，是在同一种历史文化下衍生并发展而来。

1.1.1.3 医学理论发展的相似性

兽医源流与中医的关系密不可分，其理论发展也相互影响。在大量的兽医典籍中也能找到中医理论的痕迹。如《元亨疗马集》的“五脏论”“咳嗽论”，其理论就建立在《黄帝内经》基础之上。其理论体系相同，格式类似，甚至一些语句引自《黄帝内经》。因此，中兽医就其学术渊源和理论体系而言，与中医同属于祖国医学的范畴，二者乃一脉相承。现代中兽医对中医学的学习、借鉴更为全面，理、法、方、药均可引以为用。如活血化瘀法在中兽医学临床中的应用，就受到了中医学瘀血理论的启迪和微循环理论的影响。至于中医方剂的引用更是不胜枚举，如怀骡母驴妊娠毒血症的治疗，就是以中医经典成方“泰山磐石散”“一贯煎”“六味地黄汤”等作为基础方剂。“大承气汤”治疗结症，“白头翁汤”治疗急性胃肠炎，“参苓白术散”治疗泄泻等都与中医的治疗相同。事实证明，大量的中医方剂运用到中兽医临床后，能发挥重要的作用。

1.1.2 中兽药的历史

1.1.2.1 中兽药的起源与萌芽阶段

中兽医的形成和发展与中医一脉相承，中兽药的发展历史自然也与中药的发展史同时并进。中兽药的起源与萌芽阶段为原始时期到殷商时期，也即从劳动实践的医药活动起源到文字记载医药知识的萌芽阶段。

对药物的认识源于原始人最初集体狩猎或寻找食物的过程。由无意误食到有意尝试，人们逐渐认识到药物与食物的不同，因药物能纠正人体疾病偏向的状态，从而积累了一些植物药的知识，故有了《淮南子·修务训》中“神农……尝百草之滋味……一日而遇七十毒”的记载，书中生动地描述了药物起源的情况，同时一定程度上说明了“药食同源”。神农氏既为药物的始祖，也是人类农耕的始祖。随着人类学会制造工具来狩猎捕鱼，为进一步满足生存的需要，逐渐开始了驯化野生动物为家畜的时期。人类为了保障被驯养动物的繁衍，把已知的药物知识用于家畜的疾病防治，可以认为是兽药的起源。

（1）奴隶社会前原始公社时期

据考古发现，桂林甑皮岩遗址和余姚河姆渡遗址都有家猪骨骸出土，仔猪占半数以上，说明初期，家畜疾病和幼雏大量死亡，西安半坡村遗址和姜寨遗址不但发掘出猪、马、牛、羊、犬、鸡的骨骼残骸及石刀、骨针、陶器等生活和医疗用具，而且还有用细木围成的圈栏遗迹等；在内蒙古多伦县头道洼新石器遗址，还有用于切割脓疡和针刺的“砭石”出土。这些原始时期的兽医活动表明人类开始驯化野生动物，并将其转变为家畜的这一时期，在饲养动物的过程中，人会针对动物的疾病不断地寻求多种治疗方法。

（2）奴隶社会的殷商时期（公元前 16 世纪至前 11 世纪）

夏商时期，古人在前人的经验上又有所进步，在殷墟出土的甲骨文中有猪圈、羊栏、牛棚、马厩等篆书，说明当时对家畜的分栏护养已有了进一步发展。也有医药知识记载，虽未见“药”字，但有动植物名多达 60 余种，还有人畜通用病名，如胃肠病、内寄生虫、齿病等，以及记载有药酒、去势术等。甲骨文中多次出现“尹”字，即传说商初创始汤液的伊尹。甲骨文还有“鬯其酒”的记载，夏商遗址出土的陶制容器和酒具，证明已有人工酿酒，古代“医”字从酉。酒和汤液的发明均促进了医药的发展，这是中医文献已证实的。河北藁城商代遗址中，出土有郁李仁、桃仁等药物，表明当时对药物也有了进一步的认识。商代青铜器的出现和使用，为针灸、手术等治疗技术的进步提供了有利条件，如当时已有了去势术或宫刑。出土的商代卜骨，卜辞内容广泛，有专为马疫病的卜辞，反映了当时人类已经认识到自然环境的变化对健康和疾病的影响，为带有自发朴素性质的阴阳和五行学说的理论形成奠定了基础，这些均可视为殷商时期兽医药学术的萌芽表现。

1.1.2.2 中兽药的理论奠基阶段

随着文字记载和医学知识的进一步积累和发展，医药学和兽医药学都需要专业的研究和理论的指导。在文献考证和出土文物中，显示出中兽医药在周朝到春秋战国时期，有了兽医的分科，也有了相关理论专著的出现，此时期成为了中兽药的理论奠基阶段。

（1）周朝（公元前 11 世纪至前 476 年）

《周礼》记载了食医、疾医、疡医、兽医。《周礼·天官冢宰》：“兽医掌疗兽病，疗兽疡。凡疗兽病灌而行之，以节之，以动其气，观其所发而养之；凡疗兽疡，灌而劀之，以发其恶，然后药之、养之、食之。”当时已经采用灌药、手术、护理、饲养等综合治疗方法。还有对去势术的完善，以及狂犬病、猪囊虫、疥癣、运动障碍、传染病等记载。甲骨文虽然没有“药”字出现，但青铜器铭文已有“乐”字，《说文解字》药为“治病草，从草，乐音”。而药字最迟已在周朝的典籍出现，如《易经》：“无妄之疾，勿药有喜。”而在《周礼》《诗经》和《山海经》中，载有人畜通用的药物 100 多种，并有兽医专用药物的记载，如“流赭（赭石）以涂牛马无病”等。周朝专职的出现和兽医药知识的记载足见兽医药学术已脱离了原始阶段，并初具水平。

（2）春秋战国时期（公元前 475 年至前 221 年）

长沙古墓出土的战国时出现而传抄于秦汉的医书中，有 4 本含药物的书，其中《五十二病方》是研究我国医药史的珍贵资料，该书使用的药物共计 247 种，还记载有药物贮藏、配伍、炮制和用量。长沙战国墓还出土了药秤和砝码，说明当时医家对药量也要求精准，对药物的认识更加深入。战国时期约公元前 3 世纪出现的《黄帝内经》被认为是我国最早最珍贵的一部医学典籍，为中医、中兽医奠定了医学理论基础，为中药和中兽药也奠定了药性方面的理论基础，并一直指导着中兽医的临床诊疗实践。

1.1.2.3 中兽药的初期发展阶段

秦始皇统一文字，为汇集整理先秦时期医药学经验提供了有利的条件，西汉自“本草”

一词的出现，将药物学知识从医学体系中分离出来，为药物学的专科发展创造了条件。汉代纸张的发明为知识的传播创造了便利，魏晋南北朝时期医学的发展也为兽医药的发展提供了更多的参考，尽管没有中兽药的专著出现，记载人畜同用的本草著作和专业的兽医药书成为体现中兽药发展的重要书籍。因此秦汉到魏晋南北朝时期是中兽药的初期发展阶段。

（1）秦汉时期（公元前 221 年至 220 年）

《史记·郊祀志》载："候神方士使者副佐，本草待诏，七十余人，皆归家。"本草已形成一门学科。据考，汉代时期应有药物著作多种，但唯一被后人记载存留下来的只有《神农本草经》（简称《本经》），此书为现存最早的一本本草经典，成书时间最迟不晚于东汉末年。《神农本草经》是人畜通用的药学专著，共收载药物 365 种，作为药学专著，其文字虽简洁，但内容丰富而全面，为药物学的理论体系奠定了基础。其中特别收载了一些治疗牛马等家畜疾病的药物，如牛扁"杀牛虱、小虫，又疗牛病"，柳叶"主马疥痂疮"，梓叶"傅猪疮"，桐花"傅猪疮"等。同期的兽医药学也得到了相应的发展，东汉出现了《牛经》《马经》，虽原著已失，但从《流沙坠简》和出土的居延汉简、汉兽医方简，可以看出当时已有兽医经验方药的记载。有单方、复方，有汤、丸、散、熏等多种剂型，并有饲喂前和饲喂后的用药不同。可见传统兽医药学在中医药学理论体系初步形成的大环境下也达到了相当高的水平。秦时还制定了"厩苑律"（见云梦秦简），是世界上最早的畜牧兽医法规，汉代（公元前 206 年至 220 年）经进一步修订，更名为"厩律"。东汉时期的《伤寒杂病论》标志着理、法、方、药一体化，张仲景创立的六经辨证方法及其许多方剂，一直为兽医临床所沿用。此外，名医华佗发明了全身麻醉剂"麻沸散"，并进行了剖腹涤肠手术，相传他还有关于鸡、猪去势的著述。

（2）晋魏南北朝（220 年至 581 年）

晋·葛洪《肘后备急方》中的《治牛马六畜水谷疫疠诸病方》对骡马的十几种疾病提出了药物、针灸、掏结等多种治疗方法。例如：针药并用治疗马急黄黑汗；烧羊蹄（土大黄）熨骨上治疗马羯骨胀；用黄丹治马脊疮；用掏结术治疗马骡胞转欲死等；用所咬之狂犬的脑组织敷伤口，欲以毒攻毒，可谓是预防接种法之先驱。梁·陶弘景《神农本草经集注》承《神农本草经》人畜通用惯例，充实了一些兽医用药知识，诸如闹羊花"羊食其叶，踯躅而死"，牛扁"牛疫代代不无用之"，等等。南朝刘宋时期的雷敩的《雷公炮炙论》是药物学的炮制专著，代表了药物学分支学科的产生，后世兽医古籍中的各种炮制方法也是对雷氏的继承和发扬。北魏·贾思勰《齐民要术》其中的第六卷，收录了对马、牛、羊、鸡等各种畜禽的 28 种疾病，采用灌、洗、熏、涂、熨等多种剂型的近 50 种治疗方法，用药 40 种，例如麦芽治中谷（消化不良），榆白皮治咳嗽，芥子、巴豆合剂治跛行，雄黄等治马疥疮，藜芦根发酵治羊疥，等等。此阶段虽没有中兽药的专著出现，但以上书籍的记载中，中兽药的发展可见一斑。

1.1.2.4 中兽药奠基时期

隋唐时期政治稳定，经济繁荣，中兽医和中医药共同发展进步，许多具有划时代意义的本草书籍中依然有人畜同用的药物记载，也出现了多本专业的兽医药书籍，以及现存最早的中兽医古籍，为中兽药的发展奠定了基础，对现今都具有重要的指导意义。

（1）隋代（581 年至 618 年）

隋代兽医分科逐渐完善，太仆寺（一说"北齐"始设），统管马政与牧政，有"兽医博士员 120 人"（《隋书》），据《隋书·经籍志》记载，有关药物学专著有 20 余种，是药学发展的一大进步，兽医药学也有很大的发展，出现了有关病症诊治、方药及针灸的专著，如《治马牛驼骡等经》《疗马方》《马经孔穴图》等，其中《疗马方》当是我国传统兽医载于史册的第一部经验方药集。

（2）唐代（618年至907年）

唐代是我国封建王朝强盛的时期，政治、经济、文化、科技等都达到了世界较高水平，对外交流和商业往来也很频繁，既有医药知识的对外传播，也有输入各国医药的新鲜血液，如记载外来药物的专著《海药本草》，但对中外后世影响深远的主要是以政府力量编撰的《新修本草》（又称《唐本草》），于唐高宗显庆四年（659年）成书，这是世界上第一部官修本草，也被认为是世界上最早的一部人畜通用的药典。该书不仅流传于本国，传到日本后，日本政府也将其规定为医者必读的医书。该书载药850种，其中也记载了一些兽药知识，例如“驴马脊疮，臭腋，磨汁涂之”，郁金“根去皮，火干，马药用之，破血而补，胡人谓之马蒁”，鼠李皮“捣傅牛马六畜疮中生虫”，胡桐泪“主牛马急黄，马黑汗，水研二三两，灌之，立瘥”。唐代还是兽医教育的开端，《旧唐书》记载太仆寺中设有兽医600人，博士4人，学生100人，贞元末年（约804年），日本人平仲国等曾到中国学习兽医。我国唐代的兽医教育制度比欧洲最早于1761年设立的法国国立里昂兽医学院早1000多年，它不仅促进了我国传统兽医学的发展，也影响了国外的兽医教育。而唐代李石所著的《司牧安骥集》是我国现存最早的一部兽医专著，也是我国最早的一部兽医教科书，为宋、元、明三代学习中兽医学的必读本。全书载有145种治疗马病的药方，用药230余种，有的方药至今尚用。从《安骥方》和吐鲁番出土的《医牛方》等史料看，当时兽医临床上已较成熟地运用了药物配伍及其组方原则，而且采用汤、散、丸、膏、熏等多种剂型，药物还选用了炮、煅、炒、烧、煨、淬等多种炮制加工方法。这些著作还记载了猪肉汤、米汤、糯米粥、荞麦、鸡子等食性药的应用，说明进一步认识到食物与疾病健康的关系，并利用其防治家畜某些疾病，表明我国传统兽医方剂学已基本形成，为后世兽医药学的发展奠定了基础。因日本人平仲国等到中国学习兽医，故《司牧安骥集》在日本也得到广泛的传播。此外，还有一些人畜通用书籍的记载，如公元738年，陈藏器为补充《唐本草》，编撰了《本草拾遗》，新增的兽药知识有如铁浆主治“六畜癫狂”，伏鸡子根“马黄、牛疫，水磨服之，新者尤佳”，桃竹笋治“六畜疮中蛆，捣碎纳之，蛆尽出”，荚蒾“主六畜疮中蛆”，等等。孙思邈的《千金方》载有柳叶主治“马疥痂疮”等。同时，少数民族兽医药学也进一步发展，西藏古文献提到从云南、甘肃请了九名兽医编纂了一批西藏最早的兽医专著，如《论马宝珠》《医马论》等，有不少防治家畜疾病的验方，西藏现存最早的一部医药学古文献《月王药诊》记载了炭疽等人畜共患病的防治经验，且收录有当地常用药300余种。

1.1.2.5 中兽药的本草理论发展期

宋金元时期，科学技术的发展，特别是活字印刷术的发明，促进了医药文献书籍的传播，政府还成立了校正医书局，为医药文献的整理提供了便利，也使得早期的中兽药书籍得以保留。加之宋代医学理论的发展也促进了中兽药的理论的发展，并有相关专论的产生，这些都为中兽药学的理论发展创造了条件。

政府颁布的官修本草《开宝本草》，增加了前人遗漏的品种，如山豆根“治人及马急黄”，猕猴桃枝叶“煮汁饲狗，疗瘑疥”等。后又出版了《开宝重订本草》，嘉祐年间又有《嘉祐本草》《本草图经》，《本草图经》也收录了一些兽医药知识，如谷精草“可喂马，令肥，主虫颡毛焦病”，栾荆子“合柏油同熬，涂人畜疮疥”，白药子“治马热方用之”，等等。但是这些官修本草都被一本个人编撰的本草书籍所替代，即唐慎微的《经史政类备急本草》，其内容之丰富，收载文献之广泛，光辉远盖过当时的官修本草，对后世影响深远，以致后期朝廷均以其为蓝本修订为当时的官修本草，更名为《大观本草》《绍兴本草》《政和本草》等。全书共收载药物 1558 种，方剂 3000 余首，其中有如“猕猴皮治马疫气”，以及引自《蜀本草》马齿苋“主马毒疮，以水煮，冷服一升，并涂疮上”等兽医用药知识。此书是我国现存最早最完整的本草专著，具有非常重要的文献价值。此外，寇宗奭的《本草衍义》、王介的《履巉岩本草》、王怀隐等编撰的《太平圣惠方》等本草、方药书籍都记载有相关的中兽医药知识。从本草学的发展也可以看出兽医药学的发展，此期虽有兽医著作如《景祐医马方》《医马集验方》《医牛集验方》等，但都不复传世，王愈的《蕃牧纂验方》是现存唯一的一部宋代兽医方书，全书共收载治马驴诸病方剂 57 首，用药近 200 种。虽不及唐《安骥方》中收载的方剂和用药多，但该书是现存兽医古籍中防病方剂的首次记载，也是预防和食疗在兽医治疗学中的应用与发展。宋代理学的发展，导致南宋时期由经验用药上升到在理论指导下的用药，元代卞宝的《痊骥通玄论》以脾胃疾病为主的“通玄三十九论”为核心，简要论述病机、临证，还附上“注解汤头”“用药须知”等内容，该书可视为现存最早的兽药专论篇，并对后世兽医用药影响很大，为兽医临床治疗奠定了理论依据。同期还有《陈旉农书》，设专卷论述牛饲养管理的重要性。元代《农桑辑要》《王祯农书》和鲁明善《农桑撮要》三部农书中，都收录了有关家畜的饲养管理及疾病防治知识的内容，《农桑辑要》在卷六中收载了一些药草知识。同时值得一提的是，宋代政府还设有“牧养监”以疗病马，是最早的兽医院，“剥皮所”是最早的家畜尸体解剖机构，“药蜜库”为最早的兽医药房。《使辽录》中有少数民族用醇麻醉给马进行切肺手术等，同时兽医专著有《明堂灸马经》《伯乐针经》《医驼方》《马经》《相马病经》《安骥方》等。以上足见宋金元时期，兽医兽药都有了理论上和实践上的发展。

1.1.2.6 中兽药的本草巩固发展期

明清时期，中医药有本草著作方面的大集成和整理，而中兽医学理论逐渐认识到人畜的不同，开始尝试运用不同的理论指导，为中兽药与中药在应用上的分离提供了依据，并有了专用本草篇章的出现，标志着理论体系的建立，之后的中兽医药书籍，在此基础上理论得到了进一步的巩固和发展。

自明代中叶以后，随着生产水平的提高，国内外市场的开拓，商品经济的发展，医药学界人才辈出。药学界产生了影响世界的李时珍《本草纲目》，还有名医缪希雍《本草经疏》、赵学敏《本草纲目拾遗》、吴其濬《植物名实图考》等一类的本草书籍，明代还有朱橚的《救荒本草》、兰茂的《滇南本草》等。而兽药本草书籍的发展也与中药本草一致，明代兽药专著中影响较大的《元亨疗马集》，以及散载相关兽医医药知识的农书《多能鄙事》、徐光启《农政全书》等，均以明代中、后期为多见，并在前人的基础上进一步继承发扬。《本草纲目》完成于万历六年（1578 年），历经 27 年，三易其稿，收载药物 1892 种，总结了 16 世纪以来的药学成果，其成就不仅仅在医药，甚至在其他各种科学文化领域都具有重大影响，被全世界称为百科全书，也载有大量的兽医药物和家畜中毒等多方面的知识，不管是防病还是治病方面，迄今对临床都有非常实用的价值。明代官府特别重视对民间兽医的培训，照洪武二十八年（1395 年）例，每 25 匹种马（永乐以后改为 50 匹）为一群，设兽医一人，“每群长下选聪明子弟二三人习学医兽，定业成一人，专看治马”，我国历史上杰出的兽医学家喻仁（字本元）、喻杰（字本亨）正是这个制度培养出来的，1608年他们编集的《元亨疗马集》是在前人实践经验基础上进行的总结，它首次根据兽医临床用药之实际，吸收当时医药学的一些新知识，收载了有如“五经治疗药性须知”“陈反畏忌禁药须知”“引经泻火疗病须知”“君臣佐使用药须知”，以及“畜养水草喂饮须知”等较为系统的药物知识专卷（冬卷）。此外，该书首次提出与中医学相区别而特有的“八证论”辨证技术，是国内外流传最广泛的兽医古籍。卷中各项虽不及医学或本草学详尽，但至少表明人们已认识到“人之与兽”，虽“皆禀二五而资生”，但赋形不同而各为一物，因此临床用药当别，从而开始总结兽医用药经验。此卷当是兽医本草学（专用本草）之雏形。到康熙五年，政府又颁令“在京民人违禁养马，如告发者为旗人，即以马给赏，系民人，由刑部动支库银五两给赏，马人官”，同时废除明洪武年间确定的“选聪明子弟习学兽医”制度。1736年李玉书对《元亨疗马集》进行了改编，删除了“东溪素问碎金四十七论”中的二十多论，又根据其他兽医古籍增加了部分内容，成为现今广为流传的版本。1758年，走方名医赵学敏的《串雅外编》还专设了“医禽门”和“医兽”，收录了六畜疾病治疗方。1785年，清代郭怀西《新刻注释马牛驼经大全集》之卷三下，是在元亨疗马集冬卷基础上发展并形成的兽医本草体系。郭氏对元亨疗马集冬卷各项内容进行了补充，且根据自己数十年的实践之心得体会，增补了200多味常用药的“药性全载”。作为兽医本草学而论，郭氏之卷三下较前更为完善，更为实用。此后编撰的兽医著作，还有《抱犊集》、《养耕集》（傅述凤，1800年）、《牛经备要医方》（沈莲舫）、《牛医金鉴》（约1815年）、《相牛心镜要览》（1822年）等。鸦片战争以后，我国沦为半殖民地半封建社会（1840～1949年），中兽医学被认为是“医方小道”，广大民间兽医遭到压迫，以致“无人学兽医者久矣”（《猪经大全·序》），由于西方兽医学（常称西兽医、现代兽医）的渐入、政府的阻挠而处于缓慢发展状态，甚至陷入了困境。此间值得一提的是，1873年李南晖的《活兽慈舟》，大幅增加了临床草药用量，是以中药、草药并重为特色的兽医专著。虽没有药学知识专论，但从所载药方中多处出现的畏、反等药并用组方看，人们对传统用药反畏忌禁的使用原则，有了大胆突破，不仅开创了后世对前人畏反忌禁等用药原则重新认识的先河，也丰富了兽医本草学，说明我国中兽药学从此上了一个新的台阶。

1.1.2.7 中兽药的中西汇通的新历程

自鸦片战争以后，在改良主义和洋务运动的影响下，西方医学进入我国，西医医院和学校的建立，外国医药书籍的翻译出版，我国传统医学与传统文化一样，面临了一场巨大的变革。传统药学的内容和编排方式也随之发生了变化，利用现代科学研究传统中医中药开始起步，传统中医药学出现了以现代科学技术研究为主的新学科，如生药学、中药化学、中药药理学、药用动物学、药用植物学等，与之相关的实验对中药、西药的发展和中西药结合等方面提供了现代化学、药理的依据，对临床用药起到了一定的指导作用，对兽医临床应用也是有力的促进，毕竟有些实验就在家畜身上进行，因而中兽医药进入了中西汇通的崭新时期。

在此历史背景下，20世纪40年代初期，郑藻杰等人创办了我国第一个兽医国药研究所，并结合临床实践，对常用中药进行了较为系统的研究，编著了《兽医国药及处方》，此书是继《元亨疗马集》创中兽医本草体系雏形之后，最早的一部家畜中兽药专著，填补了兽医药物学研究和专著的空白。

中药学界可供兽医参考的书籍，还有吴保神汇集明清药论的《本经集义》（1932年）；

蔡陆仙的《中国医药汇海》，资料丰富，侧重于药性、药效的探讨；杨华亭根据《本草纲目》《植物名实图考》《万国药方》等编著的《药物图考》（1935 年）；陈存仁编著的 200 万字的《中国药学大辞典》，是我国第一部药学辞典类工具书；赵燏黄的《中国新本草图志》和裴鉴的《中国药用植物志》，两部都是用植物生物学方法研究传统药的图文并茂的药用植物学专著，附图精细，详述形态，对药用植物的鉴别、采集、种植等具有积极作用，成为植物学珍贵参考资料。

新中国成立前，各革命根据地先后建立了很多中药制剂厂，收集了民间单方、验方、偏方等，如镇痛消肿的“见肿消”、治跌打损伤的“铲刀草”“乌头藤”等，在当时兽医中多用。农业系统里从事兽疫防治和兽药研制，除兽用中草药外，还研制生物药，如陕甘宁农场研制的牛瘟血清，晋察冀农业局研制的猪瘟血清，长治农业局研究的猪瘟脏器苗等，都对兽疫防治起到了积极作用。为继承发扬传统兽医医药学，政府开始在有条件的地区创建学校，如北方大学农学院除开设有中兽医课，培养掌握中西两种技术的兽医人才，还创办了中兽医药厂，生产一些防治畜禽疫病的中草药。政府还组织有经验的医药工作者，集体编撰了人畜通用的《病机汤头歌诀》等。

1.1.2.8 中兽药的快速发展期

新中国成立后，中兽医学继隋唐时期快速发展之后进入第二个快速发展期。1947 年北方大学农学院（后并入华北大学农学院，今中国农业大学前身之一）先后聘请了高国景等十几位有名的民间兽医（中兽医）到校任教。在周恩来总理 1956 年 1 月签发的《国务院关于加强民间兽医工作的指示》和农业部 1956 年 9 月召开的“全国民间兽医座谈会”的指导和影响下，中兽医学取得了突飞猛进的发展，也成为了 20 世纪中兽医学发展的引擎，以致中兽医学在科研、教学、临床、学术组织、对外交流等各个方面取得了长足发展。

1963 年 8 月 8 日，《国务院关于民间兽医工作的决定》总结了七年的中兽医工作，提出了“继续贯彻执行‘团结、使用、教育和提高’的政策”“有计划地培养中兽医人才”。国家开展了中兽医专业学历教育，从中专、大专到大学本科、研究生教育；出版了中兽医专业统编教材，其中全国中等农牧学校中兽医专业教材、全国高等院校中兽医专业教材种类已达几十种。到 2021 年止，设有中兽医专业的大学有近 30 所。国家还设立了中兽医科研机构。1956 年成立江西省农业厅中兽医实验所，1958 年成立中国农业科学院中兽医研究所，1996 年与畜牧研究所合并为中国农业科学院兰州畜牧与兽药研究所。之后各省市区农业科学院畜牧兽医研究所设立中兽医研究室，全国基本建立了中兽医科研网络研究会，同时成立大区分会。1985 年 8 月更名中国畜牧兽医学会中兽医学研究会，1992 年 9 月定名中国畜牧兽医学会中兽医学分会至今，各省、市、自治区畜牧兽医学会内组建了中兽医学专业委员会。中国畜牧兽医学会举办了有世界影响力的中兽医学术研讨会，如 1988 年 5 月举办的纪念《元亨疗马集》付梓 380 周年学术研讨会和 1992 年 9 月举办的海峡两岸中兽医学学术研讨会等，都有美国、日本、韩国等国专家学者莅临会议。新中国成立后，我国出版了一大批有影响力的中兽医学著述，先后完成了包括《司牧安骥集》《元亨疗马集》在内的“中国古农书丛刊・畜牧兽医之部”编辑工作，历史遗存的中兽医古籍基本校勘、点校、注释完毕，并对藏、蒙古、苗、回、彝、壮等民族兽医学进行了挖掘整理，出版了《藏兽医验方选》《蒙古兽医学》《民间兽医本草》《中兽医方剂大全》《天然中草药饲料添加剂大全》《中华人民共和国兽药典》《新编中兽医治疗大全》《兽医中草药大全》等书籍。1990 年国家出版了第一部《中华人民共和国兽药典》(以下简称《兽药典》),其中二部收载中药及成方制剂 477 种,2000 年版收载中药及成方制剂 656 种,2005 年版收载中药及成方制剂 685 种,2010 年版收载药材和饮片、植物油脂和提取物、成方制剂和单味制剂 1114 种,2015 年版收载药材和饮片、植物油脂和提取物、成方制剂和单味制剂 1148 种,2020 年版收载药材和饮片、植物油脂和提取物、成方制剂和单味制剂 1370 种。这都标志着我国兽医中药的研究、应用、管理进入了全新的阶段。

2006 年欧盟全面禁止将抗生素作为动物促长剂在食品、动物饲料中添加,我国农业农村部第 194 号公告,自 2020 年 1 月 1 日起,退出饲料中除中药外的所有促生长类药物饲料添加剂品种。这是畜牧业史上最严格的禁抗、限抗、无抗政策。该公告的出台为我国畜牧业实施减少和替代抗生素指明了新的方向。在此背景下,中兽药迎来了良好的发展机遇。中兽药因其治未病特色,以及治疗疾病的安全有效性,被认为是绿色健康养殖的重要工具,饲用植物与提取物也成为中兽药市场的热品。虽然中兽药的发展历史悠久,但真正如何研究、应用好中兽药,仍然是我们新世纪及未来的重大课题。

2012 年 12 月,湖南农业大学兽医学一级硕士点下自设目录外二级学科“中兽药学”硕士点在教育部学位办成功备案,这是我国首个“中兽药学”硕士点。2021 年 6 月,湖南农业大学兽医学一级博士点下自设目录外二级学科“中兽药学”博士点在教育部学位办成功备案,这是我国首个“中兽药学”博士点。

1.1.3 中兽药相关术语与概念演变

1.1.3.1 中兽药相关术语

中药:又称官药、国药,它是指在中医药基础理论指导下发现、制备,用以防病治病的一部分天然药及其加工品。自清末西医药传入我国以后,为了表示区别,人们则将传统的药物称为中药,将传统的医学称为中医。

草药:它是中药的一部分,习惯上是指广泛流传在民间,而在正规医院中应用尚不太普遍,多为民间或草医随采随用,不需特殊加工处理的植物药。草药一词始于宋代,到了清代才普及。

天然药物:指具有药用价值或药用有效成分的,包括动物、植物、矿物在内的自然药物。

民族药:指具有本民族的医药思想和文化特色的药物,如藏药、蒙药。

本草:我国古代把药物称为“本草”。“本草”一名始见于《汉书》。五代韩宝昇《蜀本草》言:“按药有玉石、草木、虫兽,而直云本草者,为诸药中草类最多也。”

在古代运用的药物中,由于植物采集方便,使用方便,占绝大部分,人们相沿把药物叫作本草,把记录药物的书籍称为本草学。

中兽药:它是近年来的新兴产业,简单地说是将中医药理论应用于动物身上,具有防治效果显著、对畜禽毒副作用相对较小、在动物性食品中无残留或残留少和不易产生耐药性等优点,尤其在某些疾病的辨证施治上具有独到之处。

兽药制剂:根据《兽药典》《兽药生产质量管理规范》、《兽药质量标准》或兽医师开的处方,把药物经过加工而制成的具有一定规格的可直接用于预防、诊断、治疗疾病的药物制品。

剂型：指方剂组成以后，根据病情与药物的特点制成一定的形态。为适应治疗或预防的需要而制备的药物应用形式，称为药物剂型，简称剂型。

剂型分类：

液态剂型：溶液剂、注射剂、擦剂、煎剂、酊剂、乳剂。

半固体剂型：软膏剂、硬膏剂、糊剂、浸膏剂。

固体剂型：片剂（压制片、包衣片）、胶囊剂、丸剂、粉剂。

气雾剂：有吸入性，用于皮肤黏膜，空间消毒。

处方：兽医根据病畜病情所写的药单，它是药房司药、发药的依据。处方开写的正确与否直接影响治疗和病畜的安全，所以必须严格认真，从原则上兽医对于处方具有法律责任，同时处方又是总结诊疗经验的重要依据，也是药方管理的重要凭证，因此要妥善保管。

处方笺包括登记部分、处方部分、签字部分。

1.1.3.2 中兽药概念演变

原始时代初期，生产力极其低下，人们在生产和生活斗争中是共同采集，成群出猎，共同消费得来食物，过着一种“饥即求食，饱即弃余”的生活，就在他们采集野果种子和挖取植物根茎的过程中，由于饥不择食，自然会误食毒物，发生呕吐、腹泻、便秘、昏迷，甚至死亡等情况，如大黄致腹泻，瓜蒂致呕吐，柿子致便秘。当然，有时也会因为偶然吃了某些食物，又使这些症状消失。如大黄致腹泻食乌梅愈，瓜蒂致呕吐食橘皮愈，柿子致便秘食蜂蜜愈。

人们通过这样无数次的尝试和长期的经验积累，才逐渐认识了哪些药物对人体有害，哪些植物对人体有益，进而有意识地加以利用，这样就形成了早期的药物疗法。

药物的起源有两种学说。一是原始畜牧业时期的代表伏羲氏，《帝王世纪》：“伏羲氏……乃尝味百草而制九针，以拯夭枉焉。”二是原始农业时期的代表神农氏，《淮南子·修务训》载：“神农……尝百草之滋味……当此之时，一日而遇七十毒。”《周礼》：“医师掌医之政令，聚毒药以共医事。”

这些记载都生动地反映了人们认识药物的实践过程，对动植物的治疗作用的认识就是药物知识的起源。

1.2 中兽药的分类

1.2.1 传统中兽药

1.2.1.1 传统中兽药的概念

传统中兽药是指在中兽医理论指导下，用于预防和治疗动物疾病及改善动物生产性能、提高经济效益的中草药及其制剂。传统中兽药是中兽药的主体和核心，具有十分重要的开发价值和广阔的市场前景。

其中用于预防和治疗疾病的部分，是传统中兽药的主体；用于改善动物生产性能的中兽药，包括提高动物消化功能、提高生长速度、促进母畜发情和泌乳、提高公畜性功能和精液品质、改善畜禽产品品质的中兽药，如“健胃消食散”可提高动物的消化功能促进动物生长，“催情散”可促进母畜发情、提高公畜的性功能和改善精液品质，“通乳散”可促进母畜泌乳，“肥猪散”可促进生猪生长和增肥，“激蛋散”可促进蛋鸡产蛋。还有一些传统中兽药可用于改善畜禽产品的外观、口感、营养价值，如松针粉可使禽蛋蛋黄的颜色变深，大蒜粉可改善鸡肉风味，海藻粉可提高鸡蛋中有机碘含量 15～30 倍。

1.2.1.2 传统中兽药的应用

传统中兽药的应用十分广泛，概括起来包括以下几个方面：

（1）预防和治疗动物的疾病 这是传统中兽药的最主要部分，常常根据药物的性能和功效进行分类，如解表药、清热药、祛湿药等。

（2）改善动物生产性能 主要用于中兽药饲料添加剂上。如“健鸡散”可提高鸡的食欲，促进鸡的生长，“蛋鸡宝”可提高蛋鸡的产蛋率，延长产蛋高峰期。

（3）提高养殖业经济效益 传统中兽药可以改善肉品的风味和品质，提高乳品的蛋白质和其他营养素的含量，改善商品肉蛋奶的外观，从而增加商品附加值，提高养殖业的经济效益。

（4）其他 如促进母畜发情和排卵，促进母畜泌乳；提高公畜的性功能，改善精液品质等。

1.2.1.3 传统中兽药的质量保证

传统中兽药的质量保证体系比较完备，主要从产地、采收、产地初加工、炮制和贮藏等环节加以把握和控制。

（1）产地 产地是中兽药质量控制的源头。我国幅员辽阔，物产丰富，很多药用动植物分布很广，但由于地质、气候、海拔、生态等环境差异很大，因此各地出产的药物质量参差不齐。为了从产地上保证中兽药的质量，通常采用特定产区的药材作为质量控制的标准，即道地药材。其他地方出产的药材，与道地药材进行比对。

道地药材也称为地道药材，是指历史悠久、产地适宜、品种优良、产量较大、炮制考究、疗效突出、带有地域特点的中药材，是中药材质量控制的一项独具特色的综合判别标准。如四川的黄连、川芎、附子，江苏的薄荷、苍术，广东的砂仁，东北的人参、细辛、五味子，湖南的莲子、乌药、玉竹，湖北的蕲蛇，甘肃的枸杞子，云南的茯苓，河南的地黄，山东的阿胶，江西的泰和乌鸡等，都是著名的道地药材。

（2）采收 中兽药的采集工作，不仅关系到药材的真实性、品质优良度，而且事关中药资源的合理利用和保护，因此，做好中兽药的采集工作，对于保证中兽药质量和用药安全、保护中兽药资源及提高中兽药资源利用率，具有十分重要的意义。

中兽药的采集，应以疗效最佳、有利于资源保护、便于识别和捕捉、便于加工和贮藏为基本原则。

从中兽药的质量控制角度来说，疗效最佳或品质最好是传统采收的最主要原则，通常根据经验来确定。如天麻在冬季采收的称为“冬麻”，品质最佳，而春季采收的“春麻”

品质不及冬麻。全蝎在清明至谷雨前后捕捉者称为“春蝎”，品质较佳；夏季捕捉者称为“伏蝎”，因已食泥土，又称为“泥蝎”，品质较次。现代采收多根据有效成分含量来确定采收期，应选择有效成分含量最高的时期进行采收；当有效成分含量和药用部分产量均存在明显的高峰期，且两者不一致时，以有效成分的总含量最高的时期作为适宜采收期，可绘制含量与产量曲线图，由二曲线的相交点直接找到适宜采收期。

（3）产地初加工 产地初加工是药材采收后在生产地进行的简单加工处理。采收的药材，除极少数鲜用的外，均需进行产地加工。及时而正确的产地加工，不仅有利于保存中兽药材中的有效成分，防止腐败、发霉和变质，而且有利于形成中兽药材的商品规格，有利于中兽药材的贮藏、运输和炮制。

（4）炮制 炮制是根据治疗的需要，按照一定的程序对中草药药材进行特殊加工处理的过程。习惯上将未经炮制的中草药称为“原药”或“生药”，将炮制后的成品称为“饮片”。炮制具有改变药物的性能，增强药物的疗效，消除药物的毒性、烈性、刺激性和副作用，便于清除非药用部分，便于制剂、贩运和贮存，矫味矫臭等作用。正确的炮制，对于保证传统中兽药的质量非常重要。

（5）贮藏 贮藏是将经产地加工后的药材收藏于药材仓库中，保存一定的时间，以备用时之需。贮藏方法的正确与否，同样直接影响中兽药材的质量。中兽药材的贮藏应以低温、干燥、避光和密封为基本原则。但并非所有中兽药材都必须满足这四个原则。

① 低温：可以防止有效成分的挥发散失，抑制霉菌的生长和虫卵的孵化与生长。条件允许时，可将仓储温度控制在10℃以下。

② 干燥：可以防止中药中许多化学变化的发生，抑制微生物和害虫的滋生。一方面入库药材应达到安全水分标准（药材水分含量8%～11%），另一方面库房内空气也应保持干燥（相对湿度低于60%）。

③ 避光：易因光照而引起化学变化的中药，应避光保存，可存放于阴暗处、陶瓷容器或深色玻璃容器内，或用不透光材料包裹后贮藏。

④ 密封：容易氧化变质的中药，应密闭保存，可用密闭容器盛放。

1.2.1.4 常用的传统中兽药

（1）解表药 凡以发散表邪、解除表证为主要作用的药物，称为解表药。解表药多具有辛味，有发汗解肌的作用，适用于邪在肌表的病证。

① 辛温解表药：性味多为辛温，具有发散风寒的功能，发汗作用较强。

麻黄：为麻黄科植物草麻黄、中麻黄或木贼麻黄的干燥草质茎。干燥切段。具有解表散寒、宣肺平喘、利水消肿的功效，主治外感风寒、咳嗽、气喘、水肿。马、牛用15～30g；羊、猪用3～9g；犬、猫用1～6g；兔、禽用0.5～1g。

桂枝：为樟科植物肉桂的干燥嫩枝。干燥切片。具有发汗解表、温经通阳的功效，主治风寒表证、关节痹痛、水湿停滞。马、牛用15～45g；驼用30～60g；羊、猪用3～10g；兔、禽用0.5～1.5g。

防风：为伞形科植物防风的干燥根。干燥切厚片。有解表祛风、胜湿、解痉的功效，主治外感风寒、风寒湿痹、风疹瘙痒、破伤风。马、牛用15～60g；驼用45～100g；羊、猪用5～15g；兔、禽用1.5～3g。

荆芥：为唇形科植物荆芥的干燥地上部分。干燥切段。有解表散风、透疹、消疮的功效，主治感冒、风疹、疮疡初起。马、牛用15～60g；羊、猪用6～12g；犬、猫用2～

5g；兔、禽用1.5～3g。

紫苏叶：为唇形科植物紫苏的干燥叶（或带嫩枝）。干燥切碎。有解表散寒、行气和胃、止血的功效，主治风寒感冒、咳嗽气喘、呕吐、外伤出血。马、牛用15～60g；驼用25～80g；羊、猪用5～15g；兔、禽用1.5～3g。

细辛：为马兜铃科植物北细辛、汉城细辛或华细辛的干燥根和根茎。阴干切段。有解表散寒、温肺化饮、通窍止痛的功效，主治风寒感冒、肺寒感冒、冷痛、风湿痹痛。马、牛用9～15g；驼用15～30g；羊、猪用1.5～3g；犬用0.5～1g。

白芷：为伞形科植物白芷和杭白芷的干燥根。干燥切厚片。有散风祛湿、消肿排脓、通窍止痛的功效，主治外感风寒、风湿痹痛、疮黄疔毒、鼻窍不通。马、牛用15～30g；驼用25～45g；羊、猪用3～9g；犬、猫用0.5～3g。

辛夷：为木兰科植物望春花、玉兰或武当玉兰的干燥花蕾。有散风寒、通鼻窍的功效，主治风寒鼻塞、脑颡鼻脓。马、牛用15～60g；羊、猪用3～9g；犬、猫用2～5g。

苍耳子：为菊科植物苍耳的干燥成熟带总苞的果实。去杂炒制。有散风湿、通鼻窍、解疮毒的功效，主治风湿痹痛、脑颡鼻脓、疮疥。马、牛用15～45g；羊、猪用3～15g；兔、禽用1～2g。

生姜：为姜科植物姜的新鲜根茎。去杂洗净切厚片。有解表散寒、温中止呕、化痰止咳的功效，主治外感风寒、胃寒呕吐、寒痰咳嗽。马、牛用15～60g；驼用30～90g；羊、猪用6～15g；犬、猫用1～5g；兔、禽用1～3g。

② 辛凉解表药：性味多为辛凉，具有发散风热的功能，发汗作用较为缓和。

薄荷：为唇形科植物薄荷的干燥地上部分。低温干燥切短段。有疏风散热、清利头目、利咽、透疹的功效，主治外感风热、喉咙肿痛、目赤、风疹。马、牛用15～45g；羊、猪用3～9g；兔、禽用0.5～1.5g。

柴胡：为伞形科植物柴胡或狭叶柴胡的干燥根。干燥切厚片。有发表和里、升举阳气、疏肝解郁的功效，主治感冒发热、寒热往来、脾虚久泻、子宫脱垂、脱肛。马、牛用15～45g；羊、猪用3～10g；兔、禽用1～3g。

升麻：为毛茛科植物大三叶升麻、兴安升麻或升麻的干燥根茎。切厚片干燥。有发表透疹、清热解毒、升举阳气的功效，主治痘疹透发不畅、咽喉肿痛、久泄、脱肛、子宫脱垂。马、牛用15～45g；驼用30～60g；羊、猪用3～10g；兔、禽用1～3g。

蝉蜕：为蝉科昆虫黑蚱的若虫羽化时脱落的皮壳。去杂洗净干燥。有散风热、利咽喉、退云翳、解痉的功效，主治外感风热、咽喉肿痛、皮肤瘙痒、目赤翳障、破伤风。马、牛用15～30g；羊、猪用3～10g。

葛根：为豆科植物野葛的干燥根。切厚片晒干。有解肌退热、生津止渴、透疹、升阳止泻的功效，主治外感发热、胃热口渴、痘疹、脾虚泄泻。马、牛用20～60g；羊、猪用5～15g；犬、猫用3～5g；兔、禽用1.5～3g。

桑叶：为桑科植物桑的干燥叶。去杂，搓碎，去柄，筛去灰屑。有疏散风热、清肺润燥、清肝明目的功效，主治风热感冒、肺热燥咳、目赤流泪。马、牛用15～30g；羊、猪用5～10g；兔、禽用1.5～2.5g。

菊花：为菊科植物菊的干燥头状花序。有散风清热、平肝明目的功效，主治风热感冒、目赤肿痛、翳膜遮睛。马、牛用15～45g；驼用30～60g；羊、猪用3～10g；兔、禽用1.5～3g。

牛蒡子：为菊科植物牛蒡的干燥成熟果实。干燥捣碎。有疏散风热、宣肺透疹、解毒利咽的功效，主治外感风热、咳嗽气喘、喉咙肿痛、痈肿疮毒。马、牛用15～45g；羊、猪用5～10g；犬、猫用2～5g。

（2）**清热药** 凡以清解里热为主要作用的药物，称为清热药。清热药多具有清热泻火、解毒、凉血、燥湿、解暑等功效，主要用于高热、热痢、湿热黄疸、热毒疮肿、热性出血及暑热等里热证。

① 清热泻火药：能清气分热，有泻火泄热的作用。

石膏：为硫酸盐类矿物硬石膏族石膏。除杂石，粉碎成粗粉。有清热泻火、生津止渴的功效，主治外感热病、肺热喘促、胃热贪饮、壮热神昏、狂躁不安。马、牛用60～120g；驼用90～120g；羊、猪用15～30g；犬、猫用3～5g；兔、禽用1～3g。

知母：为百合科植物知母的干燥根茎。切厚片，干燥，去毛屑。有清热泻火、滋阴润燥的功效，主治外感热病、胃热、肺热咳嗽、肠燥便秘、阴虚内热。马、牛用20～60g；驼用45～100g；羊、猪用5～15g；兔、禽用1～2g。

栀子：为茜草科植物栀子的干燥成熟果实。除杂，碾碎。有泻火解毒、清热利尿、凉血的功效，外用消肿止痛，主治三焦热盛、湿热黄疸、热淋、口舌生疮、目赤肿痛、血热鼻衄、闪伤疼痛。马、牛用15～60g；驼用45～90g；羊、猪用5～10g；犬、猫用3～6g；兔、禽用1～2g。

夏枯草：为唇形科植物夏枯草的干燥果穗。有清肝泻火、明目、散结消肿的功效，主治目赤肿痛、乳痈、疮肿。马、牛用15～60g；羊、猪用5～10g；兔、禽用1～3g。

淡竹叶：为禾本科淡竹叶的干燥茎叶。除杂，切段。有清热、利尿的功效，主治心热舌疮、尿短赤、尿血。马、牛用15～45g；羊、猪用5～15g；犬、猫用3～6g；兔、禽用1～3g。

芦根：为禾本科植物芦苇的新鲜或干燥根茎。除杂，洗净，切段。有清热生津、止呕、利尿的功效，主治内热口渴、肺痈、胃热呕吐、热淋涩痛。马、牛用30～60g；羊、猪用10～20g；犬、猫用5～10g；鲜品加倍用量，捣汁用。

② 清热凉血药：能清血分热，有凉血清热的作用。

生地黄：为玄参科植物地黄的干燥块根。切厚片，干燥。有滋阴生津、清热凉血的功效，主治阴虚发热、津伤便秘、鼻衄、尿血、咽喉肿痛。马、牛用30～60g；羊、猪用5～15g；兔、禽用1～2g。

牡丹皮：为毛茛科植物牡丹的干燥根皮。润后切薄片，晒干。有清热凉血、活血化瘀的功效，主治温毒发斑、衄血、便血、尿血、跌打损伤、痈肿疮毒。马、牛用15～30g；羊、猪用3～10g；兔、禽用1～2g。

地骨皮：为茄科植物枸杞或宁夏枸杞的干燥根皮。洗净，晒干或低温干燥。有凉血退热、清肺降火的功效，主治阴虚血热、肺热咳喘。马、牛用15～60g；羊、猪用5～15g；兔、禽用1～2g。

白头翁：为毛茛科植物白头翁的干燥根。除杂，洗净，润透切薄片，干燥。有清热解毒、凉血止痢的功效，主治热毒血痢、湿热肠黄。马、牛用15～60g；驼用30～100g；羊、猪用6～15g；犬、猫用1～5g；兔、禽用1.5～3g。

玄参：为玄参科植物玄参的干燥根。除杂，洗净，润透切薄片，干燥。有滋阴降火、凉血解毒的功效，主治热病伤阴、咽喉肿痛、疮黄疔毒、阴虚便秘。马、牛用15～45g；驼用30～60g；羊、猪用5～15g；犬、猫用2～5g；兔、禽用1～3g。

水牛角：为牛科动物水牛的角。洗净，镑片或锉成粗粉。有清热定惊、凉血止血、解毒的功效，主治高热神昏、惊狂不安、斑疹出血、衄血、便血。马、牛用90～150g；羊、猪用20～50g；犬、猫用3～10g。

紫草：为紫草科植物新疆紫草或内蒙紫草的干燥根。除杂，切厚片或段。有凉血活血、解毒消斑的功效，主治血热毒盛、热毒血斑、疮疡、烫伤、烧伤。马、牛用15～45g；驼用20～60g；羊、猪用5～10g；兔、禽用0.5～1.5g。

白茅根：为禾本科植物白茅的干燥块茎。洗净，微润切段干燥，除碎屑。有凉血止血、清热利尿的功效，主治衄血、尿血、热淋、水肿。马、牛用30～100g；驼用50～100g；羊、猪用10～20g。

③ 清热燥湿药：性味苦寒，苦能燥湿，寒能胜热，有清热燥湿的作用。

黄连：为毛茛科植物黄连、三角叶黄连或云连的干燥根茎。除杂，润透切薄片，晾干。有清热燥湿、泻火解毒的功效，主治湿热泻痢、心火亢盛、胃火炽盛、肝胆湿热、目赤肿痛、火毒疮痈。马、牛用15～30g；驼用25～45g；羊、猪用5～10g；兔、禽0.5～1g。

黄芩：为唇形科植物黄芩的干燥根。除杂，沸水煮，闷透切薄片，干燥。有清热燥湿、泻火解毒、止血、安胎的功效，主治肺热咳嗽、胃肠湿热、泻痢、黄疸、高热贪饮、便血、衄血、目赤肿痛、痈肿疮毒。马、牛用20～60g；羊、猪用5～15g；兔、禽用1.5～2.5g。

黄柏：为芸香科植物黄皮树的干燥树皮。除杂，清水润透，切丝干燥。有清热燥湿、泻火解毒、退虚热的功效，主治湿热泻痢、黄疸、带下、热淋、疮疡肿毒、湿疹、阴虚火旺、盗汗。马、牛用15～45g；驼用20～50g；羊、猪用5～10g；兔、禽用0.5～2g。

龙胆：为龙胆科植物条叶龙胆、龙胆、三花龙胆或坚龙胆的干燥根和根茎。除杂，洗净，润透，切段，干燥。有泻肝胆实火、除下焦湿热的功效，主治湿热黄疸、目赤肿痛、湿疹瘙痒。马、牛用15～45g；驼用30～60g；羊、猪用6～15g；犬、猫用1～5g；兔、禽用1.5～3g。

苦参：为豆科植物苦参的干燥根。除根头，洗净，浸润透，切厚片，干燥。有清热燥湿、杀虫、利尿的功效，主治湿热泄泻、黄疸、尿闭、疥癣。马、牛用15～60g；羊、猪用6～15g；兔、禽用0.3～1.5g。

胡黄连：为玄参科植物胡黄连的干燥根茎。除杂，洗净，润透，切薄片，干燥。有清湿热、退虚热的功效，主治湿热泻痢、目赤黄疸、疮痈肿毒、阴虚发热。马、牛用15～30g；羊、猪用3～10g；兔、禽用0.5～1.5g。

秦皮：为木犀科植物苦枥白蜡树、白蜡树、尖叶白蜡树或宿柱白蜡树的干燥树皮或干皮。除杂，洗净，润透，切丝，干燥。有清热燥湿、收涩止痢、明目的功效，主治湿热下痢、目赤肿痛、云翳。马、牛用15～60g；羊、猪用5～10g；兔、禽用1～1.5g。

④ 清热解毒药：有清热解毒作用。

金银花：为忍冬科植物忍冬的干燥花蕾或带初开的花。采后立即干燥。有清热解毒、疏散风热的功效，主治温病发热、风热感冒、肺热咳嗽、咽喉肿痛、热毒血痢、乳房肿痛、痈肿疮毒。马、牛用15～60g；羊、猪用5～10g；犬、猫用3～5g；兔、禽用1～3g。

连翘：为木犀科植物连翘的干燥果实。果实初熟尚带绿色时采收，除杂，蒸熟，晒干，习称“青翘”；果实熟透时采收，晒干，除杂，习称“老翘”。有清热解毒、消肿散结、疏散风热的功效，主治风热感冒、温病发热、疮黄肿毒。马、牛用20～30g；羊、猪用10～15g；兔、禽用1～2g。

紫花地丁：为堇菜科植物紫花地丁的干燥全草。除杂，洗净，切碎，干燥。有清热解毒、凉血消肿的功效，主治疮黄疔毒、目赤肿痛、毒蛇咬伤。马、牛用60～80g；驼用

80～120g；羊、猪用 15～30g。

蒲公英：为菊科植物蒲公英、碱地蒲公英或同属数种植物的干燥全草。除杂，洗净，切段，干燥。有清热解毒、消肿散结、利尿通淋的功效，主治疮毒、乳痈、肺痈、目赤、咽痛、湿热黄疸、热淋。马、牛用 30～90g；驼用 45～120g；羊、猪用 15～30g；兔、禽用 1.5～3g。

板蓝根：为十字花科植物菘蓝的干燥根。除杂，洗净，润透，切厚片，干燥。有清热解毒、凉血利咽的功效，主治风热感冒、咽喉肿痛、温毒发斑、疮黄肿毒。马、牛用 30～100g；羊、猪用 15～30g；犬、猫用 3～5g；兔、鸡用 1～2g。

射干：为鸢尾科植物射干的干燥根茎。除杂，洗净，润透，切薄片，干燥。有清热解毒、消痰、利咽的功效，主治肺热咳喘、痰涎壅盛、咽喉肿痛。马、牛用 15～45g；羊、猪用 5～10g。

山豆根：为豆科植物越南槐的干燥根和根茎。除杂，浸泡洗净，润透，切厚片，干燥。有清热解毒、消肿利咽、祛痰止咳的功效，主治咽喉肿痛、肺热咳喘、疮黄疔毒。马、牛用 15～45g；驼用 30～60g；羊、猪用 5～10g；兔、禽用 1～2g。

黄药子：为薯蓣科植物黄独的干燥块茎。除杂，洗净，润透后切小片，干燥。有清热凉血、解毒消肿的功效，主治肺热咳嗽、咽喉肿痛、疮黄肿毒、衄血。马、牛用 15～60g；驼用 20～80g；羊、猪用 5～15g；兔、禽用 1～3g。

白药子：为防己科植物头花千金藤的干燥块根。除杂，洗净，润透后切小块，干燥。有清热解毒、凉血散瘀、消肿止痛的功效，主治风热咳嗽、咽喉肿痛、湿热下痢、疮黄肿毒、毒蛇咬伤。马、牛用 30～60g；羊、猪用 5～15g；兔、禽用 1～3g。

穿心莲：为爵床科植物穿心莲的干燥地上部分。除杂，洗净，切段，干燥。有清热解毒、消肿止痛的功效，主治感冒风热、湿热下痢、蛇虫咬伤、疮痈疔毒。马、牛用 60～120g；羊、猪用 30～60g；犬、猫用 3～10g；兔、禽用 1～3g。

⑤ 清热解暑药：有清热解暑作用。

香薷：为唇形科植物石香薷或江香薷的干燥地上部分。除杂切段。有发汗解表、化湿和中的功效，主治暑湿感冒、伤暑、发热无汗、泄泻腹痛、尿不利、水肿。马、牛用 15～45g；羊、猪用 3～10g；兔、禽用 1～2g。

荷叶：为睡莲科植物莲的干燥叶。喷水稍润，切丝，干燥。有清暑化湿、凉血止血的功效，主治暑湿泄泻、脾虚泄泻、血热吐衄、便血、子宫出血。马、牛用 30～90g；羊、猪用 10～30g。

青蒿：为菊科植物黄花蒿的干燥地上部分。除杂，稍润，切段，干燥。有清热解暑、退虚热、杀原虫的功效，主治外感暑热、阴虚发热、湿热黄疸、焦虫病、球虫病。马、牛用 15～60g；驼用 30～100g；羊、猪用 5～15g；兔、禽用 1～2g。

（3）泻下药 凡能攻积、逐水，引起腹泻，或润肠通便的药物，称为泻下药。

① 攻下药：具有较强的泻下作用，适用于宿食停积、粪便燥结所引起的里实证。

大黄：蓼科植物掌叶大黄、唐古特大黄或药用大黄的干燥根及根茎。除杂，洗净，润透，切厚片或块，晾干。有泻热通肠、凉血解毒、破积行瘀的功效，主治实热便秘、结症、疮黄疔毒、目赤肿痛、烧伤烫伤、跌打损伤。马、牛用 30～60g；驼用 30～90g；羊、猪用 6～12g；犬、猫用 3～5g；兔、禽用 1.5～3g。

芒硝：为硫酸盐类矿物芒硝族芒硝，经加工精制而成的结晶体。有泻下通便、软坚散结、泻下消肿的功效，主治实热便秘、粪便燥结、乳痈肿痛。马用 200～500g；牛用

300～800g；羊用40～100g；猪用25～50g；犬、猫用5～15g；兔、禽用2～4g。

番泻叶：为豆科植物狭叶番泻或尖叶番泻的干燥小叶。有泻热导滞、通便、利水的功效，主治热结积滞、便秘腹痛、水肿。马用25～40g；牛用30～60g；羊、猪用5～10g；兔、禽用1～2g。

巴豆：为大戟科植物巴豆的干燥成熟果实。去皮，取净仁，常制霜后入药。生用有蚀疮的功效，制霜后有峻下积滞、逐水消肿的功效，主治恶疮、疥癣，外用适量；霜用于寒食积滞、粪便秘结、水肿。马、牛用3～9g；羊、猪用0.6～3g。

② 润下药：具有润燥滑肠的作用。

火麻仁：为桑科植物大麻的干燥成熟果实。除去杂质及果皮。有润燥滑肠、通便的功效，主治肠燥便秘、血虚便秘。马、牛用120～180g；驼用150～200g；羊、猪用10～30g；犬、猫用2～6g。

郁李仁：为蔷薇科植物欧李、郁李或长柄扁桃的干燥成熟种子。除杂，用时捣碎。有润肠通便、下气、利水的功效，主治肠燥便秘、宿草不转、水肿、腹水。马、牛用15～60g；羊、猪用5～10g；兔、禽用1～2g。

③ 峻下逐水药：药物作用猛烈，能引起剧烈腹泻，而使大量水分从粪便排出，其中有的兼有利尿作用。

牵牛子：为旋花科植物裂叶牵牛或圆叶牵牛的干燥成熟种子。除杂，用时捣碎。有泻下、逐水、攻积、杀虫的功效，主治小便不利、腹水、宿食不消、粪便秘结、虫积腹痛。马、牛用15～60g；驼用25～65g；羊、猪用3～10g；兔、禽用0.5～1.5g。

甘遂：为大戟科植物甘遂的干燥块根。除杂，洗净，干燥。有泻水逐痰、通利二便的功效，主治水肿、胸腹积水、痰饮积聚、二便不利。马用6～15g；牛用10～20g；驼用10～30g；羊、猪用0.5～1.5g；犬用0.1～0.5g。

芫花：为瑞香科植物芫花的干燥花蕾。除杂，干燥。有泻水逐饮、通利二便、解毒杀虫的功效，主治胸腹积水、痰饮喘急、二便不利、痈疽肿毒，外治疥癞、蜱虱。马、牛用6～15g；羊、猪用1.5～3g。

商陆：为商陆科植物商陆或垂序商陆的干燥根。除杂，洗净，润透，切厚片或块，干燥。有逐水消肿、通利二便的功效，外用解毒散结，主治水肿、宿水停脐、二便不通，外用治疗痈肿疮毒。马、牛用15～30g；羊、猪用2～5g。

（4）消导药 凡能健运脾胃、促进消化，具有消积导滞作用的药物，称为消导药。

山楂：为蔷薇科植物山里红或山楂的干燥成熟果实。除杂，去核。有消食化积、行气散瘀的功效，主治伤食腹胀、消化不良、产后恶露不尽。马、牛用20～60g；羊、猪用10～15g；犬、猫用3～6g；兔、禽用1～2g。

麦芽：为禾本科植物大麦的成熟果实经发芽干燥的炮制加工品。除杂。生用行气消食、健脾开胃；炒后用回乳消胀，生麦芽主治食积不消、肚胀、乳房胀痛；炒麦芽用于断乳。马、牛用20～60g；羊、猪用10～15g；兔、禽用1.5～5g。

鸡内金：为雉科动物家鸡的干燥沙囊内壁。洗净，干燥。有健胃消食、化石通淋的功效，主治食积不消、呕吐、泄泻、砂石淋。马、牛用15～30g；羊、猪用3～9g；兔、禽用1～2g。

莱菔子：为十字花科植物萝卜的干燥成熟种子。除杂，洗净，干燥，用时捣碎。有消食导滞、降气化痰的功效，主治气滞食积、腹胀、痰饮咳喘。马、牛用20～60g；驼用45～100g；羊、猪用5～15g；兔、禽用1.5～2g。

（5）止咳化痰平喘药 凡能消除痰涎，制止或减轻咳嗽和气喘的药物，称为止咳化痰平喘药。

① 温化寒痰药：凡药性温燥，具有温肺祛寒、燥湿化痰作用的药物，称为温化寒痰药。

半夏：为天南星科植物半夏的干燥块茎，用时捣碎。有消肿散结的功效，主治痈肿。外用适量。半夏的炮制加工品有法半夏、姜半夏和清半夏。法半夏有燥湿化痰的功效，用于湿痰咳喘；马、牛用15～45g，驼用30～60g，羊、猪用3～9g，犬、猫用1～5g。姜半夏有温中化痰、降逆止呕的功效，用于痰饮呕吐、肚腹胀满；马、牛用15～45g，驼用30～60g，羊、猪用3～9g，犬、猫用1～5g。清半夏有燥湿化痰的功效，用于湿痰咳嗽；马、牛用15～45g，驼用30～60g，羊、猪用3～9g，犬、猫用1～5g。

天南星：为天南星植物天南星、异叶天南星或东北天南星的干燥块茎。除杂，洗净，干燥。有散结消肿的功效，主治痈肿、蛇虫咬伤。外用适量。制天南星为天南星的炮制加工品，有燥湿化痰、祛风解痉、散结消肿的功效，用于顽痰咳嗽、痰湿壅滞、口眼歪斜、四肢抽搐；马用15～30g，牛用15～40g，羊、猪用3～9g，犬、猫用1～2g。

旋覆花：为菊科植物旋覆花或欧亚旋覆花的干燥头状花序。除梗、叶及杂质。有降气、消痰、行水、止呕的功效，主治风寒咳嗽、痰饮蓄积、呕吐。马、牛用15～45g；羊、猪用5～10g；犬、猫用1～3g；兔、禽用1～2g。

白前：为萝藦科植物柳叶白前或芫花叶白前的干燥根茎和根。除杂，洗净，润透，切段，干燥。有降气、消痰、止咳的功效，主治肺气壅滞、痰多咳喘。马、牛用15～45g；羊、猪用5～10g；兔、禽用1～2g。

② 清化热痰药：凡药性偏于寒凉，以清化热痰为主要作用的药物，称为清化热痰药。

川贝母：为百合科植物川贝母、暗紫贝母、甘肃贝母、梭沙贝母、太白贝母或瓦布贝母的干燥鳞茎。有清热润肺、止痰化咳、散结消痈的功效，主治肺热燥咳、久咳少痰、阴虚劳咳、疮痈肿毒、乳痈。马、牛用15～30g；羊、猪用3～10g；犬、猫用1～2g；兔、禽用0.5～1g。

浙贝母：为百合科植物浙贝母的干燥鳞茎。除杂，洗净，润透，切厚片，干燥，或打成碎块。有清热散结、化痰止咳的功效，主治肺热咳嗽、肺痈、乳痈、疮疡肿毒。马、牛用15～30g；驼用35～75g；羊、猪用3～10g；兔、禽用0.5～1.5g。

瓜蒌：为葫芦科植物栝楼或双边栝楼的干燥成熟果实。压扁切丝或切块。有清热化痰、利气散结、润燥通便的功效，主治肺热咳嗽、胸膈疼痛、乳痈、粪便干燥。马、牛用30～60g；羊、猪用10～20g；兔、禽用0.5～1.5g。

天花粉：为葫芦科植物栝楼或双边栝楼的干燥根。略泡，润透，切厚片，干燥。有清热泻火、生津止渴、排脓消肿的功效，主治高热贪饮、肺热燥咳、咽喉肿痛、热毒痈肿、乳痈。马、牛用15～45g；羊、猪用5～15g；犬、猫用3～5g；兔、禽用1～2g。

桔梗：为桔梗科植物桔梗的干燥根。除杂，洗净，润透，切厚片，干燥。有宣肺、祛痰、利咽、排脓的功效，主治咳嗽痰多、咽喉肿痛、肺痈。马、牛用15～45g；羊、猪用3～10g；兔、禽用1～1.5g。

前胡：为伞形科植物白花前胡的干燥根。除杂，洗净，润透，切薄片，晒干。有降气化痰、疏风清热的功效，主治痰多气喘、风热咳嗽。马、牛用15～45g；羊、猪用5～10g；兔、禽用1～3g。

③ 止咳平喘药：凡以止咳、平喘为主要作用的药物，称为止咳平喘药。

苦杏仁：为蔷薇科植物山杏、西伯利亚杏、东北杏或杏的干燥成熟种子。用时捣碎。有止咳平喘、润肠通便的功效，主治咳嗽气喘、肠燥便秘。马、牛用15～30g；羊、猪用3～10g。

紫菀：为菊科植物紫菀的干燥根和根茎。除杂，洗净，稍润，切厚片或段，干燥。有润肺下气、消痰止咳的功效，主治咳嗽、痰多喘急。马、牛用15～45g；驼用25～60g；羊、猪用3～6g。

款冬花：为菊科植物款冬的干燥花蕾。除杂，去残梗。有润肺下气、止咳化痰的功效，主治咳嗽、气喘。马、牛用15～45g；驼用20～60g；羊、猪用3～10g；犬、猫用3～5g；兔、禽用0.5～1.5g。

百部：为百部科植物直立百部、蔓生百部或对叶百部的干燥块根。除杂，洗净，润透，切厚片，干燥。有润肺止咳、杀虫的功效，主治咳嗽、蛲虫病、蛔虫病、疥癣、体虱。马、牛用15～30g；羊、猪用6～12g；犬、猫用3～5g。

马兜铃：为马兜铃科植物北马兜铃或马兜铃的干燥成熟果实。除杂，筛去灰屑。有清肺降气、止咳平喘的功效。主治肺热咳嗽、痰多喘促。马、牛用15～30g；羊、猪用3～6g。

葶苈子：为十字花科植物播娘蒿或独行菜的干燥成熟种子。除去杂质及灰屑。有泻肺平喘、行水消肿的功效，主治痰涎壅肺、喘咳痰多、水肿、胸腹积水、小便不利。马、牛用15～30g；驼用20～45g；羊、猪用5～10g；犬、猫用3～5g；兔、禽用1～2g。

紫苏子：为唇形科植物紫苏的干燥成熟果实。除杂，洗净，干燥。有降气化痰、止咳平喘、润肠通便的功效，主治痰壅咳喘、肠燥便秘。马、牛用15～60g；驼用20～80g；羊、猪用5～10g；兔、禽用0.5～1.5g。

枇杷叶：为蔷薇科植物枇杷的干燥叶。除绒毛，水喷润，切丝，干燥。有清肺止咳、和中降逆的功效，主治肺热咳喘、胃热呕吐。马、牛用30～60g；羊、猪用10～20g；兔、禽用1～2g。

白果：为银杏科植物银杏的干燥成熟种子。除去杂质及硬壳，用时捣碎。有敛肺定喘、除湿的功效，主治劳伤肺气、喘咳痰多、尿浊。马、牛用15～45g；驼用30～60g；羊、猪用5～10g；犬、猫用1～5g。

洋金花：为茄科植物白花曼陀罗的干燥花。有平喘止咳、镇痛解痉的功效，主治咳嗽喘急、肚腹冷痛、寒湿痹痛。马、牛用15～30g；羊、猪用1.5～3g。

（6）温里药 凡是药性温热，能够祛除寒邪的一类药物，称为温里药或祛寒药。

附子：为毛茛科植物乌头的子根的加工品。附片直接入药。有回阳救逆、补火助阳的功效，主治大汗亡阳、四肢厥冷、伤水冷痛、冷肠泄泻、风寒湿痹。马、牛用15～30g；羊、猪用3～9g；犬、猫用1～3g；兔、禽用0.5～1g。

干姜：为姜科植物姜的干燥根茎。除杂，略泡洗净，润透，切厚片或块，干燥。有温中逐寒、回阳通脉、燥湿消痰的功效，主治胃寒食少、冷肠泄泻、冷痛、四肢厥冷、风寒湿痹、痰饮喘咳。马、牛用15～30g；羊、猪用3～10g；犬、猫用1～3g；兔、禽用0.3～1g。

肉桂：为樟科植物肉桂的干燥树皮。除去杂质及粗皮，用时捣碎。有补火助阳、温中除寒的功效，主治脾胃虚寒、冷痛、肾阳不足、风寒痹痛、阳痿、宫冷。马、牛用15～30g；羊、猪用5～10g；兔、禽用1～2g。

吴茱萸：为芸香科植物吴茱萸、石虎或疏毛吴茱萸的干燥近成熟果实。除杂。有温中止痛、理气止呕的功效，主治脾胃虚寒、冷肠泄泻、胃冷吐涎。马、牛用15～30g；羊、猪用3～10g；犬、猫用2～5g。

小茴香：为伞形科植物茴香的干燥成熟果实。除杂。有散寒止痛、理气和胃的功效，主治寒伤腰胯、冷痛、冷肠泄泻、胃寒草少、腹胀、宫寒不孕。马、牛用15～60g；羊、猪用5～10g；犬、猫用1～3g；兔、禽用0.5～2g。

高良姜：为姜科植物高良姜的干燥根茎。除杂，洗净，润透，切薄片，晒干。有温中散寒、止痛、消食的功效，主治冷痛、反胃吐食、冷肠泄泻、胃寒少食。马、牛用15～30g；羊、猪用3～10g；兔、禽用0.3～1g。

艾叶：为菊科植物艾的干燥叶。除杂及梗，筛去灰屑。有散寒止痛、温经止血的功效，主治风寒湿痹、肚腹冷痛、宫寒不孕、胎动不安。马、牛用15～45g；驼用30～60g；羊、猪用5～15g；犬、猫用1～3g；兔、禽用1～1.5g。

花椒：为芸香科植物青椒或花椒的干燥成熟果实。除去种子、果柄等杂质。有温中止痛、杀虫止痒的功效，主治冷痛、冷肠泄泻、虫积，外治湿疮、疥癣。马、牛用10～20g；羊、猪用3～9g。

白扁豆：为豆科植物扁豆的干燥成熟种子。除杂，用时捣碎。有健脾和中、消暑化湿的功效，主治暑湿腹泻、尿短少、脾胃虚弱。马、牛用15～45g；羊、猪用5～15g；兔、禽用1.5～3g。

（7）祛湿药 凡能祛除湿邪，治疗水湿证的药物，称为祛湿药。

① 祛风湿药：能够祛风胜湿，治疗风湿痹证的药物，称为祛风湿药。大多药性辛温。

羌活：为伞形科植物羌活或宽叶羌活的干燥根茎和根。除杂，洗净，润透，切厚片，干燥。有解表散寒、祛风胜湿、止痛的功效，主治外感风寒、风湿痹痛。马、牛用15～45g；羊、猪用3～10g；兔、禽0.5～1.5g。

独活：为伞形科植物重齿毛当归的干燥根。除杂，洗净，润透，切薄片，晒干或低温干燥。有祛风除湿、通痹止痛的功效，主治风寒湿痹、腰肢疼痛。马、牛用15～45g；羊、猪用3～10g；兔、禽用0.5～1.5g。

威灵仙：为毛茛科植物威灵仙、棉团铁线莲或东北铁线莲的干燥根和根茎。除杂，洗净，润透，切段，干燥。有祛风湿、通经络的功效，主治风湿痹痛、筋脉拘挛、屈伸不利。马、牛用15～60g；羊、猪用3～10g；犬、猫用3～5g；兔、禽用0.5～1.5g。

木瓜：为蔷薇科植物贴梗海棠的干燥近成熟果实。洗净，润透或蒸透后切薄片，晒干。有舒筋活络、和胃化湿的功效，主治风湿痹痛、湿困脾胃、呕吐、泄泻、水肿。马、牛用15～45g；羊、猪用5～10g；犬、猫用2～5g；兔、禽用1～2g。

桑寄生：为桑寄生科植物桑寄生的干燥带叶茎枝。除杂，略洗，润透，切厚片或短段，干燥。有祛风湿、补肝肾、强筋骨、安胎元的功效，主治风湿痹痛、腰胯无力、胎动不安。马、牛用30～60g；羊、猪用5～15g。

秦艽：为龙胆科植物秦艽、麻花秦艽、粗茎秦艽或小秦艽的干燥根。除杂，洗净，润透，切厚片，干燥。有祛风湿、止痹痛、退虚热的功效，主治风湿痹痛、筋脉拘挛、阴虚发热、尿血。马、牛用15～45g；羊、猪用3～10g；兔、禽用1～1.5g。

五加皮：为五加科植物细柱五加的干燥根皮。除杂，洗净，润透，切厚片，干燥。有祛风除湿、强筋壮骨、补益肝肾、利水消肿的功效，主治风寒湿痹、腰肢痿软、体虚乏力、水肿。马、牛用15～45g；羊、猪用5～10g；犬、猫用2～5g；兔、禽用1.5～3g。

乌梢蛇：为游蛇科动物乌梢蛇的干燥体。去头及鳞片，切寸段。有祛风、活络、止痉的功效，主治风寒湿痹、惊痫抽搐、破伤风、口眼歪斜、恶疮。马、牛用15～30g；羊、猪用 3～6g。

防己：为防己科植物粉防己的干燥根。除杂，稍浸，洗净，润透，切厚片，干燥。有利水消肿、祛风止痛的功效，主治尿不利、风湿痹痛、关节肿痛。马、牛用 15～45g；羊、猪用 5～10g；兔、禽用 1～2g。

藁本：为伞形科植物藁本或辽藁本的干燥根茎和根。除杂，洗净，润透，切厚片，晒干。有祛风散寒、除湿止痛的功效，主治外感风寒、颈项强直、风湿痹痛。马、牛用 15～30g；羊、猪用 3～10g；兔、禽用 0.5～1.5g。

马钱子：为马钱科植物马钱的干燥成熟种子。除杂。有通络止痛、散结消肿的功效，主治风湿痹痛、跌打损伤、宿草不转、疮黄肿毒。马、牛用 1.5～6g；羊、猪用 0.3～1.2g。

豨莶草：为菊科植物豨莶、腺梗豨莶或毛梗豨莶的干燥地上部分。除杂，洗净，稍润，切段，干燥。有祛风湿、利关节、解毒的功效，主治风湿痹痛、腰胯无力、风疹湿疮。马、牛用 20～60g；羊、猪用 10～15g。

② 利湿药：凡能利尿、渗除水湿的药物，称为利湿药。大多药性淡平。

茯苓：为多孔菌科真菌茯苓的干燥菌核。浸泡，洗净，润后稍蒸，削外皮，切成块或厚片，晒干。有利水渗湿、健脾、宁心的功效，主治水肿尿少、脾虚食少、便溏泄泻、心神不宁。马、牛用 20～60g；驼用 45～90g；羊、猪用 5～10g；犬、猫用 3～6g；兔、禽用 1.5～3g。

猪苓：为多孔菌科真菌猪苓的干燥菌核。除杂，浸泡，洗净，润透，切厚片，干燥。有渗湿利水的功效，主治小便不利、水肿、泄泻、淋浊、带下。马、牛用 25～60g；羊、猪用 10～20g。

泽泻：为泽泻科植物东方泽泻或泽泻的干燥块茎。除杂，稍浸，润透，切厚片，干燥。有利小便、清湿热的功效，主治小便不利、水肿胀满、湿热泄泻。马、牛用 20～45g；羊、猪用 10～15g；犬、猫用 2～8g；兔、禽用 0.5～1g。

车前子：为车前科植物车前或平车前的干燥成熟种子。除杂。有清热利尿、渗湿通淋、明目的功效，主治热淋尿血、泄泻、目赤肿痛、水肿、胎衣不下。马、牛用 20～30g；驼用 30～50g；羊、猪用 10～15g；犬、猫用 3～6g；兔、禽用 1～3g。

滑石：为硅酸盐类矿物滑石族滑石，主含硅酸镁。除杂石，洗净，砸成碎块，粉碎成细粉或水飞后晒干。有利尿通淋、清热解暑的功效，外用祛湿敛疮，主治热淋、石淋、湿热泄泻、暑热，外治湿疹、湿疮。马、牛用 25～45g；驼用 30～60g；羊、猪用 10～20g；兔、禽用 1.5～3g。

木通：为木通科植物木通、三叶木通或白木通的干燥藤茎。除杂、水浸泡，泡透后切片，干燥。有清心泻火、利尿、通经下乳的功效，主治口舌生疮、尿赤、五淋、水肿、湿热带下、乳汁不通。马、牛用 10～20g；羊、猪用 3～6g；犬用 1～2g。

通草：为五加科植物通脱木的干燥茎髓。除杂，切厚片或段。有清热利尿、通气下乳的功效，主治湿热尿淋、尿短赤、水肿、乳汁不下。马、牛用 15～30g；驼用 30～60g；羊、猪用 3～10g；兔、禽用 0.5～2g。

瞿麦：为石竹科植物瞿麦或石竹的干燥地上部分。除杂，洗净，稍润，切段，干燥。有利尿通淋、破血通经的功效，主治热淋、血淋、石淋、尿不利、胎衣不下。马、牛用 20～45g；羊、猪用 10～15g；兔、禽用 0.5～1.5g。

茵陈：为菊科植物滨蒿或茵陈蒿的干燥地上部分。除去杂根和杂质，搓碎或切碎。有清利湿热、利胆退黄的功效，主治黄疸、尿少、湿疮瘙痒。马、牛用 20～45g；羊、猪用

5～15g；犬、猫用3～8g；兔、禽用1～2g。

薏苡仁：为禾本科植物薏米的干燥成熟种仁。除杂。有利水渗湿、健脾止泻、除痹、排脓的功效，主治脾虚泄泻、湿痹拘挛、水肿、尿不利、肺痈。马、牛用30～60g；羊、猪用10～25g；兔、禽用3～6g。

金钱草：为报春花科植物过路黄的干燥全草。除杂，抢水洗，切段，干燥。有清热利湿、利水通淋、排石止痛、解毒消肿的功效，主治湿热黄疸、热淋、石淋、水肿、肿毒、毒蛇咬伤。马、牛用60～150g；羊、猪用15～60g；犬、猫用2～12g。

海金沙：为海金沙科植物海金沙的干燥成熟孢子。有清利湿热、通淋止痛的功效，主治膀胱湿热、尿淋、尿石、尿痛。马、牛用30～45g；羊、猪用10～20g；兔、禽用1～2g。

地肤子：为藜科植物地肤的干燥成熟果实。有清热利湿、祛风止痒的功效，主治湿热淋浊、皮肤瘙痒、风疹、湿疹。马、牛用15～45g；羊、猪用5～10g；兔、禽用1～3g。

石韦：为水龙骨科植物庐山石韦、石韦或有柄石韦的干燥叶。除杂，洗净，切段，干燥，筛去细屑。有利尿通淋、凉血止血、清肺止咳的功效，主治尿不利、热淋、尿血、衄血、肺热咳喘。马、牛用15～45g；驼用30～60g；羊、猪用6～12g；犬、猫用1～5g。

萹蓄：为蓼科植物萹蓄的干燥地上部分。除杂，洗净，切段，干燥。有利尿通淋、杀虫、止痒的功效，主治热淋、尿短赤、湿热黄疸、湿疹。马、牛用20～60g；驼用30～80g；羊、猪用5～10g；犬、猫用1～5g；兔、禽用0.5～1.5g。

③ 化湿药：气味芳香，能运化水湿、辟秽除浊的药物，称为化湿药。大多化湿药药性辛温香燥。

藿香：为唇形科植物藿香的干燥地上部分。除去杂质及老茎，先抖下叶，筛净另放，茎用水淋洗，润透，切段，晒干，再与叶混匀。有发表解暑、芳香化湿、和中止呕的功效，主治夏伤暑湿、暑湿泄泻、反胃呕吐、肚腹胀满。马、牛用15～45g；羊、猪用5～10g；兔、禽用1～2g。

佩兰：为菊科植物佩兰的干燥地上部分。除杂，洗净，稍润，切段，干燥。有芳香化湿、醒脾开胃、发表解暑的功效，主治伤暑、食欲不振。马、牛用15～40g；羊、猪用5～15g。

苍术：为菊科植物茅苍术或北苍术的干燥根茎。除杂，洗净，润透，切厚片，干燥。有燥湿健脾、祛风散寒、明目的功效，主治泄泻、水肿、风寒湿痹、风寒感冒、夜盲。马、牛用15～60g；羊、猪用3～15g；兔、禽用1～3g。

白豆蔻：为姜科植物白豆蔻或爪哇白豆蔻的干燥成熟果实。除杂，用时捣碎。有醒脾化湿、行气温中、开胃消食的功效，主治脾寒食滞、腹胀、食欲不振、冷痛、呕吐、虚寒泄泻。马、牛用15～30g；羊、猪用3～6g；兔、禽用0.5～1.5g。

草豆蔻：为姜科植物草豆蔻的干燥近成熟种子。除杂，用时捣碎。有燥湿健脾、温胃止呕的功效，主治脾胃虚寒、冷痛、寒湿泄泻、呕吐。马、牛用15～30g；羊、猪用3～6g；犬、猫用2～5g。

（8）理气药　凡能疏通气机，调理气分疾病的药物，称为理气药。其中理气力量特别强的，习称“破气药”。

陈皮：为芸香科植物橘及其栽培变种的干燥成熟果皮。除杂，喷淋，润透，切丝干燥。有理气健脾、燥湿化痰的功效，主治食欲减少、腹痛、肚胀、泄泻、痰湿咳嗽。马、牛用15～45g；羊、猪用5～10g；犬、猫用2～5g；兔、禽用2～5g。

青皮：为芸香科植物橘及其栽培变种的干燥幼果或未成熟果实的果皮。除杂，洗净，闷润，切厚片或丝，晒干。有疏肝破气、消积化滞的功效，主治胸腹胀痛、气胀、食积不化、气血郁结、乳痈。马、牛用15～30g；羊、猪用5～10g；兔、禽用1.5～3g。

香附：为莎草科植物莎草的干燥根茎。除去毛须及杂质，切厚片或碾碎。有疏肝解郁、理气宽中、活血止痛的功效，主治气血郁滞、胸腹胀痛、产后腹痛。马、牛用15～45g；羊、猪用10～15g；兔、禽用1～3g。

木香：为菊科植物木香的干燥根。除杂，洗净，闷透，切厚片，干燥。有行气止痛、健脾消食、和胃止泻的功效，主治胃肠气滞、食积肚胀、泻痢后重、腹痛。马、牛用30～60g；羊、猪用6～12g；犬、猫用2～5g；兔、禽用0.3～1g。

厚朴：为木兰科植物厚朴或凹叶厚朴的干燥干皮、根皮及枝皮。刮去粗皮，洗净，润透，切丝，干燥。有下气消胀、燥湿消痰的功效，主治宿食不消、食积气滞、肚胀便秘、痰饮咳喘。马、牛用15～45g；驼用30～60g；羊、猪用5～15g；兔、禽用1.5～3g。

砂仁：为姜科植物阳春砂、绿壳砂或海南砂的干燥成熟果实。除杂，用时捣碎。有化湿开胃、温脾止泻、理气安胎的功效，主治湿困脾胃、宿食不消、肚胀、反胃吐食、冷痛、肠鸣泄泻、胎动不安。马、牛用15～30g；羊、猪用3～10g；兔、禽用1～2g。

乌药：为樟科植物乌药的干燥块根。除细根，大小分开，浸透切薄片，干燥。有顺气止痛、温肾散寒的功效，主治寒凝气滞、胸腹胀痛、膀胱虚冷、尿频数。马、牛用30～60g；羊、猪用10～15g；犬、猫用3～6g；兔、禽用1.5～3g。

枳实：为芸香科植物酸橙及其栽培变种或甜橙的干燥幼果。除杂，洗净，润透，切薄片，干燥。有破气消积、化痰、除胀的功效，主治食积不消、肚胀、粪便秘结、脱垂症、痰滞气阻。马、牛用15～45g；羊、猪用5～10g；犬用2～4g；兔、禽用1～3g。

丁香：为桃金娘科植物丁香的干燥花蕾。去杂，筛去灰屑，用时捣碎。有温中降逆、补肾助阳的功效，主治胃寒呕吐、肚胀、冷肠泄泻、肾虚阳痿、宫冷。马、牛用10～30g；羊、猪用3～6g；犬、猫用1～2g；兔、禽用0.3～0.6g。

草果：为姜科植物草果的干燥成熟果实。清炒至焦黄并微鼓起，去壳取仁，用时捣碎。有温中燥湿、行气消胀的功效，主治脾胃虚寒、食积不消、肚腹胀满、反胃吐食。马、牛用20～45g；羊、猪用3～10g。

槟榔：为棕榈科植物槟榔的干燥成熟种子。润透后切薄片，清炒至微黄。有驱虫、消积、行气、利水的功效，主治绦虫病、蛔虫病、姜片虫病、虫积腹痛、宿草不转、食积腹胀、便秘、水肿。马用5～15g；牛用12～60g；羊、猪用6～12g；兔、禽用1～3g。

赭石：为氧化物类矿物刚玉族赤铁矿，主含三氧化二铁。除杂，砸成碎块。有平肝潜阳、重镇降逆、凉血止血的功效，主治肝阳上亢、呃逆、咳喘、呕吐、鼻衄、吐血、肠风便血、子宫出血。马、牛用30～120g；羊、猪用15～30g。

（9）**理血药** 凡能调理和治疗血分病证的药物，称为理血药。

① 活血化瘀药：具有活血化瘀、疏通血脉作用的药。

川芎：为伞形科植物川芎的干燥根茎。除杂，分开大小，洗净润透，切厚片，干燥。有活血行气、祛风止痛的功效，主治跌打损伤、气血瘀滞、胎衣不下、产后血瘀、风湿痹痛。马、牛用15～45g；羊、猪用3～10g；犬、猫用1～3g；兔、禽用0.5～1.5g。

丹参：为唇形科植物丹参的干燥根和根茎。除去杂质和残茎，洗净，润透，切厚片，干燥。有活血化瘀、通经止痛、凉血消痈的功效，主治气血瘀滞、跌打损伤、恶露不尽、疮黄疔毒。马、牛用15～45g；驼用30～60g；羊、猪用5～10g；犬、猫用3～5g；兔、禽用0.5～1.5g。

益母草：为唇形科植物益母草的新鲜或干燥地上部分。除杂，迅速洗净。有活血通经、利尿消肿的功效，主治胎衣不下、恶露不尽、带下、水肿尿少。马、牛用30～60g；羊、猪用10～30g；兔、禽用0.5～1.5g。

三七：为五加科植物三七的干燥根和根茎。洗净，干燥，碾成细粉。有散瘀止血、消肿止痛的功效，主治便血、衄血、吐血、外伤出血、跌打肿痛。马、牛用10～30g；驼用15～45g；羊、猪用3～5g；犬、猫用1～3g。

桃仁：为蔷薇科植物桃或山桃的干燥成熟种子。除杂，用时捣碎。有活血祛瘀、润肠通便的功效，主治产后血瘀、胎衣不下、膀胱蓄血、跌打损伤、肠燥便秘。马、牛用15～30g；羊、猪用3～10g。

红花：为菊科植物红花的干燥花。有活血、散瘀、止痛的功效，主治跌打损伤、瘀血疼痛、胎衣不下、恶露不尽。马、牛用15～30g；羊、猪用3～10g。

牛膝：为苋科植物牛膝的干燥根。除杂，洗净，润透，除残留芦头，切段，干燥。有补肝肾、强筋骨、逐瘀通经、引血下行的功效。主治腰胯疼痛、跌打损伤、产后瘀血、胎衣不下。马、牛用15～45g；羊、猪用5～10g。

王不留行：为石竹科植物麦蓝菜的干燥成熟种子。除杂。有通络下乳、活血消瘀的功效，主治乳汁不通、乳痈、疗疮。马、牛用30～100g；羊、猪用15～100g；犬、猫用3～5g。

赤芍：为毛茛科植物芍药或川赤芍的干燥根。除杂，分开大小，洗净，润透，切厚片，干燥。有清热凉血、散瘀止痛的功效，主治温毒发斑、肠热下血、目赤肿痛、痈肿疮疡、跌打损伤。马、牛用15～45g；羊、猪用3～10g；兔、禽用1～2g。

乳香：为橄榄科植物乳香树及同属植物树皮渗出的树脂。醋炙法炒至表面光亮。有活血化瘀、消肿止痛、敛疮生肌的功效，主治跌打损伤、气滞血瘀，外用治疮疡不敛。马、牛用15～30g；羊、猪用3～6g；犬用1～3g。

没药：为橄榄科植物地丁树和哈地丁树的干燥树脂。去杂，照醋炙法炒至表面光亮。有行气活血、消肿定痛、敛疮生肌的功效，主治跌打损伤、痈疽肿痛，外用治疮疡不敛。马、牛用25～45g；羊、猪用6～10g；犬用1～3g。

三棱：为黑三棱科植物黑三棱的干燥块茎。除杂，浸泡，润透，切薄片，干燥。有破血行气、消积止痛的功效，主治瘀血止痛、宿草不转、腹胀、大便秘结。马、牛用15～60g；羊、猪用5～10g；犬、猫用1～3g。

莪术：为姜科植物莪术、广西莪术或温郁金的干燥根茎。除杂，略泡，洗净，蒸软，切厚片，干燥。有破瘀消积、行气止痛的功效，主治气血瘀滞、肚腹胀痛、食积不化、跌打损伤。马、牛用15～60g；羊、猪用5～10g。

郁金：为姜科植物温郁金、姜黄、广西莪术或蓬莪术的干燥块根。洗净，润透，切薄片，干燥。有行气解郁、凉血活血、利胆退黄的功效，主治胸腹胀满、肠黄泄泻、热病神昏、湿热黄疸。马、牛用15～45g；驼用30～60g；羊、猪用3～10g；兔、禽用0.3～1.5g。

自然铜：为硫化物类矿物黄铁矿族黄铁矿，主含二硫化铁。除杂，洗净，干燥，用时捣碎。有散瘀止痛、续筋接骨的功效，主治跌打损伤、筋断骨折、血瘀肿痛。马、牛用15～45g；羊、猪用5～10g。

土鳖虫：为鳖蠊科昆虫地鳖或冀地鳖的雌虫干燥体。有破瘀血、续筋骨的功效，主治血瘀疼痛、产后腹痛、跌打损伤、痈肿、筋骨疼痛。马、牛用15～45g；羊、猪用5～

10g；犬、猫用1～3g。

② 止血药：具有制止内外出血作用的药。

白及：为兰科植物白及的干燥块茎。洗净，润透，切薄片，晒干。有收敛止血、消肿生肌、补肺止咳的功效，主治肺胃出血、肺虚咳嗽、外伤出血、烧伤、痈肿。马、牛用25～60g；驼用30～80g；羊、猪用6～12g；犬、猫用1～5g；兔、禽用0.5～1.5g。

仙鹤草：为蔷薇科植物龙芽草的干燥地上部分。除去残根和杂质，洗净，稍润，切段，干燥。有收敛止血、止痢、解毒的功效，主治便血、尿血、吐血、衄血、血痢、痈肿疮毒。马、牛用15～60g；驼用30～100g；羊、猪用6～15g；犬、猫用1～5g；兔、禽用1～1.5g。

棕榈：为棕榈科植物棕榈的干燥叶柄。除杂，洗净，干燥。有收涩止血的功效，主治鼻衄、便血、尿血、子宫出血。马、牛用15～45g；驼用20～60g；羊、猪用5～15g；犬、猫用1～3g。

蒲黄：为香蒲科植物水烛香蒲、东方香蒲或同属植物的干燥花粉。揉碎结块，过筛。有止血、化瘀、通淋的功效，主治鼻衄、尿血、便血、子宫出血、外伤出血、跌打损伤、瘀血肿痛。马、牛用15～45g；驼用30～60g；羊、猪用5～10g；兔、禽用0.5～1.5g。

血余炭：为人发制成的炭化物。除杂，碱水洗去油污，清水漂净，晒干，煅烧成炭，放凉。有收敛止血、化瘀、利尿的功效，主治尿血、便血、衄血、子宫出血、外伤出血、尿不利。马、牛用15～30g；驼用25～50g；羊、猪用6～12g。

大蓟：为菊科植物蓟的干燥地上部分。除杂，抢水洗或润软后，切段，干燥。有凉血止血、散瘀消肿的功效，主治衄血、便血、尿血、子宫出血、外伤出血、疮黄疔毒。马、牛用20～60g；羊、猪用10～20g。

小蓟：为菊科植物刺儿菜的地上干燥部分。除杂，洗净，稍润，切段，干燥。有凉血止血、祛瘀消肿的功效，主治衄血、尿血、痈肿疮毒、外伤出血。马、牛用20～60g；羊、猪用10～15g；犬用5～10g。

侧柏叶：为柏科植物侧柏的干燥枝梢和叶。除去硬梗及杂质，常用其炭。有凉血止血、化痰止咳的功效，主治衄血、咯血、便血、尿血、子宫出血、肺热咳嗽。马、牛用15～60g；羊、猪用5～15g；兔、禽用0.5～1.5g。

地榆：为蔷薇科植物地榆或长叶地榆的干燥根。除杂，洗净，除残茎，润透，切厚片，干燥。有凉血解毒、止血敛疮的功效，主治血痢、衄血、子宫出血、疮黄疔毒、烫伤。马、牛用15～60g；羊、猪用6～12g；兔、禽用1～2g。

槐花：为豆科植物槐的干燥花及花蕾。除去杂质及灰屑。有凉血止血、清肝泻火的功效，主治便血、赤白痢疾、子宫出血、肝热目赤。马、牛用30～45g；驼用40～80g；羊、猪5～15g。

茜草：为茜草科植物茜草的干燥根和根茎。除杂，洗净，润透，切厚片或段，干燥。有凉血止血、祛瘀通经的功效，主治鼻衄、便血、尿血、外伤出血、跌打损伤、产后恶露不尽。马、牛用15～60g；羊、猪用6～12g。

血竭：为棕榈科植物麒麟竭果实渗出的树脂经加工制成。除杂，打成碎粒或研成粉末。有祛瘀定痛、止血生肌的功效，主治跌打损伤、瘀血腹痛、外伤出血、疮疡不敛。马、牛用15～25g；羊、猪用3～6g；犬、猫用1～3g。

（10）收涩药 凡具有收敛固涩的作用，能治疗各种滑脱证的药物，称为收涩药。

① 涩肠止泻药：具有涩肠止泻作用的药物。

乌梅：为蔷薇科植物梅的干燥近成熟果实。除去杂质，洗净，干燥。有敛肺、涩肠、生津、安蛔的功效，主治久泻久痢、久咳、幼畜奶泻、蛔虫病。马、牛用15～60g；羊、猪用3～9g；犬、猫用2～5g；兔、禽用0.6～1.5g。

诃子：为使君子科植物诃子或绒毛诃子的干燥成熟果实。除杂，洗净，干燥，用时捣碎。有涩肠止泻、敛肺止咳的功效；主治久泻久痢、便血、脱肛、肺虚咳嗽。马、牛用15～60g；羊、猪用3～10g；犬、猫用1～3g；兔、禽用0.5～1.5g。

肉豆蔻：为肉豆蔻科植物肉豆蔻的干燥种仁。除杂，洗净，干燥。有涩肠止泻、温中行气的功效，主治脾胃虚寒、久泻不止、肚腹胀痛。马、牛用15～30g；羊、猪用5～10g。

石榴皮：为石榴科植物石榴的干燥果皮。除杂，洗净，切块，干燥。有涩肠止泻、止血、驱虫的功效，主治泻痢、便血、脱肛、虫积。马、牛用15～30g；驼用25～45g；羊、猪用3～15g；犬、猫用1～5g；兔、禽用1～2g。

五倍子：为漆树科植物盐肤木、青麸杨或红麸杨叶上的虫瘿。敲开，除杂。有收敛降火、涩肠止泻、敛汗涩精、收敛止血、收湿敛疮的功效，主治久咳、久泻、脱肛、虚汗、便血、外伤出血、疮疡。马、牛用10～30g；羊、猪用3～10g；犬、猫用0.5～2g；兔、禽用0.2～0.6g。

罂粟壳：为罂粟科植物罂粟的干燥成熟果壳。除杂，捣碎或洗净，润透，切丝，干燥。有敛肺、涩肠、止痛的功效，主治久咳、久泻、脱肛、肚腹疼痛。马、牛用15～30g；羊、猪用3～6g；犬、猫用1～3g。

② 敛汗涩精药：具有固肾涩精或锁尿作用的药物。

五味子：为木兰科植物五味子的干燥成熟果实。除杂，用时捣碎。有敛肺涩肠、生津止汗、固肾涩精的功效，主治肺虚咳喘、久泻、自汗、盗汗、滑精。马、牛用15～30g；羊、猪用3～10g；犬、猫用1～2g；兔、禽用0.5～1.5g。

牡蛎：为牡蛎科动物长牡蛎、大连湾牡蛎或近江牡蛎的贝壳。洗净，干燥，碾碎。有滋阴潜阳、敛汗固涩、软坚散结的功效，主治阴虚内热、虚汗、滑精、带下、骨软症。马、牛用30～90g；羊、猪用10～30g；兔、禽用1～3g。

浮小麦：为禾本科植物小麦的干燥轻浮瘪瘦的果实。除杂，洗净，晒干。有敛汗、益气、退虚热的功效，主治阴虚、内热、虚汗。马、牛用30～120g；羊、猪用10～20g。

金樱子：为蔷薇科植物金樱子的干燥成熟果实。除杂，略浸，润透，纵切两瓣，除去毛、核，干燥。有固精缩尿、涩肠止泻的功效，主治滑精、尿频数、带下、脾虚久泻、久痢。马、牛用15～45g；羊、猪用5～10g。

桑螵蛸：为螳螂科动物大刀螂、小刀螂或巨斧螳螂的干燥卵鞘。除杂，蒸透，干燥，用时剪碎。有补肾助阳、固精缩尿、止淋浊的功效，主治阳痿、滑精、尿频数、尿浊、带下。马、牛用15～30g；羊、猪用5～15g；兔、禽用0.5～1g。

芡实：为睡莲科植物芡的干燥成熟种仁。除杂。有益肾固精、补脾祛湿的功效，主治滑精、尿频数、脾虚泄泻、腰肢痹痛、带下。马、牛用20～45g；羊、猪用10～20g。

(11) 补虚药 凡能补益机体阴阳气血不足，治疗各种虚证的药物，称为补虚药。

① 补气药：多味甘，性平或偏温，具有补肺气、益脾气的功效。

人参：为五加科植物人参的干燥根和根茎。润透，切薄片，干燥，或用时粉碎、捣碎。有大补元气、复脉固脱、补脾益肺、生津养血、安神的功效，主治体虚欲脱、肢冷脉微、虚损劳伤、脾虚胃弱、肺虚喘咳、口干自汗、惊悸不安。马、牛用15～30g；羊、猪用5～10g；犬、猫用0.5～2g。

党参：为桔梗科植物党参、素花党参或川党参的干燥根。除杂，洗净，润透，切厚片或段，干燥。有补中益气、健脾益肺的功效，主治脾胃虚弱、少食腹泻、体倦无力、气虚脱垂。马、牛用30～60g；羊、猪用15～30g。

黄芪：为豆科植物蒙古黄芪或膜荚黄芪的干燥根。除去须根和根头，晒干。有补气升阳、固表止汗、利水消肿、托毒排脓、敛疮生肌的功效，主治肺脾气虚、中气下陷、表虚自汗、气虚水肿、痈疽难溃、久溃不敛。马、牛用20～60g；驼30～80g；羊、猪用5～15g；兔、禽用1～2g。

山药：为薯蓣科植物薯蓣的干燥根茎。除去杂质，分开大小个，润透，切厚片，干燥。有补脾养胃、益肺生津、补肾涩精的功效，主治脾胃虚弱、食欲不振、脾虚泄泻、虚劳咳喘、滑精、带下、尿频数。马、牛用30～90g；羊、猪用10～15g；兔、禽用1.5～3g。

白术：为菊科植物白术的干燥根茎。除杂，洗净，润透，切厚片，干燥。有补脾益气、燥湿利水、安胎、止汗的功效，主治脾虚泄泻、水肿、胎动不安、虚汗。马、牛用15～60g；驼用30～90g；羊、猪用6～12g；犬、猫用1～5g；兔、禽用1～2g。

甘草：为豆科植物甘草、胀果甘草或光果甘草的干燥根和根茎。除杂，洗净，润透，切厚片，干燥。有补脾益气、祛痰止咳、和中缓急、解毒、调和诸药、缓解药物毒性和烈性的功效，主治脾胃虚弱、倦怠无力、咳喘、咽喉肿痛、中毒、疮疡。马、牛用15～60g；驼用45～100g；羊、猪用3～10g；犬、猫用1～5g；兔、禽用0.6～3g。

大枣：为鼠李科植物枣的干燥成熟果实。除杂，洗净，晒干，用时破开或去核。有补中益气、养血安神、缓和药性的功效，主治脾虚少食、便溏、气血亏损、津液不足。马、牛用30～90g；羊、猪用10～15g；兔、禽用1.5～3g。

② 补血药：多味甘，性平或偏温，多入心、肝、脾经，有补血的功效。

当归：为伞形科植物当归的干燥根。除杂，洗净，润透，切薄片，晒干或低温干燥。有补血养血、活血止痛、润燥通便的功效，主治血虚劳伤、血瘀疼痛、跌打损伤、痈肿疮疡、肠燥便秘、胎产诸病。马、牛用15～60g；驼用35～75g；羊、猪用5～15g；犬、猫用2～5g；兔、禽用1～2g。

白芍：为毛茛科植物芍药的干燥根。洗净，润透，切薄片，干燥。有平肝止痛、养血敛阴的功效，主治肝阴不足、虚热、泻痢腹痛、四肢拘挛。马、牛用15～60g；驼用30～100g；羊、猪用6～15g；犬、猫用1～5g；兔、禽用1～2g。

阿胶：为马科动物驴的干燥皮或鲜皮经煎煮、浓缩制成的固体胶。捣成碎块，用时烊化兑服。有滋阴补血、安胎的功效，主治虚劳咳喘、产后血虚、虚风内动、胎动不安。马、牛用15～60g；羊、猪用6～12g；兔、禽用1.2～3g。

熟地黄：为玄参科植物地黄新鲜或干燥块根的炮制加工品。生地黄照酒炖法炖至酒吸尽，取出，晾晒至外皮黏液稍干时，切厚片干燥，即得；或照蒸法蒸至黑润，取出，晒至约八成干时，切厚片或块，干燥，即得。有滋阴补血、益精添髓的功效，主治肝肾阴虚、血虚精亏、腰胯痿软、虚喘久咳、虚热盗汗。马、牛用30～60g；羊、猪用5～15g。

何首乌：为蓼科植物何首乌的干燥块根。除去杂质，洗净，稍浸，润透，切厚片或块，干燥。有润肠通便、解毒疗疮的功效，主治肠燥便秘、疮黄疔毒。马、牛用30～100g；羊、猪用10～15g；犬、猫用2～6g；兔、禽用1～3g。

③ 助阳药：味甘或咸，性温或热，多入肝、肾经，有补肾助阳、强筋壮骨的作用。

巴戟天：为茜草科植物巴戟天的干燥根。除杂。有补肾阳、强筋骨、祛风湿的功效，主治阳痿滑精、腰胯无力、风寒湿痹。马、牛用30～50g；羊、猪用10～15g；犬、猫用1～5g；兔、禽用0.5～1.5g。

肉苁蓉：为列当科植物肉苁蓉或管花肉苁蓉的干燥带鳞叶的肉质茎。除杂，洗净，润透，切厚片，干燥。有补肾阳、益精血、润肠通便的功效，主治滑精、阳痿、垂缕不收、宫寒不孕、腰胯疼痛、肠燥便秘。马、牛用15～45g；羊、猪用5～10g；兔、禽用1～2g。

淫羊藿：为小檗科植物淫羊藿、箭叶淫羊藿、柔毛淫羊藿或朝鲜淫羊藿的干燥叶。除杂，喷淋清水，稍润，切丝，干燥。有补肾阳、强筋骨、祛风湿的功效，主治阳痿滑精、母畜乏情、腰胯无力、风湿痹痛。马、牛用15～30g；羊、猪用10～15g；犬、猫用3～5g；兔、禽用0.5～1g。

益智仁：为姜科植物益智的干燥成熟果实。除去杂质及外壳，用时捣碎。有暖肾固精缩尿、温脾止泻摄唾的功效，主治肾虚滑精、尿频、脾胃虚寒、冷痛、泄泻、吐涎。马、牛用15～45g；羊、猪用5～10g；兔、禽用1～3g。

补骨脂：为豆科植物补骨脂的干燥成熟果实。除杂。有温肾壮阳、纳气平喘、温脾止泻的功效，主治阳痿、滑精、尿频数、腰胯疼痛、肾虚喘、脾肾阳虚、泄泻。马、牛用15～45g；羊、猪用5～10g；兔、禽用1～2g。

杜仲：为杜仲科植物杜仲的干燥树皮。刮去残留粗皮，洗净切块或丝，干燥。有补肝肾、强筋骨、安胎的功效，主治肾虚腰痛、腰肢无力、风湿痹痛、胎动不安。马、牛用15～60g；羊、猪用6～15g；犬、猫用3～5g。

续断：为川续断科植物川续断的干燥根。洗净，润透，切厚片，干燥。有补肝肾、强筋骨、续折伤、安胎的功效，主治肝肾不足、腰肢痿软、风寒湿痹、跌打损伤、筋伤骨折、胎动不安。马、牛用25～60g；羊、猪用5～15g；犬、猫用3～5g；兔、禽用1～2g。

菟丝子：为旋花科植物南方菟丝子或菟丝子的干燥成熟种子。除杂，洗净，干燥。有滋补肝肾、固精缩尿、安胎、明目、止泻的功效，主治肾虚滑精、腰胯软弱、尿频、胎动不安、肾虚目昏、脾肾虚泻。马、牛用15～45g；羊、猪用5～15g。

骨碎补：为水龙骨科植物槲蕨的干燥根茎。除杂，洗净，润透，切厚片，干燥。有补肾壮骨、续筋疗伤、活血止痛的功效，主治肾虚久泻、腰胯无力、风湿痹痛、跌打闪挫、筋骨折伤。马、牛用15～45g；羊、猪用5～10g；兔、禽用1.5～3g。

锁阳：为锁阳科植物锁阳的干燥肉质茎。洗净，润透，切薄片，干燥。有补肾阳、益精血、润肠通便的功效，主治阳痿滑精、腰胯无力、肠燥便秘。马、牛用25～45g；驼用30～60g；羊、猪用5～15g；兔、禽用1～3g。

胡芦巴：为豆科植物胡芦巴的干燥成熟种子。除杂，洗净，干燥。有温肾助阳、祛寒止痛的功效，主治阳痿、滑精、外肾浮肿、肚腹冷痛、寒伤腰胯。马、牛用15～45g；羊、猪用3～10g；犬、猫用3～5g；兔、禽用0.3～1.5g。

蛤蚧：为壁虎科动物蛤蚧的去内脏干燥体。除去鳞片及头足，切成小块。有补肺益肾、纳气定喘、助阳益精的功效，主治肺肾不足、虚喘气促、劳嗽咳血、阳痿、滑精。马、牛用1～2对。

④ 滋阴药：多味甘，性凉，主入肺、胃、肝、肾经，具有滋肾阴、补肺阴、养胃阴、益肝阴等功效。

天冬：为百合科植物天冬的干燥块根。除杂，迅速洗净，切薄片，干燥。有养阴润燥、润肺生津的功效，主治肺热燥咳、阴虚内热、热甚伤津、肠燥便秘。马、牛用15～40g；羊、猪用5～10g；犬、猫用1～3g；兔、禽用0.5～2g。

麦冬：为百合科植物麦冬的干燥块根。除杂，洗净，润透，轧扁，干燥。有养阴生津、润肺清心的功效，主治阴虚内热、肺热干咳、肠燥便秘。马、牛用20～60g；羊、猪用10～15g；兔、禽0.6～1.5g。

百合：为百合科植物卷丹、百合或细叶百合的干燥肉质鳞叶。除杂。有养阴润肺、清心安神的功效，主治肺燥咳喘、阴虚久咳、心神不宁。马、牛用18～60g；羊、猪用6～12g。

石斛：为兰科植物金钗石斛、霍山石斛、鼓槌石斛或流苏石斛的栽培品及其同属植物近似种的新鲜或干燥茎。除去杂质及根须，洗净切段干燥；鲜品洗净切段。有益胃生津、养阴清热的功效，主治热病伤津、口渴欲饮、病后虚热。马、牛用15～60g；驼用30～100g；羊、猪用5～15g；犬、猫用3～5g；兔、禽用1～2g。

女贞子：为木犀科植物女贞的干燥成熟果实。除杂，洗净，干燥。有补肝肾、强筋骨、明目的功效，主治阴虚内热、腰肢无力、肾虚滑精、视力减退。马、牛用15～60g；羊、猪用6～15g；犬、猫用2～5g；兔、禽用1.5～3g。

鳖甲：为鳖科动物鳖的背甲。置蒸锅内，沸水蒸45min，取出，放入热水中，立即用硬刷除去皮肉，洗净，干燥。有养阴清热、平肝潜阳、软坚散结的功效，主治阴虚发热、虚汗、热病伤阴、虚风内动、痞块瘤肿。马、牛用15～60g；羊、猪用5～10g。

枸杞子：为茄科植物宁夏枸杞的干燥成熟果实。有养阴清热、益肾壮骨的功效，主治阴虚内热、咳嗽、腰胯无力。马、牛用60～120g；羊、猪用15～60g。

黄精：为百合科植物滇黄精、黄精或多花黄精的干燥根茎。除杂，洗净，略润，切厚片，干燥。有补气养阴、健脾、润肺、益肾的功效，主治脾胃虚弱、倦怠无力、肺虚燥咳、精血不足、阴虚贪水。马、牛用15～45g；羊、猪用5～15g。

玉竹：为百合科植物玉竹的干燥根茎。除杂，洗净，润透，切厚片或段，干燥。有滋阴润肺、养胃生津的功效，主治肺燥咳嗽、胃热、热病伤阴、虚劳发热。马、牛用15～60g；羊、猪用5～10g；兔、禽用0.5～2g。

山茱萸：为山茱萸科植物山茱萸的干燥成熟果肉。除去杂质和残留果核。有补益肝肾、涩精敛汗的功效，主治肝肾阴亏、腰肢无力、阳痿、滑精、尿频数、虚汗。马、牛用15～30g；羊、猪用10～15g；犬、猫用3～6g；兔、禽用1.5～3g。

（12）平肝药 凡能清肝热、息肝风的药物，称为平肝药。

① 平肝明目药：具有清肝火、退目翳作用的药物。

石决明：为鲍科动物杂色鲍、皱纹盘鲍、羊鲍、澳洲鲍、耳鲍或白鲍的贝壳。除杂，洗净，干燥，碾碎。有平肝潜阳、清肝明目的功效，主治肝经风热、目赤肿痛、目翳内障、肝阳上亢。马、牛用30～60g；驼用45～100g；羊、猪用15～25g；犬、猫用3～5g；兔、禽用1～2g。

决明子：为豆科植物钝叶决明或小决明的干燥成熟种子。除杂，洗净，干燥，用时捣碎。有清肝明目、润肠通便的功效，主治肝经风热、目赤肿痛、粪便燥结。马、牛用20～60g；羊、猪用10～15g；兔、禽用1.5～3g。

木贼：为木贼科植物木贼的干燥地上部分。除去枯茎及残根，喷淋清水，稍润，切段，干燥。有散风热、退目翳的功效，主治目赤肿痛、迎风流泪、翳膜遮睛。马、牛用15～60g；羊、猪用10～15g；犬用5～8g。

谷精草：为谷精草科植物谷精草的干燥带花茎的头状花序。除杂，切段。有疏散风热、明目退翳的功效，主治风热目赤、翳膜遮睛。马、牛用30～60g；羊、猪用10～15g；兔、禽用1～3g。

密蒙花：为马钱科植物密蒙花的干燥花蕾和花序。有清热泻火、养肝明目、退翳的功效，主治肝经风热、目赤肿痛、睛生翳膜、肝虚目暗。马、牛用20～45g；羊、猪用5～15g；犬、猫用3～5g。

青葙子：为苋科植物青葙的干燥成熟种子。有清肝泻火、明目退翳的功效，主治肝热目赤、睛生翳膜。马、牛用30～60g；羊、猪用5～15g；兔、禽用0.5～1.5g。

② 平肝息风药：具有潜降肝阳、止息肝风作用的药物。

天麻：为兰科植物天麻的干燥块茎。洗净，润透或蒸软，切薄片，干燥。有平肝息风、解痉止痛的功效，主治惊风抽搐、口眼歪斜、肢体强直、风寒湿痹。马、牛用10～40g；羊、猪用6～10g；犬、猫用1～3g。

钩藤：为茜草科植物钩藤、大叶钩藤、毛钩藤、华钩藤或无柄果钩藤的干燥带钩茎枝。有清热平肝、息风定惊的功效，主治肝经风热、痉挛抽搐、幼畜抽风。马、牛用15～60g；羊、猪用5～15g；兔、禽用1.5～2.5g。

全蝎：为钳蝎科动物东亚钳蝎的干燥体。除杂，洗净，干燥。有息风解痉、攻毒散结、通络止痛的功效，主治痉挛抽搐、口眼歪斜、风湿痹痛、破伤风、疮疡肿毒。马、牛用15～30g；羊、猪用3～9g；犬、猫用1～3g；兔、禽用0.5～1g。

蜈蚣：为蜈蚣科动物少棘巨蜈蚣的干燥体。去竹片，洗净，微火焙黄，剪段。有息风解痉、通络止痛、攻毒疗疮、解蛇毒的功效，主治痉挛抽搐、口眼歪斜、破伤风、风湿痹痛、疮毒、毒蛇咬伤。马、牛用5～10g；羊、猪用1～1.5g。

僵蚕：为蚕蛾科昆虫家蚕4～5龄的幼虫感染（或人工接种）白僵菌而致死的干燥体。淘洗后干燥，除杂。有息风止痉、祛风止痛、化痰散结的功效，主治肝风抽搐、破伤风、喉痹、皮肤瘙痒。马、牛用30～60g；羊、猪用10～15g。

蔓荆子：为马鞭草科植物单叶蔓荆或蔓荆的干燥成熟果实。除杂。有疏风散热、清利头目的功效，主治风热感冒、目赤多泪、目暗不明。马、牛用15～45g；羊、猪用5～10g；兔、禽用0.5～2.5g。

地龙：为钜蚓科动物参环毛蚓、通俗环毛蚓、威廉环毛蚓或栉盲环毛蚓的干燥体。除杂，洗净，切段，干燥。有清热定惊、通络、平喘、利尿的功效，主治热病抽搐、拘挛痹痛、气喘、水肿。马、牛用30～60g；羊、猪用10～15g；犬、猫用1～3g；兔、禽用0.5～1g。

天竺黄：为禾本科植物青皮竹或华思劳竹等秆内的分泌液干燥后的块状物。有清热豁痰、凉心定惊的功效，主治高热神昏、脑黄、心热风邪、癫痫。马、牛用20～45g；羊、猪用5～10g；犬、猫用1～3g；兔、禽用0.3～1g。

白附子：为天南星科植物独角莲的干燥块茎。除杂。有祛风痰、逐寒湿、定惊止痛、散瘀消肿的功效，主治口眼歪斜、破伤风、咽喉肿痛。马、牛用15～30g；驼用30～45g；羊、猪用5～10g；犬、猫用0.5～3g。

（13）安神开窍药 凡具有安神、开窍性能，治疗心神不宁、窍闭神昏病症的药物，称为安神开窍药。

① 安神药：以入心经为主，具有镇静安神作用的药物。

朱砂：为硫化物类矿物辰砂族辰砂，主含硫化汞。用磁铁吸取铁屑，或照水飞法水飞，晾干或40℃以下干燥。有清心镇惊、安神、解毒的功效，主治心热风邪、躁动不安、热病癫狂、脑黄、疮疡肿毒。马、牛用3～6g；羊、猪用0.3～1.5g。

酸枣仁：为鼠李科植物酸枣的干燥成熟种子。除去残留核壳，用时捣碎。有宁心安神、养心补肝、敛汗生津的功效，主治心虚惊恐、烦躁不安、体虚多汗、津伤口渴。马、牛用20～60g；羊、猪用5～10g；兔、禽用1～2g。

柏子仁：为柏科植物侧柏的干燥成熟种仁。除去杂质和残留的种皮。有养心安神、止汗、润肠的功效，主治心神不宁、阴虚盗汗、肠燥便秘。马、牛用25～60g；驼用40～80g；羊、猪用10～15g；犬、猫用2～5g。

远志：为远志科植物远志或卵叶远志的干燥根。除杂，略洗，润透，切段，干燥。有安神、祛痰、消肿的功效，主治心虚惊恐、咳嗽痰多、疮疡肿毒。马、牛用10～30g；驼用45～90g；羊、猪用5～10g；兔、禽用0.5～1.5g。

② 开窍药：这类药善于走窜，通窍开闭，苏醒神昏，适用于高热神昏、癫痫等病出现的猝然昏倒。

石菖蒲：为天南星科植物石菖蒲的干燥根茎。除杂，洗净，润透，切厚片，干燥。有开窍豁痰、化湿和胃的功效，主治神昏、癫痫、寒湿泄泻、肚胀。马、牛用20～45g；驼用30～60g；羊、猪用10～15g；犬、猫用3～5g；兔、禽用1～1.5g。

大皂角：为豆科植物皂荚的干燥成熟果实。除杂，洗净，晒干，用时捣碎。有祛痰开窍、散结消肿的功效，主治中风、癫痫、痰喘、窍闭，外治痈肿。马、牛用15～30g；羊、猪用3～10g。

蟾酥：为蟾蜍科动物中华大蟾蜍或黑眶蟾蜍的干燥分泌物。捣碎，加白酒浸渍，时常搅动至呈稠膏状，干燥，粉碎。有解毒、止痛、开窍的功效，主治疮黄疔毒、咽喉肿痛、中暑神昏。马、牛用0.1～0.2g；羊、猪用0.03～0.06g。

（14）驱虫药 凡能驱除或杀灭畜、禽体内、外寄生虫的药物，称为驱虫药。

雷丸：为白蘑科真菌雷丸的干燥菌核。洗净，晒干，粉碎，不得蒸煮或高温烘烤。有杀虫消积的功效，主治绦虫病、钩虫病、蛔虫病、虫积腹痛。马、牛用30～60g；驼用45～90g；羊、猪用10～20g。

使君子：为使君子科植物使君子的干燥成熟果实。除杂，用时捣碎。有杀虫消积的功效，主治虫积腹痛、蛔虫病、蛲虫病。马、牛用30～90g；羊、猪用6～12g；兔、禽用1.5～3g。

川楝子：为楝科植物川楝的干燥成熟果实。除杂，用时捣碎。有疏肝解郁、止痛、杀虫的功效，主治气滞腹胀、腰胯疼痛、虫积。马、牛用15～45g；驼用40～70g；羊、猪用5～10g；犬用3～5g。

南瓜子：为葫芦科植物南瓜的干燥成熟种子。有驱虫的功效，主治绦虫病、蛔虫病。马、牛用60～150g；羊、猪用60～90g；犬、猫用5～10g。

石榴皮：为石榴科植物石榴的干燥果皮。除杂，洗净，切块，干燥。有涩肠止泻、止血、驱虫的功效，主治泻痢、便血、脱肛、虫积。马、牛用15～30g；驼用25～45g；羊、猪用3～15g；犬、猫用1～5g；兔、禽用1～2g。

大蒜：为百合科植物大蒜的鳞茎。有理气开胃、解毒、止痢、杀虫的功效，主治慢草不食、肚腹胀满、下痢、虫积腹痛。马、牛用30～90g；羊、猪用15～30g。

蛇床子：为伞形科植物蛇床的干燥成熟果实。有温肾壮阳、燥湿祛风、杀虫止痒的功效，主治肾虚阳痿、宫寒不孕、带下、湿疹、瘙痒。马、牛用30～60g；羊、猪用

15～30g。

贯众：为鳞毛蕨科植物粗茎鳞毛蕨的干燥根茎和叶柄残基。除杂，喷淋清水，洗净，润透，切厚片，干燥，筛去灰屑。有清热解毒、止血、驱虫的功效，主治时疫感冒、温毒发斑、疮疡肿毒、衄血、便血、子宫出血、虫积腹痛。马、牛用 20～60g；羊、猪用 10～15g。

常山：为虎耳科植物常山的干燥根。除杂，分开大小，浸泡，润透，切薄片，晒干。有杀虫、除痰消积的功效，主治球虫病、宿草不转、痰饮积聚。马、牛用 30～60g；羊、猪用 10～15g；兔、禽用 0.5～3g。

（15）外用药 凡以外用为主，通过涂敷、喷洗形式治疗家畜外科疾病的药物，称为外用药。

冰片：为无色透明或白色半透明的片状松脆结晶。有通窍醒脑、清热止痛的功效，主治神昏惊厥、咽喉肿痛、心热舌疮、目赤翳障、疮疡肿毒。马、牛用 3～6g；羊、猪用 1～1.5g。

硫黄：为自然元素类矿物硫族自然硫，采挖后，加热熔化，除杂；或用含硫矿物经加工制得。除杂，敲成碎块。有补火助阳、通便的功效；外用解毒、杀虫、疗疮。主治阳痿、阳虚便秘、虚寒气喘、疥癣、阴疽恶疮。马、牛用 10～30g；驼用 15～35g；羊、猪用 0.3～1g。

雄黄：为硫化物类矿物雄黄族雄黄，主含二硫化二砷。照水飞法水飞，晾干。有解毒杀虫、燥湿祛痰的功效，主治痈肿疮毒、虫积腹痛、惊痫、蛇虫咬伤、疥癣。马、牛用 5～15g；驼用 10～15g；羊、猪用 0.5～1.5g；兔、禽用 0.03～0.1g。

木鳖子：为葫芦科植物木鳖的干燥成熟种子。去壳取仁，用时捣碎。有散结消肿、攻毒疗疮的功效，主治乳痈、槽结、瘰疬、疮痈。马、牛用 3～9g；羊、猪用 1～1.5g；外用适量。

炉甘石：为碳酸盐类矿物方解石族菱锌矿，主含碳酸锌。除杂，打碎。有退翳明目、敛疮生肌的功效，主治目赤翳障、疮疡不敛。外用适量。

石灰：为碳酸盐类矿物石灰岩经加热煅烧制成，主含氧化钙。有止血、生肌、杀虫、消毒的功效，主治外伤、疮疡、疥癣、烫伤、气胀。马、牛用 10～30g；羊、猪用 3～6g；制成石灰水澄清液。

白矾：为硫酸盐类矿物明矾石经加工提炼制成，主含含水硫酸铝钾。除杂，用时捣碎。有燥湿祛痰、止血、止泻的功效，外用解毒杀虫、止痒、敛疮，主治喉痹、癫痫、久泻、便血、口舌生疮、湿疹、疥癣、疮疡。马、牛用 15～30g；驼用 30～45g；羊、猪用 5～10g；犬、猫用 1～3g；兔、禽用 0.5～1g。

儿茶：为豆科植物儿茶的去皮枝、干的干燥煎膏。用时捣碎。有收涩止血、生肌敛疮、清肺化痰的功效，主治疮疡不收、湿疹、口疮、跌打损伤、外伤出血、肺热咳嗽。马、牛用 15～30g；羊、猪用 3～10g；犬、猫用 1～3g。

硼砂：从硼砂矿提炼而成的结晶。碾成细粉，即得。有清热、祛痰、解毒的功效，主治咽喉肿痛、痰热咳嗽、口疮、目疾。马、牛用 10～25g；羊、猪用 2～5g。

斑蝥：为芫青科昆虫南方大斑蝥或黄黑小斑蝥的干燥体。除杂。有破血逐瘀、散结消癥、攻毒蚀疮的功效，主治痈疽疔毒、慢性关节及筋腱肿痛。马、牛用 6～10g；羊、猪用 2～6g。

1.2.2 现代中兽药

如今现代制药技术不断提高，新型现代中兽药有着西药、抗生素不可比拟的优势，具有抗病毒、提高免疫力、抗应激、抗炎、抗菌、解热、镇痛、改善微循环等作用；用于临床疾病的防治时，可发挥多靶点、多效应、多途径给药等作用，且不易产生耐药菌株；是有效控制当前各种复杂、混感疾病的重要手段，也是动物疾病治疗、预防和保健首选药之一，更是养殖户必备的金钥匙！在全社会大力提倡安全和绿色食品的今天，不同剂型中兽药产品已经在畜禽养殖生产中作出了巨大的贡献。近年来，国内市场现代中兽药产品的剂型大致有如下几类。

1.2.2.1 散剂

中兽药散剂，是指中药材或中药饮片提取物经粉碎、混合均匀制成的粉末状制剂，是一种较早被应用于畜禽疾病治疗中的制剂。在现代畜牧养殖产业中应用较为普遍，优点是制备简便、成本低廉、效果确切；缺点是药效发挥较慢、给药困难、生物利用度低。常见的中兽药散剂有具有抗菌抗炎效果的三黄连散，具有消食开胃、促长催肥功用的肥猪散。利用超微粉碎技术制成的中兽药制剂石苦秦散，可作为犊牛、羔羊生长期的养殖保健药物。2020 年版《兽药典》收载的中兽药散剂共 140 种。

1.2.2.2 片剂

片剂是在丸剂的基础上发展起来的，是指药物与辅料均匀混合后压制而成的片状或异形片状的固体制剂。最先被使用是在 19 世纪 40 年代，后来随着科技设备的快速更新，科学家逐渐摸索出一套适用于中药片剂生产的工艺条件，极大地推动了中兽药片剂的发展和应用。中兽药片剂的优点是溶出度好、用药剂量准确、质量稳定，缺点是给药的剂量大、次数多、见效慢，不适合规模畜禽养殖的疾病防治。

1.2.2.3 注射剂

注射剂是 21 世纪以来中兽药领域开发出来的一个新剂型，其优点是药效迅速，作用可靠，适于不宜口服给药的疾病和药物，较其他液体制剂耐贮存。但也存在不少缺点，注射剂制作工艺复杂，生产条件要求高，临床给药容易产生较强的应激反应。我国河北省作为众多中药材的道地产区，对中兽药制剂的研究有多年历史。据报道，河北省安国市现代中药工业园区 2016 年起开始建设 500t 兽用口服液、颗粒剂和片剂生产线项目。近几年发生在牛羊等兽类身上的新型疾病，通过中兽药注射剂的使用，病情明显好转。市面上中兽药注射剂诸多，例如：具有利尿通淋、消肿排脓功效的鱼腥草注射液；具有清热健胃和通便功效的复方猪胆素注射液；具有清热疏风、利咽解毒功效的银黄提取物注射液；对多种病毒性疾病具有显著治疗效果的柴辛注射液等。

1.2.2.4 栓剂

栓剂是较早开发的一种剂型。对于动物用中兽药栓剂而言，它具有可以直接到达病变部位、作用迅速、疗效好、应激小、成本低等优点。此外，中兽药栓剂可以避免因注射药物制剂或免疫制剂引起动物应激反应的发生，利于实际生产和应用，研制中兽药栓剂有一定意义。

1.2.3 兽用天然药物

兽用天然药物是应用纯天然植物（包括矿物药）预防和治疗畜禽疾病或促进动物生长的物质。由于它不会产生危害健康的药物残留，所以受到了广大消费者和畜禽养殖者的欢迎。有关专家认为，兽用天然药物由于不会对食品安全构成威胁，将在很大程度上逐步取代化学药品。广阔的发展前景使其开发商机凸现。兽用天然药物是我国中医药学的宝贵遗产，长期以来对畜禽的繁殖和发展作出了不可磨灭的贡献。它不仅在中国得到了继承和发展，而且在国际上也产生了巨大的影响，亚洲的很多国家和地区把兽用天然药物当成畜禽与疾病作斗争、提高畜禽健康质量的重要工具，与西方现代兽医药共同用于临床。欧美各国在“回归大自然”的口号影响下，也越来越重视兽用天然药物的研究，一些兽用天然药物的治疗作用逐渐得到了临床的认可。

1.2.3.1 牧业发展对兽用天然药物开发及其技术需求分析

近些年来，食品安全、药残和耐药性等问题日益受到重视，许多发达国家已经禁用了许多兽用药饲料添加剂。比如美国基于人畜交叉抗药性的顾虑而撤销了恩诺沙星与沙拉沙星在禽类中使用的注册标准，并且在可预见的未来也不再审批任何氟喹诺类作为兽药。世界卫生组织于 2000 年 7 月 23 日在日内瓦召开会议，提出了限制对牲畜使用化学抗菌药新建议。近年来，世界上发现化学药物、抗生素类具有毒副作用和残留，严重地影响人体健康，甚至引起“三致”和损害免疫功能。英国和法国自 1987 年以来植物药的购买力分别上升了 70%和 50%，而美国市场每年亦以高于 20%的速度增长。日本的汉方制剂从 20 世纪 90 年代开始，每年都以 15%以上的速度增长。国际植物药市场份额每年已达 270 亿美元。标准化是我国传统医药进入国际市场的突破口，是兽用中草药现代化发展的必要条件。我国物种丰富，药物种植面积大、品种齐全，但所占市场份额还不足 5%。其中最大的制约因素是我国植物药标准化程度低，生产工艺落后，缺乏科学规范的质量标准和质量控制手段。这是中兽药界的难点问题，是制约中兽药走向世界的“瓶颈”。因此，必须要有中药材的质量规范标准，要在现行的《兽药典》所列药材的基础上进一步完善、提高。

1.2.3.2 兽用天然药物开发取得新进展

第四次全国中药资源普查确认我国共有中药资源 18817 种。野生变家种取得了积极成果，许多已成为主流商品。对珍稀濒危野生动植物品种开展了人工种植、养殖和人工替代品研究，对进口药材的引种也取得了可喜的成绩，形成了一定的生产能力，药材进口的数量明显减少。

（1）提取和合成制药 在提取和合成制药的研究及生产过程中，有些原料药或合成药的中间体可以从动物或植物中获得，这样就扩大了中药资源的应用范围，并能降低成本，提高经济效益。例如，从中国薯蓣属的某些植物中提取的薯蓣皂苷元是合成激素及甾体类药物的重要原料，而国产薯蓣属多种植物的皂苷元含量及其工业产得率均属高含量范围。从一些药用植物中直接提取有效成分作为制药原料的为数不少，重要的有：从小檗属植物中提取消炎药物小檗碱（黄连素）；从岩白菜属植物中提取治疗呼吸道疾病的岩白菜素等。从药用植物中直接提取天然成分并制成新药用于临床的有青蒿素、石杉碱甲、丁公藤碱、樟柳碱、毛冬青甲素、川楝素、3-乙酸乌头碱、芫花酯甲及天花粉蛋白等。以某些药用植物含有的某种成分作为新药的半合成原料或对有效成分的全合成，通过化学合成或改造化学成分的结构，制成高效、低毒的新药物。例如，中国农业科学院兰州畜牧与兽药研究所在对茜草中的两个有效成分六茜素与茜草素进行提取及结构分析、药理、药效研究的基础上，用人工化学合成制得中药有效成分“六茜素”与“茜草素”两兽用新药（注射剂），在治疗奶牛乳腺炎、子宫内膜炎及猪、鸡细菌性疾病方面，效果明显。为之后实施无抗肉、禽、蛋、奶奠定了基础。同时他们开展利用中草药贯叶连翘的有效成分金丝桃素与蛋白结合对畜、禽疫病如禽流感等进行防治的研究，取得了较好的效果。

（2）通过扩大药用部位增加药源 目前使用的中药材往往取自植物或动物体的某一部位，如仅用植物的根、根茎、叶、花或果实等，或者仅用动物的角、骨、甲（壳）等。非药用部位常被作为废料而丢弃，较少根据再生增值的综合利用原则进行探索、研究。以党参为例，党参以其根入药，而党参的茎叶都含有党参皂苷，药用价值很高，却常被忽视，如果被制成饲料添加剂，不仅能提高鸡的产蛋率，而且能够增加蛋黄的颜色。通过对某些植物的不同部位进行化学分析、药理实验和临床观察等对比研究证明，可以扩大它们的应用或药用部位，因为同一种药用植物的不同部位常含有相同或相似的药用成分和生理活性，一般只是含量多少和药效强弱的差异。

（3）药用成分开始综合开发 同一中药材中往往含有不止一种可供药用的有效成分，未被利用的成分也常具有生理活性。因此，药材中含有的各种生理活性物质应综合考虑，充分利用。国内在这方面也进行了许多工作，如罂粟果收集入药，将其秆制成治疗仔猪腹泻药“泻痢宁”，具有良好的治疗效果。

（4）传统方药开发新用途 通过对传统中药方剂、剂型、药理、化学成分的研究和临床试验，许多传统方药有了新用途，取得了新的进展，使中药复方药和单方的潜在药效得到了进一步的发挥，明显地提高了传统方药的临床疗效。一些传统方药或中药材过去没有发现或虽有记载而未引起重视的药效得到了证实，开拓了新的药用途径。近年来，中兽药开发有了新的进展，由过去单纯治疗型转向营养保健开发型发展。比如，根据扶正固本、增强机体的理论，给蛋鸡服用刺五加制剂，促使鸡输卵管总氮量和蛋白质显著增加，提高了产卵率和卵重。

1.2.3.3 现阶段兽用中草药开发主要技术制约因素

我国中草药资源虽然非常丰富，但大部分是人用中草药，兽用的只有1000多种，为避免与人用中草药资源的争夺，兽用中草药添加剂的开发应多向人类应用较少或不用的资源进展。我国中兽药产业已初具规模。但是，与中药产业相比，存在的问题也不少，有的还较严重，影响到整个中兽药产业的健康发展。具体来说有以下几个方面。

① 中药材质量不稳定，品种混乱。过度的开发使原本就已经十分脆弱的生态环境进一步被破坏，有关部门在种质资源保护和优质中药材的引种、栽培上又缺乏组织和协调，使得宝贵的中药材野生资源濒临枯竭。大宗中药材品种栽培技术研究推广不够，生产管理粗放，单产低、质量差的现象较为普遍。

② 在中兽药加工方面，存在生产水平低、产品质量不稳定和炮制规范不一等问题。

③ 在中兽药剂型方面，主要问题是单个产品和同类产品低水平重复严重，其中多数质量不高、疗效不佳、销路不畅，加上市场制度不健全致使真正质量过硬的产品难以形成规模。

④ 在市场推广方面，我国中药材产品市场问题较多。产品标识不清，使用说明含糊，

存在扩大疗效现象。产品包装落后、外观粗糙，知识产权和市场竞争意识淡薄。

以上几方面的问题在我国中兽药产业内普遍存在，阻碍了中兽药产业的现代化进程，是我国中兽药产业国际市场竞争力低的主要原因。要克服以上不足，应从以下几方面加以重视。

第一，加强中兽药基础理论机制的研究。由于文化背景和理论体系所导致的差异，加上中兽药自身的复杂性，使得现代科学技术手段目前尚难以说明中兽药作用的本质、作用机制和中兽药药性理论等丰富的内涵。

第二，剂量和剂型。应根据禽类体型小、群体大、消化道短和体内停留时间短的特点，筛选出理想的配方，根据配方中药物有效成分的区别，首先进行超粉碎，采用不同的方法进行单项提取再复配，使中药添加剂向精制浓缩、微量化和最佳化方向发展。

第三，有效成分和作用机制。中草药的成分极其复杂，不仅以有机成分为主，无机元素也占有相当的地位。这给中草药添加剂作用机制方面的研究造成一定的困难。所以要集中药理学、药物化学、药剂学和药理分析等方面的专家参加加强中药化学成分的提取、分离、鉴定及结构和药理活性的研究，并适当开展天然活性物质的化学合成、半合成的结构修饰研究工作，使其成分清楚，结构明确，作用机制详尽，由抽象到具体。

1.2.4 其他

1.2.4.1 宠物用中兽药的特点及选择原则

目前，我国的宠物以犬、猫为主。2021 年，我国犬、猫的数量均达到了 5000 万～6000 万只。在宠物生老病死的整个生命周期中，都有疾病的发生，与人类疾病的特点十分接近，所以中兽药在宠物的传染病、皮肤病、运动神经系统疾病、泌尿生殖系统疾病、呼吸系统疾病、消化系统疾病、骨伤科疾病、内分泌系统疾病以及肿瘤等各种疾病的防治中都得到了非常广泛的应用。

（1）宠物用中兽药的特点 由于宠物的品种多，体型小，疾病复杂，因此宠物用中兽药具有与畜禽用中兽药显著不同的特点，主要表现在以下几个方面。

① 用量少：宠物体型小，所用中兽药的剂量相对也较小。

② 经典成方较少：中兽医从古发展以来，所治的动物多为牛、马等大动物，而宠物作为伴侣动物的饲养是随着我国经济的不断发展、人们的生活水平越来越好了之后，近二三十年才开始兴起，所以用于宠物的中兽药经典成方就少，可供借鉴的前人直接的经验很少。但是国内近十几年，随着宠物医疗专科化发展越来越细，也涌现了大量的宠物中兽医人才，他们寻求古方，结合宠物疾病特性，不断地进行临床实践，也积累了大量的中兽药应用临床经验。

③ 随疾病的变化而加减药味：宠物疾病受多方面因素的影响，病机往往较为复杂，临床诊断与治疗中，需根据疾病病机的变化、发展而灵活加减药味与剂量。

④ 不必过于考虑药物的价格：宠物作为伴侣动物，附带着宠物主人的情感需求，所以当宠物生病时，不会像大动物一样过多考虑治疗药物的价格和经济成本。

⑤ 应用越来越广泛：随着生活水平的提高，宠物的寿命越来越长，宠物老年化的现象也越来越严重，在很多老年病、慢性病的疗养方面，中兽药有着西医药无可替代的优

势。并且随着中兽药的疗效得到更多的宠物饲养者与更多的兽医师们的认可，今后的应用会越来越广泛。

（2）宠物用中兽药的选择原则

① 疗效确实：中兽药治疗宠物疾病，首要的原则是要有确实的疗效，能解决宠物的病痛，救助宠物的生命，并改善宠物的生活质量。因此在中兽药的选择上，应选择道地药材，并按古法采摘与炮制，以确保疗效可靠。

② 毒性较小或无毒性：中兽药治病，是利用中药四气五味的药性来纠正动物机体气血津液在病理状态下产生的偏性。而某些偏性较大的药物，往往不可避免地就会有一些不良反应或是毒性，我们需要通过特殊的炮制与使用方法来消除或降低毒性，如姜制、矾制半夏，细辛对于猫敏感，通过开盖煎煮来降低毒性。对于同类药物，我们在选用于宠物时，应尽量选择毒性小或是无毒性的。如防己中选择毒性小的汉防己，不用毒性较大的广防己；木通中选择无毒的木通或川木通，而不用毒性较大的关木通。

③ 来源广泛易得：用于宠物的中兽药的来源应该广泛易得，且必须合法合规。

④ 应用方便：可以根据宠物医疗市场的需求，制成汤剂、散剂、丸剂、超微粉剂、免煎颗粒剂、膏剂等多种剂型，以方便不同宠物使用。

（3）宠物用中兽药的剂型及给药方式

① 传统汤剂：为宠物医院自制中兽药汤剂，针对宠物疾病进行中兽医辨证，然后开具中药处方，采用中药饮片熬成的汤剂。优点是处方比较灵活，可以针对宠物不同的病因病机来调整中药药味与剂量比例，达到方证对应的目的。但是宠物临床实践中，需抓药、煎药、喂药等工序，相比西医处置方式而言，需要更多的时间，往往宠物主人会嫌麻烦，特别是中药汤剂对于猫来讲，因为过于敏感，强制喝药后又会加重应激，从而不利于疾病的恢复。所以在没有好的制剂非要用中药汤剂时，常常也采用灌肠疗法。

② 免煎中药颗粒剂：由单品中药经过提取后，再经过浓缩，加入辅料，制粒后得到，与中药饮片熬成的汤剂一样，可以针对病机灵活自组药方，并且使用方便，开好药之后，直接开水冲服即可，不需要煎煮，节省了时间与精力。且免煎中药颗粒为超浓缩而成，所以浓度高，用量小，对于猫来讲，也可以将颗粒灌入胶囊使用，喂药较为方便。但由于免煎中药颗粒为中药久煎浓缩而成，对一些特殊的疾病，药物久煎反而会影响疗效。另外，中医的一些理论和实践证明，多味中药材一起煎煮，从而产生反应，发挥的作用与单味免煎颗粒相互混合产生的作用不完全一样。所以应用时，要注意合理选择。

③ 中药配方超微粉：是将中药按常见处方的比例配好，再通过超微粉碎技术将中药粉碎成粒径小于10μm（过300目以上药筛）的粉体，是中药散剂的一种延伸。超微粉碎技术具有粉碎速度快、时间短、粒径细、分布均匀、节省原料等优点，可打破植物药材细胞壁，使细胞内的有效成分充分释放出来，有利于机体对药物的吸收利用，从而提高药材的生物利用度，减少用药剂量。目前在日本、韩国、中国台湾等地应用比较广泛。中药配方超微粉可通过短时间煎煮使配方中药物发生反应，比单味免煎颗粒混合疗效要好。

④ 兽药厂家生产的兽用中成药：针对宠物临床上常见的一些疾病生产的兽用中成药。中成药使用方便、易保存，一般根据犬、猫喂药需求，适口性较好，宠物主人接受度高。其中有口服液、配方颗粒、丸剂等剂型。但目前有批文的兽用中成药品种不多。而根据宠物病例的体质、环境、饮食、情志等方面的不同，又具有不同要求，因此目前的兽用中成药品种无法满足庞大的宠物医疗市场需求。

⑤ 具有饲料批号和饲料添加剂批号的添加中药成分的粮食：目前常见的有处方膏、

处方罐头、处方日粮、胶囊补充剂类、肉粒类等，都是通过调节营养比例，添加一些中药成分和营养补充剂混合而成，起到改善宠物体质的作用。此类含中药成分的产品，一般适口性好，药性温和，并可以长期服用，较适合一些老年病、慢性疾病的调理。

⑥ 中兽药注射剂：是中药经过提取纯化后，经过特定除菌工艺得到的中兽药剂型，用于注射给药。此类剂型目前因为品种较少，且存在一定的过敏率，在宠物临床上常常易引起纠纷，因此目前在宠物临床上应用较少。

1.2.4.2 常用的宠物用中兽药

常用的宠物用中兽药与常见的宠物疾病有关，而常见的宠物疾病又与其品种、年龄、情志、饮食、地域、生活习性有相关性。

幼年宠物犬、猫，因脏腑功能未完全发育成熟，气血未充，多发因外感风寒暑湿燥火引起的外感病，以呼吸道与胃肠道疾病为多，其中因防疫未到位而引起的传染病也属于中医外感病范畴。老年宠物，因为先天精气慢慢耗减，五脏六腑气化功能渐渐衰退，慢性功能性疾病较多。北方气候干燥、寒冷，所患疾病大多寒热直来直去，所用中药寒者热之，热者寒之，燥者润之。南方气候温暖，多潮湿，病证多夹湿邪郁阻气机，所用中药应以化湿理气之药为主。猫性格独立，对周边环境敏感，常因为环境改变而产生抑郁，心情不佳，导致肝郁脾虚等证，用药以疏肝健脾为多。饮食方面，年轻的宠物主人较容易接受全价配方宠物日粮，并且根据不同年龄、品种、饲养环境选择不同营养标准的日粮。但老一辈的宠物主人习惯用人吃的饭菜来喂给宠物，味厚而荤，加上城市家庭饲养的宠物常常运动量不足，易导致营养过剩，出现痰湿气虚体质，引起各种心脑血管疾病、肿瘤、慢性皮肤病，用药应以健脾燥湿、理气活血、化痰止痒之药为主。

（1）麻黄 为麻黄科植物草麻黄、中麻黄或木贼麻黄的干燥草质茎。干燥切段。具有解表散寒、宣肺平喘、利水消肿的功效，应用于外感风寒、咳嗽、气喘、水肿。犬用3～6g；猫用1～3g。

临床常用方剂：

① 小青龙汤：麻黄3g、桂枝3g、芍药3g、炙甘草2g、半夏3g、五味子3g、细辛3g、干姜3g。

主治：外感风寒，内有脾胃阳虚，水饮内停于肺胃而引起的发热恶寒、咳嗽气喘痰稀等症，症见鼻镜干、鼻流清涕、苔白而润，兼有呕吐清水、下痢、小便不利等。包括犬瘟热、犬细小病毒性肠炎、猫鼻支等传染病见有上述症状者均可应用。若有渴饮化热之象者，可以加生石膏；舌淡白、四肢凉者加炮附子；肺有积液者，加炒葶苈子。

② 麻杏甘石汤：麻黄4g、苦杏仁4g、甘草2g、石膏8g。

主治：外感风寒导致肺卫郁热引起的犬猫咳喘，症见舌红、发热、口渴、鼻镜有汗、呼吸喘促。

③ 越婢加术汤：麻黄6g、石膏8g、生姜3g、甘草2g、白术4g、大枣3枚。

主治：水饮与热互结于皮肤肌肉腠理之间引起的脓、疱、疮，外伤引起的感染，风湿性关节炎引起的关节积液、肿痛，以及腹水等症。若将白术换为半夏，为越婢加半夏汤，可治肺热郁闭、水饮不化引起的眼结膜水肿、青光眼。

④ 麻黄附子细辛汤：麻黄2g、炮附子3g、细辛2g。

主治：肾阳不足又外感风寒引起的呼吸道疾病，如猫传染性鼻气管炎，症见恶寒、四肢凉、鼻流清涕、舌淡而润、脉沉细者。

⑤ 三拗汤：麻黄 3g、苦杏仁 3g、炙甘草 3g。

主治：外感风寒导致肺失宣降引起的咳喘。此方为犬猫呼吸道疾病的基础方，根据兼证变化加减应用。此方相比麻黄汤少了桂枝，发汗之力较弱。临床上犬猫应用麻黄汤较少，原因有二：犬猫临床上风寒表实证少见，并且即使有，等到宠物医院就诊时也已经变证；犬猫汗腺不发达，麻黄加桂枝鼓动营卫气血达表力量强盛，但不能通过发汗而出的方式外泄表郁之阳气，所以容易药后立马出现短暂的体温极速升高、气喘、流口水，严重者可出现心慌、心悸等症状，虽可以一过而解，但也容易引起宠物主人不必要的恐慌。

（2）葛根 为豆科植物野葛的干燥根。切厚片晒干。有解肌退热、生津止渴、透疹、升阳止泻的功效，应用于外感发热、胃热口渴、痘疹、脾虚泄泻。犬、猫用 3～5g。

临床常用方剂：

① 葛根汤：葛根 4g、麻黄 3g、桂枝 2g、白芍 2g、生姜 3g、炙甘草 2g、大枣 3 枚。

主治：风寒外束肌表引起的颈项疼痛，外感风寒导致肺胃郁闭，津液不能达表，下迫大肠引起的下痢、呕吐。但必须结合有发热恶寒、鼻干、鼻流清涕、脉浮紧等症方可应用。其中呕吐者加半夏，颈椎病可加姜黄、海风藤、鸡血藤等。

② 葛根芩连汤：葛根 8g、黄连 1g、黄芩 2g、甘草 2g。

主治：表热内陷阳明引起的急性肠炎，症见舌红口渴、大便黏滞恶臭、肛门灼热。葛根可清热，升提阳明津液而止下利。

③ 七味白术散：葛根 2g、木香 1g、藿香 1g、人参 1g、白术 1g、茯苓 1g、甘草 1g。

主治：因脾虚不能升提津液导致的腹泻，症见舌干口渴、大便溏稀、气味不重。葛根升提津液而止泻。

（3）桂枝 为樟科植物肉桂的干燥嫩枝。干燥切片。具有发汗解表、温经通阳的功效，应用于风寒表证、关节痹痛、水湿停滞。犬用 3～9g；猫用 2～6g。

临床常用方剂：

① 桂枝汤：桂枝 3g、白芍 3g、生姜 3g、炙甘草 2g、大枣 3 枚。

主治：中焦营卫不足而外感风寒引起的感冒，症见鼻润、鼻流清涕、脉浮、中取少力。若有咳嗽加厚朴、苦杏仁降逆肺气；若有体虚外感兼有食积，可加大黄；中焦寒凝营阴、腹痛者可加白芍、饴糖为小建中汤。

② 桂枝人参汤：桂枝 4g、人参 3g、白术 3g、干姜 3g、炙甘草 3g。

主治：此方由理中汤加桂枝组合而成，常常治疗犬猫脾胃阳虚复又外感风寒，或外感风寒后西医用大量苦寒抗生素与输液导致邪气入里，引起的脾胃阳虚之证。症见大便溏稀，又兼有恶寒、鼻流清涕、舌苔白润等症。

③ 桂枝茯苓丸：桂枝 3g、白芍 3g、牡丹皮 3g、桃仁 3g、茯苓 3g。

主治：活血利水，用于犬猫子宫肌瘤、卵巢囊肿、产后恶露不尽、胎衣不下、前列腺肥大等病属气血水郁滞之证。

④ 桂枝芍药知母汤：桂枝 4g、白术 4g、知母 4g、防风 4g、白芍 3g、生姜 5g、麻黄 2g、甘草 2g、炮附子 2g。

主治：祛风除湿，温经散寒，兼清郁热，可用于犬猫的风湿性关节炎、肩周炎、坐骨神经痛等。

（4）柴胡 为伞形科植物柴胡或狭叶柴胡的干燥根。干燥切厚片。有发表和里、升举阳气、疏肝解郁的功效，应用于感冒发热、寒热往来、脾虚久泻、子宫脱垂、脱肛。犬用 3～9g；猫用 2～6g。

临床常用方剂：

① 小柴胡汤：柴胡 8g、黄芩 3g、人参 3g、炙甘草 3g、半夏 3g、生姜 3g、大枣 3 枚。

主治：疏肝健脾，和胃止吐，常用于犬猫临床上出现呕吐黄水、不欲饮食、脉弦细数、胸胁胀满属肝胃不和者。另对于猫情绪应激引起的不欲饮食、肠胃蠕动迟缓、呕吐、大便两三日未见又无他症者，此方加大黄效果良好。

② 大柴胡汤：柴胡 8g、黄芩 3g、白芍 3g、半夏 3g、枳实 4g、大黄 2g、大枣 3 枚、生姜 5g。

主治：犬猫胰腺炎、细小病毒性肠炎、黄疸性肝炎以及其他疾病，症见上腹痛、频繁呕吐、大便黏滞、脉弦滑数、舌质红、苔白腻者。

③逍遥散：柴胡 3g、当归 3g、白芍 10g、白术 3g、茯苓 5g、甘草 3g、生姜 2g、薄荷 2g。

主治：肝脾郁结引起的犬猫乳腺增生，早期可直接用；如果出现结节，需加青皮、木香、佛手、川楝子、夏枯草、昆布、天花粉。

（5）生姜 为姜科植物姜的新鲜根茎。具有发汗解表、辛散水邪、降逆止吐的功效。应用于风寒外感引起的恶寒发热、鼻塞，以及胃中水饮引起的呕吐等症。犬用 3～9g；猫用 2～6g。

临床常用方剂：

① 生姜泻心汤：生姜 12g、人参 9g、炙甘草 9g、干姜 3g、黄芩 9g、半夏 9g、黄连 3g、大枣 3 枚。

主治：胃虚水饮与邪热相结于心下、胃脘部位导致的消化系统疾病。症见胃胀气、心下痞满、肠鸣、口臭、大便水泻较急、次数较多、舌质红、苔水润，或是舌前半红，舌中舌根处白。生姜在此处为散胃中水邪。

② 小半夏汤：生姜 8g、半夏 6g。

主治：胃中水饮不化引起的呕吐，症见呕吐清稀水样、舌苔水润。生姜辛通水饮，佐半夏而止吐。

③新加汤：桂枝 3g、芍药 4g、甘草 2g、人参 3g、大枣 2 枚、生姜 4g。

主治：营阴不足、卫气不通引起的身疼，常见于犬猫外周神经炎。此方相比桂枝汤，加芍药的量，并加入人参来补中焦营气的不足，再加生姜的量以助营气开达于表来散寒止痛。

（6）甘草 为豆科植物甘草、光果甘草或胀果甘草的干燥根及根茎。具有补脾益气、润肺止咳、缓急止痛、缓和药性的功效。应用于脾胃虚弱、中气不足等证。犬用 3～9g；猫用 2～6g。

临床常用方剂：

① 甘草干姜汤：炙甘草 4g、干姜 2g。

主治：犬猫胃阳虚引起的四肢逆冷、呕吐、吐血、鼻出血；肺胃虚寒引起的吐涎沫。此方干姜温中暖胃，炙甘草补中气、缓和药性，使干姜持续发挥温中焦脾胃的作用。吐血、鼻出血干姜可以换成炮姜。

② 炙甘草汤：炙甘草 4g、生姜 3g、人参 2g、生地黄 15g、桂枝 3g、阿胶 2g、麦冬 3g、火麻仁 3g、大枣 2 枚。

主治：犬猫心脏病属心气阴两虚之证者，表现为心律不齐、脉结代、动则气喘，甚则后肢无力、舌淡偏暗紫色。

③ 调胃承气汤：甘草 2g、大黄 3g、芒硝 4g。

主治：犬猫胃热引起的呕吐、烦躁不安。临床表现为食后即吐、喷射状。相比大小承气汤，调胃承气汤有甘草，能保中气、缓和药性，能加强泻胃热之力，而不是发挥通腑作用。

④ 甘草泻心汤：炙甘草 4g、黄芩 3g、半夏 3g、大枣 3 枚、黄连 1g、干姜 3g。

主治：脾胃虚弱、水热互结在中焦脾胃引起的上热下寒等证，见于慢性胃炎、胃溃疡、十二指肠溃疡、口腔溃疡等，多伴有口臭、胃脘胀气、舌尖边红、舌中白，或舌质红、苔白滑润、肠鸣、下利等。

（7）茯苓 为多孔菌科植物茯苓的干燥菌核。具有健脾、利水渗湿的功效，应用于脾虚湿盛引起的体倦乏力、食少便溏、小便不利、痰饮咳嗽等症。犬用 3～9g；猫用 2～6g。

临床常用方剂：

① 五苓散：猪苓 3g、泽泻 5g、茯苓 3g、桂枝 2g、白术 3g。

主治：阳虚水饮内停证，如犬猫肠胃炎，有口渴喜饮、饮水后不久即吐、大便稀水状、小便少黄或无尿。茯苓加猪苓、泽泻，增强利尿作用，桂枝温阳行气以利水，白术燥湿健脾以利水。另外脑积水、癫痫、眩晕证属水饮内停、气化不利者均可以选用。

② 苓桂术甘汤：茯苓 4g、桂枝 3g、白术 3g、炙甘草 2g。

主治：心脾阳虚引起的水饮证。如很多犬猫医源性输液过多引起的脑积水、肺积水。表现为呼吸气促有湿啰音，头不自主左右摇晃。

③ 真武汤：茯苓 3g、白芍 3g、生姜 3g、白术 2g、炮附子 3g。

主治：脾肾阳虚引起的水饮证。症见身沉重、喜趴着，站立时全身颤抖、头晃，小便不利，舌白水润，严重者口流清水。

④ 小半夏加茯苓汤：半夏 6g，生姜 8g，茯苓 3g。

主治：犬猫顽固性呕吐，呕吐为清水痰涎，或是痰饮咳嗽，伴有心下痞满，头眩，心烦嘈杂，舌苔白滑腻。小半夏汤治胃内水饮，加茯苓以助脾运化水湿。

（8）白术 为菊科植物白术的干燥根茎。有补气健脾、燥湿利水、止汗安胎的功效，应用于脾虚泄泻、脾虚气弱、肌表不固的自汗。犬用 3～9g；猫用 2～6g。

临床常用方剂：

① 麻黄加术汤：麻黄 9g、桂枝 6g、炙甘草 3g、苦杏仁 9g、白术 12g。

主治：风寒湿邪闭表引起的疼痛，在犬猫临床上表现为外周神经炎，碰一下就浑身疼痛、尖叫，但又不知具体痛处；湿蕴肌表引起的皮肤病、神经性皮炎、过敏性皮炎。可见风疹骤起、瘙痒难耐、舌苔白润。

② 玉屏风散：黄芪 3g、防风 3g、白术 6g。

主治：犬猫体弱、感冒反复发作。黄芪补气实表，防风祛邪气，白术健脾胃补中州之气以助表。

③ 越婢加术汤：方见麻黄常用方剂，白术燥湿健脾、利水气。

④ 七味白术散：方见葛根常用方剂，白术燥湿健脾止泻。

⑤ 理中汤：方见人参常用方剂，白术健脾益气、燥湿止泻。

⑥ 四君子汤：方见人参常用方剂，白术健脾益气、燥湿止泻。

（9）人参 为五加科植物人参的干燥根。具有大补元气、补脾益肺、生津止渴的功效。常应用于大失血、大吐泻之后的气虚欲脱，热病后期气、津两伤引起的口渴烦多，各种原因引起的五脏精气不足。犬用3～9g；猫用2～6g。

临床常用方剂：

① 理中汤：人参3g、白术3g、炙甘草3g、干姜3g。

主治：温中健脾，用于犬猫脾胃虚寒引起的腹满呕吐、下利清稀，常见舌淡白而润、腹部触诊手感腹部温度偏凉、喜温喜按。

② 四君子汤：人参3g、白术3g、茯苓3g、炙甘草3g。

主治：健脾益气，用于犬猫慢性腹泻、食欲不振、大便溏稀、气虚乏力等症。

③ 白虎加人参汤：知母6g、石膏15g、炙甘草3g、粳米10g、人参3g。

主治：益气清热养阴，治疗犬猫热病或是中暑后气阴两伤。症见口渴饮水多、气急而喘、舌红而干、脉洪大而中取少力。知母、石膏清热，粳米、炙甘草、人参益气养阴。

④ 人参败毒散：人参3g、羌活3g、前胡3g、独活3g、川芎3g、甘草3g、柴胡3g、桔梗3g、枳壳3g、茯苓3g。

主治：气虚而外感风寒湿之邪引起的发热恶寒、咳嗽、身痛、腹泻等症。

（10）黄芪 为豆科植物蒙古黄芪和膜荚黄芪的干燥根。具有补气升阳、益卫固表、托毒生肌、利水消肿的功效。适用于肺脾气虚引起的中气下陷、自汗、浮肿尿少、外伤等症。犬用6～12g；猫用3～9g。

临床常用方剂：

① 补中益气汤：黄芪8g、人参5g、白术3g、炙甘草2g、陈皮3g、当归3g、升麻2g、柴胡2g。

主治：犬猫脾肺气虚导致的脱肛、子宫下垂、眼睑外翻等症，临床上表现为少气懒动、动则气喘、脉浮大少力等；另外夏季常出现的无名高热，症见食欲不振、气短乏力、精神不佳、体温升高，用退烧药也会反复升高，属气虚郁热者，采用补中益气汤甘温除大热法，疗效较好。黄芪可补脾肺阳气，宣达周身。

② 黄芪桂枝五物汤：黄芪9g、芍药9g、桂枝9g、生姜18g、大枣3枚。

主治：犬猫营卫不足、气虚寒痹引起的四肢无力、疼痛。常见于幼龄犬猫营卫不足，受风寒感冒后，突然引起的四肢无力，或是疼痛；以及老年犬平时气虚体胖，运动不耐受，突然感受风寒后导致四肢无力。症见脉浮缓、舌淡苔薄白、四肢冰凉无力，并无他证者，均可应用。此方倍用生姜以散寒通痹，用黄芪以益脾肺之气走肌肉腠理，使药效作用迅速达表。

③ 桂枝加黄芪汤：桂枝9g、白芍9g、炙甘草6g、大枣3g、生姜9g、黄芪6g。

主治：犬猫卫虚营郁引起的黄疸。以猫最为常见，常常因为感冒时间过长，或是正虚而输液误治，致使津液随阳气郁在皮肤腠理之间而出现黄疸。应当开营达卫、助肺开宣，使邪从表走膀胱而解。

④ 补阳还五汤：黄芪60g、当归3g、赤芍2g、地龙1g、川芎1g、桃仁1g、红花1g。

主治：犬猫气虚血瘀引起的半身不遂、中风出现的口眼歪斜、心脏病属气虚血瘀证者。常见运动不耐受、动则气喘、舌紫、四肢无力或是瘫痪。

⑤ 防己黄芪汤：防己6g、炙甘草3g、白术4g、黄芪6g。

主治：气虚导致水气不利，停留肌表引起的水肿。如急慢性肾小球肾炎、类风湿性关节炎、高血压、脑血管疾病等。方中黄芪补气以行水、利小便、消水肿。

⑥ 托里消毒散：黄芪3g、人参3g、川芎3g、白芍3g、当归3g、白术3g、茯苓3g、金银花3g、白芷1.5g、甘草1.5g、皂角刺1.5g、桔梗1.5g。

主治：托里消毒、祛腐生肌、促进伤口愈合，用于犬猫皮肤痈疮、外伤。黄芪补气托毒外出。

⑦ 玉屏风散：方见白术常用方剂，黄芪补气固表止汗。

（11）大枣 为鼠李科植物枣的成熟果实。具有补中益气、养血安神、缓和药性的功效，常用于脾虚少食、便溏、气血亏损、津液不足。犬用 3～9g（1～3 枚）；猫用 2～6g（1～2 枚）。

临床常用方剂：

① 桂枝汤：方见桂枝常用方剂。大枣补中焦营阴，以和营敛卫。

② 甘麦大枣汤：甘草 9g、小麦 30g、大枣 10 枚。

主治：肝气郁结，心脾两虚引起的心烦、急躁、不能安睡。症见犬夜间走来走去、不得安宁、不断呻吟、舌红少苔。以小麦清心养肝除烦，大枣、甘草补中益气，养血安神。

③ 十枣汤：甘遂 0.5g、芫花 0.5g、大戟 0.5g 打粉，用大枣 10 枚煎服。

主治：肝硬化腹水、猫传染性腹膜炎引起的腹水属实证者。此方泻水力量较强，应中病即止，并应根据体质配合补虚药使用。

（12）干姜 为姜科植物姜的干燥根茎。具有温中散寒、回阳、温肺化饮的功效。应用于胃寒引起的脘腹痛、呕吐泄泻，阳虚导致的亡阳证。

临床常用方剂：

① 甘草干姜汤：方见甘草常用方剂。方中干姜温中、温肺化饮。

② 理中汤：方见人参常用方剂。方中干姜温中健脾暖胃。

③ 小青龙汤：方见麻黄常用方剂。方中干姜温肺化饮。

④ 干姜附子汤：干姜 1g、生附子 3g。

主治：用于下利、汗出过多，以及过敏性休克引起犬猫亡阳急证，症见四肢逆冷、舌白苔白、虚烦不安。方中干姜温阳，生附子温通阳气，以急性温阳通阳为主。

⑤ 四逆汤：炙甘草 2g、干姜 1.5g、附子 3g。

主治：下利、汗出过多引起的亡阳证。在干姜附子汤中加入炙甘草，温中通阳，同时补虚、固护中气。

⑥ 干姜芩连人参汤：干姜 3g、人参 3g、黄芩 3g、黄连 3g。

主治：脾胃虚寒、格拒少阳胆热升发，出现胆热脾寒、寒积聚积中焦证候，症见心烦易吐、下利。

（13）陈皮 为芸香科植物橘及其栽培变种的干燥成熟果皮。具有理气、调中、燥湿、化痰的功效。应用于脾胃气滞引起的脘腹胀满、嗳气、恶心呕吐，痰湿阻塞引起的咳嗽痰多等症。犬用 3～9g；猫用 2～6g。

临床常用方剂：

① 二陈汤：陈皮 3g、半夏 3g、茯苓 3g、炙甘草 3g。

主治：此方为治痰饮咳嗽之基础方，主用于犬猫痰饮壅阻胸膈、肺胃引起的咳嗽痰多、恶心呕吐之症。方中陈皮燥湿健脾、理气化燥。

② 五味异功散：人参 3g、白术 3g、茯苓 3g、炙甘草 3g、陈皮 3g。

主治：脾胃气虚引起食欲不振、消化不良或久患咳嗽等症，若有痰多呕吐加半夏为六君子汤。此方为四君子加陈皮而成，方中陈皮有燥湿健脾、行脾胃气滞之功。

（14）半夏 为天南星科植物半夏的干燥块茎。具有燥湿化痰、降逆止呕、消痞散结的功效，常应用于咳嗽痰多、恶心呕吐等症。犬用 3～9g；猫用 2～6g。

临床常用方剂：

① 大半夏汤：半夏 6g、人参 3g、蜂蜜 10g。

主治：脾胃虚弱、脾阴不足引起的呕吐。症见犬猫消化不良、食谷不化、出现朝食暮吐，或是暮食朝吐。方中半夏降胃止呕。

② 半夏厚朴汤：半夏 5g、厚朴 3g、茯苓 4g、生姜 5g、紫苏叶 2g。

主治：痰凝气滞，阻于咽喉引起的咽痒、咳嗽、有异物感。症见犬猫慢性支气管炎，猫鼻气管炎。方中半夏降气化痰。

（15）白芍 为毛茛科植物芍药的干燥根。具有养血敛阴、和营调卫、柔肝止痛、平肝潜阳的功效。常用于肝气不和、营阴不足、肝阳上亢。犬用 3～9g；猫用 2～6g。

临床常用方剂：

① 桂枝加芍药汤：桂枝 3g、白芍 6g、炙甘草 2g、大枣 2g、生姜 3g。

主治：本方在桂枝汤基础上加倍了白芍，主要作用于中焦脾胃营阴不足、气血凝滞引起的腹痛。症见舌淡苔白，腹痛拒按。

② 芍药甘草汤：白芍 4g、炙甘草 4g。

主治：营阴不足，不能濡养四肢经脉引起的四肢屈伸不利，或四肢肌肉疼痛性疾病。症见舌红、脉弦细数。

（16）防风 为伞形科植物防风的干燥根。有祛风解表、胜湿、止痛、解痉的功效。应用于外感风寒湿邪引起的身痛、恶寒等症。犬用 3～9g；猫用 2～6g。

临床常用方剂：

① 消风散：荆芥 2g、防风 6g、蝉蜕 3g、牛蒡子 6g、苍术 9g、苦参 6g、木通 9g、胡麻仁 9g、石膏 12g、知母 6g、生地黄 9g、当归 3g、甘草 1g。

主治：风毒侵袭、湿郁肌表皮肤引起的犬猫皮肤病，如湿疹、急性风疹瘙痒、脓皮病等。

② 荆防败毒散：荆芥 3g、防风 3g、羌活 3g、独活 3g、柴胡 3g、前胡 3g、枳壳 3g、桔梗 3g、茯苓 3g、川芎 3g、甘草 1g。

主治：风寒湿邪侵犯肺脾引起的头痛恶寒、咳嗽、大便溏稀等症。

③ 玉屏风散：方见白术常用方剂，方中防风祛风解表，使正气布于表。

（17）紫苏叶 为唇形科植物紫苏的干燥叶（或带嫩枝）。具有辛温发散、通阳化气的作用，常用于咳逆痰喘、呕吐饮食等症。犬用 3～9g；猫用 2～6g。

临床常用方剂：

杏苏散：紫苏叶 3g、半夏 3g、茯苓 3g、前胡 3g、桔梗 2g、枳壳 2g、甘草 1g、大枣 2g、苦杏仁 3g、陈皮 2g。

主治：外感凉燥，肺气收敛，不能宣达津液于外，而内有津液凝滞，痰湿内生引起的咳嗽。见于每年 9、10 月份，天气渐凉，气候渐燥，症状以连续性干咳后咯出白黏痰为主，并伴鼻镜干、鼻流清涕、舌苔白而润，无其他症状，但呈暴发性时。方中紫苏叶辛温通阳、祛风化痰止咳。

（18）厚朴 为木兰科植物厚朴或凹叶厚朴的干燥干皮、根皮及枝皮。具有行气、燥湿、消积、平喘的功效。应用于湿阻、食积、气滞而致脘腹胀满、咳嗽气喘等症。犬用 3～9g；猫用 2～6g。

临床常用方剂：

① 桂枝加厚朴杏子汤：桂枝 3g、炙甘草 2g、生姜 3g、白芍 3g、大枣 3g、厚朴 3g、

苦杏仁 2g。

主治：肺胃之气不降、痰气阻肺引起的咳喘、鼻塞、打喷嚏。常见咳嗽、有少量白沫稀痰、舌苔白润、脉浮缓或浮滑迟。

② 半夏厚朴汤：方见半夏常用方剂。方中厚朴行气化痰。

③ 厚朴生姜半夏甘草人参汤：厚朴 8g、生姜 8g、半夏 2g、人参 1g、炙甘草 2g。

主治：脾虚引起的腹满胀气。常见食欲不振、腹部胀满，以及因气滞引起呼吸气喘、呕吐等症。

（19）枳实 为芸香科植物酸橙及其栽培变种或甜橙的干燥幼果。具有破气消积、化痰除痞的功效。常用于食积停滞、腹痛便秘，以及泻痢不畅、里急后重等症。犬用 3～9g；猫用 2～6g。

临床常用方剂：

① 枳术汤：枳实 3g、白术 6g。

主治：脾虚不运、食积不消、腹胀痞满等症。方中白术健脾除湿，枳实消积导滞。

② 四逆散：柴胡 3g、枳实 3g、白芍 3g、炙甘草 3g。

主治：肝气郁结，气不能达表引起的四肢逆冷；肝气郁结，横克脾土的腹痛、泻痢下重、不欲饮食等症。方中枳实破气以助肝气正常疏泄。

（20）大黄 为蓼科植物掌叶大黄、唐古特大黄或药用大黄的干燥根茎。具有泻下泻积、清热泻火、解毒、活血祛瘀的功效。常用于肠道积滞、大便秘结、瘀血、热毒疮疡等症。犬用 3～9g；猫用 2～6g。

临床常用方剂：

① 大承气汤：大黄 4g、厚朴 7g、枳实 4g、芒硝 2g。

主治：阳明腑实证引起的腹满而喘、大便干硬，甚至出现几日不大便，并伴有口渴、舌红、精神狂躁等症。对于犬应用此方时应首先排除因吃骨头、异物阻塞性引起的便秘。方中大黄泻热通肠道积滞。

② 大黄牡丹汤：大黄 4g、牡丹皮 1g、桃仁 4g、冬瓜子 10g、芒硝 4g。

主治：热毒壅于少腹引起的急性化脓性肠炎、产后恶露不尽。还有人曾用此方治犬外伤，车祸导致的腹部瘀血、大小便不利。方中大黄清热解毒、活血化瘀。

③ 大陷胸汤：大黄 5g、芒硝 5g、甘遂 0.5g。

主治：痰热结胸引起的心情烦躁、心下硬痛拒按。另外临床上还可用于犬猫癫痫属痰热扰心者。

（21）黄芩 为唇形科植物黄芩的干燥根。具有清热燥湿、泻火解毒、止血、安胎的功效。常用于泻痢下重、肺热咳嗽、少阳胆火郁滞。犬用 3～9g；猫用 2～6g。

临床常用方剂：

① 黄芩汤：黄芩 3g、白芍 3g、炙甘草 2g、大枣 3g。

主治：少阳胆热陷入太阴脾，与湿相合引起的自下利者。常见大便黏滞、里急后重、舌边尖红、舌中白润、脉弦滑。若胆胃不和而呕吐者，加生姜、半夏，称黄芩加半夏生姜汤。

② 小柴胡汤：方见柴胡常用方剂。方中黄芩清解少阳胆火。

③ 半夏泻心汤：半夏 4g、干姜 3g、黄芩 3g、黄连 1g、人参 3g、炙甘草 3g、大枣 3g。

主治：脾胃不和、痰热瘀阻中焦引起的肠胃炎，症见心下胃脘部痞满、呕吐痰沫、肠鸣下利、舌红润、脉滑数。方中黄芩清热燥湿。

（22）**黄连** 为毛茛科植物黄连、三角叶黄连或云连的根茎。具有清热燥湿、泻火解毒的功效。常用于肠胃湿热引起的腹泻、痢疾、呕吐等症。犬用3～9g；猫用2～6g。

临床常用方剂：

① 葛根芩连汤：方见葛根常用方剂。方中黄连苦寒，清热止痢。

② 黄连粉：黄连打粉外用。

主治：阴囊湿疹、皮肤湿疮、脓皮病。

（23）**黄柏** 为芸香科植物黄皮树的干燥树皮。具有清热燥湿、泻火解毒、退虚热的功效，常用于湿热泻痢、疮疡肿毒、湿疹等症。犬用3～9g；猫用2～6g。

临床常用方剂：

① 白头翁汤：白头翁5g、黄连4g、黄柏4g、秦皮4g。

主治：湿热疫毒下注大肠引起的犬的急性出血性肠胃炎。症见下利脓血、里急后重、肛门灼热、腹痛、舌红苔黄、脉弦数、口渴喜饮。

② 四妙散：苍术3g、牛膝3g、黄柏6g、薏苡仁6g。

主治：湿热下注引起的痹病、膝关节红肿疼痛，以及犬的前列腺炎、包皮炎，母犬的宫颈炎、尿道炎等。

（24）**石膏** 为硫酸盐类矿物石膏族石膏，具有清热泻火、生津止渴的功效，常用于肺胃气分实火引起的口渴、气喘、发热等症。犬、猫用3～5g。

临床常用方剂：

① 麻杏甘石汤：麻黄4g、苦杏仁1.5g、甘草2g、石膏8g。

主治：表邪未解、肺胃郁热引起的发热、气喘、口渴等症，常见鼻镜有汗、鼻涕偏黄、舌质红。方中石膏清热泻火、止渴。

② 白虎汤：知母6g、石膏16g、炙甘草2g、粳米7g。

主治：肺胃实热津亏引起发热、口渴，症见脉洪大、气喘、舌干红等，如中暑、大叶性肺炎等。

③ 大青龙汤：麻黄3g、桂枝2g、苦杏仁3g、炙甘草2g、石膏10g、生姜3g、大枣5g。

主治：寒邪闭表、热邪内郁于肺引起的发热恶寒、鼻干无汗、烦躁不安、脉见浮紧等症。方中石膏清热除烦。

（25）**山楂** 为蔷薇科植物山楂或山里红的干燥成熟果实。具有消食化积、活血散瘀的功效，常用于食滞不化、肉积不消、脘腹胀满等症。犬用3～9g；猫用2～6g。

临床常用方剂：

① 保和丸：山楂6g、半夏3g、陈皮3g、莱菔子3g、神曲3g、茯苓3g、连翘3g、麦芽3g。

主治：食积引起的脘腹胀满、嗳腐吞酸、饮食不振、大便酸臭。方中山楂主消肉积。

② 楂曲平胃散：山楂5g、神曲5g、麦芽5g、苍术3g、厚朴3g、陈皮3g、甘草1g、半夏3g、茯苓5g。

主治：寒湿困脾引起的脘腹痞胀、食欲不振、倦怠嗜卧、嗳腐吞酸、呕恶、泄泻、舌淡苔白润、脉濡缓。

（26）**麦芽** 为发芽的大麦颖果。具有消食和中、回乳的功效，常用于食积引起的饮食下降、消化不良、脘闷腹胀、乳汁郁积引起的乳房胀痛。犬用3～9g；猫用2～6g。

临床常用方剂：

① 保和丸：方见山楂常用方剂。方中麦芽消食积。

② 回乳汤：生麦芽 50g。

主治：回乳，用于犬猫断奶引起的乳房胀大肿痛。用药量一定要大才有明显的效果。

(27) 滑石 为硅酸盐类矿物滑石族滑石。具有利尿通淋、清热解暑的功效，用于小便不利、淋沥涩痛。犬用 3～9g；猫用 2～6g。

临床常用方剂：

① 蒲灰散：蒲黄 3g、滑石 1g。

主治：猫自发性膀胱炎、犬猫泌尿道细菌感染属下焦湿热阻者，症见尿频尿急、尿淋沥涩痛、尿血等。

② 六一散：滑石 6g、甘草 1g。

主治：伤暑引起的烦躁口渴、小便不利，或是泻痢、尿淋沥。

(28) 赤石脂 为硅酸盐类矿物多水高岭石族多水高岭石。具有涩肠止泻、止血的功效，常用于下焦不固引起的泻痢不止、便血脱肛。犬用 3～9g；猫用 2～6g。

临床常用方剂：

桃花汤：干姜 3g、粳米 35g、赤石脂 48g。

主治：下焦虚寒引起的下利脓血、肛门不固等症。症见大便气腥、舌淡苔白、脉弱、口不渴。应与白头翁汤的湿热下利脓血相鉴别。

(29) 牡蛎 为牡蛎科动物近江牡蛎、长牡蛎或大连湾牡蛎等的贝壳。具有平肝潜阳、软坚散结、收敛固涩的功效。常用于阴虚阳亢引起的心烦不安、神情外越等症。犬用 3～9g；猫用 2～6g。

临床常用方剂：

① 柴胡加龙骨牡蛎汤：柴胡 4g、龙骨 1.5g、黄芩 1.5g、生姜 1.5g、赭石 1.5g、人参 1.5g、茯苓 1.5g、半夏 2g、大黄 2g、牡蛎 2g、大枣 2g。

主治：少阳阳明合并病，痰热扰心引起的狂躁不安、癫痫。症见舌红苔黄、水滑、脉弦滑数、小便不利。

② 镇肝息风汤：怀牛膝 6g、赭石 3g、龙骨 5g、牡蛎 5g、龟甲 5g、白芍 5g、玄参 5g、天冬 5g、川楝子 2g、茵陈 5g、麦芽 2g、甘草 1g。

主治：犬猫因肝阳偏亢引起的中风。症见口舌歪斜、歪头，渐渐四肢运动不利、不自主转圈，脉弦滑有力、舌红、眼白发红。

(30) 当归 为伞形科植物当归的干燥根。具有补血、活血、止痛、润肠通便的功效，常用于血虚诸证。犬用 3～9g；猫用 2～6g。

临床常用方剂：

① 当归补血汤：黄芪 15g、当归 3g。

主治：气虚而滞伴有血郁引起的高热、烦渴。症见犬猫产后或手术后出现发热、气虚而喘、口渴、脉浮洪大、重按少力、四肢乏力等属气虚而滞，并有血不随气输布全身者。

②十全大补汤：人参 3g、白术 3g、茯苓 5g、炙甘草 2g、熟地黄 5g、当归 3g、白芍 5g、川芎 2g、肉桂 3g、黄芪 3g。

主治：气血两虚引起的可视黏膜苍白、四肢乏力、食欲不振、脉象细弱或虚大无力、肢体偏凉等症。此外，外伤久不收口、创面色泽淡白属气血两虚者，用此方生肌效果佳。

③ 当归四逆汤：当归 3g、桂枝 3g、白芍 3g、细辛 2g、通草 3g、炙甘草 2g、大枣 6g。

主治：厥阴肝经气血被寒凝滞引起的四肢逆冷、四肢关节不仁、脉细微等症，常见于四肢冻伤、痿证、半身不遂。

（31）生地黄 为玄参科植物地黄的干燥块根。具有清热凉血、滋阴生津的功效，常用于热在血分之证。犬用 3～9g；猫用 2～6g。

临床常用方剂：

① 四物汤：当归 4.5g、川芎 4.5g、白芍 3g、生地黄 3g。

主治：一切血虚之证，如非再生障碍性贫血、失血、犬血液原虫病引起的贫血。

② 金匮肾气丸：生地黄 8g、山茱萸 4g、山药 4g、茯苓 3g、泽泻 3g、牡丹皮 3g、桂枝 1g、附子 1g。

主治：肾气不足引起的消渴、小便清长、畏寒肢冷、精神不振。如犬猫糖尿病、老年宠物尿失禁、慢性哮喘等。

③ 凉血地黄汤：玄参 6g、生地黄 10g、白芍 4g、牡丹皮 3g。

主治：热入营血证。用于犬猫的出血性紫癜、温热病后期，伴有舌绛、脉数、欲漱水不欲咽、大便黑等。

（32）乌梅 为蔷薇科植物梅的干燥未成熟果实。具有敛肺涩肠、止津、安蛔的功效，常用于肺虚久咳、久泻久痢、蛔厥腹痛呕吐等症。犬用 3～9g；猫用 2～6g。

临床常用方剂：

乌梅丸：乌梅 20g、蜀椒 4g、细辛 6g、干姜 10g、黄连 12g、当归 4g、炮附子 6g、桂枝 6g、人参 6g、黄柏 6g。

主治：肝脾不和、肝风夹热乘虚内入脾胃引起的各种病症，凡见阳衰于下、火盛于上、气逆于中等寒热错杂的病证均可使用。症见中焦虚寒引起的呕吐蛔虫、久泻久痢并伴有消渴、犬猫癣疾。

（33）独活 为伞形科植物重齿毛当归的干燥根。具有祛风除湿、通痹止痛的功效。犬用 3～9g；猫用 2～6g。

临床常用方剂如下。

① 独活寄生汤：独活 5g、防风 3g、细辛 2g、秦艽 3g、桑寄生 8g、杜仲 5g、牛膝 5g、桂枝 3g、川芎 3g、白芍 10g、生地黄 6g、人参 4g、茯苓 4g、炙甘草 2g。

主治：老年犬猫肝肾两虚，复感风寒湿痹引起的后肢无力、瘫痪、关节疼痛，若伴肌肉萎缩与补阳还五汤合用。症见舌淡苔白、脉迟涩、四肢偏凉。方中独活祛风除湿、解表止痛。

② 荆防败毒散：方见防风常用方剂。方中独活祛风除湿、解表止痛。

（34）茵陈 为菊科植物滨蒿或茵陈蒿的干燥地上部分。具有清利湿热、利胆退黄的功效，常用于黄疸、小便黄赤等症。犬、猫用 3～8g。

临床常用方剂：

① 茵陈五苓散：茵陈 10g，五苓散 5g。

主治：太阳膀胱气化不利、湿热郁积于表引起的身黄。症见发热身黄、渴欲饮水、饮后即吐，小便不利。

② 茵陈术附汤：茵陈 3g、白术 6g、附子 1.5g、干姜 1.5g、炙甘草 3g、肉桂 1g。

主治：犬猫寒湿引起的阴黄。症见精神沉郁、身黄、色泽晦暗、身冷、大便稀、舌淡水润、脉沉细少力。

③ 茵陈蒿汤：茵陈 30g、栀子 3g、大黄 3g。

主治：犬猫湿热引起的阳黄。症见黄色鲜明、腹微满、气喘、大便干、小便赤黄不利、舌红苔黄、脉沉实或滑数。

（35）金银花 为忍冬科植物忍冬的干燥花蕾或带初开的花。具有清热解毒、疏散风热的功效，常用于外感风热、温病初起、各种疮痈。犬、猫用 3～5g。

临床常用方剂：

① 银翘散：连翘 5g、金银花 5g、桔梗 3g、薄荷 3g、竹叶 2g、生甘草 3g、荆芥穗 2g、淡豆豉 3g、牛蒡子 3g。

主治：犬猫风热感冒、犬瘟热早期，症见发热而渴、舌红苔白而干、鼻干鼻涕黄浊、眼白发红、眵黄、咳嗽者。

② 回疮金银花散：金银花 6g、黄芪 12g、甘草 3g，煎煮后加入等份黄酒，温服。

主治：各种疮痈，疮口久不收口、色紫黑者。

③ 五味消毒饮：金银花 5g、野菊花 2g、蒲公英 2g、紫花地丁 2g、紫背天葵子 2g、黄酒适量。

主治：各种疮痈属实热证者，症见局部化脓感染引起的红肿热痛、乳腺脓肿。

（36）金钱草 为报春花科植物过路黄的干燥全草。具有清热利湿、利水通淋、排石止痛、解毒消肿的功效，常用于热淋、石淋、湿热黄疸。犬、猫用 2～12g。

临床常用方剂：

① 胆道排石汤：金钱草 10g、虎杖 10g、木香 5g、枳壳 5g、大黄 5g、栀子 4g、延胡索 5g、茵陈 10g。

主治：犬猫湿热型胆结石，症见右上腹拒按、发热、食欲不振、舌红苔白而腻、脉弦滑数。

② 三金排石汤：金钱草 12g、鸡内金 6g、海金沙 4g、石韦 3g、萹蓄 3g、车前子 3g、瞿麦 3g、滑石 3g、木通 2g。

主治：犬猫膀胱结石、肾结石、尿道结石、输尿管结石、猫自发性膀胱炎、尿结晶。

（37）菊花 为菊科植物菊的干燥头状花序。具有散风清热、平肝明目的功效，常用于外感风热及温病初起，肝经风热或肝阳上亢引起的各种病症。犬用 6～30g；猫用 3～10g。

临床常用方剂：

① 桑菊饮：苦杏仁 2g、连翘 1.5g、薄荷 0.8g、桑叶 2.5g、菊花 1g、桔梗 2g、甘草 0.8g、芦根 2g。

主治：外感风热引起的咳嗽。症见犬猫舌微红、苔干燥、眼白含红血丝、眼睑红、眵黄、干咳少痰、鼻干、涕淡黄。

② 侯氏黑散：菊花 40g、白术 10g、细辛 3g、茯苓 3g、牡蛎 3g、桔梗 8g、防风 10g、人参 3g、矾石 3g、黄芩 5g、当归 3g、干姜 3g、川芎 3g、桂枝 3g。

主治：气血不足、脉络空虚、风寒之邪乘虚侵入络脉引起的类中风、偏瘫、高血压等病症，症见口眼歪斜、偏头、不自主转圈、一侧肢体不灵活、脉弦滑而重按少力。

（38）赤小豆 为豆科植物赤小豆或赤豆的干燥成熟种子。具有利水消肿、解毒排脓的功效，主要用于水肿腹满、脚气浮肿、热毒痈疮。犬用：6～15g；猫用 3～10g。

临床常用方剂：

① 赤小豆当归散：赤小豆 10g、当归 3g。

主治：血分湿热蕴毒之证，犬猫温热毒邪郁于皮肤的风隐疹，郁于大肠引起的痔疮，郁积于目引起的结膜炎、角膜炎等。

② 麻黄连翘赤小豆汤：麻黄 2g、连翘 2g、苦杏仁 1g、赤小豆 10g、大枣 2g、桑白皮 3g、生姜 2g、炙甘草 2g。

主治：湿热郁积在表引起的荨麻疹、过敏性皮炎，肾炎引起的头面皮肤水肿，急性黄疸性肝炎，湿热郁肺引起的咳嗽。症见脉浮而濡、皮肤隐疹、瘙痒，或皮肤发黄，但饮食二便正常。

（39）麦冬 为百合科植物麦冬的干燥块根。具有养阴生津、润肺清心的功效。常用于燥咳痰黏、劳嗽咯血、胃阴不足、舌干口渴、心烦失眠等症。犬、猫用 10g。

临床常用方剂：

① 麦门冬汤：麦冬 7g、半夏 1g、人参 3g、甘草 2g、粳米 5g、大枣 3g。

主治：肺胃气阴两虚证，症见犬猫干咳少痰、哮喘、咯血或衄血、鼻镜干燥、舌红少苔、口渴、脉细数。

② 生脉饮：红参 5g、麦冬 10g、五味子 5g。

主治：气阴两虚证，常见于犬猫病毒性心肌炎、冠心病、慢性心力衰竭、慢性支气管炎、哮喘、糖尿病、各种感染性疾病高热后体虚引起的心悸气短、脉微自汗、舌体瘦红、口渴欲饮、心烦不安、脉细弱、浮虚数等症。

③ 炙甘草汤：方见甘草常用方剂。方中麦冬润肺养阴、益胃生津、清心除烦。

④ 增液汤：玄参 6g、麦冬 5g、细生地黄 5g。

主治：津液亏虚引起的各种证候。如老年犬猫的习惯性便秘、慢性喉炎、复发性口腔溃疡、糖尿病、皮肤干燥综合征等，症见大便秘结、舌干红而渴、脉细数或沉而无力。

1.2.4.3 宠物用兽用中成药

宠物用中成药组方有一定局限，但是使用方便，适口性好，较易被宠物医师及宠物主人接受。目前市面上的宠物中成药，以提高免疫力、促进疾病恢复、抗病毒作用最为常见。常用的剂型有超浓缩颗粒剂、膏剂和丸剂。

（1）玉屏风颗粒（冀多帮） 黄芪、白术（炒）、防风。

① 调节机体免疫力，治疗由于机体免疫亢进引起的皮肤红疹、瘙痒。

② 提高疫苗免疫效果。

③ 提高白细胞数量，防治感冒。用于风寒感冒及反复支气管哮喘、慢性支气管炎等呼吸系统疾病的预防及辅助治疗。

④ 抗应激，预防长途运输、气温骤变、断奶、换粮、防疫/驱虫等的应激反应。

⑤ 益气补血，恢复宠物术后气血损耗。

⑥ 长期应用，提高幼仔成活率。

（2）五味健脾颗粒（冀多消） 白术（炒）、党参、六神曲、山药、甘草（炙）。

① 久泻不愈，犬、猫等的脾虚泄泻。

② 愈后食欲减退、不食。

③ 饮食不节所致不食、胃脘胀痛等。

④ 长期食欲不振所致的生长发育迟缓，体型瘦弱。

⑤ 各类胃肠道疾病的治疗及辅助治疗。如病毒性肠炎的辅助治疗，大便溏稀或经常

便秘，慢性、顽固性胃肠炎等。

（3）麻杏石甘颗粒（冀多克） 麻黄、苦杏仁、石膏、甘草。

① 镇咳、祛痰、平喘。

② 化痰、溶痰、祛痰、扩张气管、抗气管痉挛。

③ 下呼吸道疾病的治疗，如急性支气管炎、支气管肺炎、大叶性肺炎、支气管哮喘。

（4）回阳救逆膏 人参、干姜、红景天、刺五加、川芎、当归、麦冬、炙甘草。

① 大补元气、温通心脉、回阳救逆，适用于幼犬、幼猫的休克、急救能量补充。

② 补气生血，适用于幼犬、幼猫血糖、血钾等亏虚的营养补充。

③ 可快速补充能量、恢复元气。

（5）生脉饮（肺心康） 人参、麦冬、五味子、川芎、当归、炙甘草。

① 益气养阴、通脉活血，可辅助改善宠物心气虚、心阴虚、心血瘀等证，促进心脏疾患的康复。

② 补养心血，亦可用于老年宠物心气不足的康复保健。

（6）接骨续筋膏 补骨脂、骨碎补、赤芍、白芍、当归、甘草。

补肝肾、强筋骨、活血化瘀、消肿止痛、接筋续骨，能有效促进犬猫骨折的康复，加速骨折愈合。

（7）癃闭通膏 积雪草、越橘、大蓟、车前子。

① 化石通淋、凉血止血，改善犬猫石淋之尿涩、尿痛、尿淋、尿浊、尿血等。

② 清热利湿，促进犬猫泌尿结石的康复和泌尿道结石手术后的康复巩固。

（8）复合胆汁酸膏 枸杞子、菊花、车前子、女贞子、炙甘草、胆汁酸。

① 清热渗湿、利胆退黄，适用于肝胆湿热之胆汁淤积、黄疸、肝炎、脂肪肝等。

② 疏肝健脾、清热利湿，适用于胰腺炎属肝脾湿热型以及肝脾不和之反胃、呕吐、食欲不振，胁痛腹泻。

③ 疏肝解郁、排毒护肝，适用于各种外邪或药物导致的肝损伤。

（9）滋阴润肺膏 桑白皮、知母、苦杏仁、前胡、石膏等。

滋阴润肺、止咳平喘，主要用于犬猫各种原因引起的咳嗽、打喷嚏等呼吸道症状。

（10）千金宫康膏 茯苓、当归、益母草、川芎、桃仁、炮姜。

① 活血祛瘀、温经止痛、解毒催产、催情促孕、消肿止血。

② 产后康复、清宫排脓、抗菌消炎，可用于子宫内膜炎、产后恢复。

（11）百灵金方膏 人工麝香、珍珠、白芷、冰片、细胞集落因子。

① 适用于术后切口、咬伤、烫伤、交通伤等创面受到细菌感染引发的炎症。

② 对阴囊炎、脓皮症及各种皮肤细菌、真菌感染有较强的抑制、抵抗作用，促进创面的愈合。

（12）双黄连注射液 金银花、黄芩、连翘。

① 用于外感风热引起的发热、咳嗽、咽痛。

② 用于急性病毒性感冒，病毒及细菌感染引起的上呼吸道感染、肺炎、扁桃体炎、咽炎等。

（13）益母生化合剂 益母草、当归、川芎、桃仁、炮姜等。

活血祛瘀、温经止痛，用于产后恶露不行，血瘀腹痛。

（14）果根素 甘草、板蓝根、人工牛黄、冰片、猪胆汁粉等。

① 犬副流感、犬传染性支气管炎以及犬、猫感冒等呼吸道感染，尤其对暴发性窝咳

（传染性气管支气管炎）有良好的控制作用。

② 对细菌及病毒性呼吸道疾病有快速的抑制作用，有效缓解单发或群发的咳嗽、气喘、流鼻涕等呼吸道症状。

（15）白头翁口服液 白头翁、黄连、秦皮、黄柏。

清热解毒、凉血止痢，适用于湿热泄泻、下利脓血。

（16）七清败毒片（石淋通） 黄芩、虎杖、苦参、金银花等。

① 清热利湿、通淋排石，治疗犬猫膀胱湿热、石淋涩痛、尿路结石。

② 消炎利尿，治疗泌尿系统炎症，对炎症引起的尿血效果显著。由于消除了泌尿道炎症，增加了排尿量，更有利于结石的排出。

③ 平衡酸碱，改善体质。能调节体内的酸碱平衡，从根本上改善犬猫湿热型体质（即结石体质），抑制结石的形成，降低结石的再次发病率。

（17）蟾胆片（通络） 蟾酥、胆膏、珍珠母、冰片。

① 舒筋活络、消肿止痛，使气血运行通畅。对关节疼痛、筋骨酸痛、瘀血肿痛疗效显著。

② 祛风除湿，能祛除机体所受的风、寒、湿等外邪侵袭。因为祛除了致病因素，所以机体能加速恢复健康。对各种关节炎、风湿骨痹起到标本兼治的作用。

③ 消痞散结、活血化瘀、软坚散结，消除关节肿胀、疼痛、僵硬等临床症状，能迅速缓解犬猫疾病的痛苦。

（18）梅香片（黑玉断续） 刺苋、辣蓼、苦参、十大功劳、穿心莲等。

① 活血化瘀、消瘀消肿，能降低血液黏稠度，抑制血小板的聚集，改善局部血液循环，促进血肿的吸收。对瘀血凝结效果良好。

② 接骨续筋，能促进骨对钙的吸收，提高血清中钙和磷的含量，能促进软骨细胞增生，加速各种胶原的合成，改善胶原的结构和排列，促进骨折愈合。

③ 筋骨修复，能促进成骨细胞分化和形成、促进骨重建、抑制骨破坏、增加骨密度，治疗骨质疏松。

（19）板蓝根片（清胰） 板蓝根、茵陈、甘草等。

① 清胰利胆，不但能松弛奥狄氏括约肌，使胰管引流通畅，促进胰酶排泄到十二指肠，而且对胰酶的活性有抑制作用，对急性、慢性胰腺炎有很好的治疗作用。

② 行气解郁，中医认为胰酶原的活性之所以被提前激活，主要是肝气郁结、气血不通造成的，所以疏肝解郁、行气活血是治疗胰腺炎的根本。

③ 解痉止痛、止呕，能抑制肠道内细菌及毒素吸收，促进肠道内毒素排泄，明显降低血内毒素水平，从而有效缓解胰腺炎造成的腹痛、呕吐、消化不良、腹泻等临床症状。使机体恢复健康。

④ 解毒通便，能使胃肠道平滑肌活动明显增强，提高胃肠动力，促进肠蠕动，改善和消除肠道麻痹和瘀滞状态，对急性胰腺炎引起的腹胀、排便困难效果良好。

（20）八珍片（补血生） 党参、白术（炒）、茯苓、熟地黄、当归、白芍、川芎、甘草。

① 补血，用于犬猫各种原因引起的贫血、血虚。

② 双补气血。“气为血之帅，气行则血行，血为气之母，血至气亦至”，贫血往往伴随有气虚之证。故方中四君子汤补气，四物汤补血，气旺则血生，能双补气血。

③ 脾胃虚弱、食欲不振，脾胃为“气血生化之源”“后天之本”。本品益气健脾，提

高食欲，而且脾主统血，使血液运行于脉管之内，不致溢出脉外。

④ 血虚体弱、四肢乏力。脾在体合肌肉，主四肢。本品使脾所运化的水谷精微的营养物质充盛，从而使肌肉丰满发达，四肢灵活有力。

（21）清瘟败毒片（布洛林） 石膏、地黄、水牛角、黄连、栀子等。

① 退热效果好，本品由白虎汤、犀角地黄汤、黄连解毒散三个方剂组成，白虎汤能清气分热，犀角地黄汤能清营分、血分热，黄连解毒散能清三焦实热。对于流行性感冒、犬副流感、犬瘟热、猫瘟等由病毒引起的或沙门菌、大肠埃希菌等由细菌引起的温热病的各个发展阶段都有很好的疗效。

② 可提高免疫力，增强机体本身抗病能力，在除瘟祛邪的同时增强身体的正气，能使病犬猫快速恢复。

③ 本品对神经系统有一定的保护作用，用于治疗犬瘟热时，可大大降低神经性症状的发生率。

（22）防腐生肌散（千金要方） 枯矾、陈石灰、血竭、乳香、没药等。

① 消热解毒，收敛疗疮，去腐生肌，用于旧创久溃不愈、患处流带恶臭味的黄色或绿色稠脓，或夹杂有血丝或血块。

② 止血定痛、促进愈合，用于外伤出血，新创消炎抑菌，防止创伤化脓感染。

③ 解毒排脓，用于痈疽溃烂、疮疡流脓。

（23）公英青蓝合剂（肤乐爽） 蒲公英、大青叶、板蓝根、金银花、黄芩、败酱草、蛇床子、白蒺藜等。

① 止痒、消痈排脓，方中败酱草、蛇床子、白蒺藜等能消除或缓解湿疹、皮疹、过敏性皮炎、脓疱性皮炎等各种临床症状。

② 祛癣消疹、祛风除湿，方中蒲公英、金银花、黄芩等燥湿清热、祛风止痒，在祛邪的同时，兼顾扶正，使风邪得散、湿热得清、血脉调和，则痒止疹消。同时能改善皮肤微环境，达到既治标又治本的目的。

（24）益母生化合剂（大宝鉴） 益母草、当归、川芎、桃仁、炮姜等。

① 清宫、消肿止血，用于产仔当天、无痛分娩、产后康复，预防产后大出血。

② 清宫排脓、抗菌消炎，用于顽固性和化脓性子宫内膜炎，有利于下一次受孕，能延长生产年限。

③ 促进伤口的愈合，用于剖宫产后。

（25）五味健脾合剂（养胃舒） 苍术、厚朴、陈皮、甘草、三七等。

① 健脾化湿。脾主运化，喜燥恶湿，若脾为湿困，则运化失司，阻碍气机，而见脘腹胀满，不思饮食，甚则胃气上逆，发为呕吐嗳气。

② 开胃消食。能增强胃动力，促进胃肠运动，促进消化液分泌，保护肝细胞，促进胆汁分泌。

③ 行气消胀。能排除肠管内积气，改善小肠消化功能。

④ 抗菌止痢。对胃肠道细菌，如大肠埃希菌、志贺菌属、伤寒杆菌、葡萄球菌、幽门螺杆菌引起的痢疾有较好的疗效。

⑤ 本品能抑制胃酸分泌，降低胃酸酸性，保护胃黏膜，促进消化道上皮再生，具有明显的抗溃疡作用。

（26）清瘟解毒口服液（稳可信） 地黄、栀子、黄芩、连翘、玄参等。

① 缓解发热、咳嗽、气喘、流泪、流鼻涕、打喷嚏、窝咳等症状，主要用于防治犬

猫流感、副流感、普通感冒、传染性支气管炎、气候环境变化引起的上呼吸道感染等病毒性和细菌性疾病。

② 解热、镇痛、镇静，同时诱导机体产生抗体。

③ 对神经系统有一定的保护作用，用于犬瘟热，可减少神经性症状发生。

1.2.4.4 水产用中兽药

（1）水产用中兽药的概念 水产用中兽药指用于水产动物病虫害防治、改善养殖水体水质和水产品品质的中药材。

在水产养殖生产过程中，常常会发生各种病虫害，以往多使用抗生素、杀虫药等进行防治。这些药物虽然见效快、使用较为方便，但往往造成严重的环境污染、病原微生物耐药和水产品中的药物残留，进而危害人类身体健康。

中药材是我国特有的资源，具有成本低、来源广、无残留、无污染、毒副作用小等优点，正在被广大水产养殖领域逐渐接受和推广，在水产动物病虫害防治中发挥越来越重要的作用。

（2）水产用中兽药的给药方法

① 投喂法：新鲜的中药材洗净切碎，与饲料拌和后投喂；干的中药材切碎后煎煮取汁，用药汁或连同药渣与饲料拌合投喂。这是最常用的给药方法。

② 泼洒法：新鲜中药材直接捣碎，用水浸泡后连渣带汁全池泼洒；干的中药材，必须切碎后煮一段时间再使用。此法既可防治鱼病，又可用于改善水质。

③ 糖化法：将中药材与豆粕、玉米粉、草粉或麸皮混合在一起，经过发酵糖化后喂鱼。此法可改善中药材的适口性，提高适口性较差的中药材的摄入量。

④ 浸泡法：将中药材捆扎成束，放在池塘进水口或投食场附近浸泡，利用浸出的有效成分扩散到水体，来防治病虫害。此法简单有效。

（3）常用水产用中兽药

大黄：蓼科植物掌叶大黄、唐古特大黄或药用大黄的干燥根及根茎，多年生草本植物，又名锦纹、黄良，别名川军、将军、生军、马蹄黄等。抗菌作用强，抗菌谱广，主要用于防治肠炎病、细菌性烂鳃病、草鱼出血病、白头白嘴病、传染性胰脏坏死病、传染性造血器官坏死病。

黄芩：唇形科植物黄芩的干燥根，多年生草本植物。有抑菌、抗病毒、镇静、利尿解毒等功效，主要用于防治烂鳃病、草鱼出血病、打印病、败血病、肠炎等。

黄连：毛茛科植物黄连、三角叶黄连或云连的干燥根茎，多年生草本植物。又名鸡爪黄连、川连、味连、土黄连。有抑菌、消炎、解毒功能，主要用于防治细菌性肠炎。

黄柏：芸香科植物黄皮树的干燥树皮，落叶乔木。又名檗木、檗皮、元柏、黄皮树、黄檗等。有抑菌、解毒、消肿、止痛等功能，主要用于防治草鱼出血病。

板蓝根：十字花科植物菘蓝的干燥根，二年生草本。又名靛青根、靛根。有清热解毒、凉血、抗病毒的功效，主要用于防治草鱼出血病、传染性胰脏坏死病、传染性造血器官坏死病。

苦木：苦木科植物苦木的干燥枝和叶，落叶灌木或小乔木。又名黄楝瓣树、熊胆树、山熊胆。有清热解毒、祛湿的功效，主要用于草鱼出血病的治疗。

苦楝：楝科植物川楝或楝的干燥树皮或根皮，落叶乔木。又名楝树。水产用时，根、茎、叶、果均可入药。有杀虫、杀菌作用，主要用于防治寄生虫，如锚头鳋、车轮虫、隐鞭虫、毛细线虫等。

五倍子：漆树科植物盐肤木、青麸杨或红麸杨叶上的虫瘿，由五倍子蚜寄生而形成。又名倍子、百药煎、百虫仓等。有强杀菌能力，主要用于防治白头白嘴病、白皮病、赤皮病、疥疮病、细菌性烂鳃病等。

大蒜：百合科植物大蒜的鳞茎，药食同源药材，具有广谱抑菌、止痢、驱虫及健胃等功效，主要用于防治细菌性肠炎病、烂鳃病、锚头鳋病等。

乌桕：大戟科植物乌桕的种子、叶和茎皮及根皮，落叶乔木。又名油子树、白桕、木梓树等。有杀菌、消肿的功效，常用于防治细菌性烂鳃病、白头白嘴病等。

地锦草：大戟科植物地锦或斑地锦的干燥全草，一年生草本。又名奶浆草、血见愁、铺地红等，有广谱抗菌、止血散风、清热解毒的功效，主要用于防治细菌性肠炎病、细菌性烂鳃病。

石菖蒲：天南星科植物石菖蒲的干燥根茎，多年生草本。又名水剑草、水菖蒲、石蜈蚣、白菖蒲等。有抑菌、抗真菌的功效，主要用于防治肠炎病、赤皮病、烂鳃病、水霉病等。

铁苋菜：大戟科植物铁苋菜的干燥全草，一年生草本。又名海蚌含珠、叶上珠等。有止血、抗菌、止痢、解毒的功效，主要用于防治细菌性肠炎病。

穿心莲：爵床科植物穿心莲的干燥地上部分，一年生草本。又名穿钱草、狮子草等。有解毒、消肿止痛、抑菌止泻、促进白细胞吞噬作用的功效，主要用于防治细菌性肠炎病。

辣蓼：蓼科植物水辣蓼或旱辣蓼的干燥全草，一年生草本。有广谱抗菌、止泻止痢的功效，主要用于防治细菌性肠炎病。

凤尾草：凤尾蕨科植物凤尾草的全草，多年生草本。又名井栏边草、凤凰草、山鸡尾等。有清热利湿、凉血止痢、解毒消肿的功效，主要用于细菌性烂鳃病、细菌性肠炎病的预防。

艾叶：菊科植物艾的干燥叶，多年生草本。又名艾蒿、艾草、家艾、灸草等。有止血止痛、温经散寒、抗菌消毒的功效，主要用于细菌性烂鳃病的预防。

樟树叶：樟科植物香樟的叶，常绿乔木。有止血、消毒的功效，主要用于细菌性烂鳃病的预防。

博落回：罂粟科植物博落回的地上部分或全草，多年生草本。又名号筒杆、山号筒等。有消肿、解毒、杀虫的功效，主要用于水体消毒和细菌性鱼病的预防。

马齿苋：马齿苋科植物马齿苋的干燥地上部分，一年生草本。有清热解毒、凉血止痢的功效，主要用于治疗细菌性肠炎病。

（4）鱼用中药材的载体 鱼用中药材的载体是指能接受和承载鱼用中药材活性物质成分的物质，也称为分散剂或稀释剂。常用的载体有骨粉、石粉、贝壳粉、沸石粉、白陶土、硅藻土、糠麸、淀粉、草粉等。

（5）鱼用中药材的分类 虽然中药材在水产养殖上的应用历史很长，但近几年随着社会的发展和生产的需要，才真正引起人们重视，并逐步发展起来。因此，对于它的研究和应用相对较少，资料稀少而且分散，尤其是分类，目前尚没有统一的分法，再加上中药材本身成分复杂，功能多样，一药多用，多药合用，组方变化多端，药物和药量的变化往往又引起功效发生很大变化。为了使用方便和总结的需要，根据已有的资料和生产使用的情况，仅就当前已开发并投入使用或正在开发及有开发意义的鱼用中药材，按作用进行简单的归类。

① 鱼用抗病毒中药材：主要有板蓝根、大青草、水花生、紫珠草、枫香树叶、菊花、仙鹤草、地芋根、虎杖等。

② 鱼用抗菌中药材：主要有黄连、黄芩、黄柏、大蒜、大黄、五倍子、穿心莲、铁苋菜、金银花、野菊、白头翁、大桉叶、乌蔹莓、地锦草、地榆、流苏子、拉拉秧、马鞭草等。

③ 鱼用抗真菌中药材：主要有石菖蒲、木槿、柳树皮、苦参、水辣蓼、艾叶、青木香、隔山香等。

④ 鱼用抗寄生虫中药材：主要有苦楝根叶、槟榔、雷丸、贯众、使君子、石榴皮、五加皮、杨梅皮、土荆芥、枫杨树叶、樟树叶、马尾松枝、松针、辣椒粉、南瓜子、韭菜、生姜等。

⑤ 提高鱼苗成活率的中药材：主要有黄芪、甘草、穿山龙、陈皮、麦芽、山楂、干姜、桂枝等。

⑥ 改善肉质增鲜类中药材：主要有杜仲叶、大豆黄、无毒棉、苦参、膨润土等。

⑦ 增进体色中药材：主要有槐花、白芍、秦皮、山栀子、黑芝麻、当归、杜仲、大豆黄、无毒棉、牡丹皮、甘草、苦参、虾黄等。

⑧ 水质污染解毒中药材：主要包括黄芩、甘草等。

除上述8类目前已经使用的水产用中药材以外，中成药制剂由于具有使用方便、效果确切等优点，开发价值较高。如促进生长剂、抗病治病药剂、营养保健剂、品种质量改良剂、饲料保藏剂等，均具有市场竞争优势。

1.2.4.5 特种经济动物用中兽药

特种经济动物，其范围很广，包括特种陆生动物和特种水产动物。这些动物人工饲养的历史较短，疾病防治的经验较少，药物研发的投入不够，导致特产动物养殖过程中一旦发生群发性疾病，常常造成严重的损失。在目前的饲养管理条件下，中兽药防治是较为理想的选择。

（1）特种用中兽药的选择原则

① 来源广泛，价格相对便宜。

② 疗效确实，使用方便。

③ 无毒或毒性小，无配伍禁忌。

④ 无残留或残留期短，对产品质量无影响。

（2）常用特种经济动物用方药当中的兽用中药饮片

五倍子：为漆树科植物盐肤木、青麸杨或红麸杨叶上的虫瘿。有敛肺降火、涩肠止泻、敛汗涩精、收敛止血、收湿敛疮的功效，主要用于鳗细菌性烂鳃病的防治。用量：2～4g/m^3 水体，全池泼洒。

大黄：蓼科植物掌叶大黄、唐古特大黄或药用大黄的干燥根及根茎。有泻热通肠、凉血解毒、破积行瘀的功效，主要用于鳗细菌性烂鳃病的防治，中华鳖腮腺炎的预防。用量：3～4g/m^3 水体，0.3%氨水浸泡12～24h后，全池泼洒。

茶籽饼：为茶科植物油茶的种子榨油后的饼粕，常绿小乔木。又名茶枯、茶粕等。有消毒、杀虫的功效，主要用于黄鳝水蛭病、青虾蓝绿藻病的防治。用量：0.2kg/m^3 水体，制成溶液，全池泼洒，24h后换水。

石灰：为碳酸盐类矿物石灰岩经加热煅烧制成，主含氧化钙。有止血、生肌、杀虫、消毒的功效，主要用于特种水产养殖池清塘和水体消毒，乌鳢出血性败血症、赤皮病、烂尾病和烂鳃病，青虾肌肉坏死病，河蟹黑鳃病、烂肢病、颤抖病、纤毛虫病、蜕壳不遂症，锯缘青蟹蜕壳不遂症，乌龟红脖子病，大黄鱼烂鳃病的防治。用量：25g/m^3 水体，全池泼洒，单用，或每隔 15 天与漂白粉 1g/m^3 水体，交替使用。

板蓝根：十字花科植物菘蓝的干燥根，二年生草本。又名靛青根、靛根。有清热解毒、凉血利咽、抗病毒的功效，主要用于中华鳖腮腺炎的预防。

大蒜：百合科植物大蒜的鳞茎，药食同源药材，具有广谱抑菌、止痢、驱虫及健胃等功效，主要用于中华鳖腮腺炎、南美白对虾烂鳃病的预防。

芒硝：为硫酸盐类矿物芒硝族芒硝，经加工精制而成的结晶体。有泻下通便、软坚散结、泻下消肿的功效，主治鹿瘤胃积食。用量：100～150g，常配合吐酒石 0.2～2g，溶解于 200～500mL 温水中，一次灌服。

1.3

中药的药性理论

中药的治病基本原理是依据中医对机体生理、病理的认识，祛除病邪，消除病因，扶正固本，协调脏腑经络功能，纠正阴阳偏盛偏衰的病理现象，使得机体恢复到阴阳平衡的正常状态。前人认为药物之所以能发挥以上作用，是因其内在具有的若干特性，称其为药物的偏性。即认为药物所具有的偏性能纠正机体疾病状态下的偏盛或偏衰，因此药物治疗疾病的基本原理，简而言之就是“以偏纠偏”。现代将药物与治疗疗效相关的各种性质及治疗作用体现出的效能称之为中药的性能，简称药性。研究药性的形成机制及其运用规律的理论称为药性理论。药性理论是医学理论在临床治疗实践中的产物，药性理论的发展离不开医学理论的发展，在悠久的历史长河中，随着祖国传统医学理论的发展，药性理论的内容越趋丰富，理论研究也不断发展。在其发展过程中，深入研究探讨最多的主要有四气、五味、升降浮沉、归经、毒性等。但也不仅仅这几个方面，历代医药文献对药物的补泻、润燥、轻重、刚柔等方面也有论述，它们虽也属于药性理论之一，但相对不及前者应用广泛，因其内容又有相关、交叉及包含，故重点介绍前五个方面。

药性理论是我国历代医家在长期临床实践中，以阴阳、脏腑、经络学说为依据，根据药物的各种性质及其所表现出来的治疗作用总结出来的用药规律。它是中医学理论体系中一个重要的组成部分，是学习、研究、运用中药所必须掌握的基本理论知识。

在药性理论的研究中，需要厘清两个方面的内容，一要正确看待性能与性状的关系，二要认清药性与功效的关系。①性能与性状是两个不同概念，中药的性能即药性，是中药内在的性质和特征的概括，是依据药后机体反应而归纳出来的，以机体为观察对象。性状则是指药物外在的形状、颜色、气味、滋味、质地等特征的概括，以药物为观察对象。前人将药物的性状与性能相联系，并用外在的性状解读药物内在的性能和作用的原理，古人称为“法象药理”，运用取象比类的方法来认识中药的药用机制，这是因受历史时期认知水平的限制所致，前人也已认识到这两者含义的不同，认识方法的不同，因此不能将此理论绝对科学化，但可以适当地作为一种方法学来运用。②中药的治病基本原理就是以偏纠偏，中药的作用既包括治疗作用，也包括不良作用，中药的治疗作用又称中药的功效，中药的不良作用在现代也称不良反应，包括毒性反应或副作用。充分利用中药的治疗作用，尽量避免中药的不良反应，是确保临床用药安全有效的基本原则。虽然中药功效的认知更方便临床的应用，但中药的功效体系是后期发展的中药理论之一，相对于与中医理论一脉相承而来的传统药性理论，并不能完全取代药性作为临床用药的唯一理论依据，而应该将药性与功效合参，才能更好地应用于临床。

1.3.1 四气

1.3.1.1 四气的概念

四气是指寒热温凉四种不同药性，亦可称“四性”。四气具有阴阳属性：寒与凉属阴，温与热属阳；寒与凉、温与热具有程度差异，凉次于寒，温次于热。此外，有些药寒热温凉相对不显著，作用比较缓和，称其为“平”性，但平性并非绝对的“平”，它们随应用的不同又会出现偏凉或偏温的属性，也未完全脱离四气的范畴，因此也是属于四气概念中的内容之一。

四气反映了药物对机体阴阳偏盛偏衰、寒热变化的影响，是说明药物作用性质的重要概念之一。从诊断疾病的纲领性辨证——八纲辨证，即可见辨机体疾病的阴阳、表里、寒热、虚实是辨证的基础，阴阳是总纲，表里、寒热、虚实是次纲，疾病的寒热需用药物的寒热分别相对治疗，疾病的表里也需要寒凉与温热程度的差异来对应而治。由此可见，药物的四气在指导临床用药当中尤为重要，历代医家都很重视。陶弘景指出，药物“其甘苦之味可略，有毒无毒易知，惟冷热须明”。李中梓更强调：“寒热温凉，一匕之谬，覆水难收。”在药性理论中，四气居于首要地位。

1.3.1.2 四气的理论依据

药物性质的发现最初源于药物作用的发现，晋代干宝的《搜神记》有“神农以赭鞭鞭百草，尽知其平、毒、寒、温之性”的记载。西汉《史记·扁鹊仓公列传》曰：“药石者，有阴阳水火之齐，故中热，即为阴石柔齐治之；中寒，即为阳石刚齐治之。”此言药剂有“阴阳水火”、柔剂、刚剂的不同属性。阴、柔治热，阳、刚治寒。把药剂按治寒、治热分为对立的两类。西汉《汉书·艺文志》谓：“经方者，本草石之寒温，量疾病之浅深，假药味之滋，因气感之宜，辨五苦六辛，致水火之齐，以通闭解结，反之于平。”可见药物的寒热作为临床遣方用药的重要参考。最早记载四气药性理论的本草书籍《神农本草经》的序中曰：“药有酸咸甘苦辛五味，又有寒热温凉四气。”其主要的理论来源应为医学经典《黄帝内经》，《黄帝内经》虽不是药物学专著，但其中对阴阳、气、味、治则等的认识，对四气理论的形成产生了很大的影响。《素问·阴阳应象大论》指出，“阳为气，阴为味”“阳化气，阴成形”，对气与味的阴、阳属性进行了分类，并阐明阳为功能活动，阴为物质基础，为药物气味理论的诞生、药物性质的分类提供了依据。

《素问·至真要大论》指出：“所谓寒热温凉，反从其病也。”药物的寒热温凉之性，是在长期的医疗实践中，通过药物对机体作用所得到的各种反应逐步认识的。关于药物四气的确定，清·徐大椿《神农本草经百种录》明言："入腹则知其性。"说明四气的确定，是在患体服药以后，以中医寒热辨证为基础，从药物对所治疾病的病因、病性或症状寒热性质的影响中得以认识的。即四气药性是以用药反应为依据、病证寒热为基准而确定。如能够减轻或消除热证或治疗热病的药物，一般具有寒性或凉性，如黄连能治疗心火上炎之口舌生疮、胃火牙痛、热病神昏等，薄荷能用于风热外感、皮肤疮疹等热证或热病，则黄连、薄荷均属于寒凉性的药物；能够减轻或消除寒证的药物，一般具有热性或温性，如附子能治疗寒湿痹痛或中焦受寒之腹泻等，桂枝能治疗风寒外感等寒证，则附子、桂枝均属于温热性的药物。

1.3.1.3 四气的作用

药物的四气理论毕竟只是药物作用于机体后寒温反应规律的高度概括，并不指代具体的单一作用，而是一类作用上的某种共性。所以一般而言，寒凉性药分别具有清热泻火、凉血解毒、滋阴除蒸、泻热通便、清热利尿、清化热痰、清心开窍、凉肝息风等作用，笼统地说，具有祛除温热邪气、补助阴性正气的作用，适用于实热烦渴、温毒发斑、血热吐衄、火毒疮疡、热结便秘、热淋涩痛、湿热黄疸、湿热水肿、痰热咳喘、高热神昏、热极生风等各种阳热证；温热性药分别具有温里散寒、暖肝散结、补火助阳、温阳利水、温经通络、引火归原、回阳救逆等作用，笼统言之，具有祛除寒性邪气、补助阳性正气的作用，适用于中寒腹痛、寒疝作痛、阳痿不举、宫冷不孕、阴寒水肿、风寒痹证、血寒经闭、虚阳上越、亡阳虚脱等各种阴寒证。平性药寒热性质不明显，大多数作用平和，因此，临床应用广泛，既适用于非寒非热病证，也常配伍用于各种寒热病证。

1.3.1.4 四气的临床指导意义

四气的临床应用原则也是寒热辨证后的基本治则，《素问·至真要大论》谓："寒者热之，热者寒之。"《神农本草经》谓："疗寒以热药，疗热以寒药。"在治寒热病证方面，治寒证用温热的药物，治热证用寒凉药物。如阴盛阳衰之寒厥，用温热的附子、干姜一类药物；而温热病高热烦渴，用寒凉的石膏、知母一类药物。同时，还应注意程度差异，风寒外感用温性的麻黄、生姜，亡阳厥逆则用大热的附子、干姜；风热外感用凉性的薄荷、竹叶，而血热发斑则用寒性的生地黄、玄参。

临床上表寒里热、上热下寒等寒热错杂的病证需当寒热并用，并应注意寒热的轻重不同，分别选用不同量的寒热药物对证治疗。如治寒热错杂的心下痞证的半夏泻心汤，既需用温热的半夏、干姜，也配伍了寒凉的黄芩、黄连，以达寒热互调而消除痞满；如治外感风寒湿兼有内热之九味羌活汤，既以温性的羌活、防风、细辛、白芷、川芎、苍术祛风散寒除湿为主，又加以寒性的生地黄、黄芩以除内热为辅。

治疗真假寒热证，应辨清寒热的真假，真寒假热证用温热药，真热假寒证用寒凉药。当出现阴盛格阳证或者阳盛格阴证时，为防止格拒，可以采用"反佐"的配伍方式，即用热药治寒病，少加寒药；用寒药治热病，少加热药，顺其病气，以避免服药后出现呕吐等不适现象。叶天士《景岳全书发挥·论治篇》言："若热极用寒药逆治，则格拒而反甚，故少加热药为引导，使无格拒，直入病所；用热药治寒病，少加寒药，以顺病气而无格拒，使之同气相求。"如滋肾通关丸中用肉桂，《伤寒论》通脉四逆加猪胆汁汤等。

功效相似，寒热药性不同的药相互配伍，也可以起到去性存用的目的，既可佐制对方的药性之偏，又可共同增强疗效，发挥相反相成的作用。如左金丸中，治疗肝火犯胃的呕吐吞酸，寒性的黄连能清肝胃之火而止呕，配伍热性的吴茱萸也能疏肝和胃、降逆止呕，均能入肝、胃经，既能调理肝胃，又能止呕，还能用吴茱萸的热性制约黄连的寒性，而无凉遏之弊。也可于寒热之象不明显之病证，寒热药物并用，以使整方趋于药性平和。

运用药物的四气理论，还需注意三因制宜的原则。用寒远寒，用热远热，避免不良反应的发生。寒凉药性有伤阳助寒之弊，温热药性有伤阴助阳之害，临床用药需考虑地域、季节气候以及素体差异，注意用药的禁忌，素体虚寒、冬季、北方慎用寒凉药，素体热盛、夏季、南方慎用温热药。反之，应顺应四时和地方水土之宜调整药性的寒热来治病防病，顺势而为。《黄帝内经》提出“春夏养阳，秋冬养阴”的养生之道。《本草纲目·四时用药例》有言：“故春月宜加辛温之药，薄荷、荆芥之类，以顺春升之气；夏月宜加辛热之药，香薷、生姜之类，以顺夏浮之气……秋月宜加酸温之药，芍药、乌梅之类，以顺秋降之气；冬月宜加苦寒之药，黄芩、知母之类，以顺冬沉之气，所谓顺时气而养天和也。”这些论述都体现了古人的天人合一的思想。四气理论是根据一年四季有春温、夏热、秋凉、冬寒的气象特征概括出来的，因此，四气理论在顺应四时气候养生方面具有非常积极的实际意义。根据春生、夏长、秋收、冬藏的季节特点，采取顺应四时的用药方法，可以预防疾病，保障健康。

1.3.2 五味

1.3.2.1 五味的概念

五味是指药物有辛、甘、酸、苦、咸五种药物或食物的真实滋味，与作用功效之间的相关性概括出来的规律，它既是药物的真实滋味，也反映了药物的作用和功能。但又不只这五种味道，此外还有淡味和涩味。由于长期以来将涩附于酸，淡附于甘，以合五行配属关系，故习称五味。

五味的产生首先是通过口尝，用人的感官感知辨别，是药物真实味道的反映，随着长期的临床实践观察，逐步发现了药物滋味与药物的治疗作用有关联的规律，以味来解释和归纳药物的作用而形成了五味理论。随着用药实践的发展，对药物作用的认识不断丰富，有些药物的作用也很难与其滋味相符合，故依据这些药物的作用反推而确定其味，此味应属于“功效味”，而非真实滋味。五味理论的发展体现了从实践到理论，又从理论到实践的过程。所以确定味的主要依据，一是药物的真实滋味，二是药物作用的规律范围，这种认识不仅丰富了五味理论，也构成了五味理论的主要内容。因此五味的概念应该是指药物有辛甘酸苦咸五种真实滋味或药物作用的反映。

五味与四气一样，也具有阴阳五行的属性，《素问·至真要大论》云：“辛甘发散为阳，酸苦涌泄为阴，咸味涌泄为阴，淡味渗泄为阳。”后世简单概括为辛甘淡属阳，酸苦咸涩属阴。五味本就为与五行属性相合而概括，《尚书·洪范》最初定义了五味与五行的相配属：“五行：一曰水，二曰火，三曰木，四曰金，五曰土。水曰润下，火曰炎上，木曰曲直，金曰从革，土爰稼穑。润下作咸，炎上作苦，曲直作酸，从革作辛，稼穑作甘。”即酸属木，苦属火，甘属土，辛属金，咸属水。

《素问·脏气法时论》指出：“辛散，酸收，甘缓，苦坚，咸软。”这是对五味作用的最早记载，因为五味主要体现了药物作用中补泻敛散方面的特征规律，作为药物而言，与治疗作用密切相关联的五味理论在药性理论中与四气都具有非常重要的意义，也是药性理论中最基础的理论部分，两者常相互结合作为参考。

1.3.2.2 五味的理论依据

春秋战国时期，“味”作为“滋味”“口味”的含义在当时的文献中屡有所见，如《列子》：“华实皆有滋味，食之皆不老不死。”《吕氏春秋》：“是故圣人之于声色滋味也，利于性则取之，害于性则舍之，此全性之道也。”《尚书》首次规定了与五行相配属的五种滋味，即酸、苦、甘、辛、咸。滋味中的酸、苦、甘、辛、咸作为主要的滋味首次提出就与自然界中木、火、土、金、水的性质联系了起来，这与春秋之前所说的滋味之味意义不同，表示一类滋味体现了不同的功能属性特征。《素问·宣明五气》中载：“五味所入：酸入肝，辛入肺，苦入心，咸入肾，甘入脾，是为五入。”作为经典医书的《黄帝内经》，从医学上将与五行相配属的五味和五脏联系起来，提出了五味入五脏，并指出五味的辛散、酸收、甘缓、苦坚、咸软等作用，为医学上的五味理论奠定了基础。《神农本草经》序中提到“药有酸、咸、甘、苦、辛五味”，并将五味作为药性理论与四气在每味药后共同标明，该书开创了先标药性、后述功用的本草编写体例，为五味学说的形成奠定了基础。随着医学理论的发展和经验的积累，后期逐步形成了五行配属五味理论体系、五脏苦欲补泻五味理论体系、运气五味理论体系、气味阴阳薄厚升降五味理论体系等，为阐释药味与药物功效之间的关系、指导药物应用以及鉴别药味方面都打下了良好的基础。以五行配属五味理论体系反推药味，如《本草衍义》载，栗具有补肾气的功效，以咸入肾的理论反推栗味咸。以五脏苦欲补泻五味理论反推药味，如《注解伤寒论》载，干姜、细辛、半夏具有行水气而润肾的功效，以肾苦燥、急食辛以润之的理论反推上三味药具有辛味。以气味阴阳薄厚升降五味理论反推药味，如《汤液本草》载，茯苓具有渗泄的功效，以淡能渗泄的理论反推茯苓具有淡味。以变通“运气”五味理论反推药味，如《汤液本草》载，芒硝能够泄热，以热淫于内、治以咸寒的理论反推芒硝具有咸味。一套相对完整的中药五味理论系统逐渐构筑起来。

1.3.2.3 五味的作用

五味的作用最早是在《黄帝内经》中提出的，即辛散、酸收、甘缓、苦坚、咸软。后世医家不断补充和完善，现据历代医家论述，结合临床实践，将五味作用及主治分述如下。

辛：“能散能行”，具有发散、行气、活血的作用。解表药、祛风湿药、行气药、活血化瘀药多具辛味，因此多用于表证、风湿痹证、气滞证、血瘀证，如发散解表的生姜、桂枝，祛风除湿的独活、威灵仙，行气止痛的陈皮、木香，活血化瘀的川芎、丹参等。

甘：“能补能缓能和”，具有补益、缓急、和中、调和、解毒等作用。滋养补虚、缓急止痛、消食和胃、调和药性、解药食毒的药物多具有甘味，多用于治正气虚弱、拘挛疼痛、食积不化、中毒等。如补中益气的黄芪，滋阴补血的熟地黄，缓急止痛的饴糖，消食和胃的麦芽，调和诸药又解毒的甘草等。

酸：“能收能涩”，具有收敛、固涩的作用。具有敛肺止咳、固表止汗、涩肠止泻、固精止遗、固崩止带等作用的药物多具有酸味，常用于肺虚久咳、气虚自汗、久泻久痢、遗精遗尿、崩漏带下等证。如敛肺止咳的乌梅、固表止汗的五味子、涩肠止泻的五倍子、固精止遗的山茱萸、缩尿止带的金樱子等。此外，部分酸味药还具有生津的作用，也可用于治津亏口渴，如乌梅、酸枣仁等。《素问·宣明五气》："酸入肝。"有些药用醋炮制可增强其引药入肝经的作用，如醋制香附、青皮均可增强其疏肝行气的作用。

苦："能泄能燥能坚"，具有清泄热邪、通泄胃肠、降泄气逆、燥湿、坚阴（泻火存阴）的作用。具有清热泻火、泻下通便、降气止咳平喘、降逆止呕、清热燥湿、散寒燥湿、泻虚火等作用的药物多具有苦味，用于火热证、便秘、咳喘、呕逆、湿证、阴虚火旺等。如清热泻火的栀子，泻下通便的大黄，降气止咳平喘的苦杏仁，降逆止呕的半夏，清热燥湿的黄连，苦温燥湿的苍术，泻火存阴的知母、黄柏等。

咸："能软能下"，具有软坚散结、泻下通便作用。具有泻下通便、软化坚结、消散结块作用的药物多具咸味，用于燥屎坚硬难下和痰核瘰疬、癥瘕痞块等证。如泻下软坚的芒硝，软坚散结的海藻、牡蛎等。

此外，《素问·宣明五气》还有"咸走血"之说。肾属水，咸入肾，心属火而主血，咸走血即以水胜火之意。如大青叶、玄参、紫草、青黛、水牛角都具有咸味，均入血分，都有清热凉血解毒之功。《素问·至真要大论》又云："五味入胃，各归所喜……咸先入肾。"故不少入肾经的咸味药都具有良好的补肾作用，如鹿茸、紫河车、蛤蚧、龟甲、鳖甲等。同时为了引药入肾，增强其在肾经的作用，不少药物如知母、黄柏、杜仲、巴戟天等用盐水炮制以增强入肾经的泻相火、补肾阳等作用。

淡："能渗、能利"，即具有渗湿利小便的作用，故有些利水渗湿的药物具有淡味。淡味药多用于治水肿、脚气、小便不利之证。如薏苡仁、通草、灯心草、茯苓、猪苓、泽泻等。由于《神农本草经》未提淡味，后世医家主张"淡附于甘"，故只言五味，不称六味。

涩：与酸味药的作用相似，多用于治虚汗、泄泻、尿频、遗精、滑精、出血等证。如莲子固精止带，禹余粮涩肠止泻，海螵蛸收涩止血等。本草文献常以酸味代表涩味功效，或将其与酸味并列，标明药性，也有医家认为口尝无酸味而具收敛固涩作用者，即为涩味。

1.3.2.4 五味的临床指导意义

五味可与五行配合与五脏联系起来。《黄帝内经》载，酸入肝（属木）、苦入心（属火）、甘入脾（属土）、辛入肺（属金）、咸入肾（属水）。如酸味的山楂入肝能行气活血，苦味的黄连入心能泻心火，甘味的大枣入脾能补脾胃，辛味的麻黄入肺能发汗止咳喘，咸味的龟甲入肾能补肾阴。但这仅是一般的规律，并不是绝对的规律。如黄柏味苦、性寒，作用是泻肾火而不是泻心火；枸杞子味甘，作用是补肝肾而不是补脾土等。因此不能机械地看待这一问题，五味与五脏的功能不能完全对应，还需归经理论对药物功效的认识进行补充完善。

由于每种药物都同时具有性和味，因此两者必须综合起来看。缪希雍谓："物有味必有气，有气斯有性。"强调了药性是由气和味共同组成的。换言之，必须把四气和五味结合起来，才能准确地辨别药物的作用。一般来讲，气味相同，作用相近，同一类药物大都如此，如辛温的药物多具有发散风寒的作用，如麻黄、生姜；甘温的药物多具有补气助阳的作用，如桂枝、人参。有时气味相同，又有主次之别，如黄芪甘温，偏于甘以补气，锁阳甘温，偏于温以助阳。气味不同，作用有别，如黄连苦寒，党参甘温，黄连清热燥湿，党参则补中益气。而气同味异、味同气异者其所代表药物的作用则各有不同。如同为温性的麻黄、苦杏仁、大枣、乌梅、肉苁蓉，由于五味不同，麻黄辛温散寒解表、苦杏仁苦温下气止咳、大枣甘温补脾益气、乌梅酸温敛肺涩肠、肉苁蓉咸温补肾助阳；再如同为辛味的桂枝、薄荷、附子、石膏，因四气不同，又有桂枝辛温解表散寒、薄荷辛凉疏散风热、附子辛热补火助阳、石膏辛寒清热降火等不同作用。

与四气不同，每药不仅有一味，也可兼有数味，则标志其治疗范围的扩大，如羌活辛苦温，辛以祛风、苦以燥湿、温以散寒，故有祛风解表、燥湿、散寒止痛等作用，可用于治风寒夹湿表证、风寒湿痹、风寒湿头身疼痛等。一般临床用药是既用其气，又用其味，但有时在配伍其他药物复方用药时，就可能出现或用其气或用其味的不同情况。如吴茱萸辛苦热，与小茴香同用治寒疝腹痛时，取其味辛散寒疏肝止痛的作用；若与黄连同用治肝气犯胃的呕吐吞酸时，则取其味苦以降逆止呕；若与补骨脂、肉豆蔻同用治脾肾阳虚久泻，则取热性以助阳止泻。此即王好古《汤液本草》所谓："药之辛、甘、酸、苦、咸，味也；寒、热、温、凉，气也。味则五，气则四，五味之中，每一味各有四气，有使气者，有使味者，有气味俱使者……所用不一也。"由此可见，药物的气味所表示的药物作用以及气味配合的规律是比较复杂的，因此，既要熟悉四气五味的一般规律，又要掌握每一药物气味的特殊治疗作用以及气味配合的规律，这样才能很好地掌握药性，指导临床用药。

附：芳香药性

芳香药在古代早期多用作调香品以辟秽防病，后来由于外来香药不断输入，宋代以后其应用范围日益扩大。但芳香药性与五味不同，在于其药性的认知不是靠口尝而是靠鼻嗅获得，有人认为辛味与芳香的鼻嗅味作用类似，故而提出"辛香并提"，认为芳香味的药也具有口尝辛味的特点。芳香味虽大多标注为辛，但不是所有芳香类的药都具有口尝的辛味。通过人们对芳香药的药性特点及治疗机制认识的不断加深，逐步形成了芳香药性理论，使其成为药性理论一个重要组成部分。芳香药主要作用及指导临床用药意义归纳如下。

（1）辟秽防疫 芳香药有辟除秽浊疫气、抵御邪气、扶助正气的作用，达到辟秽养正、防病治病的目的。古人常用由芳香类药物如佩兰、白蔻仁、藿香等制作的熏香、炷香、佩香等以防病祛邪，今人燃药香如艾叶、苍术、白芷等防治感冒流行，都是辟秽防疫的具体应用。

（2）解表散邪 芳香药以其疏散之性，外走肌表，开宣毛窍，具有芳香疏泄、解表散邪之功，如薄荷、香薷、胡荽等，都是疏散表邪、解除表证的代表药。

（3）悦脾开胃 "土爱暖而喜芳香"，故芳香药善入脾胃，投其所喜，有加强运化、增进食欲、悦脾开胃的功效，如陈皮、木香、香橼、佛手、丁香、茴香、花椒等，都是悦脾开胃，用于治脾胃之滞、不思饮食的良药；有些药物自身香气不浓，但经炮制炒至焦香后，如炒谷芽、炒麦芽、炒神曲等，同样可以增强悦脾开胃、纳谷消食的功效。

（4）化湿去浊 芳香药能疏通气机，宣化湿浊，消胀除痞，复脾健运，即有化湿运脾之功，如苍术、厚朴、藿香、佩兰、草豆蔻等均为芳香化湿的代表药，主治湿浊中阻、脾失健运，症见痞满呕吐等。

（5）通窍止痛 芳香药行散走窜，芳香上达，如辛夷、白芷、细辛为上行头目、通窍止痛的代表药，主治鼻塞、鼻渊、头痛及齿痛等病症。

（6）行气活血 芳香药还可以疏散气机，透达经络，行气活血，通经止痛，消肿散结。如香附、乌药、玫瑰花为芳香疏泄、行气活血、调经止痛的代表药，主治肝郁气滞，症见月经不调、胸胁胀痛等；又如乳香、没药为行气活血、散结消肿的代表药，主治气滞血瘀，症见心腹诸痛、癥瘕积聚、痈肿疮毒等。

（7）开窍醒神 芳香药又有开窍启闭、苏醒神志的功效，如麝香、冰片、苏合香、安息香、樟脑等都是芳香开窍的代表药，主治邪蒙心窍，症见神志昏迷等。

可见，芳香药性学说，是四气五味学说的补充和发展，也是中药药性理论的重要组成部分。

1.3.3 升降浮沉

1.3.3.1 升降浮沉概念

升降浮沉作为一种药性理论，主要是指药物对机体脏腑的“升降出入”气机运动失常起作用的药性。李东垣则把药物的升降浮沉与万物的四季生长收藏规律联系起来，谓：“药有升降浮沉化，生长收藏成，以配四时。”除了“化”“成”外，用“春升、夏浮、秋收（降）、冬藏（沉）”形象地概括了升降浮沉的作用趋势。一般来讲：升降，指向上、向下运动；浮沉，指向外、向内运动。但实际升与浮、沉与降意义常兼通，文献中常混称，或将药物的升降浮沉简称为升降。归经、引经有具体的区域或范围，而升降浮沉则是指气机运动的趋势。升降出入是机体气化运动的基本形式。机体内气的运动称为“气机”。而气化运动的升降出入是通过脏腑的功能活动来实现的，故又有脏腑气机升降之说。因升降浮沉是气机生命现象的总括，它概括了脏腑、经络、气血津液等的运动，可见其重要性。

作为药性，有单纯的作用趋势，也有参与其调整、调节、平衡、恢复气机运动的作用，个别药物还有类似引经的作用，含有使其他药物作用与之一体化，同升、同降、同浮、同沉的意义，如“桔梗载药上浮；牛膝引药下行”之类。

升降浮沉虽然是重要药性之一，但不少药物，并无明显的升降浮沉之性；有些药物，又具有二向性，它的作用趋向，既可表现为升浮，又可表现为沉降。具有二向性的药物，往往又有主次之分，如麻黄之解表与宣肺，其性升浮，而利水与平喘，又为沉降，但多言其为升浮之品。

1.3.3.2 升降浮沉的理论依据

药物的趋向性作用，也是通过药物作用于机体后所产生的功效而概括出来的。在机体方面，主要以脏腑气机升降出入的理论和病机中病势的上下内外逆顺理论作为依据。而在论述药性的升降浮沉作用上，历代医家主要以其气味厚薄阴阳、四气、五味，以及用药部位、药物质地等特性作为论证的依据。有关这些方面的论述颇多，现综合概括如下。

（1）气味厚薄阴阳 《素问·阴阳应象大论》中说：“味厚者为阴，薄为阴之阳，气厚者为阳，薄为阳之阴。味厚则泄，薄则通，气薄则发泄，厚则发热。”这里以气味定阴阳，以气味之厚薄进一步分阳中之阴与阴中之阳，进而又以泄、通、发泄、发热来概括它们的性能，这就是升降浮沉药性的滥觞。张元素提出“风升生，味之薄者，阴中之阳，味薄则通”“热浮长，气之厚者，阳中之阳，气厚则发热”“燥降收，气之薄者，阳中之阴，气薄则发泄”“寒沉藏，味之厚者，阴中之阴，味厚则泄”。李东垣又在张氏概括的基础上，结合四时的“生化极变”加以延伸，谓曰：“但言补之以辛、甘、温、热及气味之薄者，即助春夏之升浮，便是泻秋冬收藏之药也。但言补之以酸、苦、咸、寒及气味之厚者，即是助秋冬之沉降，便是泻春夏生长之药也。”进一步结合气味的综合作用来认识药物的升降浮沉。由于药物是气与味同具其中的，故李东垣曰，“一物之内，气味兼有，一药之中，理性具焉”，“或气一而味殊，或味同而气异”。因此，王好古对气味厚薄与升降浮沉，归纳如下。

味薄者升：甘平、辛平、辛微温、微苦平之药是也。

气薄者降：甘寒、甘凉、甘淡寒凉、微温、酸平、咸平之药是也。

气厚者浮：甘热、辛酸之药是也。

味厚者沉：苦寒、咸寒之药是也。

气味平者，兼四气四味：甘平、甘温、甘凉、甘辛平、甘微苦平之药是也。

这些概括，大多是以《黄帝内经》中气味阴阳厚薄理论推论的。明清多数医家论证药物的升降浮沉多宗此说。清代汪昂又在张元素、王好古论述的基础上加以发挥，谓：“气厚味薄者浮而升，味厚气薄者沉而降，气味俱厚者能浮能沉，气味俱薄者可升可降。”进一步论证了气味厚薄与升降浮沉药性的关系。

（2）寒热温凉四气 药物的升降浮沉特性，是根据生物在一年四季中的生长变化现象而形象地概括出来的，而生物四时生长规律又与四时气候密切相关。因此，药物的升降浮沉与药物的四气也有密切联系。李东垣在综述药性时说：“夫药有温凉寒热之气，辛甘淡酸苦咸之味也，升降浮沉之相互……气象天，温热者天之阳，寒凉者天之阴，天有阴阳，风寒暑湿燥火，三阴三阳上奉之也。”论证了四气、五味与升降浮沉等药性，都与四时六气密切相关。王好古在他的基础上进一步发挥，曰：“夫气者天也，温热者，天之阳；寒凉者，天之阴。阳则升，阴则降。”指出四气阴阳与升降浮沉的关系。李时珍曰：“寒无浮，热无沉。”从反面论证了四气与升降浮沉的关系。概括起来，就四气与升降浮沉的关系而言，即温升、热浮、凉降、寒沉。

（3）辛甘酸苦咸五味 《黄帝内经》以气味厚薄来概括气味的功能，成为后世创立升降浮沉理论的依据。随着升降浮沉药性研究的深入，药物的不同味也成了升降浮沉药性的重要依据。李东垣曰：“味象地，辛甘淡者地之阳，酸苦咸者地之阴，地有阴阳，金木水火土，生长化收藏，下应之也。”王好古则进一步概括为：“味者地也，辛甘淡地之阳；酸苦咸地之阴。阳则浮，阴则沉。”李时珍则用反证之法概括了五味与升降浮沉的关系，他说：“酸咸无升，甘辛无降。”五味与升降浮沉的联系可概括如下：辛、甘、淡味主升浮，酸、苦、咸味主沉降。

（4）药用部位 药性的升降浮沉，主要以药物的气味厚薄阴阳，四气、五味等药性为依据，但是与其应用部位也有一定的联系。在药用部位与升降浮沉的联系方面，张元素、李东垣、李时珍等都有一些论述，如王好古在其《汤液本草・用药根梢身例》中说：“病在中焦与上焦者用根，在下焦者用梢，根升而梢降，大凡药根有上、中、下，人身半以上，天之阳也，用头；在中焦用身；在身半以下，地之阴也，用梢。”后世还有“诸花皆升”“诸子皆降”等说，然而，只有部分药物如此，其他药物几乎都存在着例外，尚非普遍性规律。

（5）药物质地 药物的质地，也是升降浮沉的依据之一，如张元素在其《药类法象》中论述各药功效之时，常以药物的质地来论证其升降浮沉，如麻黄“体轻清而浮升”，桂枝“体轻而上行，浮而升”，石膏“体重而沉降”，厚朴“体重浊而微降”。清代汪昂则进一步概括为“轻清升浮为阳，重浊沉降为阴”“凡药轻虚者浮而升，重实者沉而降”。近世更有扩大的概括，谓凡花、叶及轻虚的藤茎之类皆主升浮，而种子、鳞介、矿石之类质地坚实沉重者皆主沉降。把药物的质地作为升降浮沉的依据，应用比较普遍。

(6) 药品生熟 药物的生熟（包括通过炮制的生、熟）也常作为药性升降浮沉的依据，但多只用于解释少数药物的药性，也非普遍规律。药品有生、熟之性，首见于《神农本草经》之中，而以生、熟来论证药性的升降则始于张元素。张元素在《医学启源》中谓："黄连、黄芩、知母、黄柏，治病在头面及手梢皮肤者，须酒炒之，借酒力上升也。咽之下，脐之上者，须酒洗之，在下者，生用。凡熟升生降也。"具体地论证了药物炮制生熟的升降关系。李时珍在讨论人参的功用时，也说："人参生用气凉，熟用气温，味甘补阳，微苦补阴，气主生物，本呼天；味主成物，本呼地。气味生成，阴阳之造化也。凉者，高秋清肃之气，天之阴也，其性降，温者，阳春生发之气，天之阳也，其性升，甘者，湿土化成之味，地之阳也，其性浮；微苦者，火土相生之味，地之阴也，其性沉。人参气味俱薄，气之薄者，生降熟升，味之薄者，生升熟降。"

综上，药物升降浮沉性能的理论依据，以其气味厚薄阴阳、四气、五味为主，而其他用药部位、药物质地、药品生熟等特性比较复杂，作为升降浮沉理论的依据，和五味、五色等作为归经理论依据一样，不能互相引申，也无普遍性意义。因此，常常是综合药物的各种特性来概括其升降浮沉性能。应当指出，药物必须通过调节机体功能才能显现其升降浮沉的性能。药物的治疗功效才是药物升降浮沉性能的根本依据。

1.3.3.3 升降浮沉的作用

药物的趋向性能，是通过药物的功效而形象化地用升降浮沉的形式概括出来的。在其理论形成之初，并未论及它们的具体药性作用，只是对各种药物功效的一种抽象概括。后世医家在论述升降浮沉药性时，大多只重升、降之性，或把升与浮、沉与降合而论之，鲜有单言浮、沉之性者，或是对具体药物的论述，并没有对升降浮沉药性作用做总的概括。直到近代学者在总结整理升降浮沉理论时，才对其进行了初步概括。把药物的趋向性能分成升浮与沉降两大类来归纳，综述历代有关论述及近年有关研究文献，对其药性作用归纳如下。

(1) 升浮药性 具有升浮药性的药物，其性主温热，味多辛甘淡，多为气厚、味薄之品，总的属性为阳。故有"阳为升"之谓。其质地多轻清空虚。就其作用特点而言，为上行、向外。就其具体功效而言，分别具有疏风、散寒、宣肺、透疹、升阳、通痹、催吐、开窍等作用，故解表药、祛风湿药、温里药、开窍药、补气药、补阳药等类药物，大多具有升浮性质，总之多为阳热气分的药物。

(2) 沉降药性 具沉降药性的药物，其性主寒凉，味多酸苦咸。多为气薄、味厚之品，总的属性为阴。故有"阴为降"之谓。该类药物质地多重浊坚实。就其作用特点而言，多主下行、向内。此类药物具有通便、泻火、利水、镇静与安神、平肝潜阳、平喘、降逆、固精、涩肠、止带等作用。泻下药、清热药、利水渗湿药、安神药、平肝息风药、补阴药、收涩药等类，大多具有沉降性质。此类药物多为阴寒血分之品。

药物的升降浮沉性能，就其总体而言，升可以概括浮，降可以概括沉，但具体药物的药性，二者又不可以互代，如升阳不可用浮阳，降火不可作沉火。但在具体药性中用浮沉来概括其功效者甚少，故仍以升浮与沉降来作总的概括。大多数药物都具有升降浮沉的趋向性能，这就是升降浮沉性能在药物中的普遍性。但就某些类别的药物，或某些具体药物而言，它们的升降浮沉作用又不是那么单纯。有些药物的功效在调整脏腑的气机、阻遏病势的发展等方面作用不太明显，因此，趋向性能也不太显著，如芳香化湿药、活血化瘀药、杀虫药、外用药，以及化痰药等，很难看出其升降浮沉的趋向性能，不便将其划归到哪一类中，历代医家在记述药物的药性时，不少药物亦不言其升降浮沉之性，这就是升降浮沉的不显性。还有一些药物，它们的趋向性能有两个方面的作用，如张元素谓甘草“气薄味厚，可升可降”，当归“气厚味薄，可升可降”。还有附子、黄芪、干姜、黄连等都属于此类。再如麻黄，上能宣通肺气，外能发汗解表，内能止咳平喘，下能利水消肿；川芎既可上行头目，又可下行血海。这些药物的作用趋向都是双向性的，故谓之能升能降。这就是升降浮沉性能的双向性。

此外，药物的升降浮沉性能，还可以随着配伍与炮制而改变其趋向性，尤其是具有双向性能的药物更为明显，如麻黄的可升可降，配伍桂枝能发汗解表，性显升浮，而配伍苦杏仁则能止咳平喘，性显沉降。药物通过配伍还有先升后降、先降后升等特殊现象，如有人用八珍汤加大黄以治虚火眩晕，就是先升后降的具体实例。李时珍曰：“升者引之以咸寒，则沉而直达下焦，沉者引之以酒，则浮而上至颠顶。”说明了配伍对升降浮沉影响的奥秘。炮制可以改变药物的作用趋向也是显然的，历代医家多有论述，尤以陈嘉谟的论点对后世影响最广：“酒制升提，姜制发散，入盐走肾脏，……用醋注肝经，……童便制，除劣性降下；米泔制，去燥性和中。”这些虽然不是炮制对升降浮沉性能影响的全部，但足以说明药物经过炮制是可以改变其趋向性能的。李时珍对此亦有简洁的概括，谓：“一物之中，有根升梢降，生升熟降，是升降在物亦在人也。”以上这些都说明药物的升降浮沉具有可变性。

1.3.3.4 升降浮沉的临床意义

药物的升降浮沉特性，是从临床实践中概括总结出来的。升降浮沉理论对药物作用的趋向性能做了形象的概括，不仅有利于对药物功效的全面认识，而且在临床用药上也有一定的指导意义。在临床的疾病辨证中，脏腑气机的逆顺，病势的外浮内传、上逆下陷，病位的上下表里等情况的辨别是非常重要的。在治疗上，利用药物的升降浮沉性能，来调节脏腑气机的升降，遏制病势的逆传和发展，因势利导地祛邪外出，也是许多治疗大法的立法依据。因此，升降浮沉药性对于指导临床用药具有重要意义，概括起来主要有以下几方面。

（1）调整脏腑气机紊乱 人体脏腑气机的升降出入通畅，是机体气化活动正常的表现。如果升降出入失常，则脏腑气机出现紊乱。机体气化的一般规律是阴升阳降，下升上降，升中有降，降中有升。五脏主升，但心肺在上主降，肝肾在下则主升，六腑主降，但大、小肠参与输布津液故亦兼升，而胆与膀胱则主降泄。脾、胃在中，脾升胃降。这是脏腑气机运化的正常规律。如果脏腑气化偏盛偏衰，就会出现升降失调，气机紊乱，当升不升，当降不降。临床当以具有升降浮沉性能的药物来进行治疗。如心火上炎、肝阳上亢，当用沉降的泻火、平肝之品以治之。而脾虚气少、肾虚遗泄，又当以补中益气、固肾益精之升浮药物治疗。临床上的益气升阳、滋阴降火、平肝潜阳、升清降浊、疏肝解郁、引火归原等治法，都是以升降浮沉药性来调节脏腑气机的具体运用。

（2）遏制病势逆传发展 所谓病势，包括两层含义。一是指疾病发展过程的趋势，是外感疾病传变的转归，它是针对整个病程而言的，有一定的阶段性，在临床上属于辨证的范围；二是指临床上病症所表现的形势，是症状的具体表现，针对某一特定症状的形势而言，在治疗中属于对症治疗范围。升降浮沉药性对病势与症势都有一定的调节作用，如病势的内传、外脱，症势的上逆、下陷，这些也是气机顺逆的表现。如病邪由外传里，用升浮的解表发散之药以阻止其由表入里，久病气虚外脱，用补气救脱收敛之品以挽其衰微之元气。又如肺胃气逆，咳喘、呕呃，当用降气平逆的沉降之品以治之；如中气下陷、少气脱肛，当用补中益气的升提之品以治之。这些都需以具有升降浮沉药性的药物来遏制其病势的发展。

（3）因势利导祛邪外出 病邪侵犯人体，有在上在下，在表在里的不同，攻邪之法亦当随病位与病情的不同而有异。《素问·阴阳应象大论》曰："其高者，因而越之；其下者，引而竭之；中满者写之于内。……其在皮者，汗而发之。"这里明确地指出了病邪在上在表者，当用升浮之类的药物以吐之、汗之，病邪在中在下者，当用沉降的药物以泻之、导之。临床上的汗、吐、下等法，就是升降浮沉药性在祛邪外出方面的具体应用。然而由于病邪的性质不同，祛邪之品还须结合其他药性而综合应用。如热邪内结，当用清热降火之品；寒邪内侵，当用温中散寒之品。这些治法虽然在于突出四气寒热的药性作用，但也含有以升降药性调整气机之意。

（4）奉养四时调和脏气 人体脏腑气机升降出入的变化，与自然界生长化收藏的变化规律也是息息相关的。为了适应外界的自然环境变化，人体必须顺应四时之气。药物的升降浮沉之性，在调养生机方面也具有重要意义。一般来说，春夏之季，万物生长繁荣，调养的药物亦宜酌施升浮之品以助其升发成长之气；秋冬季节，万物成熟收藏，在药物调养方面，亦宜稍佐沉降之品以适应其收敛潜藏之性。故李时珍曰："《经》云：必先岁气，毋伐天和，又曰：升降浮沉则顺之……故春月宜加辛温之药，薄荷、荆芥之类，以顺春升之气；夏月宜加辛热之药，香薷、生姜之类，以顺夏浮之气，长夏宜加甘苦辛温之药，人参、白术、苍术、黄柏之类，以顺化成之气；秋月宜加酸温之药，芍药、乌梅之类，以顺秋降之气；冬月宜加苦寒之药，黄芩、知母之类，以顺冬沉之气。所谓顺时气而养天和也。"这种顺养四时之气的方法，不仅用于调养脏气方面，而且在疾病的治疗中也常在方剂中加上一些时令药品，如景日昣所总结的四季十二月的时令用药，就是一例。其原理亦在于协调人体气机与自然界的关系。

（5）调理脾肺气机，疏通壅滞 对于阴阳壅滞，气机窒滞，或阴阳反戾，清浊相干诸证，更需借助于升降浮沉药性功能，以调理气机，恢复正常。如苏子降气汤治虚阳上攻，气不升降，以紫苏子、前胡、厚朴、橘红、半夏降逆，行气，发表，疏内壅，散外寒，肉桂引火归原，或加沉香升降诸气；木香顺气汤治阴阳壅滞，气不宣通，方中升麻、柴胡之轻，以升阳，茯苓、泽泻之淡以泄阴，配合诸药，使脾枢运转，清升浊降，上下宣通，阴阳复位。

应当指出，药物的升降浮沉性能和其他药物性能一样，只是药物作用的一个方面，药物特性的一种，仅能作为临床辨证用药的依据之一，而不是唯一依据。因此，立法处方之际，在注意到药物的趋向性能的同时，还必须结合中药的其他性能，如气味、补泻、归经等理论，予以综合考虑，方能做到切合病情，恰到好处。

1.3.4 归经

1.3.4.1 归经的概念

归经药性理论，主要论述药物作用的定位，归是药物作用的归属，经是机体脏腑、经络的概称。即一种药物主要对某经或某几经产生明显作用，而对其他经则作用甚少或无作用。归经药性的概念，在长期的演变过程中，曾有过多种提法。在历代本草文献中，有归某经、入某经、走某经、某经行药、通行某经的说法，也有某经药、某经本药、某经的药、某经行经药等的说法。这里的归、入、走、行，主要为归属的意义，是药物的作用部位。现代通称为药物对机体某部位或区域的选择作用。

引经药，又称为引经报使药，这类药物能将其他不归本经的药物引导至本经发挥治疗作用。引经药的概念，在金、元时期也有多种称谓，如“通经以为使”“报使”“各经引用”等，后世有称其为“主治引使”“引经报使”者。还有人把“响导药”亦作为引经药。一般解释为“引诸药直达病所”，即可使不归该经的药物接引到该经病所。从广义角度来看，引经药还包括部分引子药。引经药除有归经作用之外，还有趋向性和吸引性作用。故引经作用实际上是一种特殊的归经作用。

引子药，也称为“引子”或“药引”，它包括除引经药以外的其他可以引导药物发挥或加强和扩大疗效的药物。引子药的引导作用更为广泛。引经药多直接加入方剂或成方之中，有的甚至是方中的主要组成部分，而引子药类虽然也是方中的组成部分，但大多为随症或随时加减应用的药物，而且尤多应用于成药的服用之中。

1.3.4.2 归经的理论依据

药物的归经理论，是在中医基础理论指导下，通过历代医家长期医疗实践，结合药物固有的特性归纳总结而成的。归经药性的理论依据，与机体因素、药物特性和临床疗效三方面有关。其中又以临床疗效为其主要依据。

（1）药物特性 各种药物都具有形、色、气、味等特性。这些特性往往是古代人们赖以说明药物作用的依据，同时也是药物归经的依据之一。早在《黄帝内经》中已把药物的五味、五色、五气，通过五行学说与五脏理论相联系，用来说明药物与五脏生理、病理的关系。故药物的气味与颜色在归经理论的形成中起了重要作用，后世对药物归经的论证，也往往应用这些药物的特性。药物的这些特性，虽然都可用作归经的依据，但以五味理论应用较多，相对来说它的理论对归经的覆盖面较宽，具有一定的规律性，如辛入肺，陈皮、紫苏、麻黄皆味辛而归肺经；甘入脾，黄芪、党参、甘草皆味甘而归脾经；酸入肝，山茱萸、乌梅、酸枣仁皆味酸而归肝经；苦入心，黄连、莲子心、栀子皆味苦而归心经等。至于五色、五气等，仅在古籍中偶尔用以说理，规律性不强。此外，药物的性状有时也用来解释归经，如《本草从新》所说：“其入诸经，有因形相类者，如连翘似心而入心；荔枝核似睾丸而入肾之类。”这些说理重复性不强，可供参考，且存在较大的局限性。第一，不能重复引申，如味酸入肝，但入肝经的药不都是酸味，味酸的药物也不尽都归入肝经。青入肝，但入肝经的药物不都是青色，而色青的药物也未必尽入肝经。第二，色与味或色与形方面存在一些矛盾，如酸味的药物也不一定就色青，甘味的药物也不一定是色黄，反之亦然。色、味与形态方面也存在这些矛盾。因此应用这些理论时，存在着实用主义倾向。同一书中，甲药以味为据，乙药以色解释，丙药以形态论证，这也是各家本草对同一药物存在多种归经的原因之一。

（2）机体依据 机体主要包括脏象系统和经络系统，机体依据也可以说就是脏腑和经络理论。脏象系统又包括五脏六腑、奇恒之腑、卫气营血、三焦以及肢体五官等结构和功能单位；经络系统也包括十二正经、奇经八脉，以及其所主、所合、所属、所循行的脏腑区域等。这些都是机体单位，又包含其生理功能与病理变化。

药物的定向、定位作用，首先是与脏腑相联系的，如《黄帝内经》中的“五入”“五走”，都是药物或食物作用与五脏、五体相联系的。《黄帝内经》及后世医家对五脏苦欲补泻的论述，也是把药物五味的补泻作用与五脏相联系。《神农本草经》对于许多药物的具体功效的记述，也多与脏腑等功能单位相连。如谓甘草“主五脏六腑寒热邪气”，柴胡“去肠胃中积气”等。这些记述对后世归经理论的形成起了推进作用。随着医学的进步，病变部位的辨别越来越受到重视，《金匮要略》中脏腑辨证体系得到了唐宋医家的不断补充。因此，结合脏腑或机体局部的功能和病理变化来讨论药物功效的记述越来越多。张元素所总结的《脏腑虚实标本用药式》，更是脏腑理论结合寒热、补泻等药性综合应用的一个典型例子。其中所谓的“标本”，主要指“经脉病”与“脏腑病”，但也是以脏腑理论为主，故每一脏腑又有“气”“血”之分。可见其定位的针对性更为详细。明清以来所出现的卫、气、营、血与三焦学说，这些理论也成为归经的理论依据，但这些理论也是建立在脏腑理论之上的。因此，明清以来论及药物的归经，多以脏腑名称为依据，而较少以经络名称作为归经的依据，有的则于脏腑后加上“经”字，把经络作为脏腑的组成部分，故现代的归经则多称脏腑之名。

经络系统也是机体的重要组成单位，早在《黄帝内经》中已经把它作为辨证的依据。十二经都有主病，而且还分为“是动”和“所生”病，这些疾病以经络名称定位的方法通过《伤寒论》的充实和发展，经唐宋医家的进一步综合，总结出脏腑经络结合的辨证体系，以统领外感和内伤诸病的辨证，如《医学启源》等医籍就是其代表。经络既是辨认疾病部位的所在，也是药物作用的归宿。凡能治疗某经疾病的药物，就把它归为某经。因此，经络系统就成为药物归经的重要依据之一。故在张元素的《洁古珍珠囊》，王好古的《汤液本草》中，多以手足三阴、三阳十二经为其依据。如谓桂枝“入足太阳经”，桔梗“入足少阴、手太阳”，柴胡“入手少阳”等，都是用手、足六经来概括药物的归经，有的则是在六经的名称下加上其所络属的脏腑名称。随着奇经八脉理论研究的深入，以奇经八脉理论作为记述药物归经的依据也应运而生。明末清初，以经络理论作为归经的基础不仅得以普遍应用，而且进一步发展到以穴位来对药物作用定位。

（3）临床疗效 药物的一切性能，都来源于临床实践的总结，药物的功效与药物归经性能是极为密切的。归经理论尽管与药物的形、色、气、味等特性和机体因素关系密切，但是它的建立仍有赖于药物的临床疗效的总结。金元以来，药物归经的论定，主要是以药物的效用为依据。无论是以脏腑理论，还是以经络进行归经的论述，都是建立在药物治疗作用的基础之上的，如麻黄、桂枝归足太阳经，就是因为麻黄、桂枝为麻黄汤、桂枝汤（治疗太阳表证的主方）的主药而论定的。又如石膏、知母归足阳明经，柴胡归足少阳经等，都属此类。在脏腑辨证论治中，大黄能泻胃实热，故入胃经；当归为补血活血要药，故归心、肝二经；人参、黄芪能补益脾、肺之气，主治脾、肺气虚，故归入脾、肺二经；鹿茸、巴戟天能补益肝、肾，用于治肝、肾不足之证，故归入肝、肾二经。

药物的疗效与性味结合，不仅是归经的重要依据，而且对归经的范围和主次也起决定作用。一般来说，药效简单，性味单纯，其归经的范围也小，多专归一经，如白前、前胡均以辛味为主，能降气祛痰，故单入肺经。这类药物多称某经专药。若药味复杂，作用多样，其归经范围也较广，多在两经以上，如桂枝辛甘性温，既能散寒解表，又能温经止痛、温阳化气，故归心、肺、膀胱三经。有些药物性峻烈，通行之性甚强，如附子、防己、威灵仙等，由于这些药物性走窜，故通行十二经脉。在能归几经的药物之中，又有主次之分，这也是根据药物对各经治疗作用的强弱进行论定的，如《本草求真》谓人参、黄芪“（专）入肺，兼入脾”。

总之，药物归经的认定，都是以脏象、经络理论为基础，以临床疗效为主要依据。至于其他形、色、气、味，虽然也偶尔引入说理讨论，却都以临床疗效，为判断的最后依据。临床经验的不断积累和发展，是归经理论发展、丰富的根本原因。

1.3.4.3 归经的临床指导意义

归经理论的形成和发展，丰富了中药基本理论，同时也推动了中医的辨证论治和制方遣药的发展。

（1）完善了药性理论，加深了对药性的认识 古人总结药性理论，主要是以气味、阴阳、补泻、有无毒性为基础，偏重药物作用性质的辨别；而药物作用的发挥，必须通过与机体脏腑、经络各种功能相结合。为了弄清药物疗效的所在，需要对药物作用进行定位，归经理论的建立和完善，正好满足了药物作用定位的需要，从而进一步完善了药性理论，加深了对药物作用的了解。同时，由于归经理论主要以脏象、经络理论为理论依据，从而加强了药性理论与中医基本理论的联系。归经理论不仅丰富了药性理论，而且在实践应用中，它与其他药性理论（如温、凉、补、泻、气、血等）相结合，讨论药物的全面作用，进一步推动了药性理论的研究。

（2）指明了药物作用的部位，增强了辨证用药的针对性 在临床辨证之中，病位的辨别是极为重要的，如八纲辨证中的表里，其他如脏腑、六经、三焦、卫气营血等辨证体系，都是直接以病位作为辨证的纲领。临床上同一病症，由于发病的部位不同，在治法方药上则迥然不同。药物的归经，着重指出了药物作用的部位所在。因此，在临床上选用针对性较强的药物进行治疗，有利于疗效的提高。如同为伤寒病，初犯太阳，则宜以麻黄、桂枝等发表之品治之；若传入少阳，则当以柴胡、黄芩等药以和解表里；若进而邪热结于阳明，在经则宜用石膏、知母等药以清经，入腑则宜用大黄、芒硝等药以泻腑；病传三阴，则又当用三阴各经之品以调治之。又如同为热证，也有肺热、心火、胃火、肝火等的不同。若肺热咳喘，当用桑白皮、地骨皮等肺经药；若胃火牙痛，当用石膏、黄连等胃经药；若心火亢盛心悸失眠，当用朱砂、丹参等心经药；若肝热目赤，当用夏枯草、龙胆等肝经药。再如外感热病，热在卫分，当用金银花、连翘等卫分之药；若热入气分，则当用石膏、知母等气分药。此外还有热邪入营、入血之不同，热在上焦、中焦、下焦之异。临床治疗上根据药物的归经进行制方遣药，才能收到预期的效果。掌握药物的归经，还可帮助同类药物功效的区别应用，如羌活、白芷、柴胡、吴茱萸等药，均可治疗头痛，但由于归经范围不同，而分别用于太阳头痛、阳明头痛、少阳头痛、厥阴头痛等不同病证。又如麻黄、黄芪、附子、猪苓，都有利水消肿的功效，但麻黄为宣肺利水，黄芪为健脾利水，附子为温阳利水，猪苓为通利膀胱之水湿，其作用机制各不相同，其应用也各有别。因此，在熟悉药物功效的同时，掌握药物的归经对同类药物的鉴别应用有十分重要的意义。

（3）区别功效相似的药物，弥补了功效理论的不足 药物的功效是后期发展出来的理论，功效名词表达的局限性，导致难以从功效上精准区分药物作用的不同，因此掌握药物归经也可以区分功效相同而应用不同的药物。如黄芩、黄连、黄柏在现代教材中的功效表达均为清热泻火、清热燥湿，但黄芩入肺经，故善泻肺火，治肺热咳嗽痰黄质稠之证，多偏上焦湿热证；黄连入心、胃经，故善泻心、胃之火而用于口舌生疮、牙龈肿痛等症，多偏中焦湿热证；黄柏入肾经，故善泻相火，多用于骨蒸潮热、阴虚火旺之证，多偏下焦湿热证。又如玉竹、麦冬、枸杞子均为养阴之品，而玉竹善入肺、胃经，常用于肺胃阴虚的干咳，口渴；麦冬善入心肺、胃经，故还能用于心阴不足的失眠心烦；而枸杞子主入肝、肾经，则主用于肝肾阴不足的须发早白、眼目昏花。

（4）指出了药物作用的范围和主次，对临床配伍制方有重要指导作用 药物的归经范围，决定其临床应用范围；而归经的主次划分，决定其在处方应用中的主次地位。中医处方用药，强调君臣佐使。一般来说，专归某经或主归某经的药物，大多为治疗该经病证方剂的主药；而兼入之经，则多为治疗该经病证方剂中的辅助药物，如专治眼病的青葙子、密蒙花等，皆为专归肝经，而以二药为君的青葙子散、密蒙花散，皆为治疗眼病的专方。又如六味地黄丸中的熟地黄，七宝美髯丹中的何首乌，二药都入肝、肾经，但六味地黄丸以滋阴补肾为主，而七宝美髯丹则长于补肝益肾，故《本草求真》谓熟地黄“专入肾，兼入肝”，而何首乌为“专入肝，兼入肾”。再如麻仁苁蓉汤中的肉苁蓉，在方中主要是增强火麻仁的作用，故《本草求真》谓其“专入肝，兼入大肠”。因此，通过归经指出药物的主次，是临床处方用药决定君臣佐使的重要依据。同时对于初学者来说，有利于掌握药物的功效重点。

（5）综合药性，结合其他药性能全面指导临床用药 前述归经理论的形成和发展与药物的四气、五味有着密切联系，因此在指导药物临床应用时，也必须与四气五味以及升降浮沉等药性理论结合起来。如同归肺经的药物，由于有四气的不同，其治疗作用也各异。如紫苏温散肺经风寒，薄荷凉散肺经风热，干姜性热温肺化饮，黄芩性寒清肺泻火。同归肺经的药物，由于五味的不同，作用亦殊。如乌梅酸以固涩、敛肺止咳，麻黄辛以发表、宣肺平喘，党参甘以补虚、补肺益气，陈皮苦以下气、止咳化痰，蛤蚧咸以补肾、益肺平喘。同归肺经的药物，因其升降浮沉之性不同，作用迥异。如桔梗、麻黄药性升浮，故能开宣肺气、止咳平喘；苦杏仁、紫苏子药性降沉，故能泻肺止咳平喘。四气、五味、升降浮沉与归经同是药性理论的重要组成部分，在应用时必须结合起来，全面分析，才能准确地指导临床用药。运用归经理论指导临床用药，还要依据脏腑经络相关学说，注意脏腑病变的相互影响，恰当选择用药。如肾阴不足，水不涵木，肝火上炎，目赤头晕，治疗时当选用黄柏、知母、枸杞子、菊花、地黄等肝、肾两经的药物来治疗，以益阴降火，滋水涵木；而肺病久咳，痰湿稽留，损伤脾气，肺病及脾，脾肺两虚，治疗时则要肺脾兼顾，采用党参、白术、茯苓、陈皮、半夏等肺、脾两经的药物来治疗，以补脾益肺，培土生金。而不能拘泥于见肝治肝、见肺治肺的单纯分经用药的方法。

1.3.4.4 归经理论的注意事项

首先，归经理论和其他药性理论一样，在了解药物性能时，必须与其他药性理论相结合才能准确全面。在临床应用上，必须与四气、五味、升降浮沉、补泻等理论结合起来，才能准确应用。因为同归一经的药物，由于其寒热、补泻性质不同，其适用范围也各有差异，如麻黄、苦杏仁、黄芩、石膏、桑白皮、葶苈子、人参、蛤蚧都归肺经，可治咳喘病。但麻黄、苦杏仁，性味辛温，有宣肺解表之效，故主治风寒外袭、肺气不宣的咳喘；黄芩、石膏，苦甘性寒，能清泻肺热，主治肺热咳喘；桑白皮、葶苈子，亦苦甘性寒，但功在泻肺行水，故主治水饮停肺的咳喘；人参、蛤蚧，甘咸性温，能补肺益肾，故用于肺、肾两虚的喘咳。

其次，分经用药还须注意机体的整体性，机体各脏腑经络，无论从生理功能或病理变化来看都是密切相关的。药物的归经也不是一成不变的，如汪昂在《本草备要》中说：“……五脏应五行，金木水火土，子母相生。经曰：‘虚则补其母，实则泻其子。’又曰：

'子能令母实。'如肾为肝母，心为肝子，故入肝者，并入肾与心……肺为肾母，肝为肾子，故入肾者，并入肺与肝。此五行相生，子母相应之义也。"因此，不能拘泥于肝病治肝、肺病治肺，还应根据脏腑、经络相关的理论，辩证地对待药物的归经性能。徐灵胎所论"不知经络而用药，其失也泛，必无捷效；执经络而用药，其失也泥，反能致害"是很有见地的。

此外，鉴于历史的原因，历代医家对归经理论存在不同看法；具体药物归经存在的混乱情况更多。因此，在应用归经理论的时候，必须全面地掌握归经理论；对具体药物的归经亦应辩证地看待，才能正确应用。

1.4 中兽药配伍与禁忌

1.4.1 配伍

1.4.1.1 配伍的概念

按照病情的不同需要和药物的不同特点，有选择地将两种以上的药物配合在一起应用，叫作配伍。

1.4.1.2 配伍的意义

在医药萌芽时期治疗疾病一般多用单味药物，后来由于药物品种的日趋增多，对药性特点的不断明确，对疾病的认识逐渐深化，疾病可表现为数病相兼，或表里同病，或虚实互见，或寒热错杂的复杂病情，因而用药也就由简到繁，出现了多种药物配合应用的方法，并逐步积累了配伍用药的规律，从而既照顾到复杂病情，又增进了疗效，减少了毒副作用。商代伊尹发明了汤液，也促进了复方的发展。从长沙西汉古墓出土的《五十二病方》中，197 个药物方中应用单味药 78 方，两味以上者 119 方，可以看出，先秦时期以一两味药物组成方剂为多见。此时中药理论刚刚产生，正在由单味药应用向多味药配伍过渡。因此可以看出，药物配伍使用是历史发展的必然结果，也是医疗发展的必经之路，而掌握中药配伍规律对指导临床用药意义重大。

1.4.1.3 配伍的内容

药物配合应用，相互之间必然会产生一定的作用，有的可以增进原有的疗效，有的可以相互抵消或削弱原有的功效，有的可以降低或消除毒副作用，还有的合用可能产生毒副作用。因此，《神农本草经》将各种药物的配伍关系归纳为"有单行者，有相须者，有相使者，有相畏者，有相恶者，有相反者，有相杀者，凡此七情，合和视之"。这就是中药所说的配伍"七情"，即药物合用后展现出相互作用的七种最基本的配伍情况。分述如下。

（1）单行 即单用一味药来治疗某种病情、病证或单一的疾病，李时珍曰：“单方不用辅也。”对病情比较单纯的病证，往往选择一种针对性较强的药物即可达到治疗目的。例如古方独参汤，即单用一味人参，治疗元气虚脱的危重病证；又如清金散，即单用一味黄芩，治疗肺热出血的病证；再如单味马齿苋治疗痢疾，夏枯草熬膏消瘿瘤，仙鹤草根芽驱除绦虫，柴胡注射剂发汗解热。这些都是单味药就能行之有效的治疗方法。

（2）相须 即两种功效类似的药物配合应用，可以增强原有药物的功效。李时珍曰：“相须者，同类不可离也。”如麻黄配桂枝，能增强发汗解表、祛风散寒的作用；附子、干姜配合应用，以增强温阳守中、回阳救逆的功效；陈皮配半夏以加强燥湿化痰、理气和中之功；全蝎、蜈蚣同用能明显增强平肝息风、止痉定搐的作用。相须配伍的例证，历代文献有不少记载，它构成了复方用药的配伍核心，是中药配伍应用的主要形式之一。

（3）相使 就是以一种药物为主，另一种药物为辅，两药合用，辅药可以提高主药的功效。李时珍曰：“相使者，我之佐使也。”如黄芪配茯苓治脾虚水肿，黄芪为健脾益气、利尿消肿的主药，茯苓淡渗利湿为主，也能健脾为辅，可增强黄芪益气利尿的作用。这是功效相近药物相使配伍的例证。石膏配牛膝治胃火牙痛，石膏为清胃降火、消肿止痛的主药，牛膝引火下行，可增强石膏清火止痛的作用；白芍配甘草治血虚失养，筋挛作痛，白芍为滋阴养血、柔筋止痛的主药，甘草缓急止痛，可增强白芍荣筋止痛的作用；黄连配木香治湿热泻痢，腹痛里急，黄连为清热燥湿、解毒止痢的主药，木香调中宣滞，行气止痛，可增强黄连清热燥湿止痢的功效。这是功效不同相使配伍的例证，可见相使配伍药不必同类。一主一辅，相辅相成。辅药能提高主药的疗效，即相使的配伍。

（4）相畏 即一种药物的毒副作用能被另一种药物所抑制，李时珍曰：“相畏者，受彼之制也。”如半夏畏生姜，即半夏的毒副作用可以被生姜抑制，用生姜炮制后成姜半夏，其毒副作用大为降低；甘遂畏大枣，甘遂峻下逐水可被大枣抑制，减少甘遂损伤正气的毒副作用；熟地黄畏砂仁，熟地黄滋腻碍胃，影响消化的副作用可以被砂仁减轻；常山畏陈皮，常山截疟而引起恶心呕吐的胃肠反应可以用陈皮缓和。这都是相畏配伍的范例。

（5）相杀 即一种药物能够消除另一种药物的毒副作用，李时珍曰：“相杀者，制彼之毒也。”如羊血杀钩吻毒，金钱草杀雷公藤毒，麝香杀苦杏仁毒，绿豆杀巴豆毒，生蜂蜜杀乌头毒，防风杀砒霜毒等。可见相畏和相杀没有质的区别，是从制约一方毒性或偏性的药物配伍中，从不同角度提出来的配伍方法，即同一配伍关系的两种不同提法。

（6）相恶 即一种药物能破坏另一种药物的功效，李时珍曰：“相恶者，夺我之能也。”如人参恶莱菔子，莱菔子能削弱人参的补气作用；生姜恶黄芩，黄芩能削弱生姜的温胃止呕的作用；近代研究吴茱萸有降压作用，但与甘草同用时，这种作用即消失，也可以说吴茱萸恶甘草。可见相恶会降低药效而需慎用。

（7）相反 即两种药物同用能产生剧烈的毒副作用，李时珍曰：“相反者，两不相合也。”如甘草反海藻，贝母反乌头等。具体见用药配伍禁忌“十八反”“十九畏”中的若干药物，这是属于禁止使用的情况。

根据对七情具体概念的理解，可以看出，除单行外，相须、相使可以起到协同增效的作用，所以是临床常用的配伍方法，需大量使用；相畏、相杀可以减轻或消除毒副作用，以保证安全用药，是使用毒副作用较强药物的配伍方法，也可用于有毒中药的炮制及中毒解救，所以也是临床配伍应用中常使用的方法；相恶则是因为药物的拮抗作用，抵消或削弱其中一种药物的功效，虽不是绝对禁忌，但也尽量不用；相反则是药物相互作用，能产生毒性反应或强烈的副作用，故相反是配伍用药的禁忌。

历代医家都十分重视药物配伍的研究，除七情所总结的用药规律外，两药合用，能产生与原有药物均不相同的功效，如桂枝配芍药以调和营卫，解肌发表；柴胡配黄芩以和解少阳，消退寒热；枳实配白术以寓消于补，消补兼施；干姜配五味子以散敛并用，宣降肺气，化饮止咳；晚蚕沙配皂角子以升清降浊，滑肠通便；黄连配干姜以寒热并调，降阳和阴；肉桂配黄连以交通心肾，水火互济；黄芪配当归以阳生阴长，补气生血；熟地黄配附子以阴中求阳，阴阳并调等。以上都是前人配伍用药的经验总结，是七情用药的发展。人们习惯把两药合用能起到协同作用、增强药效，或消除毒副作用、抑其所短、专取所长，或产生与原药各不相同的新作用等经验配伍，统称为“药对”或“对药”。这些药对是构成许多复方的主要组成部分。因此，深入研究药对的配伍用药经验，不仅对提高药效、扩大药物应用范围、降低毒副作用、适应复杂病情、不断发展七情配伍用药理论有着重要意义，同时对掌握遣药组方规律也是十分必要的。

药物的配伍应用是中医用药的主要形式，药物按一定法度加以组合，并确定一定的分量比例，制成适当的剂型，即方剂。药物配伍应用是方剂的基本单元形式，方剂是药物配伍的进一步发展，也是药物配伍应用更为普遍更为高级的形式。

1.4.2 禁忌

用药禁忌的确立是为了确保药物疗效、用药安全，避免毒副作用的产生，中药的用药禁忌主要包括配伍禁忌、证候禁忌、妊娠禁忌三个方面。

（1）配伍禁忌 配伍禁忌是医者遣方治病过程中首先要慎重考虑的禁忌的第一个方面，是开具药方后审方的第一要务。所谓配伍禁忌，即指某些药物合用会产生剧烈的毒副作用或降低和破坏药效，因而应该避免配合应用。也即《神农本草经》所谓：“勿用相恶、相反者。”

现今认可的配伍禁忌主要是“十八反”和“十九畏”。历史记载中，《蜀本草》谓《神农本草经》载药365种，相反者18种，相恶者60种。《新修本草》承袭了18种反药的数目。《证类本草》载反药24种。但自宋代之后，很多书籍记载中出现畏、恶、反名称使用混乱的情况，与《神农本草经》中的相畏、相恶等的原意不同，因此，金元时期将反药概括为“十八反”“十九畏”，累计37种反药，这里的“十九畏”其实也是指的相反的关系。编成朗朗上口的歌诀，则便于医家诵读。

中药“十八反歌”最早载于张子和《儒门事亲》：“本草明言十八反，半蒌贝蔹及攻乌，藻戟遂芫俱战草，诸参辛芍叛藜芦。”共载相反中药十八种，即：乌头（包括附子、川乌、草乌）反贝母、瓜蒌、半夏、白及、白蔹（包括浙贝母、川贝母、平贝母、伊贝母、湖北贝母、天花粉、瓜蒌皮、瓜蒌子）；甘草反甘遂、大戟、芫花、海藻（包括京大戟、红大戟）；藜芦反人参、丹参、玄参、沙参、细辛、芍药（包括西洋参、党参、南沙参、北沙参、苦参、白芍、赤芍）。而“十九畏”歌诀首见于明·刘纯《医经小学》：“硫黄元是火中精，朴硝一见便相争，水银莫与砒相见，野狼毒最怕密陀僧，巴豆性裂最为上，偏与牵牛不顺情，丁香莫与郁金见，牙硝难合京三棱，川乌草乌不顺犀，人参又忌五灵脂，官桂善能调冷气，若逢石脂便相欺，大凡修合看逆顺，炮爁炙煿要精微。”指出了共 19 个相畏的药物：硫黄畏朴硝，水银畏砒霜狼毒畏密陀僧，巴豆畏牵牛子，丁香畏郁金，川乌、草乌畏犀角，牙硝畏三棱，官桂畏赤石脂，人参畏五灵脂。

《元亨疗马集》也记载了十八反、十九畏歌诀，其中十八反歌诀比较复杂，不如上述歌诀简单。“本草明言十八反，逐一从头说与君。人参芍药与沙参，细辛玄参及紫参，苦参丹参并前药，一见藜芦便杀人；白及白蔹并半夏，瓜蒌贝母五般真，莫见乌头怕乌喙，逢之一反疾如神，大戟芫花并海藻，甘遂以上反甘草，若还吐蛊及翻肠，寻常犯之都不好。蜜蜡莫与葱相睹，石决明休见云母，藜芦莫使酒来浸，人若犯之都是苦。”

反药能否同用，历代医家众说纷纭。一些医家认为反药同用会增强毒性、损害机体，因而强调反药不可同用。除《神农本草经》提出“勿用相恶、相反者”外，《本草经集注》也谓：“相反者，则彼我交仇，必不宜合。”孙思邈则谓：“草石相反，使人迷乱，力甚刀剑。”以上均强调了反药不可同用，有的医书如《医说》甚则描述了相反药同用而致的中毒症状及解救方法。现代临床、实验研究也有不少文献报道反药同用（如贝母与乌头同用、巴豆与牵牛子同用）引起中毒的例证。

此外，古代也有不少反药同用的文献记载，认为反药同用可起到相反相成、反抗夺积的效能。如《医学正传》谓：“外有大毒之疾，必用大毒之药以攻之，又不可以常理论也。如古方感应丸，用巴豆、牵牛同剂，以为攻坚积药；四物汤加人参、五灵脂辈，以治血块；丹溪治尸瘵。二十四味莲心散，以甘草、芫花同剂，而谓妙处在此，是盖贤者真知灼见，方可用之，昧者固不可妄试以杀人也。”《本草纲目》也说：“相恶、相反同用者，霸道也，有经有权，在用者识悟尔。”古今反药同用的方剂也是屡见不鲜的。如《金匮要略》甘遂半夏汤中甘遂、甘草同用治留饮，赤丸以乌头、半夏合用治寒气厥逆；《千金翼方》中大排风散、大宽香丸都用乌头配半夏、瓜蒌、贝母、白及、白蔹；《儒门事亲》通气丸中海藻、甘草同用；《景岳全书》的通气散则以藜芦配玄参治时毒肿盛、咽喉不利。现代也有文献报道用甘遂、甘草配伍治肝硬化及肾炎水肿，人参、五灵脂同用可活血化瘀治冠心病，芫花、大戟、甘遂与甘草合用治结核性胸膜炎，取得了较好的效果，从而肯定了反药可以同用的观点。

由此可见，因为文献资料、临床观察及实验研究目前均无统一的结论，目前在尚未搞清反药是否能同用的情况下，临床用药还是应采取慎重从事的态度，对于其中一些反药若无充分把握，最好不使用，以免发生意外。

（2）证候禁忌　任何药物都是以偏性治疗疾病，偏性既有有利的方面来发挥治疗作用，但也有其不利之处而产生不良作用，故临床用药有所宜，也就有所禁忌。因此对于某类或某种病证，应当避免使用某类或某种药物，称“证候禁忌”，或称病证用药禁忌。如麻黄性味辛温，能发汗解表、散风寒，又能宣肺平喘利尿，故只适宜于外感风寒表实无汗或肺气不宣的喘咳，而对表虚自汗及阴虚盗汗、肺肾虚喘则应禁止使用。又如熟地黄甘微温，能滋阴补血、益精填髓，主要用于阴虚血亏、精血不足等病证，但因其性质滋腻，易助湿邪，因此，凡脾虚有湿、咳嗽痰多以及中焦虚寒便溏者则不宜服用。所以一般药物均有其证候禁忌，其内容均为各药的“使用注意”部分。

（3）妊娠禁忌　它是指动物妊娠期治疗用药的禁忌。妊娠用药禁忌专指妊娠期除中断妊娠、引产外，不能使用的药物。传统概念中指某些药物若具有损害胎元以致堕胎的副作用即是妊娠禁忌药，随着对妊娠禁忌药认识的逐步深入，经归纳总结，以下几个方面的药都属于妊娠禁忌的范畴：①对母体不利；②对胎元不利；③对产程不利；④对幼体不利。总之，凡对妊娠期动物和胎元不安全以及影响优生优育的药物均属于妊娠禁忌药。

根据药物对于胎元损害程度的不同，一般可分为禁用与慎用两大类。禁用的药物是指毒性较强或药性猛烈的药物，如巴豆、斑蝥、雄黄、砒霜、牵牛子、大戟、商陆、麝香、三棱、莪术、水蛭等；慎用的药物包括通经活血化瘀药、行气破滞药及辛热滑利之品，如桃仁、红花、牛膝、大黄、枳实、附子、肉桂、干姜、木通、冬葵子、瞿麦等。

凡禁用的药物，妊娠期动物绝对不能使用，而慎用的药物可以根据病情的需要，斟酌使用，但必须注意辨证准确。此即《黄帝内经》所谓“有故无殒，亦无殒也”的道理。但是，必须强调指出，除非必要时，一般应尽量避免使用，以防发生事故。

1.5

中兽药的研究应用与发展趋势

1.5.1 中兽药研究现状与问题

随着我国畜禽养殖业规模化、集约化、智慧化养殖方式的快速推进，经济社会快速发展引起的人民生活方式、生活质量追求的改变，以及宠物、经济动物饲养数量的增长，巨大的兽用药物市场需求为发展中兽药创造了空前的机遇。因此，亟须运用现代生物技术、信息技术等，加强中兽药基础理论研究，多学科配合深入进行药性理论、组方理论、方剂配伍规律、中药药效物质基础及其作用机制，以及中兽药基因组学、蛋白组学等的研究，特别是与中兽药产品开发密切相关的中兽药药理学研究，阐明中兽药防病治病的机制，突破“成分不明、机制不清”的瓶颈，并融合中兽医学的理、法、方、药理论，为中兽药新药设计提供理论基础和方法。

国家从“九五”以来已投入了大量经费推行中兽药的现代化研究。随着中兽药研究新方法和新技术的应用与发展，我国中兽药现代化取得了较快的发展。《兽药典》2020 年版二部收载中药材和饮片、植物油脂和提取物、成方制剂和单味制剂等品种共计 1370 种，其中中药材 513 种、饮片 626 种、植物油脂和提取物 22 种、成方制剂和单味制剂 209 种；收载附录 110 项，主要包括制剂通则、通用检测方法和指导原则。成方制剂和单味制剂的剂型没有明显改变，仍以传统散（粉）剂为主。根据中国兽药信息网国家兽药基础数据库数据，2010～2021 年，农业农村部共计批准中兽药类国家新兽药 137 个，其中国家一类新兽药 3 个、二类新兽药 12 个、三类新兽药 105 个、四类新兽药 17 个。在 137 个中兽药类国家新兽药中，由企业研发的有 77 个，研究所（院）研发的有 6 个，由高校、研究所（院）和企业联合研发的有 54 个，而且国家三类新兽药占比达到 76.6%。

目前，国家对中兽药基础研究及创新药研发投入较少，中兽药研究和创制的创新水平亟待提高。仅以国家自然科学基金为例，2010～2019 年，国家自然科学基金委员会立项资助中兽医药基础和应用基础研究的项目共计 159 项（含地区科学基金项目）。然而，2010～2019 年，国家自然科学基金委员会立项资助中医药学、中西医结合基础和应用基础研究的项目共计 12745 项（含地区科学基金项目）。一方面表明，国家对中兽药与中药基础研究、应用基础研究的支持力度差距甚大，另一方面表明，中兽药研究需要充分借鉴中药研究的成果。

1.5.1.1 中兽药药理学研究

药物代谢动力学和药效动力学是药理学研究的重要组成部分，是指导临床合理、安全用药的理论依据。由于中兽药有效成分的复杂性和药效作用的多样性，药代动力学研究一直是中兽药研究领域的难点和薄弱环节。近年来，随着现代药物分离、纯化、检测技术的发展，中兽药药代动力学已成为中兽药领域的研究热点。中兽药药代动力学具有区别于西兽药的独特理论体系，有学者提出了以“证机体”、方剂理论与药动学结合的“证治药动学”新理论，分为“复方效应成分药动学”和“辨证药动学”两部分；还有学者提出临床药动学，是以中兽药在制剂过程中各成分间可能发生的变化为基础，以药物经胃肠吸收后的分布与作用为依据，从脏腑的生理功能、药物的组成配伍及性味功用等研究药物在机体内的变化规律。

近年来，中兽药药理学与中药化学研究紧密结合，中兽药化学成分提取、分离技术的应用，使中兽药有效部位、有效单体的药理研究日益增多，并成为研发新药的一个有效途径。常用单味中兽药药理学研究是中兽药药理研究的重要内容之一，我国已对百余种单味药对动物器官、组织、细胞、分子水平的影响进行了较为系统的研究。复方是中兽医用药的主要形式，对中兽药经方和验方的物质基础与作用机制进行系统的药理学研究，不仅可以揭示方剂的作用机制、治疗原理，有效地指导临床用药，而且可研发中兽药新药。

中兽药通过多层次、多途径、多靶点发挥综合作用，调整机体内外环境是中兽药的主要作用机制。因此，不能机械地套用西药的药效评价方法来评价中兽药及其制剂的药效。这就需要针对中兽药的作用特点，药物学家、药物化学家、病理学家、数学家、药理学家等共同配合，利用模糊数学的理论研究建立一种新的药效评价系统，科学地进行总体药效的评价和计算，推动中兽药研制由传统的开发方式向中兽药新药设计的转变。重点是应用现代医药学、生物科学技术与现代仪器分析技术，在分子水平与细胞水平上开展对中兽药的药理、毒理及作用机制的研究，以及药效物质基础、质量标志物的寻找，使其活性成分的有效性、安全性得到客观、直接的确认。

1.5.1.2 中兽药有效成分提取和分离技术研究

随着制药工业现代技术和生物工程技术的发展与进步，中兽药有效成分提取和分离技术得到了快速发展。中兽药有效成分提取新技术研究主要有超临界萃取技术、微波提取技术、超声萃取技术、酶法提取技术、半仿生提取技术和仿生提取技术等。中兽药有效成分分离新技术研究主要有大孔树脂吸附技术、膜分离技术、分子蒸馏技术、高速逆流色谱技术等。应用中兽药有效成分提取和分离技术，系统地开展兽用中药提取物的研究和应用，对于节约动植物资源、发现药用动植物新资源、保障动物健康养殖、降低兽药生产成本都具有重要意义。

1.5.1.3　中兽药生物转化研究

中兽药在进入动物机体后的生物转化过程中，会产生许多中间代谢产物或次生代谢物。因此，研究中兽药在机体内的生物转化有利于新型活性药物的发现和药物作用机制的阐明。目前，已有利用生物转化原理，通过微生物、植物、动物组织的培养体系或生物体系的相关酶制剂，在体外转化研究中药和开发新药的研究报道。现代生物转化已深入到组学水平，如中兽药代谢组学是通过分析代谢物各种结构成分和水平，追踪复方化学成分在机体内的变化过程、作用强度，与中兽医整体理论体系相辅相成，有助于全面阐述中兽药复方的作用规律、特点和药效学基础。

中兽药领域开展较多的是微生物发酵中兽药研究。利用微生物或它们所产生的酶处理中兽药及其有效成分，将其中的大分子物质转化成能被肠道直接吸收的小分子物质，制备成含有新的有效成分或当前有效成分含量增加的中兽药制剂。中兽药发酵为中兽药有效成分的合成及新活性物质的发现提供了新思路。目前，主要是将益生菌运用于中兽药发酵中，探索发酵炮制工艺，实现微生物对中兽药的生物转化。通过益生菌对中兽药组分的生物转化，可使药物中的活性物质和有效成分得到最大限度的提取和利用，充分发挥其预防和治疗疾病的作用；可使药材中不易被吸收的有效活性成分易被吸收，快速发挥药物效能；可使中兽药产生新的活性成分和新的药效，有利于开发新药源；可使中兽药中的有毒物质分解或发生结构改变等，从而降低甚至消除其毒性，实现对中兽药的增效减毒作用。同时，益生菌本身就具有增强或补充原有药物的作用。

1.5.1.4　中兽药新药研究

中兽药新药研究、创制要避免低水平重复，要在遵循中兽医药学理论的基础上，使用现代科学技术赋能，真正做到“守正创新”。没有守正，创新就失去了根基；没有创新，中兽医药的传承也会失去未来。①以《兽药典》为指导，严格按照中兽药学和中兽医学理论与技术体系的基本要求，开展中兽药新药研发。②借鉴中药现代化研究中“组分中药”的理念，以组分配伍的思路开展中兽药的研究。“组分中药”是在传承基础上的创新，是以中医药理论为基础，遵循中药方剂的配伍理论与原则，由有效成分或有效部位配伍而成的现代中药。“组分中药”具有两个相对清楚的特点，即药效物质明确、作用机制相对清楚，具有“安全、有效、稳定、可控”的药物特征，同时还具有复方、配伍、多靶点、多途径、多效应整合调控作用模式的中医药作用特点，是中药现代化研究的重要方向。兽医学领域有部分学者借鉴“组分中药”的研究成果，提出了“组分中兽药”的理念，并选用生物活性明确、药效好、安全性高、防治效果确切、适合动物生理特点与使用目的的药物提取物进行组方，开展“组分中兽药”研究。③目前，兽用中药提取物还不能像药材一般用于临床配伍，也不能作为原料用于中兽药制剂生产。因此，需要创新性地开展兽用中药提取物组方与药材组方的药效对比的药学和临床研究，并建立兽用中药提取物的质量标准，实现兽用中药标准提取物复配研发新药。在研发中兽药新药的同时，创新中兽药制剂生产工艺，还可以推进国家中兽药新药评价方法、评审政策和制度等的改革。例如，将部分中兽药制剂处方中的“饮片”修订/增补为“兽用中药提取物”，允许特定的成方制剂可以从兽用中药提取物投料开始生产，建立新的中药制剂生产工艺规程。此外，还为兽用中药新资源的发现与研究提供了一条新路径。④中医临床使用的中药配方颗粒是以中医药理论为指导而制成的一种具有统一剂量、统一质量标准的可用于直接配方的颗粒性中药。大量临床观察结果表明，中药配方颗粒疗效显著，性味、归经、功效与传统汤剂基本一致。

中兽医临床应充分借鉴中药临床的经验和成果，开展兽用中药配方颗粒的研究工作，确定兽用中药提取物的给药途径、功能与主治，为临床配伍应用以及作为饲料添加剂应用提供依据。

1.5.1.5 中兽药剂型研究

对农业农村部公告、《兽药典》及地标升国标等国家药品标准进行总结发现，目前公布的中兽药有 512 种，包括散剂 337 种、颗粒剂 27 种、口服液 32 种、注射液 38 种、片剂 38 种、丸剂 8 种、灌注液 5 种、酊剂 12 种、浸膏 6 种和其他类型 9 种。中兽药制剂仍以散剂、口服液、注射液和颗粒剂等常规剂型为主，缓释和控释制剂、经皮给药制剂、脂质体制剂、微囊化技术制剂等剂型几乎是空白。中兽药新剂型的研究是中兽药现代化的一个重要方面，近年来，中兽药剂型研究的新技术主要有以下四种。

（1）超微粉碎技术 该技术是将物料颗粒粉碎至 500 目左右的一种粉碎技术，但其关键点是使药材的细胞壁破裂，而不是药材粉碎的细度。超微粉碎技术可显著改善中兽药的品质和提高中兽药制剂的生物学活性，改善中兽药药代动力学性质，对拓宽生药入药的剂型，如片剂、胶囊剂、软膏剂、吸入剂、涂膜剂等非常有意义。用超微粉碎技术加工中兽药复方散剂，可改善溶解度、崩解度、附着力，加速药物有效成分的溶出，增加药物的吸收率，提高药物的生物利用度和药效。

（2）纳米技术 纳米化可使中兽药表现出诸多新特性，对研究开发新的制药技术和剂型具有重要作用。目前，已有利用纳米技术将蓖麻毒蛋白、小檗碱、秋水仙碱、人参多糖等有效成分或一些复方制剂制成中兽药纳米球、纳米囊等产品的报道。

（3）固体分散技术 该技术突出的优点是可用于制备中兽药的控释剂和缓释剂，还能通过改变剂型，解决中兽药使用中的一些困难。例如，将难以溶解的中兽药制成固体分散剂后，药物会以分子、胶体、无定形、微晶化等状态分散于载体中，增大药物溶解速度及溶出速率，并改善药物的吸收率和生物利用度；将易挥发、稳定性差、易分解的药物有效成分制成固体分散体系，可提高药物的稳定性，且有利于贮存，降低用药量和用药成本，更有利于制剂的质量控制；将用于不同治疗目的的药物制成不同载体的控释剂和缓释剂，既能提高药效，又能延长药物作用时间。

（4）β-环糊精包合技术 该技术的优点是能增加难溶性药物的溶解度，提高药物的生物利用度，还能改善药物的不良气味，降低毒副作用。适用于挥发油制剂，也可提高其稳定性。

1.5.1.6 中兽药标准化研究

《兽药典》2020 年版二部收录中兽药及其有效成分的质量标准水平大幅度提高，有关中兽药质量控制的记载比较全面，是中兽药研究与临床应用的参照标准。随着药物分析、检测与现代生物工程技术等新技术的发展，中兽药标准化有了突破性进展。TLC、HPLC、GC、HPCE 等色谱技术，UV、IR、MS、NMR 等波谱技术，各种色谱/波谱及计算机联用技术等已被广泛应用于中兽药的质量研究与评价，为中兽药成分的分析提供了良好的技术支撑。同时，现代科学技术如 DNA 遗传标记技术、基因芯片技术、电镜技术、激光共聚焦显微镜等技术用于中兽药的质量鉴定；聚类分析、模式识别、人工神经网络等计算机技术也在推动中兽药标准化研究方面发挥了重要作用。有学者建议应用基因工程技术建立药用植物的基因库，对同一种植物在不同环境下形成的道地性与非道地性进行遗传学研究，阐明其道地性的规律，建立完善的道地性评价的遗传学、分子生物学和天然药物化学指标体系；对于兽用中药提取物的研究，首先从制定单味制剂提取物标准入手，再逐步发展到制定复方提取物标准，广泛建立中药提取物标准，为将兽用中药提取物作为中兽药制剂原料提供质量标准。中兽药标准化研究已集药学、植物学、药理学、药物化学、分析化学、分子生物学、物理、数学、计算机、信息技术等多学科于一体，研究水平在不断提高，标准化生产与应用正在逐步规范。

1.5.1.7 中兽药安全性评价研究

通常认为中兽药具有毒副作用小、不产生耐药性和无残留或低残留的特点。但是，中兽药不会产生显著毒副作用是有前提的，即临床上要在中兽医理论指导下合理使用，要严格遵循中兽药辨证施治及君、臣、佐、使和配伍禁忌规律。近年来，随着医药学研究新技术的出现和应用，中兽药的安全评价体系正在逐步完善。中兽药安全评价研究中的新领域有高通量筛选与基因芯片技术，可以快速大量筛选药物的有效成分或毒效成分；在细胞水平上研究药物毒性作用的细胞毒性试验 MTT 法，可以快速高效地检测药物对细胞增殖的影响及毒性反应；利用含药血清培养细胞的血清药理学研究方法，可以直接观察中兽药的药物学效应，从细胞和分子水平阐明药物作用机制，对中兽药复方配伍科学内涵的揭示，药物吸收与代谢过程的观察、追踪，体外干扰因素影响排除等非常有意义。血清药理学方法为从细胞和分子水平阐明中兽药毒性机制奠定基础，极大地促进了中兽药毒理学的研究。此外，检测中毒脏器中的核酸含量、脏器损伤后生物标志物的表达水平等的分子生物学技术亦广泛应用于中兽药毒理学研究。中兽药相关的毒理基因组学和蛋白质组学的研究，均为中兽药安全性评价体系的完善提供了充实的科学数据。

事实证明，中医临床对有毒中药的得当运用，常可在顽瘴痼疾的治疗中获得奇效。兽医临床中，巴豆、蛇毒、马钱子等的临床应用也不乏成功案例。因此，中兽药的毒性、安全性检测应成为中兽药研究的重点之一。如何准确、快速、高效地评价中兽药复方及其组成药物的毒性？如何确定有毒中兽药或中兽药的有毒成分、有毒部位？中药基因表达谱检测技术的应用为中兽药研究提供了可借鉴的有效手段。

1.5.1.8 存在问题

群体兽医学是中兽医学所遇到的新课题，需要根据当前规模化养殖特点，全面真实地采集畜禽个体和群体层面的特征信息，做好临床信息的命名、定义和病因病机、治则治法的标准规范等基础性研究工作，以满足临床辨证论治的需求为出发点，探索中兽医临床诊疗规律，做好中兽医药临床疗效评价关键技术研究工作；在此基础上，充分吸收临床流行病学和循证医学的原理与方法，建立适合中兽药自身特点和发展规律的中兽医群体兽医学研究新策略，丰富和发展中兽医药理论体系，这是中兽医学的未来发展路径。

目前，中兽药制剂的质量控制和质量标准制定、临床评价方法、动物病理模型的建立以及剂型单一而使得应用不便仍然是中兽药研发的难点。此外，我国中兽药研究中还存在质量检测方法及控制技术落后、生产工艺及制剂技术水平较低以及中兽药研究开发技术平台不完善、创新能力较弱、市场竞争能力不强等问题。因此，在中兽药研究领域，急需培养新型中兽医药人才，加强中兽药基础、应用基础研究，建立我国中兽药现代研究开发体系和中兽药标准规范，研究开发市场需要的现代中兽药。值得一提的是，截至 2021 年底，全国共有 85 所本科院校设立兽医或动物医学本科专业。其中，只有 4 所本科院校设立中兽医学本科专业。尽管兽医学授权的博士和硕士点基本都设置了与中兽医药相关的研究方向，但目前培养的中兽医学、中兽药学各级人才远不能满足中兽药研究的需要。

1.5.2 中兽药在生猪产业中的应用

1.5.2.1 我国生猪产业现状及存在问题

2020 年以来，受非洲猪瘟等疫病的严重影响，我国生猪养殖规模和生产水平起伏较大，直至 2020 年 10 月，生猪存栏和母猪存栏才恢复到正常年份的 90%。根据《中华人民共和国 2021 年国民经济和社会发展统计公报》，2021 年猪肉产量 5296 万吨，同比增长 28.8%；年末生猪存栏 44922 万头，比上年末增长 10.5%；全年生猪出栏 67128 万头，比上年增长 27.4%。根据国家生猪产业技术体系的分析报告，2021 年是我国生猪产业遭遇最强烈“猪周期”影响的一年，也标志着规模化生猪养殖进入激烈竞争的新时期。主要表现在以下几个方面。①生猪产能恢复超预期，价格大幅下跌，国家出台产能调控政策。②与非洲猪瘟疫情前正常年份进口水平相比，猪肉进口仍维持高位。③种业振兴成全行业热点。④非洲猪瘟等主要疫病防控形势总体平稳，但防控压力仍然较大。⑤饲料粮安全备受关注，大力推广玉米豆粕减量替代，无抗饲料监管日趋成熟。⑥智慧养殖成行业关注热点，亟须相关标准的制定。

当前生猪产业存在的问题主要有以下几个方面。①生猪价格大幅下跌，饲料原料成本上升，行业亏损面扩大，企业资金链承压。农业农村部监测数据显示，2021 年 6 月份开始生猪价格跌破成本线，行业进入亏损期。②非洲猪瘟防控压力大，猪繁殖与呼吸综合征、伪狂犬病等双阴种猪供应压力大。非洲猪瘟、猪繁殖与呼吸综合征和猪流行性腹泻仍是影响养猪生产效益的主要疫病，多病原混合感染或继发感染仍是发病的主要形式；因抗生素限制使用，猪传染性胸膜肺炎等影响养猪生产的主要细菌性疫病的药物预防和免疫预防效果不佳，猪场的细菌病发生率呈现抬头趋势，特别是一些条件性致病菌引起的临床疾病。③养殖废弃物日趋集中，粪污处理与利用压力大。④生猪屠宰行业集中度低，“调猪”向“调肉”转变难度仍然很大。

除此之外，不同地区、不同规模、不同饲养条件的猪场还不同程度存在选址不当、引种不规范、养殖环境较差、兽药使用不规范、免疫和生物安全措施落实不到位、猪场封闭管理把关不严、精细化管理水平低等问题。

1.5.2.2 中兽药在生猪生产中的临床应用

对农业农村部公告、《兽药典》2020 年版二部及地标升国标等国家药品标准进行总结发现，目前应用于生猪生产的中兽药制剂有 205 种，包括散剂 137 种、颗粒剂 8 种、口服液 9 种、注射液 26 种、片剂 6 种、酊剂 11 种、浸膏 6 种和其他类型 2 种。

目前，规模化养猪场在生产中大多采用中西药结合、方案化解决的方式，对猪病进行预防和控制。其中，中兽药的作用主要体现在以下几个方面。

① 增强免疫功能。一种方式是定期给予猪群具有免疫增强作用的中兽药制剂，达到增强机体抗病力、预防疾病的目的，特别是仔猪保育保健以及猪繁殖与呼吸综合征、圆环病毒病、气喘病、伪狂犬病等导致免疫抑制的猪群；根据临床报道，常用的有黄芪多糖、灵芝多糖、香菇多糖、人参多糖、红花多糖、防风多糖、枸杞多糖、甘草多糖、茯苓多

糖、猪苓多糖、芪贞增免颗粒等，单味药板蓝根、柴胡、穿心莲、鱼腥草、双黄连、金银花、连翘、大青叶、野菊花、黄芩、黄连、黄柏、荆芥及大蒜素等。另一种方式是在疫苗免疫的同时，配合使用具有免疫增强功效的中兽药制剂，以提高疫苗抗体效价；常用制剂有芪藿注射液、黄芪多糖粉、参芪粉、玉屏风散（口服液）、紫锥菊及其制剂，以及具有益气健脾、祛寒解表功效的中兽药方剂等，临床研究报道野黄芩苷、苦参碱、玉米花粉多糖等提取物和人参、党参、刺五加、金银花、枸杞子、肉桂、龙胆等可显著提高抗体水平。

② 预防和治疗各种细菌和病毒性传染病。针对猪群不同生长发育阶段及各个生产环节可能出现的健康问题，采取科学的保健预防方案进行投药预防，以达到预防疫病发生的目的。断奶仔猪的保健预防常用黄连解毒散、穿心莲粉、甘草多糖粉、香菇多糖粉、博落回散等；后备种猪与肥育猪的保健预防常用柴葛解肌散、银翘散、板蓝根多糖粉、金银花粉、博落回散等；生产母猪的保健预防常用黄芪多糖粉、香菇多糖粉等。

在防治各生长阶段生猪细菌性感染的临床用药方案中，防治肠道细菌感染性疾病的中兽药制剂常用连翁颗粒、白头翁颗粒（口服液）、连参止痢颗粒、博落回散、蟾酥注射液、芩藤注射液等；防治呼吸道细菌感染性疾病常用黄芩可溶性粉、双黄连可溶性粉（注射液）、玉屏风散（口服液）等。

在防治各生长阶段生猪病毒性感染的临床用药方案中，常用双黄败毒颗粒、金根注射液、膏芩口服液等。根据临床研究报告，可用于防治猪繁殖与呼吸综合征的中兽药有板蓝根、黄芪、青蒿、芦根、鱼腥草、菊花、知母、连翘、穿心莲、夏枯草、麻黄、柴胡、苦参、甘草、金银花等，复方中兽药制剂有清瘟败毒散、清瘟解毒口服液、白虎汤等；可用于防治猪瘟的中兽药有贯众、金银花、板蓝根、黄芪、人参、灵芝、当归、蟾酥、白花蛇舌草、甘草等，复方中兽药制剂有根瘟灵、瘟可康、蟾酥注射剂等；可用于防治猪圆环病毒病的中兽药有黄连、金银花、连翘、板蓝根、黄芪、白头翁、猪苓、鱼腥草、淫羊藿、栀子、补骨脂等，复方中兽药制剂有圆环康、稳圆健等；可用于防治猪传染性胃肠炎的中兽药有板蓝根、鱼腥草、败酱草、大黄、重楼、金钱草、黄芪、黄芩、芦荟、苦马豆、金银花、连翘、丁香、牡丹皮、党参、茯苓、白术、黄连、白头翁、熟附子等，复方中兽药制剂有复方参术汤、复方连翁汤、复方参附汤等；可用于防治猪流行性腹泻的中兽药有葛根、黄芩、黄连、党参、茯苓、炒白术、焦诃子、泽泻、干姜、甘草、穿心莲、无花果、大青叶、马齿苋、黄芪、白头翁等，复方中兽药制剂有葛根芩连汤、理中汤、健脾止泻散、二苓平胃散、五苓散等；可用于防治猪流感的中兽药有柴胡、蒲公英、穿心莲、苦参、黄柏、紫花地丁、大青叶、茵陈、野菊花、黄芩、白头翁、连翘、细辛、山银花、金银花、苍术、贯众、青蒿、艾叶、丁香叶、桂枝、麻黄、赤芍等；可用于防治猪伪狂犬病的中兽药有野菊花、射干、板蓝根、山药、黄芪、牛膝、蟾酥等，复方中兽药制剂有炎康注射液等。还有临床报道中药经典方剂达原饮、清营汤、十灰散对非洲猪瘟的防控具有显著效果。

对病毒与细菌混合感染或继发感染引发的急性热性传染性疾病，临床治疗方案中常用的中兽药有清开灵注射液、银黄注射液、射干注射液等；对病毒性传染病并继发副猪嗜血杆菌病或传染性胸膜肺炎或猪肺疫或喘气病或传染性萎缩性鼻炎等疫病，治疗方案中常用的中兽药有仙方活命三联注射液、金根注射液、大青叶注射液等；对病毒性传染病并继发链球菌病或弓形虫病等疫病，治疗方案中常用的中兽药有大败毒注射液、复方蒲公英注射液、红弓链注射液等；对母猪发生繁殖障碍综合征、流产、产死胎或弱仔，产后高热、乳水不足，产仔前后便秘或发生子宫内膜炎、阴道炎、乳腺炎等疾病，治疗方案中常用的中兽药有鱼腥草注射液、黄芩注射液、黄芪多糖注射液等；对病毒性或细菌性疾病引起的腹泻，治疗方案中常用双黄连注射液、穿心莲注射液、三颗针注射液等。

值得注意的是，近年来在生猪生产中，有许多中兽药制剂与生物兽药联合使用并取得良好效果的报道。例如，常用的中兽药制剂与生物兽药干扰素、转移因子、白细胞介素、MHC-Ⅱ类分子、免疫核糖核酸、高免疫球蛋白、胸腺肽、抗菌肽、溶菌酶、细菌素等联合使用，不仅能促使中兽药制剂加快药物疗效的发挥，还可产生协同作用，扩大了治疗范围，增强了药效，安全可靠，可达到标本兼治的目的。

③ 提高生产性能。博落回散是我国首个二类新中兽药，并获准用作饲料添加剂，具有抗炎、整肠、促生长的作用，且无耐药性，无残留，是理想的饲用抗生素替代品。试验表明，在断奶仔猪阶段，添加博落回散可以显著提高仔猪的生长速度，降低料肉比，节约饲养成本；提高仔猪血液中抗体水平，提高抗病能力，降低腹泻率；降低仔猪血清中炎性因子的水平；降低肠道中大肠埃希菌的数量，提高乳酸菌的数量，具有调节肠道微生物的作用。德国和美国联合开发的肉桂醛产品，荷兰、奥地利及英国联合开发的牛至油预混剂产品，可用作长效杀菌剂、抗病毒剂、防腐剂及生长促进剂，具有显著控制仔猪腹泻、提高饲料转化率的作用，已经获准在我国市场上使用。

临床研究表明，用乳酸菌发酵生乳散制成的发酵中药饲喂妊娠母猪，可显著提高平均窝产活仔数和断奶仔猪体重，降低平均窝死胎数，显著提高与改善母猪繁殖性能和仔猪健康状况；用产朊假丝酵母、干酪乳杆菌、粪肠球菌发酵王不留行、益母草，制成发酵中药制剂，作为饲料添加剂饲喂泌乳母猪，提高了泌乳母猪的采食量、免疫力及泌乳力，显著提高了仔猪的断奶成活率和断奶均重。用乳酸菌发酵清瘟败毒散提取液制成的发酵中药饲喂断奶仔猪，可显著提高断奶仔猪的采食量、平均日增重；饲喂妊娠母猪，可增强母猪的繁殖性能。还有临床研究报告显示，在种公猪猪群日粮中添加一定比例的板蓝根颗粒、银黄可溶性粉和黄芪多糖粉，可降低种公猪精液、母猪脐带血及新生仔猪的带毒率，改善公猪精液质量。

70%以上的中草药中含有鞣酸（单宁酸）类化合物，临床研究结果显示，水解单宁酸具有选择性杀菌、抑制病毒、抗感染、抗氧化及促生长等作用。近年来，水解单宁酸在生猪生产中得到了广泛的应用，主要应用在断乳之后的保育猪，能够显著提高断奶保育猪的日增重，降低料重比和腹泻率，具有减少或替代酸化剂、氧化锌和黏杆菌素等药物，预防腹泻的作用。

1.5.3 中兽药在家禽产业中的应用

1.5.3.1 我国家禽产业现状及存在问题

根据国家蛋鸡产业技术体系的分析报告，2021 年我国在产的高产蛋鸡年均存栏 11.07 亿只，蛋鸡存栏量呈缓慢减少趋势，处于近 5 年最低水平；禽蛋产量 3409 万吨，蛋鸡产蛋率较 2020 年小幅下降，且鸡蛋产量同比下降约 9.0%，库存有所缓解。受新型冠状病毒感染疫情（简称新冠疫情）及贸易政策的影响，国内与国际市场受到冲击，成本增加，收入有限。据农业农村部定点监测，2020 年 1～12 月蛋鸡平均饲料成本和养殖成本同比均增加 5.8%，养殖盈利状况不佳，抑制了蛋鸡存栏量的增长。2021 年蛋鸡饲料产量较上年减少约 1.6%，蛋鸡饲料成本增长 19.6%，蛋鸡苗成本增长 15.4%，年均蛋鸡饲养成本增长 18.3%，蛋鸡养殖利润波动较大，由亏损转为盈利，但处于偏低水平。目前，我国蛋鸡生产规模的市场集中度逐步上升，向规模化、机械化、智能化发展。蛋鸡种业自主创新和良种推广能力显著增强，对进口种鸡的依赖性下降；蛋鸡笼养与福利养殖并存，以叠层笼养为主体；禽流感、大肠埃希菌病、支原体病等传染病的防控压力依然较大，但在祖代和父母代种鸡群已经能够将滑液囊支原体野毒感染阳性率降至极低甚至完全阴性。

根据国家肉鸡产业技术体系的分析报告，2021 年我国肉鸡总出栏 118.4 亿只，肉鸭出栏 41.0 亿只，禽肉产量 2380 万吨。2021 年我国肉鸡生产量小幅上涨，消费量呈下降趋势；肉鸡进口量比 2020 年下降 21.42%，出口量增长 17.27%，下降和增长幅度均明显；我国肉鸡引种长期依赖国外，种业翻身迫在眉睫。目前，防控高致病性禽流感、马立克氏病与传染性法氏囊病仍是肉鸡疫病防控重点，随着减抗政策软着陆，肉鸡生产中抗生素减量行动得到稳步推进。饲料原料紧缺，催生了昆虫饲料行业。据国际市场研究机构 R&M 预计，在 2021～2026 年间，全球昆虫饲料原料市场将以 12%的年均复合增长率增长。我国肉鸡立体笼养技术日益完善，规模化、高标准自动化养殖体系成为商品肉鸡养殖的未来发展方向。目前，我国肉鸡产业发展面临的主要问题如下。①饲料价格上涨，养殖成本上升。根据农业农村部畜牧兽医局监测数据，2021 年我国玉米与豆粕平均价格同比分别上涨 9.5%与 8.9%，肉鸡配合饲料价格同比上涨 7.3%。②白羽肉鸡产能过剩，全产业链收益减少，产业链各环节利润分配不均衡。③自主种源性能优化和良种繁育体系建设任重道远。

根据国家水禽产业技术体系的分析报告，2021 年随着新冠疫情得到有效控制，水禽产业复工复产，水禽产品加工销售量有所增长，商品肉禽、种禽、雏禽养殖和销售逐渐回暖。2021 年全年商品肉鸭出栏 41.0 亿只，总产值 1017.4 亿元；蛋鸭存栏 1.5 亿只，鸭蛋产量为 277.6 万吨，蛋鸭总产值 352.2 亿元；商品鹅出栏 5.7 亿只，总产值 522.6 亿元。肉鸭、蛋鸭和鹅的出栏量和产蛋量均低于 2020 年，水禽、肉、蛋和羽绒产品市场疲软，但水禽产品价格总体表现出不同幅度的增长；水禽业总产值达到 1892.2 亿元，与 2020 年基本持平。近年来，我国培育的水禽品种推广取得显著成效，饲养方式不断革新与发展，水禽高床旱养模式已得到广泛应用，旱养模式在技术上完全可以替代水养模式；熟食水禽产品市场需求呈现多元化、休闲化特征；全产业链布局成为生产、经营的重要选择。在疫病方面，2021 年在山东省、陕西省、江苏省、北京市、西藏自治区、宁夏回族自治区发生野生天鹅、天鹅、野禽 H_5N_8 禽流感疫情，辽宁省发生了野禽 H_5N_6 禽流感疫情。目前，我国水禽产业面临的挑战主要有：饲料资源与环境约束持续增强；传统消费市场遭受冲击，线下市场发展受限；原料价格上涨叠加市场低迷，产业亏损压力巨大。

此外，不同地区、不同规模、不同饲养条件的家禽养殖场还不同程度地存在禽舍环境控制差、消毒不严、鸡群均匀度不佳、日粮搭配不合理、兽药使用不规范、免疫程序不科学、生物安全措施落实不到位等问题。

1.5.3.2 中兽药在家禽生产中的临床应用

对农业农村部公告、《兽药典》2020 年版二部及地标升国标等国家药品标准进行总结发现，目前应用于家禽生产的中兽药制剂有 201 种，其中散剂 110 种、颗粒剂 18 种、口服液 29 种、片剂 31 种、丸剂 9 种、注射剂 3 种和其他 1 种。目前，规模化家禽养殖场在生产中大多采用中西药结合、方案化解决的方式，对禽病进行预防和控制。许多学者根据临床实践和研究，对中兽药在家禽生产中的临床应用进行了总结，概括为以下几个方面。

（1）预防性家禽中兽药的临床选用

① 提高家禽抗病力和疫苗免疫抗体水平。常用代表性中兽药有地黄散、人参茎叶总皂苷颗粒、香菇多糖粉、芪芍增免散、紫锥菊末（口服液）、芪藿散、芪贞增免颗粒、黄芪多糖可溶性粉（口服液、注射液）、玉屏风散（口服液）等。据临床研究报告，黄芪、党参、当归、枸杞子、刺五加、山楂和甘草 7 种补益类中草药作饲料添加剂，对银香鸡有免疫促进作用；新城疫减毒疫苗免疫时，饲料中添加紫锥菊、黄芪、银杏、金银花、甘草复方制剂，或者黄芪和岩藻多糖，可显著提高新城疫抗体效价。

② 促生长、改善肉品质。常用代表性中兽药有博落回散、五味健脾合剂、山花黄芩提取物（散）、牛至草提取物（挥发油）等。在肉用型家禽生产中，选用具有健脾开胃、消食化积、疏肝健脾、调节肠道等功效的中兽药，调节消化系统功能，从而提高家禽对饲料的利用率，显著改善生产性能。近年来，有许多应用发酵中兽药提高肉禽生长性能的临床报道，主要是利用乳酸菌、枯草芽孢杆菌等益生菌发酵单味或复方中兽药。例如，利用枯草芽孢杆菌发酵中兽药健鸡散，饲喂白羽肉鸡，能更显著地提高肉鸡生长性能。在肉鸡饲料中添加松针粉或超微粉碎后的松针粉，不仅可促进肉鸡生长发育，还有改善鸡肉品质的作用。有的生产者在肉鸡饲料中添加具有芳香性的豆蔻、胡椒、辣椒、丁香和生姜等中草药粉，获得肉质保鲜时间延长、鸡肉香味变浓的效果。

③ 提高产蛋量和蛋品质。常用代表性中兽药有蛋鸡宝、益母增蛋散、加味激蛋散等。在蛋用型家禽生产中，选用具有滋阴壮阳、补气营血等功效的中兽药方剂，可促进卵泡发育，增加产蛋数和蛋重。据临床研究报道，饲料中添加艾叶和松针粉可增强蛋鸡食欲，提高产蛋量；选用淫羊藿、当归、阳起石、益母草、菟丝子、肉苁蓉、刺五加、何首乌、麦饭石和蛇床子等进行组方的复方制剂，能显著提高产蛋率，降低料蛋比，且蛋壳颜色、破蛋率和畸形率都有改善。蛋鸡饲料中按一定比例添加海藻粉，可使鸡蛋中含碘量提高，同时还能加深蛋黄的颜色。有一些中兽药制剂可使疾（疫）病导致的产蛋下降得到一定程度的恢复，例如红花益母增蛋散可一定程度上恢复禽流感所致的产蛋下降。

④ 防暑热。常用代表性中兽药有清暑散、香薷散、消暑安神散等。

⑤ 防治家禽球虫病。常用代表性中兽药有常青球虫散、驱球止痢合剂（散）、铁凤抗球散等。据临床研究报道，常山、青蒿、柴胡、苦参、苦楝根、黄芪、钩藤、雷公藤、姜黄及仙鹤草等单味中药或由这些中草药组成的复方，对防治鸡柔嫩艾美耳球虫病有显著效果，常山配比高的复方可明显降低鸡球虫感染后的卵囊值，青蒿配比高的复方可明显提高鸡球虫感染后的存活率；以姜黄素、仙鹤草、青蒿、常山、黄芪组成的复方，抗球虫效果与地克珠利相当。

（2）按照证型，治疗性家禽中兽药的临床选用

① 温热证的代表药物。轻症选用双黄连口服液、板青败毒口服液等。重症选用清营口服液、清瘟解毒口服液、黄连解毒微粉、黄栀口服液、麻杏石甘口服液、三黄金花散、金叶清瘟散、茵陈解毒颗粒等。

② 感冒的代表药物。风寒选用荆防败毒散等。风热选用银翘散、穿板鱼连散、板青颗粒、藿香正气口服液、茵陈金花散等。

③ 咳喘的代表药物。轻症选用桑仁清肺口服液、葶苈子散、麻黄鱼腥草散、穿鱼金荞麦散、加减清肺散等。

④ 淋证、痛风的代表药物。八正散、金钱草散、木通海金沙散、防己散等。

⑤ 腹水的代表药物。二苓石通散、八正散等。

⑥ 泄泻的代表药物。理中散、健鸡散、化湿止泻散等。

⑦ 湿热痢的代表药物。轻症选用穿白地锦草散、白榆散、连参止痢颗粒、四黄止痢颗粒等。重症选用驱球止痢合剂、白头翁汤、常青球虫散等。

⑧ 肝肾肿大的代表药物。商陆口服液、消肿解毒散等。

⑨ 脂肪肝的代表药物。护肝颗粒等。

（3）按照感染病原体，治疗性家禽中兽药的临床选用 家禽常见细菌性感染多发于消化系统，如大肠埃希菌病、沙门菌病、多杀性巴氏杆菌病及链球菌病等；常见病毒性感染多发于呼吸系统，如鸡传染性喉气管炎、传染性支气管炎、传染性法氏囊炎及新城疫等。通过总结相关文献报道，清热解毒与清热凉血类中兽药在抗菌、抗炎两方面的作用最为显著。现代药理学研究表明，由金银花、黄芩和连翘3味中药提取制成的双黄连制剂具有广谱抗菌抗病毒作用，并且对机体的细胞免疫和体液免疫具有双向免疫调节作用；麻黄散、清热解毒散、扶正解毒散等中药制剂对禽流行性感冒有良好的疗效；白头翁散、黄连解毒散可以辅助治疗禽慢性呼吸道疾病所引发的继发感染；三黄散、白头翁散、黄连解毒散、博落回散等加入饲料中能增强禽类肠道抗炎、抗病毒能力，对防治禽肠道疾病原发性和继发性感染有良好效果。

据临床研究报道，黄连解毒汤、白虎汤、清营汤、白头翁汤、紫锥菊提取物等对鸡大肠埃希菌病有显著防治效果；将黄连解毒散制成超微粉，对鸡大肠埃希菌病的治疗效果优于氟苯尼考；艾叶粉有抗伤寒杆菌、志贺菌属的作用；特效霍乱灵散剂或片剂、复方双黄清热解毒液对禽霍乱疗效显著；由黄连、黄芪、板蓝根、大青叶组方的复方制剂“优净”，由板蓝根、黄芩、石膏、桔梗、紫菀、北豆根、硼砂等组方的“清肺止咳合剂”，对预防和治疗鸡传染性支气管炎效果显著。

目前发酵中兽药在家禽养殖业中的应用研究多集中于防治禽大肠埃希菌病，提高肉禽的生长性能，以及防治新城疫。根据临床研究报道，主要是利用乳酸菌、枯草芽孢杆菌等益生菌发酵单味或复方中兽药，添加到饲料中饲喂。例如，黄芩、金银花、大青叶等组方，穿心莲、白头翁、败酱草等组方的中兽药，经益生菌发酵后，可用于防治鸡大肠埃希菌病。

（4）饲料防霉防腐 有关研究发现，中草药中的香辛料（如大蒜、辣椒、生姜、桂皮、甘草以及众多的天然花卉）及其精油中含有抗菌成分，将香辛料单用或与某种化学防腐剂合用，添加在家禽饲料中，具有良好的防霉防腐效果，而且兼有营养保健作用，有利于畜禽的生长。

1.5.4 中兽药在牛羊产业中的应用

1.5.4.1 我国牛羊产业现状及存在问题

（1）奶牛养殖业现状及存在问题 近年来，我国奶牛养殖业在需求增长和成本上升双重驱动下，实现了快速增长。2021年我国奶业经济保持高位运行，原料奶产量、乳制品加工量与乳制品消费需求都进一步增长。根据国家统计局数据和《中华人民共和国

2021 年国民经济和社会发展统计公报》，2020 年全国存栏 100 头以上规模养殖比重达到 67.2%，2021 年我国荷斯坦奶牛存栏近 600 万头，牛奶产量 3683 万吨，同比增长 7.1%，奶牛单产达到 8.6 吨，同比提高 3.6%，牛奶供应趋紧的局面逐渐改善。2021 年乳制品市场需求逐步恢复，推动了生鲜乳收购价格的上涨。据农业农村部监测数据，2021 年生鲜乳价格平均水平处于历史高位，比 2020 年增长了 13.2%。根据国家统计局数据，2021 年全国液态奶产量同比增长 9.60%，干乳制品产量同比增长 5.40%，奶粉产量同比增长 0.40%。根据中国海关数据，2021 年我国进口各类乳制品同比增加 18.7%，出口各类乳制品同比增长 4.4%。目前，我国原料奶价格小幅波动后创新高，国内外价差大幅缩小；饲料价格攀升驱动生产成本快速增长，养殖收益趋于下降；总需求快速增长，乳制品进口增幅扩大，婴幼儿配方奶粉进口量大幅减少。

根据国家奶牛产业技术体系的分析报告，牛口蹄疫、布鲁氏菌病、病毒性腹泻病毒Ⅰ型、病毒性腹泻/黏膜病、传染性鼻气管炎等重大传染病仍旧是国内检测、免疫、防控和研究的重点；奶牛乳房炎、犊牛腹泻、围产期能量代谢病及瘤胃酸碱调控等常见普通病主要集中在疾病早期监测及防控技术研发方面。值得注意的是，为缓解豆粕等蛋白饲料价格上涨的影响，推广低蛋白日粮饲料配方，不仅节约了饲养成本，而且显著降低了奶牛子宫炎、肢蹄病的发病率。在奶牛环境控制和卫生研究方面，快速、精准的液态奶中抗生素检测技术是目前的研究热点。目前我国奶牛养殖业面临的挑战主要有：种养结合比例低，优质干草进口量大；饲料价格保持上涨势头，粗饲料成本上涨幅度较大；饲料成本更快增长导致奶牛养殖收益有所下降；乳制品进口进一步快速增长，国内产出增速滞后于需求增速，奶源自给率明显下降。

（2）肉牛牦牛养殖业现状及存在问题 根据国家肉牛牦牛产业技术体系测算，2021 年全国肉牛出栏量达 4707 万头，屠宰肉牛约 2975 万头，胴体总产量约为 758 万吨，牛肉产量 698 万吨，增长 3.7%，牛肉总产值约 6609 亿元；2021 年屠宰牦牛约 378 万头，胴体总产量约为 48.4 万吨，牦牛肉总产值约为 445 亿元。在肉牛疾（疫）病控制领域，牛口蹄疫、布鲁氏菌病、结节性皮肤病、呼吸道疾病综合征和腹泻综合征等是影响我国肉牛牦牛养殖业健康发展的主要疫病。2021 年首次报道在东北地区发现牛赤羽病（又称阿卡斑病）。

（3）肉羊养殖业现状及存在问题 近年来，我国肉羊产业综合实力持续增强，在规模化、标准化及产业化等方面取得了一定的成就。2021 年我国肉羊产业产能快速恢复，市场需求旺盛，羊肉价格仍保持高位运行，肉羊产业技术研究新突破不断，羊肉消费长期利好的态势没有改变。2021 年全国有绵羊种羊场 823 家，山羊种羊场 449 家。2021 年我国羊出栏 33045.0 万只，创历史新高，增幅达 3.5%；年末羊存栏 31969.0 万只，增幅达 4.3%。2021 年羊肉产量达 514.0 万吨，增幅为 4.4%，实现了《推进肉牛肉羊生产发展五年行动方案》中“到 2025 年羊肉产量稳定在 500 万吨”的发展目标。我国虽是羊肉生产和消费大国，但自给能力仍然不足，进口羊肉总量不断增长，自 2012 年以来就是全球第一大羊肉进口国。我国羊肉鲜少出口，出口品类比较局限，以山羊肉为主。

在疾（疫）病控制方面，羊口蹄疫、传染性脓疱口炎（羊口疮）、痘病、布鲁氏菌病等的诊断与检测技术、疫苗研发是长期以来的重点工作。目前，肉羊重要疾病净化与监测是防控的主要方向。

我国肉羊产业发展存在的主要问题是良种繁育体系不健全，推广机制不完善；科学养殖水平不高，兽药使用有待规范，仅 2020 年上半年，农业农村部查处的农兽药违法案件就达 1.27 万件；产业组织发展水平不高，养殖户增收能力有限；屠宰加工标准化程度低，加工体系不健全。

1.5.4.2 中兽药在牛羊生产中的临床应用

对农业农村部公告、《兽药典》2020 年版二部及地标升国标等国家药品标准进行总结发现，目前应用于牛羊生产的中兽药制剂有 332 种，包括散剂 253 种、颗粒剂 6 种、口服液 11 种、注射液 15 种、片剂 5 种、酊剂 24 种、灌注剂 3 种、浸膏 11 种和其他类型 4 种。

（1）中兽药防治牛疾（疫）病 在奶牛、肉牛生产中，中兽药主要是用于防治普通病，其中临床应用报道最多的是防治乳房炎（乳腺炎）。

① 防治牛乳腺炎：以“奶牛乳房炎”和“奶牛乳腺炎”为主题词在中国知网进行检索，截至 2021 年 12 月，共检索到中兽药治疗奶牛乳房炎的学术期刊研究论文 1177 篇，绝大多数报告治疗效果良好。常用的中兽药有白头翁皂苷提取物、蒲公英提取物、白头翁皂苷提取物注射液、穿心莲注射液、当归注射液、双黄连注射液、地丁菊莲注射液、鱼腥草注射液、复方蒲公英注射液、双丁注射液、乳黄消口服液（散）、地肤通乳口服液（散）、银黄可溶性粉、公英翘芦散、乳炎康、乳炎清散、归芪乳康散、蒲连康乳灌注剂、复方大黄灌注剂、复方发酵黄连膏剂等制剂，应用方法主要有内服及局部涂擦、敷贴、药浴、灌注等。许多学者和临床工作者遵循中兽医药理论，根据牛乳房炎的中兽医辨证、临床症状和中兽药的作用机制，采用清热解毒药、解表药、活血祛瘀药、消肿止痛药、化湿药和收涩药并辅以补益、理气等药物自拟组方，制成口服液、透皮剂、贴剂、灌注剂、药浴剂等制剂，开展中兽药防治牛乳房炎的临床研究和应用工作，经过临床验证具有显著的疗效。

近年来，体内外研究证实许多中兽药提取物对乳房炎具有显著的抗炎作用，相关研究主要集中在甘草总黄酮及甘草素、大豆异黄酮、黄芩苷、紫云英苷、栀子苷、甜菊苷、杜鹃素、姜黄素、大黄素（酚）、胡黄连苷、茶皂素、槲皮素、绿原酸、蒲公英甾醇、山柰酚、百里酚、苦参碱、小檗碱、益母草碱、咖啡酸、没食子酸、人参皂苷、连翘叶片提取物和草豆蔻挥发油等，在牛乳房炎治疗方面有良好潜力。

② 防治牛子宫内膜炎：中兽医治疗牛子宫内膜炎多以清热解毒、抑菌消炎、活血化瘀、清宫排浊为治则，临床上常用的中兽药有黄连解毒汤、清宫消炎混悬剂、清宫液、宫炎宁、宫得健子宫灌注剂、宫康灌注剂、宫净油灌注剂、双黄连灌注剂、孕宝、宫炎清、宫安清、龙胆燥湿栓、丹莲花子宫灌注液、产复康、产后宫康王、促孕灌注液、新型促孕灌注液、保宫散、益母生化散、公英散等。许多学者和临床工作者遵循中兽医药理论，按照清热燥湿、活血散瘀、温肾培元，或三者结合的原则，选择适宜的单味药或自拟组方，开展中兽药防治牛子宫内膜炎的临床研究和应用工作，积累了很多经过临床验证、具有显著疗效的经验方。近年来，临床报告槟榔次碱、益母草提取物（益母草碱）、川芎嗪、丹皮酚、白头翁皂苷 B_4 等中兽药提取物对牛子宫内膜炎具有显著的治疗作用。对临床疗效确切的中兽药进行剂型改造，也获得了良好的防治效果。例如泡腾剂“宫得健泡腾栓”，栓剂“宫安清栓剂”“宫炎消栓”“加味益母生化栓”“连诃栓”等。

③ 防治牛肢蹄病：牛的肢蹄病主要是腐蹄病，有资料表明腐蹄病占奶牛肢蹄病的 40％～60％，舍饲牛群中发病率高者可有 30％～40％。中兽医在治疗牛腐蹄病的长期临床实践中，积累了许多经验方和丰富的临床治疗方法。常用的中兽药单方和成方制剂有青黛散、血竭白及散、雄黄散、血竭桐油膏、血竭松香桐油膏、去腐生肌散、雄胆矾散、松

馏油等。

④ 防治犊牛腹泻：以"犊牛腹泻"为主题词在中国知网进行检索，截至2021年12月，共检索到涉及中兽药治疗犊牛腹泻的学术期刊研究论文242篇，绝大部分都取得了一定的疗效。常用的中兽药有白头翁散、乌梅散、参苓白术散、三甲散、达原散、益元散、桂附理中散、黄白双花口服液、肠宁Ⅱ、葛根芩连汤、健脾止泻散、石苦秦散（超微粉）等。有部分中兽药可作为犊牛生长期的保健药物在饲料中长期添加。中兽医药治疗犊牛腹泻多以芳香化湿药为主，如厚朴、苍术、木香等，并取得了很好的疗效。临床实践积累了很多经验方，例如黄连、白头翁、地榆炭、车前草等组方的"热痢净"，党参、白术、苍术等组方的"寒痢宁"，黄连、黄柏、白头翁、乌梅、诃子等组方的"犊泻康"等。

⑤ 防治牛胎衣不下和促孕：临床报道用5%当归注射液在奶牛百会穴和后海穴注射，可使胎衣在短时间内顺利排出，并且在促奶牛发情与受孕方面可发挥较好的功效；归芎益母散治疗奶牛血瘀型胎衣不下，可有效促进滞留胎衣排出，并能有效改善患牛的繁育性能。不同类型的子宫灌注剂常用于牛不孕症的治疗，例如，清宫消炎混悬剂、促孕灌注液、新型促孕灌注液、催情助孕液等；用于内服的有促孕散等。

⑥ 防治牛产后瘫痪与机械性损伤：临床报告用当归红花散进行治疗，可达到舒筋止痛、活血化瘀、活通血脉的功效。芍药甘草汤出自张仲景《伤寒杂病论》，有人对经补钙、补镁治疗无效的3例产后瘫痪奶牛灌服芍药甘草汤，均获痊愈。

⑦ 防治牛前胃迟缓：前胃迟缓严重影响肉牛生长和奶牛生产，临床常用的治疗药物有椿皮散、四君子汤、八珍散、厚朴温中汤、大（小）承气汤、健脾散、反刍胃动力口服液、反刍散、牛羊四胃动力口服液、补中益气散、开胃消食散等。

（2）中兽药防治羊疾（疫）病 中兽药在养羊生产中主要用于增强机体免疫功能，提高生长性能和改善羊肉品质，还用于一些常见疾（疫）病的治疗。目前，临床报告最多的是在羊饲料中添加黄芪粉和黄芪多糖，可增强肉羊生长性能和免疫功能，改善肉品质，显著提高疫苗的抗体效价，防治羔羊腹泻等。临床治疗常用的中兽药有防治羔羊腹泻的乌梅散、石苦秦散（超微粉）等，防治羊呼吸道病的麻杏石甘散（口服液）、清热感冒颗粒、麻黄汤等，防治羊传染性脓疱口炎（羊口疮）的青黛散、金英黄归汤、口炎清冲剂、冰硼散、消黛散等，防治羔羊痢疾的乌锦颗粒、白头翁汤、蒙脱石散等，防治羊痘的秦艽散、痘必治等，防治羊乳房炎的透脓散等，防治羊尿结石的五苓散、八正散、双排石汤、化石汤、化石散、三金汤、二草汤等，治疗母羊乏情和不孕症的催情散、促孕散、促孕液等。

许多学者和临床工作者在长期的临床实践中，用黄芪、党参等百余种中药自拟中兽药组方，治疗羊疾（疫）病，促进羊的生长和繁殖性能，改善羊肉风味，提高羔羊成活率和断奶体重等，如"羊宝""复方肺康明颗粒""促排3号""羊康灵"等。

1.5.5 中兽药在水产产业中的应用

1.5.5.1 我国水产产业现状及存在问题

我国是全球水产动物产量最大的国家，水产养殖年总产量超过5000万吨，占我国水产品总产量的近80%，同时也是世界上唯一养殖水产品总量超过捕捞总量的主要渔业国家。我国水产养殖种类繁多，包括鱼类、两栖类、爬行类、贝类、甲壳类等，水产养殖产量在过去20年中保持持续增长，渔业产值逐年增加，与淡、海水捕捞产值相比，淡、海水养殖产值逐年增长，2020年渔业总产值达12775.9亿元。根据国家统计局数据，2021年全年水产品产量6693万吨，比2020年增长2.2%。其中，养殖水产品产量5388万吨，增长3.1%；捕捞水产品产量1305万吨，下降1.5%。

随着海水育苗技术的突破和养殖技术的日益完善，多种海产鱼类如鲆鲽类、鲈鱼、石斑鱼等海水经济鱼类的海水养殖规模逐渐扩大。在淡水养殖生产中，现代化循环水养殖方式集多种自动化工程及生物工程技术于一体，做好水质处理、饵食、瘟疫等诸多因素控制的同时，实现了生产的连续性、季节稳定性和可操作性的目标。

由于水产养殖的集约化程度不断提高，高密度养殖条件下鱼类健康水平下降，病害暴发增多，大量使用化学药品导致药物残留、毒副作用甚至病原耐药性等问题凸显，给养殖户带来了严重的经济损失，已经成为限制水产养殖业健康发展的主要因素。目前，在水产养殖动物疾病防治过程中，对抗生素的依赖程度依然很大，而且存在人药和渔药滥用的情况。2019年农业农村部等十部委联合发布《关于加快推进水产养殖业绿色发展的若干意见》，提出了科学设置网箱网围、开展养殖废水和废弃物治理等多项举措。同时，重点强调要发挥水产养殖的生态属性，鼓励发展不投饵的滤食性鱼类和滩涂浅海贝藻类增养殖，开展以渔净水、以渔控水、以渔抑藻，修复水域生态环境。

1.5.5.2 中兽药在水产养殖中的临床应用

对农业农村部公告、《兽药典》2020年版二部及地标升国标等国家药品标准进行总结发现，目前应用于水生动物的中兽药制剂有73种，包括散剂68种、颗粒剂2种、口服液1种和其他类型2种。常用的中兽药产品主要有穿梅三黄散、龙胆泻肝散、黄连解毒散、清热散、扶正解毒散、大黄末、驱虫散、大黄芩鱼散、六味地黄散、加减消黄散、苍术香连散、蚌毒灵散、石知散、山青五黄散、双黄苦参散、芪参散、双黄白头翁散、大黄五倍子散、青连白贯散、七味板蓝根散、大黄芩蓝散、蒲甘散、板蓝根大黄散、大黄解毒散等。值得注意的是，大黄、黄芪是现行水产养殖用药中应用最广的中药材。

水产养殖生产者和科研工作者对百余种单味药或者自拟组方的增食和促生长作用、增强非特异性免疫功能作用、抗病原微生物作用、抗应激作用、提高抗氧化能力、对环境中致病菌的抑制作用以及替代抗生素和化学消毒剂的作用进行了研究和临床应用。当前，中药多糖、提取物或有效部位在水产养殖用药中获得了较高的关注及研究。然而，中兽药在水产养殖生产中的研究与应用尚需进一步规范。目前存在的主要问题有：①有些在水产养殖生产中使用的中兽药制剂的处方仅仅是根据人用中药或其他动物的药效拟定，组方既缺乏科学依据，又缺乏药学和临床研究；②制剂工艺缺乏适合水产动物生物学特性的加工、生产工艺标准，影响疗效；③用法用量不合理，尤其是复方散剂，难以达到治疗效果，如投药方法为泼洒、粉末拌料；④药材检测筛选不严格。

1.5.6 中兽药在宠物喂养中的应用

1.5.6.1 我国宠物喂养现状及存在问题

根据派读宠业参考发布的《2021年中国宠物行业白皮书》（消费报告）数据，2021年我国城镇宠物喂养种类中，犬和猫仍是宠物的主要类型，宠物猫的数量是5806万只，犬的数量是5429万只，宠物猫成为饲养最多的宠物，其他类型宠物的占比均在10%以下。2021年犬市场规模1430亿，同比增长21.2%；猫市场的规模超过1000亿，同比增长19.9%。整个城镇犬猫市场的规模达到2490亿，同比增长20.6%，比2021年社会消费品零售总额高8%；单只犬的年消费是2634元，同比增长16.5%，单只猫的年消费则是1826元，表明宠物经济对中国社会的消费产生了巨大的拉动作用。宠物消费“恩格尔系数”持续降低，食品消费仍是养宠最大支出，医疗消费占比持续提高，宠物医疗行业的市场规模约300亿元。宠物主中，学历高、收入高、年龄低、高消费人群占比增加，分布与城市经济发展水平强相关，东部地区、一线和省会城市宠物主占比较高。由于宠物角色拟人化，家庭地位越来越高，所以宠物主更愿意为宠物消费，宠物消费已经成了宠物主消费的镜像。宠物主在宠物医院的消费呈多元化，宠物医院成为线下服务的综合体，超过90%的宠物主在宠物医院购买过商品，药品是宠物主在医院购买最多的商品。皮肤病（含耳病）、消化系统疾病、传染病是犬猫三大常见病。

目前存在的主要问题有：①宠物管理法律法规不完善，部分宠物主不规范、不文明行为带来的负面影响和安全隐患，如弃养、随地便溺不清理、遛犬不拴绳等；②宠物携笼出行困难，宠物商品质量参差不齐，日常和医疗费用高，易引起邻里矛盾，养宠物影响居家环境；③临床诊疗中兽药使用不规范，我国宠物用中兽药较少，制剂单一，研发形式和重点亟待转变。

1.5.6.2 中兽药在宠物医疗中的临床应用

对农业农村部公告、《兽药典》2020年版二部及地标升国标等国家药品标准进行总结发现，目前应用于宠物（犬猫）的中兽药制剂有20种，包括散剂9种、口服液2种、注射剂5种、片剂3种、浸膏1种。目前，在宠物医疗中禁用人医药品，中兽医治疗技术、中兽药产品及保健药品的临床需求日益引起人们的关注。然而，现阶段在宠物诊疗机构几乎看不到中兽药相关的产品。根据临床病例报道，宠物医师、科研人员对许多单味药、自拟组方进行了临床研究和实践，例如常用附子理中丸、补中益气丸、平胃散、半夏泻心汤、香砂六君子汤、四君子汤等中药经方剂作为治疗宠物慢性消化道疾病的基础药方进行加减。

根据对23个省、5个自治区和4个直辖市的宠物医师对中兽医技术开展现状、宠物主对中兽医技术需求情况的调查，多数宠物医师和宠物主人认为中兽药、针灸治疗效果良好，特别是使用中兽药治疗宠物犬疑难杂症和使用针灸治疗宠物犬运动障碍、瘫痪性疾病等；调查结果表明，中兽医技术防治宠物犬疾病疗效确切，中兽药和中兽医技术在宠物犬疾病防治中的应用具有重要的临床实践意义。虽然使用单味药、自拟组方或中成药，或者中西医结合进行治疗，可取得良好的治疗效果，但不符合宠物医疗的有关规定。

1.5.7 中兽药在其他动物中的应用

1.5.7.1 中兽药在马属动物中的临床应用

中兽医治疗技术和中兽药治疗马属动物疾病在我国有着悠久的历史。殷商时因马已用于拉车和骑射而开始注意马病。自《黄帝内经》、《神农本草经》及晋代葛洪所著《肘后备急方》、北魏贾思勰所著《齐民要术》等著作后，中兽医学专著大量涌现。约在唐末或北宋初年编著的《司牧安骥集》比较系统地论述了中兽医学的理论及诊疗技术，是我国最早的一部兽医教科书。明代喻本元、喻本亨编著的《元亨疗马集》是国内外流传最广的一部中兽医学代表著作，李时珍编著的《本草纲目》为兽医提供了极其丰富的医药知识。相传生活于黄帝时代的马师皇就是当时的著名兽医，是古书中记载最早的兽医。战国时期出现了专门诊治马病的马医，春秋时期伯乐的《伯乐针经》是我国已知的最早的兽医针灸专著。北宋时期山西人常顺因医治战马有功，被宋徽宗于1120年钦封为“广禅侯”，元太宗册封为“水草神”，并建“水草庙”。据查，“水草庙”是我国历史上唯一的“兽医庙”，而“广禅侯”也是我国历史上唯一的“兽医侯”。

对农业农村部公告、《兽药典》2020年版二部及地标升国标等国家药品标准进行总结发现，目前应用于马属动物的中兽药制剂有163种，包括散剂131种、颗粒剂1种、口服液5种、注射剂5种、片剂1种、灌注剂1种、酊剂12种、浸膏6种和其他类型1种。然而，我国极少有兽药企业生产治疗马属动物疾（疫）病的中兽药制剂。在临床实践中，兽医工作者大多是遵循中兽医理论，辨证施治，采用中兽药基础方随证加减或随证立方。例如，根据白术散、当归芍药散、当归散、胶艾汤、泰山磐石散等加减用于安胎；郁金散加减配合中药穴位贴敷治疗马湿热泄泻；生化汤合五味消毒饮方加减治疗马子宫内膜炎；加味大承气汤、通肠散治疗马肠梗阻；透脓散加减治疗马腺疫等。

1.5.7.2 中兽药在特种经济动物中的临床应用

对农业农村部公告、《兽药典》2020年版二部及地标升国标等国家药品标准进行总结发现，目前应用于特种经济动物的中兽药制剂有19种，包括散剂11种、颗粒剂3种、口服液1种、酊剂2种、浸膏1种和其他类型1种。目前，中兽药制剂在特种经济动物生产中的临床应用较少。近年来，由于蜜蜂、鹿、兔肉等产品中有害物质残留，特别是抗生素残留等问题，严重影响了养殖经济效益，特种经济动物养殖生产者和科研工作者对中兽药的应用进行了一些有益的尝试。

在养鹿生产中常用复方生茸散、复方增茸剂、增茸灵提高鹿茸产量与品质；还有一些临床报道用黄连解毒汤治疗梅花鹿产气荚膜梭菌感染、加味三黄汤治疗梅花鹿腐败玉米秸秆中毒、白头翁汤加减（高效痢复康）治疗腹泻等。

在养蜂生产中，临床报告使用百部、薄荷、苦楝子等能防治蜂螨，黄连、大黄、黄柏、黄芩、虎杖等能防治爬蜂病，紫草、半夏、板蓝根颗粒、穿心莲注射液等以及自拟组方“蜂幼康”“消腐汤”能防治蜂幼虫病；选用大蒜、金银花、生姜、大黄、黄连、野菊花、穿心莲、百部、鱼腥草、蒲公英、甘草、博落回提取物等作为杀菌、抗病毒和驱虫的药物，临床应用效果良好。

在狐、貂、貉、兔、肉鸽等特种经济动物生产中，养殖生产者和科研工作者对百余种单味药或提取物进行了体外抑菌、抗病毒、抗球虫等试验，其中部分效果较好的单味药或提取物为中兽药新药的创制提供了临床依据。

1.5.8 中兽药在商品饲料中的应用

1.5.8.1 商品饲料中添加兽药的相关法规

饲料中添加兽药有关的法律、规章和规范性文件主要有全国人民代表大会常务委员会通过的《中华人民共和国畜牧法》《中华人民共和国渔业法》；国务院发布的《兽药管理条例》《饲料和饲料添加剂管理条例》，农业农村部发布的《饲料添加剂品种目录》《饲料原料目录》《饲料添加剂安全使用规范》《饲料和饲料添加剂生产许可管理办法》《饲料添加剂产品批准文号管理办法》《新饲料和新饲料添加剂管理办法》《饲料质量安全管理规范》《进口饲料和饲料添加剂登记管理办法》《禁止在饲料和动物饮水中使用的物质》《食品动物中禁止使用的药品及其他化合物清单》《中华人民共和国农业农村部公告第 194 号》《中华人民共和国农业农村部公告第 246 号》《淘汰兽药品种目录》《中华人民共和国农业部公告第 2292 号》等。

1.5.8.2 商品饲料中批准添加的中兽药

目前，经农业农村部批准，允许在商品饲料中使用的兽药主要是抗球虫类药物和促生长类中兽药，每个产品均有明确的适用动物范围、添加剂量和休药期等要求，并且在说明书的注意事项中注明“允许在商品饲料和养殖过程中使用”。饲料企业生产含有允许添加的抗球虫类药物或中兽药类药物的饲料产品，要严格按照该兽药产品的法定质量标准、标签和说明书等规范使用，不得超出适用动物范围，不得超剂量添加。需要注意的是，允许在商品饲料中使用的抗球虫类药物和促生长类中兽药产品是动态调整的，相关饲料生产和养殖企业应随时关注农业农村部发布的有关公告。目前，商品饲料中批准使用的中兽药有：博落回散、山花黄芩提取物散、裸花紫珠末。

1.5.9 中兽药临床应用的发展趋势

动物疾（疫）病的预防和治疗始终是控制养殖风险、提升生产绩效、保障动物源性产品安全和公共卫生安全的重要工作。随着农业农村部第 194 号和第 246 号公告的发布，国家禁抗化药的力度越来越大，我国畜牧业将进入“无抗饲料养殖”新时代，事实上倒逼了养殖生产对中兽药的需求，中兽药企业也面临着日趋激烈的竞争。目前，虽然已经形成了多种剂型的标准化中兽药产品并得到广泛应用，但中兽药研发、生产能力和产品质量等仍不能满足动物生产的需要。中兽药产业处于快速发展和变革期，需要准确把握机遇和发展趋势。

① 发展中兽药是产业发展大势所趋。兽药产业是保障养殖业健康发展的基础性产业，随着我国动物养殖生产集约化、标准化、规模化的快速发展，养殖生产模式的改变引发了兽药格局的新变化。中兽药具有多组分、多功能、多层次、多靶点等作用特点，在兽医临床上，遵循中兽医药理论，辨证施治，能够做到标本兼治、整体和系统防治动物疾（疫）病；在养殖业生产中，从畜禽、水产、宠物到蜂蚕等多种动物，从单方到复方，从增重催肥促生长到保健、预防疾（疫）病，从替代饲用化学投入品到养殖生产抗生素减量使用、保障动物源性食品安全、环境和生物安全等，中兽药都有着不可替代的重要作用。目前，中兽药产品研发及在兽医临床和养殖生产中的应用已成为业界关注、竞争的热点。

② 中兽药产品药物组方和组方药物将会不断创新，以满足市场应用的需求。中兽药产品要严格遵循中兽药学和中兽医学理论与技术体系的基本要求进行组方与配伍，在经方和验方基础上，选用生物活性明确、药效好、安全性高、防治效果确切、适合动物生理特

点与使用目的的药物有效部位组方，创制“组分中兽药”将会是中兽药新药研发的重点领域。同时，有专家呼吁借鉴中医中药的临床应用经验，启动兽用中药配方颗粒研究工作，发展可直接配方的颗粒性中兽药，这将为畜牧水产养殖和宠物诊疗临床配伍应用，以及饲料添加应用提供极大便利。

③ 可替代抗生素的中兽药饲料添加剂、可使抗生素减量使用的中兽药产品将是中兽药临床应用的新兴领域。2019 年，农业农村部改革和完善了新饲料添加剂产品审批制度，目前共有 117 种天然植物可以直接作为饲料原料使用，包括经过水提或醇提的粗提物。农业农村部《“十四五”全国畜牧兽医行业发展规划》要求加快中兽药产业发展，加强中兽药饲料添加剂研发。中兽药饲料添加剂兼有营养和药用双重作用，在养殖生产中使用已收到良好的实用效果，其市场前景十分广阔。中兽药生产企业要根据当前畜牧业高质量发展的现状与市场需求，积极调整中兽药产业结构和产品结构，使中兽药和中兽药饲料添加剂得到科学、合理、高效、经济的开发利用。

④ 中兽药提取物或兽药用植物提取物在兽药、饲料等行业的应用将更为广泛。我国 2018 年决定停止生产、进口、经营、使用部分药物饲料添加剂，明确除中药以外的促生长类药物饲料添加剂品种全面退出后，饲料和养殖行业对以天然植物为原料的提取物申报新饲料添加剂的需求不断增加。虽然植物提取物与中药提取物大多源于天然植物，但二者在应用和管理上存在较大差别，要注意防止将植物提取物（如饲料添加剂）混为中药提取物（如药物饲料添加剂）应用的问题。为广泛建立中兽药提取物标准，将标准化的中兽药提取物作为制剂原料管理，国家应加快制定“植物提取物饲料添加剂注册指导原则”等相关政策、标准，中兽药提取物的专业化、规模化生产，是新形势下社会化生产分工协作的需要，能有效避免资源浪费，降低成本，委托加工不失为保障中兽药提取物质量稳定的重要手段。

⑤ 中兽药新剂型研发将会极大地促进中兽药的临床应用。许多中兽药的经方和验方均来源于临床实践，其有效性毋庸置疑。但目前中兽药产品剂型相对简单，适合生产需要的新剂型等相对较少，影响了药效发挥，且造成了资源的浪费。这在很大程度上限制了中兽药的临床应用，尤其是与现代规模化养殖企业中的动物疾病群体防治不相适应。颗粒剂、可溶性粉剂、超微（纳米）粉、缓释和控释制剂、胶囊剂、透皮剂、微型球囊剂、涂擦剂、喷洒剂、气（粉）雾剂等适应市场需求的新剂型创制是必须突破的“瓶颈”。

⑥ 中兽药基础理论研究的突破将会引领和支撑中兽药新产品研发和临床应用。运用现代生物科学技术与现代医药学仪器分析技术在分子水平和细胞水平上开展中兽药的药理、毒理及作用机制的研究，以及药效的物质基础和质量标志物的寻找，以证实中兽药产生作用的靶器官或靶点，使其活性成分的有效性、安全性得到客观、直接的确认。

⑦ 开辟中兽药新资源、降低中兽药成本是临床应用的刚需。发展中兽药产业要充分考虑中药材资源的可持续性，成本应成为中兽药成药性评价的重要指标。中兽药生产中所用原料绝大部分来源于人用药材市场，仅从资源角度看就不能满足兽用的需要。因此，保护好中药材资源，发展中药材生态种植，开发中药材新资源，全面提升中药材的品质与质量，才能真正确保“中药材好，中兽药才好”。

第 2 章
中兽药原料

2.1

中药资源

中药资源是中兽药产业的物质基础，中药资源的数量制约着产业的规模和可持续发展，中药资源的质量决定着中药材的质量进而影响到中兽药的质量和临床疗效。除此之外，中药资源又是功能性食品、化妆品和香料等行业的重要基础，也是生态环境的组成部分，对人类的健康和生存发展具有重要影响。

可以说中药资源是集生态资源、医疗资源、经济资源、科技资源以及文化资源于一身的特殊资源，关系到人民的健康和国家的富裕，关乎民生和社会稳定，关乎生态环境保护和新兴战略产业发展，是全球竞争中国家优势的体现，具有国家战略意义。然而20世纪以来，中药资源的现状令人担忧。一方面，由于人口、经济和社会的发展，人类对中药资源的需求快速增长；另一方面，由于气候变化、环境污染、生态恶化以及对动、植物的过度采捕、生物生存栖息地的破坏等，中药资源不断萎缩。目前，利用资源与保护资源之间的矛盾日益突出。

2.1.1 中药资源分类

2.1.1.1 中药资源定义

中药资源通常指在一定区域或范围内分布的各种药用植物、药用动物和药用矿物及其蕴藏量的总和。此外，广义的中药资源还包括人工栽培养殖和利用生物技术繁殖的药用植物和动物及其产生的有效物质。

2.1.1.2 中药资源的种类

中药资源以自然资源为物质基础，极为广博。物种间的形体构造、生理功能以及生态环境千差万别。随着现代科学技术的进步，中药资源的开发和整理工作得到了长足发展。从自然属性来讲，分别属于植物、动物和矿物，即我国中药资源基本上是由药用植物、药用动物和药用矿物三大类构成的。另外，按资源属性，中药资源则可分为濒危、稀有和渐危等。

（1）按自然属性分类 中药资源主要由药用植物、药用动物和药用矿物构成，据第三次全国中药资源普查统计，我国中药资源种类有12807种。其中植物占87%，动物占12%，矿物不足1%。其中植物药资源和动物药资源为再生资源，对其进行较好的开发可实现可持续利用，矿物类中药是不可再生的资源。

植物药资源，是指来源于植物全株或其中某一器官，可供药用的一类植物资源。根据生物界的二界分类法，除裸子植物和被子植物外，藻类、菌类、地衣类、苔藓类、蕨类也属于植物界。

植物资源是人类使用最多的中药资源，根据第三次全国中药资源普查的资料统计，我国的药用植物资源有11146种。根据分类地位分为藻类（42科，115种），菌类（40

科，292种），地衣类（9科，52种），苔藓类（21科，43种），蕨类（49科，456种）和种子植物（222科，10188种），其中苔藓类、蕨类和种子植物占90%以上。

动物类资源，是指来源于药用动物的整体或某一部分、生理或病理产物及其加工品等。通常可按其所栖息的环境分为水生药用动物资源、两栖药用动物资源、陆生药用动物资源，也可按其系统分类的亲缘关系分为药用无脊椎动物、药用脊椎动物资源。

据调查统计，我国有药用动物1581种和种下单位（不含亚种），分属11门，33纲，141目，415科，861属。其中陆栖动物330科720属1306种；海洋动物85科141属275种；无脊椎动物199科362属621种，约占药用动物总种数的39%；脊椎动物215科517属971种，约占药用动物总数的61%。

从生态学角度研究，动物界位于食物链顶层，自然环境的破坏或相关的植物资源的破坏都会对药用动物产生直接或间接的影响，从而导致野生种群数量的降低，特别是较大型动物。在我国常用动物药材中，有不少属濒危动物，在33种因资源稀少而紧缺的常用中药材中，动物药达到25种，1993年我国已明令禁止犀角和虎骨的使用。野生变家养和寻找新的替代品是解决动物药资源紧缺的主要方式。

矿物类资源是一类不可再生资源，是地质作用形成的天然单质或化合物。矿物类中药包括可供药用的天然矿物和矿物加工品，中国有着悠久的矿物药用药历史。《神农本草经》载有矿物药46种，《新修本草》载有矿物药87种，《本草纲目》载有矿物药222种，此后的《本草纲目拾遗》可谓收录矿物药之最，有400余种。2020年版《中国药典》收载矿物药25种。我国现在药用的矿物约有12类80种，通常可分为铁化合物类、铜化合物类、镁化合物类、钙化合物类、汞化合物类、砷化合物类、硅化合物类、有色金属类等。

（2）按资源属性分类 我国许多常用药材对环境的适应性强，分布范围较广，资源也较为丰富，但进入20世纪90年代以后，由于人口的迅猛增长，市场需要量的加大，资源不断被破坏，大量物种的生存受到了严重威胁甚至灭绝，越来越多的品种需要保护或通过栽培获得，否则难以满足市场需要。

世界自然保护联盟是世界上生物保护权威机构，把在短期内有灭绝风险的物种定为受威胁物种，依受威胁的程度将受威胁物种分为极危、濒危、易危三个等级。

极危物种：指在10年或3代内（以时间更长的为准）灭绝可能性为50%的物种。

濒危物种：指在20年或5代内灭绝可能性为20%的物种。

易危物种：指在100年内灭绝可能性为10%的物种。

我国濒危生物资源种类分为濒危、稀有和渐危三级。

濒危物种：指物种在其分布的全部或显著范围内有随时灭绝的危险。这类植物通常生长稀疏，个体数和种群数低，且分布高度狭域。由于栖息地丧失或破坏，或过度开采等原因，其生存濒危。该类植物中的冬虫夏草、新疆雪莲、红景天等已经濒临灭绝，人参、霍山石斛、三七等药材野生个体已经很难发现。

稀有物种：指物种虽无灭绝的直接危险，但其分布范围很窄或很分散或属于不常见的单种属或寡种属，如银杏。

渐危物种：指物种的生存受到人类活动和自然原因的威胁，这类物种由于毁林、栖息地退化及过度开采的原因，在不久的将来有可能被归入“濒危”等级，如刺五加。

2.1.2 中药区划

2.1.2.1 中药区划简介

我国地域辽阔，气候复杂，土壤类型多样，中药资源极其丰富。中药生产与中药资源具有强烈的地域性与继承性。中药资源在长期生长过程中，与特定的自然环境相互作用，使药材具有特定的形态和代谢产物。确定良好的生态环境和产区是中药资源高效开发的基础工作。

中药资源区划基于中药资源自然分布，在中药资源调查的基础上，正确评价影响中药资源开发和中药生产的自然条件及社会经济条件的特点，揭示中药资源与中药生产的地域分异规律，按区内相似性和区际差异性划分不同级别的中药产区，明确各区开发中药资源和发展中药生产的优势及地域性特点，提出生产发展方向和建设途径。

中药区划具有地域性、综合性及宏观性三大特征，其目的与任务概括起来是：正确评价各地域中药资源特点及其优势，为合理布局中药材生产、保护抚育与研究开发中药资源提供科学依据；深入开展中药生产适宜性、道地药材相关性与生态环境相关性等研究，为发展中药材生产、合理引种驯化及变野生资源为家种家养提供科学依据；揭示各地域中药资源与中药材生产的区域性特点，因地制宜，合理布局，切实增强与规划中药材生产的科学性；研究分析与确定不同区域中药材生产的发展方向与途径，加强中药材生产宏观指导与管理，为编制中药材生产与中药产业发展规划提供科学依据。

2.1.2.2 中药区划的分类

依据区划对象的不同，中药区划可分为中药资源区划、中药产品区划，与中药相关的自然生态、社会经济适宜性区划，综合区划五大类。

（1）中药资源区划 以一种或几种药用资源为研究对象，依据区域间药用资源的有无、数量的多少、品质的优劣、药材产量的高低等情况，可以分为中药资源的分布区划、生长区划、品质区划和生产区划等。

（2）中药产品区划 以一种或几种中药产品（中药材、中成药、中药饮片等）为研究对象，依据区域间中药产品的有无、数量的多少、质量的优劣等情况，可以分为中药产品的分布区划、生产区划、质量区划等。

（3）自然生态适宜性区划 以与中药（中药资源、中药产品）相关的某一方面或某个自然生态环境因子为对象，依据中药和自然生态环境因子之间的关系，对各类自然生态环境因子进行区域划分，划分出适宜中药分布、生长和生产的生态环境区，统称为自然生态适宜性区划。按照区划选择的自然生态环境因子不同，可以划分不同的自然生态适宜性区划，如气候适宜性区划、地形适宜性区划、土壤适宜性区划等。

（4）社会经济适宜性区划 以与中药（中药资源、中药产品）相关的某一方面或某个社会经济环境因子为对象，依据中药和社会经济环境因子之间的关系，对各类社会经济环境因子进行区域划分，划分出适宜发展中药相关产业和活动的区域，统称为社会经济适宜性区划。按照区划选择的社会经济环境因子不同，可以划分不同的社会经济适宜性区划，如政策适宜性区划、交通适宜性区划、科技适宜性区划等。

（5）综合区划 中药综合区划是各类中药资源、中药产品和外部环境因素区划的高度区域综合。主要以区域内所有中药资源或产品，以及其所在的地域系统为研究对象，依据区域间资源整体的丰富程度、特殊功能等方面的差异性和相似性进行区域划分，可分为中药资源区划、功能区划等不同类型。

2.1.2.3 中药分布与区划

我国第三次中药资源普查，将中药资源划分为东北区、华北区、华东区、西南区、华南区、内蒙古自治区、西北区、青藏区以及海洋区 9 个中药区，28 个二级区。

（1）东北寒温带、中温带野生、家生中药区

① 大兴安岭山地黄芪、赤芍、防风、满山红、熊胆区。

② 小兴安岭、长白山山地人参、黄柏、五味子、细辛、鹿茸、哈蟆油区。

（2）华北暖温带家生、野生中药区

① 黄淮海辽平原金银花、地黄、白芍、牛膝、酸枣仁、槐米、北沙参、板蓝根、全蝎区。

② 黄土高原党参、连翘、大黄、沙棘、龙骨区。

（3）华东北亚热带、中亚热带家生、野生中药区

① 钱塘江流域及长江三角洲山地、平原浙贝母、延胡索、菊花、白术、西红花、蟾酥、珍珠区。

② 江南丘陵山地厚朴、栀子、泽泻、郁金、蕲蛇、金钱白花蛇区。

③ 江淮丘陵山地中药区。

④ 长江中、下游丘陵、平原及湖泊牡丹皮、枳壳、蔓荆子、龟甲、鳖甲区。

（4）西南北亚热带、中亚热带家生、野生中药区

① 秦巴山地、汉中盆地当归、天麻、杜仲、独活、猪苓区。

② 川、鄂、湘、黔山原、山地黄连、杜仲、厚朴、吴茱萸、茯苓、款冬花、木香、朱砂区。

③ 滇、黔、桂山原丘陵三七、石斛、木蝴蝶区。

④ 四川盆地川芎、麦冬、附子、郁金、白芷、白芍、枳壳、泽泻、红花区。

⑤ 云贵高原黄连、茯苓、天麻、半夏、川牛膝、续断、龙胆区。

⑥ 横断山、东喜马拉雅山南麓川贝母、木香、当归、大黄、羌活、重楼、麝香区。

（5）华南亚热带、热带家生、野生中药区

① 岭南沿海、台湾北部山地丘陵砂仁、巴戟天、化橘红、广藿香、蛤蚧区。

② 雷州半岛、海南岛、台湾南部山地丘陵槟榔、益智、高良姜、樟脑区。

③ 滇西南山原砂仁、苏木、儿茶、千年健区。

（6）内蒙古中温带野生中药区

① 松嫩及西辽河平原防风、桔梗、麻黄、龙胆、甘草区。

② 阴山山地及坝上高原黄芪、黄芩、远志、知母、郁李仁区。

③ 内蒙古高原赤芍、知母、黄芪、防风区。

（7）西北中温带、暖温带野生中药区

① 阿尔泰、天山山地及准噶尔盆地伊贝母、红花、阿魏、雪莲花、马鹿茸区。

② 塔里木盆地、柴达木盆地及阿拉善高原、西鄂尔多斯高原甘草、麻黄、枸杞子、肉苁蓉、紫草区。

③ 祁连山山地秦艽、羌活、麝香、马鹿茸区。

（8）青藏高原野生中药区

① 川青藏高山峡谷冬虫夏草、川贝母、大黄、羌活、甘松、藏茵陈、麝香区。

② 雅鲁藏布江中游山原坡地胡黄连、绿绒蒿、山莨菪区。

③ 羌塘高原冬虫夏草、马勃、雪莲花、熊胆、鹿角区。

（9）海洋中药区

① 渤海、黄海、东海昆布、海藻、石决明、海螵蛸、牡蛎区。

② 南海海马、珍珠母、贝齿、玳瑁、海浮石区。

2.1.3 中药资源品种选育与种质创新

2.1.3.1 中药资源品种选育

中药资源的优良品种是中药资源开发与利用的物质基础。由于长期的掠夺性采挖，野生资源已日渐匮乏，人工种植已成为中药原料来源的主要途径。但目前人工种植的药用植物存在种源混乱、产量和质量不稳定等问题，这已严重影响我国中药产业的现代化及国际化进程。中药材质量受多方面因素的制约，其中良种是关键的因素，是中药材生产的“源头”。因此，选育稳产、优质、高效的良种是提高中药材质量的当务之急。

目前中药资源品种选育主要集中于药用植物。药用植物品种一般都具有三个基本要素或属性，即特异性、一致性和稳定性。特异性是指本品种具有一个或多个不同于其他品种的形态、生理等特征特性；一致性是指同品种内个体间植株性状和产品主要经济性状的整齐一致；稳定性是指在繁殖和生产过程中，品种的特异性和一致性保持不变。

2.1.3.2 中药种质创新

种质创新指运用各种育种手段，将某些中药种质资源上所特有的有利性状，转育到某一中药资源上，从而培育出这一资源新的种质的工作。中药种质创新一定要以疗效保证和有效成分的提高作为前提，且根据不同的应用场景，进行分类管理。目前中药资源的种质创新，主要以药用植物为对象，根据目的的不同，种质创新可以分为两类：一类是以遗传学工具材料为主要目标的种质创新，如非整倍体（单体、三体系列）、近等基因系的创建等，是植物遗传与育种应用基础研究的重要材料；另一类是以育种亲本材料为主要目标的种质创新，如矮化半矮化基因、重大病害抗病基因、雄性不育基因等具有较广阔应用前景的材料发掘和利用等。

种质创新技术是多种多样的，主要包括以下方面。

（1）自然基因突变技术创新 如黄花蒿变异突变体的筛选和利用。

（2）各种育种技术创新 通过种内杂交、远缘杂交、组织培养、无性系变异、人工诱变等手段，创造新的变异类型。

（3）基因工程技术创新 可在不同科属和动植物界间进行基因转移，极大地丰富了变异类型，增大了遗传多样性，如转基因抗蚜虫枸杞等。

此外，采用生物技术与常规技术相结合的方法鉴定种质资源，发掘和克隆新的优良基因，建立基因文库，研究各种优良基因的多样性和遗传特点，为新基因在育种中的利用提供科学依据，将使种质资源在满足日益增长的人类生活需求中发挥应有的作用。

2.1.4 中药资源综合利用

2.1.4.1 综合利用的定义

中药资源是国家战略资源，是中医药产业发展的物质基础，是中药资源产业链的源头。围绕中药资源性产品的生产，资源利用效率的提升和以循环经济、资源节约理念为指导的多途径、多层次的系统开发和综合利用，是实现其经济效益-社会效益-生态效益协调与可持续发展的根本保障。

中药资源综合利用是指人们根据中药资源的物质成分、特性、功能、赋存形式和条件，通过对资源进行综合开发、合理采收、深度加工、循环使用和再生利用等方式，变资源物质成分中的无用为有用，小用为大用，一用为多用，并寻求其代用物资，变废为宝，化害为利，合理地发挥其物质和能量的综合功能和综合效益，最终生产出更多更好的物质产品的生产经营活动。

受传统和现代认识的局限，中药资源开发水平与利用程度尚不够深入、系统，导致中药资源原料生产、产品制造等产业化过程中资源浪费严重、利用效率低下，因此，充分挖掘和发现其利用价值或潜在利用价值，对中药资源产业链各环节产生的废弃组织、药渣、废水、废气等进行可用性和多宜性开发利用，以实现物尽其用、节约资源、环境友好的目的。

2.1.4.2 不同部位的综合利用

药用植物的采收过程是中药材生产的重要环节，也是实施中药资源综合利用的途径之一。部分地区仍采用传统的采收方式，用其某一部位或器官入药，就摘取某一部位或器官，用根取根，而将地上部位废弃。这种采收方式不能充分利用中药材的生物量，从而造成中药资源的浪费。现今，大部分地区对中药资源综合利用意识逐渐增强，对非传统药用部位也进行了研究和开发利用。

通过药用植物次生代谢产物在器官、组织部位分布的特性来研究、开发、扩大资源利用部位。依据药用植物次生代谢产物器官、组织部位分布的差异性、广泛性、相似性和狭窄性的思路，通过大量实验研究数据证明，不同种类植物中的有效成分的积累不同，同一种有效成分在不同植物中的积累动态不同。同一种植物不同器官、组织部位中有效成分分布有相似性和差异性。结合药效学和临床研究结果的相似性或相同性和差异性，人们发现许多药材的非传统药用部位同样具有药用及综合利用价值。如博落回果荚可作为中兽药原料，博落回种子含有 8 种有机脂肪酸，博落回茎粉碎作为有机肥的基质发酵后可作为防控线虫病的药用肥料等。此外，如厚朴叶等非传统药用部位也可以采收利用，对药用植物非传统药用部位进行药用采收，增加了药材来源，从而减缓中药材紧缺的状况。

2.1.4.3 不同功效成分综合利用

中药中的有效成分可以开发成多类型的产品，以医药产品为主，并应用于食品以及精细化工等领域，很多还可作为重要的医药中间体使用，使产品呈现多元化趋势。现代药理学研究和临床应用表明，每味中药材常有多种药效作用和功效，各种药效作用和临床应用都有不同类型的成分起作用，中药生产时常根据其作用提取某类成分，而浪费了其他资源成分，实际上也浪费了中药材资源。

如博落回属植物化学成分研究主要集中在生物碱上。研究表明，博落回属植物中含有多种苄基异喹啉生物碱，其中血根碱和白屈菜红碱为博落回属植物的指标成分，结构类似的博落回碱也能够从博落回果实中分离得到。从博落回属植物中还能够分离到一些 *N*-去甲基产物，如去甲血根碱和去甲白屈菜红碱。普罗托品类生物碱别隐品碱和原阿片碱是博落回属植物中含量较大的另一类生物碱，博落回叶子和小果博落回种子中这两种生物碱含量较高。此外，博落回属植物中还含有少量原小檗碱类似物，如黄连碱、小檗红碱、沙明碱、脱氢紫堇碱和苯并菲啶类生物碱二聚体等。在人类健康领域，博落回中大量的异喹啉类生物碱均表现出良好的抗炎、抑菌、杀虫等活性。研究发现，博落回提取物有一定的抗肝纤维化作用。在动物健康领域，由博落回提取物及博落回散为原料开发的首个二类中兽药药物饲料添加剂，弥补了国内市场的空白。在植物健康领域，博落回总生物碱提取物通过美国 EPA 成功登记的 Qwel，该产品作为杀菌剂，主要用于蔬菜及水果采摘前期的防虫防菌保护。

随着中药资源活性成分及作用的阐明，对各类成分进行分别提取、综合利用，可有效提高中药资源的经济价值。

2.1.4.4 资源循环利用

中药资源的综合利用与可持续发展相互促进，循环经济与可持续发展一脉相承。它把清洁生产、资源综合利用、生态设计和可持续消费等融为一体，在提高资源利用效率的同时，重视经济发展和环境保护的有机统一，兼顾发展效率与公平的有机统一，是一种经济、环境、社会等多赢的发展模式。循环经济的原则如下。

（1）减量化原则 指在生产和服务过程中，尽可能地减少资源消耗和废弃物的产生，核心是提高资源利用效率。

（2）再利用原则 指产品多次使用或修复、翻新或再制造后继续使用，尽可能地延长产品的生命周期，防止产品过早地成为垃圾。

（3）资源化原则 指使废弃物最大限度地变成资源，变废为宝，化害为利。

例如在中药工业生产过程中，伴随药品生产的同时，会产生大量的废弃物。在循环经济理念的指导下，可将产生的废弃物进行再利用和资源化，具体指将废弃物直接作为原料进行利用或者对废弃物进行再生利用。中药提取后的药渣就是一种较常见而且占据比例较大的生产废弃物。如在中成药的生产过程中所留的药渣，约占总药量的 70%。实验证明，添加中药渣的饲料更有助于动物的生长发育。这不仅增加了经济产值，也对目前的中药生产工艺无法提取完全的有效成分进行了充分应用。如药厂一般采用水提取法提取黄酮类物质，但黄酮类物质大多数微溶于水，因此，黄酮类物质在经水提取后的药渣中仍有近 40%的残留量。残留在药渣中的黄酮类物质可进行再提取，将提取物制成兽药使用，或将废药渣直接按照比例添加到饲料中，可增大经济产值，提高资源利用率。

目前，我国中药资源储备量不容乐观，随着人口的增加，中药资源消耗也在增多，在强大的环境压力下，合理进行中药资源的综合利用成为缓解资源问题的一条有效途径。我国现阶段中药资源综合利用已取得一定成果与进步，但仍存在部分问题。这也从另一方面说明我国中药资源综合利用前景广阔，相信随着科学技术的进步和人们对于中药资源综合利用意识的提高，我国中药资源综合利用率必会有很大的提升。

主要参考文献

[1] 陈士林．中国药材产地生态适宜性区划[M].北京：科学出版社，2011.
[2] 张小波，黄璐琦．中国中药区划[M].北京：科学出版社，2019.
[3] 中国药材公司．中国中药区划[M].北京：科学出版社，1995.
[4] 孟祥才，黄璐琦．中药资源学[M].北京：中国医药科技出版社，2017.
[5] 丁安伟，王振月．中药资源综合利用与产品开发[M].北京：中国中医药出版社，2013.
[6] 巢建国，裴瑾．中药资源学[M].北京：中国医药科技出版社，2014.

2.2

中药材生产

由于历史文化、地理环境和社会发展水平不同等多种原因，各地区的中药资源开发利用程度和应用范围存在着很大的差异，形成了具有不同内涵、相对独立又相互联系的三个部分，即中药材、民间药和民族药。中药材指在汉族传统医术指导下应用的原生药材，用于治疗疾病。这些药物中，植物性药材占大多数，使用也更普遍，所以古来相沿把药学叫作“本草学”。已记载的中药材有3000多种，常用中药材有800多种。用中药材治疗各种牲畜疾病，不但疗效确切，而且产品中无残留，符合环境保护要求和绿色食品的标准。

2.2.1 中药材基原

2.2.1.1 中药材基原的定义

中药材基原定位为药材来源，指的是中药材的科属种，通常包括中药材的科名、植（或动、矿）物名称、拉丁学名和药用部位。植物类中药材在《中国药典》一部占大多数，其多基原和同基原多药用部位品种数量远多于动物类中药材。

2.2.1.2 中药材来源与基原的关系

《中国药典》收载中药材的基原为其药材所涉及基原植物的品种。只有1个基原植物的称为单基原品种，而具有2个及以上基原植物的称为多基原品种。如谢宗万先生将其归纳为中药材基原的单一性和有限多原性。如中药材人参来源于五加科植物人参 *Panax ginseng* C. A. Mey. 的干燥根和根茎，为单基原品种；中药材大黄来源于蓼科植物掌叶大黄 *Rheum palmatum* L.、鸡爪大黄 *Rheum tanguticum* Maxim. ex Regel. 或药用大黄 *Rheum officinale* Baill. 的干燥根和根茎，为多基原品种。药典日益重视品种的规范，提倡药材的一物一名，以促进中药资源的科学开发利用和确保其临床应用的安全有效。单基原中药材品种如因资源不足而难以满足临床需求，则需要寻找疗效相同或相似的其他基原的中药材品种，促使多基原品种的产生（如川贝母）；反之，多基原品种如发现不同基原品种疗效相异，则删减其基原品种或分列为不同中药材，导致多基原品种减少。

2.2.1.3 中药材基原鉴定方法

中药材来源鉴定的基本概念是应用植物、动物或矿物的形态学和分类学知识，对中药材的来源进行鉴定，确定其正确的动植物学名、矿物名称，以保证应用品种准确无误的一种方法。这是中药鉴定工作的基础。每一种药材都有准确的学名，例如人参来源于五加科植物人参 *Panax Ginseng* C. A. Mey. 的干燥根和根茎。因此，为了保证中药材每味品种的真实准确性，有利于临床用药的安全有效，进行基原鉴定是相当必要的。中药材基原鉴定的方法主要有原植物鉴定法、性状鉴定法、显微鉴定法、理化鉴定法、生物鉴定法，简称为传统的“五大鉴定法”。中药材 DNA 条形码分子鉴定法为现代新型的基原物种鉴定方法。

（1）原植物鉴定法 观察植物形态，核对标本，当初步鉴定出检品是什么科、属、种时，可以到相关标本馆与已鉴定学名的该科属标本核对，或与已正确鉴定学名的某种标本核对。中药的原植物鉴定，除经典分类学方法外，还可使用化学分类学、细胞分类学、数值分类学、DNA 分类学方法和技术。

（2）性状鉴定法 就是用眼观、手摸、鼻闻、口尝、水试、火试等十分简便的方法来鉴别中药材的外观性状，这些方法在我国医药学宝库中积累了丰富的传统鉴别经验，它具有简单、易行、迅速的特点。性状鉴定除仔细观察样品外，有时亦需与标准药材标本和文献核对，有的药材还要注意栽培品与野生品的差异。传统鉴别经验与现代动植物分类学和形态组织学相结合，使性状鉴定更加准确与科学，是保证药材质量行之有效的重要鉴定方法之一，也是中药鉴定工作者必备的基本功之一。性状鉴定的内容包括：形状、大小、色泽、表面特征、质地、断面特征、气、味等。

（3）显微鉴定法 采用显微镜观察中药材及饮片内部的组织构造、细胞及细胞内含物的形态，描述显微特征，制订显微鉴别依据以鉴定中药材真伪优劣的方法。显微鉴定主要包括组织鉴定和粉末鉴定。组织鉴定是指通过观察药材的切片或磨片鉴别其组织构造特征，适用于完整的药材或粉末特征相似的同属药材。粉末鉴定是指通过观察药材的粉末制片或解离片鉴别其细胞分子及内含物的特征，适用于破碎、粉末状药材或中成药的鉴别。

（4）理化鉴定法 利用某些物理的、化学的或仪器分析方法，鉴定中药材的真实性、纯度和品质优劣程度的方法，统称为理化鉴定法。

物理常数的测定包括相对密度、旋光度、折射率、硬度、黏稠度、沸点、凝固点、熔点等的测定。这对挥发油类、油脂类、树脂类、液体类药（如蜂蜜等）和加工品类（如阿胶等）药材的真实性与纯度的鉴定，具有特别重要的意义。

一般理化鉴别包括化学定性分析、微量升华、荧光分析（一般使用的波长是365nm）、显微化学分析（利用显微和化学的方法确定中药有效成分在中药组织结构中的部位）。

检查项目包括水分测定、灰分测定、膨胀度测定、酸败度测定、色度检查、有害物质的检查、泡沫指数和溶血指数的测定（主要针对含皂苷类的中药）。

仪器分析方法主要有光谱法、色谱法和色谱-质谱联用技术。色谱法又称层析法，包括薄层色谱法、高效液相色谱法、气相色谱法、蛋白电泳色谱法等。光谱法包括紫外分光光度法、红外分光光度法、原子吸收分光光度法（重金属、有害元素及微量元素）。

浸出物测定：对有效成分尚不清楚或尚无精确定量方法的中药，一般可根据已知成分的溶解性质选用水、乙醇或乙醚等溶剂对药材中可溶性物质进行测定，用以控制中药的质量。通常选用水、一定浓度的乙醇（或甲醇）、乙醚作溶剂，用冷浸法或热浸法做中药的浸出物测定。

含量测定：含量测定的方法很多，既有经典分析方法（容量法、重量法等）又有现代仪器分析法（如紫外-可见分光光度法、高效液相色谱法、薄层扫描法、气相色谱法等）。

（5）生物鉴定法 是利用中药材中某些成分对某些物质（如维生素、氨基酸）的特殊需要，或对某些物质（如激素、抗生素等）的特殊反应来定性、定量测定这些成分从而鉴定中药材的方法。

（6）中药材 DNA 条形码分子鉴定法 用于中药材（包括药材及部分饮片）及基原物种的鉴定。DNA 条形码分子鉴定法是利用基因组中一段公认的、相对较短的 DNA 序列来进行物种鉴定的一种分子生物学技术，是传统形态鉴别方法的有效补充。由于不同物种的 DNA 序列是由腺嘌呤（A）、鸟嘌呤（G）、胞嘧啶（C）、胸腺嘧啶（T）四种碱基以不同顺序排列组成，因此对某一特定 DNA 片段序列进行分析即能够区分不同物种。中药材 DNA 条形码分子鉴定通常是以核糖体 DNA 第二内部转录间隔区（ITS2）为主体条形码序列鉴定中药材的方法体系，其中植物类中药材选用 ITS2/ITS 为主体序列，以叶绿体 psbA-trnH 为辅助序列，动物类中药材采用细胞色素 C 氧化酶亚基Ⅰ（COⅠ）为主体序列，ITS2 为辅助序列。

2.2.2 道地药材

道地药材，又称为地道药材，是优质中药材的代名词，这一概念源于生产和中医临床实践，数千年来被无数的中医临床实践所证实，是源于古代的一项辨别优质中药材质量的独具特色的综合标准，也是中药学中控制药材质量的一项独具特色的综合判别标准，通俗地认为，道地药材就是指在一特定自然条件和生态环境的区域内所产的药材，并且生产较为集中，具有一定的栽培技术和采收加工方法，质优效佳，为中医临床所公认。

2.2.2.1 道地药材的定义

道地药材是指经过中医临床长期应用优选出来的，产在特定地域，与其他地区所产同种中药材相比，品质和疗效更好，且质量稳定，具有较高知名度的中药材。

道地药材必须在中医理论指导下，经过一定时期的临床检验。许多道地药材都有着悠久的应用历史，即便是新兴药物，也必定经过了较长时期的临床检验，才能够获得普遍认可。黄璐琦院士提出道地药材的认证标准为“三代本草、百年历史”。道地药材在医疗实践中发挥了优良的功效，获得了较高的知名度。

2.2.2.2 道地药材的特性

道地药材必然具有良好的临床疗效，从而得到医界的广泛赞誉；而药材经营者为了营销药材，也会广而告之，令这类疗效卓著的药材家喻户晓。道地药材的出产，具有明显的地域性特点。这种地域性，或体现在药材对于特定产区的独特依赖性；或体现为其产地形成了独特的生产技术，为他处所不及；或是在产地传承着精湛的加工工艺，其他地域的技艺无法取代；或是药材在特定产区的产量长期保持稳定，占据着药材交易的主流地位。

2.2.2.3 道地药材的分布

我国地域辽阔，不同地区生态环境差别大，经过长期的生产实践，各个地区都形成了一批适合本地条件的道地药材，我国主要道地药材产区分布可根据行政区划进行划分。

关药产区：关药通常是指东北地区所出产的道地药材。著名关药有人参、鹿茸、防风、细辛、五味子、刺五加、黄柏、知母、龙胆、哈蟆油等。例如，人参加工品边条红参体长、芦长、体形优美，北五味子肉厚、色鲜、质柔润，梅花鹿粗壮、肥、嫩、茸形美、色泽好。

北药产区：北药通常是指河北、山东、山西等省和内蒙古自治区中部和东部等地区所产的道地药材。主要有北沙参、山楂、党参、金银花、板蓝根、连翘、酸枣仁、远志、黄芩、赤芍、知母、枸杞子、阿胶、全蝎、五灵脂等。例如，山西潞党参皮细嫩、紧密、质柔润，河北酸枣仁粒大、饱满、油润、外皮色红棕，山东东阿阿胶以其质优驰名中外。

怀药产区：怀药泛指河南境内所产的道地药材。河南地处中原，常用药材300余种，其中怀地黄、怀山药、怀牛膝、怀菊花被誉为“四大怀药”。

浙药产区：浙药包括浙江及沿海大陆架生产的药材，狭义的浙药系指以“浙八味”为代表的浙江道地药材，如白术、杭白芍、玄参、延胡索、杭白菊、杭麦冬、浙贝母、温郁金，以及山茱萸、温厚朴、天台乌药等。

江南药产区：江南药包括湘、鄂、苏、皖、闽、赣等淮河以南各省所产的药材，著名的药材有安徽亳菊、歙县贡菊、铜陵牡丹皮、霍山石斛、宣城木瓜，江苏的苏薄荷、茅苍术、太子参、蟾酥等，福建的建泽泻、莲子、建厚朴、闽西乌梅（建红梅）、蕲蛇、建曲，江西的清江枳壳、宜春香薷、丰城鸡血藤、泰和乌鸡，湖北的大别山茯苓、鄂北蜈蚣、江汉平原的龟甲、鳖甲、襄阳山麦冬、板桥党参、鄂西味连和紫油厚朴、长阳资丘木瓜、独活、京山半夏，湖南平江白术、沅江枳壳、湘乡木瓜、邵东湘玉竹、湘潭湘莲、隆回百合、零陵薄荷、零陵香、湘红莲、汝升麻等。

川药产区：川药是指四川所产的道地药材。常见的药材有阿坝藏族羌族自治州的冬虫夏草、江油的附子、绵阳的麦冬、都江堰的川芎、石柱土家族自治县的黄连、遂宁的白芷等；其中中江白芍质坚明亮，断面粉白色，俗称“白里映红”。

云（贵）药产区：云药包括滇南和滇北所出产的道地药材。较为著名的药材有文山的三七；此外尚有云黄连、云当归、云龙胆、天麻等，其中云苓体重坚实、个大圆滑、不破裂；天麻体重、质坚、黄色、半透明；半夏个圆、色白似珠，称“地珠半夏”。

广药产区：广药又称“南药”，系指广东、广西南部及海南、台湾等地出产的道地药材。槟榔、砂仁、巴戟天、益智仁是我国著名的“四大南药”。桂南一带出产的道地药材有鸡血藤、山豆根、肉桂、石斛、广金钱草、桂莪术、三七等；珠江流域出产的道地药材有广藿香、高良姜、广防己、化橘红等；海南主产槟榔等。化州橘红历史上曾列为贡品，加工品分为正毛橘红片（成熟果皮）、橘红花、橘红胎（幼果）。广东新会的广陈皮、德庆的何首乌，广西靖西的三七、防城的肉桂和蛤蚧都是著名的道地药材。

西药产区：西药是指“丝绸之路”的起点西安以西的广大地区，包括陕西、甘肃、宁夏、青海、新疆及内蒙古西部所产的道地药材，著名的“秦药”（秦归、秦艽等）、名贵的西牛黄等都产于这里。甘肃主产当归、大黄、党参；宁夏主产枸杞子、甘草；青海生产麝香、马鹿茸、川贝母、冬虫夏草、肉苁蓉；新疆盛产甘草、紫草、阿魏、麻黄、伊贝母、红花、肉苁蓉、马鹿茸等；内蒙古西部的甘草、麻黄、肉苁蓉、锁阳等为本地区大宗道地药材。

藏药产区：藏药是指青藏高原所产的道地药材。本区野生道地药材资源丰富，有冬虫夏草、麝香、鹿茸、牛黄、胡黄连、大黄、天麻、秦艽、羌活、雪上一枝蒿、甘松、雪莲花、炉贝母等。冬虫夏草虽产自四川阿坝、甘孜，西藏那曲、昌都地区，但其质量均不如青海玉树藏族自治州所产。

2.2.2.4 品牌与特色药材的培育

中药材道地药材分布，除了以大区域进行道地药材划分外，还有以省份区域划分的道地药材的品牌培育，如“浙八味”“四大怀药”“八大祁药”等。随着中药材产业的发展，全国各地为了推进中药材产业在产业扶贫、乡村振兴中的作用，在传统道地药材生产的基础上，结合大宗药材的生产，推出中药材品牌战略，陆续推出包括道地药材、品牌药材和特色药材的中药材区域公共品牌（以省份简称＋药材数量命名）。湖南省于 2013 年推出“湘九味”中药材品牌，经过 6 年的遴选与培育，2019 年确定了“湘莲、玉竹、百合、黄精、山银花、茯苓、枳壳（实）、杜仲、博落回”9 个中药材品种入选“湘九味”名录，其中博落回作为中兽药与饲料添加剂原料来源的品种入选名录。近些年来，各省份相继推出的区域公共品牌有山西省十大晋药，包括黄芪、党参、连翘、远志、柴胡、黄芩、酸枣仁、苦参、山楂、桃仁；广西壮族自治区“桂十味”，包括肉桂（含桂枝）、罗汉果、八角、广西莪术（含桂郁金）、龙眼肉（桂圆）、山豆根、鸡血藤、鸡骨草、两面针、广地龙；福建省“福九味”，包括建莲子、太子参、金线莲、铁皮石斛、薏苡仁、巴戟天、黄精、灵芝、绞股蓝；江西省“赣十味”，包括枳壳、车前子、江栀子、吴茱萸（中花）、信前胡、江香薷、蔓荆子、艾、泽泻、天然冰片（龙脑樟）；云南省“十大名药材”，包括三七、天麻、滇重楼、铁皮石斛、灯盏细辛、茯苓、当归、云木香、草果、白及；陕西省“十大秦药”，包括子洲黄芪、宝鸡柴胡、洋县延胡索、商洛丹参、汉中附子、略阳杜仲、宁陕天麻、宁陕猪苓、澄城黄芩、佛坪山茱萸和略阳黄精（并列第 10 名）；安徽省“十大皖药”，包括霍山石斛、灵芝、亳白芍、黄精、茯苓、宣木瓜、菊花、牡丹皮、断血流、桔梗；黑龙江省“龙九味”，包括刺五加、五味子、人参、西洋参、关防风、赤芍、火麻仁、板蓝根、鹿茸；浙江省“新浙八味”，包括铁皮石斛、衢枳壳、乌药、三叶青、覆盆子、前胡、灵芝、西红花；辽宁省“辽药六宝”，包括人参、鹿茸、辽五味、辽细辛、哈蟆油、关龙胆；湖北省“荆楚药材”，包括蕲春蕲艾、英山苍术、罗田茯苓、利川黄连、麻城菊花、潜江半夏、京山乌龟、通城金刚藤、巴东玄参、南漳山茱萸；甘肃省“十大陇药”，包括当归、党参、黄芪、大黄、甘草、枸杞子、板蓝根、柴胡、红芪、半夏；吉林省“首批道地药材优势品种”，包括人参、鹿茸、哈蟆油、西洋参、五味子、平贝母、天麻、（北）苍术、细辛、淫羊藿。其他省份如山东、贵州等也推出了重点发展的优势品种或重点品种名录。

2.2.3 中药材栽培

中药材的价值在于“多了是草，少了是宝”。种植中药材要认识到它的特性及适应性。

中药材的质量不仅受品种本身基因控制，同时环境条件和栽培管理对它也有很大的影响，引种时一定要考虑外部条件对药材质量的影响，根据当地条件，研发出切实可行的优质高产栽培技术，提高并稳定药材质量。

2.2.3.1 中药材种苗繁育

种苗繁育方式：中药材种苗常用的繁殖方法有营养繁殖和有性繁殖两大类。营养繁殖是指由营养器官作繁殖材料产生新个体（或子代）的繁殖方式，包括分割繁殖、压条繁殖、扦插繁殖、嫁接繁殖等方法。分割繁殖是指把具有根、芽的部分从母体上分割下来，形成新的独立个体的繁殖方式，大多在每年春季萌动前进行（如鳞茎类的药材百合、天冬、川贝母等）；压条繁殖是将植物的枝条或茎压入土中，使其生根后与母体分离形成新个体的繁殖方式，一般常绿植物多在梅雨季节，落叶植物（如迎春、金银花、凌霄、玉兰等）多在秋季；扦插繁殖是指从植株上剪取营养器官如根、茎、叶的一部分插于土中，使其生根、萌芽产生新个体的繁殖方法，一般 4 月下旬至 10 月上旬均可进行，木本植物选一二年枝条，草本植物用当年生幼枝或幼芽做插穗，如龙脑樟、金银花、杜仲、连翘、五味子、吴茱萸、枳壳等药材的种苗繁育；嫁接繁殖是指将一植株上的枝条或芽接到另一株长有根系的植物上，使它们愈合生长在一起而形成一个统一的新个体的繁殖方法，以花果类入药的木本药用植物应用较多。有性繁殖是在自然条件下的一种简便且经济的种子繁殖方式，其繁殖系数大，是种子植物繁衍后代的主要方法。有性繁殖不仅有利于引种驯化和新品种的培育，而且对保持植物种群的遗传多样性和生态平衡也具有重要意义。

种子的清选和处理：一般种子的纯度应在 96%以上，净度不低于 95%，发芽率不低于 90%，种子清选的方法有筛选、风选、液体比重选等。播前种子应进行晒种、消毒、浸种催芽等处理。晒种能提高发芽势和发芽率；消毒是预防病虫害的重要环节之一；浸种催芽为种子发芽创造所需的适宜条件，促进种子播后迅速扎根出苗，催芽的时间和温度因植物种类和季节而异。

播种量要考虑气候条件、土壤肥力、品种类型和种子质量及田间出苗率等因素的影响，量过小或过大都影响产量。一般根据气候条件、栽培制度、品种特性、病虫害发生情况和种植方式综合考虑播种期，气温和地温是气候条件主要因素，通常以当地气温或地温能满足植物的发芽要求时作为最早的播种期；套种等前作收获期决定后作移栽期，育苗移栽的播期要早，直播要晚些。

种子播种方式有撒播、条播、穴播等方式，大多数药用植物的种子可直播于大田，但有些特殊情况，需要先在苗床育苗，再移植大田。一般苗床育苗以撒播、条播为好，田间直播以穴播、精量播为好。

2.2.3.2 中药材田间管理

中药材田间管理是指中药材栽培从播种到收获的整个生长发育期间，于田间所进行的一系列技术管理措施，主要内容包括间苗、定苗、中耕除草、追肥、排灌、培土、打顶、摘蕾、整枝、修剪、遮阴、防治病虫害等，根据不同药用植物特性采取不同的方式。

2.2.3.3 中药材病虫害防治

（1）病害 药用植物在生长发育过程中受到微生物的侵染或不良环境条件的影响，而呈现出枯萎、腐烂、斑点、粉霉、溃疡、脱落等病变现象。药用植物病害是一个动态的病理过程。药用植物病害的症状包括病状（植株受病后本身的异常表现）、变色（局部或全株失去正常的绿色）、斑点（组织细胞受破坏而死亡，形成各式病斑）、腐烂（组织细胞受破坏和分解可发生腐烂）、萎蔫（水分运输受到影响导致叶片枯黄、凋萎，土壤缺水或病原侵害）、畸形（增生性病变或抑制性病变，病原菌在病部表面产生的菌体，是植物侵染病害的标志之一）。病害对植物的影响包括影响根对水分和养分的吸收，茎对水分和养分的运输和贮藏，叶的光合作用和呼吸作用，严重时导致死亡。主要病原分为非侵染性病原和侵染性病原（病原生物），非侵染性病原包括温度、湿度、光照、土壤和空气中的成分、药害等。温度过高导致日灼病，低温导致冻害，干旱引起药用植物凋萎或死亡，水涝导致根部缺氧烂根，光照不足导致光合作用不足，光照过强会灼伤植株。病原真菌、病原细菌、病原病毒、植物寄生线虫、寄生性种子植物为侵染性病原。

（2）虫害 虫害对中药材种植产生重要影响，重要虫害种类主要有蚜、蚧、螨类等刺吸式口器害虫、咀嚼式口器害虫、钻蛀型害虫、某些蛾类害虫和地下害虫等几类。蚜虫吸食药用植物液汁，造成黄叶、皱缩叶及花果脱落，有些还是病原病毒的传播媒介；咀嚼式口器害虫有菜青虫、尺蠖等，咀嚼药用植物的叶、花、果实，造成孔洞或被食成光秆；钻蛀型害虫危害重，防治难度大，造成经济损失大；某些蛾类害虫钻蛀药用植物枝干，造成髓部中空，或形成肿大结节和虫瘿，影响输导功能，造成枝干易折断，生长势弱，严重可致死亡，有些直接蛀食药用部位，危害巨大，是主要防范对象；地下害虫危害地下部分，生活在土壤里，如蛴螬、蝼蛄、金针虫、地老虎等，主要危害嫩芽、未出土的种子、根部、地下茎等。

（3）防治策略和防治方法 预防为主，综合治理；减少农药污染，发展绿色中药材。主要方法有加强检疫、农业防治、生物防治和化学防治等措施。植物检疫、动物检疫是防止病原传播的重要途径。农业防治措施有通过合理的轮作和间作、耕作，破坏越冬巢穴，减少越冬病虫源，除草、修剪和清洁田园，调节播种期，合理施肥（钾肥可增强抗病性，偏施氮肥影响大），选育抗病虫品种。生物防治是指应用某些有益生物（天敌）及其产品或生物源活性物质消灭或抑制病虫害的方法，包括以虫治虫——捕食型、寄生型，以微生物治虫，抗生素和交叉保护等措施。物理防治是指利用光、温度、电磁波、超声波、性诱剂等对虫害进行捕杀。化学防治是指利用高效、低毒、低残留的化学药物对虫害进行捕杀，化学药物的使用要采用对症施药、适时施药、适量施药、科学混配农药的原则。

2.2.4 中药材采收与产地初加工

中药材产地初加工是中药材生产中的一个环节，是指将产地收获的鲜药材初步加工为干燥的商品药材（包括原药材和产地片）的过程，初加工过程包括：拣选、分级、清洗、切制、特殊处理（蒸、煮、烫、撞、揉搓、剥皮、发汗等）、干燥、包装、储藏等环节。

2.2.4.1 中药材采收原则与方法

药用植物在不同生长发育阶段，其有效成分的含量不一样，同时也受气候、产地、土壤等多种因素的影响，因此采收时，不仅要考虑中药材单位面积产量，而且还要考虑中药材质量（有效成分含量），只有这样才能获得高产优质的药材。适时采收要考虑有效成分的含量、药材产量、毒性成分等因素。一般来说，中药材应在有效成分含量最高时采收，如果该药材含有毒性成分，一般在毒性成分含量最小时采收。

中药材种类繁多，根据用药部位不同，可将中药材分成根茎类、茎木类、皮类、叶类、花类、果实类、种子类、全草类、藻类、菌类、地衣及孢子类等。不同类型的中药材由于生长习性不同，采收时间和采收方法也不同。

根茎类药材：古人经验以阴历二、八月为佳，认为春初“津润始萌，未充枝叶，势力淳浓”“至秋枝叶干枯，津润归流于下”，并指出“春宁宜早，秋宁宜晚”。早春二月，新芽未萌；深秋时节，多数植物的地上部分停止生长，其营养物质多储存于地下部分，有效成分含量高，此时采收质量好，产量高。如天麻、黄精、葛根、桔梗、大黄、玉竹等。天麻在冬季至翌年清明前茎苗未出时采收者名“冬麻”，体坚色亮，质量较佳；春季茎苗出土再采者名“春麻”，体轻色暗，质量较差。少数例外，如半夏、延胡索等则以夏季采收为宜。

茎木类药材：一般在秋、冬季落叶后初春萌芽前采收。如大血藤、鸡血藤等，与叶同用的槲寄生、忍冬藤等茎木类药材，应在植物生长旺盛的花前期或盛花期采收。

皮类药材：多在清明到夏至时间采集，此时植物体内液汁较多，形成层细胞分裂迅速，树皮易于剥离，同时有效成分含量高，如杜仲、厚朴、黄柏。根皮在冬季采收，如牡丹皮、地骨皮。有些药材取皮，可在伐木材时采收。剥皮容易损害植物生长，应注意采收方法，树皮不可整圈剥，否则破坏疏导系统，造成树木死亡；根皮是挖根后再剥取。

叶类药材：应在植物生长最旺盛时，或在花蕾将开放时，或在花盛开而果实种子尚未成熟时采收，此时植物已经完全长成，而且生命力最旺盛。如人参叶在夏天采收，叶浓绿而茂盛。但桑叶需经霜后采收，枇杷叶需落地后收集。

花类药材：一般宜在花苞待放时采收，不宜在花完全盛开时采收，更不可在花衰败欲落时采收。因为后两种情况不仅影响药材性状、颜色、气味，更重要的是药效成分的含量也会显著减少。如金银花、辛夷、丁香、槐米等都应在花含苞待放时采收。红花、洋金花等均宜在花刚开放时采收。但有部分药材在花盛开时采收，如菊花等在花盛开时采收。对花期较长、花朵陆续开放的植物，应分批采摘以保证药材质量。个别如松花粉、蒲黄更要掌握采集花粉的时间，否则会自然脱落，影响产量。

果实类药材：多数果实类药材，当于果实成熟后或将成熟时采收，如瓜蒌、枸杞子、马兜铃。少数品种有特殊要求，应当采用未成熟的幼嫩果实，如乌梅、青皮、枳实等。有的在果实成熟后经霜变色时采摘，如川楝子经霜变黄，山茱萸经霜变红时采摘。

种子类药材：种子类药材必须在果实完全成熟时采收，如牵牛子、决明子、白芥子、白扁豆等。

全草类药材：多数全草药材在植物充分生长、枝叶茂盛的花前期或刚开花时采收，有的割取植物地上部分，如薄荷、荆芥、益母草、紫苏等。以带根全草入药的，则连根拔起全株，如车前草、蒲公英、紫花地丁等。茎叶同时入药的藤本植物，其采收原则与此相同，应在生长旺盛时割取，如首乌藤、忍冬藤。

菌类、藻类药材：情况不一，如茯苓在立秋后采收质量较好，马勃应在子实体成熟期采收，过迟则孢子飞散。海藻在夏、秋季采捞。

2.2.4.2 中药材产地初加工原则与方法

根茎类药材：收获后要洗净泥土，除去须根、芦头和残留枝叶，再进行大小分级，或趁鲜切成片、块或段，然后晒干或烘干，如丹参、白术、白芷、牛膝、射干。肉质、含水量多的百部、天冬、百合、薤白，应先用沸水烫，再切成片或剥下鳞片晒干或烘干。质地坚硬较为粗大的商陆、葛根、玄参等，要趁鲜时切片干燥。干后难以去皮的桔梗、半夏、水半夏、芍药、牡丹皮，应趁鲜时刮去栓皮。含浆汁淀粉足的何首乌、地黄、玉竹、黄精、天麻等，应趁鲜蒸制，然后切片或晒干或用文火烘干。党参、北沙参应投入沸水中略烫一下，再刮皮，洗净干燥。白芍、玄参、丹参要经沸水煮，再反复“发汗”才能完全干燥。贝母、山药要用硫黄熏蒸后才能干燥，并保持白色，粉性足，且能消毒、杀虫、防霉，有利于贮藏。

皮类药材：一般采收后按规格趁鲜修切成一定大小的块或片，然后直接晒干或烘干。有些药材采后要立即刮去栓皮再晒干，如黄柏、牡丹皮等。还有些药材要经烫处理，如肉桂、厚朴、杜仲等应先放进沸水中稍烫后，取出叠放，让其“发汗”，待内皮层变为紫褐色时，再蒸软刮去栓皮，然后切成丝、片，或卷成筒状、双卷筒状，最后晒干或烘干。

叶类及全草类药材：此类药材含挥发油成分较多，采集后宜放在通风处阴干或晾干。在完全干透之前要扎缚成捆，然后再晾至全干，如大青叶、紫苏、薄荷等。有些可直接晒干，如穿心莲、金钱草等。对一些肉质药材，如垂盆草、马齿苋等，茎叶内含水量较高，宜先用沸水烫后再干燥。

花类药材：花类药材采收后一般可放置通风处摊开阴干或置阳光下直接晒干，也可在低温条件下迅速烘干。应保持颜色鲜艳，花朵完整，并注意避免有效成分的散失，保持浓厚的香气，如金银花、西红花、旋覆花、红花、茉莉花、玫瑰花等。但尚有少数花类药材，还需适当蒸后才干燥，如杭白菊等。

果实类药材：一般果实采收后可直接晒干，但有的还须烘烤烟熏，如乌梅等；还有些要切成薄片晒干，如酸橙（枳壳）、佛手、木瓜等；另有些是以果皮入药的，要先将果实切开，除去瓣和种子后再晒干，如瓜蒌等。

2.2.5 中药材生产质量管理规范

2022 年 4 月，国家药品监督管理局、农业农村部、国家林业和草原局、国家中医药管理局联合发布实施《中药材生产质量管理规范》，以下简称《规范》。《规范》全文共 14 章 144 条，包含质量管理、基地选址、种子种苗或其他繁殖材料、种植与养殖、采收与产地加工、质量检验等章节，适用于中药材生产企业规范生产中药材的全过程管理，是中药材规范化生产和管理的基本要求。《规范》的发布和实施，有利于推进中药材规范化生产，加强中药材质量控制，促进中药产业高质量发展。《规范》对中药材生产企业的质量管理提出了系统的要求。企业应当加强质量管理，明确影响中药材质量的关键环节的管理要求，对基地生产单元主体建立有效的监督管理机制，配备与生产基地相适应的人员、设施、设备，明确中药材生产批次，建立中药材质量追溯体系，制定主要环节生产技术规程，制定不低于现行标准的中药材质量标准，制定中药材种子种苗或其他繁殖材料标准。《规范》要求对中药材生产企业质量控制实行“六统一”：统一规划生产基地，统一供应种子种苗或其他繁殖材料，统一肥料、农药或者饲料、兽药等投入品管理措施，统一种植或者养殖技术规程，统一采收与产地加工技术规程，统一包装与贮存技术规程。

2.3

中药材

2.3.1 鲜药材

2.3.1.1 鲜药材的定义

鲜药材也称新鲜药材，是指按季节采收后保持鲜活状态的植物类中草药、动物药以及新鲜植物类中草药的自然液汁。这些药材未经任何可能导致药材成分改变或损失的处理，属于采收后即可使用的中药原料。

2.3.1.2 鲜药材应用

鲜药材在国内外均有悠久的应用历史。神农尝百草，其实就是“鲜药材”的应用，因此药材鲜用是我国中医药起源的用药方式，并贯穿于中医药学的整个发展过程。但随着中药作为商品进行流通，药材鲜用却被边缘化了，目前一般都将产地的鲜药材采收后晒干、阴干或烘干，再销售给药材公司或厂家，然后再用干药材进行炮制加工成饮片，或直接进行中成药的提取生产加工。这种鲜变干的过程可能使药材内在质量产生极大的变化。其实在民间常用的2000多种中草药中，有近1/3在传统用法中是以“鲜”为主的。《神农本草经》中的“生者尤良”，此“生”字乃指“鲜”。《金匮要略》百合地黄汤用生地黄汁益心营、清血热；《时病论》用鲜石斛、鲜生地黄、鲜麦冬、参叶清热保津，用鲜芦根凉解里热，用鲜石菖蒲祛热宣窍。新中国成立前后，北京四大名医尤为推崇以鲜药治病，处方中常有2或3味鲜药，疗效甚佳。现在成药的生产及中药房配药绝大部分用干品饮片。现代研究表明鲜药材与传统中药饮片在化学成分的量上存在着明显的区别，药效作用亦有显著性差异。大量数据表明鲜药材中大多活性成分含量高。研究人员发现，常用的干燥银杏叶中黄酮苷和萜内酯类成分的量与鲜品相比有明显差异，鲜银杏叶中二者的量高，故建议采用新鲜的银杏叶为生产银杏叶提取物的原料。国内从20世纪80年代已经开始加强鲜药的基础研究，在保鲜技术、鲜药制剂的开发、临床应用等方面取得不少成果，大大促进了我国的鲜药研究。如金龙胶囊、金水鲜胶囊是我国鲜药应用历史上最早运用鲜药材制成的用于防治多种肿瘤的制剂；以鱼腥草、益母草等为原料的中药产品也大量使用鲜药材。国外对鲜药的研究报道很多，对鲜药的化学成分、药理等方面的研究较深入；采用鲜药作为原料，获得了不少专利，开发了一些高水平的鲜药制剂。

2.3.2 中药材质量评价

评价中药材质量优劣的常用方法有基原鉴定、性状鉴定、显微鉴定和理化鉴定。其中，中药材的基原鉴定、性状鉴定和显微鉴定属于对中药材外在情况的衡量和评价，而理化鉴别主要是针对中药材所含有的化学成分而进行的，属于对内在指标的评价和衡量。实际工作中，对中药材的质量判断，要综合考虑其内外指标，通过基原鉴定、性状鉴定与理化鉴定综合运用的方法，整体衡量中药材的质量。

2.3.2.1 中药材质量标准

目前，评价和控制中药材质量标准的方法主要参考现行版《中国药典》标准，由于中药材种类繁多，每一味中药材的化学成分又具有复杂多样性，因此，药典标准主要是以中药材含有的某一活性成分含量高低作为评价中药材的内在质量标准。

在中医临床上，运用中药的形式是组方用药，讲究君、臣、佐、使的配伍同用，强调的是处方药的整体协同作用。从化学角度来讲，组方的特点是多种化学成分整体作用。因此，在确定中药材内在化学成分指标时，不能只进行单一活性成分的定性鉴别和含量测定，而是应该研究其有效化学成分群的组成和含量，以充分反映中医用药所体现的整体疗效。因此，并非中药材含有的某一活性成分含量越高，其质量就一定越好，某一种有效成分的含量指标只是中药材质量保障的基础，利用化学手段来检测有效化学成分的含量和组成情况才是最公正、有效的方法。

2.3.2.2 中药材质量评价指标

（1）外在指标 采购药材时，采购人员利用自身经验，对中药材进行初步检验，主要包括基原鉴定与性状鉴定。

基原鉴定：基原鉴定是指应用植物、动物或矿物的形态学和分类学知识，对中药材的来源进行鉴定，确定其正确的动植物学名、矿物名称，以保证应用品种准确无误。

性状鉴定：中药材性状鉴定主要包括药材的颜色、气味、形状、质地、表面特征、粗细、长短、大小、断面特征、杂质等方面内容，鉴定方法通常有眼观、手摸、鼻闻、口尝、水试、火试等。

（2）内在指标 基原鉴定为正品，性状鉴定合格之后，样品进入实验室，进行理化鉴定。

理化鉴定的指标有总灰分、酸性不溶灰分、浸出物、挥发油、有效成分含量、二氧化硫含量、重金属及有害元素、农药残留、微生物等。

中药材能治疗疾病的物质基础，是其组织细胞内的有效化学成分，因此，评价中药材质量的好坏，最根本也最可靠的指标是其所含有效化学成分群的组成和含量。

（3）综合评价指标 长期以来，道地药材的质量和疗效为中医临床和公众所认可，利用各种指纹图谱技术，建立道地药材的化学成分指纹图谱库，并将其作为中药材的质量标准和评价指标，既可起到评价和控制质量的目的，又能反过来强调道地药材传统生产加工技术的重要性，通过指纹图谱来比较各种传统生产方法与质量的关系，从而规范道地药材传统生产，使中药材质量稳定、有效、安全、可控。

2.3.3 其他

除了植物源中药材及其加工产品外，应用于中兽药开发的药材还包括动物类药材、矿物类药材等，部分中药材主要应用于兽药的开发。

2.3.3.1 动物类药材

我国应用动物类药材有着悠久的历史，2020 年版《兽药典》收载的动物药材有 38 种，包括地龙、水蛭、石决明、珍珠母、珍珠、瓦楞子、牡蛎、蛤壳、海螵蛸、全蝎、蜈蚣、桑螵蛸、土鳖虫、九香虫、蝉蜕、斑蝥、僵蚕、虻虫、蜂房、蜂蜜、海龙、海马、蟾酥、龟甲、鳖甲、蛤蚧、蛇蜕、乌梢蛇、金钱白花蛇、蕲蛇、鸡内金、阿胶、麝香、鹿茸、牛黄、水牛角、羚羊角、血余炭。

2.3.3.2 矿物类药材

矿物类药材是指可供药用的天然矿物（如朱砂、雄黄、滑石）、矿物加工品（芒硝、轻粉）及古生物化石（龙骨、琥珀、龙齿、石燕），是以无机化合物为主要成分的一类天然药物。2020 年版《兽药典》中收载的矿物药有 18 种，包括朱砂、雄黄、滑石、炉甘石、石膏、赭石、自然铜、赤石脂、花蕊石、青礞石、金礞石、钟乳石、紫石英、磁石、红粉、玄明粉、硫黄、滑石粉。

2.3.3.3 兽药专用药材

《兽药典》中收载的中药材及饮片有 526 种。

2.4

中药饮片

2.4.1 中药炮制技术

2.4.1.1 中药炮制的目的

炮制，是药物在制成各种剂型之前对药材的整理加工以及根据医疗需要而进行加热处理的一些方法。

炮制的目的，大致可归纳为以下四点：

（1）消除或减少药物的毒性、烈性和副作用 如生半夏、生南星有毒，用生姜、明矾炮制，可解除毒性；又如巴豆有剧毒，去油用霜，可减少毒性。

（2）改变药物的性能 如地黄生用性寒凉血，蒸制成熟地黄则微温而补血；何首乌生用润肠通便、解疮毒，制熟能补肝肾、益精血。

（3）便于制剂和贮藏 如将植物类药物切碎，便于煎煮；矿物类药物煅制，便于研粉。又如某些生药在采集后必须烘焙，使药物充分干燥，以便贮藏。

（4）使药物洁净、便于服用 如药物在采集后必须清除泥沙杂质和非药用的部分；有些海产品与动物类的药物需要漂去咸味及腥味等。

2.4.1.2 中药炮制对药物的影响

（1）炮制对性味功能的影响

① 炮制对四气五味的影响：四气五味是根据药物作用于机体所产生的反应，以及通过味觉器官的辨别而作出的归纳。每一种药物都存在着气和味。这种气味又各自具有一定的作用，从而形成了药物的功能。炮制对药物的气味是有影响的，因而对药物的功能也是有影响的。某些药物的性味功能可以因为加热而改变，如生地黄味甘性寒，经过蒸制，消除了寒性，变成了甘温补血的药物。生川乌性温有毒，口尝有麻辣味，经过煮制，消除了麻辣味，降低了毒性。某些药物由于与辅料的性能具有协同作用而增强疗效，如醋味酸能收，五味子用醋蒸可增强五味子的收敛作用。某些药物由于与辅料具有拮抗作用而缓和偏性或改变性能，如蜂蜜味甘性缓，天南星的蜜炙可缓和麻黄的辛温发汗作用；胆汁味苦性寒，胆汁制不仅消除了毒性，还将天南星苦辛温燥的性味变为苦凉，在固有的疗效上，增加了清热的作用。

② 炮制对升降浮沉的影响：升降浮沉是药物作用于机体的趋向。药物由于气味、质地、药用部分的不同，作用于机体的趋向亦随之而异。在炮制过程中，辅料性味的作用，导致药物改变或增强原来的趋向。如黄柏原系下焦药，经过甘辛大热具有升提作用的酒炒制，便产生了清降头部虚火的作用；黄芩能走上焦，用酒炒制，增强了上行清热的作用；川楝子能走下焦，用盐炒制，增强了下行治疝的作用。

③ 炮制对药物归经的影响：归经是药物作用于机体的一定范围。不同的药物都有各自的作用范围。由于“五味入胃，各归所喜”，不同的辅料对脏腑经络也具有一定的选择作用。因此，用归经相同的辅料进行炮制，可以增强某些药物在一定的脏腑经络的疗效。如甘草蜜炙，可以增强补脾作用；补骨脂盐水炒，可以增强补肾作用；莪术醋煮，可以增强入肝经消积的作用。

上面所述，主要是炮制对药物性味的影响。这是根据四气五味、升降浮沉，以及归经等中医理论进行论述的。这些理论一直在起指导实践的作用。但是，由于历史条件的限制，也存在不少的缺陷，这就要求我们应用现代科学对炮制作用进行研究，使之不断提高。

（2）炮制对药物成分的影响

① 生物碱：是一类复杂的含氮有机化合物，味苦，具碱性，对人体一般都产生强烈的或特殊的生理作用，是药材中十分重要的成分。生物碱可见于一百几十个科中，以豆科、防己科、毛茛科、夹竹桃科、茄科、石蒜科植物含量较高。当一种中草药含有生物碱时，很少只含一种，往往含有几种甚至几十种之多，由于生长地区不同、采集季节不同，它们的生物碱含量也往往有很大差别。

大多数生物碱为无色晶体，有少数是油状液体。液体的生物碱能在常压或减压条件下被蒸馏。游离的生物碱大多能溶于有机溶剂。生物碱由于多呈碱性，所以能与酸生成盐。生物碱的盐类大多能溶于水，不溶于苯、三氯甲烷（氯仿）、乙醚等非极性溶剂中，例如延胡索经醋制后，游离的生物碱与醋酸作用生成醋酸盐，从而增加在水中的溶解度。各种生物碱具有不同的耐热性，随着温度的高低可以产生不同的变化。如马钱子经沙炒、油煎等方法炮制以后，其中所含的番木鳖碱均有不同程度的破坏，这就达到了马钱子去毒的要求。槟榔中的槟榔碱能溶于水，是槟榔驱虫的有效成分。有的药厂为了切制饮片方便，将药材在水中长时间浸泡，这种方法显然是不恰当的，为了避免有效成分的大量损失，应尽量缩短药材在水中的浸泡时间。对于有效成分容易在水中溶解的药物，应尽量采取少泡多润的方法，以达到提高药物疗效的目的。

② 苷：它是一种由糖或非糖（苷元）物质组成的复杂化合物。苷大多数为无色、无臭的结晶性物质，具有苦味，多易溶于水，可溶于乙醇。有些苷也可溶于乙酸乙酯和氯仿，但难溶于醚或苯。含有苷类成分的药材，通常同时含有各种分解苷的酶，在一定温度或湿度下，酶即产生活力，促使各种苷类化合物分解。如苦杏仁在水中浸泡时，苦杏仁苷酶，可使苦杏仁苷最终分解为苯甲醛与氢氰酸。因此，为了使苷类化合物不致分解而失去药效，利用炒、烘、蒸的方法，基本上可达到破坏酶而保存苷的目的。如白芥子经炒后增加了温胃祛痰的功效，降低了辛辣味，使所含分解白芥子苷的酶大部分受到破坏，则白芥子苷不至于被酶分解成白芥子油而挥发损失。一切酶都有不同的耐热性，一般加热至60℃以上，酶即失去活力。这对保存苷类化合物有重要的意义。实验证明：黄芩经蒸、煮以后破坏了酶，从而保存了黄芩苷。因此，含苷类药物在炮制时应注意遇水分解或流失。

③ 挥发油：通常也是一种具有治疗作用的成分，具有特殊气味和辛辣感，在常温下能挥发，加热挥发更快，随水蒸气蒸馏，大多数比水轻，易溶于多种有机溶剂，并能溶解在冰醋酸及水合氯醛水溶液中。因此，在炮制过程中，加热等处理常可使药材中所含的挥发油显著减少。据报道，含挥发油的药材经炮制后，挥发油的含量有如下变化：炒炭减少约80%，炒焦减少约40%，煨或土炒减少约20%，醋制、酒制、盐水制、蜜制、米泔水制及麸炒损失10%～15%。因此，对含挥发油及芳香性的药物应根据需要进行妥善处理和保管。但是也有些药物炮制就是为了减少某些药物的挥发油的副作用，以达到治疗的目的。如炒乳香、没药就是为了除去部分挥发油，以减少副作用。麻黄中起发汗作用的主要是挥发油，蜜炙后挥发油损耗二分之一，致使发汗力减低，而蜜能润肺止咳，从而增强了止咳平喘的作用。药物经过炮制后，其中的挥发油不但量上发生了变化，而且理化性质也有所改变，在药理作用上也不一样。例如生肉豆蔻的挥发油对肠道有刺激作用，煨肉豆蔻的挥发油减少，对家兔离体肠管的蠕动有显著的抑制作用。从以上例子可以看出，在医疗实践中，有的药物需要保留挥发油以保存疗效，有的药物则要减少或除去挥发油以消除副作用。故在炮制过程中，应根据医疗需要进行不同的加工处理。

④ 鞣质（单宁）：是一类复杂的酚类化合物，广布于植物药材之中，具有涩味和收敛性。在医疗上常作为收敛剂，用于止血、止泻、抑制内分泌和防止发炎，有时也可用于生物碱及重金属中毒的化学解毒。炮制对含鞣质类药物的成分是有影响的。有的鞣质减少，如生地黄于炒炭后鞣质减少；有的鞣质增加，如槐花炒炭后鞣质增加四倍。鞣质能溶于水，特别是易溶于热水，生成胶状溶液。故水制含鞣质类的药材时，应尽量采取少泡多润的方法，也要注意不用热水淘洗含鞣质的药物。鞣质同时能溶于乙醇中，故辅料炮制时多用酒制，以增强疗效。炮制鞣质类药物还要注意，应尽量避免使用铁器。综上，在炮制含鞣质类药材时，应具体问题具体分析，结合临床及理化试验，合理地进行炮制，以达到提高疗效的目的。

⑤ 树脂：是一类极为复杂的混合物。它在植物体内常是一种透明或棕黄色的液体，当流出体外或暴露于空气中，往往逐渐变成半透明或不透明的固体，有时则为稠厚的液体。树脂不溶于水，可溶于乙醇和醚、三氯甲烷等有机溶剂中。酸性树脂能溶解于碱性溶液中，但当加酸酸化后，又会沉淀出来。固体的树脂质脆，受热先变软，然后溶解成液体。树脂在医疗上有防腐、消炎、镇静、解痉、止血、利尿等作用，并可作硬膏的基础。炮制对含树脂类的药物是有影响的。如乳香、没药经过炮制以后，可去掉部分芳香油和树脂，缓和其药性；牵牛子经炒后可缓和利尿作用，因牵牛子树脂受热被破坏。据报道，五

味子发挥补养作用的是一种树脂类物质。树脂一般溶于酒而不溶于水，故酒制可增加溶解度，提高滋肾的疗效。

⑥ 油脂：主要成分是高级脂肪酸的甘油酯，存在于各种植物的器官中，尤其是种子药材含量最高。油脂通常具有润肠通便的作用。如蓖麻油能刺激肠道，使其蠕动而有泻下的作用。薏苡仁酯具有抗癌作用，郁李仁、火麻仁具有润肠通便的作用。在医疗上，为了防止油脂润肠致泻的作用过猛，或者临床上根本不需要润泻，因此，对不同的药物要采取不同的方法进行加工炮制，以达到治疗的目的。例如：柏子仁去油制霜，降低滑性或渗泻作用；巴豆去油使其含油量不超过10%，以降低毒性并缓和峻泻作用。

⑦ 有机酸：广泛存在于植物界，酸味的果实中含量较多。有机酸大多能溶于水和乙醇，特别是低分子量的有机酸能大量溶于水，故水制时应尽量少泡多润。对含有有机酸一类的药材多用酒制。有机酸对金属有一定的腐蚀性，所以在炮制含有机酸较多的中草药时，不宜采用金属容器，以防容器腐蚀，药物变色、变味，失去疗效或产生副作用。例如：含维生素C较多的药材可用来防治维生素C缺乏症；提纯的枸橼酸、酒石酸，常用于清凉饮料的制备。植物中的有机酸，可被加热炮制而破坏。如山楂炒焦后有机酸破坏68%，酸性降低，刺激性也随着减少，消食积的功效增强。

⑧ 无机盐：在植物、矿物及贝壳类药材中均存在，如夏枯草中含有水溶性无机盐氯化钾等，绿矾含有硫酸亚铁，胆矾含有硫酸铜，石膏含有硫酸钙，朴硝含有硫酸钠，牡蛎、海螵蛸含有碳酸钙，等等。炮制对含有无机盐成分的药物是有影响的。如夏枯草不宜水制，因夏枯草所含大量的钾盐易溶于水，若经水泡洗，会使有效成分流失而影响疗效；炉甘石主要成分为碳酸锌，经煅制后变为氧化锌，除去了有机杂质，变得更纯，从而增强了消炎、生肌的作用。矿物类药多用煅后醋淬的方法增强疗效，因醋淬后往往可产生醋酸盐，如赭石煅后醋淬可生成醋酸铁等。

此外，炮制对含消化酶的药物也是有影响的。如神曲、麦芽、谷芽不宜炒焦，因其中含有消化酶，易受热破坏而影响疗效。

综上所述，药材经过各种方法炮制后，其理化性质也发生了不同的变化。有些变化已被我们了解，但是绝大部分还待今后作深入具体的研究。药材所含成分的分解或破坏，以及某些新的成分的产生，通常都是为了达到某种医疗的需要，说明中药炮制具有极为丰富的科学内容，也说明化学成分的变化与中药药性和疗效有着密切的关系。这同时也启示我们，在研究中药炮制前后化学成分的变化时，必须紧密结合中药的理论与实践，同时必须配合中药的药理试验，只有这样才能更全面地探讨中药炮制的原理。

2.4.1.3 中药炮制的分类

明清以来，炮制的分类方法已有很大发展，具备了一定的系统性，为学习炮制技术和理论起到了积极作用。现将炮制的几种方法［即一般制法（修制、切制）、水制法、火制法、水火共制法、其他制法等］介绍如下：

（1）修制 修制的范围很广，它包括对药物进行整理、清洁、切削等。中药绝大部分都是来源于动物、植物、矿物。这些原生药材，有的采来即可应用，但大部分还要进行选取、切削等简单的加工，以选取药物的有用部分，削除非药用部分，清除灰土杂质，使药物纯净。修制的目的有二：有些药物经修制后便可直接配方；为进一步炮制做好准备。

① 筛：利用不同孔径的竹筛或铁丝制成的筛，除去药物中的灰沙、渣末，使药物纯

净。或对大小、粗细不等的药物进行分档，以便炮制。浮小麦、海金沙、茵陈、寻骨风、霜桑叶、蛇床子、鹤虱、茺蔚子、地骨皮、青葙子、莱菔子、火麻仁、小茴香、花椒等种子类药材，均用本法筛去灰沙、石屑，除去杂质及其他杂物，筛去空壳。

② 簸：根据药材和杂质轻重的不同，利用簸箕或风车扬去药物中的灰渣或碎皮等轻浮的物质，也称为扬，目的在于保持药物的纯净。如王不留行、蒺藜子等簸去空壳；百合也可用本法簸去杂质。

③ 拣：亦称挑，用手或利用一定工具除去药材的非药用部分及其杂质，或将药材按大小、粗细分类挑选，为以后的炮制提供条件，如菊花、金银花、红花、连翘等。

④ 刷：利用刷子或适宜工具刷去药材表面附生的绒毛或杂质、灰尘，使其清洁、纯净，如枇杷叶刷去毛等。

⑤ 刮：利用刮刀或具刃的金属工具，刮去植物药材表面或内里的非药用部分粗皮、绒毛或附生的杂物，以及动物药材表面的筋肉等，如肉桂、厚朴、黄柏、杜仲等刮去粗皮；金樱子劈开，刮去带毛的种仁；金毛狗脊去绒毛等。

⑥ 去壳：将某些种子类药物捣破或擦破去壳，使其纯净，增强疗效，如榧子、石莲子、鸦胆子、大风子、木鳖子、蓖麻子等。

⑦ 去核、去心：某些果实、种子类药物的核、胚芽，有的作用不同，有的不宜入药，故应去掉，保持纯净，增强疗效。如大枣去核，诃子去核，莲子去心，巴戟天去心（称去骨）。

⑧ 去头足：某些动物药的头和足不宜入药，故应去掉，如蛤蚧去头足，切成小块，沙炒微黄，研末备用。

⑨ 剪切：利用剪或刀，以除去药材残留的非药用部分，如玄参去芦，防风去头的棕毛等。

⑩ 压碾：利用铁碾或石碾，将药材表面附生的非药用部分碾去，如刺蒺藜经炒焦后，压碾去刺，化石琥珀等碾研入药。

（2）切制 切制在中药炮制中应用最为广泛。一般的中药都需用刀切成片、段、丝、块，使药物达到配方的要求。此步骤大多在修制和水制后进行。要求饮片清洁卫生，无尘土灰渣，无霉变，无虫蛀，无其他杂物。

① 切制的目的

a. 增大药材与溶剂的接触面积。药物经切制后，增加了与溶剂的接触面积，使有效成分易于溶出。

b. 便于炮制。药材比表面积增大，可使药材充分受热和接触辅料，达到炮制的目的。

c. 便于配方称量，易于粉碎。

d. 便于保管贮藏。

② 切制规格。根据药材的不同情况，分为下列几种类型的切制品，根据药物的特点进行切制：

a. 根及根茎类：质地坚硬的切薄片（1～2mm），如白芍；质地疏松的切厚片（2～4mm），如沙参；形体细长的切段（5～10mm 或 10～15mm），如白茅根。

b. 全草类：茎较粗硬的切较短的段（5～10mm），如藿香；茎叶细软的切较长的段（10～15mm），如蒲公英。

c. 茎及树枝类：质地坚硬的切较薄的斜片（约 0.5mm），如桂枝；质地较疏松的切较厚的斜片（2～4mm），如藿香梗。

d. 叶类：叶片大有韧性的切较宽的丝（2～3mm），如竹叶、枇杷叶；叶片短小或易碎的不需切，可揉碎，如番泻叶、冬桑叶。

e. 果实种子类：质硬体大的切薄片（1～2mm），如槟榔；体积小的捣碎，如紫苏子。

f. 树皮、果皮类：质硬而厚的切较细的丝（2～3mm），如厚朴；质地疏松的切块（8～12mm），如橘红；体薄的切较粗的丝（5～10mm），如瓜蒌皮。

g. 花类药材一般不切。

根据炮制需要进行切制的药材如下：适应蒸制需要的根类药材，切丁块（8～12mm），如熟大黄、制何首乌；适应炒制需要的皮类药材，切大方块（8～12mm），如杜仲；适应炒制需要的胶类药材，切小丁块（8～12mm），如阿胶。

③ 切制方法。切制方法除切片以外，还有劈片、捣碎、碾粉、锉末、研乳等几种，现分别介绍如下：

切制饮片，首先要把刀具调理好，要求刀刃锋利，以适应切制需要。刀具调理好以后，还要掌握好切制的方法。切药时坐位和姿势要适当，应侧着身子坐，右手持刀，左手握药，向刀刃方向运送，左右手要互相配合。切药根据药材特点，分把切与单切两种。把切适合切制长条形药材，一般切成片、丝、段的形状；单切适合切制块状或球形的药材，多切成片或块的形状。在切制过程中，还必须注意以下几点：每切完手中药材时，必须把刀关上，以防发生刀伤事故；切含纤维、淀粉较多的药材时，必须经常用油帚擦刀刃，使其滑利；切含黏液质等较多的药材时，须经常用水帚擦刀刃，以防黏腻；经常检查刀栓，当刀栓上磨有深痕时，即应更换；同时，刀栓的小头须用木块嵌紧，以防刀栓磨断和滑落。

机器切制可代替体力劳动，同时效率高，这是发展方向。

a. 切：如细辛、鹅不食草、牛膝、马勃、鸡冠花等。

b. 劈：将大块木质类药材用刀劈成小块或薄片，便于配方和煎出有效成分，如苏木、降香、檀香、松节等。

c. 捣：有些体小结实的药物不能切片，不易煎出有效成分，须用碾槽碾碎，或用石臼捣碎入药；芳香性或富有油脂的药物，宜临用时捣碎，以免挥发、走油影响疗效，如砂仁、草豆蔻、荜澄茄、火麻仁、郁李仁、荔枝核等。

d. 碾：矿物药材、部分树脂、木质及其他坚硬药材，须用碾槽碾成细粉，过 80 目或 100 目筛，便于制剂和服用，如血竭、赤石脂、琥珀、沉香、三七等。

e. 锉：角类药材以及其他坚韧的动、植物药材，不易切片的，用锉锉成粉末，便于制剂，如羚羊角等。

f. 研乳：将少量的贵重药物置乳钵内研细，便于制剂，减少损耗，增强疗效，如牛黄等。

（3）水制法　药材用水或液体辅料处理的方法称为水制法。目的是使药材达到清洁，吸水变软，便于切制和制粉，除去杂质及非药用部分，以及改变性能等的要求。常用的水制法有淘、洗、浸、润、漂、水飞等几种。

① 淘。是将体积细小的种子类药材放在数倍于药量的清水中淘去泥土、砂粒。附有泥土的药材，需放在箩筐或筲箕内，再放入清水中，边搓擦，边搅动，淘去泥土，并利用水的悬浮作用，漂去轻浮的皮壳及杂物。夹有砂粒的药材，需将其放在瓢内，再将瓢放入清水中轻轻搅动，通过搅动操作，倾出上浮的药材，将沉降至瓢底的砂粒弃去。最后将淘净的药材滤水晒干。药材经过淘洗，达到清洁纯净的目的，如菟丝子、王不留行等。

② 洗。是将药材放在数倍于药量的清水中或液体辅料中翻动擦洗。质地轻松或富含纤维的药材，要求动作迅速，进行抢洗。质地稍硬或表面黏附泥沙杂质的药材，洗时可用一般速度，或进行充分洗涤。有些药材为了改变性能，需用液体辅料洗。药材经过洗涤，达到清洁纯净，吸水变软，便于切制和改变性能的目的，如红柴胡、香薷、车前草、蒲公英、马齿苋、陈皮、蚯蚓、鱼腥草、白花蛇舌草、半边莲、铁苋菜、海藻、昆布、土鳖虫、蜂房等。

③ 浸。是将药材放在宽水中或液体辅料中，浸泡至一定程度取出。含有大量淀粉及质地坚硬的药材，洗净后，放在清水中浸泡至软取出。动物的甲、骨放在清水中浸泡至皮、甲、肉、骨分离时取出。有些药材为了改变性能，用相适应的液体辅料浸泡至透取出。药材经过浸泡，使水分或液体辅料渗透到药材内部，达到吸水变软便于切制、除去非药用部分、改变药物性能等目的。但必须浸的才浸，浸泡的时间应根据具体情况而定。如根与茎一般浸 1～4 小时，皮类一般 1～2 小时，草类 30 分钟至 1 小时。

④ 润。是将经过清水或液体辅料处理的药材置容器内，使其表面所吸附的水分向内渗透，达到全部湿润变软的方法。质地轻松或柔润的药材，先用清水抢洗，取出滤去水分，然后进行盖润。质地较硬的药材，水洗后装入箢篓，上盖麻布，使其润透。根据药材的软化情况，必要时中途可淋水 1～2 次，以弥补水洗时吸水的不足。质地坚硬的药材，经过一定时间的清水浸泡，捞起装入箢篓，上盖麻布，根据药材的软化情况，可进行多次淋水，使其润透。有些药材须放在缸内，用一定量的液体辅料（约为药材量的 1/4）浸渍，经常翻动，使其一面吸入辅料，一面向内渗透，至药材润透，辅料吸尽取出。润药的时间须根据药材的坚硬程度、体积大小以及季节、气候而定，一般以润透变软为准。检查方法：长条形药材用手折时，以能发弯为润透；块状或球形药材用手捏时，以内部似有柔软感为润透，有时须用刀切断检查，以内面无硬心为润透。润是为了软化药材，便于切制；用辅料浸润则是为了改变药物性能。如当归（为伞形科多年生草本植物当归的干燥根）炮制方法：拣去杂质，抢水洗净，捞起，滤去水分，稍凉，每斤（1 斤＝500g）用白酒 1 两（1 两＝50g）加适量水，均匀喷上盖严，润透，切片，晒干。炮制目的：清洁药物，便于切片和制剂；酒洗增强活血散瘀作用。

⑤ 漂。是将药材放在宽水中或液体辅料中漂去药材的某些内含物质。漂时须根据季节、气候和药物的体积、质量，适当地掌握漂的时间、换水次数，并选择漂药的位置。漂药目的是利用水的溶出作用，除去药物的杂质以及部分挥发性、毒性物质，使药物纯净，药性缓和，毒性减弱。如海螵蛸、半夏、天南星、川乌、草乌、附子等。

⑥ 水飞。是利用水的悬浮作用和粗细粉末在水中的悬浮性不同，分离出细粉的方法。操作方法按下述几道工序进行：

a. 粉碎：将不溶于水的矿物或动物药材用碾槽或粉碎机粉碎。

b. 过筛：用 100 目筛或 120 目筛过筛。

c. 加水研磨：置乳钵内，加适量清水研磨，停研时如有膜状沫浮于液面，须用皮纸掠去，研至钵底无粗糙响声，手捻或舌舔无碜时取出。

d. 悬浮分离：置缸内，加多量清水搅拌，搅匀后静置片刻，则细粉悬浮于水中的上部、中部，粗粉下沉底部，即时倾出上浮的混悬液；下沉的粗粉再行研磨、分离，反复操作，最后将不能悬浮的粗粉弃去。

e. 干燥：将所得混悬液合并，静置沉淀，用橡胶管或皮纸条等吸去水分，置垫有皮纸的箢器内滤水，再置日光下盖纸晒干，乳细即得。

有些药物可以不经悬浮分离这道工序。水飞的目的是制出极细粉，除去水溶性杂质，避免研磨时的飞扬损耗。如朱砂、雄黄、玛瑙、滑石、炉甘石等。

（4）火制法 火制法是药物直接用火或间接用火加热，加入不同辅料或不加辅料进行不同处理的方法。火制法的目的是适应医疗的要求及制剂的需要以除去药物的毒性，改变药物的性能，增强疗效，缓和药物的烈性。火制法是炮制过程中的重要方法之一，在操作方法不当时，可直接影响药物的疗效。因此，应根据药物的性质，掌握一定的方法和火候，进行不同的加工处理。药物的性质各异，品种繁多，加入辅料不同，因此，在方法上各有不同。这里着重介绍炒、煨、煅等火制法。

① 炒。药物经过修制或加工切制、干燥后置锅内用火加热，不断翻动至一定程度，称为炒。炒在炮制中是比较常用的方法，是根据医疗的要求，结合药物的性质，对药物进行不同的加工处理。因此，在操作时，加热的程度也有所不同，故炒药时应着重掌握火候。火候即药物加热所变化的程度，在炒制时，根据药物的性质、饮片的厚薄和软硬，掌握一定的火候、火力，才能做到“制药贵在适中”。药物经过加热后，变得干燥，易于粉碎，便于制剂。加热还能降低药物毒性，增强药物的疗效，改变药物的性能，并能起到矫臭矫味的作用。炒法可分为清炒、固体辅料炒、液体辅料炒等不同的制法。

A. 清炒。即药物不加辅料，置锅内以不同的火力并勤加翻动，使药物均匀受热至所需程度。根据炒的时间和温度，清炒又可分为：微炒、炒黄、炒爆、炒焦、炒炭等。

a. 微炒：用微火将药物炒至干燥，但药物无显著变化。微炒多用于矫臭矫味，同时可防止高温破坏消化酶。如微炒麦芽、谷芽、葶苈子、夜明砂。

b. 炒黄、炒爆：用小火加热，将药物炒至外表颜色微黄，或比原药颜色加深，并透出固有气味，或炒至药物有爆炸声，表皮炸裂。经炒后可达到矫臭矫味，增强健脾和胃的功能，易于煎出有效成分的目的。如牵牛子、酸枣仁、苍耳子、蔓荆子、莱菔子、紫苏子、白芥子、决明子、望月砂等。

c. 炒焦：加热程度比炒黄要高，炒至外表焦黄色或焦褐色，内部淡黄，并有焦香气味。本法多用于炮制健胃助消化及刺激性等药物。如苦杏仁、山楂、栀子、苍术、乳香、没药、路路通、刺猬皮等。

d. 炒炭：药物炒至外表焦黑，里面焦黄，炒后部分炭化，但仍存有原来的气味，其温度比炒焦要高，时间要长。炒时因火力较强，药料易燃，如有火星，应喷洒适量的清水熄灭火星，取出置铁盘或瓷盘内，摊凉后收藏。有的药物在炒炭中产生刺激性浓烟，应迅速翻动，使其消散。有的药物质地轻松易于炭化，应以小火炒至微黑色为宜。中医多用炒炭来达到收敛止血的目的。所谓炭药，并非纯炭，应该“存性”。药物经炒炭后，大部分成分被破坏。有的药物通过高温处理后，发生了理化性质的改变，生成炭素或增加新的物质，增强收敛止血的作用。如地榆、干姜、侧柏叶、槐花、蒲黄、干漆、茜草、艾叶、藕节、莲房等。

B. 固体辅料炒。根据药物各自的特性和治疗需要，用各种不同的固体辅料同炒，称为固体辅料炒。常用的固体辅料炒有麸炒、砂炒、米炒、滑石粉炒、蛤粉炒、土炒等几种。

a. 麸炒：药物用蜜炙过的麦麸拌炒，称为麸炒。麸炒多用于炮制健脾和胃的药物。麸炒的目的是利用药物与麸皮共同加热，除去药物的部分油分，降低偏性，或借麸皮在加热过程中放出的香气以矫正药物的不良气味，增强药物健脾和胃的作用。操作方法：先将铁锅烧热，然后撒入麸皮，待黄白色烟冒出时，投入药料，用小笤帚不断翻动，炒至药物呈黄色取出，筛去麸皮，待冷收藏。麸炒最好用斜锅、竹帚之类的工具，因为这样出锅方便，保证色泽均匀一致，炒时火力要大，动作要迅速，锅要热到撒下麸皮立即起浓烟为宜。如枳壳、枳实、白芍、僵蚕。

b. 砂炒：药物用砂作中间体进行加热的方法，称砂炒。具体操作是取黄砂，筛去粗石杂质，洗净晒干，置锅内，炒至轻松容易翻动时，加少许食油同炒。待砂和油炒匀后，投入药料。每次炒时，砂内宜补充少量食用油。一般火力不宜过猛，以免药物炒成焦黑色，应炒至药物表面发生变化，达到膨大、疏松。砂炒主要是使药物均匀受热，使其酥脆易碎，有效成分易于煎出、降低毒性、缓和药性以及便于除毛、去壳。炒后的砂保存好，下次再用。如金毛狗脊、草果、白果、牵牛子、薏苡仁、龟甲、鳖甲、鸡内金、海狗肾、水蛭、马钱子、白扁豆等。

c. 米炒：药物用大米作辅料进行加热的方法，称为米炒。先将锅烧热，撒上浸湿的大米，使其平贴锅上，加热至大米冒烟时投入药料，轻轻翻动，炒至大米呈焦黄色取出，去大米。米炒一般不常用。米炒的目的是利用大米的润燥和滋养作用，经炒后发出焦香气味，增强药物的健胃作用，降低药物的毒性，同时米也是炒时的指示剂。如斑蝥、虻虫、红娘子、蝼蛄、北沙参。

d. 滑石粉炒：药物用滑石粉作中间体进行加热的炒法，称滑石粉炒。先将滑石粉放锅内，加热至滑石粉轻松，容易翻动时，投入药料。一般以滑石粉能淹没药料即可。滑石粉为一种极细粉末，受热传热比砂土慢，有“焖烫”意义，更能使药物缓缓均匀受热，拌炒动物类药料比较适宜。炒时火力不宜过大，以免将药物炒成焦黑色，炒至药物形体膨胀、疏松即可。滑石粉炒使药物酥脆易碎，便于制剂和服用，从而增强疗效。如玳瑁。

e. 蛤粉炒：药物用蛤粉作中间体进行加热的炒法，称蛤粉炒。先将蛤粉放入锅内，加热至蛤粉轻松易翻动时投入药料，一般以蛤粉能淹没药料为宜。蛤粉为一种细粉，受热、传热与滑石粉相似，能使药物缓缓均匀受热，以拌炒胶类药物为宜。火力不宜过大，以免药物焦化。炒至药物形体发生变化，内部尚未炒焦时取出，筛去蛤粉。筛下的蛤粉可以继续使用，炒至变成灰色时更换。蛤粉炒使药物酥脆易碎，易于煎出有效成分，增强疗效。如阿胶。

f. 土炒：药物用灶心土（伏龙肝）作为中间体加热同炒的方法，称为土炒。土炒不常应用，按古时所用之土应为东壁土，即向阳的墙壁土，后来又用灶心土。灶心土经多次烧炼，所含杂质较少，且含有碱性氧化物，具有碱性，可起到中和胃酸的作用。另外，土炒后可使部分成分变质，以缓和药性，同时可与药物起协同作用，以达到健脾和胃的目的。土炒受热、传热作用与滑石粉炒、蛤粉炒相似，能使药物均匀受热。本法常用于健脾和胃的药物。操作方法：将碾细的灶心土置铁锅内炒热，再将药物加入，以灶心土能淹没药物为度，用锅铲炒至表面微显焦黄色，并放出焦香气味，即可取出，筛去灶心土，冷后收藏。土炒火力不宜过大，以免药物焦化。使用过的灶心土可继续使用。如白术。

C. 液体辅料炒。药物加液体辅料拌炒，称为液体辅料炒。药物炒后在性质上发生了某些变化，能起到解毒、矫味、矫臭、增强疗效、缓和药性、便于制剂和有效成分易于溶出等作用。液体辅料炒与固体辅料炒在意义上和操作上都有所相似，但液体辅料能渗入药物内部而产生作用。根据所加的辅料不同，可分为蜜炙、盐水炒、酒炒、醋炒及姜汁炒等。

a. 蜜炙：药物用蜂蜜拌炒，称为蜜炙。蜂蜜性味甘平，能补脾润肺，解毒矫味，多用于制补脾、润肺、止咳的药物。蜜炙后能缓和药物的偏性，并且蜂蜜与药物起到协同作用，增强疗效，以达到治疗目的。蜜炙的操作方法如下。每斤药料用蜂蜜 4 两左右。先将锅洗净烧热，倾入蜂蜜，炼沸以后，投入药物，小火拌炒至药物互相黏结或粘锅时，洒少量清水，使其吸收，炒至药物呈金黄色，取出摊冷后，以不粘手为佳。装缸内密闭，防止潮解和鼠耗。如甘草、党参、黄花、款冬花、紫菀、桑白皮。

b. 盐水炒：药物加盐水拌炒的方法，称为盐水炒。盐性味咸寒，有下行走肾的作用，多用于制补肾、固精、治疝、利尿、泻肾火的药物。盐水炒后，盐与药物起到协同作用，能增强疗效。操作方法：每斤药料用盐 6～15 克，加水 2 两溶化，洒在药物上面，拌匀，稍闷，使其吸收，置锅中小火加热，炒干取出。如黄柏、知母、杜仲、补骨脂、车前子、小茴香、益智仁。

c. 酒炒：药物加酒拌炒，称为酒炒。酒，甘、辛、大热，穿透力强，有活血通络、引药上行及降低药物寒性的作用，并为一种良好的有机溶剂。一般来说，生物碱、挥发油等物质都易溶于酒中。某些药物用酒制后，有效成分易于溶出，有利于疗效的提高，有的可降低寒性，有的可增强活血通络或具升提作用。操作方法：每斤药料一般用白酒 2 两，洒在药物上面，拌匀，稍闷至酒被吸收，放在锅内，用小火炒干取出，摊冷收藏。如常山。

d. 醋炒：药物加醋拌炒，称为醋炒。醋，性味酸苦温，能散瘀血，消痈肿，解毒，大多用于炮制行血和有毒药物，可降低药物毒性，增强散瘀止痛的作用，能充分发挥药物的效用，并具矫臭作用。操作方法：每斤药料用醋 3～8 两，洒在药物上面，拌匀，待醋吸收，投入锅内，用小火炒干取出，摊冷收藏。如五灵脂、芫花。

e. 姜汁炒：药物加生姜汁拌炒，称为姜汁炒。生姜辛温，能散寒止呕。某些药物用姜制后，能增强散寒除满、降逆止呕的功效。操作方法：每斤药料用生姜 2 两左右，洗净，捣碎，加水绞汁，洒在药物上面，拌匀，稍闷，使其吸收，置锅中，小火加热，炒干取出。如厚朴、竹茹。

② 煨。药物用另一种物质包裹，置火灰或明火上加热的方法，称为煨。目的在于除去部分挥发性及刺激性物质，以缓和药性，降低副作用。煨的方法有纸包煨和面包煨两种。为了节约，面包煨改为麸炒。如生姜。

③ 煅。药物直接或间接用高温加热，使其在结构上或成分上有所改变的方法，称为煅。煅的温度一般在 300～700℃，煅的目的是使药物减少刺激性，改变药物的性能，增强疗效或缓和药性。经煅后，质地酥松易碎，易于煎出有效成分，使药物发挥应有作用。有些药物经煅后失去结晶水或生成炭素。根据药物性质，煅可分明煅、盖煅、煅淬、暗煅。

a. 明煅：药物放在铁锅或罐内煅烧的方法，称为明煅。本法适用于加热能熔化的矿物药，其目的主要是使药物失去结晶水减少刺激性，增强疗效或产生新的作用。操作方法：将药物置锅内或罐内加热，使其熔化，至水分完全逸出，无气体放出，药物全部呈酥松或干燥的状态，取出摊冷。如明矾、胆矾、硼砂。

b. 盖煅：将药物放在炉火中，上面加盖煅烧的方法称为盖煅（或炉口煅）。此法适宜煅制质地坚硬的矿石、化石及贝壳类药物。煅的目的主要是使药物酥松易碎，便于制剂，易煎出有效成分。操作方法：将药物置炉火中，或将药物打成小块，置瓦罐内放于炉火中（药物周围应有较大火力），上盖铁皮，强火煅烧，至矿物药红透，贝壳类呈灰白色，取出摊冷，或趁热喷洒不同液体辅料，冷后收藏。如牡蛎、石决明、石膏、寒水石、礞石、龙骨、浮海石、瓦楞子。

c. 煅淬：将煅透的药物趁热倾入冷的液体辅料中，使其吸收，称为淬。淬适用于经过高温仍不能酥松的矿物药。淬在煅后进行，以弥补煅法的不足。煅与淬结合称为煅淬法。煅淬是使坚硬的药物经过高热骤冷，促使其疏松崩解，易于粉碎，以便煎出有效成分，并利用不同的液体辅料缓和药性，且与药物起到协同作用，以增强疗效。液体辅料多用醋、酒、药汁、水等。一般用量多为药物的30%～50%。操作方法：将煅至红透的药物趁热倾入冷的液体辅料中浸淬，稍冷后取出。有煅淬一次的，也有煅淬多次的，以药物疏松为度。如赭石、磁石、阳起石、自然铜、禹余粮、花蕊石、紫石英、白石英、炉甘石、皂矾。

d. 暗煅：暗煅是在高温缺氧情况下，使药物炭化的一种煅法，又称焖煅。适用于煅制质地疏松，炒炭时易于灰化的药物。操作方法：将药物置铁锅内，上扣小铁锅，接口处用盐泥或赤石脂用水调成泥状封固，留一筷头大的小孔，扣锅上压重物，置炉火上煅烧。小孔烟少时用筷头塞住，至小孔无烟时离火。亦可将药物置小口釉罐内，用盐泥或赤石脂封固罐口，置粗糠火中或小火上煅烧，罐上放大米数粒，至大米呈焦黄色时离火，待锅或罐冷却取出药物，以免药物遇空气燃烧而灰化。在煅制过程中，由于加热而锅内气体膨胀，药物受热炭化，有大量气体及浓烟产生，从接口处喷出。应随即用湿泥堵住，或用细砂掩盖填塞，以免空气进入，使药物灰化。如血余、棕榈。

（5）水火共制法 既用水，又用火，或加入辅料共同处理药物的方法，称水火共制法。常用的方法有蒸、煮等。其目的是改变药物的性能，增强疗效，消除或降低药物的毒性及副作用，纯净药物，便于切制。

① 蒸。利用蒸汽进行加热的方法称为蒸。根据药物的特点和治疗的需要，分清蒸、辅料蒸两种：

a. 清蒸：药物经过清洁处理后，用蒸汽进行加热，不加任何辅料的制法，称清蒸。清蒸的目的主要是改变药物的性能，使坚硬的药物变软，便于切制。操作方法：先将药物去掉杂质和非药用部分，用清水洗净，装于甑或瓮子锅内，加水至淹没甑脚2～3寸[1]，或水面距离瓮子锅底格3～5寸，进行加热。有的蒸至药物黑透，有的蒸至药物质地变软，有的蒸至甑内上大汽时取出。在蒸的过程中，有些药物需要长时间加热，水易蒸发，应保持一定的水量，以免引起工具烧坏，造成损失。如地黄、黄精等。

b. 辅料蒸：将药物拌入液体辅料，用蒸汽进行加热的方法，称辅料蒸。辅料蒸的目的主要是缓和药性，或增强疗效。操作方法：药物处理后，将所需的辅料拌在药物上面待吸尽后，装于甑或瓮子锅内，加水至淹没甑脚2～3寸，或水面距离瓮子锅底格3～5寸，进行加热。有蒸一次的，有蒸两次的，有的蒸至药物变黑，有的蒸至上大汽时取出，视药而定。如大黄、豨莶草、五味子、山茱萸、乌梅。

② 煮。药物用水加辅料，或不加辅料，蒸至一定程度的方法，称为煮。本法可分为醋煮、豆腐煮、精提三种。

a. 醋煮：药物用水与醋同煮，称醋煮。醋煮的目的主要是降低药物的毒性或使有效成分易于溶出，增强疗效。操作方法：将药物处理后，用适量醋拌匀，或用等量醋置锅内，加水与药面平齐或没过药面，经常翻动，使其受热均匀，煮至醋水基本吸尽取出，如延胡索、大戟、莪术。

---

[1] 1寸＝3.33cm。

b. 豆腐煮：药物用豆腐煮称豆腐煮。豆腐煮的目的主要是降低药物的毒性，使其疏松易碎，便于制剂。操作方法：将清洁的药物敲成小块（小颗粒不宜敲碎），用纱布包好，每斤药物用豆腐2～3斤，先在锅内垫一篾垫，上铺一层豆腐，将豆腐中间挖一不透底的方槽，将药物放于豆腐槽中，上盖一层豆腐，四周用竹签将豆腐固定，加水至淹没豆腐1～2寸，用强火进行加热，煮2～3小时，至豆腐呈蜂窝状取出。如硫黄、珍珠、藤黄。

c. 精提：药物加水加热，使其溶化，滤去杂质，再通过冷却结晶或蒸发浓缩获取纯净的有效成分的方法，称精提。精提的目的主要是使药物纯净，提高药品质量。操作方法：有的药物放于锅中，加入清水，进行加热，使其溶化，滤去杂质，将清洁滤液装入盆中，置阴凉处，使其冷却结晶；有的加入清水和辅料，连缸体放于锅中，隔水加热，使其结晶后，取出晾干。如芒硝、硇砂。

（6）其他制法 既有用水处理，又有进行加热或多种制法配合进行的炮制方法，属于其他方法。目的是使药物降低或消除毒性，缓和药性，增强疗效，保存固有性能或产生新的作用，便于贮藏与服用。其他制法包括复制、发酵、发芽、制霜、取汁等几种。

① 复制。是用多种制法反复地处理药材，其操作方法除清水煮以外，前面已介绍过。因此，这里只介绍清水煮的具体制法：将药材置铁锅或铜锅内，加入超过药材平面2～3寸的清水，用较强的火力，煮沸约2小时取出。复制的目的主要是降低或消除药物的毒性，增强疗效，使鲜品易于干燥。如半夏、天南星、白附子、川乌、草乌、何首乌、香附。

② 发酵。在一定的温度和湿度下，利用霉菌使药物发泡、生霉的方法，称发酵法。发酵的目的为使药物改变原有性能，产生新的作用，以适应临床治疗需要。发酵的方法为将含有一定量水分或进行过一定程度加热的药物，铺在容器内用稻草或鲜药草或麻袋盖在上面，或垫在下面，放在温度、湿度适宜的环境进行。温度和湿度对发酵的影响极大。温度过低，或湿度过小（即过分干燥），则不能进行发酵，或发酵进行得很慢。而温度过高，湿度过大，不适合霉菌生长，发酵亦难以进行。一般以温度30～37℃，相对湿度70％～80％为宜。由于微生物的繁殖、发酵，药物表面呈现黄白色的霉衣，内部产生斑点，气味芳香又无霉气时进行干燥最为适宜。制作时间以五六月份为佳，如淡豆豉、胆南星。

③ 发芽。豆、谷、麦类种子经浸、淋水，保持一定湿度和温度，使其萌生幼芽的方法，称发芽法。发芽的目的主要是使药物改变原有性能，产生新的作用，以适应治疗需要。发芽的方法：取豆、谷、麦类种子，拣去杂质，洗净，夏天浸2～3小时，冬春浸4～6小时。在洗的过程中，将浮于水面的虫蛀空壳捞去，放在能滤水的篾器中，内垫席，或用蒲包装好，上盖稻草或蒲包，保持一定的湿度和温度。每日淋水3～5次。至种子生出幼芽，约2～3分[1]长时取出，晒或烘干。如麦芽、谷芽、大豆卷。

④ 制霜。药物通过除去油分，或析出结晶物等方法，制成结晶或粉末，形似寒霜，称为制霜。制霜的目的是除去部分油分，降低药物毒性及副作用，增强疗效，起到一定的治疗作用。制霜的方法，主要有去油取霜和析出结晶两种。

a. 去油取霜：将某些含有油分的药物通过修制，碾成粉末或捣成泥状，加热后，用草纸包裹2～3层，再用纱布包好，压榨去油，每日复碾、换纸、压榨一次。如上法反复

---

[1] 1分＝3.33mm。

多次，至纸上基本无油为止。

b. 析出结晶：将某些盐类药物撒在连皮的瓜瓤上，装入土坛内，加盖封固，置阴凉通风处，使析出结晶凝在土坛外，用毛刷扫下，至坛外无结晶物为止。此外，某些副产品亦称霜，如制鹿角胶时，余留的鹿角残渣称鹿角霜。可制霜的有巴豆、千金子、瓜蒌子、肉豆蔻、西瓜等。

⑤ 取汁。鲜药捣碎后通过压榨或火烤的方法，使药物所含的液体大量排出，叫作取汁。取汁的目的是治疗某些疾病，特别是热性病后期阴液大伤，或风痰阻塞经络窍道，多以甘凉多汁的药物为宜。如水果、鲜竹之类，本身饱含液体，但渣滓多，煎服会冲淡其甘凉滋阴及滑痰利窍的作用，降低其固有疗效，尤其不易使患者接受，故采用取汁的方法，以适应治疗的需要。如梨汁、藕汁、蔗汁、竹沥、黄荆沥。

2.4.1.4 中药炮制常用辅料

药物在炮制过程中，为了达到一定的治疗目的，加入共制的其他物质称辅料。辅料是炮制药物的条件之一。火制法中用某些辅料作中间体，使药物受热均匀；水制法中用某些辅料作防腐剂，防止药物在水漂时腐烂。常用辅料有固体辅料和液体辅料两类。

（1）固体辅料

① 麦麸：取干燥麦麸 5kg，熟蜂蜜 1kg，清水 0.5kg，先将蜜水混合均匀，然后喷洒在麦麸中，边喷洒，边揉搓，并用半米筛筛一次。如有黏结的小团，再揉搓过筛，置锅内用小火炒干水分取出，冷后加盖储存备用。本品性味甘平，具和中作用，炒焦后有芳香气，能健胃矫臭，常用于制健脾胃及有刺激性、腥臭气味的药物，如炒白术、炒僵蚕、炒肉豆蔻。

② 米：以粳米、糯米作辅料。粳米性味甘平，能益气除烦，止泻止渴，多用于制健脾胃药物，如米炒党参。糯米性味甘温，益气止泻，制斑蝥有解毒作用。

③ 大豆：以黑大豆作辅料，其性味甘平，能补肾解毒，多用于制补肾及毒性药物，如制何首乌、制川乌。

④ 豆腐：以豆腐作辅料，其性味甘寒，具清热作用，制硫黄、藤黄有解毒作用。

⑤ 砂：先用半米筛筛去粗砂，再用清水洗去灰泥，晒干置锅内炒热，加少量植物油拌炒，至稍带黑色，并现光滑时取出，储存备用。每次炒药前，须加少量植物油拌炒。炮制坚硬药材，用砂作中间体，能使药物受热均匀，达到酥脆易碎、便于制剂和溶出有效成分的目的。如制马钱子、制龟甲。

⑥ 土：灶心土、黄土均供制药用。灶心土系土灶中的焦土，以久经火炼者为佳（燃煤的灶中的土不能用），为紫色或黑褐色块状物，坚硬如石，性味辛微温，能温中和胃、止血止呕。黄土，即山地挖掘的洁净黄色土，性味甘平，能止痢、止血、解毒。均须碾粉备用。多用于制补脾胃药物，如土炒白术。

⑦ 滑石：系单斜晶系鳞片状或斜方柱状的天然矿石，质地滑腻，经验以白而带绿色为优，带黄色或灰色质量较差。拣去杂质，碾细水飞用。性味甘寒，利水通淋，清热解暑，作中间体炒药，能使药物受热均匀，多用于炒制韧性强的动物药，如制玳瑁。

⑧ 海蛤粉：为海产蛤类的贝壳所制成的白色粉末，性味苦咸平，清热化痰，软坚散结，作中间体炒药，能使药物受热均匀，多用于炒制胶类药物，如炒阿胶。

⑨ 白矾：为三方晶系明矾石的加工提炼品，无色透明，外面被白粉，能溶于水，性味酸寒，能收敛燥湿。生明矾具解毒防腐作用，常用以煮制或浸制毒性药物，如制

半夏。

（2）液体辅料

① 蜂蜜：为白色或淡黄色至深黄色的稠厚液体，新鲜时半透明，日久色变暗，并析出颗粒状结晶。以白色或淡黄色半透明、黏度大、气味香甜者为佳。如蜂蜜内有杂质，须用铁丝筛过滤，气温低时可加热炼制，再进行过滤。本品性味甘平，具滋补作用，多用于制润肺止咳及补脾药物，如炙紫菀、炙甘草。

② 酒：有黄酒、白酒之分，均可供制药用。用量比例，黄酒量大，白酒量小。酒为淡黄色或无色的澄明液体，气味特异，有刺激性，性味苦甘辛大热，能提升药力，通经活络，多用于制行上焦及通经络药物，如酒炒黄芩、酒洗当归。

③ 醋：为黄棕色或深棕色的澄明液体，有特异气味，性味酸苦温，能引药入肝，解毒消痈肿，多用于制入肝经及有毒药物，如醋炒五灵脂、醋炒芫花。

④ 米泔水：米泔水按次序可分头泔、二泔，以二泔为佳，为灰白色或灰黄色的悬浊液体。本品具吸附作用，用于泡制含有油质的药物，能除去部分油质，降低燥性，如漂苍术。

⑤ 生姜汁：取鲜生姜洗净泥土，捣烂，用布包好，压榨取汁，剩下的姜渣加入同量清水，再捣烂压榨取汁，并入第一次的净汁中和匀备用。本品为黄白色液体，表面可见悬浮的油珠，有香气，性味辛微温，能止呕、散寒、发汗、解毒，多用于制止呕及寒性、毒性的药物，如姜汁炒竹茹、姜汁炒黄连等。

⑥ 甘草汁：系甘草切片加水煎煮而得，为黄棕色至深棕色液体，气微香，性味甘平，能补脾、泻火、解毒、缓和药性。多用于制毒性药物，如甘草水泡吴茱萸。

⑦ 胆汁：系猪牛的新鲜胆汁，以黄牛胆汁为佳，系棕绿色或暗棕色的黏稠液体，有特异臭气，性味苦寒，能除热明目。天南星用牛胆汁制后，可去其燥性，并具清热息风作用。

⑧ 盐水：每500g药用盐6～15g，用开水100～150mL溶化，性味咸寒，能引药下行入肾，多用于制入肾经及行下焦药物，如盐水炒杜仲、盐炒橘核等。

2.4.1.5 中药炮制的基本方法及其特点

炮制的方法，常见的有下列十多种：

（1）洗 是将原药放在清水中，经过洗涤去净药物表面的泥沙杂质，从而达到洁净卫生的目的。应注意浸洗的时间不要过长，以防止有效成分溶于水中。

（2）漂 将有腥气（如龟甲、鳖甲、海螵蛸）或有咸味（如昆布、海藻）或有毒性（如乌头、附子）的药物，利用多量清水反复浸漂，经常换水，则能漂去这些气味或减少毒性。

（3）泡 就是用药物汁水浸泡以降低原药的烈性或刺激性，如用甘草水泡远志、吴茱萸。

（4）渍 就是在药物上喷洒少量清水，让水分渐渐渗透而使药物柔软，便于切片。浸泡后药性易于走失的某些药物，宜用此法。

（5）水飞 水飞是研粉方法之一，适用于矿石和贝壳类不易溶解于水的药物，如朱砂等，目的是使药物粉碎得更加细腻，便于内服和外用。在水飞前先将药物打成粗末，然后放在研钵内和水同研，倾取上部的混悬液，然后再将沉于下部的粗末继续研磨，这样反复操作，研至将细粉放在舌上尝之无渣为度。水飞可防止粉末在研磨时飞扬，以减少损耗。

（6）煅　煅的作用主要是将药物通过烈火直接或间接煅烧，使其质地松脆，易于粉碎，充分发挥药效。

直接火：适用于矿石和贝壳类不易碎裂的药物，如磁石、牡蛎等。将药物放在铁丝筛网上，置于无烟的烈火中煅烧，煅的程度视药物性质不同而定。矿石类药物必须煅至红色；贝壳类药物则煅至微红冷却后呈灰白色。

焖煅（间接烧）：少数体轻质松的药物如陈棕榈、人发等则适用焖煅法。即将药物放在铁锅内，另用较小铁锅覆上，用盐泥固封锅边，小铁锅上压一重物，不漏气，置火上烧至滴水于小铁锅上立即沸腾，或以白纸贴于小锅上，当纸烤焦为止，待冷却后取出。

（7）炒　炒是炮制加工中常用的一种加热法，是将药物放于锅内加热，用铁铲不断铲动，炒至一定程度取出。炒的方法如下：

清炒，不加辅料，用文火将药物炒至微焦发出焦香气味为度。

麸炒，将药物（饮片）加蜜炙麸皮同炒，拌炒至饮片呈微黄色为度。

以上两种炒法，主要目的是缓和药性。加其他辅料拌炒，按用药的不同要求有酒炒、醋炒、姜汁炒等。

炒炭，系用较旺火力，将药物炒至外焦似炭、内里老黄色（或棕褐色）而又不灰化，俗称为“炒炭存性”，大多为增强收涩作用。

（8）炮　炮与炒炭基本相同，但炮要求火力猛烈，操作动作要快，这样可使药物（一般须切成小块）通过高热，达到体积膨胀松胖，如干姜即用此法加工成为炮姜炭。

（9）煨　煨的主要作用在于缓和药性和减少副作用。常用的简易煨法是将药物用草纸包裹两三层，放在清水中浸湿，置文火上直接煨，煨至草纸焦黑内熟取出，煨生姜就是用此法。

（10）炙　是将药物加热拌炒的另一种方法。常用的有：

蜜炙：即加炼蜜拌炒。先将铁锅、铲刀用清水洗净拭干，烧热铁锅，倒入炼蜜，待蜜化烊略加清水，然后放入药片反复拌炒，炒至蜜汁吸尽，再喷洒少许清水炒干，使药物不粘手为度。例如炙紫菀、炙马兜铃、炙黄芪、炙甘草等。药物用蜜炙，是取其润肺、补中及矫味的作用。

砂炙：用铁砂与药物拌炒称为砂炙。先将铁砂炒热呈青色，倒入药物拌炒，至松胖为度，取出，筛去铁砂。例如山龟甲、鳖甲等经过砂炙后变得松脆，易于煎取药汁，或研粉制丸。

（11）烘与焙　烘与焙同样是用微火加热使药物干燥的方法。

（12）蒸　利用水蒸气蒸制药物称为蒸。它与煮不同之点是须隔水加热。蒸的作用主要是能使药物改变其原有性能，如生大黄有泻下之功，蒸制成的熟大黄，在临床上主要利用它清化湿热、活血祛瘀的作用。另外，蒸制还有矫味作用，如女贞子、五味子经过蒸制能减少其酸味。

（13）煮　是将经过整理及洗净的原药，放在锅内用清水与其他辅助药料同煮至熟透。如附子、川乌与豆腐同煮可减少毒性。

（14）淬　将药物加热后，趁热投入醋或其他药物所煎的浓汁中，使之充分吸收入内，这种方法叫作淬。如磁石、赭石用醋淬，制炉甘石用药汁淬。淬的作用，除能使被淬的药物酥松易于粉碎外，还会因药汁的吸收而改变其性能。

2.4.2 中药饮片生产

（1）工艺程序

① 原料药材选择：中药材是制作中药饮片的原料，其品种真伪、质量优劣从根本上决定中药饮片的质量，必须进行真伪鉴别和优劣鉴定，选用符合《中国药典》标准的优质道地药材。

② 净制：为了使药材纯净，必须对药材进行筛选、拣洗、净制处理，去除泥沙杂质及非药用部分。

③ 软化：为了便于切制，必须对干燥的原药材进行浸润软化处理。根据药材的质地不同，选用淋润、闷润或泡润的方法。

④ 切制：选用适宜的机械设备，将软化后的净药材切制成一定规格的片状或粒状，使之便于炮炙、干燥、定量包装、调剂和煎煮。

⑤ 炮炙：根据临床需要，按照炮制规范对切制后需要进一步加工的药材进行炮炙，常用的炮炙方法有炒、炙、煅、蒸、煮等。

⑥ 干燥：选用适宜的干燥设备，在适宜温度条件下，对经过软化处理后切制的饮片或炮炙后需要进一步干燥的饮片进行干燥处理，使含水量控制在安全标准之内，防止贮存过程中霉烂变质。

⑦ 灭菌：选用适宜的灭菌设备，对干燥或炮炙后的饮片进行灭菌处理，使其微生物含量达到规定的限量标准，保证饮片包装后，在贮存期内不会发霉变质，不发生虫蛀。

⑧ 包装：选用合格的一次性绿色环保包装材料，进行单味定量密封包装，精制饮片采用定量中包装，还可根据不同要求对贵重细料饮片采用小包装。包装袋上印有品名、装量、生产日期、批号、厂名、商标、生产许可证号、有毒标示及先煎、后下、包煎、外用等。

⑨ 成品检验：检验水分、性状、装量、包装、粒度、含量、浸出物、封口及加印内容是否齐全、准确，各项指标均合格，填写合格证。

⑩ 装箱、外包装：用适宜的包装材料，如纸箱等进行外包装，箱内加合格证。

（2）生产工艺流程图 以图解形式表示中药饮片生产工艺流程的图称为饮片生产工艺流程图。

中药饮片生产的一般工艺流程如图 2-1。

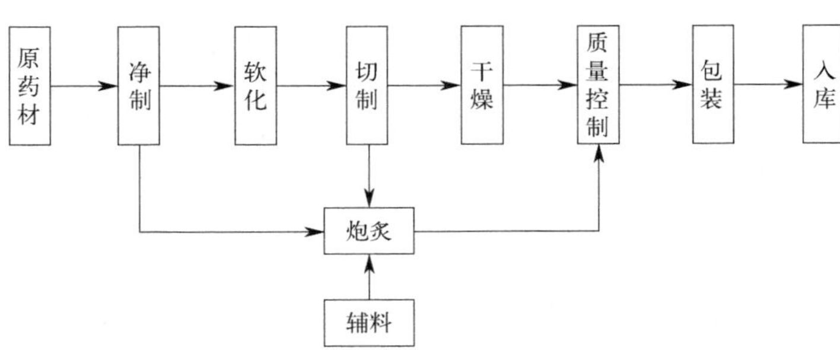

图 2-1 饮片生产的一般工艺流程

（3）中药饮片生产过程管理 中药饮片企业的生产管理应按照相关规定的要求，严格把关。目前的企业多是根据市场需要，以销定产，切忌盲目生产，造成产品堆积浪费。作为中药专业技术人员，还应特别注意掌握以下几个方面的知识。

① 生产工艺流程。以图解形式表示中药饮片生产工艺流程。以框图或以设备外形简

图表示饮片生产单元加工过程，以箭头表示物料和载能介质流向，并以文字说明生产方法和工艺技术方案。要求制定中药净制和切制、炮炙等工序的工艺流程以及所炮制生产主要产品的工艺流程。

② 物料衡算。依据质量守恒定律，进入与离开某一过程的物料质量之差，等于该过程中累积的物料质量。对于连续操作的过程，若各物理量不随时间改变，即为稳定操作状态时，过程中不应有物料的积累。物料衡算示意图见图 2-2。

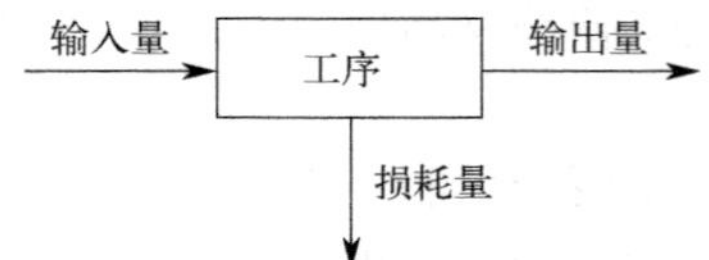

图 2-2　物料衡算示意图

中药炮制生产中物料平衡是指经过某道工序后输入量等于输出量加上本道工序的损耗量。各道工序损耗以总量的百分比（%）计。损耗的大小与中药材原料进货情况（如原料干净程度、含杂质多少）有关，也与炮制方法以及设备、操作情况有关。中药炮制某道工序的损耗量常凭经验确定，也称为定额损耗。

物料平衡公式：

$$\frac{\text{输出量}+\text{损耗量}}{\text{输入量}}=\frac{(\text{合格品}+\text{不合格品})+\text{输入量}\times\text{定额损耗率}}{\text{输入量}}$$

物料平衡主要用于检验岗位的系统误差，也是保证生产出合格产品的重要参数。多是个百分数范围，在 95%～105%之间。

例如：某饮片厂，切药岗位日加工软化药材 8500kg，本岗位的定额损耗率为 0.5%，实际最终生产出合格饮片 8432kg、不合格饮片 42.5kg，则本岗位的物料平衡计算结果为 100.2%。

③ 生产工艺规程。生产工艺规程是规定生产一定数量成品所需起始原料、辅料和包装材料的数量，以及工艺、加工说明、生产过程中控制、注意事项等内容的一个或一套文件。中药饮片生产工艺规程包括名称、规格、工艺流程，炮制具体操作和技术参数，物料、中间产品、成品的质量标准及贮存注意事项，物料平衡的计算方法，包装规格等要求，还包括生产周期、岗位定额损耗、工艺查证等规定。一般由生产部门组织编写，质量管理部门审核，主管生产的企业负责人批准。

④ 岗位操作法与标准操作规程。岗位操作法是为生产过程中所有操作而制定的具体规定；标准操作规程（SOP）是岗位操作法的基本单元，是对具体操作的指令，两者没有严格界限，趋向于一致。饮片生产应包括挑选、清洗、软化、切制、干燥、筛选、炒制、蒸煮等工序的岗位操作法和切药机、炒药机等各种主要设备的标准操作规程以及清洁操作规程。

⑤ 验证。验证是对工艺规程、生产过程、设备、物料、活动或系统确实能达到预期结果的有文件证明的一系列活动。一般验证文件分为图表、管理标准、工作标准和记录凭证四个方面，如工艺验证、设备仪器验证等。要求成立验证小组，确定验证方案，按验证方案实施验证。做好验证记录，写出验证报告、批准执行等文件。工艺验证的范围包括软化、切制、炮炙、干燥等关键工序。软化、切制、炮炙、干燥的设备也需要验证。

⑥ 批号及批生产记录。用一组数字或字母加数字作为批号。以同一批中药材在同一

连续生产周期生产一定数量的相对均质的饮片为一个生产批号。批号由 6 位阿拉伯数字组成，前两位代表年，中间两位代表月，最后两位代表日或者生产的流水号。中药饮片的批号一般由生产管理人员按照下达生产指令的日期确定。在批生产记录、中间体容器或包装、成品的包装上应标明批号。因故返工的中药饮片，返工后原批号不变，一般只在原批号后加一个代号“R”以示区别。批生产记录是指一个批次的待包装品或成品的所有生产记录。主要由生产指令、领料单、各工序的生产记录和清场记录、偏差处理记录、检验记录、中药饮片放行审核记录等组成。由生产操作人员、管理人员填写，由质量管理部门负责人或质量管理员审核。保存 3 年以上。

⑦ 物料管理。指物料采购、入库验收、储存、发放、使用过程的质量管理。

⑧ 毒剧药饮片炮制生产管理。毒性药材、麻醉药材生产专用设备不得生产其他药材，毒性药材、麻醉药材也不得在其他生产线上生产。生产后的毒性、麻醉中药饮片在外包装上必须有明显的专用标志。

⑨ 直接口服饮片生产管理。需按照中成药口服制剂做微生物检查，其粉碎、过筛、内包装等工序应在相应洁净区（室）内生产，在洁净区（室）内需要对尘粒及微生物含量进行控制。

⑩ 废水、废气、粉尘等的管理。中药材在淘洗、浸泡、漂洗、蒸、炖、煮等炮制过程和设备容器、场地的清洗过程中均会产生大量的废水。废水处理常用的方法有废水的预处理、活性污泥法和生物膜法。

蒸煮炒炙过程中容易产生废气，要经过处理后方能排出室外。风选、筛选、煅炒等炮制过程中容易产生粉尘。炒药机、煅药机、风选机要启动随机吸尘装置。在净选工作台、切药机、筛药机等设备上安装吸尘罩。

2.4.3 中药产地饮片加工

2.4.3.1 中药产地饮片加工的重要性

（1）概念 在早期文献里中药材产地加工被称为“采造”“采治”，现代一般称其为“采制”“采收和加工”。中药材产地加工是指在中医药理论指导下，根据制剂、调剂及临床医疗实践的需要，在产地对作为中药材来源的植物、动物和矿物进行采收和简单加工处理的过程。

中药材加工是对中药原材料进行复杂的技术性系统处理的过程，按照加工的目的和自然流程的不同，依次可分成三个部分，即中药材产地加工、中药材炮制加工和中药材深加工。中药材炮制加工是根据中医临床用药理论、药物调配和制剂的需要，将经过产地加工的中药材进行进一步加工的传统工艺，其成品“饮片”可供直接服用。中药材深加工是能生产出现代中成药、中药提取物、保健品、美容化妆品等的精细化加工工艺。中药材产地加工为中药材加工的第一阶段，因此又被称为“中药材初加工”“粗加工”或“生药加工”，其加工产品称为“生药”。

（2）目的与意义 随着中医药科学技术的发展和社会的进步，中药运用形式早已由传统的鲜药煎汤变为干药调剂（除极少数须鲜用外）和制剂，甚至发展到新兴科技产物中药提取物等中药材深加工产品。支撑中药产业的物质基础就是中药材，所以才有“药材好，药才好”之说。从影响中药质量的因素来看，除了田间的农业管理措施之外，中药材产地加工是影响中药质量的第一因素，是保证中药临床疗效的重要环节之一，其采收加工技术与处理方法也成为中药生产的关键技术之一。在长期的中药材生产实践中，人们不仅认识到了中药材产地加工的重要性，还积累了丰富的产地加工经验。

据调查统计，我国药用资源品种有12772种，其中以植物药种类最多，约占全部种数的87%，其次是动物药。在常用的500多种中药材中，以动植物入药的占绝大多数。野外采收的动植物类中药均为鲜品，新鲜药材内部含有大量水分，不及时进行加工处理，极易生虫、腐烂和变质，从而使其含有的有效成分分解散失，严重影响中药材的质量和疗效。从生产和销售角度讲，中药材的特点是一地或几地产全国销，一季或两季产全年销，因此贮藏和运输显得尤为重要。而新鲜药材不利于包装、贮藏、运输和销售。为了保证中药材的质量，便于包装、贮藏、运输和销售，充分利用中药资源创造经济价值，也为了便于进一步炮制加工成饮片，除极少数品种（如鲜生姜、鲜石斛、鲜生地黄、鲜芦根、鲜白茅根等）需要新鲜作药用或保持原状外，绝大多数中药材必须在产地及时进行初步加工，处理成干品，并进行简单包装。

具体来说，产地加工要达到以下目的：

① 除去中药材中的杂质、非药用部分及劣质部分，以提高中药材的纯净度，使药用植物、动物及矿物的入药部位符合中药材商品规格，从而保证中药材质量。如去除根及根茎类中药材从土壤里带出的泥沙、芦头、残留茎基和叶鞘，去除某些动物类药材的头、尾、足、翅及皮骨，剔除花类药材霉烂、虫蛀或不符合要求的花瓣，清除全草类药材的黄色枯叶和混入的其他杂草。

② 分离同一来源的不同药用部位。如分离莲子和莲子心。

③ 按药典等标准规定进行加工处理，使新鲜药材尽快灭活和充分干燥，防止药材霉烂腐败，保持有效成分，从而保证中药材的质量和疗效。如茯苓要发汗干燥。此外，需要鲜用的药材应及时进行保鲜处理，防止霉烂变质。

④ 按照中药材的特点及临床用药的需要，依中药材商品等级规格标准，进行整形、分等分级和其他技术处理，使中药材商品规格标准化，便于按质论价，进行商业交流与贸易，同时也有利于中药饮片厂进行下一步的切制、炮制和粉碎等加工处理，使中药材充分发挥疗效。如商品三七分为十三个等级。

⑤ 进行包装成件，以便于贮藏和运输。如用麻袋或尼龙袋盛放药材。

药材经产地初加工后，剔除了杂物和药材的劣质部分，保证了药材质量，同时可防止霉烂腐败，便于贮藏和运输，从而可以提高药材在临床上的疗效。另外，在初加工时按药材和用药的需要，进行分级和其他技术处理，有利于药材的进一步加工炮制和充分发挥其药用功效。

2.4.3.2 中药产地饮片加工常用方法

中药材采集后，除了少数供新鲜药用外，绝大部分种类都要进行产地加工。产地加工不仅可以防止药材霉烂变质和有效成分散失，而且便于仓储、调拨、运输和有效使用。按加工处理次序，中药材产地加工过程可分为净制、干燥和包装等环节。有些药材还需进行分级、修整、切制、蒸煮烫、发汗、揉搓等特殊处理。

由于中药材种类繁多，品种规格及地区用药习惯不同，其加工方法也有差异，现将一般常规加工方法介绍如下。

（1）**根茎类药材** 此类药材采挖后，一般只需洗净泥土，除去非药用部分，如须根、芦头等，然后分大小，趁鲜切片、切块、切段、晒干或烘干即可，如丹参、白芷、前胡、葛根、柴胡、防己、虎杖、牛膝、漏芦、射干等。对一些肉质性、含水量大的块根、鳞茎类药材，如百部、天冬、薤白等，干燥前先用沸水略烫一下，然后再切片晒，就易干燥。有些药材如桔梗、半夏须趁鲜刮去外皮再晒干。明党参、北沙参应先入沸水烫一下，再刮去外皮，洗净晒干。对于含浆汁丰富、淀粉多的何首乌、生地黄、黄精、天麻等药材，采收后洗净，趁鲜蒸制，然后切片晒干或烘干。此外，有些药材需进行特殊产地加工，如浙贝母采收后，要擦破鳞茎外皮，加石灰吸出内部水分才易干燥；白芍先要经沸水煮一下，去皮，再通过反复"发汗"晾晒，才能完全干燥；延胡索采收后先分大小，置箩筐中擦去外皮，洗净，沥干后转入沸水中煮至内心黄色，晒干，才能保证药材的色泽及质量要求。

（2）**皮类药材** 一般在采集后，趁鲜切成适合配方大小的块片，晒干即可。但有些品种采收后应先除去栓皮，如黄柏、椿树皮、牡丹皮等。厚朴、杜仲先应入沸水中微烫，取出堆放，让其"发汗"，待内皮层变为紫褐色时，再蒸软，刮去栓皮，切成丝、块丁或卷成筒状，晒干或烘干。

（3）**花类药材** 为了保持花类药材颜色鲜艳，花朵完整，此类药材采摘后，应置通风处摊开阴干或低温迅速烘干，如玫瑰花、旋覆花、金银花、野菊花等。

（4）**叶、草类药材** 此类药材采收后，可趁鲜切成丝、段或扎成一定重量及大小的捆把晒干，如枇杷叶、石楠叶、仙鹤草、老鹳草、凤尾草等。对含芳香挥发性成分的药材，如荆芥、薄荷、藿香等，宜阴干，忌晒，以避免有效成分损失。

（5）**果实、籽仁类药材** 一般采摘后，直接干燥即可，但也有的需经过烘烤、烟熏等加工过程。如乌梅，采摘后分档，用火烘或焙干，然后闷2～3天，使其色变黑。杏仁应先除去果肉及果核，取出籽仁，晒干。山茱萸采摘后，放入沸水中煮5～10min，捞出，捏出籽仁，然后将果肉洗净晒干。宣木瓜采摘后，趁鲜纵剖两瓣，置笼屉蒸10～20min取出，切面向上反复晾晒至干。

（6）**动物类药材** 此类药材多数捕捉后用沸水烫死，然后晒干即可，如斑蝥、蝼蛄、土鳖虫等。全蝎用10%食盐水煮几分钟，捞起阴干。蜈蚣用两端较尖的竹片插入头尾部晒干，或用沸水烫死晒干或烘干。蛤蚧捕获后，击毙，剖开腹部，除去内脏，擦净血(勿用水洗)，用竹片将身体及四肢撑开，然后用白纸条缠尾并用其血粘贴在竹片上，以防尾部干后脱落，然后用微火烘干，两只合成一对。

总而言之，药材采收后，应迅速加工，干燥，避免霉烂变质。对植物类药材，采收后尽可能趁鲜加工成饮片，以减少重复加工时浪费药材和损失有效成分。药材干燥应掌握适宜的温度，一般含苷类和生物碱类药物应在50～60℃的温度下干燥，含维生素C的多汁果实类应在70～90℃的温度下干燥，含挥发性成分的药材干燥温度一般不宜超过35℃，温度过高易造成挥发油散失。

2.4.3.3 中药产地饮片加工质量控制

社会的快速发展和中医药事业的不断进步，以及人们对健康的追求和对绿色药物的格外青睐，给中药材的发展创造了极为广阔的空间。而社会工业化的发展和自然生态环境的恶化，野生中药资源的不断减少，又推动了人工进行中药材种植养殖的进程，除了少部分中药材如麻黄、肉苁蓉等主要依赖野生外，几乎所有需求量大、使用范围广、疗效确切的中药材都已经开始发展人工种植养殖。但目前我国中药材生产的模式大部分仍然处于传统、粗放型的阶段，中药材种养殖技术和加工技术相对落后，各产地生产中药材的技术水平不一，导致生产出来的中药材质量不佳，经济效益不高，造成自然资源和人工劳力的浪费；另外，对中药材商品的质量监管力度不够，距国际市场的要求甚远，影响了中药的现代化和国际化进程。

针对以上问题，国家药品监督管理局于 2002 年 4 月 17 日发布了《中药材生产质量管理规范（试行）》(GAP)，并自 2002 年 6 月 1 日起全面施行。GAP 规范了中药材生产的各个环节（以植物药为例，从种子经过不同阶段的生长发育到形成商品药材的全过程），对中药材生产的基地选定、品种、栽培（或养殖）技术、采收加工、干燥、包装、贮藏运输及质量标准等作出了相应规定。通过控制影响中药材质量的各种因素，使中药材生产达到“真实、优质、稳定、可控”的目的。此规范于 2021 年废止。2022 年，国家药监局、农业农村部、国家林草局、国家中医药局四部门联合发布《中药材生产质量管理规范》。大力推行中药材 GAP 生产技术，能够大大促进我国中药产业的发展，促使我国中药产品质量符合国际市场要求，从而加快实现中药现代化和国际化的脚步。

（1）生产过程中影响中药材质量的因素及对应的质量管理办法 评价中药材质量，是以其内在的有效化学成分组成和含量为基准的，而有效成分组成的形成和含量的累积，是在药用动植物生长发育过程中完成的，而该过程受自然和人为的多种因素影响，因此，中药材的生产过程是一项十分复杂的系统工程，产地的生态环境、种质与繁殖材料、栽培和养殖管理、采收及初加工、包装、贮藏与运输等诸多环节都会直接影响到中药材的品质和药效。

研究在中药材生产各环节中影响其质量的决定性因素，针对这些因素制定能够进行控制的标准和切实可行的方法、措施（标准操作规程，SOP)，并严格执行。将中药材生产质量管理贯穿于中药材生产的整个过程，以确保生产的中药材质量好、疗效佳。

① 产地的生态环境。古文载：“橘生淮南则为橘，生于淮北则为枳，叶徒相似，其实味不同。所以然者何？水土异也。”可见自然生态环境对药用动植物的生长发育极为重要。我国历代医学家在临床医疗实践中就非常注重道地药材的使用。道地药材是指在特定自然条件、生态环境的地域内种植的中药材。道地药材具有历史悠久、产量颇丰、采收加工工艺独特讲究的特点，如吉林的园参、重庆的黄连和云南的三七。道地药材较同种其他地区所产者品质佳、疗效好，确切可靠。传统道地药材理论是在长期中药材生产及临床医疗实践中总结出来的宝贵经验。道地药材的生长发育与其特定生长区域内的气候、雨量、水质、土壤、日照、生物分布等生态环境条件是息息相关的，尤其是土壤成分的组成对药用动植物药用部位内在有效成分富集的质和量影响最大。因此，应根据自然生态环境条件，按照产地适宜性原则进行中药材生产，因地制宜、合理布局，并且选择大气、水质、土壤等条件符合国家法定标准的无污染地区作为中药材规范化生产基地。在道地药材产区，应充分利用当地自然生态条件和地理环境的优势，与长期中医药临床使用经验所形成的人文、社会等综合效应相结合，大力发展道地药材品种，通过使用现代科学的研究手段和方法，来探究道地药材形成的自然规律和科学原理，并在此基础上建立和发展道地药材的生产基地，提高中药材质量，发展区域特色经济，促进中药产业的现代化和国际化。

② 种质与繁殖材料。种质与繁殖材料是能够繁殖后代并保持稳定的遗传性状的动植物材料的统称，决定着动植物的物种性，能将丰富的遗传信息传递给后代。因此，种质与繁殖材料是决定中药材品质的内在因素。在中药材生产过程中，针对种质与繁殖材料，有

如下要求。认真进行鉴定，包括亚种、变种或品种，确定物种学名；按照国家对动植物检验检疫制度的要求，在生产、流通、储运过程中应实行检验检疫制度，保证中药材质量，防止病虫及杂草的传播，防止伪劣种子、菌种和繁殖材料的交易与传播；规定保存方法和时间；加强良种选育和配种工作，建立良种繁育基地；定期更新生产用种质，鼓励种质资源的引进和推广应用；逐步实现品种布局区域化；注意道地药材优良种质资源的保护、保存及繁育工作；应按动物习性进行药用动物的引种和驯化工作，捕捉及运输时应避免造成动物身体和精神的损伤，引种动物必须严格检疫，并进行一定时间的隔离与观察。

③ 栽培与养殖技术。药用动植物的生长发育阶段是其有效化学成分产生和富集的过程，其重要性不言而喻，该过程时间较其他环节长，涉及的栽培与养殖方法技术性高，较为烦琐。并且在不同的生长发育阶段，栽培或养殖要求不一样，故应根据具体品种制定不同生长发育期的技术性标准操作规程，并严格执行，以确保中药材的品质与产量。

a. 药用植物栽培技术与管理。药用植物的栽培技术包括种植要求、不同阶段的田间管理、施肥、灌溉和病虫防治等。种植时要根据药用植物生长发育的要求和植物种质与繁殖材料的特点，确定适宜的栽培区域、土地要求与播种方法。田间管理按阶段可分为苗期管理与成株管理。日常管理过程中，要掌握药用植物不同生长发育时期的需水规律，根据当地气候条件和土壤水分情况，适时合理地进行灌溉和排水，保持土壤的良好通气条件。同时根据药用植物生长发育特性及其入药部位，及时通过打顶、摘蕾、整枝、修剪、覆盖遮阴等方法来调控植株的生长发育，提高中药材的质量和产量。施肥技术包括选择肥料种类、施肥时间、方法和用量等内容，要求根据药用植物不同阶段的营养特点和土壤的供肥能力来定，应尽量施用有机肥，包括农家肥、商品有机肥料及微生物肥料等，其中农家肥一定要经充分腐熟达到无害化卫生标准，当药用植物生长发育确实需要使用某种化学肥料时允许限量使用；严格禁止使用未经过无害化处理的城市生活垃圾、工业垃圾、医院垃圾和粪便作肥料。对药用植物进行病虫害防治，要求采取综合防治策略。尽量少施或不施农药，必须施用农药时，应严格执行《中华人民共和国农药管理条例》的相关条款规定，尽量选用生物农药和用量少、高效、低毒和低残留农药，以降低农药残留和重金属污染，确保中药材的安全，保护生态环境，使土地能持续利用。要抓准病虫害防治的最佳时间，用最小的有效剂量来进行控制。

b. 药用动物养殖管理。药用动物养殖技术较药用植物种植技术要求高。药用动物驯化、养殖的方式和方法要根据其生存环境、食性、行为特点等生活习性及对环境的适应能力等来确定，要对每一种药用动物制定相应的养殖规程和管理制度。根据药用动物栖息、活动的行为特点，建造具有一定空间的养殖场所和必要的安全设施。对于群居药用动物，要根据养殖计划和育种需要，合理划分养殖区，确定种群的组成与结构，要有适当的密度。根据药用动物在不同生长周期的生理特点、季节昼夜活动规律，科学配制饲料，进行定时定量投喂。可适时适量补充精饲料、维生素、矿物质和其他必要的添加剂，但严禁添加激素、类激素等添加剂。饲料和添加剂应干净卫生、无污染。根据季节气候、气温等因素来确定喂水时间和次数。食草药用动物应尽量通过多食青绿多汁的饲料来补充水分。养殖环境应保持卫生清洁。选用合适的消毒剂，定期对养殖环境和设备进行消毒处理。对药用动物的疫病防治，应采取预防为主、治疗为辅的指导思想，按时进行疫苗接种。发现动物患病，应及时隔离和治疗。患传染病的药用动物应及时处死，火化或深埋。

④ 采收及初加工。适时采收和良好的初加工技术是保证中药材质量的重要因素，野生或半野生药用动植物的采收要坚持“最大持续产量”原则，有计划地进行野生抚育、轮采或封育，严禁乱挖滥采，利于野生药用动植物的繁衍更新，从而达到野生中药资源可持续利用的目的。对于人工种养殖的中药材，要充分考虑其质量和药用植物单位面积产量或动物养殖数量，并借鉴传统采收经验，来确定适宜的采收期（采收时间和采收年限）和采收方法。采收加工机械和器具应保持清洁卫生、无污染，存放在无虫鼠害和禽畜的干燥场所。加工场地要保持清洁通风，有遮阳、防雨和防鼠、防虫等的相应设施。加工方法要继承和发扬道地药材的传统加工方法，尽量将非药用部分和异物去除完全，严禁将中毒、感染疫病的药用动物和混有杂质、有毒物质、破损、腐烂变质部分的药用植物加工成中药材。

⑤ 包装、贮藏和运输。包装后的中药材成为商品，可进行贮藏、运输和销售。包装、贮藏、运输条件也影响中药材的质量和疗效，尤以贮藏条件为甚。鲜用中药材品种较少，可采用砂藏、罐贮、冷藏及生物保鲜等方法贮藏，尽量不使用保鲜剂和防腐剂。必须使用时，保鲜剂和防腐剂的种类及使用量要符合国家对食品添加剂的相关规定。一般药材要贮藏在通风、整洁、干燥、避光、密封性能好、能防鼠虫的库房，防止发霉腐烂、虫蛀、鼠咬、变色、泛油等变质现象发生。

⑥ 生产操作人员及管理人员。对进行第一线生产操作的人员及管理的人员进行专业知识和技能的培训，是保证中药材生产各个环节正常有序进行的有效方法，也是保证中药材质量的根本性人为因素。须进行中药材生产培训的人员包括栽培技术人员、采收与加工人员、包装和贮运人员以及质量检验员。培训的内容包括中药材 GAP 生产知识、国家相关政策法规和 GAP 档案管理等。

（2）评价中药材质量的指标与控制标准 鉴定和评价中药材真伪及质量优劣的常用方法有基原鉴定、性状鉴定、显微鉴定和理化鉴定。其中中药材的基原鉴定、性状鉴定和显微鉴定属于对中药材外在情况的衡量和评价，而理化鉴定主要是针对中药材所含有的化学成分而进行的，属于对内在指标的评价和衡量。通常要对待评定的中药材进行内外指标的综合分析，才能得出比较准确可靠的结论。具体的评价指标和控制标准有：

① 外观要求和肉眼可见杂质含量。每一味中药材都来源于独一无二的生物物种，其外观性状不可能完全相同，如海马外形被概括为“马头蛇尾瓦楞身”，优质的中药材在外观、气味上与劣质的也不相同，杂质属于非药用部分，通常具有不同于中药材的外观性状与性质。因此，评价中药材质量真伪、优劣的最基本、最简单的指标，就是其外观性状和杂质含量。现行版《中国药典》对每一味中药所具有的外观和杂质含量都有相关规定，其要求是中药材生产的主要依据和质量控制标准。常用性状鉴定法来分析中药材的外观和肉眼可见的杂质含量。

外观主要包括中药材的外表情况（表面颜色、形状、粗细、特征）、断面特征、质地、性味等，可通过肉眼仔细查看、手搓（或捏、压）、口尝和嗅闻来获取相关信息。如观察到真品羚羊角有“通天眼”，防风有“蚯蚓头”，优质的丹参呈暗红色，玄参偏黑色。优质的远志有土香味，而发霉变质的远志有霉味。

② 有效化学成分群的组成和含量。中药材能够治疗疾病的物质基础，是其组织细胞内的有效化学成分，因此，评价中药材质量的好坏，最根本也最可靠的指标是其所含有效化学成分群的组成和含量。目前，评价和控制中药材质量标准的方法主要参考现行版《中

国药典》，由于中药材种类繁多，每一味中药材的化学成分又具有复杂多样性，因此，药典标准主要是以中药材含有的某一活性成分含量高低作为评价中药材的内在质量标准。在中医临床上，运用中药的形式是组方用药，讲究君、臣、佐、使的配伍同用，强调的是处方药的整体协同作用。从化学角度来讲，组方的特点是多种化学成分的整体作用。因此，在确定中药材内在化学成分指标的时候，不能只进行单一活性成分的定性鉴别和含量测定，而是应该研究其有效化学成分群的组成和含量，以充分反映中医用药所体现的整体疗效。因此利用化学手段来检测有效化学成分的含量和组成情况是最有效的方法。

近些年，随着化学分析方法和分析仪器研制的快速发展以及对中药材质量研究的不断深入，逐步建立了一些较单有效成分评价指标更为科学的中药材质量标准与评价方法。如通过研究中药材化学成分的高效液相色谱（HPLC）、气相色谱（GC）、气质联用（GC-MS）、红外光谱（IR）、紫外-可见吸收光谱（UV-vis）、气相红外联用（GC-IR）、薄层色谱（TLC）等评价和控制中药材质量。化学成分指纹图谱整体反映的是中药材含有的多种化学成分对质量标准的贡献，尽管有些成分可能是未知的，但这些评价体系能全面整体地反映中药材有效化学成分群中每个单体种类和相对含量，特别适用于对一些有效成分不明的中药材进行质量评价。要着重强调的是化学指纹图谱必须在实验条件一致的情况下才能得到重复性好的实验结果，故对实验人员专业素质和分析仪器的要求较高。

a. 利用道地药材化学指纹图谱来控制中药材质量。长期以来道地药材的质量和疗效为中医临床和公众所认可，利用各种指纹图谱技术，建立道地药材的化学成分指纹图谱库，并将其作为中药材的质量标准和评价指标，是可行又有效的方法。既可达到评价和控制质量的目的，又能反过来强调道地药材传统生产加工技术的重要性，通过指纹图谱来比较各种传统生产方法与质量的关系，从而规范道地药材传统生产，使中药材质量稳定、有效、安全、可控。

b. 中药材规范化生产过程的质量控制与化学成分的指纹图谱。从建立起来的标准化学指纹图谱中选定指标性成分，将其作为衡量中药材 GAP 生产过程中各个环节的质量标准判定依据。至于指标性成分的选定，则是目前较为棘手的难题。因为在药用动植物的药用部分尚未形成或正在形成过程中，该指标性成分可能尚未产生或含量极低，从化学指纹图谱上可能寻找不到。如果实类中药，在果实形成之前或成熟之前，有很多因素都有可能对果实的形成和有效化学成分的产生、富集过程产生影响，进而影响其内在质量，而这些潜在的影响因素，可能并不能从指纹图谱上得到提示。因此，在研究中药现代化和国际化的大课题中，实施对中药材生产过程的质量评价与有效控制是待解决的新课题。

③ 重金属、农药残留量及卫生指标。我国中药出口在很长一段时间内因重金属超标、农药残留量超标及细菌、真菌、螨等污染造成卫生指标不符合要求而受到巨大的阻力。

重金属包括 Pb、As、Hg、Cr、Cd、Sn、Sb 及 Cu 等微量重金属元素，残留农药包括杀虫剂、杀菌剂、除草剂、除螨剂和杀鼠剂等。为保证中药材的用药安全，促进中药现代化和国际化，要对中药材所含的重金属、农药残留和卫生指标进行严格检测和控制，制定国际认可的限量标准。在中药材的生产过程中，应大力提倡和鼓励绿色中药材的种植养殖，提倡使用有机肥，特别是腐熟的农家肥，提倡使用高效、低毒、易降解的农药，尤其是生物农药，鼓励在生态自然环境优良的区域发展中药材的种植养殖。

2.4.4 中药饮片质量评价

2.4.4.1 中药饮片生产的相关法规

《中华人民共和国药品管理法》是目前药品生产、使用、检验的基本法律。其中第四章第四十四条明确规定："中药饮片应当按照国家药品标准炮制；国家药品标准没有规定的，应当按照省、自治区、直辖市人民政府药品监督管理部门制定的炮制规范炮制。省、自治区、直辖市人民政府药品监督管理部门制定的炮制规范应当报国务院药品监督管理部门备案。不符合国家药品标准或者不按照省、自治区、直辖市人民政府药品监督管理部门制定的炮制规范炮制的，不得出厂、销售。"这便是中药炮制所必须遵守的法规。

（1）国家标准 《中华人民共和国药典》（以下简称《中国药典》）自1963年版开始收载中药及中药炮制品，正文中规定了饮片生产的工艺流程、成品性状、用法、用量等；附录设有"中药炮制通则"专篇，规定了各种炮制方法的含义、具有共性的操作方法及质量要求，是国家级药物炮制的质量标准。

（2）颁布标准 1994年国家中医药管理局发布了关于印发《中药饮片质量标准通则（试行）》的通知，规定了饮片的净度、片型及粉碎粒度、水分标准，以及饮片色泽要求等，是部级的质量标准。

《全国中药炮制规范》为部级中药饮片炮制标准。该规范主要精选全国各省、自治区、直辖市现用的炮制品及其最合适的炮制工艺，还有相适应的质量要求，尽力做到理论上有根据，实践上行得通，每一炮制品力求统一工艺。附录中收录了"中药炮制通则"及"全国中药炮制法概况表"等。

（3）省级炮制规范 由于中药炮制具有较多的传统经验和地方特色，在有些炮制工艺还不能全国统一时，为了保留地方特色，各省、自治区、直辖市先后制订了适合本地的质量标准，如中药饮片炮制规范、中药材质量标准等。各炮制规范除了某些传统工艺外，应尽量与《中国药典》和《全国中药炮制规范》相一致，如有不同之处，应执行《中国药典》和《全国中药炮制规范》等国家级及部（局）级的有关规定。只有在国家与部（局）级标准中没有收载该品种或项目的情况下，才能制定适合本地的标准，同时应将地方标准报国务院药品监督管理部门备案。

2.4.4.2 中药饮片的质量标准

中药饮片的质量直接关系到临床用药的有效性和安全性。除依法炮制外，还应重视对饮片的包装、贮运等条件的选择和管理。

（1）来源 控制中药饮片的质量，必须固定产地，选用道地药材。要注意各地区用药习惯不同和同药异名、异药同名现象。中药材的采收季节、时间、方法以及产地加工，与中药材质量关系密切。采购的中药材必须标明出售商的名称及所售药材的名称、种属、产地、采集时间、加工方法及质量标准等。

（2）性状 性状是指饮片的形状、大小、色泽、表面、质地、断面（包括折断面或切断面）及气味等特征。性状主要是运用感官来鉴别，如用眼看、手摸、鼻闻、口尝等方法。

① 外形。中药饮片的片型及大小应符合《中国药典》2020年版（一部）、《国家中药饮片炮制规范》等的规定。根据药材特性和需要可将其切成薄片、厚片、丝、块，或为了

美观切成瓜子片、柳叶片或马蹄片等。切制后的饮片应均匀、整齐、色泽鲜明，表面光洁无污染，无长梗、连刀片、掉刀片、边缘卷曲等不合格饮片。切制后的饮片或经加工炮制后的饮片，其中破碎的药屑或残留的固体辅料均有一定的限量标准。一些药材不宜切制成饮片，或有临床上的特殊需要，或为了更好地保留有效成分，经净制处理后，用手工或机器粉碎成一定规格的颗粒或粉末。颗粒大小应均匀、无杂质，粉末应符合《中国药典》2020 年版（一部）的相关要求。

观察饮片形状时，一般不需预处理，如观察很皱缩的全草、叶或花类时，可先浸湿使软化后，展平，观察。观察某些果实、种子类时，如有必要可浸软后，取下果皮或种皮，以观察内部特征。测定饮片大小时，一般应测量较多的供试品，可允许有少量高于或低于规定的数值。测量时应用毫米刻度尺。对细小的种子或果实类，可将每 10 粒种子紧密排成一行，以毫米刻度尺测量后求其平均值。《中药饮片质量标准通则（试行）》规定：饮片中的异形片不得超过 10%；极薄片不得超过该片标准厚度 0.5mm；薄片、厚片、丝、块不得超过该片标准厚度 1mm；段不得超过该段标准长度 2mm。

② 色泽。中药炮制对制品的色泽有特殊要求。其意义如下。a. 便于饮片的鉴别：中药饮片分为生饮片和熟饮片，生饮片有其固有的色泽，如黄芪，表面显黄白色，内层有“菊花心”环纹及放射状纹理。再如大青叶，日晒太久或贮存时间过长，颜色会褪去，其药效也会受到影响。一些炮制后的熟片比原来颜色加深，有的则是改变了原来的颜色。b. 判定饮片炮制的程度：在炮制过程中常根据饮片表面或断面的色泽变化作为判断炮制程度的直观指标，如甘草生品黄色，蜜炙以后则变为老黄色；药材制炭后则成为炭黑色或黑褐色。c. 评价饮片的质量：饮片的色泽变化也是反映其内在质量的一项重要指标，如熟地黄，以切面乌黑油亮者为佳；红花变黄，白芍变红，皆说明其内在成分已发生变化。另外，中药材软化切制的过程也会影响饮片的色泽，如黄芩用水冷浸后会变绿色，蒸制后则保持黄色。

《中药饮片质量标准通则（试行）》规定：各饮片的色泽除应符合该品种的标准外，色泽应均匀。炒黄品、麸炒品、土炒品、蜜炙品、酒炙品、醋炙品、盐炙品、油炙品、姜汁炙品、米泔水炙品、烫炙品等，含生片、粉片不得超过 2%；炒焦品，含生片、糊片不得超过 3%：炒炭品，含生片和完全炭化者不得超过 5%；蒸制品，应色泽黑润，内无生心，含未蒸透者不得超过 3%；煮制品，含未煮透者不得超过 2%，有毒药材应煮透；煨制品，含未煨透者及粉片不得超过 5%；煅制品，含未煅透及灰化者不得超过 3%。饮片色泽鉴别通常应在日光灯下观察，如用两种色调复合描述色泽时，以后一种色为主。例如，黄棕色，即以棕色为主。另外，也可采用仪器辅助测定饮片色泽，如色彩色差计，能利用仪器内部的标准光源照射样本，样本选择性吸收、反射或散射光线，光电探测器检测反射光并与标准光源进行比较、计算，从而对饮片的颜色进行客观的综合评价。

③ 气味。中药饮片的气味与其内在质量有着密切的关系，影响临床疗效，而中药炮制又往往会影响中药的气味。因此，中药饮片的气味也是评价其内在质量的重要依据之一。如檀香有清香，阿魏有浊臭气，桂枝有辛辣味等。一些芳香类中药有浓郁的香气，多生用，在干燥或贮存过程中应密切注意挥发油的存逸。饮片经炮制后，气味多发生变化，或变淡，或矫正其原有的异味，有些饮片因辅料的加入，除具有原有药物气味外，还具有辅料的气味。如清炒可以使饮片产生焦香气，酒炙饮片有酒香气，醋炙饮片有醋香气，盐炙品有咸味。另外，如树脂类药物、动物类药物常通过炮制矫味去腥，以利于服用。

检查饮片气味时，可直接嗅闻，或在折断、破碎或搓揉时嗅闻。必要时可用热水湿润后检查。检查饮片味感时，可取少量直接口尝，或加热水浸泡后尝浸出液。有毒药材和饮片如需尝味时，应注意防止中毒。另外，电子鼻能以特定的传感器和模式识别系统快速提供被测样品的整体信息，指示样品的隐含特征，从而对饮片的气味进行客观评价。

（3）鉴别 鉴别系指鉴定识别中药饮片真伪的方法，包括经验鉴别、显微鉴别和理化鉴别3类。

① 经验鉴别。经验鉴别系指用简便易行的传统方法观察供试品的颜色变化、浮沉情况以及爆鸣、色焰等特征。

② 显微鉴别。显微鉴别系指用显微镜观察供试品切片、粉末或表面等的组织、细胞或内含物等特征。《中国药典》对多种中药材进行了显微鉴别规定，但经过炮制加工后，饮片与原药材的显微鉴别有着一定区别。中药饮片经炮制后，去除了非药用部位，当进行组织检验时，不得检出非药用部位组织。中药饮片经加水、加热炮制后，组织中的淀粉粒、糊粉粒、菊糖、黏液质等均受到不同程度影响，这些变化可以鉴别饮片的炮制程度及生熟情况。另外，有些中药干粉、切片或浸出液可置于载玻片上，滴加某些化学试剂产生沉淀或结晶，在显微镜下观察反应结果，从而进行显微理化鉴别。

③ 理化鉴别。理化鉴别系指用化学或物理的方法，对供试品中所含某些化学成分进行的鉴别试验。理化鉴别主要包括一般理化反应、光谱、色谱等方法。

a. 一般理化鉴别：一般理化鉴别包括显色反应、沉淀反应、荧光现象、升华现象等。这些常见的理化反应，是中药饮片鉴别的重要手段。试验时，常用生品药物做阳性对照，应充分考虑到炮制对理化反应的影响。

b. 光谱鉴别：当一些饮片无法建立专属性鉴别时，对含有的化学成分进行紫外-可见、红外、原子吸收光谱的鉴别，也是一类较好的鉴别方法。例如，部分中药饮片中所含成分在紫外光区内有较强吸收；对牛黄、血竭、熊胆等饮片，采用红外检测效果良好；对生药中微量元素的含量检测，可采用原子吸收分光光度法。

c. 色谱鉴别：目前对中药进行薄层色谱、液相色谱或气相色谱鉴别，已经比较普遍。《中国药典》对大部分中药饮片，都规定了薄层色谱鉴别和液相色谱含量测定方法判定标准。但对饮片进行色谱鉴别时，不能完全照搬生品的方法和条件。对中药炮制前后的整体变化，采用色谱特征指纹图谱进行整体鉴别，能更全面地鉴别饮片优劣。

（4）净度 净度是指中药炮制品的纯净程度，可以用炮制品含杂质及非药用部位的限度来表示。中药炮制品的净度要求是不应该含有灰屑、泥沙、杂物、霉烂品、虫蛀品及非药用部位等。非药用部位主要是果实种子类药材的皮壳及核，根茎类药材的芦头，皮类药材的栓皮，动物类药材的头、足、翅，矿物类药材的夹杂物等。《中药饮片质量标准通则（试行）》中规定：果实种子类、全草类、树脂类含药屑、杂质不得超过3%；根类、根茎类、叶类、花类、藤木类、皮类、动物类、矿物类及菌藻类等含药屑、杂质不得超过2%；炒制品中的炒黄品、米炒品等含药屑、杂质不得超过1%；炒焦品、米炒品等含药屑、杂质不得超过2%；炒炭品、土炒品等含药屑、杂质不得超过3%；炙品中酒炙品、醋炙品、盐炙品、姜炙品、米泔炙品等含药屑、杂质不得超过1%；药汁煮品、豆肉煮品、煅制品等含药屑、杂质不得超过2%；发酵制品、发芽制品等含药屑、杂质不得超过1%；煨制品含药屑、杂质不得超过3%。

检查方法：取定量样品，拣出杂质，草类、细小种子类过三号筛，其他类过二号筛。药屑、杂质合并称量计算。

（5）破碎度 有的中药不宜切成饮片，或因临床上的特殊需要，或为了更好地保留有效成分，经净制处理后，用手工或机器直接破碎成不同规格的颗粒，颗粒的大小可用破碎度表示。

(6) 水分 水分是控制中药及其炮制品质量的一个基本指标。饮片的水分主要是炮制过程中残存的和贮藏过程中吸收的。

中药炮制品中含水过多容易造成发霉变质、虫蛀等，严重者可使有效成分分解，从而降低疗效，也减少了配方的实际用量；含水量过少也会影响饮片的质量，如胶类饮片，含水量少时可造成干裂而成为碎块。所以，控制炮制品中的水分，对于保证炮制品的质量和贮藏保管都有重要意义。按炮制方法及各中药的具体性状，一般炮制品的水分含量宜控制在7%～13%。《中药饮片质量标准通则（试行）》中规定各类炮制品的含水量：蜜炙品不得超过15%；酒炙品、醋炙品、盐炙品、姜汁炙品、米泔水炙品、蒸制品、煮制品、发芽制品、发酵制品均不得超过13%；烫制后醋淬制品不得超过10%。

(7) 灰分 灰分是将炮制品在高温下灼烧、灰化，所剩残留物的重量。将干净而又无任何杂质的合格炮制品高温灼烧，所得灰分称为"生理灰分"。如果在总灰分中加入稀盐酸滤过，将残渣再灼烧，所得灰分为"酸不溶性灰分"。两者都是控制饮片质量的基本指标。因为饮片质量稳定时这两者都在一定范围之内。在检测炮制品的质量，特别是纯净度方面，灰分是极其有用的指标。

一般情况下中药炮制品的灰分是合格的，而灰分不合格多数是因为混入泥沙等杂质。如炮制时处理不当，砂烫、滑石粉烫、蛤粉烫和土炒等制法中辅料去除不净时，灰分自然超标。另外在运输和贮藏过程中有泥沙等混入，也会造成灰分超标。因此，灰分的测定是控制炮制品纯净度的有效方法。

(8) 浸出物 浸出物是中药炮制品用不同溶剂浸提，所得的干膏。炮制品加入溶剂，经过浸润、渗透-解吸、溶解-扩散、置换等作用，使大部分物质都被提取出来。以此也可以衡量炮制品的质量，尤其是对那些有效成分尚不完全清楚或没有准确定量方法的炮制品，是非常有用的指标。

根据炮制品中主要成分的性质和特点，可选用不同的溶剂。一般最常用的溶剂是水和乙醇，所以也称水溶性浸出物和醇溶性浸出物。

(9) 有效成分 中药有很好的治疗作用，主要是因其具有相应的有效成分。如黄连中有具有抗菌消炎作用的小檗碱；苦杏仁中有具有止咳平喘作用的苦杏仁苷；藤黄中有具有抗肿瘤作用的藤黄酸、新藤黄酸；槐花中有具有止血作用的槲皮素、鞣质等。值得注意的是，大多数中药经炮制加工后其有效成分的含量发生变化，如肉豆蔻煨制后具止泻作用的甲基丁香酚和异甲基丁香酚含量增加；含苷类中药加热炮制以达到"杀酶保苷"的作用；荆芥炒炭后产生新的成分而具止血作用。因此，测定中药炮制品有效成分及有效成分群的含量，是控制中药炮制品质量的首选方法。研究中药炮制后有效成分发生量变、质变的规律，有利于揭示炮制减毒增效的科学内涵，解释炮制原理。随着国家对中药炮制研究的重视及中药饮片GMP标准的实施，将会有更多的中药炮制品有效成分含量标准出台。这对保证中医临床用药安全有效和中医药走向世界都有非常重要的意义。

(10) 有毒成分 部分中药既含有效成分，也含有毒成分。中药炮制最理想的目标是使有效成分含量增加，有毒成分含量降低，即减毒增效。对于中药的有毒成分，一方面通过炮制降低其含量，另一方面可通过炮制将其转化为无毒的有效成分或毒性较低、临床用药安全的成分。如马钱子中的士的宁和马钱子碱毒性很强，通过炮制两种成分均发生异构化，生成氮氧化物后毒性大大降低，而疗效不减；又如川乌、草乌、附子等含有的双酯型乌头碱毒性很强，通过炮制脱酯后毒性大幅度下降。剧毒中药必须经过炮制才能用于临床，而且是在规定地点炮制。为保证饮片的质量，应该实行中药饮片批准文号管理，标明有效成分、有毒成分的含量及其他常数。《中国药典》2020年版规定：制川乌含双酯型生物碱以乌头碱（$C_{34}H_{47}NO_{11}$）、次乌头碱（$C_{33}H_{45}NO_{10}$）及新乌头碱（$C_{33}H_{45}NO_{11}$）的总量计不得过0.040%，含苯甲酰乌头原碱（$C_{32}H_{45}NO_{10}$）、苯甲酰次乌头原碱（$C_{31}H_{43}NO_{9}$）、苯甲酰新乌头原碱（$C_{31}H_{43}NO_{10}$）的总量应为0.070%～0.15%；马钱子含士的宁（$C_{21}H_{22}N_{2}O_{2}$）应为1.20%～2.20%，马钱子碱（$C_{23}H_{26}N_{2}O_{4}$）不得少于0.80%等。

（11）有害物质 中药炮制品中的有害物质主要是指重金属、砷盐及残留的农药。这些有害物质的存在是影响中药材、饮片及中成药质量的重要因素，并直接影响中药的出口。通过炮制使饮片中的重金属、砷盐含量及农药残留量降低，显然具有非常重要的意义。《中国药典》和中华人民共和国对外贸易经济合作部的《药用植物及制剂进出口绿色行业标准》中对药用植物原料、饮片、提取物及其制剂等规定了重金属及砷盐的限量：重金属总量＜20.0mg/kg，铅（Pb）≤5.0mg/kg，镉（Cd）≤0.3mg/kg，汞（Hg）≤0.2mg/kg，铜（Cu）≤20.0mg/kg，砷（As）≤2.0mg/kg，六六六（BHC）≤0.1mg/kg，滴滴涕（DDT）≤0.1mg/kg，五氯硝基苯（PCNB）≤0.1mg/kg，艾氏剂（Aldrin）≤0.02mg/kg。2020年版《中国药典》首次规定了西洋参中铅（Pb）≤5.0mg/kg，镉（Cd）≤1mg/kg，汞（Hg）≤0.2mg/kg，铜（Cu）≤20.0mg/kg，砷（As）≤2.0mg/kg。

（12）微生物 中药饮片及其制剂均会受到杂菌的污染，因此为了保证其质量要检查细菌、霉菌及活螨等。主要有细菌总数、霉菌总数及活螨等，还应检查大肠埃希菌、沙门菌等。

（13）包装 中药饮片包装的目的是保护饮片不受污染，便于运输和贮藏，并有美观之意。因此，中药饮片应选用在贮藏和运输期间能保证其质量的包装材料和容器。目前发展迅速的无菌包装、真空包装等都可以达到上述目的，并且能防止微生物的侵害，又可避免环境温度、湿度的影响。包装必须印有或者贴有标签，注明品名、规格、产地、生产企业、产品批号、生产日期，如果是实施批准文号管理的中药饮片，还必须注明批准文号。所以，检查中药饮片的包装也是保证其质量的关键环节。

2.4.4.3 中药饮片的贮藏保管

（1）中药饮片的贮藏

① 传统贮藏保管方法。传统贮藏保管方法主要有通风、晾晒、吸湿、密封、对抗等。传统方法既简单又实用，成本低，因此，迄今为止仍是广泛应用、最基本的贮藏方法。

a. 通风法：首先在保证库房及其周围环境清洁卫生、避免污染的情况下要经常通风。通风的目的是把库房的潮湿空气换出去，保持库房适宜的空气环境。

b. 晾晒法：随时观察库房的潮湿程度，如有受潮现象，及时晾晒，所谓“遇晴明向日旋曝”，但也要根据饮片性质而定。

c. 吸湿法：传统的吸湿方法是在库房内撒一层生石灰、木炭或草木灰等以吸收水分，但此法在现今的库房中已很少用了。小包装中药饮片常用氯化钙或硅胶等作为吸湿剂。

d. 密封法：是隔绝空气、湿气的一种贮藏方法。如细贵中药人参、鹿茸、冰片、熊胆、牛黄、猴枣等可用适当容器单独密封。同时还可以加入干燥剂，防霉、防蛀效果更好。大量贮藏可建密封库、密封室。密闭贮藏只是不让尘土和异物进入，并不能隔绝空气，只适用于不易发霉和泛油的一般炮制品。密封的现代技术已经发展到真空密封，将中药饮片放入合适的容器，抽真空后密封。

e. 对抗法：是将两种或两种以上的中药饮片放在一起保存，以防止虫蛀或霉变的一种贮藏方法。如牡丹皮与富含粉类的泽泻、山药、白术、天花粉等同贮；花椒与动物类中药蕲蛇、白花蛇、蛤蚧、全蝎、海马等同贮；人参与细辛同贮；冰片与灯心草同贮；土鳖虫与大蒜同贮；胶类（鹿角胶、阿胶等）与滑石粉或米糠同贮可防止粘连；荜澄茄、丁香等与人参、党参、三七等同贮。

另外，乙醇或白酒是良好的杀菌剂，将易生虫、发霉的中药饮片与乙醇或白酒一起密封保存，也是一种很好的贮藏方法。该法的关键是密封不透气，否则就没有意义了。多数中药饮片都适用此法，如动物类的蕲蛇、乌梢蛇、地龙、蛤蚧等，种子类的柏子仁、郁李仁、酸枣仁等，含糖多的中药、贵重中药均可用此法贮藏。

② 现代贮藏保管方法

a. 气调养护法：气调养护是 20 世纪 80 年代兴起的一种新技术，是调节贮藏室内不同气体的比例来影响微生物和仓虫的新陈代谢，以达到养护目的的贮藏方法。其原理简单，就是降氧充氮，或降氧充二氧化碳。氧气是微生物和仓虫生存的必需条件，而氮气为惰性气体，无毒无臭；二氧化碳也使仓虫和微生物无法生长。通过降氧充氮或二氧化碳达到杀虫防霉的作用。该法的特点是费用低，不污染环境和炮制品，劳动强度小，质量好，易管理，同时对保持中药饮片的色泽也是非常有效的方法。

b. 气幕防潮法：气幕又称气帘或气闸，是装在库房门上，配合自动门以防止库内冷空气排出库外、库外潮热空气侵入库内的装置，可达到防潮的目的。有关实验结果表明，采用本法，即使在梅雨季节，库内相对湿度和温度也相当稳定。

c. 低温冷藏法：利用机械制冷设备降温，抑制微生物和仓虫的滋生和繁殖，从而达到防蛀、防霉的目的。

d. 机械吸湿法：利用空气除湿机吸收空气中的水分，降低库房的相对湿度，也可达到防蛀、防霉的效果。该法费用较低，不污染中药饮片，是一种较好的除湿方法。

e. 无菌包装法：先将中药饮片灭菌，然后装入一个杂菌无法生长的容器内，避免再次污染。在常温下，不需添加任何防腐剂或采用冷冻设施，在规定时间内不会发生霉变。一般中药饮片经灭菌后均有二次污染的可能，达不到预期的防霉效果。而将灭菌与无菌包装结合起来就可防止二次污染。进行无菌包装时要具备三个基本条件：一是包装环境无菌；二是贮藏物无菌；三是包装容器无菌。无菌包装过程中，对产品及容器的灭菌很重要，目前的无菌包装材料多采用聚乙烯。聚乙烯不适用于蒸汽灭菌，最宜采用环氧乙烷混合气体灭菌法。无菌包装是中药饮片较适宜采用的贮藏保管方法。

f. 环氧乙烷法：环氧乙烷是一种气体灭菌杀虫剂。其作用机制是与细菌蛋白分子中氨基、羟基、酚羟基或巯基中的活泼氢原子起加成反应生成羟乙基衍生物，使细菌代谢受阻而产生不可逆的杀灭作用。其特点是有较强的扩散性和穿透力，对各种细菌、真菌及昆虫、虫卵均有十分理想的杀灭作用。缺点是残留量大，故通风时间要长；此外就是易燃。为了克服易燃的缺点，用环氧乙烷与氟利昂按一定比例配合，更安全有效。

g. 埃-京氏杀虫法：为一种杀灭中药饮片害虫的新方法，是应用 CO_2 加压一定时间，接着迅速降压，利用动物器官对加压后迅速降压罕能耐受的特性，有效地把害虫杀死。实验结果表明，害虫的死亡率与压力、作用时间成正比。不同种害虫的耐受性也不同，一般应用 40～50bar[1] 的压力，加压 10～20min，接着迅速降压，就可有效地把害虫杀死。

h. ^{60}Co-γ射线辐射法：^{60}Co 放射出的γ射线有很强的穿透力和杀菌能力，其是目前较理想的灭菌方法，但需专门设施，不是任何仓库都能用的。该法已成为中药材、中药饮片和中成药灭菌最实用的方法。

（2）中药饮片的仓储管理

① 入库管理。中药饮片入库后，要做入库登记，应按凭证核对品名、规格、数量，并鉴别、检验，确认质量优劣、品种真伪，详细记载每批药材饮片质量验收的情况。质量合格者由仓库质检人员开具入库单，方可入库。对质量不合格、货单不符的饮片，仓库质量管理、检验人员有权拒收，或单独存放，注以明显标志，并将情况及时向领导和有关部门反映。入库管理是保证不合格药材饮片不入库和入库无差错的手段。

② 在库管理。饮片保管人员应熟悉商品质量性能及储存要求，药材饮片入库后，按不同的自然属性进行分类，按区、库、排、号科学储存，做到内用药与外用药饮片分开存放，毒剧和贵细中药饮片分别存放并建立相应的库存养护设施，专人专库双人双锁保管，并有明显标志。在药材的垛前要有卡片，记载药材饮片的名称、规格、数量、收发情况，账、物、卡要一致。长期储存的怕压或发热易燃的饮片应定期翻整倒垛。货垛之间采取必要的隔垫措施，并加强检查。退货的饮片要单独堆放，及时处理。因质量问题而退货的商品经返工后必须重新检验合格后方能返回仓库。退货商品要进行记录（包括退货单位、日期、品名、规格、数量、退货理由、检查结果、处理日期及处理情况等内容），并将记录保存两年。

③ 出库管理。药材饮片出库必须贯彻“先产先出”“近期先出”和按批号发货的原则。出库必须有出库凭证并进行复核，按出库凭证对饮片名称、规格、数量、产品批号、注册商标、外观质量进行复核确认后方可出库。

（3）中药饮片贮藏的养护管理 为规范饮片养护管理行为，确保饮片贮藏养护质量，中药饮片养护工作的具体任务应包括以下几点。

① 人员。指导保管员对饮片进行合理贮存，养护员要熟悉中药饮片养护知识，根据季节气候变化和中药饮片性质做出变异预测。

② 养护。对中药饮片按其特性，采取相应的养护方法。积极采取检查、预防措施，坚持以防为主、防治结合的方针，防止中药饮片变异，把好保管养护关。

③ 检查。认真做好库存中药饮片质量定期循环检查，对质量易变的中药饮片应增加检查次数，高温季节应增加检查次数，并对检查的结果做好记录。发现有质量问题品种时，应马上采取处理措施。检查在库中药饮片的储存条件，配合保管人员进行仓间温、湿度等管理。在质量检查中，对由于异常原因可能出现问题的中药饮片应暂停出库，抽样送检，提出处理意见和改进养护措施，对有问题的饮片进行必要的处理。

④ 管理。建立中药饮片养护档案，定期汇总、分析和上报养护检查、近效期或长时间储存的中药饮片的质量信息。

（4）中药饮片贮藏的质量控制 库存药品质量检查是整个中药饮片质量控制的重要环节，也是中药仓库商品保管中的一项重要工作。通过检查可以及时了解各类中药的质量变化情况，有利于采取防护措施，确保质量达标。库存饮片检查的时间和方法，应根据库存饮片的性质、特点，结合季节气候、储存环境等多方面的情况来确定。

① 中药饮片入库前的质量控制。入库前要检查每一批次中药饮片的含水量、变质情

---

[1] 1bar＝0.1MPa。

况等。若发现含水量超过安全范围或发霉、生虫者，需经适当处理后方可入库。这是保证中药饮片仓储不变质的前提条件。对中药饮片的每次进货数量，应根据实际需要，采取适量、多次进货方式，保持库存饮片在合理周转期内。

② 中药饮片入库后的质量控制。中药饮片入库后，由于受到外界环境因素的影响，随时都有可能出现各种质量变化现象，因此，除需采取适当的保管、养护措施外，还必须经常和定期进行在库检查，通过检查，及时了解药材饮片的质量变化，以便采取相应的防护措施，以减少损失和防止蔓延。检查按时间类型可分为以下几种。

a. 经常性检查：由保管员在日常工作中对库存商品轮番检查，一般要求在1个月内对所保管的商品检查一次。

b. 不定期性检查：一种是配合上级领导部门所组织的临时性检查；另一种是在台风暴雨、雨汛期等突然性气候变化的前后，临时检查仓库房屋有无漏水或其他不安全因素，以及露天货垛是否苫盖严密，药品有无损失等情况，应做到边检查边研究解决问题的办法。

c. 定期性检查：一种是由仓库主管人员，定期对仓库药材商品进行全面性检查，了解库存商品结构情况，掌握重点养护药品的品种、质量和数量，做到心中有数。另一种是养护专业人员检查，重点是检查在库商品的质量。每年5月至9月，是中药仓库防霉保质的重要时期，因为在这时期温度高，湿度大，害虫繁殖传播快，库存商品极易发生各类变异。所以在这期间，要组织有经验的养护人员，定期轮番对库存商品进行检查，以便及时发现变化情况，采取防治措施。

③ 保管期间的库房质量控制。对库房的门、窗、通风设备、电气设备等，要经常检查，特别是雨季，一旦发现问题，及时解决。检查时间基本上按中药性质而定。重点商品每星期检查1次；一般商品每半个月检查1次；每月全面检查1次。对每种商品的检查情况必须做好记录。检查人员要随时与验收员取得联系，了解商品入库时的检验情况。

④ 中药饮片货垛间距要求与色标管理

a. 中药货垛间距要求：垛与垛的间距不小于100cm。垛与墙的间距不小于50cm；垛与梁的间距（下弦）不小于30cm；垛与柜的间距不小于30cm；垛与地面的间距不小于10cm；库房内主要通道宽度不小于200cm；库房水暖散热器、供暖管道与储存药品的距离不小于30cm。

b. 仓储中药饮片的色标管理：色标管理是各地药厂、药房药店、各级药材公司、医院药剂科和相关企业都必须贯彻执行的一种中药（含中药材、饮片及中成药等）管理措施，它是药库质量管理的重要内容及目前的一种先进管理方法，也是仓储工作检查的重点和衡量药库管理工作好坏的标志之一。因此，仓储中药应严格执行国家规定的色标管理。即：待验品标以黄色色标；合格品标以绿色色标；不合格品标以红色色标。

（5）贮藏保管的注意事项 中药饮片的贮藏保管是一项极其重要的任务，首先要有高度的责任心，其次是运用先进技术，进行科学贮藏与管理。要随时注意季节和贮藏时间的变化，保证先进先出，要勤检查、勤通风、勤倒垛。

2.4.5 其他

2.4.5.1 中药微粉生产工艺及质量要求

（1）制备工艺研究

① 中药材的鉴定与前处理。中药的真伪鉴定与前处理是保证单味中药超微饮片质量

的基础，质量把关必须从源头抓起。因此，投料前原料药材必须经过真伪优劣的鉴定，并按《中国药典》2020年版一部的要求，进行性状鉴别、含量测定及重金属、砷盐、残留农药等检验，符合规定者方能验收入库。单味中药超微饮片系中药材加工制成，所有药材必须按《中国药典》2020年版一部进行规范化炮制加工，其对于净制、切制、炮制及烘烤温度、时间、水分等制定了严格的操作规范。

② 粉碎方法。根据中药材质地、理化性质选择不同的粉碎方法。粉碎方法有单独粉碎、干法粉碎、低温粉碎等。粉碎设备类型主要为振动粉碎，部分品种宜采用气流粉碎。

③ 制粒方法及条件。中药材或饮片经超微粉碎成超微粉后，比表面积增大，表面能升高，易发生聚集、黏附，故流动性不好，且在贮存、运输中吸湿性较强，稳定性差。为此根据中药的理化性质进行了湿法和干法制粒的试验研究，采用湿法制粒的多数品种以水及不同浓度的乙醇作为润湿剂，少数品种采用淀粉浆等作为黏合剂。

④ 灭菌方法。根据中药所含化学成分的理化性质，中药超微饮片制备工艺中分别采用微波灭菌、^{60}Co-γ射线辐照灭菌、臭氧灭菌等不同灭菌方法，以保证超微饮片的微生物限度符合有关规定。

⑤ 包装方法。真空包装系近年来发展较为迅速的包装方法。通过真空包装使药物具有良好的阻隔性，达到防潮、防霉变的目的，以延长其保质期。对于动物类、含糖较多的药物，宜采用真空包装；其他药物可采用铝塑复合膜热压包装。

⑥ 加工过程中设备对重金属的影响。粉碎和制粒设备有可能带来重金属污染，因此需对超微饮片与其传统饮片进行重金属对比分析，确保有关设备不会对成品带来重金属污染。

（2）质量标准研究

① 粉末显微特征鉴别及粒度测定。中药材超微粉碎成超微粉后难以辨认，采用显微图像法与激光衍射法相结合的方法对100种单味中药超微粉进行显微鉴别及粉末粒度检测研究，与细粉进行比较。结果表明，由于超微粉碎使药材细胞破壁率提高，与细粉比较，部分细胞破碎、细胞尺度明显改变。微粉的粒度分布为1～75μm，细粉为1～150μm。

② 鉴别研究。对动物类、植物类单味中药超微饮片全部建立了薄层色谱鉴别，采用对照品、对照药材为对照，专属性较强，可作为超微饮片的重要鉴别手段。同时，对乌梢蛇、金钱白花蛇、蕲蛇制订了DNA鉴别图谱。

③ 检查项目的研究。建立了浸出物、水分、灰分、重金属、砷盐及微生物限度的检查方法。

④ 有效成分（或指标成分）的含量测定。参照《中国药典》，对百余种单味中药超微饮片建立了含量测定方法。

⑤ 指纹图谱的研究。中药材的指纹图谱系标志了该中药材化学组分特征的色谱图，采用高效液相色谱法得到的指纹图谱既能判断该药材“共性”的真伪，又能反映不同产地药材的“特性”，从而能够综合反映该药材各主要组分的情况，并从整体上控制中药的质量。

⑥ 用法用量的确定。参照《中国药典》一部用法用量，并参考历代文献中各药味入丸、散剂的用量，根据超微饮片与其传统饮片浸出物、指标成分溶出量对比试验结果，确定超微饮片的服用方法为开水浸泡10～20min后取药汁服用。用量照《中国药典》2020

年版一部的上限不变，下限降低 1/3～1/2。

⑦ 规格制订。为了方便中医临床配方，根据各药味的用量，确定不同的包装规格。

⑧ 贮存条件的制定。单味中药超微饮片应密闭，置于阴凉干燥处。根据稳定性试验结果，其有效期暂定为 2 年。

2.4.5.2 配方颗粒生产工艺及质量要求

（1）工艺研究

① 原料的检验与前处理

A. 原料的品种检验：中药材的真伪鉴定及前处理是保证单味中药超微配方颗粒质量的基础，质量把关必须从源头抓起。因此，投料前原药材必须按《中国药典》2020 年版一部、国家标准或地方标准，进行性状鉴别、含量测定及重金属、砷盐、农药残留等检验，符合规定者方能入库。

B. 原料的前处理：单味中药超微配方颗粒系中药饮片加工制成，所有原料必须按《中国药典》2020 年版一部与《中药材炮制规范》及各省中药材炮制规范进行规范化炮制加工。对净制、切制、炮制等制订了严格的操作规范。

a. 净制：净选加工是中药炮制的第一道工序，是药材制成饮片前的基础工作。净选是除去非药用部位、杂质及灰屑等，并进行必要的洁净处理，如淋洗、漂洗等，使其达到药用标准。

b. 切制：将净制后的药材进行软化，切成一定规格的片、丝、块、段等，其目的是利于调配与炮制。

c. 炮制：未注明炮制要求的品种均指生药材，应按《中国药典》炮制通则的“净制”“切制”项进行处理，其余均按《中国药典》及各省药材炮制规范进行炮制。

C. 原料的普通粉碎：普通粉碎系指常规粉碎，中药经普通粉碎可制成最粗粉、粗粉、中粉、细粉、最细粉。其中，最粗粉系指能全部通过一号筛（2000μm±70μm），并含能通过三号筛不超过 20%的粉末。一般而言，普通粉碎对中药原料不会造成质的改变，因此，工艺参数的考察主要以出粉率为评价指标。

② 灭菌工艺的研究

A. 主要灭菌方法简述

a. 微波灭菌：微波灭菌系利用微波穿透物质使之吸收微波能量，并转化为热能而呈现灭菌作用。微波灭菌采用频率为 2450MHz±50MHz 的电磁波，其灭菌效果是微波的热效应与生物效应共同作用的结果。微波灭菌适用于不含热敏性成分、含糖量较低、熔点较高的物料灭菌。

b. ^{60}Co 灭菌：^{60}Co 是应用放射性同位素^{60}Co 产生 γ 射线杀菌的方法，γ 射线频率高达 $3.0\times10^{18}\sim3.0\times10^{21}$ Hz，其特点是可不升高药品的温度，大剂量照射时灭菌温度只升高约 3.6℃，特别适用于某些含热敏性成分品种的灭菌。

B. 灭菌方法的选择。为保证中药超微配方颗粒的微生物限度符合要求，有人对微波灭菌与^{60}Co 灭菌两种不同的灭菌方法进行了比较研究。结果表明，中药超微配方颗粒应根据不同品种所含药效成分的理化性质及相关研究资料选择微波灭菌或^{60}Co 灭菌。两种灭菌方法均具有安全有效、快捷方便的特点，能保证中药超微配方颗粒的微生物限度符合有关规定。

③ 超微粉的制备。超微粉碎是指利用机械或流体动力的方法，将物料颗粒粉碎至微

米甚至纳米级微粉的过程。微粉或超微粉、超细粉等均是超微粉碎的产品。超微粉碎用于中药制药领域，产生的超微粉体、超细粉体、微米中药、微粉中药、纳米中药等，均为超微粉碎最终产品的称谓，其粉碎效果以粒度（或粒径）作为评价指标。

中药饮片一般来源于天然植物根茎、花及花粉、叶、果实及种子，它们通常含有丰富的纤维、木质素、胶质、淀粉及多种药效成分，有着植物固有的强度、硬度、脆性、韧性等特性。为了保证其功能，以常温或低温下粉碎更好。《中国药典》规定，极细粉系指全部通过八号筛，并含能通过九号筛（75μm±4.1μm）不少于95%的粉末，极细粉的粒径与超微粉基本相当。

A. 粉碎方法的选择。超微粉碎可分为干法粉碎与湿法粉碎两类。干法粉碎又有单独粉碎、混合粉碎等；湿法粉碎即传统的“水飞法”，在大生产中改进为机械“加液研磨法”等。中药超微配方颗粒用于中医临床配方，故采用单独粉碎，除个别品种外均为干法粉碎。

B. 设备选型

a. 气流粉碎机：超音速气流粉碎是利用高速气流撞击粉碎的原理将中药超微细粉化，利用离心式微粉分级机对物料进行分级。超音速气流粉碎分级机对物料实现全密闭、干式、低温、瞬间超微粉碎与分级。气流粉碎过程无任何污染，并且可通过控制外环境而使粉碎在低温下进行，避免了对热不稳定成分的破坏，适用于高硬度、强韧性、强纤维性、低熔点及热敏性物料的粉碎。超音速气流粉碎分级机粉碎范围广，分级精度高，产量大，磨损小，不改变物料的化学性质，不污染产品和环境。

b. 普通振动粉碎机：振动粉碎是利用高强度的振动，使物料在磨筒内受到高加速度撞击、切磋，可在极短的时间内达到理想的粉碎效果。物料在粉碎过程中呈流态化，使每一个颗粒都具有相同的运动状态，在粉碎的同时达到精密混合的效果。振动粉碎过程全密闭、无粉尘逸出。可加冷冻系统实现低温粉碎或在磨筒外壁的夹套通入冷水，通过调节冷水的温度和流量控制粉碎温度，适用于高硬度、含挥发油、含油脂类物料的粉碎。

c. 低温振动粉碎机：特点如下。粉碎率100%，几乎无损耗；加工对象适应性强，对多来源、多品种、特性各异的中药均适宜，如纤维性物料杜仲、韧性物料灵芝、黏性物料熟地黄、脆性物料朱砂等都可粉碎（可达3μm）；全封闭作业，无粉尘污染；粉碎温度低，避免高温使药物变质；粉碎效率高；型号齐全；操作简单。

C. 粉碎工艺研究。通过对气流粉碎与振动粉碎的比较研究，主要选择第3代振动粉碎机——贝利低温振动粉碎机制备试验用超微粉，既可在密闭洁净符合GMP条件下进行超微粉碎，并得到干净的超微粉，又可通过控制温度在低温下对中药进行细胞级微粉碎，粉体粒径最小可达0.3～1μm，细胞破壁率可达95%以上。对不同品种中药进行入磨粒度、装入量、入磨水分、介质填充率、粉碎时间、粉碎温度等工艺参数的考察。

④ 浸膏粉的制备

a. 传统煎煮方法：将经过处理的药材或饮片，加适量水加热煮沸2～3次，使其有效成分基本煎出，是常用的浸出方法。

b. 低温动态提取方法：低温动态提取法是在增加中药比表面积的情况下，利用机械手段，采用强制循环方式，增加固液相接触。在动态下药物中的溶质向溶剂中的传递总保持较低的浓度差，因而提高了溶出效率，目前溶剂的低温动态提取是由上至下强制循环顺流状态，或由下至上强制循环逆流状态。

低温动态提取的优点：提取温度较低，用水提取的温度保持亚沸状态 90℃±5℃，避免温度过高对有效成分的破坏，同时也减少了无用成分如淀粉、胶质类成分的溶出；溶剂在动态下提取增加了药效成分的溶解，提高了溶出速率，缩短了时间，减少了溶剂用量，提高了浸出效果；有效地利用设备，使设备体积减小；可连续化生产，便于自动控制；改善了工作环境，节约了能源。

（2）质量控制体系的研究

中药超微配方颗粒的质量控制体系，包括原料的质量评价（品种来源符合法定标准，重金属、砷盐、农药残留符合国家标准）、中间体（普通粉体、超微粉体、浸膏粉）质量评价（粒径检测及微观形貌、水分、浸出物及含量测定）、成品质量评价（性状、微观形貌、薄层色谱鉴别、检查项、指标成分含量测定）。

① 原料质量的控制

a. 品种检验：参照《中国药典》及省级药材标准等，均符合规定。

b. 薄层色谱鉴别研究：参照《中国药典》及有关文献进行薄层色谱鉴别。

c. 含量测定：参照《中国药典》对中药超微配方颗粒原料进行含量测定。

d. 前处理规范：参照国家标准及省级中药饮片炮制规范，生产企业建立前处理规范，做到炮制方法的规范化、工艺参数的具体化、辅料质量的标准化。

② 中间体的质量控制

A. 普通粉体。中药超微粉体的制备工艺中，一般先将原料制成粗粉或中粉，再制成超微粉料粉碎成超微粉。

a. 水分测定：如果水分含量过高，不利于中药原料粉碎成普通粉体，更不利于原料粉碎成超微粉，因此，水分的含量与其质量有密切关系。参照水分测定法，对约 300 种中药普通粉体进行了检测，根据试验结果，水分限度一般为不高于 6.0%。

b. 微生物限度检查：根据《中国药典》散剂微生物限度项下规定，对中药普通粉体进行微生物限度检查，包括细菌数、霉菌数、酵母菌数及控制菌的检查。

B. 超微粉体

a. 粒径的检测：中药微粉粒径检测方法的研究结果表明，采用激光衍射法检测中药超微粉的粒径及分布，检测指标主要为 D_{50}、D_{90}，具有快速、简便、重复性好的优点。

b. 微观形貌的观察：中药饮片经超微粉碎成超微粉后，难以辨认，采用显微图像法对中药超微粉进行了微观形貌的观察，并与细粉进行比较。结果表明，超微粉碎使药材细胞破壁率提高，显微特征有所减少，细胞、组织的长度、宽度等明显减小。

C. 浸膏粉

a. 水分的测定：参照水分测定法测定，不同的品种其水分限度不同，一般应在 5%以下。

b. 浸出物的考察：参照浸出物测定法测定。根据测定结果，制定水、醇浸出物限量。

c. 含量测定：指标成分含量限度是一个关键性的质控指标。根据 10 批中试样品指标成分的平均提取率计算，制定浸膏粉中指标成分的含量限度。

③ 成品的质量控制

A. 性状。单味中药超微配方颗粒属于中药颗粒剂，应干燥、疏松、混合均匀、色泽一致，并进行外观均匀度检查，具体方法如下：取供试品适量，置光滑纸上，平铺约

5cm^2，将其表面压平，在明亮处观察，应色泽均匀。

B. 薄层色谱鉴别。参照《中国药典》及相关文献资料进行薄层色谱鉴别研究，对约300个品种建立了薄层色谱鉴别标准，其中一部分为《中国药典》未收载薄层色谱鉴别方法的品种。试验研究用对照药材绝大多数由中国药品生物制品检定所提供，少数品种由研制单位生药鉴定专家鉴定，并经复核、审定。

C. 检查项。按《中国药典》颗粒剂项下要求，除溶化性检查外，其他均符合颗粒剂项下的有关规定。

a. 水分测定：中药超微配方颗粒中含有超微粉与浸膏粉，如果水分含量较高，容易变质，影响药效。因此，应严格控制其成品中水分的含量。中药超微配方颗粒除另有规定外，水分含量一般不得超过6.0％。

b. 粒度检查：除另有规定外，按颗粒剂项下检查粒度。即取分装的超微配方颗粒5袋，称定重量，置药筛内过筛，保持水平状态，左右往返轻轻筛动3min。不能通过一号筛和能通过五号筛的颗粒和粉末总和不得超过15.0％。

c. 浸出物测定：对于有效成分或指标性成分尚不明确的中药超微配方颗粒，无法进行含量测定，浸出物指标也能在一定程度上控制其质量。因此，指标成分尚不明确或者含量测定项下所测含量值甚微的品种，应进行浸出物的测定。

根据浸出物测定所用试剂不同，浸出物主要分为水溶性浸出物、醇溶性浸出物、挥发性醚浸出物，具体测定方法参照《中国药典》。

d. 总挥发油的测定：对于含挥发油类的中药超微配方颗粒，建立了挥发油的含量测定标准，作为保证其质量的又一重要指标。

e. 重金属及有害元素检查：铅、镉、砷、汞、铜等重金属是目前公认的对人体健康有害的微量元素。摄入过多的铅会损伤神经系统、消化系统、造血系统；摄入过量镉会使组织代谢系统发生障碍以及抑制多种酶的活性；汞对中枢神经系统和肾脏等器官有危害作用。近年来，环境污染日益严重以及药农在种植中药过程中过度使用农药、肥料等，致使中药中一些有害重金属元素含量超标。《中国药典》2020年版一部对部分中药的重金属含量进行了严格的限定，如金银花，按照铅、镉、砷、汞、铜测定法测定，铅不得超过5mg/kg，镉不得超过1mg/kg，砷不得超过2mg/kg，汞不得超过0.2mg/kg，铜不得超过20mg/kg。

f. 农残检查：农残主要是指有机氯、有机磷和拟除虫菊酯类农药在中药中的残留量。农药残留量的测定采用气相色谱法，测定部分品种有机氯、有机磷和拟除虫菊酯类农药残留量。

g. 微生物限度检查：微生物限度检查法系指非规定灭菌制剂及其原、辅料受到微生物污染程度的一种检查方法，检查项目包括细菌数、霉菌数、酵母菌数及控制菌的检查。

微生物限度检查应在环境洁净度符合要求的区域内进行。检验全过程必须严格遵守无菌操作，防止再污染。单向流空气区域、工作台面及环境应定期按现行国家标准进行洁净度验证。

D. 指标成分的含量测定。中药含有多种成分，常根据主要药效及临床疗效，制定其药效成分或指标成分，但中药成分复杂，疗效独特，有时甚至具双向调节作用，很难确定某一化学成分即是有效成分。然而中医药独特的临床疗效必定有其物质基础，以中医药理论为指导，采用现代科学技术及方法进行研究，选择其具有生理活性的主要化学成分作为有效成分或指标性成分，制定含量测定方法及其限度，评价中药质量。有效成分或指标成分明确的，可作为定量指标；有效成分尚不明确而大类化学成分清楚的品种，可对其总成分如总生物碱、总皂苷、总黄酮、总蒽醌等进行含量测定。

2.5

中药提取物

以植物为药用原料在世界上已经有很长的历史了，我国的中药也大部分是植物。19世纪末，由于物理化学方法达到了相当高的水平，人们开始对具有强烈生理活性的中药材产生兴趣，从中分离出多种化学成分。符合现代定义的中药提取物开始出现。

2.5.1 中药提取物的定义

中药提取物是以中药材为原料，按照提取产品用途的需要，经过物理、化学提取，分离过程，定向浓集或获取植物中的多种或某一种功能成分形成的产品。根据需要，可辅以赋形剂，制成具有良好流动性、抗引湿性的粉状或颗粒状物，也有少量的产品为液态或油状形式。

2.5.2 中药提取物的发展历程

从 20 世纪中药提取物开始出现并应用于产品以来，中药提取物的发展可谓迅速。产业从少数产品进入到了多领域应用，企业进入门槛也开始提高。根据产业的关键事件，可以将近几十年中药提取物的发展分为以下四个阶段。

2.5.2.1 发展前期

在欧美国家，提取物是植物药应用的重要环节和方式，膳食补充剂在美国按普通食品进行管理。而我国植物资源丰富，应用历史悠久，自 20 世纪 70 年代起，为提高中药制造业技术水平与规模效益，国内开始研发中药制造机械与设备，部分中药厂开始采用提取、分离设备对中药有效成分进行提取与分离，不过主要是作为中药生产中的一个步骤。20 世纪 80 年代，全球兴起“回归自然潮”，恰逢我国实行改革开放，对外贸易开始起步，所以中国开始出口中药提取物到欧美国家。此时期代表产品有：甘草浸膏、麻黄浸膏。

2.5.2.2 发展初期

越来越多的消费者开始认为膳食补充剂有助于提高每日膳食水平，对健康有益。为了保证这类产品的安全性和正确标识，并对消费者提供指导，1994 年美国颁布了《膳食补充剂健康与教育法案》(DSHEA)，其中明确提出膳食补充剂可以包含一种草本（草药），或其他植物或其“浓缩品”“代谢物”或“提取物”，由此“中药提取物”作为膳食补充剂的合法地位被确立。DSHEA 法案将 1994 年 10 月 15 日以前在美国销售过的膳食补充成分包括植物直接纳入了膳食补充剂目录。这极大促进了膳食补充剂市场的蓬勃发展，为中国刚发展起来的植物提取物产业提供了市场基础。该时期代表产品有银杏叶提取物、绿茶提取物、水飞蓟提取物、人参提取物、贯叶连翘提取物等，产品开始被称为“提取物”。

2.5.2.3 整合发展期

2000—2010 年，提取物应用范围进一步扩大，医药原料、天然色素、天然甜味剂等快速发展。1992 年 12 月 29 日，美国 FDA 正式批准美国百时美施贵宝（BMS）公司紫杉醇产品 Paclitaxael 作为晚期卵巢癌、肺癌、子宫癌等的治疗药物上市。因专利到期，2000 年 10 月，美国 FDA 同意其他厂家生产紫杉醇制剂，引发全球紫杉醇生产潮。中国最早的紫杉醇生产企业为 1993 年成立的云南汉德生物技术有限公司，该公司在经营初期向美国出口紫杉醇提取物，1996 年取得美国 FDA 药物管理档案（DMF）后，开始向美国出口原料药。1972 年，中国科学家屠呦呦发现青蒿素，该时期众多厂家从黄花蒿中提取青蒿素，该发现荣获了 2015 年度诺贝尔生理学或医学奖。2003 年“非典”期间，莽草酸成为国家储备用药“奥司他韦”的前体原料。该时期医药中间体原料代表产品有紫杉醇、莽草酸、青蒿素等。

自人工合成色素问世以来，其对人体的安全性受到全球多个科研机构的质疑，对行业影响最为深远的莫过于 2007 年的“南安普顿六颜色事件”，即英国南安普顿大学发现六种人工合成色素和防腐剂苯甲酸的摄入会导致幼儿和儿童多动症加剧。在人们追求健康和回归自然的呼声中，全球顶级食品生产商开始使用天然色素取代人工合成色素，天然色素成为食品界的潮流。科技创新克服了天然色素稳定性较差、价格昂贵的缺陷，科技推动天然色素应用迈向更广阔的天地。天然色素的代表产品主要是辣椒红素、万寿菊浸膏等。

糖尿病、肥胖症、高血压、高血糖、高脂血症等“富贵病”已成为全球人类健康的主要威胁，“代糖”需求上升。人们从植物中发现了低热量、高甜度的甜味物质，其中最主要的产品是从甜叶菊中提取的甜菊糖苷。甜味剂代表品种有甜叶菊提取物、罗汉果提取物、新橙皮苷二氢查耳酮、甘草提取物。

植物精油是从植物中随水蒸气蒸馏得到的芳香味油状液体。现在已知的植物精油有 3000 多种，其中有 300 多种具有重要的商业价值。除了用作香料之外，植物精油还是一类天然的抗菌抗氧化原料，能够抑杀细菌、真菌和病毒，有改善肠道健康与抗炎功能。由于其芳香味及多种功能活性，植物精油广泛用于日用化工（香水、润手霜、香皂、空气清新剂、防腐剂等)、药品、食品和饮料、饲料（如牛至油)、病虫害防治等方面。代表产品有桉叶油、山苍子油、樟树油。

药食两用、蔬菜水果类来源的植物提取物产品发展迅速。代表性产品有黄芪提取物、蓝莓提取物、菌菇类提取物等。

2.5.2.4 规范发展期

2010 年以后，提取物已逐步发展为产业，也暴露了一些问题，行业进入规范稳步发展，全球监管趋严，植物提取物应用从人类健康扩展到养殖投入品领域。2011 年，美国

《食品安全现代化法案》（FSMA）引入了新要求。其中《国外供应商验证计划》要求每个进口商应开展以基于风险的外国供应商验证活动，保证每个国外供应商在整个进口过程中的进口食品要符合法规要求，没有实行核实程序的进口商不得进口食品。由此可以看出，美国食品安全监管体系从应对产生的问题转变为全面预防食品安全问题的产生，这是重要的转折点。不仅是美国，全球监管都趋严。GMP、FSSC、ISO 等认证和规范也逐渐成为从业企业的必备认证，植物提取物行业的规范成为必然趋势。随着市场的发展，提取物的质量等问题也逐渐出现。比如银杏叶提取物，部分厂家为降低成本，进行工艺和提取部位变更，甚至添加其他物质。2015 年 11 月，国家食品药品监督管理总局对银杏叶提取物及制剂企业提出了严格的监管措施。

在饲用停抗、养殖限抗的背景下，植物提取物也逐渐成为重要的养殖投入品原料，117 种可饲用植物及其粗提物已列入农业农村部《饲料原料目录》，部分植物提取物已列入《饲料添加剂品种目录》，农业农村部正在制定植物提取物饲料添加剂评价技术指南，植物提取物经评价后可作为饲料添加剂使用。代表产品有博落回提取物、黄芪提取物、天然叶黄素、牛至油。

2.5.3 中药提取物的分类

2.5.3.1 按提取物的内在质量和分离纯化纯度分类

全提取物（full extracts）：植物只经过提取、浓缩和（或）干燥，未经进一步分离纯化获得的产品。也可称为“粗提物”（crude extracts）或“比例提取物”（ratio extracts）或“简单提取物”（simple extracts）。

组分提取物（component extracts）：植物经过提取、分离得到的有效组分混合物产品，由一个或多个已知化合物对有效组分进行可量化质控标示。其标示含量范围一般可通过混合不同批次的提取物来进行调整。也可称为“量化提取物”（quantified extracts）。

纯化提取物（purified extracts）：植物经过提取、分离、纯化等过程得到的单一成分产品。一般含量规格为 98%以上，视情况也可规定限度不低于 90%。

标准化提取物（standardized extracts）：植物原料的种植与采收及产地初加工、提取和成型工艺、质量控制均有标准要求的产品，或提取分离的所有活性物质均已知并可量化控制的产品。其标示成分含量范围可通过混合不同批次提取物或通过与无活性赋形剂的调节来实现。全提取物、组分提取物、纯化提取物若符合该条件，也可归为标准化提取物。

2.5.3.2 按提取溶剂分类

可分为水提取物、乙醇提取物、其他溶剂提取物。

2.5.3.3 按提取物的物理形态分类

粉状提取物（powdered extracts）：植物通过提取等过程后，经蒸发、干燥脱除生产时使用的溶剂，再经粉碎过筛得到的固形物产品。一般有水分和溶剂残留的要求。

液状提取物（liquid extracts）：植物通过提取等过程后蒸发或分离获得的可流动状态产品。

膏状提取物（soft extracts）：植物通过提取等过程后，蒸发制备的溶剂而获得的稠状物产品。不加赋形剂一般很难干燥为粉状物。

2.5.4 中药提取物的应用

传统或现代植物药在欧盟均受到重视，欧盟是世界上最大的植物药市场之一，民众对于植物提取物产品需求较大，德国、西班牙、法国、英国、荷兰等从我国进口的提取物量逐年增长。

应用领域包括膳食补充剂、医药原料、天然色素、天然甜味剂、日用化工、饲料添加剂等。

2.5.4.1 人类健康应用

（1）食品 指各种供人食用或者饮用的成品和原料，以及按照传统既是食品又是中药材的物品，但是不包括以治疗为目的的物品，这些物品源自植物提取物，称为植物提取物食品。植物提取物，代表产品有速溶茶、果蔬粉等。

（2）食品添加剂

① 植物源食品添加剂：为改善食品品质（如色、香、味），以及为防腐、保鲜和加工工艺的需要而加入食品中的植物源天然物质。

② 天然色素：以植物为初始原料，采用适当的溶剂进行提取、分离制备出的附色有机质。天然色素代表产品有辣椒红色素、叶黄素、栀子黄等。

③ 天然香辛料：可直接使用的具有赋香、调香、调味功能的植物或特定部位或提取物产品。天然香辛料代表产品有辣椒油树脂、花椒提取物、胡椒提取物、生姜提取物、大蒜提取物等。

④ 精油：又称挥发油，从植物中随水蒸气蒸馏出来的一类具有芳香气味的油状液体的总称。天然精油代表产品有花椒精油、胡椒精油、生姜精油、桉叶油、牛至油等。

⑤ 天然甜味剂：从植物中提取、分离制备得到的甜味成分产品。天然甜味剂代表产品有甜菊糖苷、罗汉果提取物等。

⑥ 植物源天然抗氧剂：用以防止或延缓食品氧化，提高食品的稳定性和延长贮存期的植物提取物产品。植物源天然抗氧剂代表产品有茶多酚、迷迭香提取物等。

（3）保健食品（膳食补充剂） 植物源保健食品是指来源于植物且声称具有特定保健功能或者以补充维生素、矿物质为目的的食品，即适宜于特定人群食用，具有调节机体功能，不以治疗疾病为目的，并且对人体不产生任何急性、亚急性或者慢性危害的食品。植物源保健食品代表产品有枸杞子、西洋参、灵芝、黄芪、人参提取物等。

（4）日化用品 植物源日化用品是指来源于植物可供人们日常使用的制品，包括洗发水、沐浴露、护肤品、化妆品等。植物源日化用品代表产品有积雪草提取物、生姜提取物、芦荟提取物、葡萄籽提取物等。

（5）药品

① 植物源药品：来源于植物，可用于预防、治疗、诊断人的疾病，有目的地调节人的生理功能，并规定有适应证或者功能主治、用法和用量的物质。植物源药品代表产品有银杏提取物、黄芩提取物等。

② 植物来源原料药：特指从传统中药材或天然植物中提取分离得到的，具有明确生

物活性的成分，含量达到 90%以上的单一有效成分或组分。植物来源原料药代表产品有紫杉醇、青蒿素等。

2.5.4.2 动物健康应用

饲用植物粗提物：指饲用植物经适当的溶剂或其他方法对其中的有效成分进行提取，再经浓缩和（或）干燥，但未经进一步分离纯化获得的产品。饲用植物指《饲料原料目录》中收载的可饲用天然植物。饲用植物粗提物代表产品有黄芪、杜仲、绿茶等粗提物。

植物提取饲料添加剂：指用植物提取物制成的在饲料加工、制作、使用过程中添加的少量或者微量物质，可分为工艺添加剂、感官添加剂、营养性添加剂、畜牧水产技术添加剂或功能性添加剂及其他。植物提取饲料添加剂代表产品有天然色素，譬如天然叶黄素（源自万寿菊）、辣椒红、姜黄素；抗氧剂，譬如茶多酚、迷迭香提取物；调味和诱食剂，譬如食用香料、牛至香酚等；保健促长剂，譬如糖萜素、杜仲提取物、淫羊藿提取物、藤茶黄酮、苜蓿提取物等。

中兽药：是指以中药材为原料制成的用于动物疾病防治的药物，包括用于治疗疾病的中兽药和通过防病改善生长性能并能长期添加到饲料中的药物。代表产品有博落回提取物、山花黄芩提取物等。

2.5.4.3 植物健康应用

植物源农药：从植物中提取活性成分而制成的具有杀虫、抑菌、除草、防病等活性的产品。植物源农药代表产品有苦参碱、丁香酚等。

植物有机肥：利用生物技术将植物资源弃用部位或提取剩余物转化而成的有机肥料。

2.5.4.4 环境健康应用

植物源消毒剂：利用植物中对环境有害微生物有抑杀作用的成分制成的产品。植物源消毒剂代表产品有苦参提取物、侧柏提取物等。

2.5.4.5 其他

植物提取物的很多特性被应用到工业生产中，如植物中特定成分与其他单体形成的聚合树脂、生物降解型聚氨酯泡沫材料和工业、建筑、冶金使用的抗氧剂，烟草工业中常使用植物提取物作为调味剂和抗氧剂。

第3章
中兽药药效物质

3.1

生物碱类化合物

生物碱（alkaloid）是指存在于生物体（主要为植物）中的一类除蛋白质、肽类、氨基酸及维生素 B 以外的含氮的碱性有机化合物，有类似碱的性质，能与酸结合成盐。无论从数量上或生理活性方面看，此类化合物在天然产物研究中都具有极其重要的地位，它在人类疾病的治疗和化学药物的开发方面都起到了很大作用。自从 1806 年从鸦片中分出吗啡（morphine）以来，已从自然界分离出 1 万多种生物碱。

生物碱常按含氮结构的特性分类，如吡咯烷、哌啶、喹啉、异喹啉、吲哚等，一些生物碱的结构复杂，使亚分类数目增多。除氨基酸常会在脱羧过程中失去羧基碳外，一般情况下，来源于氨基酸的氮原子和特殊氨基酸前体的碳骨架在生物碱结构中基本上保持完好。因此，以氨基酸前体为依据对生物碱进行分类合理易懂。实际上，生物碱生物合成中涉及的氨基酸前体较少，主要有鸟氨酸、赖氨酸、酪氨酸、色氨酸、邻氨基苯甲酸和组氨酸。同时，也有大量生物碱是通过氨基转移反应来获得氮原子的，它们仅并入氨基酸中的氮原子，而分子的其余部分可以是来源于乙酸或莽草酸途径的化合物，也可以是萜类或甾体。有时用“伪生物碱”表示这类生物碱，以示区别。

3.1.1 生物碱类化合物的种类与结构

3.1.1.1 鸟氨酸系生物碱

本类主要包括吡咯类、托品烷类、吡咯里西啶类。

（1）吡咯类 百部生物碱是一类结构复杂的多环生物碱，其结构特点是存在一个吡咯氮杂母核。此类生物碱大多数含 1 或 2 个 α-甲基-γ-内酯环，结构复杂，分类有较大难度。Greger 在系统总结此类生物碱结构关系的基础上，根据吡咯[1,2-a]氮杂母核 C9 上碳链碳原子的数目及其连接方式将百部生物碱分为对叶百部碱类（tuberostemonines）、原百部碱类（protostemonines）和克诺明碱类（croomines）。其区别在于 C9 上碳链不同，前两者常含 C_8 碳链，且末端成内酯环，后者仅为 C_4 碳链，且成内酯环以螺环形式连接于 C9 上（图 3-1）。

① 对叶百部碱类。除 C9 上碳链连接方式不同外，醚桥也导致各种变形。本类型约有 40 个化合物。其代表性化合物如对叶百部碱、百部碱、对叶百部醇碱（tuberostemoninol）、对叶百部酮碱（tuberostemoenone）、氧化对叶百部碱（oxotuberosctemonine）和 stemoninine 等（图 3-2）。

② 原百部碱类（Ⅱ）。本类结构特点是 C10 上有一个甲基取代以及双键 $\Delta^{11(12)}$ 将不饱和内酯与 C10 连接。此外，有些在 C12 螺接 α,β-不饱和 γ-内酯。本类约有 36 个化合物，其代表性化合物如 neostemonine、stemofoline、maistemonine、蔓生百部碱、stemonine、百部酰胺碱和 parvistemoamide 等（图 3-3）。

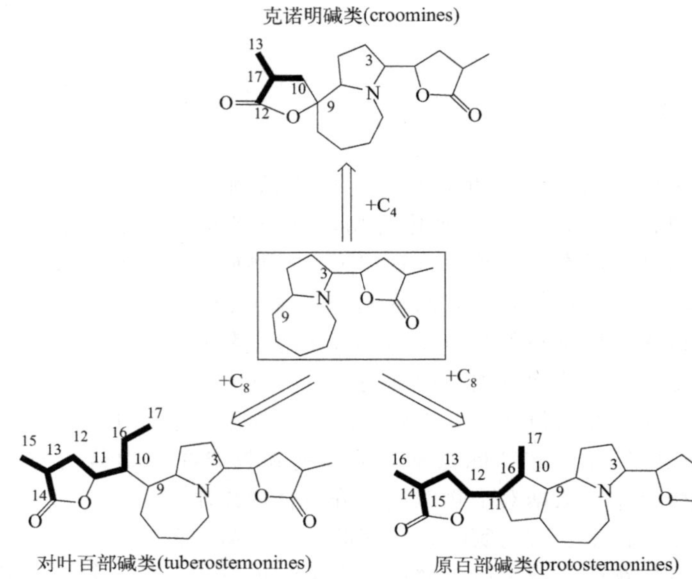

克诺明碱类(croomines)

$+C_4$

$+C_8$ $+C_8$

对叶百部碱类(tuberostemonines) 原百部碱类(protostemonines)

图 3-1 Greger 的百部生物碱结构分类

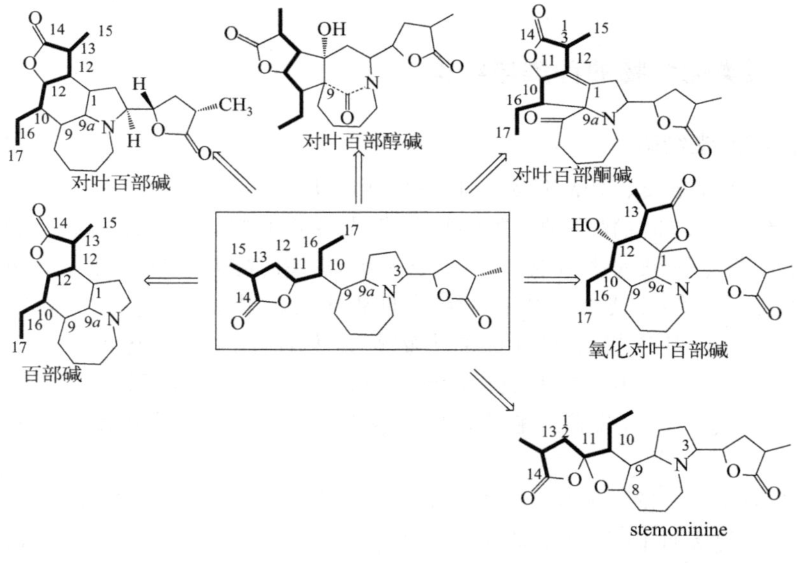

对叶百部碱 对叶百部醇碱 对叶百部酮碱

百部碱 氧化对叶百部碱

stemoninine

图 3-2 代表性对叶百部碱类化合物

③ 克诺明碱类。本类约含 8 个化合物。其结构特点是 C_4 碳链以 γ-内酯形式螺接于母核 C9 上。代表性化合物如克诺明碱（croomine）和对叶百部螺碱等（图 3-4）。

除百部生物碱类外，吡咯类生物碱结构简单，数目较少。如水苏碱（stachydrine）和 hygrine 等（图 3-5），这类生物碱分布于动植物、微生物中。需要注意的是，并非所有的吡咯类生物碱生源上均来源于鸟氨酸，如 shihunine。

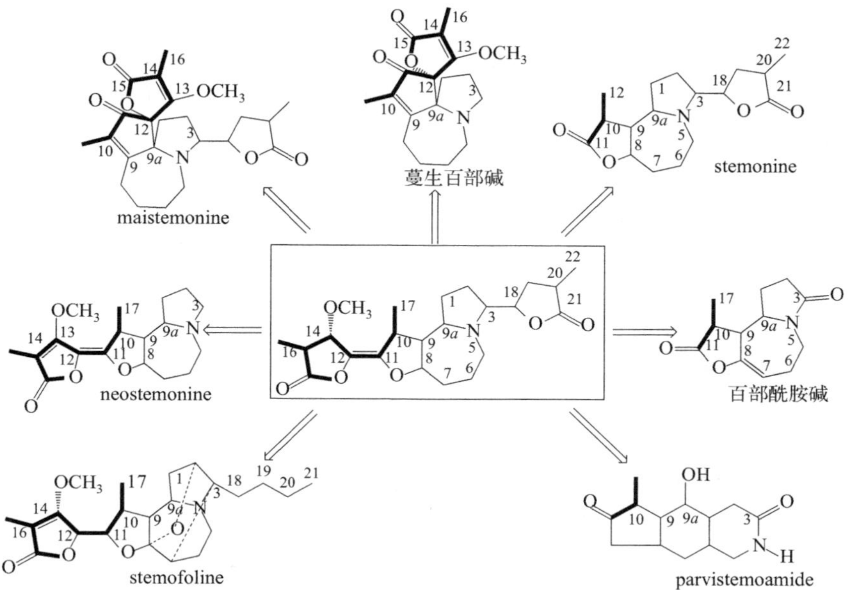

图 3-3 代表性原百部碱类化合物

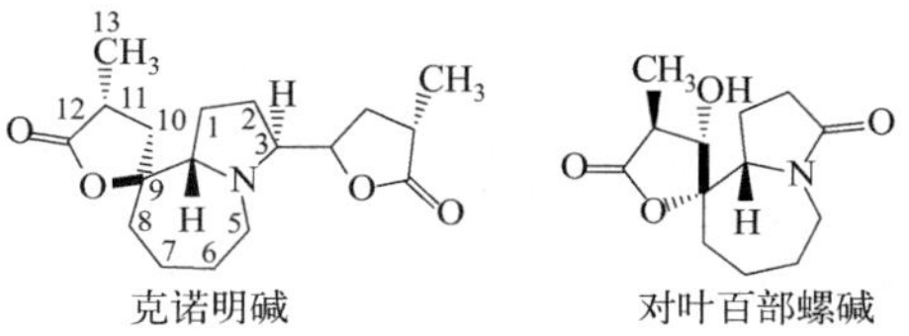

图 3-4 代表性克诺明碱类生物碱

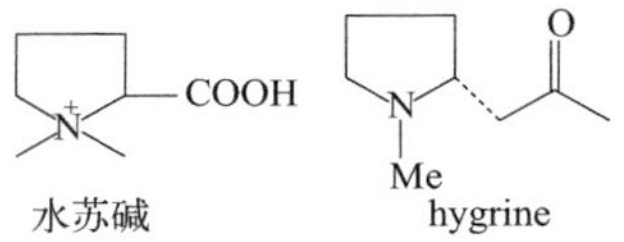

图 3-5 结构简单的吡咯类生物碱

(2) 托品烷类 该类生物碱结构由双环-1(*R*)，5(*S*)-托品烷环系和有机酸两部分组成，二者多在 C3 结合成酯。重要化合物有阿托品（atropine）、山莨菪碱（anisodamine）、可卡因（cocaine）等。如图 3-6。

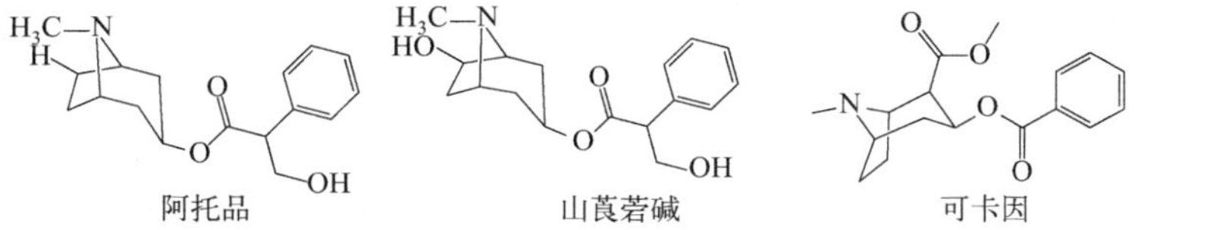

图 3-6 托品烷类生物碱

生源上关键中间体是 *N*-甲基吡咯亚胺盐及其衍生物。主要分布于茄科颠茄属（*Atropa*）、天仙子属（*Hyoscyamus*）、曼陀罗属（*Datura*）、欧莨菪属（*Scopolia*）、*Dubosia*

属植物中。

(3）吡咯里西啶类 该类生物碱结构由氨基醇和有机酸两部分组成，二者多以 11 或 12 元双环内酯形式结合，少数以单酯存在，代表性化合物主要有野百合碱（monocrotaline）、florosenine 等，如图 3-7。

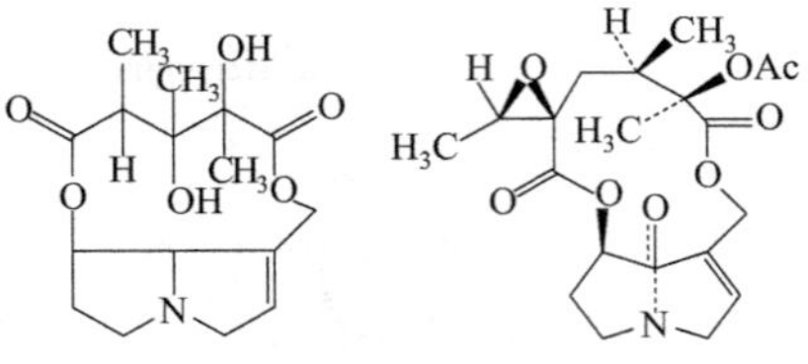
野百合碱　florosenine

图 3-7 吡咯里西啶类生物碱

3.1.1.2 赖氨酸系生物碱

本类包括哌啶类、吲哚里西啶类、喹诺里西啶类，如图 3-8。

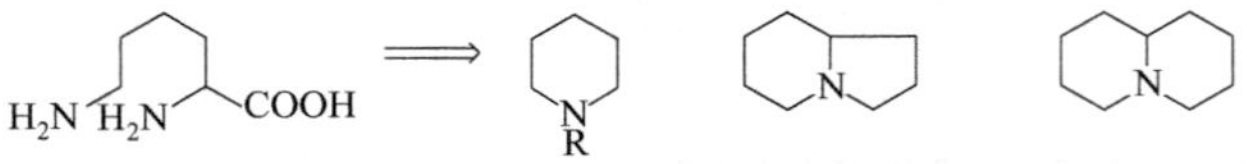
赖氨酸　哌啶类　吲哚里西啶类　喹诺里西啶类

图 3-8 赖氨酸系生物碱

(1）哌啶类 哌啶类生物碱结构比较简单，生源上主要有赖氨酸和乙酸酯合成两种途径。由赖氨酸生物合成的哌啶类生物碱化学上可分为简单型、*N*-取代型、*N*-取代的双哌啶型以及 2-取代哌啶型和 2,6-取代哌啶型。

由乙酸酯生物合成的哌啶类生物碱的代表化合物有 conhydrine、毒芹碱（coniine）等，如图 3-9。哌啶类生物碱在植物界分布较广，主要有胡椒科、豆科和伞形科植物等。科学家们曾认为动物中不产生生物碱，现在发现某些动物能产生真正的生物碱类作为防御和信息使用。还有某些微生物中也能够产生哌啶类生物碱。如具有抗菌作用的 nigrifactin，如图 3-9。

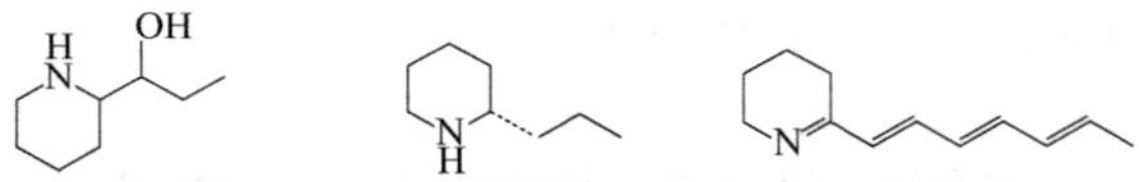
conhydrine　毒芹碱　nigrifactin

图 3-9 哌啶类生物碱

(2）吲哚里西啶类 吲哚里西啶类生物碱中结构简单的类型如 dendroprimine、elaeocarpine 等，较复杂的类型如一叶萩碱（securinine）等，如图 3-10。前者分布比较分散，而后者较集中分布于大戟类一叶萩属植物中。

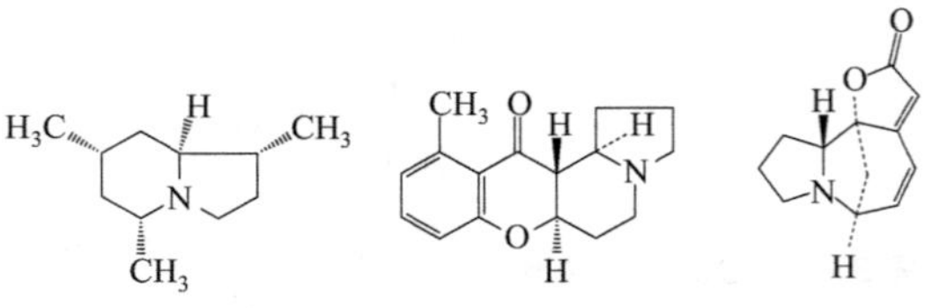
dendroprimine　elaeocarpine　一叶萩碱

图 3-10 吲哚里西啶类生物碱

(3）喹诺里西啶类 喹诺里西啶类生物碱主要有羽扇豆碱类、金雀花碱类、苦参碱类和石松碱类，如图 3-11。羽扇豆碱类、金雀花碱类、苦参碱类主要分布于豆科植物中，石松碱类仅分布于石松科石松属植物中。

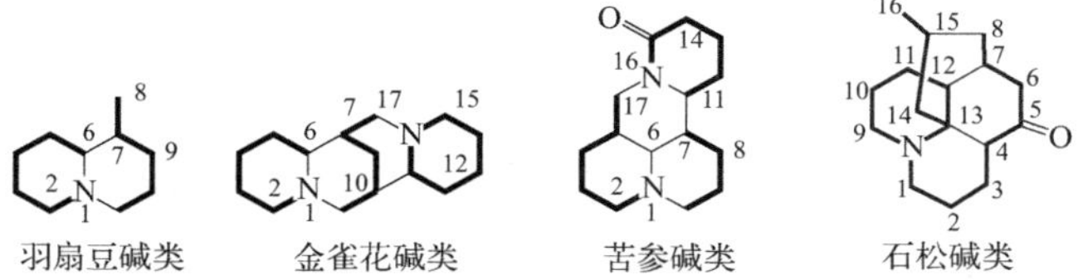

图 3-11 喹诺里西啶类生物碱类型

代表化合物有：羽扇豆碱（lupinine）、金雀花碱（sparteine）、苦参碱（matrine）、lucidine B 等，如图 3-12。

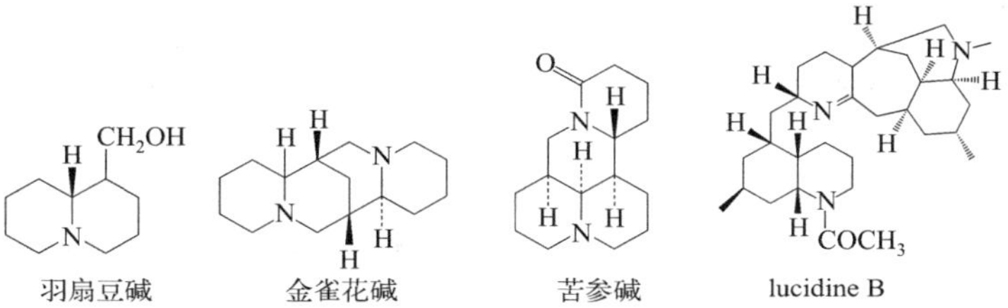

图 3-12 代表性喹诺里西啶类生物碱

3.1.1.3 苯丙氨酸和酪氨酸系生物碱

本类生物碱数量多、分布广、药用价值大、结构类型复杂。根据前体物的骨架类型本类生物碱初步分为六类：苯丙胺类、四氢异喹啉类、苄基四氢异喹啉类、苯乙基四氢异喹啉类、苄基苯乙胺类和吐根碱类，如图 3-13。

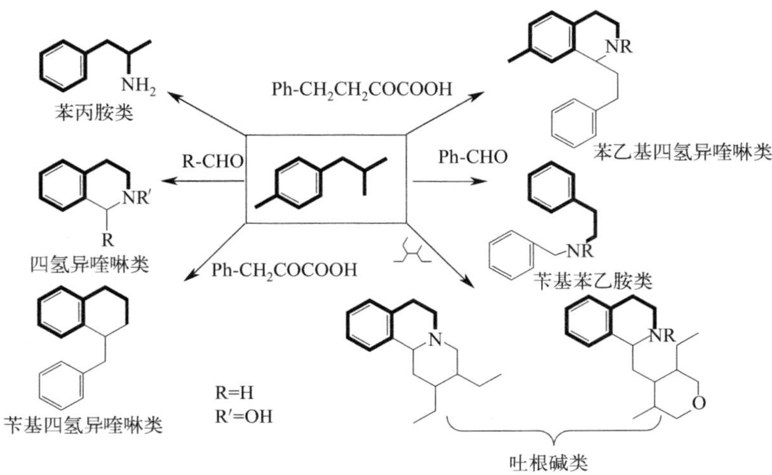

图 3-13 苯丙氨酸和酪氨酸系生物碱

（1）苯丙胺类 苯丙胺类生物碱较少，代表性化合物如伪麻黄碱、hordenine 和 mescaline 等，如图 3-14。

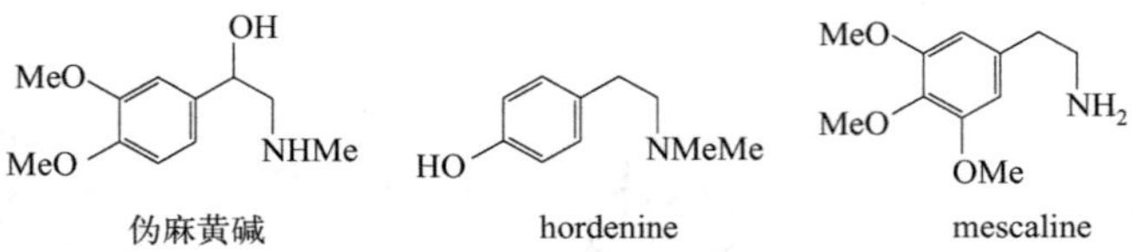

伪麻黄碱　hordenine　mescaline

图 3-14 苯丙胺类生物碱

（2）四氢异喹啉类 四氢异喹啉类生物碱很少，分布较分散，代表性化合物如 pellotine、lophocerine 等，如图 3-15。

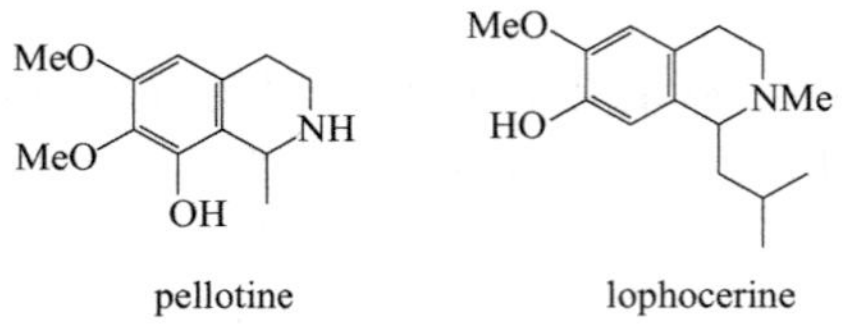

pellotine　lophocerine

图 3-15 四氢异喹啉类生物碱

（3）苄基四氢异喹啉类 苄基四氢异喹啉类是一类很重要的生物碱，数量多且结构类型复杂。

① 按主要骨架类型可分为 15 类：苄基四氢异喹啉类、双苄基四氢异喹啉类、原阿朴啡类、阿朴啡类、枯拉灵类、帕文和异帕文类、吗啡烷类、莲花烷碱类、绿刺桐大类、原小檗碱和小檗碱类、普罗托品类、苯酞异喹啉类、苯菲啶类、丽春花啶类、紫堇碱类。如图 3-16。

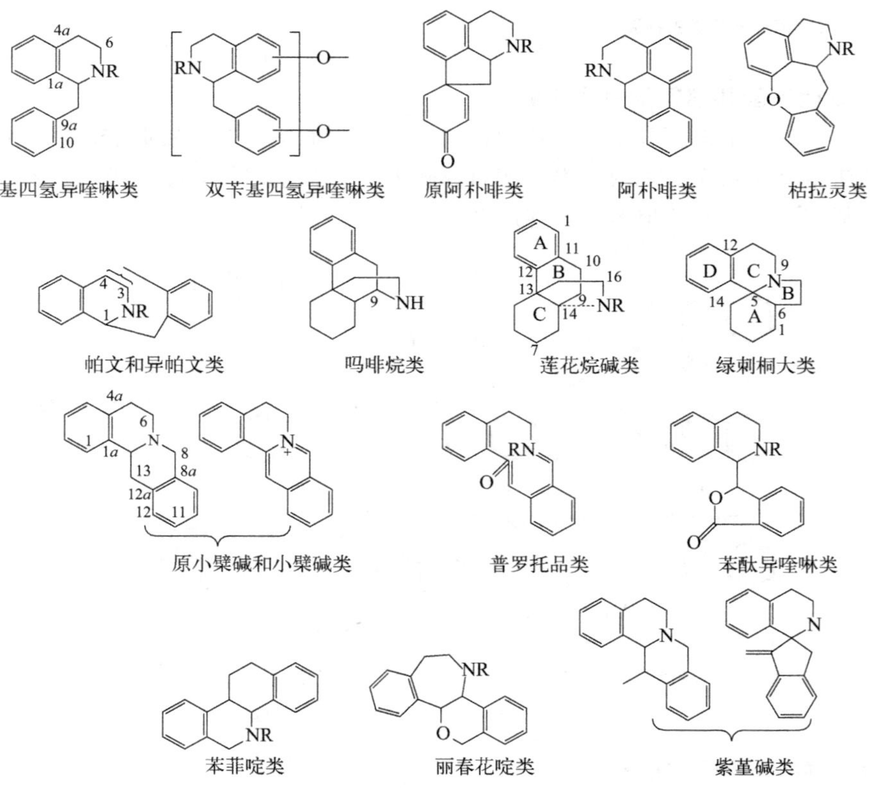

图 3-16 苄基四氢异喹啉类生物碱类型

其中前九类可视为直接由四氢异喹啉类生物碱合成转化而来，后六类则被认为直接由原小檗碱类生物碱转化而来。

其中双苄基四氢异喹啉类生物碱是由相同或不同分子的苄基四氢异喹啉类生物碱经酚氧化偶联产生醚键而成的双分子或多分子生物碱，按偶联位置大致可分为尾-尾（如木兰胺碱）、头-头/尾-尾（如汉防己甲素、cocsuline）以及头-尾/尾-头（异谷树碱）相连，如图 3-17。

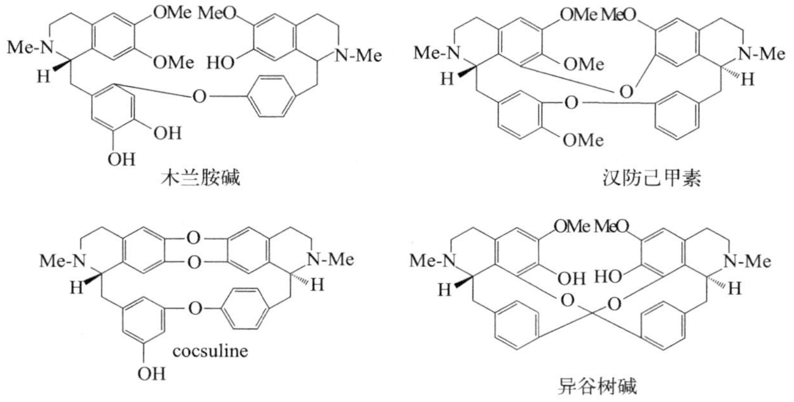

图 3-17 双苄基四氢异喹啉类生物碱

原阿朴啡类（proaporphines）生物碱 D 环呈螺环形式（如 orientalinol），而枯拉灵类（cularines）生物碱则以 D 环呈七元环醚形式为特点（如枯拉灵），如图 3-18。

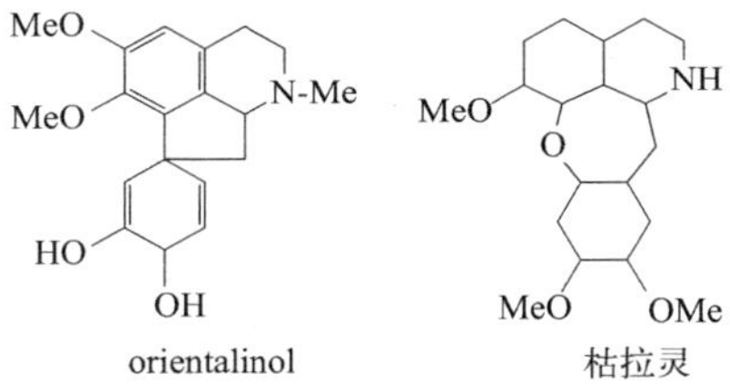

图 3-18 原阿朴啡类与枯拉灵类生物碱举例

吗啡烷类（morphinanes）生物碱是由苄基四氢异喹啉先经酚羟基氧化产生双单自由基，然后进一步进行羟基的邻对位碳-碳偶联而产生的四环基本骨架结构。分为两个类型：吗啡烷，如吗啡碱、可待因等；原吗啡烷，如 sinomenine，如图 3-19。该类生物碱主要分布在罂粟科和防己科。

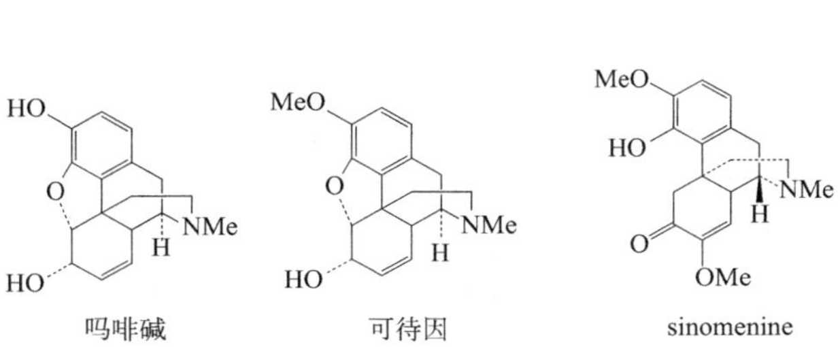

图 3-19 吗啡烷类生物碱

莲花烷碱类生物碱与吗啡类生物碱在结构上的主要区别是 C9-N 键的迁移。而且该类主要存在于防己科千金藤属植物中，代表化合物如莲花宁碱（图 3-20）。

原小檗碱类和小檗碱类生物碱与苄基四氢异喹啉类生物碱相比，区别在于 D 环氧化程度不同，骨架上多出一个“小檗碱桥”（C8）。生源上原小檗碱类生物碱十分重要，由其转化成小檗碱类、普罗托品类、苯酞异喹啉类、苯菲啶类、丽春花啶类以及紫堇碱类生物碱。

普罗托品类生物碱与原小檗碱类生物碱区别在于 C14-N 键裂解成三环体系，且多具有 14-酮。代表化合物有普罗托品（图 3-20）。

苯酞异喹啉类生物碱特点是含苯酞结构体系，代表化合物如那可汀（narcotine）（图 3-20）。

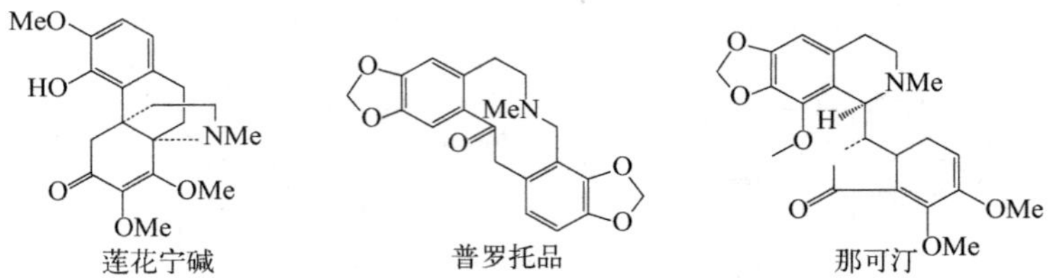

莲花宁碱　普罗托品　那可汀

图 3-20　莲花宁碱、普罗托品与那可汀

② 生源关系：苄基四氢异喹啉类如(*S*)或(*R*)-reticuline(A)是重要的生源前体物。苄基四氢异喹啉是由酪氨酸按如图 3-21 所示生物合成路线产生的；苄基四氢异喹啉类，可经次级环合、C—N 键和 C—C 键裂解等反应，直接形成其他类型生物碱（图 3-22）；原绿刺桐碱类是个生源分支点。可以由它再形成阿朴啡类和绿刺桐碱类。此外，还由原阿朴啡类形成阿朴啡类生物碱（图 3-23）。另一个关键的生源分支点是原小檗碱类，由它再形成其他类型生物碱（图 3-24）。

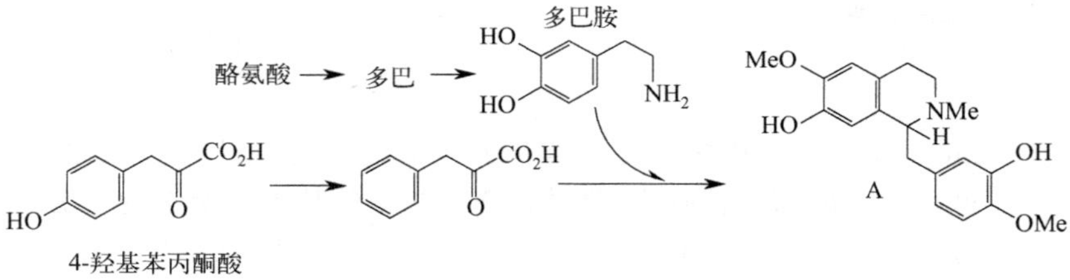

酪氨酸 → 多巴 → 多巴胺

4-羟基苯丙酮酸

图 3-21　由酪氨酸生物合成苄基四氢异喹啉类生物碱

（4）苯乙基四氢异喹啉类　该类生物碱既含有结构和生物合成途径简单的苯乙基四氢异喹啉类生物碱，又含有生物合成途径复杂，结构特殊，仅从分子结构上看很难判定其归属的生物碱（如秋水仙碱、三尖杉碱类生物碱）。同位素示踪的方法显示该类型生物碱的生物途径均源于苯丙氨酸和酪氨酸，而且经历一个简单苯乙基四氢异喹啉前体生物碱，再转变成最终生物碱。

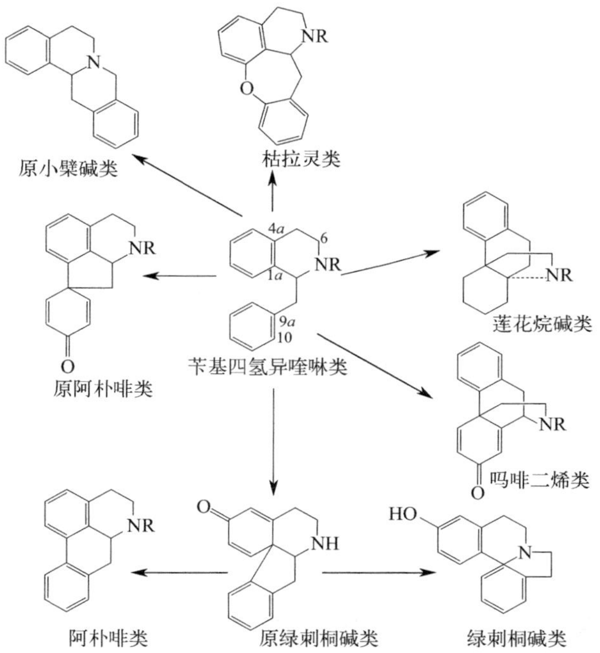

图 3-22　苄基四氢异喹啉类生物碱与其他生物碱的生源关系

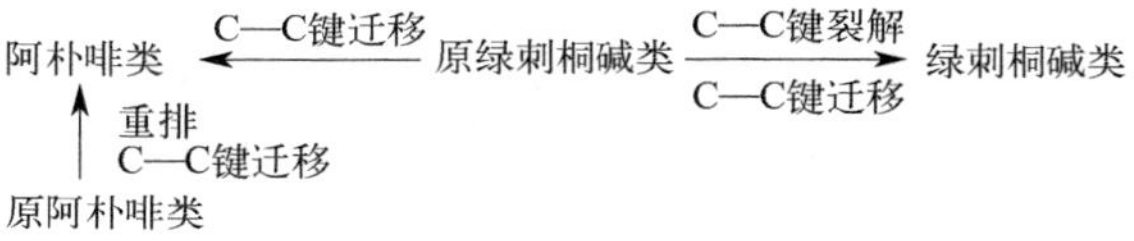

阿朴啡类 ←(C—C键迁移)— 原绿刺桐碱类 —(C—C键裂解 / C—C键迁移)→ 绿刺桐碱类

原阿朴啡类 —(重排 C—C键迁移)→ 阿朴啡类

图 3-23　原阿朴啡类形成阿朴啡类生物碱

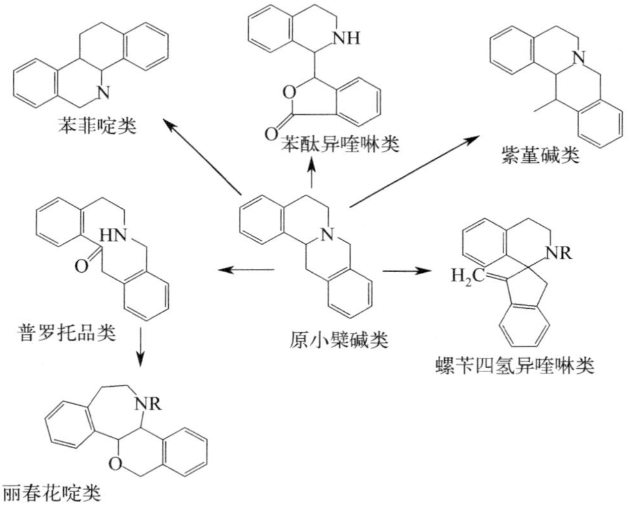

图 3-24　由原小檗碱类生物碱合成其他类型生物碱

根据结构不同可分为 7 大类：秋水仙碱类（colchicines），如秋水仙碱；三尖杉碱类（cephalotaxines）；高绿刺桐碱类（homoerythrines），如 schelhammeridine；1-苯乙基四氢异喹啉类（1-phenethyltetrahydroisoquinolines）；高吗啡二烯酮类（homomorphidienones），如 kreysiginine；高原阿朴啡类（homoproaporphines），如 kreysiginone；高阿朴

啡类（homoaporphines）。如图 3-25。其中，秋水仙碱类、三尖杉碱类和高绿刺桐碱类生物碱在数量上占优势，活性强，是重要的三类生物碱。其余四类生物碱数量很少，生物活性也远逊于前三类。此类生物碱主要分布在百合科、罂粟科和三尖杉科 *Cephalotaxus* 属植物中。

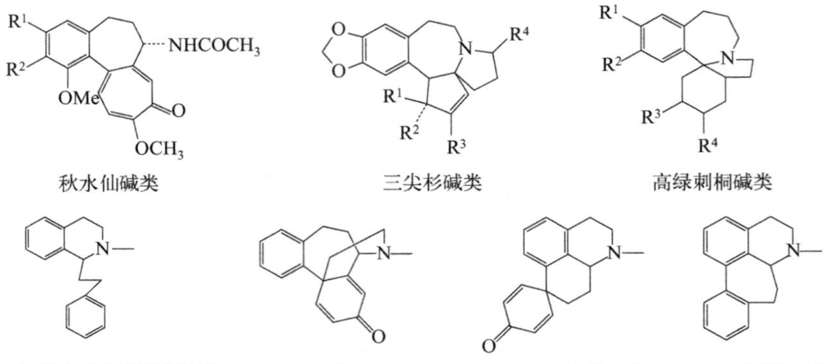

秋水仙碱类　三尖杉碱类　高绿刺桐碱类

1-苯乙基四氢异喹啉类　高吗啡二烯酮类　高原阿朴啡类　高阿朴啡类

图 3-25　苯乙基四氢异喹啉类生物碱类型

(5) 苄基苯乙胺类　本类主要分为 4 种类型：加兰他敏型（如加兰他敏）、石蒜碱型（如石蒜碱）、网球花碱型（如网球花碱）和多花水仙碱型（如多花水仙碱），如图 3-26。生源上最重要的前体物是苄基苯乙胺衍生物。

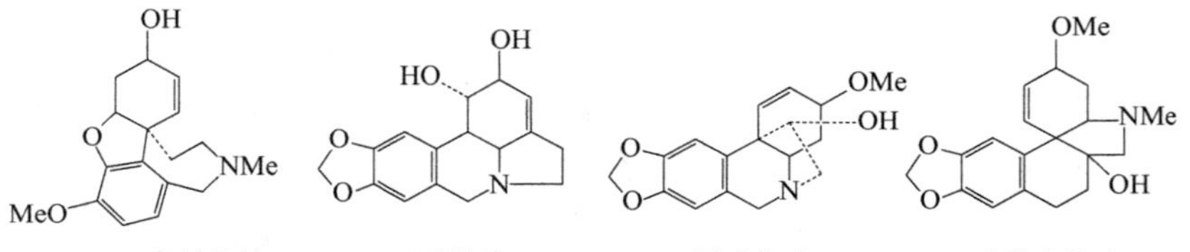

加兰他敏　石蒜碱　网球花碱　多花水仙碱

图 3-26　苄基苯乙胺类生物碱

(6) 吐根碱类　化学结构由多巴胺衍生物与裂环番木鳖苷两或三部分组成。代表化合物如吐根碱（emetine），如图 3-27。

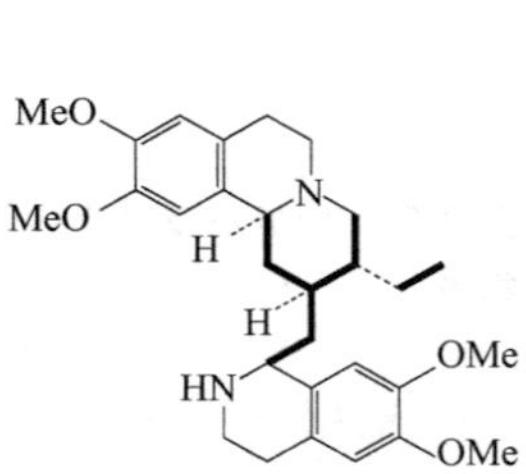

图 3-27　吐根碱

本类生物碱主要分布在茜草科和八角枫科植物中。值得强调的是，来源于苯丙氨酸和酪氨酸的重要生物碱还有来自石蒜科 *Sceletium* 属植物的 mesembrine 型生物碱如

sceletenone、mesembrine 等，以及来自萝藦科 *Tylophora* 属植物的苯菲吲哚里西啶类生物碱如 tylophorine 等，如图 3-28。

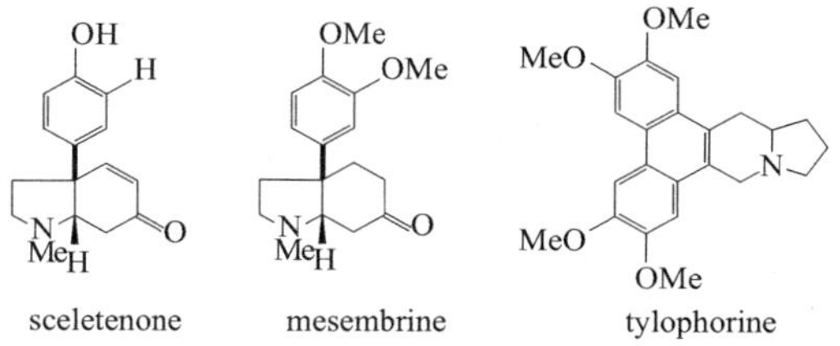

图 3-28　吐根碱类生物碱举例

3.1.1.4　色氨酸系生物碱

本类生物碱又称吲哚类生物碱，是最大最复杂的一类生物碱。关于吲哚类生物碱的研究现在仍是一个十分活跃的领域。根据生源，可将其初步分为四大类：简单吲哚类、简单 β-卡波林类、半萜吲哚类、单萜吲哚类。值得一提的是，此类生物碱合成的研究已相当充分。

（1）简单吲哚类生物碱　结构中除吲哚核外，别无杂环，如色胺、abrin、gramine 等，如图 3-29；分布十分广泛，主要在禾本科和豆科植物中。

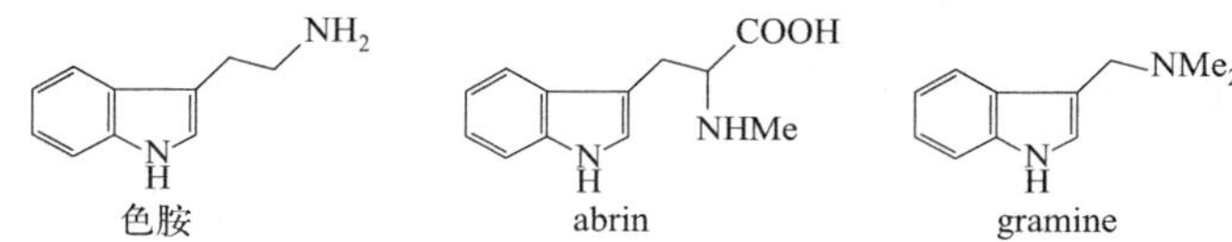

图 3-29　简单吲哚类生物碱

（2）简单 β-卡波林类生物碱　代表化合物如去氢骆驼蓬碱、骆驼蓬碱等，见图 3-30；分布很分散。

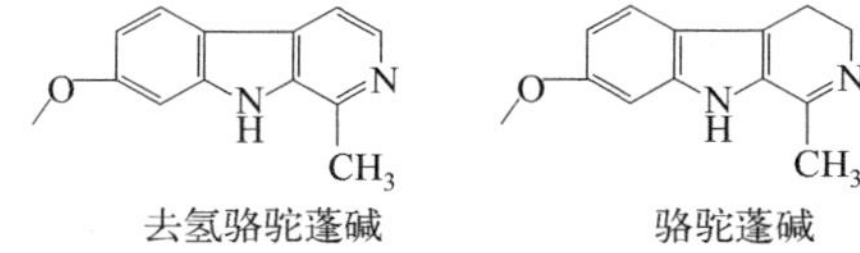

图 3-30　简单 β-卡波林类生物碱代表化合物

（3）半萜吲哚类生物碱（麦角生物碱）

① 化学分类。分子中含有一个四环的麦角碱核体系。主要分为麦角酸类和克勒文类两类。麦角酸类的酰胺部分可由烷酰胺或三肽或更小的肽组成。含肽的又称麦角肽类，而且此类中多具有 6,8-二甲基-$\Delta^{8(9)}$ 或-$\Delta^{9(10)}$ 烯结构单元。克勒文类无羧基，如 agroclavine 和 elymoclavine 等，见图 3-31。

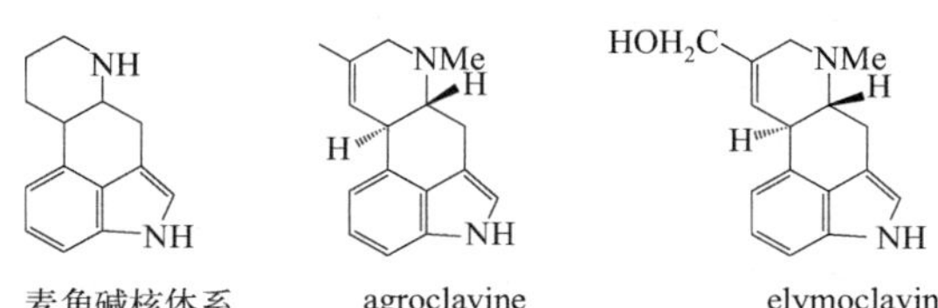

图 3-31　代表性半萜吲哚碱类生物碱

② 生源关系。图 3-32 展示出麦角碱核的生源关系，它由 MVA 和色氨酸及其衍生物一级环合而成。

③ 分布。集中分布于麦角菌科如 *Claviceps* 属真菌类中。此外，尚有 *Aspergillus*、

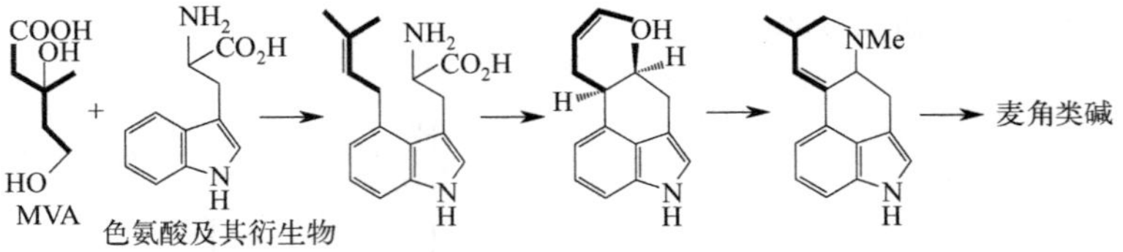

图 3-32 麦角碱核的生源关系

Penicillium 和 *Rhizopus* 属真菌类，甚至零散分布于高等植物如旋覆花科某些植物中。

（4）单萜吲哚类生物碱（裂环烯醚萜吲哚类生物碱） 来源于色氨酸的最重要的生物碱，已知的不少于 2000 个，分子中具有一个吲哚核和一个 C_9 或 C_{10} 的裂环番木鳖苷及其衍生物的结构单元。根据生源并结合化学分类分成 3 类：单萜吲哚类生物碱、双吲哚类生物碱和与单萜吲哚类相关的生物碱。

① 单萜吲哚类生物碱。生源上此类生物碱分子中单萜部分来源于未重排的裂环番木鳖萜类（Ⅰ～Ⅲ）或重排衍生物（Ⅳ～Ⅴ）。Ⅰ～Ⅵ再与色胺缩合分别形成 5 类单萜吲哚类生物碱：柯楠因类、育亨宾类、士的宁类、白坚木类和伊博加类。值得指出的是，通常按生源关系对单萜吲哚类生物碱进行骨架结构的编号（图 3-33）。图 3-34 展示出这 5 类单萜吲哚类生物碱结构之间的关系。

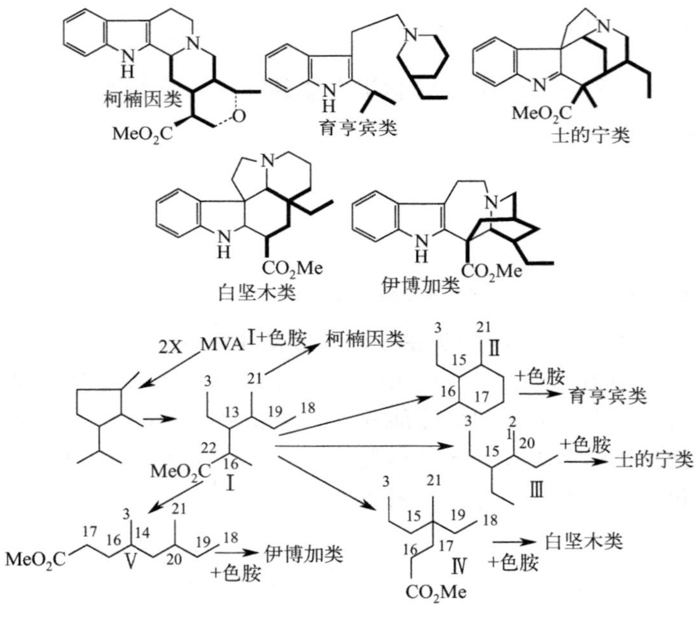

图 3-33 单萜吲哚类生物碱的生源关系与骨架碳编号

在单萜吲哚类生物碱中，最大的是白坚木类，而柯楠因类次之；strictosidine 是最重要的单萜吲哚类生物碱的前体物，由此形成 5 大类生物碱，而 strictosidine 则源于裂环番木鳖苷与色胺的缩合反应。

分布：吲哚类生物碱约占整个生物碱总数的 1/4。其中，单萜吲哚类生物碱又占绝大多数（＞1200 个）；而且在植物界中绝大多数又分布于夹竹桃科、马钱科和茜草科中。分布规律上有 4 点值得指出。第一，结构相当简单的均分布于这 3 科中，结构复杂的分布于特殊的科、属和种。第二，进化程度上夹竹桃科被认为是这 3 个科中最高级的，其表现是产生所有吲哚类的骨架。第三，除夹竹桃科中的 Plumerioideae 和 Carisseae 外，茜草科是唯一可以使吲哚生色团重排成喹啉结构（如奎宁）（图 3-35）的科。同时，也是裂环番木鳖苷与酪胺而不是色胺缩合产生吐根碱型四氢异喹啉类生物碱（如吐根碱等）的科。第四，裂环番木鳖苷同时与色胺和酪胺缩合产生单萜部分非重排的 tubulosine 型生物碱，如 tubulosine（图 3-35）等，仅分布于茜草科。

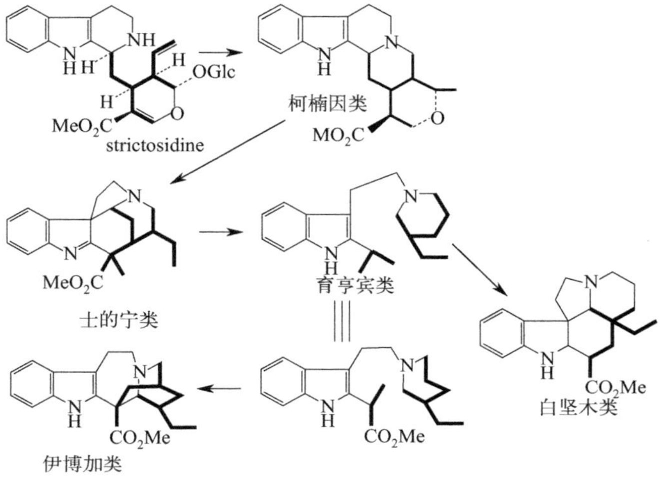

图 3-34 单萜吲哚类生物碱结构之间的关系

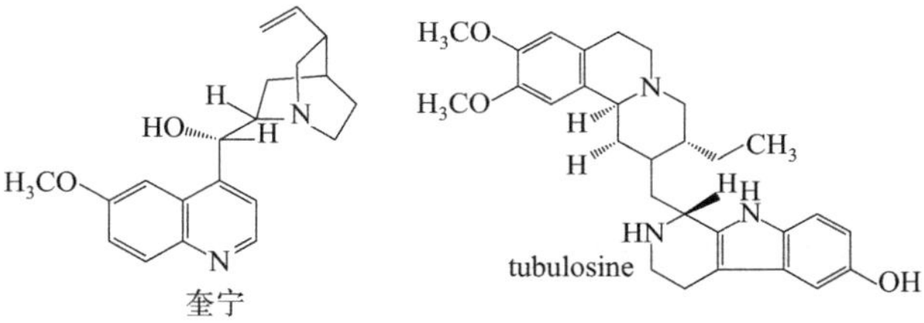

图 3-35 代表性单萜吲哚类生物碱

② 双吲哚类生物碱。双吲哚类生物碱是指由两个或两个以上的相同或不同的含吲哚核的亚单位缩合而成的一类化合物。双吲哚类生物碱分子中碳原子有一般编号和按生源编号两种编号方法，后者应用较广。该类生物碱主要分布于夹竹桃科、马钱科和茜草科共约 31 属植物中，代表性化合物如来自长春花中的多种双吲哚生物碱。其中，长春碱和长春新碱是重要的抗癌药。双吲哚类生物碱化学结构上分类主要基于亚单位的类型。长春碱则属于白雀胺-文朵灵型。此外，还有少数三或四聚体的色胺-色胺型，如 hodgkinsine 和 quadrigemine 等，这一类又称为寡吲哚类生物碱，见图 3-36。

③ 与单萜吲哚类相关的生物碱。生源上有四类生物碱与单萜类生物碱有关：阿巴利生类、乌勒因类、喜树碱类和金鸡宁类。

阿巴利生类和乌勒因类生物碱分子中单萜部分与柯楠因-士的宁类相同，但色胺部分少 1 或 2 个碳原子。代表化合物及其可能的生源关系如图 3-37。此类生物碱主要分布于夹竹桃科白坚木属（*Aspidosperma*）植物中。

喜树碱类生物碱分子中，吲哚核的 C2-C7 键裂解成 B-高-C-去甲体系。代表化合物如从喜树（*Camptotheca acumina*）种子中分得的喜树碱等。生源关系如图 3-38。

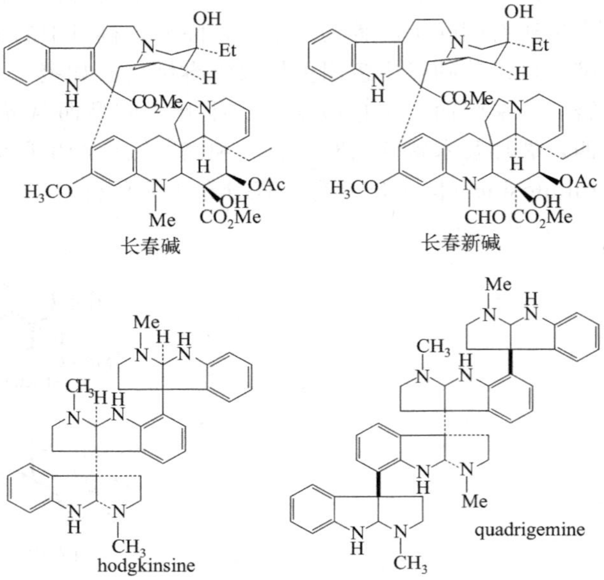

长春碱　长春新碱

hodgkinsine　quadrigemine

图 3-36　代表性双吲哚类生物碱

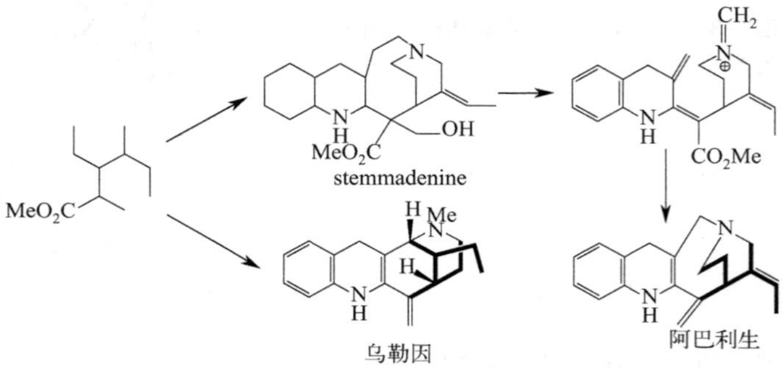

stemmadenine　乌勒因　阿巴利生

图 3-37　阿巴利生类和乌勒因类生物碱代表化合物及其生源关系

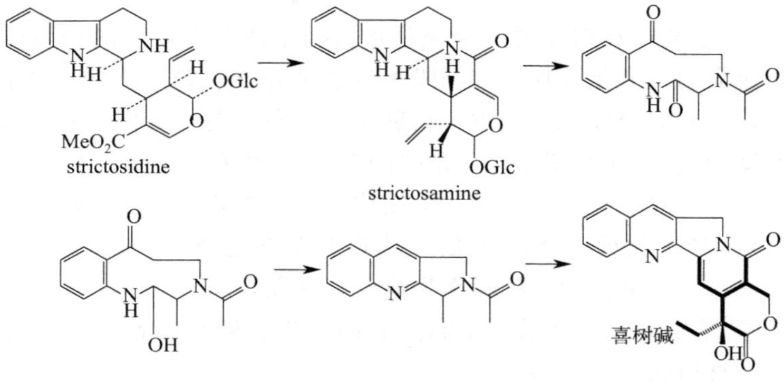

strictosidine　strictosamine　喜树碱

图 3-38　喜树碱类生物碱及其生源关系

金鸡宁类生物碱生源上来源于柯楠因-士的宁类碱，唯色胺部分分成喹啉核结构（图3-39）。如金鸡宁（cinchonine）、奎宁（quinine）、奎尼丁（quinidine）。主要分布于茜草科植物中。

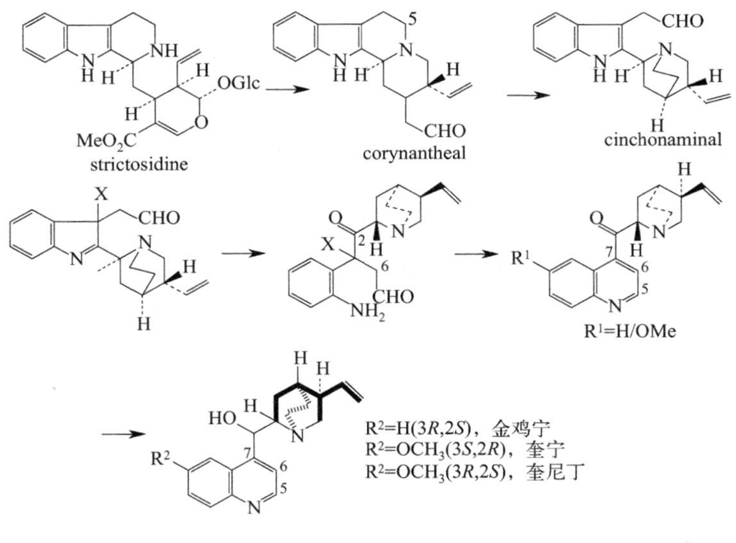

图 3-39 金鸡宁类生物碱及其生源关系

3.1.1.5 邻氨基苯甲酸系生物碱

本类主要包括简单邻氨基苯甲酸衍生物、benzodiazepine 类、喹啉类和吖啶酮类。生源上由邻氨基苯甲酸和乙酸或苯丙氨基生物合成而来。简单邻氨基苯甲酸类分布较分散，benzodiazepine 类则仅限于细菌类，喹啉类集中地分布于芸香科，吖啶酮类约有 40 多个生物碱，主要分布于芸香科 11 属植物中，且常与喹啉类、苄基四氢异喹啉、咪唑类、噁唑啉和喹唑啉类生物碱共存。此外，喹唑啉类生物碱也来源于邻氨基苯甲酸，如 vasicine 和 evodiamine 等，见图 3-40。

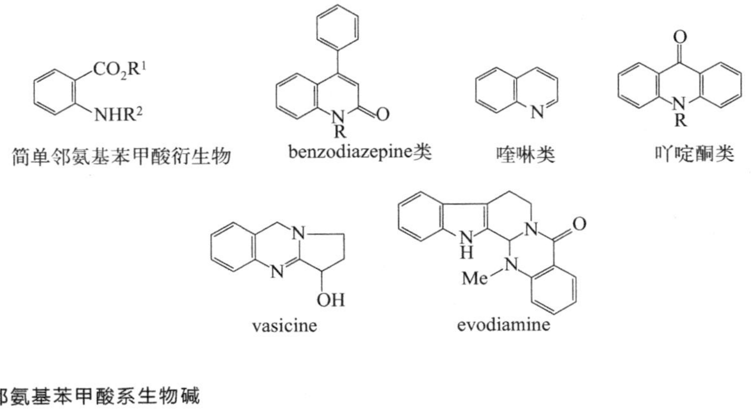

图 3-40 代表性邻氨基苯甲酸系生物碱

3.1.1.6 组氨酸系生物碱

由组氨酸二次代谢而来，原组氨酸中的咪唑环作为五元氮杂环骨架的生物碱。主要为咪唑类生物碱，数目较少，代表化合物为芸香科植物解表木（*Pilocarpus jaborandi* Holmes）中的毛果芸香碱（pilocarpine）。

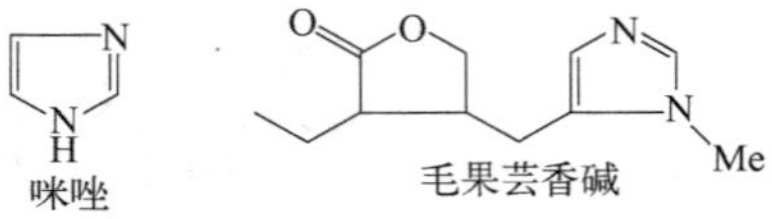

图 3-41 代表性组氨酸系生物碱

3.1.1.7 萜类生物碱

不同于前面所述的是无氨基酸参与生物合成，其骨架形成同于相应的萜类化合物，再加氨基化生物合成产生萜类生物碱。这里仅讨论单萜、倍半萜、二萜和三萜生物碱。

（1）单萜生物碱（monoterpenoid alkaloid） 单萜生物碱主要有三个类型：猕猴桃碱（actinidine）型、skytanthine 型和秦艽碱甲（gentianine A）型。skytanthine 型或含有吡啶核或哌啶核，将二者统称为 pyridanes 类生物碱；而秦艽碱甲型则具有一个由吡啶核和稠合的六元吡喃环形成的双环体系。单萜生物碱的生源关系如图 3-42 所示。

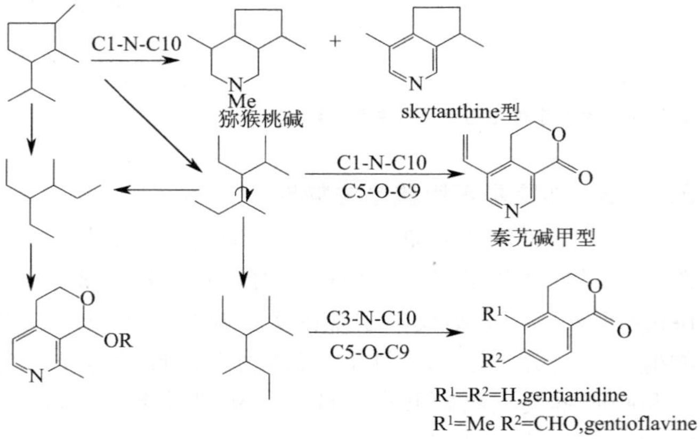

图 3-42 单萜生物碱的生源关系

① 猕猴桃碱型相关生物碱又称单萜吡啶类生物碱，代表化合物如 venoterpine、cantleyine 和 pediculinine 等。如图 3-43。

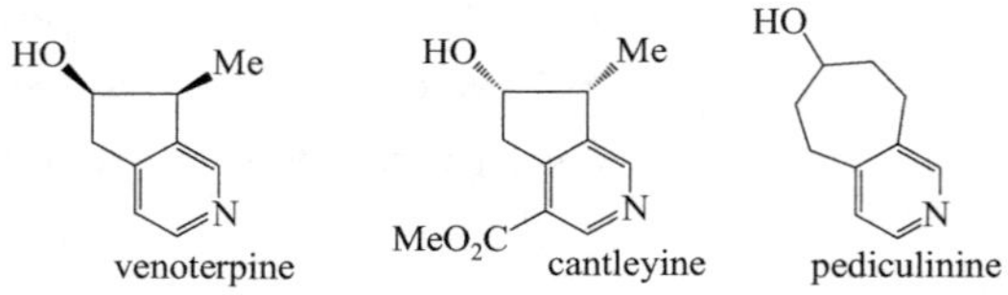

图 3-43 猕猴桃碱型生物碱

② skytanthine 型单萜生物碱主要分布于紫葳科 *Skytanthus* 属和 *Tecoma* 属植物中。其代表化合物如 α-skytanthine、tecostanine 等，如图 3-44。

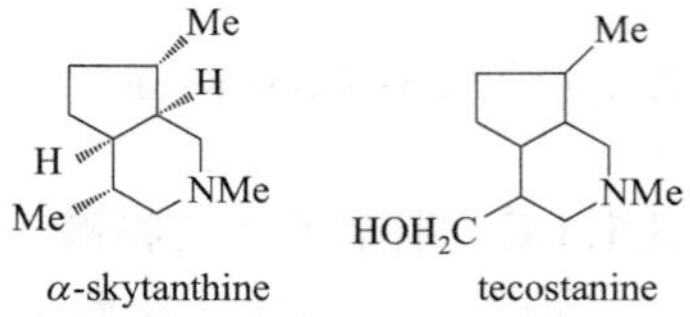

图 3-44 skytanthine 型单萜生物碱

③ 秦艽碱甲型单萜生物碱主要分布于龙胆科植物中。本类代表性化合物如 gentianidine（图 3-45）。

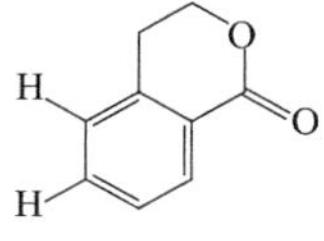

图 3-45 秦艽碱甲型单萜生物碱

（2）倍半萜生物碱 倍半萜生物碱（sesquiterpenoid alkaloid）主要分布于卫矛科、唇形科、马钱科、睡莲科和石斛科等植物中。该类生物碱虽然数量不多，但结构复杂，不易按生源分类。故此处按来源分类。

① 萍蓬草属（*Nuphar*）生物碱来源于睡莲科植物，可分为单聚体（$C_{15}N$，如 nuphamine）和二聚体（$C_{30}N_2$，如 neothiobinupharidine）两组。如图 3-46。

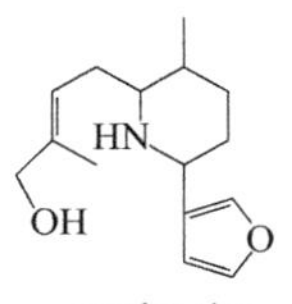

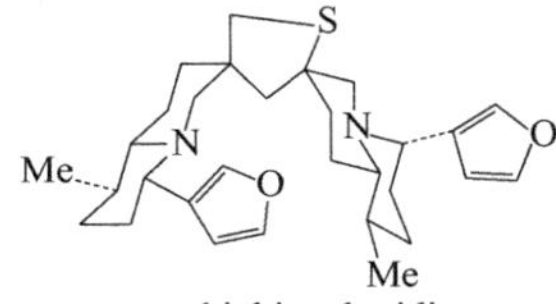

图 3-46 萍蓬草属生物碱

② 石斛属（*Dendrobium*）生物碱来源于石斛科植物，代表性化合物如石斛碱（dendrobine）和 2-羟基石斛碱（2-hydroxydendrobine）（图 3-47）等。

③ *Fabiana* 和 *Pogostemon* 属生物碱来源于唇形科植物，代表性化合物如 fabianine（图 3-47）等。

④ *Gaillardia* 属生物碱来源于菊科植物，代表性化合物如 pulchellidine（图 3-47）等。

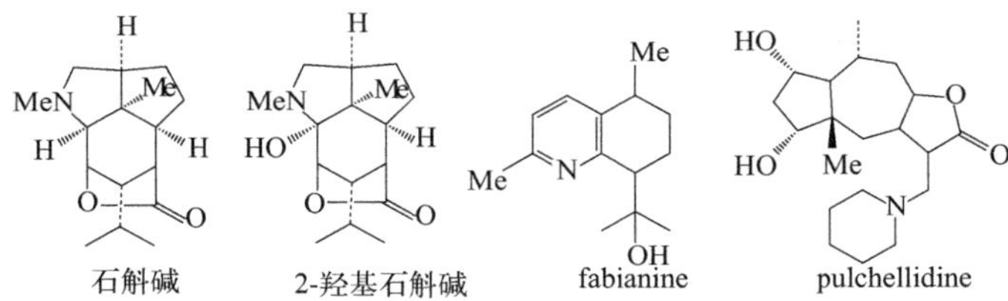

图 3-47 石斛属、*Fabiana* 和 *Pogostemon* 属、*Gaillardia* 属生物碱

⑤ *Maytenus*、*Celastrus* 和 *Euonymus* 属生物碱均属于卫矛科植物，结构上主要分为尼古丁酸酯型和取代尼古丁酸酯型两类，这两类被认为是 dihydroagarofuran（图 3-48）的衍生物。前者主要分布在 *Maytenus* 和 *Celastrus* 属植物中，后者则分布在 *Euonymus* 属植物中。

图 3-48 dihydroagarofuran 结构

（3）二萜生物碱 二萜生物碱（diterpenoid alkaloid）是一种四环二萜或五环二萜分子中具有 β-氨基乙醇、甲胺或乙胺的杂环化合物。本类分布于 5 科 8 属，主要分布于毛茛科乌头属（*Aconitum*）和翠雀属（*Delphinium*）植物中。目前已知天然产物二萜生物碱已超过 900 个。其代表化合物如乌头碱（aconitine）、光翠雀碱（denudatine）和纳哌啉碱（napelline）等，如图 3-49。

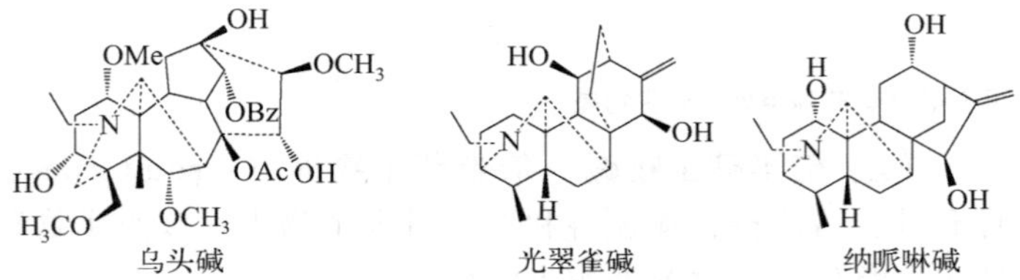

乌头碱　光翠雀碱　纳哌啉碱

图 3-49　二萜生物碱

（4）三萜生物碱　三萜生物碱（triterpenoid alkaloid）主要包括来自交让木科或虎皮楠科（Daphniphyllaceae）交让木属或虎皮楠属（*Daphniphyllum*）植物中的生物碱。该类生物碱的显著特点是结构复杂、骨架类型多。此类生物碱均源于角鲨烯（图 3-50）。

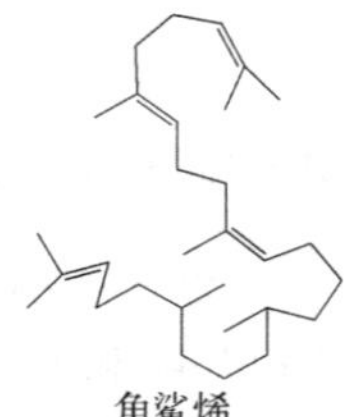

图 3-50　三萜生物碱

3.1.1.8　甾体生物碱

甾体生物碱是天然甾体的含氮衍生物，在生物碱中属于结构最复杂的一类。根据甾核的骨架分为孕甾烷生物碱、环孕甾烷生物碱、胆甾烷生物碱三类。从生源关系上说，其甾体部分来源于乙酰辅酶 A。根据甾体部分的结构不同，胆甾烷生物碱可以再细分为胆甾烷碱和异胆甾烷碱，其结构上的区别在于甾环中的 C 环与 D 环异位。

（1）孕甾烷生物碱（alkaloid with the C_{21}-carbon skeleton of pregnane）　本类生物碱中氨基在 C3 和（或）C20 上或 C8 和 C20 之间，分为孕甾烷型（如 funtumine 和 paravallarine 等）和 conssine 型（如 conssine 等）。生源上胆甾醇主要是甾体前体物，然后经氨基化再生物合成甾体生物碱（图 3-51）。本类主要分布于夹竹桃科 *Chonemorpha*、*Conopharyngia*、*Funtumia*、*Holarrhena*、*Kibatalia*、*Malouetia* 和 *Vahadenia* 属植物中。

（2）环孕甾烷（C_{24}）生物碱（cyclopregnane alkaloid）　一般划分为甾体生物碱，但结构上与三萜化合物如羊毛甾醇和环木菠萝烷醇（cycloartanol）更密切。主要有两种类型：9β，19-环孕甾烷碱类，如 cyclobuxidine 等；9（10→19）-abeopregnane 类，如 buxamine E 等（图 3-52）。本类仅分布在黄杨木科 *Buxus*、*Pachysandra* 和 *Sarcococca* 等属植物中。

（3）胆甾烷生物碱

① 胆甾烷生物碱（cholestane alkaloid）。本类可分为 6 个主要类型：白藜芦胺型（veralkamine），如 veralkamine；辣茄碱型（solanocarpsine），如 solanocarpsine；螺甾碱型（solasodine），如 solasodine；茄次碱型（solanidine），如 solanidine；原介文碱型（procevine），如 procevine；园维茄次碱型（jurubidine），如 jurubidine。如图 3-53。

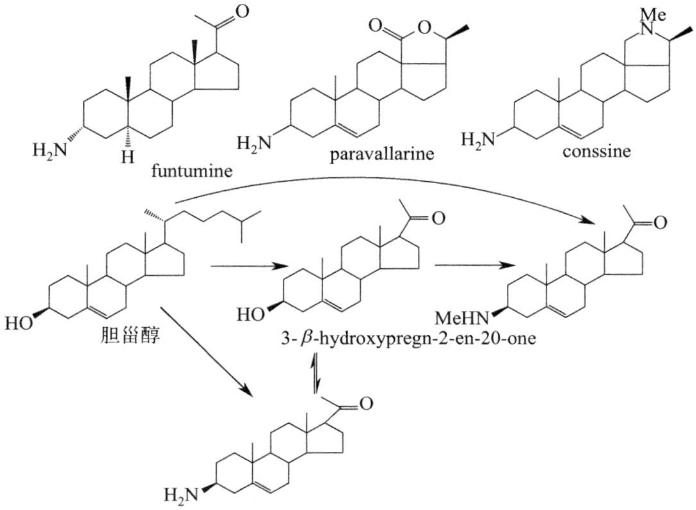

funtumine
paravallarine
conssine
胆甾醇
3-β-hydroxypregn-2-en-20-one

图 3-51 夹竹桃科孕甾烷生物碱的生物合成途径

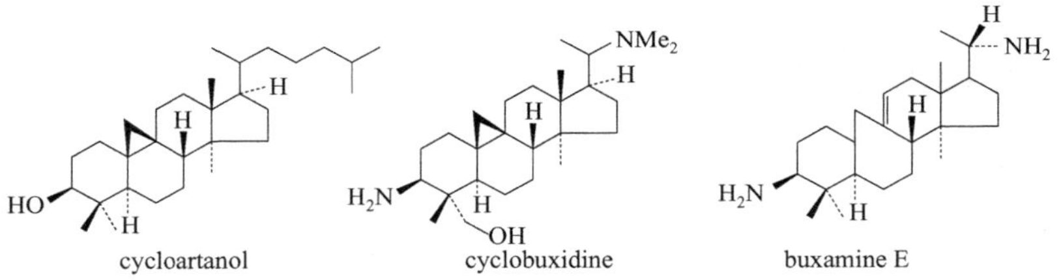

cycloartanol
cyclobuxidine
buxamine E

图 3-52 环孕甾烷（C_{24}）生物碱

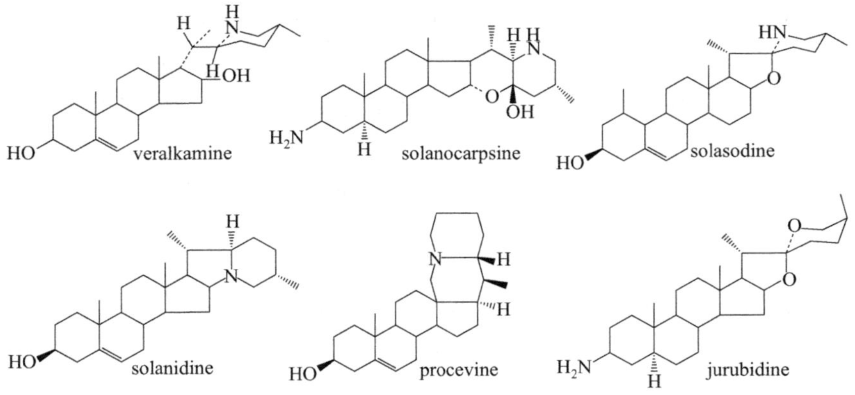

veralkamine
solanocarpsine
solasodine
solanidine
procevine
jurubidine

图 3-53 胆甾烷生物碱

② 异胆甾烷生物碱。本类又分为 3 个主要类型：藜芦胺型，如藜芦胺（veratramine）；介藜芦碱型，如介藜芦碱（jervine）；西藜芦碱型（verticines），如 verticine（图 3-54）。

藜芦胺　　介藜芦碱　　verticine

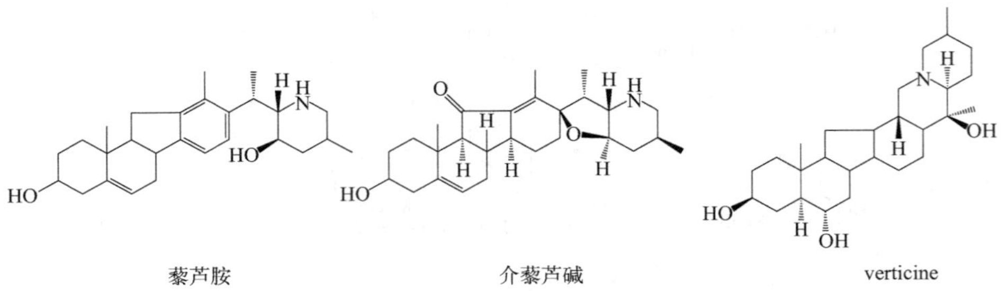

图 3-54　异胆甾烷（C_{27}）生物碱

异胆甾烷（C_{27}）生物碱主要分布于茄科 *Solanum*、*Cyphomandra*、*Lycopersicon*、*Nicotiana* 和 *Cestum* 属，以及百合科 *Rhinopetalum* 和 *Fritillaria* 属植物中。

3.1.2　生物碱类化合物的理化性质

3.1.2.1　物理性质

（1）性状

① 形态：生物碱大多数为结晶型固体，有一定的熔点，只有少数为无定形粉末（如乌头原碱）；少数为液体（如烟碱、槟榔碱、毒芹碱），这类生物碱分子中多无氧原子，或氧原子结合为酯键。

② 味道：生物碱多具苦味，甚至有些生物碱味道极苦（如盐酸小檗碱）；少数有辛辣味，刺激唇舌有焦灼感；部分生物碱具有其他味道，如甜菜碱为甜味。

③ 颜色：生物碱一般是无色或白色的化合物，只有少数具有长链共轭体系的生物碱具有其他颜色，如小檗碱呈黄色，南天竹灵呈深蓝色；少数与溶液 pH 值有关，如一叶萩碱（黄色），成盐后则变成无色。

④ 挥发性与升华性：少数生物碱具挥发性（如麻黄碱可随水蒸气蒸馏而逸出），大多数无挥发性。少数具有升华性（如咖啡因）。

（2）旋光性　产生条件：具有手性碳原子或手性分子。即凡是具有手性碳原子或本身为手性分子的生物碱，具有旋光性。反之则无，如小檗碱没有旋光性。自然界大多数生物碱分子有旋光性，而且多为左旋，呈显著生物活性（左旋肉碱）。

生物碱的旋光性易受溶剂、pH 值等因素的影响。少数产生变旋现象：如麻黄碱在三氯甲烷（氯仿）中呈左旋，而在水中则变为右旋；北美黄连碱在中性条件下呈左旋，而在酸性条件下则呈右旋。游离生物碱与其盐类的旋光性也不一致，如吐根碱在氯仿中呈左旋，但在其盐酸盐中呈右旋。

生理活性与旋光性密切相关。一般情况下，左旋体有显著的生理活性，而右旋体则无生理活性或生理活性很弱。如乌头中存在的左旋去甲乌头碱具有强心作用，但存在于其他植物中的右旋去甲乌头碱则无强心作用；但也有少数生物碱与此相反，如右旋可卡因的局麻作用大于左旋可卡因。

（3）溶解性 生物碱类成分的结构复杂，其溶解性有很大差异。生物碱及其盐类的溶解度与其分子中的 N 原子的存在形式、极性基团的类型与数目以及溶剂等密切相关。

绝大多数叔胺和仲胺生物碱具有亲脂性，易溶于有机溶剂如甲醇、乙醇、丙酮、乙醚、苯和卤代烷类（如二氯甲烷、三氯甲烷、四氯甲烷）等，尤其在三氯甲烷中溶解度较大，不溶于碱溶液。但有部分例外，如伪石蒜碱不溶于有机溶剂而溶于水；小分子的麻黄碱同时溶于有机溶剂和水。水溶性生物碱主要是季铵碱类和某些氮氧化物的生物碱。季铵型生物碱可溶于水，因为它们是离子型化合物。氮氧化物类生物碱分子中具有半极性的 N→O 配位键结构，如氧化苦参碱，故水溶性增强。

某些含有酸性基团（如羧基、酚羟基）的生物碱，易溶于水，如吗啡碱等。苷类生物碱多数水溶性较好。另外，液体生物碱如烟碱等也易溶于水。某些生物碱分子中具有酸性基团，如含酚羟基的药根碱易溶于稀碱溶液。含内酯结构的生物碱，如喜树碱、毛果芸香碱等，遇碱溶液内酯环开裂形成盐而溶解。

生物碱盐类一般易溶于水，能溶于乙醇、甲醇，难溶于其他有机溶剂。而且无机酸盐的水溶性大于有机酸的盐类，同一生物碱与不同酸所成的盐类溶解度不同。也有一些例外，如高石蒜碱的盐酸盐不溶于水，而溶于氯仿；盐酸小檗碱难溶于水等。同一生物碱与不同酸所形成的盐溶解度不同。

3.1.2.2 化学性质

（1）碱性 生物碱一般都是碱性的，只是碱性程度不同。这是它重要的性质，也是提取、分离和结构鉴定的重要理论依据。之所以会呈碱性，主要是因为其分子中氮原子上的孤对电子能给出电子或接受质子。生物碱的碱性强弱用 pK_a 表示，pK_a 越大，碱性越强。生物碱的碱性强弱与 pK_a 的关系：$pK_a<2$ 为极弱碱，pK_a2～7 为弱碱，pK_a7～11 为中强碱，$pK_a>11$ 为强碱。碱性基团的 pK_a 值大小顺序一般是：胍类＞季铵碱＞*N*-烷杂环＞脂肪胺＞芳杂环（吡啶）＞酰胺类。

影响生物碱碱性强弱的因素主要是氮原子的杂化类型、诱导效应、共轭效应、诱导-场效应、空间效应、氢键效应。

① 氮原子的杂化类型。氮原子杂化程度的升高，会使生物碱的碱性随之增强，即 $sp^3>sp^2>sp$。例如四氢异喹啉（pK_a9.5）为 sp^3 杂化；吡啶（pK_a5.17）和异喹啉（pK_a5.4）均为 sp^2 杂化；氰基呈中性，因其为 sp 杂化；吡啶氮（sp^2）碱性小于四氢吡啶环上的氮（sp^3）。

② 诱导效应。生物碱分子中的氮原子上的电子云密度可受氮原子附近给电基（如烷基）或吸电基（如各类含氧基团、芳环、双键）诱导效应的影响。给电诱导使氮原子上电子云密度增加，碱性增强；吸电诱导使氮原子上电子云密度减小，碱性降低。如麻黄碱的碱性强于去甲麻黄碱，就是麻黄碱氮原子上的甲基给电诱导的结

果。而二者的碱性弱于苯异丙胺，则是前二者氨基碳原子的邻位碳上羟基吸电诱导的结果。

双键和羟基的吸电诱导，可使生物碱的碱性减弱。但是在环叔胺分子中，氮原子的邻位如果有α,β-双键或α-羟基，且在立体条件许可的情况下，则氨原子上的孤对电子可与双键的π电子或碳氧单键的α电子发生转位，而使环叔胺变为季铵型而呈强碱性。如季铵型的小檗碱是由醇胺型小檗碱异构化而来的，因为季铵碱型稳定，故小檗碱呈强碱性。

但是有些氮原子处于稠环桥头的生物碱，虽有α,β-双键或α-羟基，但由于分子刚化，无法使环叔胺氮转变成季铵型，因此只显示双键或羟基的诱导作用，生物碱碱性降低。如萝芙木的另一种生物碱阿马林，其分子刚化，氮上孤对电子不能转位，即使存在α-羟胺结构，也很难异构化成季铵型。因此碱性呈中等强度。

③ 共轭效应。当生物碱分子中氮原子孤对电子与π电子共轭时，一般使生物碱碱性减弱。生物碱中，常见的p-π共轭效应主要有三种类型：苯胺型、酰胺型和烯胺型。

苯胺型：苯胺氮原子上的孤对电子与π电子形成p-π共轭体系后，碱性减弱。如毒扁豆碱（图 3-55）的两个氮原子碱性的差别系由共轭效应引起。

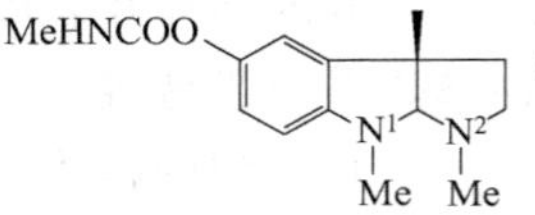

MeHNCOO ... N1 Me, N2 Me; $pK_{a1}=1.76$, $pK_{a2}=7.88$

图 3-55　毒扁豆碱

酰胺型：酰胺中的氮原子与羰基形成p-π共轭效应，使其碱性极弱。如胡椒碱、秋水仙碱、咖啡因（图 3-56）。

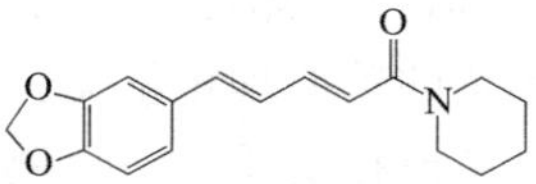

胡椒碱$pK_a=1.42$ 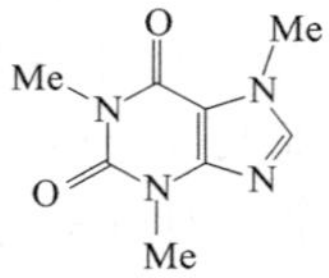　　咖啡因$pK_a=1.22$

图 3-56　胡椒碱和咖啡因

④ 诱导-场效应。如果生物碱分子中同时含有两个氮原子，即使其处境完全相同，碱性强弱也总是有差异的。第一个氮原子质子化后，会产生一个强的吸电子基团，此时它对第二个氮原子产生两种碱性降低的效应，即诱导效应和静电场效应。诱导效应通过碳链传递；静电场效应则通过空间直接作用。

⑤ 空间效应。氮原子由于附近取代基的空间位阻或分子构象因素，而使质子难以接近氮原子，碱性减弱。如萝芙木生物碱中的弱碱性生物碱利血平（图 3-57），其分子结构中有两个氮原子，吲哚的氮几乎无碱性，脂环叔胺氮因受C19—C20竖键的位阻而使碱性降低，其pK_a为6.07。甲基麻黄碱（pK_a9.30）碱性弱于麻黄碱（pK_a9.56），是甲基的空间位阻的结果；东莨菪碱结构中氮原子附近环氧的空间位阻，使其碱性（pK_a7.50）弱于莨菪碱（pK_a9.65）。

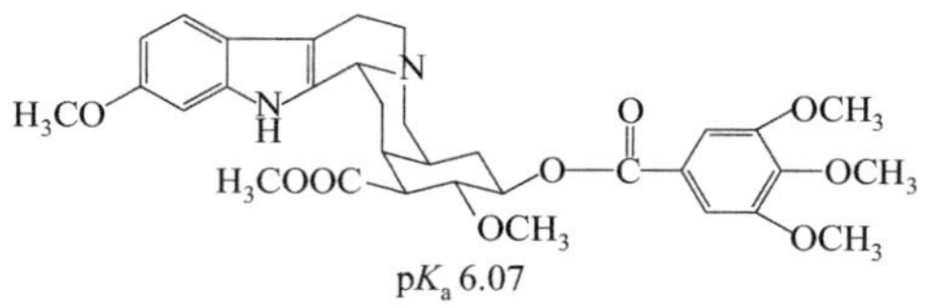

pK_a 6.07

图 3-57 利血平

⑥ 氢键效应。分子内氢键的形成对生物碱碱性强度的影响显著。若能形成稳定的分子内氢键，可使碱性增强。即当生物碱成盐时，接受质子后能形成稳定的分子内氢键（如和钩藤碱盐的质子化氮上氢可与酮基形成分子内氢键，使其更稳定；而异和钩藤碱的盐则没有类似氢键的形成，所以前者的碱性大于后者）。

生物碱的结构复杂，碱性受到多种因素的影响，所以在分析时应考虑各种因素的综合作用，当空间效应与诱导效应共存时，前者居于主导；当诱导效应和共轭效应共存时，后者的影响较大；此外温度、溶剂等也对碱性产生一定影响。另外，当生物碱分子中还含有酸性基团（羧基、酚羟基）时，分子呈酸碱两性。

（2）沉淀反应 生物碱沉淀反应是生物碱或生物碱盐能和酸类、重金属盐类以及一些复盐反应，生成难溶于水的复盐或络合物。利用这个性质可以检查植物中是否含有生物碱；对生物碱进行分离纯化，如雷氏铵盐可用于沉淀分离季铵碱；在生物碱的提取分离中指示提取、分离终点；试管定性反应和色谱的显色剂。常用的生物碱沉淀试剂主要有以下6种：

① 碘化铋钾试剂（Dragendorff 试剂，$BiI_3 \cdot 4KI$）：在酸性溶液中反应生成红棕色沉淀。

② 碘化汞钾试剂（Mayer 试剂，$HgI_2 \cdot 2KI$）：在酸性溶液中反应生成白色或淡黄色沉淀。

③ 硅钨酸试剂（Bertrand 试剂，$SiO_2 \cdot 12WO_3$）：在酸性溶液中反应生成类白色或淡黄色沉淀。

④ 碘-碘化钾试剂（Wagner 试剂，I_2-KI）：在酸性溶液中反应生成红棕色沉淀。

⑤ 苦味酸试剂（Hager 试剂，2,4,6-三硝基苯酚）：在中性溶液中反应生成黄色晶型沉淀。

⑥ 雷氏铵盐试剂（硫氰酸铬铵试剂）：在酸性溶液中反应生成难溶性复合物——红色沉淀或结晶。

沉淀试剂对各种生物碱的灵敏度不一样，在用于生物碱鉴别时，最好采用三种以上的生物碱沉淀试剂。天然药物的酸浸液中一般会含有蛋白质、鞣质等成分，这些成分也能与沉淀试剂产生沉淀，直接采用会影响对反应结果的判断。常用的方法是将干燥的样品经80%乙醇回流提取，醇提液回收乙醇后，用1%盐酸水溶液溶解，过滤，滤液以生物碱沉淀试剂检查生物碱，如果是正反应则需进一步将酸水提取液碱化后用氯仿提取，然后再转溶入2%盐酸溶液中，再进行生物碱沉淀反应，确证生物碱的存在。

（3）显色反应 指的是生物碱能和某些试剂反应生成特殊的颜色。这种性质可用于鉴别生物碱。但是生物碱显色反应原理目前尚不太明确，一般认为是氧化反应、脱水反应、缩合反应，或氧化、脱水与缩合的共同反应。用于生物碱的显色试剂往往因生物碱的结构不同而能显示出不同的颜色。但是，这只能作为识别生物碱的参考，因为不同纯度的生物碱，显色有差别，通常生物碱越纯，颜色越明显。

常用的显色剂有以下几种：

① Mandelin试剂（1%钒酸铵的浓硫酸溶液）。与奎宁显淡橙色，阿托品显红色，可待因显蓝色，吗啡显蓝紫色，士的宁显蓝紫色到红色。

② Marquis试剂（0.2mL 30%甲醛溶液与10mL浓硫酸混合）。与吗啡显橙色至紫色，可待因显红色至黄棕色，与可卡因和咖啡因则不显色。

③ Frohde试剂（1%钼酸钠或5%钼酸铵的浓硫酸溶液）。与吗啡显紫色转棕色，可待因显暗绿色至淡黄色，秋水仙碱显黄色，黄连素显棕绿色。

④ 浓硝酸。与可待因、士的宁显黄色，吗啡显红蓝色至黄色，乌头碱显红棕色，与阿托品、可卡因、咖啡因等不显色。

⑤ 浓硫酸。与秋水仙碱显黄色，可待因显淡蓝色，小檗碱显绿色，阿托品、可卡因、吗啡及士的宁等不显色。

⑥ 浓盐酸。与藜芦碱显红色，与小檗碱在加氨水的情况下会显红色，除此之外与其他大部分生物碱都不显色。

⑦ Labat反应（5%没食子酸的醇溶液）。与具有亚甲二氧基结构的生物碱显翠绿色。

此外，在一定pH值的缓冲液中，生物碱也能与一些酸性染料如溴麝香草酚蓝、溴甲酚绿等，形成复合物而显色。

3.1.3 生物碱类化合物的提取分离

生物碱大多数来自植物界，在罂粟科、豆科、防己科、毛茛科等科的植物中分布较多。但是其含量一般都较低，大多小于1%，如长春花中的长春新碱含量只有百万分之一。而中草药所含成分十分复杂，既有有效成分，又有无效成分和有毒成分。因此，如何最大限度地从天然产物中提取与分离生物碱，引起了人们的广泛关注。随着各类生物碱市场需求量的增加，经济效益的提高，其提取与分离方法也不断得到改进和发展。利用现代分离技术把生物碱从天然产物中分离出来并对其进行纯化，对开发其药用价值以满足天然药物和天然保健品日益高涨的社会需求，促进中药走向世界，提高天然产物的经济和社会效益均具有非常重要的意义。

3.1.3.1 生物碱提取方法

（1）水或酸水提取法 提取原理是生物碱盐类易溶于水，难溶于有机溶剂，而游离碱易溶于有机溶剂，难溶于水。水提取法是直接以水作为溶剂，操作简便、成本低，但提取次数多，用水量大；对于那些碱性较弱不能直接溶于水的生物碱则采用偏酸性水溶液，使生物碱与酸作用生成盐，即酸水提取法。具有碱性的生物碱在植物中多以盐的形式存在，而弱酸性或中性生物碱则以不稳定的盐或游离的形式存在，所以常采用0.5%～1%的乙酸、盐酸作该法的提取溶剂。本法同样简单易行，但浓缩困难；提取液中水溶性杂质多，不适用于含大量淀粉或蛋白质的植物材料；若杂质多，可再用离子交换法进一步提纯。

（2）醇类溶剂提取法 生物碱及其盐类易溶于甲醇或乙醇，可以用醇代替水或酸水提取生物碱。甲醇极性比乙醇极性大，对生物碱溶解性能比乙醇好，但是毒性大，故实验室多用乙醇为溶剂。提取方法可采用渗漉法、浸渍法或回流加热法。不同碱性的生物碱和盐均可用，但醇提取物常含有不少非生物碱成分，需进一步纯化。通常采用酸水-碱化-亲脂性有机溶剂萃取的方法反复进行。

（3）亲脂性有机溶剂提取法 多数生物碱具有脂溶性，故可用亲脂性有机溶剂提取，常用氯仿、二氯甲烷、苯。可采用浸渍法、回流法和连续回流法。一般先将提取材料用少量碱水（石灰乳或稀氨水）充分湿润，使其中生物碱盐转变为游离碱后，再用有机溶剂直接固-液提取，回收有机溶剂后即得亲脂性总生物碱。采用本法所得的总生物碱较为纯净，但有时会提取不完全。亲脂性有机溶剂提取法选择性高，只适用于药用生物碱的提取，而不适用于植物中的生物碱的分离。

3.1.3.2 生物碱的分离方法

一种植物中往往含有多种不同生物碱，想要将其中生物碱单体逐一分离，一般要先用溶剂法进行初步分离，得到碱性不同或极性不同的几个生物碱部位后，再用色谱法进行分离。

（1）基于生物碱类别不同的分离方法 按碱性强弱或酚性、非酚性粗分以及是否具有水溶性可将生物碱初步分离（图 3-58）。

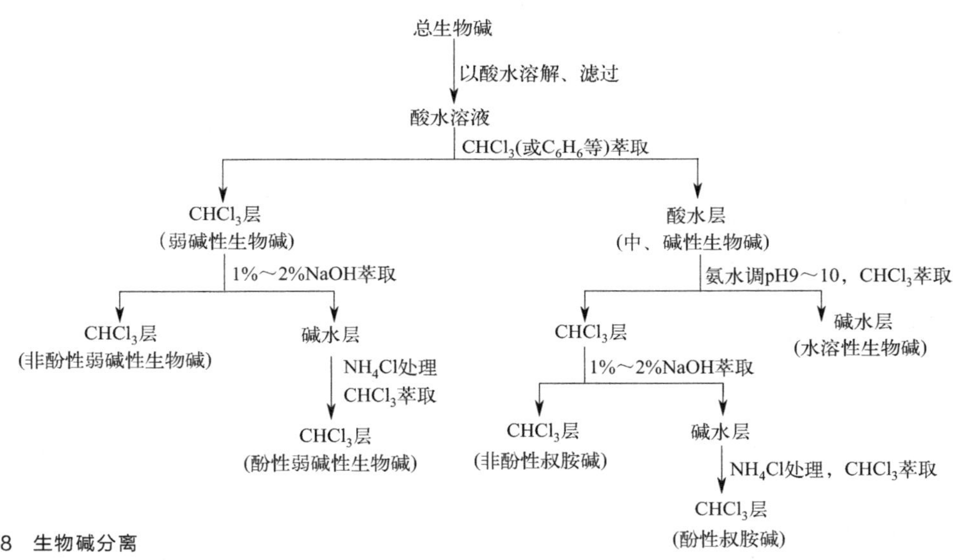

图 3-58 生物碱分离

（2）基于生物碱碱性差异的分离方法 同一植物中含有生物碱的碱性往往不同。在粗提得到的总生物碱中各生物碱由于碱性强弱的差异，强碱性生物碱在弱酸时可以生成稳定的盐而溶于水，而弱碱性生物碱则需在相对强的酸性条件下生成盐溶于水。反之，总生物碱盐的水溶液碱化时，弱碱性生物碱盐在弱碱性条件下即可游离，而强碱性生物碱盐则必须在相对强碱性条件下才能游离。

利用各生物碱在不同酸碱度所处的不同状态进行分离。将碱性不同的混合生物碱溶于酸性溶液中，加入适量碱液、有机试剂萃取，弱碱先析出到有机溶剂层，此时强碱与酸式盐还留在水溶液中，逐步添加碱使游离出生物碱的强度逐步增强，该法又称 pH 梯度萃取法，可分离不同碱度的生物碱。萃取时应用缓冲液调节 pH 梯度，每调节一次用氯仿等有机溶剂萃取 2～3 次。采用 pH 梯度萃取法分离时，通常采用多层纸色谱法有针对性地选择萃取液的 pH 值。生物碱之间的碱性差异越大，则分离越容易。

(3) 基于生物碱或生物碱盐溶解度差异的分离方法 根据生物碱在有机溶剂中的溶解度不同，可以将它们彼此分离。如苦参中苦参碱和氧化苦参碱的分离，苦参碱可溶于乙醚，而氧化苦参碱极性稍大难溶于乙醚，将苦参总碱溶于氯仿并加入大量乙醚，即可使氧化苦参碱析出；许多生物碱盐比其游离碱更易结晶，可以利用生物碱各种盐类在不同试剂中溶解度的差异分离纯化生物碱。如麻黄中分离麻黄碱、伪麻黄碱，即利用二者草酸盐的水溶性不同，草酸麻黄碱溶解度小而先析出结晶，草酸伪麻黄碱溶解度大而留在母液中。又如金鸡纳树皮中奎宁、奎尼丁、金鸡宁（辛可宁）（cinchonine）和金鸡尼丁（辛可尼丁）（cinchonidine）四种主要生物碱的分离，就是利用硫酸奎宁、酒石酸金鸡尼丁和氢溴酸奎尼丁在水中溶解度均较小，而金鸡宁不溶于乙醚的性质，在分离的不同步骤制备成相应的难溶盐类而达到彼此分离的目的。

(4) 基于生物碱特殊官能团的分离方法 酚性或含羧基生物碱在碱性条件下成盐溶于水，可与非酚性碱分离。例如鸦片中的酚性碱吗啡及非酚性碱可待因的分离。具有酰胺键的生物碱，在氢氧化钾的乙醇溶液中加热，皂化生成盐，水溶性增强而与其他不能皂化的生物碱分离。例如苦参碱分子有酰胺键，于氢氧化钾乙醇溶液中加热，皂化反应后生成苦参碱酸钾，增大了水溶性，从而与不能皂化的其他生物碱分离。内酯或内酰胺结构的生物碱可在碱性水液中加热开环形成羧酸盐而与其他生物碱分离，在酸性下又环合成原生物碱析出。例如喜树中喜树碱具有内酯环，可以利用这一性质提取分离喜树碱。

(5) 色谱分离方法 利用混合物组分在固定相中吸附和分配系数的微小差别使各组分彼此分离。对于那些用传统方法难以分离的物质以及热敏性物质，该方法具有明显优越性。分离效率高，能将各种性质极相似的组分分离并分别加以测定，是一类重要而常用且发展迅速的分离手段。对苷类生物碱或极性较大的生物碱，可用反相色谱或葡聚糖凝胶进行分离。对于 pK_a 较大的生物碱，一般多用离子对色谱，通过离子对试剂和生物碱形成中性络合物而达到分离的目的。

① 氧化铝柱色谱法。分离生物碱常用的吸附剂有氧化铝、硅胶等，对成苷的生物碱或极性较大的生物碱或生物碱盐，可用反相吸附剂或葡聚糖凝胶进行分离。硅胶本身具有酸性，对生物碱的吸附力较强，用中性展开剂进行展开时，R 值很小，有时出现拖尾，因此常用碱性的展开剂，如有机溶剂氯仿、丙酮、苯中加入适量的乙二胺或氢氧化铁。而氧化铝稍显碱性，不会引起生物碱的化学变化，因此常用于生物碱的分离。但对极性较大的生物碱吸附性较强，难以分离，因此氧化铝主要用于分离亲脂性生物碱。

② 填充柱气相色谱法。填充柱气相色谱是指柱内填充固定相的气相色谱，它是利用各物质在固定相和气体流动相两相间分配系数不同而进行分离的。李玉堂等用树脂吸附尿中的烟碱，用乙酸乙酯解吸，用 5%聚乙二醇 20M-20% KOH 白色硅藻土作为色谱柱的固定相检测了尿中的烟碱，为公共卫生调查提供了可靠的检测手段。黄晖等用 3%PEG 20M 为固定相，十七烷作为内标物，分别检测了 20 个不同品牌卷烟中总粒相物中的烟碱，结果与紫外分光光度法的测定结果非常接近。王惠等用紫外分光光度法和气相色谱（3% OV-101-chromsorbQ 柱）研究了油酸烟碱·氯氰乳油中烟碱的主要存在形式，结果显示 90%以上的烟碱是以游离态形式存在的。

③ 毛细管气相色谱法。毛细管气相色谱分离效能较高，常用于烟草样品中烟碱等烟草生物碱的分析。杨金辉等以喹啉作内标物，二氯甲烷作溶剂，采用 PE-17 弹性石英毛

细管柱色谱对红塔集团提供的烟草样品中的生物碱进行定量分析，使4种生物碱在5min内实现分离。丁丽等以二氯甲烷-醇（体积比，3∶1）为萃取剂，喹尼丁为内标物，经HP-5MS毛细管柱分离，用氮磷检测器（NPD）对烟草中的尼古丁、去甲基尼古丁、新烟碱和去氢新烟碱进行了检测，相对标准偏差在1.5%～3.4%。Yang等以1%三乙醇胺水溶液作溶剂，用胶束电动毛细管色谱对烟草中的烟碱、新烟碱、去甲基烟碱、麦斯明等烟草生物碱进行了分析。Moriya F等用毛细管气相色谱对吸烟者的血液和尿液中的烟碱和可替宁进行分析，对吸烟者的自杀与体液中烟碱和可替宁的含量高低的关系进行了探索。自杀的吸烟者体液中的烟碱和可替宁含量明显高于没有自杀的吸烟者。李炎强等以异丙醇-无水乙醇（体积比，200∶1）作溶剂，茴香脑作内标物，用自制的收集装置对卷烟侧流烟气进行收集，经毛细管气相色谱和紫外分光光度计对侧流烟气中的烟碱分别进行定量分析，相对标准偏差均小于5%。

（6）水溶性生物碱的分离方法 水溶性生物碱主要指季铵碱，分离方法主要有沉淀法、溶剂法和离子对提取法。

① 沉淀法。利用水溶性生物碱可与生物碱沉淀试剂反应，生成不溶于水的复合物或盐而析出，与留在滤液中的水溶性杂质分离，滤取沉淀，净化、分解即得水溶性生物碱或其盐。

实验室常用雷氏铵盐试剂纯化季铵碱：先将含季铵碱的水溶液用无机酸溶液调pH值2～3，加入新配制的雷氏盐饱和水溶液，使生物碱的雷氏盐以沉淀形式析出，待沉淀完全后，滤过并用少量水洗，至洗涤液不呈红色为止。生物碱的雷氏盐用丙酮溶解后，滤除不溶物。将滤液通过氧化铝短柱，用丙酮洗脱，收集洗脱液。在洗脱液中加入硫酸银饱和水溶液至不再产生雷氏银盐沉淀为止。滤除沉淀，生物碱转化为硫酸盐留在溶液中，再向溶液中加入氯化钡溶液，则可生成硫酸钡和氯化银沉淀。滤除沉淀，生物碱转化为盐酸盐留在溶液中，浓缩滤液，即可得到较纯的季铵碱盐酸盐结晶。

② 溶剂法。水溶性生物碱可溶于极性较大而又能与水分层的有机溶剂（如正丁醇、异戊醇等），可用这类溶剂与含水溶性生物碱的碱水液反复萃取，使水溶性生物碱与强亲水性的杂质得以分离。如益母草中的水溶性生物碱益母草碱在碱水中利用异戊醇萃取可得。

③ 离子对提取法。在适当的pH介质中，生物碱可以与氢离子结合成盐，一些酸性染料（如溴甲酚绿、溴酚蓝等）在该条件下解离为阴离子，而与盐的阳离子结合成有色的配位化合物。这些化合物可溶于某些有机溶剂，生成有色溶液。利用这一原理进行的提取方法叫作“离子对”提取法。此法成败的关键在于能否将有机碱以离子对的形式定量地提取到有机溶剂中，因而涉及离子对的提取常数和溶液pH等因素。一般来说，离子对提取常数越大，则提取率越高。利用上述原理可使水溶性生物碱或季铵碱在适当的pH环境中与酸性染料形成离子对，用适当的有机溶剂提取而与水溶性杂质分离。

3.1.4 生物碱类化合物的药理活性

生物碱具有广泛的药理活性，具有抗炎镇痛、抗肿瘤、抗菌等药理作用。

3.1.4.1 抗菌

豆科植物苦豆子有抗菌、抗病毒、平喘、镇咳等作用，其主要有效成分包括槐果碱、苦参碱及氧化苦参碱等生物碱；芸香科植物根中能产生大量吖啶酮生物碱，去抵抗土壤中真菌的侵害。许多吖啶酮类化合物，如芸香吖啶酮环氧化合物还有抗细菌效果，而且其抗菌活性远超同等浓度的香豆素和黄酮等化合物；一些哌啶类生物碱表现出一定的抗菌活性，如山扁豆碱（cassine），对金黄色葡萄球菌、大肠埃希菌、铜绿假单胞菌等均具有抗菌活性；胆甾烷类生物碱如茄碱、澳洲茄胺等也具有抗真菌活性，茄碱对黑曲霉、白假丝酵母及其他真菌的生长有抑制作用。

3.1.4.2 抗炎

一些单萜生物碱如秦艽碱型生物碱 gentianadine、gentianine 有明显的抗炎活性，二萜生物碱也具有显著抗炎活性；多数异喹啉生物碱具有抗炎镇痛活性，此类药物的镇痛机制各不相同，如野罂粟碱（nudicauline）是从野罂粟中分离得到的吗啡烷类化合物，镇痛效果良好，不易成瘾。其作用机制与抑制前列腺素（PG）的合成有关；粉防己碱是防己科植物粉防己的主要活性成分，属双苄基异喹啉类生物碱，近年来多项研究发现，粉防己碱对全身和局部的急慢性炎症具有显著的抑制作用；苦参生物碱具有一定程度的抗炎镇痛功能，Suo 研究了苦参碱对肠黏膜微血管内皮细胞的作用发现，苦参碱能够促进 NO 依赖的舒血管作用，并能够抑制 LPS 诱导的炎症因子的产生，从而对 LPS 介导的微血管内皮细胞炎症发挥抵抗作用。

3.1.4.3 抗病毒

生物碱一般具有广谱抗菌活性，石蒜碱被认为具有很强的抗病毒活性及抗菌作用；实验发现吖啶酮生物碱对单纯疱疹病毒（HSV）、EB 病毒（EBV）、人类免疫缺陷病毒 1 型（HIV-1）和腺病毒 6 型（Adv6）等不同病毒显示出显著抑制作用，而且吖啶酮结构以及取代基团不同决定了其抗病毒活性强弱和对病毒种类的选择性也不同；植物 *Leitneria floridana* 中分离鉴定的 1-methoxycanthinone 具有较强的抗 HIV-1 活性（EC_{50} 0.26μg/mL；TI>39）；Quintana 等发现茴香霉素可以抑制寨卡病毒菌株在 Vero 细胞中的复制，通过高度抑制病毒蛋白表达，使病毒 RNA 合成减少，是寨卡病毒的体外抑制剂。

3.1.4.4 抗癌

应用石蒜科植物治疗癌症的历史悠久，将石蒜碱进行结构改造制成的恩其明，抗癌活性明显提高，具有较强的抑制和杀灭癌细胞的活性。对胃癌、卵巢癌有较好疗效，在临床上可与其他化疗药物联合应用。此外，还有水鬼蕉碱（pancratistatin）、小星蒜碱（hippeastrine）等各种类型的苄基苯乙胺类生物碱也具有不同程度的抗癌活性；研究表明，边缘茄碱可以抑制人肿瘤细胞生长，如结肠癌（HT-29，HCT-15）、前列腺癌（LNCaP，PC-3）、乳腺癌（T47D，MDA-MB-231）、人肝癌（PLC/PRF/5）细胞；多种源于海洋生物的哌啶类生物碱对肿瘤细胞表现出较强的细胞毒活性，如双哌啶类生物碱 madangamine F、haliclonacyclamine F、arenosclerins D 和 E，对人中枢神经系统（CNS）肿瘤细胞、人胸腺细胞（human thymocyte）、白血病细胞（HL60）和结肠瘤细胞（HCT8）四种肿瘤细胞表现出细胞毒性。

3.2

酚类化合物

3.2.1 酚类化合物的种类和结构

3.2.1.1 含酚羟基的醌类化合物（图 3-59）

大黄素
茜草素
酒色霉素B_2
averantin
SF-2330
贵田
多柔比星 R=$COCH_2OH$
柔红霉素 R=$COCH_3$
3-hydroxymorindone

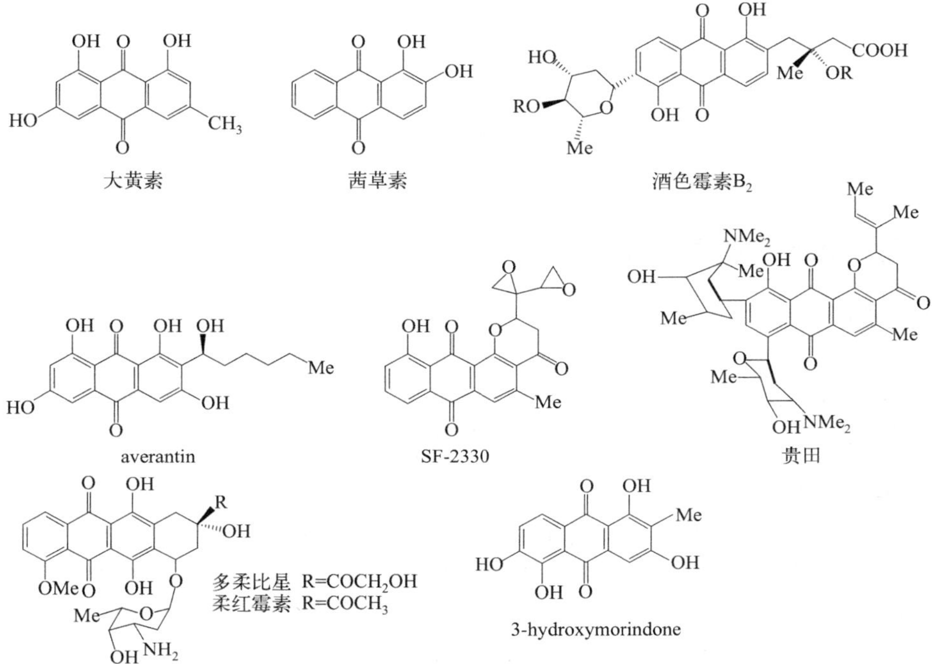

图 3-59 含酚羟基的醌类化合物

3.2.1.2 含酚羟基的苯丙素类化合物（图 3-60）

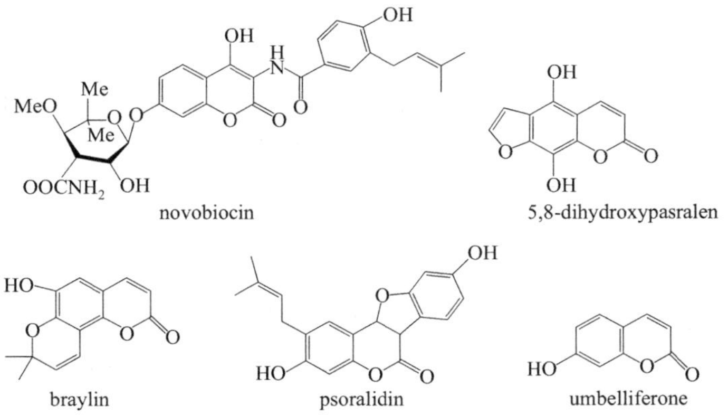

novobiocin
5,8-dihydroxypasralen
braylin
psoralidin
umbelliferone

图 3-60 含酚羟基的苯丙素类化合物

3.2.1.3 含酚羟基的萜类化合物（图 3-61）

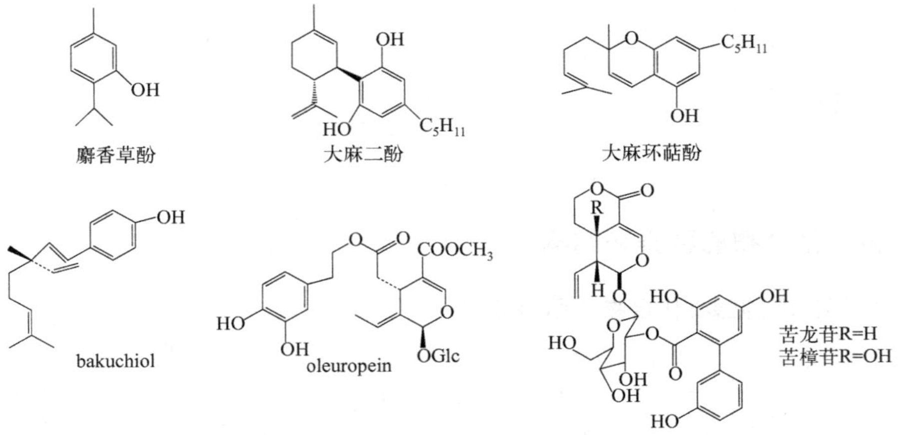

麝香草酚　大麻二酚　大麻环萜酚

bakuchiol　oleuropein　苦龙苷R=H　苦樟苷R=OH

图 3-61　含酚羟基的萜类化合物

3.2.2 酚类化合物的理化性质

3.2.2.1 物理性质

大多数酚是无色的具有特殊气味的结晶型固体，少数烷基酚为液体。酚的沸点比分子量相近的烃要高得多，而且在水中有一定的溶解度。这是由于酚的分子之间以及酚和水分子之间能形成氢键。酚类化合物具有较大的毒性和腐蚀性，使用时应注意。

3.2.2.2 化学性质

酚由羟基和芳基两部分组成，因此酚在化学性质上与醇和芳香烃有相似之处。但羟基和芳基的相互作用、相互影响，使酚在性质上与醇和芳香烃也存在显著差异。

（1）酚羟基反应

① 酸性。酚具有酸性，能和氢氧化钠的水溶液作用，生成可溶于水的酚钠（图 3-62）。

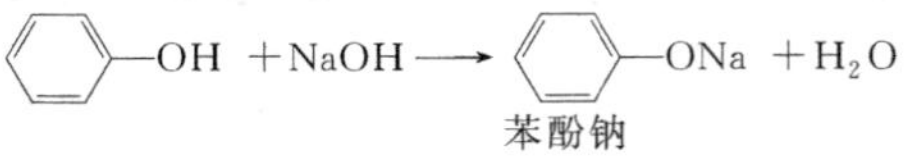

$$C_6H_5\text{—}OH + NaOH \longrightarrow C_6H_5\text{—}ONa + H_2O$$

苯酚钠

图 3-62　苯酚酸性

但它的酸性（$pK_a=10$）比碳酸的酸性（$pK_a=6.35$）弱，不能与碳酸氢钠反应。因此，向苯酚钠的水溶液中通入 CO_2 可将苯酚游离出来（图 3-63）。

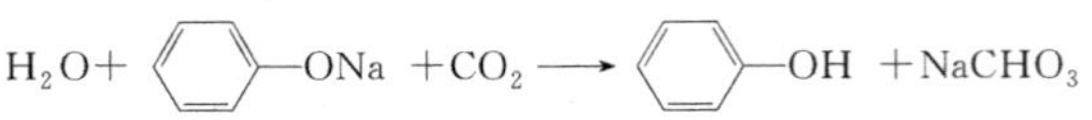

$$H_2O + C_6H_5\text{—}ONa + CO_2 \longrightarrow C_6H_5\text{—}OH + NaCHO_3$$

图 3-63　苯酚钠与苯酚

在天然药物有效成分的提取过程中，常可利用酚呈弱酸性的特点，在提取液中加入碱液使酚类化合物转变成水溶性的酚钠，将它们与非酸性有机物分开，然后加入酸即可将酚类化合物游离出来。

以下是碳酸、苯酚、水和醇的 pK_a 值（表 3-1）。

表 3-1 碳酸、苯酚、水和醇的 pK_a 值

溶剂	H_2CO_3	C_6H_5OH	H_2O	ROH
pK_a	6.35	10.0	15.7	16～19

酚的酸性比醇强很多，可通过羟基氢质子解离后形成的共轭碱（即相应的负离子）的稳定性大小来解释。共轭碱越稳定，其碱性越弱，则其相应的共轭酸的酸性越强。反之，则共轭酸的酸性越弱。醇和酚在水溶液中分别存在如下平衡（图 3-64）。

$$C_6H_5-OH + H_2O \rightleftharpoons C_6H_5-O^- + H_3O^+$$

苯基氧负离子

$$C_6H_{11}-OH + H_2O \rightleftharpoons C_6H_{11}-O^- + H_3O^+$$

环己基氧负离子

图 3-64 苯酚的电离

在苯基氧负离子中，氧原子和 sp^2 碳原子相连，存在 p-π 共轭。负电荷并不是集中在氧上，而是通过 p-π 共轭分散在苯环上，使负离子稳定。

在环己基氧负离子中，氧原子与 sp^3 碳原子结合，不存在上述共轭作用，所以环己基氧负离子不如苯基氧负离子稳定。也就是说，苯基氧负离子的碱性比烷氧基负离子弱，因而苯酚的酸性比醇强。

取代酚的酸性与取代基的种类和取代基在芳环上的位置有关。总的来说，吸电子取代基使酚的酸性增强；给电子取代基使酚的酸性减弱。因为当环上有吸电子基时，它对负电荷的离域作用使相应的负离子稳定性增加，故酸性增强。相反，当环上有给电子基时，它不利于负电荷分散而使其相应的负离子的稳定性降低，故酸性减弱。

取代基对酸性的影响通过以下例子加以说明。

a. 环上的取代基为硝基。硝基是强的吸电子基。在对硝基酚中，硝基吸电子的诱导效应和共轭作用均有利于相应酚氧负离子的负电荷分散，使负离子稳定性增加，即酸性增加，因此对硝基酚的酸性（pK_a 为 7.15）比苯酚强。邻硝基苯酚中也有类似的作用，故其酸性（pK_a 为 7.22）也比苯酚强。如图 3-65。

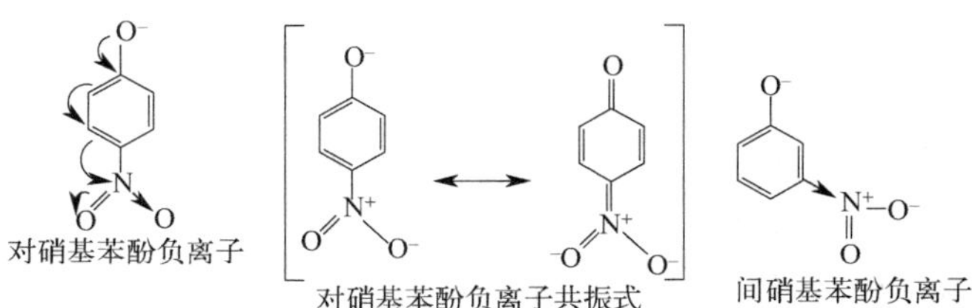

图 3-65 苯酚取代基对酸性的影响

当硝基处于酚羟基的间位时，在相应的酚氧负离子中，不存在上述共轭体系。因此，它只能通过诱导效应起作用，使间硝基酚的酸性（pK_a 为 8.9）比苯酚强，但不如邻、对位异构体强。

b. 当环上的取代基为甲基。当甲基连在苯环上后，其给电子诱导效应（当甲基处于羟基的邻、对位时，还存在超共轭效应，其方向与诱导效应方向一致）不利于相应酚氧负离子中氧上的负电荷离域到苯环上，负离子不如苯酚负离子稳定，故它们的酸性均弱于苯酚。

c. 环上取代基为甲氧基。当甲氧基处于酚羟基的对位时，在相应的酚氧负离子中，

虽然存在甲氧基的吸电子诱导效应，但因为甲氧基的给电子共轭作用的方向与诱导效应方向相反，且这种作用占主导地位，结果不利于负电荷分散，负离子不如苯酚负离子稳定。因此对甲氧基苯酚（pK_a 为 10.21）的酸性比苯酚弱一些。

而当甲氧基处于羟基间位时，在相应的酚氧负离子中，甲氧基的给电子共轭作用不能传递到间位碳原子上，此时只有甲氧基的吸电子诱导效应在起作用，其对氧上负电荷有分散作用，使负离子稳定性增加，因此间甲氧基苯酚的酸性（pK_a 为 9.65）比苯酚要强一些。

至于邻甲氧基苯酚（pK_a 为 9.98）的酸性比苯酚强，可能是邻位效应所致。

除电性因素外，酚的酸性还受到其他一些因素的影响，如溶剂化效应等。例如：2,4,6-三戊基苯酚的酸性极弱，以至于在液氨中与金属钠不反应。这可能是因为羟基的邻位有体积很大的取代基，使氧负离子的溶剂化受阻而酸性减弱。

② 酚醚的生成和克莱森重排（图 3-66）。酚分子中的碳氧键比较牢固，不能像醇一样通过分子间的脱水来形成酚醚，常需将酚转变成酚钠再和卤代烃反应，或用活性较强的烷基化试剂（如硫酸二甲酯、硫酸二乙酯、重氮甲烷等）与之反应生成酚醚。

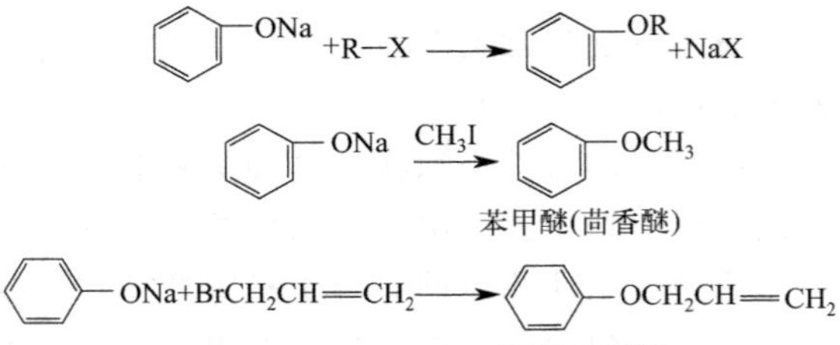

$C_6H_5ONa + R—X \longrightarrow C_6H_5OR + NaX$

$C_6H_5ONa \xrightarrow{CH_3I} C_6H_5OCH_3$

苯甲醚(茴香醚)

$C_6H_5ONa + BrCH_2CH{=}CH_2 \longrightarrow C_6H_5OCH_2CH{=}CH_2$

苯基烯丙基醚

图 3-66　酚醚的生成和克莱森重排

酚醚的化学性质比较稳定，不易氧化。但氢碘酸、BBr_3 等路易斯酸可以将酚醚分解成原来的酚（图 3-67）。

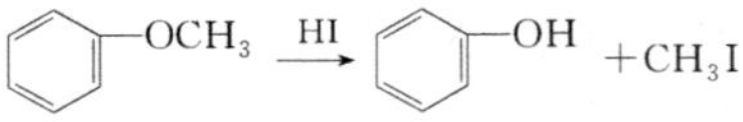

$C_6H_5OCH_3 \xrightarrow{HI} C_6H_5OH + CH_3I$

图 3-67　苯酚的生成

有机合成中，为了避免酚羟基在反应中被破坏，常将其制成醚加以保护，当反应完成后再将醚转化成酚。

苯基烯丙基醚，在高温下会发生重排，生成烯丙基取代酚。该重排反应称为克莱森重排。重排时烯丙基进入酚羟基的邻位；两个邻位都有取代基时，则进入对位；邻、对位都有取代基时，则不发生重排反应。如图 3-68 所示。

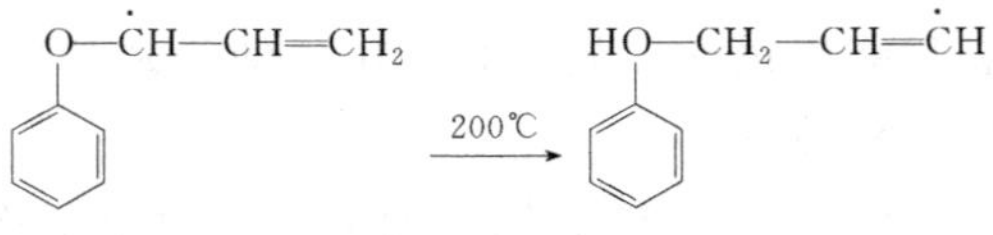

O—ĊH—CH═CH₂ (苯环) $\xrightarrow{200℃}$ HO—CH₂—CH═ĊH (苯环)

图 3-68　电子重排

③ 酚酯的生成和傅瑞斯重排。酚分子中羟基和芳环形成了共轭体系，氧上的电子云向芳环上转移，导致其亲核能力降低。所以酚不能像醇一样直接与酸成酯，而要与酰基化能力更强的酰氯或酸酐作用才能形成酚酯。如图 3-69 所示。

图 3-69 酚酯的生成

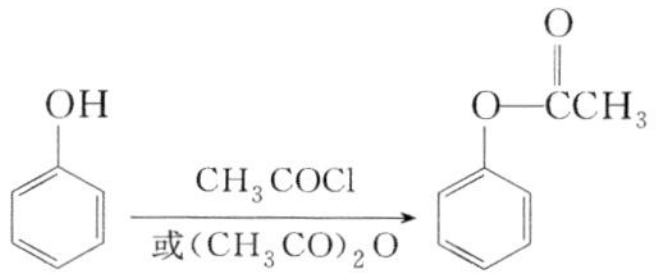

酚酯在三氯化铝存在下加热，酰基可以重排到邻位或者对位，这种重排称为傅瑞斯重排（图 3-70）。

图 3-70 傅瑞斯重排

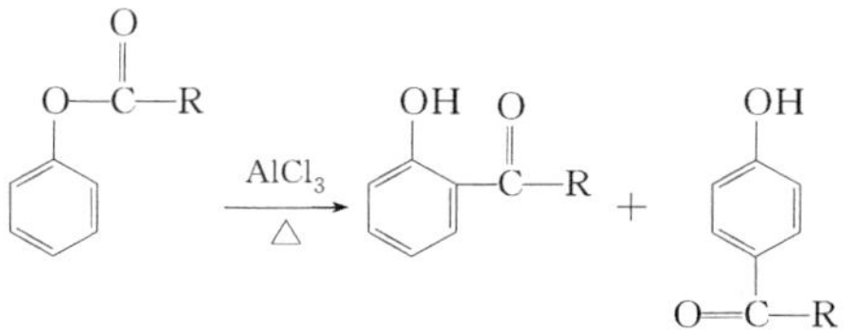

邻、对位产物的比例和温度有关，高温有利于邻位产物的生成，低温则有利于对位产物的生成。如图 3-71 所示。

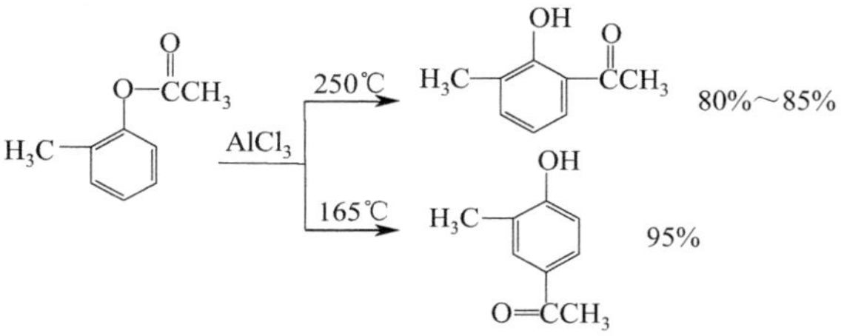

图 3-71 温度对酚酯生成的影响

无论是脂肪族还是芳香族羧酸的酚酯都能进行这种重排，这就是合成酚酮的一种重要方法。若酚的苯环上带有间位定位基，则此重排不能发生。

④ 与三氯化铁的显色反应。酚类与三氯化铁溶液发生显色反应。如图 3-72 所示。

图 3-72 酚类显色反应

$$6C_6H_5OH + FeCl_3 \longrightarrow \underset{\text{蓝紫色}}{H_3[Fe(C_6H_5O)_6]} + 3HCl$$

不同的酚呈现不同的颜色，如苯酚显蓝紫色，对甲苯酚显蓝色，邻苯二酚显深绿色等。因此，此反应可作为酚的定性鉴别反应。利用酚的这种性质可以将其与醇相区别。

酚与三氯化铁显色被认为是含有烯醇式结构的原因，大多数含有烯醇式结构的化合物都可以和三氯化铁发生显色反应。烯醇和酚结构见图 3-73。

图 3-73 烯醇和酚结构

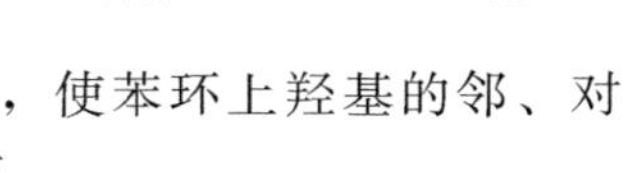

（2）芳环上的亲电取代反应 羟基通过共轭效应活化苯环，使苯环上羟基的邻、对位电子云密度升高，因此邻位和对位上更容易发生亲电取代反应。

① 卤代反应。酚容易发生卤代反应。苯酚和溴水在室温下很容易发生亲电取代反应，生成 2,4,6-三溴苯酚的白色沉淀（图 3-74），反应现象明显且定量进行，可用于苯酚的定性和定量分析。

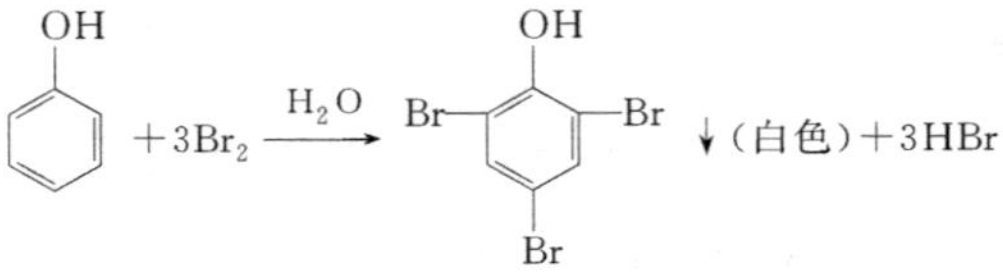

图 3-74 卤代反应

在低温和非极性溶剂（如 CS_2、CCl_4、$ClCH_2CH_2Cl$ 等）中，控制溴的用量，则可得到一溴代物（图 3-75）。

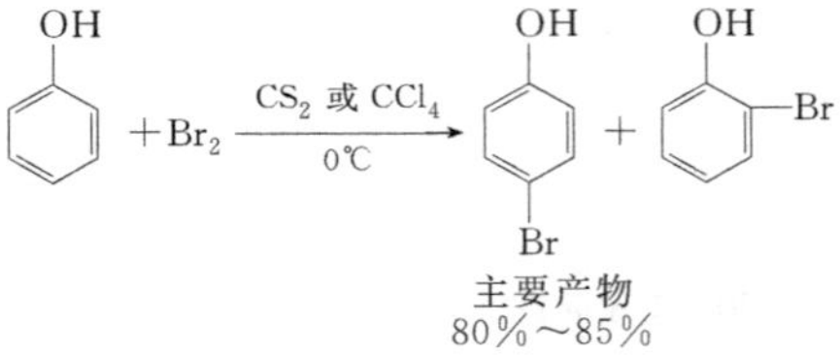

图 3-75 溴代反应

② 磺化反应。苯酚与浓硫酸发生磺化反应，得到邻羟基苯磺酸和对羟基苯磺酸。低温有利于邻位产物的生成，而高温则有利于对位产物的生成。邻或对位产物进一步磺化，均得 4-羟基-1,3-苯二磺酸。如图 3-76 所示。

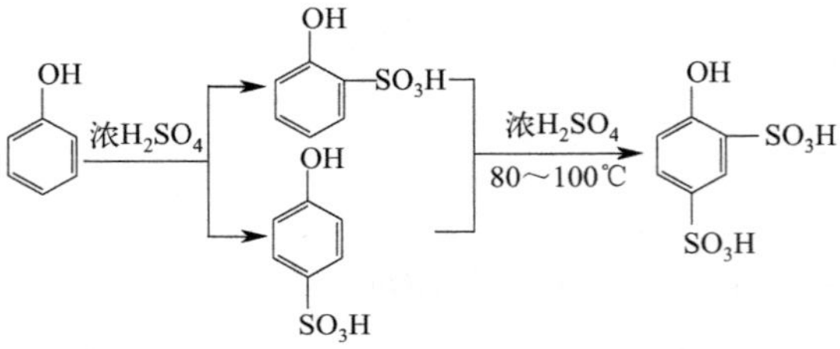

图 3-76 磺化反应

③ 硝化反应。苯酚和稀硝酸在室温下很容易发生硝化反应，得到邻硝基苯酚和对硝基苯酚的混合物（图 3-77）。

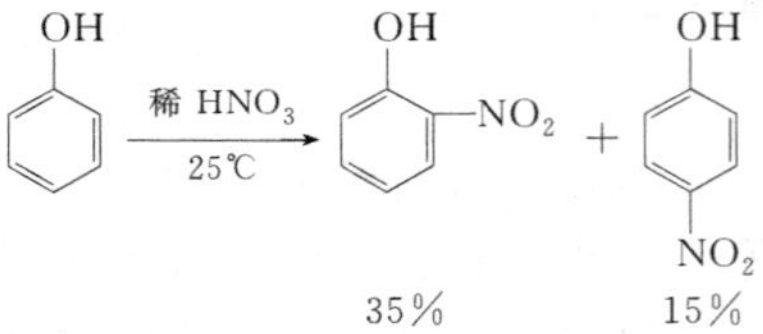

图 3-77 硝化反应

混合产物可通过水蒸气蒸馏分离出来。因为邻硝基苯酚可形成六元环的分子内氢键（图 3-78），不再和水形成氢键，所以水溶性小，挥发性大，可随水蒸气蒸出；而对硝基苯酚则通过分子间氢键（图 3-78）形成缔合体，挥发性小，不易随水蒸气挥发而留在残液中。

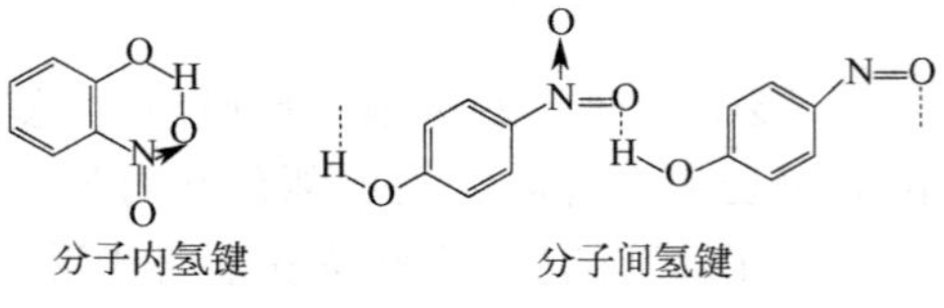

图 3-78 酚类化合物中的氢键

因为苯酚很容易被硝酸氧化，所以产率较低。特别是制备多硝基取代酚，更不宜用直接硝化法制备，一般采用间接的方法制备多元硝基酚。在低温下苯酚用亚硝酸处理时，发生亚硝化反应，主要形成对亚硝基酚和少量的邻亚硝基酚（图 3-79）。

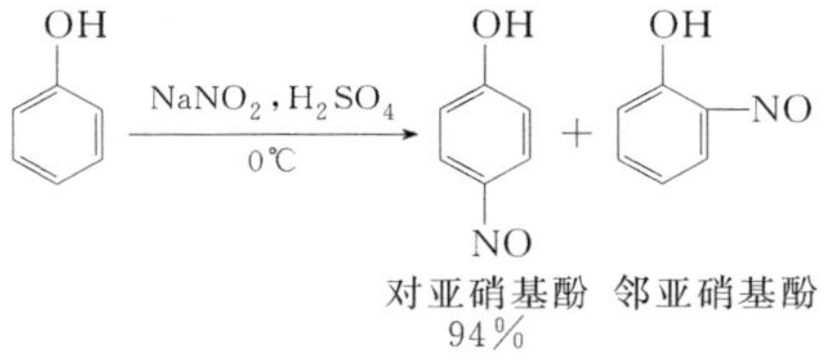
OH
$NaNO_2, H_2SO_4$
0℃
OH
NO
+
OH
NO
对亚硝基酚
94%
邻亚硝基酚

图 3-79　亚硝化反应

对亚硝基酚用稀硝酸氧化，可得对硝基酚（图 3-80）。

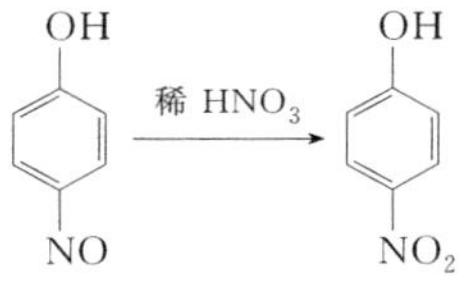
OH
NO
稀 HNO_3
OH
NO_2

图 3-80　亚硝基氧化反应

④ 傅-克反应。酚类的傅-克反应通常不以 $AlCl_3$ 为催化剂，因为 $AlCl_3$ 容易和酚羟基生成配合物而使催化剂失去活性，且一般收率较低，没有合成上的意义。故在酚类化合物的傅-克反应中，常用硫酸、磷酸、BF_3、HF 和多聚磷酸（PPA）等作为催化剂。如图 3-81 所示。

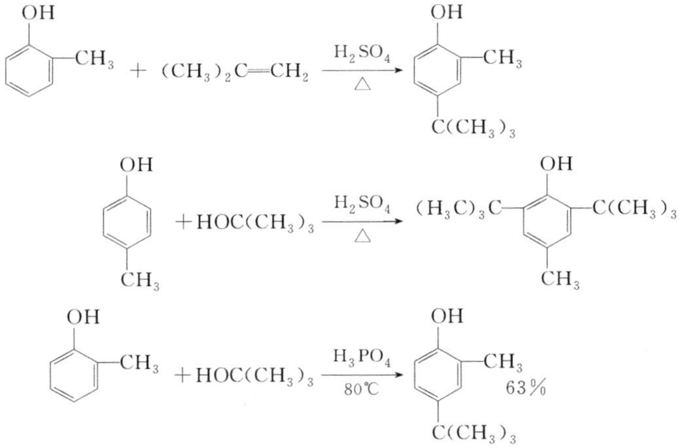
OH
CH_3
+ $(CH_3)_2C{=}CH_2$
H_2SO_4
△
OH
CH_3
$C(CH_3)_3$
OH
CH_3
$+HOC(CH_3)_3$
H_2SO_4
△
OH
$(H_3C)_3C$
$C(CH_3)_3$
CH_3
OH
CH_3
$+HOC(CH_3)_3$
H_3PO_4
80℃
OH
CH_3
63%
$C(CH_3)_3$

图 3-81　傅-克反应

酚类用 BF_3、$ZnCl_2$ 等作为催化剂，有时也可直接与羧酸发生傅-克酰基化反应，如图 3-82 所示。

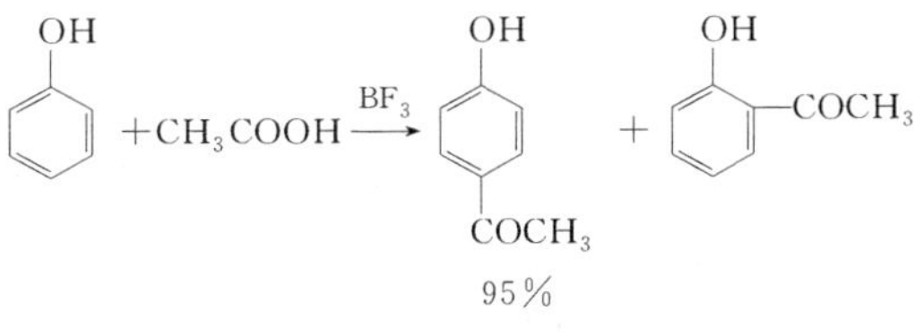
OH
$+CH_3COOH$
BF_3
OH
$COCH_3$
95%
+
OH
$COCH_3$

图 3-82　傅-克酰基化反应

⑤ 瑞穆尔-悌曼反应。酚类化合物在碱性溶液中与氯仿一起加热，在酚羟基的邻位或

者对位引入醛基的反应称为瑞穆尔-悌曼反应，醛基主要进入邻位。如图 3-83 所示。

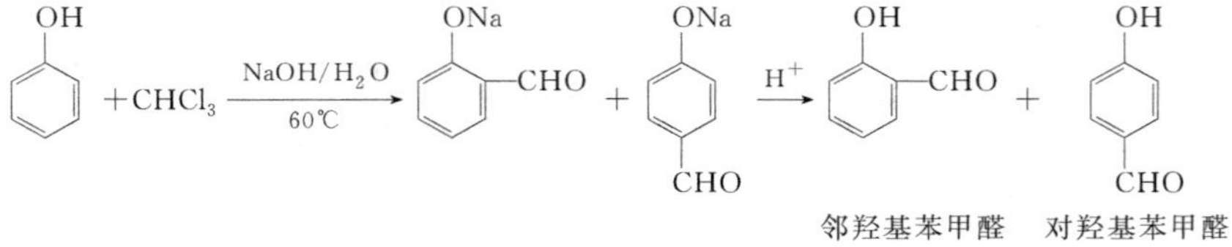
OH
+CHCl₃
NaOH/H₂O
60℃
ONa
CHO
ONa
CHO
H⁺
OH
CHO
OH
CHO
邻羟基苯甲醛
对羟基苯甲醛

图 3-83 瑞穆尔-悌曼反应

在反应中，氯仿在碱的作用下生成二氯卡宾，二氯卡宾的碳原子周围只有六个电子，是一个缺电子的亲电试剂，可与酚发生亲电取代反应。机制如图 3-84。

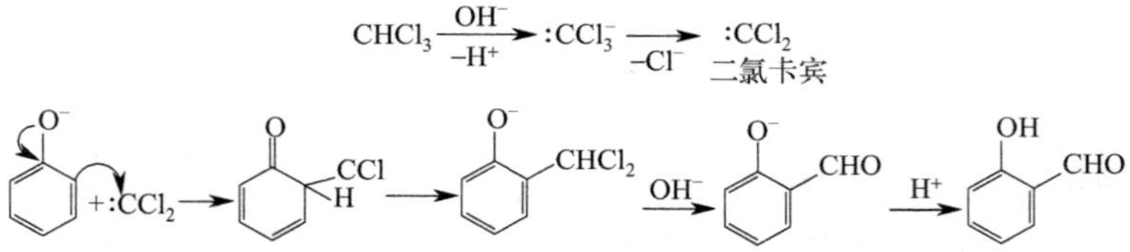
CHCl₃
OH⁻
-H⁺
:CCl₃⁻
-Cl⁻
:CCl₂
二氯卡宾
O⁻
+:CCl₂
O
CCl
H
O⁻
CHCl₂
OH⁻
O⁻
CHO
H⁺
OH
CHO

图 3-84 瑞穆尔-悌曼反应机制

⑥ 酚醛树脂的生成。苯酚在碱（氨、氢氧化钠、碳酸钠）或酸的作用下与甲醛反应，在苯酚的邻位和对位引入羟甲基，进一步反应生成 2,4-二羟甲基苯酚（图 3-85）。

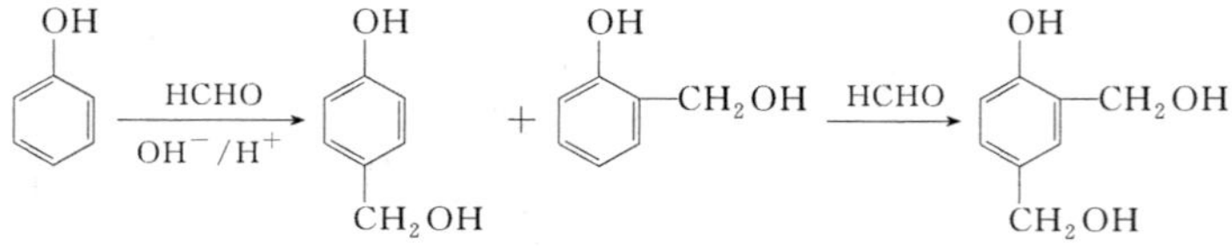
OH
HCHO
OH⁻/H⁺
OH
CH₂OH
+
OH
CH₂OH
HCHO
OH
CH₂OH
CH₂OH

图 3-85 酚醛树脂反应

两分子 2,4-二羟甲基苯酚被加热脱去一分子水缩合成二聚物（图 3-86）。

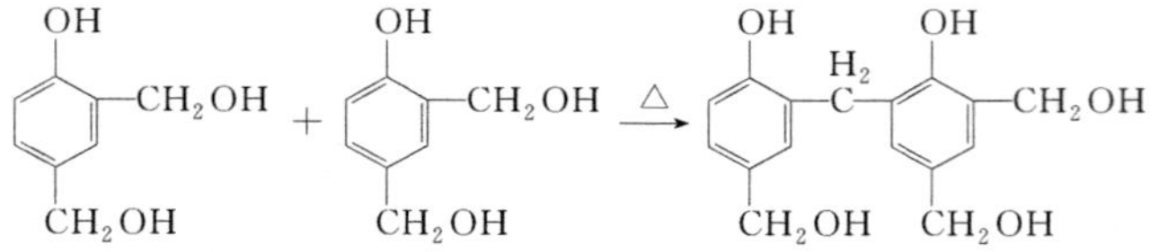
OH
CH₂OH
CH₂OH
+
OH
CH₂OH
CH₂OH
△
OH
H₂
C
OH
CH₂OH
CH₂OH
CH₂OH

图 3-86 缩合反应生成二聚物

进一步加热，更多的羟甲基酚单体脱水缩聚成具有网状结构的酚醛树脂(图 3-87)，俗称电木。

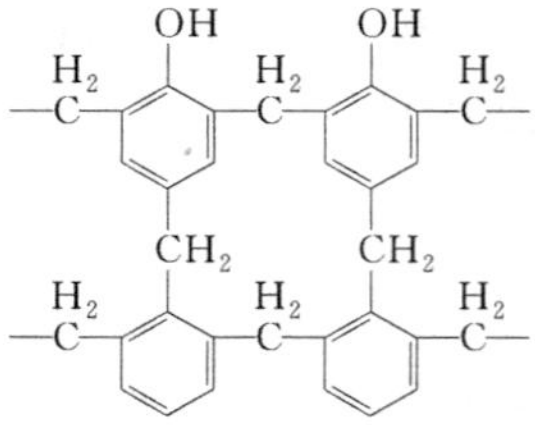
OH
OH
H₂
C
H₂
C
H₂
C
CH₂
CH₂
H₂
C
H₂
C
H₂
C

图 3-87 网状结构的酚醛树脂

酚醛树脂具有良好的绝缘性、耐高温、耐老化、耐化学腐蚀等，工业上常用来制备各种电器外壳和用具，是空间技术中使用的重要高分子材料。

(3) 氧化反应 酚类化合物很容易被氧化，不仅易被氧化剂如重铬酸钾等氧化，甚至可被空气中氧气所氧化(图 3-88)。这就是苯酚在空气中久置后颜色逐渐加深的原因。

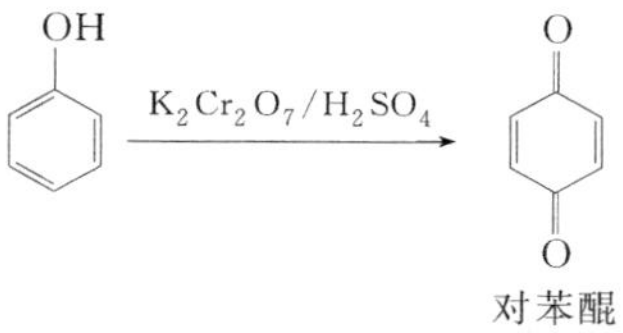

OH

$K_2Cr_2O_7/H_2SO_4$

O

O

对苯醌

图 3-88 酚氧化反应

多元酚更容易被氧化，例如邻苯二酚和对苯二酚在室温下就可被温和氧化剂（如氧化银、溴化银）氧化成邻苯醌和对苯醌（图 3-89）。

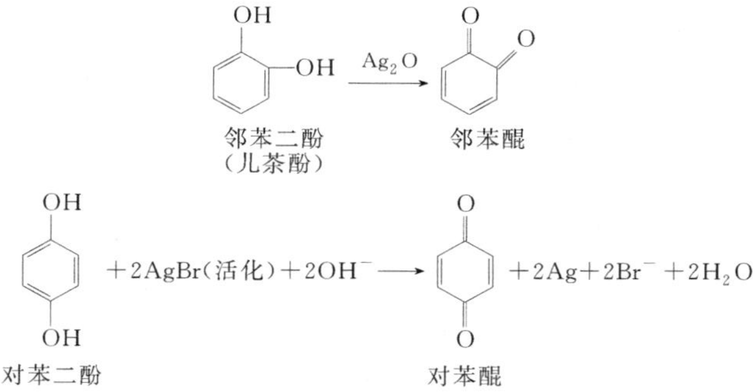

OH

OH

Ag_2O

O

O

邻苯二酚（儿茶酚）

邻苯醌

OH

$+2AgBr(活化)+2OH^- \longrightarrow$

O

$+2Ag+2Br^-+2H_2O$

OH

O

对苯二酚

对苯醌

图 3-89 多元酚氧化反应

对苯二酚作为显影剂，就是利用其可将曝光活化的溴化银还原为金属银的性质。利用酚是化合物易被氧化的特性，将其作为抗氧剂。如 2,6-二叔丁基-4-甲基苯酚就是一种常用的抗氧剂，俗称“抗氧 246”，连苯三酚（又称焦性没食子酸）也是一种常用的抗氧剂（图 3-90）。

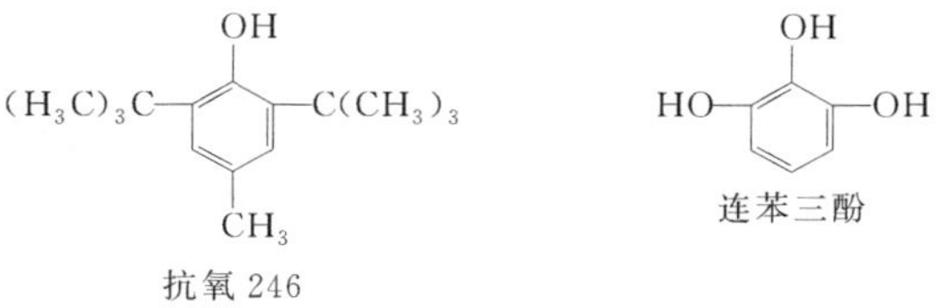

OH

$(H_3C)_3C$

$C(CH_3)_3$

CH_3

抗氧 246

OH

HO

OH

连苯三酚

图 3-90 酚类抗氧剂

3.2.3 酚类化合物的提取分离

3.2.3.1 碱溶酸沉法

碱溶酸沉（alkali-solution and acid-isolation），在中药化学中常用于黄酮类、蒽醌类，以及内酯结构的木脂素、香豆素类等的提取分离。原理：酚羟基与碱成盐而溶于碱水溶液中，酸化后酚羟基游离而沉淀析出。

具体操作：将总提物溶于亲脂性有机溶剂，用碱水提取，调节 pH 值后用有机溶剂萃取，还可用 pH 梯度法进一步分离各碱度或酸度不同的成分。

注意：提取过程中料液比、浸提碱液 pH 值、浸提时间等条件都对提取率及纯度有影响。注意酸性或碱性的强度，与被加热分离成分接触的时间、加热温度和加热时间等，避免在剧烈条件下某些化合物结构发生变化或结构不能恢复到原本存在于中药的状态。

3.2.3.2 色谱法

第一步确定需要检测酚类物质的波长，例如：苯酚（275nm）、3-甲基苯酚（275nm）、2,4-二基苯酚（295nm）、2,4,6-三氯苯酚（295nm）、五氯酚（305nm）。

第二步就是确定流动相和梯度洗脱条件，一般 A 相取浓度为 1%的醋酸甲醇溶液，B 相取浓度为 1%的醋酸水溶液。

第三步对水样进行处理，如果检测的水样为浑浊的水，则应该用定量滤纸过滤后再进行处理。如果水样存在余氯残留，用无水亚硫酸钠脱氯。一般是先选择 15mL 甲醇活化富集小柱，然后用 15～30mL 的纯水活化，接下来加适当浓度的硫酸溶液调节 pH 值在 1.5～2.0。预处理之后的水样就可以以 5～10mL/min 的流速通过富集小柱。富集完的样品在 N_2 或空气中干燥 10～15min，吸附在柱子内壁的水分也要吹干。最后用甲醇或四氢呋喃洗脱小柱，收集液浓缩后装瓶待用。

采用外标法定量，对制作出的混合标准系列溶液和待测样品测定其色谱峰及峰面积，以标准系列溶液的浓度 C 与峰面积 S 的比值作线性回归方程 $S=bC+a$，对比标准曲线，分析样品的相关系数 r 值大小。苯酚（$2.64\times10^2C+2.47\times10^2$，相关系数 0.99990）、4-硝基酚（$5.01\times10^2C+2.01\times10^2$，相关系数为 0.99974）、间苯酚（$2.03\times10^2C+4.43\times10^2$，相关系数为 0.99995）、2,4-二氯苯酚（$1.62\times10^2C+4.68\times10^2$，相关系数为 0.99999）、2,4,6-三氯苯酚（$1.91\times10^2C+5.82\times10^2$，相关系数为 0.99995）、五氯苯酚（$1.04\times10^2C+2.48\times10^2$，相关系数为 0.99999）。

3.2.4 酚类化合物的药理活性

3.2.4.1 抗菌

植物的多酚对细菌、真菌等都有明显的抑制作用，并且在一定的抑制浓度下不影响动植物体细胞的正常生长。花生红衣中的多酚物质能显著抑制黄曲霉毒素 B_1 产生，起到抑菌的作用。

3.2.4.2 抗炎

张兵等利用 Caco-2 细胞建立细胞抗氧化模型，发现烹煮后的小扁豆可溶性酚类提取物不仅具有很强的抗氧化活性，还能显著抑制炎症细胞释放促炎因子，具有明显的抗炎活性。

3.2.4.3 抗病毒

黄酮类化合物抗菌抗病毒作用已经得到医药界的肯定。这方面进行的研究较多，如银杏黄酮、桑色素（morin）、山柰酚、木犀草素和杨梅黄酮等均有抗病原微生物和抗病毒的作用。Gastrillo 等报道了甲基槲皮素能选择性地抑制脊髓灰质炎病毒的 NA 病毒的复制。L. E. Alcaraz 选用了 18 种天然及人工合成的黄酮，进行抑制抗甲氧苯青霉素的细菌试验，发现查耳酮 C 位和黄烷酮 C 存在时加强其抗菌活性，当羟基被甲氧基取代时，就会降低其抗菌活性。H. X. Xu 验证了 7 种结构类型的 38 种黄酮具有抵抗抗生素作用细菌的抑制活性，试验发现杨梅酮和毛地黄黄酮抑菌作用明显，杨梅酮可以显著地抑制 *Burkholderia cepacia* 增长繁殖。甘草黄酮化合物 licochalcone A、licochalcone B、glabridin、glabrene 等对革兰阳性的金黄色葡萄球菌和枯草杆菌的抑制作用相当于链霉素，对酵母菌和真菌的抑制作用高于链霉菌，对大肠埃希菌和铜绿假单胞菌的抑制作用远低于链霉素。从白刺中提取的总黄酮对革兰阳性菌、葡萄球菌、大肠埃希菌有明显的抑制作用。

各种黄酮类化合物进行抗 HIV 活性筛选发现黄芦在无细胞毒性的剂量下，能抑制 T 细胞 X4 系和单核细胞 R5 系 HIV-Env 蛋白介导的细胞融合现象，虽然它不能阻止 HIV-1gp120 与 CD4 分子的结合，但能抑制 Env 与宿主细胞受体的结合；黄芦在细胞培养中能抑制 HIV-1 逆转录酶活性和细胞病变，抑制 P24 抗原和成人 T 淋巴细胞白血病病毒。J. S. Lee 从菊花中分出 7 种黄酮类化合物。其中黄酮葡萄糖醛酸抗 HIV 活性最强，其抑制 HIV-1 整合酶的 IC_{50} 为（7.2±3.4）μg/mL。药理实验证明，贯叶连翘 *Hypericum perforatum* L 主要成分金丝桃素（hypericin）不仅能抗病毒、抗炎、抗肿瘤，更有抗逆转录病毒及抑制 HIV 活性的作用；葡萄籽提取物原花青素（GSPE）是一大类多酚化合物的总称，属于生物类黄酮大家族，M. P. Nair 等的研究表明，GSPE 能够抑制 HIV-1 在外周血单核细胞中的复制和表达，分子机制研究显示，GSPE 能够剂量依赖性地降低趋化受体 CCR2、CCR3、CCR5 的表达，对于 GSPE 抗 HIV 活性的进一步研究将对预防或减轻 HIV-1 的感染具有一定的意义；国外发现 5,7,4-三羟基-3,8-二甲氧基黄酮、5,7,4′-三羟基-3,8,3′-三甲氧基黄酮在多核体试验中，有抗 HIV 活性，估计作用的靶点是整合酶。

3.2.4.4 抗癌

苏晓雨等的研究表明，红松种壳中的多酚物质对肿瘤细胞增殖具有抑制作用。卢立真等发现紫甘薯花色苷不仅能降低小鼠糖尿病的得病率和模型小鼠的血糖水平，还能抑制小鼠 S180 肉瘤的生长。Selvaraju 等发现苹果中的酚类物质提取物能够抑制直肠癌细胞 LT97 和 HT29 的增殖，具有抗癌的作用。特色马铃薯花色苷的提取物能显著阻滞 G2/M，对前列腺癌细胞 Dul45 的增殖具有抑制作用，具有较强的抗癌活性。富硒绿茶中的茶多酚对人体肺癌细胞 A549 和肝癌细胞 Hep G2 的生长都具有明显的抑制作用。苹果中的黄酮类物质能够调节多种基因和蛋白的表达，抑制肿瘤细胞的增殖，促进肿瘤细胞凋亡，起到抗癌的作用。

3.2.4.5 抗氧化

酚类化合物通过电子转移、联合抗氧化作用和络合金属离子等起到抗氧化的作用。Kelly 等发现苹果的果皮中因富含原花青素、表儿茶素等而具有较强的抗氧化性。杨佳林以油菜蜂花粉为研究对象，通过小鼠脂质过氧化模型证明蜂花粉酚类提取物具有较好的体内抗氧化活性。相关研究发现，干制条件下的龙葵果花色苷、蜂胶酚类物质的提取物和谷物作物的糠等也具有较强的抗氧化活性。

主要参考文献

[1] Fang P L，Cao Y L，Yan H，et al. Lindenane disesquiterpenoidswith anti-HIV-1 activity from Chloranthus japonicus[J]. J Nat Prod，2011，74：1408-1413.

[2] Yang Y，Cao Y L，Liu H Y，et al. Shizukaol F：a new structuraltype inhibitor of HIV-1 reverse transcriptase RNase H[J]. ActaPharm Sin，2012，47：1011-1016.

[3] Nothias-Scaglia L F，Pannecouque C，Renucci F，et al. Antiviral activity of diterpene of esters on Chikungunya virus and HIV replication[J]. J Nat Prod，2015，78：1277-1283.

[4] Zhang S Y，Meng L，Gao W Y，et al. Advances on biological activities of coumarins[J].China

J Chin Mater Med，2005，30：410-414.
[5] Esposito F，Ambrosio F A，Maleddu R，et al. Chromenone deriva-tives as a versatile scaffold with dual mode of inhibition of HIV-1 reverse transcriptase-associated Ribonuclease H fun integrase activity[J]. Eur J Med Chem，2019，182：111617.
[6] Prasad S，Tyagi A K. Curcumin and its analogues：a potential natural compound against HIV infection and AIDS[J]. Food Funct，2015，6：3412-3419.
[7] Zhang H S，Zhou Y，Wu M R，et al. Resveratrol inhibited Tatinduced HIV-1 LTR transactivation via NAD^+ -dependent SIRT1 activity[J]. Life Sci，2009，85：484-489.
[8] Pal Singh I，Bharate S B. Phloroglucinol compounds of natural origin[J]. Nat Prod Rep，2006，23：558-591.
[9] Chauthe S K，Bharate S B，Sabde S，et al. Biomimetic synthesis and anti-HIV activity of dimeric phloroglucinols[J]. Bioorg Med Chem，2010，18：2029-2036.
[10] Kamng'ona A，Moore J P，Lindsey G，et al. Inhibition of HIV-1 and M-MLV reverse transcriptases by a major polyphenol（3，4，5tri-O-galloylquinic acid）present in the leaves of the South Afri-can resurrection plant，Myrothamnus flabellifolia[J]. J Enzyme Inhib Med Chem，2011，26：843-853.
[11] 曾春晖，杨柯，徐明光，等．广西藤茶总黄酮与 β-内酰胺类抗菌药物合用的体外抗菌活性研究[J]. 医药导报，2013，32（3）：292-297.
[12] 邢莹莹，程沁园，马毅敏，等．海洋放线菌 WB-F5 发酵液抗菌活性及活性物质分离纯化的研究[J]. 药物生物技术，2010，17（4）：304-307.
[13] 常敏，王娟，田峰，等．红海榄根际土壤来源的泡盛曲霉（*Aspergillus awamori*）F12 及其代谢产物的抗菌活性分析[J]. 微生物学报，2010，50（10）：1385-1390.
[14] 李永军，张瑞，王鑫，等．白藜芦醇对皮肤癣菌抗菌活性的实验研究[J]. 中国全科医学，2011，14（8）：892-893.
[15] 刘强，王亚强，许培仁，等．儿茶素类对 h-VRS 的体外抗菌活性研究[J]. 中国抗生素杂志，2011，36（7）：557-560.
[16] 崔海滨，梅文莉，韩壮，等．海洋真菌 095407 的抗菌活性代谢产物的研究[J]. 中国药物化学杂志，2008，18（2）：131-134.
[17] 田光辉，刘存芳，危冲，等．糙苏花中挥发油组分分析及其抗菌活性的研究[J]. 药物分析杂志，2009，29（3）：390-394.
[18] 奥乌力吉，王青虎，斯钦，等．山沉香中两个新倍半萜的结构鉴定和抗菌活性[J]. 中国天然药物，2012，10（6）：477-480.
[19] 刘雪婷，施瑶，梁敬钰，等．中华慈姑中具有抗菌活性的对映-玫瑰烷和对映-贝壳杉烷二萜[J]. 中国天然药物，2009，7（5）：341-345.

3.3

多糖类化合物

糖类化合物（saccharides）是多羟基醛或多羟基酮及其衍生物、聚合物的总称，因多数具有 $C_x(H_2O)_y$ 通式，故又称为碳水化合物（carbohydrates）。从量上讲，自然界的碳水化合物主要以多糖的形式存在。多糖又称多聚糖，由 10 个以上的单糖分子通过苷键聚合而成，分子量较大，一般由几百个至几千个单糖分子组成。多糖基本没有单糖的性质，一般无甜味，也不具备还原性。

3.3.1 多糖的种类与结构

3.3.1.1 多糖的种类

多糖按照溶解性可以分为水溶性多糖和水不溶性多糖两大类。水溶性多糖包括如菊糖、黏液质、果胶、树胶和动植物体内贮藏的营养物质淀粉等；水不溶性多糖则在动植物体内主要起支持组织的作用，如植物中的半纤维素和纤维素以及动物甲壳中的甲壳素等。多糖有直链分子，但多为支链分子。

3.3.1.2 多糖的结构

一般认为一个多糖具有一个重复结构单元或几个主要的重复结构单元。直链淀粉是由250～300个D-葡萄糖通过α-1→4糖苷键连接而成的链状分子，因此其最小重复结构单元是麦芽二糖。直链淀粉约含6000个D-葡萄糖残基，在α-1→4连接的长链上，通过α-1→6糖苷键形成侧链，侧链仍为α-1→4连接。

某些植物多糖的重复结构单元较为复杂，例如来自槐树根的一种多糖平均分子量为2.24×10^4 Da，最小重复结构单元主糖链结构由葡萄糖通过α-1→4糖苷键连接而成，重复单元的两端分别以α-1→6和在β-1→3糖苷键形成支链（图3-91）。

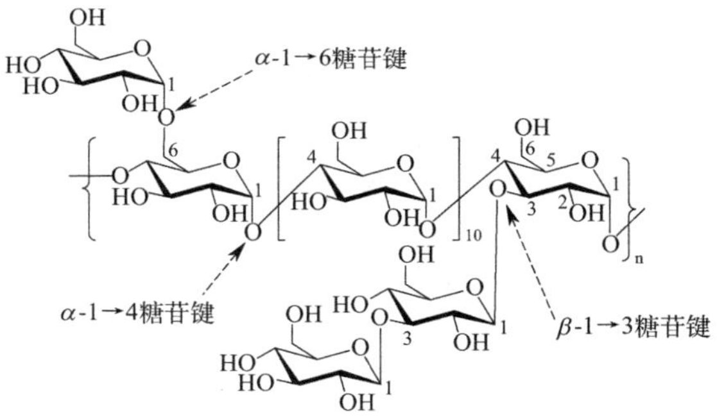

图3-91 一种槐树根的多糖结构

3.3.2 多糖的理化性质

3.3.2.1 性状

多糖常为无色或白色无定型粉末，基本无甜味。

3.3.2.2 溶解性

多糖一般难溶于冷水，或溶于热水形成胶体溶液，但随着水溶液中醇的浓度增加，溶解度降低。多糖不溶于有机溶剂，纤维素和甲壳素几乎不溶于任何溶剂。糖类物质在水溶液中过饱和倾向较大，难以析出结晶，因此浓缩时往往呈糖浆状。

3.3.2.3 化学性质

(1) 糠醛形成反应 单糖在浓硫酸的作用下可加热脱去三分子水，生成具有呋喃环结构的糠醛及其衍生物。糠醛衍生物可以和许多芳香胺、酚类及具有活性的次甲基化合物缩合生成有颜色的产物。许多多糖的显色剂就是根据这一反应配制的。多糖在酸性条件下先水解成单糖，再脱水生成糠醛及其衍生物，然后与 α-萘酚试剂反应产生有色缩合物，一般为紫色。上述反应即为 Molish 反应（图 3-92）。

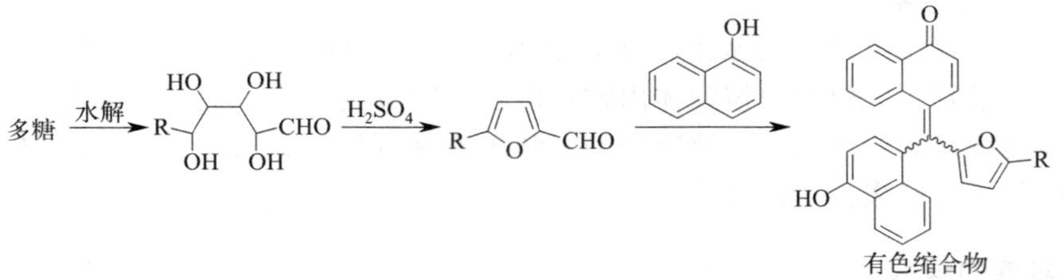

图 3-92 Molish 反应原理

(2) 氧化反应 还原糖中的醛基、羟基以及邻二醇等结构单元在不同条件下可以被某些氧化剂选择性氧化，如 Ag^{+}、Cu^{2+} 等金属离子能够将醛基氧化为羧酸，过碘酸氧化邻二醇等。基于糖的还原性，常用于糖类的检识的氧化反应有费林反应（Fehling reaction）和托伦反应（Tollen reaction）。费林试剂为碱性酒石酸铜试剂，可以将还原糖中的醛（酮）氧化为羧基；托伦试剂为氨性硝酸银试剂，反应历程与费林反应类似（图 3-93）。

$$\text{R-CHO}+2Cu(OH)_2+NaOH \longrightarrow \text{R-COONa}+Cu_2O\downarrow+3H_2O \qquad \text{费林反应}$$

$$\text{R-CHO}+2Ag(NH_3)_2OH \longrightarrow \text{R-COONH}_4+2Ag\downarrow+3NH_3\cdot H_2O \qquad \text{托伦反应}$$

图 3-93 费林反应与托伦反应原理

(3) 碘显色反应 碘分子或碘离子进入多糖螺旋通道形成有色的包结物，所呈现出的颜色与多糖的聚合度有关，聚合度增高，颜色逐渐加深（红色→紫色→蓝色）。如糖淀粉聚合度为 300 左右，遇碘呈蓝色；胶淀粉聚合度为 3000 左右，但是螺旋通道在分支处中断，其支链聚合度只有 20～25，因此遇碘呈紫色。

3.3.3 多糖的提取分离

无论是单糖还是多糖，都是中药中极性较大的成分。多糖能溶于水和稀醇，不溶于极性较小的溶剂，因此从中药中提取多糖多采用水或者稀醇。由于植物中含有能水解聚合糖的酶，并且与糖共存，因此必须采用适当的方法破坏或抑制水解酶的作用，以期获得原生糖。在提取时可用加入无机盐（如碳酸钙）或加热回流等方法破坏酶活力。若植物中含有酸性成分，应使用碳酸钙等碱性无机盐中和，避免多糖在酸性条件下提取。多糖常见的提取方法如下。

3.3.3.1 水提法

水提法是提取多糖最常见的方法之一，可以用冷水浸提，也可以用热水煎煮。植物多糖多采用热水煎煮法，该方法所得多糖提取液可直接过滤出不溶物，接着采用高浓度乙醇进行醇沉得到粗多糖。也可先对植物样本进行醇提除去脂溶物后再进行水提得到粗多糖。粗多糖用三氯乙酸处理除去粗蛋白以进一步纯化，之后可用纤维素柱层析法进行分离。

3.3.3.2 酸水提取法

酸水提取法有其特殊性，只能应用于一些特定的植物多糖提取，报道较为少见。在操作上必须严格控制酸度，防止酸性条件下可能引起的糖苷键断裂。

3.3.3.3 碱提法

碱水提取法适合含有酸性官能团的多糖提取。依据蛋白多糖中糖肽键对碱的不稳定性，亦可用于多糖与蛋白质结合物的提取。碱提法一般采用4%的NaOH或KOH水溶液。

3.3.4 多糖的药理活性

人们对多糖药理活性的认识经历了一个较长且反复的过程。在过去相当长的一段时间，人们普遍认为多糖为无用成分。现在人们认识到多糖是继蛋白质、核酸和脂类之后动物生命中的第四大重要物质，它与机体免疫功能的调节、细胞与细胞之间的识别、细胞间物质的传输等都有着密切的关系。现在多糖的研究迅速发展，诸多中药中的多糖具有较强的药理作用，已经成为创新中兽药开发重要的物质来源。

南京农业大学胡元亮教授课题组在多糖药理活性研究领域深耕多年，课题组发现中药来源的多糖在抗病毒、抗氧化、提高动物免疫力以及作为天然来源的疫苗佐剂等方面具有显著的效果。如槐树根多糖具有显著的抗鸭乙肝病毒活性。在治疗早期，槐树根多糖能够降低病毒浓度，提升免疫功能；在治疗后期，能够表现出显著的抗氧化活性从而起到肝保护作用。研究发现，对植物多糖进行硒化或者磺酸化处理之后，其治疗效果和作用机制会出现变化。如对槐树根多糖进行磺酸化处理后，其抗鸭乙肝病毒效果得到有效保留，免疫提升效果能够一直持续到治疗的晚期。采用冰醋酸/亚硒酸钠法或氧氯化硒法对大蒜多糖进行硒化处理后，能够显著提升自鸡脾脏中各类细胞因子如TNF-α、IFN-γ、IL-4、IL-2的表达水平。

3.4
萜类化合物

3.4.1 萜类化合物的种类与结构

萜类（terpenoid）的生源异戊二烯法则认为：萜类是指生物体内由甲戊二羟酸衍生而来的一类化合物，因为在萜类化合物的生物合成途径中，最关键的物质是甲戊二羟酸

(mevalonic acid，MVA)。由萜类的基本前体乙酰辅酶 A（acetyl Co-A）生成甲戊二羟酸，转化为异戊烯焦磷酸（isopentenyl pyrophasphate，IPP），再衍生成为各种类型的天然萜类化合物（图 3-94）。萜类有两万多种，是天然产物中最多的一类化合物。许多植物成分，如树脂、胡萝卜素、三萜皂苷等均属萜类。

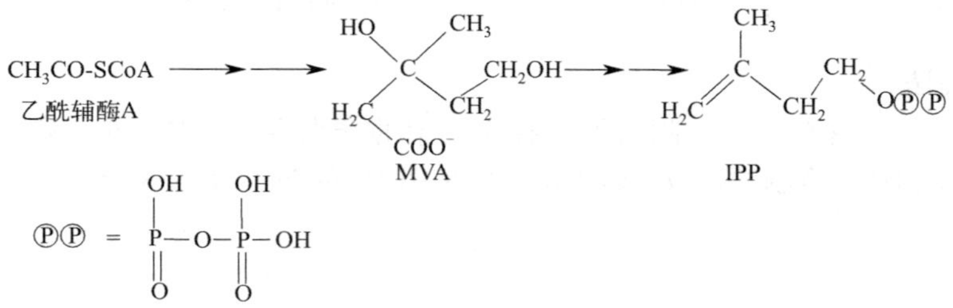

图 3-94 萜类化合物的合成

萜类的经验异戊二烯法则认为：萜类是异戊二烯的聚合体及其衍生物。从化学结构上分析，萜类分子中具有五个碳的基本结构，是异戊二烯的聚合体及其含氧的、饱和程度不等的衍生物。一般开链萜的分子组成符合通式（C_5H_8）$_n$，环状萜则随着分子中碳环数目的增加，氢原子数目的比例相应减少。

萜类化合物在自然界分布广泛，许多常用中药含有萜类成分，如人参、甘草、柴胡、桔梗、薄荷、栀子、没药等。各种类型的天然萜类化合物中，较重要的是单萜、倍半萜、二萜和三萜类化合物。

萜类化合物根据分子中所含异戊二烯单位的数目，可分为以下几类，见表 3-2。

表 3-2 萜类化合物的分类及分布

名称	碳原子数	异戊二烯单位数目	存在
半萜	5	1	植物叶
单萜	10	2	挥发油
倍半萜	15	3	挥发油
二萜	20	4	树脂、苦味素、植物醇
二倍半萜	25	5	海绵、植物病菌、昆虫代谢物
三萜	30	6	皂苷、树脂、植物乳汁
四萜	40	8	胡萝卜素
多聚萜	$7.5\times10^3\sim3\times10^5$	$1.5\times10^3\sim6\times10^4$	橡胶

萜类化合物除按上述分类外，还可根据各类萜分子中碳环的有无及多少进一步分为链状萜、单环萜、双环萜、三环萜、四环萜类等。

3.4.1.1 单萜

单萜类（monoterpenoids）化合物是挥发油中的主要成分，由两个异戊二烯单位（10个碳）聚合而成，一般常按其结构中碳环的数目分为链状单萜、单环单萜、双环单萜、三环单萜等。此外，某些中药中还存在一类具有环烯醚结构的单萜类化合物——环烯醚萜苷。

（1）链状单萜 常见的链状单萜有存在于桂枝、蛇麻、马鞭草等植物挥发油中的月桂烯（myrcene），罗勒叶挥发油中的罗勒烯（ocimene）。柠檬醛（citral）存在于多种植物的挥发油中，其中以柠檬草油和香茅油中含量较高，都达 70%以上，具有柠檬的香气，是重要的香料。芳樟醇（linalool）存在于香柠檬油、橘油及素馨花的挥发油中，香叶醇（geraniol）和橙花醇（nerol）存在于香叶油和玫瑰油等挥发油中，二者都具有玫瑰的香气，是玫瑰系香料不可缺少的成分。如图 3-95 所示。

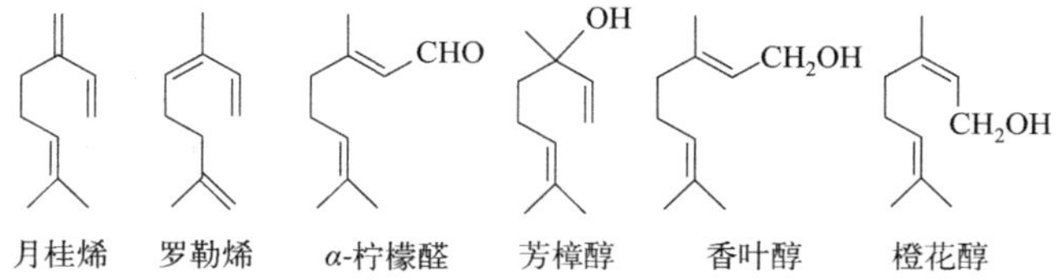

CHO　OH　CH_2OH　CH_2OH

月桂烯　罗勒烯　α-柠檬醛　芳樟醇　香叶醇　橙花醇

图 3-95　链状单萜

（2）单环单萜　单环单萜的分子结构中一般具有六元环碳环（图 3-96）。常见的化合物如柑属植物柠檬、橘和柑果皮挥发油中的柠檬烯（limonene）；存在于薄荷油中的薄荷醇（menthol）和薄荷酮（menthone），具有浓郁的薄荷香气及镇痛、止痒和局部麻醉的作用；桉叶油中的桉油精（1,8-cineole）有防腐作用，土荆芥油中的驱蛔素具有较强的驱蛔能力，指甲花等挥发油中的 α-紫罗兰酮（α-ionone）和 β-紫罗兰酮（β-ionone）是重要的香原料。

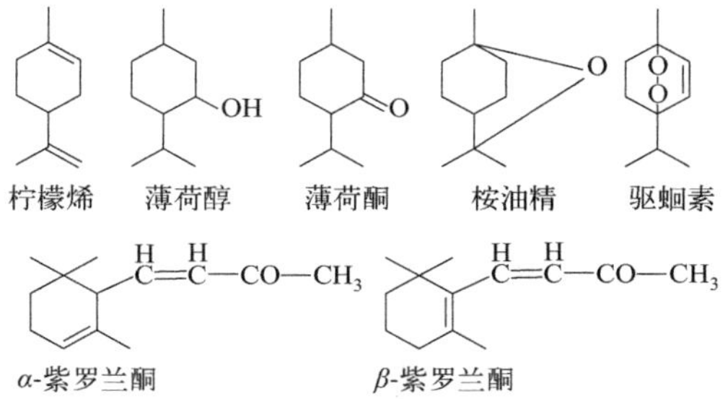

OH　O　O　O-O

柠檬烯　薄荷醇　薄荷酮　桉油精　驱蛔素

H H C=C—CO—CH_3　H H C=C—CO—CH_3

α-紫罗兰酮　β-紫罗兰酮

图 3-96　单环单萜

（3）双环单萜　双环单萜的分子结构中有两个碳环（图 3-97），如 α-蒎烯（α-pinene）主要存在于松节油中，含量约为 60%，是合成樟脑（camphor）、龙脑（borneol）及其他香料的重要原料。龙脑又称樟醇，俗称冰片，其右旋体主要存在于龙脑香树的挥发油中，左旋体存在于艾纳香的挥发油中，合成品为消旋体。龙脑具有特殊的香气，用于医药和香料工业。樟脑存在于樟树挥发油中，其右旋体在樟脑油中约占 50%，左旋体存在于菊蒿油中，消旋体多为合成品。樟脑具有特殊的芳香气味，医药上用作刺激剂、防腐剂和强心剂。小茴香酮（fenchone）存在于小茴香果实的挥发油中。

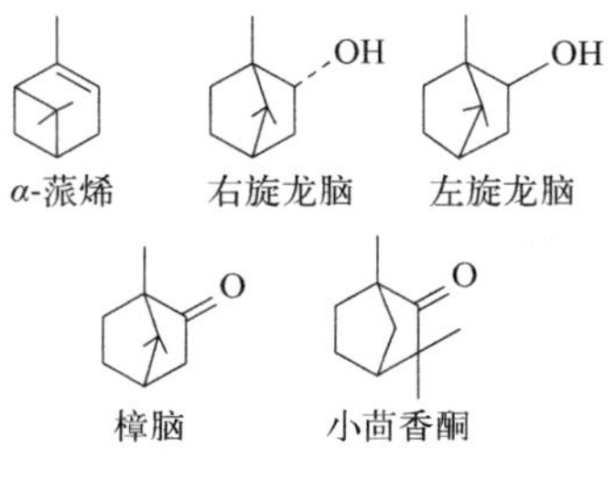

OH　OH

α-蒎烯　右旋龙脑　左旋龙脑

O　O

樟脑　小茴香酮

图 3-97　双环单萜

（4）环烯醚萜　环烯醚萜（iridoid）属于单萜的衍生物，多以苷的形式存在。环烯醚萜苷可分为环烯醚萜苷类和裂环环烯醚萜苷类（secoiridoid glycosides）两类

（图 3-98）。

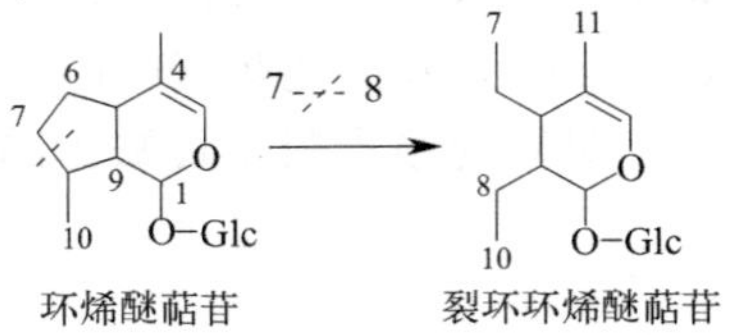

图 3-98　环烯醚萜苷

① 环烯醚萜苷类。此类成分以十个碳原子碳架的环烯醚萜苷类占多数，九个碳原子碳架的次之，在它们的结构中 C1 羟基多与葡萄糖成苷。中药中较重要的环烯醚萜苷有栀子苷（genipside），它是栀子的主要成分，也存在于其他同属植物中。栀子苷的苷元京尼平（genipin）具有促进胆汁分泌的作用。梓醇苷（catalpol）又称梓醇，存在于地黄、车前等中药中。梓醇苷是地黄中降血糖的主要有效成分，并有利尿作用和迟缓性泻下作用。玄参苷（harpagoside）和哈帕苷（harpagide）均为玄参中的主要成分。如图 3-99 所示。

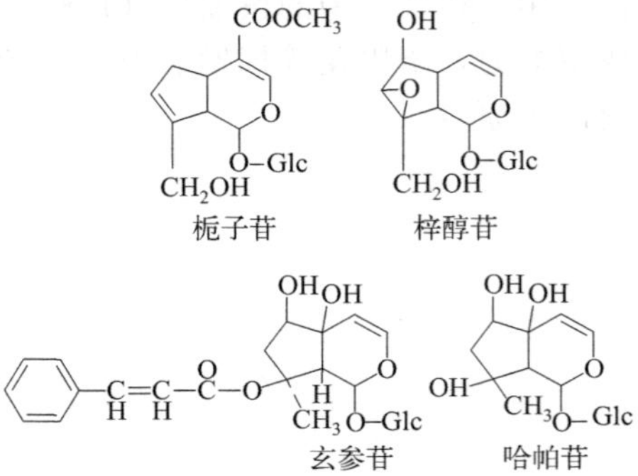

图 3-99　代表性环烯醚萜苷

② 裂环环烯醚萜苷类。此类成分主要存在于龙胆属和獐牙菜属植物中。龙胆用于泻肝胆实火、除下焦湿热。龙胆苦苷是龙胆、当药、獐牙菜等中草药中的苦味成分，也是有效成分之一，味极苦。当药苷（sweroside）、当药苦苷（swertamarin）分别又称作獐牙菜苷、獐牙菜苦苷，均为当药和獐牙菜中的苦味成分。女贞苷（ligustroside）为非内酯型结构的裂环环烯醚萜苷，存在于银桂中。如图 3-100 所示。

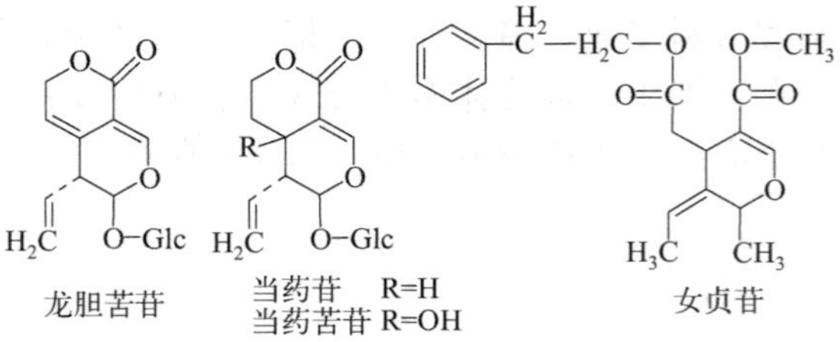

图 3-100　代表性裂环环烯醚萜苷

3.4.1.2　倍半萜

倍半萜类化合物（sesquiterpenoid）是由三个异戊二烯单位聚合而成。可按其结构的碳环数分为链状、单环、双环倍半萜等，它们的碳环为五元、六元，直到十一元、十二元大环。倍半萜类化合物无论是从数目上，还是从结构上看都是萜类化合物中最多的一类，现已有数千种化合物。近年来在海洋生物，如海藻、海绵和腔肠动物中发现多种倍半萜类化合物。

(1)链状倍半萜 链状倍半萜常见的有金合欢烯(farnesene),又称麝子油烯,自然界存在 α、β 两种双键位置异构体,共存于枇杷叶的挥发油中,β 异构体存在于藿香、蛇麻、生姜等挥发油中。金合欢醇(farnesol)又称麝子油醇,具有佳适的香气,为重要的高级香料原料,存在于金合欢花、玫瑰花、香茅等多种挥发油中。橙花叔醇(nerolidol),又称苦橙油醇,具有苹果香气,是橙花油中主要成分之一。如图 3-101 所示。

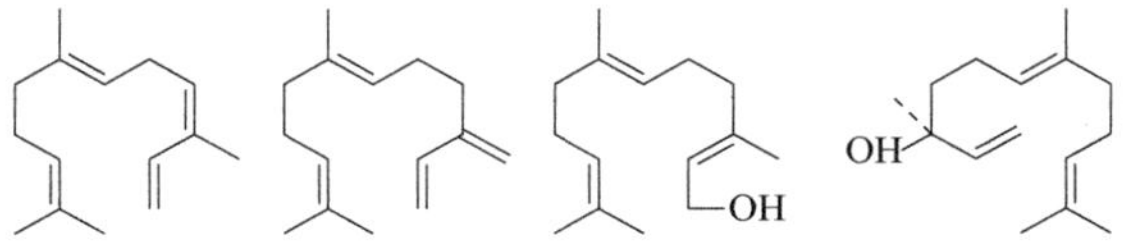

α-合金欢烯　β-合金欢烯　合金欢醇　橙花叔醇

图 3-101　链状倍半萜

(2)单环倍半萜 单环倍半萜类化合物有:没药烯(bisabolene),在植物界分布较广,存在于没药、八角茴香、柠檬等多种挥发油中;姜烯(zingiberene),存在于生姜、莪术、姜黄等挥发油中;葎草烯(humulene),又称蛇麻烯,具有十一个碳原子的大环,存在于啤酒花的挥发油中。如图 3-102 所示。

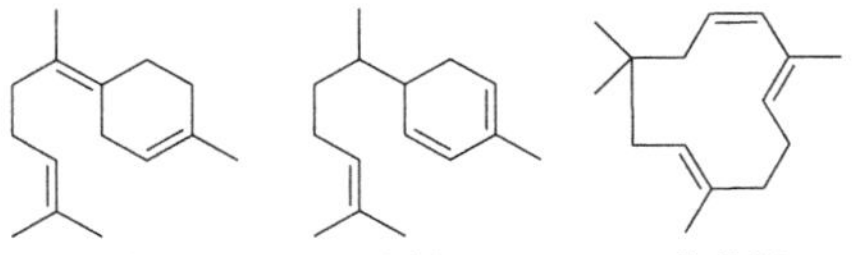

γ-没药烯　姜烯　葎草烯

图 3-102　单环倍半萜

(3)双环倍半萜 双环倍半萜多为萘和薁类衍生物。如 β-丁香烯(β-caryophyllene)存在于丁香油和薄荷油中。桉醇(eudesmol),又称桉叶醇,有 α 和 β 两种异构体,存在于桉叶油中,β-桉醇也存在于中药苍术中。马桑毒素(coriamyrtin)、羟基马桑毒素(tutin)存在于日本毒空木叶和马桑及桑寄生中,用于治疗精神分裂症。如图 3-103 所示。

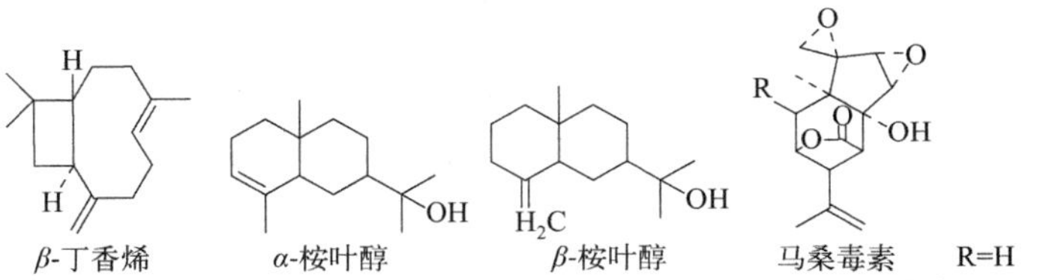

β-丁香烯　α-桉叶醇　β-桉叶醇　马桑毒素　R=H　羟基马桑毒素 R=OH

图 3-103　双环倍半萜

薁类(azulenoids)双环倍半萜衍生物在中草药中存在较少,多为氢化薁的衍生物,如愈创木醇(guaiol)存在于愈创木的挥发油中。泽兰苦内酯(euparotin)、泽兰氯内酯(eupachlorin)均为圆叶泽兰中的抗癌活性成分。如图 3-104 所示。

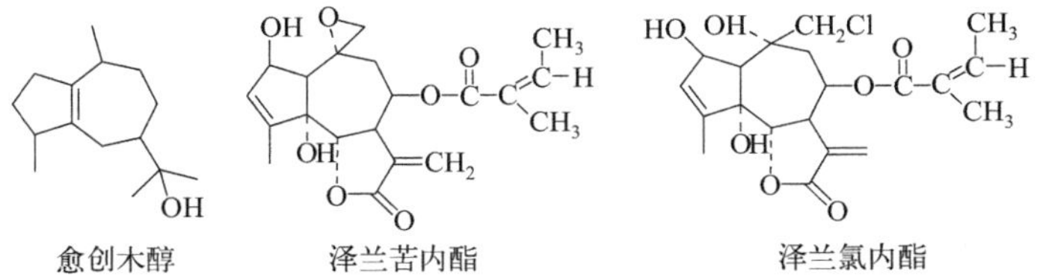

愈创木醇　泽兰苦内酯　泽兰氯内酯

图 3-104　薁类双环倍半萜

3.4.1.3 二萜

二萜类化合物（diterpenoid）是由四个异戊二烯单位聚合而成，也可按其结构的碳环数分为链状、单环、双环、三环、四环等，自然界存在的主要是双环和三环二萜的衍生物。

（1）链状二萜 链状二萜的数目在自然界很少，但分布却很广，几乎遍及绿色世界，如叶绿素中的植物醇（phytol）（图 3-105）。植物醇可作为合成维生素 K 和维生素 E 的原料。

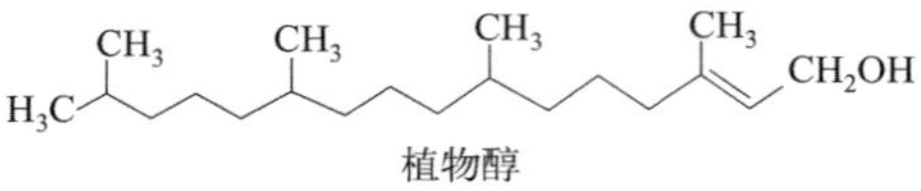

植物醇

图 3-105 链状二萜

（2）单环二萜 单环二萜在自然界分布很少，如维生素 A（vitamin A）（图 3-106），主要存在于动物肝脏，尤其是鱼肝中含量很高，且多以酯的形式存在。

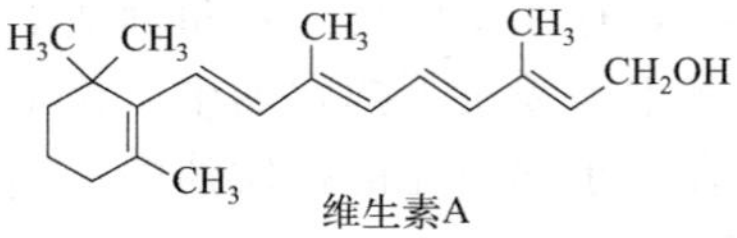

维生素A

图 3-106 单环二萜

（3）双环二萜 双环二萜类衍生物多以含氧衍生物为主。如香紫苏醇（selareol）存在于香紫苏叶中，银杏内酯（ginkgolide）存在于银杏叶及根皮中，现已从中分离出银杏内酯 A、B、C、M、J，它们都是治疗心脑血管疾病的有效成分（图 3-107）。

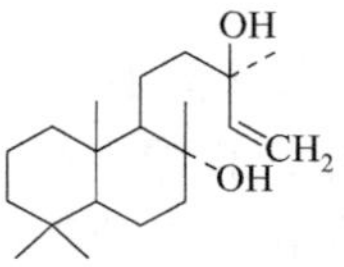

香紫苏醇

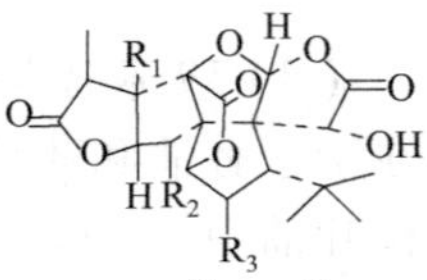

	R_1	R_2	R_3
银杏内酯A	OH	H	H
银杏内酯B	OH	OH	H
银杏内酯C	OH	OH	OH
银杏内酯M	H	OH	OH
银杏内酯J	OH	H	OH

图 3-107 双环二萜

（4）三环二萜 三环二萜大多以树脂醇、树脂酸和内酯的形式存在，尤以松柏科植物中最多。左松脂酸（levopimaricacid）存在于松节油中。雷公藤内酯（triptolide）即雷公藤甲素，雷公藤羟内酯（tripdiolide）即雷公藤乙素，均是从雷公藤根中分离出的具有抗白血病、抗癌活性的成分。紫杉醇（taxol）是从短叶红豆杉、云南红豆杉、东北红豆杉等植物中分得的抗癌活性成分，已被美国食品和药物管理局（FDA）批准作为抗癌药物生产，用于临床。相关结构见图 3-108。

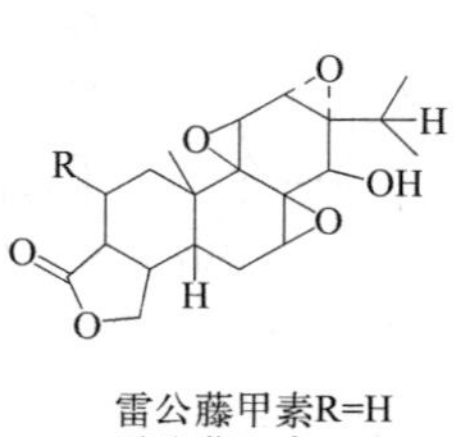

雷公藤甲素R=H
雷公藤乙素R=OH

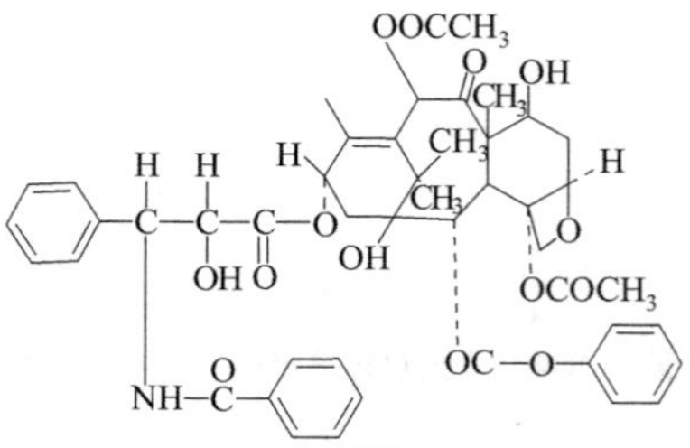

紫杉醇

图 3-108 三环二萜

（5）**四环二萜** 四环二萜衍生物有甜菊苷（stevioside），它是甜菊叶中所含的主要甜味苷。此外还含有甜菊苷A、D、E等，它们均具甜味，甜度约为蔗糖的三百倍，其中甜菊苷A甜味最强，甜菊总苷广泛应用于医药和食品。冬凌草素（oridonin）是存在于冬凌草中的抗炎、抗菌、抗癌的活性成分。海南粗榧内酯（hainanolide）是海南粗榧中的抗癌活性成分。巴豆醇（phorbol）是存在于巴豆油中的四环二萜衍生物。其酯类有致泻作用和刺激性，可引起皮肤炎症、发疱，并可致癌，故巴豆油已不再入药。相关结构见图3-109、图3-110。

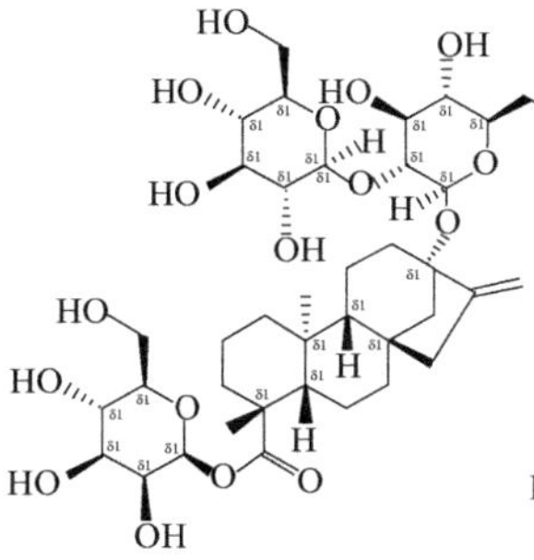

甜菊苷 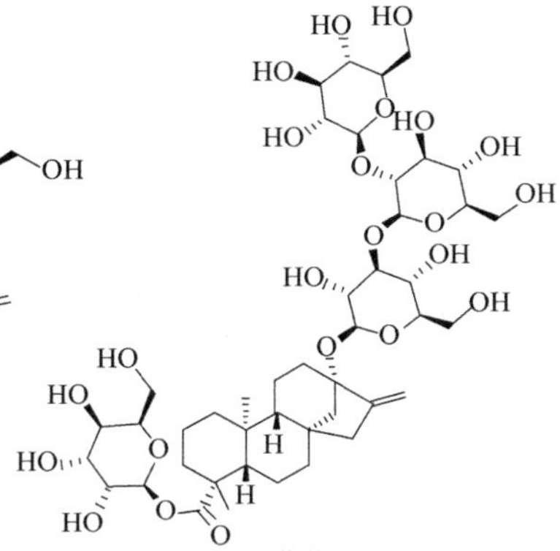　甜菊苷A 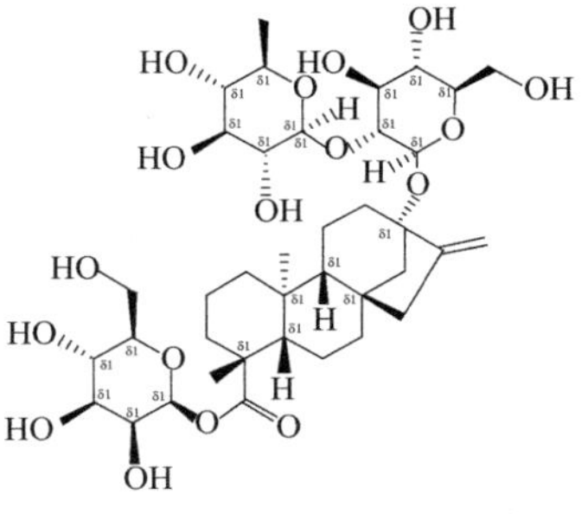　甜菊苷D

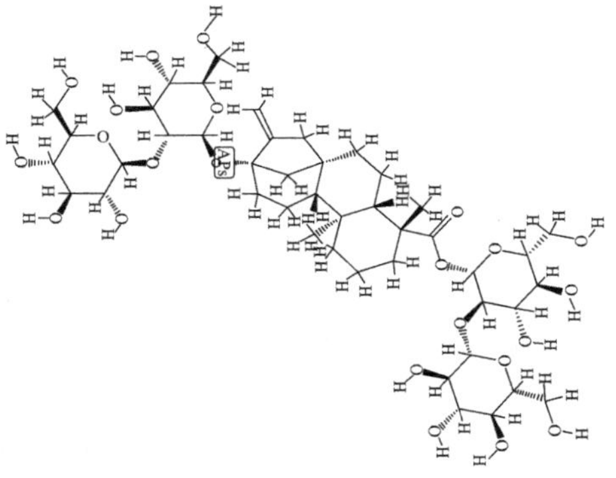

甜菊苷E 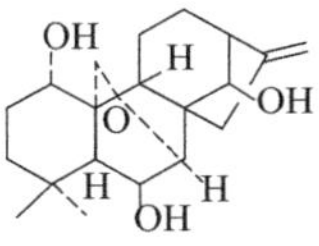　冬凌草素

图3-109 四环二萜1

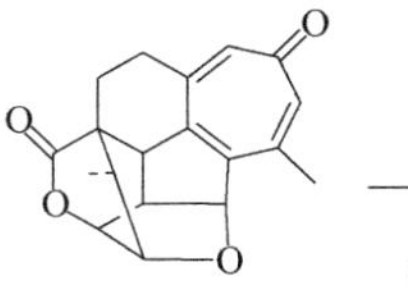

海南粗榧内酯 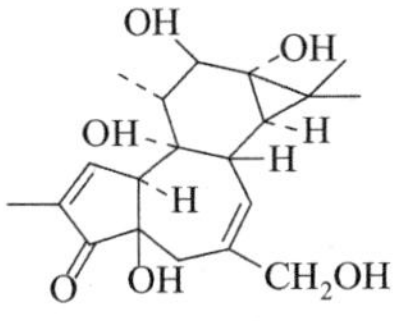　巴豆醇

图3-110 四环二萜2

3.4.1.4 二倍半萜

二倍半萜类化合物（sesterterpenoid）是由5个异戊二烯单位构成，含25个碳原子的化合物。目前发现的化合物数量较少，主要分布在羊齿植物、地衣、植物病原菌、海洋生物中海绵及昆虫分泌物中。

蛇孢假壳素A是从寄生于稻上的植物病原菌芝麻枯病菌中分离得到的三环二倍半萜化合物，具有阻止白藓菌、毛滴虫等生长发育的作用。

从海绵 *Prianos* sp. 中得到的 Prianicin A 和 Prianicin B 对革兰阳性细菌的生长有抑制作用，其抑制 β-溶血性链球菌的有效率是四环素的 4～10 倍。这两种化合物分别是单环和二环二倍半萜。从另一种海绵 *Luffariella variabilis* 中得到的 manoalide（马诺酰胺）具有直接灭活磷脂酶 A2（PLA2）的抗炎作用，抗炎能力介于氢化可的松和吲哚美辛之间。现作为肿瘤抑制剂和银屑病等皮肤增生性疾病的治疗药物试用于临床。相关结构见图 3-111。

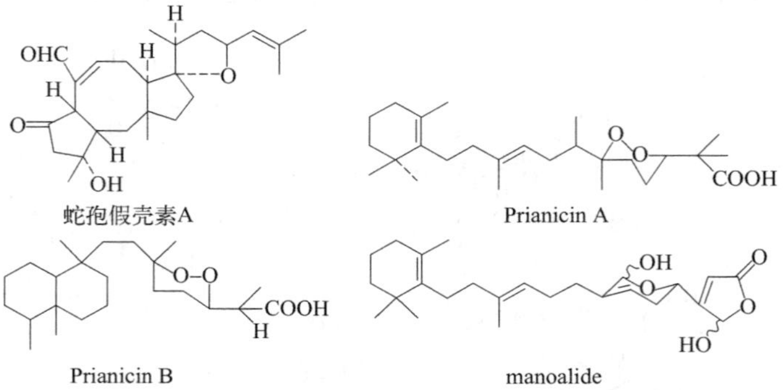

蛇孢假壳素A　Prianicin A

Prianicin B　manoalide

图 3-111　二倍半萜

3.4.1.5　三萜

三萜是由 30 个碳原子组成的萜类化合物，它在自然界分布较广，主要有四环三萜与五环三萜，其他的结构类型较少，有的以游离状态存在于植物体内，有的以与糖结合成苷的形式存在，其苷水溶液振摇后产生持久性似肥皂溶液的泡沫，故有三萜皂苷之称，其苷主要是五环三萜皂苷，四环三萜皂苷较少。

三萜类化合物在自然界中分布很广，菌类、蕨类、单子叶和双子叶植物、动物及海洋生物中均有分布，尤以双子叶植物中分布最多。它们以游离形式或者以与糖结合成苷或成酯的形式存在。游离三萜主要来源于菊科、豆科、大戟科、卫矛科、茜草科、橄榄科、唇形科等植物；三萜苷类在豆科、五加科、桔梗科、远志科、葫芦科、毛茛科、石竹科、伞形科、鼠李科、报春花科等植物中分布较多；一些常用中药如人参、黄芪、甘草、三七、桔梗、远志、柴胡、茯苓、川楝皮、甘遂和泽泻等都含有三萜类化合物。游离的三萜类化合物不溶或难溶于水，可溶于常见的有机溶剂；三萜苷类化合物则多数可溶于水，其水溶液振摇后能产生大量持久性肥皂样泡沫，故被称为三萜皂苷。三萜皂苷多具有羧基，所以又常被称为酸性皂苷。

根据三萜类化合物在植物体（生物体）内的存在形式、结构和性质，可分为三萜皂苷及其苷元和其他三萜类（包括树脂、苦味素、三萜生物碱及三萜醇等）两大类。但一般则根据三萜类化合物碳环的有无和多少进行分类。目前已发现的三萜类化合物，多数为四环三萜和五环三萜，少数为链状、单环、双环和三环三萜。

（1）链状三萜　多为鲨烯类化合物，鲨烯（角鲨烯）主要存在于鲨鱼肝油及其他鱼类肝油中的非皂化部分，也存在于某些植物油（如茶籽油、橄榄油等）的非皂化部分。2,3-环氧角鲨烯(squalene-2,3-epoxide)是角鲨烯转变为三环、四环和五环三萜的重要生源中间体。在动物体内，它是由角鲨烯在肝脏通过环氧酶的作用而生成的。2,3-环氧基角鲨烯在环化酶（从鼠肝中提得）或弱酸性介质中很容易被环化（图 3-112）。

从苦木科植物 *Eurycoma longiolin* 中分离到的化合物 logilene peroxide（图 3-112），是含有三个呋喃环的鲨烯类链状三萜化合物。

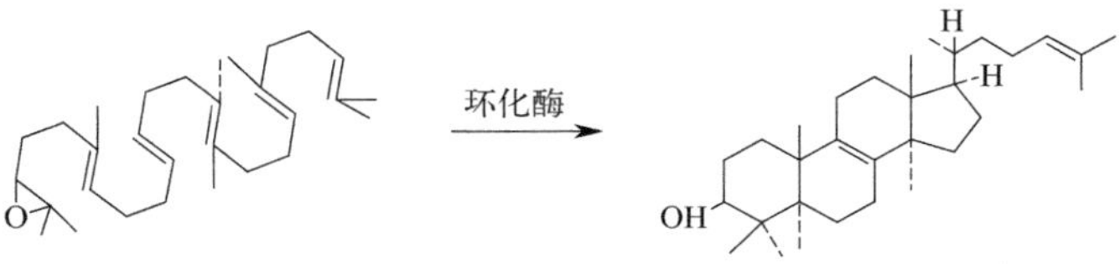

2,3-环氧角鲨烯 —环化酶→ 羊毛脂醇

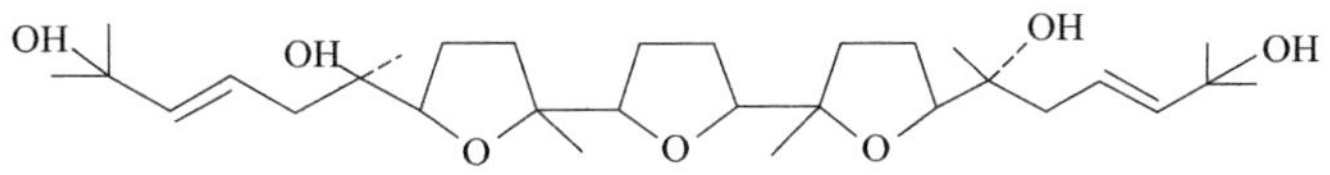

logilene peroxide

图 3-112 链状三萜

(2) 单环三萜 从菊科蓍属植物（*Achillea odorta*）中分离得到的蓍醇 A（achilleol A）是一个具有新单环骨架的三萜类化合物（图 3-113），这是 2,3-环氧鲨烯在生物合成时环化反应停留在第一步的首例，环上取代基除甲基和亚甲基外，还连有 1～3 个侧链。

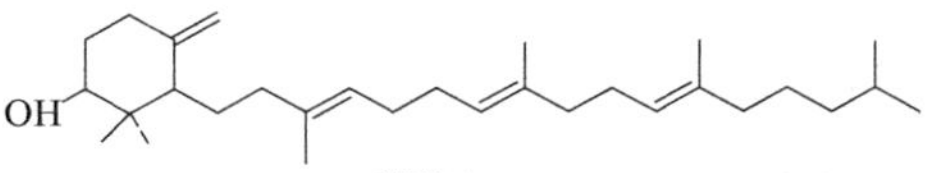

蓍醇A

图 3-113 单环三萜

(3) 双环三萜 从海洋生物 *Asteropus* sp. 中分离得到的 pouoside A～E 是一类具有双环骨架的三萜半乳糖苷类化合物，分子中含有多个乙酰基（图 3-114）。其中 pouoside A 具有细胞毒作用。

siphonellinol 则是从一种红色海绵（*Siphonochalina siphonella*）中分离得到的具有七元含氧环的新双环骨架的三萜类化合物（图 3-114）。

图 3-114 双环三萜

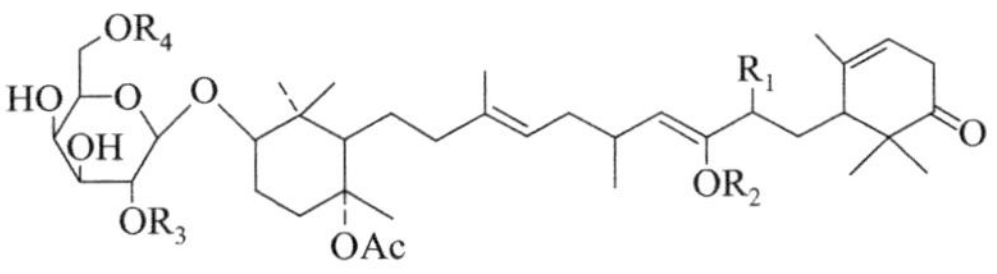

	R_1	R_2	R_3	R_4
pouoside A	OAc	Ac	H	H
pouoside B	OAc	H	H	H
pouoside C	H	Ac	H	H
pouoside D	OAc	Ac	Ac	H
pouoside E	OAc	Ac	H	Ac

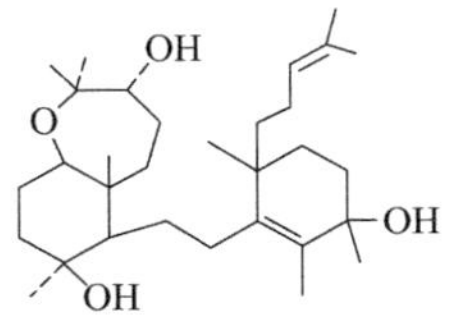

siphonellinol

从蕨类植物（*Polypodiaceous* 和 *Aspidiaceous*）的新鲜叶子中分离得到的 α-和 γ-polypodatetraenes，是两个具有新的双环碳骨架的油状三萜类碳氢化合物（图 3-115）。

图 3-115 双环碳骨架三萜

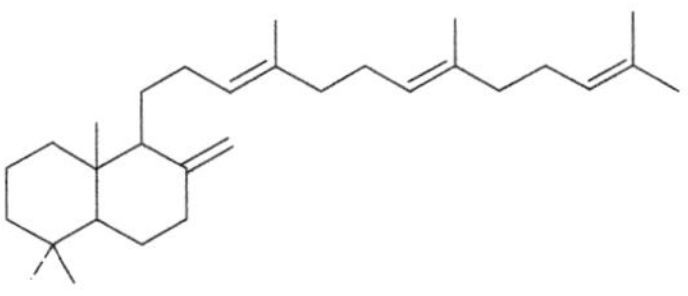

α-polypodatetraenes 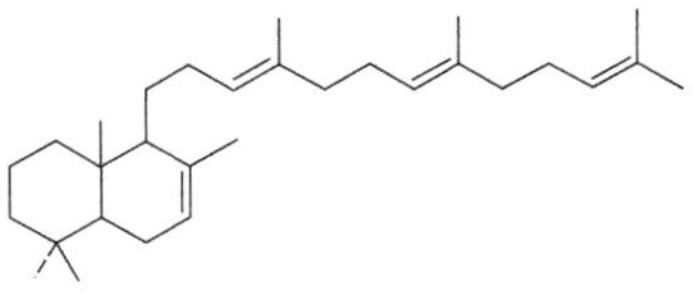 γ-polypodatetraenes

(4) 三环三萜 从蕨类植物伏石蕨（*Lemmaphyllum microphyllum* var. *obovatum*）的新鲜全草中分离到两个油状三环三萜类碳氢化合物 13βH-malabaricatriene 和 13αHmalabaricatriene（1 和 2）（图 3-116），从生源上可看作是由 α-polypodatctraenes 和 γ-polypodatetraenes 环合而成。

从楝科植物 *Lansium domesticum* 的果皮中分离得到的 lansioside A、lansioside B 和 lansioside C，是具有新三环骨架的三萜苷类化合物（图 3-116）。lansioside A 是从植物中得到的一种罕见的乙酰氨基葡萄糖苷其在百万分之二点四的浓度下就能有效地抑制白三烯 D4 诱导的豚鼠回肠收缩。

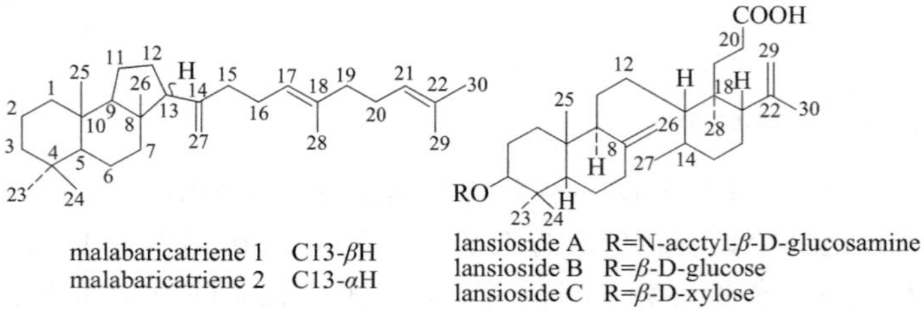

malabaricatriene 1　C13-βH
malabaricatriene 2　C13-αH

lansioside A　R=N-acctyl-β-D-glucosamine
lansioside B　R=β-D-glucose
lansioside C　R=β-D-xylose

图 3-116　三环三萜

（5）四环三萜　四环三萜类在中药中分布很广，许多植物包括高等植物和低等菌藻类植物以及某些动物都可能含有此类成分。它们大部分具有环戊烷骈多氢菲的基本母核；母核的 17 位上有一个由 8 个碳原子组成的侧链；在母核上一般有 5 个甲基，即 4 位有偕二甲基，10 位和 14 位各有一个甲基，另一个甲基常连接在 13 位或 8 位上。存在于自然界中的四环三萜或其皂苷苷元主要有以下类型。

① 羊毛脂甾烷（lanostane）型。羊毛脂甾烷也叫羊毛脂烷，其结构特点是 A/B 环、B/C 环和 C/D 环都是反式，C20 为 *R* 构型，侧链的构型分别为 10β、13β、14α、17β。

羊毛脂醇（lanosterol）（图 3-117）是羊毛脂的主要成分，它也存在于大戟属植物 *Euphorbia balsamifera* 的乳液中。

茯苓酸（pachymic acid）和块苓酸（tumulosic acid）（图 3-117）等是具有利尿、渗湿、健脾、安神功效的中药茯苓（*Poris cocos*）的主要成分。这类化合物的特征是多数在 C24 上有一个额外的碳原子，即属于含 31 个碳原子的三萜酸。

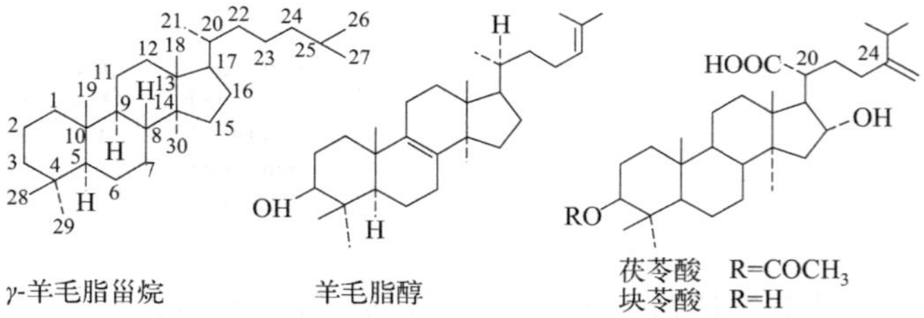

γ-羊毛脂甾烷　　羊毛脂醇　　茯苓酸　R=$COCH_3$
块苓酸　R=H

图 3-117　四环三萜

从海绵 *Asteropus sarasinosum* 中分离到的多个三萜皂苷均属 30-去甲羊毛脂甾烷型化合物，其中化合物 sarasinoside A_1、sarasinoside A_2 和 sarasinoside A_3 均为含有 2 个乙酰氨基糖的五糖苷，其苷元为双键位置不同的异构体（图 3-118）。

② 大戟烷（euphane）型。大戟烷是羊毛脂甾烷的立体异构体，基本碳架相同，只是 C13、C14 和 C17 上的取代基构型不同，即 13α、14β、17α-羊毛脂甾烷（图 3-119）。

大戟醇（euphol）存在于许多大戟属植物乳液中，在甘遂、狼毒和千金子中均有大量存在。乳香中含有的乳香二烯酮酸（masticadienonic acid）和异乳香二烯酮酸（isomasticadienonic acid）也属于大戟烷衍生物（图 3-119）。

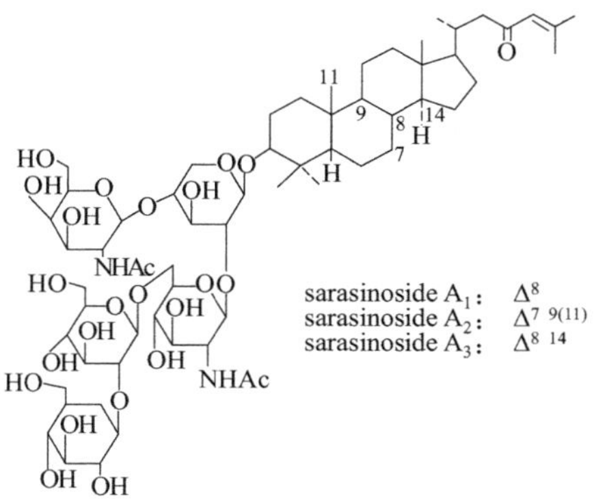

sarasinoside A_1: Δ^{8}
sarasinoside A_2: $\Delta^{7\ 9(11)}$
sarasinoside A_3: $\Delta^{8\ 14}$

图 3-118　30-去甲羊毛脂甾烷型化合物

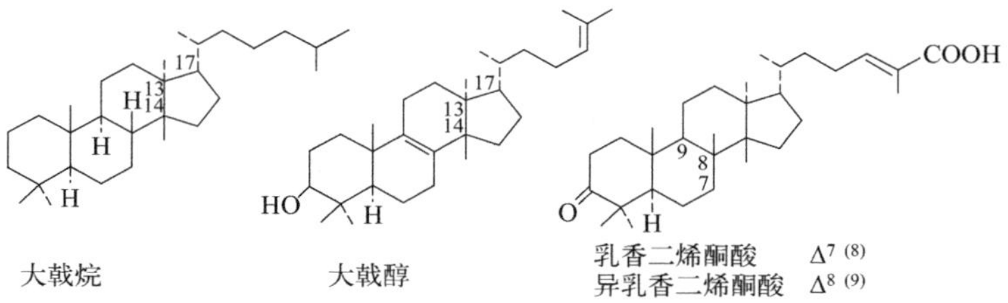

大戟烷　大戟醇　乳香二烯酮酸 $\Delta^{7(8)}$　异乳香二烯酮酸 $\Delta^{8(9)}$

图 3-119　大戟烷型三萜

③ 达玛烷（dammarane）型。达玛烷型的结构特点是在 8 位和 10 位有 β-构型的角甲基，13 位连有 β-H，17 位的侧链为 β-构型，C20 构型为 R 或 S。

棒锤三萜 A（neoalsamitin A）是从葫芦科植物棒锤瓜（*Neoalsomitra integrifoliola*）茎皮中分离到的达玛烷型三萜类成分（图 3-120）。

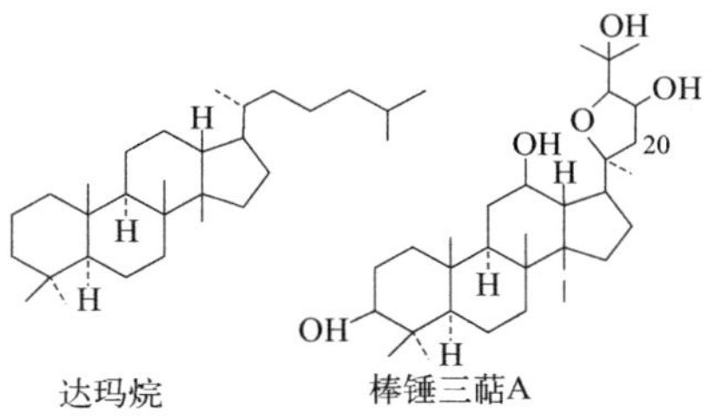

达玛烷　棒锤三萜A

图 3-120　达玛烷（dammarane）型三萜

④ 葫芦素烷（cucurbitane）型。基本骨架同羊毛甾烷型，唯其 A/B 环上的取代基不同，即有 5β-H、8β-H、10α-H，9 位连有 β-CH_3。

许多来源于葫芦科植物的中药，如甜瓜蒂、丝瓜子、苦瓜、喷瓜等均含有此类成分，总称为葫芦素类（cucurbitacins）。葫芦素类除有抑制肿瘤的作用外，还有抗菌、消炎、催吐、致泻等广泛的生物活性。例如由雪胆属植物小蛇莲（*Hemsleya amabilis*）根中分出雪胆甲素和乙素（cucurbitacin Ⅰa、Ⅱb），临床上用于急性痢疾、肺结核、慢性气管炎的治疗，均有较好的疗效。如图 3-121 所示。

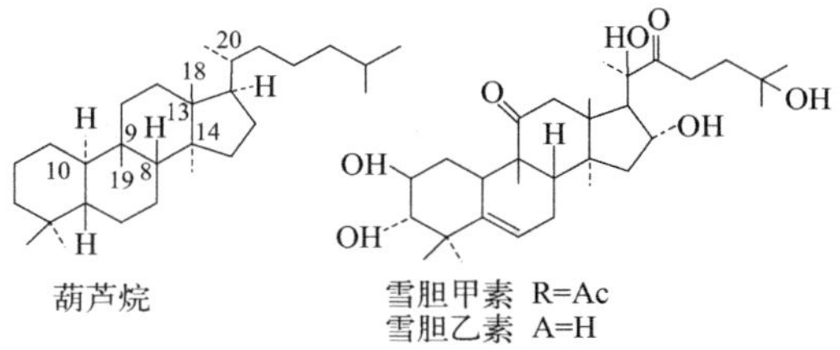

葫芦烷　雪胆甲素 R=Ac　雪胆乙素 A=H

图 3-121　葫芦素烷型三萜

葫芦科植物罗汉果（*Siraitia grosvenorii*）果实是具有清肺利咽、止咳化痰功效的中药，其所含的罗汉果甜苷（mogroside）亦属葫芦素化合物，但其主要成分罗汉果甜苷Ⅴ（图 3-122），其味甜而不苦。它的 0.02%溶液比蔗糖约甜 256 倍，可用作调味剂。

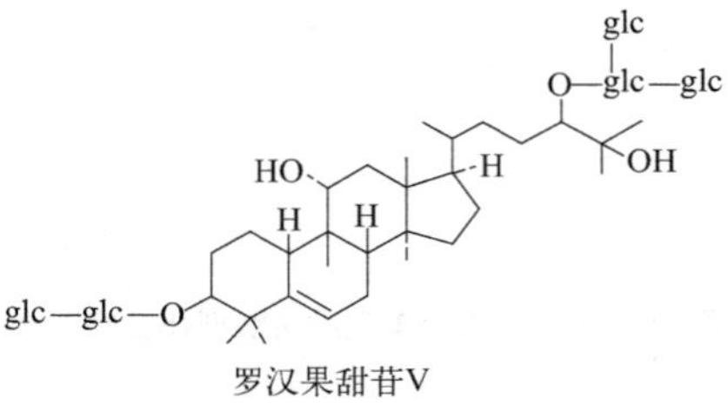

罗汉果甜苷Ⅴ

图 3-122　罗汉果甜苷Ⅴ

⑤ 原萜烷（protostane）型。其结构特点是 C10 位和 C14 位上有 β-CH_3，C8 上有 α-CH_3，C20 为 S 构型。如图 3-123。

泽泻萜醇 A（ahsol A）和泽泻萜醇 B（ahsol B）等是从利尿渗湿中药泽泻（*Alisma orientale*）中得到的主要成分，可降低血清总胆固醇，用于治疗高脂血症。

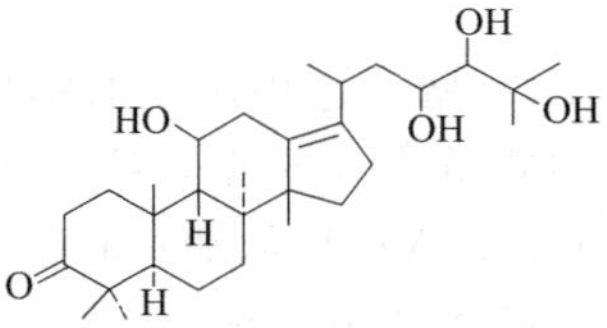

泽泻萜醇A

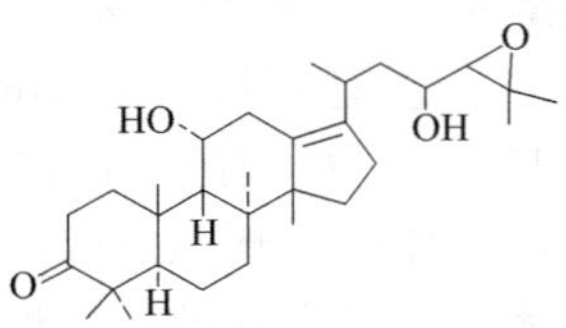

泽泻萜醇B

图 3-123　原萜烷型

（6）五环三萜　五环三萜类成分在中草药中较为常见，主要的结构类型有齐墩果烷型、乌苏烷型、羽扇豆烷型和木栓烷型等。

① 齐墩果烷（oleanane）型。又称 β-香树脂烷（β-amyrane）型。此类化合物在植物界分布极为广泛，主要分布在豆科、五加科、桔梗科、远志科、桑寄生科、木通科等的一些植物中。其基本碳架是多氢蒎的五环母核，环的构型为 A/B 环、B/C 环、C/D 环均为反式，而 D/E 环为顺式。母核上有 8 个甲基，其中 C10、C8、C17 上的甲基均为 α-型，而 C14 上的甲基为 β-型，C4 位和 C20 位各有两个甲基。分子中还可能有其他取代基存在，例如羟基、羧基、羰基和双键等。一般在 C3 位有羟基，而且多为 β-型，也有 α-型，如 α-乳香酸（α-boswellic acid）。若有双键，则多在 C12 位或 C11 位；若有羰基，则多在 C11 位；若有羧基，则多在 C28、C30 或 C24 位上。如图 3-124。

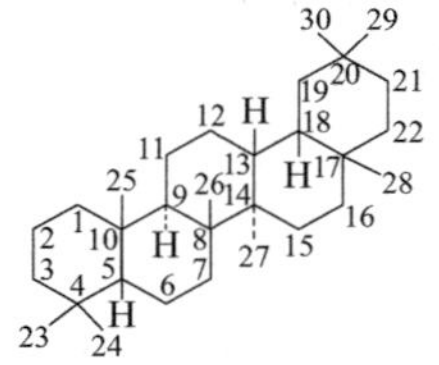

齐墩果烷

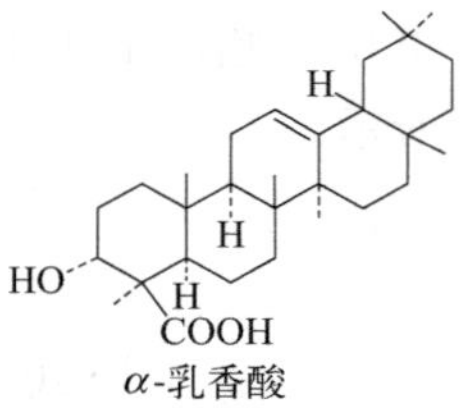

α-乳香酸

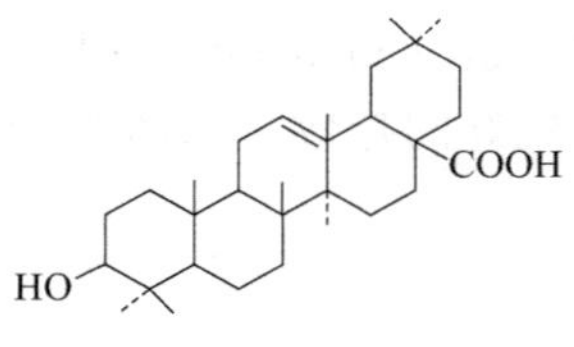

齐墩果酸

图 3-124　齐墩果烷型三萜

齐墩果酸（oleanolic acid）首先由木犀科植物木犀榄（*Olea europaea*，习称油橄榄、齐墩果）的叶中分得。该化合物广泛分布于植物界。齐墩果酸经动物试验有降转氨酶作用，对四氯化碳引起的大鼠急性肝损伤有明显的保护作用，能促进肝细胞再生，防止肝硬化，已用作治疗急性黄疸性肝炎和迁延型慢性肝炎的有效药物。齐墩果酸在中草药中有的以游离形式存在，如青叶胆、女贞子、白花蛇舌草、柿蒂、连翘，但大多数以与糖结合成苷的形式存在，如人参、三七、紫菀、柴胡、预知子、木通、牛膝、楤木等。

中药商陆（*Phytolacca acinosa*）根中含有大量皂苷，药理实验表明，商陆皂苷能显著促进小鼠白细胞的吞噬功能，能对抗由抗癌药羟基脲引起的 DNA 转化率下降，并能诱生干扰素-γ，其中商陆皂苷甲、乙、丙、丁（esculentoside A、B、C、D）的苷元均为商陆酸（esculentic acid）（图 3-125）。

土贝母苷甲（tubeimoside A）是由葫芦科植物土贝母（*Bolbostemma paniculatum*）提取分离得到的自然界首例糖链以环状结构连接的皂苷，其结构中 3-甲基-3-羟基-戊二酸以两端通过酯键把两个糖链连接形成了一个大环结构。

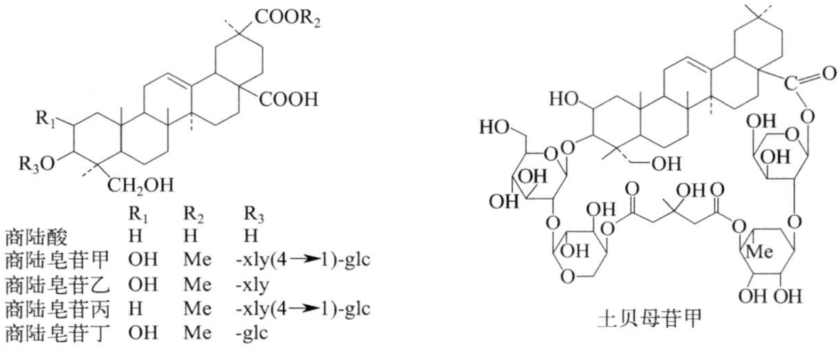
COOR2
COOH
R1
R3O
CH2OH
R1 R2 R3
商陆酸 H H H
商陆皂苷甲 OH Me -xly(4→1)-glc
商陆皂苷乙 OH Me -xly
商陆皂苷丙 H Me -xly(4→1)-glc
商陆皂苷丁 OH Me -glc
土贝母苷甲

图 3-125　齐墩果烷型三萜

② 乌苏烷（ursane）型。又称 α-香树脂烷（α-amyrane）型或熊果烷型，其分子结构与齐墩果烷型不同之处是 E 环上两个甲基位置不同，即在 C19 位和 C20 位上分别各有一个甲基（图 3-126）。

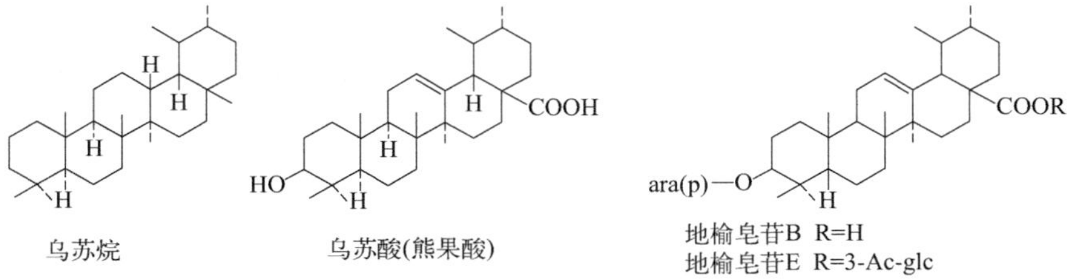
乌苏烷
乌苏酸(熊果酸)
ara(p)—O
COOR
地榆皂苷B R=H
地榆皂苷E R=3-Ac-glc

图 3-126　乌苏烷型三萜

乌苏酸（ursolic acid）又称熊果酸，是乌苏烷型的代表性化合物（图 3-126）。乌苏酸在体外对革兰阳性菌、阴性菌及酵母菌有抑制活性，并具有抗病毒、抗肿瘤、安定等作用。它以游离或与糖结合成苷的形式存在于为数众多的中草药中，如地榆、山茱萸、车前草、石榴叶和果实等。

地榆（*Sanguisorba officinalis*）的根和根茎，具凉血止血、解毒敛疮的作用，除含有大量鞣质外，还含有多种皂苷，其中地榆皂苷 B 和地榆皂苷 E（sanguisorbin B，sanguisorbin E）是以乌苏酸为皂苷元的皂苷（图 3-126）。

③ 羽扇豆烷（lupane）型。羽扇豆烷型与齐墩果烷型不同点是 C21 与 C19 连成五元环 E 环，且 D/E 环的构型为反式。同时，在 E 环的 19 位有 α-构型的异丙基取代，并有 $\Delta^{20(29)}$ 双键（图 3-127）。

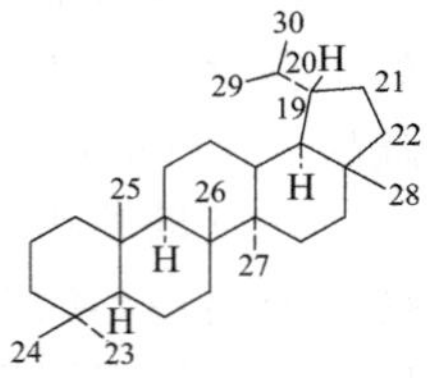

羽扇豆烷

图 3-127　羽扇豆烷型三萜

④ 木栓烷（fnedetane）型。木栓烷型的结构特点是 A/B、B/C、C/D 环均为反式，D/E 环为顺式；C4、C5、C9、C14 位各有一个 β-CH_3 取代；C17 位多为 β-CH_3（有时为-CHO、COOH 或-CH_2OH）取代；C13-CH_3，为 α-型；C2、C3 位常有羰基取代。

卫矛科植物雷公藤（*Tripterygium wilfordii*），对类风湿疾病有独特疗效，从中已分离得到多种三萜类化合物，其中一类为木栓烷类，如雷公藤酮（tripterygone）是从雷公藤去皮根中心分离出的三萜化合物，可视为是失去 25 位甲基的木栓烷型衍生物（图 3-128）。

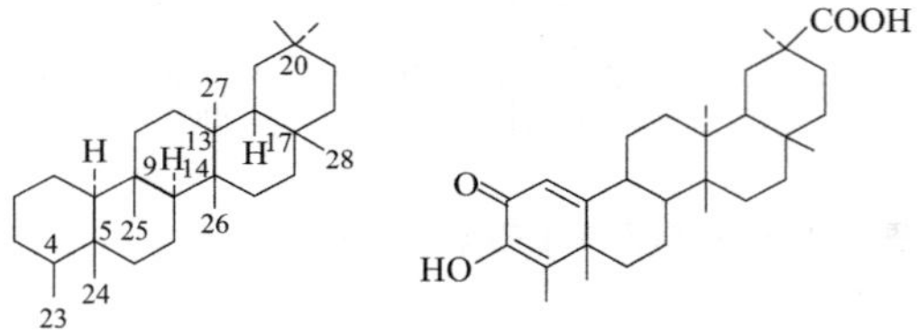

木栓烷　　雷公藤酮

图 3-128　木栓烷型三萜

⑤ 其他类型。如石松（*Lycopodium clavatum*）中的石松素（lycoclavanin）和石松醇（lycoclavanol），是 C 环为七元环的三萜类化合物（图 3-129）。

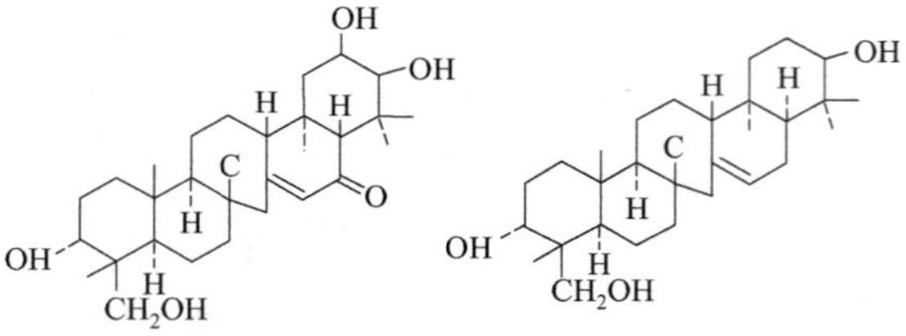

石松素　　石松醇

图 3-129　石松素和石松醇

3.4.2　萜类化合物的理化性质

3.4.2.1　物理性质

常温下单萜、倍半萜多为液体，而它们的含氧衍生物则多为固体，二萜和三萜等萜类化合物多为固体。游离的固体萜类化合物多为无色结晶，成苷后多为白色或类白色粉末。含极性基团少的萜类化合物一般均难溶于水，易溶于醇及乙醚、氯仿、苯等亲脂性的有机溶剂。苷类化合物易溶于水、醇，难溶于乙醚、氯仿、苯等亲脂性的有机溶剂。单萜、倍半萜类化合物多具挥发性和芳香气味，能随水蒸气蒸馏，随着分子量的增加和功能基的增多，化合物的挥发性降低，熔点、沸点相应增高。二萜类化合物一般不能随水蒸气蒸馏。萜类化合物绝大多数无色，仅四萜烯类化合物有色，如叶黄素、胡萝卜素等。

3.4.2.2 化学性质

萜类化合物的种类繁多，结构变化较大，化学反应也较多，本书介绍其中的几个重要反应。

（1）重排反应 双环萜类化合物在发生加成、消除或亲核反应时，常常会使其碳架改变，发生瓦格涅尔-麦尔外因（Wagner-Meerwein）重排。目前工业上由 *α*-蒎烯（*α*-pinene）合成樟脑的过程，就是应用这一重排反应，再经氧化制得（图 3-130）。

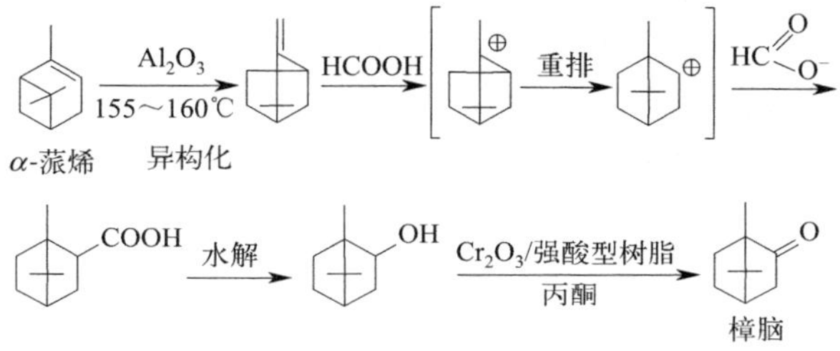

图 3-130 萜类重排反应

（2）酯化反应 萜类化合物的醇羟基易与酸类发生酯化反应，可用于分离纯化萜醇类成分和制备萜类香料，如从芳樟油中提取纯化芳樟醇。粗芳樟醇与硼酸或硼酸丁酯反应，生成沸点很高的硼酸芳樟酯，经减压蒸馏除去低沸点的有机杂质，高沸点的硼酸芳樟酯加热水解，即可得较纯的芳樟醇（图 3-131）。

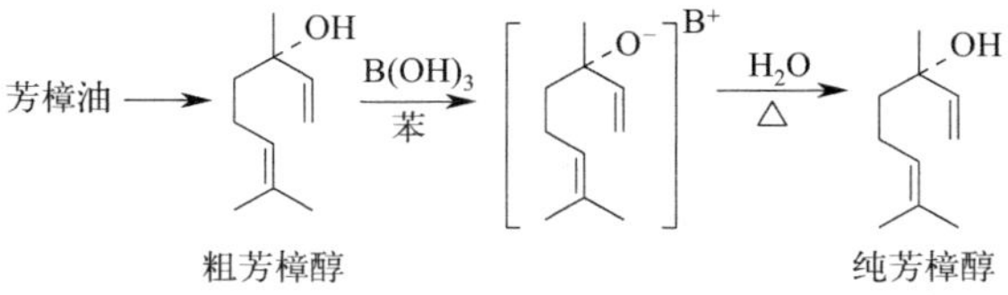

图 3-131 萜类酯化反应

（3）缩合反应 含有羰基类化合物与丙酮的缩合反应，可用于萜类的转化，如由柠檬醛制备紫罗兰酮（图 3-132）。

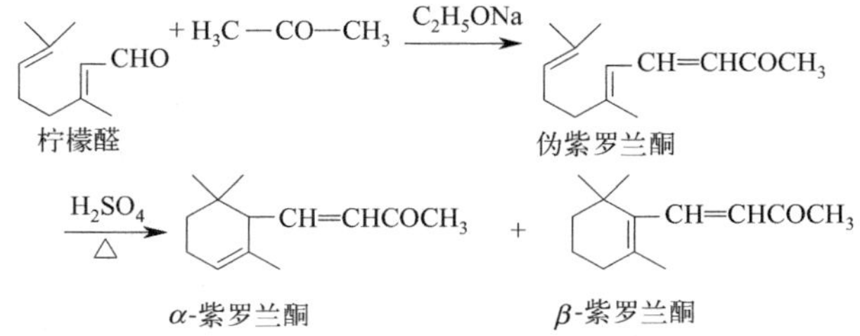

图 3-132 萜类缩合反应

（4）还原反应 羰基化合物可用适当的还原剂还原，生成醇类化合物，如由樟脑还原生成龙脑的反应（图 3-133）。

樟脑 [H] 龙脑

图 3-133 萜类还原反应

3.4.3 萜类化合物的提取分离

3.4.3.1 提取方法

除可用提挥发油的方法提取挥发性萜外，还可用甲醇或乙醇提取，醇提取液根据需要，浓缩至一定体积，并调整适当的醇浓度，再用不同极性的亲脂性有机溶剂按极性由小到大的递增顺序依次萃取，得到不同脂溶性的萜类提取物。

对从富含油脂及叶绿素的中药材提得的醇提物，可将醇浓缩液的含醇量调至 70%～80%，用石油醚萃取去除强亲脂性杂质后，再选用一定的亲脂性有机溶剂萃取总萜；若药材含极性较大的萜类（如多羟基萜内酯），则可先用石油醚对药材脱脂后，再用醇提取。

（1）醇类溶剂提取法 本法是目前提取三萜类皂苷的常用方法，流程如下。

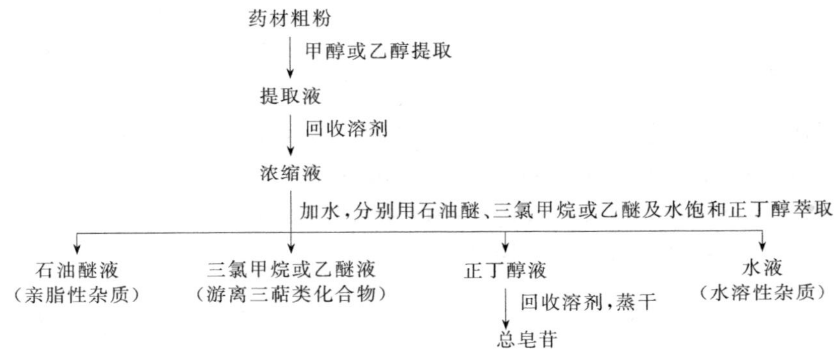

（2）酸水解有机溶剂萃取 将植物原料在酸性溶液中加热水解，过滤，药渣水洗后干燥，然后用有机溶剂提取出皂苷元。也可先用醇类溶剂提取出皂苷，然后加酸水解，滤出水解物，再用有机溶剂提取出皂苷元。

提取萜苷类多用甲醇或乙醇作溶剂，也可用水、稀丙酮及乙酸乙酯，提取液经减压浓缩后加水溶解，滤去水不溶性杂质，用乙醚、三氯甲烷或石油醚萃取去除脂溶性杂质，脱脂后的萜苷水溶液可采用下述方法去除水溶性杂质。①正丁醇萃取法：萜苷水液以正丁醇萃取，正丁醇萃取液经减压浓缩，可得到粗总萜苷。②活性炭、大孔树脂吸附法：用活性炭或大孔树脂吸附水溶液中萜苷后，先用水及稀乙醇依次洗脱除去水溶性杂质，再用合适浓度的乙醇洗脱萜苷，如桃叶珊瑚苷及甜叶菊苷可分别用活性炭及大孔树脂纯化获得。

（3）碱水提取法 某些皂苷含有羧基，可溶于碱水，因此可用碱溶酸析法提取。萜内酯的提取可结合其结构特点进行，先用提取萜的方法提取出含萜内酯的粗总萜，然后利用内酯在热碱溶液中易开环成盐溶于水，酸化环合又可析出原内酯的特性，用碱水提取酸化沉淀的方法处理粗总萜，可得到较纯的总萜内酯（倍半萜内酯用此法较多）。但某些对酸碱易引起结构发生不可逆变化的萜内酯，不可用碱溶酸沉法纯化。萜内酯的纯化也可用硅胶或氧化铝柱色谱法进行，一般多采用硅胶作固定相。以石油醚及石油醚混合不同比例的乙醚洗脱，据报道，萜内酯多集中在石油醚-乙醚（1∶1）的洗脱馏分中。

3.4.3.2 分离方法

（1）沉淀法 沉淀法是在中药提取液中加入某些试剂产生沉淀，从而使能产生沉淀的成分与不能产生沉淀的成分得到分离的方法。多用于提取液中各成分溶解度性质相近，不宜用萃取法，以及亲水性成分的分离。常用的沉淀法有以下几种：

① 铅盐沉淀法。这是利用中性醋酸铅或碱式醋酸铅在水或稀醇溶液中能与许多物质生成难溶的铅盐或络盐沉淀，而使各成分得以分离的方法。中性醋酸铅可使有机酸、氨基酸、蛋白质、黏液质、鞣质、酸性皂苷、树脂及部分黄酮类等成分产生沉淀；碱式醋酸铅沉淀范围更广，除上述成分能被沉淀外，还可沉淀某些中性或碱性成分，如中性皂苷、异黄酮苷、糖类、生物碱等。通常将中药的水或醇提取液先加入醋酸铅溶液至不再沉淀为止，静置后滤出沉淀；再于滤液中加碱式醋酸铅饱和溶液至不再发生沉淀为止。这样就得到醋酸铅沉淀物、碱式醋酸铅沉淀物及母液三部分，然后将铅盐沉淀悬浮于水或稀醇中，通入硫化氢气体，使其分解并使铅转为不溶性的硫化铅沉淀（脱铅），中药成分留在母液中。脱铅也可用硫酸、硫酸钠、磷酸钠等。但除铅不彻底。

② 乙醇沉淀法。这是利用水提取液中的某些成分（如淀粉、树胶、黏液质、蛋白质等），在乙醇浓度达到一定时（60%以上）就析出沉淀而达到分离的方法。

③ 酸碱沉淀法。这是利用某些成分在碱（或酸）中溶解，在酸（或碱）中沉淀的性质达到分离的方法。如：不溶于水的酸性或含有内酯环的成分均易溶于碱液，加酸使酸化后又析出沉淀。又如：不溶于水的碱性成分易溶于酸液中，加碱又沉淀析出。

④ 试剂沉淀法。这是利用某些成分在某种试剂的作用下产生沉淀而使某些成分得以分离的方法。如在生物碱盐的溶液中，加入生物碱的沉淀试剂（苦味酸、磷钨酸等），使生物碱生成不溶性复盐而析出沉淀；在分离水溶性生物碱时，可在水液中加入雷氏铵盐使其生成生物碱雷氏盐沉淀析出。又如：利用胆甾醇与甾体皂苷作用生成难溶性分子复合物而自醇溶液中析出等。

（2）色谱分离法 色谱分离法是分离萜类化合物的主要方法，许多用其他方法难以分离的萜类异构体都可用吸附柱色谱法分离。常用的吸附剂为硅胶、中性氧化铝（非中性氧化铝易引起萜类化合物结构变化）及硅酸，其中硅胶应用最广。常用的洗脱剂多以石油醚、正己烷、环己烷及苯单一溶剂分离萜烯，或混以不同比例的乙酸乙酯或乙醚分离含氧萜，对于多羟基的萜醇及萜酸还要加入甲醇或用氯仿-乙醇洗脱。

对于单纯以硅胶或氧化铝为吸附剂难以分离的萜类化合物，可用硝酸银络合柱色谱分离。一般多以硝酸银-硅胶或硝酸银-氧化铝作吸附剂进行络合吸附。其分离机制主要是利用硝酸银可与双键形成π络合物，而双键数目、位置及立体构型不同的萜在络合程度及络合物稳定性方面有一定的差异，利用此差异可进行色谱分离。硝酸银络合色谱分离萜类化合物的洗脱剂与上述硅胶及氧化铝色谱相同。

3.4.4 萜类化合物的药理活性

萜类化合物除了参与植物生长发育、环境应答等生理过程，还作为原料广泛应用于药品、食品和化妆品中，具有抗炎、抗菌、抗肿瘤、抗病毒、抗疟、促进透皮吸收、防治心血管疾病、降血糖等活性。此外，研究还发现萜类化合物具有抗虫、免疫调节、抗氧化、抗衰老、神经保护等作用，具有广阔的开发与应用前景。萜类化合物结构复杂，功效多样，作用机制各异。

3.4.4.1 抗炎

芍药苷（paeoniflorin）是从毛茛科植物芍药（*Paeonia lactiflora* Pall.）的根中分离得到的一种单萜类糖苷化合物，Bi 等研究了芍药中芍药苷、芍药苷衍生物、4-*O*-甲基芍药苷（MPF）、4-*O*-甲基苯甲酰基芍药苷（MBPF）等 9 种单萜类化合物的抗炎活性及作用机制。结果表明，大部分单萜抑制脂多糖（lipopolysaccharide，LPS）诱导的一氧化氮（NO）、白细胞介素-6(IL-6)和肿瘤坏死因子 α(TNF-α)的产生。MBPF 能够下调 LPS 刺激的 RAW264.7 细胞中诱导型一氧化氮合酶（iNOS）的 mRNA 转录和蛋白表达水平。

中国传统医学运用中药雷公藤（*Tripterygium wilfordii* Hook. f.）治疗免疫系统疾病和炎性疾病已有数百年的历史，三环二萜雷公藤内酯（triptolide）是雷公藤的主要生物活性成分，也是已发现的最有效的炎症和免疫调节天然产物之一，用于治疗各种自身免疫和炎症相关病症；其主要作月机制是抑制炎症细胞因子如白细胞介素-2(IL-2)、诱导型一氧化氮合酶、肿瘤坏死因子、环氧合酶-2(COX-2)和干扰素-γ(IFN-γ)。研究表明：雷公藤甲素（triptolide）、雷公藤红素（tripterine）、雷公藤内酯酮（triptonide）均有明显的抗炎作用，核因子 κB（NF-κB）是雷公藤活性成分的主要作用靶点。

百草之王——人参（*Panax ginseng* C. A. Mey.）是亚洲和西方国家最普遍使用的草药之一，其主要生物活性来源于人参皂苷（ginsenoside）。人参皂苷 Rb_1、人参皂苷化合物 K（compound K，CK）、Rb_2、Rd、Re、Rg_1、Rg_3、Rg_5、Rh_1、Rh_2 和 Rp_1 通过抑制炎性细胞因子的产生和调节炎性信号通路，在炎症反应中发挥抗炎活性。人参皂苷在炎症疾病的多种动物模型体内发挥抗炎活性，并且在结肠炎、酒精诱导的肝炎、IR 损伤和记忆障碍的动物模型中发挥保护作用。CK 可有效改善耳水肿、结肠炎和致死性休克的动物模型中的炎性症状；Rh_1 也在特应性皮炎和哮喘的动物模型中发挥抗炎作用。

3.4.4.2 抗菌

萜类化合物还具有较强的抗菌效应（表 3-3）。单萜主要存在于薄荷属（*Mentha*）植物中，大多数从薄荷属植物中获得的提取物显示出较强的抗微生物活性。薄荷醇是一种环状单萜，许多研究都证实了薄荷醇的抗菌活性，但其抗菌机制尚未阐明。2013 年，Raut 等分析了 28 种植物来源的萜类化合物对白色念珠菌生长、毒力和生物膜的抑制活性。其中，薄荷醇、芳樟醇（linalool）、橙花醇（nerol）、异胡薄荷醇（isopulegol）、香芹酮（carvone）等显示了抑制生物膜的活性，8 个萜类化合物被鉴定为成熟生物膜的抑制剂。广藿香醇（patchouli alcohol）是广藿香［*Pogostemon cablin*（Blanco）Benth.］中一种三环倍半萜类化合物，Xu 等研究发现其具有体外和体内抗幽门螺杆菌活性，可以有效地杀死幽门螺杆菌，干扰其感染过程，减少胃炎的发生。早期有研究发现青蒿素类药物对厌氧菌、兼性厌氧菌、微需氧菌和需氧菌均有不同的抗菌活性，这种抗菌活性具有特异性和浓度依赖性，表现在针对不同细菌时具有不同的抗菌活性。相关报道已证实，青蒿提取物对大肠埃希菌、肠球菌、白色念珠菌、酿酒酵母、金黄色葡萄球菌等多种病原菌均有抵抗活性。2015 年，Kim 等第一次报道了青蒿素对伴放线放线杆菌（*Aggregatibacter actino-*

mycetemcomitans)、具核梭杆菌亚种（*Fusobacterium nucleatum* subsp.）、中间普雷沃菌（*Prevotella intermedia*）等牙周致病菌的抗菌活性，证实了青蒿素有潜力被开发用于各种牙科疾病的治疗。

穿心莲内酯（andrographolide）为从中药穿心莲（*Andrographis paniculata* Nees）中提取得到的二萜内酯类化合物，是中药穿心莲的主要有效成分之一。程惠娟等发现穿心莲内酯对铜绿假单胞菌生物膜抑制作用明显，与阿奇霉素也有协同抗菌作用。2017年，Banerjee等发现穿心莲内酯对大多数测试的革兰阳性细菌显示出潜在的抗菌活性，其中，对金黄色葡萄球菌最敏感，最低抑菌浓度（minimum inhibitory concentration，MIC）为100μg/mL，还发现其对金黄色葡萄球菌生物膜的形成具有抑制作用。

表 3-3　萜类化合物的抗菌活性

分类	化合物名称	抗菌范围
单萜	1,8-桉树脑	金黄色葡萄球菌、枯草芽孢杆菌、大肠埃希菌和链球菌、李斯特菌、蜡样芽孢杆菌
	柠檬烯、香叶醛	枯草芽孢杆菌、金黄色葡萄球菌、变形链球菌、大肠埃希菌、白色念珠菌、耐甲氧西林金黄色葡萄球菌和酿酒酵母
	香桧烯	金黄色葡萄球菌(革兰阳性)和大肠埃希菌(革兰阴性)
	薄荷醇	金黄色葡萄球菌、肺炎链球菌、化脓性链球菌、流感嗜血杆菌
	桧醇	口腔细菌
	香芹酮	金黄色葡萄球菌、大肠埃希菌、枯草芽孢杆菌、鼠伤寒沙门菌、枯草芽孢杆菌、李斯特菌
倍半萜	广藿香醇	幽门螺杆菌
	青蒿素	枯草芽孢杆菌、大肠埃希菌、铜绿假单胞菌、酿酒酵母、金黄色葡萄球菌、结核杆菌等多种病原菌
二萜	穿心莲内酯	铜绿假单胞菌、金黄色葡萄球菌
三萜	齐墩果酸	金黄色葡萄球菌、抗甲氧西林金黄色葡萄球菌、变形链球菌、单核细胞增生李斯特菌、屎肠球菌、粪肠球菌

3.4.4.3　驱虫

青蒿素是中国药学工作者于20世纪70年代从菊科植物黄花蒿（*Artemisia annua* Linn）叶中提取的一种倍半萜内酯化合物，具有高效、低毒、快速杀灭疟原虫等特性，且不与其他抗疟药产生交叉耐药性，因而被选作间日疟、恶性疟和抗氯喹疟疾治疗的首选药物。此后又对青蒿素的化学结构进行了改造，获得青蒿琥酯、蒿乙醚（arteether）和蒿甲醚（artemether）等青蒿素类抗疟药物，这类药物可高效杀灭红细胞内期的疟原虫，且耐药性低、不良反应小。2015年，中国药学家屠呦呦因从大量中医古籍中筛选出青蒿作为抗疟疾首选药材，率先发现青蒿有效部位乙醚提取物，而获得诺贝尔生理学或医学奖。目前研究表明，当疟原虫大量吞噬红细胞时，会释放出高浓度的血红素分子，青蒿素就会在疟原虫代谢旺盛处被血红素激活；激活后青蒿素就会与疟原虫体内数以百计的寄生虫蛋白结合，致使寄生虫蛋白失去活性，进而杀死疟原虫。此外，肌浆内质网钙ATP酶（PfATP6）、翻译控制肿瘤蛋白（translationally controlled tumor protein，TCTP）和谷胱甘肽S转移酶（GST）等被鉴定为疟原虫中与青蒿素相互作用的非血红素蛋白。青蒿素的抗疟机制仍未被彻底阐明，尚需进一步研究。

3.4.4.4　抗癌

国内外相关研究结果显示，天然萜类化合物可以参与宿主相关生物功能进而起到抗肿瘤的作用（如通过修饰和调节宿主的酶系统参与细胞表面信号转导、免疫功能、细胞分化、肿瘤增殖和转移等)。研究发现具有抗肿瘤作用的天然萜类化合物主要是倍半萜化合物、二萜化合物、三萜化合物。萜类化合物的抗癌特性及作用机制可能是诱导细胞凋亡、抑制细胞增殖,或是抑制蛋白酪氨酸激酶活性,抗侵袭转移和抗血管再生等。

数十年前就有研究发现单萜化合物如柠檬烯、紫苏子醇等具有抗肿瘤作用,尤其是对乳腺肿瘤的预防作用。后来有人发现单萜类化合物香樟醇对宫颈癌 Hela 细胞株有最强烈的抗增殖作用,对皮肤、胃、肺也有一定的抗增殖作用。Vernomelitensin 对人类黑色素瘤细胞株(A375)的效果最好,对乳腺癌(MCF-7)细胞系效果最差。从丹参中分离出了两种二萜化合物丹参酮Ⅰ(T1)和丹参酮Ⅱ(T2),分别用 T1、T2 进行体外的抗肿瘤实验发现,T1 比 T2 更为有效地抑制了 VEGF、Cyclin A 和 Cyclin B 蛋白的表达,而且以剂量依赖的方式抑制肺癌细胞生长。T1 的抗肿瘤机制可能是通过影响细胞周期的 S 和 G2/M 期而抑制细胞生长的。

贝壳杉烷型二萜类化合物因其诱导细胞凋亡的细胞毒性作用,可以用来研制新的有效的抗肿瘤药物。从药用植物巴豆中分离得到了它的一种同分异构体 EKA,体外实验表明其对 B-16、HeLa 细胞和 3T3 细胞系有细胞毒性,IC_{50} 分别为 59.41、68.18 和 60.30μg/mL。用鉴别染色法检测细胞凋亡或坏死,发现三株细胞全部凋亡。因而,EKA 抗肿瘤机制是诱导肿瘤细胞凋亡。

许多三萜类化合物的抗肿瘤活性是通过直接作用于肿瘤细胞,继而诱导肿瘤细胞的凋亡和抑制肿瘤细胞的增殖。有研究表明,齐墩果烷型三萜类化合物可通过线粒体途径而激活肿瘤细胞的凋亡。经过齐墩果烷型三萜类化合物的处理,肿瘤细胞可以明显增加其线粒体膜的通透性,从而可促使细胞色素 c、AIF 等多种促凋亡物质的释放,进而下游的凋亡程序被启动,诱导细胞死亡。此外,CDDO 还可以通过 PPARγ 激活 Caspase8 和 Caspase3,进而诱导细胞发生凋亡。三萜化合物扁蒴藤素还可通过活性氧依赖的线粒体途径促使活性氧增多、线粒体 Bax 易位、膜电位缺失、构象改变及激活 JNK 及聚腺苷二磷酸核糖聚合酶(PARP-1),进而导致宫颈癌细胞死亡。

萜类化合物的抗肿瘤特性涉及肿瘤种类比较广泛(表 3-4),其可参与并影响肿瘤的发生发展相关的细胞活动和免疫进程,并可通过多种方式对多种肿瘤细胞的增殖、转移进行干扰。然而,其作用机制比较复杂,而且作用的靶点不尽相同,因此需要进一步探索其在各种相关肿瘤中的抗肿瘤机制。

表 3-4 药用植物萜类化合物的抗肿瘤活性

分类	化合物名称	功能
单萜	紫苏醇	广谱抗癌
	香叶醇	抗肺癌、结肠癌、前列腺癌、胰腺癌和肝癌
倍半萜	木香烃内酯	抗膀胱癌、卵巢癌、白血病细胞、前列腺癌、非小细胞肺癌、食管癌
	青蒿素及衍生物	抗白血病、黑素瘤、结肠癌、非小细胞肺癌、肺癌、前列腺癌、乳腺癌、卵巢癌
二萜	紫杉醇	抗卵巢癌及乳腺癌
三萜	熊果酸	抗肝癌、乳腺癌、骨肉瘤、前列腺癌、宫颈癌
	葫芦素	抗膀胱癌、肝癌、胰腺癌、乳腺癌及白血病

3.4.4.5 抗病毒

单萜类化合物异冰片(异龙脑)具有较低的细胞毒性和相对较强的抗单纯疱疹病毒-1(HSV-1)的作用。该抗病毒活性的机制依赖于异冰片的羟基与病毒包膜脂质的相互作用。此外,异冰片可以抑制病毒复制和病毒蛋白的糖基化,导致 HSV-1 丧失传染性。单萜类化合物如桉树脑和冰片也有强效的抗 HSV-1 活性。青蒿素的单体和衍生物对人巨细胞病毒（human cytomegalovirus）、乙型肝炎病毒（hepatitis B virus，HBV）、丙型肝炎病毒（hepatitis C virus，HCV）显示出特异性的抑制活性。青蒿琥酯可抑制乙型肝炎表面抗原（HBsAg）分泌，降低 HBV 的基因表达水平，且副作用小。基孔肯雅病毒（chikungunya virus，CHIKV）是一种蚊子传播的甲病毒，最近研究发现穿心莲内酯对 CHIKV 感染具有良好的抑制作用，影响 CHIKV 复制，无细胞毒性。登革热（dengue fever）是人类最流行的节肢动物传播的病毒性疾病，穿心莲内酯在两种细胞系（HepG2 和 HeLa）中均具有显著的抗登革热病毒（dengue virus，DENV）活性。三萜皂苷如甘草甜素和齐墩果烷型三萜皂苷（包括甘草次酸）具有抗 HSV-1 活性。此外，甘草甜素还能有效地抑制严重急性呼吸综合征相关病毒的复制，并调节人类免疫缺陷病毒（HIV）包膜的流动性。五环三萜类化合物桦木酸（betulinic acid）及其结构修饰物具有抗 HIV 活性，是许多中草药的主要有效成分之一。桦木酸是最早被确认为具有抗 HIV 活性的羽扇豆烷型五环三萜类化合物，可影响病毒与细胞融合，抑制逆转录酶活性和病毒体组装。齐墩果酸、达玛脂酸（dammarenolic acid）、熊果酸也被证实具有一定的抗 HIV 活性。

3.5

黄酮类化合物

黄酮类化合物（flavonoid）是在植物中分布非常广泛的一类天然产物，其在植物体内大部分与糖结合成苷类，少部分以游离态（苷元）的形式存在。绝大多数植物体内都含有黄酮类化合物，其对植物的生长、发育、开花、结果及防菌抗病起着重要的作用。由于最先发现的黄酮类化合物都具有一个酮羰基结构，又呈现出黄色或者淡黄色，故称为黄酮。现在所讲的黄酮类化合物已经远远超出这个范围，部分颜色并非黄色，而是呈现出红色、橙色、白色。黄酮类化合物的结构相对比较简单，结构测定、全合成研究开展得比较早，故而黄酮类化合物是中药常见成分中研究比较成熟的一类物质。同时，由于黄酮类化合物分布广泛，生理活性多种多样，因此引起了人们的广泛关注。

3.5.1 黄酮的种类与结构

最初的黄酮类化合物主要是指母核为 2-苯基色原酮（2-phenyl-chromone）的一类化合物，现在则是泛指两个苯环（A 环和 B 环）通过中间三碳原子单元相互连接而成的一系列化合物（图 3-134）。根据中央三碳的氧化程度、是否成环、B 环的连接位置（2 或 3 位）及两分子黄酮类化合物的结合特点，可以将黄酮类化合物分成黄酮（flavone）、黄酮醇（flavonol）、二氢黄酮（flavanone）、二氢黄酮醇（flavanonol）、异黄酮（isoflavone）、二氢异黄酮（isoflavanone）、查耳酮（chalcone）、花色素（anthocyanidin）等，其对应的母体结构见表 3-5。

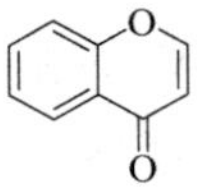

色原酮 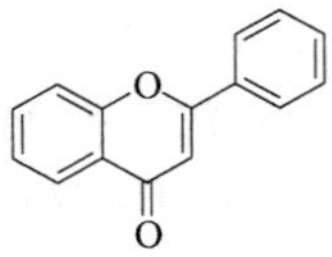　　2-苯基色原酮 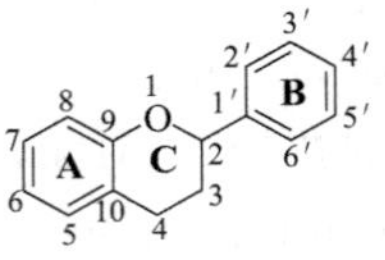　　C_6-C_3-C_6

图 3-134　黄酮母核

表 3-5　黄酮类化合物母核结构基本类型

类型	母体结构	类型	母体结构
黄酮 (flavone)	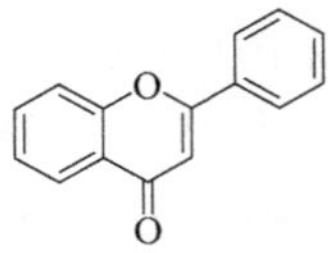	黄烷-3-醇 (flavan-3-ol)	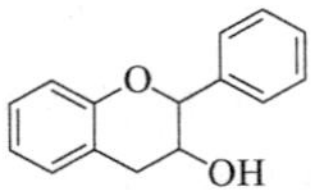 OH
二氢黄酮 (flavanone)	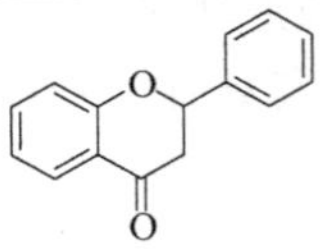	黄烷-3,4-二醇 (flavan-3,4-diol)	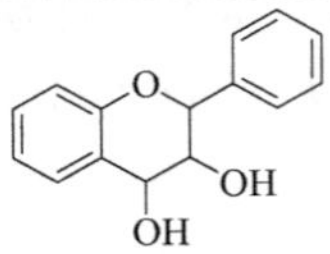 OH OH
黄酮醇 (flavonol)	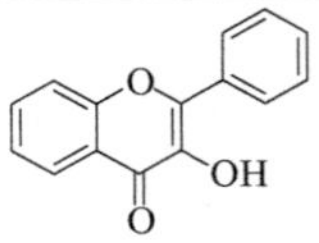 OH	花色素 (anthocyanidin)	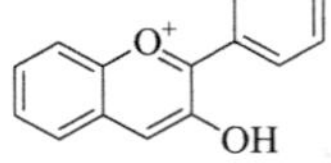 OH
二氢黄酮醇 (flavanonol)	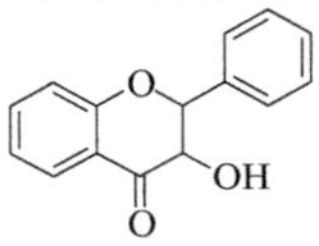 OH	叫酮 (xanthone)	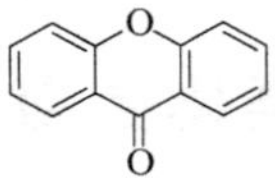
异黄酮 (isoflavone)	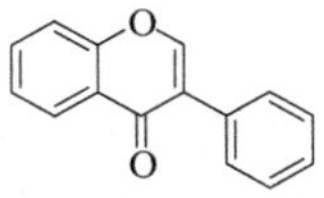	橙酮 (aurone)	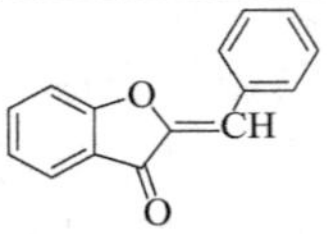 CH
二氢异黄酮 (isoflavanone)	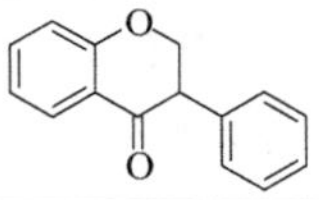	呋喃色原酮 (furannochromone)	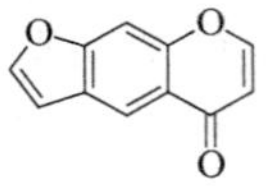
高异黄酮 (homoisoflavone)	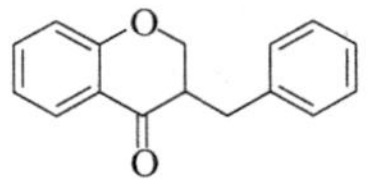	苯色原酮 (phenylchromone)	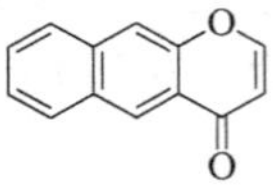
查耳酮 (chalcone)	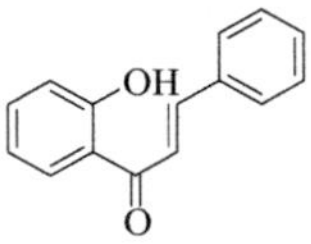 OH	二氢查耳酮 (dihydrochalcone)	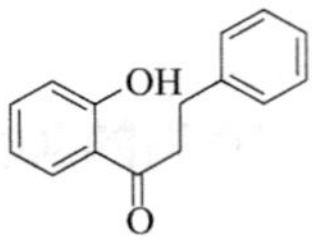 OH

天然黄酮类化合物多为上述化合物的衍生物，其常见的取代基有羟基（—OH）、甲氧基（—OMe）、亚甲二氧基（—OCH_2O—）以及异戊烯基等；少数黄酮类化合物结构较为复杂，如水飞蓟宾（silybin）为黄酮木脂素类化合物，榕碱（ficine）则为生物碱型黄酮（图 3-135）。

天然黄酮类化合物更多的是以黄酮苷的形式存在，而且由于糖的种类、数量、连接位

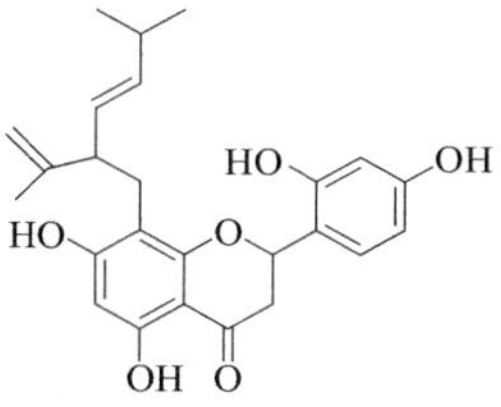

苦参醇 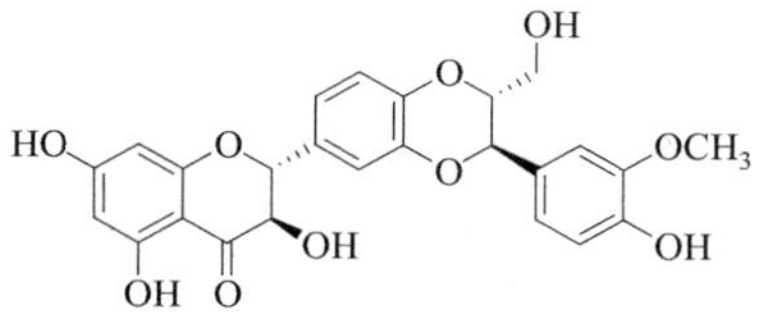　　水飞蓟宾 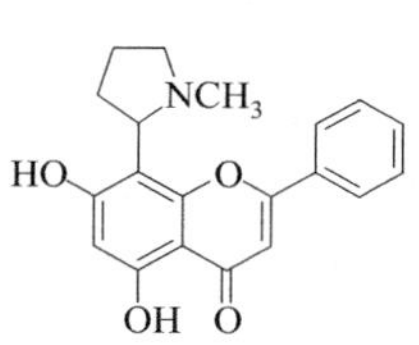　　榕碱

图 3-135　一些特殊黄酮类化合物结构

置与连接方式的不同，可以组成各种黄酮苷类化合物。黄酮苷中糖的连接位置与苷元的结构类型有关，如黄酮醇大多形成 3-、7-、3′-、4′-单糖苷或者 3,7-、3′,4′-以及 7,4′-双糖苷。除了 *O*-糖苷之外，天然黄酮类化合物中还发现有 *C*-糖苷（*C*-glycoside），如葛根素（puerarin）、葛根素-6′-*O*-木糖苷（puerarin xyloside）等，为中药葛根中的扩张冠状动脉有效成分（图 3-136）。

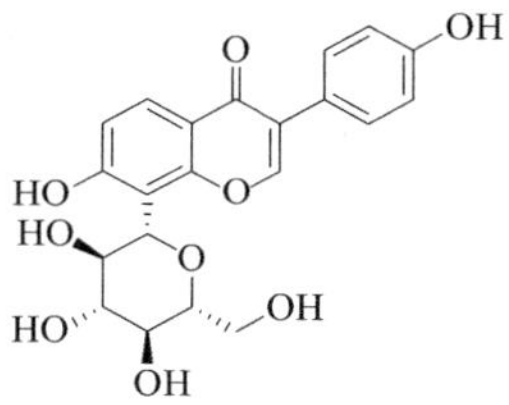

葛根素 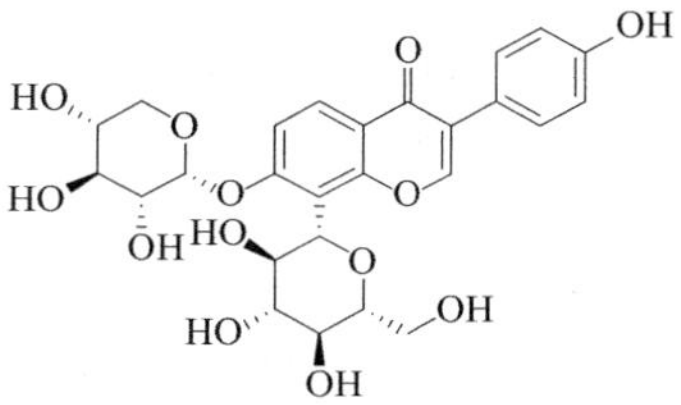　　葛根素-6′-*O*-木糖苷

图 3-136　葛根素-6′-*O*-木糖苷

另外，两分子黄酮可以互相聚合生成双黄酮类化合物。常见的天然双黄酮类化合物由两分子的芹菜素（apigenin）或其甲醚衍生物聚合而成，根据其结合方式可以分为以下三类（图 3-137）：①3′,8″-双芹菜素型，例如从银杏叶中分离得到的银杏素（ginkgetin）属于此类型；②8,8″-双芹菜素型，例如柏木双黄酮（cupressuflavone）；③双苯醚型，例如扁柏双黄酮（hinokiflavone），是由两分子芹菜素通过 C4′-O-C6″醚键连接而成的。

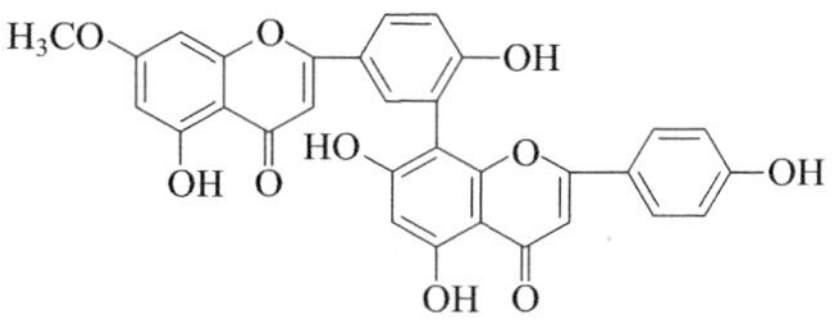

银杏素 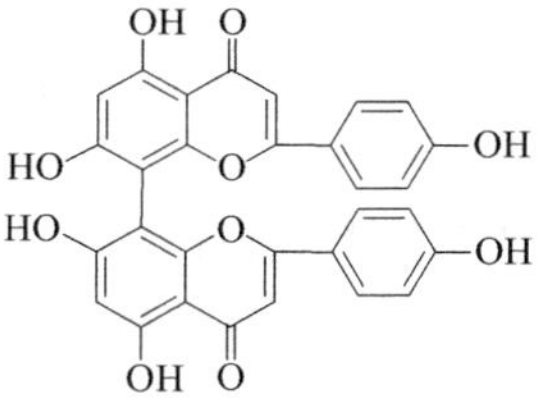　　柏木双黄酮

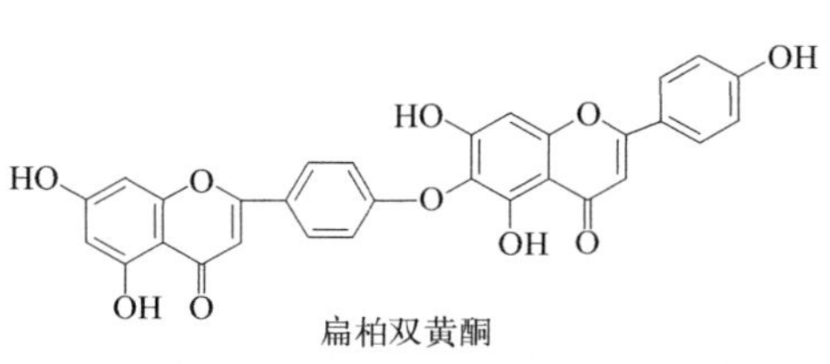

扁柏双黄酮

图 3-137　一些双黄酮的结构式

3.5.2 黄酮的理化性质

3.5.2.1 性状

（1）形态 黄酮类化合物多为结晶性固体，少数（如黄酮苷类）为无定型粉末。

（2）颜色 黄酮类化合物大多呈黄色，所呈现出的颜色主要与分子中是否存在交叉共轭体系有关，助色团（包括羟基、甲氧基等）的种类、数目以及取代的位置也会对黄酮的颜色产生一定的影响。以色原酮为例，其母核结构本身无色，但在2位引入苯环后，形成交叉共轭体系，并通过电子转移、重排，使共轭链延长，因此呈现出颜色（图3-138）。

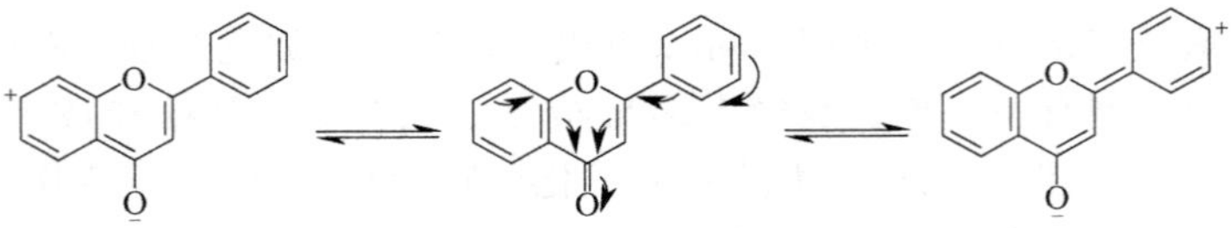

图3-138 黄酮共轭体系

一般情况下，黄酮、黄酮醇及其苷类多显灰黄色至黄色，查耳酮为黄至橙黄色；二氢黄酮、二氢黄酮醇及黄烷醇因2,3位双键被还原，交叉共轭体系中断，因此无色；异黄酮因B环接在3位，缺少完整的交叉共轭体系，因此仅呈现出微黄色。

在黄酮、黄酮醇等分子中，在7位或者4′引入羟基、甲氧基等供电子基团后，产生p-π共轭，促进电子位移、重排，使共轭体系延长，化合物颜色加深。但羟基、甲氧基取代在其他位置时，对黄酮类化合物颜色的影响较小。

花色素的颜色随pH值的改变而改变，一般pH<7时显红色，pH为8.5时显紫色，pH>8.5时显蓝色。如花色素类化合物矢车菊苷（cyanin）（图3-139）。

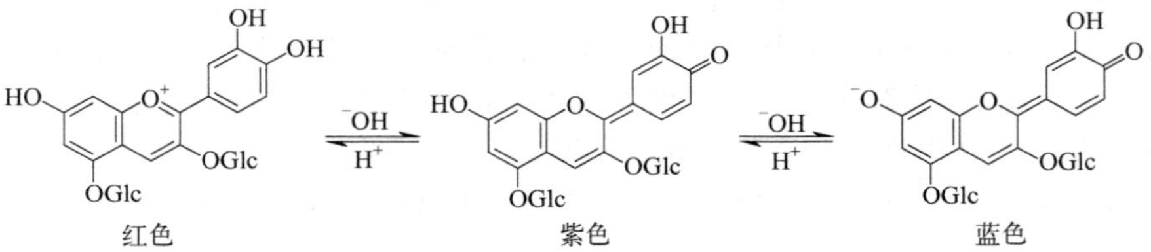

红色　紫色　蓝色

图3-139 花色素类化合物颜色变化规律

3.5.2.2 旋光性

（1）游离黄酮类化合物 二氢黄酮、二氢黄酮醇、黄烷醇、二氢异黄酮等化合物由于分子中2,3位的双键被还原，存在不对称碳原子，因此具有旋光性。其余类型的黄酮类化合物无旋光性。

（2）黄酮苷类 由于黄酮苷结构中含有糖部分，故都具有旋光性，且多为左旋。

3.5.2.3 溶解性

黄酮类化合物因结构类型及存在的形态不同表现出不同的溶解性。

（1）游离黄酮类化合物 一般不溶于水，易溶于甲醇、乙醇、乙酸乙酯、乙醚等有机溶剂及稀碱水溶液中。其中，黄酮、黄酮醇、查耳酮等分子为平面型结构，分子与分子之间排列紧密，导致分子间引力较大，水分子难以进入紧密排列的黄酮分子层，故难溶于水；当C环2，3位双键被还原后，二氢黄酮、二氢黄酮醇等的C环呈半椅式结构，为非平面型分子，排列不紧密，分子间引力降低，有利于水分子进入，因此水溶性稍微增大；异黄酮则因为B环受到吡喃环4位羰基的立体位阻，也具有一定的平面型，因此在水中的溶解性比平面型分子大；花色素虽为平面型结构，但以离子的形式存在，具有盐的性质，故水溶性较大。

（2）黄酮苷类化合物 黄酮类化合物的羟基苷化后，水溶性增加。黄酮苷一般易溶于水、甲醇、乙醇等强极性溶剂，难溶于苯、氯仿、四氯甲烷低极性有机溶剂。糖的数目以及与黄酮苷元结合的位置也会对溶解性造成影响。一般多糖苷比单糖苷水溶性大，3位羟基苷比对应的7位羟基苷水溶性大。

3.5.2.4 酸碱性

（1）酸性 黄酮类化合物因分子中多具有酚羟基，故显酸性，可溶于碱性水溶液以及吡啶、甲酰胺、二甲基甲酰胺等有机溶剂。该类化合物的酸性强弱与酚羟基数目和位置有关。黄酮类，其酚羟基酸性由强到弱的顺序依次为：7,4′-二羟基＞7或4′-羟基＞一般酚羟基＞5-羟基。7,4′-二羟基黄酮可溶于碳酸氢钠水溶液；7或4′位上有羟基的黄酮类化合物能溶于碳酸钠水溶液，不溶于碳酸氢钠水溶液；具有一般酚羟基的黄酮能溶于氢氧化钠水溶液；仅有5-羟基的黄酮，因为羟基与4-羰基形成分子内氢键导致酸性减弱，因此仅溶于碱性较强的氢氧化钠水溶液。上述黄酮类化合物的酸性性质规律可用于黄酮类化合物的分离工作。

（2）碱性 黄酮类化合物分子结构中C环吡喃环1位氧原子具有未共享电子对，因此表现出微弱的碱性，可与强无机酸如浓硫酸、浓盐酸等生成锌盐，该锌盐不稳定，加水后快速分解。黄酮类化合物溶于浓硫酸时，所产生的锌盐表现出特殊的颜色，可用于黄酮的鉴别。例如，黄酮、黄酮醇类显黄色至橙色并有荧光，二氢黄酮类显橙色至紫红色，查耳酮类显橙红色至洋红色，异黄酮、二氢异黄酮类显黄色。

3.5.2.5 与金属试剂的显色反应

黄酮类化合物的显色反应主要利用分子中的酚羟基和γ-吡喃酮环的性质。黄酮类化合物可与镁粉（或锌粉）、盐酸、四氢硼钠（钾）、二氯氧锆、三氯化铝、氢氧化钠等试剂产生特征性的颜色反应，用于黄酮类化合物的鉴别。

3.5.3 黄酮的提取分离

黄酮类化合物的提取分离，从其过程来说，可以分为两个阶段：第一阶段为提取，主要考虑提取溶剂的选择问题，这和植物所含的黄酮类化合物是苷元还是苷类有关，也和原料是植物的哪一部位有关；第二阶段是分离，目的是将黄酮类化合物与其他非黄酮类成分分开，在需要的时候还要将各黄酮类成分互相分离加以纯化。但在实际操作过程中，这两个阶段是互相关联的，通常不能明确划分。

3.5.3.1 提取

由于黄酮类化合物在溶剂中的溶解性差异大，没有一种能适合所有黄酮类成分的提取溶剂，而必须根据目标成分的性质及杂质的类别来选择溶剂。一般原则是非极性溶剂（如乙醚、苯、乙酸乙酯、氯仿等）适用于大多数的苷元及其高度甲基化的衍生物，如多甲氧基黄酮类苷元可用苯来提取。极性溶剂（如乙酸乙酯、丙酮、乙醇、水、甲醇等）及其混合溶剂（如1∶1的甲醇-水）则主要适合用于各种黄酮苷类和极性稍大的苷元（如羟基黄酮、双黄酮类、查耳酮等）。一些多糖黄酮苷类可用热水提取，而且在各种苷类的提取中要先破坏酶的活性。在选择溶剂时，要考虑到原料中伴存的杂质，对于非极性杂质（如油脂、叶绿素、甾体等）可用石油醚预先除去，而水溶性杂质则可用乙酸乙酯或丁醇抽提的方法，或者用铅盐沉淀法等除去。常用的提取方法有以下几种。

(1) 热水提取法 热水提取法常用于各种黄酮苷的提取，提取时常将原料投入沸水以破坏酶的活性，如提取槐米中的芦丁；该方法还可用于黄烷醇、黄烷二醇、原花色素等极性较大的苷元的提取；在提取过程中要考虑加水量、浸泡时间、煎煮时间及次数等。虽然热水提取出的杂质比较多，但该工艺成本低，安全，适用于大规模工业化生产。

(2) 乙醇或甲醇提取法 乙醇或甲醇是最常用的黄酮类化合物提取溶剂，高浓度的醇适合用于提取苷元，60%左右的醇适合用于提取苷类。提取的次数一般是2～4次，可用渗漉法、回流法和冷浸法。冷浸法不需要加热，但提取时间长，效率低；渗漉法因保持一定的浓度差，提取效率较高，浸出液杂质少，但耗时较长，溶剂用量大，操作麻烦；回流法效率较前两者高，但成分易受热分解的药材不宜用该方法。

(3) 系统溶剂提取法 用极性由小到大的溶剂依次提取，如先用石油醚或己烷脱脂，接着用苯提取多甲氧基黄酮或含异戊烯基、甲基的黄酮，再用乙醚、氯仿、乙酸乙酯一次提取出大多数的苷元，然后用丙酮、乙醇、甲醇、甲醇-水（1∶1）提取出多羟基黄酮、双黄酮、查耳酮等成分，最后用稀醇、沸水可以提取出苷类。花色素等成分可用1%的盐酸提取出来。

(4) 碱水或碱性烯醇提取法 由于黄酮类化合物大多具有酚羟基，故可用碱性水溶液（如碳酸钠、氢氧化钠、氢氧化钙水溶液）或碱性的稀醇（如50%的乙醇）提取，提取液经酸化后析出黄酮类化合物。该法提取效果通常不是很好，杂质也比较多，而且要注意碱的浓度不宜过高，以免加热时强碱会破坏黄酮化合物的母核。

3.5.3.2 分离

黄酮类化合物的分离包括黄酮类化合物与非黄酮类化合物的分离，以及黄酮类化合物之间的单体分离。常用的分离方法有溶剂萃取法（如银杏黄酮的制备）、碱提酸沉法、聚酰胺柱层析法、硅胶柱层析法、铅盐法、酸络合法、pH梯度萃取法、凝胶柱层析法等，其在黄酮类化合物的分离纯化中得到了广泛的应用。随着现代科学技术的发展，在中草药提取分离方面已有十分广泛深入的研究，各种新的提取分离技术不断应用到中草药的研究和生产领域，一些新的提取分离技术应用于天然产物的研究和生产也取得了很好的效果，如超声提取法（UE）、超临界流体萃取法（SCFE）、超滤法（UF）、双水相萃取法（ATPE）、大孔吸附树脂柱层析（MARC）、酶法提取（EE）、高速逆流色谱法（HSCCC）、高效液相色谱法（HPLC）、分子蒸馏（molecular distillation，MD）等技术的应用已得到了广泛的关注和研究。

(1) 超声提取法 超声提取技术（ultrasonic extraction，UE）是近年来应用到中草药有效成分提取分离中的一种方法，其原理是利用超声波的空化作用加速植物有效成分的浸出提取。另外，超声波的次级效应（如机械振动、乳化、扩散、击碎、化学效应等）也能加速目标成分的扩散释放并充分与溶剂混合，利于提取。与常规提取方法（如煎煮法、回流法、渗漉法等）相比，超声波提取法具有设备简单，操作方便，提取时间短，产率高，无须加热，有利于保护热不稳定成分等优点。目前超声提取法已用于黄酮类化合物的质量分析和少量提取中，但较少用于大规模生产，有待于进一步研究探讨。超声提取工艺具有省时、节能、提取率高等优点，可作为实验室及大规模生产的模拟工艺。

（2）超滤法　超滤法（UF）是一种膜分离技术的代表，控制超滤膜孔径大小可以有效去除提取中的大分子物质。其原理是利用多孔的半透膜，凭借一定的压力，对液体进行分离，迫使小分子物质通过大分子物质被截留，从而达到分离、提纯、浓缩的目的。该方法具有分离过程无相变化、低能耗、有效、可在常温低压下进行等优点。

（3）大孔吸附树脂柱层析　大孔吸附树脂柱层析（macroporous adsorption resin chromatography，MARC）于20世纪70年代末逐步用于中草药有效成分的提取分离。大孔树脂的常用型号有HP-30、S-861、D-101、DA-201、GDX-105、MD05271、CAD-40、XAD-4、XAD-16等，其特点是吸附容量大，再生简单，效果可靠，尤其适用于黄酮类、皂苷类等成分的分离纯化及其大规模生产。

（4）双水相萃取技术　将两种不同的水溶性聚合物的水溶液混合时，当聚合物浓度达到一定值时，体系会自然地分成互不相溶的两相，这就是双水相体系。双水相体系萃取分离技术的原理是物质在双水相体系中的选择性分配。不同的物质在特定的体系中有着不同的分配系数，当物质进入双水相体系后，在上相和下相间进行选择性分配，从而达到提取分离的目的。常用的双水相体系有高聚物体系（如PEG-Dextran体系）和高聚体-无机盐体系（如PEG-硫酸盐或磷酸盐体系）。

双水相萃取技术（aqueous two phase extraction，ATPE）具有操作时间较短，操作方便、条件温和，易于工程放大和连续操作、处理量可以较大等优点，虽然有关采用双水相萃取技术从中草药中提取分离黄酮类成分的文献报道不是很多，但已有的实例已充分表明了其良好的应用前景。

（5）超临界流体萃取法　超临界流体萃取（supercritical fluid extraction，SFE）是利用超临界流体对中草药有效成分进行提取分离的技术。其原理是利用某种流体在临界点附近一定区域内具有溶解能力强、流动性好、传递性能高的特点来提取分离中草药中的目标成分。常用的超临界流体是CO_2，因CO_2无毒，不易燃易爆，价廉，具有较温和的临界条件（$T_c=31℃$，$P_c=7.48\times10^6Pa$），易于从提取液中分离出来。与传统提取分离方法相比，超临流体萃取法具有产品纯度高、收率高，有效成分破坏少，操作简单、节能等优点，还可以通过控制临界温度和压力的变化达到选择性提取和分离纯化的目的。利用该法提取分离中草药成分已引起相关学者的关注，他们对其进行了广泛深入的研究，探讨了不少中草药的超临界流体萃取工艺，正逐步推广应用到生产中去。虽然采用超临界流体萃取法提取分离黄酮类化合物的报道很少，但已有的研究报道显示了其广阔的应用前景，值得学者深入研究探讨。

（6）酶法提取　20世纪50年代中期，自然科学中多学科的互相交叉及渗透使酶化学得以迅速发展。人们通过对酶的氨基酸排列结构、酶的生物催化活性的本质及酶专一性等的研究，使生物酶的应用逐步发展成为化学工业制药等的重要手段之一。当前，酶工业发展迅速，酶应用也日趋广泛。中药提取物中的杂质大多为淀粉、果胶、蛋白质等，可选用相应的酶予以分解除去。如针对根中含有脂溶性、难溶于水或不溶于水成分，通过加入淀粉部分水解产物及葡萄糖苷酶或转糖苷酶，使脂溶性、难溶于水或不溶于水的目标成分转移到水溶性苷糖中；纤维素酶能够水解葡萄糖苷的β-1,4-糖苷键以破坏植物细胞壁，可用于以纤维素为主的中药材提取，如用细胞分离酶与纤维素酶并用的酶液（0.6%）对茶叶进行提取，加5～7倍水，40℃（pH 5～6），2～5h提取得到色香味齐全，得率高出对照组3倍的茶叶浸膏；其他如花青素、葡萄糖氧化酶也可应用于中药材相关成分的提取，如邢秀云等报道将纤维素酶用于葛根总黄酮的提取。其工艺流程如下：将葛根药材饮片粉碎约1cm，用3倍量水浸泡，用盐酸调pH=4，加0.5%纤维素酶搅拌，置40℃恒温水浴内保温1.5h；酶解液用5倍量95%乙醇回流提取1h，过滤，残渣加5倍量60%乙醇回流提取0.5h，过滤，合并两次滤液，回收乙醇至适当浓度，离心、取上清液，用正丁醇萃取3次，浓缩至干即得葛根总黄酮。以UV法测定总黄酮含量，比较加酶与不加酶提取葛根总黄酮的收率，结果表明用纤维素酶提取葛根总黄酮的收率提高了13%左右，效果很好。

（7）高效液相色谱法 采用纸色谱法、柱色谱法及薄层色谱法等分离黄酮类化合物，其分离效果并不理想；采用气相色谱法需要将样品衍生化（如硅烷化），其使用受限制。而高效液相色谱法（high performance liquid chromatography，HPLC）的分离效果则较理想。

在固定相选择方面，硅胶柱主要适用于分离非极性或弱极性黄酮类化合物，如多甲氧基黄酮、异黄酮及双黄酮等；具有羟基的黄酮苷元及黄酮苷不宜在硅胶柱上直接分离，可乙酰化后再用硅胶柱分离。烷基键合相柱对黄酮苷元及其黄酮苷的分离效果很好，常用的烷基键合相为十八烷基硅烷（C_{18}）、辛基硅烷（C_8）和苯基硅烷（Ph），而且大多数均采用反相C_{18}柱（RP-C_{18}），但有研究表明RP-C_8柱系统对分离含广泛黄酮类成分的混合物比RP-C_{18}柱系统更为理想。氨基键合相柱可以用于分离极性较大的多羟基黄酮苷。填料粒径的大小对分离黄酮类化合物的能力有影响，一般是10μm>5μm>3μm，其中以5μm用得最多，其次是10μm。聚酰胺吸附剂广泛用于柱层析及薄层层析中，但在高效液相色谱中用得不多，Collet等在自制聚酰胺固定相上，以甲醇-水（60∶40）作为流动相，分离了一些双氢黄酮及色原酮化合物。

在流动相的选择方面，一般多采用甲醇-水或乙腈-水系统作为流动相，并加入少量的酸。加酸可以改善分离效果，防止拖尾，加酸的量或pH取决于色谱柱的稳定性，最常用的为乙酸，也可以用磷酸、甲酸及磷酸二氢钾等来调节流动相的pH。其他流动相系统有四氢呋喃-水、乙醇-乙酸-水、叔丁醇-水、四氢呋喃-乙腈-水、丙酮-乙酸-水、三氯甲烷-乙腈、正己烷-乙醇-乙酸及苯-丙酮等。

黄酮类化合物大多具有紫外吸收，黄酮、黄酮醇等及其苷类常用的检测波长为254～280nm和340～360nm，花色素及其苷类为520～540nm，色原酮为250nm。异黄酮则多采用电流测定法及光电二极管分光光度计检测。不同的黄酮类化合物，其保留时间也有差异，如对于黄酮苷元，其在C_8键合相柱上的保留能力随羟基数目的增多而减弱，在具体应用时是要加以考虑的。虽然HPLC的分离效果较理想，但考虑到其分离成本相对较高，HPLC更多的是用于黄酮类化合物的定性检测、定量分析或少量样品的制备等。

（8）其他 其他分离方法还有HSCCC、MD、微波萃取（microwave extraction，ME）、半仿生提取等新型提取分离技术，其在中草药化学成分的提取分离方面都有一定的应用前景。

3.5.4 黄酮的药理活性

黄酮类化合物分布广泛，具有多种生物活性，一直以来都得到国内外学者的重视，报道了很多有关黄酮类化合物的药理研究情况，下面对此做一概述。

3.5.4.1 心血管系统活性

芦丁、橙皮苷、香叶木苷等具有维生素 P 样作用，能降低血管脆性及异常的通透性，可用作防治高血压及动脉硬化的辅助治疗剂。不少治疗冠心病有效的中成药均含黄酮类化合物。研究发现芦丁、槲皮素、葛根素、人工合成的立可定（recordil）等均具有明显的扩冠作用，临床已用于治疗冠心病；槲皮素等黄酮类化合物可抑制由 ADP、胶原或凝血酶引起的血小板聚集及血栓形成；槲皮素、芦丁、金丝桃苷（hyperin）、葛根素、灯盏花素（breviscapine）、银葛根总黄酮、杏叶总黄酮对缺血性脑损伤有保护作用，其机制为抗自由基、抑制 NO 生成、阻断脑缺血后脑细胞 Ca^{2+} 内流、抑制缺血脑组织内中性粒细胞的黏附浸润等；金丝桃苷、水飞蓟宾、木犀草素、沙棘总黄酮对心肌缺血损伤有保护作用，其机制为抗自由基、钙拮抗增加冠脉流量等；银杏叶总黄酮、葛根素、黄豆苷元等能显著降低心脑血管阻力和心肌耗氧量及乳酸的生成，对心肌缺氧损伤有明显保护作用。其他还有沙棘总黄酮、葛根素、苦参总黄酮、甘草黄酮（主要为甘草素和异甘草素）具有抗心律失常作用；木犀草素具有镇咳、祛痰、降压作用；槲皮素能延长肾上腺素对气管的扩张作用，临床用于治疗支气管炎等。

3.5.4.2 抗菌及抗病毒活性

木犀草素、黄芩苷、黄芩素等均有一定程度的抗菌作用；槲皮素、双氢槲皮素、桑色素（morin）、山柰酚（kaempferol）等具有抗病毒作用。从菊花、獐牙菜中分离得到的黄酮单体化合物对 HIV 病毒有较强的抑制作用，大豆苷元、染料木素（genistein）、鸡豆黄素 A 对 HIV 病毒也有一定的抑制作用。

3.5.4.3 抗肿瘤活性

Garlson 等发现黄酮类化合物 flavopiridol 可使人乳腺癌细胞停滞于 G1 期，其机制为抑制周期依赖性激酶（CDK2 和 CDK4）。谢冰芬等研究报道茶多酚可引起人鼻咽癌细胞株 CNE2 细胞 DNA 损伤并诱导细胞调亡。有研究报道槲皮素能通过抑制促进肿瘤细胞生长的蛋白质活性而抑制肿瘤的生长；槲皮素与高温联合应用可以显著抑制白细胞的生长，诱导肿瘤细胞的凋亡，其机制可能与影响蛋白激酶信息传递有关。黄芩苷元通过抑制 DNA 拓扑异构酶的活性控制肝癌细胞的增殖反应，诱导 KIM-1 细胞凋亡。金雀异黄素可抑制动物肿瘤生长，对人体皮肤癌细胞、乳腺癌细胞的生长也有抑制，其机制可能与其抗氧化和抑制血管增生能力有关。大豆异黄酮也有抗肿瘤作用方面的研究报道。黄酮类化合物的抗肿瘤机制多种多样，如槲皮素的抗肿瘤活性与其抗氧化作用、抑制相关酶的活性、降低细胞的耐药性、诱导细胞凋亡及雌激素样作用等有关；水飞蓟宾的抗肿瘤活性与其抗氧化作用、抑制相关酶的活性、诱导细胞周期阻滞等有关。显然，黄酮类化合物有效多样的抗肿瘤活性预示其在肿瘤防治方面具有广阔的应用前景。

3.5.4.4 抗氧化自由基活性

大多数黄酮类化合物均有较强的抗氧化自由基的作用。芦丁、槲皮素、异槲皮苷

200mol/L、250μmol/L 清除超氧阴离子（O_2^-）和羟自由基（·OH）作用强于标准自由基清除剂维生素 E；金丝桃苷可抑制心脑缺血及红细胞自氧化过程中的 MDA 产生，显著提高大鼠血浆、脑组织中 SOD 和 GSH-Px 等抗氧化酶的活性，从而抑制脑缺血过程中氧自由基（OFR）的形成；汪德清等研究报道黄芪总黄酮（TFA）具有清除 O_2^- 和·OH、防止生物膜过氧化的作用，是黄芪抗氧化作用的主要成分；葛根素在 0.2mg/L 时能清除多个体系产生的 O_2^-、·OH 和 H_2O_2；其他一些黄酮类化合物，如甘草黄酮、沙棘总黄酮等均有清除自由基或抗脂质过氧化的作用。黄酮类化合物的一些药理活性也往往同其抗氧化自由基相关。

3.5.4.5 抗炎、镇痛活性

芦丁、羟乙基芦丁、双氢槲皮素等对角叉菜胶、5-HT 及 PGE 诱发的大鼠足爪水肿、甲醛引起的关节炎及棉球肉芽肿等均有明显抑制作用。金荞麦中的双聚原矢车菊苷元有抗炎、解热、祛痰等作用，临床用于肺脓肿及其他感染性疾病。金丝桃苷、芦丁及槲皮素等具有良好的镇痛作用，其机制与 Ca^{2+} 拮抗有关，尤其是金丝桃苷不仅在多种全身镇痛模型上有作用，而且在兔隐神经放电、兔耳 K^+ 皮下渗透等局部致痛模型上有好的局部镇痛作用，其作用机制与吗啡和阿司匹林均不同，为一新型镇痛药；银杏叶总黄酮（TFG）也有良好的镇痛作用，皮下注射 TFG 20.80mg/kg 可显著减少小鼠扭体反应次数和延长小鼠热板舔足潜伏期，侧脑室注射 TFG 也能延长小鼠舔足潜伏期，结果提示 TGF 有明显的镇痛作用，其作用机制可能与中枢神经系统有关。

3.5.4.6 保肝活性

水飞蓟宾的保肝作用已被药理实验证明，张俊平等研究报道其保肝作用与抑制肿瘤坏死因子（TNF）有关；有资料报道水飞蓟宾可显著抑制肝匀浆中 MDA 的产生，临床研究表明水飞蓟宾对中毒性肝损害、急慢性肝炎、肝硬化等有良好的治疗作用。淫羊藿黄酮、黄芪素、黄芪苷能抑制肝组织脂质过氧化，提高小鼠肝脏 SOD 活性，减少肝组织脂褐素形成，提示它们对肝脏有保护作用。田基黄总黄酮有降酶、改善肝功能的作用；黄芩苷对多柔比星引起的肝脂质过氧化有保护作用；甘草黄酮可保护乙醇所致肝细胞超微结构的损伤等。此外，大量研究表明黄酮类化合物还具有降压、降血脂、延缓衰老、提高机体免疫力、泻下、解痉及抗变态等药理活性，说明黄酮类化合物的活性谱非常广，而且该类化合物种类繁多，在植物中广泛分布，毒性又比较低，因此黄酮类化合物是新药开发研究中一种非常重要的资源，具有很广阔的开发应用前景。

3.6
甾体类化合物

甾体类化合物（steroid）是一类分子结构中具有环戊烷骈多氢菲甾体母核（图 3-140）的天然化合物，包括强心苷、甾体皂苷、C_{21} 甾类、植物甾醇、胆汁酸、昆虫变态激素、

醉茄内酯类等，广泛存在于自然界，已发现紫金牛科、石松科、荨麻科、百合科、萝藦科、葫芦科、夹竹桃科、卫矛科、茄科等植物中都存在甾体类成分，多具有抗肿瘤、抗凝血、抗炎镇痛、抗癫痫等活性。

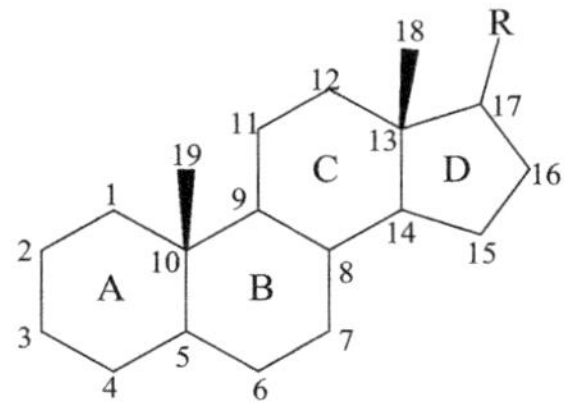

图 3-140　天然甾体母核

3.6.1　甾体类化合物的种类与结构

天然甾体化合物的 B/C 环都是反式，C/D 环多为反式，A/B 环有顺、反两种稠合方式。由此，甾体化合物可分为两种类型：A/B 环顺式稠合的称正系，即 C5 上的氢原子和 C10 上的角甲基都伸向环平面的前方，处于同一边，为 *β*-构型，以实线表示；A/B 环反式稠合的称别系（allo），即 C5 上的氢原子伸向环平面的后方，与 C10 上的角甲基不在同一边，为 *α*-构型，以虚线表示。甾体化合物母核的 C10、C13、C17 位侧链大都是 *β*-构型，C3 上有羟基，且多为 *β*-构型。甾体母核的其他位置上也可以有羟基、羰基、双键等功能团。

根据各类甾体成分 C17 位侧链结构的不同，可将其分为以下类型，如表 3-6 所示。

表 3-6　天然甾体化合物的种类及结构特点

名称	A/B	B/C	C/D	C17 取代基
植物甾醇	顺、反	反	反	8～10 个碳的脂肪烃
胆汁酸	顺	反	反	戊酸
C_{21} 甾醇	反	反	顺	C_2H_5
昆虫变态激素	顺	反	反	8～10 个碳的脂肪烃
强心苷	顺、反	反	顺	五元不饱和内酯环
蟾毒配基	顺、反	反	反	六元不饱和内酯环
甾体皂苷	顺、反	反	反	含氧螺杂环
醉茄内酯	顺、反	反	反	9 个碳侧链并有六元内酯环

3.6.1.1　植物甾醇

植物甾醇是甾体母核 C17 位侧链为 8～10 个碳原子的链状脂肪烃结构的甾体衍生物，是植物细胞的重要组分，几乎所有植物中均含此类成分。在植物体中多以游离状态或以与高级脂肪酸成酯的形式存在，且多和油脂类共存于植物种子或花粉中。此外，也可以与糖形成苷的形式存在。

中药中常见的植物甾醇有 *β*-谷甾醇及其葡萄糖苷（又称胡萝卜苷）、豆甾烯醇、*α*-菠甾醇等。此外，还有存在于低等植物中的维生素 D 的前体化合物麦角甾醇（图 3-141）。

3.6.1.2　胆汁酸

胆汁酸是胆烷酸的衍生物（图 3-142），存在于动物胆汁中。动物药如牛黄、熊胆等均含有胆汁酸，并为其主要有效成分。胆汁酸在动物胆汁中通常以侧链的羧基与甘氨酸或牛磺酸结合成甘氨胆汁酸或牛磺胆酸，并以钠盐的形式存在。

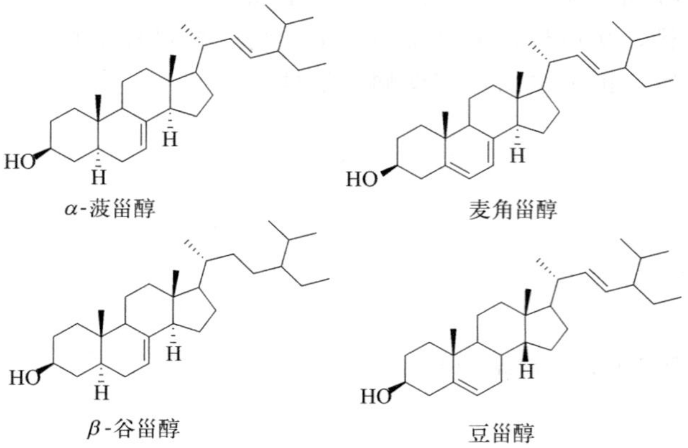

α-菠甾醇　麦角甾醇　β-谷甾醇　豆甾醇

图 3-141　常见植物甾醇结构

含胆汁酸的代表性中药为牛黄。中药牛黄为牛科动物牛的干燥胆结石，味苦、甘，性凉，具有镇痉、清心、豁痰、开窍、凉肝、息风、解毒的功效，对中枢神经系统、循环及呼吸系统、平滑肌等均有药理作用，此外还有保肝利胆作用。临床用于治疗热病神昏、中风痰迷、惊痫抽搐、癫痫发狂、咽喉肿痛、口舌生疮和痈肿疔疮。许多经典中成药如安宫牛黄丸、牛黄解毒丸、牛黄清心丸、珠黄散等均含有牛黄。牛黄含有胆红素、胆汁酸（主要有胆酸、去氧胆酸、石胆酸等）、胆固醇、SMC（肽类物质）及多种氨基酸和无机盐。其中去氧胆酸具有松弛平滑肌的作用，它是牛黄镇痉的有效成分。

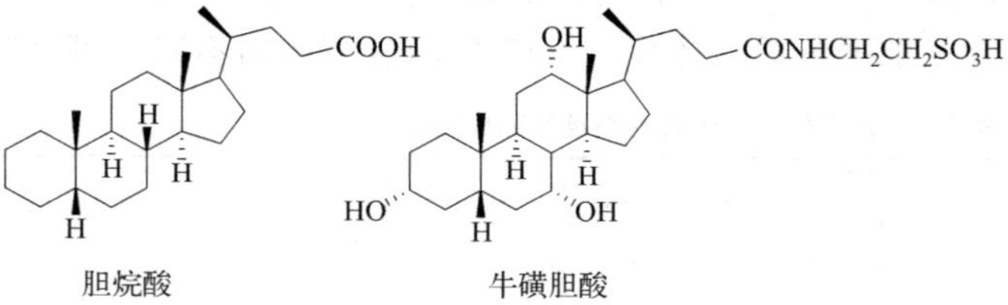

胆烷酸　牛磺胆酸

图 3-142　常见胆汁酸类结构

3.6.1.3　C_{21} 甾体类

C_{21} 甾体是一类含有 21 个碳原子的甾体衍生物，多具有抗炎、抗肿瘤、调节免疫功能和抗生育等生物活性，是应用于临床的一类重要药物，如黄体酮等。

C_{21} 甾体类成分主要存在于玄参科、毛茛科、夹竹桃科、薯蓣科、龙胆科、茄科和萝藦科等植物中，尤其是在萝藦科植物中发现了多种 C_{21} 甾体苷，按其苷元的骨架可分为 4 种类型（Ⅰ～Ⅳ型）（图 3-143），其中以Ⅰ型为基本结构的苷元占绝大多数，是典型的孕甾烷衍生物。

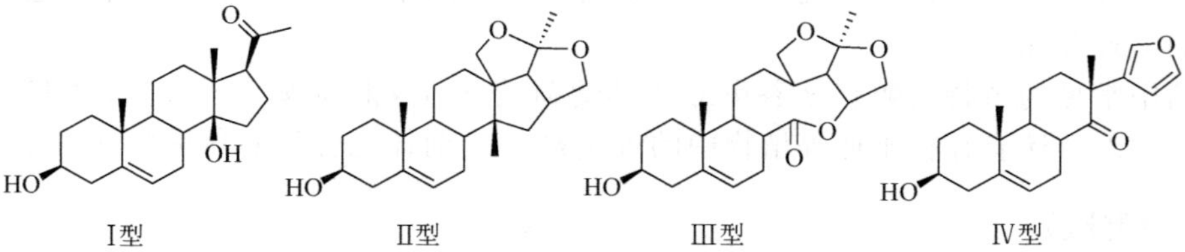

Ⅰ型　Ⅱ型　Ⅲ型　Ⅳ型

图 3-143　C_{21} 甾体母核骨架类型

在植物体中，C_{21} 甾体类成分多数以苷的形式存在，且大多与强心苷共存于同种植物中。洋地黄叶和种子中既含有强心苷也含有 C_{21} 甾苷，一般称为洋地黄醇苷类，它们没有强心作用，如与强心苷共存于紫花洋地黄叶中的地茅普苷、地茅帕尔普苷等（图 3-144）。

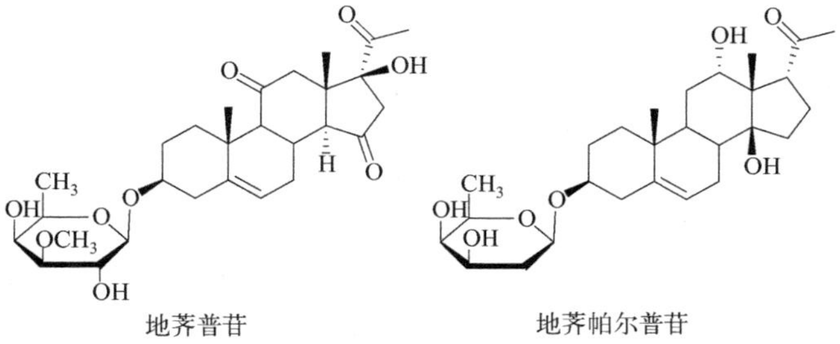

图 3-144 C_{21} 甾苷

C_{21} 甾体类成分都是以孕甾烷或其异构体为基本骨架的羟基衍生物。一般 A/B 环为反式稠合，B/C 环多为反式，少数为顺式，C/D 环为顺式稠合。甾体母核上多有羟基、羰基（多在 C20 位）、酯基及双键（多在 C5、C6 位），C17 位侧链多为 α-构型，少为 β-构型。C_{21} 甾苷中除含有一般的羟基糖外，尚有 2-去氧糖。糖链多与苷元的 C3-OH 相连，少数与 C20-OH 相连，一般为单糖苷和低聚糖苷。C20 位苷键易被酸水解成次生苷。由于分子中含有 α-去氧糖，C_{21} 甾体类化合物除具甾核的显色反应外，还能发生 Keller-Kiliani 等反应。

3.6.1.4 昆虫变态激素

昆虫变态激素（moulting hormones）可认为是甾醇的衍生物或甾醇类的代谢产物，是一类具有促蜕皮活性的物质。该类化合物最初在昆虫体内发现，是昆虫蜕皮时必需的激素，如蚕蛹中含的蜕皮甾酮，有促进细胞生长的作用，能刺激真皮细胞分裂，产生新的表皮从而使昆虫蜕皮。20 世纪 60 年代后从植物界也逐渐分离得到蜕皮类化合物，如从桑树叶中分得的 α-蜕皮素和川牛膝甾酮（图 3-145）等，因此又将这类成分称为植物蜕皮素。这类成分对动物除具有促进蛋白质合成作用外，还能降低血脂及降血糖。

中药牛膝为苋科植物牛膝 *Achyranthes bidentata* Bl. 的干燥根，味甘、苦、酸，性平，具逐瘀通经、补肝肾、强筋骨、利尿通淋、引血下行等功效，临床用于治疗淋病、尿血、经闭、难产、痈肿、跌打损伤、腰膝酸软、四肢拘挛等症。牛膝根中含有蜕皮甾酮、牛膝甾酮（图 3-145）等多种昆虫变态激素及 β-谷甾醇、豆甾烯醇、红苋甾醇、β-香树脂醇、琥珀酸、皂苷、肽多糖和活性寡糖等化学成分。

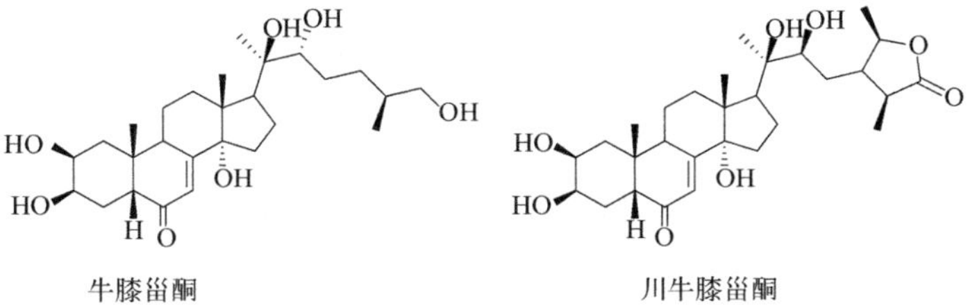

图 3-145 牛膝甾酮与川牛膝甾酮结构

3.6.1.5 强心苷

强心苷（cardiac glycoside）是生物界中存在的一类对心脏有显著生理活性的甾体苷类成分。强心苷类化合物有一定的毒性，可出现恶心、呕吐等胃肠道反应，能影响中枢神经系统产生眩晕、头痛等症。

强心苷主要存在于夹竹桃科、玄参科、毛茛科、萝藦科、十字花科、百合科、卫矛科、桑科等的100余种药用植物中，常见的植物有毛花洋地黄、紫花洋地黄、黄花夹竹桃、毒毛旋花子、铃兰、海葱、羊角拗等。强心苷可以存在于植物体的叶、花、种子、鳞茎、树皮和木质部等不同部位，但以果、叶或根中较普遍。强心苷结构复杂，在同一植物体中往往含有几个或几十个结构类似、理化性质相近的苷，同时还有相应的水解酶存在，易被水解生成次生苷。

（1）强心苷苷元部分结构 甾体母核A、B、C、D四个环的稠合方式为A/B环有顺、反两种形式（多为顺式），B/C环均为反式，C/D环多为顺式。C10、C13、C17位的取代基均为β-构型，C10位为甲基或醛基、羟甲基、羧基等含氧基团，C13位为甲基取代，C17位为不饱和内酯环取代。C3、C14位有羟基取代，C3位羟基多数是β-构型，少数是α-构型，C14位羟基为β-构型，强心苷中的糖均是与C3位羟基缩合形成苷。母核其他位置也可能有羟基取代或含有双键，双键常在C4、C5位或C5、C6位（图3-146）。

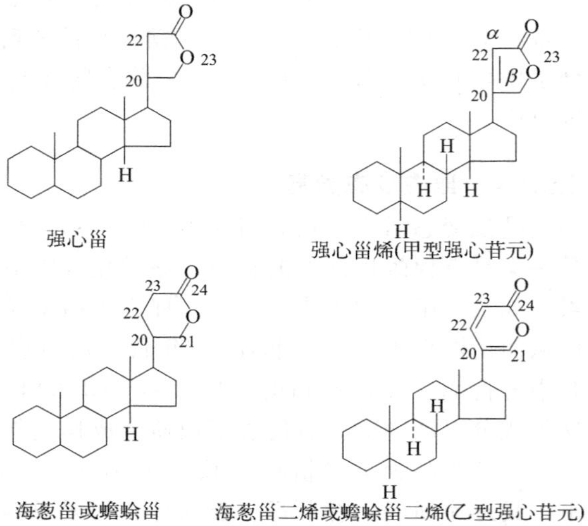

强心甾

强心甾烯(甲型强心苷元)

海葱甾或蟾蜍甾

海葱甾二烯或蟾蜍甾二烯(乙型强心苷元)

图3-146 强心苷苷元部分结构

根据C17位不饱和内酯环的不同，强心苷元可分为两类：C17位侧链为五元不饱和内酯环（$\Delta^{\alpha\beta}$-γ-内酯），称为强心甾烯类，即甲型强心苷元，已知的强心苷元大多数属于此类；C17位侧链为六元不饱和内酯环（$\Delta^{\alpha\beta,\gamma\delta}$-$\delta$-内酯），称为海葱甾二烯类或蟾蜍甾二烯类，即乙型强心苷元。自然界中仅少数苷元属此类，如中药蟾酥中的强心成分蟾毒配基类。

天然存在的一些强心苷元，如洋地黄毒苷元、绿海葱苷元等。

（2）糖部分结构 构成强心苷的糖有20多种，根据它们C2位上有无羟基可以分成α-羟基糖(2-羟基糖)和α-去氧糖(2-去氧糖)两类。α-去氧糖常见于强心苷类，是区别于其他苷类成分的一个重要特征。

（3）苷元和糖的连接方式 强心苷大多是低聚糖苷，少数是单糖苷或双糖苷，通常按糖的种类以及糖与苷元的连接方式分为以下三种类型（图3-147）。

Ⅰ型：苷元-(2,6-二去氧糖)$_m$-(D-葡萄糖)$_n$，如西地兰，又称去乙酰毛花洋地黄苷丙。

Ⅱ型：苷元-(6-去氧糖)$_m$-(D-葡萄糖)$_n$，如黄夹苷甲。

Ⅲ型：苷元-(D-葡萄糖)$_m$，如绿海葱苷。

植物界存在的强心苷以Ⅰ、Ⅱ型较多，Ⅲ型较少。

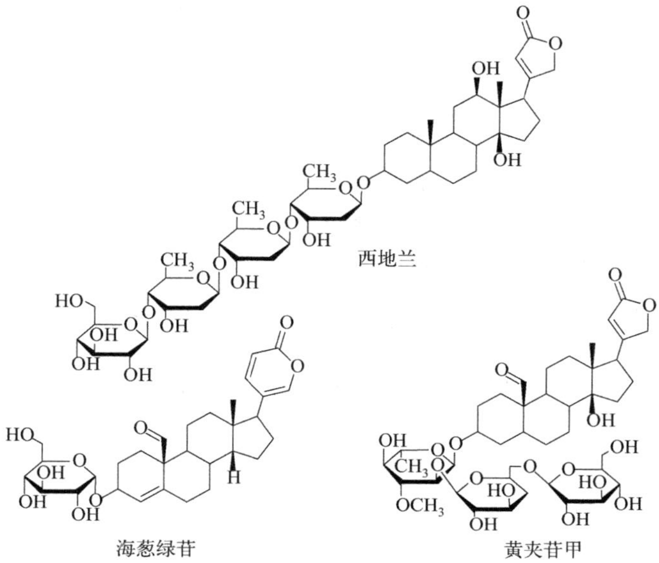

西地兰

海葱绿苷

黄夹苷甲

图 3-147　一些强心苷的结构

3.6.1.6 甾体皂苷

甾体皂苷（steroidal saponin）是一类由螺甾烷类化合物与糖结合而成的甾体苷类，其水溶液经振摇后多能产生大量肥皂水溶液样泡沫，故称为甾体皂苷。

甾体皂苷在植物中分布广泛，但在双子叶植物中较少，主要分布在单子叶植物中，大多存在于百合科、薯蓣科、石蒜科和龙舌兰科，凤梨科、棕榈科、茄科、玄参科、豆科、姜科、延龄草科等植物中也有存在。常见的含有甾体皂苷的中药材有麦冬、薤白、重楼、百合、玉竹、土茯苓、知母、洋金花、白毛藤、山萆薢、穿山龙、黄独、菝葜等。甾体皂苷由甾体皂苷元与糖缩合而成。甾体皂苷元由 27 个碳原子组成，其基本碳架是螺甾烷的衍生物（图 3-148）。

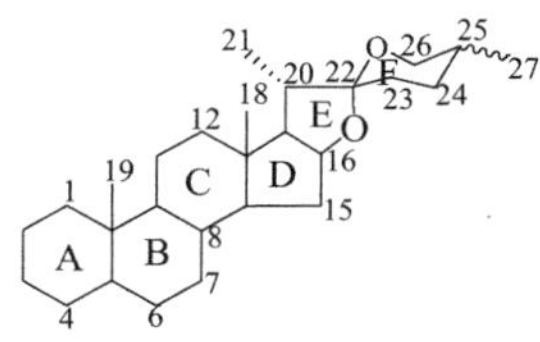

图 3-148　甾体皂苷苷元基本结构

（1）苷元结构　甾体皂苷元结构中含有六个环，除甾体母核 A、B、C 和 D 四个环外，E 环和 F 环以螺缩酮形式相连接（C22 位为螺原子），构成螺甾烷结构。甾体母核 A/B 环有顺、反两种稠合方式，B/C 和 C/D 环均为反式稠合。E 环和 F 环中有 C20、C22 和 C25 三个手性碳原子。其中，20 位上的甲基均处于 E 环的平面后方，属于 α-构型，故 C20 的绝对构型为 S 型。22 位上的含氧侧链处于 F 环的后面，亦属 α-构型，所以 C22 的绝对构型为 R 型。C25 的绝对构型依其上的甲基取向不同可能有两种构型，当 25 位上的甲基位于F环平面上处于直立键时，为β取向，其C25的绝对构型为S型，又称L型或neo型，为螺甾烷；当25位上的甲基位于F环平面下处于平伏键时，为α取向，所以其C_{25}的绝对构型为R型，又称D型或iso型，为异螺甾烷。螺甾烷和异螺甾烷互为异构体，它们的衍生物常共存于植物体中，由于25R型较25S型稳定，因此25S型易转化成为25R型。

皂苷元分子中常多含有羟基，大多在C3位上，且多为β取向。除C9和季碳外，其他位置上也可能有羟基取代，有β取向，也有α取向。一些甾体皂苷分子中还含有羰基和双键，羰基大多在C12位，是合成肾上腺皮质激素所需的结构条件；双键多在Δ^{5}和$\Delta^{9(11)}$位，少数在$\Delta^{25(27)}$位。

组成甾体皂苷的糖以D-葡萄糖、D-半乳糖、D-木糖、L-鼠李糖和L-阿拉伯糖较为常见，此外，也可见到夫糖和加拿大麻糖。在海星皂苷中还可见到6-去氧葡萄糖和6-去氧半乳糖。糖基多与苷元的C3-OH成苷，也有在其他位如C1、C26位置上成苷。寡糖链可能为直链或分支链。皂苷元与糖可能形成单糖链皂苷或双糖链皂苷。甾体皂苷分子结构中不含羧基，呈中性，又称中性皂苷。

（2）甾体皂苷的结构类型 按螺甾烷结构中C25的构型和F环的环合状态可以将甾体皂苷分为四种类型。

由螺甾烷衍生的皂苷即为螺甾烷醇型皂苷，如知母皂苷A-Ⅲ（图3-149）。

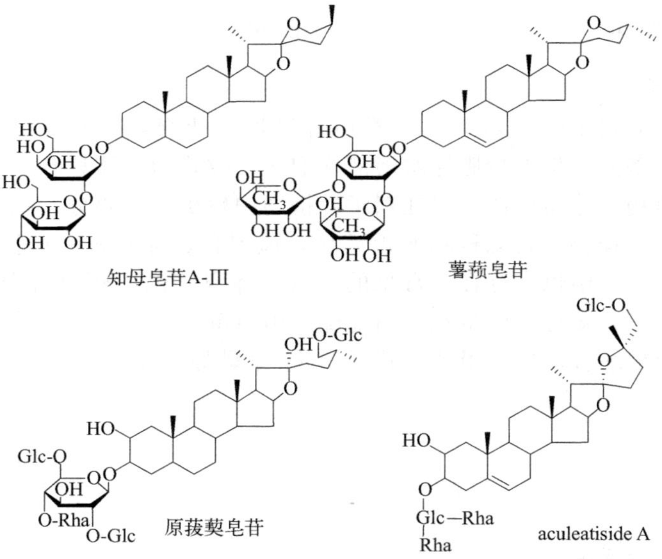

知母皂苷A-Ⅲ　薯蓣皂苷

原菝葜皂苷　aculeatiside A

图3-149　一些甾体皂苷结构式

由异螺甾烷衍生的皂苷为异螺甾烷醇型皂苷。如从薯蓣科薯蓣属植物穿山龙、山药、盾叶薯蓣根茎中分离得的薯蓣皂苷（图3-149），具有祛痰、脱敏、抗炎、降脂、抗肿瘤等作用，其水解产物为薯蓣皂苷元，是合成甾体激素类药物和甾体避孕药的重要原料。

由F环裂环而衍生的皂苷称为呋甾烷醇型皂苷。呋甾烷醇型皂苷中除C3位或其他位可以成苷外，C26-OH多与葡萄糖成苷，但其苷键易被酶解。在C26位上的糖链被水解下来的同时，F环也随之环合，成为具有相应螺甾烷或异螺甾烷侧链的单糖链皂苷。例如百合科植物菝葜中所含菝葜皂苷即属于螺甾烷醇型单糖链皂苷，与菝葜皂苷伴存的原菝葜皂苷是F环开裂的呋甾烷醇型双糖链皂苷，易被β-葡萄糖苷酶酶解失去C26位上的葡萄糖，同时F环重新环合转化为具有螺甾烷侧链的菝葜皂苷（图3-149）。

由F环为呋喃环的螺甾烷衍生的皂苷为变形螺甾烷醇型皂苷。天然产物中这类皂苷较少。其C26-OH为伯醇基，均与葡萄糖成苷。在酸水解除去此葡萄糖的同时，F环迅速重排为六元吡喃环，转为具有相应螺甾烷或异螺甾烷侧链的化合物。如从新鲜茄属植物 *Solanum aculeatissimum* 中分得的aculeatiside A（图3-149），是纽替皂苷元的双糖链皂苷，酸水解时可得到纽替皂苷元和异纽替皂苷元。

3.6.1.7 睡茄内酯

睡茄内酯（withanolide）是一类含有28个碳原子的甾体化合物，其主要结构为侧链C20位上连有δ-内酯的甾体衍生物（具有麦角甾烷骨架的26-羧酸内酯）。1962年从茄科植物睡茄 *Withania somnifera* 的叶中首次分离出一个结晶状化合物，后经鉴定为含有28个碳的甾体化合物，命名为睡茄素A。该类化合物被称为“睡茄内酯”。睡茄内酯类化合物广泛存在于茄科（Solanaceae）植物中，主要分布在睡茄属（*Withania*）、洋酸浆属（*Physalis*）、曼陀罗属（*Datura*），在 *Acnistus*、*Ajuga*、*Discopodium* 等属中亦有发现。

睡茄内酯类化合物由28个碳原子组成，分子中含A、B、C和D四个环及1个α,β-不饱和内酯环侧链（E环）。睡茄内酯类化合物主要是由环A/B、D和侧链的不同而衍生出的一系列化合物。

从中药洋金花（*Datura metel* L.）中分离鉴定了近30种睡茄内酯类化合物，其中有12-deoxywithastramonolide、魏察白曼陀罗素E（withametelin E）、withafastuosin E、魏察白曼陀罗素C（withametelin C）、withafastuosin F、魏察白曼陀罗素G（withametelin G）和withanoside Ⅱ等（图3-150）。

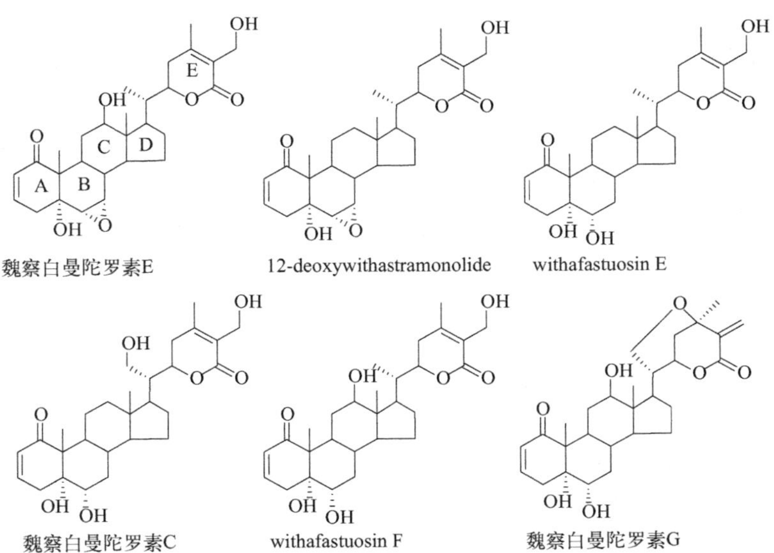

图3-150 一些睡茄内酯类结构式

3.6.2 甾体类化合物的理化性质

3.6.2.1 性状

甾体苷元大多为中性化合物形成的无定形粉末或无色结晶，熔点随着甾体母核上羟基的增多而升高。成苷后分子量较大，不易结晶，大多为无色、白色无定形粉末，少数为结晶，熔点较高。

3.6.2.2 溶解性

甾体苷类化合物一般可溶于水、醇、丙酮等极性溶剂，且溶解性与苷类化合物所连接的糖的数目、种类有关。甾体苷元不溶于水，可溶于苯、乙醚、乙酸乙酯、三氯甲烷、甲醇、乙醇等有机溶剂。

3.6.2.3 化学性质

（1）显色反应 甾体类化合物在无水条件下用酸处理，经脱水、缩合、氧化等过程生成有色物质，从而呈现各种颜色反应。

Liebermann-Burchard 反应：将样品溶于乙酐，加硫酸-乙酐（1∶20），产生红→紫→蓝→绿→污绿等颜色变化，最后褪色。也可将样品溶于三氯甲烷，加试剂产生同样的反应。

Tschugaev 反应：将样品溶于冰醋酸，加几粒氯化锌和乙酰氯共热；或取样品溶于三氯甲烷或二氯甲烷，加冰醋酸、乙酰氯、氯化锌煮沸，反应液呈现紫红→蓝→绿的变化。

Rosen-Heimer 反应：将样品溶液滴在滤纸上，喷 25％三氯乙酸乙醇溶液，加热至 60℃，呈红色至紫色。

Kahlenberg 反应：将样品溶液点于滤纸上，喷 20％五氯化锑或三氯化锑的三氯甲烷溶液，于 60～70℃加热 3～5min，呈现灰蓝、蓝、灰紫等颜色。

（2）脱水反应 甾体苷类化合物由于含有羟基，用混合强酸进行水解时，苷元会发生脱水反应生成双键。

（3）水解反应 强心苷和甾体皂苷的苷键可被酸或酶催化水解。强心苷分子中的内酯环和其他酯键还能被碱水解。水解反应是研究强心苷组成、改造强心苷结构的重要方法，可分为化学方法和生物方法。化学方法主要有酸水解、碱水解；生物方法主要是酶水解。

3.6.3 甾体类化合物的提取分离

3.6.3.1 强心苷的提取与分离

强心苷的分离提纯比较复杂与困难，因为它在植物中的含量一般都比较低（1％以下）；同一植物又常含几个甚至几十个结构相似、性质相近的强心苷，且常与糖类、皂苷、色素、鞣质等共存，这些成分往往能影响或改变强心苷在许多溶剂中的溶解度；多数强心苷是多糖苷，受植物中酶、酸的影响可生成次生苷，与原生苷共存，从而增加了成分的复杂性，也增加了提取分离工作的难度。

由于强心苷易受酸、碱和酶的作用，发生水解、脱水及异构化等反应，因此，在提取分离过程中要特别注意这些因素的影响或应用。在研究或生产中，以提取分离原生苷为目的时，首先要注意抑制酶的活性，防止酶解，原料要新鲜，采收后尽快干燥，最好在50～60℃通风条件下快速烘干或晒干，保存期间要注意防潮，控制含水量，提取时要避免酸碱的影响；当以提取次生苷为目的时，要注意利用上述影响因素，采取诸如发酵以促进酶解，部分酸、碱水解等适当方法，以提高目标提取物的产量。

（1）强心苷的提取方法 强心苷的原生苷和次生苷，在溶解性上有亲水性、弱亲脂性、亲脂性之分，但均能溶于甲醇、乙醇中。一般常用甲醇或70%～80%乙醇作溶剂，提取效率高，且能使酶失去活性。

原料为种子或含脂类杂质较多时，需用石油醚或汽油脱脂后提取；原料为含叶绿素较多的叶或全草时，可用稀碱液皂化法或将醇提液浓缩，保留适量浓度的醇，放置，使叶绿素等脂溶性杂质成胶状沉淀析出，滤过除去。强心苷稀醇提取液经活性炭吸附也可除去叶绿素等脂溶性杂质。用氧化铝柱或聚酰胺柱吸附，可除去糖、水溶性色素、鞣质、皂苷、酸性及酚性物质。但应注意，强心苷亦有可能被吸附而损失。

经初步除杂质后的强心苷浓缩液可用三氯甲烷和不同比例的三氯甲烷-甲醇（乙醇）溶液依次萃取，将强心苷按极性大小划分为亲脂性、弱亲脂性等几个部分，供进一步分离。

（2）强心苷的分离方法 分离混合强心苷常采用溶剂萃取法、逆流分溶法和色谱分离法。对含量较高的组分，可用适当溶剂反复结晶得到单体。但一般需用多种方法配合使用。两相溶剂萃取法和逆流分溶法均是利用强心苷在两相溶剂中分配系数的差异而达到分离目的。

分离亲脂性单糖苷、次生苷和苷元一般选用吸附色谱，常以中性氧化铝、硅胶为吸附剂，用已烷-乙酸乙酯、苯、丙酮、三氯甲烷-甲醇、乙酸乙酯-甲醇等作洗脱剂。对弱亲脂性成分宜选用分配色谱，可用硅胶、硅藻土、纤维素为支持剂，以乙酸乙酯-甲醇-水、三氯甲烷-甲醇-水作洗脱剂。

3.6.3.2 甾体皂苷的提取与分离

甾体皂苷一般不含羧基，呈中性，亲水性相对较弱，提取分离时应加以注意。

（1）甾体皂苷的提取方法 提取皂苷多利用皂苷的溶解性，采用溶剂法提取。主要使用甲醇或稀乙醇作溶剂，提取液回收溶剂后，用水稀释，经正丁醇萃取或用丙酮、乙醚沉淀，或用大孔树脂处理等方法，得总的粗皂苷。

提取皂苷元可根据其难溶或不溶于水，而易溶于有机溶剂的性质，自原料中先提取粗皂苷，将粗皂苷加酸加热水解，然后用苯、三氯甲烷等有机溶剂自水解液中提取皂苷元。实验室中常采用该种方法。工业生产中常将植物原料直接在酸性溶液中加热水解，水解物水洗干燥后，再用有机溶剂提取。

（2）甾体皂苷的分离方法 分离混合甾体皂苷的方法与三萜皂苷相似，常采用溶剂（乙醚、丙酮）沉淀法、胆甾醇沉淀法、吉拉尔试剂法（含羰基的甾体皂苷）、硅胶柱色谱法（多采用 $CHCl_3$-MeOH-H_2O 系统）、大孔吸附树脂柱色谱、凝胶 Sephadex LH-20 柱色谱及液滴逆流色谱（DCCC）等方法进行分离。

3.7

挥发油

3.7.1 挥发油的种类与组成

挥发油（volatile oil）又称精油（essential oil），是存在于植物体内的一类具有芳香气味、常温下能挥发的油状液体的总称。是古代医疗实践中较早被注意到的药物，《本草纲目》记载了世界上最早提炼精制樟油、樟脑的详细方法。

挥发油类成分广泛存在于植物界中。如菊科植物中的菊、蒿、艾、苍术、白术、泽兰，芸香科植物中的芸香、降香、枳实、柠檬、吴茱萸，伞形科植物中的川芎、白芷、前胡、防风、柴胡、当归、独活等。

挥发油在植物体中的存在部位常有不同，有的全株植物都有，有的在茎、叶、花、果实、果皮或一些特殊组织中含量较多。同一植物的药用部位、采集时间不同，其所含的挥发油成分也有差异。挥发油大多数呈油滴存在，有些与树脂、黏液质共存，还有少数以苷的形式存在。挥发油在植物中的含量一般在1%以下，也有少数达10%以上，如丁香。挥发油多具有祛痰、止咳、平喘、祛风、健胃、解热、镇痛、抗菌、消炎作用。例如柠檬精油对葡萄球菌、大肠埃希菌和白喉菌有抑制作用；柴胡挥发油制备的注射液有较好的退热效果；丁香油有局部麻醉、止痛作用；土荆芥油有驱虫作用；薄荷油有清凉、祛风、消炎、局麻作用；细辛根中的挥发油具有镇咳、祛痰的作用；鱼腥草挥发油具有抗菌和消炎作用等。随着“天然绿色”的热潮掀起，精油芳香疗法得到了广泛的应用。

挥发油不仅在医药上具有重要的作用，在香料工业中应用也极为广泛。在香料工业生产上，有芳香“浸膏”“净油”“香膏”“头香”等制品，多用低沸点的溶剂浸提制备。如芳香浸膏是以香花为原料，经浸提、浓缩而得的制品；净油是通过浸膏再经乙醇提取，回收乙醇而成的浓缩物；有些芳香植物原料，以乙醇为溶剂提取、浓缩的产品称为“香膏”，鲜花的浸提一般不直接用乙醇为溶剂，如桂花、茉莉花等浸膏多采用石油醚、正己烷冷浸制备，如用脂肪吸收法制备则称“香脂”；“头香”是用冷冻法或多孔聚合树脂吸附法所得到的鲜花芳香成分，多为鲜花中的低沸点组分，往往能真实地反映鲜花的天然香气。

此外，挥发油不仅在医药行业具有重要的用途，在香料工业、食品工业和化学工业中也是重要的原料。

挥发油所含成分比较复杂，一种挥发油常常由数十种甚至数百种成分组成，构成挥发油的成分类型大体上可分为以下4类，其中以萜类化合物较为多见。

（1）萜类化合物 萜类化合物在挥发油中存在最为广泛。挥发油中的萜类成分，主要是单萜、倍半萜和其含氧衍生物。含氧衍生物常常是挥发油具有生物活性或具有芳香气味的主要组成成分。如薄荷油含薄荷醇80%左右，山苍子油含柠檬醛约80%，樟脑油含樟脑约50%等，后面所论及的单萜及倍半萜类化合物除了它们的苷类化合物、内酯衍生物以及与其他成分混杂结合的化合物外，几乎均在挥发油中存在。

（2）**芳香族化合物** 在挥发油中，芳香族化合物的含量仅次于萜类。挥发油中的芳香族化合物，有的是萜类衍生物，如百里香草酚、孜然芹烯、α-姜黄烯等。有些是苯丙烷类衍生物，结构多具有 C_6-C_3，骨架多为酚类化合物或其酯类。例如桂皮醛存在于桂皮油中，丁香酚为丁香油中的主要成分，茴香醚为八角茴香油及茴香油中的主要成分，α-细辛醚及β-细辛醚为石菖蒲挥发油中的主要成分（图 3-151）。

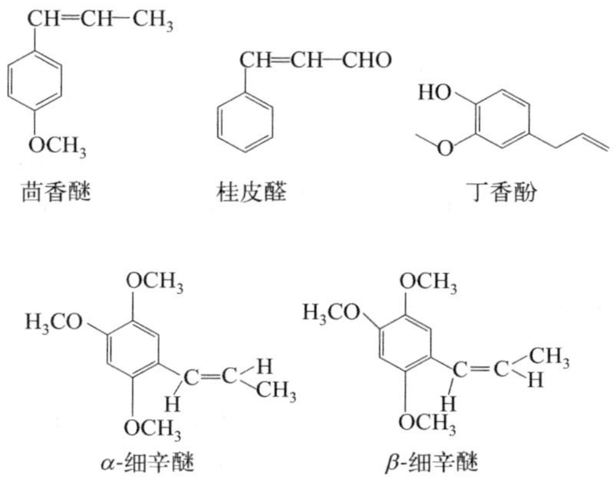

茴香醚　桂皮醛　丁香酚

α-细辛醚　β-细辛醚

图 3-151　芳香族化合物

（3）**脂肪族化合物** 挥发油中的小分子化合物多为脂肪族化合物（图 3-152）。例如黄柏果实的挥发油中的甲基正壬酮，松节油中的正庚烷，桂花头香成分中的正癸烷，鱼腥草的抗菌成分癸酰乙醛。

$CH_3(CH_2)_8CH_3$ 正癸烷　$H_3C—C(=O)—(CH_2)_8CH_3$ 甲基正壬酮　$H_3C—(H_2C)_8—C(=O)—CH_2CHO$ 癸酰乙醛　$CH_3(CH_2)_5CH_3$ 正庚烷

图 3-152　脂肪族化合物

在一些挥发油中常含有小分子脂肪族醇、醛、酸类化合物。如异戊酸、癸酰乙醛存在于桉叶、迷迭香等挥发油中，异戊醛存在于柠檬、橘子、薄荷等挥发油中。

（4）**其他化合物** 除上述三类化合物外，少数挥发油中有含硫和含氮的化合物。如芥子油中芥子苷水解得到的异硫氰酸酯类化合物含有氮和硫元素；大蒜挥发油中含有多种硫醚类化合物，如大蒜辣素、大蒜新素、二硫杂环戊烯等。杏仁油是苦杏仁中苦杏仁苷水解后产生的苯甲醛（图 3-153），原白头翁素（图 3-153）是毛茛苷水解后产生的物质，黑芥子油是芥子酶水解后产生的异硫氰酸烯丙酯。

此外，还有少数生物碱类成分。如川芎挥发油中的川芎嗪（图 3-153）、烟叶中的烟碱（图 3-153）及无叶毒藜中的毒藜碱等。

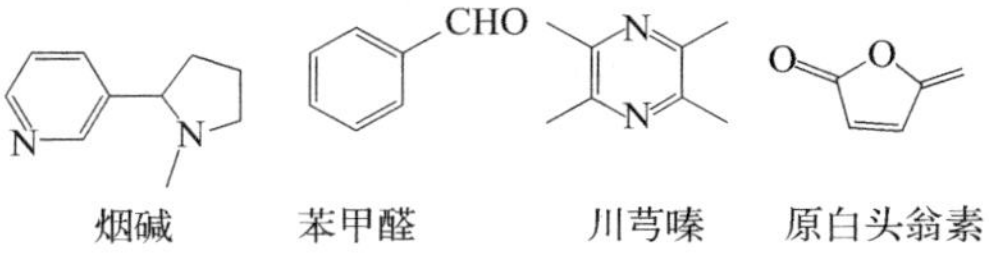

烟碱　苯甲醛　川芎嗪　原白头翁素

图 3-153　其他挥发油化合物

3.7.2 挥发油的理化性质

3.7.2.1 性状

（1）**颜色** 挥发油在常温下大多为无色或淡黄色的透明油状液体，也有少数具有其他颜色。如洋甘菊油显蓝色，艾叶油显蓝绿色，麝香草油显红色。

（2）**气味** 大多数挥发油具有特殊而浓烈的香气或其他特殊气味，有辛辣烧灼感，呈中性或酸性。挥发油的气味一般能鉴别其品质的优劣。

（3）**形态** 挥发油在常温下为透明液体，有的在低温时其含量最高的成分可以结晶析出，这种析出物称为“脑”，如薄荷脑、樟脑等。

（4）**挥发性** 挥发油在常温下可自行挥发而不留任何痕迹，这是挥发油与脂肪油的本质区别。

3.7.2.2 溶解性

挥发油几乎不溶于水，而易溶于各种有机溶剂中，如石油醚、乙醚、二硫化碳、油脂等。在乙醇中溶解度能随着乙醇浓度的递增而增高，而在低浓度乙醇中只能溶解一定数量。挥发油在水中只能溶解极少量，溶解的部分主要是含氧化合物。医药中常利用这一性质制备芳香水剂。

3.7.2.3 物理常数

挥发油由多种成分组成，并且各种化学成分基本稳定，所以其物理常数有一定的基本范围。挥发油的沸点一般在70～300℃，具有随水蒸气蒸馏的特性；挥发油多数比水轻，也有比水重的（丁香油、桂皮油），相对密度在0.850～1.065；挥发油几乎均有旋光性，比旋度在+97°～−117°；且具有强的光折射性，折射率在1.43～1.61。这些物理常数是检查判断挥发油的重要依据。常见挥发油的物理常数见表3-7。

表3-7 常见挥发油的物理常数

名称	相对密度(25℃)	比旋光度(25℃)	折射率(20℃)
橙皮油	0.842～0.846	+90°～+99°	1.472～1.473
薄荷油	0.890～0.910	−28°～−16°	1.458～1.471
丁香油	1.038～1.060	−130°以下	1.530～1.535
桉叶油	0.900～0.923	−5°～+5°	1.458～1.468
藿香油	0.962～0.967	+5°～+6°	1.506～1.516
桂皮油	1.052～1.062	−10°～+10°	1.602～1.614
茴香油	0.951～0.975	+12°～+24°	1.528～1.538

3.7.2.4 不稳定性

挥发油对光、空气和温度较敏感，挥发油与空气及光线长期接触会逐渐氧化变质，使之相对密度增加，颜色加深，失去原有的香味，并逐渐形成树脂样物质，不能再随水蒸气蒸馏而出。其产品应贮于棕色瓶内，装满、密塞并在阴凉处低温保存。

3.7.2.5 化学反应

（1）**酚类** 将少许挥发油溶于乙醇中，加入三氯化铁乙醇溶液，如产生蓝色、蓝紫色或绿色物质，表示挥发油中有酚类物质存在。

（2）**羰基化合物** 用硝酸银的氨溶液检查挥发油，如发生银镜反应，表示有醛类等还原性物质存在；挥发油的乙醇溶液加 2,4-二硝基苯肼、氨基脲、羟胺等试剂，如产生结晶性衍生物沉淀，表明有醛或酮类化合物存在。

（3）不饱和化合物和薁类衍生物 在挥发油的三氯甲烷溶液中滴加 5%溴的三氯甲烷溶液，如红色褪去表示油中含有不饱和化合物，继续滴加 5%溴的三氯甲烷溶液，如产生蓝色、紫色或绿色物质，则表明油中含有薁类化合物。此外，在挥发油的无水甲醇溶液中加入浓硫酸时，如有薁类衍生物应产生蓝色或紫色物质。

（4）内酯类化合物 在挥发油的吡啶溶液中加入亚硝酰氰化钠试剂及氢氧化钠溶液，如出现红色并逐渐消失，表示油中含有 α,β-不饱和内酯类化合物。

3.7.3 挥发油的提取分离

3.7.3.1 挥发油的提取方法

挥发油的提取方法有蒸馏法、溶剂提取法、压榨法、超临界流体萃取法及微波提取法等，其中以水蒸气蒸馏法最为常用。挥发油测定法就是利用共水蒸馏的原理。

（1）蒸馏法 蒸馏法是从中草药中提取挥发油最常用的方法，根据操作方式的不同，分为共水蒸馏、水蒸气蒸馏和隔水蒸馏。共水蒸馏法是将已粉碎的药材放入蒸馏器中，加水浸泡，加热蒸馏，使挥发油与水蒸气一起蒸出。此法操作简单，但因受热时间和温度的影响，有可能使挥发油中的某些成分发生分解，同时因过热还可能使药材焦化，使所得挥发油的芳香品质改变。水蒸气蒸馏法是将水蒸气通入待提取的药材中，使挥发油随水蒸气一起蒸出，避免了高温对挥发油质量的影响。收集蒸馏液，冷却后油水分层，可提取出挥发油。如果挥发油在水中溶解度大，不易分层，可采用盐析法，使挥发油析出，或盐析后用低沸点有机溶剂提取，低温蒸去提取溶剂即得挥发油。

蒸馏法具有操作简单、成本低、产量大、回收率高等优点。但原料可能因为高温而焦化使其成分发生变化，影响其品质。

（2）溶剂提取法 对于不宜用蒸馏法提取的药材可以用有机溶剂如乙醚、二硫化碳、四氯化碳、石油醚（30～60℃）等冷浸法或回流提取法提取，提取液低温减压蒸去溶剂得浸膏。此法所得浸膏含杂质较多。可将所得浸膏再用水蒸气蒸馏，以提纯挥发油。也可利用乙醇对植物蜡等脂溶性杂质的溶解度随温度的下降而降低的特性除去杂质，一般用热乙醇溶解浸膏，放置冷却，滤除杂质，减压蒸去乙醇，可得较纯的挥发油。

利用油脂吸收法来对一些贵重的挥发油进行提取，如玫瑰油、茉莉花油。通常使用无臭味的猪油 3 份和牛油 2 份的混合物均匀地涂在面积 50cm×100cm 的玻璃板两面，然后将此玻璃板嵌入高 5～10cm 的木制框架中，在玻璃板上面铺放金属网，网上放一层新鲜花瓣，这样一个个的木框玻璃板重叠起来，花瓣被包围在两层脂肪的中间，挥发油逐渐被油脂所吸收，待脂肪充分吸收芳香成分后刮下脂肪，即为“香脂”，谓之冷吸收法；或者将花等原料浸泡于油脂中，于 50～60℃条件下低温加热，让芳香成分溶于油脂中，此为温浸吸收法。吸收挥发油后的油脂可直接供香料工业用，也可加入无水乙醇共搅，醇溶液减压蒸去乙醇即得精油。

（3）压榨法 此法适用于含挥发油较多的新鲜原料的提取，如鲜橘、柑、柠檬果皮。可经撕裂、捣碎、冷压后静置分层，或用离心机分出油层，即得粗品。此法所得的挥发油可保持原有的新鲜香味，但可能溶出原料中的不挥发性物质、水分、黏液质、细胞组织等杂质。例如柠檬油常溶出原料中的叶绿素，而使柠檬油呈绿色。因此需将压榨后的药渣再进行水蒸气蒸馏才能使挥发油提取完全。

（4）超临界流体提取法 用这种技术提取挥发油具有防止氧化、热解及提高质量等优点，若挥发油中的成分不稳定、受热易分解，可用超临界二氧化碳流体萃取技术提取挥发油，所得的挥发油气味芳香纯正，明显优于其他方法。现此项技术在月见草、桂花、肉桂等药材挥发油的提取应用中均取得了良好的效果。

（5）微波提取法 微波辅助提取（MAE）是利用微波能来提高萃取率的新发展起来的技术。被提取的极性分子在微波电磁场中快速转向及定向排列，从而产生撕裂和相互摩擦引起发热，可以保证能量的快速传递和充分利用，易于溶出和释放。微波辅助提取的研究表明，微波辐射诱导萃取技术具有选择性高、操作时间短、溶剂耗量少、有效成分收率高的特点，已被成功应用在药材的浸出、中药活性成分的提取方面。它的原理是利用磁控管所产生的每秒24.5亿次超高频率的快速振动，使药材内分子间相互碰撞、挤压，这样有利于有效成分的浸出，提取过程中，药材不凝聚、不糊化，克服了热水提取易凝聚、易糊化的缺点。

3.7.3.2 挥发油的分离方法

从植物中提取的挥发油是混合物，需进一步分离才能得到纯的挥发油，目前常用的分离方法有冷冻法、分馏法、化学分离法和色谱分离法。在实际应用中，往往要几种方法配合使用，才能达到分离的目的。

（1）冷冻法 利用某些挥发油在低温放置可析出结晶的性质，将挥发油置于－20～0℃环境下使含量高的成分析出结晶，即可将结晶与挥发油中的其他成分分离，取出结晶再经重结晶可得纯品。此法优点是操作简单，但有时分离不完全，需多次冷冻结晶。例如薄荷油冷至－10℃，12h后析出第一批粗脑，油继续在－20℃冷冻24h后可析出第二批粗脑，将粗脑合并，加热熔融，再在0℃冷冻，即可得较纯的薄荷脑。本法操作简单，但对于某一些挥发性单体分离不够完全，而且大部分挥发油冷冻后不能析出晶体。

（2）分馏法 由于挥发油的成分大多对高热及氧较敏感，因此分馏时宜在减压下进行。通常在35～70℃/10mmHg被蒸馏出来的为单萜烯类化合物，在70～100℃/10mmHg被蒸馏出来的是单萜的含氧化合物，在更高的温度被蒸馏出来的是倍半萜烯及其含氧化合物，有的倍半萜含氧化合物的沸点很高，所得各馏分中的成分呈交叉情况。蒸馏时，在相同压力下，收集同一温度蒸馏出来的部分为一馏分。将各馏分分别进行薄层色谱或气相色谱分析，必要时结合物理常数如密度、折射率、比旋光度等的测定，以了解其是否已初步纯化。还需要经过适当的处理分离，才能获得纯品。如薄荷油在200～220℃的馏分主要是薄荷脑，在0℃下低温放置，即可得到薄荷脑的结晶，再进一步重结晶可得纯品。

一般在单萜中，沸点随着双键的增多而升高，即三烯＞二烯＞单烯；在含氧单萜中，沸点随其官能团的极性增大而升高，即醚＜酮＜醛＜醇＜酸；酯比相应的醇沸点高。

（3）化学分离法 根据挥发油中各组成成分的结构或功能基的不同，可用化学方法进行处理，使各成分分离。

① 碱性成分的分离。可将挥发油溶于乙醚中，用1%～2%的盐酸或硫酸萃取，分出酸水层，碱化后用乙醚萃取，蒸去乙醚即得碱性成分。

② 酸性成分的分离。将挥发油溶于乙醚中，先以5%碳酸氢钠溶液进行萃取，分出碱

水层，加稀酸酸化后，用乙醚萃取，蒸去乙醚即得酸性成分。乙醚层继续用2%氢氧化钠溶液萃取，分出碱水层，加稀酸酸化后，用乙醚萃取，蒸去乙醚即得弱酸性成分。工业上从丁香罗勒油中提取丁香酚即用此法。

③ 醇类化合物的分离。将挥发油与丙二酸单酰氯或邻苯二甲酸酐或丁二酸酐反应生成酯，再将生成物溶于碳酸钠溶液，用乙醚洗去未反应的挥发油，经碱溶液皂化，再以乙醚萃取出所生成的酯，蒸去乙醚，残留物经皂化而得到原有的醇类成分。如图3-154所示。

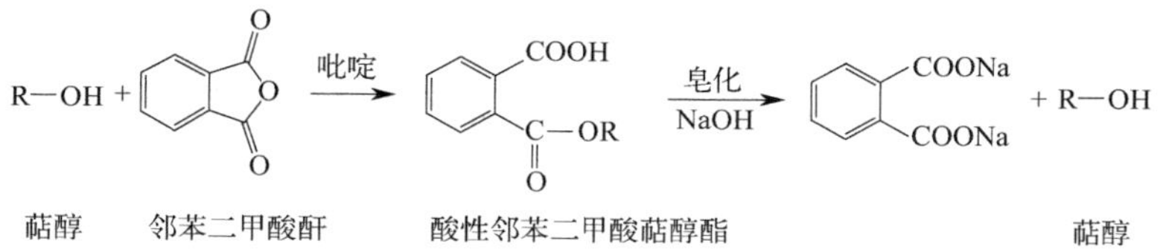

图3-154 精油化学分离

④ 醛、酮化合物的分离

a. 将除去酚、酸类成分的挥发油母液，经水洗至中性，以无水硫酸钠干燥后，加亚硫酸氢钠饱和液振摇，分出水层或加成物结晶，加酸或碱液处理，使加成物水解以乙醚萃取，可得醛或酮类化合物（图3-155），如从柠檬精油中分离柠檬酸。

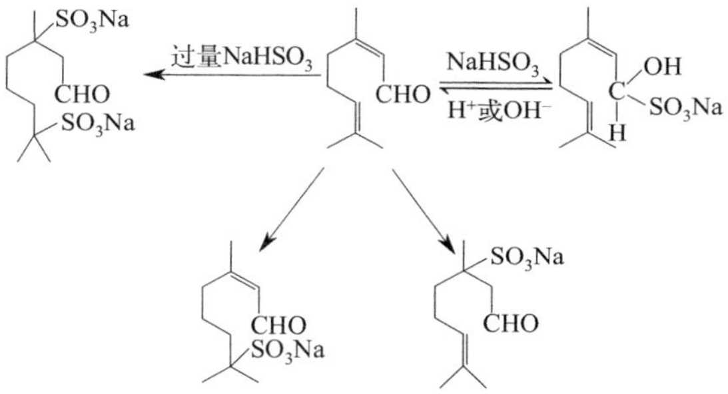

图3-155 不可逆加成产物

b. 也可将挥发油与吉拉德试剂T（Girard T）或P（图3-156）回流1h，使生成水溶性的缩合物，用乙醚除去不含羰基的组分，再以酸处理，又可获得羰基化合物。

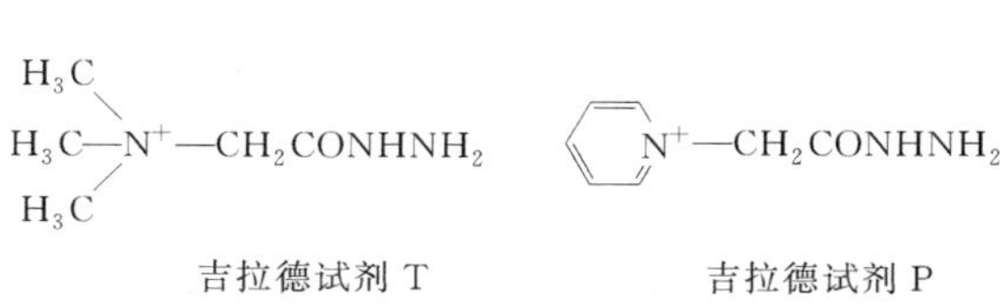

图3-156 吉拉德试剂

c. 有些酮类化合物和硫化氢生成结晶状的衍生物，此物质经碱处理又可得到酮类化合物。

⑤ 其他成分的分离。挥发油中的酯类成分多使用精馏或色谱分离；醚萜成分在挥发油中不多见，可利用醚类与浓酸形成锌盐易于结晶的性质从挥发油中分离出来。如桉叶油中的桉油精属于醚成分，它与浓磷酸可形成白色的磷酸盐结晶。或利用Br_2、HCl、HBr、NOCl等试剂与双键加成，加成产物常为结晶状态，可借以分离和纯化。用化学法系统分离挥发油中的各种成分可用流程图表示（图3-157）。

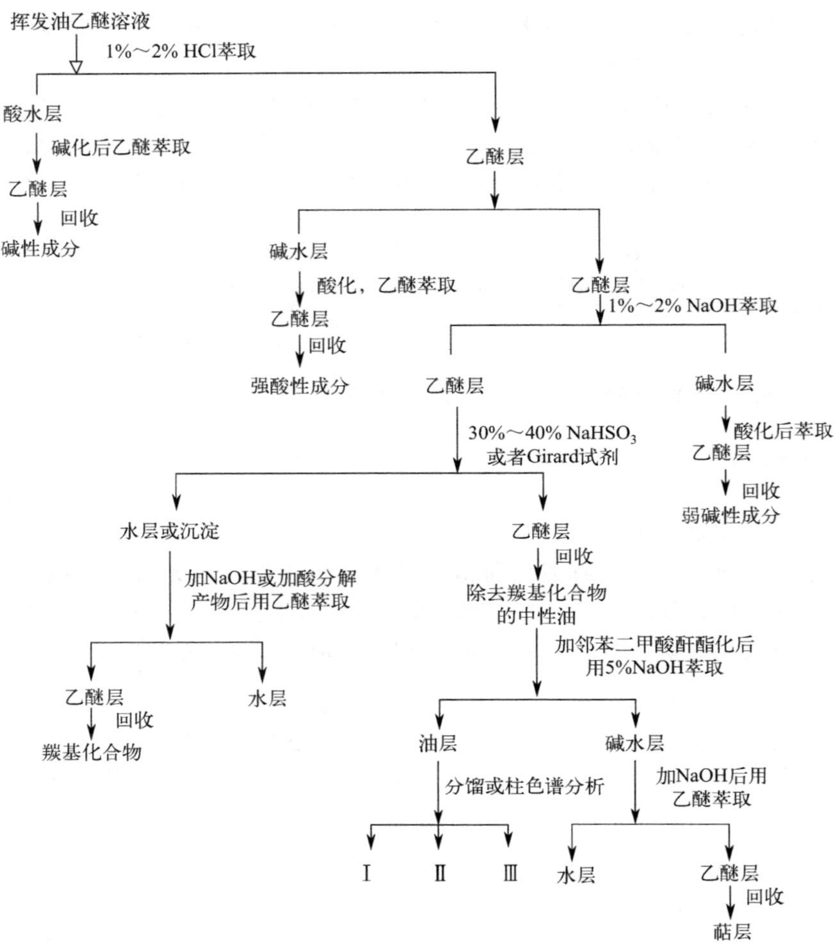

图 3-157　挥发油化学分离

（4）色谱分离法

① 吸附柱色谱法。色谱法中以硅胶和氧化铝吸附柱色谱应用最广泛。由于挥发油的成分复杂，分离多采用分馏法与吸附柱色谱法相结合的方法。一般将分馏的馏分溶于石油醚或己烷等极性小的溶剂中，上硅胶或氧化铝吸附柱，洗脱剂多用石油醚或己烷，混以不同比例的乙酸乙酯。洗脱液分别以 TLC 进行检查，这样使每一馏分中的各成分又得到分离。如香叶醇和柠檬烯常常共存于许多植物的挥发油中，如将其混合物溶于石油醚，在氧化铝吸附柱上，用石油醚洗脱，极性较小的柠檬烯首先被洗脱，然后改用石油醚中加入适量甲醇的混合溶剂冲洗，则极性较大的香叶醇被洗脱下来，使两者得到分离。

② 硝酸银络合色谱法。除采用一般的色谱法之外，还可采用硝酸银-硅胶或硝酸银-氧化铝柱色谱及其 TLC 进行分离。这是根据挥发油成分中双键的多少和位置不同，与硝酸银形成络合物的难易程度和稳定性的差别得到色谱分离。一般规律是双键数目越多，吸附越牢，越难洗脱；末端双键较难洗脱；顺式较反式难洗脱。一般硝酸银的浓度为 2%～2.5%较为适宜。例如 α-细辛醚、β-细辛醚和欧细辛醚的混合物，用 20% $AgNO_3$ 处理的

硅胶柱进行分离，苯-乙醚（5∶1）洗脱，TLC检查。洗脱顺序为反式的α-细辛醚，然后是顺式的β-细辛醚，最后是具有末端双键的欧细辛醚。

③ 其他色谱法。气相色谱是研究挥发油组成成分的重要手段，有些研究应用制备型气-液色谱成功地将挥发油成分分开，再应用四大波谱加以鉴定。制备型薄层色谱结合波谱鉴定也是常用的方法。

3.7.4 挥发油的药理活性

（1）具有抗菌消炎的作用 抗生素的滥用已使得许多细菌产生了耐药性，并且抗生素对人体也会产生很多副作用，对身体造成二次伤害，安全有效的用药成为近年来研究发展的主要趋势。精油在抗菌消炎方面本身就有一定的优势，且经过近几年的研究，发现了一些在抗菌消炎方面有杰出表现的精油。如采用纸片法针对枫香精油的抑菌活性做了研究，发现枫香精油对大肠埃希菌、金黄色葡萄球菌、沙门菌、芽孢杆菌等十几种细菌、真菌均有较强的抑制作用。迷迭香精油对枯草芽孢杆菌、金黄色葡萄球菌和大肠埃希菌均具有良好的抑制作用。柠檬精油能显著降低口腔内菌斑的附着，现有口腔医师经常将柠檬精油稀释在水中给患者漱口，医治口腔溃疡。在抗菌、消炎方面桉叶精油、丁香精油等也有较好的表现。

（2）具有降血脂、抗血栓等保护心脑血管的作用 精油中某些成分可以通过清除氧自由基、舒张血管、降低血压、抗心律失常、抗血小板聚集、改善脂质代谢等方式改善和治疗心血管疾病。薰衣草精油具有抗氧化、调脂、降血压和保护心肌细胞的作用。石菖蒲精油、千金子精油、艳山姜精油对高脂血症和动脉粥样硬化有抗血栓和保护血管内皮作用，防止血管硬化。香芹酚能保护心肌细胞，可明显缩小心肌梗死面积。紫苏子中富含α-亚麻酸可以降低花生四烯酸水平从而发挥抗血栓的功效，具有降血脂、降血压的作用。丁香精油中的丁香酚具有很强的抗氧化作用，有清除体内的氧自由基、保护血管内皮的作用。除此之外丁香精油中一些具有挥发性质的酮类、醇类、醛类以及酚类物质也具有保护心血管的作用。

（3）镇静安神、抗焦虑作用 在医学上运用精油去治疗和舒缓情绪的疗法称为芳香疗法，主要是利用某些精油具有镇静催眠成分，可显著减少动物自主活动，抗焦虑，缩短睡眠潜伏期，延长睡眠时间。研究表明苦水玫瑰精油和大马士革玫瑰精油均具有显著的镇静催眠效果。依兰、蜡菊、佩兰、马郁兰、薰衣草精油通常用来辅助降低血压，改善睡眠质量，镇静安神，催眠，抗焦虑。

（4）抗肿瘤作用 近年来，植物精油通过抑制肿瘤细胞增殖、抑制细胞侵袭和迁移、诱导凋亡被科学家认为是潜在的抗癌剂，通过研究植物精油以设计出最佳的天然替代物来对抗各种肿瘤靶细胞。现已有很多文献报道了植物精油对肿瘤细胞的抑制作用。巴豆精油可使B淋巴细胞瘤基因-2相关X蛋白与Bcl-2蛋白比例显著升高，诱导A549细胞的凋亡。紫苏挥发油中香茅醇可抑制乳腺癌细胞的增殖，阻滞G1期，更高浓度则可阻滞G2/M期。丁香油酚可增加乳腺癌细胞对化疗的敏感性。研究表明很多植物精油对乳腺癌、肺癌、结肠癌、胃癌都有抑制作用，如白术精油、巴豆精油、留兰香精油等。

（5）抗氧化、清除自由基作用 抗氧化、清除自由基是植物精油普遍存在的一种作用，植物精油具有抗氧化活性是各种抗氧化成分的综合结果，百里香、迷迭香、牛至和鼠尾草精油，其抗氧化活性已被广泛研究及应用，其主要成分香芹酚和百里酚是发挥抗氧化活性的主要成分，植物精油均含有抗自由基活性成分，其清除自由基的效果不仅与精油种类有关，还与植物精油中抗自由基活性成分含量有关。

（6）愉悦心情、美容养颜作用 在面部护理时可以搭配精油进行按摩，适当刺激脸部穴位，可起到舒筋活络、畅通气血、愉悦心情的作用，无论是面部还是身体的护理，中医穴位搭配芳香精油都可达到放松心情的效果，中医芳香美容在很多芳香疗法会所中被广泛使用并得到大众认可。日常生活中，我们经常使用含有天然维生素 E、维生素 C 的护肤精油，这些成分对皮肤有平衡油脂分泌、抗氧化、抑制黑色素、清除自由基、消除皱纹的功效。植物精油的舒筋活络、畅通气血、皮肤保湿等药理活性加上精油本身的怡人芳香，使其在化妆品行业中广泛使用。

（7）杀虫驱虫的作用 现如今在粮食储存方面因关注食品安全问题，已经很少使用化学驱虫剂，多采用精油驱虫法。且近几年有关精油驱虫性的研究也增多，精油已经可以满足大部分粮仓驱虫、储存的需求。

（8）其他生理活性及日常应用 植物精油药理活性很多，如薰衣草精油除了有镇静催眠、抗焦虑等作用外，还有改善学习记忆能力、抗癫痫、止痛作用。山苍子精油除了抗氧化等作用外还有治疗类风湿关节炎和抗哮喘作用。并且植物精油也可用于食物、果蔬的防腐保鲜。精油的保鲜功能不仅仅体现在果蔬保鲜上，近几年的研究发现，精油在肉品常温和冷鲜储藏上也有较好效果，如牛至精油、肉桂精油等。蔬果保鲜方面较常用的精油有桉叶精油、肉桂精油、百里香精油等。以上精油都具备抑菌活性、存储稳定性与缓释控制的稳定性的特点，适用于食物保鲜技术。

主要参考文献

[1] 姚昕，涂勇．植物精油对 2 种石榴采后病原真菌的抑菌效果[J]. 四川农业科技，2021（12）：53-55.

[2] 国家药典委员会．中华人民共和国药典 2020 年版[M]. 北京：中国医药科技出版社，2020.

[3] 覃晓，李炎，饶伟文，等．枫香脂挥发油抑菌性试验[J]. 中国药业，2019，29（1）：7-10.

[4] 叶于薇，董秒珠，肖萍，等．大蒜精油抗突变、抗癌活性研究[J]. 上海预防医学杂志，2000，12（2）：26-27.

[5] 黄小千．白术精油对 Lewis 肺癌及人肺癌 A549 细胞株的抑瘤作用及 Caspase-3、XIAP 机制研究[D]. 济南：山东中医药大学，2013.

[6] 薛山，袁园．柠檬精油提取工艺优化及抗氧化性测定[J]. 中国食品添加剂，2017，（5）：183-185.

[7] 罗世惠，黄婷，史宗畔，等．4 种樟属植物精油抗氧化活性的比较研究[J]. 重庆师范大学学报：自然科学版，2018，35（1）：111-116.

[8] Valdivieso-Ugarte M，Gomez-Llorente C，Plaza-Díaz J，et al. Antimicrobial，antioxidant，and immunomodulatory properties of essential oils：a systematic review[J]. Nutrients，2019，11（11）：2786.

[9] Xiong J，Ma Y，Xu Y. The constituents of Siegesbeckia orientalis[J]. Nat Prod Sci，1997，3（1）：14-18.

[10] Kamaya R，Ageta H. Fern constituents cheilanthenetriol and cheilanthenediol，sesterterpenoids isolated from the leaves of aleuritopteris khunii[J]. Chem Pharm Bull，1990，38（2）：342.

[11] Hanson J R，de Oliveira B H. Stevioside and related sweet diterpenoid glycosides[J]. Nat Prod Rep，1993，10（3）：301.

[12] 龙娅，胡文忠，李元政，等．植物精油的抗氧化活性及其在果蔬保鲜上的应用研究进展[J]. 食品工业科技，2019，40（23）：343-348.

[13] 马丽，王小玉，郭爱花，等．柠檬精油对口臭相关细菌的影响及其机制初探[J]. 军事医学，2019，43（10）：772-777，786.

[14] 张凤倩．青花椒、花椒精油及油树脂对秀丽隐杆线虫的杀虫效果的研究[D]. 南京：南京农业大学，2015.

[15] 付强，杜晓曦，张萍，等．超临界 CO_2 萃取法与水蒸气蒸馏法提取肉桂挥发油的比较研究[J]. 中国中药杂志，2007，32（1）：69-71.

第 4 章
中兽药药效物质生产制备

4.1

提取方法与设备

用一定溶剂浸出药材中能溶解的有效成分的过程，称为中药成分提取过程。可分为浸润渗透、溶解、扩散、转移4个步骤。影响中药提取速率的因素主要有：

（1）药材粉碎程度 药材粉碎得越细，固-液相接触面积越大，一般来说，提取速率会越高。但药材若是过细，细胞被破坏后，细胞内一些不溶物和树脂等也进入溶剂，使得其黏度增大，反而降低提取速率。故对疏松药材如叶、花等应粉碎得粗一些，对根、茎类的则宜粉碎得细一些。

（2）提取溶剂 溶剂及溶剂浓度对提取速率有很大影响。

（3）提取温度 一般来说，温度高，提取速率高。但若是温度过高，一些有效成分会被破坏，而一些无效成分也可能在较高的温度下被提取出来，从而影响提取液质量。

（4）提取时间 一般来说，提取有效成分的质量与提取时间成正比。但当扩散达到平衡时，浸出量不会随时间增加而增加，反倒是大量杂质被浸出。

（5）提取溶剂pH值 溶剂的pH值与提取速率有很大关系。

（6）流体的湍动程度 适当地搅拌可提高液体的湍动程度，提高提取速率。

目前常用的中药提取方法及其使用设备有以下几种。

4.1.1 浸渍法

4.1.1.1 定义及原理

浸渍法是将药材用适当的溶剂在常温或温热的条件下浸泡一定时间，浸出有效成分的一种方法。一般适用于有效成分遇热易破坏及含淀粉、果胶、黏液质、树胶等多糖类物质较多的药材。此法操作方便，简单易行，但提取时间长，效率低，水浸提取液易霉变，必要时需加适量防腐剂（如甲苯等）。

4.1.1.2 操作技术

根据温度条件的不同，浸渍法可分为冷浸法与热浸法两种。用于热浸的浸渍器应有回流装置，以防止低沸点的溶剂挥发。

（1）冷浸法 取药材粗粉置适宜容器中，加入一定量的溶剂（如水、酸水、碱水或稀醇等），密闭，时时搅拌或振摇，在室温条件下浸渍1～2天或规定时间，使有效成分浸出，滤过，用力压榨残渣，合并滤液，静置滤过即得。

（2）热浸法 具体操作与冷浸法基本相同，但热浸法的浸渍温度一般在40～60℃，浸渍时间较短，能浸出较多有效成分。还可使用微波和超声促使溶质尽快溶出。若要使药材中有效成分充分浸出可重复提取2～3次，第2次、第3次浸渍时间可缩短，合并浸出液，滤过，浓缩，即得提取物。

4.1.1.3 主要工艺参数

影响浸渍法有效成分提取速率的主要因素有：提取溶剂（包括溶剂浓度）、溶剂倍量、提取次数、提取温度及提取时间。

4.1.1.4 主要设备

浸渍法工业生产中常用动态浸渍提取罐（图 4-1），该设备罐体配备 CIP 自动旋转喷洗球头、测温孔、防爆视孔灯、视镜、快开式投料口等，占建筑空间小，操作简便，符合 GMP 标准，且出渣门上一般都设有底部加热装置，使药材提取更加完全。压榨药渣用螺旋压榨机、水压机等。实验室常用浸渍装置见图 4-2。

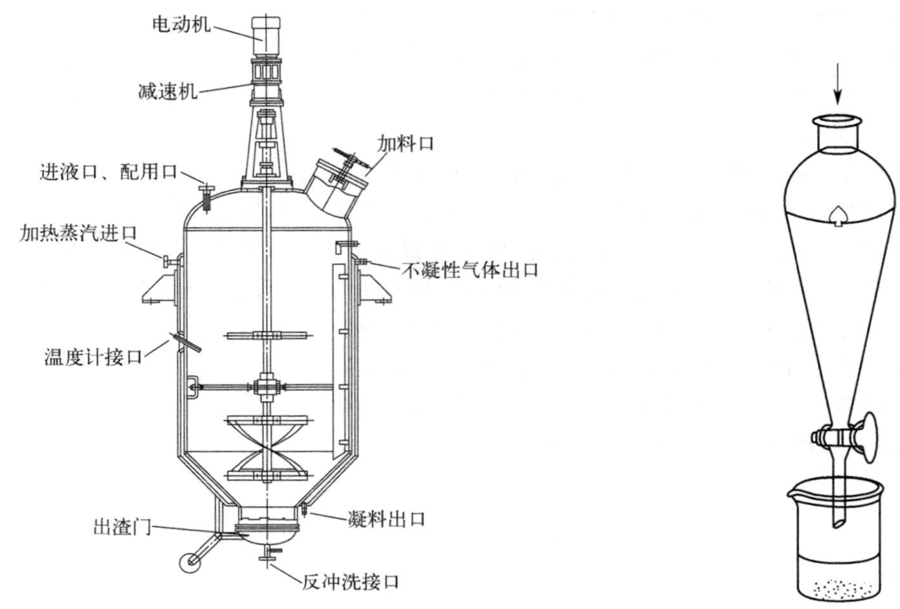

图 4-1 动态浸渍提取罐结构示意图

图 4-2 实验室浸渍装置

4.1.2 回流提取法

4.1.2.1 定义及原理

回流提取法是使用低沸点有机溶剂如乙醇、三氯甲烷等加热提取植物中有效成分时，为减少溶剂的挥发损失，保持溶剂与药材持久的接触，通过加热浸出液，使溶剂受热蒸发，溶剂蒸气经冷凝后变成液体流回浸出器，如此反复至提取完全的一种提取方法。为避免有机溶剂散发到空气中造成毒害、燃烧、爆炸危险等，使用有机溶剂加热提取必须使用回流法。

本方法提取效率高，但溶剂消耗量较大，操作较麻烦。由于受热时间长，故对热不稳定成分的提取不宜采用此法。通常用于质地较硬、浸提较难的中药原料浸取处理。

4.1.2.2 操作技术

将药材粗粉装入圆底烧瓶内，添加溶剂至盖过药面（一般至烧瓶容积 1/2～2/3 处），接上冷凝管，通入冷却水，于水浴中加热回流一定时间，滤出提取液，药渣再添加新溶剂回流 2～3 次，合并滤液，回收有机溶剂后得浓缩提取液。

4.1.2.3 主要工艺参数

回流提取法中影响有效成分提取率的主要因素有：提取温度、提取溶剂（包括溶剂浓度）、提取次数、提取时间、溶剂倍量。

4.1.2.4 主要设备

实验室常用回流提取装置见图 4-3。工业生产中常用多功能提取罐（图 4-4），适用于中药、食品、化工行业的常压、加压、减压、水煎、温浸、热回流、强制循环渗漉、芳香油提取及有机溶剂回收等多种工艺操作，因用途广泛，故称为多功能提取罐。国家标准中中药浸提罐的筒体有无锥式（W 形）、斜锥式（X 形）两类，还可细分为正锥形、直筒形和斜锥形等。

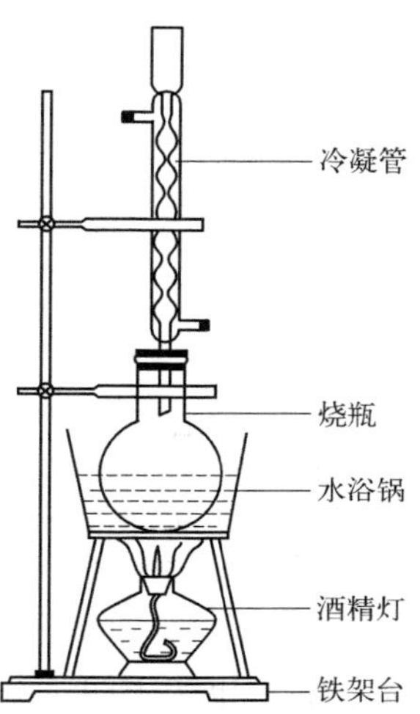

图 4-3 实验室回流提取装置

多功能提取罐具有提取效率高、操作方便及使用安全等优点。其工作过程为：将药材经顶部投料口投入罐内，提取液从活底上的滤板过滤后排出。对于罐内物料的加热通常采用蒸汽夹套的方式，如提取罐较大可采用罐内加热装置。对于含挥发油成分的药材，需要用水蒸气蒸馏时还可在罐内设置直接蒸汽通汽管。

4.1.3 连续回流提取法

4.1.3.1 定义及原理

连续回流提取法是在回流提取法的基础上改进的，能用少量溶剂进行连续循环回流提取，将有效成分充分提出的方法。溶剂受热蒸发遇冷后变成液体回滴入提取器中，接触药材开始进行浸提，待溶剂液面高于虹吸管上端时，在虹吸作用下，浸出液流入烧瓶，溶剂在烧瓶内因受热继续气化蒸发，如此不断反复循环，至有效成分充分浸出，提取液回收有机溶剂即得。

该方法提取效率高，有较好的浓度差，溶剂用量少，但浸出液受热时间长，故不适用于对热不稳定成分的提取。

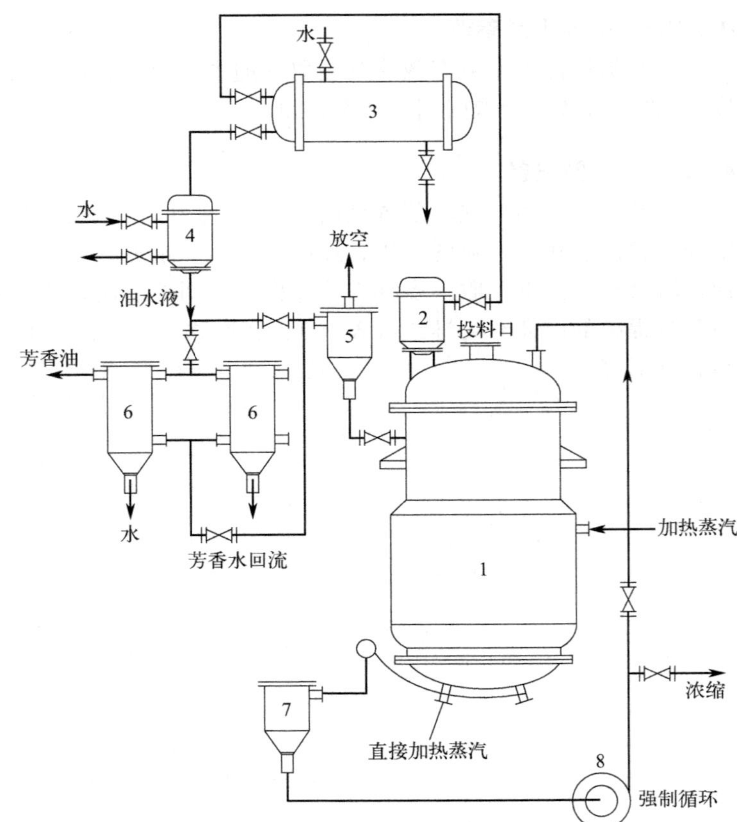

图 4-4 多功能提取罐

1—提取罐；2—泡沫捕集器；3—换热器；4—冷却器；5—汽液分离器；6—油水分离器；7—过滤器；8—循环泵

4.1.3.2 操作技术

实验室中常用索氏提取器提取，操作时先在圆底烧瓶内放入几粒沸石，以防暴沸，然后将装好药材粉末的滤纸袋或筒放入提取器中，药粉高度应低于虹吸管顶部，加溶剂入烧瓶内，水浴加热。溶剂受热蒸发遇冷后变为液体回滴入提取器中，接触药材开始进行浸提，待溶剂液面高于虹吸管上端时，在虹吸作用下，浸出液流入烧瓶，溶剂在烧瓶内因受热继续气化蒸发，如此不断反复循环，至有效成分充分浸出，提取液回收有机溶剂即得。

4.1.3.3 主要工艺参数

影响连续回流提取法有效成分提取率的主要因素与回流提取法一致。

4.1.3.4 主要设备

连续回流提取法实验室常用索氏提取器（图 4-5）。工业生产中常用各种连续回流提取装置（图 4-6），其原理与索氏提取器相同。

连续回流装置的优点如下。

① 收膏率比多功能提取罐高出 10%～15%，有效成分含量高出一倍以上。由于提取过程中，热的溶剂连续加到药材表面，自上而下通过药材层，产生高浓度差，故有效成分提取率高。

② 高速浸出，浸出时间短，浸出与浓缩同步进行，设备利用率高。

③ 提取过程仅加一次溶剂，在一套密封设备内循环使用，药渣中的溶剂均能回收

利用，故溶剂用量较多功能提取罐少，消耗率低，更适用于有机溶剂提取中药材有效成分。

④ 由于浓缩的二次蒸汽作提取的热源，故可节约蒸汽。

⑤ 设备占地小，可节能与节约溶剂，生产成本低。

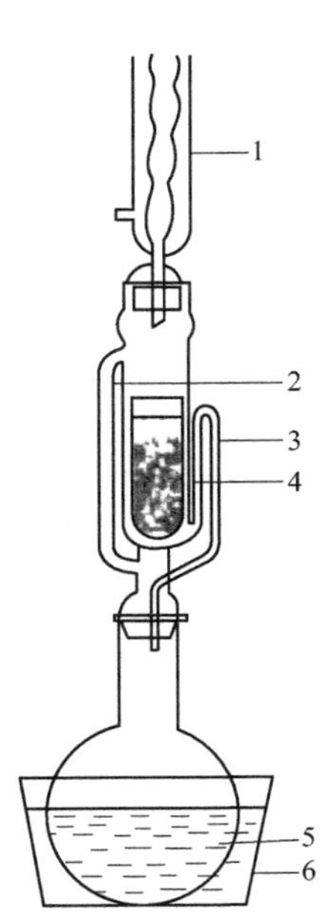

图 4-5 索氏提取器

1—冷凝管；2—溶剂蒸汽上升管；3—虹吸管；4—装有药粉的滤纸袋；5—溶剂；6—水浴

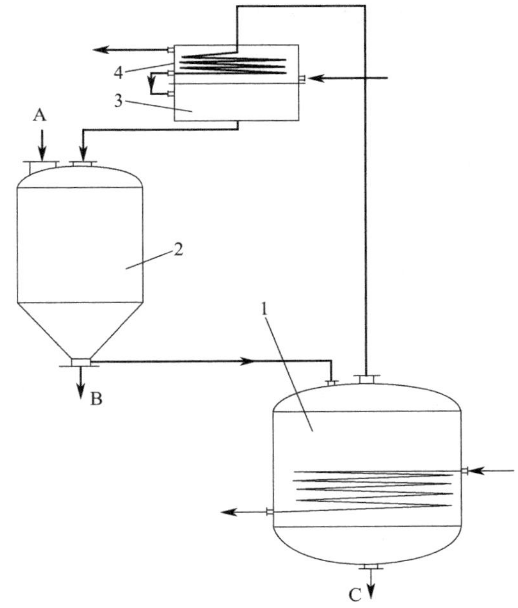

图 4-6 连续回流装置示意图

1—浓缩罐；2—浸出罐；3—热溶剂高位槽；4—冷却塔；A—药材粗粉进口；B—药渣出口；C—浸出液出口

4.1.4 渗漉法

4.1.4.1 定义及原理

渗漉法是将药材粗粉置于渗漉装置中，连续添加溶剂使其渗过药粉，流动浸出有效成分的一种动态浸提方法。

本法一般在常温下进行，特殊情况下也可以升温，选用溶剂多为水、酸水、碱水及不同浓度的乙醇等，适用于提取遇热易破坏的成分，因能保持良好的浓度差，故提取效率高于浸渍法。

4.1.4.2 操作技术

此法操作要点分为粉碎、浸润、装筒、排气、浸渍、渗漉和收集渗漉液等步骤。先将药材打成粗粉，根据药粉性质，用规定量的溶剂（一般每 1000g 药粉用 600～800mL 溶剂）润湿，密闭放置，使药粉充分膨胀。然后在渗漉筒中，分次装入已润湿的药粉，每次装粉后均匀压平，力求松紧适宜，药粉装量一般以不超过渗漉筒体积的 2/3 为宜。装筒完成后，打开渗漉筒下部的出口，缓缓加入适量溶剂，使药粉间隙中的空气受压由下口排出，待气体排尽后关闭出口，流出的渗漉液倒回筒内，继续加溶剂使其保持高出药面，浸渍一定时间（常为24～48h）。接着即可打开出口开始渗漉，控制流速，一般以1000g药材每分钟流出1～3mL为慢漉，3～5mL为快漉，收集渗漉液，经浓缩后得到提取物，一般收集的渗漉液为药材重量的8～10倍，或以有效成分的鉴别试验确定是否渗漉完全。

4.1.4.3 主要工艺参数

影响渗漉法有效成分提取率的主要因素有：药材粒度、提取温度、提取溶剂（包括溶剂浓度）、提取时间、溶剂倍量。

4.1.4.4 主要设备

单个渗漉桶的不足之处为溶剂消耗多，提取时间长。工业上一般采用多个渗漉罐，将前一罐的低浓度渗漉液加到后一罐继续渗漉，始终使渗漉液保持最高浓度出罐，可以节省溶剂，降低浓缩工艺的能耗。如逆流渗漉罐组，或连续逆流浸出装置。

逆流渗漉罐组（图4-7）是将药材按顺序装入1～5个渗漉罐，用泵将溶剂从溶剂罐送入1号罐，1号罐渗漉液经加热器后流入2号罐，依次送到5号罐，5号罐出液至贮液罐中。当1号罐内的有效成分全部溶出后，用空气将1号罐内液体全部压入2号罐，1号罐即可卸渣，装新药材，此罐变成5号罐，原来的2、3、4、5号罐依次变成1、2、3、4号罐，提取依次循环。此法保证提取液有效成分是最高浓度，降低后续工艺成本，适于大批量生产。生产中罐组数量依实际情况确定。

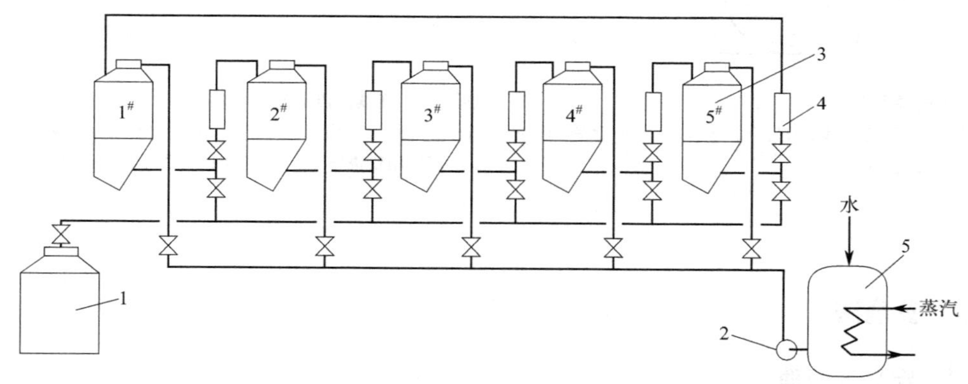

图4-7　逆流渗漉罐组示意图

1—贮液罐；2—泵；3—渗漉罐；4—加热器；5—溶剂罐

螺旋推进式逆流浸出器（图4-8）是连续逆流浸出装置中较为常见的一种，其优点是连续移动物料的同时，对物料施加搅拌、揉搓、剪切，提高浸出效率。

4.1.5 水蒸气蒸馏法

4.1.5.1 定义及原理

水蒸气蒸馏适用于提取具有挥发性，能随水蒸气蒸出而不被破坏，不溶或难溶于水，与水不发生化学反应的植物有效化学成分。如挥发油、麻黄碱、槟榔碱、丹皮酚等。

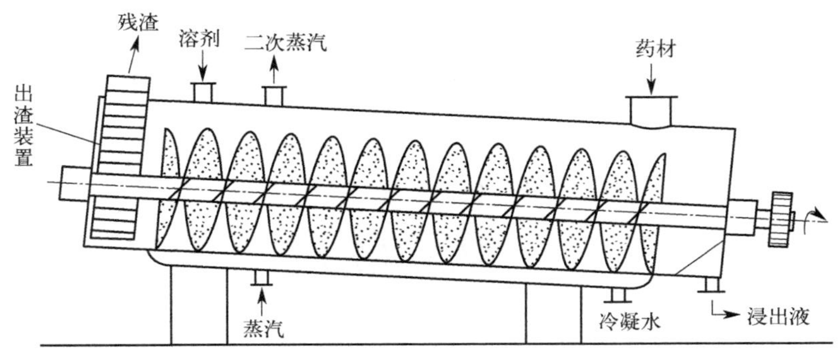

图 4-8 螺旋推进式逆流浸出器

本法基本原理是当水和与水互不相溶的液体成分共存时，根据道尔顿分压定律，整个体系的总蒸气压等于两组分蒸气压之和，虽然各组分自身的沸点高于混合液的沸点，但当总蒸气压等于外界大气压时，混合物开始沸腾并被蒸馏出来，故混合物的沸点低于任何一组分的沸点。实验室水蒸气蒸馏装置（图 4-9）由水蒸气发生器、蒸馏瓶、冷凝管和接收器四部分组成。

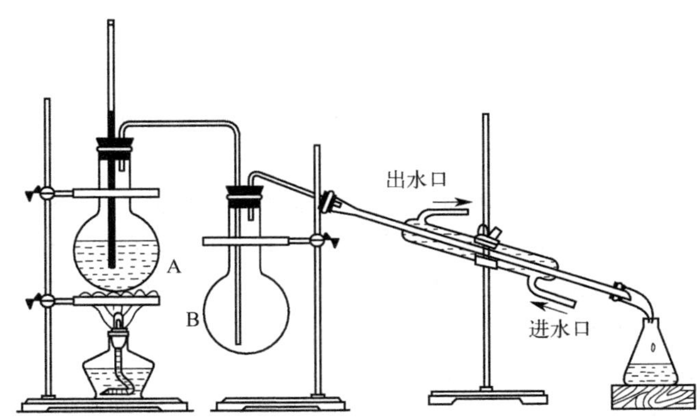

图 4-9 实验室水蒸气蒸馏装置
A—水蒸气发生器；B—需蒸馏部分

4.1.5.2 操作技术

将药材粗粉装入蒸馏瓶内，加入水使药材充分浸润，体积不宜超过蒸馏瓶容积的 1/3，然后加热水蒸气发生器使水沸腾，产生水蒸气通入蒸馏瓶，药材中挥发性成分随水蒸气蒸馏被带出，经冷凝后，收集于接收瓶中。蒸馏过程中需对蒸馏瓶采取保温措施，以免部分水蒸气冷凝，增加蒸馏瓶内体积。蒸馏需中断或完成时，应先打开三通管的螺旋夹，使与大气相通后，再关热源以防液体倒吸。对于某些在水中溶解度稍大的挥发性成分，馏出液可再蒸馏一次以提高纯度。但蒸馏次数不宜过多，以免挥发油中某些成分氧化或分解。

4.1.5.3 主要工艺参数

影响水蒸气蒸馏法有效成分提取率的主要因素有：蒸馏时间、药材粒度、料液比、浸泡时间。

4.1.5.4 主要设备

生产用水蒸气蒸馏装置（图 4-10）主要由蒸馏塔、冷凝器和油水分离器等组成。

根据蒸馏方式不同，大致分为水中蒸馏、水上蒸馏、直接蒸汽蒸馏和水扩散蒸汽蒸馏 4 种。

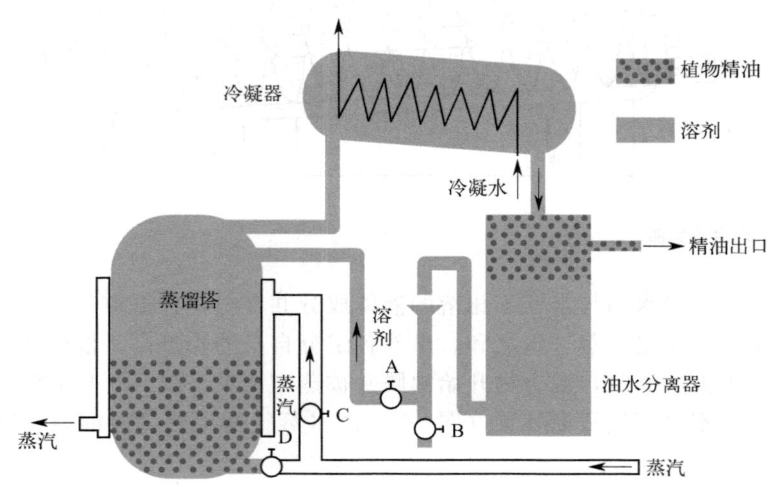

图 4-10 生产用水蒸气蒸馏装置示意图

（1）水中蒸馏 将原料置于筛板或直接放入蒸馏锅，锅内加水浸过料层，锅底进行加热。

（2）水上蒸馏 又称隔水蒸馏，将原料置于筛板，锅内加入满足蒸馏要求的水量，但水面不得高于筛板，并能保证水沸腾至蒸发时不溅湿料层，一般采用回流水，保持锅内水量恒定以满足蒸馏操作所需的足够饱和蒸汽，需时常观察水面高度。

（3）直接蒸汽蒸馏 在筛板下安装一条带孔环形管，由外来蒸汽通过小孔直接喷出，进入筛孔对原料进行加热，但水散作用不充分，应预先在锅外进行水散，此法比锅内蒸馏效率更高且易于改为加压蒸馏。

（4）水扩散蒸汽蒸馏 水蒸气由锅顶进入，自上而下逐渐向料层渗透，同时将料层内的空气推出，其水散和传质出的精油无须全部气化即可进入锅底冷凝器。此法蒸汽为渗漉型，蒸馏均匀、一致、完全，而且油水冷凝液较快进入冷凝器，因此所得精油质量较好、得率较高、能耗较低、蒸馏时间短、设备简单。

4.1.6 超临界流体提取法

超临界流体萃取（supercritical fluid extraction，SFE）是一种利用某物质在超临界区域形成的流体，对植物中有效成分进行萃取分离的新型技术，集提取和分离于一体。某物质处于其临界温度（T_c）和临界压力（P_c）以上时，形成一种既非液体又非气体的特殊相态，称为“超临界流体”。此状态下流体兼有气液两相的双重特点，既具有与气体相近的黏度，又具有与液体相近的密度，扩散力和渗透力均大大强于液体，且介电常数随压力增大而增加，因此对许多物质有很强的溶解能力，可作为溶剂进行萃取。

常用作超临界流体（SF）的物质有二氧化碳、氧化亚氮、乙烷、乙烯和甲苯等，由于二氧化碳具有无毒，不易燃易爆，安全、价廉，有较低的临界压力（P_c=7.37MPa）和临界温度（T_c=31.4℃），对大部分物质不起反应，可循环使用等优点，故最常用于植物有效成分的提取。

4.1.6.1 定义及原理

超临界流体萃取的原理主要是根据超临界流体对溶质有很强的溶解能力，且在温度和压力变化时，流体的密度、黏度和扩散系数随之变化，对溶质的亲和力也随之变化，从而使不同性质的溶质被分段萃取出，达到萃取、分离的目的。超临界萃取法的优点在于萃取分离效率高、产品质量好，适用于含热敏性组分的原料，对溶剂要求较低，可选用无毒、无害气体作溶剂，节约热能等。

物质因压力和温度的不同而以气体、液体、固体等多种形式存在。当气体的温度到达某一数值时，压缩能使它变为液体，此时的温度称为临界温度。同样，气体也有一个临界压力，即在临界温度下，气体能被液化的最低压力。当物质所处的温度高于临界温度、压力大于临界压力时，该物质即处于超临界状态。超临界流体（SF）的密度与液体相近，黏度与气体相近，其扩散系数约比液体大100倍，而溶质的溶解性能与溶剂的密度、扩散系数成正比，与黏度成反比。因此，SF对很多物质有很强的溶解能力。同时SF的高流动性和扩散能力，有助于所溶解的各成分之间的分离，并能加速溶解平衡，提高萃取效率。

超临界流体萃取的主要设备是萃取器和分离器，按照溶剂和溶质分离方法的不同可将超临界流体萃取法分为3种：

（1）压力变化法 在一定的温度下，使超临界流体减压、膨胀，从而降低溶剂的密度，进行分离。

（2）温度变化法 即在恒压下提高温度或降低温度从而将超临界流体与溶质分离。至于采取升温还是降温则要根据压力条件决定，一般多采用升温操作。

（3）吸附法 在分离器内装填能吸附萃取物的吸附剂。

4.1.6.2 操作技术

超临界流体萃取的基本工艺流程如图4-11所示：将植物原料放入萃取器6中，用CO_2反复冲洗2次，排出设备中的空气，操作时先打开阀门12及气瓶阀门进气，启动高压泵4升压，当升到预定压力时，调节减压阀9，使分离器7内的分离压力为5×10^3kPa左右，打开放空阀10接转子流量计测流量。通过调节各阀门，使萃取压力、分离器压力及萃取过程中通过的CO_2流量均稳定在所需操作条件后，关闭阀门10，打开阀门11进行全循环流程操作，萃取过程中从阀门8将萃取物取出。

4.1.6.3 CO_2-SFE的特点

目前广泛选用二氧化碳作为超临界萃取溶剂，主要因为二氧化碳具有下列特点：

（1）可在低温下提取 CO_2在接近常温（35～40℃）时达到超临界状态，使植物中的化学成分在低温条件和CO_2气体氛围中进行提取，这就防止了热敏性物质的氧化和逸散。在萃取物中可保持植物的全部成分不被破坏，如植物的香气成分等，并且能把高沸点、低挥发度、易热解的物质在远低于其沸点的温度下萃取出来。

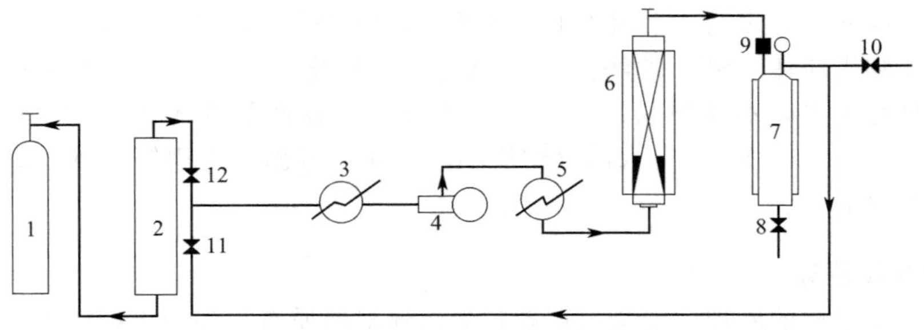

图 4-11 CO_2-SFE 工艺流程简图

1—CO_2 气瓶；2—纯化器；3—冷凝器；4—高压泵；5—加热器；6—萃取器；7—分离器；8—放油阀；9—减压阀；10，11，12—阀门

（2）完全没有残留溶剂 由于全过程不用或很少使用有机溶剂（作为夹带剂），因此萃取物绝无残留溶剂，同时也防止了提取过程对人体的毒害和对环境的污染。

（3）提取效率高，节约能耗 CO_2-SFE 技术集萃取与回收溶剂于一体，当饱含溶解物的 CO_2-SF 流经分离器时，由于压力降低，CO_2 与萃取物迅速成为两相（气液分离）而立即分开，全过程与用有机溶剂的常规方法相比，不仅效率高且耗能少。

4.1.6.4 超临界流体萃取法的应用

CO_2-SF 对不同成分的溶解能力相差很大，这与成分的极性、沸点和分子量有密切关系。通常脂溶性成分可在低压条件下萃取，如挥发油、烃、酯、内酯、醚、环氧化合物等；成分的极性基团增多则要在较高的压力下才能被萃取；而高分子物质（如蜡、蛋白质、树胶等）则很难萃取。因此近年来对超临界萃取中夹带剂进行了研究。

夹带剂就是在萃取物和超临界流体组成的二元体系中加入第三组分，使原来成分的溶解度得以改善。例如：在 2×10^4kPa 和 70℃ 条件下，棕榈酸在 CO_2-SF 中溶解度是 0.25%（质量分数）；在同样条件下，于体系中加入 10%乙醇，棕榈酸的溶解度可提高到 5.0%以上。又如罗汉果中的罗汉果苷 V（是一种三萜苷），在 40～45℃、3×10^4kPa 的 CO_2-SF 中不能被萃取出来，使用夹带剂乙醇后则能在萃取液中有一定量的罗汉果苷 V。由此可见，夹带剂的研究和应用不但能扩大超临界流体萃取法对植物化学成分的萃取分离，还可以有效地改变流体的选择性溶解作用。一般来说，具有很好溶解性能的溶剂，也往往是很好的夹带剂。例如甲醇、乙醇、丙酮等。通常夹带剂的用量不超过 15%。

4.1.6.5 主要工艺参数

在超临界萃取过程中，原料的性质即分子量、极性等是影响超临界流体萃取的内部因素，从有效成分的萃取率和生物活性来说，溶剂的选择、萃取压力、萃取温度、分离压力及温度、流体流量与萃取时间是外部因素。其中萃取的压力及萃取温度影响最大，需通过试验进行工艺优化。

4.1.6.6 主要设备

超临界流体萃取设备从功能上主要分为七部分：冷水系统、热水系统、萃取系统、分离系统、夹带剂循环系统、二氧化碳循环系统和计算机控制系统。具体包括二氧化碳升压装置（高压柱塞泵或压缩机）、萃取釜、分离釜、二氧化碳储罐、冷水机、锅炉等设备。

由于整个萃取过程在高压下进行，所以对设备及整个高压管路系统的性能要求较高。

4.1.7 平转浸出提取法

4.1.7.1 定义及原理

平转浸出提取法是一种动态提取过程，常用平转式连续逆流提取器，其属于喷淋式渗漉连续提取器的一种。连续逆流提取器是使药材与溶剂在浸出罐中沿反方向运动并连续接触提取，加料和排渣都自动完成的设备。平转式连续逆流提取法具有稳定的浓度梯度、固-液两相处于运动状态、浸出率高、浸出速率快、浸出液浓度高等特点。

平转式连续逆流提取器可密闭操作，用于常温或加温渗漉、水或醇提。对药材粒度无特殊要求，适应性强，生产能力大，操作简单。若药材过细可先润湿，防止出料困难和影响溶剂对药材粉粒的穿透，影响连续浸出的效率。

4.1.7.2 主要结构

平转式连续逆流提取器结构如图 4-12 所示。由进料装置、转动体、螺旋输送机、混合油循环泵、调速装置、固定栅底、喷淋头和中心转动轴等组成，并在旋转的圆环形容器内间隔有 12～18 个料格，每个扇形格为带孔的活底，借活底下的滚轮支撑在轨道上。

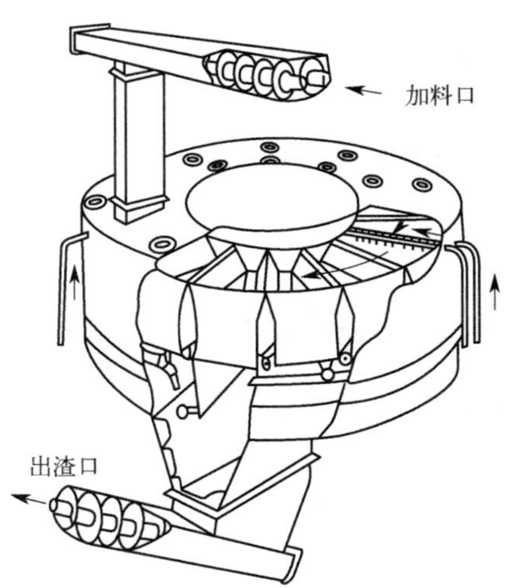

图 4-12 平转式连续逆流提取器结构简图

4.1.7.3 操作技术

平转式连续逆流提取器的工作过程如图 4-13 所示。12 个回转料格由两个同心圆构成，且由传动装置带动沿顺时针方向转动。在回转料格下面有筛底，其一侧与回转料格铰接，另一侧可以开启，借筛底下的两个滚轮分别支撑在内轨和外轨上，当格子转到出渣第 11 格时，滚轮随内轨断口落下，筛底随之开启排药渣；当滚轮随上坡轨上升，进入轨道，筛底又重新回到原来水平位置 10 格，即筛底复位格。浸出液储槽位于筛底之下，固定不动，收集浸出液，浸出液储槽分 10 个料格，即在 1～9 及 12 格下面，各格底有引出管，附有加热器。通过循环泵与喷淋装置相连接，喷淋装置由一个带孔的管和管下分布板组成，可将溶剂喷淋到回转料格内药材上进行浸取。药材由 9 格进入，回转到 11 格排出药渣。溶剂由1、2格进入，浸出液由1、2格底下储液槽用泵送入第3格，按此过程到第8格，由第8格引出最后浸出液。第9格是新投入药材，用第8格出来的浸出液的少部分喷淋其上，进行润湿，润湿液落入储液槽与第8格浸出液汇集在一起排出。第12格是淋干格，不喷淋液体，由第11格转过来的药渣中积存一些液体，在第12格让其落入储液槽，并由泵送入第3格继续使用。药渣由第11格排出后，送入一组附加的螺旋压榨器及溶剂回收装置，以回收药渣吸收的浸出液残存溶剂。

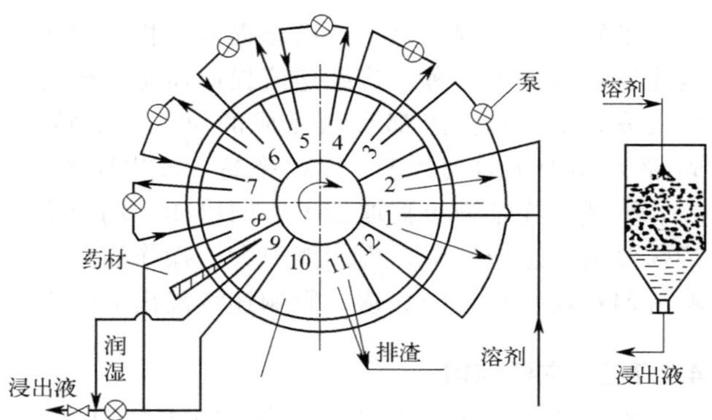

图4-13 平转式连续逆流提取器工作过程

4.2 分离方法与设备

4.2.1 水提醇沉

4.2.1.1 定义及原理

该方法是指在药材经水提浓缩后，加入一定浓度的乙醇达到所需的含醇量后，部分药材成分溶解度下降而析出沉淀，经固液分离后使药材提取物得以精制的方法。水提醇沉法是目前药厂最为常见且经典的一种中药精制除杂方法。中药最常见的提取溶剂是水，中药饮片多是水煎后服用，水加热后可用于提取黏液质、胶质、淀粉等多糖类，以及苷类、氨基酸、蛋白质、有机酸盐、生物碱盐等。如果药材中目标有效成分不包括黏液质、胶质、多糖和蛋白质等，可以在将水液适当浓缩后，加入乙醇以降低此类天然高分子聚合物的溶解度从而使其自动析出。一般情况下，含醇量达到50%～60%时，淀粉等多糖类物质开始沉淀；含醇量达到60%时，无机酸盐开始沉淀；含醇量达到75%～80%时，可以基本沉淀全部的多糖、蛋白质、无机盐类物质；但是鞣质、水溶性色素、胶质等不易全部沉淀，可采用反复醇沉法或醇沉同时调节pH值等法进行沉淀。

4.2.1.2 主要的工艺参数

（1）醇沉水液的浓缩程度　醇沉前的水液一般都会进行适当的浓缩，一方面为了有效地除去杂质，同时也要尽可能地保留有效成分，以及降低乙醇的消耗。如果浓度过高，则药液会非常黏稠，乙醇与浓缩液难以充分混合，析出的沉淀会包裹和吸附有效成分，造成有效成分转移到弃去的沉淀部分；水液浓度过低则溶液体积较大，需加入大量乙醇进行操作。因此，在进行显著性考察后，尽量选取不显著影响沉淀效果的较高浓度。浓度的单位一般采用 g/mL，中药水提浓缩液一般达到 1.30g/mL 以上就显得较为黏稠。

（2）醇沉液的醇含量 正如上文所述，醇沉液中含醇量的不同会导致药材成分的溶解性不同，从而不同的含醇量会有不同的醇沉效果。一般加入浓度 90%左右的乙醇进行含醇量的调节，此时所需加入乙醇体积较少，但与 95%乙醇相比较，回收蒸馏制成 90%乙醇较为容易，当然如果含醇量要求不高，也可以加入较低浓度的乙醇。对于水提浓缩液中的成分而言，随着含醇量的提高，沉淀物会变多，但是会存在加入醇量的临界点，到达临界点后，沉淀的增加减缓直至不再增加。

（3）加醇方式和搅拌速度 醇沉操作时，先对水提浓缩液进行搅拌，在搅拌的同时加入规定浓度的乙醇溶液，乙醇加入速度不能太快且搅拌速度要适中，否则会造成局部乙醇浓度过高，多糖类和蛋白质类成分快速析出沉淀，包裹其他目标有效成分进行沉降，并随着乙醇的增加包裹越来越厚，从而影响最终的醇沉效果。当然，为了减少乙醇的消耗，也可以让水提浓缩液自然沉淀部分杂质以后再进行醇沉。

（4）醇沉温度与时间 一般等水提浓缩液的温度降到室温左右时，再进行醇沉操作，主要是防止加入乙醇的挥发损耗，同时乙醇挥发对人体和环境也不安全。醇沉温度和醇沉时间呈负相关，醇沉温度降低，则沉淀的速度加快，所需要的醇沉时间短，反之则所需的时间要长。

4.2.1.3 主要设备

醇沉的操作设备一般使用醇沉罐（图 4-14），长时间的醇沉会使用不锈钢桶等容器，将其放到冷库进行沉淀。醇沉罐一般由标准椭圆形封头、罐体、锥形底及桨式搅拌器组成，采用不锈钢制作。浓缩液和乙醇按工艺要求，投入各自的配比量，搅拌混合均匀。待沉淀完成后开启上清液出料阀，用自吸泵将上清液抽出后，以出渣口将沉淀物排出。

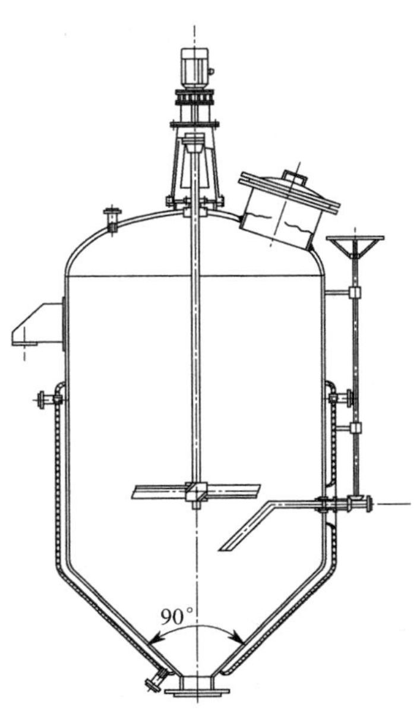

图 4-14 醇沉罐

4.2.2 酸碱提取及分离

4.2.2.1 定义及原理

该方法是指通过加酸或碱调节溶液的 pH 值，促进药材中的具有酸碱性质的目标成分溶出提取或是析出沉淀，从而实现这一类成分提取或是分离。一般用于提取植物的生物碱类、有机酸类、黄酮、蒽醌及多糖等成分。比如生物碱类在水溶液环境下的酸提碱沉，有机溶液环境下如乙醇溶液中的碱提酸沉，就能有效地实现生物碱类成分的提取和分离。具有酸碱性质的天然产物，调节溶液的 pH 值，会改变它们的存在状态（游离型或解离型），从而改变它们在溶剂中的溶解度。增加溶解性能就能进行溶出提取，降低溶解性能就能进行沉淀析出。

4.2.2.2 主要工艺参数

（1）酸碱的用法用量 一般使用无机酸和碱类调节溶液 pH 值，因其价格便宜且效率高。无机酸中一般使用盐酸和硫酸等，使用前先进行稀释，避免局部浓度过高，破坏植物成分以及造成安全问题。水溶液中使用无机酸一般浓度不超过 2%，多用 0.5%左右的浓度；通常情况下，根据需要调节 pH 值，并不会出现需要降低 1.0 的情况。乙醇或其他有机溶剂中，用无机酸调节 pH 值很难检测，一般用无机酸的浓度作为参考。无机碱类主要使用氢氧化钠和氢氧化钙等。无机碱一般配成浓溶液或是饱和悬浮液再加入使用。在酸碱调节过程中，酸和碱一般配合使用，比如盐酸和氢氧化钠配合使用，硫酸和氢氧化钙配合使用。

（2）溶剂的种类 根据有效成分的性质以及在溶液中的状态，选择适合的溶剂进行提取或是沉淀操作。如生物碱类可以用有机溶剂以原碱状态进行提取，或者用无机酸类水溶液以盐的形式用水进行提取；生物碱类在有机溶剂中和无机酸类成盐而析出沉淀，生物碱类在水中以无机碱调节中性或碱性成原碱状态析出沉淀。

（3）提取的方式、时间和溶剂倍量 提取方法可以用回流法、渗漉法及逆流提取法等。一般而言加热有助于有效成分在溶剂中的溶解从而促进提取，普遍采用夹套蒸汽加热进行保温。一次提取时间一般为 1～3h，溶剂总倍量在 10～40 倍。

（4）沉淀的方式 酸碱提取液进行沉淀操作后，沉淀液一般需冷却至常温，有的则需要放置到冷库进行更充分的沉淀；沉淀时间一般 1～3h，特殊的会沉淀过夜或更长时间。沉淀操作时，水溶液中的硫酸-氢氧化钙配对使用比盐酸-氢氧化钠沉淀速度会更快，原因是硫酸-氢氧化钙配对使用会生成水不溶性硫酸钙盐，沉淀颗粒会更大、更容易滤过。

4.2.2.3 主要设备

酸碱提取一般使用多功能提取罐、渗漉柱及逆流提取设备等，沉淀分离则可以使用醇沉罐及中和罐等。由于要接触到稀酸溶剂，材质要使用耐酸不锈钢材料，或是搪瓷内衬材料等。

4.2.3 溶剂萃取分离

4.2.3.1 定义及原理

溶剂萃取分离是根据药材中的有效成分在溶剂中有不同的溶解度来分离出目标成分的方法。除了液液萃取，有时候也包括固液萃取，固液萃取也叫浸提，用溶剂分离固体混合物中的组分。萃取的操作过程一般而言并不造成被萃取物质化学成分的改变（或说没有化学反应），所以萃取操作是一个物理过程。溶剂萃取通常在常温或较低温度下进行，不需要加热，适用于遇热容易破坏成分的分离，也适合规模化连续生产。其缺点在于萃取的两相会有一定程度的互溶，造成乳化、溶剂损失和二次污染等。

在互不相溶的两种溶剂中，药材中的目标成分能有两种相差较大的溶解度，在一次萃取中目标成分会从低溶解度溶剂中向高溶解度溶剂中转移，直到达到平衡，然后移除溶解有目标成分的高溶解度溶剂后，再加入新的高溶解度溶剂，反复多次就能实现基本分离目标成分的目的。低溶解度溶剂一般称为分相液，高溶解度溶剂一般称为萃取剂。

4.2.3.2 主要工艺参数

（1）萃取的溶剂选择 一般而言选择极性相差大的互不相溶的两种溶剂，比如水和二甲苯等。麻黄碱可以将麻黄的酸提液碱化后用二甲苯进行萃取。如果两种单一溶剂分离效果不好，则会考虑用复合溶剂进行两相分离，分相液和萃取剂都可以用一定比例的复合溶液。如果目标成分在极性较小的有机溶剂中溶解度较小，还可以采用无机盐/亲水有机溶剂双水相萃取。

（2）萃取的方式 除了单级萃取外，还有以下多级萃取方式。

多级错流萃取。料液和各级萃余液都与新鲜的萃取剂接触，可达较高萃取率。但萃取剂用量大，萃取液平均浓度低。

多级逆流萃取。料液与萃取剂分别从级联（或板式塔）的两端加入，在级间做逆向流动，最后成为萃余液和萃取液，各自从另一端离去。料液和萃取剂各自经过多次萃取，因而萃取率较高，萃取液中被萃组分的浓度也较高，这是工业萃取常用的流程。

连续逆流萃取。在微分接触式萃取塔中，料液与萃取剂在逆向流动的过程中进行接触传质，也是常用的工业萃取方法。

目标成分会在萃取的两相间进行分配，加热会加快分配的速度，但一般通过搅拌、逆流等方式提高萃取效率。复合溶剂作为分配相则需要考察溶剂的比例。非连续萃取要考察萃取的次数及两相的体积比。有乳化现象的需要选择破乳剂，双水相萃取需考察无机盐的种类及比例。

4.2.3.3 主要设备

溶剂萃取用的工业上的萃取设备可分为分级和连续式两大类。分级萃取设备中，水相和有机相在萃取器中混合，然后在一个澄清区分离，再进行下一段混合后进行分离。连续式萃取器可以分为离心式连续萃取器、旋转式连续萃取器和逆流式连续萃取器等，占地面积比混合萃取器要小。溶液萃取器又可以根据所用的两相混合的方法分成不搅拌和搅拌两类。比如，最简单的萃取器为喷淋塔、填料塔或筛板塔，是利用两相的密度差达到混合和逆流流动。搅拌萃取器，比如 Sohebiel 塔、往复板塔、筛板脉冲塔等，都引入了机械搅拌，但仍然利用密度差达到逆流流动。

4.2.4 大孔树脂吸附法

4.2.4.1 定义及原理

大孔树脂吸附法是指根据通过树脂的溶液中药物分子和树脂分子间作用力的不同，以及不同大小的药物分子通过树脂内部孔径能力的不同，经过吸附和一定溶剂的解吸附后将不同种类的药物分离的方法。

大孔吸附树脂是一类有机高分子聚合物，基本性能与凝胶树脂基本相似，在合成时由于加入惰性的致孔剂，待网络骨架固化而形成链结构单元后，再用溶剂萃取等方法将不与树脂反应的致孔剂去掉，就留下了孔隙，孔径可达到100nm甚至1000nm以上，故称之为“大孔”。大孔吸附树脂具有比表面积大、吸附力强的特点，且有较稳定的理化性质，机械强度好，一般不溶于酸、碱及有机溶剂。另外，针对特定的药物成分选择相应的大孔树脂后，会有吸附速率快、重复使用率高和成本低等特点，适合工业化生产。

大孔吸附树脂是一种固体分离材料，其最大的特点是结构中的这种不规则孔穴。一方面这些孔穴提供了较大的比表面积，增加吸附天然药物分子的能力；另一方面，这些多孔性结构会造成待分离药物分子通过树脂时，不同分子进入孔穴的能力不同，从而产生离开树脂柱的时间上的差异，所以大孔吸附树脂的分离原理是吸附性与筛分性相结合。分离过程中，分离溶液中的药物分子和树脂分子间的吸附力不同，以及分子量的不同，使通过的路径不同，再经不同的溶剂依次洗脱下来，从而达到分离和精制的目的。

4.2.4.2 主要工艺参数

（1）大孔树脂种类的选择 大孔树脂根据合成的功能基团的不同分为苯乙烯型、丙烯酸酯型、丙烯酰胺型、氧化氮型和亚砜型等，也可以根据极性的强弱分为非极性、弱极性、中等极性和强极性等。商业化生产的大孔树脂，根据功能基团和孔径大小的不同分为D型、X型、HPD型、LSA型、NKA型及AB-8型等。工业上应用于天然产物的分离，D101树脂和AB-8树脂应用较为广泛。

（2）大孔树脂预处理及再生 工业制备出厂时的大孔树脂往往残留有致孔剂、交联剂和分散剂等，在使用前必须进行处理。一般是先加入乙醇溶液，浸泡一定时间后再进行装柱，再用水洗脱。当洗脱液加水不出现明显浑浊或醇洗脱液蒸干后无残留物，再用蒸馏水洗至无醇味即可。必要时用盐酸溶液、氢氧化钠溶液洗涤，最后用蒸馏水洗至中性，备用。树脂使用多次之后，其吸附的杂质增多，吸附能力降低，当其吸附能力下降超过30%时，则需要对树脂进行再生处理，一般的处理方法是用乙醇反复淋洗，必要时加入盐酸或氢氧化钠溶液处理。

（3）上样浓度 样品液的浓度会影响大孔树脂的吸附效果。如果上样浓度过高，药物分子在上段树脂柱可能存在过饱和吸附，损害树脂性能，吸附和分离的效果也不会很好；如果上样浓度过低，则上样时间会延长，在树脂吸附药物分子的过程，同时也存在着解吸，这样会影响最终分离的效果。

（4）样品液pH值 对于具有酸碱性质的药物分子来说，在不同pH值溶液中的溶解度不同造成分子的状态不一样，从而影响吸附和解吸的效果，因此样品液pH值对大孔树脂的分离效果也有重要的影响。根据药物分子的结构特点灵活改变溶液的pH值及相应的树脂类型，可使分离纯化取得理想效果。一般来说，碱性物质易在碱性环境中，酸性物质易在酸性环境中被非极性树脂吸附。反之，可以让碱性物质于酸性环境中，以及酸性物质在碱性环境中被极性树脂吸附。

（5）吸附流速和吸附时间 上样液的流速和吸附时间也是影响树脂分离效果的一个因素。上样液的最大流速取决于树脂的径高比、孔径、孔容、粒度，吸附物质的分子结构，浓度，温度等因素。一般而言，工业生产时不会停止流动进行静态吸附，可以通过控制流速来控制上样吸附时间。上样流速越低，吸附的时间则会越长。吸附时间加长，吸附量增加，但增加到一定程度时，吸附量会趋于平衡，为达到理想的吸附量且不浪费时间，应对吸附时间做优化研究。

（6）洗脱分离 大孔树脂吸附结束后，选择适宜的解吸工艺条件，可以有效提高目标洗脱物中有效物质的含量和纯度。一般用水和不同浓度的醇溶液进行梯度洗脱，选取特定阶段的含有较高比例有效物质的洗脱物为目标产物。洗脱过程可以分为除杂洗脱和目标产物洗脱，如果目标成分是以非游离的分子状态或被非极性树脂吸附，则可以使用水和低浓度乙醇除杂，用高浓度乙醇来洗脱目标成分。影响洗脱效果的主要因素有洗脱剂浓度、洗脱剂 pH 值、洗脱剂的用量及流速。

4.2.4.3 主要设备

工业上大孔树脂一般使用不锈钢色谱柱，由上盖、柱体和下盖组成，结构简单。如果要达到增加产量的目的，可以把色谱柱并联使用，如果为了进一步提高分离效果，可以把色谱柱串联使用。

4.2.5 结晶法分离

4.2.5.1 定义及原理

结晶法分离是利用温度、不同溶剂种类和比例、pH 值等影响目标成分在溶液中的溶解度差异的手段，先增大目标成分在溶液中的溶解性，制成饱和或是近饱和溶液后，再降低其在溶液中的溶解性能使之结晶析出，从而和杂质成分进行分离的操作方法。该方法适用于纯化较高含量的目标成分，当目标成分和杂质成分溶解性基本相同或是杂质成分溶解性较高的情况下，由于目标成分的含量比杂质成分要高很多，溶解度降低后，目标成分先处于过饱和状态而结晶析出，而杂质成分由于含量较低或是溶解度较高，同等溶剂量情况下还未饱和而留在溶液中。

4.2.5.2 主要工艺参数

（1）溶剂的选择 选择对目标成分在不同温度下溶解性有较大差异的溶剂，先加热溶解，然后再降温结晶析出。同时，溶剂对目标成分的溶解性要高，以利于节省溶剂的使用量和生产负荷。溶剂的选择上，优先选择毒性较小的和安全的，例如乙醇、石油醚和乙酸乙酯等；能选用单一溶剂的，不使用复合溶剂，单一溶剂有利于回收重复利用。溶剂的使用方式上，既可以用同一溶剂通过降温方式析出结晶，也可以后期加入可以互溶的但是急剧降低目标成分的溶解性的溶剂。

（2） pH 值的选择 对于具有较强酸碱性的物质，其溶解性能受到 pH 值的影响很大，通过调整 pH 值和溶剂的种类，从而促进目标成分的结晶析出。

（3）温度的选择 一般而言，温度对于溶解度的影响是最为有效的，加热促进目标成分的溶解，然后降温析出分离。如果降到常温足以让大量的目标成分析出结晶，就不会考虑进行冷冻。如果要进行冷冻，一般会在冷库进行，涉及溶液的转移和大量的能耗。但是对于热不稳定的物质，为了加大溶解和析出的温差从而影响到溶解度的差异进行结晶，就有必要降到常温以下。

（4）**晶种、结晶时间和结晶速度** 为了加快结晶速度，可以在饱和溶液中加入晶种，特别是对于结构类似、溶解度差异不显著的，加入目标成分的晶种更有利于和杂质的分离。当目标成分在溶剂达到过饱和后就会开始析出结晶，但这个过程会较为缓慢，到达一定的时间后，结晶量不会再增加。通过降温和调整 pH 值等手段降低目标成分的溶解度，使之达到饱和后，目标成分就会开始结晶，但是如果下降速度过快，则可能会包裹杂质成分从而影响结晶纯度。

4.2.5.3 主要设备

主要有结晶罐（图 4-15）等设备，带有搅拌和夹层加热功能。

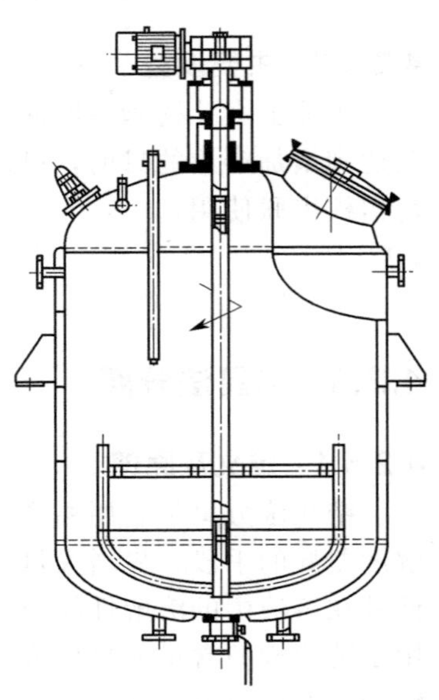

图 4-15 结晶罐

4.2.6 膜分离技术

4.2.6.1 定义及原理

膜分离技术以选择性透过膜为分离介质，当膜两侧存在一定的电位差、浓度差或者压力差时，原料一侧的组分就会选择性地透过膜，从而达到分离、纯化的目的。一般而言，通过压力差（电位差）来影响浓度差，提高一侧的压力来促使目标成分分子通过膜来到另一侧而达到分离目的。在常温下，给需分离的药液加压，从而具备一定的压力和流速，药液流经膜面时，低分子量物质透过膜，高分子物质被截留。膜分离操作可以实现大分子截留除杂、小分子滤过除杂及脱水浓缩等效果。膜分离具有以下特点：一般是常温下进行，特别适合热敏性物质的除杂；分离过程没有相变化，能耗较低；分离系数大，易进行工业化生产。所以，膜分离是现代分离技术中效率较高的手段，可以用于部分替代过滤、吸附除杂、醇沉、重结晶、溶剂萃取和蒸馏等传统工艺。

4.2.6.2 主要工艺参数

（1）**膜分离的前处理** 中药提取液中含有一些固体杂质，如药材碎末、小的泥土砂石以及絮状沉淀等，不加处理直接用膜过滤会造成膜的污染，过快降低膜的通过效率，以及严重影响膜的使用寿命。因此，一般在使用分离膜前要对提取液进行相应的处理。主要是去除溶液中的不溶性杂质，使溶液变得澄清。可加入絮凝剂，使大部分悬浮物沉积，或用压滤或者离心分离去除较大的固体物质。

（2）膜的选择 根据膜的孔径和截留分子大小可分为：微滤膜（≥0.1μm）、超滤膜（10～100nm）、纳滤膜（1～10nm）、反渗透膜（≤1nm）。其中微滤膜截留粒子的直径大小为0.1～10μm；超滤膜截留分子量为上千至数十万的大分子；纳滤膜能截留分子量约300～1000的小分子物质；反渗透膜截留各种无机盐、金属离子和分子，主要用于水的脱盐纯化。

中药有效物质如黄酮类、三萜皂苷类、有机酸、生物碱等成分的分子量一般都在1000以下，而淀粉、纤维素、蛋白质等成分分子量在数千到数十万。中药提取液一般进行微滤后再超滤，分子量小于1000的物质会透过超滤膜，而大分子物质则被超滤膜所截留。如果有效物质是小分子物质，可选择透过液；如果有效物质是大分子物质，可选择截留液。如果想对小分子物质做进一步的分离，还可以用纳滤膜进行选择性滤过。

（3）操作参数 不同透过膜的压差是不一样的：微滤膜的压差一般是小于0.1MPa；超滤膜的压差为0.1～1.0MPa；纳滤膜的压差为0.5～1.5MPa；反渗透膜的压差为1.0～10MPa。而中药的膜分离一般是使用超滤膜。

一般而言，膜分离的工作压力与膜通量呈正相关关系。工作压力小则通过量低，影响工作效率；如果工作压力太大，虽会增加通过量，但是会大大增加膜面污染，缩短膜的寿命。透过膜会存在一个临界操作压力，当超过临界压力时，污染比较严重，膜通量出现下降，当操作压力小于临界压力时，污染较轻且透过量基本稳定，因此操作压力宜等于或略小于临界压力。

料液流速是指料液在膜表面平行前进的速度，理想状态是料液进行层流而不产生与膜相互作用的湍流，在膜上的液体向前流动时，会产生与膜正向的湍动及剪切力，这两者与流动方向呈正相关，增大料液流速会降低膜前滤饼层厚度，减小膜面浓差极化和沉积-凝胶层阻力，促进膜通量和分离效果的提高。

4.2.6.3 主要设备

膜分离器的核心部分是膜组件，根据膜的形式可以把膜组件分为管式膜组件、毛细管式膜组件、中空纤维膜组件、平板式膜组件和卷绕式膜组件。把上述的膜制成适合工业使用的构型，与驱动设备（压力泵，或电场，或加热器，或真空泵）、阀门、仪表和管道连成设备。在一定的工艺条件下操作，就可以用来分离水溶液或混合气体。如图4-16所示。

4.2.7 其他分离方法

（1）工业色谱法 目前主要用的是上文阐述的大孔树脂，但工业上也有用其他填料（如硅胶等材料）的，其基本用法类似于大孔树脂吸附分离。但是硅胶相较于大孔树脂，材料型号过于单一，吸附性能类似，且再生能力较差，限制了其使用范围。

（2）高速逆流色谱法 其原理类似于液液溶剂萃取，它的固定相和流动相都是液体，没有不可逆吸附，具有样品无损失、无污染、高效、快速和大制备量分离等优点，主要用于天然药物成分制备性分离和分析。

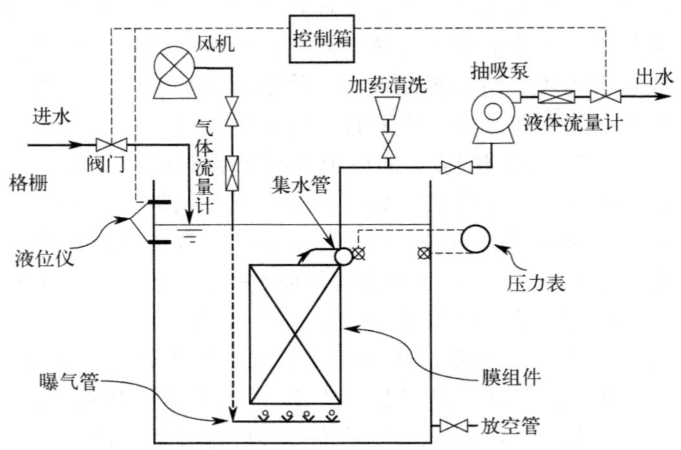

图 4-16 膜分离器

（3）**分子蒸馏技术** 分子蒸馏是指在高真空度条件下，加热使目标成分在远低于常压沸点的温度下挥发后冷凝，从而和其他成分分离的操作方法。该方法中各组分受热时间短，特别适用于分离沸点高、黏度大、热敏性的天然物料。在中药挥发油的提取和分离中，可结合分子蒸馏技术与超临界二氧化碳萃取技术，目前应用较为广泛。

（4）**分子印迹技术** 分子印迹技术是指利用功能单体制备跟目标分子外在空间结构相吻合的空腔，然后使用该空腔来捕捉和分离该结构或是结构类似物的技术。含有与目标分子外在空间结构相吻合的空腔的功能单体聚合物也叫分子印迹聚合物（MIP），该聚合物能镶嵌和结合与目标分子结构相同或是类似的分子，而与之结构相差很大的分子只有较弱的表面吸附作用，从而能高效地分离目标分子和其他分子。聚合物的制备方法是目标分子与适合的功能单体（小分子化合物）及交联剂混合使之反应后聚合，然后采用适当的方法将目标分子去除即得。该技术适合纯化提取后进行检测、分离提取液中的重金属离子或是小批量制备。

4.3 提取物标准化生产制备

4.3.1 标准化提取物的特点

（1）**具有比较严格的质量标准** 标准化植物提取物关键在于它具有严格而可控的质量标准，尽量保证了产品质量的均一性和有效性。质量标准主要内容包括植物基原、产地、采收时间、制备工艺（保密者不公开，但企业内部要有严格制备工艺）、性状、鉴别、检查、含量测定、卫生检查等。定量方面仅在检查项中就有水分、灰分、重金属、农药、溶剂残留等，定性方面有特征图谱等。

（2）具有相对明确的功能或药效物质基础 不管是单味药材还是复方制剂，其化学成分都非常复杂，但对不同的药理功效总有其特定的药效物质基础，研究这些物质基础是非常重要的。植物药的多成分决定了其作用的多靶点与多层次，因此特征图谱也是非常重要的。测定银杏叶提取物中槲皮素、山柰素和异鼠李素的含量以及白果内酯、银杏内酯A、银杏内酯B、银杏内酯C的含量，是因为它们是有效成分或指标成分。指标成分有时也是植物中的特征化学成分。

（3）具有特定的功能或药理活性 标准化植物提取物是某一大类或几大类成分的集合体，主要以组分为特征。组分中药的基础来源也应基于此。不同的作用点能体现中药的多系统、多靶点与多层次作用，还能体现一种药用植物或药材的主导作用。

（4）分析方法的一致性和可控性 一种过硬的分析方法不仅要快速、方便、稳定，更重要的是方法科学和可控。例如贯叶连翘（标准）提取物在1997年以前是用紫外吸收法来测定金丝桃素。某些生产商在提取物中加类似物来增加比色法的吸收度，从而提高“含量”以蒙混过关。当然方法是会随科学发展和人们对该品种的研究而不断进步的，相信此类情况会逐渐消失。

4.3.2 建立提取物标准化体系“两个标准、三个规程”

植物提取物之所以可以作为中药国际化的桥梁产品在国际市场上流通，首先是由于指标成分能在作用机制和现代药理中找到良好的对接点，其次是对植物提取物生产的过程及终端产品辅料的控制，使批间质量相对均一和有害物质尽可能可控。对未完全清楚成分的植物提取物只能用相对稳定的原料和规范的生产工艺过程进行控制，否则可能连颜色、气味都无法一致，更做不到质量均一。将相对不稳定的中药材制造成相对稳定的制剂产品，标准化及过程质量控制是关键。

为推动提取物的行业标准建设，各有关部门已做了大量工作并取得了阶段性的成绩。目前需要重视和加强的是有国际影响力和市场影响力的重要植物提取物行业标准的出台。这是一项系统工作，需要基础研究与应用研究的支持，也需要专利的支持，还需要在技术或应用方面的领先或创新来支持。因此，需要有关各方积极配合协调，共同推动此类高水平国际性标准的制定。

提取物行业发展这么多年以来，已探索出以“两个标准、三个规程”（两个标准：药材标准、提取物标准。三个规程：原料SOP、工艺SOP、检测SOP）理论作为技术路线，因此可以相对有效地控制植物提取物生产过程，将相对不稳定的原药材生产为相对稳定的提取物或产品，使其标准化。应加大鼓励提取物企业按“两个标准、三个规程”实施生产过程的标准化建设（图4-17）。

（1）建立原药材质量标准 植物提取物的源头为原药材，这是生产合格植物提取物的第一步，也是至关重要的一步。

首先是基原，“同名异物”的中药品种在混用。如防己有粉防己和广防己之分，麦冬有麦冬和山麦冬之别，其他如木通、沙参、防风等皆如是。如今药市行情名录中常见防己（广统、粉统）、麦冬（杭统、川统、鄂统）、防风（关统、水统）等名目，更有只写单名，如沙参、木香、贝母等。其间不乏出于价格因素而有意混杂者，如把山麦冬混入麦冬，河北枸杞子混入宁夏枸杞子等。某些进口药材如乳香、没药、丁香、肉桂等亦不分生产国

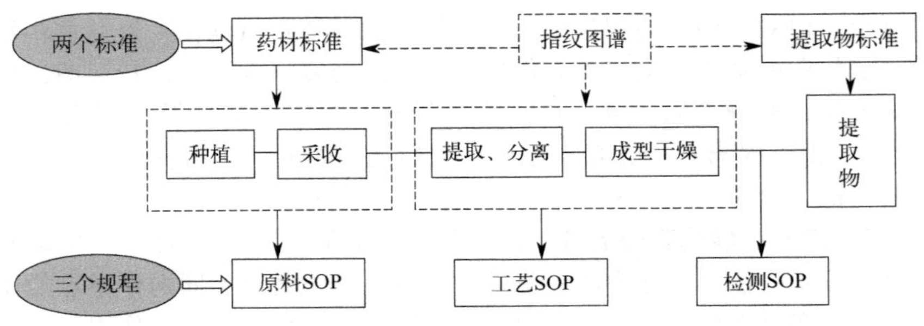

图 4-17 “两个标准、三个规程”

家，导致混用，加之亦存在以次充好的现象，无疑会造成临床疗效的下降。枳实为芸香科植物酸橙 *Citrus aurantium* L. 及其栽培变种或甜橙 *Citrus sinensis* Osbeck 的干燥幼果，柑、橘、橙等幼果一般都可作枳实药用。提取物厂家为了生产以辛弗林为指标的枳实提取物，在枳实药材的采购上一般要求辛弗林含量在1%左右，只要柑、橘、橙等幼果中辛弗林含量在1%左右，就可以作为枳实提取物的原料。可想而知，不同基原的枳实提取物的质量会相差很大。

其次是环境，盲目异地引种药材。所谓橘生淮南则为橘，生于淮北则为枳早已为人熟知，中药材历来讲究道地，不同产地的同种药材其药性、药效也不尽相同。近年来，在利益的驱使下，各地盲目引种如太子参、川芎、丹参等药物。由于生态环境的制约而造成品质变化，其中就有不符合《中国药典》标准的产品，从而影响临床疗效。

第三是采收年限和部位，现在许多多年生药材不到生长年限就被采挖。如黄芪应5～6年生，直径2～3cm，达到这样的标准，其根才可以入药。但现在有的仅栽种1年，根细如筷子，就被采收了。皮类药材如杜仲、厚朴等，应以生长10～15年、皮厚3～6mm的树皮入药，而今有的皮厚不到1mm就被采剥上市了，此类药材质量可想而知。

为了实现中药质量稳定与可控，对中药材种植推行质量管理规范是十分必要的。种植规范的实施将有利于中药材质量趋向均一和稳定。而质量相对稳定的中药材是中成药生产的物质基础。但是，我们还应考虑到，中药材品种繁多，来源复杂，除了人控因素以外，还有许多天控因素。如特定的自然环境、温湿度、无霜期、日照、风、土壤等。无论如何，目前我们还不可能完全控制自然因素。所以GAP还不能完全解决中药材的质量问题。在同一个GAP的人工控制条件下，生产出来的中药材的质量也只能趋向稳定，不可能做到均一。为了更好地利用我国宝贵的中药材资源，特别是质地稍差的药材，有选择地发展植物提取物，创造条件实现植物提取物的质量标准化，进而采用先进的技术促进植物提取物的产业化进程，是一个保证中成药稳定性和均一性的科学方法。

另外，农残、重金属、外源性污染的限量要求也应从源头上控制。所以，应制定与提取物产品标准相适应的原药材标准。

（2）原料SOP 多年的生产实践证明，原药材的采收季节、采收部位、加工方式（如阴干、晒干、烘干或直接使用鲜活药材）及储藏条件与最终提取物的内在质量有直接关系。因此，对原药材采收季节、采收部位、加工方式、贮存条件等制定简便的标准化操作规程，在现阶段GAP未全面推广的状态下，既可行，也最为现实。

贯叶连翘为藤黄科植物贯叶连翘 *Hypericum perforatum* L. 的干燥地上部分。通过采用 HPLC 法对不同采收部位、不同加工方法原药材中金丝桃素、贯叶金丝桃素的含量进行考察发现，相同来源的贯叶连翘原药材，采用同样的提取工艺，因采收部位、加工方式不同，原药材中指标成分的含量变化较大。研究表明，贯叶连翘应该在 8 月左右，花盛期采收，花尖下 30cm 左右最合适。同时应避免暴晒，以阴干的加工方式为宜。如表 4-1、表 4-2 所示。

表 4-1 原药材不同采收部位中金丝桃素、贯叶金丝桃素的含量

部位	金丝桃素含量/%	贯叶金丝桃素含量/%
花	0.085	0.198
叶	0.040	0.190
茎	0.005	0.067
根	0.008	0.063
全草	0.034	0.135

表 4-2 不同加工方式原药材中金丝桃素、贯叶金丝桃素的含量

加工方式	金丝桃素含量/%	贯叶金丝桃素含量/%
阴干	0.075	0.178
晒干	0.040	0.089
烘干	0.035	0.067
鲜药材	0.098	0.183

原药材采收时间不同或经过不同加工方式，同种药材之间的化学成分也相差较多，必然会导致最终提取物的质量不一致。为了控制产品的质量，尽可能地减少产品批次间的差异，我们必须严格规范药材生产工艺 SOP。

（3）工艺 SOP 植物提取物的成分检验标准的量化指标不可能涵盖全部的内在成分，所以，这样的质量控制标准就不能完全做到监控植物提取物的质量。因此，对同一标准的植物提取物，其提取的工艺过程应执行标准化操作规程，否则，即使植物提取物符合指标成分检验标准，也因工艺的差异，导致其产品内在质量不一样。

同样来源的红车轴草原药材，采收部位、加工方式完全相同，经过不同的提取工艺所得的提取物产品中芒柄花素的含量也不相同。因提取工艺不同所得的产品内在质量不同，即使提取物指标成分合格，也无法保证其他成分包括药用成分能符合要求。为了得到标准化提取物产品，我们必须采用标准化的生产工艺。

（4）检测 SOP 判断某个植物提取物的质量，可能因所使用的检验方法、仪器、前处理方法等不一致，而直接导致检验结果的较大差异，尤其是前处理方法不当往往造成检验结果的失真。因此，要建立标准化检验标准操作规程，保证对产品质量评价的一致性。

植物提取物要求对效标成分和有害物质进行定量分析，或与标准品进行对照，或采用指纹图谱进行鉴定，对原料、生产过程和成品均需进行严格检测。因此，在植物提取物的质量控制中，现代的分析方法和仪器是必不可少的，以 HPLC 应用最为广泛，同时 GC、HPCE、GC-MS、HPLC-MS、UV、原子分光光度法和仪器也常常用到。

由于植物次生代谢产物的生成受遗传和环境因素共同控制，具有一定的不确定性及特殊性，且考虑到其成分（或组分）与功能之间的复杂关联以及工艺技术在知识产权保护方面的确切需求，应当构建一个专利与技术秘密相结合的多层次复合保护体系，以确保有效保护。符合产品发明的应采用专利方式，如有效成分清晰明确的天然药物和某些植物提取物；对于不符合发明条件的可（沿）用方法专利限定保护范围并延伸到该方法获得的产品，也可辅以相关技术，该“秘密”方式就是指纹图谱技术，用此

来保护自己的每一点创新。正如每个人都有指纹而且指纹各不相同一样，每一味中药的特性和有效成分也千差万别。借助计算机和现代分析技术，可以将植物提取物的特性和有效成分采用图谱的形式描绘出来，使其拥有“唯一”的特征图谱。一方面采用中药指纹图谱的方式，能有效表明该提取物的质量，相当于为产品贴上了“化学条形码”。另一方面，使产品有了自己独有的质量控制标准，结合 HPLC、LC-MS 等高科技含量的质控手段制定该产品的系列标准。因此，实施植物提取物的质量标准和指纹图谱研究是形势发展的必然要求。

在检测红车轴草提取物中芒柄花素时，不同的检测前处理方法会导致对产品质量评价不一致的结果。取同一批红车轴草提取物，采用回流提取和超声提取这两种最常用的检测前处理方法，结果表明，回流提取比超声提取的效果明显要好。

同样的提取物产品因为检测前处理方法不同，导致对产品质量评价不相同，若不经考察比较，则可能使本来合格的提取物产品的品质判断受到影响，所以评价提取物质量时同样还要规范检测 SOP。如使用 UV 方法判断某一指标含量与 HPLC 方法可能相去甚远。

（5）建立植物提取物的质量标准　为了保护植物提取物或产品的声誉，应规范植物提取物或产品的质量标准，并使其与国际市场的标准对接，尤其在指标成分、指纹图谱、农残、重金属、外源性污染等方面，应制定相关含量指标及限量要求，严格按照“两个标准、三个规程”生产标准化提取物，建立植物提取物的质量标准。

植物提取物的标准化、规模化生产是中药现代化的重要环节。应提倡逐个品种探索植物提取物的标准化、规模化、商品化，条件成熟后还应大力推行。如果保健食品或中成药制剂的生产，可以将标准化提取物作为中间体原料，这里说的中间体可以是单味的，也可以是复方的，像化学原料药的中间体一样，将能促进植物提取物的商品化。这样可以提高资源的综合利用水平，也有利于中药可持续发展，有利于统一产品质量标准，真正做到产品质量稳定、可控。同时也有利于提高中药产业整体技术水平和规模化、集约化水平，对于促进中药国际化也具有重要意义。

我国植物提取物在研制、生产、流通等各个环节，从宏观到微观尚缺乏必要的管理规范，产品多，规格杂，生产企业小而多，经营渠道混乱，产品质量良莠不齐。植物提取物标准的建立，将从硬件设备和软件技术各方面对企业提出更高要求，提高行业准入门槛，从而起到净化市场、规范企业行为、淘汰劣质产品和劣质企业的作用，使有限的社会资源集中流向一些在竞争中胜出的企业，国内植物提取物行业格局将为之一新。

我国植物提取物是近年来从中药产业中分化出来的新兴领域。植物提取物标准的建立，将通过促进整个植物提取物行业的规范化和产业化，进而促进中成药的生产分化为原料生产和制剂生产两部分。这种专业化分工，有利于提高中药生产经营的规范化和集约化水平。无论从经济还是从资源保护角度出发，我们都应当减少中药材的出口，加大提取物和制成品的出口。但中成药作为制成品涉及问题复杂，尤其是法规和技术方面的壁垒短期内难以实现较大的突破。而从中药材到提取物往往只需要仪器设备、生产工艺、分析检测技术等方面的提高，比成药出口相对容易。植物提取物具有开发投入少、技术含量高、产品附加值大、国际市场广阔等特点，发展潜力巨大。因此有专家建议可以通过建立 GEP 促进我国植物提取物质量标准化，并以此为突破口先在欧美等国际市场站稳阵脚，随后在此基础上过渡到单味中药和组方简单、疗效确切的复方中药制剂的出口，从而循序渐进地将我国中药推向世界。

标准化提取物的发展为中药的现代化走出一条新路，前景广阔。但是存在的问题还很多，如将各种中药单独制成提取物，用时组成方剂，有人认为忽视了多种中药混合煎煮的相互作用，如果将各种药混合提取制成成药，又忽视了辨证施治，随症加减；还有人认为所谓有效成分不能代表中药的作用基础，而现实情况是很多中药的有效成分并不清楚。这些都将成为提取物发展的障碍。

4.4

天然药物结构修饰

天然药物活性成分结构修饰是为了提升原有结构的疗效和降低其毒副作用。其一，提高药物的机体吸收能力，药物的水溶性有助于在机体体液环境下的分散，其脂溶性有助于其转运和吸收，药物结构修饰后能够改善溶解性能从而影响药物的吸收。结构修饰后的前体药物在改善吸收性能被机体吸收后，在体内转化为母体药物，从而发挥药效。其二，延长药物在体内的作用时间，主要是减缓药物的代谢速度，有利于减少给药次数和提高给药效率。其三，改变药物的作用部位，比如有神经毒性的药物可以通过结构修饰降低在神经系统的浓度和作用效果。其四，很多羧酸和酚类药物变成相应的酯后，其毒副作用会有所降低，但是在体内吸收后会水解变成原药，并不影响其治疗效果。其五，延长药物贮存时间，有的药物还原性较强，在日常存放过程中易被氧化失效，可经过结构修饰增加稳定性。其六，还可以通过结构修饰改善溶解性能，矫正不良气味等。

4.4.1 化学法

天然药物中存在着众多有药理活性的化合物，具有多样性和复杂性结构，以此类化合物为先导物是产生新药的重要途径。天然化合物是良好的先导物，但很多成药性不是很好，只有通过结构修饰增效降毒才能取得很好的临床效果，而化学合成方法是结构修饰的主要和首要的方法。

化学合成方法主要通过以下三种方式来进行天然药物的结构修饰。其一，在天然药物的原有结构上进行改进。例如青蒿素是在青蒿中发现的有效治疗疟疾的药物，但是也存在溶解性差、复发率高从而导致疗效不够理想的缺点。后期通过结构修饰合成了双氢青蒿素、青蒿琥酯和蒿甲醚，临床效果更好。其二，通过同一植物内的前体化合物合成目标产物。如紫杉醇是从红豆杉植物中分离的一种二萜类化合物，用于治疗乳腺癌、卵巢癌及部分头颈癌和肺癌。但是在植物中的含量过低，一般都低于0.07%，全合成也存在过程过于复杂、收率低和成本高的缺点。故利用植物内含有的紫杉醇前体化合物进行半合成，也成为紫杉醇重要的来源。其三，合成天然药物的结构类似物。如利用有效治疗肝炎的天然药物五味子丙素作为先导化合物，合成一系列的结构类似物，并从中筛选出联苯双酯和双环醇等临床治疗效果非常好的药物。

4.4.2 酶法

部分天然药物结构复杂，有的还含有手性中心，使用化学方法合成存在条件及过程复杂、成本高、污染大的缺点。而酶法进行结构修饰则具有反应条件温和、污染小的特点，特别是具有较高的立体、局部与基团选择性，能完成一些化学方法难以实现的反应。同时酶法反应产物被认为是环保和天然的，而化学合成药物属于非天然药物，所以酶法反应是化学合成的有力补充。

酶催化天然药物进行结构修饰主要涉及羟基、糖苷基及酰基等。特定的酶可以定向高效地进行结构改造，羟化酶可以在分子结构中引入羟基，糖基化酶可以生成相应的糖苷，环化酶可引发环化反应等。在自然界中微生物与植物中普遍含有羟化酶，它可以在天然药物分子的某一位置引入羟基完成结构的修饰。植物的物质代谢过程中，需要通过酶自身调节机制作用，使化合物由非结合态转化为结合态，而其中糖基化就是主要的转化方式，经糖基化修饰后其生物活性会发生改变，一般来说结合态的稳定性强且细胞毒性降低。另外，比较常见的酶促反应还包括糖苷水解酶与脂肪酶促进的水解反应、异构反应、氧化反应、酰基化反应与烷基化反应等。

4.4.3 其他方法

其他方法包括微生物和植物细胞的转化修饰，同时这些方法也属于广义上的酶法修饰。微生物培育代谢过程中会产生一系列的具有特定活性的酶，可以利用其中的一种或多种酶对天然药物的特定部位或基团进行催化反应。微生物种类繁多，其自身一般都具有一套特殊的酶系，所以可以优选易培养、转化率高的菌种进行相应的转化修饰。另外，植物细胞生物转化，是选取自身产生包括该天然药物在内的次生代谢产物的原植物，建立该植物细胞培养体系。可以选取植物细胞、原生质体以及组织器官等，目前主要应用的植物细胞转化体系有悬浮细胞转化系统、固定化细胞转化系统和发根转化系统等。

主要参考文献

[1] 胡辉，李冬，彭燕．中药水提取液常用精制方法及其应用进展[J]．新疆中医药，2008，26（5）：65-67.

[2] 翟莲，宋凯凯，刘瑞锦．中药水提液纯化研究进展[J]．齐鲁药事，2011，30（5）：296-297.

[3] 宋玉鹏，刘凯洋，陈海芳，等．多溶剂萃取法分离制备陈皮中的川陈皮素和橘皮素[J]．中国新药杂志，2017，26（8）：952-956.

[4] 崔春雨，杨宇婷，肖丽，等．液-液萃取法从金银花中分离纯化绿原酸[J]．山东化工，2020，49（10）：24-25.

[5] 闫治攀，武瑞洁．超滤膜分离技术在中药制剂生产中的应用进展[J]．中成药，2018，40（7）：1571-1575.

[6] 廖辉，金晨，何玉琴，等．分子印迹技术在中药化学成分富集分离中的应用研究进展[J]．中国药

房，2017，28（4）：543-546.
[7] 刘耀武，栗进才，夏成凯．关于天然药物活性成分结构修饰与改造的研究探讨[J]. 时珍国医国药，2009，20（6）：1553-1555.
[8] 方起程．天然化合物结构修饰是创制新药的重要途径[J]. 中国新药杂志，2006，15（16）：1321-1324.
[9] 姜忠义，许松伟，吴洪．天然产物的酶法结构修饰[J]. 有机化学，2002，22（3）：220-226.
[10] 贺赐安，余旭亚，孟庆雄，等．生物转化对天然药物进行结构修饰的研究进展[J]. 天然产物研究与开发，2012，24（6）：843-847.

第5章
中兽药制剂

5.1

制剂剂型与生产

5.1.1 散剂

5.1.1.1 概述

（1）散剂的含义 散剂系中药饮片、中药提取物或与适宜的辅料经粉碎、均匀混合制成的干燥粉末状制剂。

（2）散剂的特点

① 散剂的优点：散剂粉末比表面积大，易分散，药物溶出速度快，奏效迅速，可以用于急性病的治疗；散剂制法简单，剂量易于调节，可以分剂量，便于运输、携带、贮藏，便于服用；散剂不含液体，因此相对比较稳定；散剂可以外用，外用时，覆盖面较大，对创面有一定的机械性保护作用，还可以吸收分泌物、促进凝血和愈合。

② 散剂的缺点：由于药物粉末的比表面积较大，药物气味（如臭味）、吸湿性、刺激性和相关化学活性也相应增加，因此易吸湿、易氧化、刺激性大、腐蚀性强，含挥发性成分较多的药物不宜制成散剂。此外，剂量大的散剂，较口服液、颗粒剂、丸剂和片剂等不易服用。

（3）散剂的分类 散剂既可作为药物剂型直接使用，亦是制备混悬剂、胶囊剂、丸剂等剂型的基础，可以根据给药途径、处方药物组成、分装剂量和药物性质进行分类。

① 按给药途径：可分为口服散剂和局部用散剂。口服散剂一般溶于水或其他液体，也可以直接以水送服。局部用散剂可以在皮肤、口腔、咽喉等处使用。有些散剂既可以口服，也可以局部用。

② 按处方药物组成：可以分为单散剂和复方散剂。单散剂由一种药物组成，复方散剂通常含有两种及以上药物。

③ 按分装剂量：可以分为分剂量散剂和不分剂量散剂。分剂量散剂将散剂分为分次服用的单独剂量，多为内服。不分剂量散剂以总剂量形式包装，外用、内服均可。

④ 按药物性质：可以分为含毒性药散剂、含浸膏散剂、泡腾散剂、含低共熔混合物散剂、含液体成分散剂等。其中，含浸膏散剂包含中兽药可溶性粉剂，由中药水溶性提取物经一定浓缩、干燥、粉碎工艺后制备而成，其工艺简单，在水中溶解快，能更好地发挥药效，在畜禽养殖业中广泛应用。

（4）散剂的粒度要求 制作散剂的原料药均应粉碎。中兽药一般散剂应通过二号筛（24 目）；用于烧伤或严重创伤的外用散剂通过五号筛（80 目）的粉末重量不少于总重的95%；眼用散剂应通过九号筛（200 目）。

现代药材粉碎技术的发展为散剂具有粉末更细、给药更方便、药材生物利用度更高等优势提供了可行性，中药饮片经现代超微粉碎技术加工，粒径可小于 45μm。

5.1.1.2 散剂的制备方法

（1）一般散剂的制备 一般散剂的制备流程包括：

物料→粉碎→过筛→混合→分剂量→质量检查→包装→成品。

① 粉碎与过筛：饮片或提取物均应根据药物的性质及临床用药的要求来选择适宜的方法和设备。粉碎是借机械力将大块固体物料破碎成合适粒度的操作过程。粉碎的方法可分为混合粉碎和单独粉碎，一般药物应单独粉碎，若处方中某些药物的硬度和性质相似或单独粉碎过黏、含糖类较多，可进行混合粉碎。对于一般药物可采用干法粉碎，毒性药物或贵重药可加入适当的液体用湿法粉碎以减少扬尘。常温下粉碎困难的药物，可利用物料在低温环境下脆性增加的特性，采用低温法进行粉碎。过筛是指粉碎后的药物借助筛网将粗粉和细粉进行分离的操作。大量生产时会将粉碎和过筛联动化，从而降低生产成本，并保证产品质量。

② 混合：将两种以上组分的物质混合均匀的操作称为混合。混合好的散剂应含量均匀、色泽一致。混合的方法包括研磨混合法、搅拌混合法和过筛混合法。

③ 分剂量：分剂量系指将混合均匀的散剂按照所需剂量分成相等份数的操作。常用方法有目测法、容量法和重量法。目测法较为简便但误差较大，适用于药房临时调配少量普通散剂。容量法易自动化操作，效率高，测量较为准确。重量法是按规定剂量用天平或戥秤逐包称量，该法剂量准确，但往往操作效率低。近年新兴药剂设备发展迅速，可以满足相应需求，特别适用于含毒性药物或贵重细料药物的散剂。

（2）特殊散剂的制备

① 含毒性药物的散剂：此类药物剂量小，有效剂量与中毒剂量接近，为使用药剂量准确，常在毒剧药物或含毒性成分中药饮片粉末中添加适量的稀释剂，采用等量递增法混合制成散剂使用。根据药物的稀释比例，稀释散通常又称为倍散，例如一份药物与九份稀释剂混匀制成的散剂称为十倍散。稀释剂应是惰性粉末，常用乳糖、淀粉、糊精、硫酸钙等，而以乳糖最佳。

② 含低共熔混合物的散剂：当两种或两种以上的药物混合时出现润湿或液化的现象称为低共熔现象，如薄荷与樟脑、薄荷脑与冰片、樟脑与水杨酸苯酯等。

制备此类散剂通常有两种方法，可先形成低共熔物，再与其他固体粉末混匀或分别以固体粉末稀释低共熔组分，再缓缓混合均匀。在选择方法时应考虑形成低共熔混合物对药效的影响以及处方中其他固体药物的剂量，若药物形成低共熔物后药效增强，则宜先形成低共熔物后再与处方中其他药物混合，若药物形成低共熔物后，药理作用减弱，则应分别用其他组分稀释，尽量避免低共熔现象。处方中若含有挥发油或其他可与低共熔物相溶的液体时，可以将低共熔混合物溶解于其中，再采用喷雾法加入其他固体成分中混合均匀。

③ 含液体药物的散剂：当处方中含有挥发油、酊剂、流浸膏剂、药物煎液等液体药物时，应根据液体药物性质、剂量及处方中其他固体药物粉末的量而选择不同的处理方法。液体组分量较小，可用处方中的固体组分吸收该部分的液体后进行研匀；液体组分量较大，处方中的固体组分不能完全吸收，可另添加适量的稀释剂如磷酸钙、淀粉、糖粉、乳糖等辅料吸收；液体组分量大且有效成分为非挥发性物质时，可加热去除一部分水分，后用固体组分的药物将其吸收；液体组分过多，有效成分为热敏性药物，需加入适宜的辅料如乳糖、淀粉、蔗糖来吸收该部分液体组分，添加以不湿润为度。

5.1.1.3 散剂的质量检查

散剂的主要检查项目包括外观均匀度、粒度与水分。分剂量的散剂还应检查其装量或装量差异。

（1）外观均匀度 制备散剂应混合均匀，使成品色泽一致。检查其外观均匀度时，取适量供试品于光滑纸上，平铺约 $5cm^2$，将其表面压平，在明亮处观察应见其色泽均匀，无花纹、色斑。

（2）粒度 散剂的粒度按照《兽药典》2020 年版（二部）粒度和粒度分布测定法（附录 0941）中单筛分法进行检查。除另有规定外，取供试品 10g，称定重量，置于配有密合接收容器的药筛中，筛上加盖。按水平方向旋转振摇至少 3min，并不时在垂直方向轻叩药筛。待不再有粉末通过筛网时，取接收器中的粉末称定重量，计算其所占比例。

中药散剂一般要求通过二号筛（24 目）；外用散剂要求通过五号筛（80 目）的粉末重量不应少于 95%；眼用散剂应能通过九号筛（200 目）。

（3）水分 散剂应干燥、疏松，一般应密闭贮存，原料药物含挥发性成分或易吸潮者应密封贮存。参照《兽药典》2020 年版（二部）水分测定法（附录 0832）进行检测，一般散剂采用烘干法测定，以挥发性成分为主的散剂采用甲苯法测定。除另有规定外，水分不得超过 10.0%。

（4）装量与装量差异 对于外用散剂和装量大于 50g 的散剂，应参照《兽药典》2020 年版（二部）最低装量检查法（附录 0931）进行检查（表 5-1）。取供试品 5 个（50g 以上者 3 个），称量并计算各供试品内容物装量及平均装量。若有 1 个容器装量不符合规定，则另取 5 个（50g 以上者 3 个）复试，应全部符合规定。

表 5-1 最低装量检查法标准

标示装量	平均装量	各容器装量
20g 以下	不少于标示装量	不少于标示装量的 93%
20g 至 50g		不少于标示装量的 95%
50g 以上至 500g		不少于标示装量的 97%
500g 以上		不少于标示装量的 98%

对于标示装量不超过 50g 的内服散剂，应对其装量差异进行检查（表 5-2）。取供试品 10 份，分别称定每份内容物的重量并与标示装量比较，超出装量差异限度的不得超过 2 份，且不得有 1 份超出限度 1 倍。

表 5-2 散剂装量差异检查标准

标示装量	装量差异限度
1g 或 1g 以下	±10%
1g 以上至 6g	±8%
6g 以上至 50g	±5%

（5）无菌与微生物限度 用于烧伤或严重创伤的外用散剂，应在清洁避菌环境下配制，并应参照《兽药典》2020 年版（二部）无菌检查法（附录 1101）进行检查。在散剂制备通则部分，《兽药典》中虽未提及对制剂微生物限度的要求，但在非无菌产品微生物限度检查（附录 1102、附录 1103）及非无菌兽药微生物限度标准（附录 1104）部分对于检查方法及合格标准有详尽规定，可依此进行检查。

5.1.1.4 散剂的生产工艺流程

散剂的生产工艺流程如图 5-1 所示。

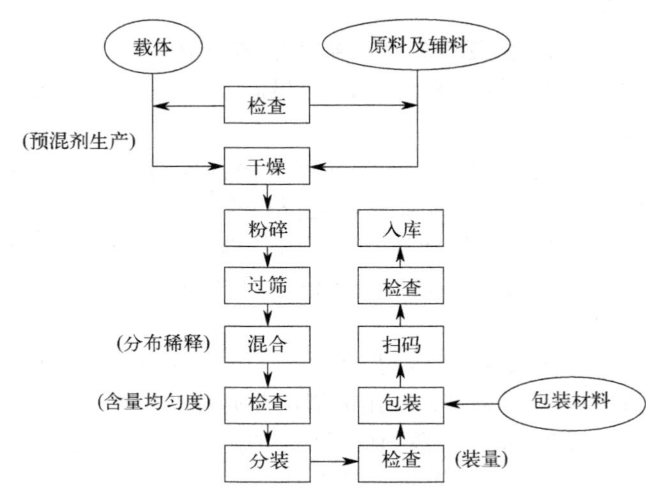

图 5-1 散剂的生产工艺流程图

5.1.2 颗粒剂

5.1.2.1 概述

(1)颗粒剂的含义 颗粒剂指中药提取物与适宜的辅料或饮片细粉制成具有一定粒度的干燥颗粒状制剂。

(2)颗粒剂的特点 颗粒剂的优点：颗粒剂可以直接吞服或溶解在水中服用；颗粒剂吸收快，起效迅速；颗粒剂飞散性、附着性、聚结性、吸湿性小，有利于分剂量；颗粒剂可以加入芳香剂、矫味剂、着色剂等辅料，适口性好，服用方便；颗粒剂的生产工艺适合工业化生产；颗粒剂携带、贮藏和运输方便。此外，颗粒剂经过包衣后，可以根据包衣的性质不同，获得肠溶、缓释和防潮等功能。

颗粒剂的缺点：颗粒剂制作成本相对较高；有些颗粒剂含有中药浸膏等成分，容易吸潮、软化、结块、潮解，从而导致微生物繁殖、药物降解等。因此颗粒剂需要注意密封保存，在干燥处贮藏，防止受潮。

(3)颗粒剂的分类 按溶解度性能和溶解状态的不同，颗粒剂可分为可溶性颗粒剂、混悬性颗粒剂和泡腾性颗粒剂。

可溶性颗粒剂可分为水溶性颗粒剂和酒溶性颗粒剂，中药颗粒剂以水溶性颗粒剂为主。酒溶性颗粒溶于白酒，服用前加一定量饮用酒，即溶为药酒。混悬性颗粒剂指难溶性原料药物与适宜辅料混合制成的颗粒剂，服用前加水或其他液体，可分散成均匀混悬状。泡腾性颗粒剂指含有碳酸氢钠和有机酸的颗粒剂，遇水可产生大量二氧化碳气体而呈泡腾状。

颗粒剂也可按照制粒工艺不同分为湿法颗粒剂和干法颗粒剂。湿法颗粒剂为传统工艺颗粒剂，基本工序为：中药饮片→提取→浓缩→加辅料混合→湿拌料→挤出制粒→干燥→颗粒。干法颗粒剂为新技术工艺颗粒剂，基本工序为：中药饮片→提取→浓缩→干燥→加辅料混合→干拌粉→挤压制粒→颗粒。

相对于传统湿法颗粒剂而言，干法颗粒剂具有以下优势。①生产工序流畅，更符合规模化大生产需要，便于生产管理。生产过程中可优先生产出某个制剂的中间品（提取物干燥粉末或与辅料混合均匀的提取物干燥粉末），后根据排产需求压粒、整粒、外包，即得。②节省能源。干法制粒为先干燥再混合制粒，相对于湿法制粒把干燥工序放至最后而言，干燥物料量更少，故更节省能源。③满足产品的高浓度需求，干法制粒较湿法制粒可有效提高药物含量。

5.1.2.2 颗粒剂的制备方法

颗粒剂根据其分类不同，制备的方法不尽相同。颗粒剂的一般制备工艺流程如下：

中药饮片→提取→精制→制粒→干燥→整粒与分级→分剂量→包装→成品。

（1）水溶性颗粒剂的制法

① 饮片的提取：制备水溶性颗粒时多采用煎煮法提取，也可根据饮片中有效物质的性质采用渗漉、浸渍或回流等提取方法。含芳香挥发性成分的饮片一般以水蒸气蒸馏法提取挥发性成分，药渣再加水煎煮提取剩余的有效成分。对热敏感或易挥发的有效成分，应采用超临界流体提取法、连续逆流提取法等低温动态浸提工艺。

② 提取液的精制：提取液的精制方法多采用乙醇沉淀法，目前也有高速离心、大孔树脂吸附、絮凝沉淀、膜分离等方法。精制液可浓缩成密度适宜的稠浸膏，也可进一步干燥成干浸膏，或直接将精制液喷雾干燥后用湿法或干法制粒。

③ 辅料的选用：水溶性颗粒常用的辅料为糖粉和糊精。其他赋形剂还有乳糖、可溶性淀粉、甘露醇、羟丙基淀粉等。制备颗粒剂可适当添加矫味剂或芳香剂。辅料的用量可根据清膏的相对密度、黏性强弱等适当调整，但辅料的总用量不得超过清膏量的 5 倍。以干浸膏细粉作为原料制粒时，辅料的用量不超过其重量的 2 倍。

④ 制颗粒：常用挤出制粒、快速搅拌制粒、流化喷雾制粒、干法制粒等方法，这一步是制备颗粒剂的关键步骤。

- 挤出制粒法：先将中药浸膏制备软材，其操作为将赋形剂置于适宜的设备内混合均匀，加入药物清膏或干膏搅拌均匀，然后加入适量的乙醇调整湿度，制成“手握成团、轻压即散”的软材。软材黏性太强所制得的颗粒坚硬，软材黏性太弱所制得的颗粒松散、细粉多。软材合格后使用机械挤压使其通过筛网制得均匀的颗粒。
- 快速搅拌制粒法：将固体辅料或药物细粉与清膏置于快速搅拌制粒机内，通过调整搅拌桨叶和制粒刀转速，制得粒度大小适宜的湿颗粒，干燥，整粒，即得。
- 流化喷雾制粒法：过热空气将干浸膏与适宜辅料悬浮成流化状态，加入适宜润湿剂，雾化加入，经黏合、干燥得干颗粒，该法多用于低糖或无糖型颗粒剂的制备。
- 干法制粒法：将干浸膏细粉与适宜的干燥黏合剂等辅料混匀，经干挤制粒机压成薄片再粉碎成颗粒，该法可提高颗粒稳定性，降低辅料使用量。

⑤ 干燥：湿颗粒经过适当的方法除去水分。干燥常用的方法有烘箱加热法、真空干燥法、流化床干燥等。干燥温度一般在 60～80℃为宜，温度应逐渐上升，以免颗粒表面因干燥过快而结块，从而影响颗粒内部的水分蒸发。

⑥ 整粒：湿粒干燥过程中，颗粒间可能发生相互粘连，致使部分颗粒形成块状或条状，必须通过解碎或整粒以制成一定粒度的均匀颗粒。一般应按粒度规格的上限，过一号筛，把不能通过筛孔的部分进行适当解碎，然后再按照粒度规格的下限，过五号筛，进行分级，除去粉末部分。芳香性成分或香料一般溶于 95％乙醇中，雾化喷洒在干燥的颗粒上，混匀后密闭放置规定时间后再进行分装。

⑦ 包装：整粒后的干燥颗粒应及时密封包装。应选用不易透气、透湿的包装材料，如复合铝塑袋、铝箔袋或不透气的塑料瓶等，将包装好的颗粒置于阴凉干燥处贮存。

（2）酒溶性颗粒剂的制法 酒溶性颗粒所含有效成分及所用辅料应能溶于白酒，通常可酌情加入糖粉或其他可溶的矫味剂。处方中饮片的提取，以60%左右的乙醇作为溶剂，一般采用渗漉、浸渍或回流等提取方法，提取液回收乙醇后，浓缩至稠膏状，备用。制粒、干燥、整粒、包装等制备工艺同水溶性颗粒。

（3）混悬性颗粒剂的制法 通常将处方中部分饮片制成稠浸膏，另外部分饮片制成细粉，或将可溶性提取物加入不溶性赋形剂，再按照颗粒剂制备方法制成颗粒，加水后不能全部溶解，呈混悬状态。一般将处方中挥发性、热敏性或淀粉较多的饮片及贵重药粉碎成细粉加入，兼作赋形剂，降低成本。

（4）泡腾性颗粒剂的制法 泡腾颗粒制备时，先将方药制成稠浸膏或干浸膏粉，分为两份，一份中加入有机酸及其他适量辅料制成酸性颗粒，干燥备用；另一份中加入弱碱及其他适量辅料制成碱性颗粒，干燥备用。再将两种颗粒混匀，整理，包装，即得。应注意严格控制颗粒中的水分含量，以免提前发生酸碱反应。

5.1.2.3 颗粒剂的质量检查

颗粒剂的质量检查项目主要包括粒度、水分、溶化性及装量，同时对于颗粒剂的外观性状及微生物限度也有所要求。

（1）外观性状 颗粒剂应干燥、颗粒均匀、色泽一致，无吸潮、软化、结块、潮解等现象。

（2）粒度 颗粒剂的粒度按照《兽药典》2020年版（二部）粒度和粒度分布测定法（附录0941）中双筛分法进行测定。除另有规定外，取供试品30g，称定重量后置于双层药筛上层，上层药筛为一号筛（10目），下层为五号筛（80目），其下配有密合的接收容器，保持水平状态过筛，左右往返筛动、拍打3min。称量不能通过一号筛与能通过五号筛的颗粒及药粉重量，不得超过供试品总量的15%。

（3）水分 参照《兽药典》2020年版（二部）水分测定法（附录0832）进行检测，除另有规定外不得超过6.0%。

（4）溶化性 取供试品10g，加热水200mL，搅拌5min，立即观察。根据《兽药典》规定，可溶颗粒应全部溶化，允许有轻微混浊；混悬颗粒应能混悬均匀。此外，泡腾颗粒剂要求置于15～25℃的水中时应立即产生二氧化碳气体并呈泡腾状，且颗粒应在5min内完全分散或溶解于水中。所有颗粒剂均不得有焦屑等异物。

（5）装量 应参照《兽药典》2020年版（二部）最低装量检查法（附录0931）进行检查，检查标准与散剂相同（表5-1）。取供试品5个（50g以上者3个），称量并计算各供试品内容物装量及平均装量。若有1个容器装量不符合规定，则另取5个（50g以上者3个）复试，应全部符合规定。

（6）微生物限度 在颗粒剂制备通则部分，要求颗粒剂应进行微生物限度的控制。具体检测方法与合格标准参照《兽药典》2020年版（二部）非无菌产品微生物限度检查（附录1102、附录1103）及非无菌兽药微生物限度标准（附录1104）。

5.1.2.4 颗粒剂的生产工艺流程

颗粒剂的生产工艺流程见图5-2。

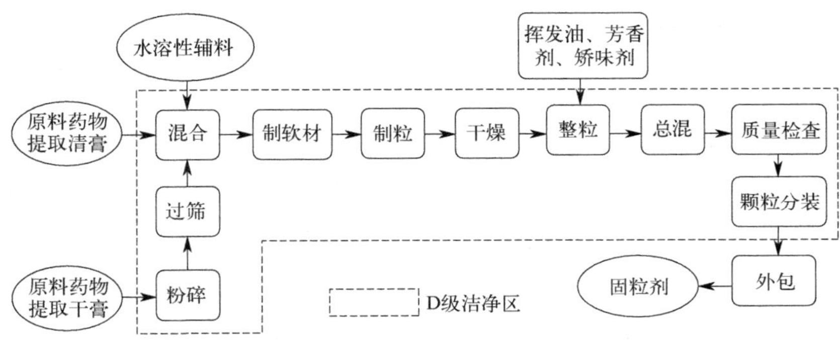

图 5-2 颗粒剂的生产工艺流程图

5.1.3 合剂

5.1.3.1 合剂概述

（1）合剂的含义 中药合剂系指中药饮片用水或其他溶剂，采用适宜的方法提取制成的口服液体制剂，又称“口服液”。

（2）合剂的特点 中药合剂与口服液是在汤剂的基础上改进和发展起来的中药剂型，中药合剂一般选用疗效可靠、应用广泛的方剂制备，其特点如下。

① 合剂的优点：能综合浸出饮片中的多种有效成分，保证制剂的综合疗效；与汤剂一样，吸收快，奏效迅速；克服了汤剂临用煎煮的麻烦，使用方便；经浓缩工艺，服用量小，且加入矫味剂，外观和口感都较易接受；成品中多加入适宜的防腐剂，并经灭菌处理，密封包装，质量稳定。

② 合剂的缺点：合剂为水性液体制剂，属于复合分散系统，具有不稳定性，常有沉淀析出；不能随证加减，浓缩受热时间长，有效成分可能被破坏；生产工艺较复杂，生产设备、工艺条件要求较高。

（3）合剂的分类 中药合剂按照提取溶剂的不同，可分为水提合剂和其他溶剂合剂。

5.1.3.2 合剂质量要求及检验

除另有规定外，合剂应为澄清液体；贮存期间不得有发霉、酸败、异物、变色、产生气体或其他变质现象，允许有少量摇之易散的沉淀。合剂若加蔗糖，除另有规定外，含蔗糖量不应高于 20%（g/mL）。一般情况下，合剂应检查装量、相对密度、pH 值和微生物限度。

（1）装量 按照《兽药典》2020 年版（二部）“最低装量检查法”（附录 0931）检查，应符合规定。

（2）相对密度 按照《兽药典》2020 年版（二部）“相对密度测定法”（附录 0601）测定，应符合规定。

（3） pH 值 按《兽药典》2020 年版（二部）“pH 值测定法”（附录 0631）测定，应符合规定。

（4）微生物限度 按《兽药典》2020 年版（二部）“非无菌产品微生物限度检查：微生物计数法”（附录 1102）检查，应符合规定。

5.1.3.3 合剂的制备方法

中药合剂的制备方法与汤剂基本相似，但又不完全与汤剂相同，制备方法主要包括浸提、纯化、浓缩、配液、分装和灭菌。

（1）浸提 一般采用煎煮法，因合剂投料较多，生产上多用具有一定规模的多功能提取罐，煎煮时间较长。含挥发性成分饮片用“双提法”，或超临界流体提取收集挥发性成分，药渣与其他药材一起煎煮。热敏性成分多采用渗漉法，减压浓缩。

（2）纯化 《兽药典》2020年版（二部）规定，中药合剂贮藏期间只允许有少量轻摇易散的沉淀。为减少沉淀量，多需要纯化处理。可将煎出液放置，热处理冷藏，滤出不溶物；或用乙醇沉淀法去除部分杂质，但需注意因沉淀包裹或吸附造成的成分损失；也可用超滤、离心、絮凝（甲壳素、明胶单宁、果汁澄清剂等）、酶解等方法进行纯化。无论采用哪种纯化方法，都应注意对有效成分的影响。

（3）浓缩 对纯化后的提取液进行浓缩，浓缩程度一般以每日用量在30～60mL为宜，若太浓，分装困难；若太稀，服用量太大。煎出液经乙醇处理的应先回收乙醇，热敏性成分浓缩时应采用减压浓缩。

（4）配液 药液分装前可合理选加矫味剂和防腐剂。常用的矫味剂有蜂蜜、单糖浆、甘草甜素、甜菊苷、蛋白糖等，也可加入天然香料；常用的防腐剂有山梨酸、苯甲酸、对羟基苯甲酸酯类，使用防腐剂应注意药液pH值的适宜性。

加入矫味剂和防腐剂后，搅匀，可按注射液制备工艺要求进行粗滤、精滤后，即得。处方中如含有酊剂、醑剂、流浸膏，应以细流缓缓加入药液中，随加随搅拌，使析出物细腻，分散均匀。配液时可根据需要加入适量的乙醇。

（5）分装 配好的药液应及时灌装于无菌洁净的干燥容器中，单剂量包装或多剂量包装。

（6）灭菌 灭菌应在封口后立即进行，一般采用煮沸法和流通蒸汽法进行灭菌。亦可在严格避菌条件下，灌装后不经灭菌，直接包装。此外，制备过程中还应尽可能缩短时间，减少污染；标签应标明“服前摇匀”；成品应贮存于阴凉干燥处。

5.1.3.4 合剂的生产工艺流程

合剂的生产工艺流程如图5-3所示。

5.1.4 注射剂

5.1.4.1 注射剂概述

（1）注射剂的含义 注射剂，俗称针剂，是指专供注入畜禽机体内的一种制剂。它包括灭菌或无菌溶液、乳浊液、混悬液及临用前配成液体的无菌粉末等类型。注射剂由中药提取物和附加剂、溶剂及特制的容器所组成，并需采用避免污染或杀灭细菌等工艺制备。

在中药传统剂型中没有注射剂这种剂型。但由于注射剂具备很多独特的优点，故早在19世纪30年代就已有人研制，如柴胡注射液用于治疗感冒等引起的发热收到了较好的效果。中华人民共和国成立后从20世纪50年代中期重新开展中药注射剂研制，到20世纪60年代初期研制出茵栀黄注射液、板蓝根注射液等品种，为中药注射剂的发展开辟了道

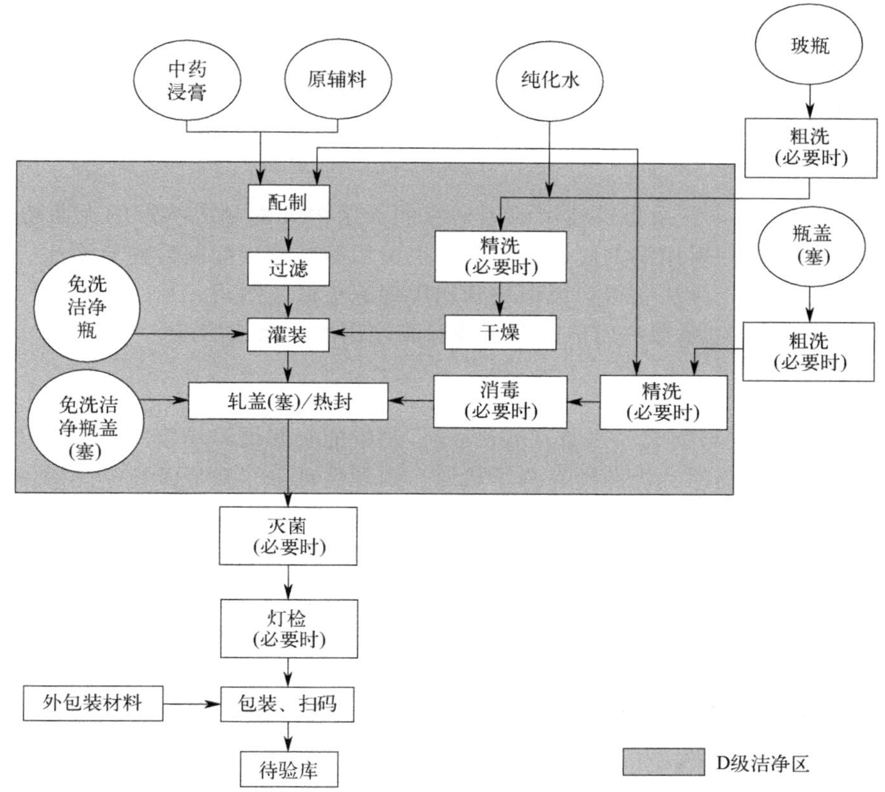

图 5-3 合剂的生产工艺流程图

路。中药注射剂在 20 世纪 70 年代是一个大发展时期，不仅科研教学、生产单位进行研制，而且很多城乡兽医单位亦开展了试制工作。其中也不乏质量较好、疗效可靠的品种，如单方注射液有鱼腥草素注射液、穿心莲注射液等；复方注射液有生脉注射液、复方柴胡注射液、复方板蓝根注射液和清开灵注射液等。有的疗效显著，已成批生产且质量稳定，满足了中兽医临床尤其是对畜禽急症治疗的需求。

（2）注射剂的特点

① 药效迅速，作用可靠：注射给药可直接以液体形式进入机体血管组织或器官内，药物吸收快，作用迅速。尤其是静脉注射，药物直接进入血液循环，不存在吸收过程。同时注射给药不经消化道及肝脏，也可免受消化道众多因素对药物吸收的影响，因此剂量准确，作用可靠。

② 适用于不宜口服给药的药物：一些药物本身的性质导致其在胃肠道不易吸收，易被消化液所破坏或对胃肠道有刺激性，制成注射剂可避免上述问题。

③ 适用于不能主动采食的动物：许多动物发病后采食量显著下降，甚至食欲废绝，口服给药很难发挥作用。而注射剂则可通过注射吸收快速发挥药效。

④ 可使药物发挥定位定向的局部作用：注射剂可通过关节腔、穴位等部位的注射给药，使药物发挥局部作用，达到预期的治疗目的。

但是注射剂也存在不足之处。如注射给药不适宜群体养殖动物的群发病给药，且注射时会产生疼痛；由于注射剂是一类直接进入体内的制剂，所以质量要求比其他剂型严格，且易发生毒副反应，使用不当易发生危险。

（3）注射剂的类型

① 注射液：注射液包括溶液型、乳状液和混悬型，可用于肌内注射、静脉注射或静脉滴注等。其中，供静脉滴注用的大体积（除另有规定外，一般不小于100mL）注射液也称静脉输液。

② 注射用无菌粉末：系指供临用前用适宜的无菌溶液配制成溶液的无菌粉末或无菌块状物。可用适宜的注射用溶剂配制后注射，也可用静脉输液配制后静脉滴注。无菌粉末用冷冻干燥法或喷雾干燥法制得；无菌块状物用冷冻干燥法制得。

③ 注射用浓溶液：系指临用前稀释供静脉滴注用的无菌浓溶液。

5.1.4.2 热原

（1）热原的含义与组成 热原（pyrogen）是指能引起恒温动物体温异常升高的致热物质。它包括细菌性热原、内源性高分子热原、内源性低分子热原及化学热原等。大多数细菌都能产生热原，致热能力最强的是革兰阴性杆菌，霉菌甚至病毒也能产生热原。微生物代谢产物中内毒素是产生热原反应的最主要的致热物质。内毒素（endotoxin）是由磷脂、脂多糖和蛋白质所组成的复合物，存在于细菌的细胞膜与固体膜之间，其中脂多糖是内毒素的主要成分，具有特别强的致热活性。不同的菌种脂多糖的化学组成也有差异，一般脂多糖的分子量越大其致热作用也越强。

（2）注射剂热原的污染途径 热原是微生物的代谢产物，注射剂中污染热原的途径与微生物的污染直接相关。

① 溶剂带入：这是注射剂出现热原的主要原因。注射剂的溶剂主要有注射用水及注射用油。注射用水或注射用油应新鲜，制备流程要规范，环境应洁净。溶剂贮存时间较长或存放容器不洁，可因微生物污染而产生大量热原。

② 原辅料带入：以中药为原料的制剂，原料中带有大量微生物，提取处理的条件不当以及用微生物方法制造的药品，都容易产生热原。辅料本身质量不佳，特别是用生物方法制造的辅料易滋生微生物。贮存时间过长或包装不符合要求甚至破损，均易受到微生物污染而导致热原产生。

③ 容器或用具带入：注射剂制备时所用的用具、管道、装置、灌装注射剂的容器，如未按GMP要求认真清洗处理，均易使药液污染而导致热原产生。因此，注射剂制备时，在相关工艺过程中涉及的用具、器皿、管道及容器，均应按规定的操作规程做清洁或灭菌处理，符合要求后方能使用。

④ 制备过程带入：制备过程中卫生条件差，工作人员未严格执行操作规程，从产品原料投入到成品产出的时间过长，产品灌封后未及时灭菌或灭菌不彻底、不合格等情况，都会增加微生物的污染机会而产生热原。因此，在注射剂制备的各个环节，都必须严格按GMP规定操作，并尽可能缩短生产周期。

（3）除去注射剂中热原的方法 根据热原的基本性质和注射剂制备过程中可能被热原污染的途径，除去注射剂中的热原可从以下两个方面着手。

① 除去药液或溶剂中热原的方法。

吸附法：活性炭是常用的吸附剂，将一定量的针用活性炭（0.1%～0.5%）加入溶液中，煮沸，搅拌15min即能除去大部分热原。但由于活性炭吸附力强，也会吸附溶液中的药物成分，如生物碱、黄酮等，故应注意控制使用量。此外，活性炭也可以与硅藻土配合使用，吸附除去热原的效果良好。

离子交换法：热原分子上含有磷酸根与羧酸根，带有负电荷，因而可以被碱性阴离子交换树脂吸附。

凝胶滤过法：也称分子筛滤过法，是利用凝胶物质作为滤过介质，当溶液通过凝胶柱时，分子量较小的成分渗入凝胶颗粒内部而被阻滞，分子量较大的成分则沿凝胶颗粒间隙随溶剂流出。制备的注射剂，其药物分子量明显大于热原分子时，可用此法除去热原。

超滤法：利用高分子薄膜的选择性与渗透性，在常温条件下，依靠一定的压力和流速，达到除去溶液中热原的目的。用于超滤的高分子薄膜孔径可控制在 50nm 以下，其滤过速度快，除热原效果明显。

反渗透法：本法通过三醋酸纤维素膜或聚酰胺膜除去热原，效果好，具有较高的实用价值。

其他方法：采用两次以上湿热灭菌法，或适当提高灭菌温度和延长灭菌时间，微波处理等也可破坏热原。

②除去容器或用具上热原的方法。

高温法：对于耐高温的容器或用具，如注射用针筒及其他玻璃器皿，在洗涤干燥后，经 180℃加热 2h 或 250℃加热 30min，可以破坏热原。

酸碱法：对于耐酸碱的玻璃容器、瓷器或塑料制品，用强酸强碱溶液处理，可有效地破坏热原，常用的酸碱液为重铬酸钾硫酸洗液、硝酸硫酸洗液或稀氢氧化钠溶液。

（4）热原与细菌内毒素的检查方法　中药注射剂应按照《兽药典》2020 年版（二部）（附录 1112 和 1113）中相关规定的热原检查法和细菌内毒素检查法进行检查。

① 热原检查法：本法系将一定剂量的供试品，静脉注入家兔体内，在规定的时间内，观察家兔体温升高的情况，以判断供试品中所含热原限度是否符合规定。为了提高家兔热原测定法的精确度和效率，应同时测量 3 只动物，自耳静脉缓缓注入规定剂量并温热至 38℃的供试品溶液，按照规定进行体温测定，如有体温升高超过规定标准的情况，还应另取 5 只家兔复试。为确保实验结果正确，避免其他因素的影响或干扰，对供试验用家兔、试验前的准备及试验操作方法均应有严格要求。试验所用的注射器具和与供试品溶液接触的器皿，应在 250℃加热 30min，也可采用其他适宜的方法除去热原。具体实验方法和结果判断标准见《兽药典》2020 年版（二部）“热原检查法”（附录 1112）。

② 细菌内毒素检查法：本法系利用鲎试剂来检测或量化由革兰阴性菌产生的细菌内毒素，以判断供试品中热原的限度是否符合规定的一种方法。细菌内毒素检查有两种方法，即凝胶测定法和光度测定法，后者包括浊度法和显色基质法。供试品检测时可使用其中任何一种方法进行试验。当测定结果有争议时，除另有规定外，以凝胶法结果为准。本试验操作过程应防止微生物和内毒素的污染。具体实验方法和结果判断见《兽药典》2020 年版（二部）“细菌内毒素检查法”（附录 1113）。

5.1.4.3　注射剂的生产技术

中药注射剂的制备工艺过程，除对中药材进行预处理和有效成分的浸提、精制等工序外，其他步骤与一般注射液生产工艺基本相同。其一般制备过程可分为原料预处理、浸提与精制、配液、灌封、灭菌、质量检查等几个步骤。现就中药注射剂制备中常用的预处理、浸提、精制以及去除鞣质等特有的问题做简要介绍。

（1）**中药原药的选择和预处理** 我国中药材种类众多，成分复杂，其有效成分及含量与原料的品种、产地、采集季节和贮藏环境等因素密切相关。在制备过程中，必须对原料进行品种鉴定，确定来源及用药部位，并经含量检查合格后再进行预处理。剔除药材中混有的异物及非用药部位，根据需要进行冲洗、干燥、切片等操作。

（2）**浸提与精制** 以药材为原料制备注射剂，浸提和精制是关键工艺。常用的方法有以下几种：

① 蒸馏法：某些中药材中有效成分为挥发油或其他挥发性成分时，可采用蒸馏法提取、纯化。蒸馏时采用水蒸气蒸馏、直接水上蒸馏或与水共蒸馏，收集馏出液，必要时可重蒸馏一次，以提高馏出液的纯度或浓度。必要时可采用减压蒸馏法。

② 溶剂沉淀法：又分为水提醇沉法和醇提水沉法，其前提是目标组分既溶于水又溶于醇。对于疗效确切、有效成分不甚明确的中药，为保持原方疗效，通常采用该法。

③ 酸碱沉淀法：利用某些中药有效成分在酸、碱水溶液中溶解度不同的性质，达到提取有效成分而除去杂质的目的。常用的酸碱有盐酸、醋酸、硫酸、氢氧化钙、碳酸钠、氢氧化钠、氨水等，使用浓度一般为0.1%～0.5%，浓度太高易造成有效成分分解。需注意的是，采用酸水提取可能将药材中所含草酸钙变成草酸而被提取。如提取物纯度达不到要求，可再用有机溶剂进一步纯化。

④ 萃取法：是利用与水互不相溶的有机溶剂把有效成分从水提液中分离出来的方法。此外，还有超滤法、透析法和离子交换法等。

（3）**去除鞣质的方法** 鞣质在水和乙醇中均可溶解，用一般中药浸提与精制方法不易除尽，当加热灭菌或久贮后易发生氧化、聚合而逐渐析出。常用的去鞣质方法有以下几种：

① 明胶沉淀法：是指利用蛋白质与鞣质在水溶液中形成不溶性鞣酸蛋白而沉淀的方法。也有在加明胶滤过后直接加乙醇处理，这种方法叫改良明胶法。改良法可减少明胶对有效成分的吸附，尤其对含黄酮、蒽酮的中药注射液较为适合。

② 醇溶液调pH法：利用鞣质可与碱成盐，在高浓度乙醇中难溶而沉淀除去的方法。在中药的水浸液中加入乙醇，使其含量达80%或更高，滤除沉淀后，用40%氢氧化钠溶液调节pH值至8，此时鞣质生成钠盐且不溶于乙醇而析出，可过滤除去。

③ 聚酰胺除鞣质法：本法是利用聚酰胺分子内存在的酰胺键，可与酚类、酸类、醌类、硝基化合物等形成氢键而吸附，达到除去鞣质的目的。该法除鞣质较彻底，且保留有效成分较多。

5.1.4.4 注射剂的质量控制

（1）**生产与贮藏期间的质量控制规定**

① 除另有规定外，饮片应按各品种项下规定的方法提取、纯化、制成半成品，以半成品投料配制成品。

② 溶剂型注射剂应澄明。乳状液型注射剂应稳定，不得有相分离现象，不得用于椎管注射；静脉用乳状液型注射液中90%乳滴的粒度应在1μm以下，不得有大于5μm的乳滴。除另有规定外，静脉输液应尽可能与血液等渗。

③ 注射剂所用的原辅料应从来源及工艺等生产环节进行严格控制并应符合注射用的质量要求。注射剂所用溶剂必须安全无害，并不得影响疗效和兽药质量，一般分为水性溶剂和非水性溶剂。水性溶剂最常用的为注射用水，也可用0.9%氯化钠溶液或其他适宜的水溶液。非水性溶剂常用的为植物油，主要为供注射用的大豆油，其他还有乙醇、丙二

醇、聚乙二醇等溶剂，供注射用的非水溶性溶剂，应严格限制其用量，并应在品种项下进行相应的检查。

④ 配制注射剂时，可根据药物的性质加入适宜的附加剂。如渗透压调节剂、pH 调节剂、增溶剂、抗氧剂、抑菌剂、乳化剂等。所用附加剂应不影响药物疗效，避免对检验产生干扰，使用浓度不得引起毒性或明显的刺激。常用的抗氧剂有亚硫酸钠、亚硫酸氢钠和焦亚硫酸钠，一般浓度为 0.1%～0.2%；常用抑菌剂为 0.5%苯酚、0.3%甲酚、0.5%三氯叔丁醇等。多剂量包装的注射剂可加适宜的抑菌剂，抑菌剂用量应能抑制注射液中微生物的生长，加有抑菌剂的注射液，仍应采用适宜的方法灭菌。静脉输液不得加抑菌剂。

⑤ 注射剂常用容器有玻璃安瓿、玻璃瓶、塑料安瓿、塑料瓶（袋）等。容器的密封性，须用适宜的方法确证。除另有规定外，容器应符合国家标准中有关注射用玻璃容器和塑料容器的规定。容器用胶塞特别是多剂量包装注射剂的胶塞应有足够的弹性和稳定性，其质量应符合有关国家标准规定。除另有规定外，容器应足够透明，以便内容物的检视。

⑥ 生产过程中应尽可能缩短注射剂的配制时间，防止微生物与热原的污染及药物变质。静脉输液的配制过程更应严格控制。制备乳状液型注射液过程中，应采取必要的措施，保证粒子大小符合质量标准的要求。注射用无菌粉末应按无菌操作制备。注射剂必要时应进行相应的安全性检查，如异常毒性、过敏反应、溶血与凝集、热原或细菌内毒素等，均应符合要求。

⑦ 灌装标示装量不大于 50mL 的注射剂时，应按表 5-3 适当增加装量。除另有规定外，多剂量包装的注射剂，每一容器的装量不得超过 10 次注射量，增加装量应能保证每次注射用量。

表 5-3 注射剂灌装增加装量标准

标示装量/mL	增加量/mL	
	易流动液	黏稠液
1	0.10	0.15
2	0.15	0.25
5	0.30	0.50
10	0.50	0.70
20	0.60	0.90
50	1.0	1.5

注射液灌装后应尽快熔封或严封。接触空气易变质的药物，在灌装过程中，应排出容器内空气，可填充二氧化碳或氮等气体，立即熔封或严封。

⑧ 熔封或严封后，一般应根据药物性质选用适宜的方法和条件及时灭菌，以保证制成品无菌。注射剂在灭菌时或灭菌后，应采用减压法或其他适宜的方法进行容器检漏。

⑨ 除另有规定外，注射剂应遮光贮存。

⑩ 注射剂的标签或说明书中应标明其中所用辅料的名称，如有抑菌剂还应标明抑菌剂的种类及浓度；注射用无菌粉末应标明配制溶液所用的溶剂种类，必要时还应标注溶剂量。

⑪ 用于配制注射剂前的半成品，应检查重金属、砷盐，除另有规定外，含重金属不得超过百万分之十（《兽药典》2020 年版二部附录 0821 第二法）；含砷盐不得超过百万分之二（《兽药典》2020 年版二部附录 0822 第一法）。

（2）成品质量检查规定 除另有规定外，注射剂应进行以下相应检查。

① 装量：注射液和注射用浓溶液照下述方法检查，应符合规定。

具体检查方法为：标示装量不大于 2mL 者取供试品 5 支（瓶），2mL 以上至 50mL 者取供试品 3 支（瓶），开启时注意避免损失，将内容物分别用相应体积的干燥注射器及注射针头抽尽，然后注入经标化的量入式量筒内（量筒的大小应使待测体积至少占其额定体积的 40%，不排尽针头中的液体），在室温下检视。测定油溶液的装量时，应先加温（如有必要）摇匀，再用干燥注射器及注射针头抽尽后，同前法操作，放冷（加温时），检视。每支（瓶）的装量均不得少于其标示量。

标示装量为 50mL 以上（至 500mL）的注射液及注射用浓溶液照最低装量检查法（附录 0931）检查，应符合规定。

② 可见异物：除另有规定外，照可见异物检查法（《兽药典》2020 年版二部附录 0903）检查，应符合规定。

③ 不溶性微粒：除另有规定外，溶液型静脉注射液、溶液型静脉注射用无菌粉末及注射用浓溶液照不溶性微粒检查法（《兽药典》2020 年版二部附录 0902）检查，应符合规定。

④ 有关物质：按各品种项下规定，照注射剂有关物质检查法（《兽药典》2020 年版二部附录 2400）检查，应符合规定。

⑤ 无菌：照无菌检查法（《兽药典》2020 年版二部附录 1101）检查，应符合规定。

⑥ 热原或细菌内毒素：除另有规定外，静脉用注射剂按各品种项下的规定，照热原检查法（《兽药典》2020 年版二部附录 1112）或细菌内毒素检查法（《兽药典》2020 年版二部附录 1113）检查，应符合规定。

5.1.4.5 注射剂的生产工艺

注射剂的生产工艺如图 5-4、图 5-5 所示。

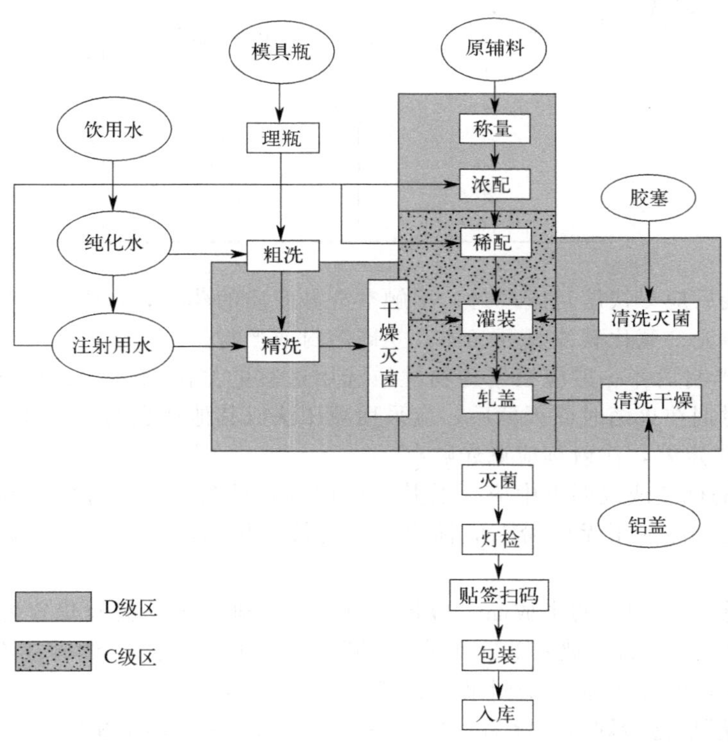

图 5-4 最终灭菌大容量非静脉注射剂生产工艺流程图

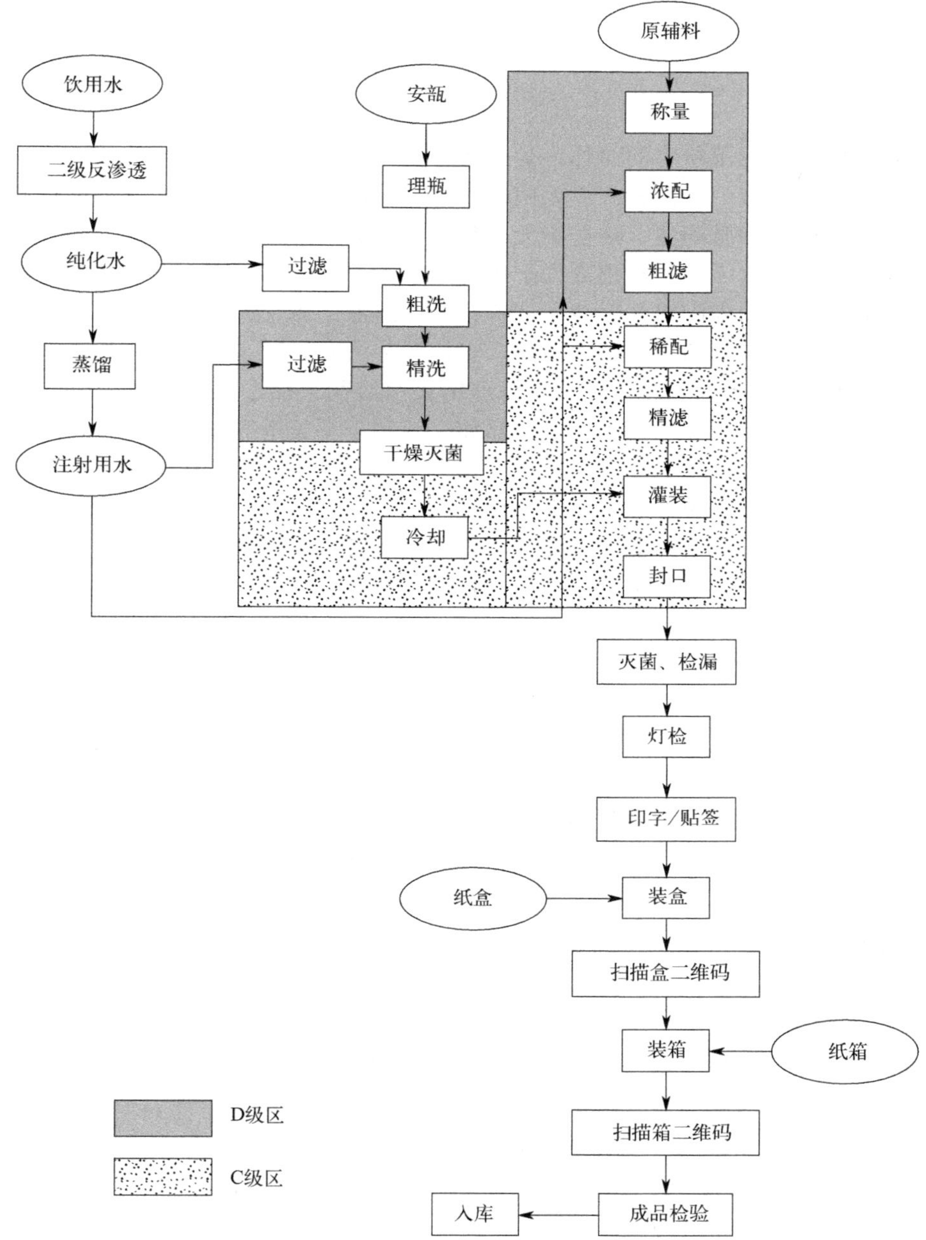

图 5-5 最终灭菌小容量注射剂生产工艺流程图

5.1.4.6 输液剂

输液剂是指通过静脉滴注输入动物体内的大剂量注射剂。如 1000mL 葡萄糖氯化钠注射液。可分为以下 3 类。

（1）电解质输液 用于补充体内水分、电解质，纠正体内酸碱平衡等，如氯化钠注射液、复方氯化钠注射液、乳酸钠注射液等。

（2）营养输液 有糖类输液、氨基酸输液、脂肪乳输液等。

（3）胶体输液 有多糖类、明胶类、高分子聚合物类输液等，如右旋糖酐衍生物、明胶、聚维酮等。

5.1.4.7 粉针剂

粉针剂为注射用无菌粉末的简称，是指药物制成的供临用前用适宜的无菌溶液配制成澄清溶液或均匀混悬液的无菌粉末或无菌块状物，可用适宜的注射用溶剂配制后注射，也可用静脉输液配制后静脉滴注。注射用无菌粉末在标签中应标明所用溶剂。粉针剂的生产必须在无菌室内进行，无菌粉末用冷冻干燥法或喷雾干燥法制得，无菌块状物用冷冻干燥法制得。注射液无菌粉末配成注射液后，应符合注射液的质量要求。

粉针剂的制备方法有两种，即无菌粉末直接分装法和无菌水溶液冷冻干燥法。

（1）无菌粉末直接分装法 无菌原料可用灭菌溶剂结晶法、喷雾干燥法或冷冻干燥法制得，必要时进行粉碎和过筛。分装容器如安瓿和丁基胶塞等按照规定进行清洗和灭菌处理，已灭菌好的空瓶应存放在有净化空气保护的贮存柜中，存放时间不超过 24h。分装必须在高度洁净的灭菌室中按照灭菌操作法进行。分装后，小瓶立即加塞并用铝盖密封，安瓿也应立即熔封。分装后对能耐热品种，可选用适宜灭菌方法进行补充灭菌，以保证用药安全。对不耐热品种，应严格无菌操作，控制无菌分装过程中的污染，成品不再进行灭菌处理。

（2）无菌水溶液冷冻干燥法 冷冻干燥法是先将药物配制成注射溶液，再按规定方法进行除菌滤过，滤液在无菌条件下立即灌入相应的容器中，经冷冻干燥，除去容器中药液的水分，得干燥粉末，最后在无菌条件下封口即可。冷冻干燥法制得的粉针剂，常会出现含水量过高、喷瓶、产品外观萎缩或成团等问题。可通过改进冷冻干燥的工艺条件或添加适量的填充剂（也称为支架剂）的方法解决。

5.1.5 其他

5.1.5.1 片剂及其制备

中药片剂系指药材提取物、药材提取物加药材细粉或药材细粉与适宜的辅料混匀压制成的圆片或异形片状的制剂，分别称浸膏片、半浸膏片和全粉片。多以口服普通片为主，也有咀嚼片、泡腾片和阴道片等。中药片剂与传统散剂、汤剂相比，服用方便，体积较小，适合大规模生产。

中药片剂的制备过程分为湿法制粒压片法、干法制粒压片法和直接压片法。

（1）湿法制粒压片法

① 药物、辅料的处理：药物及辅料混合前需经粉碎、过筛或干燥处理，细度以过80～100 目筛为宜。毒剧药、贵重药、有色药物及辅料应更细些，以便混合均匀，并避免压片时产生裂片、黏冲和花斑等现象。贮藏时易受潮结块的药物及辅料，须先经过干燥后再粉碎过筛。

② 制粒：制粒分普通湿法制粒、流化喷雾制粒、湿法混合制粒、转动制粒等。传统制粒多为湿法制粒，即先制成软材后过筛制湿粒，干燥后经整粒而得的制粒方法。少量生产制软材、制颗粒用手工拌和，用手将软材握成团块，用手掌将软材搓过筛网；大量生产，用颗粒机制粒。

③ 干燥、整粒：湿粒干燥温度应视药物及辅料性质而定，一般以 50～80℃为宜。整粒过筛一般用摇摆式制粒机，所用筛目规格与制粒时基本相同，或稍大些，但应注意不要产生过多的细粉。

④ 总混：整粒后加入已过筛的润滑剂与崩解剂，混匀，过筛。量小时，手工总混；量大时，用混合机混合。若所加的挥发性成分为固体（如薄荷脑），需先配成溶液，加入润滑剂与颗粒混匀后筛出的部分细粉混匀，逐渐稀释，再与全部干颗粒混匀；或喷雾在整粒后的干颗粒上，混匀，置密闭桶内，使挥发性成分在颗粒中渗透均匀，以防压片时产生裂片。

⑤ 压片：压片前，须计算片重，然后选择适宜的冲模安装于压片机上进行压片。

（2）干法制粒压片法 分滚压法和重压法两种。滚压法系将药物与辅料混匀后，通过滚压机或炼胶机加压滚轧至所需厚度的薄片，再通过摇摆式颗粒机粉碎并制粒，然后加入润滑剂总混后压片即得。该法既简化了工艺，又提高了颗粒的质量，但应注意其颗粒均匀性差，压片时易造成片面不平、有暗斑等质量问题。重压法系将药物与辅料混合后，先在较大压力压片机上，用直径大于 19mm 的冲模预先加压，得到大片，片重为 5～20g，再经摇摆颗粒机粉碎成适宜颗粒，加入润滑剂总混后，压片即得。本法工序少，操作简单，但冲模等机械部件损耗大、细粉多、生产效率低。

（3）直接压片法 分粉末直接压片法和结晶药物直接压片法。粉末直接压片法系不经制粒，通过添加流动性、可压性好的辅料和改进压片机，直接将药物粉末压成片剂的方法。直接压片法工艺流程短，节能节时，药物不受热、湿的影响，产品崩解或溶出快。某些结晶性或颗粒状药物，如氯化钾、溴化钠及维生素 C 等具有适当的流动性和可压性，只需过筛，筛出颗粒大小一致的晶体，加入适量辅料，混合均匀后直接压片，即结晶药物直接压片法。

5.1.5.2 胶囊剂及其制备

胶囊剂系指将中药细粉或中药提取物装于空胶囊中制成的中药制剂。制作胶囊的材料一般以明胶为主，但海藻酸钙甲基纤维素、变性明胶 PVA 以及其他高分子材料近年来也开始应用。其目的均为改变其溶解性或实现肠溶效果。胶囊剂主要供畜禽口服，但近年来也有用于畜禽直肠等腔道的药。

胶囊剂的分类：胶囊剂按制作工艺和作用靶标，可分为三类。

（1）硬胶囊剂 是将固体中药细粉填充于空硬胶囊中制成的。硬胶囊呈圆筒形，由上下配套的两节紧密套合而成，其大小用号码表示，可根据中药剂量的大小而选用。

（2）软胶囊剂 又称胶丸剂，是将中药油类或对明胶等囊材无溶解作用的液体药物或混悬液封闭于软胶囊中而成的一种圆形或椭圆形制剂。但因制备方法不同，又可分为两种。

① 有缝胶丸：用压制法制成，中间往往有压缝。

② 无缝胶丸：用滴制法制成，呈圆球形而无缝。

（3）肠溶胶囊 还有一类在胃液中不溶，仅在肠液中溶化、吸收的胶囊，所以称为肠溶胶囊。

5.1.5.3 微囊剂及其制备

微囊剂系指利用高分子天然或合成材料将固体药物或液体药物包裹而成的药库型微型

胶囊制剂。早在20世纪30年代，国外就开始将微囊技术应用于鱼肝油-明胶微囊的制备中，我国的中药微囊研究在20世纪70年代才开始，虽然发展时间不长，但微囊在中药制剂领域中已显现出诸多优势，如提高药物稳定性、降低浸膏粉吸湿性、掩盖不良气味、使药物具有控释或靶向作用等。

（1）中药微囊的制备方法

① 物理化学法：主要包括水相分离法、油相分离法、挤压法、囊心交换法、熔化分散法、复相乳液法等。

② 物理法：主要包括喷雾干燥法、喷雾冻凝法、空气悬浮法、真空蒸发沉积法等。

③ 化学法：主要包括界面聚合法、原位聚合法、分子包囊法、辐射包囊法等。

根据药物和囊材的性质、微囊粒径大小、囊心物的释放性能和靶向特点，可选择不同的方法。由于物理化学法制备条件较温和，后续处理方便，反应容易控制，因此，经常采用该法制备中药微囊。

（2）中药微囊的常见类型

① 抗肿瘤中药微囊：抗肿瘤药物多具有较大毒性，将其进行包埋制成磁性微球，不仅可以大大降低毒性，还具有一定的定位作用。例如，治疗乳腺癌的秋水仙碱微囊。

② 中药缓释微囊：将半衰期短、生物利用度低、用药剂量大的中药制成微囊剂，既可改变中药的顺应性，又可丰富中药剂型，同时可改善释放性能。例如，采用锐孔-凝固浴法制备的黄芩苷壳聚糖-海藻酸钠缓释微囊。

③ 肠溶中药微囊：由于一些口服药物易受胃酸破坏或对胃刺激性较大，因此可采用某些特定的囊材制成具有肠溶性且对胃刺激小的微囊。例如，采用溶剂-非溶剂法制备的三七总皂苷肠溶微囊。

④ 纳米中药微囊：药物纳米微囊以生物相容性好、可降解的高分子材料为载体，将药物包裹成10～100nm的载药微囊，控制药物的释放及靶向性等。纳米微囊可以增加药物与胃肠道的接触面积，并随着纳米微囊粒径的减小，药物的溶解速率加快，进而提高药物的吸收利用率，且具有一定的靶向性，使药物在特定部位合理释放，减少对非病灶部位的刺激。例如，大黄酚纳米微囊。

⑤ 中药复方微囊：中药复方由多味中药配伍组成，能充分体现中兽医对疾病辨证施治的特点，具有较好的临床优势和实用价值。例如，由姜黄素和胡椒碱组成的复方姜黄微囊。然而，中药复方化学成分复杂，发挥疗效的机制也不甚明确，因而在载体材料选择、处方设计、质量监控指标和方法建立等方面都面临较大困难。

此外，还有环境感应型中药微囊，即选择合适的高分子材料来制备其他环境感应型控制释放微囊载体，如pH感应型、温度感应型、葡萄糖敏感型微囊等，以实现环境控制不同类型的靶向给药方式。环境感应型微囊是微囊研究制备的新趋势，也将在靶向药物的研究中起到重要的作用。目前，此类型微囊的研究尚处于探索阶段，但前景极其广阔。

5.1.5.4 中药制剂新技术

（1）环糊精包合 环糊精是淀粉酶解环合后得到的环状低聚糖化合物。常见的环糊精有α、β、γ型三种，其中以β-环糊精在水中溶解度最小，且β-环糊精空腔大小适中，因而是最为常用的包合材料。β-环糊精具有特殊的环状中空圆筒形结构，空腔内侧的非极性基团形成一个疏水环境，环糊精外部的多羟基与极性水分子亲和力强，具有亲水性。β-环糊精毒性很低，进入机体后断链开环形成直链低聚糖，参与机体代谢，无积蓄作用。虽然β-环糊精空腔大小适中，但在水中溶解度低。为了增加β-环糊精的水溶性，需对其进行结构改造。通过化学方法修饰β-环糊精骨架上的羟基，以此为修饰点引入烷基、羟基等官能团，可制成羟丙基-β-环糊精、甲基化-β-环糊精等多种衍生物。而这些基团的引入，并不会影响环状空腔对药物分子的容纳能力，由于破坏了β-环糊精分子内的氢键，改性后的β-环糊精衍生物水溶性明显提高。

环糊精包合技术就是利用环糊精分子“环内疏水、环外亲水”的特殊结构，通过范德华力将一些大小合适的药物分子嵌入β-环糊精环状空腔中，形成超微囊状包合物，从而改善药物的物理、化学、生物学性质。利用环糊精包合技术将中兽药制成β-环糊精包合物，能显著改善中兽药的溶水性，增加稳定性，减少挥发成分丢失以及掩盖异味，提高适口性。为解决中兽药制剂中的难题提供有效方法。

（2）固体分散体 固体分散体（solid dispersion，SD）是指将药物以分子、无定形、微晶态等高度分散状态均匀分散在赋形剂或者基质载体中形成的一种以固体形式存在的分散系统。根据固体分散体中结合载体的性质，将固体分散体分为以下三类。

① 以晶体为载体：常用的晶体载体有尿素和糖。以尿素为载体制备共晶混合物可增加药物的吸收利用，从而提高药物的生物利用度。糖类作为固体分散制备中较好的亲水性载体，可提高难溶性药物的溶解度和溶出度。以晶体为载体制备的固体分散体具有良好的热力学稳定性，但较非晶体固体分散体溶解速率低。

② 以聚合物为载体：常用的无定形聚合物载体主要有聚维酮（PVP）、聚乙二醇（PEG）、羟丙基甲基纤维素（HPMC）、乙基纤维素、聚甲基丙烯酸酯、淀粉衍生物［例如环糊精（CD）］等。在这类固体分散体中，药物均匀分散在载体中并达到饱和状态，制备的固体分散体具有较小的粒径和较强的润湿性，从而增加了药物的水溶性。

③ 以表面活性剂为载体：表面活性剂可单独使用或与其他亲水性载体组合使用以制备固体分散体。表面活性剂在固体表面上的吸附可改变药物的疏水性，从而降低两种液体之间或液体与固体之间的表面张力，被广泛用于改善水溶性差的药物的溶解度和生物利用度，并在制药工业中起着至关重要的作用。

（3）脂质体 脂质体（liposome）又称类脂小球、液晶微囊，是一种类似微型胶囊的新剂型。其是将药物包封于类脂质双分子层形成的薄膜中间所制成的超微型球状载体制剂。脂质体包封于药物外，通过渗透或被巨噬细胞吞噬后，载体被酶类分解而释放药物，从而发挥作用。该类制剂具有载药靶向性、使药物长效化、避免耐药性、减少给药剂量、降低不良反应以及可使口服易失效药物口服有效等优点。常用的脂质体按其结构和粒径分为单室脂质体、多室脂质体以及含有表面活性剂的脂质体。

① 单室脂质体：药物的溶液只被一层类脂双分子层所包封，按其大小可分为小单室脂质体（粒径＜200nm）、大单室脂质体（粒径＝200～1000nm）。前者粒度分布均匀，在循环系统停留时间长，靶向选择性强，但包封容积少，药物包封率低。后者包封容积大，对磷脂亲水基团包封率高，生物膜为良好模型，但不够稳定。

② 多室脂质体：粒径≤5μm，又称多层脂质体，药物溶液被几层脂质双分子层所隔开，形成不均匀的聚集体，其包封率较高，稳定性好，容易制备，在循环系统停留时间不如小单室脂质体。

③ 含有表面活性剂的脂质体：是以含单室或多室脂质体为主及少量的O/W或W/O/W型乳剂共同混悬在水相的多相分散系，也称多相脂质体，可包封脂溶性药物，而且油粒较小。

（4）**纳米乳与亚微乳** 在乳化剂（表面活性剂）存在的条件下，不相混溶的两种液相可以形成非均相分散系统，包括粒径在 1～100μm 的普通乳和复乳，粒径在 100～1000nm 的亚微乳，粒径在 10～100nm 的纳米乳。

① 纳米乳：通常它是指粒径 10～100nm 的乳滴分散在另一种液体中形成的透明或半透明胶体分散系统，其乳滴多为大小较均匀的球形，经热压灭菌或离心不分层，但长期贮藏乳滴可能变大。近年来纳米乳已愈来愈受到重视。

纳米乳的形成是自发过程，只要水相、油相、乳化剂和助乳化剂 4 种物质的组成合适，稍加搅拌即可形成均匀透明或微呈乳光的液体，为热力学稳定体系。纳米乳从结构上也可分为水包油型（O/W）、油包水型（W/O）。纳米乳作为胶体性药物载体有如下优点：为各向同性的透明液体，热力学稳定，且可过滤灭菌，易于制备和保存；产品重现性好，易于工业化生产；可以口服、注射或透皮等多种方式给药；低黏度，注射时不会引起疼痛；可增大水难溶性药物的溶解性，药物分散性好，吸收迅速，可提高生物利用度；对于易水解或氧化的药物，采用油包水型纳米乳可起到保护作用，提高药物稳定性；水包油型纳米乳可作为疏水性药物载体，油包水型纳米乳可延长水溶性药物的释放时间，可作为缓释给药系统或靶向给药系统。但通常仅辛醇/水分配系数大于 1000000/1 的亲脂性药物可能缓释。纳米乳的缺点是释药速率难以控制。

② 亚微乳：亚微乳的应用始于 20 世纪 60 年代初，瑞典科学家 Wretlind 用大豆油、卵磷脂、甘油等首次制成商品名为 Intralipid 的脂肪乳，给临床患者提供高热能、必需脂肪酸、脂溶性维生素等完全胃肠外（静脉内）的营养支持。后来逐渐扩展用作脂溶性药物载体，以获得药物的高分散性和高生物利用度。亚微乳外观不透明，呈混浊或乳状，粒径范围在纳米乳与普通乳之间，故其稳定性优于普通乳，而不如纳米乳，虽可热压灭菌，但长时间加热或重复加热会导致分层。制备聚合物亚微乳时需要适当地搅拌或输入其他形式的能量。亚微乳作为胃肠外给药的载体，具有毒性小，安全性高，提高药物稳定性，降低不良反应，增加体内及透皮吸收，使药物缓释、控释或具有靶向性等特点。

5.2 制剂辅料

5.2.1 常用辅料及其作用

5.2.1.1 药用辅料的概念

药用辅料系指生产药物和调配处方时使用的赋形剂与附加剂，是除活性成分以外，在安全性方面已进行了合理的评估，且包含在药物制剂中的物质。药用辅料除了赋形、充当载体、提高稳定性外，还具有增溶、助溶、缓控释等重要功能，是可能会影响药品的质量、安全性和有效性的重要成分。药物被加工成各种类型的制剂时，绝大多数都要加入一些无药理作用的药用辅料，使制剂成品具有某些必要的理化特征或生理特性，辅料在药物制剂中扮演着越来越重要的角色。

5.2.1.2 药用辅料的分类

辅料可从来源、化学结构、制剂剂型、作用和用途等方面进行分类，每种分类方法各有优缺点，主要分类方法简介如下。

（1）按来源分类 可分为天然物、半天然物和全合成物。

（2）按辅料的化学结构分类 可分为酸类、碱类、盐类、醇类、酚类、酯类、醚类、纤维素类、单糖类、双糖类、多糖类等。这种分类方法的优点是每类辅料在化学结构上具有一定的共性，但各种辅料具有各自的理化特性，用途各异。

（3）按用于制备制剂剂型分类 可分为溶液剂、合剂、乳剂、滴眼剂、软膏剂、片剂、注射剂等辅料。这种分类方法的优点是剂型所需辅料一目了然。但是，有不少剂型，如溶液剂、合剂、混悬剂、乳剂、滴眼剂、滴鼻剂、注射剂等往往需要使用同一种辅料，重复性太大。

（4）按药用辅料的作用和用途分类 可分为溶剂、增溶剂、助溶剂、助悬剂、乳化剂、渗透压调节剂、润湿剂、助流剂、包衣材料、囊衣材料、软膏基质等40多类。其特点为：

① 专一性：各种辅料虽然理化性质不完全相同，甚至差别较大，但因有共同的性质，作用机制和基本用途相同，所以专一性强。如抗氧化剂，虽然品种多、理化特性各异，但它们都有失去电子被氧化的还原性。

② 实用性：这种分类方法简便、实用，可减少重复，便于查阅和选择。

5.2.1.3 药用辅料在药物制剂中的作用

（1）药用辅料是制备药物制剂的必要条件 任何一种药物供给动物临床使用时，必须制成适用于不同医疗和预防应用的形式。药用辅料具有赋形和方便储运、使用等多种作用，药物剂型和制剂必须依赖药用辅料而存在。药物制剂从诞生之日起就离不开辅料，药用辅料是药物制剂存在的物质基础，没有药用辅料就没有药物制剂。

（2）药用辅料影响药物制剂的稳定性 影响药物制剂稳定性的因素可以归纳为化学因素、物理因素和生物因素三个方面。这些原因的存在及其变化，往往会产生下列影响：产生有毒物质，降低用药安全性；影响疗效，产生副作用，妨碍使用；无明显分解，含量、疗效、毒性等方面也都无显著改变，但有如色泽或澄明度变化，致使药物制剂不合规定；影响使用，如混悬剂中药物结块，难以重新摇匀，使每次剂量不易准确把握等。因此正确选用辅料对提高制剂的稳定性十分重要。

（3）药用辅料影响药物的吸收 辅料与制剂中药物的吸收速率和吸收程度有密切关系，由于受各种因素影响，有可能加强、减弱或改变药物的物理性质，因而在制剂处方设计选择辅料时不仅应考虑对工艺性质和物理外观的影响，更重要的是研究辅料对药物被机体吸收和生物利用度的影响。

（4）药用辅料影响药物的体内分布 近代药剂学技术可以采用制剂手段控制药物在体内的分布，解决靶向给药问题。根据生物药剂学的设想，可将药物嵌入一种载体形成药物-载体复合物，给药后选择性地浓集于作用部位，载体被破坏后，释放药物发挥疗效。成为载体的先决条件是必须具有特异性，能按其通过机体的途径来识别靶细胞。目前应用的载体主要为大分子物质，如脂质体、乳剂、蛋白质、可生物降解高分子物质、生物合成物等。

5.2.1.4 辅料的选用方法

要制成所需的制剂，必须合理地选择药用辅料。

（1）必须要了解药用辅料的性能、功能、质量规格、稳定性、配伍禁忌等及其具有的应用内容，如辅料的吸湿性、对药物的相容性、流动性、溶解性、黏度等。

（2）必须要了解药物本身的性质（物理化学、生物学等性质），如药物的多晶型，对热、湿、光、pH 的敏感性，溶解性，体内外稳定性等。

（3）根据制剂研发的工艺来选择药用辅料。

（4）对于高剂量药物来说，就要选择优良的辅料来减少辅料的用量。而对于低剂量药物来说，微量药物在制剂中的均匀性是最大的问题。

（5）不同的剂型有不同的辅料。根据动物药物的释药特性，综合考虑合理的辅料选择和处方工艺等方案。

5.2.2 液体制剂的辅料

5.2.2.1 液体制剂的分散介质

（1）概述 液体制剂系指药物分散在适宜的分散介质（分散媒或溶剂）中制成的液体形态的剂型，可供内服或外用。包括化学药物分散在适宜分散介质中形成的液体制剂，如高分子溶液剂、混悬剂、乳剂、糖浆剂等；也包括用适宜的浸出溶剂及方法提取药材有效组分而制得的浸出制剂，如汤剂、酒剂、酊剂等；还包括注射剂和滴眼剂等无菌制剂。

液体制剂的分散介质在溶液型液体制剂和高分子溶液剂中通常称为溶剂或溶媒；在溶胶剂、混悬剂、乳剂中分散相不是溶解而是分散，故称为分散介质或分散媒。分散介质是液体制剂中不可或缺的药用辅料，在液体制剂中所占比例较大，且大多留存在最终产品中。

（2）液体制剂的常用溶剂

① 极性溶剂：此类溶剂常用的有水、甘油和二甲基亚砜等。

水：无色、澄明、无臭的液体，是最常用的溶剂。

甘油：无色、澄明、黏稠液体，味甜，有引湿性。

二甲基亚砜（DMSO）：无色、澄明、有大蒜臭味的油状黏性液体，吸湿性较强，能与水、甘油、乙醇、丙二醇等溶剂以任意比例混溶。

② 半极性溶剂：此类溶剂常用的有乙醇、丙二醇、聚乙二醇等。

乙醇：无色、澄明、易挥发燃烧的液体，可与水、丙二醇、甘油等溶剂以任意比例混溶，能溶解大部分有机药物和药材中的有效成分。

丙二醇：无色、澄明、无臭、黏稠，具有吸湿性的液体，药用通常为 1,2-丙二醇。

聚乙二醇（PEG）：聚乙二醇的物理性质随分子量不同而变化，分子量在 1000 以下者为液体。液体制剂中常用聚乙二醇的分子量为 300～600，其为无色、澄明、中等黏度的液体，理化性质稳定。

③ 非极性溶剂：此类溶剂常用的有脂肪油、液状石蜡和乙酸乙酯等。

脂肪油：由各种脂肪酸的甘油酯组成，为常用的非极性溶剂，如花生油、麻油、大豆油、橄榄油等植物油。

液状石蜡：无色、无臭、无味的黏性液体，是从石油产品中分离得到的液状烃的混合物，化学性质稳定，有轻质（密度：0.828～0.860g/mL）和重质（密度：0.860～0.890g/mL）两种，轻质多用于外用液体制剂，重质常用于软膏剂。

乙酸乙酯：无色或淡黄色、微臭的透明液体，易燃、易挥发，相对密度（20℃）为0.897～0.906。可与乙醇、乙醚、挥发油等混溶，但在空气中易氧化变色，需加入抗氧剂。

5.2.2.2 防腐剂

（1）概述 防腐剂是指能抑制微生物生长繁殖的化学物品。一般把用于各类液体制剂和半固体制剂的称为防腐剂，把用于注射剂和滴眼液的称为抑菌剂。

液体制剂尤其是以水为溶剂的液体制剂，易引起细菌、真菌等微生物污染而发霉变质，特别是含有蛋白质、糖类等营养成分的液体制剂，微生物更容易在其中繁殖生长。中药合剂、糖浆剂、煎膏剂等一旦被微生物污染，就会引起制剂霉败变质，严重影响制剂质量，甚至危害动物体。在生产液体制剂的过程中不可避免地会受到微生物污染，加入适宜的防腐剂可抑制微生物的生长繁殖，保证制剂的稳定性。

（2）防腐剂的种类

① 羟苯酯类：亦称尼泊金酯类，常用羟苯甲酯、羟苯乙酯、羟苯丙酯、羟苯丁酯等，是目前应用最广的一类无毒、无味、无臭、化学性质稳定的优良防腐剂。

② 有机酸及其盐类：主要有苯甲酸及其盐和山梨酸及其盐。苯甲酸在水中难溶，在乙醇中易溶，通常配成20％醇溶液备用，用量为0.03％～0.1％。在酸性溶液中抑菌效果较好，pH 值为 4 时最佳，随溶液 pH 值增高，防腐作用降低；山梨酸及其盐为白色至黄白色结晶性粉末。溶解度在水中为0.125％（30℃），甘油中为0.13％，丙二醇中为5.5％（20℃），无水乙醇或甲醇中为12.9％。

③ 季铵化合物类：为阳离子型表面活性剂，以苯扎溴铵（又称新洁尔灭）为代表，其为淡黄色黏稠液体，味极苦，有特臭，无刺激性，溶于水和乙醇，水溶液呈碱性。

④ 醋酸氯己定：又称醋酸洗必泰，为广谱杀菌剂，溶于乙醇、丙二醇、甘油等溶剂中，微溶于水。

⑤ 酚类：邻苯基苯酚，使用浓度为0.005％～0.2％。

⑥ 挥发油：桉叶油使用浓度为0.01％，桂皮油为0.01％、薄荷油为0.05％。

5.2.2.3 增溶剂与助溶剂

（1）概述 液体制剂中难溶性药物在溶剂中常存在溶解度低的问题，特别是中药液体制剂。为了使难溶性药物达到临床治疗所需的安全有效浓度，必须采取一定方法来增加药物的溶解度。某些难溶性药物可以通过制成可溶性盐、使用复合溶剂、引入亲水基团等方法来增加溶解度，也可在溶液中加入溶剂和药物以外的第三种物质来增加难溶性药物的溶解度。增溶剂和助溶剂就是常用来增加难溶性药物溶解度的第三种物质。

① 增溶剂：增溶是指某些难溶性药物在表面活性剂形成胶束的作用下，在溶剂（主要是水）中溶解度增大的现象。具有增溶作用的表面活性剂称为增溶剂，被增溶的物质称为增溶质。增溶剂能显著增加难溶性药物的溶解度。

② 助溶剂：助溶系指难溶性药物与加入的第三种物质在溶剂中形成可溶性络合物、复盐或分子缔合物等，使药物在溶剂中溶解度大大增加的现象。这个第三种物质称为助溶剂。助溶剂多为低分子化合物。

（2）增溶剂的种类

① 非离子型表面活性剂：是用途最广的增溶剂，可用于外用制剂、口服制剂和注射剂。

吐温类：吐温是一大类非离子型表面活性剂，具有乳化、扩散、增溶、稳定等作用。吐温类表面活性剂中，吐温-80 的毒性最小，常作为液体制剂等的增溶剂。

聚氧乙烯脂肪酸酯类：该类化合物均为水溶性的非离子型表面活性剂。如聚氧乙烯单硬脂酸酯，可作为维生素 A、维生素 D、维生素 E 的增溶剂。

聚氧乙烯脂肪醇醚类：如平平加。常作为精油、脂溶性维生素等亲脂性药物口服制剂的增溶剂，并有助于机体吸收。

② 阴离子型表面活性剂：毒性比阳离子型表面活性剂小，但常有溶血和刺激黏膜等强烈的生理作用，故供外用制剂使用。

肥皂类：如油酸钠，其 10%溶液常作为丙酸睾酮的增溶剂；钾肥皂可增加甲酚的溶解度。

硫酸化物：如十二烷基硫酸钠用于黄体酮的增溶。

磺酸化物：如阿洛索可用于氯化二甲酚的增溶。

（3）助溶剂的种类

① 有机酸及其盐：如水杨酸、苯甲酸、对氨基水杨酸及其钠盐等。

② 酰胺类化合物：如二乙胺、乙酰胺、烟酰胺、尿素、氨基甲酸乙酯（乌拉坦）等。

③ 其他：包括无机盐（如磷酸钠、碘化钾）、酯类（如甘氨酸酯）、多聚物（如 PVP、PEG）、丙二醇、多元醇、甘油等。

5.2.2.4 乳化剂

（1）概述 乳剂是两种互不相溶的液相组成的非均相分散体系，通常是一种液体经乳化后形成球状微滴均匀稳定地分散在另一种液体体系中。这种起乳化作用的物质称为乳化剂。它是乳剂中除水相和油相以外的重要组成部分，对乳剂的形成、稳定及药效发挥等起着关键作用。

（2）乳化剂的常用品种

① 天然乳化剂：来源于植物或动物的复杂高分子化合物，亲水性较强，能形成 O/W 型乳剂。该类乳化剂大多数黏性较大，能增加乳剂的稳定性。天然乳化剂易受细菌和真菌的污染而变质，在使用时须新鲜配制或加入适宜的防腐剂。植物来源的天然乳化剂常用品种有阿拉伯胶、西黄蓍胶、皂苷、大豆磷脂、海藻酸钠等；动物来源的常用品种中亲水性的有磷脂、明胶等，亲油性的有羊毛脂、胆固醇等。

阿拉伯胶：白色、无臭、无刺激味，无毒、安全，是常用的乳化剂。阿拉伯胶具有较强的水溶性，可制备 O/W 型乳剂。适用于乳化植物油和挥发油，广泛用于内服乳剂。阿拉伯胶乳化能力弱，黏度较低，不宜作外用乳剂的乳化剂。阿拉伯胶常与西黄蓍胶、琼脂等合用以增加乳剂的黏度和稳定性。作为乳化剂的常用浓度为 10%～15%，乳剂在 pH 4～10 范围内是稳定的。阿拉伯胶常含氧化酶，易腐败及与酚类药物等产生配伍禁忌，为了克服这一缺点，使用前可将胶浆液预先在 80℃加热 30min 破坏氧化酶。

西黄蓍胶：为乳化能力较弱的 O/W 型乳化剂，其水溶液黏度大，pH 值为 5 时溶液黏度最大。常与阿拉伯胶合并使用。

明胶：为 O/W 型乳化剂，易受溶液 pH 值及电解质影响而产生凝聚作用。常与阿拉伯胶合并使用。

磷脂：通常是指由卵黄提取的卵磷脂或大豆提取的豆磷脂。卵磷脂具有乳化、分散、润湿等作用，对皮肤和黏膜的亲和力强。用卵磷脂作乳化剂时，可形成稳定的 O/W 型乳剂。豆磷脂具有很强的乳化作用，能显著降低油水界面张力，形成稳定的高度分散而均匀的 O/W 型乳剂。豆磷脂毒性小，是一种理想的制备口服和注射用乳剂的乳化剂；精制品可供静脉注射用。

② 表面活性剂类乳化剂：这类乳化剂分子中有较强的亲水基和亲油基，乳化能力强，性质较稳定。能显著降低液体表面张力，易在乳滴周围形成单分子乳化膜，通常使用混合乳化剂形成复合凝聚膜来提高乳剂的稳定性。

阴离子型乳化剂：硬脂酸钠、硬脂酸钾、硬脂酸钙、油酸钠、油酸钾、十二烷基硫酸钠、十六烷基硫酸化蓖麻油等。

非离子型乳化剂：单甘油脂肪酸酯、三甘油脂肪酸酯、蔗糖单硬脂酸酯、聚甘油硬脂酸酯、司盘类（W/O 型）、吐温类（O/W 型）、苄泽类（O/W 型）、平平加 O、泊洛沙姆等。

③ 固体粉末乳化剂：这类乳化剂为不溶性固体微粉，乳化时可在油与水之间形成稳定的界面膜，防止分散相液滴相互接触合并。根据亲和性，此类乳化剂分为 O/W 型乳化剂和 W/O 型乳化剂。前者为亲水性乳化剂，易被水润湿，可用于制备 O/W 型乳剂，常用的有氢氧化镁、氢氧化铝、二氧化硅、硅藻土等；后者为疏水性乳化剂，易被油润湿，可用于制备 W/O 型乳剂，常用的有氢氧化锌、氢氧化钙、硬脂酸镁等。

④ 辅助乳化剂：是指与乳化剂合并使用能增加乳剂稳定性的乳化剂。辅助乳化剂的乳化能力很弱或无乳化能力，但能提高乳剂黏度，同时能增加乳化膜的强度，阻止乳滴合并。该类乳化剂有以下两种类型。

增加水相黏度的辅助乳化剂：甲基纤维素、羟丙基纤维素、羧甲基纤维素钠等。

增加油相黏度的辅助乳化剂：鲸蜡醇、蜂蜡、硬脂酸、硬脂醇、单硬脂酸甘油酯等。

5.2.2.5 助悬剂

（1）概述 混悬剂是指难溶性固体药物以微粒分散于液体分散介质中形成的非均相液体分散体系的剂型，其大多数是液体制剂，在临床上可用于口服、注射和外用。混悬剂是热力学与动力学的不稳定体系，存在微粒聚集与沉降的趋势，因此在制备时需加入稳定剂来使药物分散悬浮于体系中，提高混悬剂的稳定性。

助悬剂是混悬剂的稳定剂之一，能增加分散介质的黏度以降低微粒的沉降速度或增加微粒的亲水性，形成保护膜，使混悬剂稳定。助悬剂多为高分子亲水胶体物质，通过增加分散介质黏度和吸附于微粒表面形成保护屏障，来防止或减少微粒间的吸引或絮凝，保持微粒均匀的分散状态。

（2）助悬剂的种类

① 低分子助悬剂：常用甘油、糖浆等。外用混悬剂多加入甘油。糖浆主要用于内服的混悬剂，同时还具有矫味作用。

② 高分子助悬剂：天然高分子助悬剂常用的有阿拉伯胶、西黄蓍胶、海藻酸钠、琼脂

等。阿拉伯胶、西黄蓍胶可用粉末或胶浆，前者用量为5%～15%，后者用量为0.5%～1%。琼脂用量为0.2%～0.5%。此类助悬剂使用时需加防腐剂。

合成或半合成高分子助悬剂：有甲基纤维素、羧甲基纤维素钠、羟丙基纤维素、卡波姆、聚维酮等。这类助悬剂性质稳定，受pH值影响小，水溶液透明，具有一定黏度，但应注意某些助悬剂与药物或其他附加剂有无配伍禁忌。

皂土类：主要是硅藻土，为天然含水的硅酸铝，不溶于水或酸，但在水中体积膨胀增加约10倍，形成具有触变性、假塑性和高黏度的凝胶。在pH值＞7时，膨胀性更大，黏度更高，助悬效果更好。

触变胶：具有触变性的胶体称为触变胶。触变性是指凝胶与溶胶在一定温度下可逆转变的性质，即静置时形成凝胶防止微粒沉降，搅拌或振摇时变为溶胶有利于倾出，使用触变胶作助悬剂有利于混悬剂的稳定。单硬脂酸铝溶于植物油中可形成触变胶。

5.2.2.6 矫味剂

（1）概述 许多药物具有不良臭味，动物服用后易引起呕吐等反应，因而导致动物用药的依从性降低，如甲硝唑有苦味、鱼肝油有腥味等。矫味剂是一类能掩盖和矫正制剂的不良臭味，使制剂更加可口，便于动物服用的物质。矫味剂一般能改善制剂的味道或气味，提高适口性。

（2）矫味剂的种类

① 甜味剂：为具有甜味的物质，包括天然和合成两大类，能掩盖药物的苦、咸、涩味。天然甜味剂以蔗糖、单糖浆应用最广，芳香味糖浆如橙皮糖浆、枸橼酸糖浆不仅能矫味，还能矫臭。合成甜味剂主要有糖精钠、阿司帕坦等。

甜菊苷：为天然甜味剂，白色粉末，无臭，有清凉甜味，其甜度为蔗糖的300倍，性质稳定，耐热、酸、碱，在水中溶解度（25℃）为1∶10，安全可靠。本品甜味持久且不被吸收，甜中带苦，常与蔗糖或糖精钠合用，常用量为0.025%～0.05%。

糖精钠：为合成甜味剂，甜度为蔗糖的200～700倍，易溶于水中，但不稳定。常用量为0.03%，常与甜菊苷、蔗糖等合用作为咸味药物的矫味剂。

阿司帕坦：白色、无臭的结晶性粉末，甜度比蔗糖大180～300倍，无不良苦味；无毒，安全性高，代谢不需胰岛素参与，几乎不产生热量。一般用量在0.01%～0.6%。

木糖醇：甜度与蔗糖相当，味质好，安全性高，代谢不需胰岛素参与，但用量大、成本高。

此外，甘油、甘露醇、山梨醇等也可作为甜味剂。

② 芳香剂：是在药品生产中用于改善药物气味的物质，包括天然芳香剂和人工合成芳香剂。天然芳香剂包括天然芳香挥发油，如橙皮油、茴香油、桂皮油、薄荷油等，以及挥发油制成的制剂，如酊剂、醑剂等。人工合成的香料有苹果香精、橘子香精、香蕉香精等。

③ 胶浆剂：胶浆剂具有黏稠缓和的性质，通过干扰味蕾的味觉，阻止药物向味蕾扩散，降低药物的刺激性，达到矫味的目的。胶浆剂中加入甜味剂，可增强胶浆剂矫味的效果。常用淀粉、羧甲基纤维素钠、阿拉伯胶、海藻酸钠、甲基纤维素、明胶等。

④ 泡腾剂：是用有机酸（如枸橼酸、酒石酸）与碳酸氢盐混合，加适宜辅料（香精、甜味剂）制成的。泡腾剂遇水后产生大量二氧化碳，其溶于水后呈酸性，能麻痹味蕾而达到矫味的目的。

5.2.3 固体制剂的辅料

目前，临床常用的固体剂型有胶囊剂、片剂、丸剂、颗粒剂、散剂等，固体制剂的辅料习称赋形剂，本部分主要阐述涉及常规固体制剂成型的主要辅料。

5.2.3.1 填充剂

（1）概述 填充剂包括稀释剂和吸收剂。用以增加药物重量与体积，分散主药以降低物料黏性，利于制剂成型和分剂量的赋形剂称为稀释剂；用以吸收原料中多量液体成分的赋形剂称为吸收剂。填充剂广泛用于片剂、颗粒剂、胶囊剂、散剂等固体制剂。

（2）填充剂的分类

① 稀释剂：其中水溶性稀释剂包括乳糖、蔗糖、甘露醇、山梨醇等。水不溶性稀释剂有淀粉、微晶纤维素、硫酸钙、磷酸氢钙等。直接压片用稀释剂可以是喷雾干燥乳糖、改良淀粉等。

② 吸收剂：有不少稀释剂同时也可作吸收剂，如淀粉；但一般油类药物常用无机盐进行吸收，如硫酸钙、磷酸氢钙、氧化镁、碳酸镁、活性炭、氢氧化铝凝胶粉等。

5.2.3.2 黏合剂与润湿剂

（1）概述 黏合剂是指一类使无黏性或黏性不足的物料粉末聚结成颗粒的物质。在湿法制粒中主要使用液体黏合剂，在干法制粒及粉末直接压片中使用固体黏合剂。

润湿剂是指本身无黏性，但可以诱发待制粒、压片物料的黏性，以利于制粒、压片的液体。

黏合剂与润湿剂不仅用于片剂生产，在冲剂、颗粒剂、中药丸剂等剂型中也普遍使用。

（2）黏合剂的分类

① 按用法分类：可以分为做成水溶液或胶浆才具黏性的黏合剂，如淀粉、明胶、羧甲基纤维素钠等；干燥状态下也具黏性的干燥黏合剂，本类黏合剂在溶液状态下的黏性一般更强（约为干燥状态的两倍），如高纯度糊精、改良淀粉、微晶纤维素等；经非水溶剂溶解或润湿后具黏性的黏合剂，此类黏合剂适用于遇水不稳定的药物，如乙基纤维素、聚乙烯吡咯烷酮、羟丙基甲基纤维素等。

② 按水溶性分类：可分为水溶性黏合剂，如蔗糖、液状葡萄糖、聚维酮、羧甲基纤维素、明胶、聚乙二醇等；水不溶性黏合剂如糊精、淀粉、微晶纤维素、乙基纤维素等。

（3）润湿剂的分类

① 表面张力小，能与水混溶的液体润湿剂，如乙醇、甘油等。这类润湿剂润湿效果不佳。

② 表面活性剂类润湿剂。此类润湿剂润湿效果好，有阴离子型表面活性剂、司盘类、吐温类等。

5.2.3.3 崩解剂

（1）概述 崩解剂是指加入固体制剂中能促使其在体液中迅速崩解成小单元并使药物更快溶解的辅料。

（2）崩解剂的分类 按结构和性质可以分为以下几类。

① 淀粉及其衍生物：指淀粉及经过专门改良变性后的淀粉类物质，其自身遇水具有较大膨胀特性，如羟丙基淀粉（淀粉羟基丙酸酯）、羟丙基淀粉球、预凝胶淀粉、羧甲基淀粉钠等。

② 纤维素类：吸水性强，易膨胀，如低取代羟丙基纤维素、微晶纤维素、交联羧甲基纤维素钠。

③ 表面活性剂：主要目的为增加片剂的润湿性，使水分借片剂的毛细管作用，迅速渗透到片芯引起崩解，单独应用效果欠佳，多与其他崩解剂合用，起到辅助崩解作用，如吐温-80、十二烷基硫酸钠等。

④ 泡腾崩解剂：借遇水能产生 CO_2 气体的酸碱中和反应起到崩解作用，一般由碳酸盐和酸组成，如枸橼酸、酒石酸混合物加碳酸氢钠或碳酸钠等。

⑤ 其他类：包括胶类，如西黄蓍胶、琼脂等；海藻酸盐类，如海藻酸钠等；黏土类，如皂土、胶体硅酸镁铝等；阳离子交换树脂，如弱酸性阳离子交换树脂钾盐及甲基丙烯酸二乙烯基苯共聚物等；酶类，此类酶可消化黏合剂，具有特异性。

5.2.3.4 润滑剂

（1）概述 药物颗粒（或粉末）在压片时，有时会出现黏冲现象。因此颗粒在压片前，常需加入一定量具有润滑作用的物料，以增加流动性，减少与冲模的摩擦力，使片面光洁美观。此类物料一般称作润滑剂。润滑剂除了矿物油等外，大多兼具抗黏和助流作用。

（2）润滑剂的分类

① 疏水性及水不溶性：此类润滑剂主要有硬脂酸、硬脂酸钙和硬脂酸镁、滑石粉、氢化植物油。

② 水溶性：此类润滑剂主要有聚乙二醇（PEG4000、PEG6000）、十二烷基硫酸镁（钠）等。

③ 助流剂：助流剂主要有气相微粉硅胶（200、300、380）、合成微粉硅胶（65、72、244、246）及滑石粉。

5.2.3.5 增塑剂

（1）概述 本部分中增塑剂是指能增加成膜材料可塑性，使形成的膜柔韧、不易破裂的物质。增塑剂一般为高沸点的液体，还有一些能均匀分散在成膜材料中的低分子量聚合物。增塑剂与成膜材料聚合物相互作用，增强聚合物链的流动性，改善膜的物理和力学性能。薄膜包衣片、肠溶衣片、膜剂、涂膜剂、胶囊剂、透皮制剂等剂型，一般都要加入增塑剂。

（2）增塑剂的分类

① 水溶性：本类增塑剂主要用于水溶性成膜材料，主要为多元醇类化合物，常见的有甘油、聚乙二醇 200、聚乙二醇 400、丙二醇等。它们能够与水溶性聚合物（如羟丙基甲基纤维素）混合，也可以与醇溶性聚合物（如乙基纤维素）混合。在薄膜包衣过程中的较高温度下，多元醇类增塑剂稳定、不挥发。

② 水不溶性：主要与水不溶性成膜材料同用，涂膜剂中所用增塑剂属此种类型。主要是有机羧酸酯类化合物，常见的有蓖麻油、乙酰化单甘油酯、苯二甲酸酯类、枸橼酸酯、癸二酸二丁酯等。

5.2.3.6 着色剂

（1）概述 有些药物制剂本身无色，但为了达到某些目的需要将着色物质加入制剂中进行调色，该种物质称为着色剂，亦称色素或染料。着色剂在液体药剂、包衣、胶囊剂、片剂中应用最为广泛。着色剂与矫味剂常配合使用。

（2）着色剂的分类 分为天然色素和人工合成色素两类，后者又分为食用色素和外用色素。只有食用色素可用于内服液体制剂。

① 天然着色剂：常用植物性和矿物性色素，可作为内服制剂的着色剂。我国传统应用较为广泛的天然植物红色素有巴西苏木素、紫草红、甜菜红等；黄色素有姜黄、胡萝卜素等；绿色素有叶绿素、叶绿酸铜钠盐；蓝色素有松叶兰；棕色素有焦糖（黄至棕色）；黑色有百草霜等。矿物性色素有氧化铁（棕红色）、朱砂（朱红色）、雄黄（黄色）等。有些色素不仅能着色，且有一定治疗作用，如百草霜和朱砂等。

② 合成色素：主要指用人工化学合成方法所得到的色素，绝大部分为有机物。人工合成色素色泽鲜艳、品种多、价格低廉，但多数毒性较大，用量不能过多。按其化学结构可分为偶氮类（如苋菜红、柠檬黄）和非偶氮类（如赤藓红、亮蓝等）两类。而按溶解性不同又分为油溶性和水溶性两类。油溶性合成色素进入动物体内后不易排出体外，毒性较大。水溶性合成色素易排出体外，毒性较低。目前世界各国允许使用的合成色素几乎都是水溶性色素。

目前我国批准的可供内服的合成食用色素有苋菜红、胭脂红、胭脂蓝、柠檬黄及日落黄，常配成1%贮备液使用，用量不得超过万分之一。外用液体制剂中常用的色素有伊红（曙红，适用于中性或弱碱性溶液）、品红（适用于中性或弱酸性溶液）、亚甲蓝（美蓝，适用于中性溶液）等，还可根据需要将上述三种原色按不同比例混合，调制各种色素。

5.2.3.7 包衣材料

（1）概述 为进一步保证某些固体制剂的质量，或达到某种特殊目的如控释、肠溶等，需在其表面包裹适宜的物料成衣膜，使药物与外界隔离，此过程称为包衣，该物料为包衣材料。

（2）包衣材料的分类

① 糖衣衣料：在片芯之外包以蔗糖为主要包衣材料的衣层。糖衣具有防潮、隔绝空气的作用，以保护作用为主。糖衣衣料可分为以下几种。

隔离衣料：将药物与糖衣层隔离，防止糖衣被破坏或药物吸潮而变质。同时隔离层还能起到增加片剂硬度的作用。大多用胶浆，或用胶糖浆，另加少量滑石粉。常用的有邻苯二甲酸醋酸纤维素、玉米朊（玉米醇溶蛋白）、虫胶、丙烯酸树脂等非水溶液。

粉衣衣料：使药片消失原有棱角，片面包平，为包好糖衣层打基础。粉衣衣料包括黏合剂与撒粉，黏合剂常用糖浆、明胶浆、阿拉伯胶浆，或蔗糖与阿拉伯胶的混合浆等；撒粉常用滑石粉、糖粉、白陶土、糊精、沉降碳酸钙、淀粉、阿拉伯胶粉、可可粉、硫酸钙等。

糖衣衣料：形成蔗糖晶体薄膜，增加衣层的牢固度和美观性。多以浓糖浆为衣料。

色衣衣料：使片衣有一定的颜色，以区别不同品种；深色或加入遮光剂的糖衣层对光敏性药物具有保护作用。常用的遮光剂是二氧化钛。

打光衣料：使片衣表面光亮美观，同时有防止吸潮作用。打光衣料多为蜡粉，也可加入少量硅油。常用的蜡粉为虫蜡。

② 薄膜衣料：是用于包薄膜衣的材料。根据结构类型，分为纤维素及其衍生物、丙烯酸树脂、乙烯聚合物等。

③ 肠溶衣料：肠溶衣料是需在特定 pH 值条件下溶解的薄膜，即在胃液（pH 值 1.5～3.5）中不溶解，只在肠液（pH 值 4.7～6.7）中溶解。

5.2.3.8 成膜材料

（1）概述 从广义上讲，凡物质分散于液体介质中，当分散介质被除去后，能形成一层薄膜，称为成膜材料。成膜材料在药物制剂中主要用于薄膜包衣、膜剂、涂膜剂、喷雾膜剂等。本部分中的成膜材料是指膜剂和涂膜剂的成膜材料。

（2）成膜材料的分类

① 天然高分子聚合物成膜材料：天然高分子成膜材料有明胶、虫胶、阿拉伯胶、白及胶、淀粉、糊精、琼脂、壳聚糖、海藻酸、玉米朊、纤维素等，多数可降解或溶解，但在单独使用时其成膜、脱膜性能，成膜后的强度与柔韧性等方面均欠佳，常与合成成膜材料合用。

② 合成高分子成膜材料：合成高分子成膜材料成膜性能良好，成膜后的拉伸强度和韧性满足膜剂的要求。常见的有聚乙烯醇、乙烯-醋酸乙烯共聚物、甲基丙烯酸酯-甲基丙烯酸共聚物、羟丙基纤维素、羟丙基甲基纤维素、聚维酮、硅橡胶、聚乳酸等。

5.2.3.9 胶囊材料

（1）概述 胶囊剂系指将饮片用适宜方法加工后，加入适宜辅料填充于空心胶囊或密封于软质囊材中的剂型。目前软、硬胶囊剂均可填充药物粉末、颗粒、油性溶液、混悬体或糊状物等。普通硬胶囊和软胶囊的囊壳材料组成基本相似。

（2）胶囊材料的常用品种

① 成囊材料：胶囊用明胶，具有高凝胶强度的明胶适合制备硬胶囊，中等凝胶强度的明胶适合制备软胶囊。

② 增塑剂：常用种类有甘油、山梨醇、丙二醇等。

③ 增稠剂：琼脂，有线形琼脂和粉状琼脂，可作胶凝剂、增稠剂、助悬剂、乳化剂和乳化稳定剂等，用于制备乳剂、合剂、冻胶剂等。

④ 遮光剂：常用种类有二氧化钛、硫酸钡等。

⑤ 着色剂：常用种类有柠檬黄、姜黄色素、苋菜红、胭脂红等。

⑥ 抑菌剂：常用的抑菌剂有苯甲酸、羟苯甲酯、羟苯乙酯等。

⑦ 其他材料：如阿拉伯胶可用作明胶胶囊的稳定剂、缓释胶囊囊膜材料。

（3）软胶囊基质及附加剂

① 软胶囊的基质：分为水溶性基质和油溶性基质两大类。常用的水溶性基质为聚乙二醇类，油溶性基质为植物油等。

② 软胶囊的附加剂：包括助悬剂、表面活性剂和润湿剂。对于油状基质，通常使用的助悬剂是 10%～30% 的油蜡混合物；对于非油状基质，则常用 1%～15% 聚乙二醇 4000 或聚乙二醇 6000。表面活性剂，通常是以十二烷基硫酸钠为主的烷基硫酸钠混合物。此外，在制备软胶囊时，不润湿的药物不易均匀地分散于分散媒中，微粒会漂浮或下沉，故混悬体系中常需加入润湿剂，常用表面活性剂吐温-80 作为润湿剂。

5.2.4 其他

5.2.4.1 软膏基质

（1）概述 基质是软膏剂形成和发挥药效的重要组成部分。软膏基质可作为药物的外用载体并可作为润湿剂和皮肤保护剂，其性质对软膏剂的质量及药物的释放和吸收有重要的影响，如可直接影响药效、流变性质、外观等。

（2）软膏基质的分类

① 油脂类基质：为疏水性物质，涂于皮肤能形成封闭性油膜，对皮肤起软化保护作用。包括油脂类、类脂类、烃类和硅酮类。油脂类常用的有动物油、植物油和氢化植物油等。类脂类是高级脂肪酸和高级醇化合而成的酯类，如羊毛脂、蜂蜡等。烃类系石油分馏得到的各种烃的混合物，如凡士林、石蜡等。硅酮类为不同分子量的聚二甲基硅氧烷的总称，简称硅油。

② 乳剂型基质：含水，能够吸收水分，在水中无法溶解。水包油型如硬脂酰胺、十二烷基硫酸钠等；油包水型，如十六醇、吐温-80 等。

③ 水溶性基质：本身无水，可以吸水，能溶于水，可用水去除，如聚乙二醇、羟乙基纤维素等。

5.2.4.2 硬膏基质

（1）概述 硬膏剂系指将药物溶解或混合于黏性基质中制成的一类近似固体的外用剂型，有局部治疗作用或全身治疗作用。

（2）硬膏基质的分类

① 铅硬膏基质：是用密陀僧（PbO）与植物油或豚脂反应生成的硬膏基质，这种基质的含药硬膏称为铅硬膏。通常包括黑膏药基质和白膏药基质两种。

黑膏药基质：是用铅丹（Pb_3O_4）与植物油反应生成的硬膏基质，这种基质形成的含药硬膏称为黑膏药，是中药膏剂中最常用者。铅丹与植物油的质量直接影响黑膏药的制备和质量。

白膏药基质：是用铅白（碱式碳酸铅，又称宫粉）与植物油反应生成的硬膏基质，其生成铅肥皂的反应较易进行，所以下丹的温度稍低，一般 100℃左右即可。铅白用量较铅丹多，因而成品呈黄白色，故所成膏药称白膏药。常用的基质为铅白。

② 橡胶硬膏基质：橡胶（混合物）基质是以橡胶与增黏剂、软化剂、填充剂等混合而成的基质，用此基质制成的硬膏剂称橡胶硬膏。橡胶基质主要由以下成分组成。

橡胶：为基质的主要原料，具有良好的黏性、弹性，且不透气、不透水。

增黏剂：常用松香。

软化剂：常用凡士林、羊毛脂、液状石蜡、植物油等。软化剂可使生胶软化，增加可塑性，增加成品的柔软性、耐寒性及黏性。

填充剂：氧化锌为常用的填充剂，有缓和收敛的作用，并能增加膏料与裱褙材料间的黏着性，降低松香酸对皮肤的刺激性等。

③ 巴布膏剂基质：巴布膏剂简称巴布剂，系指药材提取物、药物与适宜的亲水性基质混匀后，涂布于裱褙材料上制得的外用剂型。其基质的原料主要有以下几个部分。

黏合剂：包括天然、半合成或合成的高分子材料，如海藻酸钠、西黄蓍胶、明胶、甲（乙）基纤维素、羧甲基纤维素及其钠盐、聚丙烯酸及其钠盐、聚乙烯醇、聚维酮及马来酸酐-乙烯基甲醚共聚物的交联产物等。

保湿剂：常用聚乙二醇、山梨醇、丙二醇、丙三醇及它们的混合物。

填充剂：填充剂影响巴布剂的成型性，常用微粉硅胶、二氧化钛、碳酸钙、高岭土及氧化锌等。

渗透促进剂：可用氮酮、二甲基亚砜、尿素等，近年来多选用氮酮。

另外，根据药物的性质，还可加入表面活性剂等其他附加剂。

5.2.4.3 栓剂基质

（1）概述 栓剂基质是栓剂的赋形剂，与药物混合制成半固体的药物制剂，用于直肠、阴道等腔道给药，起局部或全身的治疗作用。

（2）栓剂基质的分类

① 油脂性基质：主要包括天然油脂、半合成和全合成脂肪酸甘油酯、氢化油类等。此类基质熔距较短、抗热性能较好、乳化水分的能力较强，可以作为乳剂型基质使用。

② 水溶性基质：主要有甘油明胶、聚乙二醇类、聚氧乙烯（40）单硬脂酸酯类、泊洛沙姆等。此类基质的特点是不受熔点的影响，给药后吸水膨胀，溶解或分散在体液中，释放药物而发挥作用。

除以上基质外，还应根据药物的性质选择适宜的附加剂，如吸收促进剂、抗氧剂、增塑剂、防腐剂等。

5.2.4.4 滴丸基质

（1）概述 滴丸剂系指药材经适宜的方法提取、纯化、浓缩并与适宜基质加热熔融混匀后，滴入不相混溶的冷凝液中，收缩冷凝而制成的球形或类球形制剂。滴丸中主药以外的附加剂称为基质，除了起到药物载体、赋予丸剂形状的作用外，还可以利用基质自身特性，借用固体分散技术增加药物溶解度和溶解速度，从而提高药物的生物利用度和起效速度，或利用一些脂类基质起阻滞作用，制成缓释制剂，发挥长效作用。

（2）滴丸基质的分类 滴丸剂所用的基质一般分为两大类。

① 水溶性基质：常用的有聚乙二醇类、肥皂类、硬脂酸钠及甘油明胶等。

② 脂溶性基质：常用的有硬脂酸、单硬脂酸甘油酯、氢化植物油、蜂蜡、虫蜡等。

在滴丸生产的实际应用中，水溶性基质占大部分，也常采用水溶性基质与非水溶性基质的混合物作为滴丸的基质。

5.2.4.5 气雾剂辅料

（1）概述 气雾剂是指药物与适宜的抛射剂和附加剂共同封装在具有特制阀门装置的耐压容器中，使用时借抛射作用将内容物喷出呈雾状、泡沫状或其他形态的制剂。

（2）抛射剂的分类 气雾剂中使用的具抛射作用的辅料称为抛射剂，按物理状态可将其分为液化气体抛射剂和压缩气体抛射剂两大类。

① 液化气体抛射剂：常用的液化气体抛射剂主要有氟氯烷烃类、氢氯烷烃类和碳氢化合物类。

氟氯烷烃类（CFC）：商品名为氟利昂，无毒性，不溶于水，是过去常用的抛射剂，但有破坏臭氧层和污染环境等问题，目前已经停止生产和使用。

氢氟烷烃类（HFA）：理化性质基本与 CFC 一致，目前被认为是最合适的氟利昂替代品。不含氯，故不破坏大气臭氧层。HFA 比 CFC 对水分有更高的亲和度，在常温常压下能溶解许多化合物。常用品种有四氟乙烷（HFA-134a）、七氟丙烷（HFA-227）。

碳氢化合物类：不含卤原子，没有生态毒性的可能；不破坏臭氧层，没有温室效应。价格低廉，可以得到氟利昂类所不能得到的蒸气压力，还具有良好的溶解特性。缺点是易燃，取用不便，安全性低。常用品种为丙烷、二甲醚、正丁烷和异丁烷。

② 压缩气体抛射剂：压缩气体气雾剂主要使用二氧化碳、一氧化氮、氮气和压缩空气这四种。在高压下，二氧化碳和一氧化氮以液体状存在，往往储存在高压钢瓶中，亦可被称为“液化抛射剂”。

（3）附加剂的分类 根据药物的性质确定气雾剂的类别，如溶液、乳浊液、混悬液等，选择适宜的溶剂和附加剂，附加剂对呼吸道、皮肤或黏膜应无刺激性。

① 潜溶剂：如乙醇、丙二醇、聚乙二醇等，能与抛射剂混溶，使药物形成溶液型气雾剂。

② 表面活性剂：如润湿剂、分散剂、乳化剂等。

③ 其他附加剂：如抗氧剂、混悬剂、防腐剂、矫味剂等。

5.2.4.6 固体分散体用辅料

（1）概述 固体分散体是指将药物以分子、胶态、微晶或无定形状态，高度分散于固体辅料（载体）中形成的一种以固体形式存在的分散系统。

（2）固体分散体载体分类 固体分散体载体材料根据溶解性不同，可分为水溶性、水不溶性、肠溶性三大类。

① 速释型固体分散体载体均为水溶性材料，常用的有如下几类：

高分子化合物：常用的主要有聚乙二醇、聚维酮。

表面活性剂：多为含聚氧乙烯基的表面活性剂，如泊洛沙姆188。

糖类：常用的糖类载体材料有右旋糖酐、壳聚糖、半乳糖和蔗糖，多与其他载体材料合用。

醇类：醇类载体材料包括甘露醇、山梨醇和木糖醇等，适用于剂量小、熔点高的药物，与聚乙二醇配伍作复合载体，分散效果更佳。

有机酸类：常用枸橼酸、琥珀酸、胆酸、去氧胆酸等，多形成共熔物以增强溶出效果。与聚维酮合用，增溶效果更好，但本类材料不适用于遇酸敏感的药物。

② 水不溶性载体常用的有乙基纤维素、含季铵基团的聚丙烯酸树脂类。

③ 肠溶性载体是指能顺利通过胃酸环境，进入肠道释放药物的载体，常用的有纤维素类和聚丙烯酸树脂类。纤维素类包括醋酸纤维素钛酸酯、羟丙甲纤维素酞酸酯和羧甲基纤维素等。

5.2.4.7 缓控释制剂辅料

（1）概述 在缓控释给药系统中，所加入的能够控制释药速率、时间或部位的辅料，统称为缓控释材料。其中，在缓释制剂中，能使药物从制剂中缓慢地溶出和（或）扩散的辅料统称为缓释材料；在控释制剂中，能使药物从制剂中以恒速（零级或近似零级）溶出和（或）扩散的辅料统称为控释材料。

（2）缓控释材料的分类

① 口服缓控释剂的材料：主要包括骨架型、膜控型、渗透泵型和离子交换树脂型四种缓控释材料。

骨架型：骨架型制剂是指药物和一种或多种惰性固体骨架材料通过压制或融合技术制成片状、小粒或其他形式的制剂。骨架型缓控释材料主要分为亲水凝胶骨架材料（包括纤维素衍生物，如甲基纤维素、羟丙甲纤维素、羧甲基纤维素钠等；乙烯聚合物和聚丙烯酸树脂，如聚乙烯醇和聚羧乙烯等；非纤维素多糖，如壳聚糖、半乳糖甘露聚糖等；天然胶，如海藻酸钠、琼脂、西黄蓍胶等 4 种）、不溶性骨架材料（多为不溶于水或水溶性极小的高分子聚合物或无毒塑料等，常用的有乙基纤维素、聚乙烯、聚丙烯、乙烯-醋酸乙烯共聚物和聚甲基丙烯酸甲酯等）和生物溶蚀或降解型骨架材料（多为蜡质、脂肪酸、脂肪酸酯及聚酯类物质，常用的有巴西棕榈蜡、硬脂酸、单硬脂酸甘油酯、十八醇、乙交酯-丙交酯共聚物等）。

膜控型：膜控型缓控释制剂通过包衣膜来控制和调节制剂中药物的释放速率。主要包括微孔膜控释（包衣材料为乙基纤维素、丙烯酸树脂等水不溶性的膜材料与聚乙二醇、羟丙基纤维素、聚维酮等水溶性致孔剂的混合物）、致密膜控释（衣膜不溶于水和胃肠液，但允许其透过。常用膜材料有乙基纤维素，丙烯酸树脂 RL、RS 型，醋酸纤维素等）和肠溶膜控释（膜材料不溶于胃液，仅溶于肠液，如肠溶型丙烯酸树脂、羟丙甲纤维素酞酸酯等）。

渗透泵型：渗透泵型控释制剂是一种用半透膜包衣，并在膜上打孔并包含药物及渗透压发生剂的固体控释制剂。常用的成膜材料为醋酸纤维素、乙基纤维素、聚氯乙烯等。在包衣膜中加入增塑剂可以调整包衣膜的柔韧性，常用的增塑剂有邻苯二甲酸酯、甘油酯、聚乙二醇 6000 等。此外，可在包衣膜内加入致孔剂，形成海绵状的膜结构，使药物溶液和水分子透过膜上的微孔，以渗透压差为释药动力释药，常用的致孔剂有聚乙二醇 400、聚乙二醇 600、聚乙二醇 3000、聚乙二醇 1500、羟丙甲纤维素、聚乙烯醇等。

离子交换树脂型：离子交换树脂在缓控释制剂中多用于口服控释混悬剂的制备。口服控释混悬剂由混悬介质和控释药物微粒组成，混悬介质可为去离子水、糖浆或其他可供服用的油性液体。

增黏型：在液态药物中加入增黏剂，可以达到延长药物疗效的目的。常用的增黏剂有明胶、阿拉伯胶、羧甲基纤维素钠等。一般而言，可以作助悬剂的材料均可以作为增黏剂使用。

② 外用缓控释制剂：外用缓控释制剂多为经皮给药或黏膜给药制剂，所用的缓控释材料多为生物黏附性高分子材料等，目前常用的有透皮骨架控释制剂、腔道和植入骨架控释制剂。常用的骨架控释材料为硅橡胶和生物可降解多聚物，如聚乳酸、乳酸-甘氨酸共聚物、谷氨酸多肽、谷氨酸-亮氨酸共聚物多肽和甘油酯类等。

③ 注射缓控释制剂：注射缓控释制剂的药物载体多为脂质体、微囊、微球、纳米粒等。

5.2.4.8 经皮及黏膜给药系统辅料

（1）概述 经皮给药系统又称为经皮治疗系统，是指药物以一定的速率通过皮肤，经毛细血管吸收进入体循环产生药效的一类制剂。

黏膜给药系统是指使用合适的载体将药物与生物黏膜表面紧密接触，从而达到局部治疗作用或通过黏膜上皮细胞进入循环系统发挥全身治疗作用的给药系统。

（2）经皮给药系统用辅料的分类 经皮给药系统中使用的辅料主要有控膜材料和骨架材料、压敏胶、背衬材料、防黏保护材料、药库材料以及透皮促进剂六大类，根据主药的理化性质，有时也可能使用增溶剂、助溶剂、稳定剂等其他材料。

① 控膜材料和骨架材料：控膜材料是指经皮给药系统中控释膜，可分为均质膜与微孔膜。用作均质膜的材料有乙烯-乙酸乙酯共聚物（EV）和聚硅氧烷等，用作微孔膜的材料有聚丙烯、醋酸纤维素、聚四氟乙烯等；骨架材料常用聚硅氧烷（硅橡胶）、聚乙烯醇、甲聚糖、壳聚糖等。

② 压敏胶：压敏胶是在轻微压力下（例如指压）即可实现粘贴，同时又容易剥离的一类胶黏材料。常用聚异丁烯类、丙烯酸脂类、硅橡胶三类。

③ 背衬材料：背衬材料是用于支持药库或压敏胶等的薄膜。常用多层复合铝箔，其他可以使用的还有聚对苯二甲酸二乙酯（PET）、高密度聚乙烯、聚苯乙烯等。

④ 防黏保护材料：这类材料主要用于 TDD 系统黏胶层的保护，为了防止压敏胶从药库或控释膜上转移到防黏材料上。一般可根据膜材及压敏胶的种类选择聚乙烯、聚苯乙烯、聚丙烯、聚碳酸酯等，也可使用表面用石蜡或甲基硅油处理过的光滑厚纸。

⑤ 药库材料：可以用单一材料，也可以用多种材料配制的糊剂、软膏、水凝胶、混悬液、溶液等。较常用的有卡波姆、羟丙甲纤维素、聚乙烯醇等，各种压敏胶和骨架膜材同时也可以是药库材料。

⑥ 透皮促进剂：主要包括亚砜类（二甲基亚砜和癸基甲基亚砜）、吡咯酮类（如 α-吡咯酮、N-甲基吡咯酮、5-甲基吡咯酮等）、氮酮及其类似物（如月桂氮䓬酮、牦牛儿基氮䓬酮、法尼基氮䓬酮等）、脂肪酸及其酯（如辛酸、癸酸、月桂酸、硬脂酸油酸、亚麻酸、醋酸甲酯、醋酸乙酯等）、表面活性剂类（如十二烷基硫酸钠、泊洛沙姆、吐温-80等）、醇类和多元醇类（如乙醇、异丙醇、丙二醇、丙三醇等）、酰胺类（如二甲基甲酰胺、二甲基乙酰胺等）、环糊精类（如环糊精、2-羟丙基-β 环糊精等）、天然透皮吸收促进剂（如桉树脑、松节油等）以及氨基酸、磷脂类透皮促进剂，还有一些酶如磷脂酶 C 等。

还可用二元或多元透皮促进剂如氮酮＋油酸＋丙二醇等。

（3）黏膜黏附材料的分类

① 天然类：如西黄蓍胶、海藻酸钠、明胶、果胶、黄原胶、阿拉伯胶。

② 半合成类：羧甲纤维素钠、羟乙纤维素、羟丙甲纤维素和羟丙纤维素。

③ 合成类：卡波姆、聚乙烯吡咯烷酮、聚乙二醇、聚乙烯醇等。

第 6 章
中兽药生产管理

6.1

生产要求

6.1.1 质量管理

6.1.1.1 原则

① 企业应当建立符合兽药质量管理要求的质量目标，将兽药有关安全、有效和质量可控的所有要求，系统地贯彻到兽药生产、控制及产品放行、贮存、销售的全过程中，确保所生产的兽药符合注册要求。

② 企业高层管理人员应当确保实现既定的质量目标，不同层次的人员应当共同参与并承担各自的责任。

③ 企业配备的人员、厂房、设施和设备等条件，应当满足质量目标的需要。

④ 中药制剂的质量与中药材和中药饮片的质量、中药材前处理和中药提取工艺密切相关。应当对中药材和中药饮片的质量以及中药材前处理、中药提取工艺严格控制。在中药材前处理以及中药提取、贮存和运输过程中，应当采取措施控制微生物污染，防止变质。

⑤ 中药材来源应当相对稳定，尽可能采用规范化生产的中药材。

6.1.1.2 质量保证

企业应当建立质量保证系统，同时建立完整的文件体系，以保证系统有效运行。

企业应当对高风险产品的关键生产环节建立信息化管理系统，进行在线记录和监控。

质量保证系统应当确保：

① 兽药的设计与研发体现《兽药生产质量管理规范》的要求。

② 生产管理和质量控制活动符合《兽药生产质量管理规范》的要求。

③ 管理职责明确。

④ 采购和使用的原辅料和包装材料符合要求。

⑤ 中间产品得到有效控制。

⑥ 确认、验证的实施。

⑦ 严格按照规程进行生产、检查、检验和复核。

⑧ 每批产品经质量管理负责人批准后方可放行。

⑨ 在贮存、销售和随后的各种操作过程中有保证兽药质量的适当措施。

⑩ 按照自检规程，定期检查评估质量保证系统的有效性和适用性。

兽药生产质量管理应满足以下基本要求：

① 制定生产工艺，系统地回顾并证明其可持续稳定地生产出符合要求的产品。

② 生产工艺及影响产品质量的工艺变更均须经过验证。

③ 配备所需的资源，至少包括：具有相应能力并经培训合格的人员；足够的厂房和空间；适用的设施、设备和维修保障；正确的原辅料、包装材料和标签；经批准的工艺规程和操作规程；适当的贮运条件。

④ 应当使用准确、易懂的语言制定操作规程。

⑤ 操作人员经过培训，能够按照操作规程正确操作。

⑥ 生产全过程应当有记录，偏差均经过调查并记录。

⑦ 批记录、销售记录和电子追溯码信息应当能够追溯批产品的完整历史，并妥善保存以便于查阅。

⑧ 采取适当的措施，降低兽药销售过程中的质量风险。

⑨ 建立兽药召回系统，确保能够召回已销售的产品。

⑩ 调查导致兽药投诉和质量缺陷的原因，并采取措施，防止类似投诉和质量缺陷再次发生。

6.1.1.3 质量控制

质量控制包括相应的组织机构、文件系统以及取样、检验等，确保物料或产品在放行前完成必要的检验，确认其质量符合要求。

质量控制的基本要求：

① 应当配备适当的设施、设备、仪器和经过培训的人员，有效、可靠地完成所有质量控制的相关活动。

② 应当有批准的操作规程，用于原辅料、包装材料、中间产品和成品的取样、检查、检验以及产品的稳定性考察，必要时进行环境监测，以确保符合《兽药生产质量管理规范》的要求。

③ 由经授权的人员按照规定的方法对原辅料、包装材料、中间产品和成品进行取样。

④ 检验方法应当经过验证或确认。

⑤ 应当按照质量标准对物料、中间产品和成品进行检查和检验。

⑥ 取样、检查、检验应当有记录，偏差应当经过调查并记录。

⑦ 物料和成品应当有足够的留样，以备必要的检查或检验；除最终包装容器过大的成品外，成品的留样包装应当与最终包装相同。最终包装容器过大的成品应使用材质和结构一样的市售模拟包装。

6.1.1.4 质量风险管理

① 质量风险管理是在整个产品生命周期中采用前瞻或回顾的方式，对质量风险进行识别、评估、控制、沟通、审核的系统过程。

② 应当根据科学知识及经验对质量风险进行评估，以保证产品质量。

③ 质量风险管理过程所采用的方法、措施、形式及形成的文件应当与存在风险的级别相适应。

6.1.2 机构与人员

6.1.2.1 原则

① 企业应当建立与兽药生产相适应的管理机构，并有组织机构图。企业应当设立独立的质量管理部门，履行质量保证和质量控制的职责。质量管理部门可以分别设立质量保证部门和质量控制部门。

② 质量管理部门应当参与所有与质量有关的活动，负责审核所有与《兽药生产质量管理规范》有关的文件。质量管理部门人员不得将职责委托给其他部门的人员。

③ 企业应当配备足够数量并具有相应能力（含学历、培训和实践经验）的管理和操作人员，应当明确规定每个部门和每个岗位的职责。岗位职责不得遗漏，交叉的职责应当有明确规定。每个人承担的职责不得过多。所有人员应当明确并理解自己的职责，熟悉与其职责相关的要求，并接受必要的培训，包括上岗前培训和继续培训。

④ 职责通常不得委托给他人。确需委托的，其职责应委托给具有相当资质的指定人员。

6.1.2.2 关键人员

关键人员应当为企业的全职人员，至少包括企业负责人、生产管理负责人和质量管理负责人。质量管理负责人和生产管理负责人不得互相兼任。企业应当制定操作规程确保质量管理负责人独立履行职责，不受企业负责人和其他人员的干扰。

企业负责人是兽药质量的主要责任人，全面负责企业日常管理。为确保企业实现质量目标并按照《兽药生产质量管理规范》要求生产兽药，企业负责人负责提供并合理计划、组织和协调必要的资源，保证质量管理部门独立履行其职责。

生产管理负责人：

① 资质：生产管理负责人应当至少具有药学、兽医学、生物学、化学等相关专业本科学历（中级专业技术职称），具有至少三年从事兽药（药品）生产或质量管理的实践经验，其中至少有一年的兽药（药品）生产管理经验，接受过与所生产产品相关的专业知识培训。

② 主要职责：确保兽药按照批准的工艺规程生产、贮存，以保证兽药质量；确保严格执行与生产操作相关的各种操作规程；确保批生产记录和批包装记录已经指定人员审核并送交质量管理部门；确保厂房和设备的维护保养，以保持其良好的运行状态；确保完成各种必要的验证工作；确保生产相关人员经过必要的上岗前培训和继续培训，并根据实际需要调整培训内容。

质量管理负责人：

① 资质：质量管理负责人应当至少具有药学、兽医学、生物学、化学等相关专业本科学历（中级专业技术职称），具有至少五年从事兽药（药品）生产或质量管理的实践经验，其中至少一年的兽药（药品）质量管理经验，接受过与所生产产品相关的专业知识培训。

② 主要职责：确保原辅料、包装材料、中间产品和成品符合工艺规程的要求和质量标准；确保在产品放行前完成对批记录的审核；确保完成所有必要的检验；批准质量标准、取样方法、检验方法和其他质量管理的操作规程；审核和批准所有与质量有关的变更；确保所有重大偏差和检验结果超标已经过调查并得到及时处理；监督厂房和设备的维护，以保持其良好的运行状态；确保完成各种必要的确认或验证工作，审核和批准确认或验证方案和报告；确保完成自检；评估和批准物料供应商；确保所有与产品质量有关的投诉已经过调查，并得到及时、正确的处理；确保完成产品的持续稳定性考察计划，提供稳定性考察的数据；确保完成产品质量回顾分析；确保质量控制和质量保证人员都已经过必要的上岗前培训和继续培训，并根据实际需要调整培训内容。

企业的质量管理部门应当有专人负责中药材和中药饮片的质量管理：

① 专职负责中药材和中药饮片质量管理的人员应当至少具备以下条件：具有中药学、生药学或相关专业大专以上学历，并至少有三年从事中药生产、质量管理的实际工作经

验；或具有专职从事中药材和中药饮片鉴别工作五年以上的实际工作经验；具备鉴别中药材和中药饮片真伪优劣的能力；具备中药材和中药饮片质量控制的实际能力；根据所生产品种的需要，熟悉相关毒性中药材和中药饮片的管理与处理要求。

② 专职负责中药材和中药饮片质量管理的人员主要从事以下工作：中药材和中药饮片的取样；中药材和中药饮片的鉴别、质量评价与放行；负责中药材、中药饮片（包括毒性中药材和中药饮片）专业知识的培训；中药材和中药饮片标本的收集、制作和管理。

6.1.2.3 培训

① 企业应当指定部门或专人负责培训管理工作，应当有批准的培训方案或计划，培训记录应当予以保存。

② 与兽药生产、质量有关的所有人员都应当经过培训，培训的内容应当与岗位的要求相适应。除进行《兽药生产质量管理规范》理论和实践的培训外，还应当有相关法规、相应岗位的职责、技能的培训，并定期评估培训实际效果。应对检验人员进行检验能力考核，合格后上岗。

③ 高风险操作区（如高活性、高毒性、传染性、高致敏性物料的生产区）的工作人员应当接受专门的专业知识和安全防护要求的培训。

6.1.2.4 人员卫生

① 企业应当建立人员卫生操作规程，最大限度地降低人员对兽药生产造成污染的风险。

② 人员卫生操作规程应当包括与健康、卫生习惯及人员着装相关的内容。企业应当采取措施确保人员卫生操作规程的执行。

③ 企业应当对人员健康进行管理，并建立健康档案。直接接触兽药的生产人员上岗前应当接受健康检查，以后每年至少进行一次健康检查。

④ 企业应当采取适当措施，避免体表有伤口、患有传染病或其他疾病可能污染兽药的人员从事直接接触兽药的生产活动。

⑤ 参观人员和未经培训的人员不得进入生产区和质量控制区，特殊情况确需进入的，应当经过批准，并对进入人员的个人卫生、更衣等事项进行指导。

⑥ 任何进入生产区的人员均应当按照规定更衣。工作服的选材、式样及穿戴方式应当与所从事的工作和空气洁净度级别要求相适应。

⑦ 进入洁净生产区的人员不得化妆和佩戴饰物。

⑧ 生产区、检验区、仓储区应当禁止吸烟和饮食，禁止存放食品、饮料、香烟和个人用品等非生产用物品。

⑨ 操作人员应当避免裸手直接接触兽药以及与兽药直接接触的容器具、包装材料和设备表面。

6.1.3 厂房与设施

6.1.3.1 原则

① 厂房的选址、设计、布局、建造、改造和维护必须符合兽药生产要求，应当能够

最大限度地避免污染、交叉污染、混淆和差错，便于清洁、操作和维护。

② 应当根据厂房及生产防护措施综合考虑选址，厂房所处的环境应当能够最大限度地降低物料或产品遭受污染的风险。

③ 企业应当有整洁的生产环境；厂区的地面、路面等设施及厂内运输等活动不得对兽药的生产造成污染；生产、行政、生活和辅助区的总体布局应当合理，不得互相妨碍；厂区和厂房内的人、物流走向应当合理。

④ 应当对厂房进行适当维护，并确保维修活动不影响兽药的质量。应当按照详细的书面操作规程对厂房进行清洁或必要的消毒。

⑤ 厂房应当有适当的照明、温度、湿度和通风，确保生产和贮存的产品质量以及相关设备性能不会直接或间接地受到影响。

⑥ 厂房、设施的设计和安装应当能够有效防止昆虫或其他动物进入。应当采取必要的措施，避免所使用的灭鼠药、杀虫剂、烟熏剂等对设备、物料、产品造成污染。

⑦ 应当采取适当措施，防止未经批准人员的进入。生产、贮存和质量控制区不得作为非本区工作人员的直接通道。

⑧ 应当保存厂房、公用设施、固定管道建造或改造后的竣工图纸。

6.1.3.2 生产区

为降低污染和交叉污染的风险，厂房、生产设施和设备应当根据所生产兽药的特性、工艺流程及相应洁净度级别要求合理设计、布局和使用，并符合下列要求。

① 应当根据兽药的特性、工艺等因素，确定厂房、生产设施和设备供多产品共用的可行性，并有相应的评估报告。

② 生产青霉素类等高致敏性兽药应使用相对独立的厂房、生产设施及专用的空气净化系统，分装室应保持相对负压，排至室外的废气应经净化处理并符合要求，排风口应远离其他空气净化系统的进风口。如需利用停产的该类车间分装其他产品时，则必须进行清洁处理，不得有残留，并经测试合格后才能生产其他产品。

③ 生产高生物活性兽药（如性激素类等）应使用专用的车间、生产设施及空气净化系统，并与其他兽药生产区严格分开。

④ 生产吸入麻醉剂类兽药应使用专用的车间、生产设施及空气净化系统；配液和分装工序应保持相对负压，其空调排风系统采用全排风，不得利用回风方式。

⑤ 兽用生物制品应按微生物类别、性质的不同分开生产。强毒菌种与弱毒菌种、病毒与细菌、活疫苗与灭活疫苗、灭活前与灭活后、脱毒前与脱毒后其生产操作区域和储存设备等应严格分开。生产兽用生物制品涉及高致病性病原微生物、有感染人风险的人兽共患病病原微生物以及芽孢类微生物的，应在生物安全风险评估基础上，至少采取专用区域、专用设备和专用空调排风系统等措施，确保生物安全。有生物安全三级防护要求的兽用生物制品的生产，还应符合相关规定。

⑥ 用于上述第②、③、④、⑤项的空调排风系统，其排风应当经过无害化处理。

⑦ 生产厂房不得用于生产非兽药产品。

⑧ 对易燃易爆、腐蚀性强的消毒剂（如固体含氯制剂等）生产车间和仓库应设置独立的建筑物。

⑨ 中药材和中药饮片的取样、筛选、称重等操作易产生粉尘的，应当采取有效措施，以控制粉尘扩散，避免污染和交叉污染，如安装捕尘设备、排风设施等。

⑩ 直接入药的中药材和中药饮片的粉碎，应设置专用厂房（车间），其门窗应能密闭，并有捕尘、除湿、排风、降温等设施，且应与中药制剂生产线完全分开。

⑪ 中药材前处理的厂房内应当设拣选工作台，工作台表面应当平整、易清洁，不产生脱落物；根据生产品种所用中药材前处理工艺流程的需要，还应配备洗药池或洗药机、切药机、干燥机、粗碎机、粉碎机和独立的除尘系统等。

⑫ 中药提取、浓缩等厂房应当与其生产工艺要求相适应，有良好的排风、防止污染和交叉污染等设施；含有机溶剂提取工艺的，厂房应有防爆设施及有机溶剂监测报警系统。

⑬ 中药提取、浓缩、收膏工序宜采用密闭系统进行操作，并在线进行清洁，以防止污染和交叉污染；对生产两种以上（含两种）剂型的中药制剂或生产有国家标准的中药提取物的，应在中药提取车间内设置独立的、功能完备的收膏间，其洁净度级别应不低于其制剂配制操作区的洁净度级别。

⑭ 中药提取设备应与其产品生产工艺要求相适应，提取单体罐容积不得小于 $3m^3$。

⑮ 中药提取后的废渣如需暂存、处理，应当有专用区域。

⑯ 浸膏的配料、粉碎、过筛、混合等操作，其洁净度级别应当与其制剂配制操作区的洁净度级别一致。中药饮片经粉碎、过筛、混合后直接入药的，上述操作的厂房应当能够密闭，有良好的通风、除尘等设施，人员、物料进出及生产操作应当参照洁净区管理。

生产区和贮存区应当有足够的空间，确保有序地存放设备、物料、中间产品和成品，避免不同产品或物料的混淆、交叉污染，避免生产或质量控制操作发生遗漏或差错。

应当根据兽药品种、生产操作要求及外部环境状况等配置空气净化系统，使生产区有效通风，并有温度、湿度控制和空气净化过滤，保证兽药的生产环境符合要求。

洁净区与非洁净区之间、不同级别洁净区之间的压差应当不低于 10Pa。必要时，相同洁净度级别的不同功能区域（操作间）之间也应当保持适当的压差梯度，并应有指示压差的装置和（或）设置监控系统。

兽药生产洁净室（区）分为 A 级、B 级、C 级和 D 级 4 个级别。生产不同类别兽药的洁净室（区）设计应当符合相应的洁净度要求，包括达到“静态”和“动态”的标准。

洁净区的内表面（墙壁、地面、天棚）应当平整光滑、无裂缝、接口严密、无颗粒物脱落，避免积尘，便于有效清洁，必要时应当进行消毒。

各种管道、工艺用水的水处理及其配套设施、照明设施、风口和其他公用设施的设计和安装应当避免出现不易清洁的部位，应当尽可能在生产区外部对其进行维护。

与无菌兽药直接接触的干燥用空气、压缩空气和惰性气体应经净化处理，其洁净程度、管道材质等应与对应的洁净区的要求相一致。

排水设施应当大小适宜，并安装防止倒灌的装置。含高致病性病原微生物以及有感染人风险的人兽共患病病原微生物的活毒废水，应有有效的无害化处理设施。

制剂的原辅料称量通常应当在专门设计的称量室内进行。

产尘操作间（如干燥物料或产品的取样、称量、混合、包装等操作间）应当保持相对负压或采取专门的措施，防止粉尘扩散，避免交叉污染并便于清洁。

用于兽药包装的厂房或区域应当合理设计和布局，以避免混淆或交叉污染。如同一区域内有数条包装线，应当有隔离措施。

生产区应根据功能要求提供足够的照明，目视操作区域的照明应当满足操作要求。

生产区内可设中间产品检验区域，但中间产品检验操作不得给兽药带来质量风险。

直接接触兽药的包装材料最终处理的暴露工序洁净度级别应与其兽药生产环境相同。

非无菌兽药生产、仓储区应避免啮齿动物、鸟类、昆虫和其他害虫的侵害，并建立虫害控制程序。

粉剂、预混剂可共用车间，但应与散剂车间分开。

生产车间应当按照生产工序及设备、工艺进行合理布局，干湿功能区相对分离，以减少污染。

粉剂、预混剂、散剂车间应设置独立的中央除尘系统，在粉尘产生点配备有效除尘装置，称量、投料等操作应在单独的除尘控制间中进行。中药粉碎应设置独立除尘及捕尘设施。

6.1.3.3 仓储区

① 仓储区应当有足够的空间，确保有序存放待验、合格、不合格、退货或召回的原辅料、包装材料、中间产品和成品等各类物料和产品。

② 仓储区的设计和建造应当确保良好的仓储条件，并有通风和照明设施。仓储区应当能够满足物料或产品的贮存条件（如温湿度、避光）和安全贮存的要求，并进行检查和监控。

③ 如采用单独的隔离区域贮存待验物料或产品，待验区应当有醒目的标识，且仅限经批准的人员出入。

不合格、退货或召回的物料或产品应当隔离存放。

如果采用其他方法替代物理隔离，则该方法应当具有同等的安全性。

④ 易燃、易爆和其他危险品的生产和贮存的厂房设施应符合国家有关规定。兽用麻醉药品、精神药品、毒性药品的贮存设施应符合有关规定。

⑤ 高活性的物料或产品以及印刷包装材料应当贮存于安全的区域。

⑥ 接收、发放和销售区域及转运过程应当能够保护物料、产品免受外界天气（如雨、雪）的影响。接收区的布局和设施，应当能够确保物料在进入仓储区前可对外包装进行必要的清洁。

⑦ 贮存区域应当设置托盘等设施，避免物料、成品受潮。

⑧ 应当有单独的物料取样区，取样区的空气洁净度级别应当与生产要求相一致。如在其他区域或采用其他方式取样，应当能够防止污染或交叉污染。

⑨ 中药材、中药饮片和提取物应当贮存在单独设置的库房中，并配置相应的防潮、通风、防霉等设施；贮存鲜活中药材应当有适当的设施（如冷藏设施）。

⑩ 毒性和易串味的中药材和中药饮片应当分别设置专库（柜）存放。

⑪ 仓库内应当配备适当的设施，并采取有效措施，保证中药材和中药饮片、中药提取物以及中药制剂按照法定标准的规定贮存，符合其温度、湿度或照度的特殊要求，并进行监控。

6.1.3.4 质量控制区

① 质量控制实验室通常应当与生产区分开。根据生产品种，应有相应符合无菌检查、微生物限度检查和抗生素微生物检定等要求的实验室。生物检定和微生物实验室还应当彼此分开。

② 实验室的设计应当确保其适用于预定的用途，并能够避免混淆和交叉污染，应当有足够的区域用于样品处置、留样和稳定性考察样品的存放以及记录的保存。

③ 有特殊要求的仪器应当设置专门的仪器室，使灵敏度高的仪器免受静电、震动、潮湿或其他外界因素的干扰。

④ 中药标本室应当与生产区分开。

⑤ 实验动物房应当与其他区域严格分开，其设计、建造应当符合国家有关规定，并设有专用的空气处理设施以及动物的专用通道。

生产除兽用生物制品外其他需使用动物进行检验的兽药产品，兽药生产企业可自行设置检验用动物实验室或委托其他单位进行有关动物实验。接受委托检验的单位，其检验用动物实验室必须具备相应的检验条件，并应符合相关规定要求。采取委托检验的，委托方对检验结果负责。

6.1.3.5 辅助区

① 休息室的设置不得对生产区、仓储区和质量控制区造成不良影响。

② 更衣室和盥洗室应当方便人员进出，并与使用人数相适应。盥洗室不得与生产区和仓储区直接相通。

③ 维修间应当尽可能远离生产区。存放在洁净区内的维修用备件和工具，应当放置在专门的房间或工具柜中。

6.1.4 设备

6.1.4.1 原则

① 设备的设计、选型、安装、改造和维护必须符合预定用途，应当尽可能降低产生污染、交叉污染、混淆和差错的风险，便于操作、清洁、维护以及必要时进行的消毒或灭菌。

② 应当建立设备使用、清洁、维护和维修的操作规程，以保证设备的性能，应按规程使用设备并记录。

③ 主要生产和检验设备、仪器、衡器均应建立设备档案，内容包括：生产厂家、型号、规格、技术参数、说明书、设备图纸、备件清单、安装位置及竣工图，以及检修和维修保养内容及记录、验证记录、事故记录等。

④ 关键设备（如灭菌柜、空气净化系统和工艺用水系统等）应当经过确认并进行计划性维护，经批准方可使用。

6.1.4.2 设计和安装

① 生产设备应当避免对兽药质量产生不利影响。与兽药直接接触的生产设备表面应当平整、光洁、易清洗或消毒、耐腐蚀，不得与兽药发生化学反应、吸附兽药或向兽药中释放物质而影响产品质量。

② 生产、检验设备的性能、参数应能满足设计要求和实际生产需求，并应当配备有适当量程和精度的衡器、量具、仪器和仪表。相关设备还应符合实施兽药产品电子追溯管理的要求。

③ 应当选择适当的清洗、清洁设备，并防止这类设备成为污染源。

④ 设备所用的润滑剂、冷却剂等不得对兽药或容器造成污染，与兽药可能接触的部位应当使用食用级或级别相当的润滑剂。

⑤ 生产用模具的采购、验收、保管、维护、发放及报废应当制定相应操作规程，设专人专柜保管，并有相应记录。

⑥ 干燥设备的进风应当有空气过滤器，进风的洁净度应与兽药生产要求相同，排风应当有防止空气倒流装置。

⑦ 软膏剂、栓剂等剂型的生产配制和灌装生产设备、管道应方便清洗和消毒。

⑧ 粉剂、散剂、预混剂最终混合设备容积：粉剂、中药提取物制成的散剂不小于$1m^3$，其他散剂、预混剂一般不小于$2m^3$。混合设备应具备良好的混合性能，混合、干燥、粉碎、暂存、主要输送管道等与物料直接接触的设施设备内表层，均应使用具有较强抗腐蚀性能的材质，并在设备确认时进行检查。

⑨ 分装工序应根据产品特性，配置符合各类制剂装量控制要求的自动上料、分装、密封等自动化联动设备，并配置适宜的装量监控装置。

⑩ 应根据设备、设施等不同情况，配置相适应的清洗系统（设施），应能保证清洗后的药物残留对下批产品无影响。

⑪ 除传送带本身能连续灭菌（如隧道式灭菌设备）外，传送带不得在A/B级洁净区与低级别洁净区之间穿越。

⑫ 生产设备及辅助装置的设计和安装，应当尽可能便于在洁净区外进行操作、保养和维修。需灭菌的设备应当尽可能在完全装配后进行灭菌。

⑬ 过滤器应当尽可能不脱落纤维。严禁使用含石棉的过滤器。过滤器不得因与产品发生反应、释放物质或吸附作用而对产品质量造成不利影响。

⑭ 进入无菌生产区的生产用气体（如压缩空气、氮气，但不包括可燃性气体）均应经过除菌过滤，应当定期检查除菌过滤器和呼吸过滤器的完整性。

6.1.4.3 使用、维护和维修

① 主要生产和检验设备都应当有明确的操作规程。

② 生产设备应当在确认的参数范围内使用。

③ 生产设备应当有明显的状态标识，标明设备编号、名称、运行状态等。运行的设备应当标明内容物的信息，如名称、规格、批号等，没有内容物的生产设备应当标明清洁状态。

④ 与设备连接的主要固定管道应当标明内容物名称和流向。

⑤ 应当制定设备的预防性维护计划，设备的维护和维修应当有相应的记录。

⑥ 设备的维护和维修应保持设备的性能，并不得影响产品质量。

⑦ 经改造或重大维修的设备应当进行再确认，符合要求后方可继续使用。

⑧ 不合格的设备应当搬出生产和质量控制区，如未搬出，应当有醒目的状态标识。

⑨ 用于兽药生产或检验的设备和仪器，应当有使用和维修、维护记录，使用记录内容包括使用情况、日期、时间、所生产及检验的兽药名称、规格和批号等。

⑩ 无菌兽药生产的洁净区空气净化系统应当保持连续运行，维持相应的洁净度级别。因故停机再次开启空气净化系统，应当进行必要的测试以确认仍能达到规定的洁净度级别

要求。

⑪ 在洁净区内进行设备维修时，如洁净度或无菌状态遭到破坏，应当对该区域进行必要的清洁、消毒或灭菌，待监测合格后方可重新开始生产操作。

6.1.4.4 清洁和卫生

① 兽药生产设备应保持良好的清洁卫生状态，不得对兽药的生产造成污染和交叉污染。

② 生产、检验设备及器具均应制定清洁操作规程，并按照规程进行清洁和记录。

③ 已清洁的生产设备应当在清洁、干燥的条件下存放。

6.1.4.5 检定或校准

① 应当根据国家标准及仪器使用特点对生产和检验用衡器、量具、记录和控制设备等制定检定（校准）计划，检定（校准）的范围应当涵盖实际使用范围。应按计划进行检定或校准，并保存相关证书、报告或记录。

② 应当确保生产和检验使用的衡器、量具等仪器仪表经过校准，控制设备得到确认，确保得到的数据准确、可靠。

③ 仪器的检定和校准应当符合国家有关规定，应保证校验数据的有效性。自校仪器应制定自校规程，并具备自校设施条件，校验人员具有相应资质，并做好校验记录。

④ 衡器、量具、仪表、用于记录和控制的设备等应当有明显的标识，标明其检定或校准有效期。

⑤ 在生产、包装、仓储过程中使用自动或电子设备的，应当按照操作规程定期进行校准和检查，确保其操作功能正常。校准和检查应当有相应的记录。

6.1.4.6 制药用水

① 制药用水应当适合其用途，并符合《兽药典》的质量标准及相关要求。制药用水至少应当采用饮用水。

② 水处理设备及其输送系统的设计、安装、运行和维护应当确保制药用水达到设定的质量标准。水处理设备的运行不得超出其设计能力。

③ 纯化水、注射用水储罐和输送管道所用材料应当无毒、耐腐蚀；储罐的通气口应当安装不脱落纤维的疏水性除菌滤器；管道的设计和安装应当避免死角、盲管的产生。

④ 纯化水、注射用水的制备、贮存和分配应当能够防止微生物的滋生。纯化水可采用循环，注射用水可采用 70℃以上保温循环。

⑤ 应当对制药用水及原水的水质进行定期监测，并有相应的记录。

⑥ 应当按照操作规程对纯化水、注射用水管道进行清洗消毒，并有相关记录。发现制药用水微生物污染达到警戒限度、纠偏限度时应当按照操作规程处理。

⑦ 有微生物限度检查要求的产品，其生产配料工艺用水及直接接触兽药的设备、器具和包装材料最后一次洗涤用水应符合纯化水质量标准。

⑧ 无微生物限度检查要求的产品，其工艺用水及直接接触兽药的设备、器具和包装材料最后一次洗涤用水应符合饮用水质量标准。

⑨ 无菌原料药精制、无菌兽药配制、直接接触兽药的包装材料和器具等最终清洗、A/B 级洁净区内消毒剂和清洁剂配制的用水应当符合注射用水的质量标准。

⑩ 必要时，应当定期监测制药用水的细菌内毒素，保存监测结果及所采取纠偏措施的相关记录。

6.1.5 物料与产品

6.1.5.1 原则

兽药生产所用的原辅料、与兽药直接接触的包装材料应当符合兽药标准、药品标准、包装材料标准或其他有关标准。兽药上直接印字所用油墨应当符合食用标准要求。进口原辅料应当符合国家相关的进口管理规定。

应当建立相应的操作规程，确保物料和产品的正确接收、贮存、发放、使用和销售，防止污染、交叉污染、混淆和差错。物料和产品的处理应当按照操作规程或工艺规程执行，并有记录。

物料供应商的确定及变更应当进行质量评估，并经质量管理部门批准后方可采购。必要时对关键物料进行现场考察。

物料和产品的运输应当能够满足质量和安全的要求，对运输有特殊要求的，其运输条件应当予以确认。

原辅料、与兽药直接接触的包装材料和印刷包装材料的接收应当有操作规程，所有到货物料均应当检查，确保与订单一致，并确认供应商已经质量管理部门批准。

物料的外包装应当有标签，并注明规定的信息。必要时应当进行清洁，发现外包装损坏或其他可能影响物料质量的问题，应当向质量管理部门报告并进行调查和记录。

对每次接收的中药材均应当按产地、采收时间、采集部位、药材等级、药材外形（如全株或切断）、包装形式等进行分类，分别编制批号并管理。

接收中药材、中药饮片和中药提取物时，应当核对外包装上的标识内容。中药材外包装上至少应当标明品名、规格、产地、采收（加工）时间、调出单位、质量合格标志；中药饮片外包装上至少应当标明品名、规格、产地、产品批号、生产日期、生产企业名称、质量合格标志；中药提取物外包装上至少应当标明品名、规格、批号、生产日期、贮存条件、生产企业名称、质量合格标志。

每次接收均应当有记录，内容包括：

① 交货单和包装容器上所注物料的名称。

② 企业内部所用物料名称和（或）代码。

③ 接收日期。

④ 供应商和生产商（如不同）的名称。

⑤ 供应商和生产商（如不同）标识的批号。

⑥ 接收总量和包装容器数量。

⑦ 接收后企业指定的批号或流水号。

⑧ 有关说明（如包装状况）。

⑨ 检验报告单等合格性证明材料。

物料接收和成品生产后应当及时按照待验管理，直至放行。

物料和产品应当根据其性质有序分批贮存和周转，发放及销售应当符合先进先出和近效期先出的原则。

使用计算机化仓储管理的，应当有相应的操作规程，防止因系统故障、停机等特殊情况而造成物料和产品的混淆和差错。

6.1.5.2 原辅料

应当制定相应的操作规程，采取核对或检验等适当措施，确认每一批次的原辅料准确无误。

一次接收数个批次的物料，应当按批取样、检验、放行。

仓储区内的原辅料应当有适当的标识，并至少标明下述内容：

① 指定的物料名称或企业内部的物料代码。

② 企业接收时设定的批号。

③ 物料质量状态（如待验、合格、不合格、已取样）。

④ 有效期或复验期。

只有经质量管理部门批准放行并在有效期或复验期内的原辅料方可使用。

原辅料应当按照有效期或复验期贮存。贮存期内，如发现对质量有不良影响的特殊情况，应当进行复验。

非无菌兽药所使用的原料，应当符合兽药标准、药品标准或其他有关标准。

非无菌兽药所使用的辅料（杀虫剂、消毒剂等除外），应当符合兽药标准、药品标准或其他有关标准。

6.1.5.3 中间产品

中间产品应当在适当的条件下贮存。

中间产品应当有明确的标识，并至少标明下述内容：

① 产品名称或企业内部的产品代码。

② 产品批号。

③ 数量或重量（如毛重、净重等）。

④ 生产工序（必要时）。

⑤ 产品质量状态（必要时，如待验、合格、不合格、已取样）。

6.1.5.4 包装材料

① 与兽药直接接触的包装材料以及印刷包装材料的管理和控制要求与原辅料相同。

② 包装材料应当由专人按照操作规程发放，并采取措施避免混淆和差错，确保用于兽药生产的包装材料正确无误。

③ 应当建立印刷包装材料设计、审核、批准的操作规程，确保印刷包装材料印制的内容与畜牧兽医主管部门核准的一致，并建立专门文档，保存经签名批准的印刷包装材料原版实样。

④ 印刷包装材料的版本变更时，应当采取措施，确保产品所用印刷包装材料的版本正确无误。应收回作废的旧版印刷模板并予以销毁。

⑤ 印刷包装材料应当设置专门区域妥善存放，未经批准，人员不得进入。切割式标签或其他散装印刷包装材料应当分别置于密闭容器内储运，以防混淆。

⑥ 印刷包装材料应当由专人保管，并按照操作规程和需求量发放。

⑦ 每批或每次发放的与兽药直接接触的包装材料或印刷包装材料，均应当有识别标志，标明所用产品的名称和批号。

⑧ 过期或废弃的印刷包装材料应当予以销毁并记录。

⑨ 非无菌兽药所使用的与兽药直接接触的包装材料应与产品的预期用途相适应，并以风险评估为基础进行确定，不得对兽药质量产生不良影响。

6.1.5.5 成品

① 成品放行前应当待验贮存。

② 成品的贮存条件应当符合兽药质量标准。

6.1.5.6 特殊管理的物料和产品

兽用麻醉药品、精神药品、毒性药品（包括药材）和放射性药品等特殊药品，易制毒化学品及易燃、易爆和其他危险品的验收、贮存、管理应当执行国家有关规定。

6.1.5.7 其他

① 不合格的物料、中间产品和成品的每个包装容器或批次上均应当有清晰醒目的标志，并在隔离区内妥善保存。

② 不合格的物料、中间产品和成品的处理应当经质量管理负责人批准，并有记录。

③ 产品回收需经预先批准，并对相关的质量风险进行充分评估，根据评估结论决定是否回收。回收应当按照预定的操作规程进行，并有相应记录。回收处理后的产品应当按照回收处理中最早批次产品的生产日期确定有效期。

④ 制剂产品原则上不得进行重新加工。不合格的制剂中间产品和成品一般不得进行返工。只有不影响产品质量、符合相应质量标准，且根据预定、经批准的操作规程以及对相关风险充分评估后，才允许返工处理。返工应当有相应记录。

⑤ 对返工或重新加工或回收合并后生产的成品，质量管理部门应当评估对产品质量的影响，必要时需要进行额外相关项目的检验和稳定性考察。

⑥ 企业应当建立兽药退货的操作规程，并有相应的记录，内容至少应包括：产品名称、批号、规格、数量、退货单位及地址、退货原因及日期、最终处理意见。同一产品同一批号不同渠道的退货应当分别记录、存放和处理。

⑦ 只有经检查、检验和调查，有证据证明退货产品质量未受影响，且经质量管理部门根据操作规程评价后，方可考虑将退货产品重新包装、重新销售。评价考虑的因素至少应当包括兽药的性质、所需的贮存条件、现状、历史，以及销售与退货之间的间隔时间等因素。对退货产品质量存有怀疑时，不得重新销售。

对退货产品进行回收处理的，回收后的产品应当符合预定的质量标准和 6.1.5.7 第（3）条的要求。

退货产品处理的过程和结果应当有相应记录。

⑧ 贮存的中药材和中药饮片应当定期养护管理，仓库应当保持空气流通，应当配备相应的设施或采取安全有效的养护方法，防止昆虫、鸟类或啮齿动物等进入，防止任何动物随中药材和中药饮片带入仓储区而造成污染和交叉污染。

⑨ 在运输过程中，应当采取有效可靠的措施，防止中药材和中药饮片、中药提取物以及中药制剂发生变质。

⑩ 产品上直接印字所用油墨应当符合食用标准要求，可能会与产品接触的润滑油也应采用食用级。

6.1.6 确认与验证

企业应当确定需要进行的确认或验证工作，以证明有关操作的关键要素能够得到有效控制。确认或验证的范围和程度应当经过风险评估来确定。

企业的厂房、设施、设备和检验仪器应当经过确认，应当采用经过验证的生产工艺、操作规程和检验方法进行生产、操作和检验，并保持持续的验证状态。

企业应当制定验证总计划，包括厂房与设施、设备、生产工艺、操作规程、清洁方法和检验方法等，确立验证工作的总体原则，明确企业所有验证的总体计划，规定各类验证应达到的目标、验证机构和人员的职责和要求。

应当建立确认与验证的文件和记录，并能以文件和记录证明达到以下预定的目标：

① 设计确认应当证明厂房、设施、设备的设计符合预定用途和《兽药生产质量管理规范》要求。

② 安装确认应当证明厂房、设施、设备的建造和安装符合设计标准。

③ 运行确认应当证明厂房、设施、设备的运行符合设计标准。

④ 性能确认应当证明厂房、设施、设备在正常操作方法和工艺条件下能够持续符合标准。

⑤ 工艺验证应当证明一个生产工艺按照规定的工艺参数能够持续生产出符合预定用途和注册要求的产品。

采用新的生产处方或生产工艺前，应当验证其常规生产的适用性。生产工艺在使用规定的原辅料和设备条件下，应当能够始终生产出符合注册要求的产品。

当影响产品质量的主要因素，如原辅料、与药品直接接触的包装材料、生产设备、生产环境（厂房）、生产工艺、检验方法等发生变更时，应当进行确认或验证。必要时，还应当经畜牧兽医主管部门批准。

清洁方法应当经过验证，证实其清洁的效果，以有效防止污染和交叉污染。清洁验证应当综合考虑设备使用情况、所使用的清洁剂和消毒剂、取样方法和位置以及相应的取样回收率、残留物的性质和限度、残留物检验方法的灵敏度等因素。

应当根据确认或验证的对象制定确认或验证方案，并经审核、批准。确认或验证方案应当明确职责，验证合格标准的设立及进度安排科学合理，可操作性强。

确认或验证应当按照预先确定和批准的方案实施，并有记录。确认或验证工作完成后，应当对验证结果进行评价，写出报告（包括评价与建议），并经审核、批准。验证的文件应存档。

应当根据验证的结果确认工艺规程和操作规程。

确认和验证不是一次性的行为。首次确认或验证后，应当根据产品质量回顾分析情况进行再确认或再验证。关键的生产工艺和操作规程应当定期进行再验证，确保其能够达到预期效果。

6.1.7 文件管理

6.1.7.1 原则

① 文件是质量保证系统的基本要素。企业应当有内容正确的书面质量标准、生产处方和工艺规程、操作规程以及记录等文件。

② 企业应当建立文件管理的操作规程，系统地设计、制定、审核、批准、发放、收回和销毁文件。

③ 文件的内容应当覆盖与兽药生产有关的所有方面，包括人员、设施设备、物料、验证、生产管理、质量管理、销售、召回和自检等，以及兽药产品赋电子追溯码（二维码）标识制度，保证产品质量可控并有助于追溯每批产品的历史情况。

④ 文件的起草、修订、审核、批准、替换或撤销、复制、保管和销毁等应当按照操作规程管理，并有相应的文件分发、撤销、复制、收回、销毁记录。

⑤ 文件的起草、修订、审核、批准均应当由适当的人员签名并注明日期。

⑥ 文件应当标明题目、种类、目的以及文件编号和版本号。文字应当确切、清晰、易懂，不能模棱两可。

⑦ 文件应当分类存放、条理分明，便于查阅。

⑧ 原版文件复制时，不得产生任何差错；复制的文件应当清晰可辨。

⑨ 文件应当定期审核、修订；文件修订后，应当按照规定管理，防止旧版文件的误用。分发、使用的文件应当为批准的现行文本，已撤销的或旧版文件除留档备查外，不得在工作现场出现。

⑩ 与《兽药生产质量管理规范》有关的每项活动均应当有记录，记录数据应完整可靠，以保证产品生产、质量控制和质量保证、包装等活动所赋电子追溯码可追溯。记录应当留有填写数据的足够空格。记录应当及时填写，内容真实，字迹清晰、易读，不易擦除。

⑪ 应当尽可能采用生产和检验设备自动打印的记录、图谱和曲线图等，并标明产品或样品的名称、批号和记录设备的信息，操作人应当签注姓名和日期。

⑫ 记录应当保持清洁，不得撕毁和任意涂改。记录填写的任何更改都应当签注姓名和日期，并使原有信息仍清晰可辨，必要时，应当说明更改的理由。记录如需重新誊写，则原有记录不得销毁，应当作为重新誊写记录的附件保存。

⑬ 每批兽药应当有批记录，包括批生产记录、批包装记录、批检验记录和兽药放行审核记录以及电子追溯码标识记录等。批记录应当由质量管理部门负责管理，至少保存至兽药有效期后一年。质量标准、工艺规程、操作规程、稳定性考察、确认、验证、变更等其他重要文件应当长期保存。

⑭ 如使用电子数据处理系统、照相技术或其他可靠方式记录数据资料，应当有所用系统的操作规程；记录的准确性应当经过核对。

使用电子数据处理系统的，只有经授权的人员方可输入或更改数据，更改和删除情况应当有记录；应当使用密码或其他方式来控制系统的登录；关键数据输入后，应当由他人独立进行复核。

用电子方法保存的批记录，应当采用磁带、缩微胶卷、纸质副本或其他方法进行备份，以确保记录的安全，且数据资料在保存期内便于查阅。

6.1.7.2 质量标准

物料和成品应当有经批准的现行质量标准；必要时，中间产品也应当有质量标准。

物料的质量标准一般应当包括：

① 物料的基本信息：企业统一指定的物料名称或内部使用的物料代码；质量标准的依据。

② 取样、检验方法或相关操作规程编号。

③ 定性和定量的限度要求。

④ 贮存条件和注意事项。

⑤ 有效期或复验期。

成品的质量标准至少应当包括：

① 产品名称或产品代码。

② 对应的产品处方编号（如有）。

③ 产品规格和包装形式。

④ 取样、检验方法或相关操作规程编号。

⑤ 定性和定量的限度要求。

⑥ 贮存条件和注意事项。

⑦ 有效期。

6.1.7.3 工艺规程

每种兽药均应当有经企业批准的工艺规程，不同兽药规格的每种包装形式均应当有各自的包装操作要求。工艺规程的制定应当以注册批准的工艺为依据。

工艺规程不得任意更改。如需更改，应当按照相关的操作规程进行修订、审核、批准，影响兽药产品质量的更改应当经过验证。

制剂的工艺规程内容至少应当包括：

① 生产处方：产品名称；产品剂型、规格和批量；所用原辅料清单（包括生产过程中使用，但不在成品中出现的物料），阐明每一物料的指定名称和用量；原辅料的用量需要折算时，还应当说明计算方法。

② 生产操作要求：对生产场所和所用设备的说明；关键设备的准备所采用的方法或相应操作规程编号；详细的生产步骤和工艺参数说明；中间控制方法及标准；预期的最终产量限度，必要时，还应当说明中间产品的产量限度，以及物料平衡的计算方法和限度；待包装产品的贮存要求，包括容器、标签、贮存时间及特殊贮存条件；需要说明的注意事项。

③ 包装操作要求：以最终包装容器中产品的数量、重量或体积表示的包装形式；所需全部包装材料的完整清单，包括包装材料的名称、数量、规格、类型；印刷包装材料的实样或复制品，并标明产品批号、有效期打印位置；需要说明的注意事项，包括对生产区和设备进行的检查，在包装操作开始前，确认包装生产线的清场已经完成等；包装操作步骤的说明，包括重要的辅助性操作和所用设备的注意事项、包装材料使用前的核对；中间控制的详细操作，包括取样方法及标准；待包装产品、印刷包装材料的物料平衡计算方法和限度。

6.1.7.4 批生产与批包装记录

每批产品均应当有相应的批生产记录，记录的内容应确保该批产品的生产历史以及与质量有关的情况可追溯。

批生产记录应当依据批准的现行工艺规程的相关内容制定。批生产记录的每一工序应当标注产品的名称、规格和批号。

原版空白的批生产记录应当经生产管理负责人和质量管理负责人审核和批准。批生产记录的复制和发放均应当按照操作规程进行控制并有记录，每批产品的生产只能发放一份原版空白批生产记录的复制件。

在生产过程中，进行每项操作时应当及时记录，操作结束后，应当由生产操作人员确认并签注姓名和日期。

批生产记录的内容应当包括：

① 产品名称、规格、批号。

② 生产以及中间工序开始、结束的日期和时间。

③ 每一生产工序的负责人签名。

④ 生产步骤操作人员的签名；必要时，还应当有操作（如称量）复核人员的签名。

⑤ 每一原辅料的批号以及实际称量的数量（包括投入的回收或返工处理产品的批号及数量）。

⑥ 相关生产操作或活动、工艺参数及控制范围，以及所用主要生产设备的编号。

⑦ 中间控制结果的记录以及操作人员的签名。

⑧ 不同生产工序所得产量及必要时的物料平衡计算。

⑨ 对特殊问题或异常事件的记录，包括对偏离工艺规程的偏差情况的详细说明或调查报告，并经签字批准。

产品的包装应当有批包装记录，以便追溯该批产品包装操作以及与质量有关的情况。

批包装记录应当依据工艺规程中与包装相关的内容制定。

批包装记录应当有待包装产品的批号、数量以及成品的批号和计划数量。原版空白的批包装记录的审核、批准、复制和发放的要求与原版空白的批生产记录相同。

在包装过程中，进行每项操作时应当及时记录，操作结束后，应当由包装操作人员确认并签注姓名和日期。

批包装记录的内容包括：

① 产品名称、规格、包装形式、批号、生产日期和有效期。

② 包装操作日期和时间。

③ 包装操作负责人签名。

④ 包装工序的操作人员签名。

⑤ 每一包装材料的名称、批号和实际使用的数量。

⑥ 包装操作的详细情况，包括所用设备及包装生产线的编号。

⑦ 兽药产品赋电子追溯码标识操作的详细情况，包括所用设备、编号。电子追溯码信息以及对两级以上包装进行赋码关联关系信息等记录可采用电子方式保存。

⑧ 所用印刷包装材料的实样，并印有批号、有效期及其他打印内容；不易随批包装记录归档的印刷包装材料可采用印有上述内容的复制品。

⑨ 对特殊问题或异常事件的记录，包括对偏离工艺规程的偏差情况的详细说明或调查报告，并经签字批准。

⑩ 所有印刷包装材料和待包装产品的名称、代码，以及发放、使用、销毁或退库的数量、实际产量等的物料平衡检查。

6.1.7.5 操作规程和记录

操作规程的内容应当包括：题目、编号、版本号、颁发部门、生效日期、分发部门以及制定人、审核人、批准人的签名并注明日期，标题、正文及变更历史。

厂房、设备、物料、文件和记录应当有编号（代码），并制定编制编号（代码）的操作规程，确保编号（代码）的唯一性。

下述活动也应当有相应的操作规程，其过程和结果应当有记录：

① 确认和验证。

② 设备的装配和校准。

③ 厂房和设备的维护、清洁和消毒。

④ 培训、更衣、卫生等与人员相关的事宜。

⑤ 环境监测。

⑥ 虫害控制。

⑦ 变更控制。

⑧ 偏差处理。

⑨ 投诉。

⑩ 兽药召回。

⑪ 退货。

6.1.7.6 中药生产相关文件管理要求

应当制定控制产品质量的生产工艺规程和其他标准文件：

① 制定中药材和中药饮片养护制度，并分类制定养护操作规程。

② 制定每种中药材前处理、中药提取、中药制剂的生产工艺和工序操作规程，各关键工序的技术参数应当明确，如：标准投料量、提取、浓缩、精制、干燥、过筛、混合、贮存等要求，并明确相应的贮存条件及期限。

③ 根据中药材和中药饮片质量、投料量等因素，制定每种中药提取物的收率限度范围。

④ 制定每种经过前处理的中药材、中药提取物、中间产品、中药制剂的质量标准和检验方法。

应当对从中药材的前处理到中药提取物整个生产过程中的生产、卫生和质量管理情况进行记录，并符合下列要求：

① 当几个批号的中药材和中药饮片混合投料时，应当记录本次投料所用每批中药材和中药饮片的批号和数量。

② 中药提取各生产工序的操作至少应当有以下记录：中药材和中药饮片名称、批号、投料量及监督投料记录；提取工艺的设备编号、相关溶剂、浸泡时间、升温时间、提取时间、提取温度、提取次数、溶剂回收等记录；浓缩和干燥工艺的设备编号、温度、浸膏干燥时间、浸膏数量记录；精制工艺的设备编号、溶剂使用情况、精制条件、收率等记录；其他工序的生产操作记录；中药材和中药饮片废渣处理的记录。

6.1.8 质量控制与质量保证

6.1.8.1 质量控制实验室管理

质量控制实验室的人员、设施、设备和环境洁净要求应当与产品性质和生产规模相适应。

质量控制负责人应当具有足够的管理实验室的资质和经验，可以管理同一企业的一个或多个实验室。

质量控制实验室的检验人员至少应当具有药学、兽医学、生物学、化学等相关专业大专学历或从事检验工作 3 年以上的中专、高中以上学历，并经过与所从事的检验操作相关的实践培训且考核通过。

质量控制实验室应当配备《兽药典》、兽药质量标准、标准图谱等必要的工具书，以及标准品或对照品等相关的标准物质。

质量控制实验室的文件应当符合第 6.1.7 章节的原则，并符合下列要求：

① 质量控制实验室应当至少有下列文件：质量标准；取样操作规程和记录；检验操作规程和记录（包括检验记录或实验室工作记事簿）；检验报告或证书；必要的环境监测操作规程、记录和报告；必要的检验方法验证方案、记录和报告；仪器校准和设备使用、清洁、维护的操作规程及记录。

② 每批兽药的检验记录应当包括中间产品和成品的质量检验记录，可追溯该批兽药所有相关的质量检验情况。

③ 应保存和统计（宜采用便于趋势分析的方法）相关的检验和监测数据（如检验数据、环境监测数据、制药用水的微生物监测数据）。

④ 除与批记录相关的资料信息外，还应当保存与检验相关的其他原始资料或记录，便于追溯查阅。

取样应当至少符合以下要求：

① 质量管理部门的人员可进入生产区和仓储区进行取样及调查。

② 应当按照经批准的操作规程取样，操作规程应当详细规定：经授权的取样人；取样方法；取样用器具；样品量；分样的方法；存放样品容器的类型和状态；实施取样后物料及样品的处置和标识；取样注意事项，包括为降低取样过程产生的各种风险所采取的预防措施，尤其是无菌或有害物料的取样以及防止取样过程中污染和交叉污染的取样注意事项；贮存条件；取样器具的清洁方法和贮存要求。

③ 取样方法应当科学、合理，以保证样品的代表性。

④ 样品应当能够代表被取样批次的产品或物料的质量状况，为监控生产过程中最重要的环节（如生产初始或结束），也可抽取该阶段样品进行检测。

⑤ 样品容器应当贴有标签，注明样品名称、批号、取样人、取样日期等信息。

⑥ 样品应当按照被取样产品或物料规定的贮存要求保存。

物料和不同生产阶段产品的检验应当至少符合以下要求：

① 企业应当确保成品按照质量标准进行全项检验。

② 有下列情形之一的，应当对检验方法进行验证：采用新的检验方法；检验方法需变更的；采用《兽药典》及其他法定标准未收载的检验方法；法规规定的其他需要验证的检验方法。

③ 对不需要进行验证的检验方法，必要时企业应当对检验方法进行确认，确保检验数据准确、可靠。

④ 检验应当有书面操作规程，规定所用方法、仪器和设备，检验操作规程的内容应当与经确认或验证的检验方法一致。

⑤ 检验应当有可追溯的记录并应当复核，确保结果与记录一致。所有计算均应当严

格核对。

⑥ 检验记录应当至少包括以下内容：产品或物料的名称、剂型、规格、批号或供货批号，必要时注明供应商和生产商（如不同）的名称或来源；依据的质量标准和检验操作规程；检验所用的仪器或设备的型号和编号；检验所用的试液和培养基的配制批号、对照品或标准品的来源和批号；检验所用动物的相关信息；检验过程，包括对照品溶液的配制、各项具体的检验操作、必要的环境温湿度；检验结果，包括观察情况、计算和图谱或曲线图，以及依据的检验报告编号；检验日期；检验人员的签名和日期；检验、计算复核人员的签名和日期。

⑦ 所有中间控制（包括生产人员所进行的中间控制），均应当按照经质量管理部门批准的方法进行，检验应当有记录。

⑧ 应当对实验室容量分析用玻璃仪器、试剂、试液、对照品以及培养基进行质量检查。

⑨ 必要时检验用实验动物应当在使用前进行检验或隔离检疫。

质量控制实验室应当建立检验结果超标调查的操作规程。任何检验结果超标都必须按照操作规程进行调查，并有相应的记录。

企业按规定保存的、用于兽药质量追溯或调查的物料、产品样品为留样。用于产品稳定性考察的样品不属于留样。

留样应当至少符合以下要求：

① 应当按照操作规程对留样进行管理。

② 留样应当能够代表被取样批次的物料或产品。

③ 成品的留样：每批兽药均应当有留样；如果一批兽药分成数次进行包装，则每次包装至少应当保留一件最小市售包装的成品；留样的包装形式应当与兽药市售包装形式相同，大包装规格或原料药的留样如无法采用市售包装形式的，可采用模拟包装；每批兽药的留样量一般至少应当能够确保按照批准的质量标准完成两次全检（无菌检查和热原检查等除外）；如果不影响留样的包装完整性，保存期间内至少应当每年对留样进行一次目检或接触观察，如发现异常，应当调查分析原因并采取相应的处理措施；留样观察应当有记录；留样应当按照注册批准的贮存条件至少保存至兽药有效期后一年；企业终止兽药生产或关闭的，应当告知当地畜牧兽医主管部门，并将留样转交授权单位保存，以便在必要时可随时取得留样。

④ 物料的留样：制剂生产用每批原辅料和与兽药直接接触的包装材料均应当有留样。与兽药直接接触的包装材料（如安瓿瓶），在成品已有留样后，可不必单独留样；物料的留样量应当至少满足鉴别检查的需要；除稳定性较差的原辅料外，用于制剂生产的原辅料（不包括生产过程中使用的溶剂、气体或制药用水）的留样应当至少保存至产品失效后。如果物料的有效期较短，则留样时间可相应缩短；物料的留样应当按照规定的条件贮存，必要时还应当适当包装密封。

试剂、试液、培养基和检定菌的管理应当至少符合以下要求：

① 商品化试剂和培养基应当从可靠的、有资质的供应商处采购，必要时应当对供应商进行评估。

②应当有接收试剂、试液、培养基的记录，必要时，应当在试剂、试液、培养基的容器上标注接收日期和首次开口日期、有效期（如有）。

③ 应当按照相关规定或使用说明配制、贮存和使用试剂、试液和培养基。特殊情况

下，在接收或使用前，还应当对试剂进行鉴别或其他检验。

④ 试液和已配制的培养基应当标注配制批号、配制日期和配制人员姓名，并有配制（包括灭菌）记录。不稳定的试剂、试液和培养基应当标注有效期及特殊贮存条件。标准液、滴定液还应当标注最后一次标化的日期和校正因子，并有标化记录。

⑤ 配制的培养基应当进行适用性检查，并有相关记录。应当有培养基使用记录。

⑥ 应当有检验所需的各种检定菌，并建立检定菌保存、传代、使用、销毁的操作规程和相应记录。

⑦ 检定菌应当有适当的标识，内容至少包括菌种名称、编号、代次、传代日期、传代操作人。

⑧ 检定菌应当按照规定的条件贮存，贮存的方式和时间不得对检定菌的生长特性有不利影响。

标准品或对照品的管理应当至少符合以下要求：

① 标准品或对照品应当按照规定贮存和使用。

② 标准品或对照品应当有适当的标识，内容至少包括名称、批号、制备日期（如有）、有效期（如有）、首次开启日期、含量或效价、贮存条件。

③ 企业如需自制工作标准品或对照品，应当建立工作标准品或对照品的质量标准以及制备、鉴别、检验、批准和贮存的操作规程，每批工作标准品或对照品应当用法定标准品或对照品进行标化，并确定有效期，还应当通过定期标化证明工作标准品或对照品的效价或含量在有效期内保持稳定。标化的过程和结果应当有相应的记录。

6.1.8.2 物料和产品放行

应当分别建立物料和产品批准放行的操作规程，明确批准放行的标准、职责，并有相应的记录。

物料的放行应当至少符合以下要求：

① 物料的质量评价内容应当至少包括生产商的检验报告、物料入库接收初验情况（是否为合格供应商、物料包装完整性和密封性的检查情况等）和检验结果。

② 物料的质量评价应当有明确的结论，如批准放行、不合格或其他决定。

③ 物料应当由指定的质量管理人员签名后批准放行。

产品的放行应当至少符合以下要求：

① 在批准放行前，应当对每批兽药进行质量评价，并确认以下各项内容：已完成所有必需的检查、检验，批生产和检验记录完整；所有必需的生产和质量控制均已完成并经相关主管人员签名；确认与该批相关的变更或偏差已按照相关规程处理完毕，包括所有必要的取样、检查、检验和审核；所有与该批产品有关的偏差均已有明确的解释或说明，或者已经过彻底调查和适当处理；如偏差还涉及其他批次产品，应当一并处理。

② 兽药的质量评价应当有明确的结论，如批准放行、不合格或其他决定。

③ 每批兽药均应当由质量管理负责人签名后批准放行。

④ 兽用生物制品放行前还应当取得批签发合格证明。

6.1.8.3 持续稳定性考察

持续稳定性考察的目的是在有效期内监控已上市兽药的质量，以发现兽药与生产相关的稳定性问题（如杂质含量或溶出度特性的变化），并确定兽药能够在标示的贮存条件下，符合质量标准的各项要求。

持续稳定性考察主要针对市售包装兽药，但也需兼顾待包装产品。此外，还应当考虑对贮存时间较长的中间产品进行考察。

持续稳定性考察应当有考察方案，结果应当有报告。用于持续稳定性考察的设备（即稳定性试验设备或设施）应当按照相关要求进行确认和维护。

持续稳定性考察的时间应当涵盖兽药有效期，考察方案应当至少包括以下内容：

① 每种规格、每种生产批量兽药的考察批次数。

② 相关的物理、化学、微生物和生物学检验方法，可考虑采用稳定性考察专属的检验方法。

③ 检验方法依据。

④ 合格标准。

⑤ 容器密封系统的描述。

⑥ 试验间隔时间（测试时间点）。

⑦ 贮存条件（应当采用与兽药标示贮存条件相对应的《兽药典》规定的长期稳定性试验标准条件）。

⑧ 检验项目，如检验项目少于成品质量标准所包含的项目，应当说明理由。

考察批次数和检验频次应当能够获得足够的数据，用于趋势分析。通常情况下，每种规格、每种内包装形式至少每年应当考察一个批次，除非当年没有生产。

某些情况下，持续稳定性考察中应当额外增加批次数，如重大变更或生产和包装有重大偏差的兽药应当列入稳定性考察。此外，重新加工、返工或回收的批次，也应当考虑列入考察，除非已经过验证和稳定性考察。

应当对不符合质量标准的结果或重要的异常趋势进行调查。对任何已确认的不符合质量标准的结果或重大不良趋势，企业都应当考虑是否可能对已上市兽药造成影响，必要时应当实施召回，调查结果以及采取的措施应当报告当地畜牧兽医主管部门。

应当根据获得的全部数据资料，包括考察的阶段性结论，撰写总结报告并保存。应当定期审核总结报告。

6.1.8.4 变更控制

① 企业应当建立变更控制系统，对所有影响产品质量的变更进行评估和管理。

② 企业应当建立变更控制操作规程，规定原辅料、包装材料、质量标准、检验方法、操作规程、厂房、设施、设备、生产工艺和计算机软件变更的申请、评估、审核、批准和实施。质量管理部门应当指定专人负责变更控制。

③ 企业可以根据变更的性质、范围、对产品质量潜在影响的程度进行变更分类（如主要、次要变更）并建档。

④ 与产品质量有关的变更由申请部门提出后，应当经评估、制定实施计划并明确实施职责，由质量管理部门审核批准后实施，变更实施应当有相应的完整记录。

⑤ 改变原辅料、与兽药直接接触的包装材料、生产工艺、主要生产设备以及其他影响兽药质量的主要因素时，还应当根据风险评估对变更实施后至少三个最初批次的兽药质量进行评估。如果变更可能影响兽药的有效期，则质量评估还应当包括对变更实施后生产的兽药进行稳定性考察。

⑥ 变更实施时，应当确保与变更相关的文件均已修订。

⑦ 质量管理部门应当保存所有变更的文件和记录。

6.1.8.5 偏差处理

① 各部门负责人应当确保所有人员正确执行生产工艺、质量标准、检验方法和操作规程，防止偏差的产生。

② 企业应当建立偏差处理的操作规程，规定偏差的报告、记录、评估、调查、处理以及所采取的纠正、预防措施，并保存相应的记录。

③ 企业应当评估偏差对产品质量的潜在影响。质量管理部门可以根据偏差的性质、范围、对产品质量潜在影响的程度进行偏差分类（如重大、次要偏差），对重大偏差的评估应当考虑是否需要对产品进行额外的检验以及产品是否可以放行，必要时，应当对涉及重大偏差的产品进行稳定性考察。

④ 任何偏离生产工艺、物料平衡限度、质量标准、检验方法、操作规程等的情况均应当有记录，并立即报告主管人员及质量管理部门，重大偏差应当由质量管理部门会同其他部门进行彻底调查，并有调查报告。偏差调查应当包括相关批次产品的评估，偏差调查报告应当由质量管理部门的指定人员审核并签字。

⑤ 质量管理部门应当保存偏差调查、处理的文件和记录。

6.1.8.6 纠正措施和预防措施

企业应当建立纠正措施和预防措施系统，对投诉、召回、偏差、自检或外部检查结果、工艺性能和质量监测趋势等进行调查并采取纠正和预防措施。调查的深度和形式应当与风险的级别相适应。纠正措施和预防措施系统应当能够增进对产品和工艺的理解，改进产品和工艺。

企业应当建立实施纠正和预防措施的操作规程，内容至少包括：

① 对投诉、召回、偏差、自检或外部检查结果、工艺性能和质量监测趋势以及其他来源的质量数据进行分析，确定已有和潜在的质量问题。

② 调查与产品、工艺和质量保证系统有关的原因。

③ 确定需采取的纠正和预防措施，防止问题的再次发生。

④ 评估纠正和预防措施的合理性、有效性和充分性。

⑤ 对实施纠正和预防措施过程中所有发生的变更应当予以记录。

⑥ 确保相关信息已传递到质量管理负责人和预防问题再次发生的直接负责人。

⑦ 确保相关信息及其纠正和预防措施已通过高层管理人员的评审。

实施纠正和预防措施应当有文件记录，并由质量管理部门保存。

6.1.8.7 供应商的评估和批准

① 质量管理部门应当对生产用关键物料的供应商进行质量评估，必要时会同有关部门对主要物料供应商（尤其是生产商）的质量体系进行现场质量考查，并对质量评估不符合要求的供应商行使否决权。

② 应当建立物料供应商评估和批准的操作规程，明确供应商的资质、选择的原则、质量评估方式、评估标准、物料供应商批准的程序。

如质量评估需采用现场质量考查方式的，还应当明确考查内容、周期、考查人员的组成及资质。需采用样品小批量试生产的，还应当明确生产批量、生产工艺、产品质量标准、稳定性考察方案。

③ 质量管理部门应当指定专人负责物料供应商质量评估和现场质量考查，被指定的人员应当具有相关的法规和专业知识，具有足够的质量评估和现场质量考查的实践经验。

④ 现场质量考查应当核实供应商资质证明文件。应当对其人员机构、厂房设施和设备、物料管理、生产工艺流程和生产管理、质量控制实验室的设备、文件管理等进行检查，以全面评估其质量保证系统。现场质量考查应当有报告。

⑤ 必要时，应当对主要物料供应商提供的样品进行小批量试生产，并对试生产的兽药进行稳定性考察。

⑥ 质量管理部门对物料供应商的评估至少应当包括：供应商的资质证明文件、质量标准、检验报告、企业对物料样品的检验数据和报告。如进行现场质量考查和样品小批量试生产的，还应当包括现场质量考察报告，以及小试产品的质量检验报告和稳定性考察报告。

⑦ 改变物料供应商，应当对新的供应商进行质量评估；改变主要物料供应商的，还需要对产品进行相关的验证及稳定性考察。

⑧ 质量管理部门应当向物料管理部门分发经批准的合格供应商名单，该名单内容至少包括物料名称、规格、质量标准、生产商名称和地址、经销商（如有）名称等，并及时更新。

⑨ 质量管理部门应当与主要物料供应商签订质量协议，在协议中应当明确双方所承担的质量责任。

⑩ 质量管理部门应当定期对物料供应商进行评估或现场质量考查，回顾分析物料质量检验结果、质量投诉和不合格处理记录。如物料出现质量问题或生产条件、工艺、质量标准和检验方法等可能影响质量的关键因素发生重大改变时，还应当尽快进行相关的现场质量考查。

⑪ 企业应当对每家物料供应商建立质量档案，档案内容应当包括供应商资质证明文件、质量协议、质量标准、样品检验数据和报告、供应商检验报告、供应商评估报告、定期的质量回顾分析报告等。

6.1.8.8 产品质量回顾分析

企业应当建立产品质量回顾分析操作规程，每年对所有生产的兽药按品种进行产品质量回顾分析，以确认工艺稳定可靠性，以及原辅料、成品现行质量标准的适用性，及时发现不良趋势，确定产品及工艺改进的方向。

企业至少应当对下列情形进行回顾分析：

① 产品所用原辅料的所有变更，尤其是来自新供应商的原辅料。

② 关键中间控制点及成品的检验结果以及趋势图。

③ 所有不符合质量标准的批次及其调查。

④ 所有重大偏差及变更相关的调查、所采取的纠正措施和预防措施的有效性。

⑤ 稳定性考察的结果及任何不良趋势。

⑥ 所有因质量原因造成的退货、投诉、召回及调查。

⑦ 当年执行法规自查情况。

⑧ 验证评估概述。

⑨ 对该产品进行该年度质量评估和总结。

应当对回顾分析的结果进行评估，提出是否需要采取纠正和预防措施，并及时、有效地完成整改。

6.1.8.9 投诉与不良反应报告

① 应当建立兽药投诉与不良反应报告制度，设立专门机构并配备专职人员负责管理。

② 应当主动收集兽药不良反应，对不良反应应当详细记录、评价、调查和处理，及时采取措施控制可能存在的风险，并按照要求向企业所在地畜牧兽医主管部门报告。

③ 应当建立投诉操作规程，规定投诉登记、评价、调查和处理的程序，并规定因可能的产品缺陷发生投诉时所采取的措施，包括考虑是否有必要从市场召回兽药。

④ 应当有专人负责进行质量投诉的调查和处理，所有投诉、调查的信息应当向质量管理负责人通报。

⑤ 投诉调查和处理应当有记录，并注明所查相关批次产品的信息。

⑥ 应当定期回顾分析投诉记录，以便发现需要预防、重复出现以及可能需要从市场召回兽药的问题，并采取相应措施。

⑦ 企业出现生产失误、兽药变质或其他重大质量问题，应当及时采取相应措施，必要时还应当向当地畜牧兽医主管部门报告。

6.1.8.10 中药质量控制的其他要求

中药材和中药饮片的质量应当符合兽药国家标准或药品标准及省（自治区、直辖市）中药材标准和中药炮制规范，并在现有技术条件下，根据对中药制剂质量的影响程度，在相关的质量标准中增加必要的质量控制项目。

中药材和中药饮片的质量控制项目应当至少包括：

① 鉴别。

② 中药材和中药饮片中所含有关成分的定性或定量指标。

③ 外购的中药饮片可增加相应原药材的检验项目。

④ 兽药国家标准或药品标准及省（自治区、直辖市）中药材标准和中药炮制规范中包含的其他检验项目。

中药提取、精制过程中使用有机溶剂的，如溶剂对产品质量和安全性有不利影响，应当在中药提取物和中药制剂的质量标准中增加残留溶剂限度。

应当制定与回收溶剂预定用途相适应的质量标准。

应当建立生产所用中药材和中药饮片的标本，如原植（动、矿）物、中药材使用部位、经批准的替代品、伪品等标本。

对使用的每种中药材和中药饮片应当根据其特性和贮存条件，规定贮存期限和复验期。

应当根据中药材、中药饮片、中药提取物、中间产品的特性和包装方式以及稳定性考察结果，确定其贮存条件和贮存期限。

每批中药材或中药饮片应当留样，留样量至少能满足鉴别的需要，留样时间应当有规定；用于中药注射剂的中药材或中药饮片的留样，应当保存至使用该批中药材或中药饮片生产的最后一批制剂产品放行后一年。

中药材和中药饮片贮存期间各种养护操作应当有记录。

6.1.9 产品销售与召回

6.1.9.1 原则

① 企业应当建立产品召回系统，必要时可迅速、有效地从市场召回任何一批存在安全隐患的产品。

② 因质量原因退货和召回的产品，均应当按照规定监督销毁，有证据证明退货产品质量未受影响的除外。

6.1.9.2 销售

① 企业应当建立产品销售管理制度，并有销售记录。根据销售记录，应当能够追查每批产品的销售情况，必要时应当能够及时全部追回。

② 每批产品均应当有销售记录。销售记录内容应当包括：产品名称、规格、批号、数量、收货单位和地址、联系方式、发货日期、运输方式等。

③ 产品上市销售前，应将产品生产和入库信息上传到国家兽药产品追溯系统。销售出库时，需向国家兽药产品追溯系统上传产品出库信息。

④ 兽药的零头可直接销售，若需合箱，包装只限两个批号为一个合箱，合箱外应当标明全部批号，并建立合箱记录。

⑤ 销售记录应当至少保存至兽药有效期后一年。

6.1.9.3 召回

① 应当制定召回操作规程，确保召回工作的有效性。

② 应当指定专人负责组织协调召回工作，并配备足够数量的人员。如产品召回负责人不是质量管理负责人，则应当向质量管理负责人通报召回处理情况。

③ 召回应当随时启动，产品召回负责人应当根据销售记录迅速组织召回。

④ 因产品存在安全隐患决定从市场召回的，应当立即向当地畜牧兽医主管部门报告。

⑤ 已召回的产品应当有标识，并单独、妥善贮存，等待最终处理决定。

⑥ 召回的进展过程应当有记录，并有最终报告。产品销售数量、已召回数量以及数量平衡情况应当在报告中予以说明。

⑦ 应当定期对产品召回系统的有效性进行评估。

6.1.10 自检

6.1.10.1 原则

质量管理部门应当定期组织对企业进行自检，监控《兽药生产质量管理规范》的实施情况，评估企业是否符合《兽药生产质量管理规范》要求，并提出必要的纠正和预防措施。

6.1.10.2 自检要求

① 自检应当有计划，对机构与人员、厂房与设施、设备、物料与产品、确认与验证、文件管理、生产管理、质量控制与质量保证、产品销售与召回等项目定期进行检查。

② 应当由企业指定人员进行独立、系统、全面的自检，也可由外部人员或专家进行独立的质量审计。

③ 自检应当有记录。自检完成后应当有自检报告，内容至少包括自检过程中观察到的所有情况、评价的结论以及提出纠正和预防措施的建议。有关部门和人员应立即进行整改，自检和整改情况应当报告企业高层管理人员。

6.2 生产管理

6.2.1 原则

6.2.1.1 通用原则

① 兽药生产应当按照批准的工艺规程和操作规程进行操作并有相关记录，确保兽药达到规定的质量标准，并符合兽药生产许可和注册批准的要求。

② 应当建立划分产品生产批次的操作规程，生产批次的划分应当能够确保同一批次产品质量和特性的均一性。

③ 应当建立编制兽药批号和确定生产日期的操作规程。每批兽药均应当编制唯一的批号。除另有法定要求外，生产日期不得迟于产品成型或灌装（封）前经最后混合的操作开始日期，不得以产品包装日期作为生产日期。

④ 每批产品应当检查产量和物料平衡，确保物料平衡符合设定的限度。如有差异，必须查明原因，确认无潜在质量风险后，方可按照正常产品处理。

⑤ 不得在同一生产操作间同时进行不同品种和规格兽药的生产操作，除非没有发生混淆或交叉污染的可能。

⑥ 在生产的每一阶段，应当保护产品和物料免受微生物和其他污染。

⑦ 在干燥物料或产品，尤其是高活性、高毒性或高致敏性物料或产品的生产过程中，应当采取特殊措施，防止粉尘的产生和扩散。

⑧ 生产期间使用的所有物料、中间产品的容器及主要设备、必要的操作室应当粘贴标签标识，或以其他方式标明生产中的产品或物料名称、规格和批号，如有必要，还应当标明生产工序。

⑨ 容器、设备或设施所用标识应当清晰明了，标识的格式应当经企业相关部门批准。除在标识上使用文字说明外，还可采用不同颜色区分被标识物的状态（如待验、合格、不合格或已清洁等）。

⑩ 应当检查产品从一个区域输送至另一个区域的管道和其他设备连接，确保连接正确无误。

⑪ 每次生产结束后应当进行清场，确保设备和工作场所没有遗留与本次生产有关的物料、产品和文件。下次生产开始前，应当对前次清场情况进行确认。

⑫ 应当尽可能避免出现任何偏离工艺规程或操作规程的偏差。一旦出现偏差，应当按照偏差处理操作规程执行。

6.2.1.2 中药生产管理原则

中药材应当按照规定进行拣选、整理、剪切、洗涤、浸润或其他炮制加工。未经处理的中药材不得直接用于提取加工。

鲜用中药材采收后应当在规定的期限内投料，可存放的鲜用中药材应当采取适当的措施贮存，贮存的条件和期限应当有规定并经验证，不得对产品质量和预定用途有不利影响。

在生产过程中应当采取以下措施防止微生物污染：

① 处理后的中药材不得直接接触地面，不得露天干燥。

② 应当使用流动的工艺用水洗涤拣选后的中药材，用过的水不得用于洗涤其他药材，不同的中药材不得同时在同一容器中洗涤。

毒性中药材和中药饮片的操作应当有防止污染和交叉污染的措施。

中药材洗涤、浸润、提取用水的质量标准不得低于饮用水标准，无菌制剂的提取用水应当采用纯化水。

中药提取用溶剂需回收使用的，应当制定回收操作规程。回收后溶剂的再使用不得对产品造成交叉污染，不得对产品的质量和安全性有不利影响。

6.2.2 生产操作

6.2.2.1 岗前检查

① 生产开始前应当进行检查，确保设备和工作场所没有上批遗留的产品、文件和物料，设备处于已清洁及待用状态。检查结果应当有记录。

② 生产操作前，还应当核对物料或中间产品的名称、代码、批号和标识，确保生产所用物料或中间产品正确且符合要求。

6.2.2.2 生产过程检查

① 应当由配料岗位人员按照操作规程进行配料，核对物料后，精确称量或计量，并作好标识。

② 配制的每一物料及其重量或体积应当由他人进行复核，并有复核记录。

③ 每批产品的每一生产阶段完成后必须由生产操作人员清场，并填写清场记录。清场记录内容包括：操作间名称或编号、产品名称、批号、生产工序、清场日期、检查项目

及结果、清场负责人及复核人签名。清场记录应当纳入批生产记录。

6.2.2.3 分装包装检查

① 包装操作规程应当规定降低污染和交叉污染、混淆或差错风险的措施。

② 包装开始前应当进行检查，确保工作场所、包装生产线、印刷机及其他设备已处于清洁或待用状态，无上批遗留的产品和物料。检查结果应当有记录。

③ 包装操作前，还应当检查所领用的包装材料正确无误，核对待包装产品和所用包装材料的名称、规格、数量、质量状态，且与工艺规程相符。

④ 每一包装操作场所或包装生产线，应当有标识标明包装中的产品名称、规格、批号和批量的生产状态。

⑤ 有数条包装线同时进行包装时，应当采取隔离或其他有效防止污染、交叉污染或混淆的措施。

⑥ 产品分装、封口后应当及时贴签。

⑦ 单独打印或包装过程中在线打印、赋码的信息（如产品批号或有效期）均应当进行检查，确保其准确无误，并予以记录。如手工打印，应当增加检查频次。

⑧ 使用切割式标签或在包装线以外单独打印标签，应当采取专门措施，防止混淆。

⑨ 应当对电子读码机、标签计数器或其他类似装置的功能进行检查，确保其准确运行。检查应当有记录。

⑩ 包装材料上印刷或模压的内容应当清晰，不易褪色和擦除。

⑪ 因包装过程产生异常情况需要重新包装产品的，必须经专门检查、调查并由指定人员批准。重新包装应当有详细记录。

⑫ 在物料平衡检查中，发现待包装产品、印刷包装材料以及成品数量有显著差异时，应当进行调查，未得出结论前，成品不得放行。

⑬ 包装结束时，已打印批号的剩余包装材料应当由专人负责全部计数销毁，并有记录。如将未打印批号的印刷包装材料退库，应当按照操作规程执行。

6.2.3 生产过程的管理

6.2.3.1 生产指令单下达

批生产指令是一批产品生产的总指令，生产计划的具体体现，是生产操作及领料的依据。内容主要包括产品名称、规格、批号、批量（或投料量）、生产日期、所需原辅料和包装材料的名称、进厂编号、生产厂家、计划用量等。

生产指令可以一式一份或多份，具体根据企业相关部门在生产计划安排时的需要自行确定；生产指令的原件和复印件均需要有控制，发放数量和去向要明确、可追溯，不得随意复印。

为防止混乱、差错、重复下达生产指令，通常生产指令由生产管理部门专人负责制定和发放，生产指令的接收部门需指定专人负责接收和传达。接收的过程也是对指令中数量和内容准确性的确认。

批生产记录的发放：

① 原版空白的批生产记录应经生产管理负责人和质量管理负责人审核和批准。

② 批生产（包装）记录的复制和发放均应按照操作规程进行控制并有记录，每批产品的生产只能发放一份原版空白批生产记录的复制件，可采取盖受控章/骑缝章或编号等方法防止被随意复制。

6.2.3.2 生产前的准备工作

① 生产期间使用的所有物料、中间产品的容器及主要设备、必要的操作室应当粘贴标签，或以其他方式标明生产中的产品或物料名称、规格和批号，如有必要，还应当标明生产工序。

② 容器、设备或设施所用标识应当清晰明了，标识的格式应当经企业相关部门批准。除在标识上使用文字说明外，还可采用不同颜色区分被标识物的状态（如待验、合格、不合格或已清洁等）。

6.2.3.3 生产过程中的工艺管理

（1）中药提取生产工艺

① 中药提取物生产工艺流程图及关键质量控制点如图 6-1。

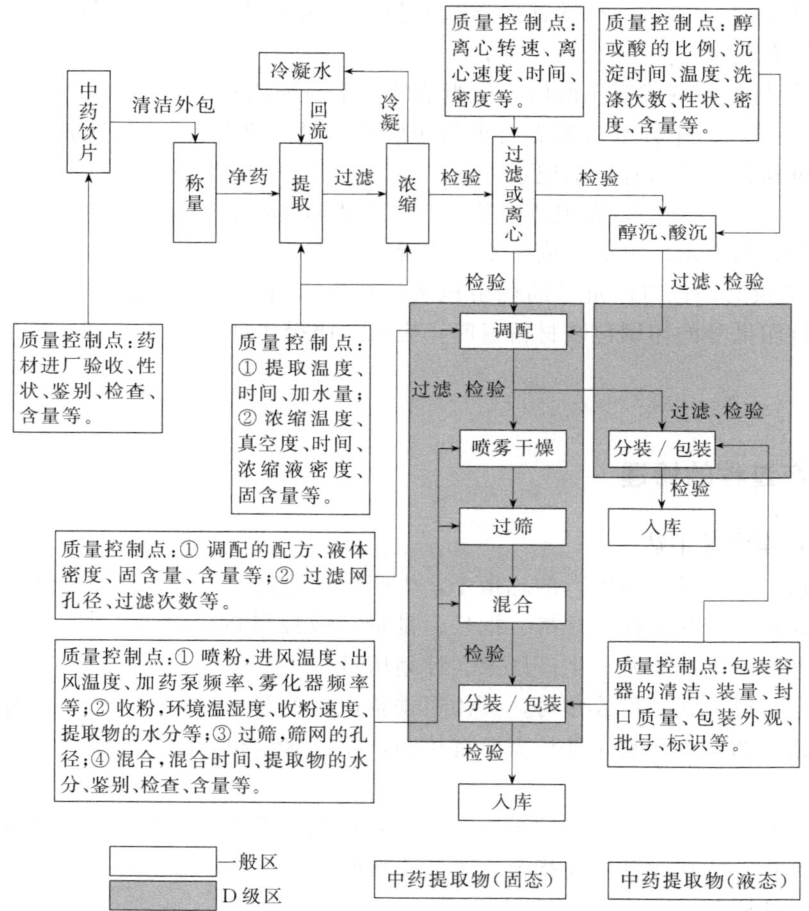

图 6-1 中药提取物生产工艺流程图及关键质量控制点

② 中药提取工艺主要方法如下。

a. 提取方法：煎煮法、渗漉法、浸渍法、回流法、水蒸气蒸馏法、超临界流体提取法、半仿生提取法、超声提取法等。

b. 浓缩方法：减压蒸发、常压浓缩、薄膜蒸发、多效蒸发等。

c. 精制方法：水提醇沉法(水醇法)、醇提水沉法(醇水法)、酸沉法、吸附澄清法、大孔吸附树脂吸附法、盐析法、透析法等。

d. 澄清方法和滤过方法：沉降分离、离心分离、滤过分离(减压滤过、常压滤过、加压滤过、薄膜滤过等)。

e. 干燥方法：烘干法、减压干燥法、喷雾干燥法、沸腾干燥法、冷冻干燥法、微波干燥法、红外线干燥法、鼓式干燥法、带式干燥法、吸湿剂干燥法等。

③ 中药提取工艺质量控制要点如表 6-1 所示。

表 6-1　中药提取工艺质量控制要点

工序	质量控制点	质量控制项目		频次
		生产过程	中间产品	
配料	称量配料	核对物料标识、合格证、数量与品种的复核	—	每批
提取	煎煮	溶剂浓度、加入量，煎煮温度、时间、次数	药液量、性状	每批
	渗漉	溶剂浓度、加入量，渗漉时间、温度、速度	渗漉液量、性状、澄清度	
	浸渍	溶剂浓度、加入量，浸渍时间、温度、次数	浸渍液量、性状	
	回流	溶剂浓度、加入量，回流温度、时间、次数	回流液量、性状、气味，油量、性状	
精制	水提醇沉/醇提水沉	转溶溶剂浓度、用量，静置时间、温度	药液含醇量	每次
过滤	常压、加压、减压	滤材清洁度、孔径均匀度，过滤时间、压力或真空度	药液量、澄清度、性状	随时/每批
	离心	转速、进料速度、离心时间		
浓缩	真空浓缩	真空度、蒸汽压力、温度、进料速度、时间	浓度/温度、浓缩液量、pH 值	随时/每批
	多效浓缩	真空度、蒸汽压力、温度、进料速度、时间	性状	
干燥	烘箱	温度、时间、装量、热风循环	性状、水分	随时/每批
	真空干燥	真空度、温度、时间、装量	性状、水分	
	喷雾干燥	进出口温度、喷液速度、雾化温度、压力	性状、水分、细度	
粉碎、过筛		粉碎转速、筛网	性状、水分、细度	每批
存放库		清洁卫生、温度、湿度	分区、分品种、分批、货位卡、状态标识	定时

(2) 口服溶液剂生产工艺

① 口服溶液剂生产工艺流程图见图 6-2。

② 口服溶液剂工艺质量控制要点见表 6-2。

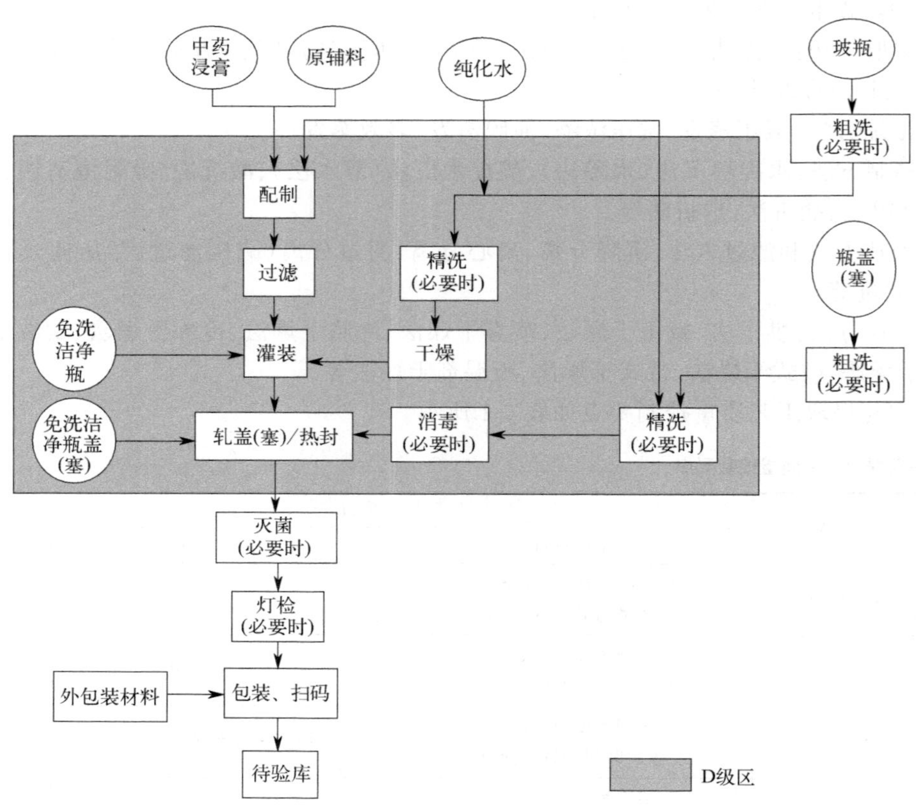

图 6-2 口服溶液剂生产工艺流程图

表 6-2 口服溶液剂工艺质量控制要点

工序	质量控制点	质量控制项目	频次
配制	称量	原辅料标识、检验报告单、数量	每批
	配液	药液性状、pH 值、含量、相对密度	
	过滤	药液澄清度、过滤器完整性	
洗瓶、盖	洗涤	清洁度	定时
	干燥(灭菌)	温度、微生物限度	
灌装	灌装	装量	随时
	轧盖/旋盖	严密度、外观	
	封口	严密度	
灭菌	灭菌产品	性状、微生物限度	每柜
包装	贴签	牢固、位正、外壁清洁,批号、二维码等文字信息	随时
	装盒	数量、批号、说明书、标签	
	装箱	数量、箱签,批号、二维码等文字信息,封箱牢固	每箱

(3)片剂、颗粒剂、胶囊剂生产工艺

① 片剂、颗粒剂生产工艺流程图如图 6-3 所示。

② 胶囊剂生产工艺流程图如图 6-4 所示。

③ 片剂、颗粒剂、胶囊剂工艺质量控制要点见表 6-3。

图 6-3 片剂、颗粒剂生产工艺流程图

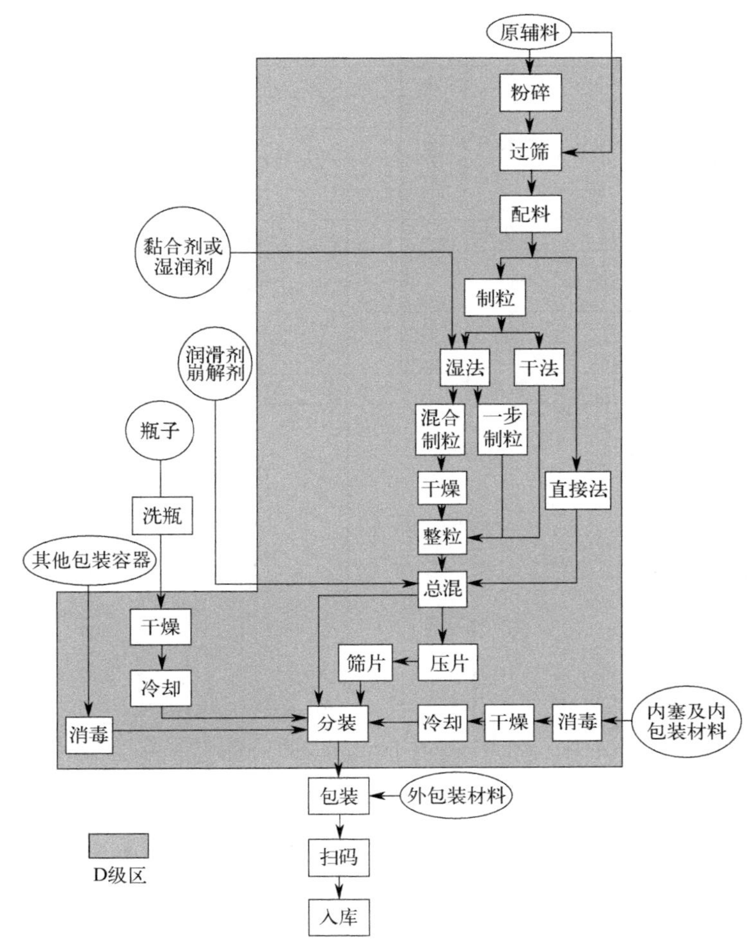

表 6-3 片剂、颗粒剂、胶囊剂工艺质量控制要点

工序	质量控制点	质量控制项目	频次
粉碎	原辅料	原辅料标识、检验报告单、异物、干湿度、性状	每批
	粉碎过筛	细度、异物	每批
配料	称量	品种、规格、数量	1 次/批
制粒	颗粒	黏合剂浓度、温度、加入量 纯化水 筛网、粒度	1 次/批、班
烘干	烘箱	温度、时间、清洁度	随时/批
	沸腾床	温度、滤袋完整性、清洁度	随时/批
	颗粒	水分	随时/批
整粒	颗粒	筛网	每批
总混	颗粒	总混时间	每批
		粒度、水分、含量	
颗粒分装	半成品	装量、平均装量、装量差异	随时/批
压片	片	平均片重	定时/批
		片重差异	3～4 次/批
		硬度、崩解时限、脆碎度	1 次以上/批
		外观	随时/批
		含量均匀度、溶出度(指规定品种)	每批

续表

工序	质量控制点	质量控制项目	频次
灌装	硬胶囊	温度、湿度	随时/班
		装量差异	3～4次/班
		崩解时限	1次以上/班
		外观	随时/班
		含量、均匀度	每批
洗瓶	纯化水	《兽药典》全项	1次/月
	瓶子	清洁度	随时/批
		干燥	随时/批
包装	贴签	牢固、位正、外壁清洁，批号、二维码等文字信息	随时/批
	装盒	数量、批号、说明书、标签	每批
	装箱	数量、箱签，批号、二维码等文字信息，封箱牢固	每箱

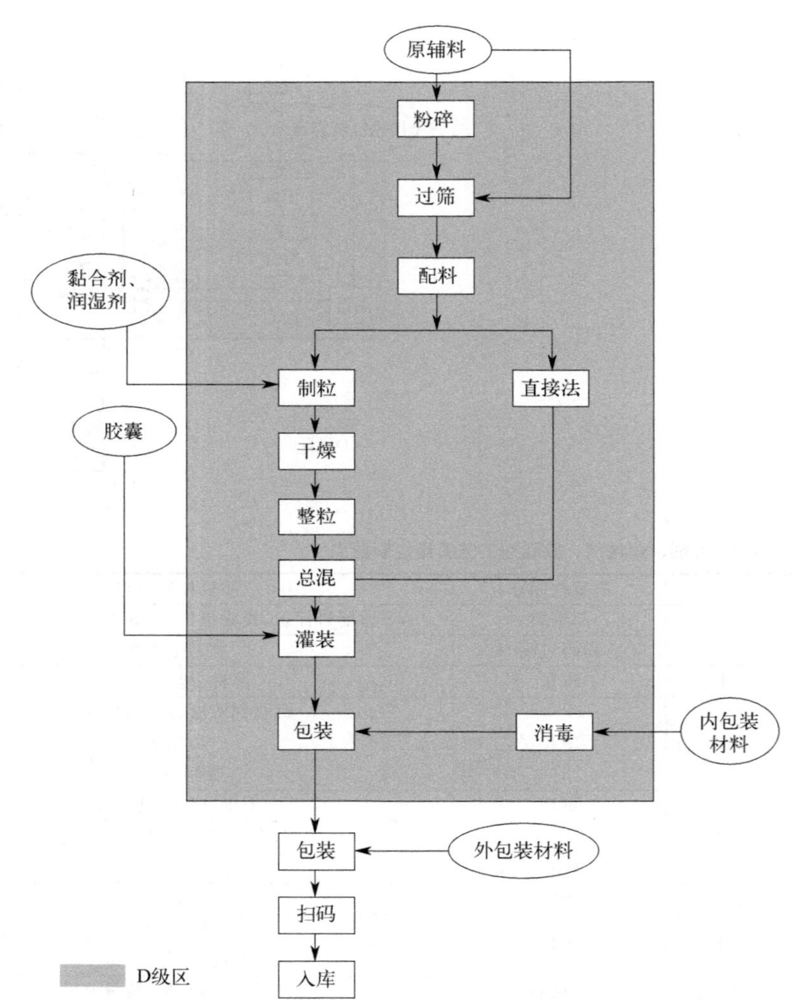

图 6-4 胶囊剂生产工艺流程图

（4）散剂生产工艺

① 散剂生产工艺流程图见图 5-1。

② 散剂工艺质量控制要点见表 6-4。

表 6-4 散剂工艺质量控制要点

工序	质量控制点	质量控制项目	频次
原辅料预处理	粉碎过筛	细度、异物	每批
	干燥	干燥失重/水分	每批
配料	称量	品种、规格、数量	1次/批
混合	投料	品种、数量	1次/批
	搅拌	时间、转速、均匀度	随时/批
分装、封口	半成品	装量	随时/批
包装	在包装品	数量、批号	每箱
	标签	内容、数量、使用记录	1次/批
	装箱	数量、标签	每箱

(5)最终灭菌大容量非静脉注射剂生产工艺

① 最终灭菌大容量非静脉注射剂生产工艺流程图见图 5-4。

② 最终灭菌大容量非静脉注射剂工艺质量控制要点见表 6-5。

表 6-5 最终灭菌大容量非静脉注射剂工艺质量控制要点

工序	质量控制点	质量控制项目	检测频率
洗瓶	注射用水	可见异物	使用前检查
		压力	设备自控
	循环水	压力	设备自控
	压缩空气	压力	设备自控
	干燥灭菌	温度	设备自控
		速度	设备自控
洗塞	纯化水、注射用水	压力	使用前检查、过程中监控
		可见异物	使用前检查
	洗塞水	可见异物	1次/批
	灭菌	温度、压力、时间	实时
	干燥	时间	设备自控
		置换进气时间	设备自控
		置换干燥时间	设备自控
		置换干燥次数	设备自控
	干燥后胶塞	灭菌效果	1次/批
配液	配液罐灭菌	温度	设备自控
	处方	时间	设备自控
		计算、称量	1次/批
		电子秤	1次/批
		酸度计	1次/批
	投料	品种、数量、批号、含量	1次/批
	过滤系统清洗	最后一遍清洗水电导率	1次/批
	过滤系统灭菌	温度、压力、时间	设备自控
	除菌过滤器完整性测试	滤器起泡点压力	使用前后进行。一般只进行主过滤器的完整性检测，主过滤器完整性测试合格则不进行冗余过滤器测试
	过滤器	孔径、使用次数、材质	更换前确认
	搅拌频率	频率	设备自控
	料液	颜色	1次/批
		pH 值	1次/批
		除菌过滤器过滤压力	设备自控
灌装	过滤后料液	可见异物	1次/批
	分装后中间产品	装量	设备自控
		灌装速度	设备自控
轧盖	轧盖后中间产品	松紧度、边缘平贴	每批

续表

工序	质量控制点	质量控制项目	检测频率
包装	待包装品灯检	异物、破瓶等	全检
	贴签	位置贴签合格率、印字质量	设备自控
	合格证、中盒	内容、字迹	全检
	装箱	数量	设备自控
	箱签	内容	全检
	标签管理	内容、数量、使用销毁记录	每批
	入库	名称、数量、批号 生产日期、有效期至	每批
灭菌	生物指示剂(BI)	测试结果	定期
	在线过滤器灭菌	滤芯完整性、在线灭菌	1次/月
胶塞清洗机	泄漏检测	保压真空度	1次/月
	呼吸器完整性检测、灭菌	滤芯完整性、灭菌	1次/月
	注射用水过滤器	滤芯完整性、灭菌	1次/月
环境监测	悬浮粒子	符合法规要求	根据法规及风险评估
	浮游菌		
	沉降菌		
	设施设备表面菌		
	人员、手指表面菌		
洗衣	工作服的洗涤、干燥灭菌	工作服的洗涤、微粒水平、转移、整衣	每批

(6)最终灭菌小容量注射剂生产工艺

① 最终灭菌小容量注射剂生产工艺流程图见图5-5。

② 最终灭菌小容量注射剂工艺质量控制要点如下。

除封口工序的质量控制要点参照表6-6外，其他参见本章第“6.2.3.3”节最终灭菌大容量非静脉注射剂有关内容。

表6-6　封口质量控制要点

工序	质量控制点	质量控制项目	检测频率
封口	封口后半成品	封口外观及严密性	每批

6.2.3.4　防止生产过程中的污染和交叉污染

不得在同一生产操作间同时进行不同品种和规格兽药的生产操作，除非没有发生混淆或交叉污染的可能。

在生产的每一阶段，应当保护产品和物料免受微生物和其他污染。

在干燥物料或产品，尤其是高活性、高毒性或高致敏性物料或产品的生产过程中，应当采取特殊措施，防止粉尘的产生和扩散。

生产过程中应当尽可能采取措施，防止污染和交叉污染，如：

① 在分隔的区域内生产不同品种的兽药。

② 采用阶段性生产方式。

③ 设置必要的气锁间和排风；空气洁净度级别不同的区域应当有压差控制。

④ 应当降低未经处理或未经充分处理的空气再次进入生产区导致污染的风险。

⑤ 在易产生交叉污染的生产区内，操作人员应当穿戴该区域专用的防护服。

⑥ 采用经过验证或已知有效的清洁和去污染操作规程进行设备清洁；必要时，应当对与物料直接接触的设备表面的残留物进行检测。

⑦ 采用密闭系统生产。

⑧ 干燥设备的进风应当有空气过滤器，且过滤后的空气洁净度应当与所干燥产品要求的洁净度相匹配，排风应当有防止空气倒流装置。

⑨ 生产和清洁过程中应当避免使用易碎、易脱屑、易发霉的器具；使用筛网时，应当有防止因筛网断裂而造成污染的措施。

⑩ 液体制剂的配制、过滤、灌封、灭菌等工序应当在规定时间内完成。

⑪ 软膏剂、乳膏剂、凝胶剂等半固体制剂以及栓剂的中间产品应当规定贮存期和贮存条件。

应当定期检查防止污染和交叉污染的措施并评估其适用性和有效性。

防止中药提取生产过程的污染和交叉污染

① 在生产过程中应当采取以下措施防止微生物污染：处理后的中药材不得直接接触地面，不得露天干燥；应当使用流动的工艺用水洗涤拣选后的中药材，用过的水不得用于洗涤其他药材，不同的中药材不得同时在同一容器中洗涤。

② 毒性中药材和中药饮片的操作应当有防止污染和交叉污染的措施。

③ 中药材洗涤、浸润、提取用水的质量标准不得低于饮用水标准，无菌制剂的提取用水应当采用纯化水。

④ 中药提取用溶剂需回收使用的，应当制定回收操作规程。回收后溶剂的再使用不得对产品造成交叉污染，不得对产品的质量和安全性有不利影响。

生产过程中应避免使用易碎、易脱屑、易长霉的器具、洁具；使用筛网时应有防止因筛网断裂而造成污染的措施。

应当根据产品特性、工艺和设备等因素，确定无菌兽药生产用洁净区的级别。每一步生产操作的环境都应当达到适当的动态洁净度标准，尽可能降低产品或所处理的物料被微粒或微生物污染的风险。

隔离操作技术：

① 高污染风险的操作宜在隔离操作器中完成。隔离操作器及其所处环境的设计，应当能够保证相应区域空气的质量达到设定标准。传输装置可设计成单门或双门，也可是同灭菌设备相连的全密封系统。

物品进出隔离操作器应当特别注意防止污染。隔离操作器所处环境取决于其设计及应用，无菌生产的隔离操作器所处的环境至少应为 D 级区。

② 隔离操作器只有经过适当的确认后方可投入使用。确认时应当考虑隔离技术的所有关键因素，如隔离系统内部和外部所处环境的空气质量、隔离操作器的消毒、传递操作以及隔离系统的完整性。

③ 隔离操作器和隔离用袖管或手套系统应当进行常规监测，包括经常进行必要的检漏试验。

当无菌生产正在进行时，应当特别注意减少洁净区内的各种活动。应当减少人员走动，避免剧烈活动散发过多的微粒和微生物。由于所穿工作服的特性，环境的温湿度应当保证操作人员的舒适性。

应当尽可能减少物料的微生物污染程度。必要时，物料的质量标准中应当包括微生物限度、细菌内毒素或热原检查项目。

洁净区内应当避免使用易脱落纤维的容器和物料；在无菌生产的过程中，不得使用此类容器和物料。

应当采取各种措施减少最终产品的微粒污染。

最终清洗后，包装材料、容器和设备的处理应当避免被再次污染。

应当尽可能缩短包装材料、容器和设备的清洗、干燥和灭菌的间隔时间，以及灭菌至使用的间隔时间。应当建立规定贮存条件下的间隔时间控制标准。

应当尽可能缩短药液从开始配制到灭菌（或除菌过滤）的间隔时间。应当根据产品的特性及贮存条件建立相应的间隔时间控制标准。

应当根据所用灭菌方法的效果确定灭菌前产品微生物污染水平的监控标准，并定期监控。必要时，还应当监控热原或细菌内毒素。

无菌生产所用的包装材料、容器、设备和其他物品都应当灭菌，并通过双扉灭菌柜进入无菌生产区，或以其他方式进入无菌生产区，但应当避免引入污染。

6.2.3.5 中间控制检查

中药提取期间，产品的中间控制检查应当至少包括以下内容：

① 提取药液温度、提取器蒸汽压力。

② 浓缩药液温度、浓缩器蒸汽压力、浓缩器真空度。

③ 浓缩液体积、浓缩液相对密度。

④ 树脂、膜、滤网等过滤装置的严密性、完整性。

⑤ 醇沉的乙醇浓度、酸/碱沉的 pH 值。

⑥ 喷雾干燥工序的加料速度（频率）、雾化速度（频率）、进风温度、出风温度、气扫温度、塔内负压等。

⑦ 过筛收粉的筛网完整性。

⑧ 喷雾干燥、过筛收粉间的环境温湿度。

散剂分装期间，产品的中间控制检查应当至少包括以下内容：

① 产品与包材匹配性——所用包材内容正确，产品名称、规格、尺寸型号、签字版本等正确。

② 装量——必须在工艺规程要求范围内。

③ 在线重量监控功能——应运行正常、准确。

④ 封口——严密，内容物不外漏，有效宽度达标，封口处不偏斜。

⑤ 包装袋外观——标签附着端正不脱落、无褶皱破损，表面无灰尘，无残留药物，文字图案内容无异常，包装袋无破损。

⑥ 批号打印效果——内容正确，位置正确，形象端正、清晰。

⑦ 赋码信息——包材上赋码信息，产品名称、规格、批准文号等信息正确，关联信息正确。

口服溶液剂灌封期间，产品的中间控制检查应当至少包括以下内容：

① 产品与包材匹配性——所用包材内容正确，产品名称、规格、尺寸型号、签字版本等正确。

② 过滤器完整性。

③ 装量——必须在工艺规程要求范围内。

④ 在线重量监控功能——应运行正常、准确。

⑤ 封口——内容物不外漏、瓶口无药渍污染、瓶盖不偏斜。

⑥ 瓶身外观——表面无污渍、无药液，瓶身无异常形态、无破损、薄厚均匀。

⑦ 惰性气体加注压力。

注射剂灌封、灭菌期间，产品的中间控制检查应当至少包括以下内容：

① 产品与包材匹配性——所用包材内容正确，产品名称、规格、尺寸型号、签字版本等正确。

② 过滤器完整性。

③ 装量——必须在工艺规程要求范围内。

④ 在线重量监控功能——应运行正常、准确。

⑤ 封口——内容物不外漏，瓶口无药渍污染，瓶盖不偏斜。

⑥ 瓶身外观——表面无污渍、无药液，瓶身无异常形态、无破损、薄厚均匀。

⑦ 惰性气体加注压力检查。

⑧ 灌封岗位环境、微生物等监测。

⑨ 灭菌温度、灭菌压力、灭菌时间检查；灭菌后检漏（产品严密性检查）。

⑩ 辐射剂量、辐射时间、辐射前待灭菌时间等。

灯检（以人工灯检为例）：

① 应按可见异物检查标准和方法逐支目检，检视前应根据剂型和玻瓶性质调整至合适的照度并记录，照度仪需要定期校验。灯检台应当有可调节照度装置，以满足不同药液的灯检要求。

② 灯检员视力应≥4.9（矫正后视力应≥5.0），无弱视、无色盲，每年进行两次视力体检，连续灯检时间不宜过长，每灯检 1h 可休息 10min。

③ 灯检时对不合格品进行识别确认、剔除、计数，并根据不合格品的种类进行分类存放。

④ 灯检剔出的不合格品，应有明显的不合格标识，注明品名、规格、批号、数量等，由专人负责处理，并记录。

⑤ 灯检人员应做专门的资质确认，并定期考核；灯检过程中应取样抽检，对抽检不合格的进行返工处理，并对该人员重新进行资质确认。

包装期间，产品的中间控制检查应当至少包括以下内容：

① 包装外观：

贴标效果——标签内容正确，无褶皱，无损坏，位置正确无歪斜。

封箱效果——胶带的图案选择正确，内容物不外漏，箱子上面与底面的胶带均附着牢固，两端胶带的断尾：长度不少于 5cm 但是不能压住箱签、附着牢固、端正不褶皱。

捆扎效果——捆扎方式符合要求，捆扎带松紧度合适：不割破箱体、不松垮无绷力，捆扎带不遮盖箱签的二维码。

箱签外观——内容正确，位置正确，形象端正、清晰。

纸箱外观——内容正确，箱体无受潮、无明显破损，摇盖根部无明显的裂纹。

② 包装是否完整：

装箱数量——必须与工艺规程要求一致。

③ 产品和包装材料是否正确：

产品与包材匹配性——所用包材内容正确，产品名称、规格、尺寸型号、签字版本等正确。

④ 打印、赋码信息是否正确：

批号打印效果——内容正确，位置正确，形象端正、清晰。

赋码信息——包材上赋码信息，产品名称、规格、批准文号、关联信息等正确。

⑤ 在线监控装置的功能是否正常。

6.2.3.6 清场

每次生产结束后应当进行清场，确保设备和工作场所没有遗留与本次生产有关的物料、产品和文件。下次生产开始前，应当对前次清场情况进行确认。

每批产品的每一生产阶段完成后必须由生产操作人员清场，并填写清场记录。清场记录内容包括：操作间名称或编号、产品名称、批号、生产工序、清场日期、检查项目及结果、清场负责人及复核人签名。清场记录应当纳入批生产记录。

（1）何时需要清场

① 每个生产工序结束后，对结束岗位进行清场。

② 中途停产一个工作日（当班生产结束，无接班）。

③ 每个批次产品生产完成后。

④ 更换产品时。

⑤ 现场出现重大污染时。

（2）清场的内容及要求

① 工作区域内无前批次产品遗留物：清退现场，入库结账。

② 地面、墙面、门窗、风管、风口、灯具、水池、开关箱外壳无积灰、污垢。

③ 使用过的工具、容器、衡器无异物，无前批次产品的遗留物。

④ 生产设备清洁、整齐，内外表面无明显污渍，无前批次产品的遗留物。

⑤ 包装工序多余的、损坏的标签及包装材料应全部按规定处理。

⑥ 作业区不得存放与生产无关的杂物，各工序的生产不合格品、废弃物应按规定处理好。

⑦ 无论设备、物品，最终按 5S 要求，实施定置管理。

⑧ 做好清洁消毒标识、做好清场工作复核与检查。

⑨ 填写、整理好生产记录，清场记录纳入批生产记录，上交生技部。

（3）设备的清洁 清洗前必须首先切断电源、水源、气源、热源，然后按各设备清洁操作 SOP 操作。设备主体要清洁、整齐，无跑、冒、滴、漏，设备周围要做到无油垢、无污水、无油污及杂物。

（4）岗位作业区的清洁 按照各岗位清洁操作规程操作，重点是岗位区域内物料清出退回，设备、器具清洁并归位，现场卫生清洁整齐，标识标志正确。

（5）工具、容器的清洁 一律在指定清洁区域（如：器具清洗间）进行，用饮用水清洗干净，如果洁净区内的工器具最终还需要使用纯化水润洗至少 2 遍。放置在工具柜（架）中暂存。

（6）地面、墙面、门窗、风管、风口、灯具、水池等的清洗 一律先用干抹布擦掉其表面灰尘，再用饮用水浸湿抹布擦抹直到干净，擦抹灯具时应先关闭电源。

（7）清场后检查 清场结束后，清场者先自查，及时填写岗位清洁记录，并通知指定车间管理人员复查、通知质保部 QA 进行清场检查，合格后发放“清场合格”状态标志，清场人员将清场记录和清场合格状态标志放在工作区的指定位置。如果检查不合格，不得悬挂“清场合格”标志，也不得下班或者交班，需要重新清场直到合格为止。

凡清场合格的工作区，必须挂上“清场合格”标志，没有清场合格的岗位不得进行下一批产品的生产。

（8）消毒

① 应当按照操作规程对洁净区进行清洁和消毒。一般情况下，所采用消毒剂的种类应当多于一种。不得用紫外线消毒替代化学消毒。应当定期进行环境监测，及时发现耐受菌株及污染情况。

② 应当监测消毒剂和清洁剂的微生物污染状况，配制后的消毒剂和清洁剂应当存放在清洁容器内，存放期不得超过规定时限。A/B 级洁净区应当使用无菌的或经无菌处理的消毒剂和清洁剂。

③ 必要时，可采用熏蒸或其他方法降低洁净区内卫生死角的微生物污染，应当验证熏蒸剂的残留水平。

第 7 章
中兽药质量控制

7.1

鉴别

7.1.1 性状鉴定

中药制剂的性状是对药品颜色和外表的感官描述。包括外观形状、大小、颜色、气味、表面特征、质地等方面。传统意义上的性状鉴别主要是用眼看、手摸、鼻闻、口尝等感官经验来进行；是去除包装后制剂的性状。片剂、丸剂如有包衣应描述去除包衣后的片心、丸心的性状；硬胶囊剂要描述胶囊内容物的性状。少数制剂还可以将通过测量得到的某些物理常数作为性状的一部分。一种制剂的性状往往与投料的原料质量及工艺有关，原料质量有保证，制剂工艺稳定，则成品的性状应该基本一致。故制剂性状是其质量的一个外在体现。近年来，电子鼻、电子舌等现代智能化仪器在中药鉴别中的应用使得性状不再是主观性、抽象化的定性描述，而具有了客观化、数字化的特点，由此可降低对鉴别经验的依赖性。

7.1.1.1 颜色

指中药制剂显示的颜色。药品的颜色与所含化学成分、制备工艺等有关，从单一色到组合色不等；如以两种色调组合的，描述时以后者为主，如棕红色是以红色为主。对有多家企业生产的制剂品种，可根据实际情况规定一定的色度范围。

7.1.1.2 形态

指中药制剂具有的物理聚集态，如固体、液体；液体还可分为黏稠液体、澄清液体和澄明液体等。

7.1.1.3 大小

指中药制剂的大小。如丸剂的大蜜丸、小蜜丸。

7.1.1.4 形状

指中药制剂具有的形体状态。如栓剂，由于施用于不同的腔道，分为球形、鱼雷形、卵形、鸭嘴形等。

7.1.1.5 气

指中药制剂被嗅觉所感知的味道，与其所含挥发性成分有关。气味描述分为香、芳香、清香、腥、臭、特异等；对气味不明显的，可用气微表示；香气浓厚时用芳香浓郁描述。

7.1.1.6 味

指中药制剂被味蕾所感知的味道。味的描述可分为甜、酸、苦、涩、辛、凉、咸、辣、麻等，也可用混合味描述，如清凉、苦涩、麻辣等。可取少量直接口尝，或加水浸泡后尝其浸出液。外用药、剧毒药一般不描述“味”。

7.1.1.7 表面特征

指中药制剂表面的光滑或粗糙，以及表面是否均一完整等。

7.1.1.8 其他

手试、水试、火试等。通过对中药制剂的手触摸感，或在水中，或用火烧产生的现象进行鉴别。如无烟灸条点燃后有极少量的烟，且不熄灭；含有滑石的制剂，手捻有滑腻感；有些制剂因工艺和药物组成具有光泽感等。一些中药提取物、挥发油和脂肪油或以其为主要成分生产的中药制剂，某些相关的物理常数在药品标准中也常作为性状判别依据之一，要求测定的物理常数包括溶解度、相对密度、馏程、熔点、凝点、比旋光度、折射率、黏度等。

7.1.2 显微鉴别

中成药是中药材被粉碎后的粉末或提取物经混合加工而制成的中药制剂。中药材被粉碎成粉末后，其细胞、组织、内含物等特征仍可能存在。所以，直接以中药材原料粉碎制成的中成药或含有中药材粉末的中成药，如散剂、丸剂、锭剂、片剂、胶囊剂等，大多可以用显微鉴别的方法来进行定性分析。进行显微鉴别时，针对不同的剂型，采用不同的制片方法。对不同种类的药材，如粮类、根茎类、茎类、花类等，其观察要点不同。除常规的显微观察外，有时还需要进行显微测量、显微描绘以及采用扫描电子显微镜来进行观察与鉴别，特别是当中成药中含有名贵中药材时。

7.1.3 理化鉴别

利用药材中存在的某些化学成分的性质，通过化学方法和仪器分析方法来鉴别药材的真伪和纯度，检测该成分在中成药中是否存在，这是在中成药的含量测定前必须进行的工作。

7.1.3.1 显微化学鉴别法

分为三种。第一种为取药材的切片、粉末或中成药粉末，置载玻片上，滴加各种试剂，加盖玻片，在显微镜下观察产生的结晶或沉淀，以及特殊的颜色等，作为鉴别的特征；第二种为取药材粗粉加适量的溶液浸提，将浸提液置载玻片上，滴加各种试剂，加盖玻片，在显微镜下观察反应；第三种为取药材切片或粉末，滴加各种试剂，直接观察反应现象。

7.1.3.2 微量升华法

取一块与载玻片等大的金属片，放在一块有小孔的石棉板上，金属片中央放一内径约15mm、高约7mm的金属圈，圈内加药材粉末或中成药粉末薄层，约0.5g，圈上盖一载玻片，在石棉板小孔处慢慢加热，至粉末开始变焦，去火，冷却，可见有升华物附着于载玻片上。将载玻片取下，反转后，在显微镜下观察结晶的形状，并可加适当的化学试剂观察其反应。

7.1.3.3 荧光鉴别

很多中药的切片或粉末在紫外光下能显荧光，直接观察或在荧光显微镜下观察，可以鉴别药材的真伪和优劣。有些药材自身不产生荧光，但经酸、碱或其他化学方法处理后，可以产生荧光。

7.1.3.4 色谱鉴别

色谱法在中成药的鉴别中应用很普遍，常用的方法有薄层色谱法、气相色谱法、高效液相色谱法，以及纸色谱法和毛细管分析法等。

7.1.3.5 颜色反应及沉淀反应法鉴别

颜色反应及沉淀反应，对中成药的理化鉴别既重要又方便易行。常用的方法有斑点法、纸色谱法、薄层色谱法以及试管反应，特别是薄层色谱法应用较为普遍。

7.1.3.6 水分测定

水分测定包括烘干法、甲苯法、减压干燥法和气相色谱法等。烘干法，适用于不含或含少量挥发性成分的中成药；甲苯法，适用于含挥发性成分的中成药；减压干燥法，适用于含有挥发性成分的贵重中成药；气相色谱法，色谱条件与系统适用性试验：用直径为0.25～0.18mm的二乙烯苯-乙基乙烯苯型高分子多孔小球作为载体，柱温为140～150℃，热导检测器检测，注入无水乙醇，照气相色谱法测定。

7.1.3.7 灰分测定

（1）总灰分测定 测定用的供试品粉碎后过2号筛。取供试品2～3g（如需测定酸不溶性灰分，可取供试品3～5g），置炽灼至恒重的坩埚中，称定重量（准确至0.01g），缓缓炽热，注意避免燃烧，至完全炭化时，逐渐升高温度至500～600℃，使完全灰化并至恒重。根据残渣重量，计算供试品中总灰分的含量（%）。如供试品不易灰化，可将坩埚放冷，加热水或10%硝酸铵溶液2mL，使残渣湿润，然后置水浴上蒸干，残渣照前法炽灼，至坩埚内容物完全灰化。

（2）酸不溶性灰分测定 取上项所得的灰分，在坩埚中注意加入稀盐酸约10mL，用表面皿覆盖坩埚，置水浴上加热10min，表面皿用热水5mL冲洗，洗液并入坩埚中，用无灰滤纸滤过，坩埚内的残渣用水洗于滤纸上，并洗涤至洗液不显氯化物反应为止，滤渣连同滤纸移至同一坩埚中，干燥，炽灼至恒重。根据残渣重量，计算供试品中酸不溶性灰分的含量（%）。

7.1.3.8 浸出物测定

（1）水溶性浸出物测定

① 冷浸法：取供试品约4g，称定重量，置250～300mL的锥形瓶中，精密加入100mL水，塞紧，冷浸，前6h内时时振摇，再静置18h，用干燥滤器迅速滤过。精密量取滤液20mL，置已干燥至恒重的蒸发皿中，在水浴上蒸干后，于105℃干燥3h，移至干燥器中，冷却30min，迅速精密称定重量，除另有规定外，以干燥品计算供试品中水溶性浸出物的含量（%）。

② 热浸法：取供试品2～4g，称定重量，置100～250mL的锥形瓶中，加入水50～100mL，塞紧，称定重量，静置1h后，连接回流冷凝管，加热至沸腾，并保持微沸1h，放冷后，取下锥形瓶，密塞，称定重量，用水补足减失的重量，摇匀，用干燥滤器过滤。精密量取滤液25mL，置已干燥至恒重的蒸发皿中，在水浴上蒸干后，于105℃干燥3h，移入干燥器中，冷却30min，迅速精密称定重量。除另有规定外，以干燥品计算供试品中水溶性浸出物的含量（%）。

注：热浸法仅适用于不含或只含有少量淀粉、黏液质等成分的供试样。

（2）醇溶性浸出物测定 选用适当浓度（一般为40%、70%、95%）的乙醇代替蒸馏水为溶剂，按上述水溶性浸出物测定法进行测定。

（3）醚溶性浸出物测定 取样品粉末（过2号筛）2～4g（准确到0.01g），置已恒重的蒸馏瓶的脂肪抽出器中，用乙醚作溶剂，水浴加热4～6h，放冷，以少量乙醚冲洗回流器，洗液接入蒸馏瓶中，蒸去乙醚，残渣于105℃干燥3h，移入干燥器中，冷却30min，迅速精密称定重量，计算样品中醚溶性浸出物含量（%）。如供试品中含有挥发性成分，提取的残渣应置干燥器中干燥24h再称量。

7.1.3.9 挥发油测定

供试品粉碎后过2～3号筛，混合均匀备用。

仪器装置包括三部分。A为1000mL（或500mL、2000mL）的硬质圆底烧瓶，上接挥发油测定器B，B的上端连接回流冷凝管C，以上各部分均用玻璃磨口连接。测定器B应具有0.1mL的刻度。全部仪器应充分洗净，并检查接合部分是否严密，以防挥发油逸出（注：装置中挥发油测定器的支管分岔处应与基线平行）。

（1）甲法 相对密度在1.0以下的挥发油测定。取供试品适量（相当于含挥发油0.5～1.0mL），称定重量（准确至0.01g），置烧瓶中，加水300～500mL（或适量）与玻璃珠数粒，振摇混合后，连接挥发油测定器与回流冷凝管。自冷凝管上端加水使充满挥发油测定器的刻度部分，并溢流入烧瓶时为止。置电热套中或用其他适宜方法缓缓加热至沸，并保持微沸约5h，至测定器中油量不再增加，停止加热，放置片刻，开启测定器下端的活塞，将水缓缓放出，至油层上端达到刻度线0上面5mm处为止。放置1h以上，再开启活塞使油层下降至其上端恰与刻度线0平齐，读取挥发油量，并计算供试品中挥发油的含量（%）。

（2）乙法 相对密度在1.0以上的挥发油测定。取水约300mL与玻璃珠数粒，置烧瓶中，连接挥发油测定器。自测定器上端加水使充满刻度部分，并溢流入烧瓶时为止，再用移液管加入二甲苯1mL，然后连接回流冷凝管。将烧瓶内容物加热至沸腾，并继续蒸馏，其速度以保持冷凝管的中部呈冷却状态为度，30min后，停止加热，放置15min以上，读取二甲苯的体积。然后照甲法自“取供试品适量”起，依法测定，自油层中减去二甲苯量，即为挥发油量，再计算供试品中挥发油的含量（%）。

7.1.4 特征图谱鉴别

7.1.4.1 紫外-可见光谱法

紫外-可见光谱法是中药及其制剂含量测定的一种常用方法，具有灵敏度高、精度高、操作简便等优点。中成药的组成均较复杂，共存组分常干扰测定，需进行排除处理。

（1）双波长测定法

① 等吸收波长法。

② 系数倍率法：对于双组分体系，若共存组分没有吸收峰或谷，则在干扰组分的吸收光谱中就无等吸收波长，或虽有等吸收波长，但被测组分的 ΔA 值较小，此时均不能用等吸收波长法进行测定，但可采用系数倍率法测定。

（2）三波长测定法 三波长分光光度法也是一种消除共存组分干扰的分析方法。此法要求在任一吸收曲线上，能找出满足下述条件的三个波长，即在干扰组分的吸收曲线上，与三个波长相应的点能在一条直线上。

（3）差示光谱法 差示光谱法，又称 ΔA 法，既有通常分光光度法的简易、快速、直接读数的优点，又有不需事先分离即能消除干扰的好处，还可提高精密度与专属性。

差示光谱法的关键有二，其一是提供一个近似理想的参比溶液，其二是使待测组分发生特征光谱变化，而赋形剂或其他共存组分却不引起光谱变化，因而可消除它们的干扰。

（4）导数光谱法 导数光谱法又称微分光谱法，也是一种解决光谱干扰的方法。近年来，由于科学技术的迅速发展，本法的一阶、二阶、三阶、四阶等导数光谱已可被仪器描绘。导数光谱能给出更多的信息，对测试工作非常有利，因而日益受到重视。

7.1.4.2 薄层色谱法

薄层色谱法（TLC）是一种微量的分离分析技术，具有设备简单、检出灵敏、测定快速、应用广泛等特点。薄层色谱法在中药质量控制上的应用经历了一个循序渐进、不断完善和发展的过程。随着现代分析手段的发展，产生了 HPLC、GC、高效毛细管电泳等分析手段，以及各种色谱仪器与质谱、红外、核磁等的联用技术。TLC 曾被认为会被取代，但随着薄层色谱技术的发展，高效薄层板、飞点薄层扫描仪、自动点样以及自动展开装置的产生，使薄层色谱的应用十分广泛。与气相色谱相比，TLC 可用于难气化或热稳定性差的样品，既可选择不同的固定相，又可选择不同组成的流动相，并且，被分离组分易于回收，适用于制备性分离。与 HPLC 相比，TLC 可同时对多个样品与参比物进行比较，并可利用显色反应帮助定性鉴别。早在 20 世纪 70 年代，我国和日本的部分学者就开始采用薄层色谱法对复方中药进行指纹图谱研究，但限于当时的主客观条件，未得到广泛应用。目前薄层色谱已经是中药指纹图谱应用的主要手段。

薄层色谱在中药质量控制上的应用包括定性鉴别和定量分析两部分内容，用于中药鉴定，是目前质量控制最常用的手段。在新药研究过程中，往往采用薄层色谱对关键的药材进行定性鉴别，而采用高效液相色谱技术对关键成分进行定量。中成药的薄层色谱鉴别首先要采用适当的溶剂系统制成供试品溶液，对照品溶液的制备有的采用标示成分，有的采用对照药材。《中国药典》对薄层色谱的实验已经有了明确的规定，可参照实验。采用适当的溶剂系统展开后，喷以显色剂或直接观察。常用的显色剂有香草醛硫酸溶液、硫酸乙醇溶液等。总体要求是薄层色谱分离效果好，图谱清晰，重现性好。

薄层色谱定量的方法可分为两类，一类是薄层洗脱定量法，将被测化合物从薄层上洗脱下来，萃取后，再选择适当方法进行测定；另一类是直接测定法，即在展开后的薄层上直接进行测定。

（1）薄层洗脱定量 本法操作虽然较繁杂，但在没有薄层扫描仪时，还是一种实用、准确的定量方法。

（2）**薄层上直接定量** 用薄层扫描仪扫描测定斑点中化合物含量的方法已经成为薄层定量的主要方法，此法也可用于纸色谱、电泳凝胶及其他介质的色谱。

① 测定原理与方法：包括吸收测定法、荧光测定法和荧光猝灭法。

② 定量方法：主要有外标法和内标法，前者更为常用。

7.1.4.3 高效液相色谱法

高效液相色谱法是用高压输液泵将具有不同极性的单一溶剂或不同比例的混合溶剂、缓冲液等流动相泵入装有固定相的色谱柱，经进样阀注入供试品，由流动相带入柱内，在柱内各成分被分离后，依次进入检测器，色谱信号由记录仪或积分仪记录。

由于中药制剂所含成分十分复杂，除被测定的活性成分外，往往还含有大量蛋白质、多糖、鞣质等大分子化合物，直接进样不仅干扰测定，还会严重地减少色谱柱使用寿命，因此，在测定前需进行预处理。

（1）**液-液萃取（LLE）** 液-液萃取常用的方式有有机溶剂直接萃取法与离子对萃取法。前者是利用试样中活性成分与其他组分在有机溶剂中溶解度的不同，通过多次萃取来达到分离目的。后者是利用某些有机酸（碱）性物质与一些染料或其他离子定量地结合为离子对（配合物），能溶于有机溶剂的性质而使之萃取分离。样品萃取后需将溶液相过滤，加无水硫酸钠干燥、蒸发、浓缩、定容后才可使用。

欲使液-液萃取操作简便迅速、误差小而重现性高，其操作的自动化势在必行。目前液-液自动提取装置已有广泛的应用，该装置对药物的提取、干燥、再溶解及进样均可实行自动化。

（2）**液-固萃取（LSE）** 液-固萃取简便、快速、易自动化，避免了乳化现象及使用大量有机溶剂。

本法是利用液相色谱的原理来处理样品的一种方法，在一小柱中装上固相萃取剂，将样品上柱后，药物在柱上保留，用选好的溶剂清洗除去杂质后，再将药物从柱上洗脱下来。固相萃取剂可分为亲脂型（亲脂性键合相硅胶、大孔吸附树脂）、亲水型（硅胶、硅藻土、纤维素）和离子交换型三类，亲脂型固相萃取剂较为常用。

若将固相萃取（SPE）柱与 HPLC 系统相连，可用阀进行柱切换，此阀分为单阀式与双阀式，用微机控制阀门，流动相的种类和流程的改变、药物的吸附与洗脱、除去杂质以及萃取柱的洗净和再生均可自动进行，这样就实现了预处理的自动化。

液-固自动提取装置已经在药物分析中得到了应用，该装置对样品的吸附、洗净、除去杂质、溶出药物和进样等均可实现自动化。此外，实验室机器人（LA 机器人）也已经问世，通过机器人可实现预处理的自动化。

① 亲脂性键合相硅胶：十八烷基键合相硅胶（简称 C_{18}）是较常用的固相萃取剂，烷基、苯基、氰基键合相硅胶也均可用作固相萃取剂，适用于萃取、纯化水基质体液中疏水性药物。有些亲水性药物可通过调节 pH、形成离子对等方法来达到有效的萃取。常见的商品 SPE 柱有 Sep-PakC_{18}、Bond-ElutC_{18}、CN（氰基）、C_2（乙基）、Ph（苯基）、Baker10C_{18} 等。

② 大孔吸附树脂：较常用的大孔吸附树脂为苯乙烯与二乙烯苯共聚而成的非极性型树脂，商品名为 XAD-2 的树脂即属此类，其吸附性质与烷基键合相硅胶相似，大孔吸附树脂具有极大的表面积，具有较高的传质速率，可具有不同的极性，有时可吸附较大的分子。

树脂在使用前需用甲醇、乙醇、丙酮等有机溶剂除去杂质，有时还需用酸、碱清洗。

其柱填料用量常为1～2g，有时也常用少量（100～150mg）来萃取血液、尿液中的药物。萃取程序与烷基键合相相似，萃取过程中应保持湿润，否则萃取容量下降。

③ 亲水型填料：硅藻土、硅胶、纤维素等为常用的亲水型填料，其原理为分配作用，填料均为支持物，水基质样品分布在填料表面为固定相，与水不混溶的有机溶剂为流动相，较亲脂的药物从固定相转移到流动相，因而达到萃取的目的。其萃取程序为：样品加到柱子上分布在支持物表面后，用与水不混溶的有机溶剂洗脱较亲脂的药物，而亲水的蛋白质等杂质留在柱上。

常见的商品硅胶柱为Sep-Pak Silica，通常先用甲醇、水处理后再上样。硅藻土柱则干柱直接上样，柱可再生，常见商品型号为Extrelut。纤维素柱的使用与硅藻土相似，总体看来，亲水型填料SPE柱有较高的萃取回收率（一般大于80%），无富集作用，萃取液较纯净，但洗脱剂用量大（一般大于5mL）。

亲水性键合相硅胶粒径为30～60μm，用量多为100mg，使用亲水性键合相硅胶SPE柱的一般程序如下。

a. 柱的活化，用2mL甲醇冲洗以润湿键合相除去杂质，再用0.5mL水冲洗除去柱中的甲醇。

b. 加样，使样品流过柱子。

c. 清洗，用2～5mL水清洗以除去弱保留的亲水组分，如无机盐、氨基酸、亲水的蛋白质、糖以及极性有机物、低肽等中等保留物质。

d. 洗脱，用2～5mL甲醇或甲醇-水洗脱大分子的肽、甾体、较亲脂的药物等强保留的待测组分。

④ 离子交换树脂：疏水基质的离子交换树脂兼有离子交换树脂及大孔吸附树脂的一些性质，所以对于在水中溶解度不大的药物，洗脱剂中要含有一定量的有机溶剂。对于弱酸性的药物，可在中性或碱性条件下用阴离子交换方法萃取，用水及有机溶剂（多用甲醇）清洗后，用酸性的溶液洗脱；碱性药物则相反。用离子交换法萃取，回收率可达90%以上，选择性较高，但较麻烦、费时。

（3）液-固萃取（LSE）法与液-液萃取（LLE）法的比较 LLE是两相间的分配过程，需较长的时间才可达到平衡，还需通过振摇加快传质的进行。LSE中样品与萃取剂有很大的接触面，可在短时间内达到有效的萃取。关于萃取回收率及选择性，均因药物而异，随萃取条件而变，两者均无定论。两者萃取得到的均是药物的总量。在某些情况下，LSE对酸、碱度要求没有LLE严格，可避免被萃取物分解或在器壁上吸附等问题。

例如人参蜂王浆口服液中10-羟基-2-癸烯酸（10-HDA）的测定。

样品制备：取人参蜂王浆口服液20mL加入胶体磨中，匀浆10min，取10mL（约含有10-HDA 5mg）放入100mL容量瓶中，定容备用。取上述溶液5mL放入分液漏斗中，用1mol/L盐酸调pH 2.5，用二氯甲烷萃取2次（每次10mL），将有机相合并到浓缩蒸发装置中，在40℃以下通氮气除去溶剂，残渣用1mL 15mg/mL的己二酸内标溶液溶解，经0.45μm滤膜过滤，取1μL注入HPLC色谱仪进行色谱分析，由回归方程计算含量。本法采用胶体磨匀浆处理样品是为了减少萃取过程中的乳化现象，提高提取率。

7.1.4.4 气相色谱法

气相色谱法（gas chromatography，GC）是一种重要的分离分析技术，具有以下特点：

（1）**分离效能高** 如硬脂酸、油酸和亚油酸，用其他分离技术极其困难，或不可能，但以上脂肪酸经甲酯化后用 GC 法，在 30min 内即可完成分离。

（2）**分析速度快** 通常一次分析仅为几分钟到几十分钟，某些快速分析在 1s 内可出 7 个组分。这是因为用气体作为流动相时的柱阻力要比用液体作为流动相时小得多，因而可促使流动相和固定相之间迅速达到平衡，同时，在一定范围内载气流速还可适当提高。但是，对于宽沸程的复杂样品或制备色谱，可能需用几个小时。

（3）**灵敏度高** 检测限可达皮克（pg，10^{-12}g）水平或更低。因此所需样品量小，样品足以进行完全分析。

（4）**能和多种分析仪器联用** 气相色谱仪能和光谱仪、质谱仪、原子吸收等联机工作，以解决单一手段不能解决的复杂问题。

气相色谱法的主要局限性是样品必须具有一定的挥发性和热稳定性，在做定性鉴别时需要与对照品比较。然而，这些不足之处有时可以通过使用挥发性衍生物的方法，以及与质谱和红外光谱联用等手段得到较好的解决。

7.1.4.5 毛细管电泳法

高效毛细管电泳是近年迅速发展起来的一种高效分离技术，它具有高效、快速、选样体积小和溶剂消耗少等特点，不仅广泛用于生物大分子如核酸、多肽和蛋白质等的分析，在中药有效成分的分析、鉴别和手性拆分等方面也显示出很大的优势。

7.1.5 其他鉴定

7.1.5.1 生物鉴定

生物鉴定法又称生物测定法，主要是利用中药或其所含的药效组分对生物体的作用强度，以及用生命信息物质特异性遗传标记特征和基因表达差异等鉴定中药。也就是通过对生命信息物质（核酸、蛋白质等）的识别或对中药所含化学物质的生物效应（药效、活力或毒力）测定，来鉴定中药的品种和质量。通常分为生物活性测定法和 DNA 分子鉴定法两大类。生物鉴定作为近年来兴起的一种中药品质鉴定新方法，它与经典的基原鉴定、性状鉴定、显微鉴定、理化鉴定一起，并称为中药的五大鉴定方法。

（1）**生物活性测定法** 生物活性测定法是以药物的生物效应为基础，以生物统计为工具，运用特定的实验设计，测定药物有效性的一种方法。其可起到控制药品质量的作用。其测定方法包括生物效价测定法和生物活性限制测定法等。

生物效价测定法是在严格控制的试验条件下，通过比较标准品和供试品对生物体或离体器官与组织的特定生物效应（效价），从而控制和评价供试品质量或活性的一种方法。对于结构复杂、理化方法不能测定其含量或理化测定不能反映其临床生物活性的中药，可通过测定生物效价鉴定其质量。此法在中药质量控制和评价中具有独到的优势，并已在中药质量控制中应用。

将生物效价测定法、生物活性限制测定法与化学分析关联并用，定性、定量地刻画中药的内在质量，分别从生物学和化学两方面对中药原料药、半成品和成品进行质量控制与评价，为保证中药质量稳定可控、安全有效提供了“双保险”，也为阐明中药谱效关系、药效物质基础、复方配伍规律等提供了新的研究方法和技术平台。

（2） **DNA分子鉴定法** DNA分子标志鉴定属于生物鉴定方法，DNA分子遗传标记技术直接分析生物的基因型，与传统的方法比较，具有下列特点。遗传稳定性：DNA分子作为遗传信息的直接载体，不受外界因素和生物体发育阶段及器官组织差异的影响，每一个体的任一体细胞均含有相同的遗传信息。因此，用DNA分子特征作为遗传标记进行物种鉴别更为准确可靠。遗传多样性：DNA分子是由G、A、C、T四种碱基构成，为双螺旋结构的长链状分子，生物体特定的遗传信息包含在特定的碱基排列顺序中，不同物种遗传上的差异表现在这4种碱基排列顺序的变化，这就是生物的遗传多样性。比较物种间DNA分子的遗传多样性的差异来鉴别中药的基原，通过选择适当的DNA分子遗传标记，能在属、种、亚种、居群或个体水平上对研究对象进行准确鉴别。化学稳定性：DNA分子作为遗传信息的载体，除具有较高的遗传稳定性外，在诸多的生物大分子中，比蛋白质、同工酶等具有较高的化学稳定性。主要运用以DNA多态性为基础的遗传标记技术，依据使用的具体实验技术可分为以下三类：

① 基于分子杂交的鉴定技术：包括RFLP和DNA芯片等。以RFLP为例，不同药材样品的基因组DNA在限制性内切酶作用下，在特定的核苷酸顺序上被切割，会产生长度不同的DNA片段。不同来源药材DNA酶切位点的差异，使得酶切后的DNA片段长度发生改变，造成某位点上的DNA片段电泳行为不同，用克隆探针检测时会出现电泳条带位置的不同，从而用来鉴定和区分药材的真伪。

② 基于PCR扩增的鉴定技术：包括RAPD、ISSR、SSR、特异性PCR等。以特异性PCR鉴别法为例，该方法是根据正伪药材间存在的一段特定区域DNA序列，设计特异性的正品鉴别引物，利用PCR反应及其产物检测方法，根据电泳条带的大小和有无区分正品和伪品，从而实现中药的鉴定。继1997年使用特异性PCR鉴别法区分西洋参、人参和竹节参后，一系列药材都使用该方法成功进行了鉴定，如金银花、西红花、铁皮石斛、蕲蛇、鹿茸、蛤蚧等。特异性PCR鉴别法具有专属性强、操作简便、鉴定结果重复性好等特点。2010年版《中国药典》首次收载了蕲蛇和乌梢蛇饮片特异性PCR鉴别法，成为世界上首个中药、天然药DNA分子鉴定国家标准。

③ 基于DNA序列分析的鉴定技术：主要依靠DNA测序和生物信息分析等。以DNA条形码技术为例，它是利用一段或几段短的标准的DNA片段对生物物种进行快速、准确鉴定的方法。可以通过测定基因组上一段标准的、具有足够变异的DNA序列来实现物种鉴定。理论上这个标准的DNA序列对每个物种来讲都是独特的，每个位点都有A、T、G、C四种碱基可选择，可以编码地球上所有物种。DNA条形码技术基于通用的DNA片段和在充分样本取样的基础之上，通过两两比较种内变异与种间变异可以区分物种。近年来，中药材DNA条形码鉴定研究得到快速发展。《中国药典》收载了“中药材DNA条形码分子鉴定法指导原则”。DNA条形码技术具有方法通用性强、鉴定结果重复性好、数据易整合和标准化等特点。中药鉴定的两大核心任务是进行品种真伪鉴定和质量优劣的评价，目前发展的中药DNA分子鉴定技术大多针对真伪鉴定，对优劣鉴定涉及较少。优劣的评价除与遗传基因相关外，也同时受环境、药用部位、发育阶段、采收、炮制加工等的影响。将动植物的表型特征（包括形态、性状、显微、化学等）与遗传信息（DNA）有机结合起来，从表型性状和遗传信息两个层次表征，选择多方法、多角度进行鉴别和佐证，以实现中药鉴定的客观化、标准化和精确化，是中药鉴定发展的未来方向。

7.1.5.2 有效成分鉴定

中药材含有多种成分，常共具临床疗效，有时甚至具双向调节作用，很难确定某一化学成分即中医用药的唯一有效成分，有些尚不一定能与中药疗效完全吻合，或不能与临床疗效直观地比较。然而药物有效必定有其物质基础，以中医理论为指导，结合现代科学研究择其具生理活性的主要化学成分，作为有效或指标性成分之一，进行含量测定，鉴定评价中药质量。有效成分或指标性成分清楚的可进行针对性定量；有效成分尚不清楚而化学上大类成分清楚的可对总成分（如总黄酮、总生物碱、总皂苷、总蒽醌等）进行含量测定；含挥发油成分的可测定挥发油含量。

含量测定的方法很多，常用的有经典分析方法（容量法、重量法）、分光光度法、气相色谱法、高效液相色谱法、薄层扫描法、薄层-分光光度法等。如《中国药典》规定，采用容量法测定石膏中含水硫酸钙（$CaSO_4 \cdot 2H_2O$）的含量不得少于95.0%；采用重量法测定芒硝中硫酸钠（Na_2SO_4）的含量不得少于99.0%；采用分光光度法测定山楂叶中总黄酮的含量以无水芦丁（$C_{27}H_{30}O_{16}$）计不得少于7.0%；采用气相色谱法测定丁香中丁香酚（$C_{10}H_{12}O_2$）的含量不得少于11.0%。

含挥发油类、脂肪油类、树脂、蜡的药材，除进行油、脂、蜡等含量测定外，尚需进行它们的物理常数和化学常数测定，如折射率、酸值、皂化值、碘值等，以表示药材品质的优劣。挥发油含量测定是利用药材中所含挥发性成分能同水蒸气同时蒸馏出来的性质，在挥发油测定器中进行测定。《中国药典》中挥发油测定法分甲法和乙法，甲法适用于测定相对密度在1.0以下的挥发油，乙法适用于测定相对密度在1.0以上的挥发油。如八角茴香中挥发油的含量不得少于4.0%（mL/g）。

7.1.5.3 有害成分鉴定

有害物质检查对药物的安全性和有效性是同等重要的。在中药品质研究和评价中，对有害物质的检查和控制是一项长期而艰巨的任务。中药的有害物质主要有内源性的有害物质和外源性的有害物质。

（1）中药的内源性有毒、有害物质 主要是指中药（动植物或矿物）在生长或形成过程中本身所产生的具有毒副作用的化学物质。例如：马钱子中的士的宁、马钱子碱；附子、川乌所含的乌头碱；全蝎所含的蝎毒素；雄黄、朱砂所含的三氧化二砷等。应当指出的是，许多中药所含的内源性有毒成分恰恰是这类中药发挥临床疗效的活性成分，因此，要在中医辨证论治的科学指导下，加强对这类内源性有毒成分的检测，开展系统的毒理学研究，分阶段系统、规范地完成常用有毒中药材、饮片的安全性研究并建立数据库。提出和制定安全的用药剂量和合理的限度范围，使其既能够发挥最佳临床疗效，而又保证安全，不对人体造成损害。这是中医药走向现代科学的奠基性工作，是中药面向国际社会并主导国际标准所面临的首要问题。

中药来源品种的复杂性造成了中药内源性有毒成分的多样性，现在已知的中药内源性有毒成分主要有生物碱类、葱科植物毒素类、有机酸类、毒素类、蛋白质以及无机成分等。可以根据这些内源性有毒成分化学性质选择紫外、红外、荧光分光光度法以及高效液相色谱法、质谱法进行检测。

（2）外源性的有害物质 主要指中药在生产、加工、运输、贮藏过程中由外部带入的重金属及有害元素、农药残留、黄曲霉毒素、砷盐、二氧化硫等。

① 农药残留量的检测：有机农药残留量测定的农药种类很多，主要有有机氯、有机磷和拟除虫菊酯类等。其中有机氯类农药中滴滴涕（DDT）和六六六（BCH）是使用较久、数量较多的农药。

② 黄曲霉毒素的检查：黄曲霉毒素为黄曲霉等的代谢产物，目前已发现的主要有8种毒素（B_1、B_2、B_{2a}、G_1、G_2、G_{2a}、M_1、M_2），是强烈的致癌物质。世界各国对食品和药品中黄曲霉毒素的限量都作了严格的规定，但目前还没有公认的植物药中黄曲霉毒素的限量标准。

③ 重金属的检查：重金属系指在规定实验条件下能与硫代乙酰胺或硫化钠作用显色的金属杂质，如铅、镉、铜、汞等。测定重金属总量用硫代乙酰胺或硫化钠显色反应比色法，测定铅、镉、汞、铜等重金属元素采用原子吸收光谱法和电感耦合等离子体质谱法。

④ 砷盐检查：某些中药及其制剂用的常用水等都可能含有微量的砷盐。若砷盐超过一定量，就会对人体产生毒性，因此有些中药及其制剂都规定有砷盐检查。

⑤ 二氧化硫的检查：有的中药材在加工或储藏中常使用硫黄熏蒸以达到杀菌防腐、漂白药材的目的。目前许多国家对药品或食品中残留的二氧化硫均作了严格的限量。《中国药典》规定可用酸碱滴定法、气相色谱法、离子色谱法分别作为第一法、第二法、第三法测定经硫黄熏蒸处理过的药材或饮片中二氧化硫的残留量。可根据具体品种情况选择适宜方法进行二氧化硫残留量测定。

⑥ 氯化物的检查：利用氯离子在含硝酸的酸性溶液中与硝酸银作用生成氯化银浑浊，与一定量的标准氯化钠溶液和硝酸银生成的浑浊比较，即可判断药物中所含氯化物是否超过限量。

7.2

检查

7.2.1 限量检查法

中兽药制剂品质是否优良，除本身药效和副作用外，所含杂质的量也是重要的影响因素，检查制剂中存在的杂质量不仅是保证药品质量的需要，也是保证用药安全的重要手段。

中兽药制剂中杂质的来源主要有以下三个方面。一是中药材原料带入。中兽药制剂原料来源广泛，中药植物本身及外来因素如农药、化肥可能带来重金属、有机磷、硫酸盐、钾离子、钙离子等杂质，另外采收、炮制、收购、贮藏等环节也有可能带进杂质。二是制剂生产制备过程引入。在生产过程中需加入试剂，残留物有可能存留于成品中，另外所用金属设备装置有可能引入金属杂质。三是制剂成品由于包装、运输、贮藏不当混入或产生。

7.2.1.1 氯化物检查法

本法适用于药品中微量氯化物的限度检查。微量氯化物在硝酸酸性溶液中与硝酸银作用生成氯化银浑浊液，通过与一定量的标准氯化钠溶液在同一条件下生成的氯化银浑浊液比较浊度，以检查供试品中氯化物是否超出限量。氯化物超出限量，说明药品生产过程中未能除去盐酸或盐酸盐，或药品已被污染。

供试品制备方法：除另有规定外，取各品种项下规定量的供试品，加水溶解使成25mL（溶液如显碱性，可滴加硝酸使呈中性），再加稀硝酸10mL；溶液如不澄清，应滤过；置50mL纳氏比色管中，加水使成约40mL，摇匀，即得供试品溶液。

供试品溶液如带颜色，除另有规定外，可取供试品溶液两份，分置50mL纳氏比色管中，一份中加硝酸银试液1.0mL，摇匀，放置10min，如显浑浊，可反复滤过，至滤液完全澄清，再加规定量的标准氯化钠溶液与水适量使成50mL，摇匀，在暗处放置5min，作为对照溶液；另一份中加硝酸银试液1.0mL与水适量使成50mL，摇匀，在暗处放置5min，按上述方法与对照溶液比较，即得。

标准氯化钠溶液的制备：称取氯化钠0.165g，置1000mL量瓶中，加水适量使溶解稀释至刻度，摇匀，作为贮备液。临用前，精密量取贮备液10mL，置100mL量瓶中，加水稀释至刻度，摇匀，即得（每1mL相当于10μg的Cl^-）。

取该品种项下规定量的标准氯化钠溶液，置50mL纳氏比色管中，加稀硝酸10mL，加水使成40mL，摇匀，即得对照溶液。于供试品溶液与对照溶液中，分别加入硝酸银试液1.0mL，用水稀释使成50mL，摇匀，在暗处放置5min，同置黑色背景上，从比色管上方向下观察、比较，即得。

操作规范及注意事项：

(1) 用滤纸滤过时，滤纸中如含有氯化物，可预先用含有硝酸的水溶液洗净后使用。

(2) 供试品溶液与对照溶液应同时操作，加入试剂的顺序应一致。

(3) 应注意按操作顺序进行，先制成40mL的水溶液，再加入硝酸银试液1.0mL，以免在较高浓度的氯化物下局部产生浑浊，影响比浊。

(4) 应将供试品管与对照管同时置黑色台面上，自上而下观察浊度，较易判断。必要时，可变换供试管和对照管的位置后再观察。

(5) 供试品溶液与对照溶液在加入硝酸银试液后，应立即充分摇匀，以防止局部过浓而影响产生的浑浊；并应在暗处放置5min，避免光线直接照射。

(6) 供试品溶液如不澄清，可预先用含硝酸的水洗净滤纸中的氯化物，再滤过供试品溶液，使其澄清。

(7) 纳氏比色管用后应立即用水冲洗，不应用毛刷刷洗，以免划出条痕损伤比色管。

7.2.1.2 铁盐检查法

药物中存在微量的铁盐可能会加快其氧化和降解的速度，因此要控制铁盐的限量。采用硫氰酸盐法进行药品中铁盐的限度检查，该法利用硫氰酸盐在酸性溶液中与供试溶液中的三价铁盐生成红色的可溶性硫氰酸铁的配位化合物，与一定量标准铁溶液用同法处理后进行比色。本法适用于药品中微量铁盐的限度检查。

除另有规定外，取各品种项下规定量的供试品，加水溶解使成25mL，移置50mL纳氏比色管中，加稀盐酸4mL与过硫酸铵50mg，用水稀释使成35mL后，加30%硫氰酸铵溶液3mL，再加水适量稀释成50mL，摇匀；如显色，立即与标准铁溶液一定量制成的对照溶液（取该品种项下规定量的标准铁溶液，置50mL纳氏比色管中，加水使成25mL，加稀盐酸4mL与过硫酸铵50mg，用水稀释使成35mL，加30%硫氰酸铵溶液3mL，再加水适量稀释成50mL，摇匀）比较，即得。如供试管与对照管色调不一致时，可分别移至分液漏斗中，各加正丁醇20mL提取，待分层后，将正丁醇层移至50mL纳氏比色管中，再用正丁醇稀释至25mL，比较，即得。

标准铁溶液的制备。称取硫酸铁铵［$FeNH_4(SO_4)_2 \cdot 12H_2O$］0.863g，置1000mL量瓶中，加水溶解后，加硫酸2.5mL，用水稀释至刻度，摇匀，作为贮备液。临用前，精密量取贮备液10mL，置100mL量瓶中，加水稀释至刻度，摇匀，即得（每1mL相当于10μg的Fe^{3+}）。

操作规范及注意事项：标准铁贮备液应存放于阴凉处，存放期间如出现浑浊或其他异常情况时，不得再使用。

7.2.1.3 重金属检查法

重金属是指在规定实验条件下能与显色剂作用显色的金属杂质。本法所指的重金属系指在规定实验条件下能与硫代乙酰胺或硫化钠作用显色的金属杂质。检查法采用硫代乙酰胺试液或硫化钠试液作显色剂，以铅的限量表示。

由于实验条件不同，分为三种检查方法。第一法适用于溶于水、稀酸或有机溶剂（如乙醇）的药品，供试品不经有机破坏，在酸性溶液中进行显色，检查重金属；第二法适用于难溶或不溶于水、稀酸或乙醇的药品，或受某些因素（如自身有颜色的药品、药品中的重金属不呈游离状态或重金属离子与药品形成配位化合物等）干扰不适宜采用第一法检查的药品，供试品需经有机破坏，残渣经处理后在酸性溶液中进行显色，检查重金属；第三法用来检查能溶于碱而不溶于稀酸（或在稀酸中即生成沉淀）的药品中的重金属。检查时，应根据《兽药典》品种项下规定的方法选用。

三种方法显示的结果均为微量重金属的硫化物微粒均匀混悬在溶液中所呈现的颜色；如果重金属离子浓度大，加入显色剂后放置时间长，就会有硫化物聚集下沉。

重金属硫化物生成的最佳pH值是3.0～3.5，经实验，重金属检查选用醋酸盐缓冲液（pH 3.5）2mL调节pH值为适宜。显色剂硫代乙酰胺试液用量经实验也以2mL为佳，显色时间一般为2min。经实验，以每27mL中含10～20μg的Pb^{2+}与显色剂所产生的颜色为最佳目视比色范围。在规定实验条件下，与硫代乙酰胺试液在弱酸条件下产生的硫化氢显色的金属离子有银、铅、汞、铜、镉、铋、锑、锡、砷、锌、钴与镍等。

由于在药品生产过程中遇到铅的概率较大，且铅易蓄积中毒，故以铅作为重金属的代表，用硝酸铅配制标准铅溶液。

方法介绍：

标准铅溶液的制备。称取硝酸铅0.1599g，置1000mL量瓶中，加硝酸5mL与水50mL溶解后，用水稀释至刻度，摇匀，作为贮备液。

精密量取贮备液10mL，置100mL量瓶中，加水稀释至刻度，摇匀，即得（每1mL相当于10μg的Pb^{2+}）。

第一法　除另有规定外，取25mL纳氏比色管三支，甲管中加标准铅溶液一定量与醋酸盐缓冲液（pH3.5）2mL后，加水或各品种项下规定的溶剂稀释成25mL，乙管中加入按各品种项下规定的方法制成的供试品溶液25mL，丙管中加入与乙管相同量的供试品，加配制供试品溶液的溶剂适量使溶解，再加与甲管相同量的标准铅溶液与醋酸盐溶液缓冲液（pH3.5）2mL 后，用溶剂稀释成 25mL；若供试品溶液带颜色，可在甲管中滴加少量的稀焦糖溶液或其他无干扰的有色溶液，使之均与乙管、丙管一致；再在甲、乙、丙三管中分别加硫代乙酰胺试液各 2mL，摇匀，放置 2min，同置白纸上，自上向下透视，当丙管中显出的颜色不浅于甲管时，乙管中显示的颜色与甲管比较，不得更深。如丙管中显出的颜色浅于甲管，应取样按第二法重新检查。如在甲管中滴加稀焦糖溶液或其他无干扰的有色溶液，仍不能使颜色一致时，应取样按第二法检查。供试品如含高铁盐影响重金属检查时，可在甲、乙、丙三管中分别加入相同量的维生素 C 0.5～1.0g，再照上述方法检查。

配制供试品溶液时，如使用的盐酸超过 1mL，氨试液超过 2mL，或加入其他试剂进行处理者，除另有规定外，甲管溶液应取同样同量的试剂置瓷皿中蒸干后，加醋酸盐缓冲液（pH3.5）2mL 与水 15mL，微热溶解后，移置纳氏比色管中，加标准铅溶液一定量，再用水或各品种项下规定的溶剂稀释成 25mL。

第二法　除另有规定外，当需改用第二法检查时，取各品种项下规定量的供试品，按炽灼残渣检查法（附录 0841）进行炽灼处理，然后取遗留的残渣；或直接取炽灼残渣项下遗留的残渣；如供试品为溶液，则取各品种项下规定量的溶液，蒸发至干，再按上述方法处理后取遗留的残渣；加硝酸 0.5mL，蒸干，至氧化氮蒸气除尽后（或取供试品一定量，缓缓炽灼至完全炭化，放冷，加硫酸 0.5～1.0mL，使恰湿润，用低温加热至硫酸除尽后，加硝酸 0.5mL，蒸干，至氧化氮蒸气除尽后，放冷，在 500～600℃炽灼使完全灰化），放冷，加盐酸 2mL，置水浴上蒸干后加水 15mL，滴加氨试液至对酚酞指示液显微粉红色，再加醋酸盐缓冲液（pH3.5）2mL，微热溶解后，移置纳氏比色管中，加水稀释成 25mL，作为乙管；另取配制供试品溶液的试剂，置瓷皿中蒸干后，加醋酸盐缓冲液（pH3.5）2mL 与水 15mL，微热溶解后，移置纳氏比色管中，加标准铅溶液一定量，再用水稀释成 25mL，作为甲管；再在甲、乙两管中分别加硫代乙酰胺试液各 2mL，摇匀，放置 2min，同置白纸上，自上向下透视，乙管中显出的颜色与甲管比较，不得更深。

第三法　除另有规定外，取供试品适量，加氢氧化钠试液 5mL 与水 20mL 溶解后，置纳氏比色管中，加硫化钠试液 5 滴，摇匀，与一定量的标准铅溶液同样处理后的颜色比较，不得更深。

操作规范及注意事项：

（1）配制与贮存用的玻璃容器均不得含铅。

（2）标准铅溶液应在临用前精密量取，标准铅贮备液新鲜稀释配制，限当日使用（每 1mL 相当于 10μg 的 Pb^{2+}）。

（3）硫代乙酰胺试液与重金属反应受溶液的 pH 值、硫代乙酰胺试液加入量、显色时间等因素的影响，经实验，本重金属检查选用醋酸盐缓冲液（pH3.5）2mL 调节 pH 值，显色剂硫代乙酰胺试液用量为 2mL，显色时间为 2min，是最有利于显色反应进行、使呈色最深的条件，故配制醋酸盐缓冲液（pH3.5）时，要用 pH 计调节溶液的 pH 值，应注意控制硫代乙酰胺试液的加入量及硫代乙酰胺试液显色剂的显色时间。

（4）为了便于目视比较，第一、第二和第三法中的标准铅溶液用量以 2.0mL（相当于 20μg 的 Pb^{2+}）为宜，小于 1.0mL 或大于 3.0mL，呈色太浅或太深，均不利于目视比较，故在检查时，如供试品取样量与标准铅溶液的取用量均未指明时，常以标准铅溶液为 2.0mL 来计算供试品的取样量，并进行实验。

（5）如需取炽灼残渣项下遗留的残渣作重金属检查时，则炽灼温度必须控制在

500～600℃。实验证明，炽灼温度在700℃以上时，多数金属盐都有不同程度的损失。

⑥ 在检查时，标准管（甲管）、供试品管（乙管）与监测管（丙管）应平行操作，同时按顺序加入试剂，试剂加入量、操作条件等应一致。

7.2.1.4 砷盐检查法

本法适用于药品中微量砷盐（以 As^{3+} 计算）的限量检查。砷盐检查法中的第一法（古蔡氏法）用作药品中砷盐的限量检查，是利用金属锌与酸作用产生新生态的氢与药品中微量亚砷酸盐反应生成具有挥发性的砷化氢，遇溴化汞试纸产生黄色至棕色的砷斑，与同一条件下定量标准砷溶液所产生的砷斑比较，以判定砷盐的限量；第二法（二乙基二硫代氨基甲酸银法）既可检查药品中砷盐限量，又可用作砷盐的含量测定，是将生成的砷化氢气体导入盛有二乙基二硫代氨基甲酸银试液的管中，使之还原为红色胶态银，与同一条件下定量的标准砷溶液所制成的对照液比较，或在510nm的波长处测定吸光度，以判定含砷盐的限度或测定含量。

方法介绍：

标准砷溶液的制备　称取三氧化二砷0.132g，置1000mL量瓶中，加20%氢氧化钠溶液5mL溶解后，用适量的稀硫酸中和，再加稀硫酸10mL，用水稀释至刻度，摇匀，作为贮备液。临用前，精密量取贮备液10mL，置1000mL量瓶中，加稀硫酸10mL，用水稀释至刻度，摇匀，即得（每1mL相当于1μg的 As^{3+}）。

（1）第一法　古蔡氏法

仪器装置见图7-1。A为100mL标准磨口锥形瓶；B为中空的标准磨口塞，上连导气管C，全长约180mm；D为具孔的有机玻璃旋塞，其上部为圆形平面，中央有一圆孔，孔径与导气管C的内径一致，其下部孔径与导气管C的外径相适应，将导气管C的顶端套入旋塞下部孔内，并使管壁与旋塞的圆孔相吻合，黏合固定；E为中央具有圆孔的有机玻璃旋塞盖，与D紧密吻合。

测试时，于导气管C中装入醋酸铅脱脂棉60mg（装管高度为60～80mm），再于旋塞D的顶端平面上放一片溴化汞试纸（试纸大小以能覆盖孔径而不露出平面外为宜），盖上旋塞盖E并旋紧，即得。

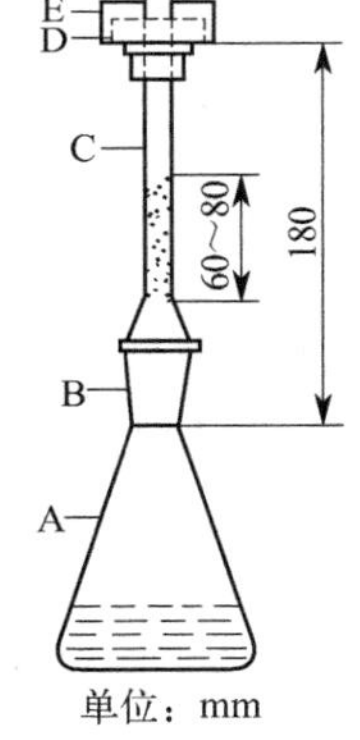

图7-1　古蔡氏法仪器装置

标准砷斑的制备：精密量取标准砷溶液2mL，置A瓶中，加盐酸5mL与水21mL，再加碘化钾试液5mL与酸性氯化亚锡试液5滴，在室温放置10min后，加锌粒2g，立即将照上法装妥的导气管C密塞于A瓶上，并将A瓶置25～40℃水浴中，反应45min，取出溴化汞试纸，即得。若供试品需经有机破坏后再行检砷，则应取标准砷溶液代替供试品，照该品种项下规定的方法同法处理后，依法制备标准砷斑。

检查法：取按各品种项下规定方法制成的供试品溶液，置A瓶中，照标准砷斑的制备，自“再加碘化钾试液5mL”起，依法操作。将生成的砷斑与标准砷斑比较，不得更深。

（2）第二法　二乙基二硫代氨基甲酸银法

仪器装置见图7-2。A为100mL标准磨口锥形瓶；B为中空的标准磨口塞，上连导气管C；D为平底玻璃管（于5.0mL处有一刻度）。测试时，于导气管C中装入醋酸铅脱脂棉60mg（装管高度约80mm），并于D管中精密加入二乙基二硫代氨基甲酸银试液5mL。

标准砷对照液的制备　精密量取标准砷溶液2mL，置A瓶中，加盐酸5mL与水21mL，再加碘化钾试液5mL与酸性氯化亚锡试液5滴，在室温放置10min后，加锌粒2g，立即将导气管C与A瓶密塞，使生成的砷化氢气体导入D管中，并将A瓶置25～40℃水浴中反应45min，取出D管，添加三氯甲烷至刻度，混匀，即得。若供试品需经有机破坏后再行检砷，则应取标准砷溶液代替供试品，照各品种项下规定的方法同法处理后，依法制备标准砷对照液。本法所用锌粒应无砷，以能通过一号筛的细粒为宜，如使用的锌粒较大时，用量应酌情增加，反应时间亦应延长为1h。

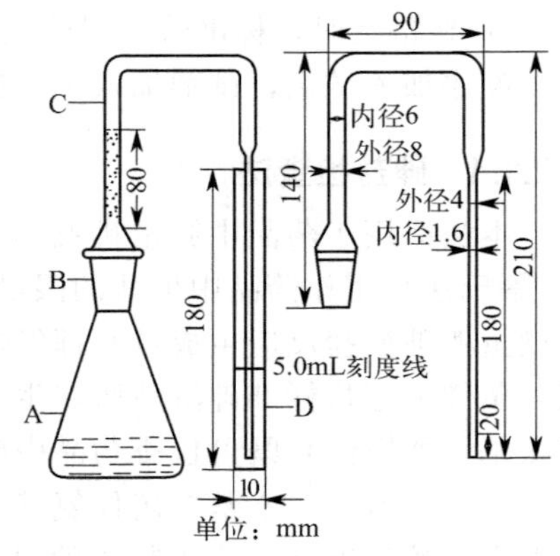

图7-2　二乙基二硫代氨基甲酸银法仪器装置

检查法　取照各品种项下规定方法制成的供试品溶液，置A瓶中，照标准砷对照液的制备，自“再加碘化钾试液5mL”起，依法操作。将所得溶液与标准砷对照液同置白色背景上，从D管上方向下观察、比较，所得溶液的颜色不得比标准砷对照液更深。必要时，可将所得溶液转移至1cm吸收池中，利用紫外-可见分光光度法，在510nm波长处以二乙基二硫代氨基甲酸银试液作空白，测定吸光度，与标准砷对照液按同法测得的吸光度比较，即得。

操作规范及注意事项：

（1）所用仪器和试液等照本法检查，均不应生成砷斑，或经空白试验至多生成仅可辨认的斑痕。

（2）新购置的仪器装置，在使用前应检查是否符合要求。可将所使用的仪器装置依法制备标准砷斑，所得砷斑应呈色一致。同一套仪器应能辨别出标准砷溶液1.5mL与2.0mL所呈砷斑的深浅。

（3）制备标准砷斑或标准砷对照液，应与供试品检查同时进行。因砷斑不稳定，反应中应保持干燥及避光，并立即比较。标准砷溶液应于实验当天配制，标准砷贮备液存放时间一般不宜超过1年。

（4）供试品和锌粒中可能含有少量硫化物，在酸性溶液中产生H_2S气体，干扰实验，故用醋酸铅脱脂棉吸收除去H_2S。因此，导气管中的醋酸铅脱脂棉，要保持疏松、干燥，不要塞入近下端。

（5）制备溴化汞试纸所用滤纸的质量对生成砷斑的色泽有影响。用定性滤纸者，所显砷斑色调较暗，深浅梯度无规律；用定量滤纸质地疏松者，所显砷斑色调鲜明，梯度规律。因此必须选用质量较好，组织疏松的中速定量滤纸。溴化汞试纸一般宜新鲜制备。

7.2.1.5　干燥失重测定法

药品的干燥失重指药品在规定条件下干燥后所减失重量的百分率。减失的重量主要是水、结晶水及其他挥发性物质（如乙醇等）。由减失的重量和取样量计算供试品的干燥失重。常采用烘箱干燥法、恒温减压干燥法及干燥器干燥法（分常压、减压两种）。烘箱干燥法适用于对热较稳定的药品；恒温减压干燥法适用于对热较不稳定或其水分较难除尽的药品；干燥器干燥法适用于不能加热干燥的药品，减压有助于除去水分与挥发性物质。

方法介绍：

取供试品，混合均匀（如为较大的结晶，应先迅速捣碎使成2mm以下的小粒），取约1g或各品种项下规定的重量，置与供试品相同条件下干燥至恒重的扁形称量瓶中，精密称定，除另有规定外，在105℃干燥至恒重。由减失的重量和取样量计算供试品的干燥失重。

操作规范及注意事项：

（1）供试品干燥时，应平铺在扁形称量瓶中，厚度不可超过5mm，如为疏松物质，厚度不可超过10mm。放入烘箱或干燥器进行干燥时，应将瓶盖取下，置称量瓶旁，或将瓶盖半开进行干燥；取出时，须将称量瓶盖好。

（2）采用烘箱和恒温减压干燥箱干燥时，因加热温度有冲高现象，需待温度升至规定值并达到平衡后，再放入供试品，按规定条件进行干燥，同时记录干燥开始的时间。

（3）置烘箱内干燥的供试品，应在干燥后取出置干燥器中放冷，然后称定重量。称量瓶放入烘箱内的位置以及取出放冷、称重的顺序，先后一致，则较易获得恒重。

（4）供试品如未达规定的干燥温度即熔化时，除另有规定外，应先将供试品在低于熔点5～10℃的温度下干燥至大部分水分除去后，再按规定条件干燥。

（5）减压干燥，除另有规定外，压力应在2.67kPa（20mmHg）以下。并宜选用单层玻璃盖的称量瓶，如用玻璃盖为双层中空，减压时，称量瓶盖切勿放入减压干燥箱（器）内，应放在另一普通干燥器内。减压干燥器(箱)内部为负压，开启前应注意缓缓旋开进气阀，使干燥空气进入，并避免气流吹散供试品。

（6）干燥器中常用的干燥剂为五氧化二磷、无水氯化钙或硅胶；恒温减压干燥器中常用的干燥剂为五氧化二磷。干燥剂应及时更换。

7.2.1.6 水分测定法

第一法 烘干法

本法适用于不含或少含挥发性成分的兽药。

取供试品2～5g，平铺于干燥至恒重的扁形称量瓶中，厚度不超过5mm，疏松供试品不超过10mm，精密称定，打开瓶盖在100～105℃干燥5h，将瓶盖盖好，移置干燥器中，冷却30min，精密称定，再在上述温度干燥1h，冷却，称重，至连续两次称重的差异不超过5mg为止。根据减失的重量，计算供试品中含水量（%）。

第二法 甲苯法

仪器装置如图7-3所示。图中A为500mL的短颈圆底烧瓶；B为水分测定管；C为直形冷凝管，外管长40cm。使用前，全部仪器应清洁，并置烘箱中烘干。

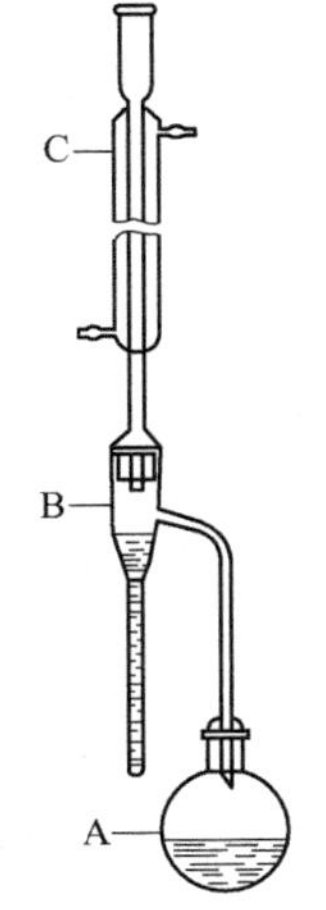

图7-3 甲苯法仪器装置

取供试品适量（相当于含水量1～4mL），精密称定，置A瓶中，加甲苯约200mL，必要时加入干燥、洁净的无釉小瓷片数片或玻璃珠数粒，连接仪器，自冷凝管顶端加入甲苯至充满B管的狭细部分。将A瓶置电热套中或用其他适宜方法缓缓加热，待甲苯开始沸腾时，调节温度，使每秒馏出2滴。待水分完全馏出，即测定管刻度部分的水量不再增加时，将冷凝管内部先用甲苯冲洗，再用饱蘸甲苯的长刷或其他适宜方法，将管壁上附着的甲苯推下，继续蒸馏5min，放冷至室温，拆卸装置，如有水黏附在B

管的管壁上，可用蘸甲苯的铜丝推下，放置，使水分与甲苯完全分离（可加亚甲蓝粉末少量，使水染成蓝色，以便分离观察）。检读水量，并计算供试品中的含水量（%）。

操作规范及注意事项：

（1）测定用的甲苯须先加少量水充分振摇后放置，将水层分离弃去，经蒸馏后使用。

（2）测定用的供试品，一般先破碎成直径不超过3mm的颗粒或碎片；直径和长度在3mm以下的可不破碎。

第三法　减压干燥法

本法适用于含有挥发性成分的贵重兽药。测定用的供试品，一般先破碎并需通过二号筛。

取直径12cm左右的培养皿，加入五氧化二磷干燥剂适量，铺成0.5～1cm的厚度，放入直径30cm的减压干燥器中。

取供试品2～4g，混合均匀，分取0.5～1g，置已在供试品同样条件下干燥并称重的称量瓶中，精密称定，打开瓶盖，放入上述减压干燥器中，抽气减压至2.67kPa（20mmHg）以下，并持续抽气0.5h，室温放置24h。在减压干燥器出口连接无水氯化钙干燥管，打开活塞，待内外压一致，关闭活塞，打开干燥器，盖上瓶盖，取出称量瓶迅速精密称定重量，计算供试品中的含水量（%）。

第四法　气相色谱法

色谱条件与系统适用性试验　用直径为0.18～0.25mm的二乙烯苯-乙基乙烯苯型高分子多孔小球作为载体，或采用极性与之相适应的毛细管柱，柱温为140～150℃，热导检测器检测。注入无水乙醇，照气相色谱法（附录0521）测定，应符合下列要求：

①理论板数按水峰计算应大于1000；理论板数按乙醇峰计算应大于150。

②水和乙醇两峰的分离度应大于2。

③将无水乙醇进样5次，水峰面积的相对标准偏差不得大于3.0%。

对照溶液的制备　取纯化水约0.2g，精密称定，置25mL量瓶中，加无水乙醇至刻度，摇匀，即得。

供试品溶液的制备　取供试品适量（含水量约0.2g），剪碎或研细，精密称定，置具塞锥形瓶中，精密加入无水乙醇50mL，密塞，混匀，超声处理20min，放置12h，再超声处理20min，密塞放置，待澄清后倾取上清液，即得。

测定法　取无水乙醇、对照溶液及供试品溶液各1～5μL，注入气相色谱仪，测定，即得。

对照溶液与供试品溶液的配制须用新开启的同一瓶无水乙醇。

用外标法计算供试品中的含水量。计算时应扣除无水乙醇的含水量，方法如下：

对照溶液中实际加入的水的峰面积＝对照溶液中总水峰面积－K×对照溶液中乙醇峰面积

供试品中水的峰面积＝供试品溶液中总水峰面积－K×供试品溶液中乙醇峰面积

$$K=\frac{\text{无水乙醇中水峰面积}}{\text{无水乙醇中乙醇峰面积}}$$

7.2.1.7　炽灼残渣检查法

炽灼残渣指将药品（多为有机化合物）经加热灼烧至完全炭化，再加硫酸0.5～1.0mL并炽灼（700～800℃）至恒重后遗留的金属氧化物或其硫酸盐。

方法介绍：取供试品1.0～2.0g或各品种项下规定的重量，置已炽灼至恒重的坩埚中，精密称定，缓缓炽灼至完全炭化，放冷；除另有规定外，加硫酸 0.5～1mL 使湿润，低温加热至硫酸蒸气除尽后，在 700～800℃炽灼使完全灰化，移置干燥器内，放冷，精密称定后，再在 700～800℃炽灼至恒重，即得。

操作规范及注意事项：

（1）如需将残渣留作重金属检查，则炽灼温度必须控制在 500～600℃。

（2）炭化与灰化的前一段操作应在通风柜内进行。供试品放入高温炉前，务必完全炭化并除尽硫酸蒸气。必要时，高温炉应加装排气管道。

（3）坩埚应编码标记，盖子与坩埚应编码一致。从高温炉中取出时的温度、先后次序、在干燥器内的放冷时间以及称量顺序，均应前后一致；同一干燥器内同时放置的坩埚最好不超过 4 个，否则不易达到恒重。

（4）供试品中含有碱金属或氟元素时，会腐蚀瓷坩埚，应使用铂坩埚。在高温条件下夹取热铂坩埚时，宜用钳头包有涂层的坩埚钳。

（5）开关炉门时，应注意避免损坏优质耐火绝缘层。

7.2.1.8 甲醇量检查法

本法系用气相色谱法（附录 0521）测定酊剂等含乙醇制剂中甲醇的含量。除另有规定外，按下列方法测定。

第一法 （毛细管柱法）

色谱条件与系统适用性试验　采用（6%）氰丙基苯基-（94%）二甲基聚硅氧烷为固定液的毛细管柱；起始温度为 40℃，维持 2min，以 3℃/min 的速率升温至 65℃，再以 25℃/min 的速率升温至 200℃，维持 10min；进样口温度 200℃；检测器（FID）温度 220℃；分流进样，分流比为 1∶1；顶空进样平衡温度为 85℃，平衡时间为 20min。理论板数按甲醇峰计算应不低于 10000，甲醇峰与其他色谱峰的分离度应大于 1.5。

测定法　取供试液作为供试品溶液。精密量取甲醇 1mL，置 100mL 量瓶中，加水稀释至刻度，摇匀，精密量取 5mL，置 100mL 量瓶中，加水稀释至刻度，摇匀，作为对照品溶液。分别精密量取对照品溶液与供试品溶液各 3mL，置 10mL 顶空进样瓶中，密封，顶空进样。按外标法以峰面积计算，即得。

第二法 （填充柱法）

色谱条件与系统适用性试验　用直径为 0.18～0.25mm 的二乙烯苯-乙基乙烯苯型高分子多孔小球作为载体；柱温 125℃。理论板数按甲醇峰计算应不低于 1500；甲醇峰、乙醇峰与内标物质各相邻色谱峰之间的分离度应符合规定。

校正因子测定　精密量取正丙醇 1mL，置 100mL 量瓶中，加水至刻度，摇匀，作为内标溶液。另精密量取甲醇 1mL，置 100mL 量瓶中，加水至刻度，摇匀；精密量取 10mL，置 100mL 量瓶中，精密加内标溶液 10mL，用水稀释至刻度，摇匀。取 1μL 注入气相色谱仪，连续进样 3～5 次，测定峰面积，计算校正因子。

测定法　精密量取内标溶液 1mL，置 10mL 量瓶中，加供试液至刻度，摇匀，作为供试品溶液，取 1μL 注入气相色谱仪，测定，即得。

除另有规定外，供试液含甲醇量不得过 0.05%（mL/mL）。

操作规范及注意事项：

（1）采用填充柱法，内标物质峰相应的位置出现杂质峰时，可改用外标法测定。

（2） 建议选择大口径、厚液膜色谱柱，规格为 30m×0.53mm×3.00μm。

7.2.2 特性检查法

7.2.2.1 溶液颜色检查法

本法系将药物溶液的颜色与规定的标准比色液相比较，或在规定的波长处测定其吸光度。溶液颜色检查法是控制药品有色杂质限量的方法，药品颜色主要来源于药物本身的化学结构，制备工艺中有色杂质的引入和药物本身不稳定而降解。药品颜色变化通常意味着降解物的产生，纯度和主成分含量的降低，是药品内在质量变化最直观的呈现。溶液颜色检查操作简便，能快速地判断药品中有色杂质的量，是对高效液相色谱法（通常采用紫外检测器测定有关物质）的有效补充。

品种项下规定的“无色”系指供试品溶液的颜色相同于水或所用溶剂，“几乎无色”系指供试品溶液的颜色不深于相应色调 0.5 号标准比色液。

方法介绍：

第一法

除另有规定外，取各品种项下规定量的供试品，加水溶解，置于 25mL 的纳氏比色管中，加水稀释至 10mL。另取规定色调和色号的标准比色液 10mL，置于另一 25mL 的纳氏比色管中，两管同置白色背景上，自上向下透视，或同置白色背景前，平视观察，供试品管呈现的颜色与对照管比较，不得更深。供试品溶液如显色，与规定的标准比色液比较，颜色相似或更浅，即判为符合规定；如更深，则判为不符合规定。

各种色调标准贮备液可按《兽药典》标准制备，精密量取各色调标准贮备液与水，混合摇匀，即得各种色调色号标准比色液。

操作规范及注意事项：

（1） 所用比色管应洁净、干燥，洗涤时不能用硬物洗刷，应用铬酸洗液浸泡，然后冲洗，避免表面粗糙。

（2） 检查时光线应明亮，光强度应能保证使各相邻色号的标准液清晰分辨。

（3） 如果供试品管的颜色与对照管的颜色非常接近或色调不尽一致，目视观察无法辨别两者的深浅时，应改用第三法（色差计法）测定。

第二法

除另有规定外，取各供试品项下规定量的供试品，加水溶解并使成 10mL，必要时滤过，滤液照紫外-可见分光光度法于规定波长处测定，吸光度不得超过规定值。

操作规范及注意事项：

（1） 如供试品为固体制剂，取该供试品研细，称取该药品项下规定量的细粉，加水溶解使成规定量的体积，振摇或用其他规定的方法使溶解，滤过，取滤液照紫外-可见分光光度法于规定波长处测定吸光度。

（2） 滤过是指在规定“滤过”而无进一步说明时，使液体通过适当的滤纸或相应的装置过滤，直到滤液澄清。弃去初滤液，取续滤液测定。

按规定溶剂与浓度配制成的供试液进行测定，如吸光度小于或等于规定值，判为符合规定；大于规定值，则判为不符合规定。

第三法　色差计法

本法是使用具备透射测量功能的测色色差计直接测定溶液的透射三刺激值，对其颜色进行定量表述和分析的方法。当目视比色法较难判定供试品与标准比色液之间的差异时，应考虑采用本法进行测定与判断。

供试品与标准比色液之间的颜色差异，可以通过分别比较它们与水之间的色差值来测定，也可以通过直接比较它们之间的色差值来测定。

色差计的工作原理简单地说是模拟人眼的视觉系统，利用仪器内部的模拟积分光学系统，把光谱光度数据的三刺激值进行积分而得到颜色的数学表达式，从而计算出 L^*、a^*、b^* 值及对比色的色差。在仪器使用的标准光源与日常观察供试品所使用光源光谱功率分布一致（比如昼光），其光电响应接收条件与标准观察者的色觉特性一致的条件下，用仪器方法测定颜色，不但能够精确、定量地测定颜色和色差，而且比目测法客观，且不随时间、地点、人员变化而发生变化。

方法介绍：

（1）对仪器的一般要求　使用具备透射测量功能的测色色差计进行颜色测定，照明观察条件为 0/0（垂直照明/垂直接收），D65 光源照明，10°视场条件下，可直接测出三刺激值 X、Y、Z，并能直接计算给出 L^*、a^*、b^* 和 ΔE^*。

因溶液的颜色随着被测定溶液的液层厚度而变，所以除另有规定外，测量透射色时，应使用 1cm 厚度液槽。由于浑浊液体、黏性液体或带荧光的液体会影响透射，故不适宜采用色差计法测定。

为保证测量的可靠性，应定期对仪器进行全面的检定。在每次测量时，按仪器要求，需用水对仪器进行校准，并规定水在 D65 为光源、10°视场条件下，水的三刺激值分别为

$X=94.81$；$Y=100.00$；$Z=107.32$

（2）测定法　除另有规定外，用水对仪器进行校准，取按各品种项下规定的方法分别制得的供试品溶液和标准比色液，置仪器上进行测定，供试品溶液与水的色差值 ΔE^* 应不超过相应色调的标准比色液与水的色差值 ΔE^*。

如品种正文项下规定的色调有两种，且供试品溶液的实际色调介于两种规定色调之间，难以判断更倾向何种色调时，将测得的供试品溶液与水的色差值（ΔE^*）与两种色调标准比色液与水的色差值的平均值比较，不得更深 $[\Delta E^* \leqslant (\Delta E^*_{s1}+\Delta E^*_{s2})/2]$。

（3）结果判定　除另有规定外，用水对仪器进行校准，并把水作为第一份样品进行测定，仪器将给出水的颜色值，接着依次取按各品种项下规定的方法配制的供试品溶液和标准比色液，分别进行测定，仪器不仅可测出两种溶液的颜色值，还给出供试品溶液和标准比色液分别对水的色差值，如供试品溶液与水的色差值不超过标准比色液与水的色差值，则判定为符合规定，反之则判定为不符合规定。

操作规范及注意事项：

（1）测定池应洁净透明，可用洗液浸泡清洗。

（2）水的三刺激值为 $X=94.81$，$Y=100.00$，$Z=107.32$。如测定后水的三刺激值中任一值与标准值的偏差大于 1.5，则应重新校准仪器。

（3）供试品溶液配制后需立即测定，如溶液中含有气泡，可短时超声去除后再行测定。

（4） 本法只适用于测定澄清溶液的颜色，如供试品溶液浑浊，则影响颜色测定的结果。

如品种项下规定的标准比色液的色调有两种（或两种以上），但目视可判定供试液的色调与其中一种相同或接近，则可直接与该色调标准比色液的色差值（ΔE^*）进行比较判断；如供试液的色调处于二者之间，目视难以判定更接近何种标准比色液的色调时，则应将测得的供试品溶液与水的色差值（ΔE^*）与两种色调标准比色液与水的色差值的平均值（$\Delta E^*_{s1}+\Delta E^*_{s2}$)/2 进行比较来判定。

7.2.2.2 不溶性微粒检查法

不溶性微粒指可流动的、随机存在于静脉注射用药物中不溶于水的微小颗粒，是药物配伍时物理或化学性质变化而产生或由药品生产、储存、运输过程中污染引入的，粒径一般在 2～50μm，肉眼难以观察到，但其粒径超过一定大小，数量超过一定限度时难以在体内代谢。本法系用于检查静脉用注射剂（溶液型注射液、注射用无菌粉末、注射用浓溶液）及供静脉注射用无菌原料药中不溶性微粒的大小及数量。

本法包括光阻法和显微计数法。当光阻法测定结果不符合规定或供试品不适于用光阻法测定时，应采用显微计数法进行测定，并以显微计数法的测定结果作为判定依据。光阻法不适用于黏度过高和易析出结晶的制剂，也不适用于进入传感器时容易产生气泡的注射剂。对于黏度过高，采用两种方法都无法测定的注射液，可用适宜的溶剂经适当稀释后测定。

方法介绍：

第一法　光阻法

当液体中的微粒通过一窄细检测通道时，与液体流向垂直的入射光，由于被微粒阻挡而减弱，因此由传感器输出的信号降低，这种信号变化与微粒的截面积大小相关。

仪器通常包括取样器、传感器和数据处理器三部分。测量粒径范围为 2～100μm，检测微粒浓度为 0～10000 个/mL。所用仪器应至少每 6 个月校准一次，校准内容包括取样体积、微粒计数、传感器分辨率，如所使用仪器附有自检功能，可进行自检。

检查法：

（1）标示装量为 25mL 或 25mL 以上的静脉用注射液或注射用浓溶液　除另有规定外，取供试品至少 4 个，分别按下法测定：用水将容器外壁洗净，小心翻转 20 次，使溶液混合均匀，立即小心开启容器，先倒出部分供试品溶液冲洗开启口及取样杯，再将供试品溶液倒入取样杯中，静置 2min 或适当时间脱气泡，置于取样器上（或将供试品容器直接置于取样器上）。开启搅拌，使溶液均匀（避免气泡产生），每个供试品依法测定至少 3 次，每次取样应不少于 5mL，记录数据，弃第一次测定数据，取后续测定数据的平均值作为测定结果。

（2）标示装量为 25mL 以下的静脉用注射液或注射用浓溶液　除另有规定外，取供试品至少 4 个，分别按下法测定：用水将容器外壁洗净，小心翻转 20 次，使溶液混合均匀，静置 2min 或适当时间脱气泡，小心开启容器，直接将供试品容器置于取样器上，开启搅拌或以手缓缓转动，使溶液混匀（避免气泡产生），由仪器直接抽取适量溶液（以不吸入气泡为限），测定并记录数据，弃第一次测定数据，取后续测定数据的平均值作为测定结果。

(1)(2)项下的注射用浓溶液如黏度太大，不便直接测定时，可经适当稀释后，依法测定。

也可采用适宜的方法，在洁净工作台小心合并至少4个供试品的内容物（使总体积不少于25mL），置于取样杯中，静置2min或适当时间脱气泡，置于取样器上。开启搅拌，使溶液混匀（避免气泡产生），依法测定至少4次，每次取样应不少于5mL。弃第一次测定数据，取后续3次测定数据的平均值作为测定结果，根据取样体积与每个容器的标示装量体积，计算每个容器所含的微粒数。

（3）静脉注射用无菌粉末 除另有规定外，取供试品至少4个，分别按下法测定：用水将容器外壁洗净，小心开启瓶盖，精密加入适量微粒检查用水（或适宜的溶剂），小心盖上瓶盖，缓缓振摇使内容物溶解，静置2min或适当时间脱气泡，小心开启容器，直接将供试品容器置于取样器上，开启搅拌或以手缓缓转动，使溶液混匀（避免气泡产生），由仪器直接抽取适量溶液（以不吸入气泡为限），测定并记录数据，弃第一次测定数据，取后续测定数据的平均值作为测定结果。

也可采用适宜的方法，取至少4个供试品，在洁净工作台用水将容器外壁洗净，小心开启瓶盖，分别精密加入适量微粒检查用水（或适宜的溶剂），缓缓振摇使内容物溶解，小心合并容器中的溶液（使总体积不少于25mL），置于取样杯中，静置2min或适当时间脱气泡，置于取样器上。开启搅拌，使溶液混匀（避免气泡产生），依法测定至少4次，每次取样应不少于5mL。弃第一次测定数据，取后续测定数据的平均值作为测定结果。

（4）供注射用无菌原料药 按各品种项下规定，取供试品适量（相当于单个制剂的最大规格量）4份，分别置取样杯或适宜的容器中，照上述（3）法，自“精密加入适量微粒检查用水（或适宜的溶剂），小心盖上瓶盖，缓缓振摇使内容物溶解”起，依法操作，测定并记录数据，弃第一次测定数据，取后续测定数据的平均值作为测定结果。

结果判定：

（1）标示装量为100mL或100mL以上的静脉用注射液 除另有规定外，每1mL含10μm及10μm以上的微粒数不得过25粒，含25μm及25μm以上的微粒数不得过3粒。

（2）标示装量为100mL以下的静脉用注射液、静脉注射用无菌粉末、注射用浓溶液及供注射用无菌原料药 除另有规定外，每个供试品容器（份）中含10μm及10μm以上的微粒数不得过6000粒，含25μm及25μm以上的微粒数不得过600粒。

操作规范及注意事项：

（1） 实验操作环境应不得引入微粒，测定前的操作应在洁净工作台进行。玻璃仪器和其他所需的用品均应洁净、无微粒。

（2） 本法所用微粒检查用水（或其他适宜溶剂），使用前须经不大于1.0μm的微孔滤膜滤过。应符合下列要求：光阻法取50mL测定，要求每10mL中含10μm及10μm以上的不溶性微粒应在10粒以下，含25μm及25μm以上的不溶性微粒应在2粒以下；显微计数法取50mL测定，要求含10μm及10μm以上的不溶性微粒应在20粒以下，含25μm及25μm以上的不溶性微粒应在5粒以下。

（3） 供试品的检查数量对确保检查结果具有统计学意义，一般应取供试品3瓶（支）以上进行不溶性微粒检查。在多支样品的测定过程中，应尽量保持容器翻转次数、取样方式、除气泡方式、搅拌速度等操作的一致性，以确保测定结果的可靠性。

（4） 对于小容量注射液，可以采用直接取样法测定，也可以采用多支内容物合并法测定。

（5） 注射用无菌粉末一般先用微粒检查用水或适宜溶剂溶解后，再采用直接取样法或合并取样法测定。

第二法 显微计数法

仪器通常包括洁净工作台、显微镜、微孔滤膜及其滤器、平皿等，应符合《兽药典》中的规定，并照规定进行检查前的准备。

检查法：

（1）标示装量为 25mL 或 25mL 以上的静脉用注射液或注射用浓溶液 除另有规定外，取供试品至少 4 个，分别按下法测定：用水将容器外壁洗净，在洁净工作台上小心翻转 20 次，使溶液混合均匀。立即小心开启容器，用适宜的方法抽取或量取供试品溶液 25mL，沿滤器内壁缓缓注入经预处理的滤器（滤膜直径 25mm）中。静置 1min，缓缓抽滤至滤膜近干，再用微粒检查用水 25mL，沿滤器内壁缓缓注入，洗涤并抽滤至滤膜近干，然后用平头镊子将滤膜移置平皿上（必要时，可涂抹极薄层的甘油使滤膜平整），微启盖子使滤膜适当干燥后，将平皿闭合，置显微镜载物台上。调好入射光，放大 100 倍进行显微测量，调节显微镜至滤膜格栅清晰，移动坐标轴，分别测定有效滤过面积上最长粒径大于 10μm 和 25μm 的微粒数。计算三个供试品测定结果的平均值。

（2）标示装量为 25mL 以下的静脉用注射液或注射用浓溶液 除另有规定外，取供试品至少 4 个，用水将容器外壁洗净，在洁净工作台上小心翻转 20 次，使混合均匀，立即小心开启容器，用适宜的方法直接抽取每个容器中的全部溶液，沿滤器内壁缓缓注入经预处理的滤器（滤膜直径 13mm）中，照上述（1）同法测定。

（3）静脉注射用无菌粉末及供注射用无菌原料药 除另有规定外，照光阻法中检查法的（3）或（4）制备供试品溶液，同上述（1）操作测定。

结果判定：

（1）标示装量为 100mL 或 100mL 以上的静脉用注射液 除另有规定外，每 1mL 含 10μm 及 10μm 以上的微粒数不得过 12 粒，含 25μm 及 25μm 以上的微粒数不得过 2 粒。

（2）标示装量为 100mL 以下的静脉用注射液、静脉注射用无菌粉末、注射用浓溶液及供注射用无菌原料药 除另有规定外，每个供试品容器（份）中含 10μm 及 10μm 以上的微粒数不得过 3000 粒，含 25μm 及 25μm 以上的微粒数不得过 300 粒。

操作规范及注意事项：

（1） 各种形状的微粒应以实测到的最长粒径计算，重叠微粒和聚合胶体微粒均以单个微粒计数；结晶析出不属于检测范围，故不应计算。

（2） 供试品的检查数量：为确保检查结果具有统计学意义，一般应取供试品 3 瓶（支）以上进行不溶性微粒检查。

7.2.2.3 可见异物检查法

可见异物系指存在于注射剂、眼用液体制剂和无菌原料药中，在规定条件下目视可以观测到的不溶性物质，其粒径或长度通常大于 50μm。其产生原因有药品本身存在或产生不溶物，如析出沉淀、结晶等，还有由外部引入的不溶性杂质如玻璃屑、纤维、金属屑等。可见异物是药品生产过程的规范性的间接反映，能体现产品处方、工艺和包装材料是否合理，剂型选择是否得当。

可见异物检查法有灯检法和光散射法。一般常用灯检法，也可采用光散射法。灯检法不适用的品种，如用深色透明容器包装或液体色泽较深（一般深于各标准比色液 7 号）的品种可选用光散射法；混悬型、乳状液型注射液和滴眼液不能使用光散射法。

第一法 （灯检法）

灯检法应在暗室中进行。

（1）检查装置 如图 7-4 所示。

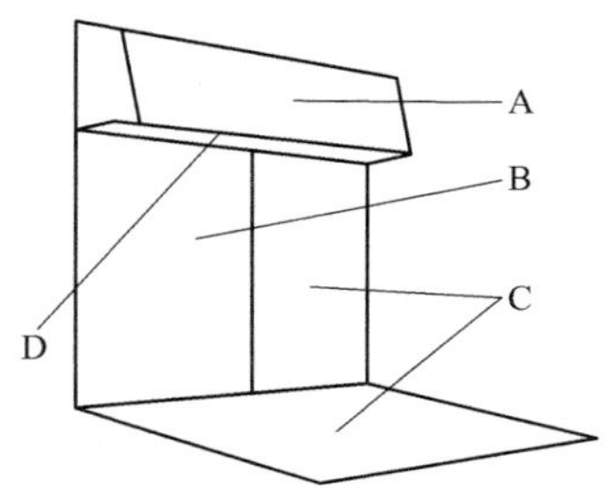

图 7-4 灯检法检查装置示意图

A—带有遮光板的日光灯光源（照度可在 1000～4000lx 范围内调节）；B—不反光的黑色背景；C—不反光的白色背景和底部（供检查有色异物）；D—反光的白色背景（指遮光板内侧）

（2）检查人员条件 远距离和近距离视力测验，均应为 4.9 及以上（矫正后视力应为 5.0 及以上）；应无色盲。

（3）检查法 按以下各类供试品的要求，取规定量供试品，除去容器标签，擦净容器外壁，必要时将药液转移至洁净透明的适宜容器内；将供试品置遮光板边缘处，在明视距离（指供试品至人眼的清晰观测距离，通常为 25cm），手持容器颈部，轻轻旋转和翻转容器（但应避免产生气泡），使药液中可能存在的可见异物悬浮，分别在黑色和白色背景下目视检查，重复观察，总检查时限为 20s。供试品装量每支（瓶）在 10mL 及 10mL 以下的，每次检查可手持 2 支（瓶）。50mL 或 50mL 以上大容量注射液按直、横、倒三步法旋转检视。供试品溶液中有大量气泡产生影响观察时，需静置足够时间至气泡消失后检查。

用无色透明容器包装的无色供试品溶液，检查时被观察供试品所在处的照度应为 1000～1500lx；用透明塑料容器包装、棕色透明容器包装的供试品溶液或有色供试品溶液，照度应为 2000～3000lx；混悬型供试品或乳状液，照度应增加至约 4000lx。

注射液 除另有规定外，取供试品 20 支（瓶），按上述方法检查。

注射用无菌粉末 除另有规定外，取供试品 5 支（瓶），用适宜的溶剂和适当的方法使药粉全部溶解后，按上述方法检查。配有专用溶剂的注射用无菌粉末，应先将专用溶剂按注射液要求检查，符合注射液的规定后，再用其溶解注射用无菌粉末。如经真空处理的供试品，必要时应用适当的方法破其真空，以便于药物溶解。低温冷藏的品种，应先将其放至室温，再进行溶解和检查。

无菌原料药 除另有规定外，按抽样要求称取各品种制剂项下的最大规格量 5 份，分别置洁净透明的适宜容器内，用适宜的溶剂及适当的方法使药物全部溶解后，按上述方法检查。

注射用无菌粉末及无菌原料药所选用的溶剂应无可见异物。如为水溶性药物，一般使用不溶性微粒检查用水进行溶解制备；如使用其他溶剂，则应在各品种正文中明确规定。溶剂量应确保药物溶解完全并便于观察。

注射用无菌粉末及无菌原料药溶解所用的方法应与其制剂使用说明书中注明的临床使

用前处理的方式相同。除振摇外，如需其他辅助条件，则应在各品种正文中明确规定。

（4）结果判定 供试品中不得检出金属屑、玻璃屑、长度超过 2mm 的纤维、最大粒径超过 2mm 的块状物以及静置一定时间后轻轻旋转时肉眼可见的烟雾状微粒沉积物、无法计数的微粒群或摇不散的沉淀等明显可见异物。供试品中如检出点状物、2mm 以下的短纤维和块状物等微细可见异物，除另有规定外，应分别符合下列规定。

溶液型静脉用注射液、注射用浓溶液 被检查的 20 支（瓶）供试品中，均不得检出明显可见异物。如检出微细可见异物，应另取 20 支（瓶）同法复试，均不得超过 1 支（瓶）。

溶液型非静脉用注射液 被检查的 20 支（瓶）供试品中，均不得检出明显可见异物。如检出微细可见异物，应另取 20 支（瓶）同法复试，初、复试的供试品中，检出微细可见异物的供试品不得超过 3 支（瓶）。

混悬型、乳状液型注射液 被检查的 20 支（瓶）供试品中，均不得检出金属屑、玻璃屑、色块、纤维等明显可见异物。

临用前配制的溶液型和混悬型滴眼剂，除另有规定外，应符合相应的可见异物规定。

注射用无菌粉末 被检查的 5 支（瓶）供试品中，均不得检出明显可见异物。如检出微细可见异物，每支（瓶）供试品中检出微细可见异物的数量应符合表 7-1 的规定；如有 1 支（瓶）超出下表中限度规定，另取 10 支（瓶）同法复试，均应不超出表 7-1 中限度规定。

表 7-1 注射用无菌粉末细微可见异物规定限度

规格	细微可见异物限度
≥2g	≤10 个
＜2g	≤8 个

无菌原料药 5 份检查的供试品中，均不得检出明显可见异物。如检出微细可见异物，每份供试品中检出微细可见异物的数量应不得超过 5 个；如有 1 份不符合规定，另取 10 份同法复试，均应符合规定。

既可静脉用也可非静脉用的注射剂应执行静脉用注射剂的标准。

第二法 光散射法

（1）检测原理 当一束单色激光照射溶液时，溶液中存在的不溶性物质使入射光发生散射，散射的能量与不溶性物质的大小有关。本方法通过对溶液中不溶性物质引起的光散射能量的测量，并与规定的阈值比较，以检查可见异物。

（2）仪器装置 仪器主要由旋瓶装置、激光光源、图像采集器、数据处理系统和终端显示系统组成。供试品被放置至检测装置后，图像采集器在特定角度对药液中悬浮的不溶性物质引起的散射光能量进行连续摄像，数据处理系统对采集的序列图像进行处理，然后根据预先设定的阈值自动判定超过一定大小的不溶性物质的有无，或在终端显示器上显示图像供人工判定，同时记录检测结果。

（3）仪器校准 仪器应具备自动校准功能，在检测供试品前可用标准粒子进行校准。

（4）检查法 溶液型注射液 除另有规定外，取供试品 20 支（瓶），除去不透明标签，擦净容器外壁，置仪器检测装置上，从仪器提供的菜单中选择与供试品规格相应的测定参数，并根据供试品瓶体大小对参数进行适当调整后，启动仪器，将供试品检测 3 次并记录检测结果。凡仪器判定有1次不合格者，可用灯检法确认。用深色透明容器包装或液体色泽较深等灯检法检查困难的品种不用灯检法确认。

注射用无菌粉末　除另有规定外，取供试品5支（瓶），用适宜的溶剂及适当的方法使药物全部溶解后，按上述方法检查。

无菌原料药　除另有规定外，称取各品种制剂项下的最大规格量5份，分别置洁净透明的适宜玻璃容器内，用适宜的溶剂及适当的方法使药物全部溶解后，按上述方法检查。

（5）结果判定　同灯检法

（6）操作规范及注意事项

① 检测参数特别是取样视窗大小、旋瓶时间、静置时间等对测定结果影响较大。

② 本法不适用于易产生气泡且气泡不易消除的供试品，如高分子溶液。

③ 检测时应避免引入可见异物。当制备注射用无菌粉末和无菌原料药供试品溶液时，或供试品的容器不透明、形状不规则不适于检查，需转移至适宜容器中时，均应在A级的洁净环境（如层流洁净台）中进行。

④ 用于本试验的供试品，必须按规定随机抽样。

7.2.2.4　崩解时限检查法

固体制剂（如片剂）口服后崩散、溶解是被机体吸收的前提条件，胶囊剂囊壳溶胀或崩解的时间与囊壳材质、药品贮藏时间和囊壳与药物接触时间等因素相关，故为控制产品质量、保证疗效，需采用本法检查固体制剂在规定条件下的崩解情况。

崩解系指固体制剂在规定条件下全部崩解溶散或成碎粒，除不溶性包衣材料或破碎的胶囊壳外，应全部通过筛网。如有少量不能通过筛网，但已软化或轻质上漂且无硬心者，可作符合规定论。

（1）仪器装置　采用升降式崩解仪，主要结构为一能升降的金属支架与下端镶有筛网的吊篮，并附有挡板，见图7-5和图7-6。

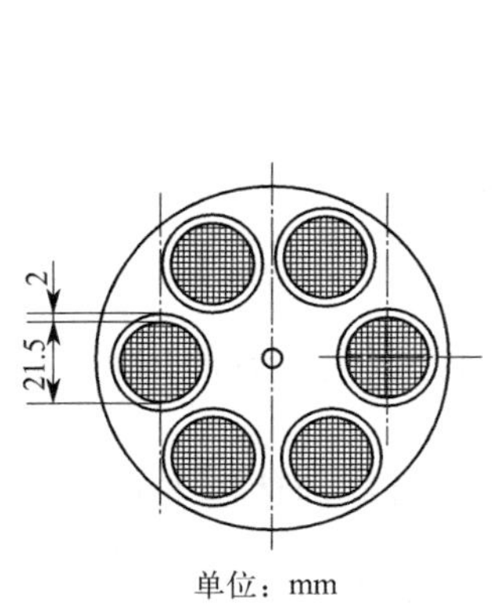

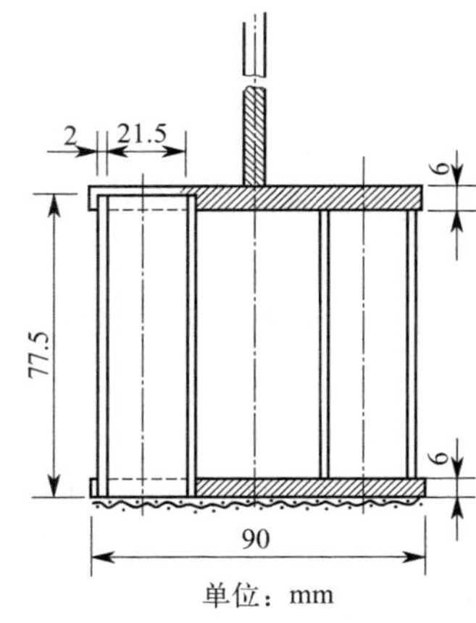

图7-5　升降式崩解仪吊篮结构

（2）检查法　将吊篮通过上端的不锈钢轴悬挂于支架上，浸入1000mL烧杯中，并调节吊篮位置使其下降至低点时筛网距烧杯底部25mm，烧杯内盛有温度为37℃±1℃的水，调节水位高度使吊篮上升至高点时筛网在水面下15mm处，吊篮顶部不可浸没于溶液中。

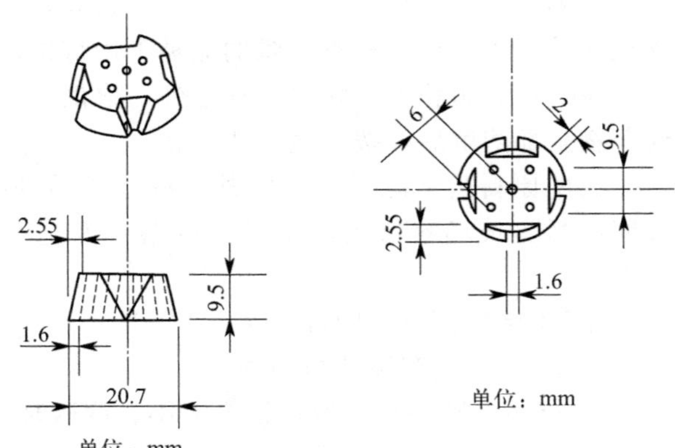

图 7-6 升降式崩解仪挡板结构

片剂

除另规定外，取供试品 6 片，分别置上述吊篮的玻璃管中，每管加挡板 1 块，启动崩解仪进行检查，全粉片各片均应在 30min 内全部崩解；浸膏（半浸膏）片、糖衣片各片均应在 1h 内全部崩解。如果供试品黏附挡板，应另取 6 片，不加挡板按上述方法检查，应符合规定。如有 1 片不能完全崩解，应另取 6 片复试，均应符合规定。

薄膜衣片

按上述装置与方法检查，并可改在盐酸溶液（9→1000）中进行检查，应在 1h 内全部崩解。如果供试品黏附挡板，应另取 6 片，不加挡板按上述方法检查，应符合规定。如有 1 片不能完全崩解，应另取 6 片复试，均应符合规定。

泡腾片

取 1 片，置 250mL 烧杯（内有 200mL 温度为 20℃±5℃的水）中，即有许多气泡放出，当片剂或碎片周围的气体停止逸出时，片剂应溶解或分散在水中，无聚集的颗粒剩留。除另有规定外，同法检查 6 片，各片均应在 5min 内崩解。如有 1 片不能完全崩解，应另取 6 片复试，均应符合规定。

胶囊剂

硬胶囊剂或软胶囊剂，除另有规定外，取供试品 6 粒，按片剂的装置与方法加挡板进行检查。硬胶囊应在 30min 内全部崩解；软胶囊应在 1h 内全部崩解，以明胶为基质的软胶囊可改在人工胃液中进行检查。如有 1 粒不能完全崩解，应另取 6 粒复试，均应符合规定。

（3）操作规范及注意事项

① 人工胃液的配制：取稀盐酸 16.4mL，加水约 800mL 与胃蛋白酶 10g，摇匀后，加水稀释成 1000mL，即得。

② 本检查法中所称“崩解”，系指口服固体制剂在规定条件下全部崩解溶散或成碎粒，除不溶性包衣材料或破碎的胶囊壳外，应全部通过筛网。如有少量不能通过筛网，但已软化或轻质上浮且无硬心者，可作符合规定论。

7.2.2.5 最低装量检查法

本法适用于固体、半固体和液体制剂。除制剂通则中规定检查重（装）量差异的制剂外，按下述方法检查，应符合规定。重量法适用于标示装量以重量计的制剂，容量法适用于标示装量以容量计的制剂。

重量法　除另有规定外，取供试品 5 个（50g 以上者 3 个），除去外盖和标签，容器外壁用适宜的方法清洁并干燥，分别精密称定重量，除去内容物，容器用适宜的溶剂洗净并干燥，再分别精密称定空容器的重量，求出每个容器内容物的装量与平均装量，均应符合表 7-2 的有关规定。如有 1 个容器装量不符合规定，则另取 5 个（50g 以上者 3 个）复试，应全部符合规定。

容量法　除另有规定外，取供试品 5 个（50mL 以上者 3 个），开启时注意避免损失，将内容物转移至预经标化的干燥量入式量筒中（量具的大小应使待测体积至少占其额定体积的 40%），黏稠液体倾出后，除另有规定外，将容器倒置 15min，尽量倾净。2mL 及以下者用预经标化的干燥量入式注射器抽尽。读出每个容器内容物的装量，并求其平均装量，均应符合表 7-2 的有关规定。如有 1 个容器装量不符合规定，则另取 5 个（50mL 以上者 3 个）复试，应全部符合规定。

表 7-2　最低装量检查法判定标准

标示装量	注射液及注射用浓溶液		内服及外用固体、半固体、液体；黏稠液体	
	平均装量	每个容器装量	平均装量	每个容器装量
20g(mL)以下	—	—	不少于标示装量	不少于标示装量的 93%
20g(mL)至 50g(mL)	—	—	不少于标示装量	不少于标示装量的 95%
50g(mL)以上至 500g(mL)	不少于标示装量	不少于标示装量的 97%	不少于标示装量	不少于标示装量的 97%
500g(mL)以上	—	—	不少于标示装量	不少于标示装量的 98%

操作规范及注意事项：

①对于以容量计的小规格标示装量制剂，可改用重量法或按品种项下的规定方法检查。

②平均装量与每个容器装量（按标示装量计算的百分率），取三位有效数字进行结果判定。

③ 初试结果的平均装量百分率少于标示装量百分率，或有一个以上容器的装量百分率不符合规定，或在复试中仍不能全部符合规定，均判为不符合规定。

7.2.2.6　粒度和粒度分布测定法

本法用于测定制剂的粒子大小或粒度分布。其中第一法、第二法用于测定制剂的粒子大小或限度，第三法用于测定制剂的粒度分布。

第一法　显微镜法

本法中的粒度，系以显微镜下观察到的长度表示，测定前应照《兽药典》显微鉴别法标定目镜测微尺。

取供试品，用力摇匀，黏度较大者可按各品种项下的规定加适量甘油溶液（1→2）稀释，照该剂型或各品种项下的规定，量取供试品，置载玻片上，覆以盖玻片，轻压使颗粒分布均匀，注意防止气泡混入，半固体可直接涂于载玻片上。立即在 50～100 倍显微镜下检视盖玻片全部视野，应无凝聚现象，并不得检出该剂型或各品种项下规定的 50μm 及以上的粒子。再在 200～500 倍显微镜下检视该剂型或各品种项下规定的视野内的总粒数及规定大小的粒数，并计算其所占比例（%）。

操作规范及注意事项：

（1） 应注意正确选择物镜、目镜。

（2） 盖盖玻片时，用镊子夹取盖玻片，先使其一边与药物接触，慢慢放下，以防止气泡混入，轻压使颗粒分布均匀。

（3） 直接取样时，取样量应适量，若量过多时，粒子重叠不易观察、判断，若过少则代表性差。混悬型软膏剂、混悬型眼用半固体制剂或混悬凝胶剂取样过程中应缓慢混匀，以免产生气泡。

（4） 如为混悬液，振摇时要有一定力度，振摇后应快速取样。

第二法 筛分法

筛分法适用于测定大部分粒径大于 75μm 的样品。方法介绍：

（1）手动筛分法

① 单筛分法 除另有规定外，取供试品 10g，称定重量，置规定号的药筛中（筛下配有密合的接收容器），筛上加盖，按水平方向旋转振摇至少 3min，并不时在垂直方向轻叩筛。取筛下的颗粒及粉末，称定重量，计算其所占比例（%）。

② 双筛分法 除另有规定外，取供试品 30g，称定重量，置该剂型或品种项下规定的上层（孔径大的）药筛中（下层的筛下配有密合的接收容器），保持水平状态过筛，左右往返，边筛动边拍打 3min。取不能通过大孔径筛和能通过小孔径筛的颗粒及粉末，称定重量，计算其所占比例（%）。

（2）机械筛分法 机械筛分法系采用机械方法或电磁方法，产生垂直振动、水平圆周运动、拍打、拍打与水平圆周运动相结合等振动方式进行筛分。除另有规定外，取直径为 200mm 规定号的药筛和接收容器，称定重量，根据供试品的容积密度，称取供试品 25～100g，置最上层（孔径最大的）药筛中（最下层的筛下配有密合的接收容器），筛上加盖。设定振动方式和振动频率，振动 5min。取各药筛与接收容器，称定重量，根据筛分前后的重量差异计算各药筛上和接收容器内颗粒及粉末所占比例（%）。重复上述操作直至连续两次筛分后，各药筛上遗留颗粒及粉末重量的差异不超过前次遗留颗粒及粉末重量的 5%或两次重量的差值不大于 0.1g；若某一药筛上遗留颗粒及粉末的重量小于供试品取样量的 5%，则该药筛连续两次的重量差异不超过 20%。

（3）操作规范及注意事项

① 实验时需注意环境湿度，防止样品吸水或失水，一般控制相对湿度在 45%左右为佳。对易产生静电的样品，可加入不多于 0.5%的胶质二氧化硅和（或）氧化铝等抗静电剂，以减小静电作用产生的影响。

② 取样前，样品应混合均匀，这对粒度分析结果的准确性至关重要。

③ 理想的清洗药筛的方法是采用空气流或水流。如仍有颗粒残留在孔隙中，可使用刷子小心轻刷。

第三法 光散射法

单色光束照射到颗粒供试品后即发生散射现象。由于散射光的能量分布与颗粒的大小有关，通过测量散射光的能量分布（散射角），依据米氏散射理论和弗朗霍夫近似理论，即可计算出颗粒的粒度分布。本法的测量范围可达 0.02～3500μm。所用仪器为激光散射粒度分布仪。

（1）仪器 散射仪光源发出的激光强度应稳定，并且能够自动扣除电子背景和光学背景等的干扰。

（2）测定法 根据供试品的性状和溶解性能，选择湿法测定或干法测定。湿法测定用于测定混悬供试品或不溶于分散介质的供试品，干法测定用于测定水溶性或无合适分散介质的固态供试品。

① 湿法测定　检测下限通常为 20nm。

根据供试品的特性，选择适宜的分散方法使供试品分散成稳定的混悬液；通常可采用物理分散的方法如超声、搅拌等，通过调节超声功率和搅拌速度，必要时可加入适量的化学分散剂或表面活性剂，使分散体系成稳定状态，以保证供试品能够均匀稳定地通过检测窗口，得到准确的测定结果。

只有当分散体系的双电层电位（ζ 电位）处于一定范围内，体系才处于稳定状态。因此，在制备供试品的分散体系时，应注意测量体系 ζ 电位，以保证分散体系的重现性。

湿法测量所需要的供试品量通常应达到检测器遮光度范围的 8%～20%；最先进的激光粒度仪对遮光度的下限要求可低至 0.2%。

② 干法测定　检测下限通常为 200nm。

通常采用密闭测量法，以减少供试品吸潮。选用的干法进样器及样品池需克服偏流效应，根据供试品分散的难易，调节分散器的气流压力，使不同大小的粒子以同样的速度均匀稳定地通过检测窗口，以得到准确的测定结果。

干法测量所需要的供试品量通常应达到检测器遮光度范围的 0.5%～5%。

（3）操作规范及注意事项

① 仪器光学参数的设置与供试品的粒度分布有关。粒径大于 10μm 的微粒，对系统折光率和吸光度的影响较小；粒径小于 10μm 的微粒，对系统折射率和吸光度的影响较大。在对不同中药的粒度进行分析时，目前还没有成熟的理论用于指导对仪器光学参数的设置，应由实验比较决定，并采用标准粒子对仪器进行校准。

② 对有色物质、乳化液和粒径小于 10μm 的物质进行粒度分布测量时，为了减少测量误差，应使用米氏理论计算结果，避免使用以弗朗霍夫近似理论为基础的计算公式。

③ 对粒径分布范围较宽的供试品进行测定时，不宜采用分段测量的方法，而应使用涵盖整个测量范围的单一量程检测器，以减少测量误差。

7.2.3 生物检查法

7.2.3.1 无菌检查法

无菌检查法系用于检查《兽药典》要求无菌的兽药、原料、辅料、兽医医疗器具及其他品种是否无菌的一种方法。若供试品符合无菌检查法的规定，仅表明供试品在该检验条件下未发现微生物污染。

（1）培养基　硫乙醇酸盐流体培养基主要用于厌氧菌的培养，也可用于需氧菌的培养；胰酪大豆胨液体培养基适用于真菌和需氧菌的培养。

培养基可按《兽药典》中培养基处方制备，也可使用按该处方生产的符合规定的脱水培养基或成品培养基。配制后应采用验证合格的灭菌程序灭菌。制备好的培养基应保存在 2～25℃、避光的环境，若保存于非密闭容器中，一般在 3 周内使用；若保存于密闭容器中，一般可在一年内使用。

无菌检查用的培养基应符合培养基的无菌性检查及灵敏度检查的要求。若所用培养基不符合无菌要求，则供试品的无菌检查结果应视为无效。

按《兽药典》中培养基的适用性检查方法，包括无菌性检查和灵敏度检查，可在供试品的无菌检查前或与供试品的无菌检查同时进行。应对购进的每个批号的脱水培养基进行灵敏度检查，检查合格后方可使用。当培养基的配制方法和灭菌程序发生变更时，应再次对培养基的灵敏度进行检查。

（2）稀释液、冲洗液 0.1%无菌蛋白胨水溶液和pH7.0无菌氯化钠-蛋白胨缓冲液是常用的稀释液、冲洗液，配制后应采用验证合格的灭菌程序灭菌。根据供试品的特性，也可选用其他经验证过的适宜的溶液作为稀释液、冲洗液，如0.9%无菌氯化钠溶液。如需要，可在上述稀释液或冲洗液的灭菌前或灭菌后加入表面活性剂或中和剂等。

（3）方法适用性试验 进行产品无菌检查时，应进行方法适用性试验，以确认所采用的方法适合于该产品的无菌检查。若检验程序或产品发生变化可能影响检验结果时，应重新进行方法适用性试验。

方法适用性试验按“供试品的无菌检查”的规定及下列要求进行操作。对每一试验菌应逐一进行方法确认。方法适用性试验也可与供试品的无菌检查同时进行。

（4）供试品的无菌检查 无菌检查法包括薄膜过滤法和直接接种法。只要供试品性质允许，应采用薄膜过滤法。供试品无菌检查所采用的检查方法和检验条件应与方法适用性试验确认的方法相同。

检验数量是指一次试验所用供试品最小包装容器的数量，成品每一批均应进行无菌检查。批出厂产品、半成品及上市抽验样品的最少检验数量应符合《兽药典》中的相关规定。

检验量是指供试品每个最小包装接种至每份培养基的最小量（g或mL）。供试品的最少检验量应符合《兽药典》规定。若每支（瓶）供试品的装量按规定足够接种两份培养基，则应分别接种硫乙醇酸盐流体培养基和胰酪大豆胨液体培养基。采用薄膜过滤法时，只要供试品特性允许，应将所有容器内的全部内容物过滤。

应根据供试品特性选择阳性对照菌：无抑菌作用及抗革兰阳性菌为主的供试品，以金黄色葡萄球菌为对照菌；抗革兰阴性菌为主的供试品，以大肠埃希菌为对照菌；抗厌氧菌的供试品，以生孢梭菌为对照菌；抗真菌的供试品，以白念珠菌为对照菌。阳性对照试验的菌液制备同方法适用性试验，加菌量小于100cfu，供试品用量同供试品无菌检查时每份培养基接种的样品量。阳性对照管培养72h内应生长良好。

供试品无菌检查时，应取相应溶剂和稀释液、冲洗液同法操作，作为阴性对照。阴性对照不得有菌生长。

操作时，用适宜的消毒液对供试品容器表面进行彻底消毒，如果供试品容器内有一定的真空度，可用适宜的无菌器材（如带有除菌过滤器的针头）向容器内导入无菌空气，再按无菌操作开启容器取出内容物。

薄膜过滤法 一般应采用封闭式薄膜过滤器。无菌检查用的滤膜孔径应不大于0.45μm，直径约为50mm。根据供试品及其溶剂的特性选择滤膜材质。

直接接种法 适用于无法用薄膜过滤法进行无菌检查的供试品，即取规定量供试品分别等量接种至硫乙醇酸盐流体培养基和胰酪大豆胨液体培养基中。

（5）培养及观察 将接种供试品后的培养基容器分别按各培养基规定的温度培养14天。培养期间应逐日观察并记录是否有菌生长。如在加入供试品后或在培养过程中，培养基出现浑浊，培养14天后，不能从外观上判断有无微生物生长，可取该培养液适量转种至同种新鲜培养基中，培养3天，观察接种的同种新鲜培养基是否再出现浑浊；或取培养液涂片，染色，镜检，判断是否有菌。

（6）结果判断 阳性对照管应生长良好，阴性对照管不得有菌生长。否则，试验无效。

若供试品管均澄清，或虽显浑浊但经确证无菌生长，判供试品符合规定；若供试品管中任何一管显浑浊并确证有菌生长，判供试品不符合规定，除非能充分证明试验结果无效，即生长的微生物非供试品所含。当符合下列至少一个条件时方可判试验结果无效：

① 无菌检查试验所用的设备及环境的微生物监控结果不符合无菌检查法的要求。

② 回顾无菌试验过程，发现有可能引起微生物污染的因素。

③ 供试品管中生长的微生物经鉴定后，确证是因无菌试验中所使用的物品和（或）无菌操作技术不当引起的。

试验若经确认无效，应重试。重试时，重新取同量供试品，依法检查，若无菌生长，判供试品符合规定；若有菌生长，判供试品不符合规定。

（7）操作规范及注意事项

① 无菌试验过程中，若需使用表面活性剂、灭活剂、中和剂等试剂，应证明其有效性，且对微生物无毒性。

② 无菌检查应在无菌条件下进行，试验环境必须达到无菌检查的要求。检验全过程应严格遵守无菌操作，防止微生物污染。防止污染的措施不得影响供试品中微生物的检出。

③ 薄膜过滤法应保证滤膜在过滤前后的完整性。

④ 水溶性供试液过滤前先将少量的冲洗液过滤，以润湿滤膜。油类供试品，其滤膜和过滤器在使用前应充分干燥。为发挥滤膜的最大过滤效率，注意保持供试品溶液及冲洗液覆盖整个滤膜表面。供试液经薄膜过滤后，若需要用冲洗液冲洗滤膜，每张滤膜每次冲洗量一般为100mL，且总冲洗量不得超过1000mL，以避免滤膜上的微生物受到损伤。

7.2.3.2 非无菌产品微生物限度检查：微生物计数法

微生物计数法系用于能在有氧条件下生长的嗜温细菌和真菌的计数。

当本法用于检查非无菌制剂及其原、辅料等是否符合相应的微生物限度标准时，应按下述规定进行检验，包括样品的取样量和结果的判断等。除另有规定外，不适用于活菌制剂的检查。

（1）稀释液、冲洗液及培养基　常用的稀释液、冲洗液有pH7.0无菌氯化钠-蛋白胨缓冲液、pH6.8无菌磷酸盐缓冲液、pH7.2无菌磷酸盐缓冲液、pH7.6无菌磷酸盐缓冲液、0.9%无菌氯化钠溶液。稀释液配制后，应采用验证合格的灭菌程序灭菌。

常用的培养基有胰酪大豆胨液体培养基（TSB）、胰酪大豆胨琼脂培养基（TSA）、沙氏葡萄糖液体培养基（SDB）、沙氏葡萄糖琼脂培养基（SDA）、马铃薯葡萄糖琼脂培养基（PDA）、玫瑰红钠琼脂培养基、硫乙醇酸盐流体培养基、肠道菌增菌液体培养基、紫红胆盐葡萄糖琼脂培养基、麦康凯液体培养基、麦康凯琼脂培养基、RV沙门菌增菌液体培养基、木糖赖氨酸脱氧胆酸盐琼脂培养基等。

（2）计数方法　计数方法包括平皿法、薄膜过滤法和最大概率数（most-probable-number，MPN）法。MPN法用于微生物计数时精确度较差，但对于某些微生物污染量很小的供试品，MPN法可能是更适合的方法。供试品检查时，应根据供试品理化特性和微生物限度标准等因素选择计数方法，检测的样品量应能保证所获得的试验结果能够判断供试品是否符合规定。所选方法的适用性须经确认。供试品的微生物计数方法应按《兽药典》进行方法适用性试验，以确认所采用的方法适合于该产品的微生物计数。若检验程序或产品发生变化可能影响检验结果时，计数方法应重新进行适用性试验。

供试品微生物计数中所使用的成品培养基、脱水培养基或按处方配制的培养基均应按《兽药典》方法进行适用性检查。

（3）供试品检查 检验量：一次试验所用的供试品量（g、mL 或 cm^2）。一般应随机抽取不少于 2 个最小包装的供试品，混合，取规定量供试品进行检验。一般供试品的检验量为 10g 或 10mL；贵重兽药、微量包装兽药的检验量可以酌减。检验时，应从 2 个以上最小包装单位中抽取供试品。

检查方法如下：

按计数方法适用性试验确认的计数方法进行供试品中需氧菌总数、霉菌和酵母菌总数的测定。

胰酪大豆胨琼脂培养基或胰酪大豆胨液体培养基用于测定需氧菌总数；沙氏葡萄糖琼脂培养基用于测定霉菌和酵母菌总数。

阴性对照试验：以稀释液代替供试液进行阴性对照试验，阴性对照试验应无菌生长。如果阴性对照有菌生长，应进行偏差调查。

① 平皿法。平皿法包括倾注法和涂布法。除另有规定外，取规定量供试品，按方法适用性试验确认的方法进行供试液制备和菌数测定，每稀释级每种培养基至少制备 2 个平板。

培养和计数：胰酪大豆胨琼脂培养基平板在 30～35℃培养 3～5 天，沙氏葡萄糖琼脂培养基平板在 20～25℃培养 5～7 天，观察菌落生长情况，点计平板上生长的所有菌落数，计数并报告。菌落蔓延生长成片的平板不宜计数。点计菌落数后，计算各稀释级供试液的平均菌落数，按菌数报告规则报告菌数。若同稀释级两个平板的菌落数平均值不小于 15，则两个平板的菌落数不能相差 1 倍或以上。

菌数报告规则：需氧菌总数测定宜选取平均菌落数小于 300cfu 的稀释级、霉菌和酵母菌总数测定宜选取平均菌落数小于 100cfu 的稀释级，作为菌数报告的依据。取最高的平均菌落数，计算 1g、1mL 或 $10cm^2$ 供试品中所含的微生物数，取两位有效数字报告。

如各稀释级的平板均无菌落生长，或仅最低稀释级的平板有菌落生长，但平均菌落数小于 1 时，以<1 乘以最低稀释倍数的值报告菌数。

② 薄膜过滤法。按计数方法适用性试验确认的方法进行供试液制备。取相当于 1g、1mL 或 $10cm^2$ 供试品的供试液，若供试品所含的菌数较多时，可取适宜稀释级的供试液，照方法适用性试验确认的方法加至适量稀释液中，立即过滤，冲洗，冲洗后取出滤膜，菌面朝上贴于胰酪大豆胨琼脂培养基或沙氏葡萄糖琼脂培养基上培养。

培养和计数：培养条件和计数方法同平皿法，每张滤膜上的菌落数应不超过 100cfu。

菌数报告规则：以相当于 1g、1mL 或 $10cm^2$ 供试品的菌落数报告菌数；若滤膜上无菌落生长，以<1 报告菌数（每张滤膜过滤 1g、1mL 或 $10cm^2$ 供试品），或<1 乘以最低稀释倍数的值报告菌数。

③ MPN 法。取规定量供试品，按方法适用性试验确认的方法进行供试液制备和供试品接种，所有试验管在 30～35℃培养 3～5 天，如果需要确认是否有微生物生长，按方法适用性试验确定的方法进行。记录每一稀释级微生物生长的管数，从《兽药典》微生物最大概率数检索表查每 1g 或 1mL 供试品中需氧菌总数的最大概率数。

（4）结果判断 需氧菌总数是指胰酪大豆胨琼脂培养基上生长的总菌落数（包括真菌菌落数）；霉菌和酵母菌总数是指沙氏葡萄糖琼脂培养基上生长的总菌落数（包括细菌菌落数）。若因沙氏葡萄糖琼脂培养基上生长的细菌使霉菌和酵母菌的计数结果不符合微生物限度要求，可使用含抗生素（如氯霉素、庆大霉素）的沙氏葡萄糖琼脂培养基或其他选择性培养基（如玫瑰红钠琼脂培养基）进行霉菌和酵母菌总数测定。使用选择性培养基时，应进行培养基适用性检查。若采用 MPN 法，测定结果为需氧菌总数。

各品种项下规定的微生物限度标准解释如下：

10^1cfu：可接受的最大菌数为 20。

10^2cfu：可接受的最大菌数为 200。

10^3cfu：可接受的最大菌数为 2000。

依此类推。

若供试品的需氧菌总数、霉菌和酵母菌总数的检查结果均符合该品种项下的规定，判供试品符合规定；若其中任何一项不符合该品种项下的规定，判供试品不符合规定。

（5）操作规范及注意事项

① 微生物计数试验环境应符合微生物限度检查的要求。检验全过程必须严格遵守无菌操作，防止污染，防止污染的措施不得影响供试品中微生物的检出。单向流空气区域、工作台面及环境应定期进行监测。

② 如供试品有抗菌活性，应尽可能去除或中和。供试品检查时，若使用了中和剂或灭活剂，应确认其有效性及对微生物无毒性。

③ 供试液制备时如果使用了表面活性剂，应确认其对微生物无毒性以及与所使用中和剂或灭活剂的相容性。

7.2.3.3 非无菌产品微生物限度检查：控制菌检查法

控制菌检查法系用于在规定的试验条件下，检查供试品中是否存在特定的微生物。

当本法用于检查非无菌制剂及其原、辅料是否符合相应的微生物限度标准时，应按下列规定进行检验，包括样品取样量和结果判断等。供试液制备及实验环境要求应按《兽药典》的要求规范操作。

供试品检出控制菌或其他致病菌时，按一次检出结果为准，不再复试。

供试品控制菌检查中所使用的培养基应按《兽药典》的要求进行适用性检查，检查方法应按《兽药典》的要求进行方法适用性试验，以确认所采用的方法适合于该产品的控制菌检查。若检验程序或产品发生变化可能影响检验结果时，控制菌检查方法应重新进行适用性试验。

（1）控制菌检查方法适用性试验

供试液制备　按下列“供试品检查”中的规定制备供试液。

试验菌　根据各品种项下微生物限度标准中规定检查的控制菌选择相应试验菌株，确认耐胆盐革兰阴性菌检查方法时，采用大肠埃希菌和铜绿假单胞菌为试验菌。

适用性试验　按控制菌检查法取规定量供试液及不大于 100cfu 的试验菌接入规定的培养基中；采用薄膜过滤法时，取规定量供试液，过滤，冲洗，在最后一次冲洗液中加入试验菌，过滤后，注入规定的培养基或取出滤膜接入规定的培养基中。依相应的控制菌检查方法，在规定的温度及最短时间下培养，应能检出所加试验菌相应的反应特征。

结果判断　上述试验若检出试验菌，按此供试液制备法和控制菌检查方法进行供试品检查；若未检出试验菌，应消除供试品的抑菌活性，并重新进行方法适用性试验。

如果经过试验确证供试品对试验菌的抗菌作用无法消除，可认为受抑制的微生物不易存在于该供试品中，选择抑菌成分消除相对彻底的方法进行供试品的检查。

（2）**供试品检查** 供试品的控制菌检查应按经方法适用性试验确认的方法进行。

阳性对照试验方法同供试品的控制菌检查，对照菌的加量应不大于100cfu。阳性对照试验应检出相应的控制菌。

阴性对照试验以稀释液代替供试液照相应控制菌检查法检查，阴性对照试验应无菌生长。如果阴性对照有菌生长，应进行偏差调查。

耐胆盐革兰阴性菌（bile-tolerant Gram-negative bacteria）

供试液制备和预培养：取供试品，用胰酪大豆胨液体培养基作为稀释剂，照“非无菌产品微生物限度检查：微生物计数法”制成1∶10供试液，混匀，在20～25℃培养，培养时间应使供试品中的细菌充分恢复但不增殖（约2h）。

定性试验 除另有规定外，取相当于1g或1mL供试品的上述预培养物接种至适宜体积（经方法适用性试验确定）肠道菌增菌液体培养基中，30～35℃培养24～48h后，划线接种于紫红胆盐葡萄糖琼脂培养基平板上，30～35℃培养18～24h。如果平板上无菌落生长，判供试品未检出耐胆盐革兰阴性菌。

定量试验 选择和分离培养：取相当于0.1g、0.01g和0.001g（或0.1mL、0.01mL和0.001mL）供试品的预培养物或其稀释液分别接种至适宜体积（经方法适用性试验确定）肠道菌增菌液体培养基中，30～35℃培养24～48h。上述每一培养物分别划线接种于紫红胆盐葡萄糖琼脂培养基平板上，30～35℃培养18～24h。

结果判断：若紫红胆盐葡萄糖琼脂培养基平板上有菌落生长，则对应培养管为阳性，否则为阴性。根据各培养管检查结果，从表7-3查1g或1mL供试品中含有耐胆盐革兰阴性菌的可能菌数。

表7-3 耐胆盐革兰阴性菌的可能菌数（N）

各供试品量的检查结果			每1g(或1mL)供试品中可能的菌数/cfu
0.1g或0.1mL	0.01g或0.01mL	0.001g或0.001mL	
+	+	+	$N>10^3$
+	+	－	$10^2<N<10^3$
+	－	－	$10<N<10^2$
－	－	－	$N<10$

注：1. +代表紫红胆盐葡萄糖琼脂平板上有菌落生长；－代表紫红胆盐葡萄糖琼脂平板上无菌落生长。

2. 若供试品量减少（如0.01g或0.01mL，0.001g或0.001mL，0.0001g或0.0001mL），则每1g（或1mL）供试品中可能的菌数（N）应相应增加。

大肠埃希菌（*Escherichia coli*）

供试液制备和增菌培养：取供试品，照“非无菌产品微生物限度检查：微生物计数法”制成1∶10供试液。取相当于1g或1mL供试品的供试液，接种至适宜体积（经方法适用性试验确定）的胰酪大豆胨液体培养基中，混匀，30～35℃培养18～24h。

选择和分离培养：取上述培养物1mL接种至100mL麦康凯液体培养基中，42～44℃培养24～48h。取麦康凯液体培养物划线接种于麦康凯琼脂培养基平板上，30～35℃培养18～72h。

结果判断：若麦康凯琼脂培养基平板上有菌落生长，应进行分离、纯化及适宜的鉴定试验，确证是否为大肠埃希菌；若麦康凯琼脂培养基平板上没有菌落生长，或虽有菌落生长但鉴定结果为阴性，判供试品未检出大肠埃希菌。

沙门菌（*Salmonella*）

供试液制备和增菌培养：取 10g 或 10mL 供试品直接或处理后接种至适宜体积（经方法适用性试验确定）的胰酪大豆胨液体培养基中，混匀，30～35℃培养 18～24h。

选择和分离培养：取上述培养物 0.1mL 接种至 10mL RV 沙门菌增菌液体培养基中，30～35℃培养 18～24h。取少量 RV 沙门菌增菌液体培养物划线接种于木糖赖氨酸脱氧胆酸盐琼脂培养基平板上，30～35℃培养 18～48h。

沙门菌在木糖赖氨酸脱氧胆酸盐琼脂培养基平板上生长良好，菌落为淡红色或无色、透明或半透明、中心有或无黑色。用接种针挑选疑似菌落于三糖铁琼脂培养基高层斜面上进行斜面和高层穿刺接种，培养 18～24h，或采用其他适宜方法进一步鉴定。

结果判断：若木糖赖氨酸脱氧胆酸盐琼脂培养基平板上有疑似菌落生长，且三糖铁琼脂培养基的斜面为红色、底层为黄色，或斜面黄色、底层黄色或黑色，应进一步进行适宜的鉴定试验，确证是否为沙门菌。如果平板上没有菌落生长，或虽有菌落生长但鉴定结果为阴性，或三糖铁琼脂培养基的斜面未见红色、底层未见黄色，或斜面黄色、底层未见黄色或黑色，判供试品未检出沙门菌。

铜绿假单胞菌（*Pseudomonas aeruginosa*）

供试液制备和增菌培养：取供试品，照“非无菌产品微生物限度检查：微生物计数法”制成 1∶10 供试液。取相当于 1g 或 1mL 供试品的供试液，接种至适宜体积（经方法适用性试验确定）的胰酪大豆胨液体培养基中，混匀，30～35℃培养 18～24h。

选择和分离培养：取上述培养物划线接种于溴化十六烷基三甲铵琼脂培养基平板上，30～35℃培养 18～72h。

取上述平板上生长的菌落进行氧化酶试验，或采用其他适宜方法进一步鉴定。

氧化酶试验：将洁净滤纸片置于平皿内，用无菌玻棒取上述平板上生长的菌落涂于滤纸片上，滴加新配制的 1%二盐酸 *N*,*N* 二甲基对苯二胺试液，在 30s 内若培养物呈粉红色并逐渐变为紫红色为氧化酶试验阳性，否则为阴性。

结果判断：若溴化十六烷基三甲铵琼脂培养基平板上有菌落生长，且氧化酶试验阳性，应进一步进行适宜的鉴定试验，确证是否为铜绿假单胞菌。如果平板上没有菌落生长，或虽有菌落生长但鉴定结果为阴性，或氧化酶试验阴性，判供试品未检出铜绿假单胞菌。

金黄色葡萄球菌（*Staphylococcus aureus*）

供试液制备和增菌培养：取供试品，照“非无菌产品微生物限度检查：微生物计数法”制成 1∶10 供试液。取相当于 1g 或 1mL 供试品的供试液，接种至适宜体积（经方法适用性试验确定）的胰酪大豆胨液体培养基中，混匀，30～35℃培养 18～24h。

选择和分离培养：取上述培养物划线接种于甘露醇氯化钠琼脂培养基平板上，30～35℃培养 18～72h。

结果判断：若甘露醇氯化钠琼脂培养基平板上有黄色菌落或外周有黄色环的白色菌落生长，应进行分离、纯化及适宜的鉴定试验，确证是否为金黄色葡萄球菌；若平板上没有与上述形态特征相符或疑似的菌落生长，或虽有相符或疑似的菌落生长但鉴定结果为阴性，判供试品未检出金黄色葡萄球菌。

梭菌（*Clostridia*）

供试液制备和热处理：取供试品，照“非无菌产品微生物限度检查：微生物计数法”

制成1∶10供试液。取相当于1g或1mL供试品的供试液2份，其中1份置80℃保温10min后迅速冷却。

增菌、选择和分离培养：将上述2份供试液分别接种至适宜体积（经方法适用性试验确定）的梭菌增菌培养基中，置厌氧条件下30～35℃培养48h。取上述每一培养物少量，分别涂抹接种于哥伦比亚琼脂培养基平板上，置厌氧条件下30～35℃培养48～72h。

过氧化氢酶试验：取上述平板上生长的菌落，置洁净玻片上，滴加3%过氧化氢试液，若菌落表面有气泡产生，为过氧化氢酶试验阳性，否则为阴性。

结果判断：若哥伦比亚琼脂培养基平板上有厌氧杆菌生长（有或无芽孢），且过氧化氢酶反应阴性的，应进一步进行适宜的鉴定试验，确证是否为梭菌；如果哥伦比亚琼脂培养基平板上没有厌氧杆菌生长，或虽有相符或疑似的菌落生长但鉴定结果为阴性，或过氧化氢酶反应阳性，判供试品未检出梭菌。

白念珠菌（*Candida albicans*）

供试液制备和增菌培养：取供试品，照"非无菌产品微生物限度检查：微生物计数法"制成1∶10供试液。取相当于1g或1mL供试品的供试液，接种至适宜体积（经方法适用性试验确定）的沙氏葡萄糖液体培养基中，混匀，30～35℃培养3～5天。

选择和分离：取上述预培养物划线接种于沙氏葡萄糖琼脂培养基平板上，30～35℃培养24～48h。

白念珠菌在沙氏葡萄糖琼脂培养基上生长的菌落呈乳白色，偶见淡黄色，表面光滑有浓酵母气味，培养时间稍久则菌落增大、颜色变深、质地变硬或有皱褶。挑取疑似菌落接种至念珠菌显色培养基平板上，培养24～48h（必要时延长至72h），或采用其他适宜方法进一步鉴定。

结果判断：若沙氏葡萄糖琼脂培养基平板上有疑似菌落生长，且疑似菌在念珠菌显色培养基平板上生长的菌落呈阳性反应，应进一步进行适宜的鉴定试验，确证是否为白念珠菌；若沙氏葡萄糖琼脂培养基平板上没有菌落生长，或虽有菌落生长但鉴定结果为阴性，或疑似菌在念珠菌显色培养基平板上生长的菌落呈阴性反应，判供试品未检出白念珠菌。

（3）操作规范及注意事项

① 如果供试品具有抗菌活性，应尽可能去除或中和。供试品检查时，若使用了中和剂或灭活剂，应确认其有效性及对微生物无毒性。

② 供试液制备时如果使用了表面活性剂，应确认其对微生物无毒性以及与所使用中和剂或灭活剂的相容性。

7.2.3.4 非无菌兽药微生物限度标准

非无菌兽药的微生物限度标准是基于兽药的给药途径和对动物健康潜在的危害以及兽药的特殊性而制订的。用于兽药生产、贮存、销售过程中的检验，药用原料、辅料的检验，新兽药标准制订，进口兽药标准复核，考察兽药质量及仲裁等，除另有规定外，其微生物限度均以《兽药典》中非无菌兽药微生物限度标准为依据。

限度标准所列的控制菌对于控制某些兽药的微生物质量可能并不全面，因此，对于原料、辅料及某些特定的制剂，根据原辅料及其制剂的特性和用途、制剂的生产工艺等因素，可能还需检查其他具有潜在危害的微生物。

7.2.3.5 异常毒性检查法

异常毒性有别于药物本身所具有的毒性特征，是指由生产过程中引入或其他原因所致的毒性。

本法系给予小鼠一定剂量的供试品溶液，在规定时间内观察小鼠出现的异常反应或死亡情况，检查供试品中是否污染外源性毒性物质以及是否存在意外的不安全因素。

供试用的小鼠应健康合格，体重18～22g，在试验前及试验的观察期内，均应按正常饲养条件饲养。做过本试验的小鼠不得重复使用。

供试品溶液的制备：按各品种项下规定的浓度制成供试品溶液。临用前，供试品溶液应平衡至室温。

检查法：除另有规定外，取上述小鼠5只，每只小鼠分别静脉给予供试品溶液0.5mL。应在4～5s内匀速注射完毕。规定缓慢注射的品种可延长至30s。

结果判断：除另有规定外，全部小鼠在给药后48h内不得有死亡；如有死亡时，应另取体重19～21g的小鼠10只复试，全部小鼠在48h内不得有死亡。

7.2.3.6 热原检查法

本法系将一定剂量的供试品，静脉注入家兔体内，在规定时间内，观察家兔体温升高的情况，以判定供试品中所含热原的限度是否符合规定。

供试用的家兔应健康合格，体重1.7kg以上，雌兔应无孕。预测体温前7日即应用同一饲料饲养，在此期间内，体重应不减轻，精神、食欲、排泄等不得有异常现象。未曾用于热原检查的家兔；或供试品判定为符合规定，但组内升温达0.6℃的家兔；或3周内未曾使用的家兔，均应在检查供试品前7日内预测体温，进行挑选。挑选试验的条件与检查供试品时相同，仅不注射药液，每隔30min测量体温1次，共测8次，8次体温均在38.0～39.6℃的范围内，且最高与最低体温相差不超过0.4℃的家兔，方可供热原检查用。用于热原检查后的家兔，如供试品判定为符合规定，至少应休息48h方可再供热原检查用，其中升温达0.6℃的家兔应休息2周以上。如供试品判定为不符合规定，则组内全部家兔不再使用。

试验前的准备：热原检查前1～2日，供试用家兔应尽可能处于同一温度的环境中，实验室和饲养室的温度相差不得大于3℃，且应控制在17～25℃，在试验全部过程中，实验室温度变化不得大于3℃，应防止动物骚动并避免噪声干扰。家兔在试验前至少1h开始停止给食，并置于宽松适宜的装置中，直至试验完毕。测量家兔体温应使用精密度为±0.1℃的测温装置。测温探头或肛温计插入肛门的深度和时间各兔应相同，深度一般约6cm，时间不得少于1.5min，每隔30min测量体温1次，一般测量2次，两次体温之差不得超过0.2℃，以此两次体温的平均值作为该兔的正常体温。当日使用的家兔，正常体温应在38.0～39.6℃的范围内，且同组各兔间正常体温之差不得超过1.0℃。

与供试品接触的试验用器皿应无菌、无热原。去除热原通常采用干热灭菌法（250℃加热30min以上），也可用其他适宜的方法。

检查法：取适用的家兔3只，测定其正常体温后15min以内，自耳静脉缓缓注入规定剂量并温热至约38℃的供试品溶液，然后每隔30min按前法测量其体温1次，共测6次，以6次体温中最高的一次减去正常体温，即为该兔体温的升高温度（℃）。如3只家兔中有1只体温升高0.6℃或高于0.6℃，或3只家兔体温升高的总和达1.3℃或高于1.3℃，应另取5只家兔复试，检查方法同上。

结果判断：在初试的 3 只家兔中，体温升高均低于 0.6℃，并且 3 只家兔体温升高总和低于 1.3℃；或在复试的 5 只家兔中，体温升高 0.6℃或高于 0.6℃的家兔不超过 1 只，并且初试、复试合并 8 只家兔的体温升高总和为 3.5℃或低于 3.5℃，均判定供试品的热原检查符合规定。

在初试的 3 只家兔中，体温升高 0.6℃或高于 0.6℃的家兔超过 1 只；或在复试的 5 只家兔中，体温升高 0.6℃或高于 0.6℃的家兔超过 1 只；或在初试、复试合并 8 只家兔的体温升高总和超过 3.5℃，均判定供试品的热原检查不符合规定。

当家兔升温为负值时，均以 0℃计。

7.2.3.7 细菌内毒素检查法

本法系利用鲎试剂来检测或量化由革兰阴性菌产生的细菌内毒素，以判断供试品中细菌内毒素的限量是否符合规定的一种方法。

细菌内毒素检查包括两种方法，即凝胶法和光度测定法，后者包括浊度法和显色基质法。供试品检测时，可使用其中任何一种方法进行试验。当测定结果有争议时，除另有规定外，以凝胶限度试验结果为准。

本试验操作过程应防止内毒素的污染。

细菌内毒素的量用内毒素单位（EU）表示，1EU 与 1 个内毒素国际单位（IU）相当。

试验所用的器皿需经处理，以去除可能存在的外源性内毒素。耐热器皿常用干热灭菌法（250℃、30min 以上）去除，也可采用其他确证不干扰细菌内毒素检查的适宜方法。若使用塑料器械，如微孔板和与微量加样器配套的吸头等，应选用标明无内毒素并且对试验无干扰的器械。

供试品溶液的制备：某些供试品需进行复溶、稀释或在水性溶液中浸提制成供试品溶液。必要时，可调节被测溶液（或其稀释液）的 pH 值，一般供试品溶液和鲎试剂混合后溶液的 pH 值在 6.0～8.0 的范围内为宜，可使用适宜的酸、碱溶液或缓冲液调节 pH 值。酸或碱溶液须用细菌内毒素检查用水在已去除内毒素的容器中配制。缓冲液必须经过验证不含内毒素和干扰因子。

内毒素限值的确定：细菌内毒素限值（L）一般按以下公式确定：

$$L=K/M$$

式中，L 为供试品细菌内毒素限值，一般以 EU/mL、EU/mg 或 EU/U（活性单位）表示；K 为每千克体重最大可接受的内毒素剂量，根据给药途径，注射剂 K=5EU/kg，放射性兽药注射剂 K=2.5EU/kg，鞘内用注射剂 K=0.2EU/kg，当供试品按体积给药时，K 以 mL/kg 表示，按重量给药的，K 以 mg/kg 表示，按生物活性单位给药的，K 以 U/kg 表示；M 为每千克体重的最大供试品单次剂量，当供试品的用法与用量为频繁间隔注射或连续输注的，M 是每小时给药的最大总剂量。

如果该供试品可用于多个动物品种，应使用最小的动物品种使用的最大供试品剂量。当幼年动物的每千克体重剂量高于成年动物时，应使用幼年动物的每千克体重剂量。

确定最大有效稀释倍数（MVD）：最大有效稀释倍数是指在试验中供试品溶液被允许达到稀释的最大倍数（1→MVD），在不超过此稀释倍数的浓度下进行内毒素限值的检测。用以下公式来确定 MVD：

$$\mathrm{MVD}=cL/\lambda$$

式中，L 为供试品的细菌内毒素限值；c 为供试品溶液的浓度，当 L 以 EU/mL 表示时，则 c 等于 1.0mL/mL，当 L 以 EU/mg 或 EU/U 表示时，c 的单位需为 mg/mL 或 U/mL，如供试品为注射用无菌粉末或原料药，则 MVD 取 1，可计算供试品的最小有效稀释浓度 $c=\lambda/L$；λ 为在凝胶法中鲎试剂的标示灵敏度（EU/mL），或是在光度测定法中所使用的标准曲线上最低的内毒素浓度。

（1）凝胶法 凝胶法系通过鲎试剂与内毒素产生凝集反应的原理进行限度检测或半定量内毒素的方法。

鲎试剂灵敏度复核试验：在本检查法规定的条件下，使鲎试剂产生凝集的内毒素的最低浓度，即为鲎试剂的标示灵敏度，用 EU/mL 表示。当使用新批号的鲎试剂或试验条件发生了任何可能影响检验结果的改变时，应进行鲎试剂灵敏度复核试验。

根据鲎试剂灵敏度的标示值（λ），将细菌内毒素国家标准品或细菌内毒素工作标准品用细菌内毒素检查用水溶解，在旋涡混合器上混匀 15min，然后制成 2λ、λ、0.5λ 和 0.25λ 四个浓度的内毒素标准溶液，每稀释一步均应在旋涡混合器上混匀 30s。取分装有 0.1mL 鲎试剂溶液的 10mm×75mm 试管或复溶后的 0.1mL/支规格的鲎试剂原安瓿 18 支，其中 16 管分别加入 0.1mL 不同浓度的内毒素标准溶液，每一个内毒素浓度平行做 4 管；另外 2 管加入 0.1mL 细菌内毒素检查用水作为阴性对照。将试管中溶液轻轻混匀后，封闭管口，垂直放入 37℃±1℃的恒温器中，保温 60min±2min。

将试管从恒温器中轻轻取出，缓缓倒转 180°，若管内形成凝胶，并且凝胶不变形、不从管壁滑脱者为阳性；未形成凝胶或形成的凝胶不坚实、变形并从管壁滑脱者为阴性。保温和拿取试管过程应避免受到振动造成假阴性结果。

当最大浓度 2λ 管均为阳性，最低浓度 0.25λ 管均为阴性，阴性对照管为阴性，试验方为有效。按下式计算反应终点浓度的几何平均值，即为鲎试剂灵敏度的测定值（λ_c）。

$$\lambda_c=\text{antilg}(\Sigma X/n)$$

式中，X 为反应终点浓度的对数值（lg），反应终点浓度是指系列递减的内毒素浓度中最后一个呈阳性结果的浓度；n 为每个浓度的平行管数。

当 λ_c 在 0.5λ～2λ（包括 0.5λ 和 2λ）时，方可用于细菌内毒素检查，并以标示灵敏度 λ 为该批鲎试剂的灵敏度。

干扰试验：按表 7-4 制备溶液 A、B、C 和 D，使用的供试品溶液应为未检验出内毒素且不超过最大有效稀释倍数（MVD）的溶液，按鲎试剂灵敏度复核试验项下操作。

表 7-4 凝胶法干扰试验溶液的制备

编号	内毒素浓度/被加入内毒素的溶液	稀释用液	稀释倍数	所含内毒素的浓度	平行管数
A	无/供试品溶液	—	—	—	2
B	2λ/供试品溶液	供试品溶液	1	2λ	4
			2	1λ	4
			4	0.5λ	4
			8	0.25λ	4
C	2λ/检查用水	检查用水	1	2λ	2
			2	1λ	2
			4	0.5λ	2
			8	0.25λ	2
D	无/检查用水	—	—	—	2

注：A 为供试品溶液；B 为干扰试验系列；C 为鲎试剂标示灵敏度的对照系列；D 为阴性对照。

只有当溶液A和阴性对照溶液D的所有平行管都为阴性，并且系列溶液C的结果符合鲎试剂灵敏度复核试验要求时，试验方为有效。当系列溶液B的结果符合鲎试剂灵敏度复核试验要求时，认为供试品在该浓度下无干扰作用。其他情况则认为供试品在该浓度下存在干扰作用。若供试品溶液在小于MVD的稀释倍数下对试验有干扰，应将供试品溶液进行不超过MVD的进一步稀释，再重复进行干扰试验。

可通过对供试品进行更大倍数的稀释或通过其他适宜的方法（如过滤、中和、透析或加热处理等）排除干扰。为确保所选择的处理方法能有效地排除干扰且不会使内毒素失去活性，要使用预先添加了标准内毒素再经过处理的供试品溶液进行干扰试验。

进行新兽药的内毒素检查试验前，或无内毒素检查项的品种建立内毒素检查法时，须进行干扰试验。

当鲎试剂、供试品的处方、生产工艺改变或试验环境中发生了任何有可能影响试验结果的变化时，须重新进行干扰试验。

检查法：

凝胶限度试验：按表7-5制备溶液A、B、C和D。使用稀释倍数不超过MVD并且已经排除干扰的供试品溶液来制备溶液A和B。按鲎试剂灵敏度复核试验项下操作。

表7-5 凝胶限度试验溶液的制备

编号	内毒素浓度/被加入内毒素的溶液	平行管数	编号	内毒素浓度/被加入内毒素的溶液	平行管数
A	无/供试品溶液	2	C	2λ/检查用水	2
B	2λ/供试品溶液	2	D	无/检查用水	2

注： A为供试品溶液；B为供试品阳性对照；C为阳性对照；D为阴性对照。

结果判断：保温60min±2min后观察结果。若阴性对照溶液D的平行管均为阴性，供试品阳性对照溶液B的平行管均为阳性，阳性对照溶液C的平行管均为阳性，试验有效。

若溶液A的两个平行管均为阴性，判定供试品符合规定；若溶液A的两个平行管均为阳性，判定供试品不符合规定；若溶液A的两个平行管中的一管为阳性，另一管为阴性，需进行复试，复试时，溶液A需做4支平行管；若所有平行管均为阴性，判定供试品符合规定；否则判定供试品不符合规定。

若供试品的稀释倍数小于MVD而溶液A出现不符合规定时，需将供试品稀释至MVD重新试验，再对结果进行判断。

凝胶半定量试验：本方法系通过确定反应终点浓度来量化供试品中内毒素的含量。按表7-6制备溶液A、B、C和D。按鲎试剂灵敏度复核试验项下操作。

结果判断：若阴性对照溶液D的平行管均为阴性，供试品阳性对照溶液B的平行管均为阳性，系列溶液C的反应终点浓度的几何平均值在0.5λ～2λ，试验有效。

系列溶液A中每一系列的终点稀释倍数乘以λ，为每个系列的反应终点浓度，如果检验的是经稀释的供试品，则将终点浓度乘以供试品进行半定量试验的初始稀释倍数，即得到每一系列内毒素浓度c。

若每一系列内毒素浓度均小于规定的限值，判定供试品符合规定。每一系列内毒素浓度的几何平均值即为供试品溶液的内毒素浓度［按公式$c_E = \text{antilg}(\Sigma c/2)$］。若试验中供试品溶液的所有平行管均为阴性，应记为内毒素浓度小于λ（如果检验的是稀释过的供试品，则记为小于λ乘以供试品进行半定量试验的初始稀释倍数）。

若任何系列内毒素浓度不小于规定的限值时，则判定供试品不符合规定。当供试品溶液的所有平行管均为阳性，可记为内毒素的浓度大于或等于最大稀释倍数乘以 λ。

表 7-6 凝胶半定量试验溶液的制备

编号	内毒素浓度/被加入内毒素的溶液	稀释用液	稀释倍数	所含内毒素的浓度	平行管数
A	无/供试品溶液	检查用水	1	—	2
			2	—	2
			4	—	2
			8	—	2
B	2λ/供试品溶液		1	2λ	2
C	2λ/检查用水	检查用水	1	2λ	2
			2	1λ	2
			4	0.5λ	2
			8	0.25λ	2
D	无/检查用水	—	—	—	2

注： A 为不超过 MVD 并且通过干扰试验的供试品溶液。从通过干扰试验的稀释倍数开始用检查用水稀释至 1 倍、 2 倍、 4 倍和 8 倍，最后的稀释倍数不得超过 MVD;

B 为 2λ 浓度标准内毒素的溶液 A（供试品阳性对照）；

C 为鲎试剂标示灵敏度的对照系列;

D 为阴性对照。

（2）光度测定法 光度测定法分为浊度法和显色基质法。

浊度法系利用检测鲎试剂与内毒素反应过程中的浊度变化而测定内毒素含量的方法。根据检测原理，可分为终点浊度法和动态浊度法。终点浊度法是依据反应混合物中的内毒素浓度和其在孵育终止时的浊度（吸光度或透光率）之间存在着量化关系来测定内毒素含量的方法。动态浊度法是检测反应混合物的浊度到达某一预先设定的吸光度或透光率所需要的反应时间，或是检测浊度增加速度的方法。

显色基质法系利用检测鲎试剂与内毒素反应过程中产生的凝固酶使特定底物释放出呈色团的多少而测定内毒素含量的方法。根据检测原理，分为终点显色法和动态显色法。终点显色法是依据反应混合物中内毒素浓度和其在孵育终止时释放出的呈色团的量之间存在的量化关系来测定内毒素含量的方法。动态显色法是检测反应混合物的吸光度或透光率达到某一预先设定的检测值所需要的反应时间，或检测值增加速度的方法。

光度测定试验需在特定的仪器中进行，温度一般为 37℃±1℃。

供试品和鲎试剂的加样量、供试品和鲎试剂的比例以及保温时间等，参照所用仪器和试剂的有关说明进行。

为保证浊度和显色试验的有效性，应预先进行标准曲线的可靠性试验以及供试品的干扰试验。

当使用新批号的鲎试剂或试验条件有任何可能会影响检验结果的改变时，需按《兽药典》规定的方法进行标准曲线的可靠性试验。

干扰试验：选择标准曲线中点或一个靠近中点的内毒素浓度（设为 λ_m），作为供试品干扰试验中添加的内毒素浓度。按表 7-7 制备溶液 A、B、C 和 D。

表 7-7 光度测定法干扰试验溶液的制备

编号	内毒素浓度	被加入内毒素的溶液	平行管数
A	无	供试品溶液	至少 2
B	标准曲线的中点(或附近点)的浓度(设为 λ_m)	供试品溶液	至少 2

编号	内毒素浓度	被加入内毒素的溶液	平行管数
C	至少3个浓度(最低一点设定为λ)	检查用水	每一浓度至少2
D	无	检查用水	至少2

注：A为稀释倍数不超过MVD的供试品溶液；
B为加入了标准曲线中点或靠近中点的一个已知内毒素浓度的，且与溶液A有相同稀释倍数的供试品溶液；
C为如“标准曲线的可靠性试验”项下描述的，用于制备标准曲线的标准内毒素溶液；
D为阴性对照。

按所得线性回归方程分别计算出供试品溶液和含标准内毒素的供试品溶液的内毒素含量 c_t 和 c_s，再按下式计算该试验条件下的回收率（R）。

$$R=(c_s-c_t)/\lambda_m\times100\%$$

当内毒素的回收率在50%～200%之间，则认为在此试验条件下供试品溶液不存在干扰作用。

当内毒素的回收率不在指定的范围内，须按“凝胶法干扰试验”中的方法去除干扰因素，并重复干扰试验来验证处理的有效性。

当鲎试剂、供试品的来源、处方、生产工艺改变或试验环境中发生了任何有可能影响试验结果的变化时，须重新进行干扰试验。

检查法：本检查法中，“管”的意思包括其他任何反应容器，如微孔板中的孔。

按“光度测定法干扰试验”中的操作步骤进行检测。使用系列溶液C生成的标准曲线来计算溶液A的每一个平行管的内毒素浓度。

试验必须符合以下三个条件方为有效：

① 系列溶液C的结果要符合“标准曲线的可靠性试验”中的要求。

② 用溶液B中的内毒素浓度减去溶液A中的内毒素浓度后，计算出的内毒素的回收率要在50%～200%的范围内。

③ 阴性对照的检测值小于标准曲线最低点的检测值或反应时间大于标准曲线最低点的反应时间。

结果判断：若供试品溶液所有平行管的平均内毒素浓度乘以稀释倍数后，小于规定的内毒素限值，判定供试品符合规定；若大于或等于规定的内毒素限值，判定供试品不符合规定。

7.2.3.8 过敏反应检查法

本法系将一定量的供试品溶液注入豚鼠体内，间隔一定时间后静脉注射供试品溶液进行激发，观察动物出现过敏反应的情况，以判定供试品是否引起动物全身过敏反应。

供试用的豚鼠应健康合格，体重250～350g，雌鼠应无孕。在试验前和试验过程中，均应按正常饲养条件饲养。做过本试验的豚鼠不得重复使用。

供试品溶液的制备：除另有规定外，按各品种项下规定的浓度制备供试品溶液。

检查法：除另有规定外，取上述豚鼠6只，隔日每只每次腹腔或适宜的途径注射供试品溶液0.5mL，共3次，进行致敏。每日观察每只动物的行为和体征，首次致敏和激发前称量并记录每只动物的体重。然后将其均分为2组，每组3只，分别在首次注射后第14日和第21日，由静脉注射供试品溶液1mL进行激发。观察激发后30min内动物有无过敏反应症状。

结果判断：静脉注射供试品溶液30min内，不得出现过敏反应。如在同一只动物上出现竖毛、发抖、干呕、连续喷嚏3声、连续咳嗽3声、紫癜和呼吸困难等现象中的2种或2种以上，或出现二便失禁、步态不稳或倒地、抽搐、休克、死亡现象之一者，判定供试品不符合规定。

7.2.3.9 溶血与凝聚检查法

本法系将一定量供试品与2%的家兔红细胞混悬液混合，温育一定时间后，观察其对红细胞状态是否产生影响的一种方法。

2%红细胞混悬液的制备：取健康家兔血液，放入含玻璃珠的锥形瓶中振摇10min，或用玻璃棒搅动血液，以除去纤维蛋白原，使成脱纤血液。加入0.9%氯化钠溶液约10倍量，摇匀，1000～1500r/min离心15min，除去上清液，沉淀的红细胞再用0.9%氯化钠溶液按上述方法洗涤2～3次，至上清液不显示红色为止。将所得红细胞用0.9%氯化钠溶液制成2%的混悬液，供试验用。

供试品溶液的制备：除另有规定外，按品种项下规定的浓度制成供试品溶液。

检查法：取洁净玻璃试管5只，编号，1、2号管为供试品管，3号管为阴性对照管，4号管为阳性对照管，5号管为供试品对照管。按表7-8所示依次加入2%红细胞悬液、0.9%氯化钠溶液、纯化水，混匀后，立即置37℃±0.5℃的恒温箱中进行温育。3h后观察溶血和凝聚反应。

表7-8 加入溶液示意

试管编号	1、2	3	4	5
2%红细胞悬液/mL	2.5	2.5	2.5	
0.9%氯化钠溶液/mL	2.2	2.5		4.7
纯化水/mL			2.5	
供试品溶液/mL	0.3			0.3

如试管中的溶液呈澄明红色，管底无细胞残留或有少量红细胞残留，表明有溶血发生；如红细胞全部下沉，上清液无色澄明，或上清液虽有色澄明，但1、2号管和5号管肉眼观察无明显差异，则表明无溶血发生。

若溶液中有棕红色或红棕色絮状沉淀，轻轻倒转3次仍不分散，表明可能有红细胞凝聚发生，应进一步置显微镜下观察，如可见红细胞聚集为凝聚。

结果判断：当阴性对照管无溶血和凝聚发生，阳性对照管有溶血发生，若2支供试品管中的溶液在3h内均不发生溶血和凝聚，判定供试品符合规定；若有1支供试品管的溶液在3h内发生溶血和（或）凝聚，应设4支供试品管进行复试，其供试品管的溶液在3h内均不得发生溶血和（或）凝聚，否则判定供试品不符合规定。

7.2.3.10 灭菌法

灭菌法系指用适当的物理或化学手段将物品中活的微生物杀灭或除去，从而使物品残存活微生物的概率下降至预期的无菌保证水平的方法。本法适用于制剂、原料、辅料及兽医器械等物品的灭菌。

无菌物品是指物品中不含任何活的微生物。实际生产过程中，灭菌是指将物品中污染微生物的概率下降至预期的无菌保证水平。最终灭菌的物品微生物存活概率，即无菌保证水平不得高于10^{-6}。已灭菌物品达到的无菌保证水平可通过验证确定。灭菌程序的验证是无菌保证的必要条件。灭菌程序经验证后，方可交付正式使用。

常用的灭菌方法有湿热灭菌法、干热灭菌法、辐射灭菌法、气体灭菌法和过滤除菌法。可根据被灭菌物品的特性采用一种或多种方法组合灭菌。只要物品允许，应尽可能选用最终灭菌法灭菌。若物品不适合采用最终灭菌法，可选用过滤除菌法或无菌生产工艺达到无菌保证要求，只要可能，应对非最终灭菌的物品作补充性灭菌处理（如流通蒸汽灭菌）。

（1）湿热灭菌法 本法系指将物品置于灭菌柜内利用高压饱和蒸汽、过热水喷淋等手段使微生物菌体中的蛋白质、核酸发生变性而杀灭微生物的方法。该法灭菌能力强，为热力灭菌中最有效、应用最广泛的灭菌方法。兽药、容器、培养基、无菌衣、胶塞以及其他遇高温和潮湿不发生变化或损坏的物品，均可采用本法灭菌。流通蒸汽不能有效杀灭细菌孢子，一般可作为不耐热无菌产品的辅助灭菌手段。

湿热灭菌条件的选择应考虑被灭菌物品的热稳定性、热穿透力、微生物污染程度等因素。湿热灭菌条件通常采用121℃×15min、121℃×30min或116℃×40min的程序，也可采用其他温度和时间参数，但无论采用何种灭菌温度和时间参数，都必须证明所采用的灭菌工艺和监控措施在日常运行过程中能确保物品灭菌后的SAL$\leqslant 10^{-6}$。当灭菌程序的选定采用F_0值概念时（F_0值为标准灭菌时间，系灭菌过程赋予被灭菌物品121℃下的灭菌时间），应采取特别措施确保被灭菌物品能得到足够的无菌保证，此时，除对灭菌程序进行验证外，还必须在生产过程中对微生物进行监控，证明污染的微生物指标低于设定的限度。对热稳定的物品，灭菌工艺可首选过度杀灭法，以保证被灭菌物品获得足够的无菌保证值。热不稳定性物品，其灭菌工艺的确定依赖于在一定的时间内，一定的生产批次的被灭菌物品灭菌前微生物污染的水平及其耐热性。因此，日常生产全过程应对产品中污染的微生物进行连续的、严格的监控，并采取各种措施降低物品微生物污染水平，特别是防止耐热菌的污染。热不稳定性物品的F_0值一般不低于8min。

采用湿热灭菌时，被灭菌物品应有适当的装载方式，不能排列过密，以保证灭菌的有效性和均一性。

湿热灭菌法应确认灭菌柜在不同装载时可能存在的冷点。当用生物指示剂进一步确认灭菌效果时，应将其置于冷点处。本法常用的生物指示剂为嗜热脂肪芽孢杆菌孢子（spores of *Bacillus stearothermophilus*）。

（2）干热灭菌法 本法系指将物品置于干热灭菌柜、隧道灭菌器等设备中，利用干热空气达到杀灭微生物或消除热原物质的方法。适用于耐高温但不宜用湿热灭菌法灭菌的物品灭菌，如玻璃器具、金属制容器、纤维制品、固体试药、液状石蜡等均可采用本法灭菌。

干热灭菌条件一般为（160～170℃）×120min以上、（170～180℃）×60min以上或250℃×45min以上，也可采用其他温度和时间参数。无论采用何种灭菌条件，均应保证灭菌后的物品的SAL$\leqslant 10^{-6}$。采用干热过度杀灭后的物品一般无需进行灭菌前污染微生物的测定。250℃×45min的干热灭菌也可除去无菌产品包装容器及有关生产灌装用具中的热原物质。

采用干热灭菌时，被灭菌物品应有适当的装载方式，不能排列过密，以保证灭菌的有效性和均一性。

干热灭菌法应确认灭菌柜中的温度分布符合设定的标准及确定最冷点位置等。常用的生物指示剂为枯草芽孢杆菌孢子（spores of *Bacillus subtilis*）。细菌内毒素灭活验证试验是证明除热原过程有效性的试验。一般将不小于 1000 单位的细菌内毒素加入待去热原的物品中，证明该去热原工艺能使内毒素至少下降 3 个对数单位。细菌内毒素灭活验证试验所用的细菌内毒素一般为大肠埃希菌内毒素（*Escherichia coli endoxin*）。

（3）辐射灭菌法 本法系指将物品置于适宜放射源辐射的 γ 射线或适宜的电子加速器发生的电子束中进行电离辐射而达到杀灭微生物的方法。本法最常用的为 ^{60}Co-γ 射线辐射灭菌。医疗器械、容器、生产辅助用品、不受辐射破坏的原料药及成品等均可用本法灭菌。

采用辐射灭菌法灭菌的无菌物品其 SAL 应 $\leqslant 10^{-6}$。γ 射线辐射灭菌所控制的参数主要是辐射剂量（指灭菌物品的吸收剂量）。该剂量的制定应考虑灭菌物品的适应性及可能污染的微生物最大数量及最强抗辐射力，事先应验证所使用的剂量不影响被灭菌物品的安全性、有效性及稳定性。常用的辐射灭菌吸收剂量为 25kGy。对最终产品、原料药、某些兽医用医疗器材应尽可能采用低辐射剂量灭菌。灭菌前，应对被灭菌物品微生物污染的数量和抗辐射强度进行测定，以评价灭菌过程赋予该灭菌物品的无菌保证水平。对于已设定的剂量，应定期审核，以验证其有效性。

灭菌时，应采用适当的化学或物理方法对灭菌物品吸收的辐射剂量进行监控，以充分证实灭菌物品吸收的剂量是在规定的限度内。如采用与灭菌物品一起被辐射的放射性剂量计，剂量计要置于规定的部位。在初安装时剂量计应用标准源进行校正，并定期进行再校正。

^{60}Co-γ 射线辐射灭菌法常用的生物指示剂为短小芽孢杆菌孢子（spores of *Bacillus pumilus*）。

（4）气体灭菌法 本法系指用化学消毒剂形成的气体杀灭微生物的方法。常用的化学消毒剂有环氧乙烷、气态过氧化氢、甲醛、臭氧（O_3）等，本法适用于在气体中稳定的物品灭菌。采用气体灭菌法时，应注意灭菌气体的可燃可爆性、致畸性和残留毒性。

本法中最常用的气体是环氧乙烷，一般与 80%～90%的惰性气体混合使用，在充有灭菌气体的高压腔室内进行。该法可用于兽医用医疗器械、塑料制品等不能采用高温灭菌的物品灭菌。含氯的物品及能吸附环氧乙烷的物品则不宜使用本法灭菌。

采用环氧乙烷灭菌时，灭菌柜内的温度、湿度、灭菌气体浓度、灭菌时间是影响灭菌效果的重要因素。可采用下列灭菌条件：温度为 54℃±10℃，相对湿度为 60%±10%，灭菌压力为 8×10^5Pa，灭菌时间为 90min。

灭菌条件应予验证。灭菌时，将灭菌腔室抽成真空，然后通入蒸汽使腔室内达到设定的温湿度平衡的额定值，再通入经过滤和预热的环氧乙烷气体。灭菌过程中，应严密监控腔室的温度、湿度、压力、环氧乙烷浓度及灭菌时间。必要时使用生物指示剂监控灭菌效果。本法灭菌程序的控制具有一定难度，整个灭菌过程应在技术熟练人员的监督下进行。灭菌后，应采取新鲜空气置换，使残留环氧乙烷和其他易挥发性残留物消散；并对灭菌物品中的环氧乙烷残留物和反应产物进行监控，以证明其不超过规定的浓度，避免产生毒性。

采用环氧乙烷灭菌时，应进行泄漏试验，以确认灭菌腔室的密闭性。灭菌程序确认时，还应考虑物品包装材料和灭菌腔室中物品的排列方式对灭菌气体的扩散和渗透的影响。生物指示剂一般采用枯草芽孢杆菌孢子（spores of *Bacillus subtilis*）。

（5）过滤除菌法 本法系利用细菌不能通过致密具孔滤材的原理以除去气体或液体

中微生物的方法。常用于气体、热不稳定的兽药溶液或原料的除菌。

除菌过滤器采用孔径分布均匀的微孔滤膜作过滤材料，微孔滤膜分亲水性和疏水性两种。滤膜材质依过滤物品的性质及过滤目的而定。兽药生产中采用的除菌滤膜孔径一般不超过 0.22μm。过滤器的孔径定义来自过滤器对微生物的截留，而非平均孔径的分布系数。所以，用于最终除菌的过滤器必须选择具有截留实验证明的除菌级过滤器。过滤器对滤液的吸附不得影响兽药质量，不得有纤维脱落，禁用含石棉的过滤器。过滤器的使用者应了解滤液过滤过程中的析出物性质、数量并评估其毒性影响。滤器和滤膜在使用前应进行洁净处理，并用高压蒸汽进行灭菌或做在线灭菌。更换品种和批次应先清洗滤器，再更换滤芯或滤膜或直接更换滤器。

过滤过程中无菌保证与过滤液体的初始生物负荷及过滤器的对数下降值 LRV（log reduction value）有关。LRV 系指规定条件下，被过滤液体过滤前的微生物数量与过滤后的微生物数量比的常用对数值。即：

$$LRV = \lg N_0 - \lg N$$

式中，N_0 为产品除菌前的微生物数量；N 为产品除菌后的微生物数量。

LRV 用于表示过滤器的过滤除菌效率，对孔径为 0.22μm 的过滤器而言，要求每 $1cm^2$ 有效过滤面积的 LRV 应不小于 7。因此过滤除菌时，被过滤产品总的污染量应控制在规定的限度内。为保证过滤除菌效果，可使用两个除菌级的过滤器串联过滤，或在灌装前用过滤器进行再次过滤。

在过滤除菌中，一般无法对全过程中过滤器的关键参数（滤膜孔径的大小及分布，滤膜的完整性及 LRV）进行监控。因此，在每一次过滤除菌前后均应做滤器的完整性试验，即气泡点试验或压力维持试验或气体扩散流量试验，确认滤膜在除菌过滤过程中的有效性和完整性。完整性的测试标准来自相关细菌截留实验数据。除菌过滤器的使用时间应进行验证，一般不应超过一个工作日。

过滤除菌法常用的生物指示剂为缺陷假单胞菌（*Pseudomonas diminuta*）。

通过过滤除菌法达到无菌的产品应严密监控其生产环境的洁净度，应在无菌环境下进行过滤操作。相关的设备、包装容器、塞子及其他物品应采用适当的方法进行灭菌，并防止再污染。

（6）无菌生产工艺 无菌生产工艺系指必须在无菌控制条件下生产无菌制剂的方法，无菌分装及无菌冻干是最常见的无菌生产工艺。后者在工艺过程中须采用过滤除菌法。

无菌生产工艺应严密监控其生产环境的洁净度，并应在无菌控制的环境下进行过滤操作。相关的设备、包装容器、塞子及其他物品应采用适当的方法进行灭菌，并防止被再次污染。

无菌生产工艺过程的无菌保证应通过培养基无菌灌装模拟试验验证。在生产过程中，应严密监控生产环境的无菌空气质量、操作人员的素质、各物品的无菌性。

无菌生产工艺应定期进行验证，包括对环境空气过滤系统有效性验证及培养基模拟灌装试验。

（7）生物指示剂 生物指示剂系一类特殊的活微生物制品，可用于确认灭菌设备的性能、灭菌程序的验证、生产过程灭菌效果的监控等。用于灭菌验证中的生物指示剂一般是细菌的孢子。

在灭菌程序的验证中，尽管可通过灭菌过程某些参数的监控来评估灭菌效果，但生物指示剂的被杀灭程度，则是评价一个灭菌程序有效性最直观的指标。可使用市售的标准生物指示剂，也可使用由日常生产污染菌监控中分离的耐受性最强的微生物制备的孢子。在生物指示剂验证试验中，需确定孢子在实际灭菌条件下的 D 值，并测定孢子的纯度和数量。验证时，生物指示剂的微生物用量应比日常检出的微生物污染量大，耐受性强，以保证灭菌程序有更大的安全性。在最终灭菌法中，生物指示剂应放在灭菌柜的不同部位，并避免指示剂直接接触到被灭菌物品。生物指示剂按设定的条件灭菌后取出，分别置培养基中培养，确定生物指示剂中的孢子是否被完全杀灭。

过度杀灭产品灭菌验证一般不考虑微生物污染水平，可采用市售的生物指示剂。对灭菌手段耐受性差的产品，设计灭菌程序时，根据经验预计在该生产工艺中产品微生物污染的水平，选择生物指示剂的菌种和孢子数量。这类产品的无菌保证应通过监控每批灭菌前的微生物污染的数量、耐受性和灭菌程序验证所获得的数据进行评估。

7.2.4 其他

7.2.4.1 电位滴定法与永停滴定法

电位滴定法与永停滴定法主要用于容量分析确定终点或帮助确定终点。非常适合尚无合适指示剂确定终点的容量分析和一些虽然有指示剂确定终点，但终点时颜色变化复杂，难以描述终点颜色的方法。此外对观察终点很不方便的外指示剂法和某些必须过量滴定液才能指示终点到达的容量分析方法，采用电位或永停滴定法能使结果更加准确。选用适当的电极系统可以作氧化还原法、中和法（水溶液或非水溶液）、沉淀法、重氮化法或水分测定法第一法等的终点指示。

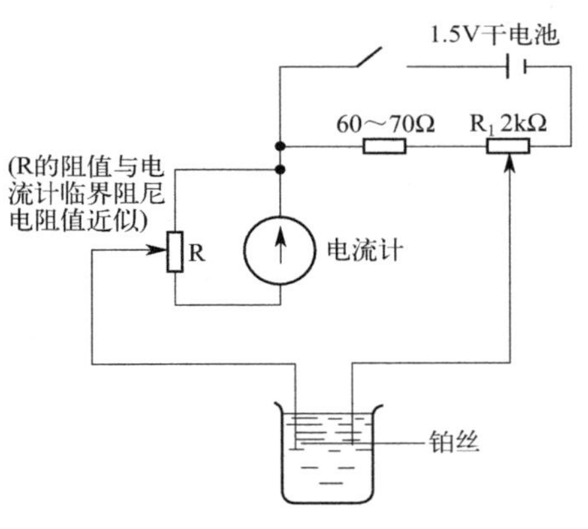

图 7-7 永停滴定装置

（1）仪器 电位滴定可用电位滴定仪、酸度计或电位差计，永停滴定可用永停滴定仪或按图 7-7 所示装置。

电流计的灵敏度除另有规定外，测定水分时用 10^{-6}A/格，重氮化法用 10^{-9}A/格。所用电极可按表 7-9 进行选择。

表 7-9 电极选择说明

方法	电极系统	说明
水溶液氧化还原法	铂-饱和甘汞	铂电极用加有少量三氯化铁的硝酸或用铬酸清洁液浸洗
水溶液中和法	玻璃-饱和甘汞	
非水溶液中和法	玻璃-饱和甘汞	饱和甘汞电极套管内装氯化钾的饱和无水甲醇溶液。玻璃电极用过后应立即清洗并浸在水中保存
水溶液银量法	银-玻璃	银电极可用稀硝酸迅速浸洗
	银-硝酸钾盐桥-饱和甘汞	

续表

方法	电极系统	说明
—C≡CH 中氢置换法	玻璃-硝酸钾盐桥-饱和甘汞	
硝酸汞电位滴定法	铂-汞-硫酸亚汞	铂电极可用10%(g/mL)硫代硫酸钠溶液浸泡后用水清洗。汞-硫酸亚汞电极可用稀硝酸浸泡后用水清洗
永停滴定法	铂-铂	铂电极用加有少量三氯化铁的硝酸或用铬酸清洁液浸洗

（2）电位滴定法 将盛有供试品溶液的烧杯置电磁搅拌器上，浸入电极，搅拌，并自滴定管中分次滴加滴定液；开始时可每次加入较多的量，搅拌，记录电位；至将近终点前，则应每次加入少量，搅拌，记录电位；至突跃点已过，仍应继续滴加几次滴定液，并记录电位。

滴定终点的确定可采用曲线法，即以电位值和滴定液体积为纵、横坐标，曲线的转折点即为滴定终点。或以间隔两次的电位差和加入滴定液的体积差之比为纵坐标，以相应的滴定体积为横坐标，绘制 $\Delta E/\Delta V\text{-}V$ 曲线，曲线的极值为滴定终点。如使用自动电位滴定仪，可在滴定前预先设好滴定终点的电位，当滴定液电极电位达到预设电位时，仪器将自动关闭滴定液或自动指示消耗滴定液的体积，按规定进行计算。

电位滴定法选用两支不同的电极。一支为指示电极，其电极电位随溶液中被分析成分的离子浓度的变化而变化；另一支为参比电极，其电极电位固定不变。在到达滴定终点时，因被分析成分的离子浓度急剧变化而引起指示电极的电位突减或突增，此转折点称为突跃点。

操作规范及注意事项：

① 电位滴定法主要用于中和、沉淀、氧化还原和非水溶液滴定，但必须选择使用适宜的指示电极，而且必须根据电极的性质进行充分的清洁处理，化学反应必须能按化学计量比进行，而且进行的速度足够迅速且无副反应发生。

② 中和滴定时常用玻璃电极为指示电极。强酸强碱滴定时，突跃明显、准确性高，弱酸与弱碱滴定的突跃小，解离常数愈大突跃幅度愈大，终点愈明显。

③ 沉淀法滴定时常用银电极，它们的突跃幅度大小与溶度积有关，溶度积越小的突跃幅度越大，另外还需注意沉淀的吸附作用和影响。

④ 氧化还原滴定法常用铂电极为指示电极，滴定突跃幅度的大小与两个电极的电极电位差值有关，差值愈大，突跃幅度愈大。

⑤ 非水溶液滴定，《中国药典》收载的主要是中和法，电极系统采用玻璃电极和饱和甘汞电极，非水溶液滴定时所用的甘汞电极盐桥内不能放饱和氯化钾水溶液，而应放饱和氯化钾的无水乙醇溶液或硝酸钾的无水乙醇溶液。

（3）永停滴定法 用作重氮化法的终点指示时，调节 R_1 使加于电极上的电压约为50mV。取供试品适量，精密称定，置烧杯中，除另有规定外，可加水 40mL 与盐酸溶液（1→2）15mL，而后置电磁搅拌器上，搅拌使溶解，再加溴化钾 2g，插入铂-铂电极后，将滴定管的尖端插入液面下约 2/3 处，用亚硝酸钠滴定液（0.1mol/L 或 0.05mol/L）迅速滴定，随滴随搅拌，至近终点时，将滴定管的尖端提出液面，用少量水淋洗尖端，洗液并入溶液中，继续缓缓滴定，至电流计指针突然偏转，并不再回复，即为滴定终点。

用作水分测定法第一法的终点指示时，可调节 R_1 使电流计的初始电流为 5～10μA，待滴定到电流突增至 50～150μA，并持续数分钟不退回，即为滴定终点。

永停滴定法采用两支相同的铂电极，当在电极间加一低电压（例如 50mV）时，若电极在溶液中极化，则在未到滴定终点时，仅有很小或无电流通过；但当到达终点时，滴定液略有过剩，使电极去极化，溶液中即有电流通过，电流计指针突然偏转，不再回复。反之，若电极由去极化变为极化，则电流计指针从有偏转回到零点，也不再变动。

（4）操作规范及注意事项

① 电极的清洁状态是滴定成功的关键，污染的电极在滴定时指示迟钝，终点时电流变化小，此时应重新处理电极。处理方法：可将电极插入 10mL 浓硝酸和 1 滴三氯化铁的溶液内，或洗液内浸泡数分钟取出后用水冲洗干净。

② 永停滴定在滴定过程中有时原点会逐渐漂移，也就是说随着滴定的进行，流过电流计的电流会逐渐增大，但这种原点漂移是渐进的，而测定终点是突跃的，因此不会影响终点判断，一般在终点前 1 滴突跃可达满量程的一半以上。

③ 滴定时是否已临近终点，可由指针的回零速度得到启示，若回零速度越来越慢，就表示已接近终点。

④ 由于重氮化反应速度较慢，因此在滴定时尽量按规定要求滴定。特别当接近终点时，每次滴加的滴定液体积应适当小一些。

⑤ 催化剂、温度、搅拌速度对测定结果均有影响，测定时均应按照规定进行。

7.2.4.2 非水溶液滴定法

非水溶液滴定法是在非水溶剂中进行滴定的方法。以非水溶液为滴定介质，能改变物质的化学性质（如酸碱相对强度），能增大有机化合物的溶解度，使在水中不能反应完全的滴定反应能在非水溶剂中顺利进行。主要用来测定有机碱及其氢卤酸盐、磷酸盐、硫酸盐或有机酸盐，以及有机酸的碱金属盐类药物的含量，也用于测定某些有机弱酸的含量，大多用于原料药的含量测定。

非水溶剂的选择，应能溶解试样并使滴定反应进行完全、不引起副反应、有适宜的极性使终点明显突跃，常用的溶剂种类如表 7-10 所示。

表 7-10 常用的溶剂种类

种类	常用溶剂	作用
酸性溶剂	冰醋酸	有机弱碱在酸性溶剂中可显著地增强其相对碱度
碱性溶剂	二甲基甲酰胺	有机弱酸在碱性溶剂中可显著地增强其相对酸度
两性溶剂	甲醇	兼有酸、碱两种性能
惰性溶剂	三氯甲烷	没有酸、碱性

第一法

除另有规定外，精密称取供试品适量［约消耗高氯酸滴定液（0.1mol/L）8mL］，加冰醋酸 10～30mL 使溶解，加各品种项下规定的指示液 1～2 滴，用高氯酸滴定液（0.1mol/L）滴定。终点颜色应以电位滴定时的突跃点为准，并将滴定的结果用空白试验校正。

供试品如为氢卤酸盐，除另有规定外，可在加入醋酸汞试液 3～5mL 后，再进行滴定（因醋酸汞试液具有一定毒性，故在方法建立时，应尽量减少使用）；供试品如为磷酸盐，可以直接滴定；硫酸盐也可直接滴定，但滴定至其成为硫酸氢盐为止；供试品如为硝酸盐时，因硝酸可使指示剂褪色，终点极难观察，遇此情况应以电位滴定法指示终点为宜。

电位滴定时用玻璃电极为指示电极，饱和甘汞电极（玻璃套管内装氯化钾的饱和无水甲醇溶液）或银-氯化银电极为参比电极，或复合电极。

第二法

除另有规定外，精密称取供试品适量［约消耗碱滴定液（0.1mol/L）8mL］，加各品种项下规定的溶剂使溶解，再加规定的指示液1～2滴，用规定的碱滴定液（0.1mol/L）滴定。终点颜色应以电位滴定时的突跃点为准，并将滴定的结果用空白试验校正。

在滴定过程中，应注意防止溶剂和碱滴定液吸收大气中的二氧化碳和水蒸气，以及滴定液中溶剂的挥发。

电位滴定时所用的电极同第一法。

操作规范及注意事项：

① 若滴定供试品与标定高氯酸滴定液时的温度差别超过10℃，则应重新标定；若未超过10℃，则可根据下式将高氯酸滴定液的浓度加以校正。

$$N_1=\frac{N_0}{1+0.0011(t_1-t_0)}$$

式中，0.0011为冰醋酸的膨胀系数；t_0 为标定高氯酸滴定液时的温度；t_1 为滴定供试品时的温度；N_0 为 t_0 时高氯酸滴定液的浓度；N_1 为 t_1 时高氯酸滴定液的浓度。

② 配制高氯酸滴定液和溶剂所用的冰醋酸，或非水滴定用的其他溶剂，含有少量水分时，对滴定突跃和指示剂变色敏锐程度均有影响。因此，常加入计算量的醋酐，使与水反应后生成醋酸，以除去水分。

③ 供试品一般宜用干燥样品，含水分较少的样品也可采用在最后计算中除去水分的方法。对含水量高的碱性样品，应干燥后测定，必要时亦可加适量醋酐脱水，但应注意避免试样乙酰化。

④ 滴定操作应在室温（18℃以上）进行，因冰醋酸流动较慢，滴定到终点后应稍待一会再读数。

⑤ 电位滴定用玻璃电极为指示电极，使用前在冰醋酸中浸泡过夜，甘汞电极为参比电极。实验用过的甘汞电极与玻璃电极先用水或与供试品溶液互溶的溶剂清洗，再用与水互溶的溶剂清洗，最后用水洗净保存；玻璃电极可浸在水中保存备用，供试品溶液中含有醋酐时应尽量减少玻璃电极与之接触的时间，并要及时清洗，避免玻璃电极的损坏。

⑥ 用全自动滴定仪时，装置中储备滴定液部分应避光。

7.2.4.3 氮测定法

本法适用于含氮有机物的含氮量测定。供试品中的含氮有机物在硫酸及催化剂作用下，经强热分解使有机氮转化为硫酸铵，再经强碱碱化使氨馏出并吸收于硼酸液，最后用强酸滴定，依据强酸消耗量可计算出供试品的氮含量。

第一法　常量法

取供试品适量（相当于含氮量25～30mg），精密称定，供试品如为固体或半固体，可用滤纸称取，并连同滤纸置干燥的500mL凯氏烧瓶中；然后依次加入硫酸钾（或无水硫酸钠）10g和硫酸铜粉末0.5g，再沿瓶壁缓缓加硫酸20mL；在凯氏烧瓶口放一小漏斗并使凯氏烧瓶成45°斜置，用直火缓缓加热，使溶液的温度保持在沸点以下，等泡沸停止，强热至沸腾，待溶液呈澄明的绿色后，除另有规定外，继续加热30min，放冷。沿瓶壁缓缓加水250mL，振摇使混合，放冷后，加40%氢氧化钠溶液75mL，注意使沿瓶壁流至瓶底，自成一液层，加锌粒数粒，用氮气球将凯氏烧瓶与冷凝管连接；另取2%硼酸溶液50mL，置500mL锥形瓶中，加甲基红-溴甲酚绿混合指示液10滴；将冷凝管的下端插入硼酸溶液的液面下，轻轻摆动凯氏烧瓶，使溶液混合均匀，加热蒸馏，至接收液的总体积约为 250mL 时，将冷凝管尖端提出液面，使蒸气冲洗约 1min，用水淋洗尖端后停止蒸馏；馏出液用硫酸滴定液（0.05mol/L）滴定至溶液由蓝绿色变为灰紫色，并将滴定的结果用空白试验校正。每 1mL 硫酸滴定液（0.05mol/L）相当于 1.401mg 的 N。

第二法　半微量法

按《兽药典》附录图连接蒸馏装置，如图 7-8 所示。

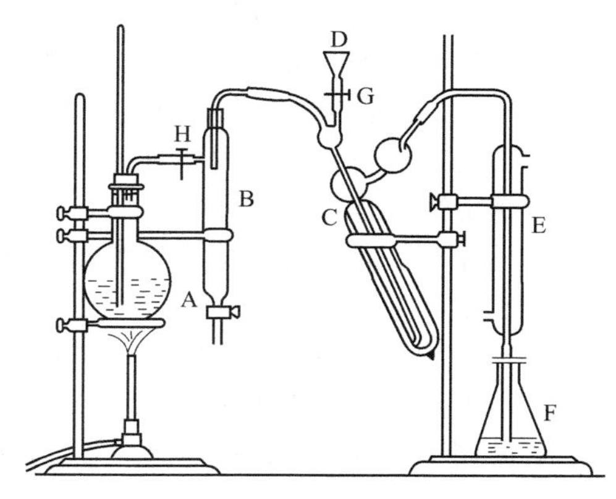

图 7-8　蒸馏装置

A 瓶中加水适量与甲基红指示液数滴，加稀硫酸使成酸性，加玻璃珠或沸石数粒，从 D 漏斗加水约 50mL，关闭 G 夹，开放冷凝水，煮沸 A 瓶中的水，当蒸汽从冷凝管尖端冷凝而出时，移去火源，关 H 夹，使 C 瓶中的水反抽到 B 瓶，开 G 夹，放出 B 瓶中的水，关 B 瓶及 G 夹，将冷凝管尖端插入约 50mL 水中，使水自冷凝管尖端反抽至 C 瓶，再抽至 B 瓶，如上法放去。如此将仪器内部洗涤 2～3 次。

取供试品适量（相当于含氮量 1.0～2.0mg），精密称定，置干燥的 30～50mL 凯氏烧瓶中，加硫酸钾（或无水硫酸钠）0.3g 与 30%硫酸铜溶液 5 滴，再沿瓶壁滴加硫酸 2.0mL；在凯氏烧瓶口放一小漏斗，并使烧瓶成 45°斜置，用小火缓缓加热使溶液保持在沸点以下，等泡沸停止，逐步加大火力，沸腾至溶液呈澄明的绿色后，除另有规定外，继续加热 10min，放冷，加水 2mL。

取 2%硼酸溶液 10mL，置 100mL 锥形瓶中，加甲基红-溴甲酚绿混合指示液 5 滴，将冷凝管尖端插入液面下。然后，将凯氏烧瓶中内容物经由 D 漏斗转入 C 蒸馏瓶中，用水少量淋洗凯氏烧瓶及漏斗数次，再加入 40%氢氧化钠溶液 10mL，用少量水再洗漏斗数次，关 G 夹，加热 A 瓶进行蒸气蒸馏，至硼酸液开始由酒红色变为蓝绿色时起，继续蒸馏约 10min 后，将冷凝管尖端提出液面，使蒸气继续冲洗约 1min，用水淋洗尖端后停止蒸馏。

馏出液用硫酸滴定液（0.005mol/L）滴定至溶液由蓝绿色变为灰紫色，并将滴定的结果用空白（空白和供试品所得馏出液的容积应基本相同，70～75mL）试验校正。每 1mL 硫酸滴定液（0.005mol/L）相当于 0.1401mg 的 N。

取用的供试品如在 0.1g 以上时，应适当增加硫酸的用量，使消解作用完全，并相应地增加 40%氢氧化钠溶液的用量。

第三法　定氮仪法

本法适用于常量及半微量法测定含氮化合物中氮的含量。

半自动定氮仪由消化仪和自动蒸馏仪组成；全自动定氮仪由消化仪、自动蒸馏仪和滴定仪组成。

根据供试品的含氮量参考常量法（第一法）或半微量法（第二法）称取样品置消化管中，依次加入适量硫酸钾、硫酸铜和硫酸，把消化管放入消化仪中，按照仪器说明书的方法开始消解［通常为 150℃，5min（去除水分）；350℃，5min（接近硫酸沸点）；400℃，60～80min］至溶液呈澄明的绿色，再继续消化 10min，取出，冷却。

将配制好的碱液、吸收液和适宜的滴定液分别置自动蒸馏仪相应的瓶中，按照仪器说明书的要求将已冷却的消化管装入正确位置，关上安全门，连接水源，设定好加入试剂的量、时间、清洗条件及其他仪器参数等，如为全自动定氮仪，即开始自动蒸馏和滴定。如为半自动定氮仪，则取馏出液照第一法或第二法滴定，测定氮的含量。

操作规范及注意事项：

① 蒸馏前应蒸洗蒸馏器 15min 以上。

② 硫酸滴定液（0.005mol/L）的配制：精密量取硫酸滴定液（0.05mol/L）100mL，置于 1000mL 量瓶中，加水稀释至刻度，摇匀。

③ 消化过程应在通风橱中进行。

④ 蒸馏装置连接后应严密。

⑤ 消化时，若发现瓶壁上有黑点，可适当转动烧瓶，使硫酸回流时将黑点洗下，以保证消化完全。

⑥ 消化液应放冷后，再沿瓶壁缓缓加水，防止供试液局部过热爆沸，冲出瓶外。

⑦ 蒸馏过程中若无黑色 CuO 析出，说明加入碱量不足，应补足碱量或重做实验。

⑧ 配制 40%氢氧化钠溶液时，宜边加边振摇，避免未溶解部分沉积于容器底部而难以溶解。

⑨ 80%以上的氨在最初 12min 内蒸出，初蒸速度不宜太快，以免氨蒸出后未能及时被吸收而逸失。

⑩ 锥形瓶加入硼酸溶液和指示剂后应显酒红色；如显绿色，说明锥形瓶有碱性物质污染。

7.2.4.4 乙醇量测定法

气相色谱法

本法系采用气相色谱法［《兽药典》（2020 年版）二部附录 0521］测定各种含乙醇制剂中在 20℃时乙醇（C_2H_5OH）的含量（%）（mL/mL）。除另有规定外，按下列方法测定。

第一法　毛细管柱法

色谱条件与系统适用性试验　采用（6%）氰丙基苯基-（94%）二甲基聚硅氧烷为固定液的毛细管柱；起始温度为 40℃，维持 2min，以 3℃/min 的速率升温至 65℃，再以 25℃/min 的速率升温至 200℃，维持 10min；进样口温度 200℃；检测器（FID）温度 220℃；采用顶空分流进样，分流比为 1∶1；顶空瓶平衡温度为 85℃，平衡时间为 20min。理论板数按乙醇峰计算应不低于 10000，乙醇峰与正丙醇峰的分离度应大于 2.0。

校正因子测定　精密量取恒温至 20℃的无水乙醇 5mL，平行两份；置 100mL 量瓶中，精密加入恒温至 20℃的正丙醇（内标物质）5mL，用水稀释至刻度，摇匀，精密量取该溶液 1mL，置 100mL 量瓶中，用水稀释至刻度，摇匀（必要时可进一步稀释），作为对照品溶液。精密量取 3mL，置 10mL 顶空进样瓶中，密封，顶空进样，每份对照品溶液进样 3 次，测定峰面积，计算平均校正因子，所得校正因子的相对标准偏差不得大于 2.0%。

测定法　精密量取恒温至 20℃的供试品适量（相当于乙醇约 5mL），置 100mL 量瓶中，精密加入恒温至 20℃的正丙醇 5mL，用水稀释至刻度，摇匀，精密量取该溶液 1mL，置 100mL 量瓶中，用水稀释至刻度，摇匀（必要时可进一步稀释），作为供试品溶液。精密量取 3mL，置 10mL 顶空进样瓶中，密封，顶空进样，测定峰面积，按内标法以峰面积计算，即得。

第二法 填充柱法

色谱条件与系统适用性试验 用直径为0.18～0.25mm的二乙烯苯-乙基乙烯苯型高分子多孔小球作为载体，柱温为120～150℃。理论板数按正丙醇峰计算应不低于700，乙醇峰与正丙醇峰的分离度应大于2.0。

校正因子测定 精密量取恒温至20℃的无水乙醇4mL、5mL、6mL，分别置100mL量瓶中，分别精密加入恒温至20℃的正丙醇（内标物质）5mL，用水稀释至刻度，摇匀（必要时可进一步稀释）。取上述三种溶液各适量，注入气相色谱仪，分别连续进样3次，测定峰面积，计算校正因子，所得校正因子的相对标准偏差不得大于2.0%。

测定法 精密量取恒温至20℃的供试品溶液适量（相当于乙醇约5mL），置100mL量瓶中，精密加入恒温至20℃的正丙醇5mL，用水稀释至刻度，摇匀（必要时可进一步稀释），取适量注入气相色谱仪，测定峰面积，按内标法以峰面积计算，即得。

操作规范及注意事项：

① 采用本法测定时，应避免甲醇或其他成分对测定的干扰。

② 在不含内标物质的供试品溶液的色谱图中，与内标物质峰相应的位置处不得出现杂质峰。

③ 系统适用性试验中，采用填充柱法测定时，可视气相色谱仪和色谱柱的实际情况对柱温度、进样口温度和检测器温度做适当变更，以满足要求；采用毛细管柱法测定时，若出现峰形变差等不符合要求的情况，可适当升高柱温度进行柱老化后再进行测定。

④ 除另有规定外，若蒸馏法测定结果与气相色谱法不一致，以气相色谱法测定结果为准。

蒸馏法

本法系用蒸馏后测定相对密度的方法测定各种含乙醇制剂中在20℃时乙醇（C_2H_5OH）的含量（%，体积分数）。按照制剂的性质不同，选用下列三法中之一进行测定。查找《兽药典》乙醇相对密度表确定乙醇含量。

第一法 本法系供测定多数流浸膏、酊剂及甘油制剂中的乙醇含量。根据制剂中乙醇含量的不同，又可分为两种情况。

（1）乙醇含量低于30%者 取供试品，调节温度至20℃，精密量取25mL，置150～200mL蒸馏瓶中，加水约25mL，加玻璃珠数粒或沸石等物质，连接冷凝管，直火加热，缓缓蒸馏，速度以馏出液液滴连续但不成线为宜。馏出液导入25mL量瓶中，待馏出液约达23mL时，停止蒸馏。调节馏出液温度至20℃，加20℃的水至刻度，摇匀，在20℃时按相对密度测定法［《兽药典》(2020年版）二部附录0601］依法测定其相对密度。在乙醇相对密度表内查出乙醇的含量（%，体积分数），即为供试品中的乙醇含量（%，体积分数）。

（2）乙醇含量高于30%者 取供试品，调节温度至20℃，精密量取25mL，置150～200mL蒸馏瓶中，加水约50mL，如上法蒸馏。馏出液导入50mL量瓶中，待馏出液约达48mL时，停止蒸馏。按上法测定其相对密度。将查得所含乙醇的含量（%，体积分数）与2相乘，即得。

第二法 本法系供测定含有挥发性物质如挥发油、三氯甲烷、乙醚、樟脑等的酊剂等制剂中的乙醇含量。根据制剂中乙醇含量的不同，也可分为两种情况。

（1）乙醇含量低于30%者 取供试品，调节温度至20℃，精密量取25mL，置150mL分液漏斗中，加等量的水，并加入氯化钠使之饱和，再加石油醚，振摇提取1～3

次，每次约 25mL，使干扰测定的挥发性物质溶入石油醚层中，待两液分离，分取下层水液，置 150～200mL 蒸馏瓶中，合并石油醚层并用氯化钠的饱和溶液洗涤 3 次，每次约 10mL，洗液并入蒸馏瓶中，照上述第一法蒸馏（馏出液约 23mL）并测定。

（2）乙醇含量高于 30%者 取供试品，调节温度至 20℃，精密量取 25mL，置 250mL 分液漏斗中，加水约 50mL，如上法加入氯化钠使之饱和，并用石油醚提取 1～3 次，分取下层水液，照上述第一法蒸馏（馏出液约 48mL）并测定。

供试品中加石油醚振摇后，如发生乳化现象时，或经石油醚处理后，馏出液仍很浑浊时，可另取供试品，加水稀释，照第一法蒸馏，再将得到的馏出液照本法处理、蒸馏并测定。

供试品如为水棉胶剂，可用水代替饱和氯化钠溶液。

第三法　本法系供测定含有游离氨或挥发性酸的制剂中的乙醇含量。供试品中含有游离氨，可酌加稀硫酸，使呈微酸性；如含有挥发性酸，可酌加氢氧化钠试液，使成微碱性。再按第一法蒸馏、测定。如同时含有挥发油，除按照上述方法处理外，并照第二法处理。供试品中如含有肥皂，可加过量硫酸，使肥皂分解，再依法测定。

操作规范及注意事项：

① 任何一法的馏出液如显浑浊，可加滑石粉或碳酸钙振摇，滤过，使溶液澄清，再测定相对密度。

② 蒸馏时，如发生泡沫，可在供试品中酌加硫酸或磷酸，使呈强酸性，或加稍过量的氯化钙溶液，或加少量石蜡后再蒸馏。

③ 建议选择大口径、厚液膜色谱柱，规格为 30m×0.53mm×3.00μm。

7.2.4.5　脂肪与脂肪油测定法

由于脂肪和脂肪油各具不同的物理化学性质，通过测定特定的物理常数及酸值、皂化值、羟值等，可判断是否酸败或掺杂其他品种油脂，本法适用于药用或作制剂基质及赋形剂使用的酯类物质的检验。

《兽药典》中脂肪与脂肪油测定法测定包括：相对密度的测定、折射率的测定、熔点的测定、脂肪酸凝点的测定、酸值的测定、皂化值的测定、羟值的测定、碘值的测定、过氧化值的测定、加热试验、杂质、水分与挥发物。

脂肪酸凝点：凝点是物质凝固时的温度，其值是物质的纯度的重要表征。纯物质有一个固定的凝点。对于脂肪而言，凝点越低，表明油脂中所含脂肪酸不饱和程度越高，或分子量越小，或种类越多。按照《兽药典》的方法，提取脂肪酸后照凝点测定法进行测定。

酸值：酸值能评价脂肪或脂肪油品质，能判断储藏期间油脂品质的变化，酸值越大表明所含游离脂肪酸越多，油脂酸败可导致酸值增大。《兽药典》测定酸值是采用氢氧化钠滴定液（0.1mol/L）进行滴定。

皂化值：皂化值指中和并皂化脂肪、脂肪油或其他类似物质 1g 中含有的游离酸类和酯类所需氢氧化钾的质量（mg）。皂化值一定时，酸值降低，油脂中的游离脂肪酸越少、酯类含量越高；油脂中游离脂肪酸和甘油酯的含量越高，皂化值越大，消耗碱的能力越强。《兽药典》中在回流条件下将样品和氢氧化钾-乙醇溶液一起煮沸，然后用标定的盐酸溶液滴定过量的氢氧化钾。

羟值：羟值是表征多醇化合物性质的重要参数，羟值越大，代表分子中羟基越多。

羟值指供试品1g中含有的羟基，经酰化后所需氢氧化钾的质量（mg）。《兽药典》羟值测定的基本原理为供试品中的羟基与醋酐发生乙酰化反应，生成醋酸，过量的醋酐在水的作用下转化为醋酸，分别用氢氧化钾滴定液滴定供试品和空白样中的醋酸，计算可得羟值。

碘值：碘值指脂肪、脂肪油或其他类似物质100g，当充分卤化时所需的碘量（g）。碘值表示油脂的不饱和程度，其值越高，表明不饱和脂肪酸的含量越高。《兽药典》采用溴化碘法测定。

7.3

含量测定

7.3.1 紫外-可见分光光度法

紫外-可见分光光度法是一种通过检测溶液中分子对紫外光（200～400nm）和可见光（400～800nm）的吸光度，从而产生分子光谱的仪器分析方法。该方法具有灵敏度高、相对误差小等特点。

7.3.1.1 概述

（1）原理 物质的吸收光谱实质上就是物质中的分子或原子吸收了入射光中某些特定波长的光能量，产生分子振动能级跃迁和电子能级跃迁的结果。由于每种物质具有各自不同的分子、原子和不同的分子空间结构，其吸收光的能量也不同，因此，每种物质都有其特有的、固定的吸收光谱曲线，可根据吸收光谱上某些特征波长处吸光度的大小来鉴定或测定该物质的含量。紫外-可见分光光度法的定量分析基础是朗伯-比尔（Lamber-Beer）定律：

$$A=\lg\frac{I_0}{I_t}=abc$$

此公式的物理意义是，当一束平行的单色光通过均匀的溶液后（含有吸光物质），溶液的吸光度与吸光物质浓度及吸收层的厚度成正比。这是紫外-可见分光光度法定量分析的基础。式中，a 为比例常数，称为吸光系数。当浓度 c 以 g/L 为单位，液层厚度 b 以 cm 为单位时，吸光系数 a 的单位为 L/(g·cm)。若溶液浓度以 mol/L 表示，则此时的吸光系数称为摩尔吸光系数 ε，则：

$$A=\lg\frac{I_0}{I}=\varepsilon bc$$

式中，ε 表示吸光物质的浓度为1mol/L、液层厚度为1cm时溶液的吸光度，L/(mol·cm)。由于不能直接测量1mol/L等高浓度吸光物质的吸光度，因而 ε 只能通过计算求得。它是各种吸光物质对一定波长色光吸收的特征常数。ε 越大，表示该物质对此波长光的吸收能力越强。

溶液中吸光物质的浓度常因解离等化学反应而改变，在实际工作中并不知道吸光物质的真正浓度，因而只能用被测物质的总浓度代替吸光物质的真实浓度，这时得到的 ε 值是条件（表观）摩尔吸光系数（ε）。

在多组分体系中，如果各种吸光物质之间没有相互作用，体系的总吸光度等于各组分吸光度之和，即吸光度具有加和性：

$$A = A_1 + A_2 + A_3 + \cdots + A_n$$

这个性质对于理解紫外-可见分光光度法的实验操作和应用都有着很重要的意义。

（2）仪器组成 通常紫外-可见分光光度计是由光源、单色器、样品池、检测器及信号显示与数据处理系统五个部分组成（图 7-9）。

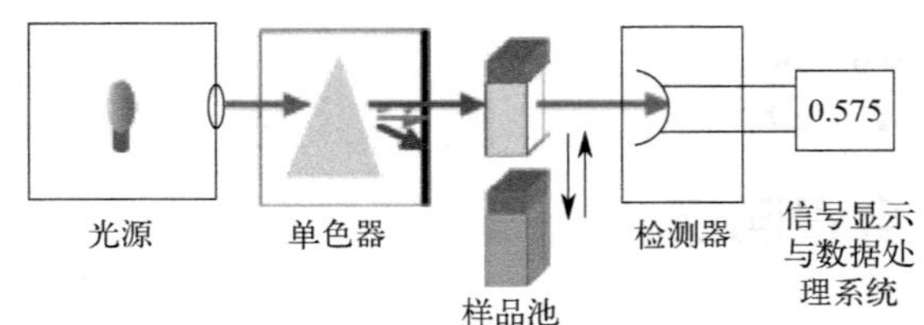

图 7-9 紫外-可见分光光度计主要部件

① 理想光源的条件：能提供连续的辐射；有足够的光强度；光强度较为稳定；光谱范围宽；使用寿命长，价格低廉。

光源有氘灯（190～400nm）和碘钨灯（360～800nm）。两者在波长扫描过程中自动切换，反射镜使两个光源发射的任一光反射，经入射狭缝进入单色器。

② 单色器为石英棱镜或光栅。来自光源的光通过入射狭缝由衍射光栅散射成单色光，经出射狭缝聚焦，经滤光片去掉杂散光，由斩光镜脉冲输送，并将光束劈分成两束光，一束是试样光束，另一束是参比光束，两束光由劈分器到反射镜，再由反射镜反射进入参比池和试样池。

③ 样品池由池架、吸收池（即比色杯）及各种附件组成。吸收池分为石英池和玻璃池，由于玻璃池对紫外光有吸收，因此只能用于可见光，紫外光常用石英池。进入样品池的两束光，一束经过样品池射向检测器，另一束经过参比池射向检测器。

④ 常用的检测器有光电池、光电管、光电倍增管等。其中光电倍增管的灵敏度高，而且不易疲劳，是目前紫外-可见分光光度计中应用最广的一种检测器。进入检测器的光束被聚焦在光电倍增管上，产生的电流与照射到检测器上的能量成正比。多道紫外-可见分光光度计与常规仪器的不同之处在于其使用了一个光二极管阵列检测器。

⑤ 常用的信号显示与数据处理系统有检流计、数字显示仪、微型计算机等。采用光电倍增管作为检测器，由于试样光束吸收能量，产生不平衡电压，此不平衡电压被一个滑线电阻的等价电压所平衡，通过电学系统的比较和放大，记录笔随滑线的触点移动，记录笔的移动反映试样吸收能量的大小，记录试样的吸收曲线。新型紫外-可见分光光度计的信号显示与数据处理系统大多采用微型计算机，既可用于仪器自动控制，实现自动分析，又可用于记录试样的吸收曲线，进行数据处理，并大大提高了仪器的精密度、灵敏度和稳定性。

7.3.1.2 定量方法

（1）标准曲线法 先配制一系列不同浓度的对照品，在相同条件下分别测定吸光度，绘制 A-C 曲线或求出其回归直线方程，即得标准曲线。在相同的条件下测定待测样品溶液的吸光度，即可求得待测样品中被测成分的浓度或含量。比色法测定时通常采用标准曲线法。

使用时应注意：①标准曲线一般要求 5～7 个点；②回归直线方程的相关系数 R 不得小于 0.999；③待测样品溶液的吸光度应在标准曲线的线性范围内（最好位于中间位置）。

（2）对照品比较法 在同样条件下，分别配制待测样品溶液和对照品溶液，在规定波长下测定两者的吸光度，则可计算出待测样中被测成分的浓度或含量。使用时应注意，对照品溶液中所含被测成分的量应为待测样溶液中被测成分规定量的 100%±10%，所用溶剂也应完全一致。按下式计算待测样中被测成分的含量：

$$含量(\%)=\frac{A_x/A_R \times C_R \times D}{W}\times 100\%$$

式中，A_x 为待测样品的吸光度；C_R 为对照品溶液的浓度；A_R 为对照品溶液的吸光度；D 为稀释体积；W 为待测样品的取样量。

（3）吸收系数法 该法是测定待测样品溶液在规定波长下的吸光度值（A），根据被测成分的吸收系数 $E_{1cm}^{1\%}$ 计算其含量的方法。

$$含量(\%)=\frac{A_x \times D}{E_{1cm}^{1\%} \times W \times 100}\times 100\%$$

式中，x 指待测样品；D 和 W 分别为待测样品的稀释倍数和取样量。

用本方法测定时，吸收系数通常应大于 100，并注意对仪器波长、空白吸收、杂散光等及时校正和验证。

7.3.1.3 分析技术

仪器校正和检定测定时，首先应对仪器进行校正和检定，如波长及吸光度准确度、杂散光等。

（1）波长的校正 由于环境因素对机械部分的影响，仪器的波长会略有变动，因此除应定期对所用仪器进行全面的校正检定以外，还应于测定前校正测定波长。其方法主要有：光源法，常用汞灯或者氘灯中的较强谱线进行校正；滤光片法，利用钬玻璃的尖锐吸收峰，用于波长校正；高氧酸钬溶液校正法等。仪器波长的允许误差为：紫外光区±1nm，500nm 附近±2nm。

（2）吸收池的选择 光学玻璃制成的吸收池只能用于可见光区，石英制成的吸收池可同时适用于紫外光区和可见光区。同一套吸收池使用时必须保证其相互之间透光率偏差小于 0.5%。检查方法为：在待检的一组池中加入适量蒸馏水；或波长置于 400nm 处，加入适量 0.001mol/L $K_2Cr_2O_7$ 的 $HClO_4$ 溶液，以其中任一池为参比，调整透光率（透射比）为 95%，测定并记录各池的透光率值，各池间的透光率偏差小于 0.5%即为配套；石英池检查方法同上，只是将波长分别置于 220nm（蒸馏水）和 350nm（$K_2Cr_2O_7$ 的 $HClO_4$ 溶液）即可。

（3）溶剂的选择 含有杂原子的有机溶剂，通常均具有很强的末端吸收。因此，当做溶剂使用时，其使用范围均不能小于截止使用波长。例如甲醇截止使用波长为 205nm，乙醇为 215nm，水为 200nm，乙腈为 190nm。另外，当溶剂不纯时，也可能产生干扰吸收。因此，在测定样品前，应先检查所用的溶剂在样品所用的波长附近是否符合要求，即将溶剂置 1cm 石英吸收池中，以空气为空白测定吸光度。溶剂和吸收池的吸光度，在 220～240nm 范围内不得超过 0.40，在 241～250nm 范围内不得超过 0.20，在 251～300nm 范围内不得超过0.10，在300mm以上时不得超过0.05。

（4）测定波长的选择 测定时应选择被测物质的最大吸收峰波长作为测定波长，以提高灵敏度并减少误差。被测物质若存在多个吸收峰，可选择无干扰的、较强的吸收峰。边缘波段（小于220nm）杂散光强度较大，会影响测试结果。测定时，通常在规定（或选定）的吸收峰波长±2nm以内测试几个点的吸光度，或由仪器在规定（或选定）波长附近自动扫描测定，以核对待测样的吸收波长位置是否正确，除另有规定外，吸收峰波长应在规定波长的±2nm以内，并以吸光度最大的波长作为测定波长。

（5）比色法测定条件的选择 若样品本身在紫外-可见光区没有强吸收，或在紫外光区虽有吸收但为了避免干扰或提高灵敏度，可加入适当的显色剂显色，用比色法测定。由于显色反应的影响因素较多，应取样品与对照品或标准品同时操作。除另有规定外，比色法所用的空白系指用同体积的溶剂替代对照品或样品溶液，然后依次加入等量的相应试剂，并用同样方法处理。

使用比色法时需要注意以下几点。①反应生成的有色物质吸收系数要大，灵敏度要高；尽可能选择只与被测组分反应显色或使被测组分与共存组分的颜色有明显差异的反应；生成的有色物组成明确，稳定。②当吸光度和浓度关系不呈良好线性时，应取浓度呈梯度的对照品溶液数份，用溶剂调整至同一体积，显色后测定各份溶液的吸光度，然后以吸光度与相应的浓度绘制标准曲线，再根据样品的吸光度在标准曲线上查得其相应的浓度，并求出其含量。

7.3.1.4 应用与示例

目前在紫外-可见分光光度法中，最常用的是标准曲线定量法，最常见于中兽药中总黄酮、总多糖和总皂苷等的检测。本示例均来自《兽药典》（2020年版）二部。

示例一

黄芪多糖注射液中总多糖的测定（以无水葡萄糖计）

对照品溶液的制备：取无水葡萄糖对照品适量，精密称定，加水使溶解，制成每1mL含0.3mg的溶液，摇匀；精密量取5mL，置50mL量瓶中，用水稀释至刻度，摇匀，即得。

供试品溶液的制备：精密量取本品3mL，置100mL量瓶中，加水至刻度，摇匀；精密量取5mL，置50mL量瓶中，用水稀释至刻度，摇匀，即得。

测定法：精密量取对照品溶液与供试品溶液各2mL，分别置25mL量瓶中，精密加5%的苯酚（新蒸馏）溶液1mL，再迅速精密加硫酸5mL，边加边振摇，放置10min，置水浴中加热15min，立即置冰水浴中冷却5min，取出，放置至室温。同时做空白试验校正，照紫外-可见分光光度法，在490nm波长处测定吸光度，计算，即得。

示例二

半枝莲中总黄酮的测定（以野黄芩苷计）

对照品溶液的制备：取野黄芩苷对照品适量，精密称定，加甲醇制成1mL含0.2mg的溶液，即得。

标准曲线的绘制：精密量取对照品溶液0.4mL、0.8mL、1.2mL、1.6mL、2.0mL，分别置25mL量瓶中，加甲醇至刻度，摇匀。以甲醇为空白，照紫外-可见分光光度法，在335nm的波长处分别测定吸光度，以吸光度为纵坐标，浓度为横坐标，绘制标准曲线。

测定法：精密量取《兽药典》（2020年版）二部“半枝莲”【含量测定】项野黄芩苷项下经

索氏提取并稀释至100mL的甲醇溶液1mL，置50mL量瓶中，加甲醇至刻度，摇匀，照标准曲线制备项下方法，自“以甲醇为空白”起，用紫外-可见分光光度法，在335nm的波长处分别测定吸光度，从标准曲线上读出待测样溶液中野黄芩苷的量（mg），计算，即得。

示例三

杨树花中总黄酮的测定（以芦丁计）

对照品溶液的制备：精密称取芦丁对照品25mg，置50mL量瓶中，加乙醇适量，微温使溶解，放冷，加60%乙醇至刻度，摇匀；精密量取20mL，置50mL量瓶中，加水稀释至刻度，摇匀，即得（每1mL含芦丁0.2mg）。

标准曲线的绘制：精密量取对照品溶液1mL、2mL、3mL、4mL、5mL、6mL，分别置25mL量瓶中，各加水至6mL，加5%亚硝酸钠溶液1mL，摇匀，放置6min，加10%硝酸铝溶液1mL，摇匀，放置6min，加氢氧化钠试液5mL，加水至刻度，摇匀，放置15min，以相应试剂为空白。立即用紫外-可见分光光度法，在510nm的波长处测定吸光度，以吸光度为纵坐标，浓度为横坐标，绘制标准曲线。

测定法：取本品细粉约0.5g，精密称定，精密加水100mL，称定重量，加热回流90min，放冷，用水补足重量，滤过，取滤液适量以10000r/min离心5min，作为待测样溶液。精密量取待测样溶液2mL，置25mL量瓶中，照标准曲线制备项下的方法，自“加水至6mL”起同法测定吸光度，计算芦丁重量。

示例四

灵芝中灵芝多糖（以无水葡萄糖计）、三萜及甾醇（以齐墩果酸计）的测定

灵芝多糖

对照品溶液的制备：取无水葡萄糖对照品适量，精密称定，加水制成每1mL含0.12mg的溶液，即得。

标准曲线的绘制：精密量取对照品溶液0.2mL、0.4mL、0.6mL、0.8mL、1.0mL、1.2mL，分别置10mL具塞试管中，各加水至2.0mL，迅速精密加硫酸蒽酮溶液（精密称取蒽酮0.1g，加硫酸100mL使溶解，摇匀）6mL，立即摇匀，放置15min后，立即置冰浴中冷却15min，取出，以相应的试剂为空白，照紫外-可见分光光度法，在625nm波长处测定吸光度，以吸光度为纵坐标，浓度为横坐标，绘制标准曲线。

待测品溶液的制备：取本品粉末约2g，精密称定，置圆底烧瓶中，加水60mL，静置1h，加热回流4h，趁热滤过，用少量热水洗涤滤器和滤渣，将滤渣及滤纸置烧瓶中，加水60mL，加热回流3h，趁热滤过，合并滤液，置水浴上蒸干，残渣用水5mL溶解，边搅拌边缓慢滴加乙醇75mL，摇匀，在4℃放置12h，离心弃去上清液，沉淀物用热水溶解并转移至50mL量瓶中，放冷，加水至刻度，摇匀，取溶液适量，离心，精密量取上清液3mL，置25mL量瓶中，加水至刻度，摇匀，即得。

测定法：精密量取待测样溶液2mL，置10mL具塞试管中，照标准曲线制备项下的方法，自“迅速精密加硫酸蒽酮溶液6mL”起，同法操作，在625nm波长处测定吸光度，从标准曲线上读出待测品溶液中无水葡萄糖的含量，计算，即得。

本品按干燥品计算，含灵芝多糖以无水葡萄糖（$C_6H_{12}O_6$）计，不得少于0.90%。

三萜及甾醇

对照品溶液的制备：取齐墩果酸对照品适量，精密称定，加水制成每1mL含0.2mg的溶液，即得。

标准曲线的绘制：精密量取对照品溶液0.1mL、0.2mL、0.3mL、0.4mL、0.5mL，分别置15mL具塞试管中，挥干，放冷，精密加新配制的香草醛冰醋酸溶液（精密称取香草醛0.5g，加冰醋酸使溶解成10mL，即得）0.2mL、高氯酸0.8mL，摇匀，在70℃水浴中加热15min，立即置冰浴中冷却5min，取出，精密加乙酸乙酯4mL摇匀，以相应试剂为空白，照紫外-可见分光光度法，在546nm波长处测定吸光度，以吸光度为纵坐标、浓度为横坐标，绘制标准曲线。

待测样溶液的制备：取本品粉末约2g，精密称定，置具塞锥形瓶中，加乙醇50mL，超声处理（功率140W，频率42kHz）45min，滤过，滤液置100mL量瓶中，用适量乙醇，分次洗涤滤器和滤渣，洗液并入同一量瓶中，加乙醇至刻度，摇匀，即得。

测定法：精密量取待测样溶液0.2mL，置15mL具塞试管中，照标准曲线制备项下的方法，自“挥干”起，同法操作，测定吸光度，从标准曲线上读出待测样溶液中齐墩果酸的含量，计算，即得。

本品按干燥品计算，含三萜及甾醇以齐墩果酸（$C_{30}H_{48}O_3$）计，不得少于0.50%。

示例五

人参茎叶总皂苷的测定（以人参皂苷Re计）

对照品溶液的制备：取人参皂苷Re对照品适量，精密称定，加甲醇制成每1mL含1mg的溶液，即得。

标准曲线的绘制：精密吸取对照品溶液20μL、40μL、80μL、120μL、160μL、200μL，分别置于具塞试管中，低温挥去溶剂，加1%香草醛高氯酸试液0.5mL，置60℃恒温水浴上充分混匀后加热15min，立即用冰水冷却2min，加77%硫酸溶液5mL，摇匀；以相应试剂作空白。照紫外-可见分光光度法，在540nm波长处测定吸光度，以吸光度为纵坐标，以浓度为横坐标，绘制标准曲线。

测定法：取本品约50mg，精密称定，置25mL量瓶中，加甲醇适量使溶解并稀释至刻度，摇匀，精密量取50μL，照标准曲线制备项下的方法，自“置于具塞试管中”起依法操作，在540nm波长处测定吸光度，从标准曲线上读出供试品溶液中人参皂苷Re的量，计算结果乘以0.84，即得。

本品按干燥品计算，含人参总皂苷以人参皂苷Re（$C_{48}H_{82}O_{18}$）计，应为75%～95%。

示例六

人工牛黄中胆酸和胆红素的测定

胆酸

对照品溶液的制备：取胆酸对照品12.5mg，精密称定，置25mL量瓶中，加60%冰醋酸溶液使溶解，并稀释至刻度，摇匀，即得（每1mL含胆酸0.5mg）。

标准曲线的绘制：精密量取对照品溶液0.2mL、0.4mL、0.6mL、0.8mL、1mL，分别置具塞试管中，各管中加60%冰醋酸溶液稀释成1.0mL。再分别加新制的糠醛溶液（1→100）1.0mL，摇匀，在冰浴中放置5min，精密加硫酸溶液（取硫酸50mL与水65mL混合）13mL，混匀，在70℃水浴中加热10min，迅速移至冰浴中，放置2min，以相应的试剂为空白，照紫外-可见分光光度法，在605nm波长处测定吸光度，以吸光度为纵坐标，浓度为横坐标，绘制标准曲线。

测定法：取本品0.1g，精密称定，置50mL量瓶中，加60%冰醋酸溶液适量，超声处理5min，用60%冰醋酸溶液稀释至刻度，摇匀，滤过，精密量取滤液各1mL，分别置甲、乙两个具塞试管中，于甲管中加新制的糠醛溶液1mL，乙管中加水1mL作空白，照标准曲线制备项下的方法，自“在冰浴中放置5min”起，依法测定吸光度，从标准曲线上读出待测样溶液中含胆酸的量，计算，即得。

胆红素

对照品溶液的制备：取胆红素对照品 10mg，精密称定，置 100mL 棕色量瓶中，加三氯甲烷 80mL，超声处理使充分溶解，加三氯甲烷稀释至刻度，摇匀。精密量取 10mL，置 50mL 棕色量瓶中，用三氯甲烷稀释至刻度，摇匀，即得（每 1mL 含胆红素 20μg）。

标准曲线的绘制：精密量取对照品溶液 4mL、5mL、6mL、7mL、8mL，分别置 25mL 棕色量瓶中，用三氯甲烷稀释至刻度，摇匀，用紫外-可见分光光度法，在 453nm 波长处测定吸光度，以吸光度为纵坐标，浓度为横坐标，绘制标准曲线。

测定法：取本品 80mg，精密称定，置 100mL 棕色量瓶中，加三氯甲烷 80mL 超声处理使充分溶解，用三氯甲烷稀释至刻度，摇匀，滤过，取滤液，在 453nm 波长处测定吸光度，从标准曲线上读出待测样溶液中含胆红素的量，计算，即得。

7.3.2 液相色谱测定

7.3.2.1 概述

（1）高效液相色谱的发展及定义 液相色谱是一种常用的分离与分析技术，凡是以液体作为流动相的所有色谱分离过程都可以被称为液相色谱。在发展过程中，根据固定相的形式可以分为纸色谱、薄层色谱和柱色谱等，目前的液相色谱主要就是指柱色谱，又可以分为吸附色谱、离子交换色谱、分配色谱、排阻色谱等。在中兽药研究分析中，高效液相色谱法最为常用。如《兽药典》（2020 年版）二部中，对金银花、益母草、黄芪等药材中有效成分分析均采用 HPLC 法。

高效液相色谱法（high performance liquid chromatography，HPLC）是以经典的柱色谱为基础，引入气相色谱理论和方法，并在技术上采用高压泵、高效固定相以及高灵敏的在线检测器发展起来的分离分析方法。该方法具有分析速度快、分离性能好、重现性好、适用范围广及操作自动化程度高等特点，尤其是对挥发性低、热稳定性差、离子型化合物及分子量小的化合物的检测，具有明显的优越性。

（2）高效液相色谱法的基本原理及概念

① 原理。HPLC 系采用高压输液泵，连续地将流动相按一定流速泵入装有填充剂的色谱柱，试样中的各组分由流动相带入色谱柱内，由于各组分性质不同，因而它们在柱内移动速度不同，而逐渐在柱内分离。各组分在液相色谱中的分离本质是它们的分子和固定相、流动相分子之间的相互作用的差异。在各组分依次进入检测器检测后，对得到组分的电信号进行记录并放大，由积分仪或者数据处理系统对数据进行处理。高效色谱仪通常由高压输液泵、进样器、色谱柱、检测器、积分仪或数据处理系统组成。

② 基本概念

a. 色谱峰。试样被流动相带入色谱柱后，流经检测器，所得到的信号-洗脱时间曲线称为色谱流出曲线，流出曲线凸起的部位称为色谱峰（图 7-10）。大多数情况下，色谱峰为对称形正态分布曲线，还有不对称的色谱峰，比如拖尾峰和前沿峰，则需要寻找原因。

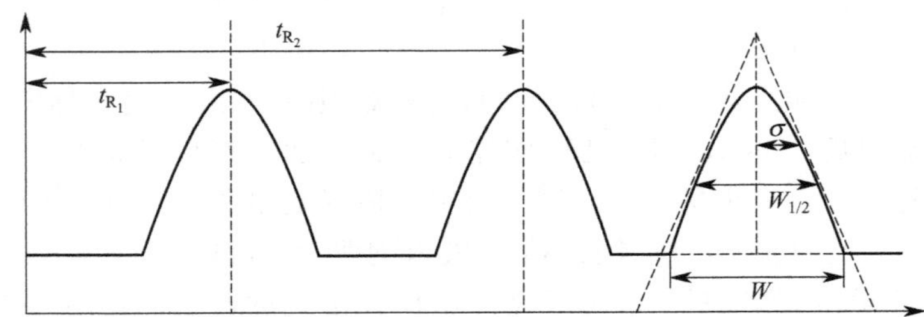

图 7-10 典型的色谱流出曲线

b. 基线。检测器中只有流动相通过或虽有组分通过而不能被检测器所检出时，所给出的流出曲线称为基线。基线反映仪器及操作条件的稳定程度，与流动相中杂质等因素有关，理想的基线为一条平行于时间轴的直线。

c. 噪声。各种未知的偶然因素引起的基线起伏的现象称为噪声，通常受电源接触不良、瞬时过载、检测器不稳定、气泡或色谱柱污染的影响。

d. 保留时间。从进样开始到某个组分的峰顶所对应的时间称为保留时间（t_R），反映该组分在柱内停留时间的长短，与化合物的性质有直接关系，且被分离的物质可基于不同的保留时间予以区别。

e. 谱带宽度。谱带宽度是色谱中的一个基本参数，反映谱带在迁移过程中受扩散或传质等因素的影响而展宽的程度。在色谱分离中，谱带宽度越窄，表明柱效越高；反之则越低。通常基于峰宽（W）、半峰宽（$W_{1/2}$）和标准偏差（σ）三种方法表述（图 7-10）。

f. 理论塔板数和理论塔板高度。色谱分离的效率通称柱效，用塔板数表示。塔板理论是 Martin 和 Synge 首先提出的色谱热力学平衡理论。分离过程看成在一个分馏塔，色谱柱被近似地看成是使物质在两相中达到平衡并进而实现分离的手段，而把使物质在两相之间达到平衡的一小段色谱柱看成是一个理论塔板，用塔板数 n 的多少来衡量分离效率的高低，一个塔板所对应的色谱柱的长度称为理论塔板高度，尽管塔板本身是个虚拟的概念，但是塔板数 n 的多少却大体成功地反映了分离的优劣。理论塔板数可以由色谱峰的保留时间和谱带宽度计算：

$$n=\left(\frac{t_R}{\sigma}\right)_2=5.54\left(\frac{t_R}{W_{1/2}}\right)=16\left(\frac{t_R}{W}\right)_2$$

7.3.2.2 分析技术

（1）色谱柱及固定相的选择 色谱柱是 HPLC 的核心组成，由柱管和固定相组成。柱管一般采用优质不锈钢制成，柱内壁要求精细抛光加工，有很高的光洁度，不允许有轴向沟痕，避免影响色谱分离，引起色谱带展宽，降低柱效。色谱柱按用途可以分为分析柱、半制备柱和制备柱，其中，分析柱按照填充粒径又可以分为常规柱和超高效液相色谱柱。一般常规柱长 10～30cm，内径 2～5mm，填充剂粒径 3～10μm。

色谱柱的固定相，即填充剂，它的特性决定色谱柱的性能，比如大小、形状、均匀度、表面积、孔径等都能影响色谱柱的效率。色谱柱按照分离原理来分有正相、反相、凝胶渗透、离子交换和手型拆分等几种类型。掌握不同色谱柱填料的物理化学性质和分离特点，对实际工作中最佳色谱条件的建立具有极为重要的作用。

① 正相色谱柱：填料极性较高，如硅胶、三氧化二铝、氨基键合硅胶和氰基键合硅胶等。在中兽药中生物碱的测定多采用正相色谱柱，如山豆根中苦参碱和氧化苦参碱、苦参中的苦参碱和氧化苦参碱以及使君子中的胡芦巴碱含量的测定，均采用氨基柱。

② 反相色谱柱：常见的填充剂有十八烷基硅烷键合硅胶、辛基硅烷键合硅胶和苯基硅烷键合硅胶等，在分离极性很大的化合物时，也可以采用氨基和氰基等极性基团键合的固定相。如人参中人参皂苷 Rg_1 和人参皂苷 Re、三颗针中盐酸小檗碱、干姜中 6-姜辣素含量测定均采用十八烷基硅烷键合硅胶；土荆皮中土荆皮乙酸、甘遂中大戟二烯醇、辛夷中木兰脂素含量测定均采用辛基硅烷键合硅胶；忍冬藤中马钱苷、金银花中的木犀草苷、莱菔子中芥子碱硫氰酸盐的含量测定均采用苯基硅烷键合硅胶。

③ 离子交换色谱柱：用离子交换剂作为填充剂，分为阳离子交换色谱柱和阴离子交换色谱柱。中兽药分析中比较常见的是阳离子交换柱，如茺蔚子中盐酸水苏碱、槟榔中氢溴酸槟榔碱的含量测定采用阳离子交换柱。

通常，在进样器和色谱柱之间还可以连接预柱或保护柱，这样不仅可以防止流动相或样品中的不溶性微粒堵塞色谱柱，还能延长色谱柱的寿命，但是会相应地增加峰的保留时间，降低保留值较小的组分的分离效率。此外，温度也会影响色谱柱的分离效果，一般设置为 25～40℃，有时候为了提高分离效果可以适当地提高温度，但是不宜超过 60℃。此外还应该根据色谱柱填充剂的特性，调节最佳的 pH 值。此外，根据被分离组分、检测器的不同，常用的溶剂也不同，常用的溶剂按极性由小到大的顺序为：正己烷、环己烷、四氯化碳、甲苯、乙醚、二氯甲烷、四氢呋喃、三氯甲烷、乙酸乙酯、丙酮、乙腈、乙醇、甲醇、水。

（2）流动相的选择 作为 HPLC 的流动相，必须具备以下特点：a. 纯度高、化学性质稳定；b. 对固定相无溶解能力；c. 对被分离组分的检测无影响；d. 对样品具有足够的溶解能力，且具有合适的极性和选择性；e. 具有较低的黏度和适当低的沸点；f. 尽量安全且低毒。

① 正相色谱的流动相：指流动相的极性小于固定相的分离体系，正相色谱的分离原理主要是基于被分离化合物的极性基团与固定相极性基团相互作用的差别，其流动相通常使用非极性的有机溶剂加入适当的极性有机试剂，比如正己烷-乙酸乙酯、环己烷-异丙醇等。比较适合分离反相色谱很难分离的异构体、易于水解的化合物、在极性有机溶液中溶解度较小的高脂溶性化合物。

② 反相色谱的流动相：指流动相极性大于固定相的分离体系，其流动相通常是水与极性有机溶剂甲醇、乙腈等的混合液。分离的原理主要是基于被分离溶质与固定相疏水作用力的差别。70%～80%的 HPLC 分析都是基于反相色谱完成的。流动相中尽可能少用缓冲盐，如必须使用，可选择低浓度的缓冲盐。用十八烷基硅烷键合硅胶色谱柱时，流动相中有机溶剂一般不低于 5%，否则容易造成柱效下降和色谱系统不稳定。对于易发生解离的组分，可以参考其组分的 pK_a 值，选择离子抑制色谱法。通常在分离弱酸性化合物时，可在流动相中加入醋酸、磷酸等；分离弱碱性化合物时，可在流动相中加入三乙胺或者氨水。

流动相在上机前一般需要进行预处理，使用色谱纯溶剂，水一般为重蒸馏水，流动相使用前必须进行脱气和过滤，避免混入的空气进入色谱高压系统形成气泡，干扰检测器通路的折射面，而且空气中的氧气还会与固定相和流动相发生反应。常用的脱气方式有超声脱气，即用超声水浴振荡 15min；过滤则采用 0.45μm 以下的微孔滤膜进行，但是要注意微孔滤膜有水系和有机系之分。

（3）洗脱方式的选择 HPLC 按照洗脱方式分为等度洗脱和梯度洗脱。等度洗脱是在同一分析周期内流动相的组成保持恒定的洗脱方式，适用于组分少、性质差别不大的样品，比如人参叶中人参皂苷 Rg_1 和人参皂苷 Re、一枝黄花中芦丁、三白草中三白草酮的检测。梯度洗脱是在一个分析周期内按照不同的时间改变流动相的组成，最常见的方式是改变溶剂的种类和配比，梯度洗脱可以有效地提高柱效和灵敏度，适用于分离极性差别较大的复杂混合物。比如：山茱萸中莫诺苷和马钱苷、王不留行中黄酮苷、肉苁蓉中松果菊苷和毛蕊花糖苷的检测。

（4）检测器的选择

① 紫外检测器。紫外检测器（UV），是 HPLC 仪中应用最广、最普遍的检测器，几乎所有的色谱仪都配有这种检测器，其工作原理是利用被测组分结构中特定基团对紫外光的吸收而实现对化合物的检测，服从 Lambert-Beer 定律。具有较高的灵敏度和精确度、较低的噪声、较宽的线性范围，对环境温度、流速波动和有机相组成变化不敏感，对强吸收的组分检测限可达 1ng。

但是 UV 检测器具有一定的局限性，比如：a. 只能用于检测具有紫外吸收的样品，如醌类、丹参酮类、茜草素类等含有芳烃、稠环芳烃、羧基等的化合物；b. 成分复杂的中兽药，干扰物与被测组分可能会呈现相似或者相同的保留时间，即便是改变色谱柱、流动相等也无法分开；c. UV 检测器区分样本中各个组分，仅依靠保留时间，证据不充分。

② 二极管阵列检测器。针对 UV 检测器的这些缺点，20 世纪 80 年代研制出了一种新型的紫外检测器——二极管阵列检测器（DAD），采用光电二极管作为检测元件实现多通道并行检测，10ms 内可以得到 200～800nm 范围内较均匀的散射。不同波长的散射光经凹面镜及反射镜后，按照波长顺序形成聚焦平面。二极管阵列与聚焦平面吻合，因此阵列上各个元件同时收到不同波长的线，对二极管阵列进行快速扫描采集数据，即可得到如图 7-11 所示的淫羊藿药材提取物的三维色谱图。DAD 检测器是 HPLC 技术的一大进步，具有显著的特点：a. 通过对紫外光谱各峰的分析，可以判定各峰的光谱纯度，以分辨有无其他物质的干扰；b. 分析结束后，即可获得时间-波长-吸光度的三维图谱；c. 洗脱顺序非常接近但具有不同光谱的峰可以通过 DAD 检测器分开；d. 可以通过 DAD 自带软件计算色谱峰的吸光度比率，评估色谱峰的纯度。

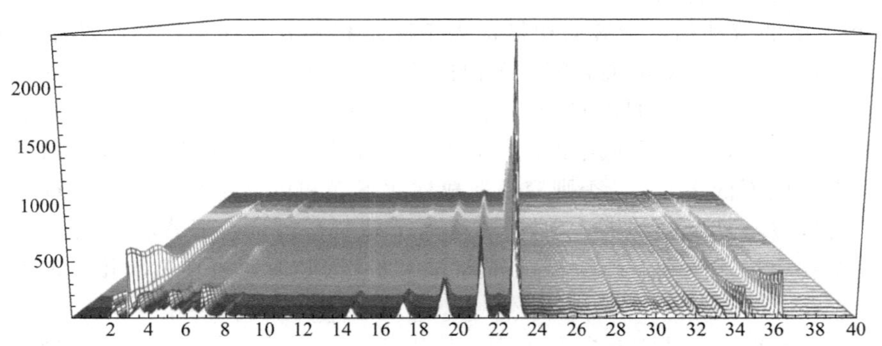

图 7-11　DAD 检测器下淫羊藿药材提取物的三维色谱图

③ 示差折光检测器。示差折光检测器（differential refractive index detector，RID）也称为光折射检测器，是一种通用性检测器，利用组分与流动相的折射率之差来进行检测。溶液的折射率是流动相和样品各自的折射率乘以各自的物质的量浓度的加和。溶有样品的流动相和流动相本身之间折射率之差即表示样品在流动相中的浓度，原则上凡是与流

动相折射率有差别的样品都可用它来测定，但是其对大多数物质检测的灵敏度较低，且受温度、流动相组成的影响波动较大，尤其不适合梯度洗脱。但是对于糖类物质却有较高的灵敏度，检测限可达 10^{-8} g/mL。如蜂蜜中果糖和葡萄糖、大蒜中低聚糖的含量测定。

④ 蒸发光散射检测器（evaporative light-scattering detector，ELSD），是一种通用的检测器，对所有非挥发组分几乎有相同的响应，其工作原理是将洗脱液引入已经通入高压气流（常为高纯氮）的蒸发室，加热后流动相及低沸点的组分被蒸发除去，样品形成气溶胶进入检测室，在强光或者激光照射下，光束通过散射池被散射，通过光电二极管检测，计算出被测组分的浓度。

同紫外检测器相比，ELSD 适用于没有特征紫外吸收或者紫外吸收很弱的待测物，无需衍生化而直接进行检测，避免了衍生化带来的误差。对于组分比较复杂的样品，也可以采用梯度洗脱而不受影响。但是 ELSD 灵敏度比 UV 低了近一个数量级，而且只能适用于流动相可以挥发的色谱洗脱系统，如甲醇-水、乙腈-水等，对于含有缓冲盐的流动相不适用，本底较高，影响检测。如木瓜中齐墩果酸和熊果酸、木香中木香烃内酯和去氢木香内酯、血竭中血竭素的含量测定。

⑤ 荧光检测器（fluorescence detector，FD），其原理是带有发色基团的物质在激发光照射下，吸收特定的波长的光，使外层电子从基态跃迁到激发态，当处于第一激发态的电子回到基态时，会发射出比原来吸收的激发光波长更长的光，即荧光。FD 以激光为激发光源，具有强聚焦性和单色性，其灵敏度比 UV 高，选择性好，检出限可以达到 10^{-13}g/mL，但是只能适用于能够自身产生荧光或者经衍生化后能够产生荧光的组分的检测，主要用于氨基酸、多环芳烃、维生素、甾体化合物及酶等生物活性物质的分析，尤其适用于体内药物的分析。如蜂蜜中百里香酚、罂粟壳中罂粟碱、丹参饮片中黄曲霉毒素 B_1、B_2、G_1、G_2 的含量测定。

⑥ 电喷雾检测器（charged aerosol detector，CAD），是利用喷雾器和电晕放电进行检测的一种新型通用的质量型检测器，整合了 ELSD 和质谱的相关特点，是 HPLC 检测技术的新发展阶段。其工作原理是样品溶液在雾化器中被雾化，形成大小不同的溶质颗粒，较大的颗粒由废液管排出，较小的则随氮气流入干燥管；同时入口氮气的另一流路通过电晕装置（含有高压铂金丝电极）形成带正电荷的氮气离子，与干燥后的溶质颗粒在碰撞室中发生碰撞，电荷随之转移至颗粒上，溶质颗粒越大，带电荷越多；随后，溶质颗粒将其电荷转移给收集器，通过高灵敏度的静电检测计测出溶质颗粒的带电量，由此产生的电流信号与溶质的含量成正比。其具有灵敏度高、线性范围广、应用范围广等优点，只要该组分属于不挥发或者半挥发性的化合物就可以被检测。如人工牛黄中胆酸和猪去氧胆酸、知母中芒果苷和知母皂苷 BⅡ、薏苡仁中甘油三油酸酯的含量测定。

7.3.2.3 定量分析方法

（1）外标法 外标法即标准曲线法，是所有定量分析中最常用的一种方法，也是中兽药最常采用的一种简便、快速的定量方法。具体操作步骤是利用纯物质配制成不同浓度的标准溶液，分别精密取一定量，注入仪器，记录色谱图，由所得数据绘制浓度对峰面积的标准曲线。待测样品分析时遵循与之相同的定量检测条件，由所得的峰面积计算出待测组分的含量。

但是在一些中兽药的分析中，由于被测样品的组成变化不大，因此在组分鉴定时不需要作标准曲线，常采用单点校正法。即配制一个和被测组分含量十分接近的标准样，定量进样，由被测组分和外标组分峰面积比或峰高比来求被测组分的质量分数，详细计算公式如下：

$$C_X = C_R \times \frac{A_X}{A_R}$$

外标法的优点是操作简单，计算方便，不需要校正因子，但是要求进样量必须准确以及实验条件恒定，以手动进样器定量环或者自动进样器为宜。

（2）内标法 为了克服外标法的缺点，常采用内标法。内标法是选择适宜的化合物作待测组分的参比物（内标物），将内标物定量加入样品中进行分析，根据样品和内标物的量，以及待测组分和内标物的峰面积，计算出要求测定组分含量的方法。

内标适用于样品中各组分不能全部流出色谱柱或者检测器不能对所有组分产生信号区分，以及有严重的内源干扰物的情况。如果只需要检测某几个组分，则内标法更为简单和准确，而且也消除了由于实验条件和进样量变化带来的误差，因此不要求必须遵循严格一致的操作条件。

内标物的选择具有一定要求：a. 不属于样品组分；b. 与样品组分不发生反应；c. 内标物与待测组分完全分离，且色谱峰位置相近；d. 内标物浓度合适，与待测组分的峰面积差别不大。内标法的计算公式为：

$$\text{校正因子}(f) = \frac{A_S/C_S}{A_R/C_R}$$

式中，A_S 为内标物质的峰面积或峰高；A_R 为对照品的峰面积或峰高；C_S 为内标物质的浓度；C_R 为对照品的浓度。

$$\text{含量}(C_X) = f \times \frac{A_X}{A'_S/C'_S}$$

式中，A_X 为供试品的峰面积或峰高；C_X 为供试品浓度；A'_S 为内标物质的峰面积或峰高；C'_S 为内标物质的浓度；f 为校正因子。

（3）归一化法 归一化法要求样品中的所有组分在操作的色谱条件和时间内，都能全部流出色谱柱，并且检测器对其都能产生相应信号，同时各组分的校正因子已知时，可以采用校正面积归一化法来测定各组分的含量。即取一定量的供试品溶液进样，记录色谱图，测量各峰的峰面积和色谱图上除溶剂外的总峰面积，计算各峰面积占总峰面积的百分率。

归一化法优点是简便，而且定量结果与进样量无关，但是要求所有组分都能出峰，对实验条件要求较高，容易产生误差，不适宜各组分的精确测定，该方法在气相色谱中较为常见。

（4）一测多评法（QAMS） 由于中兽药成分复杂，在同一个色谱条件下往往出现多个色谱峰，导致内标化合物选择难度较大，加之内标法要测定校正因子，过程比较烦琐，所以内标法在测定复杂的中兽药成分时不现实，且应用较少。但是近年来在内标法基础上衍生出了一测多评法，该方法是指用一个对照品对多个组分进行定量，即在一定的线性范围内，各成分的量（质量或浓度）与检测器的响应成正比。在多指标（s,a,b,…,i,…）质量评价时，以中药中某一典型有效成分作为内参物（s），建立内参物与其他待测成分（a,b,…,i,…）之间的相对校正因子（RCF,f_{sa},f_{sb},f_{sc},…），按下式计算：

$$f_{si}=\frac{f_s}{f_i}\times\frac{A_s/C_s}{A_i/C_i}$$

式中，A_s 为内参对照品 s 的峰面积；C_s 为内参对照品 s 的浓度；A_i 为某一待测组分及对照品 i 的峰面积；C_i 为某待测成分对照品 i 的浓度。经耐用性考察，RCF 的 RSD 应该小于 5%。

在测定含量时，内参物（s）的浓度 C_s 可按常规方法进行测定；应用 RCF（RCF，$f_{sa}, f_{sb}, f_{sc}, \cdots$）结合内参物（s）实测值 C_s，计算待测组分（a, b, …, i, …）的浓度：

$$C_i=f_{si}\times\frac{A_i}{A_s}\times C_s$$

式中，A_i 为待测组分 i 的峰面积；C_i 为供试品中待测成分 i 的浓度；A_s 为供试品中内参物 s 的峰面积；C_s 为供试品中内参物 s 的浓度；f_{si} 为内参物 s 对待测组分 i 的校正因子。

待测成分的色谱峰定位，一般可以采用保留时间差或相对保留值等参数结合色谱图整体特征，以及每个峰的紫外吸收特征来定位其余待测成分的色谱峰。

本方法适用于对照品难得、制备成本高或者不稳定的情况下，中兽药中不同成分的同时测定，一般要求各待测组分有相对较高的含量，原则上≥1mg/g，是中兽药中多组分测定最为常见的方法。

7.3.2.4 应用与示例

（1）四君子散中炙甘草的含量测定 [《兽药典》（2020 年版）二部]

本品由党参、白术（炒）、茯苓、炙甘草等制成散剂，采用 HPLC 法测定甘草酸铵的含量。

色谱条件与系统适用性试验：以十八烷基硅烷键合硅胶为填充剂；以甲醇-0.2mol/L 醋酸铵溶液-冰醋酸（60∶40∶1）为流动相；检测波长为 250nm。理论板数按甘草酸峰计算应不低于 2000。

对照品溶液的制备：取甘草酸铵对照品适量，精密称定，加流动相制成每 1mL 含 0.2mg 的溶液（相当于每 1mL 含甘草酸 0.1959mg），即得。

供试品溶液的制备：取本品约 2g，精密称定，置具塞锥形瓶中，精密加流动相 50mL，密塞，称定重量，超声处理（功率 250W，频率 20kHz）30min，取出，放冷，再称定重量，用流动相补足减失的重量，摇匀，滤过，即得。

测定法：分别精密吸取对照品溶液与供试品溶液各 20μL，注入液相色谱仪，测定，即得。

本品以每 1g 甘草含甘草酸（$C_{42}H_{62}O_{16}$）计，不得少于 1.5mg。

（2）四黄止痢颗粒中黄芩的含量测定 [《兽药典》（2020 年版）二部]

本品由黄连、黄柏、大黄、黄芩、板蓝根、甘草等制成颗粒，采用 HPLC 法测定黄芩苷的含量。

色谱条件与系统适用性试验：以十八烷基硅烷键合硅胶为填充剂，以甲醇-水-磷酸（43∶57∶0.2）为流动相，检测波长为 278nm。理论板数按黄芩苷峰计算应不低于 2000。

对照品溶液的制备：取黄芩苷对照品适量，精密称定，加甲醇制成每 1mL 含 60μg 的溶液，即得。

供试品溶液的制备：取本品研细的粉末约 0.5g，精密称定，置 100mL 量瓶中，加甲醇适量，超声处理（功率 250W，频率 40kHz）30min，放冷，加甲醇至刻度线，摇匀，滤过，即得。

测定法：分别精密吸取对照品溶液与供试品溶液各 10μL，注入液相色谱仪，测定，即得。

本品每 1g 含黄芩以黄芩苷（$C_{21}H_{18}O_{11}$）计，不得少于 4.8mg。

（3）龙胆泻肝散中龙胆、栀子和黄芩的含量测定［《兽药典》（2020 年版）二部］

本品由龙胆、车前子、柴胡、当归、栀子、生地黄、甘草、黄芩、泽泻、木通等制成散剂。采用 HPLC 法测定龙胆苦苷、栀子苷和黄芩苷的含量。

色谱条件与系统适用性试验：以十八烷基硅烷键合硅胶为填充剂；以甲醇为流动相 A，以 0.2%的磷酸溶液为流动相 B，按表 7-11 进行梯度洗脱；检测波长为 254nm。理论板数按龙胆苦苷峰计算应不低于 3000。

表 7-11 龙胆泻肝散中龙胆、栀子和黄芩的含量测定的流动相参数

时间/min	流动相 A/%	流动相 B/%
0～25	20	80
25～30	20→43	80→57
30～50	43	57

对照品溶液的制备：取龙胆苦苷对照品、栀子苷对照品和黄芩苷对照品适量，精密称定，加甲醇制成每 1mL 含龙胆苦苷 80μg、栀子苷 50μg 和黄芩苷 100μg 的混合溶液，即得。

供试品溶液的制备：取本品约 1g，精密称定，置具塞锥形瓶中，精密加 50%甲醇 50mL，密塞，称定重量，超声处理（功率 250W，频率 50kHz）20min，放冷，再称定重量，用 50%甲醇补足减失的重量，摇匀，滤过，即得。

测定法：分别精密吸取对照品溶液与供试品溶液各 10μL，注入液相色谱仪，测定，即得。

本品每 1g 含龙胆以龙胆苦苷（$C_{16}H_{20}O_9$）计，不得少于 0.80mg；含栀子以栀子苷（$C_{17}H_{24}O_{10}$）计，不得少于 1.30mg；含黄芩以黄芩苷（$C_{21}H_{18}O_{11}$）计，不得少于 3.80mg。

（4）金银花中木犀草苷的含量测定［《兽药典》（2020 年版）二部］

色谱条件与系统适用性试验：以苯基硅烷键合硅胶为填充剂（Agilent ZORBAX SB-phenyl 4.6mm×250mm，5μm），以乙腈为流动相 A，以 0.5%的冰醋酸溶液为流动相 B，按表 7-12 进行梯度洗脱；检测波长为 350nm。理论板数按木犀草苷峰计算应不低于 20000。

表 7-12 金银花中木犀草苷的含量测定的流动相参数

时间/min	流动相 A/%	流动相 B/%
0～15	10→20	90→80
15～30	20	80
30～40	20→30	80→70

对照品溶液的制备：取木犀草苷对照品适量，精密称定，加 70%乙醇制成每 1mL 含 40μg 的溶液，即得。

供试品溶液的制备：取本品细粉末（过四号筛）约 2g，精密称定，置具塞锥形瓶中，精密加 70%乙醇 50mL，称定重量，超声处理（功率 250W，频率 35kHz）1h，放冷，再称定重量，用 70%乙醇补足减失的重量，摇匀，滤过，精密量取续滤液 10mL，回收溶剂至干，残渣加 70%乙醇使溶解，转移至 5mL 量瓶中，加 70%乙醇至刻度，摇匀，即得。

测定法：分别精密吸取对照品溶液与供试品溶液各 10μL，注入液相色谱仪，测定，即得。

本品按干燥品计算，含木犀草苷（$C_{21}H_{20}O_{11}$）不得少于 0.050%。

（5）四季青中长梗冬青苷的含量测定 [《兽药典》（2020 年版）二部]

色谱条件与系统适用性试验：以十八烷基硅烷键合硅胶为填充剂，以甲醇（含 10% 的异丙醇）为流动相 A，以水（含 10%的异丙醇）为流动相 B，按表 7-13 进行梯度洗脱；用蒸发光散射检测器检测。理论板数按长梗冬青苷峰计算应不低于 2000。

表 7-13 四季青中长梗冬青苷的含量测定的流动相参数

时间/min	流动相 A/%	流动相 B/%
0～10	30→35	70→65
10～12	35→43	65→57
12～30	43	57
30～40	43→57	57→43

对照品溶液的制备：取长梗冬青苷对照品适量，精密称定，加 80%甲醇制成每 1mL 含 0.3mg 的溶液，即得。

供试品溶液的制备：取本品细粉末（过四号筛）约 1g，精密称定，置具塞锥形瓶中，精密加 80%甲醇 50mL，称定重量，超声处理（功率 300W，频率 40kHz）30min，放冷，再称定重量，用 80%甲醇补足减失的重量，摇匀，滤过，即得。

测定法：分别精密吸取对照品溶液 10μL、20μL，供试品溶液 10μL，注入液相色谱仪，测定，用外标两点法对数方程计算，即得。

本品按干燥品计算，含长梗冬青苷（$C_{36}H_{58}O_{10}$）不得少于 1.35%。

（6）莲子中去甲乌药碱的含量测定 [《分析试验室》，2020，39（11）：1276-1280.]

色谱条件与系统适用性试验：以 Waters Acquity Hss T3（2.1mm × 100mm，1.8μm）为色谱柱，甲醇-50mmol/L 柠檬酸溶液（氨水调节 pH 3.0）（5∶95）为流动相；电化学检测器检测。理论板数按去甲乌药碱峰计算应不低于 2000。

对照品溶液的制备：取去甲乌药碱对照品适量，精密称定，加 50%甲醇制成每 1mL 含 1.0mg 的溶液，即得。

供试品溶液的制备：取本品细粉末（过三号筛）约 0.1g，精密称定，精密加 77%甲醇 7mL，称定重量，超声处理（功率 300W，频率 40kHz）18min，放冷，再称定重量，用 77%甲醇补足减失的重量，12000r/min 离心 10min，取上清滤过，即得。

测定法：分别精密吸取对照品溶液与供试品溶液各 1μL，注入液相色谱仪测定，图 7-12 为莲子中去甲乌药碱含量测定的 UPLC-ECD 图谱，其中色谱峰 1 为去甲乌药碱。

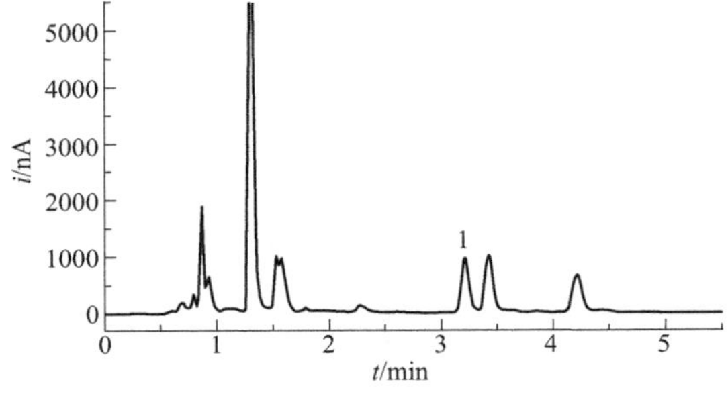

图 7-12 莲子中去甲乌药碱的含量测定的 UPLC-ECD 图谱

（7）石斛中石斛酚的含量测定 [《食品工业》，2020，41（9）：310-314.]

色谱条件与系统适用性试验：以 Waters XBridge BEH（2.1mm×150mm，1.7μm）为色谱柱，乙腈-25mmol/L 乙酸铵溶液（pH 3.6）（35∶65）为流动相；电化学检测器检测。理论板数按石斛酚峰计算应不低于 2000。

对照品溶液的制备：取石斛酚对照品适量，精密称定，加甲醇制成每 1mL 含 0.1mg 的溶液，即得。

供试品溶液的制备：取本品细粉末（过筛）约 0.05g，精密称定，精密加 70%甲醇 15mL，称定重量，超声处理（功率 300W，频率 40kHz）10min，放冷，再称定重量，用 70%甲醇补足减失的重量，摇匀，滤过，即得。分别精密吸取对照品溶液与供试品溶液各 1μL，注入液相色谱仪测定，图 7-13 为石斛中石斛酚的含量测定的 UPLC-ECD 图谱，其中色谱峰 1 为石斛酚。

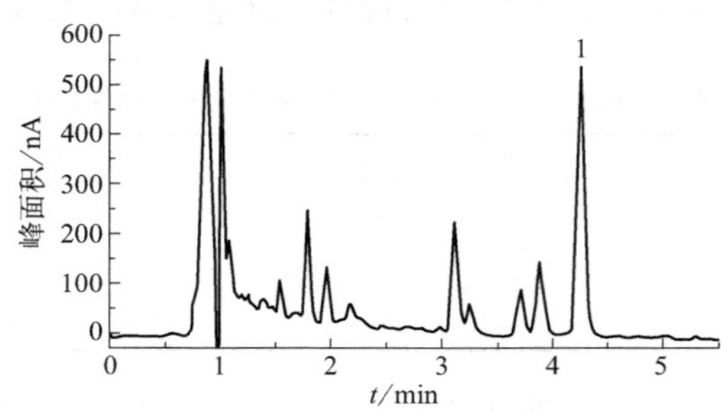

图 7-13 石斛中石斛酚的含量测定的 UPLC-ECD 图谱

（8）大黄侧柏叶合剂的含量测定（北京市兽药饲料监测中心钟昆芮老师提供）

色谱条件与系统适用性试验：以十八烷基硅烷键合硅胶为填充剂；以甲醇-0.1%磷酸溶液（85∶15）为流动相；检测波长为 254nm。理论板数按大黄素峰计算不低于 3000。

对照品溶液的制备：精密称取大黄素对照品适量，加甲醇制成每 1mL 含 15μg 的溶液，即得。

供试品溶液的制备：取本品充分摇匀，精密量取 2mL，置 100mL 烧瓶中，加 2.5mol/L 硫酸溶液 25mL，加三氯甲烷 25mL，水浴回流 1h，放冷，置分液漏斗中，用少量三氯甲烷洗涤容器，并入分液漏斗中，分取三氯甲烷层，酸液再用三氯甲烷提取 2 次，每次 25mL，合并三氯甲烷层，减压蒸干，残渣加甲醇适量使溶解，转移至 50mL 量瓶中，加甲醇稀释至刻度，摇匀，即得。

测定法：分别精密吸取对照品溶液与供试品溶液各 20μL，注入液相色谱仪测定，测定，即得。图 7-14 为大黄侧柏叶合剂供试品的色谱图。

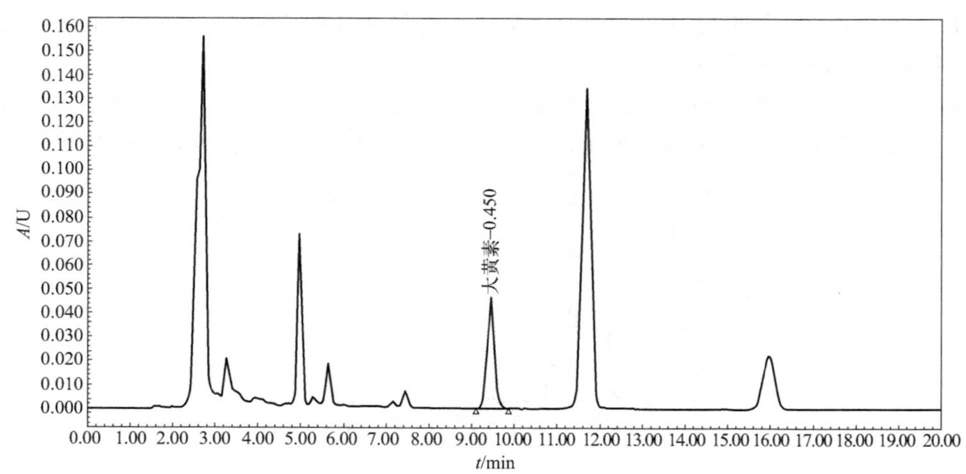

图 7-14 大黄侧柏叶合剂供试品的色谱图

本品每1mL含大黄以大黄素（$C_{15}H_{10}O_5$）计，不得少于0.25mg。

7.3.3 气相色谱及气相色谱-质谱联用技术

气相色谱（GC）是英国生物化学家Martin等人在研究液-液分配色谱的基础上，于1952年创立的一种气体有效的分离方法。它是以气体作为流动相的一种色谱分析法，可用于分析和分离复杂的多组分混合物。气体黏度小，渗透性高，传质速率高。与其他方法相比，气相色谱法具有以下优点：①应用范围广，能分析气体、液体和固体；②灵敏度高，可测定痕量物质；③分析速度快；④选择性高，可分离性能相近的物质和多组分混合物。只要在气相色谱仪允许的条件下可气化为稳定的物质，都可以用气相色谱法测定。对部分气化后不稳定的物质或难以气化的物质，通过化学衍生以后，仍可用气相色谱法分析。由于使用高效能的色谱柱、高灵敏度的检测器及微处理机，目前气相色谱法已成为一种分析速度快、灵敏度高、应用范围广的分析方法。如气相色谱与质谱联用（GC-MS）。

由于分析的样品在气相中进行，要求样品气化，因此不适用于大部分沸点高的热不稳定的化合物，反应活性较强的物质也难以进行分析。

7.3.3.1 概述

（1）气相色谱分离检测原理 GC的流动相为惰性气体。气-固色谱法中以表面积大且具有一定活性的吸附剂为固定相。多组分混合物样品进入色谱柱后，由于吸附剂对每个组分的吸附力不同，经过一定时间后，各组分在色谱柱中的运行速度也就不同。吸附力最弱的组分最容易解吸，最先离开色谱柱进入检测器，而吸附力强的组分不容易解吸，后续离开色谱柱。这样，各组分在色谱柱中彼此分离，顺序进入检测器中被检测。

气-液色谱中，以均匀地涂在惰性固定载体（也被称为担体）表面上的薄层液体为固定相，这种液膜对各种有机物都具有一定的溶解度。当样品被载气带入色谱柱中，与固定相接触，溶解在固定相中。分离检测多组分时，由于在固定相中的溶解度不同，一段时间后，各组分在柱中的前进距离就不同，溶解度小的组分先离开色谱柱，溶解度大的组分后离开色谱柱。这样，各组分在色谱柱中先后分离后，顺序进入检测器被检测。

（2）气相色谱仪组成 气相色谱仪一般由五大系统（载气系统、进样系统、分离系统、控温系统和检测系统）组成，如图7-15所示。

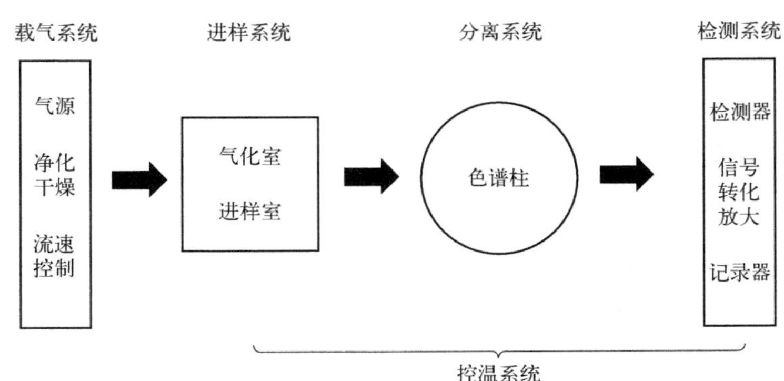

图7-15 气相色谱仪五大系统的分布及简要作用

① 载气系统。载气系统包括气源、净化干燥管和载气流速控制等。分析过程中载气从气瓶出来后依次经过减压阀、净化器、气流调节阀、流量计、气化室、色谱柱、检测器、放空，获得纯净、流速稳定的载气。常用的载气有氢气、氮气、氦气等，一般选择高纯度的载气，装有净化剂（活性炭、硅胶、分子筛等）的净化器会再次除去载气中的水、有机物等微量杂质。

② 进样系统。进样系统由两部分组成：气化室和进样室。气化室是将液体样品瞬间气化为气体的装置，要求死体积小、热容量大、内表面无活性物质，以保证样品迅速进入色谱柱。进样装置一般有微量注射器和六通阀进样器两种类型。微量注射器一般用于液体样品，气体样品通常采用六通阀进样。近年来仪器全部配备全自动进样装置，由计算机自动控制，取样、进样、复位、样品管路清洗等按预定程序自动进行，进样重复性高。进样的样品分为气体、液体、固体，如果是气体则可采用顶空进样型气相色谱，如果是固体则可采用裂解气相色谱，液体则是一般常用的气相色谱。

③ 分离系统。分离系统主要由色谱柱组成，是气相色谱的核心部件。常用的色谱柱有填充柱和毛细管柱，毛细管柱的分离能力高于填充柱，但是填充柱由于其制备简单、种类多、柱容量大等优势，应用较为广泛。

填充柱管壁材料一般为不锈钢、玻璃、聚四氟乙烯等，柱内有均匀的、密实的填充固定相，但要注意填装不可以太过紧密，否则会造成柱前压力大，载气流速慢，易堵死。毛细管柱由石英和不锈钢拉制而成，柱内表面涂固定液，具有高效、快速、低吸附及催化活性等优点，但是制备工艺较为复杂，价格较高。

色谱分离过程是在分离柱中完成的，而分离效果主要取决于柱中固定相的性质。分离对象的多样性决定了没有一种固定相能够满足所有试样的分离需要，因此，对于不同的被分离对象，需要根据其性质选择适当的固定相。气-固色谱固定相通常是具有一定活性的吸附剂颗粒，经活化处理后直接填充到空分离柱中使用。常用的有活性炭、硅胶、分子筛以及高分子多孔微球等。气-液色谱固定相由在小颗粒表面涂一层薄的固定液构成，具有较高的可选择性。目前使用较多的是硅藻土型载体，已经市场化，可根据需求直接购买。固定液通常是高沸点、难挥发的有机化合物或聚合物。在选择固定液时要遵循几个原则："相似相溶"原则，当同系物或相同官能团的混合物各组分在沸点上有差别时，使用该原则；根据固定液和被分离物分子之间特殊作用力，例如诱导力、氢键、受质子/给质子力和超分子作用等；利用混合固定液；利用协同效应。实际工作中遇到的样品是比较复杂的，一般依靠经验规律或参考文献，按最接近的性质选择。

④ 控温系统。温度是色谱分离条件的重要选择参数。气化室、柱温箱、检测器三部分在色谱仪操作时都需要控制温度。气化室温度的控制是为了保证液体试样在瞬间气化而不发生热分解。控制检测器温度是为了保证被分离的组分通过时不冷凝，同时检测器温度变化将影响检测灵敏度和基线的稳定。分离过程中需要准确控制分离所需要的温度。当分析复杂试样时，需要先设定柱温箱温度变化程序。在分析过程中分离温度按程序改变，使各组分在最佳温度下分离。目前，气质色谱仪均采用计算机控制各部分并完成数据处理。

⑤ 检测系统。检测系统是指从色谱柱流出的组分，经过检测器转化为电信号，并经过放大由记录器显示的装置。检测系统由检测器、信号转换器、信号放大器、记录器等组成。其中检测器是关键部分。气相色谱常用的检测器有以下几种类型：

a. 热导检测器（TCD）。热导检测器是基于不同物质有不同的热导率而设计的，通过测量参比池和测量池中发热体热量损失的比例，即可测出气体的组成和含量，是最为成熟的气相色谱检测器，但是其灵敏度较低。

b. 氢火焰离子化检测器（FID）。氢火焰离子化检测器以氢气和空气的火焰作为能源，利用含碳有机物在火焰中燃烧产生离子的原理，在外加电场作用下，使离子形成离子流，根据离子流产生的电信号强度，检测出组分的含量。

c. 电子捕获检测器（ECD）。电子捕获检测器又称电子俘获检测器，是一种高灵敏度（检出限为 1.0×10^{-14}g/mL）、高选择性分析痕量电负性有机物最有效的气相色谱检测器，只对含卤素、S、P、O、N 等电负性元素的物质有响应。但 ECD 的线性范围窄，只有 1.0×10^{3} 左右，易受操作条件的影响。

d. 火焰光度检测器（FPD）。火焰光度检测器又称硫磷检测器，是一种对含 S、P 的有机物具有高选择性和高灵敏度的质量型检测器。

气相色谱与其他分析仪器联用得到快速发展，可将联用仪器作为气相色谱的检测器。如质谱作为气相色谱的检测器从而衍生出的气相色谱-质谱联用技术。将在 7.3.3.4 和 7.3.3.5 详细介绍。

7.3.3.2 定性和定量方法

（1）定性分析 用气相色谱进行定性分析就是确定色谱图上各个峰的归属。各物质在一定的色谱条件下都有一个确定的保留值，据此进行定性分析。但在同一色谱条件下，不同的物质也可能具有近似或相同的保留值。因此，有时还需要与其他化学分析或仪器分析法相配合，才能准确地做出判断。

① 用已知纯物质对照定性。用已知纯物质对照定性是最方便、最可靠的方法。可以采用保留值法、相对保留值法、加入已知物增加峰高法和双柱/多柱定性的方法。

在相同的色谱条件下，将待测物质与已知纯物质分别进样，若两者的保留值相同，则可能是同一物质，此即为保留值法。利用该方法进行定性分析时，应严格控制实验条件，且操作条件要稳定。

当两次分析的条件不能做到完全一致时，采用相对保留值法定性。此法可消除某些操作条件差异所带来的影响，只要求保持柱温不变。其定性方法是找一个基准物质（一般选用苯、正丁烷、环己烷等，所选基准物的保留值应尽量与待测组分接近），通过比较待测组分与基准物的调整保留值，求得相对保留值后与仪器的操作手册数值进行比较从而达到定性目的。

对复杂样品，当流出色谱峰间距太近或操作条件不易控制时，可在试样中加入已知的纯物质，在相同条件下进样，对比纯物质加入前后的色谱峰，若某色谱峰增高了，则样品中可能含有对应的已知物。

采用双柱、多柱定性，则可消除用单柱法出现的差错。把试样和标准物质的混合物分别在极性完全不同的两根或多根柱子上进行色谱分离，若标准物和未知物的相对保留值始终相等，可判断为同一组分。

② 用经验规律和文献值进行定性分析。当没有待测组分的标准样品时，可用保留指数或用气相色谱中的经验规律，如碳数规律、沸点规律进行定性。利用保留指数定性，可根据所用固定相和柱温直接与文献值对照；利用碳数规律则可推知同系物中其他组分的调整保留时间；根据同族同数碳链异构体中几个已知组分的调整保留时间，利用沸点规律可求得同族中具有相同碳数的其他异构体的调整保留时间。

③ 与其他方法结合定性。气相色谱与质谱、傅里叶变换红外光谱、发射光谱等仪器联用是解决目前复杂样品定性问题的最有效方式之一，联用技术已成为当今仪器分析的一个主要发展方向。在联用系统中，色谱仪相当于谱学方法的分离和进样装置，而质谱仪、红外光谱仪及发射光谱仪等则相当于色谱的检测器。

气相色谱-质谱联用技术是最有效的定性鉴别方法之一，目前已积累了大量数据，并有专门的谱图库可查，可以用于推测鉴定未知成分。

（2）定量分析 气相色谱法的定量方法有：内标法、外标法、面积归一化法和标准溶液加入法。其中内标法、外标法和面积归一化法与液相色谱法相同，详见 7.3.2.3。

标准溶液加入法：精确称（量）取某个待测成分（或杂质）对照品适量，配制成适当浓度的对照品溶液，取一定量，准确加入待测样品溶液中，根据外标法或内标法测定其含量，再扣除加入的对照品溶液含量，即得待测样品溶液中被测成分的含量。

气相色谱法的进样量一般为 0.1～1μL，现在仪器大多数为自动进样。当采用自动进样方式时，由于进样重复性的提高，在保证分析误差的前提下，除了采用内标法外，也可采用外标法定量。当采用顶空进样时，由于待测样品与对照品处于不完全相同的基质中，因此可以采用标准溶液加入法，以消除基质效应的影响。

7.3.3.3 气相色谱分析技术

在气相色谱中，为获得良好的分析结果，就要选择一根合适的色谱柱和最佳操作条件，需要根据实际检测物质对色谱分离条件进行优化。

（1）色谱柱及使用条件的选择

① 色谱柱的选择。目前使用的色谱柱大多为商业化的色谱柱，可根据自己的需要选择并购买合适的色谱柱。在选择色谱柱时，柱效是一个很关键的考量因素。柱效受色谱柱形状、柱内径和柱长的影响。增加柱长可使理论塔板数增大，但同时峰宽也会加大，分析时间延长，柱压也将增加。一般柱长选择以使组分能完全分离，分离度达到所期望的值为宜。

② 柱温的选择。柱温直接影响分离效能和分析速度。提高柱温，可加快传质速率，利于改善柱效，但随着柱温的升高，纵向扩散随之加剧，导致柱效下降。此外，为改善分离，提高选择性，需要较低的温度，但是会延长分析时间。因此，柱温选择要兼顾多方面。一般原则是：在使最难分离的组分有尽可能好的分离效果的前提下，采取适当低的柱温，但应以保留时间适宜、峰形不拖尾为度。同时柱温不能超过固定液的最高使用温度，以免造成固定液流失。

对宽沸程的多组分混合物，目前多用程序升温法。程序升温是指在一个分析周期内柱温随时间由低温向高温作线性或非线性变化，这样能兼顾高、低沸点组分的分离效果和分析时间，使不同沸点的组分由低沸点到高沸点依次分离出来，达到用最短时间获得最佳分离效果的目的。

（2）载气和流速的选择 载气种类的选择应考虑三个方面：载气对柱效的影响、检测器的要求及载气的性质。当载气流速较小时，分子扩散（纵向扩散）项是影响柱效的主要因素，选择摩尔质量最大的载气，可抑制试样的纵向扩散，提高柱效。载气流速较大时，传质阻力项起主要作用，采用摩尔质量较小的载气（如 H_2、He），可减小传质阻力，提高柱效。热导检测器需要使用热导率较大的氢气提高检测灵敏度。在氢火焰离子化检测器中，氮气是首选载气。在选择载气时，还应综合考虑载气的安全性、经济性及来源是否广泛等因素。

其次，载气流速也是提高分离效率的重要操作参数。在实际应用中，若选用最佳流速，柱效固然最高，但分析时间较长。为加快分析速度，一般采用稍高于最佳流速的载气流速。

（3）进样方式和进样量的选择 目前，大多数仪器都实现了自动进样。在实际分析中，一般气体进样量控制在0.10～10mL。

7.3.3.4 气相色谱-质谱联用技术

在色谱联用仪中，气相色谱-质谱联用（GC-MS）仪是开发最早的色谱联用仪器。由于从气相色谱柱分离后的样品呈气态，流动相也是气体，恰好与质谱的进样要求相匹配，因此这两种仪器联用较容易实现。因此，最早实现商品化的色谱联用仪器就是GC-MS仪，目前多用毛细管气相色谱与质谱联用，检测限已达到10^{-12}～10^{-9}g水平。

（1）原理 GC-MS是将多组分混合样品在合适的色谱条件下分离成单个组分，分离后的各单一组分按其不同的保留时间和载气一起流出色谱柱，依次通过接口，进入质谱仪。有机分子在高真空下，受电子流轰击和强电流作用，解离成各具特征质量的碎片离子和分子离子，经质量分析器将不同质荷比（m/z）的离子在磁场中分开，经检测器检测，收集、记录这些离子的信号及强度，可获得总离子流色谱图和各组分的质谱图。由质谱图可获得相关质量与结构方面的信息。GC-MS还可以给出色谱保留时间、质量色谱图、选择离子监测图等。

（2）系统组成 气相色谱-质谱联用仪主要由色谱仪、接口、质谱仪和数据处理系统组成。

① 色谱仪和一般的GC基本相同，包括柱温箱、气化室和载气系统，也带有分流进样、不分流进样、程序升温、压力与流量自动控制等系统。

② 接口：由于色谱是在常压下工作，而质谱要求高真空，这就需要用接口来实现。

③ 质谱仪：用于GC-MS的质谱仪一般由离子源、质量分析器、检测和数据处理系统组成。

常用离子源有电子轰击源（EI）和化学电离源（CI），还有其他类型的离子源，如场致离子源（FI）、场解吸附源（FD）、解吸化学电离源（DCI）等。还有某些复合离子源，如电子轰击源与化学电离源（EI-CI）、电子轰击源与场致电离源（EI-FI）等。质量分析器有扇形磁场分析器、四极杆质量分析器、离子阱分析器、飞行时间分析器、离子回旋共振分析器等。检测器常用的有电子倍增管、离子计数器、感应电荷检测器等。

（3）分析技术

① 信息采集。

a. 总离子流色谱图：流出组分总离子流强度随时间变化的图谱，相当于色谱图，也可以用质荷比（m/z）、时间、丰度的三维图谱表示，以获得定性、定量信息。采用总离子流色谱图定量较为简单，适用于组成简单、分辨率较高的试样。

b. 质量色谱图：从总离子流色谱图中提取得到某个质量的离子的色谱图。可以通过选择不同质量的离子得到质量色谱图，进行分析，以排除一些未分开组分的干扰。

c. 选择离子监测图：通过预先选定的一种或多种特征质量峰进行检测，获得的离子流强度随时间变化的曲线，称为选择离子监测图。所谓特征离子通常是含有待测化合物结构特征的离子，可以是分子离子峰，也可以是碎片离子峰。特征离子可能有多个，通常选择丰度较高的离子作为特征离子，但有干扰时，应改选其他离子。

d. 质谱图：由总离子流色谱图可以得到任一组分的质谱图。为了提高信噪比，通常从色谱峰顶处得到相应的质谱图。

② 定量方法。定量方法有外标法和内标法，内标法具有较高的准确度，与液相色谱法相同，详见 7.3.2.3。质谱法所用的内标化合物可以是待测化合物的结构类似物或稳定同位素标记物。GC-MS 得到质谱图后还可以通过计算机检索对未知化合物进行定性分析，目前应用最广泛的有 NIST 库和 Wiley 库。

7.3.3.5 气质联用的适用性

气相色谱与质谱联用（GC-MS）技术结合了两种技术来对具有低检测限的化合物进行鉴定和定量分析，具有高选择性、高灵敏度、高分辨率，可同时进行定性定量分析，是进行复杂化合物分离和鉴定的重要工具，不但可以用于未知物的鉴定，还可用于痕量组分的测定。

GC-MS 分析技术适用于挥发性和半挥发性化合物，可以是液体、气体或固体样品。气体和液体样品可以直接进样，但是固体样品需要通过溶剂萃取、解吸或者热解后进行分析。解吸实验在 40～300℃的温度下，在氦气流中进行，在低温阱上收集分析物。热解是通过加热样品，使分子分解，较小的分子进入 GC，并通过 MS 分析。采用 GC-MS 分析技术，样品要求是易挥发，在 300℃左右可以气化，并且可以离子化，热稳定的化合物。在加热过程中易分解、极性太强的化合物，如有机酸类，需要进行衍生化处理才可以进行 GC-MS 分析。

7.3.3.6 应用与示例

气相色谱法常用于挥发油及挥发性成分如冰片、薄荷脑、麝香酮等的质量控制及鉴定，某些脂肪酸类、内酯类也可以用气相色谱法测定，或者制备成可挥发性的衍生物后再用气相色谱法测定。气相色谱-质谱联用技术则常被用于中兽药中复杂化合物或者未知化合物的定性和定量。

（1）示例一 鱼腥草注射液的测定，采用 GC 法[《兽药典》(2020 年版)二部]。

色谱条件与系统适用性试验：以 DB-17MS 为固定相的毛细管柱（柱长为 30m，柱内径为 0.25mm，膜厚度为 0.25μm）。程序升温：初始温度为 75℃，保持 5min；以 5℃/min 的速率升至 150℃，保持 5min，再以 10℃/min 的速率升至 250℃，进样口温度为 250℃；检测器（FID）温度为 280℃；流速为 1mL/min；分流进样，分流比为 10∶1。理论板数按甲基正壬酮峰计算应大于 10000。

参照物溶液的制备：取甲基正壬酮对照品适量，精密称定，加正己烷制成每 1mL 含 0.25mg 的溶液，即得。

待测样溶液的制备：精密量取本品 60mL，置圆底烧瓶中，连接挥发油测定器，自测定器上端加水充满刻度部分，加入正己烷 1mL，连接回流冷凝管，加热至沸，保持微沸 40min，放冷，取正己烷层，加无水硫酸钠约 0.4g，振摇，正己烷液移至 2mL 量瓶中，并用正己烷适量洗涤无水硫酸钠，洗液并入同一量瓶中，加正己烷至刻度，摇匀，即得。

测定法：分别精密吸取参照物溶液和待测样溶液各 1μL，注入气相色谱仪，测定，记录色谱图，即得。

待测样特征图谱中应有 4 个特征峰，并出现与甲基正壬酮参照物峰保留时间相同的色谱峰，与参照物峰相应的峰为S峰，计算各特征峰与S峰的相对保留时间，其相对保留时间应在规定值的±8%之内。规定值为0.890（峰1）、0.927（峰2）、1.000（峰S）、1.029（峰3）。其中峰1与参照物（0.25μg/μL）峰的峰面积比值应不得低于0.15。

（2）示例二 柴胡注射液的测定，采用GC法[《兽药典》(2020年版)二部]。

色谱条件与系统适用性试验：以5%二苯基-95%聚二甲基硅氧烷（HP-5）为固定相的毛细管柱（柱长30m，内径为0.32mm，膜厚度为0.25μm），柱温为程序升温，初始温度为35℃，保持2min，以1℃/min升温至40℃，保持2min，以3℃/min升温至60℃，保持3min，以7℃/min升温至200℃，保持3min；用氢火焰离子化检测器检测，检测器温度为260℃；进样口温度为230℃；分流进样，分流比为20∶1。载气为氮气，流速为1.0mL/min。顶空进样，顶空瓶平衡温度85℃，平衡时间为15min，进样阀温度100℃，传输线温度115℃；顶空瓶充压时间0.2min，定量环填充时间0.2min，定量环平衡时间0.5min，进样时间1min。理论板数按正己醛峰计算应不低于40000。

参照物溶液的制备：取正己醛对照品适量，精密称定，加*N*,*N*-二甲基甲酰胺制成每1mL含25mg的溶液，再用含0.3%聚山梨酯80（吐温-80）与0.9%氯化钠溶液稀释至每1mL含5μg的溶液，精密量取1mL，置10mL顶空瓶中，密封瓶口，即得。

供试品溶液的制备：精密量取本品1mL，置10mL顶空瓶中，密封瓶口，即得。

测定法：分别精密吸取参照物溶液与供试品溶液顶空瓶气体，注入气相色谱仪，测定，记录色谱图，即得。

（3）示例三 艾叶中桉叶油的含量测定，采用GC法[《兽药典》(2020年版)二部]。

色谱条件与系统适用性试验：以甲基硅橡胶（SE-30）为固定相，涂布浓度为10%；柱温为110℃。理论板数按桉油精峰计算应不低于1000。

对照品溶液的制备：取桉油精对照品适量，精密称定，加正己烷制成每1mL含0.15mg的溶液，即得。

待测样溶液的制备：取本品粉末（过三号筛）约2.5g，精密称定，置具塞锥形瓶中，精密加正己烷25mL，称定重量，加热回流1h，放冷，再称定重量，用正己烷补足减失的重量，摇匀，滤过，即得。

测定法：分别精密吸取对照品溶液与待测样溶液各2μL，注入气相色谱仪，测定，即得。

（4）示例四 广藿香油中百秋李醇的测定，采用GC法[《兽药典》(2020年版)二部]。

色谱条件与系统适用性试验：以5%苯基甲基聚硅氧烷为固定相的毛细管柱（柱长为30m，内径为0.25mm，膜厚度为0.25μm）；柱温为程序升温，初始温度180℃，保持10min，以5℃/min的速率升温至230℃，保持3min；检测器温度为280℃；进样口温度为280℃；分流进样，分流比为10∶1。理论板数按百秋李醇峰计算应不低于50000。

对照品溶液的制备：取百秋李醇对照品适量，精密称定，加正己烷制成每1mL含6mg的溶液，即得。

待测样溶液的制备：取本品约0.1mg，精密称定，置10mL量瓶中，加正己烷使溶解并稀释至刻度，摇匀，即得。

测定法：分别精密吸取对照品溶液与待测样溶液各 1μL，注入气相色谱仪，测定，即得。

7.3.4 液质联用测定

7.3.4.1 概述

（1）液相色谱-质谱的定义及基本原理 质谱（MS）是对待测物离子质量和强度来进行定性、定量分析及分子结构研究的一种分析方法。其主要原理是样品中的待测组分直接或者通过色谱系统进入质谱仪，在离子源作用下，气态分子或者固体、液体的蒸气分子在高真空的状态下受到高能电子流的轰击，生成带电荷的离子，或者进一步发生化学键断裂，产生与原分子结构相关的具有不同质荷比（m/z）的碎片离子。这些碎片离子在经过质量分析器时，由于受到磁场和静电场的综合作用，会依据 m/z 的不同而分开，再经电子倍增器检测，得到按 m/z 大小顺序排列的质谱图，它包含着与分析组分密切相关的定性和定量信息。同一组分，在固定的条件下得到的质谱图是相同的，这就是基于质谱图进行定性分析的结构基础，确定质谱图上分子离子的种类及其相对含量就有可能确定该物质的化学组成、结构及分子量。

液相色谱-质谱联用（LC-MS）技术是 20 世纪 90 年代发展成熟的分析技术，它既具有 HPLC 的高分离能力，又具有质谱技术的高灵敏度以及结构解析能力，具有高度的专属性和通用性，并且分析速度快，已成为中兽药中低含量成分及药物中微量物质分析的重要技术。同时对于无紫外吸收的成分，LC-MS 技术表现出非常突出的优势，目前已经成为中兽药质量控制、化学成分鉴定及体内外药物代谢研究中必不可少的有效工具。

LC-MS 的工作原理与 GC-MS 相似，也是待测组分经 HPLC 分离后，经过接口除去溶剂，并离子化再次进入质谱仪，经质量分析器将不同 m/z 的离子分开、检测器检测记录得到总离子流色谱图、选择离子检测图等相关信息，依据这些信息进行定量和定性分析。

（2）液相色谱-质谱仪的组成 主要包括 HPLC 模块、接口（离子源）、质量分析器、真空系统和计算机数据处理系统。

① LC-MS 仪器中的色谱模块，与常用的 HPLC 一致，详见 7.3.2。

② 接口常包含离子源，主要作用是将流动相和样品气化，分离除去大量的流动相分子，完成对样品分子的对接。目前 LC-MS 中使用最多的是大气压离子化（atmospheric pressure ionization，API）接口技术，包括以下两种：

a. 电喷雾电离（electrospray ionization，ESI），是一种“软电离”，通常不产生碎片离子或很少产生碎片离子。含有待测组分的样品溶液，从内层为石英管的不锈钢毛细管流出时，在高压电源电场作用下，形成高密度电荷的雾状液滴，这些带电液滴在向取样孔移动的过程中，液滴因溶剂的挥发体积逐渐缩小，其表面电荷密度不断增大。当电荷之间的排斥力足以克服溶液的表面张力时，液滴发生分裂，经过如此反复的溶剂挥发—液滴分裂过程，最后产生单电荷或多电荷离子。经过 ESI 电离所得的主要是复合离子，很少或者没有碎片，如 $[M+H]^+$、$[M-H]^-$、$[M+Na]^+$、$[M+NH_4]^+$ 以及多电荷离子。

ESI 主要适用于液体样本的分离，适合极性、热不稳定化合物的分离，大分子和小分子化合物都可以通过 ESI 源进行分析，对于分子量在 1000 以下的小分子，通常是发生单电荷电离，只有少量化合物会产生双电荷离子。而对于大分子化合物则易于生成多个电荷的离子，大大增加了 LC-MS 的质量分析范围。

b. 大气压化学电离（atmospheric pressure chemical ionization，APCI）与 ESI 电离源的基本原理类似，不同之处是在 APCI 离子源毛细管出口的下方放置了一个针状放电电极，通过该电极高压放电，使空气中的中性分子电离，产生 H_3O^+、N_2^+、O_2^+ 和 O^+ 等，溶剂分子也会电离产生离子，这些离子与被测化合物分子发生离子-分子反应，使被测物离子化。APCI 主要适用于中等极性到弱极性化合物的离子化，主要产生单电荷离子，所以被测物的分子量一般较低。

除此之外，还有快原子轰击离子化、基质辅助激光解吸离子化、大气压光离子化等离子体源，但是在中兽药分析中应用较少。

③ 常用的质量分析器。质量分析器的优劣常基于质量范围和分辨率两个主要的性能指标来评价。质量范围指的是所能测得的质荷比的范围，分辨率表示质量分析器分辨相邻且质量差异很小的两个峰的能力，基于此有高分辨质谱和低分辨质谱之分，高分辨质谱仪通常采用分辨率大于 10^4 的质量分析器。常用的质量分析器有四极杆质量分析器、飞行时间分析器、离子阱质量分析器、扇形磁场分析器和离子回旋共振分析器等，其中，前三个在中兽药分析中均较常用。

7.3.4.2 分析技术

（1）离子源的选择 与上述介绍一致，ESI 适用于中等极性到强极性的化合物，特别是溶液中能预先形成离子的化合物，以及可以获得多个质子的大分子；APCI 源主要适用于弱极性或者中等极性的小分子化合物，如精油中的小分子化合物。

（2）离子源正负离子模式的选择 根据试样的带电性质可以选择正离子模式和负离子模式。正离子模式适用于碱性较强的且易形成 $[M+H]^+$ 或有足够极性能形成稳定加和离子的样品，如 $[M+Na]^+$、$[M+NH_4]^+$，此时溶剂多为弱酸性以提供足够的质子，因此在流动相中可以适当加入醋酸或者甲酸对样品进行酸化处理；如果样品中含有仲胺或叔胺时可以优先考虑使用正离子模式。负离子模式适用于基质效应较强的样品，能够形成 $[M-H]^-$，或者有足够极性形成稳定加和离子如 $[M+OAc]^-$ 的样品，溶剂为弱碱性，可以用氨水或者三乙胺对样品进行碱化；如果样品组分中含有较多的强负电性基团，如含有氯、溴或者多羟基化合物时，可以考虑使用负离子模式。

（3）流动相的选择 常用的流动相为甲醇、乙腈和水，考虑到被测组分的化学性质，可以在其中加入可挥发性的酸、碱和缓冲盐来调节 pH 值，如醋酸铵、甲酸铵、氨水等。LC-MS 接口要避免进入不挥发性的缓冲盐以及含有磷和氯的缓冲溶液。

7.3.4.3 定量分析技术

同 HPLC 一样，样品在经 LC-MS 分析之前，必须经过样品前处理，常用的方法有提取、超滤、溶剂萃取、除蛋白、除脂以及衍生化等。

（1）串联质谱的扫描分析模式 样品处理完成后，基于 LC 分析，以三重四极杆为例进行介绍，通常包括产物离子扫描、前体离子扫描、中性丢失扫描、选择反应监测和多反应监测模式，在中兽药成分测定时，常用的分析模式包括以下两种：

① 产物离子扫描，又称为子离子扫描[如图 7-16(a)所示]，是最常用的方法。当前体离子也称为母离子进入第一个四极杆分析器后，选择要分析的具有特定质荷比的前体离子，进入作为碰撞室的第二个四极杆后，与中性气体分子（氦、氩、氙）进行碰撞裂解反应，碎裂后所有的产物离子进入第三个四极杆中扫描检测。三个四极杆分别用于选择前体离子、碰撞诱导解离以及产物离子扫描。

② 选择反应监测（SRM）模式下，串联质谱仪中两个质量分析器均被用于检测所选定的质量而非进行扫描。本模式以第一个质量分析器选择特定前体离子，经由碰撞诱导解离或碰撞活化反应碎裂后，由第二个分析器监控特定的产物离子信号，通常是信号强度最高或包含有特征结构信息的产物离子。由于此方法不使用扫描检测，可长时间检测固定质量的前体离子与产物离子信号，因此对目标分析物可进行高选择性与高灵敏度的检测。在实际应用中，SRM 可以同时针对单一或者多个分析物进行定性定量的分析，再借由设定不同的质荷比通道，可以检测与定量由相同前体分子所产生的不同产物离子的质荷比信号，或者可以同时针对数个不同的前体分子，分别检测其产物的离子信号，此种应用的方法称为多反应监测（MRM）[图 7-16(b)]。MRM 是串联质谱中最常用的方法，已经被广泛地应用于小分子的定性和定量分析中。

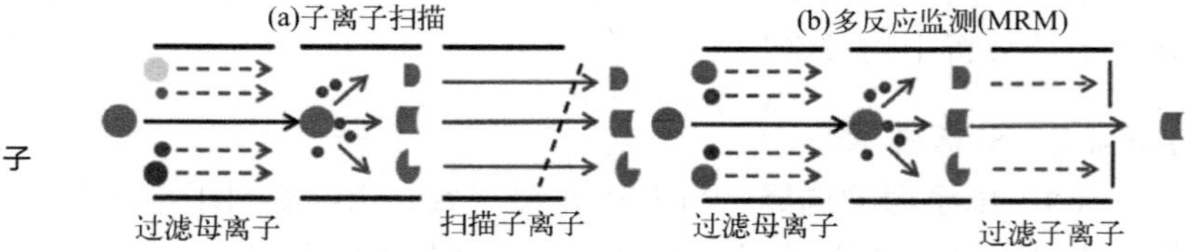

图 7-16 中兽药分析中产物离子扫描和多反应监测模式

（2）定量分析方法 LC-MS 方法可通过获得总离子流色谱图、质量色谱图、选择离子监测图等信息，根据峰强度（峰面积）与相应组分含量的线性关系进行定量分析。定量方法与 HPLC 相似，有内标法和外标法，此处只详细介绍 HPLC 中没有介绍的标准加入法和同位素内标法。对于中兽药中的微量组分、代谢产物和有害物质等的检测都宜采用标准加入法。

① 外标法。同 7.3.2 中一致。

② 标准加入法。外标法需要具有可代表样品基质的溶液进行标准曲线的绘制，但是当无法获得该溶液时，可以利用标准加入法进行定量分析。标准加入法为直接加入不同量的分析物标准品到样品中并建立校准曲线。由于标准加入法所建立的校准曲线直接在样品中建立，因此校准曲线的斜率与真实样品最接近。标准加入法所建立的校准曲线中，样品含量的轴为负值的浓度即为样品内分析物的真实浓度。此方法必须将样品分成多个等份并加入不同量的标准品进行校准曲线绘制，由于每个样品均需制作校准曲线，因此样品需要较多且分析时间也相对较长，但是也最能有效地避免基质效应的影响，可靠性最佳。

③ 同位素内标法。同 HPLC 方法中的内标法一致，在定量分析方法中，所使用的内标物的物理化学特性与待分析分子越接近，则获得的结果越准确。主要原因是其回收率、灵敏度以及受到基质干扰的影响更相似。因此，通过已知浓度的内标物与样品分析物的信号消除基质效应所产生的定量误差。而同位素内标则是质谱中最常用的内标技术，优点是

可以使用与待测分析物结构完全相同的稳定的同位素标准品进行分析，可以有效地消除分析中产生的各种误差，并在质谱分析时因物质的量的差异，有效地将标准品和待分析物的信号分离，而不会造成相互干扰，在药物的体内代谢转运中运用较为广泛。

7.3.4.4 应用与示例

（1）川楝子中川楝素的含量测定［《中国药典》(2020 年版）一部］

色谱、质谱条件与系统适用性试验：以十八烷基硅烷键合硅胶为填充剂；以乙腈-0.01%甲酸溶液（31∶69）为流动相；采用单级四极杆质谱检测器，电喷雾离子化（ESI）负离子模式下选择质荷比（m/z）573 的离子进行检测。理论板数按川楝素峰计算应不低于 8000。

对照品溶液的制备：取川楝素对照品适量，精密称定，加甲醇制成每 1mL 含 2μg 的溶液，即得。

供试品溶液的制备：取本品中粉约 0.25g，精密称定，置具塞锥形瓶中，精密加甲醇 50mL，称定重量，加热回流 1h，放冷，再称定重量，用甲醇补足减失的重量，摇匀，滤过，即得。

测定法：分别精密吸取对照品溶液 2μL 与供试品溶液 1～2μL，注入液相色谱-质谱联用仪，测定，以川楝素两个峰面积之和计算，即得。

本品按干燥品计算，含川楝素（$C_{30}H_{38}O_{11}$）应为 0.060%～0.20%。

（2）毛前胡中紫花前胡苷的含量测定［《华西药学杂志》,2020,35（1）:82-84.］

色谱、质谱条件与系统适用性试验：以十八烷基硅烷键合硅胶为填充剂；乙腈-0.01%甲酸溶液（35∶65）为流动相；采用多反应监测（MRM）方式，电喷雾离子化（ESI）正离子模式下选择质荷比 m/z 409.3→246.3 离子进行检测。

对照品溶液的制备：取紫花前胡苷对照品适量，精密称定，加甲醇制成每 1mL 含 250.75μg 的溶液，即得。

供试品溶液的制备：称取约 0.4902g 已过三号筛的毛前胡药材粉末，置 250mL 量瓶中，加入 150mL 甲醇，浸泡 1h，于 100W、40kHz 超声处理 20min，放冷，加甲醇定容，作为供试品溶液（紫花前胡苷含量为 264.71ng/mL）。精密称取 10.23mg 紫花前胡苷对照品，置 100mL 量瓶中，加甲醇定容，得 100.23μg/mL 对照品贮备液Ⅰ。精密量取 1mL 对照品贮备液Ⅰ，置 100mL 量瓶中，加甲醇定容，得紫花前胡苷对照品贮备液Ⅱ；精密量取 25mL 对照品贮备液Ⅱ，置 100mL 量瓶中，加甲醇定容，得 250.75ng/mL 紫花前胡苷对照品溶液。分别精密吸取对照品溶液与供试品溶液 10μL，注入液相色谱-质谱联用仪，测定，以紫花前胡苷峰面积计算，即得。

（3）益母草及其颗粒剂中盐酸水苏碱与盐酸益母草碱的含量测定［《药物分析杂志》,2016,36（5）:830-834.］

色谱、质谱条件与系统适用性试验：以十八烷基硅烷键合硅胶为填充剂，以乙腈为流动相 A，以 0.1%甲酸溶液为流动相 B，按表 7-14 进行梯度洗脱，采用 1∶4 分流进入质谱仪，在电喷雾离子化（ESI）正离子模式下选择质荷比 m/z 144.0（水苏碱）和 m/z 312.0（益母草碱）的离子进行检测。

表 7-14 益母草及其颗粒剂中盐酸水苏碱与盐酸益母草碱含量测定的流动相参数

时间/min	流动相 A/%	流动相 B/%
0～10	80→65	20→35
10～12	65→80	35→20
12～15	80	20

对照品溶液的制备：精密称取盐酸水苏碱对照品 14.07mg、盐酸益母草碱对照品 13.03mg，置 25mL 量瓶中，加 70%乙醇溶解并稀释至刻度，摇匀，精密量取 1mL 至 100mL 量瓶中，加 70%乙醇稀释至刻度，摇匀，滤过，取续滤液，即得。

供试品溶液的制备：取益母草药材粉末（过三号筛）约 0.1g（或研细的益母草颗粒约 0.3g），精密称定，置具塞锥形瓶中，精密加入 70%乙醇 50mL，称量，加热回流 2h，放冷，再称量，用 70%乙醇补足减失的重量，滤过，精密量取滤液 0.1mL 至 100mL 量瓶中，加 70%乙醇稀释至刻度，摇匀，即得。

测定法：分别精密吸取对照品溶液与供试品溶液各 10μL，注入液相色谱-质谱联用仪，测定，以盐酸水苏碱和盐酸益母草碱两个峰面积计算，即得。本品按干燥品计算，益母草中盐酸水苏碱与盐酸益母草碱的含量分别为 6.688～12.411、0.686～3.637mg/g，益母草颗粒中盐酸水苏碱与盐酸益母草碱的含量分别为 2.067～8.876、0.041～0.231mg/g。

7.3.5 其他

7.3.5.1 薄层色谱扫描法

（1）概述 薄层色谱扫描法（TLCS）是在薄层色谱鉴定的基础上发展起来的一种可以用于定量分析的技术。一定波长的光照射在薄层色谱上，薄层板上的样品吸收紫外-可见光的斑点被激发后，能够产生荧光，经荧光检测器扫描后，可以对荧光信息进行记录和分析处理，从而计算出待测组分的含量。测定时，可以根据扫描仪的特点分为吸收法和荧光法。

① 吸收扫描法。在紫外-可见光区有吸收，或者是经衍生后可以产生紫外-可见光吸收的组分更适合该方法，主要是对在 200～800nm 波长范围内基于氘灯和钨灯来检测。扫描的方式可以是单波长扫描，也可以是双波长扫描。但是双波长扫描除了扫描测定波长之外，还需要选取一个参比波长，参比波长多是待测斑点没有吸收或者是吸收最低的波长。供试品在薄层板中待测斑点的比移值、光谱扫描得到的吸收光谱图以及光谱中的最大和最小吸收应该与标准品保持一致，以保证结果的准确性。

② 荧光扫描法。供试品中待测组分本身具有荧光，或者经过衍生等处理后可产生荧光的更适合用荧光扫描法。一般基于氙灯或者汞灯采用直线扫描。其灵敏度比吸收扫描法高 1～3 个数量级，选择性强，但是线性范围比较窄，对具有荧光的物质可以直接进行测量，没有荧光的组分可以用荧光猝灭法或者是衍生法处理后再进行测量。

（2）定量分析方法 薄层色谱扫描法具有成本低，流动相选择与更换方便，设备操作简单等优点，但是其灵敏度、准确性均比 HPLC 方法差，通常是用作 HPLC 方法的补充。在操作时，除去与鉴别操作中要求的比移值、分离度之外，还需要进行精密度实验，即取同一个供试品溶液，在同一块薄层板上以相同的上样体积点5个平行的点，经展开剂展开后检测其响应值，计算相对标准偏差RSD，准确测量的条件是：不需要显色的组分RSD≤5%，需要衍生化后显色的RSD≤10%。

在定量分析时，多采用线性回归二点法计算，如果线性范围过窄不能满足检测需求，可以使用多点校正多项式回归计算。点样时，供试品溶液和对照品溶液应该交叉点于同一块薄层板上，至少两个平行，扫描时也应该按照溶剂展开的方向扫描，不可以横向扫描。

（3）应用与示例 枸杞子中甜菜碱含量的测定。枸杞子为茄科植物宁夏枸杞的干燥成熟果实，采用薄层色谱扫描法检测其中的甜菜碱含量[《兽药典》(2020年版)二部]。

取枸杞子剪碎，取约2g，精密称定，加80%甲醇50mL，加热回流1h，放冷，滤过，用80%甲醇30mL分次洗涤残渣和滤器，合并洗液与滤液，浓缩至10mL，用盐酸调节pH值至1，加入活性炭1g，加热煮沸，放冷，滤过，用水15mL分次洗涤，合并洗液与滤液，加入新配制的2.5%硫氰酸铬铵溶液20mL，搅匀，10℃以下放置3h。用G_4垂熔漏斗滤过，沉淀用少量冰水洗涤，抽干，残渣加丙酮溶解，转移至5mL量瓶中，加丙酮至刻度，摇匀，作为供试品溶液。另取甜菜碱对照品适量，精密称定，加盐酸甲醇溶液（0.5→100）制成每1mL含4mg的溶液，作为对照品溶液。照薄层色谱法试验，精密吸取供试品溶液5μL、对照品溶液3μL与6μL，分别交叉点于同一硅胶G薄层板上，以丙酮-无水乙醇-盐酸（10∶6∶1）为展开剂，预饱和30min，展开，取出，挥干溶剂，立即喷以新配制的改良碘化铋钾试液，放置1～3h至斑点清晰，照薄层色谱法进行扫描，波长：$\lambda_S=515nm$，$\lambda_R=590nm$。测量供试品吸光度积分值与对照品吸光度积分值，计算，即得。

枸杞子按干燥品计算，含甜菜碱（$C_5H_{11}NO_2$）不得少于0.30%。

7.3.5.2 化学分析法

（1）电位滴定法 电位滴定法是容量分析中用以确定终点或选择核对指示剂变色域的方法。适当的电极系统可以作氧化还原法、中和法（水溶液或非水溶液）、沉淀法、重氮化法或水分测定法第一法等的终点指示剂。电位滴定法是将盛有供试品溶液的烧杯置电磁搅拌器上，浸入电极，搅拌，并自滴定管中分次滴加滴定液；开始时可每次加入较多的量，搅拌，记录电位；至将近终点前，则应每次加入少量，搅拌，记录电位；至突跃点已过，仍应继续滴加几次滴定液，并记录电位。

应用与示例：半夏中总酸的含量测定[《兽药典》(2020年版)二部]。

半夏为天南星科植物半夏的干燥块茎，其总酸含量按照电位滴定法以琥珀酸计。取本品粉末（过四号筛）约5g，精密称定，置锥形瓶中，加乙醇50mL，加热回流1h，同上操作，再重复提取2次，放冷，滤过，合并滤液，蒸干，残渣精密加入氢氧化钠滴定液（0.1mol/L）10mL，超声处理（功率500W，频率40kHz）30min，转移至50mL量瓶中，加新沸过的冷水至刻度，摇匀，精密量取25mL，照电位滴定法测定，用盐酸滴定液（0.1mol/L）滴定，并将滴定的结果用空白试验校正。每1mL氢氧化钠滴定液（0.1mol/L）相当于5.904mg的琥珀酸（$C_4H_6O_4$）。

本品按干燥品计算，含总酸以琥珀酸（$C_4H_6O_4$）计，不得少于0.25%。

（2）基于指示剂或指示液的滴定法 甲基红指示液是一种常用的指示剂，常用于中兽药中无机化合物和总生物碱的含量测定。通常为0.1%的乙醇溶液，变色范围是pH值在4.4～6.2；其pH在4.4～6.2区间时，呈橙色；其pH≤4.4时，呈红色，因是靠近酸性强的一边时的颜色，故又称之为酸色；其 pH≥6.2 时，呈黄色，因是靠近碱性强的一边时的颜色，故又称之为碱色。在中兽药中，该指示剂常用于测定紫石英中氟化钙、石膏中含水硫化钙、牡蛎和海螵蛸中碳酸钙等的含量，此外该指示剂还用于总生物碱含量测定。

① 应用与示例：颠茄草中莨菪碱的含量测定[《兽药典》(2020 年版)二部]。

颠茄草为茄科植物颠茄的干燥全草。取本品中粉约 10g，精密称定，置索氏提取器中，加乙醇 10mL、浓氨试液 8mL 与乙醚 20mL 的混合溶液适量，静置 12h，加乙醚 70mL，加热回流 3h，至生物碱提尽，提取液置水浴上蒸去大部分乙醚，移置分液漏斗中，用 0.5mol/L 硫酸溶液分次振摇提取，每次 10mL，至生物碱提尽，合并酸液，用三氯甲烷分次振摇提取，每次 10mL，至三氯甲烷层无色，合并三氯甲烷液，用 0.5mol/L 硫酸溶液 10mL 振摇提取，弃去三氯甲烷液，合并前后两次得到的酸液，滤过，用 0.5mol/L 硫酸溶液洗，合并洗液与滤液，加过量的浓氨试液使呈碱性，迅速用三氯甲烷分次振摇提取，至生物碱提尽。如发生乳化现象，可加乙醇数滴，每次得到的三氯甲烷液均用水 10mL 洗涤，弃去洗液，合并三氯甲烷液，蒸干，加乙醇 3mL，蒸干，并在 80℃干燥 2h，残渣加三氯甲烷 2mL，必要时，微热使溶解，精密加硫酸滴定液（0.01mol/L）20mL，置水浴上加热，除去三氯甲烷，放冷，加甲基红指示液 1～2 滴，用氢氧化钠滴定液（0.02mol/L）滴定。每 1mL 硫酸滴定液（0.01mol/L）相当于 5.788mg 的莨菪碱（$C_{17}H_{23}NO_3$）。

本品按干燥品计算，含生物碱以莨菪碱（$C_{17}H_{23}NO_3$）计，不得少于 0.30%。

② 应用与示例：马钱子酊中士的宁含量的测定[《兽药典》(2020 年版)二部]。

马钱子酊为马钱子流浸膏经加工制成的酊剂。精密量取本品 100mL，置蒸发皿中，在水浴上蒸干，残渣加硫酸溶液（3%）15mL、硝酸 2mL 与亚硝酸钠溶液（5%）2mL，在 15～20℃放置 30min，移至加有氢氧化钠溶液（20%）20mL 的分液漏斗中，蒸发皿用少量水洗净，洗液并入分液漏斗中，用三氯甲烷分次振摇提取，每次 20mL，至士的宁提尽为止。每次得到的三氯甲烷液均先用氢氧化钠溶液（20%）5mL 洗涤，再用水洗涤 2 次，每次各 20mL，合并洗净的三氯甲烷液，置水浴上蒸发至近干，加乙醇 5mL，蒸干，并在 100℃干燥 30min，残渣中精密加硫酸滴定液（0.05mol/L）10mL，必要时微热使溶解，放冷，加甲基红指示液 2 滴，用氢氧化钠滴定液（0.1mol/L）滴定，并将滴定的结果用空白试验校正。每 1mL 硫酸滴定液（0.05mol/L）相当于 33.44mg 的士的宁。

马钱子酊含士的宁（$C_{21}H_{22}N_2O_2$）应为 0.119%～0.131%。

③ 应用与示例：解暑抗热散中碳酸氢钠含量的测定[《兽药典》(2020 年版)二部]。

取解暑抗热散 0.75g，精密称定，精密加水 100mL，振摇使碳酸氢钠溶解，滤过，精密量取续滤液 50mL，加甲基红-溴甲酚绿混合指示剂 10 滴，用盐酸滴定液（0.1mol/L）滴定至溶液由绿色转变为紫红色，煮沸 2min，冷却，继续滴定至溶液由绿色变为暗紫色，即得。每 1mL 的盐酸滴定液（0.1mol/L）相当于 8.401mg 的 $NaHCO_3$。

（3）高锰酸钾溶液 应用与示例：朱砂中硫化汞含量的测定[《兽药典》(2020 年版)二部]。

朱砂为硫化物类矿物质，主含硫化汞（HgS）。取本品粉末约 0.3g，精密称定，置锥形瓶中，加硫酸 10mL 与硝酸钾 1.5g，加热使溶解，放冷，加水 50mL，并加 1%高锰酸钾溶液至显粉红色，再滴加 2%硫酸亚铁溶液至红色消失后，加硫酸铁铵指示液 2mL，用硫氰酸铵滴定液（0.1mol/L）滴定。每 1mL 硫氰酸铵滴定液（0.1mol/L）相当于 11.63mg 硫化汞。

本品含硫化汞不得少于 96.0%。

（4）酚酞指示剂

应用与示例：山楂中枸橼酸含量的测定[《兽药典》(2020 年版)二部]。

取山楂细粉约 1g，精密称定，精密加入水 100mL，室温下浸泡 4h，时时振摇，滤过。精密量取续滤液 25mL，加水 50mL，加酚酞指示液 2 滴，用氢氧化钠滴定液（0.1mol/L）滴定，即得。每 1mL 氢氧化钠滴定液（0.1mol/L）相当于 6.404mg 的枸橼酸（$C_6H_8O_7$）。

山楂按干燥品计算，含有机酸以枸橼酸计，不得少于 5.0%。

7.3.5.3 中兽药含量测定方法的选择

中兽药的分析方法多种多样，但是不同的分析方法有不同的适用对象和范围，因此，在含量测定方法选择时应根据中兽药中被测组分的种类、性质、存在形式、含量和分析的目的等要求进行选择，以确保方法的适用性和准确性。

（1）黄酮的含量测定

① 总黄酮的检测方法。总黄酮及其苷类物质由于分子结构中多含有共轭体系，一般都有一定的颜色，多为黄色，而且在光谱上有显著的吸收峰；此外，由于黄酮类化合物上都含有羟基，可以与铝、铁等金属离子形成络合物，使其特有的光谱学特性发生变化。因此，在总黄酮化合物的测定时，多采用分光光度法和化学分析法进行测定。如测定半枝莲中总黄酮含量时，选择野黄芩苷作为对照品，在其光谱中的最大吸收波长处测定其吸光度，基于紫外-可见分光光度法来计算总黄酮含量；测定沙棘中总黄酮含量时，以芦丁为对照品，基于亚硝酸钠-硝酸铝-氢氧化钠比色法来检测总黄酮的含量；此外槐花中总黄酮的测定也采用该方法。

② 黄酮单体的检测方法。在中兽药的黄酮单体化合物的检测中多采用高效液相色谱方法，但是近几年，在中药黄酮单体化合物的检测中还出现了液质联用技术、超临界流体色谱技术以及近红外光谱技术等。

（2）生物碱的含量测定

① 总生物碱的含量测定。中兽药中总生物碱的含量测定主要采用酸碱滴定这一化学分析法来进行，可以采用指示剂滴定法和电位滴定法等，而且在滴定实验中，中兽药需要进行净化处理以保证方法准确。如颠茄酊中总生物碱含量的测定。此外还可以采用酸性染料比色法结合紫外-可见分光光度法来测定，比如基于生物碱的阳离子与溴甲酚绿的阴离子定量结合成络合物来测定川贝母中总生物碱含量。

② 单体生物碱的含量测定。可采用薄层色谱扫描法，如枸杞子中甜菜碱的检测，马钱子中的士的宁的检测也可以采用该方法。HPLC 则是生物碱单体化合物最常见的检测方法，应用最多的为 C_{18} 反相色谱柱法，而且为了避免 C_{18} 柱中残余的游离硅醇基对色谱峰造成保留时间的延长、拖尾以及峰形改变等的影响，可以在流动相中加入碱性的缓冲溶液。除此之外，气相色谱也是主要的生物碱的含量测定方法，比如石斛中石斛碱的含量测定。

（3）多糖类成分含量测定 在多糖样品中加入适当的试剂显色后，在可见光区测定吸光度，可以测定多糖的含量，因此中兽药中总多糖的含量测定多采用比色法结合紫外-

可见分光光度法来进行。

① 蒽酮-硫酸比色法，其原理是多糖在较高的温度下被硫酸作用脱水成糠醛或衍生物，能与蒽酮结合成蓝色化合物，在620nm附近有最大吸收，而待测物中多糖的含量与蒽酮反应产生的颜色深度成正比，该方法灵敏、快速、简单。在黄精多糖、海藻多糖等的检测中多采用该方法。

② 苯酚-硫酸比色法，其原理是多糖中的己糖、戊糖和糖醛可以与苯酚-硫酸试剂发生显色反应，在480～490nm有较好吸收，而且吸光度与含量成正比。中兽药黄芪注射液中，总多糖的含量测定多采用此方法，此外铁皮石斛和枸杞子中总多糖测定也常采用该方法。

（4）其他成分的含量测定

① 三萜类的含量测定。三萜类成分的测定方法虽然比较多，但是除甘草酸和远志皂苷外，大多数化合物没有明显的紫外吸收，或者仅仅在200nm附近有末端吸收，因此采用HPLC-UV和紫外分光光度法的不多，大多采用HPLC-ELSD及HPLC-CAD。

② 有机酸的含量测定。在中兽药质量控制中，总有机酸的含量测定多采用电位滴定法，如半夏和清半夏中总酸的含量测定；单体化合物为主，多采用HPLC法，比如金银花中的绿原酸、马鞭草中的齐墩果酸和熊果酸等的测定。

③ 甾体类成分的检测。多采用紫外分光光度法，如人工牛黄、牛胆粉以及猪胆粉中的胆酸和胆红素等；液相色谱法，如蟾酥中华蟾酥毒基与脂蟾毒配基的含量测定。

（5）蒽醌的含量测定 中兽药中的蒽醌多以游离蒽醌和结合蒽醌同时存在，在蒽醌类成分含量测定时，可以分为总蒽醌、游离蒽醌和结合蒽醌的含量测定，大多采用HPLC法进行。

（6）应用与示例

① 人参茎叶总皂苷中人参皂苷Rg_1、人参皂苷Re和人参皂苷Rd的含量测定。

色谱条件与系统适用性试验：以十八烷基硅烷键合硅胶为填充剂，以乙腈为流动相A，以0.1%磷酸溶液为流动相B，按表7-15进行梯度洗脱；检测波长203nm。理论板数按人参皂苷Re峰计算应不低于3000。

表7-15 人参茎叶总皂苷中人参皂苷Rg_1、人参皂苷Re和人参皂苷Rd含量测定的流动相参数

时间/min	流动相A/%	流动相B/%
0～30	19	81
30～35	19→24	81→76
35～60	24→40	76→60

对照品溶液的制备：取人参皂苷Rg_1对照品、人参皂苷Re对照品和人参皂苷Rd对照品适量，精密称定，加甲醇制成每1mL含人参皂苷Rg_1 0.30mg、人参皂苷Re 0.50mg和人参皂苷Rd 0.20mg的混合溶液。

供试品溶液的制备：取本品约20mg，精密称定，置10mL量瓶中，加甲醇，超声使其溶解并稀释至刻度，滤过，即得。

测定法：分别精密吸取对照品溶液20μL与供试品溶液5～20μL，注入液相色谱仪，测定，即得。

本品按干燥品计算，含人参皂苷 Rg_1（$C_{42}H_{72}O_{14}$）、人参皂苷 Re（$C_{48}H_{82}O_{18}$）和人参皂苷 Rd（$C_{48}H_{82}O_{18}$）的总量应为 30%～45%。

② 大黄中总蒽醌和游离蒽醌的含量测定。

总蒽醌

色谱条件与系统适用性试验：以十八烷基硅烷键合硅胶为填充剂，以甲醇-0.1%磷酸溶液（85∶15）为流动相，检测波长为 254nm。理论板数按大黄素峰计算应不低于 3000。

对照品溶液的制备：精密称取芦荟大黄素对照品、大黄酸对照品、大黄素对照品、大黄酚对照品、大黄素甲醚对照品适量，加甲醇分别制成每 1mL 含芦荟大黄素、大黄酸、大黄素、大黄酚各 80μg，大黄素甲醚 40μg 的溶液；分别精密量取上述对照品溶液各 2mL，混匀，即得（每 1mL 含芦荟大黄素、大黄酸、大黄素、大黄酚各 16μg，含大黄素甲醚 8μg）。

供试品溶液的制备：取本品粉末（过四号筛）约 0.15g，精密称定，置具塞锥形瓶中，精密加甲醇 25mL，称定重量，加热回流 1h，放冷，再称定重量，加甲醇补足减失的重量，摇匀，滤过。精密量取续滤液 5mL，置烧瓶中，挥去溶剂，加 8%盐酸溶液 10mL，超声处理 2min，再加三氯甲烷 10mL，加热回流 1h，放冷，置分液漏斗中，用少量三氯甲烷洗涤容器，并入分液漏斗中，分取三氯甲烷层，酸液再用三氯甲烷提取 3 次，每次 10mL，合并三氯甲烷液，减压回收溶剂至干，残渣加甲醇使溶解，转移至 10mL 量瓶中，加甲醇至刻度，摇匀，滤过，即得。

测定法：分别精密吸取对照品溶液与供试品溶液各 10μL，注入液相色谱仪，测定，即得。

本品按干燥品计算，含总蒽醌以芦荟大黄素（$C_{15}H_{10}O_5$）、大黄酸（$C_{15}H_8O_6$）、大黄素（$C_{15}H_{10}O_5$）、大黄酚（$C_{15}H_{10}O_4$）和大黄素甲醚（$C_{16}H_{12}O_5$）的总量不得少于 1.5%。

游离蒽醌

色谱条件与系统适用性试验：以十八烷基硅烷键合硅胶为填充剂，以甲醇-0.1%磷酸溶液（85∶15）为流动相，检测波长为 254nm。理论板数按大黄素峰计算应不低于 3000。

对照品溶液的制备：精密称取芦荟大黄素对照品、大黄酸对照品、大黄素对照品、大黄酚对照品、大黄素甲醚对照品适量，加甲醇分别制成每 1mL 含芦荟大黄素、大黄酸、大黄素、大黄酚各 80μg，大黄素甲醚 40μg 的溶液；分别精密量取上述对照品溶液各 2mL，混匀，即得（每 1mL 含芦荟大黄素、大黄酸、大黄素、大黄酚各 16μg，含大黄素甲醚 8μg）。

供试品溶液的制备：取本品粉末（过四号筛）约 0.5g，精密称定，置具塞锥形瓶中，精密加甲醇 25mL，称定重量，加热回流 1h，放冷，再称定重量，用甲醇补足减失的重量，摇匀，滤过，即得。

测定法：分别精密吸取对照品溶液与供试品溶液各 10μL，注入液相色谱仪，测定，即得。

本品按干燥品计算，含游离蒽醌以芦荟大黄素（$C_{15}H_{10}O_5$）、大黄酸（$C_{15}H_8O_6$）、大黄素（$C_{15}H_{10}O_5$）、大黄酚（$C_{15}H_{10}O_4$）和大黄素甲醚（$C_{16}H_{12}O_5$）的总量计，不得少于 0.20%。

7.4

其他质量控制

7.4.1 内源性有毒有害物质

7.4.1.1 概述

中兽药中的有毒有害物质分为内源性和外源性两种，内源性有毒有害物质是指中兽药本身所含有的有毒副作用的化学成分。这些化学成分大多是指中兽药植物生长过程中产生的次生代谢产物或者矿物类中药中所含有的有毒有害成分。因此，对于内服性的中兽药，如果含有剧毒或者大毒的成分，则应该严格控制其药材、饮片和制剂中的有毒成分，并建立其限量检测方法，而对于既有毒性又是有效成分的一般应该控制其毒性成分的含量。

中兽药中的内源性有毒有害成分主要包括有毒有机酸类、有毒苷类、生物碱类。其中，有毒有机酸类，比如天仙藤和细辛中的马兜铃酸I，它是一类含有硝基的酚类有机酸，近年来国内外报道该类物质具有强烈的肾毒性作用，而其代谢产物马兜铃内酰胺也同样具有毒性；有毒苷类，比如桑寄生中含有的强心苷，可导致心脏传导阻滞、心动过缓等；苍耳子中的羧基苍术苷，则可以抑制细胞中 ADP 和 ATP 的磷酸化，进而引起一系列的毒性作用；生物碱类，如吡咯里西啶生物碱类大多具有肝脏毒性和致癌作用，乌头碱炮制后毒性降低，但是仍然需要控制工艺中产生的有毒物质的含量。这类有毒内源性物质的分析测定，多采用高效液相色谱的方法。另外，薄层色谱也常被用来鉴定该类有毒内源性物质。

7.4.1.2 应用与示例

（1）天仙藤中马兜铃酸Ⅰ的含量测定［《兽药典》(2020 年版）二部］

色谱条件与系统适用性试验：以十八烷基硅烷键合硅胶为填充剂，以乙腈为流动相 A，以 1%冰醋酸溶液-0.3%三乙胺溶液（10∶1）为流动相 B，按表 7-16 进行梯度洗脱；检测波长 250nm。理论板数按马兜铃酸Ⅰ峰计算应不低于 7000。

表 7-16 天仙藤中马兜铃酸Ⅰ含量测定的流动相参数

时间/min	流动相 A/%	流动相 B/%
0～13	35	65
13～14	35→45	65→55
14～27	45→47	55→53
27～28	47→100	53→0

对照品溶液的制备：取马兜铃酸Ⅰ对照品适量，精密称定，加甲醇制成每 1mL 含 1.0μg 的溶液，即得。

供试品溶液的制备：取本品粉末（过三号筛）约 2g，精密称定，置具塞锥形瓶中，精密加甲醇 50mL，密塞，称定重量，超声处理（功率 250W，频率 33kHz）30min，放冷，再称定重量，用甲醇补足减失的重量，摇匀，滤过，即得。

测定法：分别精密吸取对照品溶液与供试品溶液各 20μL，注入液相色谱仪，测定，即得。

本品按干燥品计算，含马兜铃酸Ⅰ（$C_{17}H_{11}NO_7$）不得过0.01%。

（2）细辛中马兜铃酸Ⅰ的含量测定［《兽药典》（2020年版）二部］

色谱条件与系统适用性试验：以十八烷基硅烷键合硅胶为填充剂，以乙腈为流动相A，以0.05%磷酸溶液为流动相B，按表7-17进行梯度洗脱；检测波长260nm。理论板数按马兜铃酸Ⅰ峰计算应不低于5000。

表7-17 细辛中马兜铃酸Ⅰ的含量测定的流动相参数

时间/min	流动相A/%	流动相B/%
0～10	30→34	70→66
10～18	34→35	66→65
18～20	35→45	65→55
20～30	45	55
30～31	45→53	55→47
31～35	53	47
35～40	53→100	47→0

对照品溶液的制备：取马兜铃酸Ⅰ对照品适量，精密称定，加甲醇制成每1mL含0.2μg的溶液，即得。

供试品溶液的制备：取本品中粉约0.5g，精密称定，置具塞锥形瓶中，精密加70%甲醇25mL，密塞，称定重量，超声处理（功率500W，频率40kHz）40min，放冷，再称定重量，用70%甲醇补足减失的重量，摇匀，滤过，即得。

测定法：分别精密吸取对照品溶液与供试品溶液各10μL，注入液相色谱仪，测定，即得。

本品按干燥品计算，含马兜铃酸Ⅰ（$C_{17}H_{11}NO_7$）不得过0.001%。

（3）川乌中乌头碱、次乌头碱和新乌头碱的含量测定［《兽药典》（2020年版）二部］

色谱条件与系统适用性试验：以十八烷基硅烷键合硅胶为填充剂；以乙腈-四氢呋喃（25∶15）为流动相A，以0.1mol/L醋酸铵溶液（每1000mL加冰醋酸0.5mL）为流动相B，按表7-18进行梯度洗脱；检测波长235nm。理论板数按新乌头碱峰计算应不低于2000。

表7-18 川乌中乌头碱、次乌头碱和新乌头碱的含量测定的流动相参数

时间/min	流动相A/%	流动相B/%
0～48	15→26	85→74
48～49	26→35	74→65
49～58	35	65
58～65	35→15	65→85

对照品溶液的制备：取乌头碱对照品、次乌头碱对照品、新乌头碱对照品适量，精密称定，加异丙醇-三氯甲烷（1∶1）混合溶液分别制成每1mL含乌头碱50μg、次乌头碱和新乌头碱各0.15mg的混合溶液，即得。

供试品溶液的制备：取本品粉末（过三号筛）约2g，精密称定，置具塞锥形瓶中，加氨试液3mL，精密加入异丙醇-乙酸乙酯（1∶1）混合溶液50mL，称定重量，超声处理（功率300W，频率40kHz；水温在25℃以下）30min，放冷，再称定重量，用异丙醇-乙酸乙酯（1∶1）混合溶液补足减失的重量，摇匀，滤过。精密量取续滤液25mL，40℃

以下减压回收溶剂至干，残渣精密加入异丙醇-三氯甲烷（1∶1）混合溶液 3mL 溶解，滤过，取续滤液，即得。

测定法：分别精密吸取对照品溶液与供试品溶液各 10μL，注入液相色谱仪，测定，即得。

本品按干燥品计算，含乌头碱（$C_{34}H_{47}NO_{11}$）、次乌头碱（$C_{33}H_{45}NO_{10}$）和新乌头碱（$C_{33}H_{45}NO_{11}$）的总量应为 0.050%～0.17%。

（4）四逆汤中乌头碱的检测［《兽药典》（2020 年版）二部］

本品为淡附片、干姜和炙甘草的复方，其中乌头碱的检测采用薄层色谱法。取本品 70mL，加浓氨试液调节 pH 值至 10，用乙醚振摇提取 3 次，每次 100mL，合并乙醚液，回收溶剂至干，残渣用无水乙醇溶解成 2mL，作为供试品溶液。另取乌头碱对照品与次乌头碱对照品适量，加无水乙醇制成每 1mL 各含 2mg 与 1mg 的混合液，作为对照品溶液。照薄层色谱法试验，吸取供试品溶液 6μL、对照品溶液 5μL，分别点于同一硅胶 G 薄层板上，以三氯甲烷-乙酸乙酯-浓氨试液（5∶5∶1）的下层溶液为展开剂，展开，取出，晾干，喷以稀碘化铋钾试液。供试品色谱中，在与对照品色谱相应的位置上，出现的斑点应小于对照品斑点，或不出现斑点。

7.4.2 重金属

7.4.2.1 概述

重金属污染是中兽药外源性有毒有害污染物的主要代表之一，一般指的是密度在 5.0g/cm^3 以上的金属，如金、银、镉、铬、铅、铜和汞等。目前《兽药典》中规定的中兽药中限定含量的重金属及有害元素有铅、镉、砷、汞、铜等。这些重金属及有害元素的毒性作用主要是与动物机体中酶蛋白上的巯基和二硫键牢固结合，从而致使蛋白质变性、酶失活，组织细胞出现结构和功能上的损害。重金属及有害元素的污染物可以通过生物链在动物体内富集，导致人食用重金属污染的动物源性食品后，由于其蓄积过量而造成各种肝脏、肾脏及骨骼疾病。

中兽药中重金属及有害元素的主要来源有四种。①种植环境中土壤、大气、水等受到工业生产中三废的污染，植物从环境中吸取养分的同时，还会富集其中的重金属及有害元素，这也是造成中兽药重金属及有害元素超标的原因之一。②中兽药材在种植过程中为防治病虫害问题，往往会使用含有砷、铜、汞等有害元素的有机农药，通过渗透作用，进入根茎、叶片及果皮等组织，造成重金属污染。③初加工过程中使用的辅助器具及包装材料，以及炮制加工过程中使用的含有重金属的水、辅料或容器等都会造成重金属及有害元素的污染。④运输、包装和仓储过程中均有可能受到重金属及有害元素的污染。

7.4.2.2 分析方法

重金属及有害元素的分析检测多为依赖仪器的方法，其中《兽药典》中收载了原子吸收分光光度法和电感耦合等离子体质谱法，简述如下。

（1）原子吸收分光光度法 原子吸收分光光度法的测量对象是呈原子状态的金属元素和部分非金属元素，是基于测量蒸气中原子对特征电磁的吸收强度进行定量分析的一种仪器分析方法。原子吸收分光光度法遵循分光光度法的吸收定律，一般通过比较对照品溶液和供试品溶液的吸光度，求得供试品中待测元素的含量。中兽药金银花、海螵蛸、枸杞子以及茵陈提取物和人参叶总皂苷均基于该方法规定了重金属及有害元素的最高限量。

所用仪器为原子吸收分光光度计，它由光源、原子化器、单色器、背景校正系统、自动进样系统和检测系统等组成。

其中原子化器主要有四种类型：火焰原子化器、石墨炉原子化器、氢化物发生原子化器及冷蒸气发生原子化器。

① 火焰原子化器，由雾化器及燃烧灯头等部件组成，其功能是将供试品溶液雾化成气溶胶后，再与燃气混合，进入燃烧灯头产生的火焰中，以干燥、蒸发、离解供试品，进而使待测元素形成基态原子。燃烧火焰由不同种类的气体混合物产生，常用乙炔-空气火焰。通过改变燃气和助燃气的种类及比例可以控制火焰的温度，以获得较好的火焰稳定性和测定灵敏度。该原子化器多用于铜的测定。

② 石墨炉原子化器，由电热石墨炉及电源等部件组成，其功能是将供试品溶液干燥、灰化，再经高温原子化使待测元素形成基态原子。一般以石墨作为发热体，炉中通入保护气，以防氧化并能输送试样蒸气，该原子化器多用于铅和镉的测定。

③ 氢化物发生原子化器，由氢化物发生器和原子吸收池组成，可用于砷、锗、铅、镉等元素的测定。其功能是将待测元素在酸性介质中还原成低沸点、易受热分解的氢化物，再由载气导入由石英管、加热器等组成的原子吸收池，在吸收池中氢化物被加热分解，并形成基态原子。

④ 冷蒸气发生原子化器，由汞蒸气发生器和原子吸收池组成，专门用于汞的测定。其功能是将供试品溶液中的汞离子还原成游离汞，再由载气将汞蒸气导入石英原子吸收池，进行测定。

在原子吸收分光光度分析中，必须注意背景及其他原因引起的对测定的干扰。仪器某些工作条件（如波长、狭缝、原子化条件等）的变化可影响灵敏度、稳定程度和干扰情况。在火焰法原子吸收测定中可采用选择适宜的测定谱线和狭缝、改变火焰温度、加入络合剂或释放剂、采用标准加入法等方法消除干扰；在石墨炉原子吸收测定中可采用选择适宜的背景校正系统、加入适宜的基体改进剂等方法消除干扰。具体方法应按不同原子化器的要求进行调整。

（2）电感耦合等离子体质谱法

① 原理及概述。适合于微量尤其是痕量的重金属元素分析，是以等离子体为离子源的一种质谱型元素分析方法。主要用于多种元素的同时测定，除此，还可与其他色谱分离技术联用，进行元素形态及其价态分析。其原理是样品由载气（氩气）引入雾化系统进行雾化后，以气溶胶形式进入等离子体中心区，在高温和惰性气体中被去溶剂化、汽化解离和电离，转化成带正电荷的正离子，经离子采集系统进入质量分析器。质量分析器根据质荷比进行分离，并根据元素质谱峰强度测定样品中相应元素的含量。

② 仪器组成。电感耦合等离子体质谱仪由样品引入系统、电感耦合等离子体（ICP）离子源、接口、离子透镜系统、四极杆质量分析器、检测器等部件构成，其他支持系统有真空系统、冷却系统、气体控制系统、计算机控制及数据处理系统等。

③ 供试品溶液的制备。供试品消解的常用试剂一般是酸类，包括硝酸、盐酸、高氯酸、硫酸、氢氟酸，以及一定比例的混合酸[如硝酸-盐酸(4∶1)]等，也可使用少量过氧化氢；其中硝酸引起的干扰最小，是供试品制备的首选酸。试剂的纯度应为优级纯以上，所用水应为去离子水。供试品溶液制备时应同时制备空白试剂，标准溶液的介质和酸度应

与供试品溶液保持一致。

固体样品　除另有规定外，称取样品适量（0.1～3.0g），结合实验室条件以及样品基质类型选用合适的消解方法。消解方法有敞口容器消解法、密闭容器消解法和微波消解法。微波消解法所需试剂少，消解效率高，有利于降低试剂空白值，减少样品制备过程中的污染或待测元素的挥发损失。样品消解后根据待测元素含量定容至适当体积后即可进行质谱测定。

液体样品　根据样品的基质、有机物含量和待测元素含量等情况，可选用直接分析、稀释或浓缩后分析、消化处理后分析等不同的测定方式。

④ 测定法。对待测元素，目标同位素的选择一般需根据待测样品基体中可能出现的干扰情况，选取干扰少、丰度较高的同位素进行测定；有些同位素需采用干扰方程校正；对于干扰不确定的情况亦可选择多个同位素测定，以便比较。常用测定方法有液相色谱法。

⑤ 重金属及有害元素的形态分析。由于元素存在的形态不同，其物理、化学性质与生物活性也不相同。比如自然界中，砷元素可以以许多不同形态的化合物存在，主要有砷酸盐、亚砷酸盐、一甲基砷酸、砷甜菜碱和砷胆碱等形式。不同形态的砷化物的毒性不同，这与其在人体内迁移、转化和代谢规律有关。因此，对于重金属及有害元素的形态分析是非常必要的。现在常以高效液相色谱作为分离工具分离元素的不同形态，以电感耦合等离子体质谱仪作为检测器，进而在线监测重金属元素的不同形态。中兽药中对于重金属元素形态的分析还较少，《中国药典》(2020年版)四部中收录了汞和砷的形态及价态测定法。

7.4.3 霉菌毒素

7.4.3.1 概述

中兽药材以植物为主，其在种植、生产、加工和储存过程中很容易受到霉菌毒素污染，而且污染问题日益严重。霉菌毒素主要是由真菌产生的具有毒性的次级代谢产物，目前发现的霉菌毒素有近500种，主要包括黄曲霉毒素（AFT）、脱氧雪腐镰刀菌烯醇（DON）、赭曲霉毒素A（OTA）、玉米赤霉烯酮（ZEN）、展青霉素（PAT）、伏马菌素（FB）等。中兽药材除了因为运输、加工及保存不当易引起霉菌毒素污染外，中兽药本身也可以为真菌的生长提供必需的水分、蛋白质和油脂等，如富含淀粉的甘草、葛根，含油脂类的薏苡仁、柏子仁，富含黏液的川牛膝、玉竹等，都是极易发生霉变的中药材。

霉菌毒素具有致癌、致畸等毒性，具有急性和慢性毒性作用，不仅严重影响药效的发挥，而且严重的可危及动物生命。因此，中兽药中霉菌毒素的检测至关重要。目前，霉菌毒素检测方法多种多样，可以满足不同的适用场景。比如薄层色谱法，是早期使用的一种常见方法，该方法经济实用，对设备和检验人员要求不高，适用于霉菌毒素的快速筛查。高效液相色谱法及与其联用技术，是近年来霉菌毒素定量分析的常用方法，具有定量能力强、准确性高、灵敏的特点，也是被《兽药典》收录的两种来检测中兽药中黄曲霉毒素的常用方法。气相色谱常被用来检测分析不含发色团和荧光团，或具有弱荧光或紫外吸收的霉菌毒素分子。比如A型单端孢霉烯族化合物，由于分子中羟基数量少，且在C8位置上缺少酮基，因此气相色谱更适合。随着检测需求的提升，快速检测技术如酶联免疫分析、免疫层析试纸条法以及生物传感器等分析技术，由于具有快速、灵敏、低成本的优点，受到了越来越多的关注。由于目前用于检测霉菌毒素的方法越来越多，故在选择中兽药中霉菌毒素的检测方法时，需要根据检测的需求、应用场景和条件来选择，保证检测效率更高，结果更可靠。

7.4.3.2 黄曲霉毒素的测定

目前，《兽药典》中肉豆蔻、全蝎、决明子等十几种植物和动物源中兽药材中对霉菌毒素的含量做出了规定，但是只收录了黄曲霉毒素的检测方法和限量。黄曲霉毒素是由黄曲霉和寄生曲霉产生的具有强烈致癌和致畸毒性的毒素，结构是一类由二呋喃和香豆素组成的氧杂萘邻酮类化合物，紫外光照射下有荧光，目前明确结构的有十多种，其中最重要的 6 种毒素结构如图 7-17 所示。黄曲霉毒素耐热，在中兽药加工炮制过程中很少被破坏，但是在低浓度下易被紫外光照射分解。《兽药典》中采用高效液相色谱法及与其联用的方法测定中兽药中黄曲霉毒素 B_1、黄曲霉毒素 B_2、黄曲霉毒素 G_1 和黄曲霉毒素 G_2。

图 7-17 常见的黄曲霉毒素化学结构

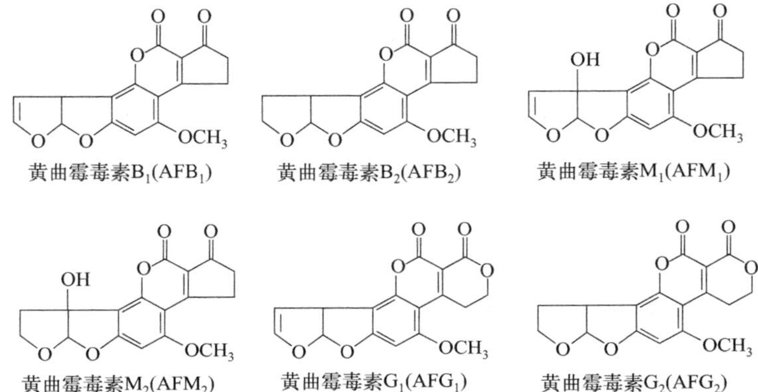

7.4.3.3 应用与示例

药材、饮片及制剂中黄曲霉毒素的含量，基于高效液相色谱法和高效液相色谱-串联质谱法测定[《兽药典》(2020 年版)二部]。

第一法：高效液相色谱法

色谱条件与系统适用性试验：以十八烷基硅烷键合硅胶为填充剂；以甲醇-乙腈-水（40∶18∶42）为流动相；采用柱后衍生法检测。①碘衍生法：衍生溶液为 0.05%的碘溶液（取碘 0.5g，加入甲醇 100mL 使溶解，用水稀释至 1000mL 制成），衍生化泵流速 0.3mL/min，衍生化温度 70℃。②光化学衍生法：光化学衍生器（254nm）。以荧光检测器检测，激发波长 λ_{ex}=360nm（或 365nm），发射波长 λ_{ex}=450nm。两个相邻色谱峰的分离度应大于 1.5。

混合对照品溶液的制备：精密量取黄曲霉毒素混合对照品溶液（黄曲霉毒素 B_1、黄曲霉毒素 B_2、黄曲霉毒素 G_1 和黄曲霉毒素 G_2 标示浓度分别为 1.0μg/mL、0.3μg/mL、1.0μg/mL、0.3μg/mL）0.5mL，置 10mL 量瓶中，用甲醇稀释至刻度，作为贮备溶液。精密量取贮备溶液 1mL，置 25mL 量瓶中，用甲醇稀释至刻度，即得。

供试品溶液的制备：取供试品粉末（过二号筛）约 15g，精密称定，置于均质瓶中，加入氯化钠 3g，精密加 70%甲醇 75mL，高速搅拌 2min（搅拌速度大于 11000r/min），离心 5min（离心速度 2500r/min），精密量取上清液 15mL，置 50mL 量瓶中，用水稀释至刻度，摇匀，用微孔滤膜（0.45μm）滤过，精密量取续滤液20mL，通过免疫亲和柱，流速3mL/min，用水20mL洗脱，洗脱液弃去，使空气进入柱子，将水挤出柱子，再用适量甲醇洗脱，收集洗脱液，置2mL量瓶中，加甲醇至刻度，摇匀，即得。

测定法：分别精密吸取上述混合对照品溶液5μL、10μL、15μL、20μL、25μL，注入液相色谱仪，测定峰面积，以峰面积为纵坐标，进样量为横坐标，绘制标准曲线。另精密吸取上述供试品溶液20～25μL，注入液相色谱仪，测定峰面积，从标准曲线上读出供试品中相当于黄曲霉毒素B_1、黄曲霉毒素B_2、黄曲霉毒素G_1和黄曲霉毒素G_2的量，计算，即得。

第二法：高效液相色谱-串联质谱法

色谱条件与系统适用性试验：以十八烷基硅烷键合硅胶为填充剂；以10mmol/L醋酸铵溶液为流动相A，以甲醇为流动相B；柱温25℃；流速0.3mL/min；按表7-19进行梯度洗脱。

表7-19 《兽药典》黄曲霉毒素测定的流动相参数

时间/min	流动相A/%	流动相B/%
0～4.5	65→15	35→85
4.5～6	15→0	85→100
6～6.5	0→65	100→35
6.5～10	65	35

以三重四极杆串联质谱仪检测，电喷雾离子源（ESI），采集模式为正离子模式。各化合物检测离子对和碰撞电压（CE）见表7-20。

表7-20 黄曲霉毒素B_1、B_2、G_1、G_2对照品的检测离子对、碰撞电压（CE）参考值

编号	中文名	英文名	母离子	子离子	CE/V
1	黄曲霉毒素G_2	Aflatoxin G_2	331.1	313.1	33
			331.1	245.1	40
2	黄曲霉毒素G_1	Aflatoxin G_1	329.1	243.1	35
			329.1	311.1	30
3	黄曲霉毒素B_2	Aflatoxin B_2	315.1	259.1	35
			315.1	287.1	40
4	黄曲霉毒素B_1	Aflatoxin B_1	313.1	241.0	50
			313.1	285.1	40

系列混合对照品溶液的制备：精密量取黄曲霉毒素混合对照品溶液（黄曲霉毒素B_1、黄曲霉毒素B_2、黄曲霉毒素G_1和黄曲霉毒素G_2的标示浓度分别为1.0μg/mL、0.3μg/mL、1.0μg/mL、0.3μg/mL）适量，用70%甲醇稀释成含黄曲霉毒素B_2、G_2浓度为0.04～3ng/mL，含黄曲霉毒素B_1、G_1浓度为0.12～10ng/mL的系列对照品溶液，即得（必要时可根据样品实际情况，制备系列基质对照品溶液）。

供试品溶液的制备：取供试品粉末（过二号筛）约15g，精密称定，置于均质瓶中，加入氯化钠3g，精密加70%甲醇75mL，高速搅拌2min（搅拌速度大于11000r/min），离心5min（离心速度2500r/min），精密量取上清液15mL，置50mL量瓶中，用水稀释至刻度，摇匀，用微孔滤膜（0.45μm）滤过，精密量取续滤液20mL，通过免疫亲和柱，

流速 3mL/min，用水 20mL 洗脱，洗脱液弃去，使空气进入柱子，将水挤出柱子，再用适量甲醇洗脱，收集洗脱液，置 2mL 量瓶中，加甲醇至刻度，摇匀，即得。

测定法：精密吸取上述系列对照品溶液各 5μL，注入高效液相色谱-质谱仪，测定峰面积，以峰面积为纵坐标，进样浓度为横坐标，绘制标准曲线。另精密吸取上述供试品溶液 5μL，注入高效液相色谱-串联质谱仪，测定峰面积，从标准曲线上读出供试品中相当于黄曲霉毒素 B_1、黄曲霉毒素 B_2、黄曲霉毒素 G_1、黄曲霉毒素 G_2 的浓度，计算，即得。

本实验应有相应的安全、防护措施，并不得污染环境。残留有黄曲霉毒素的废液或废渣的玻璃器皿，应置于专用贮藏容器（装有 10%次氯酸钠溶液）内，浸泡 24h 以上，再用清水将玻璃器皿冲洗干净。当测定结果超出限度时，采用第二法进行确认。

7.4.4 农药残留

7.4.4.1 概述

中兽药中的农药残留指的是施用农药后残留在生物体、农副产品和环境中的微量的农药药物原型、代谢产物及降解产物和杂质的总称。由于中兽药药材大多为人工栽培种植，故为了提高产量，减少病虫以及真菌的危害，农药的使用必不可少。此外，大量地使用农药，土壤、空气、水源中农药残留的污染也非常严重。药材中的农药残留不仅会影响中兽药药效的发挥，还会给动物机体造成严重的危害，甚至危害人类的健康。

目前，世界上常用的农药有上千种，我国也有几百种，按照化学结构可分为：①有机磷类，甲基对硫磷、敌敌畏等；②有机氯类，六六六、滴滴涕；③二硫代氨基甲酸酯类，代森钠、福美双、福美铁等；④苯氧羧酸类除草剂，甲草胺、丁草胺、乙草胺等；⑤氨基甲酸酯类，甲萘威等；⑥无机农药类，磷化铝、砷酸钙等；⑦植物性农药，烟叶和尼古丁等；⑧其他，拟除虫菊酯类、溴螨酯、二溴乙烷等。其中有机磷和有机氯农药毒性大、降解周期长，禁用多年后仍然能在土壤中检测到。因此。对于中兽药药材中的农药残留检测是非常必要的。

7.4.4.2 样品前处理技术

（1）农药残留的提取溶剂 由于农药残留在中兽药中的检测属于痕量分析，因此提取溶剂的选择至关重要，直接影响分析结果的准确性。农药残留提取溶剂的选择多基于待测组分的极性、溶解度和挥发性。常用的提取溶剂有乙腈、丙酮、二氯甲烷、乙酸乙酯、甲醇及其混合溶液。在选择提取溶剂时，多基于相似相溶的原理，尽可能地使待测物进入提取溶剂，而其他杂质处于不溶的状态，因此，对于有机氯农药多采用石油醚提取，也可以采用乙腈提取，或者是正已烷-丙酮、乙腈-水的混合液；有机磷农药极性差异较大，很难基于一种溶剂实现对所有有机磷农药的全部提取，多有针对性地采取合适的溶剂进行提取，其中乙腈和丙酮是各类农药中最常用的提取溶剂。

（2）提取净化方法 常用的提取方法有索氏提取法、振荡提取法以及超声振荡提取法，除此之外还有微波辅助提取法、超临界流体提取法、加速溶剂萃取以及固相微萃取等。提取完后，还需要利用物理化学方法除去共萃取物中对待测组分存在干扰的物质，包括脂类、多糖、色素及氨基酸等。最常用的方法是液液分配后经过柱色谱分离，之后利用活性炭、硅胶等除去色素等杂质。

7.4.4.3 检测方法

在中兽药中农药残留多以色谱分离方法为主，《兽药典》中收录了液相色谱法、液-质串联法、气相色谱法，检测对象包括有机磷、有机氯及拟除虫菊酯类农药；除此之外还收录了 76 种农药的气相色谱-质谱串联法和 155 种农药多残留液相色谱-质谱串联法。在检测中需要注意的是，样品和提取液应该避光保存并及时进样分析，防止待测组分发生物理和化学变化。

7.4.4.4 应用与示例

（1）黄芪中有机氯类农药残留量测定，基于气相色谱法测定［《兽药典》（2020 年版）二部］

色谱条件与系统适用性试验：以（14%-氰丙基-苯基）甲基聚硅氧烷或（5%苯基）甲基聚硅氧烷为固定液的弹性石英毛细管柱（30m×0.32mm×0.25μm），^{63}Ni-ECD 电子捕获检测器。进样口温度 230℃；检测器温度 300℃。不分流进样。程序升温：初始 100℃，10℃/min 升至 220℃，8℃/min 升至 250℃，保持 10min。理论板数按 α-BHC 峰计算不低于 1×10^6，两个相邻色谱峰的分离度应大于 1.5。

对照品贮备液的制备：精密称取六六六（BHC）、滴滴涕（DDT）及五氯硝基苯（PCNB）农药对照品适量，用石油醚（60～90℃）分别制成每 1mL 含 4～5μg 的溶液，即得。

混合对照品贮备液的制备：精密量取上述各对照品贮备液 0.5mL，置 10mL 量瓶中，用石油醚（60～90℃）稀释至刻度，摇匀，即得。

混合对照品溶液的制备：精密量取上述混合对照品贮备液，用石油醚（60～90℃）制成每 1L 含 0μg、1μg、5μg、10μg、50μg、100μg、250μg 的溶液，即得。

供试品溶液的制备：取供试品，粉碎成粉末（过三号筛），取约 2g，精密称定，置 100mL 具塞锥形瓶中，加水 20mL 浸渍过夜，精密加丙酮 40mL，称定重量，超声处理 30min，放冷，再称定重量，用丙酮补足减失的重量，再加氯化钠约 6g，精密加二氯甲烷 30mL，称定重量，超声处理 15min，再称定重量，用二氯甲烷补足减失的重量，静置使分层，将有机相迅速移入装有适量无水硫酸钠的 100mL 具塞锥形瓶中，放置 4h。精密量取 35mL，于 40℃水浴减压浓缩至近干，加少量石油醚（60～90℃），如前反复操作至二氯甲烷及丙酮除净，用石油醚（60～90℃）溶解并转移至 10mL 具塞刻度离心管中，加石油醚（60～90℃）精密稀释至 5mL。小心加入硫酸 1mL，振摇 1min，离心（3000r/min）10min。精密量取上清液 2mL，置具刻度的浓缩瓶中，连接旋转蒸发器，40℃下（或用氮气）将溶液浓缩至适量，精密稀释至 1mL，即得。

制剂：取供试品，研成细粉（液体直接量取），精密称取（量取）适量（相当于药材 2g），以下按上述供试品溶液制备法制备，即得供试品溶液。

测定法：分别精密吸取供试品溶液和与之相对应浓度的混合对照品溶液各 1μL，注入气相色谱仪，按外标法计算供试品中 9 种有机氯农药残留量。

中兽药黄芪中五氯硝基苯不得过 0.1mg/kg。

（2）人参中 22 种有机氯类农药残留量测定，基于气相色谱法测定［《兽药典》（2020 年版）二部］

色谱条件与系统适用性试验：分析柱为以 50%苯基-50%二甲基聚硅氧烷为固定液的弹性石英毛细管柱（30m×0.25mm×0.25μm），验证柱为以 100%二甲基聚硅氧烷为固定液的弹性石英毛细管柱（30m×0.25mm×0.25μm），^{63}Ni-ECD电子捕获检测器。进样口温度240℃，检测器温度300℃，不分流进样，流速为恒压模式（初始流速为1.3mL/min）。程序升温：初始70℃，保持1min，10℃/min升至180℃，保持5min，再以5℃/min升至220℃，最后以100℃/min升至280℃，保持8min。理论板数按α-BHC计算应不低于1×10^6，两个相邻色谱峰的分离度应大于1.5。

对照品贮备溶液的制备：精密称取表7-21中农药对照品适量，用异辛烷分别制成如表7-21中浓度的溶液，即得。

表7-21　22种有机氯类农药对照品贮备液浓度、相对保留时间及检出限参考值

序号	中文名	英文名	对照品贮备液/(μg/mL)	相对保留时间（分析柱）	检出限/(mg/kg)
1	六氯苯	Hexachlorobenzene	100	0.574	0.001
2	α-六六六	α-BHC	100	0.601	0.004
3	五氯硝基苯	Quintozene	100	0.645	0.007
4	γ-六六六	γ-BHC	100	0.667	0.003
5	β-六六六	β-BHC	200	0.705	0.008
6	七氯	Heptachlor	100	0.713	0.007
7	δ-六六六	δ-BHC	100	0.750	0.003
8	艾氏剂	Aldrin	100	0.760	0.006
9	氧化氯丹	oxy-Chlordane	100	0.816	0.007
10	顺式环氧七氯	Heptachlor-*exo*-epoxide	100	0.833	0.006
11	反式环氧七氯	Heptachlor-*endo*-epoxide	100	0.844	0.005
12	反式氯丹	*trans*-Chlordane	100	0.854	0.005
13	顺式氯丹	*cis*-Chlordane	100	0.867	0.008
14	α-硫丹	α-Endosulfan	100	0.872	0.01
15	*p*,*p*′-滴滴伊	*p*,*p*′-DDE	100	0.892	0.006
16	狄氏剂	Dieldrin	100	0.901	0.005
17	异狄氏剂	Endrin	200	0.932	0.009
18	*o*,*p*′-滴滴涕	*o*,*p*′-DDT	200	0.938	0.018
19	*p*,*p*′-滴滴滴	*p*,*p*′-DDD	200	0.944	0.008
20	β-硫丹	β-Endosulfan	100	0.956	0.003
21	*p*,*p*′-滴滴涕	*p*,*p*′-DDT	100	0.970	0.005
22	硫丹硫酸盐	Endosulfan sulfate	100	1.000	0.004

注：各对照品的相对保留时间以硫丹硫酸盐为参照峰计算。

混合对照品贮备溶液的制备：精密量取上述对照品贮备溶液各1mL，置100mL量瓶中，用异辛烷稀释至刻度，摇匀，即得。

混合对照品溶液的制备：分别精密量取上述混合对照品贮备溶液，用异辛烷制成每1L分别含10μg、20μg、50μg、100μg、200μg、500μg的溶液，即得。

供试品溶液的制备：取供试品，粉碎成粉末（过三号筛），取约1.5g，精密称定，置50mL聚苯乙烯具塞离心管中，加入水10mL，混匀，放置2h，精密加入乙腈15mL，剧烈振摇提取1min，再加入预先称好的无水硫酸镁4g与氯化钠1g的混合粉末，再次剧烈振摇1min后，离心（4000r/min）1min。精密吸取上清液10mL，40℃减压浓缩至近干，用环己烷-乙酸乙酯（1∶1）混合溶液分次转移至10mL量瓶中，加环己烷-乙酸乙酯（1∶1）混合溶液至刻度，摇匀，转移至预先加入1g无水硫酸钠的离心管中，振摇，放置1h，离心（必要时滤过），取上清液5mL过凝胶渗透色谱柱［400mm×25mm，内装BIO-Beads S-X3填料；以环己烷-乙酸乙酯（1∶1）混合溶液为流动相；流速为5.0mL/min］净化，收集18～30min的洗脱液，于40℃水浴减压浓缩至近干，加少量正己烷替换两次，加正己烷 1mL 使溶解，转移至弗罗里硅土固相萃取小柱［1000mg/6mL，用正己烷-丙酮（95∶5）混合溶液 10mL 和正己烷 10mL 预洗］，残渣用正己烷洗涤 3 次，每次 1mL，洗液转移至同一弗罗里硅土固相萃取小柱上，再用正己烷-丙酮（95∶5）混合溶液 10mL 洗脱，收集全部洗脱液，置氮吹仪上吹至近干，加异辛烷定容至 1mL，涡旋使溶解，即得。

测定法：分别精密吸取供试品溶液和混合对照品溶液各 1μL，注入气相色谱仪，按外标标准曲线法计算供试品中 22 种有机氯农药残留量。

含五氯硝基苯不得过 0.1mg/kg；六氯苯不得过 0.1mg/kg；七氯（七氯、环氧七氯之和）不得过 0.05mg/kg；氯丹（顺式氯丹、反式氯丹、氧化氯丹之和）不得过 0.1mg/kg。

第 8 章
现代中兽药研究与开发

8.1

资源评估

2017 年，国家食品药品监督管理总局颁布了《中药资源评估技术指导原则》，旨在达到促进中药资源可持续利用的战略意义。可以预见，中药资源评估作为一种崭新的资源管理手段，将对改变当前我国药材资源匮乏，中药材质量不均一、安全性受到挑战的总体形势产生深远的影响。

近年来，中药工业增长迅速，对中药资源可持续供应产生了巨大的压力，部分野生中药资源或道地药材资源濒临枯竭。资源评估主要以保障中药资源可持续供应能力为目的，以质量保证为核心，促进中药工业固定产地且质量管理前移，是中兽药开发的前提。

（1）资源评估的总体思路 资源评估的总体思路为“总量不减，保障供应”，通过宏观调控使得国家中药资源在保障各企业对中药材的应用需求后资源总量不减少，从而实现资源的可持续利用。目前对全国中药资源的评估从全国视角的国家层次和企业视角的微观层次分别开展。宏观层次的中药资源评估主要是站在国家层面，是对全国范围内某种中药资源开展评估的过程；微观层次的资源评估是消耗主体对自身中药资源生产和使用情况进行评估，将企业视为一个独立的资源生产和使用系统，评估企业资源生产量与消耗量的匹配情况。

（2）资源评估内容主要内容 中药资源评估内容主要包括中药资源预计消耗量、预计供应量、潜在风险和可持续利用措施 4 个方面。

8.1.1 资源背景现状

我国疆域辽阔，气候复杂多样，为野生中药资源繁衍和中药材的引种驯化创造了有利条件，加之水平和垂直地带分布的交错，形成了我国的川药、广药、云药、贵药、怀药、浙药、关药、南药等道地药材。大体看来，我国黄河以北的广大地区，以耐寒、耐旱、耐盐碱的根及根茎类药材居多，果实类药材次之。长江流域及我国南部广大地区，以喜暖、喜湿润种类为多，叶类、全草类、花类、藤木类、皮类和动物类药材所占比重较大。我国北方各省、区野生、栽培药材种类 200～300 种；南方各地野生、栽培药材种类 300～400 种。

同时，由于气候、生态等条件的差异，全国各地的药用资源存在着相对富集和相对贫乏的现象。如甘肃岷县的当归、湖北的蜈蚣、四川的川芎、东北的人参等都在全国占统治地位。这种空间分布的不平衡性，虽造成中药材大量的长途运输，但在另一方面却有利于发展道地药材，形成区域优势，便于建设规模化道地药材生产基地。

在当前中医药大健康产业快速发展的趋势下，中药资源不仅需要满足中医药品的需求，同时也是其他行业发展原料来源，很多日化用品、保健品种都引入中药成分。在中药资源需求量增加的压力下，加上采挖技术不规范、保护意识不够，我国野生药材资源部分品种蕴藏量逐渐减少，珍稀濒危品种超过 280 种。在多方面因素的影响下，栽培药材产量逐年增加。

整体来看，我国中药资源种类丰富，区域性明显，但在中药资源供应保障方面还存在供应能力不足、供应效果差、供需不匹配的难题。

8.1.1.1 野生资源分布与存量

我国是全球中药资源种类和蕴藏量最为丰富的国家之一。据第三次全国中药资源普查数据，我国共有中药资源 12807 种，其中药用植物 11146 种，药用动物 1581 种，药用矿物 80 种。中药资源中药用植物种类最多，约占全部种数的 87%，药用动物占 12%，药用矿物则不足 1%。其中药用植物包括藻类、菌类、地衣类低等植物，有 459 种，分属 91 科 188 属；苔藓类、蕨类、种子植物类高等植物，有 10687 种，分属 292 科 2121 属。

全国用于饮片和中成药的药材有 1000 余种，常用药材 500 余种，道地药材 200 多种。

东北地区野生种类以黄柏、防风、龙胆、哈蟆油等为代表；华北地区野生种类以黄芩、柴胡、远志、知母、酸枣仁、连翘等为代表；华东地区野生种类以蝎子、蛇类、夏枯草、蟾酥、柏子仁等为代表；华中地区野生种类以蜈蚣、龟甲、鳖甲、半夏、射干为代表；华南地区野生种类以何首乌、防己、草果、石斛、蛤蚧等为代表；西南地区野生种类以麝香、川贝母、冬虫夏草、羌活为代表；西北地区野生种类以甘草、麻黄、大黄、秦艽、肉苁蓉、锁阳等为代表。海洋药物以昆布、海藻、石决明、牡蛎、海马等为代表种。

8.1.1.2 家种资源分布与产量

目前，50 余种濒危野生中药材实现了种植养殖或替代，500 多种中药材成功实现人工种养，其中 200 余种常用大宗中药材实现了规模化种植养殖。东北地区栽培（饲养）种类以人参、鹿茸、细辛为代表；华北地区的栽培种类以党参、黄芪、地黄、山药、金银花为代表；华东地区栽培种类以贝母、金银花、延胡索、白芍、厚朴、白术、牡丹皮为代表；华中地区栽培种类以茯苓、山茱萸、辛夷、独活、续断、枳壳等为代表；华南地区栽培种类以砂仁、槟榔、益智、佛手、广藿香为代表；西南地区栽培种类以黄连、杜仲、川芎、附子、三七、郁金、麦冬等为代表；西北地区栽培种类以天麻、杜仲、当归、党参、枸杞子等为代表。

根据《全国中药材生产统计报告（2020 年）》统计数据显示，2020 年全国中药材种植总面积为 8339 万亩。其中，《道地药材标准汇编》中涉及的 156 种道地药材中，统计到的 111 种药材人工种植面积为 6632 万亩；国家卫健委公布的 116 种药食同源中药材中，统计到的 79 种药材人工种植面积为 5486 万亩；2018 版《国家基本药物目录》515 种中药材中，统计到的 207 种药材人工种植面积为 7115 万亩；《常用中药材用法用量》涉及的 299 种中药材中，统计到的 196 种药材人工种植面积为 5773 万亩。其中广西、陕西、辽宁、吉林等地乔木类中药材的种植面积占比较大，青海、西藏、山西、宁夏等地灌木类中药材的种植面积占比较大，山东、贵州、湖南、河北等地藤本类中药材的种植面积占比较大，内蒙古、黑龙江、云南、安徽等地草本类中药材的种植面积占比较大。全球中药材产能达到 541.49 万吨。我国是中药材主产地，占全球产能的 87.22%。

8.1.2 预计消耗量

预计消耗量指在评估年限内产品预计消耗掉的中药资源总量。根据《中药资源评估技术指导原则》的有关要求，评估的载体是企业，评估对象是企业某原料药材的可持续能力。

（1）中成药投料的预计消耗量估算 中成药投料量估算需列出每一味药的名称及其处方量，明确每一味药的实际投料量。可根据中成药处方和预计年销售量，计算被评估中药资源的预计消耗量，计算公式为：

预计消耗量(t)＝每个最小包装单位消耗中药材量(g)×
预计年销售最小包装总数×百万分之一

式中，每个最小包装单位消耗中药材克数，以处方为依据计算，需明确每一味药的实际投料量；预计年销售最小包装总数可以参考同类上市产品近5年的年销售量，或根据产品自身既往销售情况估算。

（2）中药饮片投料的预计消耗量估算 中药饮片实际投料量的估算与中成药的计算方法稍有不同，企业需根据每个产品、每年所有销售终端的累计销售量或参考同类产品市场销售量估算。

主要参考文献

[1] 孟祥才，黄璐琦. 中药资源学 [M]. 北京：中国医药科技出版社，2017.
[2] 张泽坤，张小波，杨光，等. 中药资源评估方法探讨 [J]. 中国中药杂志，2018，43(15)：3223-3227.
[3] 王慧，张小波，汪娟，等. 2020年全国中药材种植面积统计分析 [J]. 中国食品药品监管，2022(1)：4-9.
[4] 郭兰萍，张泽坤，张小波，等. 中药资源评估的背景及总体设计 [J]. 中国中药杂志，2018，43(14)：2845-2849.

8.1.3 潜在资源风险

8.1.3.1 资源生产的风险分析

中药资源是我国中医药赖以发展的物质基础。肖培根院士认为：中药业的发展首先有赖于稳定、良好的中药资源。健康良好的中药资源发展直接影响着传统中医药的发展水平。健康良好的中药资源发展是指能够持续生产出产销对路、供需平衡、品质稳定、疗效确切的中药资源生产过程。健康良好的中药资源的生产既能满足中医药发展的需要，也能保护生态环境，维护药农（企）利益，促进地区经济发展，促进社会和谐稳定。但如今中药资源正面临着野生资源趋近枯竭、部分中药材濒临灭绝，人工栽培中药资源品质下降、质量不稳定等诸多问题，同时中药资源普遍存在着产销不对路、供需不平衡现象，供过于求或供不应求时有发生。中药资源的生产过程是自然生态系统、社会生态系统、经济生态系统三者复合的资源生产过程，影响因素错综复杂，潜在的诸多风险造成了不持续性、不稳定性和不平衡性，限制了中药资源的产量、质量与效率。

中药资源生产过程中的风险是指在中药资源产业化过程中，由于受各种影响因素不确定性、偶然性及生产难度等制约，中药资源生产不持续、不稳定与不平衡的可能性。笔者结合中药资源生产的实际，从风险产生的角度对风险进行了划分，将中药资源生产过程中的风险分为政策风险、生态风险、社会风险、技术风险、灾害风险、质量风险、市场风险及内部风险等 8 类。对中药资源生产过程进行风险分析，明确中药资源生产过程中的不确定性、偶然性与生产难度，并针对风险产生原因探寻应对策略，对于溯本求源地解决中药资源的实际问题、促进中药资源健康良好发展具有重要指导意义。

（1）政策风险 中药资源生产属于农业范畴，受到国家政策的影响。近年来，我国加大了对粮食作物种植风险规避的政策支持，惠农的农业保险形式多样直接易见，农民种粮利益得到保证。然而，我国药材生产者多为零散农户，难以承受不可预见的种植风险和生产成本，不同的政策倾向更易引导资源生产者选择种植风险较低的农作物种类。许多传统药材产地纷纷刨药种粮、刨药种花果等，药材种植面积因之影响，中药资源生产面临巨大的考验。

（2）生态风险 中药资源生产过程中的生态风险是指资源生产过程中不合理的资源生产利用方式具有导致生态环境破坏和生物多样性降低的风险。中药资源从人为干扰强度可分为野生中药资源、半野生中药资源与栽培中药资源。我国野生中药资源也因野生与家种的品质差异正遭受着大规模的非理性采挖，天然植被破坏严重。尤其在脆弱的生态系统中，掠夺性的采挖极易造成对生态环境的破坏。例如，挖一根甘草就破坏了方圆 4～5m 的植被，1984 年至 1985 年两年内，光宁夏银南地区中宁等四县共挖鲜甘草约 17 万吨，直接破坏草原达 24.6 万亩，间接破坏草原达 74 万亩，土壤沙化扩大，滥挖甘草造成的草原沙化十年内都难以自然恢复。更为严重的是，破坏的生态环境造成了生物多样性的丧失，严重的人为干扰致使大部分中药材品种丧失了遗传进化潜力，由此造成的中药种质资源的退化将无法逆转。

（3）社会风险 中药资源生产过程中的社会风险是指由于变化的社会流行疾病谱与社会种植风气所致的中药资源产需失衡、量不持续的风险。中药资源生产的最终目的是满足中医药用药的需要，然而不确定的社会流行疾病谱使得中药资源需求波动复杂。以 2003 年我国“非典”疫情为例，抗病毒类药材需求旺盛，金银花等全国市场货源销售一空，相关中药产品生产难以维系。社会流行疾病谱的变化同时也改变了中药资源后续的产出，如板蓝根受“非典”需求刺激生产，库存丰富，2003 年以来的市场以消耗库存为主，价格也跌入谷底，药农（企）利益受到极大伤害。此外，我国中药资源生产者对药材种植依然比较盲目。某些药材因高价刺激，导致种植面积无序扩大，由此陷入长时间的低价烂市；而某些药材因价格偏低，药农就弃种或少种。这种非理性的一哄而上（下）社会跟风种植风气，极易造成中药资源数量的不稳定与不持续。

（4）技术风险 在我国 500 余常见中药材中，可以人工栽培的中药资源种类只有 200 多种。目前，我们仍对多数中药材生态特性、生长特性缺乏了解，其人工引种与栽培过程中的瓶颈因子尚未明晰。无技术支持成为中药资源生产过程中主要风险来源。再如，业界尚未完全掌握冬虫夏草抽生子座技术，人工培育的冬虫夏草资源难以为继，冬虫夏草资源陷入“越挖越少—越少越贵—越贵越挖”的危险境地。此外，现代农业产业的繁荣越来越依赖于化肥、农药、良种、农机等现代技术要素。中药资源生产过程中人们为求更大的收益，过分及不合理地使用上述技术因素，由此衍生出大量生态问题与质量问题，如土壤板结、土壤肥力下降、生物物种入侵、农残超标等。不合理的技术投入增加了资源生产的生态风险与质量风险。

（5）灾害风险 我国是世界上自然灾害最严重的少数国家之一，灾害种类多，发生频率高，灾变强度大，影响范围广，成灾比率高。我国中药资源的生产每年都受到不同程度自然灾害的影响。2006 年 5 月甘肃河西地区的霜冻和干旱灾害至少造成了板蓝根减产 30%，而在 2008 年的四川汶川大地震中，1 万余亩中药材生产基地被毁。自然灾害不仅使中药资源大面积严重减产、药材质量大为降低外，也对中药资源的后市供求关系产生较大的影响。自然灾害将使所涉中药资源减产，甚至绝收，致使药材货紧价扬，种植面积、库存、出口等状况随之改变；同时自然灾害导致的突发公共卫生事件也使一些救急药材需求尤为紧俏，由此改变的药材市场的供求失衡增加了中药资源生产的风险。

（6）质量风险 中药资源生产过程中的质量风险是指中药资源质量极易受生产过程各种因素的影响，药材质量波动多变，所产药材无法稳定安全地入药。中药资源的质量风险来源于不合理的栽种、采收、储藏方式。不合理的栽种是指栽培品种、栽培地、栽培技术的选择并没有遵循药材生态及生长特性，药材质量与药效发生漂移；不合理的采收（包括采收季节、时间、方法等）改变了药材有效成分的积累，影响了药材的外观性状与内在品质；不合理的储藏方式（包括时间、位置、方式等）使药材发生霉变、虫蛀、泛油等现象，药材无以成药。同时，在中药资源生产过程中，药农（企）为了防治药材病虫害，对药材施用大剂量农药，中药材农残留、重金属超标已成为中药资源能否准入市场、走向国际的绿色质量风险。

（7）市场风险 中药资源生产过程的市场风险是指资源生产者对中药资源的市场接受能力与竞争能力缺乏预测，对市场需求的变动难以确定进而导致中药资源市场供需失衡的风险。中药资源的市场风险首先来源于药材生产周期，中药材生产周期有长有短，一些木本类药材如山茱萸、银杏、栀子等一般需要 5～7 年才能达到用药标准，此类资源的市场接受能力、竞争能力等无法作出准确的长期判断，栽培风险巨大；而一些短期药材，如板蓝根、薄荷等，虽当年种植就有收益，但此类药材对市场供求关系反应迅速，更容易造成资源烂市或缺市。其次，中药资源属于特殊的商品，“卖得掉是宝，卖不掉是草”，在这种心理驱使下，有些医药企业、药材收购商对中药资源漫天压价，生产者市场处境被动。在风险巨大的医药行业，有些医药企业通过市场把风险转嫁给资源生产者，生产者利益受到伤害，生产积极性受挫。此外，中药资源的生产容易受到市场信息的影响。任何市场投机行为，如庄家操纵，媒体炒作，药商跟风等都能引起中药资源供求关系与产出状况的变化，增加了中药资源生产的不确定性与偶然性。

（8）内部风险 中药资源的生产风险除了来源于上述的外部环境外，也与药材自身有关，这是中药资源生产的内部风险。此类中药资源一般具有种子萌发率低、种子结实率低、生长缓慢、对生境要求严格、腐生及寄生的一些特性。例如，明党参、高山红景天资源生产就受制于其内部机制。明党参种子后熟阶段与梅雨气候的不协调是导致种子萌发率低及更新种群少的主要原因之一，高山红景天较差的养分争夺能力也是其资源产质受制的主要原因。

由上分析可知，中药资源生产过程中具有较多的潜在风险，这是我国中药资源的生产较脆弱的重要原因之一。需要特别指出的是，中药资源生产过程中各个风险因素并不是孤立的而是相互渗透、相互影响的。例如无技术支持的因素投入除了增加中药资源生产的技术风险外，还增加了生产过程中的生态风险与质量风险；不可预计的灾害风险一般还会次生出生态风险、质量风险、市场风险及社会风险等；中药资源生产过程中的内部风险必然会提高中药资源的质量风险等级等。

8.1.3.2 风险对策

中药资源是整个自然资源的组成部分，不能脱离整个自然资源而独立存在。生物多样性的保护和生物资源的保护是复杂的系统工程。要实现对药用生物资源的有效保护，需要有关的法律法规体系、行政管理体系、技术措施、经济措施等方面的协调、配套，使野生资源的保护者受到奖励，野生资源的破坏者受到制裁，野生资源的使用者受到限制。

（1）加强法律法规制度建设 强化宣传教育，树立全民保护意识，普及野生药用植物基本知识，比如采集时间、方法等，让药农做到适时采收，减小对药用植物的伤害程度；建立并完善相关法律法规，使保护药用动植物有法可依。基于我国中药资源的危急情势，立法部门应该早日针对旧法规进行修订和完善。同时根据实际生活中出现的法律漏洞及时制定新的法律法规，保障执法人员在执法工作中有法可依。

（2）加强科学技术支撑 加强中药资源生产过程中的风险研究，明确生产过程中相互影响、相互制约的因素，并据此制定合适的应对策略规避生产风险，对改变中药资源生产过程中的无序局面具有特别重要的意义。

建立国家大型中药资源基因库，建立国家级大型药用植物（动物）种质基因库和野转家种、引种栽培研究试验基地，收集、保存并运用现代技术研究药用种质基因，同国内外开展各种形式的合作和多学科交流，促进中药资源保护工作的发展。加强中药资源遗传育种等基础研究和种养殖技术攻关，根据中药资源的生长发育规律和对环境条件的要求，模拟原始生态环境，开展中药材仿野生种养殖，进行生态种植，扩大资源来源，减少对野生资源的依赖程度和破坏，同时保证种植养殖药用资源的药效与野生中药材相当。制定中药材种子种苗质量标准，促进中药材种子种苗的正常繁育，加强中药材种质资源和优良品种的选育研究。

8.1.4 可持续利用措施

随着生命科学的发展和全球经济一体化进程的加快，中医药资源和中医药产业越来越受到全世界的青睐。中药资源能否实现可持续利用是21世纪中药产业生存与发展的前提。但是，由于国际市场上大量的药用植物提取物的贸易和人类的工业化活动的加速，诱发过度地采挖和利用野生动植物资源，造成了大量的动植物种类濒临灭绝，致使我国野生药用资源逐步匮乏，药用濒危资源的供求矛盾愈加突出，严重制约了中医药产业的发展。因此，采取积极的对策和措施，实施药用濒危资源可持续利用战略，保护濒危野生资源，对促进中医药产业的可持续发展具有重要意义。

8.1.4.1 资源保护方法

（1）药用生物资源保护与利用研究的科技支撑 医药主管部门应对中药企业使用国家重点保护野生动植物药材情况进行全面调查统计，在基本掌握药用资源底数情况的基础上，建立资源监测网络。同时，加强科研工作，重点研究和掌握重要药用野生动植物物种的遗传育种、人工繁殖、养殖和栖息地条件改善等技术，为有效保护和合理利用野生动植物资源提供有力的科技支持。

（2）严格管理药用濒危资源的生产经营 根据国家生态环境保护和濒危动植物管理的有关法规和国际公约规定，对濒危动植物的经营要严格管理，有效控制，实行许可证管理。由国家医药行业主管部门指定专业中药经营机构实行限量收购、定向使用、专业经营和规范化管理，其他任何单位和个人（含药材专业市场）不准收购经营濒危动植物药材。地方重点保护动植物药材由地方实行许可证管理，研究制订具体实施的管理办法或实施细则，并将有关实施管理办法和规定措施纳入《野生药材资源保护管理条例》作为实施细则。对国家重点保护的二、三级野生动植物药材的收购经营由国家医药主管部门审批颁发生产经营许可证，并下达年度收购计划。对省级重点保护的野生动植物药材的收购经营由省级医药主管部门审批颁发生产经营许可证，并下达年度收购计划。对国家和地方重点保护的野生动植物药材，实行国家和地方两级专营管理。

（3）在药用资源中充分发挥中药企业的作用 中药生产经营企业应当作为保护和合理利用野生药材资源的主体，积极配合国家的有关保护行动。对列入保护名录的濒危药材，实行严格管理和限制药用量的同时，投资研究开发新资源和建立濒危野生资源繁育区；积极推广应用已有的人工繁殖产品或同类品；生产以濒危动植物药材为原料的传统中成药制剂，应按照“先急救，后治疗，再其他”的原则，首先保证急救和治疗性重点药品的原料供应，限制非治疗性产品或营养保健品的生产；不将濒危动物作为药品商标和进行广告宣传。生产经营部门与保护管理部门共同努力才能保证保护与利用在实践中协调一致发展。

（4）对保护动植物的自然淘汰产品允许在严格管理下利用 国家保护动植物的自然淘汰产品由国家医药主管部门指定专营企业，报野生动植物主管部门批准，按批准的品种和数量生产药品，在限定的范围内不得对外销售。建立产业支撑，建立药材种植、栽培养殖及加工的集约化企业。

8.1.4.2 资源可持续利用方法

（1）建立生态药业发展模式 用生态平衡的自然规律和经济规律全面指导中药经济。避免中药生产中对生态平衡的各种破坏，建立生态药业模式。建立农业与药业结合、林业与药业结合、牧业与药业结合以及复合模式等，使中药业与中药资源协同发展。促进药用生物资源种、养行业的繁荣与发展，在保护的基础上，合理利用药用生物资源，确保中药资源的可持续利用。

（2）实现中药资源可持续利用的现代化 不仅应实现中药生产技术的现代化，还应实现中药资源管理的现代化，使中药资源得到科学的管理、保护和合理利用。例如：应用现代农业技术和现代生物技术进行引种、驯化、人工栽培和养殖，保护中药资源，提高中药材质量；使用先进的组织培养和遗传工程技术改良品种，并扩大中药资源的品种和数量；应用现代技术建立珍稀濒危药用物种及资源蕴藏量的预警系统等。调控野生药材的采集强度，坚持最大持续原则，以保护药用生物资源。在进行药材采收时，必须考虑到既最大限度地采挖，又不破坏生态环境，以保证药用生物资源的可持续利用。

8.2

中药材及配方的效用与成本预评价

8.2.1 中药材效用物质功效预评价

纵观历代本草可以发现，前人对中药的认识是不断发展的。这既包括历代本草记载的药物品种的不断丰富，也涉及对原先已有药物功效主治记载的不断更新。前人对中药认识的发展主要依据临床经验的总结，今天老药新用途和新药材的发现，在初始阶段不应再通过具体的应用获得，而应通过相关实验去进行探索。而在探索之前，对其进行效用物质功效预评价非常重要。

8.2.1.1 效用物质功效分类

（1）糖和苷类 糖是多羟基醛或多羟基酮及其衍生物、聚合物的总称。在高等植物中的分布非常广泛，如五加科的人参、豆科的黄芪、茄科的枸杞、鼠李科的酸枣、蓼科的波叶大黄、小檗科的淫羊藿、百合科的芦荟、苋科的牛膝、商陆科的商陆、桔梗科的桔梗等都含有丰富的多糖和低聚糖类，真菌类如茯苓、银耳、香菇、云芝、灵芝、猪苓等，海藻类如紫菜、红海藻、螺旋藻，甲壳类昆虫等中也有大量的多糖类。同时，植物的根、茎、叶、花、果实、种子中大多含有葡萄糖、果糖、淀粉、果胶、树胶、纤维素等糖类化合物，过去在多数情况下被认为是无效成分。但近几十年来的研究表明许多补气类中药如人参、黄芪、党参、枸杞子、山药等，滋阴中药如沙参、麦冬、地黄、石斛、黄精、百合、银耳等均含有大量的多糖类，而且这些多糖类成分与其药效作用有密切的关系。

研究表明多糖类化合物参与了细胞各种生命现象的调节，具有多种多样的生理活性，银耳多糖、香菇多糖、猪苓多糖、虫草多糖、枸杞多糖、螺旋藻多糖等已应用于临床。多糖类主要通过激活巨噬细胞、网状内皮系统、淋巴细胞、补体等，促进干扰素和白细胞介素生成来提高机体的免疫功能。

苷类又称配糖体，是由糖及糖衍生物与非糖物质通过糖的端基碳原子连接而成的一类化学成分。苷中的非糖部分称为苷元或配基。由于糖普遍存在于植物体内，而与糖同时存在的各种类型的化学成分均有可能和糖结合成苷，因此苷类的分布也非常广泛，尤其在高等植物中更为普遍。苷类成分的结构类型丰富，种类繁多，其生理活性也多种多样，如对心血管系统、呼吸系统、消化系统、神经系统的作用，抗菌、抗炎、抗病毒、抗肿瘤、延缓衰老、增强机体免疫功能等方面的作用。许多中药的主要有效成分为苷类。如番泻苷是大黄致泻的成分，七叶苷是秦皮抗菌的有效成分，黄芩苷是黄芩清热解毒的有效成分，甘草皂苷有抑制人类免疫缺陷病毒的作用，人参皂苷是人参补气的主要有效成分。随着现代分离分析技术及生命科学的发展，不断有新的苷类成分被发现，新的药理活性被揭示。苷类成分已成为当今中药、天然药物化学成分研究的重要内容之一。

（2）苯丙素类 苯丙素类是基本母核具有一个或数个 C_6-C_3 单元的天然化合物，广泛存在于中药中。这类成分有的以单元形式存在，有的以两个、三个至多个单元聚合的形式存在。广义的苯丙素类包括简单苯丙素类、香豆素类、木脂素和木质素类、黄酮类，涵盖了多数的天然芳香族化合物；狭义的苯丙素类是指简单苯丙素类、香豆素类、木脂素类。

香豆素类成分广泛分布于高等植物中，仅有少数存在于动物和微生物中。香豆素及其苷类成分具有多方面的生物活性。如秦皮中的七叶内酯和七叶苷是治疗细菌性痢疾的有效成分，后者还有利尿和保护血管通透性的作用。蛇床子中的蛇床子素，能治疗足癣、湿疹和阴道滴虫等。滨蒿和茵陈蒿中的蒿属香豆素可用于治疗急性肝炎。前胡、补骨脂等中药中的香豆素类成分对实验动物有一定的抗肿瘤作用。白芷中的白芷素有较显著的扩张冠状动脉的作用。呋喃香豆素具有光敏作用，如补骨脂素、欧前胡素等在临床上用于治疗白癜风等白斑症。

木脂素通常分布于植物的树脂中，故得名木脂素。对中药木脂素的研究始于20世纪60年代，如从五味子中分离得到的联苯环辛烯类木脂素具有保肝、降低血清丙氨酸氨基转移酶的作用，以及明显的中枢抑制作用等。这些活性引起了人们的广泛重视，以后又发现木脂素还具有抗癌、抗病毒、降低应激反应、平滑肌解痉、杀虫等方面的作用。

（3）醌类 醌类化合物是一类具有醌式结构的化学成分，主要分为苯醌、萘醌、菲醌和蒽醌4种类型。中药中以蒽醌及其衍生物最为常见，并且多具有显著的生物活性。

醌类在植物中的分布非常广泛。如蓼科的大黄、何首乌、虎杖，茜草科的茜草，豆科的决明子、番泻叶，鼠李科的鼠李，百合科的芦荟，唇形科的丹参，紫草科的紫草等，均含有醌类化合物。醌类在一些低等植物（如地衣类和菌类）的代谢产物中也有存在。醌类化合物多数存在于植物的根、皮、叶及心材中，也存在于茎、种子和果实中。醌类化合物具有多方面的生物活性。天然的蒽醌类化合物多具有泻下作用，如番泻叶中的番泻苷类化合物和大黄中的蒽醌类化合物均具有较强的泻下作用。大黄中游离的羟基蒽醌类化合物具有抗菌作用，尤其是对金黄色葡萄球菌具有较强的抑制作用。胡桃叶及其未成熟果实中含有的胡桃醌以及茅膏菜和白雪花中的蓝雪醌等萘醌类均具有较强的抗菌活性。某些蒽醌类化合物能清除羟基自由基，具有明显的抗氧化能力。从草药落羽松中分离得到的落羽松酮及落羽松二酮具有菲醌样结构，两者均具有抑制肿瘤生长的作用。丹参中的菲醌类具有扩张冠状动脉的作用，用于治疗冠心病、心肌梗死等。

（4）黄酮类 黄酮类化合物是自然界广泛存在的一大类化合物。由于这类化合物大多呈黄色或淡黄色且分子中多含有羰基，因此被称为黄酮。黄酮类化合物是中药中重要的有效成分，具有多方面的生理活性。银杏叶总黄酮、葛根总黄酮、葛根素等具有扩张冠状血管作用，临床可用于治疗冠心病；芦丁、橙皮苷、*d*-儿茶素等能降低毛细血管脆性和异常通透性，可用于毛细血管性出血以及高血压、动脉粥样硬化的辅助治疗；水飞蓟素、异水飞蓟素及次水飞蓟素等具有保肝作用，临床上可用于治疗急、慢性肝炎，肝硬化及多种中毒性肝损伤等；木犀草素、黄芩苷、黄芩素等具有抗菌作用，槲皮素、桑色素等具有抗病毒作用；异甘草素、大豆素等具有类似罂粟碱样解除平滑肌痉挛的作用；杜鹃素、川陈皮素、槲皮素具止咳祛痰作用；染料木素、金雀花异黄素、大豆素等异黄酮类化合物因与己烯雌酚具有相似的结构部分，具有雌性激素样作用；营实苷A有致泻作用；牡荆素、桑色素、*d*-儿茶素等具有抗肿瘤作用。

（5）鞣质及其他酚类 鞣质又称单宁或鞣酸，原是指具有鞣制皮革作用的物质。鞣质是一类结构复杂的化合物，是由没食子酸（或其聚合物）的葡萄糖（及其他多元醇）的酯、黄烷醇及其衍生物的聚合物以及两者混合共同组成的植物多元酚。

鞣质广泛分布于植物中，特别是在种子植物中，如蔷薇科、大戟科、蓼科、茜草科植物中最为多见。含有鞣质的中药材资源十分丰富，如五倍子、地榆、大黄、虎杖、仙鹤草、老鹳草、四季青、麻黄等均含有大量的鞣质。随着现代色谱、波谱技术的发展，鞣质成为十分活跃的研究领域，目前已分离鉴定的鞣质化合物达上千种之多。鞣质具有较强的生物活性，除传统的收敛、止血、止泻及抗菌作用外，还有抗氧化、抗病毒、抗过敏、抗突变、抗肿瘤、抗艾滋病等作用。以四季青鞣质为原料制成的制剂用于治疗烫伤、烧伤；以茶叶鞣质制成的茶多酚产品，用于延缓衰老、治疗帕金森病等。鞣质类化合物还具有很强的抗龋作用，且无毒副作用，长期使用不产生耐药性。

芪类化合物是以二苯乙烯为母核的一类酚性化合物，为1,2-二苯乙烯及其衍生物。其二氢化合物为二苯乙烷，又称为联苄类。芪类分布于20余科植物中，如葡萄科、蓼科、百合科、兰科及苔藓植物地钱科等。很多中药如虎杖、何首乌、大黄、石斛、白及等含有此类化合物，其具有多种生理活性，如抗菌、抗炎、扩张冠状动脉血管、降胆固醇、降血脂、植物生长调节及激素样作用等。

缩酚酸是由酚羟基取代的芳香羧酸（酚酸）与不同的醇、酸等类成分，经酯键缩合而成的一类化合物。缩酚酸类化合物主要有咖啡酰缩酚酸和苯甲酰缩酚酸两大类。咖啡酰缩酚酸类广泛分布于菊科、豆科、伞形科、旋花科等高等植物中；苯甲酰缩酚酸类主要分布于地衣、苔藓、真菌等低等植物中。咖啡酰缩酚酸类化合物具有多种生物活性，如抗氧化、抗炎、抗微生物、保肝、抑制血小板聚集等。如茵陈、金银花等中药中存在的绿原酸是抗菌、利胆的主要成分。

苯乙醇苷类通常是苯乙醇的葡萄糖苷，具有抗菌、抗炎、抗病毒、抗肿瘤、抗氧化、免疫调节、增强记忆、保肝、强心等多方面的药理作用。苯乙醇苷类化合物广泛存在于中药材中，目前已分离得到120多个化合物。连翘、红景天、肉苁蓉、地黄、车前等中药均含该类化学成分。如连翘中的主要活性成分连翘酯苷A对金黄色葡萄球菌具有很强的抑制活性。红景天的主要有效成分红景天苷具有提高机体免疫力、抗缺氧、延缓衰老、抗肿瘤、抗疲劳、抗辐射、预防高原反应等广泛的药理作用。

（6）萜类和挥发油　萜类化合物为一类分子中具有2个或2个以上异戊二烯单位（C_5单位）结构特征的化合物，其种类繁多，结构复杂，性质各异，具有多方面的生物活性。①对循环系统的作用：一些萜类具有较好的抗血小板聚集、扩张心脑血管、增加其血流量以及调节心率、降压、降脂、降血清胆固醇等作用，如芍药苷、银杏内酯及泽泻萜醇A等。②对消化系统的作用：齐墩果酸具有保肝降酶作用，甘草次酸有利胆健胃、抗胃溃疡等作用，栀子苷有泻下作用。③对呼吸系统的作用：穿心莲内酯等有一定抗上呼吸道感染作用，辣薄荷酮等有平喘、祛痰、镇咳活性。④对神经系统的作用：某些萜类成分对神经系统有镇静、镇痛、局麻、兴奋中枢、治疗神经分裂症等作用，如莽草毒素和龙脑等。⑤抗病原微生物作用：臭蚁内酯有抑菌活性，穿心莲内酯、14-去氧穿心莲内酯等对菌痢和钩端螺旋体病有一定疗效。⑥抗肿瘤作用：紫杉醇对乳腺癌、卵巢癌具有良好的疗效，斑蝥素的衍生物则适用于治疗肝癌。⑦抗生育作用：芫花酯甲、芫花酯乙具引产作用，棉酚有抗雄性生育活性。⑧杀虫驱虫作用：除虫菊内酯、土木香内酯等具有杀虫驱虫作用。⑨抗疟作用：青蒿素及鹰爪甲素等有很强的抗疟疾活性。⑩其他作用：萜类化合物还具有许多其他生物活性，如甜菊苷、罗汉果甜素等甜度为蔗糖的几百倍，是无毒、天然的有机甜味剂；二萜醛、瑞香毒素有较强的毒鱼活性；天蚕蛾保幼激素等具有昆虫保幼激素样作用。挥发油中的不少单萜和倍半萜具有祛痰、止咳、祛风、健胃、解热、镇痛等活性。

挥发油又称精油，是存在于植物体中的一类具有挥发性、可随水蒸气蒸馏出来的油状液体的总称。这类成分大多具有香气，具有多方面的生物活性，是一类常见而重要的中药成分。挥发油多具有止咳、平喘、祛痰、消炎、抗菌、祛风、健胃、解热、镇痛、解痉、杀虫、利尿、抗肿瘤、降压和强心等作用。如芸香油、满山红油和小叶枇杷挥发油等在止咳、平喘、祛痰、消炎方面有显著疗效；莪术油具有抗肿瘤活性；小茴香油、豆蔻油、木香油具有祛风健胃功效；柴胡挥发油制备的注射液，有较好的退热效果。

（7）生物碱类　生物碱一般是指来源于生物界（主要是植物界）的一类含氮的小分子有机化合物，大多具有较复杂的环状结构，有类似碱的性质，可与酸结合成盐，其中的多数有明显的生理活性。氨基酸、氨基糖、肽类、蛋白质、核苷酸和含氮维生素等含氮有机化合物不包括在生物碱内。生物碱大多具有较强的生理活性，如吗啡具有镇痛作用；可待因具有止咳作用；麻黄碱具有平喘作用；莨菪碱具有解痉和解有机磷中毒作用；喜树碱、秋水仙碱和三尖杉碱等具有抗肿瘤作用。

8.2.1.2　功效预评价定义

中药材效用物质功效预评价是指在检测获得中药材中的效用物质之后，对该中药材的用途和潜在的有效性进行快速、客观的初步评价。

8.2.1.3　功效预评价方法

（1）基于效用物质类型预评价　相同类型的化合物一般其功效类型也较为接近。因此，在明确中药材中的效用物质类型之后，可以通过与同类物质功效进行比较来进行该效用物质用途和潜在的有效性的预评价。

（2）基于化学结构预评价　化学结构是决定化合物功效的主要因素，化学结构越接近的化合物其功效类型也会越接近。因此，在明确中药材中的效用物质类型及化学结构之后，可以通过与已明确功效的相近结构物质进行比较，对效用物质的用途和潜在的有效性进行预评价。

（3）基于网络药理学预评价　2021 年 3 月世界中医药学会联合会发布的《网络药理学评价方法指南》中规范了网络药理学的基本定义："网络药理学融合系统生物学、生物信息学、网络科学等学科，从系统层次和生物网络的整体角度出发，解析药物与治疗对象之间的分子关联，揭示药物的系统性药理机制，从而指导新药研发和临床诊疗，是人工智能和大数据时代药物系统性研究的新兴原创学科。"目前网络药理学被广泛应用于中药活性化合物的发现、整体作用机制阐释、药物组合和方剂配伍规律解析等方面，为中药复杂体系研究提供了新思路，为临床合理用药、新药研发等提供了新的科技支撑。因此，在明确中药材中的效用物质之后，可以通过网络药理学数据对该效用物质的用途和潜在的有效性进行预评价。

8.2.2　中兽药复方效用预评价

中兽药在临床上多应用复方的形式，而在临床应用之前，必须对其效用进行预评价。中兽药复方效用预评价是指中兽药复方在临床应用之前，对其方剂组成、各组方药物的功效及其相互作用、方剂的主要有效成分含量、可能出现的毒性作用和副作用进行分析，结合实验动物药效学试验结果进行的综合分析评价。

8.2.2.1　复方效用分类

中兽药复方效用包括以下类型：

（1）主要有效成分确定及含量测定　即通过仪器分析确定中兽药复方的主要有效成分的化学成分和结构，并探索其检测方法，确定含量标准。

（2）毒性作用及副作用评价　通过细胞培养实验或动物实验，探索中兽药复方的急性毒性、亚慢性毒性、长期毒性、特殊毒性及副作用，以确定其安全性。

（3）药效学评价　通过病证造模，探索中兽药复方的临床适应证、治疗效果及有效剂量。

8.2.2.2 复方效用预评价标准

中兽药复方效用预评价标准包括以下几个方面：

（1）主要有效成分含量标准 通过对中兽药复方的前期研究，确定复方主要有效成分的含量标准。

（2）安全性标准 通过中兽药复方的非临床试验，确定其最小中毒量（MTD）、半数中毒量（TD_{50}）、最小致死量（MLD）、半数致死量（LD_{50}）等安全性评价指标，以及亚慢性毒性、长期毒性、特殊毒性及副作用。

（3）药效学评价 通过病证造模，并对病证模型动物进行治疗，确定中兽药复方的临床适应证、最小有效量（MED）、半数有效量（ED_{50}）、极量（MD）及有效剂量范围。

（4）治疗指数与安全范围 可以参照西药的评价方法，确定中兽药复方的治疗指数（TI），即半数致死量（LD_{50}）与半数有效量（ED_{50}）的比值。通过测定中兽药复方的5%动物致死量（LD_5，5% animal lethal dose）和95%动物有效量（ED_{95}，95% animal effective dose），并将LD_5与ED_{95}的比值，确定为中兽药复方的安全范围。

8.2.2.3 复方效用预评价方法

中兽药复方效用预评价方法主要有以下几种：

（1）复方分析法 按中兽医方剂理论分析中兽药复方方剂的组成及各药物在方剂中的地位和作用，以确定复方的君臣佐使，从而判定中兽药复方的主治功能及适应证。

（2）定性及定量分析法 定性分析主要用于确定中兽药复方的主要有效成分，并分析其化学结构；定量分析则用于中兽药复方的主要有效成分含量测定。

（3）安全性试验 通过实验动物进行中兽药复方的非临床试验，评价其急性毒性、亚慢性毒性、长期毒性、特殊毒性及副作用。

（4）药效学评价 通过实验动物的病证造模和治疗，确定中兽药复方的临床适应证及有效治疗剂量范围。

8.2.3 中兽药成本预估与市场预评价

8.2.3.1 中兽药成本估算方法

（1）原材料费用 原材料费用主要包括原料、辅料、包装材料等。一般而言，原材料费用占据兽药生产成本的30%～40%。

（2）兽药生产设备费用 兽药生产设备费用主要包括兽药生产设备购置费用、使用折旧费用、维修保养费用、电力水费等费用。一般来说，生产设备费用占据兽药生产成本的30%～40%。

（3）兽药人力成本 兽药人力成本主要包括员工薪资、社保缴费等。但该成本比例相对较小，仅占据兽药生产成本的10%～20%。

8.2.3.2 中兽药市场预评价

中兽药市场规模保持稳中向好的方向发展，在饲用停抗、养殖限抗的背景下，中药提取物也逐渐成为重要的养殖投入品原料，很多可饲用植物及其粗提物已列入农业农村部饲料原料目录，部分植物提取物已列入饲料添加剂品种目录，农业农村部正在制定植物提取物饲料添加剂评价技术指南，植物提取物经验证后可作为饲料添加剂使用。

8.3 资源研究

8.3.1 品种选育与定向培育技术

8.3.1.1 良种选育

适用于当地环境条件，植物形态、生物学特性以及产品质量都比较一致、性状比较稳定的植株群体称为品种；而在一定地区范围内表现出有效成分含量高、品质好、产量高、抗逆性强、适应性广、遗传稳定等优良特性的品种称为优良品种，简称良种。

长期以来，我国中兽药生产处于自由发展的状态，中兽药原材料的良种选育工作与各种农作物相比，差距甚远。近年来，随着中兽药应用的推行，药材种源问题日益引起人们的高度重视。而各种新技术，尤其是生物技术的发展，为中兽药资源品种选育提供了有力的技术支持，并在一些品种上取得了较好的增产效果。中兽药资源良种选育的方法包括选择育种、杂交育种、倍性育种、人工诱变育种、体细胞杂交育种等。

（1）选择育种 植物在种植过程中，会产生很多性状变异，人为地对这些自然变异或人工授粉变异进行选择和繁殖，从而培育出新品系的过程，称为选择育种。这是植物常规育种中的重要手段之一。从遗传角度看，植物的变异存在不可遗传的变异和可遗传的变异。不可遗传的变异通常只发生于某处或某代，主要是环境变化引起的。例如，缺肥的环境可导致植株瘦小、强烈的阳光可导致株型紧凑等。可遗传的变异是遗传物质变异的结果，是选择育种的基础。

选择育种又有两种方法：单株选择法和混合选择法。单株选择法主要指把从原始群体中选出的优良单株的种子或种植材料分别收获、分别保存、分别繁殖的方法。具有能选出可遗传变异，有效淘汰劣变基因的优点，但是占用较多的土地，且耗时较长。混合选择法是指从一个原始的混杂群体或品种，选出彼此类似的优良植株，然后把它们的种子或种植材料混合起来种在同一块地里，次年再与标准品种进行鉴定比较。相比于单株选择法，其具有简便易行、获得材料较多、能保持较丰富的遗传多样性等优点，但无法鉴别单株基因型，且对劣变基因淘汰速度较慢。

（2）杂交育种 杂交育种包括有性杂交和无性杂交，但常常采用的是有性杂交。在农作物上杂交育种工作是十分有效的育种方法，在药用植物上应用杂交育种同样是十分有成效的育种方法。杂交育种是指通过两个遗传性不同的个体直接进行有性杂交获得杂种，继而选择培育以创造新品种的方法。

杂交育种首先是亲本选择，选择的原则是，双亲必须具有较多的优点、较少的缺点，且优缺点要尽量达到互补，并且亲本之一最好是当地的优良品种。

其次是杂交方式的选择，有简单杂交、复合杂交或回交等方式，实际工作中应该根据育种目标和亲本的特点来确定采用何种杂交方式。简单杂交是两个遗传不同的品种进行杂交，可以综合双亲的优点，方便简便，收效快，应用广泛。复合杂交是由两个以上品种的杂交，即甲×乙杂交获得杂种一代后，再与丙杂交，能综合多数亲本的优良性状。回交是由杂交获得的杂种，再与亲本之一进行杂交，更容易见效。

（3）倍性育种 包括单倍体育种和多倍体育种。单倍体育种是单倍体培养技术与育种实践相结合所形成的一种新的育种方法，它具有迅速获得纯系、克服远缘杂种不孕、提高育种效率及选择效率等优点。我国早在20世纪70年代就开始进行花药培养，利用单倍体育种技术已育成了许多品种或品系，而在药用植物方面虽还没有实用性成果，但也做了不少工作，如地黄、枸杞、乌头、贝母、人参、百合等均获得了单倍体植株，为进一步育种打下了基础。多倍体是指染色体的数目在3($3n$)或3以上($>3n$)的个体、居群和种。由于多倍体植物较二倍体有更强的适应性和可塑性，20世纪30年代，随着秋水仙素在诱导染色体加倍上获得成功，掀起了多倍体育种的热潮。药用植物多倍体具有生物产量高、抗逆性强、某些药用活性成分含量增加以及可孕性低等特点，目前已经人工加倍成功的植物有牛膝、菘蓝、宁夏枸杞、百合、莨菪、胜红蓟、茼蒿、鹰嘴豆、三叉蝶豆、向日葵、杂交碧冬茄、飞燕草等数十种。

（4）人工诱变育种 诱变育种是采用物理和化学方法，对植物的某一器官或者整个植株进行处理，诱发植物基因突变，促进基因重组，扩大遗传变异，然后在变异个体中选择符合需要的植株进行培育，从而获得新品种，是创造新种质、选育新品种的有效途径。人工诱变的技术措施包括辐射诱变、化学诱变、空间诱变、基因工程。

辐照诱变包括外照射和内照射。外照射指被照射的种子、球茎、鳞茎、地茎、插穗、花粉、植株等所受的辐照来自外部的某一辐射源。目前外照常用的是X射线、β射线、快中子或热中子。外照方法简便安全，可大量处理，所以广为采用。内照射一般采用^{32}P、^{36}S、^{14}C等放射性元素的化合物通过浸泡种子或枝条，注射入植物的茎干（秆）、枝条、芽等部位，施入土壤或饲养法引入植物体内。该方法在试验过程中需要做好防护工作，预防放射性同位素的污染，且处理后的材料在一定时间内带有放射性。

化学诱变用化学诱变剂处理植物材料，以诱发遗传物质的突变，从而引起形态特征的变异，然后根据育种目标，对这些变异进行鉴定、培育和选择，最终育成新品种。化学诱变剂的种类包括烷化剂、核酸碱基类似物、吖啶类、无机类化合物、简单有机类化合物、异种DNA、生物碱等。一般采用浸渍法、涂抹法、滴液法、注入法、熏蒸法、施入法。化学诱变剂处理只能使后代产生某些变异，还要经过几代的精心选育，才能从中选出优良的变异。

空间诱变是利用宇宙空间环境因子使生物材料的遗传性状产生变异，返回地面进行筛选培育新品系或新品种的技术。空间诱变既能明显改善植物某些性状，又可以获得地面育种难以得到且对重要经济性状产生破坏性影响的罕见突变，因此已被广泛地应用于植物育种中。

（5）体细胞杂交育种 植物体细胞杂交是依据植物细胞全能性将细胞融合技术和植物组织培养技术相结合而发展起来的一项植物育种技术。植物体细胞杂交首先要将2种异源植物体细胞除去细胞壁，制备出完整的有活力的原生质体，然后通过刺激使 2 种异源原生质体融合成具有生物活性的杂种细胞，进而组织培养成杂种植株并进行优良性状植株的选择与繁育。植物体细胞杂交包括一系列相互依赖的步骤，即原生质体的制备、原生质体的融合、杂种细胞的选择、杂种细胞的培养、由杂种愈伤组织再生植株以及杂种或胞质杂种植株的鉴定等。

植物体细胞杂交技术不需要经过有性过程，只需通过体细胞的融合来制造杂种，这便打破了物种间的生殖隔离，同时也克服了植物花期不遇与有性杂交不亲和的状态，更为扩大遗传变异、更新种质资源和改良作物品质开创了一条有效的途径。植物体细胞杂交技术的出现与发展扩大了物种杂交的范围，提高了育种效果，还可以缩短育种年限。林阅兵等将人参与胡萝卜进行体细胞杂交，结果表明获得的 8 个杂种愈伤组织无性系均含有皂苷，5 个比人参含量高，说明人参与胡萝卜体细胞杂种提高了人参次生代谢产物含量，体现了杂种优势。

8.3.1.2 定向培育技术

（1）定向培育的意义和作用 我国中药材栽培种类繁多，且多年生种类多，为品种选育增加了难度，更何况常用中药材品种 70% 来源于野生药材，野生药材的濒危现状决定了引种栽培必然成为中药资源可持续利用的必由之路。可见，在未来一段时期内，野生品种的人工驯化及良种选育也将成为中药品种选育的重要内容，中药品种选育任务繁重。

然而，中药材是保障人类健康、动物健康、环境健康的特殊用途产品，因此，不仅有产量要求，而且要有一定的质量要求。一个优良品种必须含有较多的药效成分并具有较高的成分含量。这一点要求人们在进行中药材品种选育时要找到产量与质量的平衡点和最佳点。比如，在确定药材熟期时必须把有效成分的积累动态与产品器官的生长动态结合考虑。一般有效成分含量有显著高峰期而产品器官变化不显著者，以含量高峰期为熟期；含量变化不显著而产量变化显著，以产量高峰期为熟期，有效成分含量高峰期与产品器官高峰期不一致时，以有效成分含量最高时为熟期。按照传统中医药理论，同一中药材的不同部位，其功能主治不同，如瓜蒌的果实和根。由于药用部位不同，品种选育和栽培方法也多种多样，生产周期也是相差很远。因此，中药品种选育兼顾产量、质量、抗逆性、不同药用部位等多重要求。如对于多数中药材通常应选择高产优质的品种或类型；以提取有效成分为目的通常应选择成分含量高的品种或类型；花类药材通常应选花多，药用部位集中，便于机械化采收的品种或类型；种子、果实类药材通常应选果大粒重产量高的品种；生长周期长的药材则通常应选早熟品种等。

（2）分子标记辅助选择 分子标记辅助育种是通过将现代分子生物学与传统遗传育种相结合，培育中药材优良种质的重要方法之一，其育种的主要目标是使中药材的生物学性状稳定、产量和药用成分可控，所生产的药材具有“优形、优质、优效”特征。相对于传统选育偏重表型性状选择，分子标记辅助育种还注重基因型的筛选，其主要包括分子遗传连锁图谱构建、数量性状位点（QTL）定位、遗传多样性研究、品种与杂交种质纯度鉴定、分子标记辅助选择应用等 5 个领域。目前在中药材分子标记辅助育种研究中主要采用的 DNA 分子标记为 SCoT、ISSR、SSR、SNP 等。随着高通量测序技术的快速发展，全基因组关联分析（GWAS）、分子设计育种将成为未来中药材育种的热点。

① 遗传连锁图谱的构建。遗传连锁图谱构建的理论基础是染色体的交换与重组，基因重组是通过一对同源染色体的2个非姐妹染色单体之间的交换来实现的。遗传作图是将基因或遗传标记，以重组型配子推算出重组率并转化而来的遗传图距为标准，顺序排列成连锁群的过程，通常以厘摩（centi-Morgan，cM）表示标记间的距离。遗传连锁图谱构建包括3步：a. 选择建立适宜的遗传作图群体；b. 选择合适类型的遗传标记，利用多态性标记检测遗传作图群体个体或家系的基因型；c. 确立遗传标记连锁群、排列顺序和距离，并绘制图谱。

② 数量性状位点（QTL）定位。QTL定位的基本原理是利用特定群体中的遗传标记信息和相应的性状观测值，分析遗传标记和QTL连锁关系。目前主要采用的方法包括单一标记分析法（SMA）、区间作图法（IM）、复合区间作图法（CIM）、多重区间作图法（MIM）和混合型线性模型复合区间作图法（MCIM）等。QTL定位对种质资源遗传多样性分析、数量性状基因的分离与克隆、杂种优势机制探讨、优良种质筛选等具有重要意义。

③ 遗传多样性研究。在基因组水平上比较种质资源的遗传差异，将为遗传连锁图谱构建、QTL定位和优良种质选择提供依据。利用DNA分子标记技术开展中药材遗传多样性分析已较为成熟，在莲、枳椇、苦参、石斛、金银花等药材中均见报道，主要用于物种间、产地间或居群间的遗传物质差异比较。目前常用的DNA分子标记包括：a. ISSR，具有多态性高、重复性好、操作简单、成本低廉等优点，已应用于大黄、香附、黄精、伊贝母等中药材，其扩增的多态性条带比率均大于90%；b. EST-SSR，如杨维泽等发现云南地区珠子参具有丰富的遗传多样性，但各居群遗传变异不大，居群间缺乏基因交流；c. SCoT，具有引物设计简单、通用性高、多态性丰富等特点，如潘媛等利用该标记发现栀子种质资源间亲缘关系较为复杂，推测与其野生资源被破坏后，又大面积跨地区交叉引种有关；石海霞等发现地黄在物种水平上有较高的遗传多样性水平，而种质内遗传多样性水平较低。

④ 品种与杂交种质纯度鉴定：常用的品种与杂交种质纯度鉴定方法主要是形态学鉴定法、生化标记鉴定法和分子标记鉴定法，其中分子标记的出现克服了形态标记和生化标记鉴定的局限性，具有不受环境、时间、生长季节等因素的影响，能真实地从DNA水平直接反映出品种的基因特征，因此被认为是进行中药材新品种鉴定和品种权保护的有效手段。如李慧等根据红天麻、乌天麻重测序筛选SNP位点设计鉴别引物，并建立了PCR的鉴别方法，该方法可用于鉴定红天麻、乌天麻及其杂交种。利用分子标记构建的DNA指纹图谱可用于区分常用栽培品种，由于SSR标记具有多态性高、共显性特征，已成为构建中药材DNA指纹图谱的主要标记。目前已建立的中药材种质资源DNA指纹图谱包括乌头、白及、苦参、黄精、枇杷、地黄、薄荷等。除此之外，DNA指纹图谱还可用于区分亲本及其杂交种。

8.3.2 栽培技术研究

在全新的时代背景下，中药工业增长迅速，市场需求不断上升。野生中药资源和道地药材资源破坏严重，濒临枯竭，中药资源可持续供应压力巨大。从当前的中药材栽培生产实际发展情况来看，近年来中国农业技术的进步推动了中药材栽培技术的发展，人工栽培的药用植物呈现一定规模。在药用植物的人工栽培过程中，栽培技术是一项重要因素，直接关系着栽培的质量与产量，必须要确保栽培方式与中药材的栽培特点相符合。中药材种质资源丰富、栽培技术复杂、产量与质量要求高，因此，切实提升中药材栽培技术水平将为提高中药材质量提供保障。中药材的栽培方式与大多植物的栽培方式存在相似之处，但为保证中药材栽培质量与产量，必须要把握不同中药材的栽培特点，保证栽培方式的适用性，这是保证中药栽培产量与质量的关键。

我国在气候土壤方面存在较大差异，自然资源与野生植物资源丰富，包含1万多种药用植物，野生资源占比较大，有草类、高大乔木类、喜温湿气候类、喜寒冷气候类等。不同中药材的药用部位有所不同，比如当归和黄芪用地下根，菊花和金银花用花，紫苏和芦荟用地上部和全草，黄柏和厚朴用皮等，因而栽培技术也较为复杂。比如当归对生态环境存在严格要求，以高寒阴湿地区为原产地，气候冷凉，海拔低则会影响气温，导致当归根木质化，无法满足药用需求，必须要保证海拔高才能够提升当归的产量与质量。共生类与寄生类药材需要伴生植物。中药材栽培技术是决定中药材栽培质量与产量的决定性因素，因此，在中药材栽培过程中，必须要深入分析不同类型中药材的栽培特点，科学制订栽培方案，确定最佳的栽培技术，切实提升中药材栽培质量，促进整个行业的持续健康发展。

8.3.2.1 品种选定

（1）根据气候条件选择 中药材栽培品种较多，且分布地域广，对气候条件要求各异，我国从南到北、从高纬度到低纬度、从高海拔到低海拔地区均有种植。由于不同品种对特定生长环境的要求不同，故选种时切不可盲目。一般情况下，同纬度、同海拔高度、相似或相近气候特征的区域间引种成功率相对较高，反之引种成功率较低。应该注意的是，以花、果实、种子部位入药的品种，更要注意南种北引或北种南引的风险，有可能因对光照日数要求不同而造成不能开花结实，导致没有经济产量。具有道地药材特性的药材更要审慎引种，如人参、三七、甘草等，即使引种成功，也会因产品品质不如原产地而遭受损失，正所谓“橘生淮南则为橘，生于淮北则为枳”。特殊小气候条件下造就的道地性中药材也不宜盲目引种，尽管同纬度、同海拔地区，若原产地为山区盆地形成的小气候环境中生长良好的中药材，也不宜直接引种到平原地区栽培。

（2）根据土壤情况选择 大部分中药材对生产基地的土壤要求较高。其中根茎类的中药材，必须要在土壤质量好、地势平整、排水性能好的生产基地当中种植；而花、草类中药材，则需首先确保生产基地当中的土壤肥沃、灌溉方便且土壤湿性较高；果实类中药材，则需要尽可能在山坡或庭院地段进行种植。

（3）根据经济效益选择 群众普遍认为，名贵药材价格高，收益好，故对名贵药材有强烈的种植欲望，但却忽视了种植风险。一般来说，大宗常用中药材的种植风险相对较小，用量大的药材在一般处方中大多都会用到，如白术、白芍、桔梗等。这些药材的价格虽然不高，但销路好，一般不会积压。稀奇贵药材慎种。近年，藏红花在很多地区有一定的引种面积，但产量极低，药材功效也不及原产地，药农收益甚微。另外，中药材周期性强，价格波动较大，掌握其发展周期性规律种植易成功。中药材与其他农产品类似，库存量少则价格高，价格高又促使种植面积增加，导致产大于销，因而价格又会很快下降。历年经验证明，每种药材的价格变化周期为3～5年，要充分了解市场行情，善于分析市场，掌握其周期性，方能取得较好的经济效益。

8.3.2.2 种苗繁育

（1）有性繁殖 借助于播种进行繁殖，效果显著，是主要的繁殖方法，如木香、当归、党参、秦艽及十字花科、苋科等药材。

（2）无性繁殖 借助于中药材的主要营养部位来繁殖，比如贝母、百合等借助于鳞茎来繁殖；藏红花借助于球茎来繁殖；款冬、薄荷借助于根状茎来繁殖；重楼、半夏、附子借助于块茎与块根来繁殖；分根繁殖的有芍药、玄参等。一般来说，都需要在发芽开始之前进行种植。同时也可以利用枝条作扦插、嫁接、压条等。这种繁殖方式下种子的生长速度要远高于有性繁殖，且产量较高，又能够维持种子的优良性。如银杏用种子繁殖约20年才能结果，如用良种嫁接后，5年左右即可结果，重楼种子繁殖需10年左右采挖，采用切块繁殖，一般3～5年可采挖，且产量高。

（3）种子播种技术 播种量需要结合具体的播种方式、种子成活率、种植区域土壤质量等因素进行把控。且秋季与春季是大部分中药材的最佳种植时间。抗寒能力较弱的品种，如重楼、当归、红花、党参宜春播。而多年生的品种，如甘草、桔梗、黄芪、黄芩等适宜春播，也可夏播。现阶段，条播、穴播、撒播都是主要的播种方式，且以条播为主。大部分种子比较脆弱，芽拱土能力弱，因此播种不宜过深。一般原则：土壤覆盖厚度不能超过种子大小的4倍，并在播种后及时将土壤压实，并浇透出苗水。

8.3.2.3 栽培管理

（1）施肥

① 施肥原则。针对一年生的草类中药材，需要在初期进行多次的氮肥施加；针对果实类中药材，需要施加磷肥或钾肥；针对多年生的中药材，则需要把握住其不同的生长时期进行施肥。另外，果实类的中药材，还需要在开花时期进行追肥工作；根茎类中药材在膨大期进行追肥，也能够获取较高的产量；每年需要进行两次或以上收获次数的中药材，则需要在收获之后及时进行追肥，确保下一次的收获量。

② 可选用的肥料种类及施用注意事项如下。

有机肥料。即农家肥，如堆肥、绿肥以及饼肥等，具有氮、磷、钾及其他多种营养元素，能够改善土壤结构，改良土壤，提高保肥、保水能力及通气性。饼肥：含氮量高的通常没有任何的有害性，作为肥料只需粉碎就能施用。含氮量低的则具有一定有害性，当作肥料使用则需要进行一定的排毒工作。另外还有菜籽饼、柏子饼、花椒子饼等。人畜排泄物：人畜排泄物必须要经过专业的处理之后才能够使用。绿肥：利用冬闲田栽培紫云英、金花菜、箭舌豌豆、蚕豆和油菜等作为来年的肥源。秆肥：可以借助于不同的还田方式，将秸秆直接与土壤进行翻耕，提高融合率，不产生架空现象。微生物肥料：对各类微生物进行培养而生成的肥料，一般来说对环境的污染几乎为零，因此应用在追肥过程中能够收获不错的效果。叶面（根外）肥料：主要在中药材叶片当中使用，由多种营养元素制成，因此极易为中药材所吸收，也有一些是微量元素肥料。不论进行几次施肥，必须要保证在收获的前三周左右进行一次追肥。

无机肥料。也叫作化学肥料，比如氨水以及尿素等。这种肥料的无机营养成分较低，但是施肥过后的生效速度极快，又极易导致土壤病变，根据土壤与种子的不同，还需要选择不同的无机肥料。全草类、叶类、果实种子类、花类中草药植物，在使用无机肥料时可适当掺加有机肥料。

微量元素肥料。如硼酸、硫酸锌与铜等。在利用这类肥料时，需要严格把控施肥量以及施肥次数，还可以适当掺入农药，从而起到不错的病虫害防控效果。

（2）病虫草及其防治

① 中药材病害主要种类及防治方法。主要有锈病、斑枯病、根腐病、霜霉病、菌核病、白锈病以及白粉病等。针对锈病进行防治，首先要在冬季进行清园，及时将病株进行清理；在发病初期，可以使用粉剂或者三唑酮（粉锈宁）进行防治。斑枯病防治方法是冬季清园，处理病残株，轮作；在发病初期使用波尔多液。根腐病防治需要从连作角度出发，严格杜绝连作形式，而是采取轮作的形式；注意开沟排水。在定植前用50%硫悬浮剂加辛硫磷500倍液混合浸苗；或用苦参素300倍液浸苗。白粉病防治方法是合理间苗，清除杂草以通风透光；发病初期用20%粉锈宁乳油1000倍液喷雾防治。霜霉病防治方法是发现病株，及时拔除，集中烧毁或深埋；发病初期用40%的乙磷铝200～300倍液喷雾防治，7～10天1次，连续2～3次。对菌核病进行防治首先要控制氮肥施加量，多施加磷肥或钾肥，提高抗病能力；尽可能采取轮作的形式；发病初期用50%多菌灵可湿性粉剂1000倍液喷雾防治，7～10天1次，连续2～3次。白锈病防治方法控制好种植密度、施肥与浇水、土壤湿度等，从而强化抗病能力；清理田园；发病初期用50%粉锈宁400～600倍液喷雾防治，7～10天1次，连续2～3次。

② 中药材害虫种类及防治措施如下。

中药材害虫主要有蝼蛄、蛴螬、地老虎、金针虫、蚜虫、斜纹夜蛾、菜青虫、红蜘蛛等。

防治措施：冬季深翻。深耕土壤35cm，对害虫的生存环境进行破坏，从而降低其成活率。粪肥处理：一是禁止使用未经处理的粪肥，二要在倒粪时粪肥掺5%的西维因500g/m^3以实现无害处理的目的。清洁田园：在首次收获过后，迅速清理田间的各种杂质，从而清除各类害虫的虫卵；在生长时期内或者各类害虫的高发期内，应当将田间的杂草全部清理，使害虫没有食物来源，从而降低其成活率。药剂拌种：用3%克百威（呋喃丹）颗粒剂1kg/667m^2拌种，可防治蝼蛄、蛴螬、黄蚂蚁、地老虎等地下害虫。根部灌药：苗期如发现断苗、幼虫入土，可用90%晶体敌百虫800倍液或50%辛硫磷乳油500倍液灌根，隔8～10天灌1次，连续灌2～3次。在害虫较多的区域内，可采用40%甲基异柳磷50～75g兑水50～75kg，或用2.5%溴氰菊酯（敌杀死）6000倍液、氰戊菊酯（速灭杀丁）4000倍液，或毒死蜱（乐斯本），下午4时开始灌在苗根部，杀死地老虎效果可达90%以上，还可兼治蛴螬等地下害虫。撒施毒土：用50%辛硫磷乳油500g/667m^2，拌细沙或细土25～30kg，在药用植物根旁开沟撒入药土，随即覆土；或结合锄地中耕将药土施入，可防治多种地下害虫。灌水灭虫：水源条件好的地区，及时灌水，可收到意想不到的灭虫效果。诱杀成虫：包括黑光灯、糖醋盆、诱饵、毒饵诱杀。地面施药：傍晚收工后，用背负式喷雾器，按2桶清水/667m^2、每桶清水内加2.5%的敌杀死8mL的标准，配成2000倍的溶液，搅拌均匀，满地喷洒。对各类地老虎幼虫可达100%的治虫效果。植株施药：当药材植株幼苗出现孔洞、缺刻等被害状况时，用90%敌百虫800～1000倍液、50%辛硫磷乳油1000～1500倍液、50%二嗪磷乳油1000～1500倍液、20%拒食胺乳剂500倍液，以上药剂任选一种喷施或交替使用。成虫发生期于傍晚喷雾2～3次，每7～10天重喷1次；也可用2.5%敌百虫粉剂1～1.5kg/667m^2喷粉，均有较好的防治效果。

8.4

功能组（成）分发现

8.4.1 抗菌活性物质的发现

感染性疾病不断进化并对现有药物产生抗药性，而天然产物为抵抗细菌性和真菌性疾病提供了新药研究的先导化合物。由于大多数抗菌药物只具有一个作用靶点，而天然药物发挥药理作用大多为多途径和多系统的，当今病原菌耐药率的升高，使研发新的抗菌药物成为亟待解决的问题。因此，高效低毒的天然药物具有已应用于临床的药物所不能比拟的优势。

白藜芦醇是一种三羟基二苯乙烯类非黄酮多酚化合物，具有抗菌、抗癌、抗氧化、抗炎等多种生物活性。李永军等通过采用微量稀释法测定白藜芦醇对常见皮肤癣菌的抑菌情况及最低抑菌浓度，发现其对羊毛状小孢子菌、红色毛癣菌、石膏样毛癣菌、石膏样小孢子菌、絮状表皮癣菌 5 种常见皮肤癣菌具有较强的体外抗真菌活性。刘强等研究了儿茶素类对异质性耐万古霉素葡萄球菌（h-VRS）的体外抗菌活性，考察了儿茶素类 3 种成分（ECG、EGCG、EGC）分别对 h-VRS 的体外抗菌活性，并采用棋盘稀释法考察了这 3 种成分与苯唑西林的协同抗菌效果并发现儿茶素类对 h-VRS 有一定抗菌作用，EGCG、EGC 与苯唑西林联合对 h-VRS 抗菌活性呈相加作用。崔海滨等对分离自海南文昌清澜港红树植物拟海桑根际土壤的真菌 095407 中的抗菌活性成分进行了研究，通过滤纸片琼脂扩散法研究了海洋真菌 095407 的抗菌活性成分的抗耐甲氧西林金黄色葡萄球菌和白念珠菌活性，发现其中的活性成分 3,4,5-三甲基-1,2-苯二酚和脱羧二氢腈酮具有抗耐甲氧西林金黄色葡萄球菌活性。

田光辉等通过提取鉴定野生糙苏花挥发油中的 55 个组分，发现以单萜和倍半萜类物质居多，含量较高的组分是甲苯、邻苯二甲酸二异丁酯、α-里那醇、二苯胺、1-辛烯-3-醇等，其挥发油对肺炎球菌 32201 株和肠炎沙门菌 50040 株表现出较强的抑制作用。刘雪婷等对中华慈姑中的抗菌活性成分进行了分离鉴定，其中 1 个新的化合物——对映-玫瑰烷二萜苷，对两种口腔细菌变形链球菌和内氏放线菌具有一定的抑制作用。

曾春晖等通过微量稀释法和棋盘法研究了广西藤茶总黄酮（TF），单用及与 β-内酰胺类抗菌药物联用对金黄色葡萄球菌、耐甲氧西林金黄色葡萄球菌、肺炎克雷伯菌、乙型副伤寒杆菌等临床常见病原菌的抗菌活性，发现 TF 与 β-内酰胺类抗菌药物联用对耐甲氧西林金黄色葡萄球菌具有较强的体外抗菌活性。海洋放线菌 WB-F5 的代谢产物具有较好的抗菌作用。邢莹莹等研究了海洋放线菌 WB-F5 发酵液的抑菌活性，并分离纯化其抑菌作用物，通过琼脂打孔法测定 WB-F5 发酵液对枯草杆菌、金黄色葡萄球菌、耐甲氧西林金黄色葡萄球菌等革兰阳性菌的抑制活性，发现其有较好的抑制作用，并经结构解析发现 5,7,4c-三羟基异黄酮，即染料木素为其主要的活性成分之一。常敏等研究了红海榄根际土壤的曲霉属真菌菌株 F12 的次生代谢物的抗菌活性，并从其发酵液中分离到 3 种化合物：1,4-二甲氧基苯、大黄素、3,6-二苯甲基哌-2,5-二酮；发现大黄素对金黄色葡萄球菌和枯草芽孢杆菌的生长具有明显的抑制作用。

8.4.2 抗病毒活性物质的发现

病毒性传染病始终严重威胁着人类的生命健康。一些原有的病毒性疾病包括艾滋病、乙肝、流感等疾病还未根除，每年可造成数百万人死亡。面对许多病毒性疾病无药治疗或者尚未根除的问题，早日研制出小分子药物是最有效的解决手段。

天然产物具有来源广泛、结构独特等特点，而我国的天然产物自然资源丰富，特别是对中药材的利用历史悠久，在天然药物领域有着得天独厚的优势。就艾滋病而言，艾滋病是由人免疫缺陷病毒（HIV）引起的一种破坏人体免疫系统的慢性传染病。HIV 由脂层双膜、球形基质以及蛋白 p24 形成的半锥形衣壳组成，常见类型包括 HIV-1 型和 HIV-2 型。HIV-1 感染宿主细胞主要分为：吸附与融合、逆转录、整合、转录、翻译、组装、出芽及成熟等过程。理论上，阻断病毒复制周期的任何一个环节，都可以实现抗病毒的目的。

（1）萜类化合物 萜类化合物是分布在动植物界特别是在植物香精油中的挥发性物质，是重要的天然药物化学成分。萜类化合物主要分为单萜、倍半萜、二萜、三萜化合物等。

Fang 等从银线草中分离得到的乌药烷二聚倍半萜类化合物，即银线草醇 F（shizukaol F，1），其对野生型和突变型（K103N、Y181C）HIV-1 均显示出亚微摩尔的抑制活性，EC_{50} 值分别为 0.22、0.47、0.50μmol/L，但在 C8166 细胞系中有着较强的细胞毒性（CC_{50} = 20nmol/L）。

研究证明该化合物可特异性抑制 HIV-1 核糖核酸酶 H（RNase H）的活性，从而抑制逆转录酶活性，但对 DNA 聚合酶活性无影响，是新结构类型的 RNase H 抑制剂。

二萜类化合物广泛分布于自然界中，约有 120 种骨架，常见的主要是贝壳杉烷、赤霉烷、阿替烷、乌头烷等。Nothias-Scaglia 等评估了一系列天然二萜化合物（包括瑞香烷、巴豆烷和假白榄酮二萜类化合物）的抗 HIV 和抗基孔肯雅病毒活性，结果表明巴豆烷型二萜酯（2～4）和巨大戟烷型二萜酯（5、6）在体外以纳摩尔水平抑制 HIV 复制。

（2）苯丙素类 豆素类分子可以靶向 HIV-1 反转录酶（RT），抑制聚合酶活性，而且还能抑制 HIV-1 蛋白酶（PR）和整合酶（IN）。Esposito 等以香豆素为骨架，针对 IN 和 RNase H 的活性位点进行修饰，从而实现对病毒多靶点的抑制。

（3）酚酸类化合物 酚酸类化合物是一类含有酚环的有机酸，一般作为次生代谢产物广泛存在于自然界中。姜黄素能选择性地抑制 HIV 长末端基因复制的表达，从而有效地阻止 HIV 的急性和慢性感染。

Tat 蛋白在 HIV-1 复制周期和病毒感染的发病机制中起关键作用。研究证实用 Tatve 质粒转染后，白藜芦醇以浓度依赖性方式增加细胞内 NAD^+ 水平和 SIRT1 蛋白表达，从而减弱 Tat 介导的 HIV-1 LTR 反式激活，抑制病毒复制。

多种间苯三酚类天然产物具有抗 HIV 活性，Chauthe 等基于植物来源的间苯三酚，通过改变芳环和亚甲基桥上的取代，合成了多种二聚间苯三酚。化合物在病毒分离株感染的人 $CD4^+$ T 细胞系（CEM-GFP）中显示出比齐多夫定（AZT，EC_{50} = 1.05μmol/L ± 0.07μmol/L）更好的抑制活性，EC_{50} 值为 0.28μmol/L。

8.4.3 抗炎活性物质的发现

炎症的治疗主要基于化学药物，包括非甾体抗炎药和糖皮质激素，它们都具有多种副作用，如心脏毒性、肝毒性和免疫功能障碍。因此，来自植物的天然抗炎化合物走进了人们的视野。

芍药苷（PF）是从芍药根中分离提取出来的一种主要的生物活性成分，芍药用于止痛最早记载于《神农本草经》。它具有抗炎、抗氧化和免疫调节效应。目前，PF 的抗炎作用已被广泛应用。例如，PF 能有效减少蛋白尿并改善 db/db 小鼠肌酐清除率，激活 B 细胞和巨噬细胞，加强抑制炎性细胞因子和趋化因子。此外，AMPK 和 p38 MAPK 通路也参与了 PF 依赖性抗炎作用。

银杏内酯 B（GB）也是一种主要的生物活性物质。《神农本草经》中记载银杏可以止咳。最近的研究表明，GB 具有神经保护和抗炎作用。此外，GB 是已知的血小板活化因子，通过 ERK/MAPK 通路，灭活巨噬细胞和淋巴细胞从而在哮喘（一种外源性过敏性肺泡炎）的治疗中扮演了重要角色。

雷公藤内酯的生物活性包括免疫抑制、抗癌、抗糖尿病、抗氧化、生殖抑制和抗诱变作用。此外，雷公藤内酯还具有抗炎作用，特别是在风湿性关节炎、糖尿病肾病、心肌细胞肥大/心肌纤维化、肺纤维化、紫外线辐射 B 介导的炎症和脊髓受伤等疾病中有重要作用。雷公藤内酯还可作用于其他一些靶点，如 mir-225-3p、cxc 趋化因子受体（cxcr）2 和有丝分裂原激活蛋白激酶（MAPK）。

白藜芦醇存在于很多植物中，体外实验表明白藜芦醇具有显著的抗炎作用。目前，据报道，白藜芦醇可调节 COX-1/2、白三烯 A4 水解酶、雌激素受体、死亡相关蛋白激酶 1，这表明白藜芦醇可能通过作用于多个细胞目标发挥作用，其中包括巨噬细胞、T3T 前脂肪细胞、内皮细胞、平滑肌细胞、软骨细胞和小胶质细胞等。此外，基于动物关节炎、炎症性肠病、哮喘和肥胖模型的研究也证实了白藜芦醇的抗炎作用。

8.4.4 杀虫活性物质的发现

我国植物资源丰富，而且应用植物杀虫历史悠久，有近千种植物具有杀虫活性物质。由于植物性杀虫剂具有不污染环境，对人畜比较安全，害虫不易产生抗性等特点，近年来我国对植物性杀虫活性物质的研究，特别是昆虫忌避剂、拒食剂、生长发育抑制剂等的研究正在广泛地开展。

天然植物中的杀虫活性物质极其丰富，依其结构可大体分为：生物碱类、萜类、黄酮类、精油类、光活化毒素类、其他。

（1）生物碱类 生物碱对昆虫的作用方式是多种多样的，诸如毒杀、忌避、拒食、抑制生长发育等，而且有这些功能的生物碱有很多，其中主要的有烟碱、毒扁豆碱、雷公藤碱、百部碱、苦参碱、藜芦碱、黄连碱、小檗碱、喜树碱、三尖杉碱、莨菪碱、毒芹碱、乌头碱、胡椒碱、辣椒碱等。

（2）萜类 这类化合物包括蒎烯、单萜类、倍半萜、二萜类、三萜类，多以酯类衍生物形式存在，其防虫作用亦系多方面的，如胃毒、触杀、忌避、麻醉、抑制生长发育等。这类化合物主要有雷公藤甲素、闹羊花毒素等。

（3）黄酮类 黄酮类化合物多以苷或苷元、双糖苷或三糖苷状态存在，具有防治害虫作用的主要有鱼藤酮、毛鱼藤酮等。

（4）精油类 植物精油对昆虫不仅具有毒杀、忌避、拒食、抑制生长发育的作用，而且还具有昆虫性外激素和引诱作用。能防治害虫的精油种类很多，主要有桉树油、薄荷油、百里香油、松节油、石竹油、黑胡椒籽油、香茅油、菖蒲油、茼蒿精油、芫荽油、菊蒿油、檀香醇、大茴香脑、肉桂精油等。

（5）光活化毒素类 这类物质在光照下对害虫杀伤力成几倍甚至上千倍的提高，它们在植物中广泛存在。主要有噻吩类，如 α-三噻吩等；聚乙炔类如茵陈二炔等；二蒽酮类如金丝桃素等；香豆素类如花椒毒素等。

（6）其他 如除虫菊酯（羧酸酯类）、乙醚酰透骨草素（木脂素类）、牛膝甾酮（甾体类）、番茄苷（糖苷类）等。

8.4.5 抗氧化活性物质的发现

迄今为止，所发现具有抗氧化性质天然物质结构类型主要有黄酮、单宁、维生素类、醌、含氮化合物、植酸、固醇、苯丙素、香豆素、萜类、烯酸等，其中较重要有以下几种。

（1）黄酮类 黄酮类化合物是植物光合作用产生的一大类化合物，包括以黄酮（2-苯基色原酮）为母核的一类黄色色素和黄酮同分异构体（异黄酮）及其还原产物（黄烷酮）。

黄酮类化合物抗氧化机制主要有两点。一是消除铁离子、铜离子等金属离子催化作用，黄烷酮醇可螯合金属离子，B 环上邻位结构也有络合金属离子性能。二是供给过氧化物自由基一个氢原子使其转变为氢过氧化物，黄酮醇和香豆酸就是这种能提供氢原子的物质。影响黄酮类化合物抗氧化活性因素，最主要的是羟基化程度和羟基位置，一般认为，B 环中邻二羟基对黄酮类化合物抗氧化活性起主要作用，B 环中对位和间位二羟基化合物在自然界一般不存在，B 环的对位酚醇结构比邻位酚醇结构活性大，间位体没有抗氧化活性。

（2）单宁 单宁即鞣质，影响其抗氧化活性的因素是单元的结合方式、羟基是否游离及 HHDP、gall、DHHDP 基团的种类和数目。当单宁分子结合单元（如儿茶酚或没食子酸等）以可水解的酯键、苷键结合时，分子抗氧化能力强，而以碳碳键结合成缩合型单宁时，分子抗氧化能力大大下降。酚羟基游离时有利于活性，当它甲基化、酯化或成苷时均使活性下降。另外，在单宁分子的结合单元中，基团 HHDP、gall、DHHDP 数目越多，活性越大，而且这三个基团的作用也不等，其活性顺序为：HHDP＞gall＞DHHDP。

（3）维生素族 β-胡萝卜素是维生素 A 的前体，具有很好的抗氧化性能，能通过提供电子抑制活性氧的生成，达到清除自由基的目的，能清除单线态氧，减少光过敏作用，也是单线态氧猝灭剂。维生素 E 经过一个自由基中间体氧化成醌，将 ROO· 转变成化学性质不活泼的 ROOH，中断脂类过氧化连锁反应，有效地抑制脂类过氧化作用。维生素 C 是一种简单的六碳化合物，是一种重要的自由基清除剂，它通过逐级供给电子而转变成半脱氢抗坏血酸和脱氢抗坏血酸以达到清除活性氧自由基的目的。

（4）醌 醌类抗氧化剂研究起步较晚，但从丹参中分离出来的醌已得到较深入的研究。对于从丹参中分离出来的10种醌，有下列构效关系：A环芳化后，抗氧化性能增强；A环虽未完全芳化，但A环双键若能使相邻芳香的共轭链延长，也能使抗氧化性能增强。

（5）含氮化合物 具有抗氧化活性的含氮化合物主要属于生物碱、杂环氨基酸、胺或有机胺类，如咖啡中的咖啡因，还有马钱子碱、金雀花碱、精胺等。影响生物碱和杂环氨基酸抗氧化活性的结构因素主要是立体结构和电性因素。杂环中氮原子"裸露"在外有利于充分接近活性氧并与之反应，抗氧化效果就较好；供电子基团或可使氮原子富有电子结构因素也可增加抗氧化活性。有机胺的抗氧化活性与其离子势有关。

（6）植酸 植酸也叫环己六醇六磷酸酯（肌醇六磷酸），大多以钙、镁、钾复盐形式存在。植酸有很强的螯合能力，由于金属离子（如铁离子、铜离子）与其形成螯合物，可减少金属离子对氧化催化作用。一般螯合剂单独使用效果不佳，但对其他抗氧化剂有协同增效作用。

所有水果和蔬果中都含有极高的天然抗氧化剂，如维生素A、C、E、P及多酚等。植物活性硒就是一种优质的天然抗氧化剂，茶叶中也含有天然抗氧化剂，如多酚等。

1951年，Chipult等经对多种香辛料进行抗氧化试验研究，发现迷迭香和鼠尾草具有优异的抗氧化能力；后来从中分离出迷迭香酚、鼠尾草酚等几种强抗氧化成分。从部分唇形科香辛料如牛至草中分离出5种具有抗氧化活性的酚类化合物，如原儿茶酸、香芹酚、麝香草酚、咖啡酸等，这5种化合物均比生育酚抗氧化活性高，其抗氧化效果与BHA相似。Lee等指出，胡椒类黄酮、亲脂酚类和其他非极性化合物具有抗氧化活性，其中毛地黄黄酮（3,4,5,7-四羟基黄酮）抗氧化能力最强，这种强抗氧化活性归因于其芳香环上邻苯羟基。Kikuzaki和Nakatani从生姜中分离出14种酚类化合物，包括姜酮和姜醇，其中12种化合物有比生育酚强的抗氧化能力。Yanishiieva等报道用夏日薄荷乙醇提取物作为天然抗氧化剂，研究其对葵花籽油在煎炸温度下稳定性的影响。

此外，百里香精油含有百里香酚和香芹酚，荔枝精油中富含环丙烷基脂肪酸，大蒜含有多种烯丙基硫化物，丁香中丁子香酚和没食子酸，肉豆蔻中辛基苯酮等物质都有不同程度抗氧化性。

茶叶富含一类多羟基的酚类物质，称为茶多酚，其是一类以儿茶素类为主体的多酚类。它们的基本结构为2-连（或邻）苯酚基苯并吡喃衍生物，是一种新型天然抗氧剂。在茶多酚中，起抗氧化作用的物质主要有以下四种：①表儿茶素；②表没食子儿茶素；③表儿茶素没食子酸酯；④表没食子儿茶素没食子酸酯。由于在结构中具有连或邻苯酚基，所以，抗氧化活性要比一般非酚性或单酚基类抗氧化剂强。

茶多酚抗氧化能力强于维生素E 10～20倍，川上等发现茶的儿茶素类对含有27% DHA鱼油的氧化有明显抑制作用，添加30mg/kg对鱼油过氧化诱导时间则可延长6倍，将茶多酚乙醇溶液喷洒在火腿、腌制肉表面可延长其保存期限，在方便面中添加50mg/kg茶多酚即可达到抗氧化效果。在大豆色拉油中添加50～100mg/kg茶多酚可有效地防止其氧化，且茶多酚抗氧化效果为维生素E的4～7倍。茶多酚对精炼苏子油和双低菜籽色拉油也具有良好抗氧化效果，其抗氧化性约为常用抗氧化剂二丁基羟基甲苯（BHT）的3倍。

8.5

辅料与制剂工艺研究

8.5.1　辅料与制剂研究

8.5.1.1　辅料的定义

药用辅料是指生产兽药和调配处方时使用的赋形剂和附加剂；是除活性成分或前体以外，在安全性方面已进行了合理的评估，并且包含在药物制剂中的物质。

8.5.1.2　辅料的分类

辅料可从来源、剂型、用途、给药途径进行分类。

（1）按来源分类　可分为天然物、半合成物和全合成物辅料。

（2）按剂型分类　可用于制备主要包括片剂、注射剂、胶囊剂、颗粒剂、合剂、丸剂、软膏剂、流浸膏剂与浸膏剂、散剂、胶剂、锭剂、灌注剂、酊剂、微粉剂、可溶性粉剂等的辅料。

（3）按用途分类　可分为溶剂、抛射剂、增溶剂、助溶剂、乳化剂、着色剂、黏合剂、崩解剂、填充剂、润滑剂、润湿剂、渗透压调节剂、稳定剂、助流剂、抗结块剂、助压剂、矫味剂、抑菌剂、助悬剂、包衣剂、成膜剂、芳香剂、增黏剂、抗黏着剂、抗氧剂、抗氧增效剂、螯合剂、皮肤渗透促进剂、空气置换剂、pH调节剂、吸附剂、增塑剂、表面活性剂、发泡剂、消泡剂、增稠剂、包合剂、保护剂、保湿剂、柔软剂、吸收剂、稀释剂、絮凝剂与反絮凝剂、助滤剂、冷凝剂、基质、载体材料等。

（4）按给药途径分类　分为内服、注射、黏膜、经皮或局部给药、经鼻或吸入给药和眼部给药等辅料。

8.5.1.3　辅料的作用

在作为非活性物质时，药用辅料除了赋形、充当载体、提高稳定性外，还具有增溶、助溶、调节释放等重要功能，是可能会影响到制剂的质量、安全性和有效性的重要成分。

辅料可以赋予药物剂型必要的物理或物理化学、生物学性质以适应医疗应用和确保治疗效果。剂型即药物与辅料组成的复杂的物理化学系统，辅料保证药物以一定的程序选择性地运送到组织部位，防止药物从主体释出前失活，并使药物在体内按一定的速度和时间，在一定的部位释放。

8.5.1.4　辅料的选用方法

要制成所需的制剂，须合理地选择药用辅料。

① 必须要了解药用辅料的性能、功能、质量规格、稳定性、配伍禁忌等及其具有的应用内容。如辅料的吸湿性、对药物的相容性、流动性、溶解性、黏度等。

② 必须要了解药物的本身性质（物理化学、生物学等性质）。如药物的多晶型，对热、湿、光、pH的敏感性，溶解性，体内外稳定性等。

③ 根据制剂研发的工艺来选择药用辅料。

④ 对于高剂量来说，就要选择优质的辅料来减少其用量。而对于低剂量来说，微量药物在制剂中的均匀性是最大的问题。

⑤ 不同的剂型有不同的辅料。根据动物药物的释药特征性，综合考虑选择合理的辅料、处方工艺等方案。

由于有不同的药物品种、剂型、溶剂和浓度，可将辅料的用途不断创新，充分利用其性能，以提高制剂的质量。

8.5.1.5 制剂定义

中兽药制剂是指利用天然的药用植物、动物或矿物并已确定性味、归经的中药材组成的单方或多种药材组方，经采用传统加工工艺（汤剂、散剂等）和现代工艺（提取、蒸馏等技术）制成的不同剂型（口服液、注射剂、可溶性颗粒等）。

8.5.1.6 制剂分类

中兽药制剂主要有散剂、胶剂、片剂、丸剂、锭剂、颗粒剂、软膏剂、流浸膏剂与浸膏剂、酊剂、合剂、胶囊剂、灌注剂、注射液等剂型。在研究与开发的新型剂型有超微粉剂、控释剂（微囊缓释剂）、靶向制剂等。《兽药典》（2020 年版二部）收载的中兽药剂型主要有散剂 154 种、酊剂 11 种、片剂 9 种、颗粒剂 5 种、流浸膏剂与浸膏剂 9 种、注射液 5 种、口服液或合剂 5 种、锭剂 1 种、膏剂 1 种、灌注剂 1 种、丸剂 1 种、粉剂 1 种。

8.5.1.7 新制剂研制

中兽药制剂主要以粉剂、散剂和预混剂等常规剂型为主，中兽药新制剂朝着疗效快、使用方便的方向发展，如开展超微粉剂、控释剂（微囊缓释剂）、靶向制剂等新制剂研制。中兽药分析新技术研究、新型制剂工艺研究、中兽药药物评价模型的建立、中兽药质量标准制定和控制相关技术是中兽药新制剂研制的基础。

8.5.2 制剂工艺研究

8.5.2.1 制剂工艺含义和定义

中兽药制备工艺是中兽药新药研制的一个重要环节，包括前处理工艺、提取工艺、分离纯化工艺、干燥工艺、制剂工艺。其中制剂工艺是指中兽药制剂工艺原理、工业生产过程及质量控制技术，根据复方功能、主治要求，对药物的处理原则、方法和程序所做的规定。

8.5.2.2 制剂工艺研究指导原则

中兽药必须制备成适宜的剂型才能应用于临床，合适的剂型种类、合理的处方工艺设计对中兽药制剂的理化特性、生物利用度和临床疗效都有重要影响。因此正确选择剂型、设计合理的处方和工艺在中兽药新药研发中具有重要的地位。

中兽药制剂工艺研究包括剂型选择的依据、处方前相关工作、处方筛选与制备工艺研究、放大试验和质量初步评价等内容。

（1）剂型选择的依据 研究任何一种剂型，首先要说明选择该剂型的依据，有何优点或特点，同时要说明该剂型国内外研究状况，并提供相关文献资料。

（2）处方前工作 在处方设计前应查阅有关资料文献，或进行必要的实验研究工作，包括掌握主药的分子结构、药物色泽、颗粒大小、晶型、水分、含量、纯度、溶解度、溶解速度等理化性质参数，特别要了解热、湿、光对药物稳定性的影响。一类新药要开展主药与辅料相互作用研究，其他类新药必要时也可进行此类研究，根据试验结果，选择与主药没有相互作用的辅料，用于处方研究。

（3）处方筛选与制备工艺研究 如研究制剂系国内外已生产并在临床上使用的品种，而采用的处方与已有的品种主药、辅料种类及用量完全一致，并能提供已有品种处方的可靠资料，则可不进行处方筛选研究。同样如制备工艺与已有品种完全一致，并能提供有效证明，也可不进行制备工艺研究。若只有辅料种类相同，而用量不同，则应进行处方筛选。凡自行设计的处方与工艺均应进行处方筛选与制备工艺研究。

① 辅料选择的一般要求。辅料是除主药外一切辅助材料的总称，是药物制剂的主要组成部分，应根据剂型或制剂成型与基本性能及给药途径的需要选择适宜的辅料，例如小剂量片剂，主要选择填充剂或稀释剂，以便制成适当大小的片剂，便于患者服用；对一些难溶性药物的片剂，除一般成型辅料外，应考虑加入较好的崩解剂或表面活性剂；凝胶剂则应选择能形成凝胶的辅料。此外，还应考虑辅料不应与主药发生相互作用，不影响制剂的含量测定等因素。制剂处方中使用的辅料，原则上应使用国家标准（即《中国药典》、部颁标准、局颁标准）、地方标准收载的品种及批准进口的辅料；对制剂中习惯使用的辅料，应提供依据并制订相应的质量标准；对国外药典收载及国外制剂中已经使用的辅料，特殊需要而且用量不大，应提供国外药典资料、国外制剂中使用的依据及有关质量标准与检验结果。对食品添加剂（如调味剂、矫味剂、着色剂、抗氧化剂），应提供质量标准及使用依据。改变给药途径的辅料，应制订相应的质量标准。凡国内外未使用过的辅料，应按新辅料申报。化学试剂，不得作药用辅料。

② 处方筛选与工艺研究过程。根据查阅资料及实验所得到的原辅料性质，考察辅料是否对主药含量及有关物质的测定存在干扰，结合剂型特点，设计 3 种以上的处方与工艺操作，进行小样试制。处方包括主药与符合剂型要求的各类辅料，如片剂，则应有稀释剂、黏合剂、崩解剂、润滑剂等。工艺操作一般包括粉碎、过筛、混合、配制、干燥、成型等过程，特别是注意温度、转速、时间等操作条件，小剂量药物应采用特殊方法使混合均匀。制剂处方筛选与工艺研究，在进行预实验的基础上，可以采用比较法，也可用正交设计、均匀设计或其他适宜的方法。根据不同剂型，选择合理的评价项目，一般包括制剂基本性能评价与稳定性评价两部分。

（4）放大试验与初步质量评价 经过小试而确定制剂处方与制备工艺条件后，应放大试验（如片剂 10000 片左右，胶囊剂 10000 粒左右），并对放大产品按照制订的质量标准进行全面质量评价后，才能用于临床研究。

（5）申报资料要求 申报资料包括完整的处方、制剂工艺与工艺流程图、处方依据、处方筛选与工艺研究过程、原辅料质量标准及生产厂家、参考文献资料等。

8.5.2.3 制剂工艺研究程序

中兽药制剂工艺研发流程包括：相关文献资料调研等前期准备，对其已上市产品进行信息调研，各处方前研究（基本理化性质等），原辅料相容性研究，处方工艺筛选和优化，影响因素试验，小试稳定性样品制备和稳定性研究，中试放大和中试稳定性研究。

（1）相关文献资料调研等前期准备 主要对其原料药进行资料调研，包括与制备制剂以及体内过程可能相关的各种基本理化性质，比如 $\log P$ 值（脂溶性如何以及可能的溶剂）、pK_a 值（酸碱性，尤其对注射剂）、溶解度（不同 pH 值和性质的溶出/溶解体系，初步判断是否具有 pH 值依赖等）、渗透性（初步判断其在体内的吸收与否）、品型（品型的不同，药物溶解性及稳定性有可能不同）、药物的剂型及规格、作用机制（靶点以及发挥作用的路径等）、药理毒理信息（有效治疗浓度和中毒剂量判断）、药动学行为（整个的 ADME 过程及各自的特点），相关制剂的上市信息、临床信息、专利情况以及有关的文献资料（综述或者具体研究）等。

（2）对其已上市产品进行信息调研 包括其上市产品说明书，涉及大量的不良反应、临床治疗学、群体药动学等相关资料，还有国内及进口制剂剂型、规格以及相关特点（改剂型时尤其注意）：产品的质量标准（原研标准、国内首仿标准、药典标准，这些标准能否弄到，并要比较不同标准的异同和实时标准更新）；原研处方组成及工艺研究资料（有时需要注意原研处方未必是最优处方）；原研处方中辅料情况（是否都可买到及是否有标准，有否进口）；药品稳定性资料（关注杂质变化、限度及其原因）；国内外专利情况（是否侵权及能否避开）；生产注册情况（产品原研厂家、国内生产申报厂家，注册与正式产品之间有差异，需要分析原因）；参比制剂的来源［通过对参比制剂的研究，如对外观、性状、溶出情况等的观察，以及对含量、溶出度、有关物质、硬度、片重（装量）等参数的测定，往往能得到一些对项目开发有重要参考价值的数据或资料］。最后要对所有信息进行汇总形成该药物的制剂研发调研报告，内容要包括参比制剂的相关信息概述、所研药物制剂的开发策略、各阶段的原料大概需求、各阶段的研究时间表、研究过程可能遇到或者出现的问题以及初步的解决方案等。该立题报告要突出调研二字，不能是信息的大杂烩，而应该是经过自己的信息提炼、分析和总结后得出的切实可行的项目开展方案。

（3）处方前研究（基本理化性质等） 进行相关处方前的研究工作，主要包括溶解度研究（若有溶解度问题，还需要进行进一步的增溶实验），粉体学性质研究，pH 值（等电点等）、引湿性、稳定性研究等理化性质和生物学性质。

① 溶解度研究。了解原料在各种 pH 介质中的溶解度，根据溶解度结果进一步缩小溶出介质筛选，根据溶解度结果也可预测可能在体内存在的吸收问题（如果某些 pH 条件下溶解度过低的情况），在处方设计中予以优化改善，若各 pH 条件下溶解度均较低，达不到漏槽条件。可在必要时加少量增溶剂（吐温-80/十二烷基硫酸钠，注意在筛选表面活性剂的浓度时需要由低到高逐步添加形成梯度，以确定最佳/合适的浓度），若原料药溶解度太小或溶解过慢需考虑微粉化、固体分散体等方式改善其溶出。

A. 介质筛选。对固体制剂而言，溶出介质的筛选和确定是建立产品的体外质量控制指标以及体内外相关性研究的重点研究部分，溶出介质的选择基本宗旨应该包括与体内的吸收部位生理 pH 值相适合的介质，最能反映产品的生产工艺以及质量控制的介质以及体外最有区分度的介质等。要为后续的处方筛选过程提供数据支持，因此在溶出介质开始选择时覆盖范围要广一些。最好包括一系列常用 pH 缓冲液，为溶出介质筛选提供一定参考。以下为溶出介质筛选的一般条件，在进行溶解度实验时应当包含：

a. 酸性药物制剂 pH 值分别为 1.0 或 1.2、5.5～6.5、6.8～7.5 和水。

b. 中性或碱性药物包衣制剂 pH 值分别为 1.0 或 1.2、3.0～5.0、6.8 和水。

c. 难溶性药物制剂 pH 值分别为 1.0 或 1.2、4.0～4.5、6.8 和水。

d. 肠溶制剂 pH 值分别为 1.0 或 1.2、6.0、6.8 和水。

e. 缓控释制剂 pH 值分别为 1.0 或 1.2、3.0～5.0、6.8～7.5 和水。

B. 《中国药典》溶解度测定法。《中国药典》2020 版采用“极易溶解、易溶、溶解、略溶、微溶、极微溶解、几乎不溶或不溶”来描述药品在不同溶剂中溶解性能（表 8-1）。检测方法除另有规定外，称取研成细粉的供试品或量取液体供试品，置于 25℃±2℃的一定容量的溶剂中，每隔 5mim 强力振摇 30s，观察 30min 内的溶解情况，如无目视可见的溶质颗粒或液滴时，即视为完全溶解。

表 8-1 溶解性能

定义	《中国药典》描述	浓度换算
极易溶解	系指溶质 1g(mL)能在溶剂不到 1mL 中溶解	>1g/mL
易溶	系指溶质 1g(mL)能在溶剂 1～10mL 中溶解	0.1～1g/mL
溶解	系指溶质 1g(mL)能在溶剂 10～30mL 中溶解	33～100mg/mL
略溶	系指溶质 1g(mL)能在溶剂 30～100mL 中溶解	10～33mg/mL
微溶	系指溶质 1g(mL)能在溶剂 100～1000mL 中溶解	1～10mg/mL
极微溶解	系指溶质 1g(mL)能在溶剂 1000～10000mL 中溶解	0.1～1mg/mL
几乎不溶或不溶	系指溶质 1g(mL)在溶剂 10000mL 中不能完全溶解	<0.1mg/mL

C. 饱和溶液测定法。配制原料药在特定温度条件下在某种介质中的饱和溶液，该饱和溶液的浓度即为原料药在该温度条件下在该介质中的溶解度，温度可选择 37℃或 25℃，配制方法可选用振荡、超声等，只要能配制得到原料的饱和溶液即可，可采用以下方法。取溶出介质于适当容器（锥形瓶）中，置一定温度（37℃）水浴恒温振荡仪中，加入适量原料使其饱和（即有一定量可见不溶原料）。一定时间（24h 及 48h）取样，离心后取上清液（或过滤）测定，注意该方法中若要准确测定 37℃，须注意操作过程持续保温，否则溶液冷却至室温后所测值实际为室温条件下的溶解度结果，溶液浓度可用 UV 或 HPLC 法测定。

② 粉体学研究。原料的粒径可对原料部门进行要求，让其提供基本合乎要求的原料，拿到原料后可对原料粒径进行测定。根据药物溶解度结果可初步推测药物的粒径是否满足溶出要求。也可比较不同粒径原料所制得的产品的溶出情况，考察粒径对溶出度的影响。同时关注不同粒径的原料药对其制剂成型性的影响（密度、黏附性、堆密度、休止角、流动性、可压性、原料药颗粒的形状观察等基本参数）。

不同粒径大小的可通过过筛、粉碎机粉碎、气流粉碎、球磨机等多种方式以得到不同粒径要求的原料颗粒，根据 Noyes-Whitney 方程，一般原料粒径越小溶出越快（也有特例是粒子过小反而溶出变慢，比如密度轻、脂溶性强的原料等）。但并不是所有产品都是溶出越快越好，应根据临床需要选择合适的溶出度及与之相适应的原料粒径，同时也要兼顾制剂制备以及生产过程中对原料粒径的具体要求。

马尔文激光粒度测定仪（测定的原理、样品要求需要注意）：分干法和湿法，可根据药物性质选取适当的方法。通过该方法能测得较为准确的粒径参数，如 D10、D50、D90 及平均粒径等，且重现性好。该方法简单方便，样品用量较少（一般 1g 左右即可完成测量），测定结果准确可信，对于较细的粉末，如微粉化的粉末，该方法测定结果较其他方法如筛分法准确度要高。

通过药典筛筛分：称取一定量粉末置药典筛顶层，反复振摇药典筛使小于上层筛网孔径的粉末全部通过筛网直至大于某层筛网孔径。通过测定每层筛网截留粉末量可计算粒径介于每两层筛网孔径之间的粉末在粉末总量中所占比例。通过该方法测得原料粒径较为粗略，且不同试验者所测定结果差异较大，对于较细粉末测定结果准确度较差。对于较粗的粉末或颗粒，用该方法所测结果可满足要求。

③ 原料理化性质和生物学性质。对原料理化性质和生物学性质，比如晶型、熔点、溶解度、吸湿性、原料影响因素及稳定性、吸收性能等进行一定的研究，如晶型可用X射线衍射法测定，吸湿性可于高湿条件下测定经过一定时间的吸湿增重。

通过该步研究可以初步确定处方的制备工艺及预计处方制备中可能遇到的问题。对湿热均稳定的最好考虑湿法制粒，对湿热敏感或者转晶型的药物一般选用直压或干法，对熔点低的药物注意压力和干燥温度，针对吸收的好坏选择是否添加增溶剂或者特殊处理等。

（4）原辅料相容性研究 根据制剂相关信息以及原料药自身的性质，设计较易制备的处方和工艺。然后对可能涉及的处方所用到的辅料进行原辅料相容性实验，实验的设计和要求可参考制剂研发的指导原则，实验方案设计列表，统计相关的实验数据和结果，并最终形成原辅料相容性的研究报告，为进一步的处方筛选提供支持。

通过前期调研，了解辅料与辅料间、辅料与药物间相互作用情况，以避免处方设计时选择不宜的辅料，初步考察原料与辅料在湿热条件下放置是否会引起外观性状、含量、有关物质等变化，可初步排除与原料药不相容的辅料，选出处方中可以用到的辅料，或根据原辅料混合物在不同条件下的相容性结果，分析若使用该种原料须注意的问题。

① SFDA指导原则。辅料用量较大的（如稀释剂等），可按主药：辅料＝1：5的比例混合，若用量较小的（如润滑剂等），可按主药：辅料＝20：1的比例混合。取一定量，放置在高湿、高温，光照条件下（同影响因素条件），于5天、10天取样，重点考察外观性状、有关物质等；必要时，可用原料药和辅料分别做平行对照实验，以判别是原料药本身的变化还是辅料的影响。一般将样品盛放于西林瓶后进行试验。

② FDA相关指导原则。主药：填充剂＝1：10；主药：崩解剂/黏合剂＝1：1；主药：润滑剂＝10：1。其余功能的辅料可根据用量参照上述比例配制。放置条件为：a. 40℃，RH75％开口；b. 40℃，RH75％闭口；c. 60℃，闭口。单独的原料药和辅料分别平行放样。一般将样品盛放于西林瓶后进行试验，须闭口放置的样品加塞后加轧铝盖。于2周、4周取样检查外观性状及有关物质。

仿制药可以视参比制剂的信息等具体情况选择。相容性结果为工艺及辅料选择提供很大的依据，最好选择各条件下均稳定的辅料，但并不是相容性结果不好的辅料就一定不能用，特别是在主药本身就很不稳定的情况下。

（5）处方工艺筛选和优化 该部分是研究工作的重点。基本要求是筛选之前要有方案（方案科学合理，在前面工作的基础上，具体项目具体设计），实验过程要有记录（研发过程的记录要体现真实、及时、完整、可溯源和重现性），处方优化要有比较和设定关键指标（设定关键指标，优化过程就是比较指标的过程），实验结果要有分析和总结（发现问题、分析问题、解决问题和总结问题），定期要有进展汇报（带有数据分析和实验计划），完成处方筛选和优化得到较优处方。

由于药物剂型的种类很多，制剂工艺也各有特点，因此处方工艺筛选过程需针对具体情况加以调整和优化，但要保证确定的剂型选择的依据充分，处方合理，工艺稳定，生产过程可控，适合工业化生产，一般处方工艺的筛选从以下几个方面加以考虑。

① 原料。原料的某些理化性质可能会对制剂造成影响，应重点关注的原料性质包括粒度、晶型、熔点、水分、溶解度、pH值等，例如原料的粒径对固体制剂特别是难溶性药物的制剂具有较大影响，开发时应加以关注。此外，应关注原料药在固体和（或）液体状态下在光、热、湿、氧等条件下的稳定性，为后期工艺的确定提供参考。

② 辅料。应根据原辅料相容性实验结果，优选不易与药物发生相互作用的辅料进行研究；参照《中国药典》、相关辅料手册、IIG以及文献报道中的辅料用量，确保辅料用量在常规和许可范围。同时应关注辅料的型号和生产厂家等基本信息；当使用新型辅料时，应咨询该辅料是否为药用级别、是否有注册证等，确定使用后根据计划用量及时订购、催办、入库检验，确保实验顺利进行；对于新型以及特殊功能的辅料事先要有充分的文献调研和厂家沟通，可以获赠少量产品进行预试，要密切跟进目前相关辅料的发展动态，尝试新剂型、新辅料、新机制。

③ 处方设计和工艺确定。根据剂型特点和临床用药规格的需要，制定处方，如片剂处方组成通常为稀释剂、黏合剂、崩解剂、润滑剂等，对于难溶性药物，可考虑加入适量增溶性质的辅料，比如注射剂处方，则有渗透压调节剂、抗氧剂、络合剂等；制备工艺要结合生产车间现有设备确定；选择制备工艺时应考虑原辅料的性质，例如在片剂制备过程中，有湿法制粒压片、干法制粒压片和粉末直接压片三种制备方法，应根据原料的流动性、湿热稳定性以及制剂的规格等加以选择。

④ 处方筛选。对于简单处方工艺流程，可采用单因素考察，但影响因素较多时，可在单因素考察的基础上采用正交设计、均匀设计或其他科学实验设计方法进行处方筛选。处方筛选过程虽无一定之规，但要注重处方优化过程的合理性，并应有过程控制的重要指标，以片剂为例，颗粒含水量、流动性、可压性、片剂溶出度和杂质等常作为重要的考察指标，确保制备工艺的重现性和可行性，尤其要重视对获取的各项数据进行细致深入的比对分析，提升科学试验设计以及对数据的把握和分析能力。

⑤ 处方筛选过程中需完成的工作。处方工艺筛选原始记录的撰写和梳理，此处尤其强调实验记录撰写的科学性和完整性，实验记录的基本要求是真实性、及时性、完整性，确保实验操作的可溯源、可重现性。完整的实验记录包括实验名称、实验目的、实验过程设计（哪些考察项目，记录哪些参数等）、实验过程现象观察记录、实验结果和数据的实时记录、对实验结果的汇总讨论分析、针对问题提出解决方案等，同时要对关联的几个实验一起进行系统分析，得出一定的科学结论。进行工艺（小试）放大对处方进行验证，确定最终处方，对于多个规格的制剂，若是普通剂型（片剂、胶囊或者注射液），看看是否进行等比放大。若是缓释制剂，则一般不可进行等比放大，需要针对具体规格设计处方（但可以进行等片重的尝试，以减少模具规格）。

（6）影响因素实验 一般按仿制药研发制剂指导原则进行。同样包括实验设计、实验方案、实验结果分析和形成实验报告。影响因素关键在于考察新药和制剂在极端条件下的稳定性，为包装条件和存储条件作参考。

① 样品批次和规模。影响因素样品需要采用最终确定的处方工艺，制备批量满足测定要求，一般制备一批，固体制剂批量为1000个制剂单位左右，注射剂则根据具体的放样和测定要求，一般在几十个制剂单位，影响因素批可与小试三批中的一批共用样品进行实验。

② 放置条件。一般将制剂除去外包装，分散放置于适宜容器中（常用培养皿），分别进行高温、高湿和光照实验，高温条件为40℃和60℃；高湿条件为25℃、RH90%±5%和25℃、RH75%±5%；光照条件为4500lx±500lx。分别在以上实验条件下放置10天，在第5天和第10天取样检测，若供试品性质稳定，高温试验可只进行60℃条件，高湿试验可只进行25℃、RH90%±5%。以上为稳定性实验一般要求，根据药品性质和不同剂型（尤其是注射剂）的具体要求，可设计其他实验，如

考察 pH、残氧量、低温冷凝、反复冻融等，为制剂工艺筛选、包装材料的选择和储存条件的确定提供依据。

③ 主要工作程序如下：制备影响因素样品前，应进行样品的小试放大试验，确定最终处方，且各项检测指标符合要求；制备影响因素样品前，应已建立溶出度、含量、杂质等检测方法，并进行了相关方法学研究，确保测定方法的准确性，同时应根据制定的样品放样取样时间表，提前与分析部门沟通，确保样品测定的顺利进行；研究所人员在实验室制备好影响因素样品并检验；进行影响因素样品放样。

④ 影响因素考察过程中需完成的工作：影响因素样品制备批记录（包括放样方案）的起草和填写，影响因素样品的制备和检测，影响因素样品放样、取样和检验。

（7）小试稳定性样品制备和稳定性研究 小试稳定性涉及的放样条件一般考察加速条件、室温条件和中间条件，注意制剂是带包装放样（不同剂型包装和放样方式稍有不同，参考指导原则或已有产品）、样品制备还要涉及处方和工艺的适当放大和批量大小问题等。过程基本同上述影响因素过程，同样需要稳定性放样方案拟定、生产记录填写、数据列表和更新、阶段性的稳定性结果分析报告（需要和分析方面做好沟通和反馈）。

① 样品批次和规模。制备批量一般为三批，固体制剂批量为 1000 个制剂单位，注射剂则根据放样和测定要求放样，一般每个批次在几十个制剂单位。

② 放置条件。分为长期和加速条件放样，分别采用拟上市包装三批进行试验。加速试验一般选择 40℃±2℃、75%±5%条件进行 6 个月试验，在第 0、1、2、3、6 个月末取样测定，若 6 个月内样品经检测有不符合质量标准现象，应在 30℃±2℃、65%±5%条件下同法进行 6 个月试验，对于温度敏感型药物可在 25℃±2℃、60%±5%条件下进行加速试验，长期试验一般选择 25℃±2℃、60%±5%条件进行 36 个月试验，在第 0、3、6、9、12、18、24、36 个月末取样测定。对于温度敏感型药物可在 6℃±2℃条件下进行试验。

③ 放样量。应综合样品检测用量和取样点，进行计算，并适当增加放样量（一般可在每个条件的取样点的总数上增加 2 个备份样品）。

④ 小试稳定性考察过程中需完成的工作：稳定性样品制备批记录（包括放样方案）的起草和填写；稳定性样品的制备和检验；稳定性样品的放样和取样。

（8）中试放大和稳定性研究

① 中试放大前的准备工作。总结小试处方工艺；确认中试用设备、模具和辅料、包材（注意确认原辅料和包材的合法来源）；拟定中试处方和工艺、参数验证范围和工艺偏差的处理方案；起草中试样品制备批记录模板；确定关键中间体的控制质量标准和检验方法（如颗粒的含量、水分、片剂的硬度、片重、差异等）。

② 中试放大过程。样品制备过程同时为处方工艺验证过程，因中试生产用设备与小试存在差异，使得工艺过程也出现差异，小试的处方工艺在大设备上的实施过程需要验证。具体验证内容包括制剂处方的适用性、中试设备工艺参数的可变范围、中间体控制标准的合理性和成品质量的一致性。

③ 中试规模的稳定性研究。在中试规模样品制备完成后，进行质量研究的同时，开始中试稳定性研究，包括加速试验和长期留样试验，其试验方法和小试稳定性是一致的，只是采用了中试规模的样品。应总结小试稳定性的结果，确定中试稳定性试验使用的包装材料，为注册上市的包装材料选择提供依据。

8.6

质量标准研究

8.6.1　中药材质量标准研究

8.6.1.1　名称

包括中文名、汉语拼音及拉丁名。

8.6.1.2　来源

中药材质量标准对中药材来源的技术要求为原植（动、矿）物须经鉴定，确定原植（动）物的科名、中文名及拉丁名、药用部位采收时间和产地加工等，矿物的中文名及拉丁名。

8.6.1.3　形态

（1）外观形态　通过眼观、手摸、鼻闻、口尝、水试等简便的鉴定方法，来鉴别中药材的外观形状。这些方法在我国医药学宝库中积累了丰富的经验，它具有简单、易行、迅速的特点。

（2）显微形态　显微鉴别是指用显微镜对中药材的切片（饮片）、粉末、解离组织或表面制片及含药材粉末的中药材的组织、细胞或内含物等特征进行鉴别的一种方法。鉴别时选择有代表性的供试品，根据各品种鉴别项的规定制片。例如在组织切片或粉末药材上滴加适当的沉淀显色试剂，用显微镜观察所形成的反应物形态和颜色特征；如果药材中具有升华物质，可先行升华，用显微镜直接观察或滴加试剂后再行观察。

8.6.1.4　鉴别

（1）一般鉴别　主要包括呈色反应、沉淀反应、荧光反应等，一般选择有效成分、特征成分作为鉴别的对象。

由于各类成分结构和功能基团的不同，常与某些特定试剂发生反应，产生不同的颜色或沉淀。如生物碱与碘化铋钾生成橙色沉淀；蒽醌类与碱液反应生成橙、红、蓝色；黄酮类与盐酸-镁粉的反应；香豆素和内酯类的异羟肟酸铁反应；皂苷类的 Liebermann-Burchard 反应；强心苷的 K-K 反应；酚类的三氯化铁反应；鞣质的明胶沉淀反应；氨基酸的茚三酮反应；糖类的苯酚-硫酸反应等。

（2）色谱鉴别　该方法目前已成为药材和成药鉴定中不可缺少的常规而有效的方法，特别是对成分复杂的中药、天然药物，有着分离、分析鉴定双重优势。

色谱法根据其分离原理可分为吸附色谱法、分配色谱法、离子交换色谱法与分子排阻色谱法等。吸附色谱法利用被分离物质在吸附剂上吸附能力的不同，用溶剂或气体洗脱使组分分离；常用的吸附剂有氧化铝、硅胶等有吸附活性的物质。分配色谱法利用被分离物质在两相中分配系数的不同使组分分离，其中一相被涂布或键合在固体载体上，称为固相，另一相为液体或气体，称为流动相；常用的载体有硅胶、硅藻土与纤维素粉等。离子交换色谱法利用被分离物质在离子交换树脂上交换能力的不同使组分分离；常用的树脂有不同强度的阳离子交换树脂、阴离子交换树脂，流动相为水或含有机溶剂的缓冲液。分子排阻色谱法又称凝胶色谱法，利用被分离物质分子大小的不同而在填料上渗透程度不同使组分分离；常用的填料有分子筛、葡聚糖凝胶、微孔聚合物、微孔硅胶或玻璃珠等，根据固定相和供试品的性质选用水或有机溶剂作为流动相。

色谱法又可根据分离方法分为纸色谱法、薄层色谱法、柱色谱法、气相色谱法、高效液相色谱法等。所用溶剂应与供试品不起化学反应，纯度要求较高。气相色谱法分离时的温度除另有规定外，在室温操作。分离后各成分的检测，应采用各品种项下所规定的方法。采用纸色谱法、薄层色谱法或柱色谱法分离有色物质时，可根据其色带进行区分；分离无色物质时，可在短波（254nm）或长波（365nm）紫外光灯下检视，其中纸色谱或薄层色谱也可喷显色剂使之显色，或在薄层色谱中用加有荧光物质的薄层硅胶，采用荧光猝灭法检视。柱色谱法、气相色谱法和高效液相色谱法可用接于色谱柱出口处的各种检测器检测。柱色谱法还可分步收集流出液后用适宜方法测定。

（3）光谱鉴别 光谱法是基于物质与电磁辐射作用时，测量由物质内部发生量子化的能级之间的跃迁而产生的发射、吸收或散射辐射的波长和强度进行分析的方法。按不同的分类方式，光谱法可分为发射光谱法、吸收光谱法、散射光谱法；或分为原子光谱法和分子光谱法；或分为能级谱，电子、振动、转动光谱，电子自旋及核自旋谱等。

分光光度法是光谱法的重要组成部分，是通过测定被测物质在特定波长处或一定波长范围内的吸光度或发光强度，对该物质进行定性和定量分析的方法。常用的技术包括紫外-可见分光光度法、红外分光光度法、荧光分光光度法和原子吸收分光光度法等。可见光区的分光光度法在早期被称为比色法。

光散射法是测量由于溶液亚微观的光学密度不均匀产生的散射光，这种方法在测量具有 1000 到数亿分子量的多分散体系的平均分子量方面有重要作用。拉曼光谱法是一种非弹性光散射法，是指被测样品在强烈的单色光（通常是激光）照射下光发生散射时，分析被测样品发出的散射光频率位移的方法。上述这些方法所用的波长范围从紫外光区至红外光区。为了叙述方便，将光谱范围大致分成紫外区（190～400nm），可见区（400～760nm），近红外区（760～2500nm），红外区（2.5～40μm 或 4000～250cm^{-1}）。所用仪器为紫外分光光度计、可见分光光度计（或比色计）、近红外分光光度计、红外分光光度计、荧光分光光度计和原子吸收分光光度计，以及光散射仪和拉曼光谱仪。为保证测量的精密度和准确度，所用仪器应按照国家计量检定规程或《中国药典》通则中各光谱法的相应规定，定期进行校正检定。

8.6.1.5 检查

（1）水分

① 费休氏法。本法以卡尔-费休氏（Karl-Fischer）反应为基础，应用永停滴定法测定水分。与容量滴定法相比，库仑滴定法中滴定剂碘不是从滴定管加入，而是由含有碘离子的阳极电解液电解产生。一旦所有的水被滴定完全，阳极电解液中就会出现少量过量的碘，使铂电极极化而停止碘的产生。根据法拉第定律，产生碘的量与通过的电量成正比，因此可以通过测量电量总消耗的方法来测定水分总量。本法主要用于测定含微量水分（0.0001%～0.1%）的供试品，特别适用于测定化学惰性物质如烃类、醇类和酯类中的水分。所用仪器应干燥，并能避免空气中水分的进入；测定操作应在干燥处进行。

在适当的情况下，供试品中的水可以通过与容器连接的烘箱中的热量解吸或释放出来，并借助干燥的惰性气体（例如纯氮气）转移到容器中。因气体转移造成的误差应考虑并进行校正，加热条件也应慎重选择，防止供试品分解而产生水。

费休氏试液：按卡尔-费休氏库仑滴定仪的要求配制或使用市售费休氏试液，无须标定滴定度。

测定法：于滴定杯中加入适量费休氏试液，先将试液和系统中的水分预滴定除去，然后精密量取供试品适量（含水量约为 0.5～5mg 或仪器建议的使用量），迅速转移至滴定杯中，或经适宜的无机溶剂溶解后，迅速注入至滴定杯中，以永停滴定法指示终点，从仪器显示屏上直接读取供试品中水分的含量，其中每 1mg 水相当于 10.72 库仑电量。

② 烘干法。取供试品 2～5g，如果供试品的直径或长度超过 3mm，在称取前应快速制成直径或长度不超过 3mm 的颗粒或碎片平铺于干燥至恒重的扁形称量瓶中，厚度不超过 5mm，疏松供试品不超过 10mm，精密称定，开启瓶盖在 100～105℃ 干燥 5h，将瓶盖盖好，移至干燥器中，放冷 30min，精密称定，再在上述温度下干燥 1h，放冷，称重，连续两次称重的差异不超过 5mg 为止。根据减失的重量，计算供试品中含水量（%）。

本法适用于不含或少含挥发性成分的药品。

③ 减压干燥法。取供试品 2～4g，混合均匀，分别取 0.5～1g，置于已在供试品同样条件下干燥并称重的称量瓶中，精密称定，打开瓶盖，放入上述减压干燥器中，抽气减压至 2.67kPa（20mmHg）以下，并持续排气半小时，室温放置 24h。在减压干燥器出口连接无水氯化钙干燥管，打开活塞，待内外压一致，关闭活塞，打开干燥器，盖上瓶盖，取出称量瓶迅速精密称定重量，计算供试品中的含水量（%）。

本法适用于含有挥发性成分的贵重药品。中药测定用的供试品，一般先破碎并需通过二号筛。

（2）灰分 将煅烧盘放入马弗炉中，于 550℃ 灼烧至少 30min，移入干燥器中冷却至室温，称量，准确至 0.001g。称取约 5g 试样（精确至 0.001g）于煅烧盘中。

将盛有试样的煅烧盘放在电热板或煤气喷灯上小心加热至试样炭化，转入事先加热到 550℃ 的马弗炉中灼烧 3h，观察是否有炭粒，如无炭粒，继续于马弗炉中灼烧 1h，如果有炭粒或者怀疑有炭粒，将煅烧盘冷却并用蒸馏水润湿，在（103±2）℃ 的干燥箱中仔细蒸发至干，再将煅烧盘置于马弗炉中灼烧 1h，取出放入干燥器中，冷至室温迅速称量，精确至 0.001g。根据损失的重量，计算供试品中的灰分。

（3）重金属

① 比色法。该法是法定的中药重金属检测方法，包括硫代乙酰胺法、砷斑法和银盐比色法。主要用于重金属和总砷的测定。

② 紫外分光光度法。该法是利用重金属元素和某些试样反应，在紫外光下有吸收的原理来测定中草药中的重金属含量的一种方法。本方法的特点是易于操作，重现性好，结果可靠稳定，并且能在一次测定中检测出中草药中大部分重金属含量。

③ 原子吸收分光光度法。包括冷原子吸收法、火焰原子吸收分光光度法（FAAS）、石墨炉原子吸收分光光度法（GFAAS）和氢化物-原子吸收法。其中冷原子吸收法专用于汞的测定；FAAS 操作简便，重现性好，但灵敏度不高，故用于含量相对较高的元素检测；GFAAS 灵敏度高，选择性好，方法简便，分析速度快，可用于除汞之外金属的测定，缺点是石墨价格昂贵，且不能同时测定多个元素；氢化物-原子吸收法较石墨炉原子吸收分光光度法有更好的检测限，且干扰低，但是其可以检测的元素较少，可用于铅、砷、汞、锡的测定。

④ 电感耦合等离子体质谱技术。电感耦合等离子体质谱（ICP-MS）技术，具有比原

子吸收法更低的检测限，是痕量分析中最先进的检测方法，该方法综合了电感耦合等离子体较高的离子化能力和质谱的高分辨率、高灵敏度及连续测定多元素等的优点，只需依次处理样品，就可以同时给出测定结果，但价格昂贵，易受污染。

8.6.1.6 农药残留

目前农药残留检测方法种类繁多，常规方法包括薄层色谱、气相色谱、液相色谱、核磁共振波谱、色质联用等。这些方法具有应用范围广、准确性高、检测限低、灵敏度高等优点，但同时也具有一定的局限性，如仪器昂贵、耗时长、操作复杂、定性能力差。

（1）气相色谱 气相色谱是中药材中农药残留检测的主要方法之一，可用于有机氯、有机磷、拟除虫菊酯等相对分子质量较小、易气化、热稳定的农药残留分析。气相色谱法具有高选择性、高分离效能、高灵敏度、快速等优点，目前用于农药残留检测的检测器主要有电子捕获检测器（ECD）、微池电子捕获检测器（μ-ECD）、火焰光度检测器（FPD）、脉冲火焰光度检测器（P-FPD）、氮磷检测器（NPD）等。

（2）高效液相色谱 高效液相色谱在农药残留分析中的应用越来越广泛，适用于分离检测极性强、相对分子质量大及离子型农药，也可用于不易气化或受热易分解的农药的检测。现常用于氨基甲酸酯类化合物分析测定。与气相色谱相比较，高效液相色谱的灵敏度较低，且有流动相溶剂消耗量大、色谱柱难制备、检测器种类少、价格昂贵等特点。

（3）超临界流体色谱 超临界流体色谱具有液相色谱、气相色谱没有的特点，可应用于分析高沸点、不挥发的物质，比液相色谱法的柱效高、分离效果好，具有提取时间短，有机溶剂容量小，提取条件可控等优点。

（4）气相或液相色谱与质谱联用 气相或液相色谱与质谱联用技术既具备了色谱高分离效能的优点，又具备了质谱准确鉴定化合物结构的特点，可同时达到定性、定量的检测目的，特别适用于农药代谢物、降解物的检测和多残留检测等，不过此法需要贵重仪器且操作繁杂困难，不适用于经常性的检测。一般可用来做最后的确认工作。

（5）薄层色谱 薄层色谱在农药残留量测定技术中是一种重要的检测方法，其无需特殊设备，简便易行，可同时分析多个样品，多用于复杂混合体系的分离与筛选。

8.6.1.7 含量测定

（1）测定指标的选择 有效成分清楚的可进行针对性定量；大类成分清楚的，可对总成分如总黄酮、总生物碱等进行测定；含挥发油成分的，可测定挥发油的含量；对成分不清楚的，在目前状况下难以阐明的，可测定浸出物的含量，如醚浸出物含量、醇浸出物含量、水浸出物含量等。

（2）测定方法选择

①分光光度法。分为紫外-可见分光光度法、红外分光光度法、原子吸收分光光度法。

紫外-可见分光光度法是根据物质分子对波长为 200～760nm 范围内的电磁波的吸收特性建立起来的一种定性、定量分析方法。

红外分光光度法是以波长或波数为横坐标、以强度为纵坐标所得的反映红外线与物质相互作用的谱图，可以反映分子内部各种共价键的振动和转动能级变化的吸收。

原子吸收分光光度法是通过测量特征频率辐射光被原子蒸气层吸收后的减弱程度，以测定物质成分中元素含量的方法。该方法具有准确度高、灵敏度高、精密度高、选择性好的特点，故可用于中药材中成分的测定。

② 薄层色谱法。又称薄层色谱扫描法，指用一定波长的光照射在薄层板上，对薄层色谱中可吸收紫外光或可见光的斑点，或经激发后能发射出荧光的斑点进行扫描，将扫描得到的图谱进行数据积分用于药品含量测定的方法。

③ 高效液相色谱法。高效液相色谱法是采用高压输液泵将规定的流动相装入有填充剂的色谱柱，对供试品进行分离测定的色谱方法。注入的供试品，由流动相带入柱中，各成分在柱内被分离，并依次进入检测器，由记录仪、积分仪或者数据处理系统记录色谱信号。高效液相色谱法具有分离效能高、分离速度快、灵敏度高、自动化程度高等特点。

④ 高效毛细管电泳法。又称毛细管电泳法，是以弹性石英毛细管为分离通道，以高压直流电场为驱动力，依据样品中各组分之间淌度和分配行为的差异而实现各组分分离的一种分析方法。

8.6.1.8 方法学考察

方法学考察主要包括线性关系考察、稳定性考察、精密度考察、重现性考察和回收率试验四个部分。

线性关系是指在设计的范围内，测试结果与供试品中被测物浓度直接成正比关系的程度，用来衡量试验条件是否准确和稳定，以及衡量线性范围，它只与标准品及其浓度和试验条件有关，测定样品的浓度在线性关系内测得的数据才有意义，否则是不准确的。

稳定性考察是指中药材在温度、湿度、光线等影响下随时间变化规律的试验方法。一般是取 0h、2h、4h、8h、12h 等几个时间点的供试品进样，考察样品在室温条件下的稳定程度。

精密度考察是指在同一实验室不同时间，由不同分析人员，用不同设备测定结果之间的精密度，计算不同操作者或不同设备测定的含量平均值和相对标准偏差。

重现性考察是指在相同操作条件下，分析由同一个操作人员在较短时间间隔内测定所得结果的精密程度。在规定范围内取样品 6 份，平均制备 6 份供试品进行分析，计算含量平均值和相对标准偏差，对测定结果进行评价。

准确度系指用所建立方法测定的结果与真实值或参比值接近的程度，一般用回收率（%）表示。准确度应在规定的线性范围内试验。准确度也可由所测定的精密度、线性和专属性推算出来。在规定范围内，取同一浓度（相当于 100%浓度水平）的供试品，用至少 6 份样品的测定结果进行评价；或设计至少 3 种不同浓度，每种浓度分别制备至少 3 份供试品溶液进行测定，用至少 9 份样品的测定结果进行评价，且浓度的设定应考虑样品的浓度范围。

8.6.2 兽用中药油脂与提取物质量标准研究

8.6.2.1 兽用中药油脂和提取物概念和范围

中药提取物系指从中药材或饮片及其他药用植物中制得的挥发油和油脂、粗提物、有效部位和有效成分。

挥发油和油脂：压榨或提取制成的油状提取物。

粗提物：以水或醇为溶剂经提取制成的流浸膏、浸膏或浸膏粉。

有效部位：从单一植物、动物、矿物中提取的一类或数类成分组成的提取物，其中结构明确成分的含量应占提取物的 50%以上。

有效成分：从植物、动物、矿物等物质中提取得到的天然单一成分，其单一成分的含量应占总提取物的 90%以上。

目前在《兽药典》2020 版二部正文中共收载 22 个油脂和提取物品种，包括人参茎叶总皂苷、大黄浸膏、马钱子流浸膏、广藿香油、穿心莲内酯、黄芩提取物等。收载的由提取物制成的产品制剂有 6 种，包括甘草颗粒、马钱子酊等。

兽用中药提取物质量标准示例：

连翘提取物

Lianqiao Tiquwu

WEEPING FORSYTHIA EXTRACT

本品为木樨科植物连翘 *Forsythia suspensa*（Thunb.）Vahl 的干燥果实经加工制成的提取物。

【制法】取连翘，粉碎成粗粉，加水煎煮 3 次，每次 1.5h，滤过，合并滤液，滤液于 60℃以下减压浓缩至相对密度为 1.10～1.20（室温）的清膏，放冷，加入 4 倍量乙醇，搅匀，静置 2h，滤过，滤液减压回收乙醇，浓缩液喷雾干燥，即得。

【性状】本品为棕褐色的粉末；气香，味苦。

【鉴别】取本品粉末 0.1g，加甲醇 10mL，超声处理 20min，滤过，滤液作为供试品溶液。另取连翘对照药材 1g，同法制成对照药材溶液。照薄层色谱法（《兽药典》2020 版二部附录 0502）试验，吸取上述两种溶液各 10μL，分别点于同一硅胶 G 薄层板上，以三氯甲烷-甲醇（5：1）为展开剂，展开，取出，晾干，喷以 10%硫酸乙醇溶液，在 105℃加热至斑点显色清晰。供试品色谱中，在与对照药材色谱相应的位置上，显相同颜色的斑点。

【检查】水分　不得过 5.0%（《兽药典》2020 版二部附录 0832 第一法）。

重金属　取本品 1g，依法检查（《兽药典》2020 版二部附录 0821 第二法），不得过 20mg/kg。

砷盐　取本品 5g，置坩埚中，取氧化镁 1g 覆盖其上，加入硝酸镁溶液（取硝酸镁 15g，加水 100mL 使溶解）10mL，浸泡 4h，置水浴上蒸干，缓缓炽灼至完全炭化，逐渐升高温度至 500～600℃，使完全灰化，放冷，加水 5mL 使润湿，加 6mol/L 盐酸溶液 10mL，转移至 50mL 量瓶中，坩埚用 6mol/L 盐酸溶液洗涤 3 次，每次 5mL，再用水洗涤 3 次，每次 5mL，洗液并入同一量瓶中，加水至刻度，摇匀，取 10mL，加盐酸 3.5mL 与水 12.5mL，依法检查（《兽药典》2020 版二部附录 0822 第一法），不得过 2mg/kg。

【特征图谱】照高效液相色谱法（《兽药典》2020 版二部附录 0512）测定。

色谱条件与系统适用性试验　以十八烷基硅烷键合硅胶为填充剂，以甲醇为流动相 A，以水为流动相 B，按表 8-2 进行梯度洗脱；检测波长为 235nm。理论板数按连翘酯苷 A 峰计算应不低于 4000。

表 8-2　梯度洗脱时间程序

时间/min	流动相 A 比例/%	流动相 B 比例/%
0～10	10→25	90→75
10～40	25→40	75→60
40～60	40→60	60→40

参照物溶液的制备　取连翘苷对照品适量，精密称定，加甲醇制成每 1mL 含 30μg 的溶液，即得。

供试品溶液的制备　取本品约 25mg，精密称定，置 5mL 量瓶中，加甲醇适量使溶解并稀释至刻度，摇匀，滤过，即得。

测定法　分别精密吸取参照物溶液与供试品溶液各 10μL，注入液相色谱仪，测定，记录色谱图，即得。

供试品特征图谱中应有 4 个特征峰，与参照物峰相应的峰为 S 峰，计算各特征峰与 S 峰的相对保留时间，其相对保留时间应在规定值的±5%之内。规定值为：0.61（峰 1）、0.71（峰 2）、1.00（峰 S）、1.22（峰 3）。对照特征图谱见图 8-1。

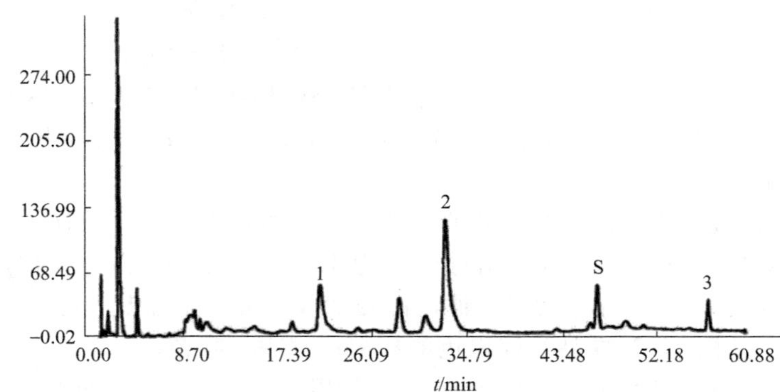

图 8-1　连翘提取物对照特征图谱

峰 1—松脂醇-β-D-葡萄糖苷；

峰 2—连翘酯苷 A；

峰 S—连翘苷；

峰 3—连翘酯素

积分参数　斜率灵敏度为 50；峰宽为 0.1；最小峰面积为 1.0×10^5；最小峰高为 0。

【含量测定】照高效液相色谱法（《兽药典》2020 版二部附录 0512）测定。

色谱条件与系统适用性试验　同【特征图谱】项下。

对照品溶液的制备　取连翘酯苷 A 对照品和连翘苷对照品适量，精密称定，加甲醇制成每 1mL 含连翘酯苷 A 300μg 和连翘苷 30μg 的混合溶液，即得。

测定法　分别精密吸取对照品溶液与【特征图谱】项下的供试品溶液各 10μL，注入液相色谱仪，测定，即得。

本品按干燥品计算，含连翘酯苷 A（$C_{29}H_{36}O_{15}$）不得少于 6.0%，连翘苷（$C_{27}H_{34}O_{11}$）不得少于 0.5%。

【贮藏】密封，置干燥处。

8.6.2.2　兽用中药油脂与提取物质量标准的编写内容及要求

兽用中药提取物包括植物油脂和提取物，按照目前标准的收载情况，此类标准根据不同的具体品种，需要针对以下方面进行研究和编写。包括品种名称、化学结构式、分子式、分子量、化学名、溶解性、来源、制法、性状、鉴别、检查、指纹图谱/特征图谱、浸出物、含量测定、贮藏、制剂等内容。有关物理常数（相对密度、馏程、熔点、凝点、旋光度、折光率等）的检测项目均列在性状项下。

（1）名称　指品种的学名，原则上是药物名称加上提取物或油脂名称，如黄芩提取物、广藿香油等。中文名下方需标注汉语拼音，并在其下列出英文名。

例　黄芩提取物

黄芩提取物

Huangqin Tiquwu

SCUTELLARIA EXTRACT

（2）化学结构式、分子式、分子量、化学名　当提取物的主成分含量达 90%以上时，需要研究并确定其化学结构，并绘制出成分的化学结构式，写出其分子式、分子量，必要时还要写出化学名称。此部分内容列在品种名称的下方。

例　薄荷脑

化学结构式：如图 8-2。

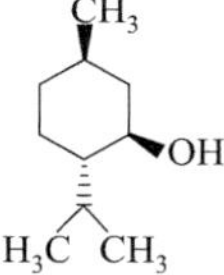

图 8-2　薄荷脑结构式

分子式：$C_{10}H_{20}O$。

分子量：156.27。

化学名称：*l*-1-甲基-4-异丙基环己醇-3。

（3）来源　应写明植物油脂和提取物所用原料的动植物来源，内容包括：动植物的名称、科名、学名及药用部位。植物油脂类应说明提取方式和油脂的种类；提取物成分为某一类或多类组分时，应明确其化学成分类别的名称。

例 1　黄藤素

本品为防己科植物黄藤 *Fibraurea recisa* Pierre. 干燥藤茎中提取得到的生物碱。

例 2　薄荷脑

本品为唇形科植物薄荷 *Mentha haplocalyx* Briq. 的新鲜茎叶经水蒸气蒸馏、冷冻、重结晶得到的一种饱和的环状醇，为 *l*-1-甲基-4-异丙基环己醇-3。

（4）制法　植物油脂和提取物均需要列出制法项。根据前期提取及制剂工艺研究结果进行说明，内容应概括关键的生产工艺过程，写明所用原料的名称、前处理方法、提取方式、所用溶剂的名称及浓缩、干燥、制成品量等。以渗漉方法提取时应写明所收集渗漉液的量；使用大孔吸附树脂对提取物进行纯化的工艺，应写明大孔吸附树脂的名称、型号或骨架类型。

例 1　甘草浸膏

【制法】取甘草，润透，切片，加水煎煮 3 次，每次 2h，合并煎液，放置过夜使沉淀，取上清液浓缩至稠膏状，取出适量，照【含量测定】项下的方法，测定甘草酸的含量，调节使符合规定，即得；或干燥，使成细粉，即得。

例 2　大黄浸膏

【制法】取大黄（最粗粉）1000g，照流浸膏剂与浸膏剂项下的渗漉法（《兽药典》2020 版二部附录 0108），用 60%乙醇作溶剂，浸渍 12h 后，以每分钟 1～3mL 的速度缓缓渗漉，收集初漉液 8000mL；或用 75%乙醇回流提取 2 次（10000mL，8000mL），每次 1h，合并提取液，滤过，滤液减压回收乙醇至稠膏状，低温干燥，研细，过四号筛，即得。

例 3　三七总皂苷

【制法】取三七粉碎成粗粉，用 70%的乙醇提取，滤过，滤液减压浓缩，滤过，过苯乙烯非极性或弱极性共聚体大孔吸附树脂柱，用水洗涤，水洗液弃去，以 80%的乙醇洗脱，洗脱液减压浓缩，脱色，精制，减压浓缩至浸膏，干燥，即得。

（5）性状　性状项内容系对品种的外观、气味、溶解性、物理常数等进行描述，依次描述其颜色、形状、气味、溶解性、物理常数。

① 颜色。兽用中药提取物颜色多为复合色，通常限定在一定的范围内。对复合颜色的描述以辅色在前、主色在后，如“黄棕色”是以棕色为主、黄色为辅。对颜色范围的描述应由浅至深，如黄棕色至棕色。应尽量避免使用不确切的词汇，如米黄色、豆青色、土

黄色等。

② 溶解性。植物油脂及主要成分含量达90%以上的提取物，应在标准中写明其在不同溶剂中的溶解性能。

品种的溶解性按“极易溶解”“易溶”“溶解”“略溶”“微溶”“极微溶解”“几乎不溶或不溶”的顺序书写。具体各种溶解性能的实验方法及结果判断按照《兽药典》凡例中相关规定执行。

溶解性能相近的溶剂，书写时应按溶剂极性的大小顺序排列。如水、甲醇、乙醇；丙酮、乙酸乙酯、三氯甲烷。在酸性溶液和碱性溶液中的溶解性要写明酸性或碱性溶液的名称及浓度。

③ 物理常数。一般情况下，应首先写出物理常数的数值范围，然后在括号内注明检测方法的附录编号。当需要写明供试品溶液制备方法或供试品的预处理方法时，应在制备方法或预处理方法之后明确物理常数的数值范围。

性状写法示例如下。

例 1　人参茎叶总皂苷

【性状】本品为黄白色或淡黄色的粉末；微臭，味苦；具吸湿性。

例 2　薄荷脑

【性状】本品为无色针状或棱柱状结晶或白色结晶性粉末；有薄荷的特殊香气，味初灼热后清凉。乙醇溶液显中性反应。

例 3　广藿香油

【性状】本品为红棕色或绿棕色的澄清液体；有特异的芳香气，味辛、微温。

本品与三氯甲烷、乙醚或石油醚任意混溶。

相对密度　应为0.950～0.980（《兽药典》2020版二部附录0601）。

比旋度　取本品约10g，精密称定，置100mL量瓶中，加90%乙醇适量使溶解，再用90%乙醇稀释至刻度，摇匀，放置10min，在25℃依法测定（《兽药典》2020版二部附录0621），比旋度应为－66°～－43°。

折光率　应为1.503～1.513（《兽药典》2020版二部附录0622）。

（6）鉴别　常用的是理化鉴别方法。包括一般理化鉴别、光谱鉴别、色谱鉴别。标准的书写顺序为一般理化鉴别、光谱鉴别、薄层色谱鉴别、高效液相色谱鉴别及气相色谱鉴别。

① 一般理化鉴别。兽用中药油脂及提取物的一般理化鉴别主要采用《兽药典》2020版二部附录0301中收载的方法，用于鉴别盐基、酸根、金属离子。除此之外，还有一些其他显色反应、沉淀反应、升华试验等。

a. 书写要求：书写内容应详细叙述供试品溶液的制备方法，以保证实验操作的可行性。

当鉴别方法与《兽药典》附录中收载的方法完全相同时，文字内容可合理简化。

试验中所用的化学物质的制备方法或溶液的配制方法须在标准中明确的，若内容简单，可在其名称后的括号内注明；如果内容烦琐，则需要在标准正文之后注明。

b. 示例：大黄浸膏。

【鉴别】取本品1.0g，加1%氢氧化钠溶液10mL，煮沸，放冷，滤过。取滤液2mL，加稀盐酸数滴使呈酸性，加乙醚10mL，振摇，乙醚层显黄色，取乙醚液，加氨试液5mL，振摇，乙醚层仍显黄色，氨液层显持久的樱红色。

② 色谱鉴别。兽用中药常用的色谱鉴别方法有薄层色谱鉴别、高效液相色谱鉴别和

气相色谱鉴别。

色谱鉴别需要选择适宜的色谱条件，以专属性对照物质（对照品、对照药材、对照提取物）作对照，考察色谱图中供试品与对照物质的特征斑点或特征色谱峰所对应的情况。

A. 薄层色谱鉴别。薄层色谱法为兽用中药最常用的鉴别方法，须选择适宜的色谱条件，采用具专属性的对照物质（对照品、对照药材、对照提取物）作对照，在特定光源下或一定显色条件下检视供试品色谱中与对照物质色谱相对应的斑点或荧光斑点。

a. 书写要求。

Ⅰ. 薄层色谱鉴别项的书写内容包括：供试品溶液、对照物质（对照品、对照药材、对照提取物）溶液的制备方法，点样方式及点样量，薄层板种类，展开剂的溶剂组成及配比，展开条件（展开距离、展开次数），显色剂及显色方法，检视条件，测试结果评判标准等。

Ⅱ. 供试品溶液的制备方法。一般情况下，应根据具体操作步骤叙述供试品的取样量、提取分离的操作过程、溶液的净化过程及溶液制成量等。

直接取用其他项目中的供试品溶液或某种溶液作为供试品溶液时，可简写成“取（×）项下的供试品溶液（或某种溶液）作为供试品溶液”；也可写成“……吸取（×）项下供试品溶液以及上述对照品（或药材）溶液各×μL，分别点于……”。

Ⅲ. 对照药材溶液的制备。一般情况下，应按操作步骤叙述对照药材溶液的制备过程。

当具体操作同供试品溶液制备方法时，可简写成“同法（指同供试品溶液制备方法，以下同）制成对照药材溶液”。

Ⅳ. 对照品溶液的制备方法。一般情况下，应描述对照品名称，所用溶剂及配制浓度。

Ⅴ. 点样操作。写明点样量及样点形状，当形状为圆点时可不作描述，条状须写明。

供试品溶液和对照物质溶液的点样量均相同时，写为：吸取上述×种溶液各×μL，分别点于同一××薄层板上。

供试品溶液和对照物质溶液的点样量不同时，可视具体情况选择以下写法：

吸取供试品溶液×μL、对照药材溶液×μL及对照品溶液×μL，分别点于同一××薄层板上。

吸取供试品溶液与对照药材（对照品）溶液各×μL、对照品（对照药材）溶液×μL，分别点于同一××薄层板上。

吸取供试品溶液×μL、对照药材溶液与对照品溶液各×μL，分别点于同一××薄层板上。

Ⅵ. 展开剂和展开条件。薄层色谱鉴别所用的展开剂通常为多种溶剂按一定比例制成的混合溶液。展开剂中溶剂的书写顺序以极性由小到大排列。溶剂比例应尽量采用最小公倍数。如“三氯甲烷-甲醇-水（65∶35∶10）”应写成“三氯甲烷-甲醇-水（13∶7∶2）”。若配制的展开剂出现分层，还应写明取用哪层溶液作为展开剂。当展开剂的配制过程中需要将混合溶液在特定的温度下放置使分层时，须注明环境温度。

当环境温度和相对湿度对色谱结果有较大影响时，应在标准中明确对环境温度和相对湿度的特别要求。当分析方法对展开次数和展开距离有特殊要求时，应在标准中予以明确。

Ⅶ. 显色剂。常用的显色剂分为通用显色剂和专属性显色剂。当需要写明显色剂的配制方法时，配制方法简单的可在显色剂名称之后注明；配制方法烦琐的则在标准正文之后注明。

Ⅷ. 检视条件及测试结果评判标准。检视条件为日光和紫外光（254nm、365nm）。在日光下检视时，观察供试品色谱中与对照物质色谱相对应的特征斑点；在紫外光下检视时，观察供试品色谱中与对照物质色谱相对应的特征荧光斑点或荧光猝灭斑点，特征荧光斑点写明斑点的颜色，荧光猝灭斑点写为“显相同颜色的斑点”。

当供试品色谱中的斑点不能与对照物质色谱中的所有斑点一一对应时，可写明特征斑点的数目，必要时写明斑点的颜色。

Ⅸ. 净化溶液所用色谱柱。在供试品溶液的制备过程中，根据分析方法的要求，需经常用色谱柱对溶液进行净化处理。

氧化铝柱：写出氧化铝柱目数、用量及柱内径，必要时应注明装柱方式及柱预处理方法。

大孔吸附树脂柱：写出树脂的型号、柱内径和柱高，必要时应注明柱预处理方法。

固相萃取小柱：写出柱的规格及预处理方法。

聚酰胺柱：写出聚酰胺的目数、用量及柱内径。

硅胶柱：写出硅胶的目数、用量及柱内径，必要时应注明装柱方式及柱预处理方法。

Ⅹ. 溶剂用量。在溶液制备过程中使用某种溶剂进行提取时，有关溶剂用量的写法分为两种情况。每次溶剂用量均相同，写成“提取×次，每次×mL”，如……用甲醇加热回流提取 2 次，每次 50mL；每次溶剂用量不尽相同，写成“提取×次（×mL，×mL，×mL）”，如用三氯甲烷振摇提取 3 次（20mL，20mL，10mL）。

b. 示例。

例 1　连翘提取物

【鉴别】取本品粉末 0.1g，加甲醇 10mL，超声处理 20min，滤过，滤液作为供试品溶液。另取连翘对照药材 1g，同法制成对照药材溶液。照薄层色谱法（《兽药典》2020 版二部附录 0502）试验，吸取上述两种溶液各 10μL，分别点于同一硅胶 G 薄层板上，以三氯甲烷-甲醇（5∶1）为展开剂，展开，取出，晾干，喷以 10%硫酸乙醇溶液，在 105℃加热至斑点显色清晰。供试品色谱中，在与对照药材色谱相应的位置上，显相同颜色的斑点。

例 2　刺五加浸膏

【鉴别】取本品 0.5g，加 70%乙醇 20mL，超声处理 30min，滤过，滤液蒸干，残渣加甲醇 1mL 使溶解，作为供试品溶液。另取刺五加对照药材 2.5g，加甲醇 20mL，加热回流 1h，滤过，滤液蒸干，残渣加甲醇 1mL 使溶解，作为对照药材溶液。再取异嗪皮啶对照品、紫丁香苷对照品，分别加甲醇制成每 1mL 含异嗪皮啶 0.5mg、紫丁香苷 1mg 的溶液，作为对照品溶液。照薄层色谱法（《兽药典》2020 版二部附录 0502）试验，吸取供试品溶液与对照药材溶液各 10μL、两种对照品溶液各 2μL，分别点于同一硅胶 G 薄层板上，以三氯甲烷-甲醇-水（6∶2∶1）的下层溶液为展开剂，展开，取出，晾干，置紫外光灯（365nm）下检视。供试品色谱中，在与对照药材色谱相应的位置上，显相同颜色的荧光主斑点；在与异嗪皮啶对照品色谱相应的位置上，显相同颜色的荧光斑点。再喷以 10%硫酸乙醇溶液，在 105℃加热至斑点显色清晰，日光下检视。供试品色谱中，在与对照药材色谱相应的位置上，显相同颜色的主斑点；在与紫丁香苷对照品色谱相应的位置上，显相同的蓝紫色斑点。

例 3　肿节风浸膏

【鉴别】取本品粉末约 0.1g，加水 10mL，超声处理 30min，滤过，滤液用乙酸乙酯振摇提取两次，每次10mL，合并乙酸乙酯液，蒸干，残渣加甲醇1mL使溶解，作为供试品溶液。另取肿节风对照药材1g，加水50mL，超声处理30min，滤过，滤液用乙酸乙酯振摇提取两次，每次25mL，合并乙酸乙酯液，蒸干，残渣加甲醇1mL使溶解，作为对照药材溶液。再取异嗪皮啶对照品，加甲醇制成每1mL含0.5mg的溶液，作为对照品溶液。照薄层色谱法（《兽药典》2020版二部附录0502）试验，吸取上述三种溶液各4μL，分别点于同一硅胶G薄层板上，以甲苯-乙酸乙酯-甲酸（9∶4∶1）为展开剂，展开，取出，晾干，置紫外光灯（365nm）下检视。供试品色谱中，在与对照药材色谱和对照品色谱相应的位置上，显相同颜色的荧光斑点。

例4　人参茎叶总皂苷

【鉴别】取本品0.1g，加甲醇10mL使溶解，作为供试品溶液。另取人参茎叶对照药材1g，加水100mL，煎煮2h，滤过，滤液通过D101型大孔吸附树脂柱（内径为1cm，柱高为15cm），用水洗至无色，弃去水液，再用60%乙醇20mL洗脱，收集洗脱液，蒸干，残渣加甲醇10mL使溶解，作为对照药材溶液。再取人参皂苷Rg_1对照品与人参皂苷Re对照品，加甲醇使溶解并制成每1mL各含2mg的混合溶液，作为对照品溶液。照薄层色谱法（《兽药典》2020版二部附录0502）试验，吸取上述三种溶液各2μL，分别点于同一硅胶G薄层板上，以三氯甲烷-乙酸乙酯-甲醇-水（15∶40∶22∶10）10℃以下放置的下层溶液为展开剂，展开，取出，晾干，喷以10%硫酸乙醇溶液，在105℃加热至斑点显色清晰，分别置日光和紫外光灯（365nm）下检视。供试品色谱中，在与对照药材色谱和对照品色谱相应的位置上，日光下显相同颜色的斑点，紫外光下显相同颜色的荧光斑点。

B. 高效液相色谱鉴别。目前《兽药典》2020版中药油脂和提取物标准中采用高效液相色谱进行鉴别的品种共有3个。

a. 书写要求。

Ⅰ. 高效液相色谱鉴别项的书写内容包括供试品溶液、对照物质（对照品、对照药材、对照提取物）溶液的制备方法，色谱条件，测试结果评判标准。

Ⅱ. 色谱条件。应写明色谱柱、流动相、检测器等条件。采用梯度洗脱时，流动相比例的变化及所对应的时间以表格的形式列出。如果方法同含量测定方法，则可以简要描述为“照【含量测定】项下的方法试验”。

Ⅲ. 供试品溶液、对照物质溶液的制备方法。书写要求同薄层色谱鉴别的有关要求。

Ⅳ. 测试结果评判标准。一般色谱鉴别的测试结果评判标准为：供试品色谱图中应呈现与对照物质（对照药材、对照提取物、对照品）色谱峰保留时间相对应的色谱峰。

b. 示例。

例1　三七总皂苷

【鉴别】取本品，照【含量测定】项下的方法试验，供试品色谱图中应呈现与三七总皂苷对照提取物中三七皂苷R_1、人参皂苷Rg_1、人参皂苷Re、人参皂苷Rb_1、人参皂苷Rd色谱峰保留时间相同的色谱峰。

例2　茵陈提取物

【鉴别】取本品，照【含量测定】对羟基苯乙酮项下的方法试验，供试品色谱中应呈现与对照品色谱峰保留时间相同的色谱峰。

C. 气相色谱鉴别。气相色谱法用于含挥发油、其他挥发性成分制剂的鉴别。目前《兽药典》2020版中药油脂和提取物标准中还没有采用气相色谱鉴别的品种。

a. 书写要求。

Ⅰ. 气相色谱鉴别项的书写内容包括供试品溶液、对照物质（对照品、对照药材、对照提取物）溶液的制备方法，色谱条件，进样量，测试结果评判标准。

Ⅱ. 色谱条件。应写明检测器种类（氢火焰检测器除外）、固定相、涂布浓度、柱长、柱温等。

Ⅲ. 供试品溶液、对照物质溶液的制备方法。同薄层色谱鉴别的有关要求。

Ⅳ. 测试结果评判标准。同高效液相色谱鉴别的有关要求。

b. 示例（以《兽药典》2020 版制剂品种示例）。

例　紫苏叶油（见藿香正气口服液标准下附）

【鉴别】取本品约 30mg，加无水乙醇-正己烷（1∶1）混合溶液 1mL，摇匀，作为供试品溶液。另取紫苏叶油对照提取物 30mg，同法制成对照提取物溶液。再取紫苏醛对照品适量，加无水乙醇-正己烷（1∶1）混合溶液制成每 1mL 含 1mg 的溶液，作为对照品溶液。照气相色谱法（《兽药典》2020 版二部附录 0521）试验，以交联 5%苯基甲基聚硅氧烷为固定相的毛细管柱（柱长为 30m，内径为 0.32mm，膜厚度为 0.25μm）。柱温为程序升温：初始温度为 60℃，保持 10min，以每分钟 8℃的速率升温至 115℃，保持 30min，再以每分钟 15℃的速率升温至 230℃，保持 5min，分流比 30∶1。分别吸取以上三种溶液各 1μL，注入气相色谱仪，记录色谱图。除溶剂峰外，供试品色谱中应呈现与对照提取物色谱峰保留时间相同的主色谱峰，与对照品色谱峰保留时间相同的色谱峰。

③ 其他理化鉴别书写示例。

例 1　一般理化鉴别　大黄浸膏

a. 取本品 1.0g，加 1%氢氧化钠溶液 10mL，煮沸，放冷，滤过。取滤液 2mL，加稀盐酸数滴使呈酸性，加乙醚 10mL，振摇，乙醚层显黄色，取乙醚液，加氨试液 5mL，振摇，乙醚层仍显黄色，氨液层显持久的樱红色。

b. 取本品 1.0g，置瓷坩埚中，坩埚上覆以载玻片，置石棉网上直火徐徐加热，至载玻片上呈现升华物后，取下载玻片，放冷，置显微镜下观察，有菱形针状、羽状和不规则晶体，滴加氢氧化钠试液，结晶溶解，溶液显紫红色。

例 2　光谱鉴别　穿心莲内酯

取本品，加无水乙醇制成每 1mL 中含 10μg 的溶液，照紫外-可见分光光度法（《兽药典》2020 版二部附录 0401）测定，在 224nm 的波长处有最大吸收。

（7）检查

①书写要求。

A. 检查项的方法一般均采用《兽药典》附录收载的方法进行检查，在标准中应注明附录编号。若附录收载的方法为多种时，除须注明附录编号外，还应注明所用的方法。

B. 所用方法与附录中的方法有所差别时，在文字中应表述清楚，并注意内容的文字衔接。

C. 各单列检查项的名称应用黑体字，其排列顺序参照如下：

a. 某种成分的限量检查；b. 颜色或溶液的颜色；c. 酸碱度或 pH 值；d. 乙醇量；e. 总固体；f. 干燥失重；g. 水分；h. 炽灼残渣；i. 灰分；j. 重金属；k. 砷盐；l. 重金属及有害元素（铅、镉、砷、汞、铜）；m. 农药残留；n. 有关物质（蛋白质、鞣质、树脂、草酸盐、钾离子）；o. 其他检查项（异常毒性、热原等）。

上述“某种成分的限量检查”系指对主成分之外的、应严格控制其含量的某种成分的限量检查。项目名称通常依据被测成分的性质或名称而定，如乌头碱限量、其他生物碱、水中不溶物、乙醇中不溶物、水溶性酚类、脂肪油等。

D. 需列出检测限度的检查项。应先写出检测限度，然后注明检测方法的附录编号。

E. “颜色”或“溶液的颜色”检查项。直接检测供试品的颜色时，项目名称用“颜色”。

检测用水为溶剂制备的供试品溶液颜色时，项目名称用“溶液的颜色”。所用溶剂为碱性溶液、酸性溶液或有机溶剂时，项目名称用“××溶液的颜色”。如乙醇溶液的颜色。

② 示例。

A. 某种成分限量检查。

例 1　甘草浸膏　水中不溶物　精密称取本品 1g，加水 25mL 搅拌溶解后，离心 1h（转速为 1000r/min；或 2000r/min，离心 30min），弃去上清液，沉淀加水 25mL，搅匀，再照上法离心洗涤，直至洗液无色澄明，沉淀用少量水洗入已干燥至恒重的蒸发皿中，置水浴上蒸干，在 105℃干燥至恒重，遗留残渣不得过 5.0%。

例 2　穿心莲内酯　其他内酯　取本品，加无水乙醇制成每 1mL 含 2mg 的溶液作为供试品溶液。照薄层色谱法（《兽药典》2020 版二部附录 0502）试验，吸取上述溶液 10μL，点于硅胶 G 薄层板上，以三氯甲烷-甲醇（19∶1）为展开剂，展开，取出，晾干，喷以 2% 3,5-二硝基苯甲酸乙醇溶液与 5%氢氧化钾乙醇溶液等量混合的溶液（临用新制）。供试品色谱中，除主斑点外，不得显其他斑点。

B. 颜色。

例　三七总皂苷　溶液颜色　取本品适量，加水制成每 1mL 含三七总皂苷 25mg 的溶液，与黄色 4 号标准比色液（《兽药典》2020 版二部附录 0901）比较，不得更深。

C. 其他常规检查项。

例 1　当归流浸膏　乙醇量　应为 45%～50%（《兽药典》2020 版二部附录 0711）。

例 2　当归流浸膏　总固体　精密量取本品 10mL，置已干燥至恒重的蒸发皿中，置水浴上蒸干后，在 100℃干燥 3h，移置干燥器中，冷却 30min，称定重量，遗留的残渣不得少于 3.6g。

例 3　三七总皂苷　干燥失重　取本品，在 80℃干燥至恒重，减失重量不得过 5.0%（《兽药典》2020 版二部附录 0831）。

例 4　大黄浸膏　水分　不得过 10.0%（《兽药典》2020 版二部附录 0832 第一法）。

例 5　三七总皂苷　炽灼残渣　不得过 0.5%（《兽药典》2020 版二部附录 0841）。

例 6　参茎叶总皂苷　总灰分　不得过 1.5%（《兽药典》2020 版二部附录 2302）。

例 7　丹参总酚酸提取物　重金属　取炽灼残渣项下残留的残渣，照重金属检查法（《兽药典》2020 版二部附录 0821 第二法）测定，不得过 10mg/kg。

例 8　连翘提取物　砷盐　取本品 5g，置坩埚中，取氧化镁 1g 覆盖其上，加入硝酸镁溶液（取硝酸镁 15g，溶于 100mL 水中）10mL，浸泡 4h，置水浴上蒸干，缓缓炽灼至完全炭化，逐渐升高温度至 500～600℃，使完全灰化，放冷，加水 5mL 使润湿，加 6mol/L 盐酸溶液 10mL，转移至 50mL 量瓶中，坩埚用 6mol/L 盐酸溶液洗涤 3 次，每次 5mL，再用水洗涤 3 次，每次 5mL，洗液并入同一量瓶中，加水至刻度，摇匀，取 10mL，加盐酸 3.5mL 与水 12.5mL，依法检查（《兽药典》2020 版二部附录 0822 第一法），不得过 2mg/kg。

D. 重金属及有害元素。

例　薄荷脑　重金属及有害元素　照铅、镉、砷、汞、铜测定法（《兽药典》2020 版二部附录 2321）测定：铅不得过 5mg/kg；镉不得过 0.3mg/kg；砷不得过 2mg/kg；汞不得过 0.2mg/kg；铜不得过 20mg/kg。

E. 残留树脂有机物。

例　三七总皂苷　树脂残留　照残留溶剂测定法（《兽药典》2020 版一部附录 0861 第二法）测定。

色谱条件与系统适用性试验　以键合/交联聚乙二醇为固定相的石英毛细管柱（柱长为 30m，内径为 0.25mm，膜厚度为 0.25μm）；柱温为程序升温，起始温度为 60℃，保持 16min，再以每分钟 20℃升温至 200℃，保持 2min；用氢火焰离子化检测器检测，检测器温度 300℃；进样口温度 240℃；载气为氮气，流速为 1.0mL/min。顶空进样，顶空瓶平衡温度为 90℃，平衡时间为 30min。理论板数以邻二甲苯峰计算应不低于 40000，各待测峰之间的分离度应符合规定。

对照品溶液的制备　精密称取正己烷、苯、甲苯、对二甲苯、邻二甲苯、苯乙烯、1,2-二乙基苯和二乙烯苯对照品适量，加 *N*,*N*-二甲基乙酰胺制成每 1mL 中分别含 20μg、4μg、20μg、20μg、20μg、20μg、20μg、20μg 的溶液，作为对照品贮备液。精密吸取上述贮备液 2mL，置 50mL 量瓶中，加 25%*N*,*N*-二甲基乙酰胺溶液稀释至刻度，摇匀，精密量取 5mL，置 20mL 顶空瓶中，密封，即得。

供试品溶液的制备　取本品约 0.1g，精密称定，置 20mL 顶空瓶中，精密加入 25% *N*,*N*-二甲基乙酰胺溶液 5mL，密封，摇匀，即得。

测定法　分别精密量取顶空气体 1mL，注入气相色谱仪，测定，即得。

本品含苯不得过 0.0002%，含正己烷、甲苯、对二甲苯、邻二甲苯、苯乙烯、1,2-二乙基苯和二乙烯苯均不得过 0.002%（供注射用）。

F. 有机氯农药残留量。

例　人参茎叶总皂苷　有机氯农药残留量　照农药残留量测定法（《兽药典》2020 版二部附录 2341 有机氯农药残留测定）测定。六六六（总 BHC）不得过 0.1mg/kg；滴滴涕（总 DDT）不得过 1mg/kg；五氯硝基苯（PCNB）不得过 0.1mg/kg。

G. 一般注射剂需要研究的项目。

例 1　有关物质

三七总皂苷中的有关物质（注射剂用）。

蛋白质　取本品 50mg，加水 1mL 使溶解，依法检查（《兽药典》2020 版二部附录 2400），应符合规定。

鞣质　取本品 50mg，加水 1mL 使溶解，依法检查（《兽药典》2020 版二部附录 2400），应符合规定。

树脂　取本品 250mg，加水 5mL 使溶解，依法检查（《兽药典》2020 版二部附录 2400），应符合规定。

草酸盐　取本品 200mg，加水 4mL 使溶解，依法检查（《兽药典》2020 版二部附录 2400），应符合规定。

钾离子　取本品 0.1g，缓缓炽灼至完全炭化，再在 500～600℃炽灼使完全灰化，依法检查（《兽药典》2020 版二部附录 2400），应符合规定。

例 2　异常毒性

三七总皂苷　异常毒性　取本品，加氯化钠注射液制成每 1mL 含三七总皂苷 5.0mg 的溶液，作为供试品溶液。取体重为 17～20g 小鼠 5 只，在 4～5s 内每只小鼠注射供试品溶液 0.5mL 于尾静脉中，全部小鼠给药后 48h 内不得有死亡；如有死亡，另取体重为 18～19g 的小鼠 10 只复试，全部小鼠在 48h 内不得有死亡（供注射用）。

例 3　热原

三七总皂苷　热原　取本品，加氯化钠注射液制成每 1mL 含三七总皂苷 50mg 的溶液，依法检查（《兽药典》2020 版二部附录 1112），剂量按家兔体重每 1kg 注射 0.5mL，应符合规定（供注射用）。

（8）特征图谱和指纹图谱

① 特征图谱。特征图谱是在一般色谱鉴别方法的基础上进一步发展而来的，能较多地反映受检对象的成分特征，从而更有效地控制产品质量。高效液相色谱法为特征图谱研究的主要方法；气相色谱法则适用于挥发性成分的特征图谱研究。特征图谱的研究需要选择产品中某种已知活性成分或特征成分作为参照物，经研究给出对照特征图谱，以色谱图中的多个特征峰为判定指标，液相色谱法和气相色谱法要求限定各特征峰的保留时间或相对保留时间。

A. 书写要求。

a. 书写内容包括色谱条件与系统适用性试验、参照物溶液的制备、供试品溶液的制备、测定法、测试结果评判标准、对照特征图谱等。

b. 书写要求参照“8.6.2.2（10）含量测定”相关要求。

c. 可根据所选参照物写为“对照提取物溶液”“参照物溶液”等，给出的图谱均写为“对照特征图谱”，并写出各特征峰名称。

d. 特征图谱测试结果判定。另起一行写出供试品溶液特征图谱中应呈现特征峰的个数，以及与对照特征图谱比较时的相关要求描述，如 S 峰、保留时间一致、相对保留时间及其范围要求等。必要时，还需要写出积分参数要求。

B. 示例。

例　茵陈提取物

【特征图谱】照高效液相色谱法（《兽药典》2020 版二部附录 0512）测定。

色谱条件与系统适用性试验　以十八烷基硅烷键合硅胶为填充剂（柱长 25cm，内径 4.6mm，粒径 5μm）；以甲醇为流动相 A，以 0.05%磷酸溶液为流动相 B，按表 8-3 进行梯度洗脱；检测波长为 327nm；柱温为 30℃。理论板数按绿原酸峰计算应不低于 50000。

表 8-3　梯度洗脱程序表

时间/min	流动相 A 比例/%	流动相 B 比例/%
0	10	90
75	60	40

参照物溶液的制备　取绿原酸对照品适量，精密称定，加 60%甲醇制成每 1mL 含 0.1mg 的溶液，即得。

供试品溶液的制备　取【含量测定】对羟基苯乙酮项下的供试品溶液，即得。

测定法　分别精密吸取参照物溶液与供试品溶液各 5μL，注入液相色谱仪，测定，记录色谱图，即得。

供试品特征图谱中应有 7 个特征峰，与参照物峰相对应的峰为 S 峰，计算各特征峰与 S 峰的相对保留时间，其相对保留时间应在规定值的±5%之内。规定值为 0.509（峰 1）、0.627（峰 2）、1.000（峰 S）、1.109（峰 3）、2.045（峰 4）、2.075（峰 5）、2.367（峰 6）。对照特征图谱见图 8-3。

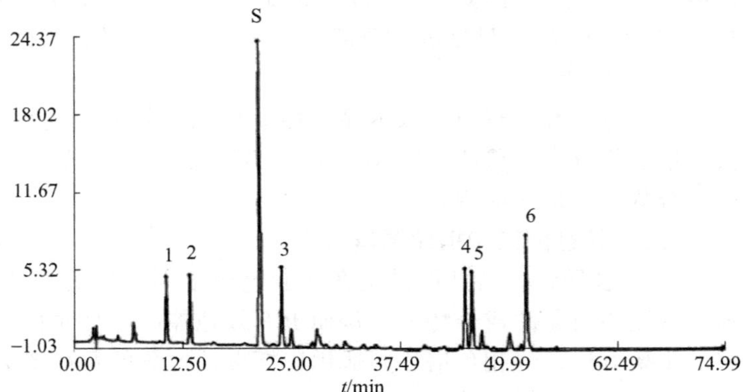

图 8-3 茵陈提取物对照特征图谱

积分参数 斜率灵敏度为 1，峰宽为 0.1，最小峰面积为 10，最小峰高为 S 峰峰高的 1.5%。

② 指纹图谱。指纹图谱研究多采用高效液相色谱法。依据对照指纹图谱，通过对供试品图谱的整体信息进行分析和评价，来考察产品质量的稳定性和均一性。供试品指纹图谱与对照指纹图谱的相似性用“相似度”来表示，运用中药色谱指纹图谱相似度评价系统来进行计算。

A. 书写要求。

a. 书写内容包括色谱条件及系统适用性试验，参照物溶液制备，供试品溶液制备，测定法，测试结果评判标准，并附对照指纹图谱。

b. 具体的书写要求同“8.6.2.2（10）含量测定”，必要时，在“测定法”中还应明确记录色谱图的时间和计算所需的积分参数。

c. 测试结果评判标准。规定色谱图中特征峰的个数、供试品指纹图谱与对照指纹图谱相似度的要求。

d. 对照指纹图谱。标准正文中应附对照指纹图谱，在图中标明各特征峰，并明确其中与参照物峰相对应的特征峰。对化学成分已明确的特征峰，应在图注中注明特征峰与化学成分的对应关系。

B. 示例。

例 丹参总酚酸提取物

【指纹图谱】照高效液相色谱法（《兽药典》2020 版二部附录 0512）测定。

色谱条件与系统适用性试验 以十八烷基硅烷键合硅胶为填充剂（柱长为 25cm，内径为 4.6mm，粒径为 5μm）；以乙腈为流动相 A，以 0.05%磷酸溶液为流动相 B，按表 8-4 进行梯度洗脱；检测波长为 286nm；柱温为 30℃；流速为每分钟 1.0mL。理论板数按迷迭香酸峰计算应不低于 20000。

表 8-4 梯度洗脱程序表

时间/min	流动相 A 比例/%	流动相 B 比例/%
0～15	10→20	90→80
15～35	20→25	80→75
35～45	25→30	75→70
45～55	30→90	70→10
55～70	90	10

参照物溶液的制备　取迷迭香酸对照品和丹酚酸B对照品适量，精密称定，加甲醇制成每1mL各含0.2mg的溶液，即得。

供试品溶液的制备　取【含量测定】项下的供试品溶液，即得。

测定法　分别精密吸取参照物溶液与供试品溶液各10μL，注入液相色谱仪，测定，记录色谱图，即得。

按中药色谱指纹图谱相似度评价系统，供试品指纹图谱与对照指纹图谱经相似度计算，相似度不得低于0.90。对照指纹图谱见图8-4。

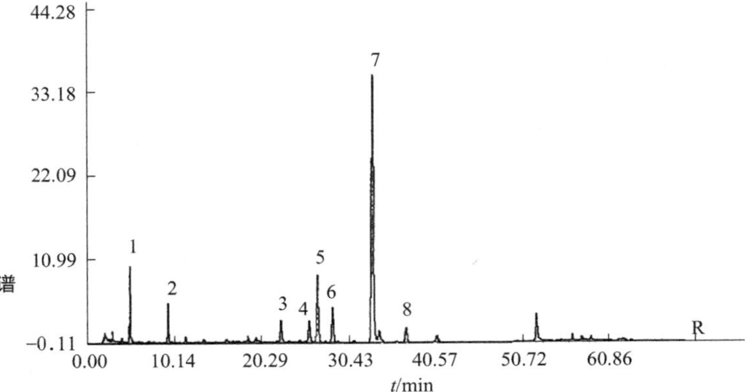

图8-4　丹参总酚酸提取物对照指纹图谱

8个共有峰中，峰2—原儿茶醛；峰5—迷迭香酸；峰6—紫草素；峰7—丹酚酸B

（9）浸出物　浸出物系指用水、乙醇或其他适宜溶剂，有针对性地对药材中可溶性物质进行测定，照《兽药典》2020版二部附录2201“浸出物测定法”测定，并注明所用溶剂及测定方法。含量以药材的干燥品计算。需要特殊处理的样品，要详细写出供试品处理的方法步骤。

根据采用溶剂的不同分为水溶性浸出物、醇溶性浸出物测定法等。

例1　水牛角浓缩粉　【浸出物】照浸出物测定法（《兽药典》2020版二部附录2201）水溶性浸出物测定法项下的热浸法测定，不得少于3.5%。

例2　刺五加浸膏　【浸出物】取本品水浸膏2.5g，精密称定，置100mL具塞锥形瓶中，精密加水25mL使溶散（必要时以玻璃棒搅拌使溶散），再精密加水25mL冲洗瓶壁及玻璃棒，密塞，称定重量，超声处理30min，放冷，再称定重量，用水补足减失的重量，摇匀，滤过，精密量取续滤液25mL，置已干燥至恒重的蒸发皿中，蒸干，于105℃干燥3h，置干燥器中冷却30min，迅速精密称定重量。以干燥品计算供试品中水溶性浸出物的含量，不得少于90.0%。或取本品醇浸膏，照浸出物测定法（《兽药典》2020版二部附录2201）醇溶性浸出物测定法项下的热浸法测定，用甲醇作溶剂，醇溶性浸出物不得少于60.0%。

（10）含量测定　常用的含量测定方法有重量法、容量法、紫外-可见分光光度法、薄层色谱扫描法、高效液相色谱法、气相色谱法及其他检测方法。

含量测定方法的书写格式因分析方法不同而异；书写内容要求层次清楚、叙述准确、文字简明扼要。

同一标准中的含量测定项为两项或以上时，应在各项之前列出被测物（被测药味或被测成分）的名称。当被测成分为某一类化学成分时，列出化学成分类别（总生物碱、总黄酮、总皂苷等）的名称即可。

① 重量法。书写要求为应叙述供试品的提取、分离、纯化步骤以及干燥条件，必要时须写明换算因子（采用四位有效数字）。

② 容量法。容量法包括酸碱滴定法、银量法、容量沉淀滴定法、络合法、碘量法、重铬酸钾法、硫氰酸铵滴定法。

A. 书写要求。当供试品需经过提取或有机破坏后再进行定量分析时，须写出供试品的前处理方法，在标准中给出每 1mL 滴定液相当于被测成分（用分子式表示）的滴定度（采用四位有效数字）。

采用回滴定法时，应根据实验操作，写出“将滴定的结果用空白试验校正”的步骤。

B. 示例。

例　马钱子流浸膏

【含量测定】精密量取本品 10mL，置蒸发皿中，在水浴上蒸干，残渣中加硫酸溶液（3→100）15mL，硝酸 2mL 与亚硝酸钠溶液（1→20）2mL，在 15～20℃放置 30min，移至加有氢氧化钠溶液（1→5）20mL 的分液漏斗中，蒸发皿用少量水洗净，洗液并入分液漏斗中，用三氯甲烷分次振摇提取，每次 20mL，士的宁提尽为止。每次得到的三氯甲烷液均先用同样的氢氧化钠溶液（1→5）5mL 洗涤，再用同样的水洗涤 2 次，每次各 20mL，合并洗净的三氯甲烷液，置水浴上蒸发至近干，加乙醇 5mL，蒸干，并在 100℃干燥 30min，残渣中精密加硫酸滴定液（0.05mol/L）10mL，必要时，微温使溶解，放冷，加甲基红指示液 2 滴，用氢氧化钠滴定液（0.1mol/L）滴定，并将滴定的结果用空白试验校正。每 1mL 硫酸滴定液（0.05mol/L）相当于 33.44mg 的士的宁（$C_{21}H_{22}N_2O_2$）。

本品含士的宁（$C_{21}H_{22}N_2O_2$）应为 1.425％～1.575％。

③ 紫外-可见分光光度法。常用的方法有对照品比较法和比色法。

A. 书写要求。

a. 书写内容包括对照品溶液的制备或标准曲线的制备，供试品溶液的制备，测定方法，含量限度。

b. 对照品溶液的制备方法中需写出对照品溶液配制的具体操作，并注明其浓度。

c. 如使用标准曲线法，需写出用于绘制标准曲线的对照品溶液和空白溶液的配制方法、测定波长及绘制标准曲线的要求。

B. 示例。

例　人参茎叶总皂苷

【含量测定】人参茎叶总皂苷

对照品溶液的制备　取人参皂苷 Re 对照品适量，精密称定，加甲醇制成每 1mL 含 1mg 的溶液，即得。

标准曲线的制备　精密吸取对照品溶液 20μL、40μL、80μL、120μL、160μL、200μL，分别置于具塞试管中，低温挥去溶剂，加 1％香草醛高氯酸试液 0.5mL，置于 60℃恒温水浴上充分混匀后加热 15min，立即用冰水冷却 2min，加 77％硫酸溶液 5mL，摇匀；以相应试剂作空白。照紫外-可见分光光度法（《兽药典》2020 版二部附录 0401），在 540nm 波长处测定吸光度，以吸光度为纵坐标，以浓度为横坐标绘制标准曲线。

测定法　取本品约 50mg，精密称定，置 25mL 量瓶中，加甲醇适量使溶解并稀释至刻度，摇匀，精密量取 50μL，照标准曲线制备项下的方法，自“置于具塞试管中”起依法操作，测定吸光度，从标准曲线上读出供试品溶液中人参皂苷 Re 的量，计算结果乘以 0.84，即得。

本品按干燥品计算，含人参总皂苷以人参皂苷 Re（$C_{48}H_{82}O_{18}$）计，应为 75%～95%。

④ 薄层色谱扫描法。

A. 书写内容包括供试品溶液及对照品溶液的制备方法，点样量，点样形状，薄层板种类，展开剂的溶剂组成及配比，展开条件，检测方法，含量限度。

B. 示例。

例　益母草流浸膏

【含量测定】取本品约 5g，精密称定，用稀盐酸调节 pH 值至 1～2，加在强酸性阳离子交换树脂柱（732 型钠型，内径为 2cm，柱高为 15cm）上，以 8mL/min 的速度用水洗至流出液近无色，弃去水液，再以 2mL/min 的速度用 2mol/L 氨水溶液 150mL 洗脱，收集洗脱液，蒸干，残渣加甲醇使溶解，转移至 10mL 量瓶中，加甲醇至刻度，摇匀，静置，取上清液，作为供试品溶液。另取盐酸水苏碱对照品适量，精密称定，加甲醇制成每 1mL 含 2mg 的溶液，作为对照品溶液。照薄层色谱法（《兽药典》2020 版二部附录 0502）试验，精密吸取供试品溶液 8μL、对照品溶液 3μL 与 8μL，分别交叉点于同一硅胶 G 薄层板上，以正丁醇-乙酸乙酯-盐酸（8∶1∶3）为展开剂，展开，取出，晾干，在 105℃ 加热 15min，放冷，喷以稀碘化铋钾试液-1%三氯化铁乙醇溶液（10∶1）混合溶液至斑点显色清晰，晾干，在薄层板上覆盖同样大小的玻璃板，周围用胶布固定，照薄层色谱法（《兽药典》2020 版二部附录 0502 薄层色谱扫描法）进行扫描，$\lambda_s=510nm$，$\lambda_R=700nm$，测得供试品吸光度积分值与对照品吸光度积分值，计算，即得。

本品含盐酸水苏碱（$C_7H_{13}NO_2 \cdot HCl$）不得少于 0.20%。

⑤ 高效液相色谱法。高效液相色谱法具有专属性强、分离度好的特点，是目前中药制剂最常用的定量分析方法，标准中多采用外标法。

A. 书写要求。

a. 书写内容包括色谱条件与系统适用性试验，对照品溶液的制备方法，供试品溶液制备方法，测定方法，含量限度。

b. 色谱条件与系统适用性试验包括：填充剂、流动相、检测波长、柱温、理论板数等。常用色谱柱填充剂有硅胶和化学键合硅胶，后者以十八烷基硅烷键合硅胶最为常用，辛基硅烷键合硅胶次之，氨基硅烷键合硅胶、苯基硅烷键合硅胶等也有使用，填充剂应写化学名称，一般不写“C18”“C8”，需要规定色谱柱商品规格、型号等的应在填充剂后用括号特殊标明。流动相所用溶剂应按溶剂极性由小到大的顺序排列，比例按体积配制 100mL 量表示；凡梯度洗脱，流动相比例采用表格表示，以有机溶剂相作为流动相 A，含水比例高的为流动相 B；时间段写为××～××，如 0～25；流动相比例随时间变化写为××→××，如 20→43。

c. 凡采用紫外检测器，只要写明检测波长为×××nm 即可，使用其他检测器应写明检测器种类，如蒸发光散射检测器、示差折光检测器等；质谱检测器应列出离子化模式和选择的质荷比等参数。柱温为室温时可不标明，凡柱温 35℃ 以上或因温度变化影响测定结果的，应写明柱温××℃。被测成分与相邻物质峰的分离度大于 1.5，符合附录规定，书写时可以省略。

B. 示例。

例 1　北豆根提取物

蝙蝠葛碱　照高效液相色谱法（《兽药典》2020 版二部附录 0512）测定。

色谱条件与系统适用性试验　以十八烷基硅烷键合硅胶为填充剂；以乙腈-0.05%三

乙胺溶液（45∶55）为流动相；检测波长为284nm。理论板数按蝙蝠葛碱峰计算应不低于6000。

对照品溶液的制备　取蝙蝠葛碱对照品适量，精密称定，置棕色量瓶中，加甲醇制成每1mL含0.2mg的溶液，即得（本品临用新制，避光保存）。

供试品溶液的制备　取本品约30mg，精密称定，置具塞锥形瓶中，精密加甲醇25mL，密塞，称定重量，超声处理（功率140W，频率42kHz）30min，取出，放冷，再称定重量，用甲醇补足减失的重量，摇匀，滤过，即得。

测定法　分别精密吸取对照品溶液与供试品溶液各10μL，注入液相色谱仪，测定，即得。

本品按干燥品计算，含蝙蝠葛碱（$C_{38}H_{44}N_2O_6$）不得少于10.0%。

例2　茵陈提取物

【含量测定】绿原酸　照高效液相色谱法（《兽药典》2020版二部附录0512）测定。

色谱条件与系统适用性试验　以十八烷基硅烷键合硅胶为填充剂；以乙腈-0.05%磷酸溶液（10∶90）为流动相；检测波长为327nm。理论板数按绿原酸峰计算应不低于10000。

对照品溶液的制备　取绿原酸对照品适量，精密称定，置棕色量瓶中，加50%甲醇制成每1mL含40μg的溶液，即得。

供试品溶液的制备　取本品约0.3g，精密称定，置50mL棕色量瓶中，加50%甲醇适量，超声处理使溶解，放冷，加50%甲醇至刻度，摇匀，离心，精密量取上清液3mL，置10mL棕色量瓶中，用50%甲醇稀释至刻度，摇匀，即得。

测定法　分别精密吸取对照品溶液与供试品溶液各10～20μL，注入液相色谱仪，测定，即得。

本品按干燥品计算，含绿原酸（$C_{16}H_{18}O_9$）不得少于1.0%。

对羟基苯乙酮　照高效液相色谱法（《兽药典》2020版二部附录0512）测定。

色谱条件与系统适用性试验　以十八烷基硅烷键合硅胶为填充剂；以乙腈-0.05%磷酸溶液（15∶80）为流动相；检测波长为275nm。理论板数按对羟基苯乙酮峰计算应不低于10000。

对照品溶液的制备　取对羟基苯乙酮对照品适量，精密称定，加50%甲醇制成每1mL含10μg的溶液，即得。

供试品溶液的制备　取【含量测定】绿原酸项下离心后的上清液，即得。

测定法　分别精密吸取对照品溶液与供试品溶液各10～20μL，注入液相色谱仪，测定，即得。

本品按干燥品计算，含对羟基苯乙酮（$C_8H_8O_2$）不得少于0.10%。

⑥ 气相色谱法。主要用于含挥发性成分的含量测定，按《兽药典》附录操作，分为内标法和外标法。

A. 书写要求。

内标法的书写内容包括色谱条件与系统适用性试验、校正因子测定、测定法和含量限度。

外标法的书写内容包括色谱条件与系统适用性试验、对照品溶液制备、供试品溶液制备、测定法和含量限度。

色谱条件与系统适用性试验应规定色谱柱、柱温、理论板数等。气相色谱柱分为毛细管柱和填充柱两大类。毛细管柱应写明弹性石英毛细管柱（或大孔弹性石英毛细管柱），并用括号注明（柱长为××m，内径为××mm，膜厚度为××μm），还应写明交联或键合相商品柱名称。填充柱应写明填充剂、固定液涂布浓度。

柱温为程序升温，书写为“初始温度××℃，保持××min，以每分钟×℃的速率升温至××℃，保持××min……”；检测器温度为××℃；气化（进样口）温度为××℃；如果毛细管气相色谱采用分流进样，则需写明分流比；流速一般情况下不列出。

B. 示例。

例 薄荷脑

【含量测定】照气相色谱法（《兽药典》2020 版二部附录 0521）测定。

色谱条件与系统适用性试验 以交联键合聚乙二醇为固定相的毛细管柱；柱温 120℃；进样口温度 250℃；检测器温度 250℃；分流比 10∶1。理论板数按薄荷脑峰计算应不低于 10000。

对照品溶液的制备 取薄荷脑对照品适量，精密称定，加无水乙醇制成每 1mL 约含 1mg 的溶液，即得。

供试品溶液的制备 取本品约 10mg，精密称定，置 10mL 量瓶中，加无水乙醇溶解并稀释至刻度，摇匀，即得。

测定法 分别精密吸取对照品溶液与供试品溶液各 1μL，注入气相色谱仪，测定，即得。

本品含薄荷脑（$C_{10}H_{20}O$）应为 95.0%～105.0%。

⑦ 其他方法。

例 水牛角浓缩粉

【含量测定】取本品约 0.18g，精密称定，照氮测定法（《兽药典》2020 版二部附录 0703 第一法）测定。

本品按干燥品计算，含总氮（N）不得少于 15.0%。

（11）贮藏 各品种标准中的贮藏项内容，应根据品种的特性而定。一般情况下，植物油脂和提取物均应在阴凉干燥处密封贮藏。遇光易分解的品种还应增加“遮光”的贮藏要求。特殊情况可另行规定。

示例 丹参酮提取物 【贮藏】遮光，密封，置阴凉干燥处。

（12）制剂 作为原料专用于某种制剂品种的植物油脂和提取物，应在标准中设立此项，写明制剂品种的名称。

例 1 三七总皂苷 【制剂】口服制剂，注射剂。

例 2 马钱子流浸膏 【制剂】马钱子酊。

例 3 甘草浸膏 【制剂】甘草流浸膏，甘草颗粒。

8.6.3 兽用中药制剂质量标准的编写内容及要求

中兽药常用制剂目前有散剂、颗粒剂、合剂、片剂、酊剂、注射剂、胶囊剂、可溶性粉剂、微粉剂等，包含成方制剂及单味制剂。质量标准正文涉及的内容及编排格式基本上是统一的，按照名称、处方或来源与含量限度、制法、性状、鉴别、检查、指纹图谱/特征图谱、浸出物、含量测定、功能、主治、用法与用量、注意、规格、贮藏等项顺序编写。除名称外，其余各项加【】作为该项小标题。标准中的物理量量值使用阿拉伯数字；计量单位使用法定计量单位。

8.6.3.1 名称

中兽药制剂系指以中药材、中药饮片或中药提取物及其他药物，经适宜的方法制成的各类制剂。名称包括中文名及汉语拼音。

（1）中文名

① 剂型应放在名称之后。

② 不能采用人名、地名、企业名称。

③ 不采用具有特定含义名词的谐音。如名人名字的谐音等。

④ 不采用夸大、自诩、不切实际的用语。如“宝”“灵”“精”“强力”“速效”等。名称中不能没有明确剂型。不应采用受保护动物命名。

⑤ 不应采用带有封建迷信色彩及不健康内容的用语。

⑥ 尽量不采用“复方”二字命名。

⑦ 字数一般不超过8个。

（2）单味制剂 一般应采用中药材、中药饮片或中药提取物加剂型命名。

（3）复方制剂 根据处方组成的不同情况可酌情采用下列方法命名。

① 由中药材、中药饮片及中药提取物制成的复方制剂进行命名。

② 可采用处方中的药味数、中药材名称、药性、功能等并加剂型命名。鼓励在遵照命名原则的条件下采用具有中医文化内涵的名称。如七味胆膏散。

③ 源自古方的品种，如不违反命名原则，可采用古方名称。如四君子散。

④ 某一类成分或单一成分的复方制剂的命名应采用成分加剂型命名。如黄芪多糖注射液。单味制剂（含提取物）的命名，必要时可用药材拉丁名或其缩写命名。

⑤ 采用处方主要药材名称的缩写并结合剂型命名。如麻杏石甘散由麻黄、苦杏仁、石膏、甘草4味药材组成；麻黄鱼腥草散由麻黄、黄芩、鱼腥草、穿心莲、板蓝根5味药组成。

⑥ 注意药材名称的缩写应选主要药材，其缩写不能组合成违反其他命名要求的含义。

⑦ 采用主要功能加剂型命名。如防腐生肌散、多味健胃散、补中益气散。

⑧ 采用主要药材名和功能结合并加剂型命名。如龙胆泻肝散、通肠芍药散等。

⑨ 采用药味数与主要药材名或药味数与功能并结合剂型命名。如三白散、五皮散、五虎追风散等。

⑩ 由两味药材组方者，可采用方内药物剂量比例加剂型命名。如六一散，由滑石粉、甘草组成，药材剂量比例为6∶1。

⑪ 采用主要药材和药引结合并加剂型命名。如川芎茶调散，以茶水调服。

⑫ 必要时可加该药临床所用的对象名，如蚕用蜕皮液、蜂螨酊等。

⑬ 必要时可在命名中加该药的用法，如山楂乳房灌注剂。

（4）中药与其他药物组成的复方制剂的命名 应符合中药复方制剂命名的基本原则，兼顾其他药物名称。如大黄碳酸氢钠片。

8.6.3.2 处方

处方项内容包括组方药味的名称及用量。单味药制剂不列处方，在制法中说明药味及其分量。

（1）药味名称 中兽药制剂的组方药味多以中药饮片为主，部分含有中药提取物。

① 一般情况下，药味（中药饮片、提取物等）名称均应使用药材质量标准中的名称。

② 仅经过净选、切制加工处理的中药饮片，其名称同药材名称，不必注明炮制方法。如经过净制的黄连写成“黄连”；肉桂（去粗皮）写成“肉桂”。

③ 单列标准的药材炮制品应使用质量标准中的名称。如炙甘草、炙黄芪。

④ 对于药材炮制品标准中收载的炮制品规格，应使用炮制品名称，在其后的括号内注明炮制品规格名称。如附子的几种炮制品规格的名称应分别写成“附子（黑顺片）”“附子（白附片）”“附子（淡附片）”和“附子（炮附片）”，不宜笼统写成“附子（制）”。

⑤ 对药材标准中列有标准的炮制品，应使用炮制品名称。如酒当归、煅石膏、地榆炭、姜半夏。

如果同一炮制品并存多种炮炙方法，必要时应在炮制品名称之后注明所用的炮炙方法。例如：酒女贞子的炮炙方法包括酒炖和酒蒸两种，必要时应注明炮炙法为“酒炖”或“酒蒸”，写成“酒女贞子（酒炖）”或“酒女贞子（酒蒸）”。

⑥ 对于药材标准中未收载的炮制品规格，应采用药材标准中的药材名称，在名称之后加注炮炙方法。如川牛膝（酒蒸）、荆芥（醋炙）、栀子（姜炙）。具体的炮炙方法均应在制剂标准正文之后的“注”项中写明。

⑦ 对于某些毒性较大且必须生用的中药饮片，应在其名称前冠以“生”字。如生川乌、生天南星、生半夏、生马钱子。

⑧ 使用药材鲜品时，须在药味名称前加“鲜”字。如鲜鱼腥草、鲜地黄。

⑨ 处方药味并列使用多种替代品的，应在处方中并列替代品的名称。如牛黄（或体外培育牛黄、人工牛黄）。

⑩ 当药材标准中植物来源并存多种，而制剂中对此药材的植物来源有所限制时，药味名称仍使用法定标准中的名称，但其植物来源在标准正文后注明。书写要求同正文。

⑪ 处方药味为无法定标准的中药提取物时，应在制剂标准正文后附上其特定的标准，如果此提取物无特定标准，则须在制剂标准正文后注明其制备方法。

（2）药味排序

① 一般情况下，中药药味按中兽医理论的“君臣佐使”顺序排列。

② 天然药复方制剂可按药味作用的主次顺序排列。

③ 含化学药的制剂应以中药在前排序。

（3）处方量

① 各药味处方量应与成品制成量相对应，通常按1000单位（g、mL、粒、片等）的成品制成量来进行折算。

② 酒剂、酊剂、洗剂等的药味处方量可按1000制剂单位的制成量来进行折算。

③ 一般情况下，药味的处方量采用整数。

④ 处方量使用法定计量单位，重量以“g”为单位，体积以“mL”为单位。

（4）药引及辅料 处方中的药引（如生姜、大枣等），如为粉碎混合的，列入处方中；煎汁或压榨取汁的，不列入处方，但应在制法项注明药引的名称、用量。一般辅料及添加剂，如炼蜜、酒、蔗糖、防腐剂等，亦不列入处方，可在制法中说明。

8.6.3.3 制法

制法项应考虑到各生产厂的设备条件、产量及经验等情况，在保证质量的前提下，如实简明扼要地叙述关键工艺过程。

（1）书写要求

① 制法项的书写内容包括药味数目，药味的处理方法或提取方式，所用溶剂的名称，浓缩、干燥、纯化和制剂成型等操作步骤，辅料和添加剂的名称及用量，成品制成量等。

② 药味粉末的粗细程度用《兽药典》凡例中粉末分等的术语来表述。如粗粉、中粉、细粉、极细粉等。

凡用药筛筛号或筛网目数来表述粉末粗细程度的，应参照凡例中粉末分等与药筛筛号、筛网目数的对应关系，进行规范书写。

③ 采用渗漉提取方法时，应写明所用溶剂的名称及用量或渗漉液的收集量。

④ 用乙醇作提取溶剂时，应写明乙醇的浓度。

⑤ 采用水提醇沉工艺时，应写明醇沉前浓缩药液的相对密度及测定温度、醇沉时药液中的乙醇含量。

⑥ 用树脂柱进行纯化处理的工艺，应写明所用树脂的骨架类型。

⑦ 一般情况下，用于调节成品制成量的辅料可不规定用量；必要时应规定辅料（如蔗糖）的用量范围。

⑧ 除丸剂、散剂、煎膏剂外，其他制剂的品种一般情况下应规定成品制成量。

（2）示例

① 散剂。

例 1　二陈散　【制法】以上 4 味，粉碎，过筛，混匀，即得。

例 2　十黑散　【制法】以上前 9 味，均炒黑，与血余炭共粉碎，过筛，混匀，即得。

例 3　七味胆膏散　【制法】以上 7 味，除胆膏外，其余 6 味粉碎成细粉，将胆膏用适量水溶解，混入以上细粉中，充分搅拌，于 60℃以下干燥，过筛，混匀，即得。

② 颗粒剂。

例　四黄止痢颗粒　【制法】以上 6 味加水煎煮 2 次，第一次 2h，第二次 1h，合并煎液，滤过，滤液浓缩至相对密度为 1.32～1.35 的稠膏，加蔗糖和糊精适量，混匀，制成颗粒，干燥，制成 1000g，即得。

③ 酊剂。

例 1　大黄酊　【制法】取大黄最粗粉 200g，照酊剂项下的渗漉法（《兽药典》2020 版二部附录 0109），用 60％乙醇作溶剂，浸渍 24h，以 3～5mL/min 的速度缓缓渗漉，收集渗漉液达 800mL 时，停止渗漉，加入甘油 100mL，用 60％乙醇稀释至 1000mL，即得。

例 2　肉桂酊　【制法】取肉桂粗粉 200g，照酊剂项下的浸渍法（《兽药典》2020 版二部附录 0109），用 70％乙醇作溶剂，浸渍 5～7 天，浸渍液再加 70％乙醇至 1000mL，即得。

④ 片剂。

例 1　黄连解毒片　【制法】以上 4 味，粉碎，过筛，混匀，制粒，干燥，压制成 650 片，即得。

例 2　杨树花片　【制法】将杨树花处方总量的 1/2 加水煎煮 2 次，合并煎液，滤过，减压浓缩至稠膏。将杨树花另 1/2 粉碎成细粉，与稠膏混匀，制粒，干燥，压片即得。

例 3　板蓝根片　【制法】以上 3 味，板蓝根粉碎，取细粉 155g；其余粗粉与茵陈、甘草加水煎煮3次，合并煎液，滤过，滤液浓缩成稠膏，与上述细粉混匀，制成颗粒，干燥，压制成1000片，即得。

⑤ 合剂（口服液）。

例1　四逆汤　【制法】以上3味，淡附片、炙甘草加水煎煮2次，第一次2h，第二次1.5h，合并煎液，滤过；干姜通水蒸气蒸馏提取挥发油，挥发油和蒸馏后的水溶液备用；姜渣再加水煎煮1h，煎液与上述水溶液合并，滤过，再与淡附片、炙甘草的煎液合并，浓缩至约400mL，放冷，加乙醇1200mL，搅匀，静置24h，滤过，减压浓缩至适量，用适量水稀释，冷藏24h，滤过，加单糖浆300mL、苯甲酸钠3g与上述挥发油，加水至1000mL，搅匀，灌封，灭菌，即得。

例2　双黄连口服液　【制法】以上3味，黄芩切片，加水煎煮3次，第一次2h，第二、三次各1h，合并煎液，滤过，滤液浓缩并在80℃时加入2mol/L盐酸溶液适量调节pH值至1.0～2.0，保温1h，静置12h，滤过，沉淀加6～8倍量水，用40%氢氧化钠溶液调pH值至7.0，再加等量乙醇，搅拌使溶解，滤过，滤液用2mol/L盐酸溶液调pH值至2.0，60℃保温30min，静置12h，滤过，沉淀加乙醇洗至pH值至7.0，挥尽乙醇备用。金银花、连翘加水温浸半小时后，煎煮2次，每次1.5h，合并煎液，滤过，滤液浓缩至相对密度为1.20～1.25（70～80℃测），冷至40℃时缓慢加入乙醇，使含醇量达75%，充分搅拌，静置12h，滤取上清液，残渣加75%乙醇适量，搅匀，静置12h，滤过，合并乙醇液，回收乙醇至无醇味，加入黄芩提取物，并加水适量，以40%氢氧化钠溶液调pH值至7.0，搅匀，冷藏（4～8℃）72h，滤过，滤液调节pH值至7.0，加水制成1000mL，搅匀，静置12h，滤过，灌装，灭菌，即得。

⑥ 软膏剂。

例1　白及膏　【制法】以上3味，分别研成细粉。取醋适量，入锅加温，再加入白及粉，不断搅拌，直至熬成稠膏，离火候温，再加入乳香、没药细粉，搅匀，即得。

例2　紫草膏　【制法】将紫草、金银花、当归、白芷用麻油在文火上炸枯，去渣后加入白蜡，候温加入冰片，搅匀，即得。

⑦ 注射剂。

例1　鱼腥草注射液　【制法】取鲜鱼腥草2000g，水蒸气蒸馏，收集初馏液2000mL，再进行重蒸馏，收集重蒸馏液约1000mL，加入7g氯化钠及2.5g聚山梨酯80，混匀，加注射用水至1000mL，滤过，灌封，灭菌，即得。

例2　柴胡注射液　【制法】取北柴胡1000g，切段，加水11000mL，70℃温浸8h。经水蒸气蒸馏（保持提取温度为100℃，避免暴沸），收集初馏液6000mL，再重新蒸馏，收集重馏液约1000mL。加入3g聚山梨酯80，搅拌使油完全溶解，再加入氯化钠9g，溶解后，滤过，加注射用水至1000mL，用10%氢氧化钠溶液调节pH值至7.0，用微孔滤膜（0.45μm）滤过，灌封，灭菌，即得。

⑧ 锭剂。

例　保健锭　【制法】大黄、陈皮、龙胆、甘草4味粉碎成中粉；将樟脑、薄荷脑溶于适量乙醇中，再加入上述粉末及适量滑石粉、淀粉，总量为100g，混匀，压制成锭，阴干，即得。

⑨ 灌注剂。

例　促孕灌注液　【制法】以上3味，加水煎煮提取后，滤过，滤液浓缩，放冷，分别加入乙醇和明胶溶液除去杂质，药液加注射用水至1000mL，煮沸，冷藏，滤过，加葡萄糖 50g 使溶解，精滤，灌封，灭菌，即得。

⑩ 丸剂。

例　穿白痢康丸　【制法】以上 7 味，粉碎成细粉，过筛，混匀，用水泛丸，低温干燥，包衣，打光，干燥，即得。

8.6.3.4 性状

性状项是对兽药除去包装后的外观和气味进行描述，按颜色、外形、气味依次描述。通常描述外观与气味的语句之间使用分号。

（1）书写要求

① 中药制剂的颜色多为复合色，通常限定在一定的范围内。对复合颜色的描述以辅色在前、主色在后，如“黄棕色”是以棕色为主、黄色为辅。对颜色范围的描述应由浅至深。如黄棕色至棕色。应尽量避免使用不确切的词汇，如米黄色、豆青色、土黄色等。

② 注射剂品种不要求描述“气”和“味”。

③ 外用药不要求描述“味”。

④ 颗粒剂有多种规格时，如果因辅料的性质或用量差别较大而导致不同规格产品的性状有较大差别，可分别描述各规格产品的性状。

⑤ 糖衣丸和薄膜衣丸应先写明包衣材料及丸的类别，再描述丸心的颜色；采用其他材料包衣的丸剂，先写明丸的类别及外观颜色，再描述丸心的颜色。

（2）示例

① 散剂。

例 1　激蛋散　【性状】本品为黄棕色的粉末；气香，味微苦、酸、涩。

例 2　千金散　【性状】本品为淡棕黄色至浅灰褐色的粉末；气香窜，味淡、辛、咸。

② 颗粒剂。

例　板青颗粒　【性状】本品为浅黄色或黄褐色的颗粒；味甜、微苦。

③ 酊剂。

例　大黄酊　【性状】本品为红棕色的液体；味苦、涩。

④ 片剂。

例 1　麻杏石甘片　【性状】本品为淡灰黄色片；气微香，味辛、苦、涩。

例 2　鸡痢灵片　【性状】本品为棕黄色片；气微，味苦、涩。

⑤ 合剂（口服液）。

例 1　四逆汤　【性状】本品为棕黄色的液体；气香，味甜、辛。

例 2　双黄连口服液　【性状】本品为棕红色的澄清液体；味微苦。

⑥ 软膏剂。

例 1　白及膏　【性状】本品为灰黄色的软膏。

例 2　紫草膏　【性状】本品为棕褐色的软膏；具特殊的油腻气。

⑦ 注射剂。

例 1　板蓝根注射液　【性状】本品为棕黄色至棕色的澄明液体。

例 2　柴胡注射液　【性状】本品为无色或微乳白色的澄明液体；气芳香。

⑧ 锭剂。

例　保健锭　【性状】本品为黄褐色扁圆形的块体；有特殊芳香气，味辛、苦。

⑨ 灌注剂。

例　促孕灌注液　【性状】本品为棕黄色的液体，久置后如显浑浊，加热应澄清。

⑩ 丸剂。

例　穿白痢康丸　【性状】本品为黑色的水丸，除去包衣后显黄棕色至棕褐色，味苦。

8.6.3.5　鉴别

中兽药制剂常用的鉴别方法有显微鉴别和理化鉴别。书写顺序为显微鉴别在先，理化鉴别在后。理化鉴别的书写顺序依次为一般理化鉴别、光谱鉴别、色谱鉴别。其中色谱鉴别按薄层色谱鉴别、液相色谱鉴别、气相色谱鉴别的顺序书写。

当理化鉴别项与其他品种标准中的某鉴别项内容相同时，不宜再简写成“取本品，照××（其他品种名称）项下的鉴别项试验，显相同的结果（反应）”，而应写出完整的鉴别项内容。

（1）显微鉴别

① 书写要求。

a. 显微鉴别的制片过程可简写成“取本品，置显微镜下观察：”，之后描述各药味的显微特征，文字描述要求简明扼要，无须注明是什么药材的特征（在起草说明中分别注明）。

b. 应优先选择药味易检出且无干扰的显微特征用于鉴别。

c. 不同品种的同一药味的显微鉴别所选用的显微特征相同时，文字描述应尽量一致。

d. 同一药味的不同显微特征之间使用分号，不同药味的显微特征之间使用句号。

② 示例。

例 1　黄连解毒散　【鉴别】取本品，置显微镜下观察：纤维束鲜黄色，壁稍厚，纹孔明显。纤维淡黄色，梭形，壁厚，孔沟细。纤维束鲜黄色，周围细胞含草酸钙方晶，形成晶纤维，含晶细胞的壁木化增厚。种皮石细胞黄色或淡棕色，多破碎，完整者长多角形、长方形或形状不规则，壁厚，有大的圆形纹孔，胞腔棕红色。

例 2　健猪散　【鉴别】取本品，置显微镜下观察：草酸钙簇晶大，直径 60～140μm。纤维束无色，周围薄壁细胞含草酸钙方晶，形成晶纤维。草酸钙方晶成片存在于薄壁组织之中。用乙醇装片观察，不规则结晶近无色，边缘不整齐，表面有细长裂隙且显颗粒性。

（2）一般理化鉴别　中兽药制剂的一般理化鉴别主要采用《兽药典》2020 版二部附录 0301 中收载的方法，用于鉴别盐基、酸根、金属离子。除此之外，还有少量的其他显色反应、沉淀反应、升华试验等。

① 书写要求：参见 8.6.2.2（6）相关内容。

② 示例。

例 1　三白散　【鉴别】取本品 1g，加稀盐酸 20mL，煮沸，充分搅拌，放冷，滤过，滤液显钠盐（《兽药典》2020 版二部附录 0301）、钙盐（《兽药典》2020 版二部附录 0301）与硫酸盐（《兽药典》2020 版二部附录 0301）的鉴别反应。

例 2　鸡痢灵散　【鉴别】取本品 0.2g，加水湿润后加氯酸钾饱和的硝酸溶液 2mL，振摇，滤过，滤液加 10%氯化钡溶液，生成白色沉淀。放置后，倾出上层酸液，再加水 2mL，振摇，沉淀不溶解。

（3）色谱鉴别　中兽药制剂常用的色谱鉴别方法有薄层色谱鉴别、高效液相色谱鉴别和气相色谱鉴别。

色谱鉴别需要选择适宜的色谱条件，以专属性对照物质（对照品、对照药材、对照提取物）作对照，考察色谱图中供试品与对照物质的特征斑点或特征色谱峰所对应的情况。

① 薄层色谱鉴别。薄层色谱法为中药制剂最为常用的鉴别方法，需选择适宜的色谱条件，采用具专属性的对照物质（对照品、对照药材、对照提取物）作对照，在特定光源下检视供试品色谱中与对照物质色谱相对应的斑点或荧光斑点。

A. 书写要求：参见 8.6.2.2（6）相关内容。

B. 示例。

例 1　穿白痢康丸　【鉴别】取本品 2g，研细，加甲醇 20mL，超声处理 20min，滤过，滤液蒸干，残渣加甲醇 5mL 使溶解，置铺有滤纸与氧化铝的滤器滤过，滤液浓缩至 1mL，作为供试品溶液。另取脱水穿心莲内酯对照品、穿心莲内酯对照品，加乙醇制成每 1mL 各含 1mg 的混合溶液，作为对照品溶液。照薄层色谱法（《兽药典》2020 版二部附录 0502）试验，吸取上述两种溶液各 5μL，分别点于同一硅胶 GF_{254} 薄层板上，以三氯甲烷-乙酸乙酯-甲醇（4：3：0.4）为展开剂，展开，取出，晾干，置紫外光灯（254nm）下检视。供试品色谱中，在与对照品色谱相应的位置上，显相同颜色的斑点。

例 2　通关散　【鉴别】取本品 4g，加甲醇 20mL，超声处理 20min，滤过，滤液蒸干，残渣加水 15mL 使溶解，用乙醚振摇提取 2 次，每次 20mL，合并乙醚提取液，挥干，残渣加乙酸乙酯 1mL 使溶解，作为供试品溶液。另取细辛对照药材 2g，加甲醇 20mL，同法制成对照药材溶液。照薄层色谱法（《兽药典》2020 版二部附录 0502）试验，吸取上述两种溶液各 5μL，分别点于同一硅胶 G 薄层板上，以正己烷-三氯甲烷-乙酸乙酯（16：3：4）为展开剂，展开，取出，晾干，喷以 5%香草醛硫酸溶液，在 105℃加热至斑点显色清晰。供试品色谱中，在与对照药材色谱相应的位置上，显相同颜色的主斑点。

② 高效液相色谱鉴别。

A. 书写要求。

a. 书写内容。高效液相色谱鉴别项的书写内容包括供试品溶液、对照物质（对照药材、对照提取物、对照品）溶液的制备方法、色谱条件、测试结果评判标准。

b. 色谱条件。应写明色谱柱、流动相、检测器等条件。采用梯度洗脱时，流动相比例的变化及所对应的时间以表格的形式列出。

c. 供试品溶液、对照物质溶液的制备方法。书写要求同薄层色谱鉴别的有关要求。

d. 测试结果评判标准。一般色谱鉴别的测试结果评判标准为：供试品色谱图中应呈现与对照物质（对照药材、对照提取物、对照品）色谱峰保留时间相对应的色谱峰。

B. 示例。

例　金根注射液　在【含量测定】项下记录的供试品色谱图中，应呈现与对照品色谱峰保留时间相同的色谱峰。

③ 气相色谱鉴别。气相色谱法用于含挥发油、其他挥发性成分制剂的鉴别。

A. 书写要求。

a. 书写内容。气相色谱鉴别项的书写内容包括供试品溶液、对照物质（对照药材、对照提取物、对照品）溶液的制备方法、色谱条件、进样量、测试结果评判标准。

b. 色谱条件。应写明检测器种类（氢火焰检测器除外）、固定相、涂布浓度、柱长、柱温等。

c. 供试品溶液、对照物质溶液的制备方法。同薄层色谱鉴别的有关要求。

d. 测试结果评判标准。同高效液相色谱鉴别的有关要求。

B. 示例。

例　藿香正气口服液标准中的紫苏叶油　取本品约 30mg，加无水乙醇-正己烷（1∶1）混合溶液 1mL，摇匀，作为供试品溶液。另取紫苏叶油对照提取物 30mg，同法制成对照提取物溶液。再取紫苏醛对照品适量，加无水乙醇-正己烷（1∶1）混合溶液制成每 1mL 含 1mg 的溶液，作为对照品溶液。照气相色谱法（附录 0521）试验，以交联 5%苯基甲基聚硅氧烷为固定相的毛细管柱（柱长为 30m，内径为 0.32mm，膜厚度为 0.25μm）。柱温为程序升温：初始温度为 60℃，保持 10min，以 8℃/min 的速率升温至 115℃，保持 30min，再以 15℃/min 的速率升温至 230℃，保持 5min，分流比为 30∶1。分别吸取以上三种溶液各 1μL，注入气相色谱仪，记录色谱图。除溶剂峰外，供试品色谱中应呈现与对照提取物色谱峰保留时间相同的主色谱峰，与对照品色谱峰保留时间相同的色谱峰。

8.6.3.6 检查

（1）书写要求

① 当检查项与制剂通则中规定完全相符时，书写内容简化为：其他　应符合××剂项下有关的各项规定（附录××）。

② 若制剂通则中的某个常规检查项不列入制剂标准中，需予以明确，写为：其他　除××（检查项目名称）不检查外，其他应符合××剂项下有关的各项规定（附录××）。

③ 当有检查项需要单列时，应先写出单列的检查项，再将符合制剂通则的其他检查项写为：其他　应符合××剂项下有关的各项规定（附录××）。

④ 当需要先对供试品进行分离和净化处理后再按附录中的方法进行试验时，应首先叙述供试品的处理过程，然后再应用附录中的方法，书写时应注意内容的文字衔接。

⑤ 当附录中规定的测试方法为两种或以上时，在注明附录编号的同时还需注明所采用的测试方法，以免测试方法选择不当而影响测试结果的真实性。

⑥ 需单列的检查项。在标准中，需要单列的检查项：毒性成分的限量检查，如乌头碱限量；物理常数检查，如相对密度等；需在标准中规定检测限度的常规检查项，如 pH 值等；由于特殊原因不能执行附录中某些检测项目的有关规定，而在标准中对检测方法或限度另有规定的检查项，如水分、重（装）量差异等，当检测限度另有规定时，应单列。

⑦ 常见单列检查项的排序。某种成分的限量检查；物理常数；相对密度；pH 值；乙醇量；总固体；水分；炽灼残渣；重（装）量差异；溶散（崩解）时限；重金属；砷盐；重金属及有害元素（铅、镉、砷、汞、铜）；残留树脂有机物；残留溶剂；含量均匀度；注射剂有关物质检查（蛋白质、鞣质、树脂）；注射剂安全检查（无菌、异常毒性、降压物质、过敏反应、热原、内毒素等）。

（2）示例

例 1　大黄末

土大黄苷　取本品粉末 0.1g，加甲醇 10mL，超声处理 20min，滤过，取滤液 1mL，加甲醇至 10mL，作为供试品溶液。另取土大黄苷对照品，加甲醇制成每 1mL 含 10μg 的溶液，作为对照品溶液（临用新制）。照薄层色谱法（附录 0502）试验，吸取上述两种溶液各 5μL，分别点于同一聚酰胺薄膜上，以甲苯-甲酸乙酯-丙酮-甲醇-甲酸（30∶5∶5∶20∶0.1）为展开剂，展开，取出，晾干，置紫外光灯（365nm）下检视。供试品色谱中，在与对照品色谱相应的位置上，不得显相同的亮蓝色荧光斑点。

例 2　藿香正气口服液

相对密度　应不低于 1.01（附录 0601）。

pH 值　应为 4.5～6.5（附录 0631）。

其他　应符合合剂项下有关的各项规定（附录 0110）。

例 3　颠茄流浸膏

乙醇量　应为 52%～66%（附录 0711）。

总固体　精密量取本品 10mL，置已干燥至恒重的蒸发皿中，蒸干，在 105℃ 干燥 3h，移至干燥器中，冷却 30min，迅速称定重量。本品含总固体不得少于 1.7g。

例 4　解暑抗热散

重金属　取本品 1.0g，照重金属检查法（附录 0821 第二法）检查，不得过 20mg/kg。

其他　除水分外，应符合散剂项下有关的各项规定（附录 0101）。

例 5　仁香散

粒度　通过四号筛不得少于 90%（附录 0941）。

水分　不得过 12.0%（附录 0832）。

例 6　鱼腥草注射液

聚山梨酯 80　精密量取本品 1mL，置锥形瓶中，加铵钴硫氰酸盐溶液 15mL（取硝酸钴 6g，硫氰酸铵 40g，加水使溶解并稀释至 200mL，摇匀，即得），精密加入二氯甲烷 10mL，称定重量，用振荡器振荡 15min，取出再称定重量，用二氯甲烷补足减失的重量，移至分液漏斗中，静置 15min，分取二氯甲烷液，作为供试品溶液。另取聚山梨酯 80 对照品适量，精密称定，加水制成每 1mL 含 2.5mg 的溶液，与供试品液同法制成对照品溶液。照紫外-可见分光光度法（附录 0401），在 623nm 波长处分别测定吸收度，计算，即得。

本品含聚山梨酯 80 不得过 0.27%。

蛋白质、树脂　照注射剂有关物质检查法（附录 0113）检查，应符合规定。

炽灼残渣　取本品 25mL，依法检查（附录 0841），不得过 1.2%。

8.6.3.7 特征图谱

中兽药制剂的特征图谱需要选择制剂的某已知活性成分或特征成分作为参照物，以色谱图中的多个特征峰或特征斑点作为指标；液相色谱法和气相色谱法要求限定各特征峰的相对保留时间，与对照图谱比较进行结果判定。

书写要求参见“8.6.2.2（8）相关内容”。

例　鱼腥草注射液

【特征图谱】照气相色谱法（附录 0521）测定。

色谱条件和系统适用性试验　色谱柱：DB-17MS 毛细管气相色谱柱（30m × 0.25mm，0.25μm）。程序升温：初始 75℃，保持 5min，以 5℃/min 的速率升至 150℃，保持 5min，再以 10℃/min 升至 250℃；进样口温度为 250℃；检测器（FID）温度为 280℃；流速为 1mL/min，分流进样，分流比为 10∶1。理论板数按甲基正壬酮峰计算应大于 10000。

参照物溶液的制备　取甲基正壬酮对照品适量，精密称定，加正己烷制成每 1mL 含 0.25mg 的溶液，即得。

供试品溶液的制备　精密量取本品 60mL，置圆底烧瓶中，连接挥发油测定器，自测定器上端加水充满刻度部分，加入正己烷 1mL，连接回流冷凝管，加热至沸，保持微沸 40min，冷却至室温，分取正己烷层，加无水硫酸钠约 0.4g，振摇，正己烷液移至 2mL 量瓶中，并用正己烷适量洗涤无水硫酸钠，洗液并入同一量瓶中，加正己烷稀释至刻度，摇匀，即得。

测定法　分别量取参照物溶液和供试品溶液各 1μL，注入气相色谱仪，测定，即得。

供试品特征图谱中应有 4 个特征峰，并出现与甲基正壬酮参照物峰保留时间相同的色谱峰，与参照物峰相应的峰为 S 峰，计算各特征峰与 S 峰的相对保留时间，其相对保留时间应在规定值的 ±8% 之内。规定值为 0.890（峰 1）、0.927（峰 2）、1.000（峰 S）、1.029（峰 3）。其中峰 1 与参照物（0.25μg/μL）峰峰面积比值应不得低于 0.15。特征图谱如图 8-5。

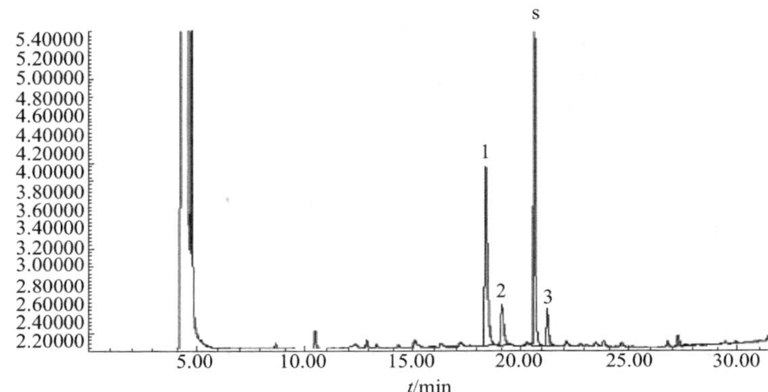

图 8-5　鱼腥草注射液气相色谱图

峰 1—4-萜烯醇；峰 2—α-松油醇；峰 S—甲基正壬酮；峰 3—乙酸龙脑酯

8.6.3.8　浸出物

一些中药制剂还可以控制浸出物的量以控制产品质量，但必须具有针对性和控制质量的意义。要有足以说明问题的试验数据，凡收载含量测定项，可不规定此项。

书写要求参照“8.6.2.2（9）”中的有关要求。

8.6.3.9　含量测定

用于中兽药制剂的含量测定方法有重量法、容量法、分光光度法、薄层色谱扫描法、高效液相色谱法、气相色谱法等。书写格式因分析方法不同而异；书写内容要求层次清楚、叙述准确、文字简明扼要。

同一标准中的含量测定项为两项或以上时，应在各项之前列出被测物（被测药味或被测成分）的名称。根据不同情况，具体要求如下：

单味药制剂：应分项列出被测成分（单一化学成分或某一类化学成分）的名称。

复方制剂：当各项的被测成分分别归属不同药味时，应分项列出药味的名称；当不同项的被测成分归属同一药味时，应先列出药味名称，再分项列出被测成分的名称；当被测成分为多种药味的共有成分时，应在项目前并列各药味的名称；当被测成分为某一类化学成分时，列出化学成分类别（总生物碱、总黄酮、总皂苷等）的名称即可。

（1）重量法

① 书写要求。应叙述供试品的提取、分离、纯化步骤以及干燥条件，必要时须写明换算因子（采用四位有效数字）。

② 示例。

例　通肠散

【含量测定】取本品约1g，精密称定，置坩埚中，缓缓炽热，注意避免燃烧，至完全炭化时，逐渐升高温度至500～600℃，使完全灰化，将残渣移至200mL量瓶中，坩埚用100mL水分数次洗涤，洗液并入量瓶中，再加水50mL，使残渣溶解，加水至刻度，摇匀，用干燥滤纸滤过，弃去初滤液，精密量取续滤液100mL，置250mL烧杯中，加盐酸0.5mL，煮沸，不断搅拌，并缓缓加入热氯化钡试液（15～20mL），至不再生成沉淀，置水浴上加热30min，静置1h，用无灰滤纸滤过，沉淀用水分次洗涤，至洗液不再显氯化物的鉴别反应，干燥，炽灼至恒重，精密称定，所得沉淀重量与0.6086相乘，即得供试品中含有硫酸钠（Na_2SO_4）的重量。

本品含玄明粉以硫酸钠（Na_2SO_4）计，应为36%～44%。

（2）容量法　容量法包括酸碱滴定法、银量法、容量沉淀滴定法、络合法、碘量法、重铬酸钾法、硫氰酸铵滴定法。

① 书写要求。当供试品需经过提取或有机破坏后再进行定量分析时，须写供试品的前处理方法，在标准中给出每1mL滴定液相当于被测成分（用分子式表示）的滴定度（采用四位有效数字）。

采用回滴定法时，应根据实验操作，写出“将滴定的结果用空白试验校正”的步骤。

② 示例。

例1　马钱子酊（番木鳖酊）

【含量测定】精密量取本品100mL，置蒸发皿中，在水浴上蒸干，残渣加硫酸溶液（3→100）15mL，硝酸2mL与亚硝酸钠溶液（1→20）2mL，在15～20℃放置30min，移至贮有氢氧化钠溶液（1→5）20mL的分液漏斗中，蒸发皿用少量水洗净，洗液并入分液漏斗中，用三氯甲烷分次振摇提取，每次20mL，至士的宁提尽。每次得到的三氯甲烷液均先用同样的氢氧化钠溶液（1→5）5mL洗涤，再用同样的水洗涤2次，每次各20mL，合并洗净的三氯甲烷液，置水浴上蒸发至近干，加乙醇5mL，蒸干，并在100℃干燥30min，残渣中精密加硫酸滴定液（0.05mol/L）10mL，必要时，微热使溶解，放冷，加甲基红指示液2滴，用氢氧化钠滴定液（0.1mol/L）滴定，并将滴定的结果用空白试验校正。每1mL硫酸滴定液（0.05mol/L）相当于33.44mg的士的宁（$C_{21}H_{22}N_2O_2$）。

本品含士的宁（$C_{21}H_{22}N_2O_2$）应为0.119%～0.131%。

例2　朱砂散

【含量测定】取本品约3.4g，精密称定，置250mL凯氏烧瓶中，加硫酸25mL与硝酸钾3g，加热待溶液至棕色，放冷，再加硫酸5mL与硝酸钾2g，加热待溶液至近无色，再放冷后，转入250mL锥形瓶中，用水50mL分次洗涤烧瓶，洗液并入溶液中，滴加1%高锰酸钾溶液至显粉红色（以2min内不消失为度），再滴加2%硫酸亚铁溶液至红色消失，加硫酸铁铵指示液2mL，用硫氰酸铵滴定液（0.1mol/L）滴定。每1mL硫氰酸铵滴定液（0.1mol/L）相当于11.63mg的硫化汞（HgS）。

本品含朱砂以硫化汞（HgS）计，应为2.2%～3.2%。

（3）紫外-可见分光光度法　常用的方法有对照品比较法和比色法。

① 书写要求。

a. 书写内容包括对照品溶液的制备，标准曲线的制备，供试品溶液的制备，测定方法，含量限度。

b. 对照品溶液的制备方法中须写出对照品溶液配制的具体操作，并注明其浓度。

c. 如使用标准曲线法，在标准曲线的制备方法中须写出用于绘制标准曲线的对照品溶液和空白溶液的配制方法、测定波长及绘制标准曲线的要求。

② 示例。

例 黄芪多糖注射液

【含量测定】对照品溶液的制备 取无水葡萄糖对照品适量，精密称定，加水使溶解，制成每 1mL 含 0.3mg 的溶液，摇匀；精密量取 5mL，置 50mL 量瓶中，加水至刻度，摇匀，即得。

供试品溶液的制备 精密量取本品 3mL，置 100mL 量瓶中，加水稀释至刻度，摇匀；精密量取 5mL，置 50mL 量瓶中，加水至刻度，摇匀，即得。

测定法 精密量取对照品溶液与供试品溶液各 2mL，分别置 25mL 量瓶中，精密加入 5%的苯酚（新蒸馏）溶液 1mL，再迅速精密加入浓硫酸 5mL，边加边振摇，放置 10min，置水浴中加热 15min，立即置冰水浴中冷却 5min，取出，放至室温。同时做空白试验校正，照紫外-可见分光光度法（《兽药典》2020 版二部附录 0401）在 490nm 波长处测定吸光度，计算，即得。

（4）薄层色谱扫描法 薄层色谱扫描法用于含量测定时，方法按照《兽药典》2020 版二部附录 0502 操作，一般采用外标两点法。

书写内容包括供试品溶液及对照品溶液的制备方法，点样量，点样形状，薄层板种类，展开剂的组成及配比，展开条件，检测方法，含量限度。

（5）高效液相色谱法 高效液相色谱法具有专属性强、分离度好的特点，是目前中药制剂最常用的定量分析方法，标准中多采用外标法。外标法通常系按峰面积计算被测成分的含量，在文字上无须表述。

①书写要求。

书写内容包括色谱条件与系统适用性试验，对照品溶液的制备方法，供试品溶液制备方法，测定方法，含量限度。书写要求参见“8.6.2.2（10）”中相关内容。

② 示例。

例 1 二母冬花散

【含量测定】照高效液相色谱法（《兽药典》2020 版二部附录 0512）测定。

色谱条件与系统适用性试验 以十八烷基硅烷键合硅胶为填充剂；甲醇-水-磷酸（47∶53∶0.2）为流动相；检测波长为 280nm。理论板数按黄芩苷峰计算应不低于 2000。

对照品溶液的制备 取黄芩苷对照品适量，精密称定，加 70%乙醇制成每 1mL 含 60μg 的溶液，即得。

供试品溶液的制备 取本品约 0.5g，精密称定，置 100mL 量瓶中，加 70%乙醇 70mL，超声处理 30min，放冷，加 70%乙醇至刻度，摇匀滤过，即得。

测定法 分别精密吸取对照品溶液与供试品溶液各 10μL，注入液相色谱仪，测定，即得。

本品每 1g 含黄芩按黄芩苷（$C_{21}H_{18}O_{11}$）计，不得少于 6.5mg。

例 2 银黄提取物口服液

【含量测定】照高效液相色谱法（《兽药典》2020 版二部附录 0512）测定。

色谱条件与系统适用性试验 以十八烷基硅烷键合硅胶为填充剂；以乙腈为流动相

A，以 0.4%磷酸溶液为流动相 B，按表 8-5 中的规定进行梯度洗脱；检测波长为 327nm。理论板数按绿原酸峰计算应不低于 2000。

表 8-5　梯度洗脱程序表

时间/min	流动相 A 比例/%	流动相 B 比例/%
0～10	10	90
10～20	10→40	90→60
20～25	40→50	60→50
25～30	50→10	50→90
30～35	10	90

对照品溶液的制备　取绿原酸对照品 10mg，精密称定，置 100mL 棕色量瓶中，加 50%甲醇溶解后稀释至刻度，摇匀；精密量取 2mL，置 50mL 棕色量瓶中，加 50%甲醇稀释至刻度，摇匀，制得绿原酸对照品溶液（每 1mL 含绿原酸 4μg）。另取黄芩苷对照品 10mg，精密称定，置 100mL 棕色量瓶中，加甲醇溶解并稀释至刻度，摇匀；精密量取 5mL，置 10mL 棕色量瓶中，加水稀释至刻度，摇匀，制得黄芩苷对照品溶液（每 1mL 含黄芩苷 50μg）。

供试品溶液的制备　精密量取本品 1mL，置 50mL 棕色量瓶中，加 50%甲醇稀释至刻度，摇匀，精密量取 3mL，置 25mL 棕色量瓶中，加 50%甲醇稀释至刻度，摇匀，滤过，取续滤液，即得。

测定法　分别精密吸取绿原酸对照品溶液、黄芩苷对照品溶液和供试品溶液各 10μL，注入液相色谱仪，测定，即得。

本品每 1mL 含金银花提取物以绿原酸（$C_{16}H_{18}O_9$）计，不得少于 1.7mg；每 1mL 含黄芩提取物以黄芩苷（$C_{21}H_{18}O_{11}$）计，不得少于 18.0mg。

例 3　六味地黄散

【含量测定】照高效液相色谱法（《兽药典》2020 版二部附录 0512）测定。

色谱条件与系统适用性试验　以十八烷基硅烷键合硅胶为填充剂；以四氢呋喃-乙腈-甲醇-0.05%磷酸溶液（1∶8∶4∶87）为流动相；检测波长为 236nm；柱温 40℃。理论板数按马钱苷峰计算应不低于 4000。

对照品溶液的制备　取马钱苷对照品适量，精密称定，加 50%甲醇制成每 1mL 含 20μg 的溶液，即得。

供试品溶液的制备　取本品约 0.8g，精密称定，置具塞锥形瓶中，精密加入 50%甲醇 25mL，密塞，称定重量，超声处理（功率 250W，频率 33kHz）15min 使溶散，加热回流 1h，放冷，再称定重量，用 50%甲醇补足减失的重量，摇匀，滤过。精密量取续滤液 10mL，置中性氧化铝柱（100～200 目，4g，内径 1cm）上，用 40%甲醇 50mL 洗脱，收集流出液及洗脱液，蒸干，残渣加 50%甲醇适量使溶解，并转移至 10mL 量瓶中，加 50%甲醇稀释至刻度，摇匀，即得。

测定法　分别精密吸取对照品溶液与供试品溶液各 10μL，注入液相色谱仪，测定，即得。

本品含酒萸肉以马钱苷（$C_{17}H_{26}O_{10}$）计，每 1g 不得少于 0.8mg。

（6）**气相色谱法**　书写内容与格式参见“8.6.2.2（10）”中相关内容。

8.6.3.10　功能

原则上功能以中兽医学术语描述，力求简明扼要。要逐步增加现代科学成果。要突出主要功能，使之能指导主治。并应与主治衔接，有机联系。

例 1　藿香正气口服液　【功能】解表祛暑，化湿和中。

例 2　通关散　【功能】通关开窍。

8.6.3.11　主治

应列出主要治疗的中兽医病证名。要以临床疗效为主，如有近代成熟的药理研究，肯定而确切的新用途应结合进去。如需列西兽医病名，则放在中兽医病证之后。叙述应与功能衔接，使二者有机联系。

例 1　藿香正气口服液　【主治】外感风寒，内伤湿滞，夏伤暑湿，胃肠型感冒。

例 2　通关散　【主治】中暑、昏迷、冷痛。

8.6.3.12　用法与用量

（1）书写要求

① 先写用法，后写一日常用剂量。如用法不同，应先写内服用量，后写外用的用法与用量，用句号分开。

② 未注明用法的，均为粉末或散剂等内服的用量，有特殊用法的应加以说明。

③ 叙述用量时，各动物的排列顺序为马（骡、驴）、牛、驼、羊、猪、犬、猫、兔、禽（鸡、鸭、鹅），必要时可在其后列鱼、蚕、蜂等。各动物用量视情况可适当合并叙述，各用量用分号分开。

（2）示例

例 1　大黄末　【用法与用量】马、牛 50～150g；驼 100～200g；羊、猪 10～20g；犬、猫 3～10g；兔、禽 1～3g。拌饵投喂：每 1kg 体重，鱼 5～10g。泼洒鱼池：每 $1m^3$ 水体，鱼 2.5～4g。

外用适量，调敷患处。

例 2　鸡球虫散　【用法与用量】每 1kg 饲料，鸡 10～20g。

例 3　青黛散　【用法与用量】将药适量装入纱布袋内，噙于马、牛口中。

例 4　板蓝根片　【用法与用量】马、牛 20～30 片；羊、猪 10～20 片。

例 5　银黄提取物注射液　【用法与用量】肌内注射，每 1kg 体重，猪、鸡，0.1mL，连用 3 日。

例 6　虾蟹脱壳促长散　【用法与用量】每 1kg 饲料，虾、蟹 1g。

例 7　促孕灌注液　【用法与用量】子宫内灌注：马、牛 20～30mL。

例 8　柴胡注射液　【用法与用量】肌内注射：马、牛 20～40mL；羊、猪 5～10mL；犬、猫 1～3mL。

例 9　穿白痢康丸　【用法与用量】一次量，雏鸡 4 丸，一日 2 次。

例 10　蚌毒灵散　【用法与用量】挟袋法：每 10 只手术蚌 5g；泼洒法：每 $1m^3$ 水体 1g。

例 11　蚕用蜕皮液　【用法与用量】见有 5%熟蚕时，取本品 4～5mL，加凉开水 750～1000mL，均匀喷洒在 5～6kg 桑叶上，供 1 万头蚕采食。

例 12　清解合剂　【用法与用量】每 1L 水，鸡 2.5mL。

例 13　清瘟败毒片　【用法与用量】每 1kg 体重，犬、猫 2 片；鸡 2～3 片。

例 14　雄黄散　【用法与用量】外用适量。热醋或热水调成糊状，待温，敷患处。

例 15　蜂螨酊　【用法与用量】加 3～5 倍水稀释喷雾，每标准群 100～200mL。

例 16　擦疥散　【用法与用量】外用适量。将植物油烧热，调药成流膏状，涂擦患处。

8.6.3.13　注意

（1）书写要求　注意项包括各种禁忌。如孕畜及其他疾患方面饲喂的禁忌或注明该药为毒剧药等。

（2）示例

例 1　三白散　【注意】孕畜忌服。

例 2　大黄末　【注意】孕畜慎用。

例 3　清热健胃散　【注意】孕畜及泌乳期家畜慎用。

例 4　如意金黄散　【注意】不可内服。

例 5　钩吻末　【注意】有大毒（对牛、羊、猪毒性较小）。孕畜慎用。

例 6　擦疥散　【注意】不可内服。如疥癣面积过大，应分区分期涂药，并防止患病动物舐食。

8.6.3.14　规格

（1）书写要求

① 书写规格要考虑与常用剂量相衔接，方便临床的应用。

② 有多种规格时，排列以重量小的在前，重量大的在后，依次排列。

③ 规格单位在 0.1g（含 0.1g）以下用“mg”，0.1g 以上用“g”；液体制剂用“mL”或“g”。

④ 散剂、颗粒剂一般写“每袋（包）装×g”。如为块状制剂则写“每块重×g”。

⑤ 列有“处方”或在含量限度中已表示含量的制剂，可不列规格；单味制剂有含量限度的，须列规格，指每袋（或片、丸、锭）中含有主药的量。

（2）示例

例 1　大黄碳酸氢钠片　【规格】每 1 片含碳酸氢钠 0.15g。

例 2　双黄连口服液　【规格】每 1mL 相当于原生药 1.5g。

例 3　双黄连可溶性粉　【规格】每 1g 相当于原生药 3g。

例 4　杨树花片　【规格】每 1 片相当于原生药 0.3g。

例 5　板蓝根注射液　【规格】①10mL（相当于原生药 5g）；②20mL（相当于原生药 10g）。

例 6　穿白痢疾丸　【规格】每 4 丸相当于原生药 0.12g。

8.6.3.15　贮藏

（1）书写要求　系指对中药制剂贮存与保管的基本要求。除特殊要求外，一般品种可注明“密封”；须在干燥处保存，又怕热的，加注“置阴凉干燥处”；遇光易变质的加“避光”等。

（2）示例

① 散剂【贮藏】密闭，防潮。或密封。

例　桃花散　【贮藏】密闭，防潮。

② 片剂【贮藏】密封，防潮。或密闭，置干燥处。

例　黄连解毒片　【贮藏】密闭，防潮。

③ 丸剂【贮藏】密封，防潮。或密封。

例　穿白痢疾丸　【贮藏】密封。

④ 锭剂【贮藏】密闭，置阴凉干燥处。或密闭，防潮。

例　保健锭　【贮藏】密闭，防潮。

⑤ 颗粒剂【贮藏】密封，防潮。或密闭，防潮。

例　七清败毒颗粒　【贮藏】密封，防潮。

⑥ 软膏剂【贮藏】密闭，置阴凉处。或密封，置阴凉处。

例　白及膏　【贮藏】密封，置阴凉处。

⑦ 酊剂【贮藏】密封，置阴凉处。或密闭，防潮。

例　蜂螨酊　【贮藏】密封，置阴凉处。

⑧ 合剂（口服液）【贮藏】密封，置阴凉处。或密闭，置阴凉处。

例 1　清解合剂　【贮藏】密封，置阴凉处。

例 2　杨树花口服液　【贮藏】密闭，置阴凉处。

⑨ 胶囊剂【贮藏】密封。

⑩ 灌注剂【贮藏】密封，遮光。或密封，避光。

例　促孕灌注液　【贮藏】密封，避光。

⑪ 注射剂【贮藏】密封，遮光。或密闭。或密封，遮光，置阴凉处。

例 1　银黄提取物注射液　【贮藏】密封，遮光，置阴凉处。

例 2　黄芪多糖注射液　【贮藏】密闭保存。

例 3　金根注射液　【贮藏】密封，置凉暗处。

8.6.3.16　注

指以上项目不能包括，但必须说明的问题。

8.6.4　兽用中药质量标准研究技术要求

8.6.4.1　兽用中药标准制定技术要求

（1）总体要求　中兽药质量标准的制修订要体现中兽药的特点，其检测方法和检测指标的选择要体现复杂体系整体控制的思路，以建立符合中兽药特点的质量标准体系。加强活性（有效）成分、多成分（组分）、生物测定及指纹或特征图谱的整体质量控制，以提高中兽药检测方法与指标的专属性，建立科学合理的质量标准。

中兽药质量标准研究应注重中兽药安全性检测方法和指标的建立及完善，加强对重金属及有害元素、残留农药、残留溶剂、残留二氧化硫、微生物、真菌毒素等外源污染物的检测；还应注重绿色环保要求，尽量采用毒害小、污染少的试剂、试液，避免使用苯等毒性大的溶剂；尽量采用《兽药典》附录中已收载的试剂与试液。

① 供质量标准起草用样品及对照物质的要求。供研究用样品应具有代表性，覆盖面要广，兽用中药提取物及油脂样品一般应收集 9 批以上（至少 3 家企业）。样品量除满足标准制定研究、留样观察外，还应备有不少于 3 倍检验量的样品供标准复核检测使用，按照贮藏条件进行保存。

质量标准制定应使用国家法定部门认可的对照物质（包括对照品、对照提取物和对照药材）。若使用新增对照物质，在申报标准草案的同时，应按照相关的要求向中国兽医药品监察所申报相应的研究资料和供标定用对照物质，报中国兽药典委员会审批。

② 质量标准与研究记录要求。兽用中药标准正文应按 8.6.2 节及 8.6.3 节的要求编写；质量标准起草说明、修订说明应按 8.6.4 节的要求编写。

研究记录（包括相关的研究图谱）应真实、完整、清晰，保持原始性并具有可追溯性，应按要求建档永久保存，以备核查。

（2）中药材和饮片标准研究检测方法和检测指标的选择 中药材质量标准内容包括名称、来源、性状、鉴别、检查、浸出物、含量测定、性味与归经、功能、主治、用法与用量、贮藏等。

饮片质量标准内容包括名称、来源、炮制、性状、鉴别、检查、浸出物、含量测定、性味与归经、功能、主治、用法与用量、注意、贮藏等。

① 供试验用样品要求。收集样品前应考证该品种的沿革、基原、产地、资源情况。收集的样品应具有代表性，应选择在主产区收集，如有道地产区则选择在道地产区收集，避免在迁地植物种质保存区（如标本园）采集；产地加工遵循当地传统方法；对于容易区分的多来源品种，每种基原都要收集 3～5 批样品，单基原的品种至少应收集 15 批（道地产地或主产地样品不少于 3 批）。避免由同一供货渠道收集实际为一批样品的“多批样品”。同时还应注意多收集该品种的易混品供比较研究用。

收集到的药材和饮片样品应由专家鉴定，鉴定时应注意品种的变异情况，每份样品均应标明鉴定人，样品应予以编号，并标记清晰。新增药材品种要求附带 2 份腊叶标本，腊叶标本须经相关专家鉴定。收集药材样品的相关信息包括样品编号、药材名称、拉丁学名（明确到种）、产地（如有可能标明野生或家种）、收集地、收集时间、收集人、鉴定人等应纳入起草说明。

② 名称。中药材名称包括中文名、汉语拼音及拉丁名，按《兽用中药、天然药物通用名称命名指导原则》有关规定命名。加工方法仅为净制、切制的，饮片名称同药材，采用炮炙加工方法的，名称中取炙法与药材名称相呼应，如炙黄芪、煅石决明、炒神曲等。

③ 来源。包括基原即原植（动）物的科名、植（动）物的中文名、拉丁学名、药用部位、采集季节、产地加工和药材传统名称，必要时收载产地和生长年限；矿物药包括该矿物的类、族、矿石名或岩石名、主要成分及产地加工，必要时收载产地。

单列炮制品的来源简化为“本品为××的炮制加工品”，收载相应的炮制工艺。

a. 新增中药材应进行原植（动、矿）物的鉴定，提供植物、矿物标本与彩色照片，植物标本应包括花、果实、种子等具有鉴别意义的器官，同时在起草说明中提供本草考证、药用资源调查、基原鉴定以及临床应用情况等有关研究资料。

b. 产地。对于可能存在明显产地依存性的品种，应对不同产地的样品进行比较研究，根据研究结果确定在基原项下是否规定产地。

c. 采收年限、时间和方法。采收年限、采收时间与药材质量密切相关，应进行考察，并将考察资料列入起草说明。根据研究结果和文献资料，规定采收年限和采收时间。

采收年限如必须控制在某年的，则应明确规定，如“三年以上采收”“三年以上枝叶茂盛时采收”。

采收时间如必须控制在某生长阶段的，则应明确规定，如“花盛开时采收”“枝叶茂盛时采收”；有的品种对采收时间段虽不十分敏感，但某生长阶段的采收质量相对较好，则可规定为“全年均可采收，以枝叶茂盛时采收为佳”等。

d. 产地加工。主要规定药材采收后必须在产地进行加工处理的基本要求。

有的药材由于不同地区传统加工方法不同，应对不同方法加工的样品进行对比研究，优选有利于保证质量的方法，必要时可收载多种加工方法。

对于明显影响药材质量及性状的加工处理方法，应重点注明，如“烤干”“趁鲜切片后干燥”“开水略烫后干燥”“刮去外皮后干燥”等，禁用硫黄熏蒸。

④ 性状。性状主要指药材、饮片的形状、大小、表面（色泽、特征）、质地、断面、气味等特征。

性状主要是运用感官来鉴别，如眼看（较细小的可借助于放大镜或解剖镜）、手摸、鼻闻、口尝等方法。

多植（动）物来源的药材，其性状无明显区别者，可合并描述；有明显区别者，应分别描述。

药材形状有明显区别，但植（动）物来源相互交叉则按传统习惯，以药材的形状分别描述。如“五倍子”性状有“肚倍”“角倍”描述。

对于根、根茎、藤茎、大果实、皮类等适合观察断面特征的药材，应尽量多描述断面特征，以便进行破碎药材或饮片的性状鉴别。

⑤ 鉴别。鉴别是指对药材、饮片的真伪进行判定，包括经验鉴别、显微鉴别、理化鉴别。

A. 经验鉴别。是用传统的实践经验，对药材、饮片的某些特征，采用直观方法进行鉴别真伪的方法。

B. 显微鉴别。系指用显微镜对药材、饮片的切片、粉末、解离组织或表面制片的显微特征进行鉴别的一种方法。

a. 凡有下列情况的药材、饮片，应尽量规定显微鉴别：组织构造特殊或有明显特征可以区别类似品或伪品的；外形相似或破碎不易识别的；或某些常以粉末入药的毒性或贵重药材、饮片。

b. 鉴别时选择具有代表性的样品，根据鉴定的对象与目的，参照《兽药典》附录选用不同的试剂制备组织、表面或粉末显微制片，观察。对植物类中药，如根、根茎、藤茎、皮、叶等类，一般制作横切片观察，必要时制作纵切片；果实、种子类多制作横切片或纵切片观察；木类药材制作横切片、径向纵切片及切向纵切片三个面观察。观察粉末类药材或药材粉末特征时，制作粉末装片。

c. 粉末显微鉴别，通常观察并记录药材粉末的特征，观察腺毛、非腺毛、纤维、导管、晶体等特征。

d. 对于多来源药材或易混淆品的鉴别，应注意考察显微特征的异同点，确定显微特征的专属性。

e. 应记录清晰的显微特征彩色图片，列入起草说明，注明图注和放大倍数等相关信息。

C. 理化鉴别。根据药材、饮片的理化性质，选择物理、化学、光谱、色谱等方法进行鉴定。应注重方法的专属性及重现性。中药材因成分复杂，干扰物质多，一般理化鉴别、光谱鉴别方法很难符合专属性的要求，因此，除矿物药材及其炮制品外，原则上不进行理化鉴别。

a. 一般理化鉴别。应在明确鉴别成分或成分类别时，选择专属性强及反应明显的显色反应、沉淀反应、荧光现象等。选择显色反应、沉淀反应，一般选择 1～2 项，供试液应经初步分离提取，以避免出现假阳性的结果。

选择荧光特征鉴别时，可采用药材新的切面（或粉末），或药材、饮片提取液，或将溶液滴在滤纸上，置紫外光灯下观察，标明使用波长，记录荧光颜色。应考察药材、饮片放置不同时间引起的荧光变化。

b. 光谱鉴别。某些矿物药具有光谱特征，可采用光谱鉴别。其他药材、饮片当无法建立专属性鉴别时，如含有的化学成分在紫外或可见光区有特征吸收光谱，也可采用光谱鉴别。鉴别特征可采用测定最大吸收波长的方式，如有2～3个特定吸收波长时，可测定各波长吸光度的比值。

c. 色谱鉴别。色谱鉴别是利用薄层色谱、气相色谱或液相色谱等对中药材、饮片进行真伪鉴别的方法。薄层色谱法具有快速、简便、直观、经济等优点，原则上首选薄层色谱法。气相色谱与高效液相色谱鉴别一般用于薄层色谱分离度差、难以建立有效鉴别方法的样品。在化学成分研究的基础上，或结合文献资料，根据待测样品中化学成分的结构类型和理化性质，设计样品制备方法、色谱条件和检测方法，建立专属性强的色谱鉴别方法。

薄层色谱法具有直观、承载信息量大、专属性强、快速、经济、操作简便等优点，是中兽药鉴别的常用方法。

在建立方法时，尽量采用对照品和对照药材或对照提取物同时进行对照的方式。当专属性对照品不易获得时，可采用对照提取物或对照药材；应参照主要斑点明确主要成分的比移值（R_f）；供试品溶液的制备，应尽可能除去干扰，同时方法要尽量简便，尽量避免使用易制毒有机试剂，应视被测物的特性来选择适宜的溶剂和方法进行提取、分离；为了使图谱清晰，斑点明显，分离度与重现性符合要求，应根据被测物的特性选择合适的固定相、展开剂及显色方法等色谱条件。色谱条件的优化应对三个以上的展开系统进行考察。确定供试品取样量、提取和纯化方法、点样量等条件；选择合适的对照物质，确定对照物质用量、浓度、溶剂、点样量等；由于实验时的温度、湿度常会影响薄层色谱结果，因此，建立方法时应对上述因素进行考察。如有必要，应在标准正文中注明温度、湿度要求；除需要改性外，原则上应采用预制的商品薄层板。不同品牌的薄层板或自制薄层板的薄层色谱结果有一定的差异，因此应进行考察后选择适宜的薄层板。

研究中应对不同基原、不同产地、不同加工炮制方法的药材和饮片进行考察，重点研究多来源药材、饮片的色谱行为是否一致，确定其异同点。如果具有明显差异，应分别制备对照提取物或对照药材，并建立相应标准。采用薄层色谱法应注意考察药材、饮片与混淆品种的色谱区别。

液相色谱法可用于药材和饮片的特征成分或特征图谱鉴别。主要用于薄层色谱难以实现有效鉴别的样品分析。应根据待测样品的性质选用适宜的色谱柱、流动相（注意流动相的pH值与色谱柱的pH值范围相适应，尽量避免使用缓冲溶液）、检测器等，进行系统适用性试验，考察分离度、对称因子、理论板数等参数，选择最佳色谱条件；供试品溶液的制备应根据待测样品的特性选择适宜的制备方法，包括供试品取样量，提取和纯化方法、稀释倍数、进样量；对照物质用量、浓度、溶剂、进样量等。

气相色谱法主要适用于含挥发性成分药材、饮片的鉴别，采用气相色谱法建立特征成分或特征图谱鉴别。应根据待测样品的性质，选用合适的色谱柱、填料、固定相、涂布浓度或厚度、检测器等，进行系统适用性试验，确定进样口温度、柱温、检测器温度，考察分离度、对称因子等参数；供试品溶液的制备应根据待测样品的特性选择适宜的制备方法，包括供试品取样量、提取和纯化方法、稀释倍数、进样量，对照物质用量、浓度、溶剂、进样量等。

⑥ 检查。检查系指对药材、饮片的含水量、纯净程度、有害或有毒物质的限量或含量等进行检查。应根据药材、饮片的具体情况规定检查项目，制订能真实反映其质量的指标和限度，以确保安全与有效。

如产地加工中易带进非药用部位的应规定杂质检查；易夹带泥沙的须做酸不溶性灰分检查；一般均应有水分、灰分检查；栽培药材，还应提供重金属及有害元素、农药残留等研究资料，必要时在正文中作相应规定；易霉变的品种应增加黄曲霉毒素检查；某些品种还需进行二氧化硫残留量检查。

凡附录中同一检查项下收载多个方法的，应在标准中明确具体的试验方法，同时描述供试品溶液制备的方法。

在制订限度时应使用有代表性的样品来积累数据，订出切实可行的限度。常见的检查项目如下：

a. 杂质。系指与该品种来源不相符合的物质，或混入的同一来源，但其性状或部位与规定不符的物质，或混入的砂石、泥块等其他物质。产地加工中易带进非药用部位的应规定杂质检查。根据药材的具体情况考虑是否收载，测定方法照《兽药典》附录“杂质检查法”。如采用特殊方法进行杂质检查，应给出具体方法。

b. 水分。一般应规定水分检查，尤其对于含水量高或易吸湿、易引起发霉变质的药材、饮片必须制订水分限度。制订水分限度时应考虑南北气候、温度、湿度差异以及药材和饮片包装、贮运的实际情况。测定方法照《兽药典》附录“水分测定法”，应注明附录第×法。

c. 灰分。灰分包括总灰分、酸不溶性灰分，根据药材、饮片的具体情况，可规定其中一项或两项。凡易夹杂泥沙、炮制时也不易除去的药材和饮片，或生理灰分高的药材和饮片（总灰分测定值大于10%，酸不溶性灰分测定值超过2%），除规定总灰分外还应规定酸不溶性灰分。测定方法照《兽药典》附录“灰分测定法”。

d. 重金属与有害元素。均应进行比较研究，根据研究结果确定在检查项下是否规定重金属及有害元素的检查。测定方法照《兽药典》附录“铅、镉、砷、汞、铜测定法”。

e. 膨胀度。膨胀度是某些药材和饮片膨胀性质的指标。主要用于含黏液质、胶质和半纤维素类的药材和饮片。测定方法照《兽药典》附录“膨胀度测定法”。

f. 酸败度。酸败是指油脂或含油脂的种子类药材和饮片，在贮藏过程中，与空气、光线接触，发生复杂的化学变化，产生特异的刺激臭味（俗称哈喇味），即产生低分子化合物如醛类、酮类和游离脂肪酸，从而影响了药材的观感和内在质量。通过酸值、羰基值或过氧化值的测定，以控制含油脂的种子类药材和饮片的酸败程度。测定方法照《兽药典》附录“酸败度测定法”。

g. 农药残留量。是指施用的农药和环境中的农药原型、有毒代谢物、降解产物和杂质最终在药材和饮片中残留的量。对中药调剂和制剂中使用较多、用药时间较长、药食两用、进出口较多的药材和饮片，应根据农药施用的实际情况和各类农药的理化性质、残留期长短、降解产物及其毒性等情况（重点针对常用、禁用、剧毒及土壤及水环境中难以降解且易残留农药品种），建立合适的检测项目。测定方法照《兽药典》附录“农药残留量测定法”。

农药残留量限度的规定：可根据我国及国际相关组织规定的农药每日最大摄取限度，

制订农药在不同药材和饮片中的残留量限度要求。

h. 毒性成分。对于某些含毒性成分的药材和饮片，应规定毒性成分的限量检查。在毒理学研究的基础上制订合理的限量要求。

i. 真菌毒素。易霉变的药材和饮片品种，应建立黄曲霉毒素检查项目。测定方法照《兽药典》附录“黄曲霉毒素测定法”。

j. 其他检查。系指《兽药典》附录规定的各项检查以外，其他还可视情况规定的具体有针对性的检查，如伪品、混淆品、色素、色度、吸水性、发芽率等限量检查。某些品种还需进行二氧化硫残留量检查。

⑦ 浸出物。根据药材、饮片中的主要成分的理化性质，采用水、乙醇或其他适宜溶剂进行提取测定。根据采用溶剂的不同分为：水溶性浸出物、醇溶性浸出物及挥发性醚浸出物等。

植物、动物类药材和饮片原则上应建立浸出物测定项目。对于无法建立含量测定，或虽已建立含量测定项目，但所测定成分与功效相关性差或含量低的药材和饮片，必须建立浸出物测定项目，以便更好地控制质量。测定方法照《兽药典》附录“浸出物测定法”。

⑧ 指纹图谱技术。中兽药指纹图谱系指中兽药经适当处理后，采用一定的分析方法得到的能够体现中药整体特性的图谱。目的在于反映中兽药多成分作用特点，整体控制中兽药质量，确保其内在质量的均一、稳定。根据质量控制目的，可分为指纹图谱和特征图谱。指纹图谱是基于图谱的整体信息，用于中兽药质量的整体评价。特征图谱是选取图谱中某些重要的特征信息，作为控制中兽药质量的重要鉴别手段。

指纹图谱建立的内容包括分析方法建立、方法学验证、数据处理和分析、方法认证等。

指纹图谱按照测试样品来源可以分为中药材、饮片、提取物或中间体、成方制剂指纹图谱。指纹图谱按照获取方式可以分为色谱及其他分析手段得到的图谱，其中色谱是指纹图谱建立的首选和主要方式。

A. 分析方法建立。

a. 供试品溶液的制备。根据待测样品所含成分的性质建立提取、纯化方法，应对主要影响因素［包括提取溶剂、方法、次数（每次溶剂量）、时间、温度和纯化方法、条件等］进行考察，确定适宜的制备方法，并提供相应的研究数据。对于成分类别相差较大的样品，可根据类别成分的性质，分别制备供试品溶液，用于多张指纹图谱的建立。

b. 参照物溶液的制备。建立指纹图谱时应设立参照物，根据供试品中所含成分的性质，选择适宜的对照品作为参照物，参照物应说明名称、来源和纯度。如果没有适宜的对照品，可选择适宜的内标物作为参照物。对参照物溶液制备的溶剂、浓度等进行考察。

c. 指纹图谱的获取。色谱指纹图谱的测定方法包括液相色谱、气相色谱、薄层色谱等。应根据样品中所含成分的理化性质，选择适宜的获取方法。对于成分复杂的样品，必要时可采用多种测定方法，建立多张对照指纹图谱。根据选择的测定方法，进行系统适用性试验，提供相应的研究资料。

d. 对照图谱的建立。应根据 20 批以上样品的测定结果，采用指纹图谱相似度评价软件获取共有模式作为对照指纹图谱，或选取与共有模式具有最高相似度的指纹图谱作为对照指纹图谱。根据 15 批以上样品的测定结果，选择各批样品均具有的主要色谱峰作为对照特征图谱，必要时应对主要色谱峰的比例做出规定。

B. 方法学验证。指纹图谱方法学验证包括精密度和耐用性等。

精密度试验包括重复性试验和重现性试验。重复性试验是取同一批号的供试品 6 份以上，按照供试品溶液的制备和检测方法制备供试品溶液并进行检测，其相似度应不低于 0.95。重现性试验是经不同实验室复核，将指纹图谱与对照指纹图谱比较，其相似度应不低于 0.90。

指纹图谱耐用性是指不同条件下分析同一样品所得测试结果的变化程度，是中药指纹图谱测定方法耐受不同实验条件变化的显示。应对不同实验环境（温度、湿度等），不同厂家仪器、试剂、色谱柱等进行考察，其相似度应不低于 0.90。其中稳定性试验是取同一供试品，分别在不同时间检测，考察色谱峰的相对保留时间和相对峰面积或相似度，其相似度应不低于 0.95。

C. 数据处理和分析。

指纹图谱分析：采用相似度评价软件，与对照指纹图谱比较或与对照提取物获得的指纹图谱比较进行相似度评价，根据 20 批以上样品的测定结果，制定合理的相似度。或采用相对保留时间和相对峰面积的比值进行评价，根据 20 批以上样品的测定结果，制定主要色谱峰的相对保留时间和相对峰面积比值的变化范围。

采用相似度评价软件计算相似度时，若峰数多于 10 个，且最大峰面积超过总峰面积的 70%，或峰数多于 20 个，且最大峰面积超过总峰面积的 60%，应考虑去除该色谱峰。

特征图谱分析：根据 15 批以上样品的测定结果，选择各批样品均具有的主要色谱峰作为特征峰，并标示各特征峰的相对保留时间。待测样品的图谱与对照图谱比较，应具有相对保留时间一致的特征峰。应对主要色谱峰的峰高或峰面积的比例进行研究，必要时作出规定。

D. 指纹图谱和特征图谱认证。

a. 指纹图谱的认证系指考察所建立的指纹图谱是否具有代表性，能否表征待测样品所含成分的整体性。

选择合适的溶剂对样品进行提取，提取液经适当处理后进样，并记录指纹图谱测定时间 2 倍以上的图谱，考察样品所包含的主要成分是否在图谱中有所体现，是否满足有效信息量最大化原则。选择适当的分析方法或联用技术对指纹图谱中主要色谱峰进行推测，或结合对照品对主要色谱峰进行确认。

b. 特征图谱的认证系指考察所建立的特征图谱是否具有代表性，能否表征待测样品所含成分的专属性。

选择适当的分析方法或联用技术对特征图谱中主要成分的特征峰进行推测，或结合对照品对主要特征峰进行确认。根据所确定的主要成分特征峰说明所建立图谱的专属性。

⑨ 含量测定。系指用化学、物理或生物的方法，对药材和饮片含有的有效成分、指标成分或类别成分的含量进行测定。

A. 测定成分的选定。

a. 应首选有效或活性成分，如药材、饮片含有多种活性成分，应尽可能选择与功能主治相关的成分。

b. 对于主要有效成分或指标性成分明确的中药材和饮片，尽可能建立多成分含量测定项目。可以分别制订含量限（幅）度或以总量计制订含量限（幅）度。

c. 对于尚无法建立有效成分含量测定项目，或虽已建立含量测定，但所测定成分与功效相关性差或含量低的药材和饮片，而其有效成分类别又清楚的，可进行有效类别成分的测定，如总黄酮、总生物碱、总皂苷、总鞣质等的测定；含挥发油成分的，可测定挥发油含量。

d. 某些品种，除检测单一专属性成分外，还可测定其他类别成分，如五倍子测定没食子酸及鞣质；姜黄测定姜黄素及挥发油含量等。

e. 应优先选择测定药材、饮片所含的原型成分。

f. 不宜采用无专属性的指标成分和微量成分（一般指含量低于万分之二的成分）定量。

B. 含量测定方法。常用的含量测定方法包括经典分析方法（容量法、重量法）、紫外-可见分光光度法、高效液相色谱法、薄层色谱扫描法、气相色谱法、其他理化检测方法以及生物测定法等。根据药材和饮片所含主要成分的理化性质合理选择测定方法，优先选择专属性强的色谱法。

a. 容量法。容量法包括中和法、碘量法、银量法、络合量法等。应根据测定要求对样品进行必要的处理。取样量应满足精度要求，确定滴定液、滴定度及指示剂等，消耗滴定液控制在10～20mL，指示剂对终点变色应敏锐、易观察、无其他颜色干扰。

b. 重量法。应确定供试品用量、提取溶剂与方法、纯化、沉淀剂及干燥等条件，必要时提供换算因子（保留四位有效数字）。

c. 氮测定法。主要用于含较多蛋白质或氨基酸中药的含量测定。根据品种情况确定使用常量法或半微量法，照《兽药典》附录收载的氮测定法测定并规定限度。

d. 紫外-可见分光光度法。紫外-可见分光光度法用于在特定波长处对光有吸收或通过加入一定的显色剂后有吸收的单一成分或类别成分的含量测定，常用方法有对照品比较法和比色法。中药成分复杂，干扰因素不易排除，成分含量变化幅度大，因此紫外-可见分光光度法中的吸收系数法一般不宜采用。

供试品溶液的制备应尽量排除其他成分的干扰，取样量应适宜，提取、转移、稀释次数应尽量少；选择适宜的测定波长，吸光度一般应在0.3～0.7之间。

e. 薄层色谱扫描法。薄层色谱扫描法用于中药含量测定时，应选择在一定条件下有紫外吸收或能产生荧光的成分，需靠显色剂显色后进行扫描测定的一般不宜采用。

应采用预制的商品薄层板；扫描方式一般选用反射方式；扫描方法可采用单波长扫描或双波长扫描。

供试品溶液的制备应根据待测成分的性质，确定提取分离条件。点样量应使被测成分的浓度在对照品高低浓度的范围内。应对薄层板和色谱条件进行选择，包括薄层板型号（注意对不同厂家及不同批号的薄层板进行分离效果比较）、薄层板的预处理、展开剂、展开条件、检视条件、扫描条件等。应考察实验环境（例如：温度、湿度等）对结果的影响，对温、湿度敏感的品种应将温、湿度要求列入标准正文。一般采用外标二点法或多点法校正计算。

f. 高效液相色谱法。测定方法有内标法和外标法。流动相组成可采用固定比例（等度洗脱）或按程序改变比例（梯度洗脱）。常用的检测器为紫外检测器（UV）、二极管阵列检测器、示差检测器、蒸发光散射检测器（ELSD）、荧光检测器、质谱检测器等。使用蒸发光散射检测器（ELSD）检测时，应根据供试品中被测成分的峰面积积分或响应值进行数学转换后进行计算。

建立方法时，应以二极管阵列检测或质谱检测对所测定的色谱峰进行纯度检查，并将检查结果列入起草说明中。根据被测成分的性质选用适宜的色谱柱，尽量选择通用的色谱柱。优化色谱条件，包括色谱柱、流动相组成及比例、洗脱程序、检测条件等，确定系统适用性试验参数（理论板数、分离度等）。

供试品溶液的制备应根据待测成分的性质，确定提取分离条件，包括供试品取用量、提取及纯化方法（采用超声处理时，应规定超声功率、频率、时间），稀释体积等；选定对照品溶液配制用溶剂、配制浓度和方法等。

g. 气相色谱法。气相色谱法主要用于含挥发性成分的含量测定，测定方法有内标法、外标法。检测器有氢火焰离子化检测器（FID）、热导检测器（TCD）、质谱检测器（MD）等，除另有规定外，一般选用氢火焰离子化检测器。

建立方法时可选择填充柱或毛细管柱，一般中药测定宜选用毛细管柱；选用毛细管柱时应考察确定毛细管柱种类、柱长、内径、膜厚度等；选用填充柱时应考察确定固定相种类及涂布浓度。优化色谱条件，包括进样口温度、柱温（若为程序升温，应确定初始温度、程序升温速度、达到温度、保持时间等）、载气流速、检测器温度、分流比等，确定系统适用性试验参数（理论板数、分离度等）。采用内标法时，应选定适宜的内标物质，内标物质峰应能与样品中的被测成分及杂质峰达到较好的分离。采用外标法定量时，应保证进样误差符合规定。

供试品溶液的制备应根据待测成分性质，确定提取分离条件，包括供试品取用量、提取及纯化方法（采用超声处理时，应规定超声功率、频率、时间），稀释体积等；选定对照品溶液配制用溶剂、配制浓度和方法等。

h. 电感耦合等离子体质谱法。电感耦合等离子体质谱法可用于中药复杂基质中多种元素的同时测定。测定模式有一般模式、氦气碰撞反应模式和氢气碰撞反应模式。

供试品溶液的制备应采用适宜的取样量、消解试剂、消解方法，一般使用微波消解法，该方法不易污染，样品消解过程中元素不易损失，亦可采用干法消解或湿法消解，但应对消解方法和温度等进行方法考察。供试品溶液应澄清，酸度一般不大于10%（体积分数）。

测定前应对仪器进行灵敏度和干扰物质调谐，达到要求后方可进行测定。定量方法有工作曲线法和标准加入法，一般首选工作曲线法。应考察工作曲线的线性浓度范围，相关系数不得小于0.990。供试品溶液中元素的浓度应在工作曲线的浓度范围之内，否则应调整取样量或稀释倍数，并同法制备空白溶液作为试样空白。同时应制备并测定空白样品溶液，考察各待测元素的检测限；标准物质测定值应为参考值的70%～130%；加样回收试验结果应为60%～140%。

i. 原子吸收分光光度法。原子吸收分光光度法用于测定原子态的金属元素和部分非金属元素，分为火焰原子吸收、石墨炉原子吸收、氢化物原子吸收和冷蒸气发生原子吸收。

应根据待测样品中元素含量的高低和所测元素的性质选择合适的原子化方法。一般中药中重金属及有害元素的测定，铅、镉采用石墨炉原子吸收法，砷、汞采用氢化物原子吸收法（汞一般用冷原子吸收法），铜采用火焰原子吸收法。

供试品溶液的制备应采用适宜的取样量、消解试剂、消解方法。一般使用微波消解方法，该方法不易污染，样品消解过程中元素不易损失，亦可采用干法消解或湿法消解，但应对消解方法和温度等进行方法考察。供试品溶液应澄清，酸度一般不大于10%。

测定前应对仪器灵敏度和基质干扰等因素进行优化，达到要求后方可进行测定。定量方法一般为工作曲线法和标准加入法，一般首选工作曲线法，应考察待测元素的线性浓度范围，相关系数不得小于0.995。如基体效应较强，无合适基体匹配时可考虑标准加入法。测定时每份样品至少读数2次，若偏离太大（正常测定浓度范围内RSD＞20%）应重新测定或检查仪器及工作条件是否适当。

C. 含量测定方法验证。含量测定应进行分析方法验证，确证其可行性，验证方法按《兽药典》《兽用中药、天然药物质量标准分析方法验证指导原则》执行。验证内容有准确度（即回收率试验）、精密度、线性、范围、耐用性等。

D. 含量限（幅）度的制定。含量限（幅）度应根据药材、饮片的实际情况来制定。一般应根据不低于15批样品的测定数据，制定含量的限（幅）度，原则上按照平均值的−20%制定含量限度，按照平均值的±20%制定含量幅度。药材和饮片应控制的毒性成分要制定限度范围，根据毒理学研究结果及临床常用剂量，确定合理的幅度。所测定成分为有毒成分同时又为有效成分时必须规定幅度；凡含有两种以上的有效成分，而且该类成分属于相互转化的，可规定二者成分之和；多来源的药材、饮片，如外形能区分开而其含量差异又较大者，可分别制定两个指标。

（3）植物油脂和提取物标准研究检测方法和检测指标的选择

① 名称。包括中文名和汉语拼音。

挥发油和油脂命名以药材名加“油”构成。如广藿香油。

粗提物命名以药材名加提取溶剂加“提取物”构成。提取溶剂为水时可省略为药材名加“提取物”。如黄芩提取物。

有效部位、组分提取物命名以药材名加有效部位、组分名构成。如有效部位、组分是由两类成分构成，均应在名称中体现。如人参茎叶总皂苷。

有效成分提取物命名以有效成分命名，不同来源的同一种有效成分在命名时要冠以药材名。如穿心莲内酯。

② 来源。多来源药材提取物应固定一个基原，并说明其以何种中药或药用植物加工制得，采用两种以上基原植物的应说明原因并必须固定相互间的比例。

须写明该中药或药用植物的原植（动）物科名、植（动）物中文名、拉丁学名、药用部位；有效成分应写出分子式、分子量和结构式；挥发油和油脂要写明简要提取方法。

③ 制法。挥发油和油脂、有效成分不写制法；粗提物和有效部位、组分提取物应列制法项。包括药材名称、用量、前处理方法、使用溶剂、提取方法、提取次数、浓缩方式等，应研究得率的范围。

做标准研究时应对药材的前处理方法进行研究，包括粉碎、切制等。

应考察提取工艺所采用溶剂、提取方法、提取次数等主要参数、浓缩的方法与指标、分离纯化的方法与主要参数。根据研究的结论在质量标准中的制法项下作较全面的描述。

a. 采用水煮醇沉工艺的制法项下，应规定加水量、煎煮次数与煎煮时间，浓缩的指标，乙醇用量或含醇量（%），放置条件与时间等。

b. 采用醇提工艺的制法项下应规定乙醇用量、浓度、次数、时间等。

c. 采用渗漉法提取工艺的制法项下应规定渗漉所用溶剂种类、浸渍时间、渗漉速度、渗漉液收集量等。

d. 采用浸渍工艺的品种，制法项下应规定浸渍溶剂的名称、浓度、用量、方法、时间。

e. 采用活性炭处理的品种应注明其型号、活性范围、使用次数、用量。

f. 使用吸附树脂进行分离纯化工艺的品种，应注明吸附树脂的名称、型号、洗脱溶剂、用量、方法。

g. 提取液的浓缩干燥方法，应控制的浓缩指标（如测定相对密度）、干燥温度、时间等。

④ 性状。性状应根据样品的实际情况进行准确描述。植物油脂和提取物根据多批样品特征进行描述。挥发油和油脂应规定外观颜色、气味、溶解度、相对密度、折光率等；粗提物和有效部位提取物应规定外观颜色、气味等；有效成分提取物应规定外观颜色、溶解度、熔点、比旋度等。

⑤ 鉴别。鉴别试验应符合重现性、专属性和耐用性的验证要求，根据中兽药提取物的性质可分别采用理化鉴别、色谱鉴别等方法，色谱鉴别方法应能反映该药物的整体特性。

提取物因为已经不具备原药材形态鉴别的特征，所以除应符合药材和饮片鉴别的相关要求之外，还应建立特征或指纹图谱。

提取物特征或指纹图谱技术要求除应符合药材和饮片特征或指纹图谱研究的主要内容外，还应在建立中兽药提取物特征或指纹图谱的同时建立药材的相应图谱，并对中兽药提取物与原药材之间的相关性进行分析。

提取物图谱的建立应重点考察主要工艺过程中图谱的变化；在对药材产地、采收期、基原调查的基础上建立药材图谱。药材与中兽药提取物特征或指纹图谱应具相关性，提取物图谱中的特征或指纹峰在药材的色谱图上应能指认。

提取物应采用对照品或对照提取物作对照（挥发油和油脂的特征或指纹图谱可以选择参照物或对照物质，或其中的有效成分、指标成分或主成分）。原则上应根据所含主成分进行相关表征，体现在特征或指纹图谱中，要求至少指认其中 3 个有效成分、特征成分或主成分，对色谱峰个数、指认色谱峰的相对保留时间和相对峰面积，以及主要色谱峰之间的比例作出规定或用相似度评价软件规定其相似度。

⑥ 检查。检查项下规定的各项内容系指提取物在生产、贮藏过程中可能含有并需要控制的物质，包括安全性、均一性、纯度等方面。应根据原料药材中可能存在的有毒成分、生产过程中可能造成的污染情况、剂型要求、贮藏条件等建立检查项目，检查项目应能真实反映中兽药提取物质量。制定检查限度时，至少应收集有代表性的 9 批样品，根据实测数据制定限度。其检查方法按《兽药典》附录收载的方法执行。

检查项一般选择以下项目进行研究：相对密度、酸碱度或 pH 值、乙醇量、水分、灰分、总固体、干燥失重、碘值、酸败度、炽灼残渣、酸值、皂化值、有毒有害物质检查（重金属与有害元素、农药残留、有机溶剂残留、大孔树脂残留物等）等。

对于用作注射剂原料的提取物，除上述检查项外，还应对其安全性等进行研究，项目包括色度、酸碱度、水分、总固体、蛋白质、鞣质、树脂、草酸盐、钾离子、有害元素（铅、镉、汞、砷、铜）、溶剂残留等，按照《兽药典》附录制剂通则注射剂项下的有关规定选择检查项目，并列出控制限度；对于有效成分提取物，必要时应对主成分以外的其他成分进行系统研究，基本阐明化学组成，设相关物质检查。

⑦ 含量测定。提取物含量测定除“中药材和饮片”中的要求之外，应制订上下限；对于有效部位、组分提取物应建立成分类别的含量测定方法。

含量测定应选择具有专属性的方法，否则应采用其他方法进行补充，以达到整体的专属性。比如，可附加一种合适的鉴别试验（如特征图谱等）。

⑧ 贮藏。应对直接接触提取物的包装材料和贮藏条件进行考察，并根据考察结果作出明确规定。

（4）成方制剂和单味制剂标准研究检测方法和检测指标的选择 中药成方制剂质量

标准内容包括名称、处方、制法、性状、特征图谱、鉴别、检查、浸出物、指纹图谱、含量测定、功能、主治、用法与用量、注意、规格、贮藏等。

① 供起草标准用样品的要求。

A. 制定标准所用的样品应具有代表性。多家企业生产的应至少收集 9 批样品，独家生产的应不少于 6 批，应尽量收集不同厂家的样品。

B. 试验用样品必须采用由合格原辅料依法生产的样品，收集的每批样品均要有该企业的原辅料和成品的自检报告。多家企业生产的品种要注意主要工艺参数的统一。

C. 对于具有多种不同规格的品种，应收齐全部规格的样品。

D. 生产单位应尽量提供阴性对照样品。阴性样品系指按处方除去被测定的药味，按制法制备的样品，注意应包括所有的辅料和工艺步骤，制成量应与原标准相符。

② 名称。名称应符合《中药及天然药物命名原则》。《兽药典》已收载的品种名称原则上不作更改。

③ 处方。

A. 成方制剂中含有现行版《兽药典》未收载的药材和饮片，应同时制定药材和饮片标准，并应符合上述中药材和饮片标准制定有关技术要求。

B. 成方制剂标准原则上不再收载含有濒危药材的品种。

C. 属于《兽药典》分列的品种或易混淆品种应注意核对和明确所用药材品种，不同剂型的系列品种处方药材品种应一致。

D. 处方药味以提取物（浸膏）表述的，其制法如与《兽药典》已收载的提取物标准相同，则应使用《兽药典》提取物名称，执行该提取物标准；若与《兽药典》标准不同或《兽药典》未收载，则应将该提取物标准列于标准正文之下。

④ 制法。兽药国家标准中的“制法”与企业的实际生产“工艺”在内涵上有区别，在内容上繁简程度不同，标准中的“制法”项作为一个法定的公共标准，对同品种要有其普适性，应按实际生产情况简要表述工艺流程中的主要步骤，如提取溶剂的名称、提取方法、分离、浓缩、干燥等主要步骤并规定制成总量（除另有规定外，以 1000 为单位），可以不列详细技术参数。但在起草说明中应列出全部的生产工艺流程和详细技术参数。

制法项内容应符合《兽药典》附录制剂通则各剂型有关规定。

成型工艺中仅用于调整制成量的淀粉、糊精等辅料可不固定用量。

⑤ 性状。外观性状是对兽药的颜色和外表观感的描述。性状项下一般应写明品种的外观形状、色、臭、味等；多家企业生产的品种应注意收集不同企业的样品，对制剂颜色的描述可根据样品的情况规定一定的范围。

⑥ 鉴别。

A. 制剂中各药味的鉴别方法除前处理外，原则上应尽量与该药材和饮片的专属鉴别方法一致，如因其他成分干扰或制剂的提取方法不同，不能采用与该药材相同的鉴别方法时，可采用其他鉴别方法，并在起草说明中予以阐明。

B. 处方相同、剂型不同的制剂，其鉴别方法应保持一致。

C. 处方中含多来源植物药味的，若使用对照药材进行鉴别时，应对对照药材的适用性进行考察。若对照药材与供试品图谱差异较大，则不适合采用该对照药材作鉴别对照，可考虑采用对照提取物及对照品进行鉴别。

D. 显微鉴别首选《兽药典》中该药味的显微特征，如果确有干扰，可选用其他显微特征或改用其他鉴别方法。

a. 标准所列的显微特征应易于检出，对镜检出现概率低于60%的（制片5张，可检出规定特征的应不少于3张），或镜检难度大的，且已有该药材TLC鉴别的，可不作规定。不易查见或无专属性的显微特征不要列入。

b. 对于多来源的药材，应采用共有的组织、细胞或内含物的特征。

c. 对复方中含有原粉入药的成方制剂，应选择被检药材特有的与其他药材区别大的特征。单一药材粉末的主要特征有时不一定能作为鉴别依据，而某些较为次要的特征有时却能起到重要的鉴别作用。因此在选取处方各药味显微特征时要考虑到其特征性。

E. 理化鉴别应选择专属性强、反应明显的显色反应、沉淀反应等鉴别方法，必要时写明化学反应式。一般用于制剂中的矿物药或某一化学成分的鉴别，尽量避免用于中兽药复方制剂中共性成分的鉴别。

F. 薄层色谱鉴别。

a. 使用对照药材应保证药材的主斑点在样品中均有对应的斑点（可参照制法对药材进行前处理），供试品色谱中不能只有对照药材色谱中的1～2个次要斑点相对应。

b. 尽可能采取一个供试液多项多维鉴别使用的薄层色谱方法，达到节约资源、保护环境、简便实用的目的。

G. 气相色谱鉴别。处方中药味有多种含挥发性成分时，尽可能在同一色谱条件下进行鉴别，若用挥发油对照提取物对照，相关组分峰应达到良好分离，保证结果的重现性。

H. 特征图谱或指纹图谱鉴别。成方制剂特征图谱或指纹图谱技术要求除符合中药材、提取物相关的特征图谱或指纹图谱研究的主要内容外，在建立成方制剂特征图谱或指纹图谱时还应同时建立药材和饮片、中间体的相应图谱，并须对三者间的相关性进行分析，应具相关性。

⑦ 检查。

A. 按照制剂通则明确各品种需规定的检查项目并制定限度值。如相对密度、pH值、乙醇量、总固体、软化点、黏附力、折光率、喷射速率、喷射试验、注射剂安全性检查等。

B. 根据各品种的情况制定相应的检查项，如炽灼残渣、重金属及有害元素、农药残留量、有毒有害物质、有机溶剂残留量、树脂降解产物检查等。

C. 当《兽药典》附录中检查方法有多种并列时，应明确使用第几法，并说明理由。

D.《兽药典》收载的剂型应根据其剂型特点和用药需要制定相应的检查项目。

E. 单一成分的制剂或中西合方制剂中的化学药必要时应检查含量均匀度和溶出度。

F. 含有毒性药材的制剂，原则上应制订有关毒性成分的检查项目，以确保用药安全。

G. 使用含有矿物药、可能被重金属和有害元素污染的中药饮片（如地龙）生产的中药制剂，或生产过程可能造成相应污染的中药制剂，原则上应采用铅、镉、砷、汞、铜检查法检查制定相应的限度。

H. 中药注射剂应制定铅、镉、砷、汞、铜检查项，含雄黄、朱砂的制剂应采用专属性强的方法对可溶性砷、汞进行检查并制定限度。

I. 使用乙酸乙酯、甲醇、三氯甲烷等有机溶剂萃取、分离、重结晶等工艺的中药制剂应进行残留溶剂检查并规定限度。

J. 工艺中使用吸附树脂进行分离纯化的制剂，应控制树脂中残留致孔剂和降解产物。必要时应根据吸附树脂的种类、型号，规定相关检查项目，主要有苯、二甲苯、甲苯、苯乙烯、二乙基苯等。

⑧ 浸出物测定。

A. 可根据成方制剂中主要成分的理化性质选择合适的溶剂，有针对性地对某一类成分进行浸出物测定，应注意避免辅料的干扰。

B. 含糖等辅料多的剂型对浸出物的测定有一定影响，一般不采用乙醇或甲醇作为浸出溶剂，可根据所含成分选用合适的溶剂。

⑨ 含量测定。系指采用化学、物理或生物学的方法，以临床功效为导向，对中兽药制剂处方中的药效物质进行测定，以评价和控制工艺的稳定性与成品质量。

A. 测定成分的选定。

a. 应以临床功效为导向，首选制剂处方中的君药、臣药、起主要药效作用的活性成分、类别成分或组分、贵细药及毒性药材中的有效成分、有毒成分进行含量测定。如上述药味的有效成分不明确或无专属性方法进行测定时，可选择其他药味进行含量测定。若处方中含有化学药成分，必须进行含量测定，并规定上下限。

b. 原则上应分别测定两个以上单一有效成分的含量；或测定单一有效成分后再测定其类别成分总量，如总黄酮、总生物碱、总皂苷、总鞣质等。

c. 同一类别的成分或可相互转化的成分可分别测定其单个成分的含量合并计算总量，如人参皂苷类、苦参碱和氧化苦参碱等。

d. 成方制剂所测定的成分应尽量与药材测定成分相对应。

e. 系列品种质量标准的检测方法及指标应尽可能统一。

f. 测定成分应注意避免测定分解产物、不稳定成分、非专属性成分或微量成分。

B. 含量限度的确定。

a. 含量限度应根据中药制剂实测结果与原料药材的含量情况确定。至少应有 15 批样品数据为依据，检测方法与《兽药典》规定不同的或《兽药典》药材中无相应含量测定项的应提供至少 3 批的原料药材含量数据，以便计算转移率。原粉入药的转移率一般要求在 70%以上。

b. 有毒成分及中西药复方制剂中化学药品的含量应规定上下限，上下限幅度应根据测试方法、品种情况、转移率及标示量确定，一般应在±10%～±20%。

⑩ 规格。应根据剂型、品种的特点和临床用法与用量制定规范合理的规格，并提供相应依据。

片剂、胶囊剂、合剂、注射剂、灌注剂等剂型应规定每个制剂单位的重（装）量。

单剂量包装的制剂应规定每个包装单位的装量，如子宫灌注剂。

以丸数服用的丸剂应规定每丸或每 10 丸的重量。

单体成分或有效部位、组分制剂可规定每个制剂单位的标示含量。

⑪ 贮藏。贮藏条件根据稳定性考察情况制定。

8.6.4.2 中药质量标准研究起草说明编写要求

兽用中药质量标准起草说明是说明标准起草过程中，制订各个项目的理由及规定各项指标和检测方法的依据；也是对该品种从历史考证，药材的原植（动、矿）物品种，生药形态鉴别，成方制剂的处方、制法，以及它们的理化鉴别、质量控制、兽医临床应用、贮藏等全面资料的汇总。

（1）编写原则

① 起草说明和修订说明是制修订各个项目的说明。内容、文字，特别是名词、术语

应力求与《兽药典》一致。计量单位等统一按《兽药典》“凡例”中规定的要求编写。

② 起草说明和修订说明包括理论性解释和实践工作中的经验总结。尤其对兽用中药的真伪鉴别及质量控制方面的经验和实验研究，即使不太成熟，但有实用意义的也可编写在内。

③ 对增修订项目应逐项说明，须有全部试验和验证数据及相应的图谱。

（2）编写格式及要求

① 中药材及饮片。

A. 名称。对正名选定的说明，历史名称、别名或国外药典收载名。

a. 原植（动）物。原植（动）物形态按常规描写。突出重点，同属两种以上的可以前种为主描述，其他仅写主要区别点。学名有变动的应说明依据。

b. 生境。野生或栽培。

c. 主产地。主产的省、自治区、直辖市名称，按产量大小次序排列。道地药材产地明确的可写出县名。

d. 采收时间。采收时间与药材质量有密切关系的，采收时间应进行考察，并在起草说明中列入考察资料。

e. 采收加工。产地加工的方法，包括与主产地不同的方法或有关这方面的科研结果。

B. 来源。扼要说明始载于何种本草，历来本草的考证及历代本草记载中有无品种改变情况，目前使用和生产的药材品种情况，以及历版《兽药典》收载、修订情况。

C. 性状。

a. 正文描述性状的药材标本来源及彩色照片。

b. 制修订性状的理由。由于栽培发生性状变异的，应附详细的质量研究资料。

c. 未列入正文的某些性状特点及缘由。

d. 各药材标本间的差异，多品种来源药材的合写或分写的缘由。

e. 曾发现过的伪品、类似品与本品性状的区别点。

f. 性状描述中其他需要说明的有关问题。

D. 成分。

a. 摘引文献已报道的化学成分。注意核对其原植（动、矿）物品种的拉丁名，应与标准收载的品种一致。化学成分的中文名称后用括号注明外文名称，外文名用小写，以免混淆。

b. 有些试验研究结果，应注明是起草时的试验结果还是引自文献资料。

E. 鉴别。

a. 收载或修订各项鉴别的理由。

b. 老药工对本品经验鉴别的方法。

c. 理化鉴别反应原理。

d. 起草过程中曾做过的试验，但未列入正文的显微鉴别及理化试验方法。

e. 薄层色谱法实验条件选择、实验结果的说明。

f. 多来源品种各个种的鉴别试验情况。

g. 伪品、类似品与正品鉴别试验的比较，并进一步说明选定方法的专属性。

h. 显微鉴别组织或粉末特征应提供彩色照片，照片应标注各个特征，并附标尺或放大倍数；薄层色谱应附彩色照片；光谱鉴别应附光谱图。所有附图附在最后。

F. 检查。

a. 正文规定各检查项目的理由。

b. 实验数据，规定各检查项限度的理由。

G. 浸出物。

a. 规定浸出物测定的理由。

b. 浸出物测定结果与商品等级规格或药工经验鉴别质量优劣的相关性。

c. 实验数据以及规定浸出物限量的理由。

H. 含量测定。

a. 选定测定成分和测定方法的理由，测定条件确定的研究资料。

b. 测定方法的原理及研究资料（方法验证如重现性、精密度、稳定性、回收率等研究资料）。

c. 实验数据以及规定限度的理由。

d. 液相色谱、气相色谱等图谱。

I. 炮制。

a. 简述历代本草对本品的炮制记载。

b. 本品的炮制研究情况（包括文献资料及起草时研究情况）。

c. 简述全国主要省份炮制规范收载的方法，说明正文收载炮制方法的理由。

d. 正文炮制品性状、鉴别及规定炮制品质量标准的理由和实验数据。

J. 药理。叙述本品文献报道及实际所做的药理实验研究结果（如抑菌、毒性、药理作用等的结果）。

K. 功能与主治、用法与用量。提供文献报道和临床应用。

L. 注意。有特殊要求的要注明。

M. 贮藏。需要特殊贮存条件的应说明理由。

N. 类似品及伪品。综合文献报道及工作中曾碰到的伪品、类似品的情况，能知道学名的写明学名。

O. 参考文献。参考文献如系从书刊中查到的应用脚注表示，次序按脚注号依次排列。

P. 附图。如说明与伪品、类似品的区别，尽可能附正品与伪品、类似品的药材彩色照片。显微特征（组织与粉末）及色谱等鉴别、含量测定均应附照片或图。

（3）植物油脂和提取物

① 历史沿革。说明标准收载、修订情况，若为分列或合并的应注明理由。

② 名称。说明命名的依据，挥发油和油脂应突出所用原植物名称，粗提物应加上提取溶剂名称，有效部位提取物应突出加上有效部位名称，有效成分提取物应以有效成分名称命名。

③ 来源。提取物的来源，扼要说明其以何种原植（动）物及部位加工制得，目前的使用和生产现状。

④ 制法。

a. 粗提物和有效部位提取物应列出详细的制备工艺，应说明关键的各项技术指标和要求的含义，及确定最终制备工艺及主要参数的理由。

b. 对药材的前处理方法进行说明，包括粉碎、切制等。

c. 已有兽药国家标准的提取物制法原则上应统一工艺；如制法有重大差异的，应予以说明并进行必要的区分。

d. 工艺过程中需注意的事项。

⑤ 性状。

a. 挥发油和油脂应规定外观颜色、气味、溶解度、相对密度和折光率等。

b. 粗提物和有效部位提取物应规定外观颜色、气味等。

c. 有效成分提取物应规定外观颜色、溶解度、熔点、比旋度等。

d. 其他需要说明的有关问题。

⑥ 鉴别。

a. 收载各项鉴别的理由，操作中应注意的事项。

b. 理化鉴别反应原理。

c. 色谱法实验条件选择的说明，并说明其专属性和可行性。

d. 应建立中药色谱特征图谱。包括色谱条件的选择、供试品溶液的制备、特征图谱的建立和辨识、中药提取物和原药材之间的相关分析、方法学验证、数据处理等。特征图谱应满足专属性、重现性和可操作性的要求。中药色谱特征图谱应附图，要求清晰真实，附在起草说明的最后一项中。

⑦ 检查。

a. 正文规定各检查项目的制订理由，对《兽药典》附录规定以外的检查项目除说明制订理由，还要说明其限度制订的理由。

b. 实验数据，规定各检查项限度的理由。

c. 作为注射剂原料的提取物还应对其安全性等检查项进行研究，并按照相应注射剂品种项下的规定选择检查项目，列出控制限度及列入质量标准的理由。

⑧ 含量测定。

a. 规定含量测定的理由。

b. 测定方法的原理及其研究资料（包括各项实验条件确定的依据及方法学验证，如重现性、精密度、稳定性、回收率等研究资料）。

c. 实验数据以及规定限度的理由。

⑨ 参考文献。参考文献如系从书刊中查到的应用脚注表示，次序按脚注号依次排列。

⑩ 附图与附表。按顺序依次排列。

（4）成方制剂和单味制剂

① 历史沿革。

a. 写明处方来源，包括验方、古方来源及考证。

b. 若为不同品种合并统一的、应注明标准之间主要区别和合并理由（如同方异名等）。

② 名称。说明命名的依据。

③ 处方。

a. 对处方药味排列次序进行说明。

b. 处方中的药味如不是《兽药典》所收载的品种，应附标准，说明其收载情况，并注明其科、属、种，拉丁学名及药用部位，写法同《兽药典》正文来源。

c. 对处方中分列品种、替换品种及地方习用药材明确来源。

d. 处方中如有《兽药典》未收载的炮制品，应详细说明炮制方法和质量要求。

④ 制法。

a. 列出详细的工艺流程，包括全部工艺参数和技术指标、关键半成品的质量标准及确定最终制备工艺及其技术条件的依据。

b. 如需粉碎的药材应说明药粉粒度；药材经提取后制成清膏的应说明出膏率（干膏率）并列出相应数据；写明制成品总量及允许的公差率等。

c. 说明主要辅料品种及用量、标准收载情况，《兽药典》未收载的辅料应附执行标准。

d. 同一品种下收载不同规格应分别说明。如片剂，收载大片与小片、糖衣片、薄膜衣片，应分别说明；如颗粒剂有含糖颗粒、无蔗糖颗粒等，应分别说明。

e. 制法过程中的注意事项。

⑤ 性状。

a. 说明正文中性状内容拟定的依据，对性状进行修订的应说明理由。

b. 对性状内容需要说明的其他问题。

c. 丸剂的丸芯或片剂片芯的外表与内部颜色常不相同，需分别描述说明。

⑥ 鉴别。

a. 说明正文收载的各项鉴别试验所鉴别的药味，包括鉴别增订、修订的理由，操作中的注意事项。

b. 显微鉴别说明正文各鉴别特征所代表的药材。

c. 理化鉴别试验若非《兽药典》附录“一般鉴别试验”收载的方法，应说明鉴别反应的原理，并说明所鉴别的药味。

d. 鉴别试验应提供前处理条件选择的依据和实验数据，说明阴性对照溶液的制备方法，详述专属性、重现性与耐用性考察结果，并附含阴性对照的彩色照片或色谱图。

e. 色谱法应说明色谱条件的选择（如薄层色谱法的吸附剂、展开剂、显色剂的选定等）。

f. 鉴别试验若使用《兽药典》未收载的特殊试液应注明配制的方法及依据。

g. 起草过程中曾做过的试验，但未列入正文的鉴别方法，也应说明试验研究方法、试验结果和未列入质量标准的理由。

h. 鉴别的药味若是多来源品种，应对各品种试验结果进行比较，说明其可行性，必要时附彩色照片或色谱图。

i. 显微鉴别及色谱法的鉴别均应附图，薄层色谱（包括阴性对照试验）图谱应附彩色照片。所有附图要求清晰真实，标明图号及文字内容，附在起草说明的最后一项。

⑦ 检查。

a. 所列检查项目的制订理由，对《兽药典》附录通则规定以外的检查项目除说明制订理由，还要说明其限度拟定的理由。

b. 所有检查项目均要列出实验数据。

c. 新上《兽药典》的成方制剂或单方制剂，一般应进行重金属、砷盐等考察，结果列在起草说明中，并说明该检查项列入或不列入质量标准的理由。

⑧ 含量测定。

a. 说明规定含量测定所测药味和成分选定的理由及测定方法选定的依据。

b. 测定方法的原理及其研究资料，包括各项实验条件选择的依据及方法验证的数据与图谱，如干扰成分的去除、阴性对照试验情况以及方法的专属性与可行性。按《兽用中药、天然药物质量标准分析方法验证指导原则》的要求，列出方法验证的全部研究资料，包括准确度、精密度、专属性、线性、范围、耐用性等考察项目的试验方法、实验数据、结果结论等。

c. 说明含量限度拟定的依据。

d. 起草过程中所进行的含量测定研究，若未列入标准正文，也应详尽地记述于起草说明中。

⑨ 功能与主治、药理、临床研究。说明药理试验、临床试验研究的结果；制订功能与主治项的理由。

⑩ 用法与用量。说明制订用法与用量项的理由。

⑪ 注意。说明制订注意项的理由。

⑫ 规格。说明规格拟定的依据，对不合理规格删除的理由，新增修订规格必须予以说明并附证明性文件。

⑬ 贮藏。说明规定贮存条件的理由；需特殊贮存条件的应有数据说明该特殊条件设定的必要性。

⑭ 参考文献。参考文献如系从书刊中查到，应用脚注来表示，次序按脚注号依次排列。

⑮ 附图。按顺序依次排列。

(5) 附图格式及要求

① 显微特征图要求。应采用显微照相系统记录显微特征图，并存储为 bmp. 格式或 jpg. 格式的文件，在图像外空白处标记各特征名称，并标注坐标尺。

② TLC 图谱（彩色照片）要求。TLC 鉴别图谱中应有供试品（至少 3 批）、对照品或对照药材（多来源者应包括所有来源的对照药材）、空白对照等。薄层色谱统一格式：薄层板尺寸为 10cm×10cm、10cm×20cm。点样：圆点状或条带状均可；点样基线距底边 10～15mm；高效板基线距底边 8～10mm；左右边距 12～15mm；圆点状点样，点间距离 8～10mm；条带状点样，条带宽 4～8mm，条带间距离不少于 5mm。展距：5～8cm。TLC 限量检查、含量测定图谱还应提供系统适用性试验图谱（包括检测灵敏度和分离度及重复性），图中不加注文字或符号，编辑文本时在图像外空白处标记供试品、对照品或对照药材、阴性等编号，溶剂前沿，以及展开时温度、湿度等。

色谱成像和记录应采用数码相机或数码摄像设备记录色谱图像，并存储为 bmp. 格式或 jpg. 格式的文件。

此外，还应附有以下薄层色谱条件信息：

a. 薄层板。列出预制薄层板的商品名、规格、型号和批号等；自制薄层板应注明固定相种类、黏合剂或其他改性剂的种类、浓度，涂布厚度等。

b. 点样。注明点样量、点样方式（接触或喷雾）。

c. 展开剂。溶剂种类、配比、分层情况，展开剂用量。

d. 展开方式。展开缸规格（单、双槽），展开方式与展距，预平衡和预饱和的方式（预平衡或预饱和缸还是板）、时间。

③ HPLC、GC 等图谱要求。含量测定的方法学考察及验证须提供系统适用性试验（理论板数、分离度、拖尾因子）、HPLC 测定波长的选择图（UV 最大吸收扫描图，一般提供对照品的即可）、空白图谱（辅料或其他物质干扰图谱），供试品及对照品图谱。以上色谱图应采用相同的标尺，被测成分峰的峰高应为色谱量程的 1/3 至 2/3，至少应记录至杂质峰完全出来或主峰保留时间三倍以上，图上同时也需标明理论板数、分离度、拖尾因子。如果阴性色谱峰与样品峰缺失过多，应说明原因，必要时附药材或溶剂峰的色谱图。

色谱图要求采用工作站记录色谱图，并存储为 bmp. 格式或 jpg. 格式的文件。除特殊情况外，一般应在色谱图上标明各色谱峰对应的已知组分或代号及相应的保留时间，清楚标注色谱图坐标。编辑文本时在图像外空白处标记各已知成分的保留时间、分离度和理论板数、供试品来源及批号。

8.6.4.3 中药质量标准分析方法验证技术要求

兽用中药质量标准分析方法验证的目的是证明采用的方法是否适用于相应检测要求。在建立兽用中药质量标准时，分析方法须经验证；在处方、工艺等变更或改变原分析方法时，也须对分析方法进行验证。方法验证过程和结果均应记载在兽药质量标准起草说明或修订说明中。

需验证的分析项目有鉴别试验、限量检查和含量测定，以及其他需控制成分（如残留物、添加剂等）的测定。兽用中药制剂溶出度、释放度等检查中，其溶出量等检测方法也应进行必要验证。

验证指标有准确度、精密度（包括重复性、中间精密度和重现性）、专属性、检测限、定量限、线性、范围和耐用性。在分析方法验证中，须采用标准物质进行试验。由于分析方法具有各自的特点，并随分析对象而变化，因此需要视具体方法拟订验证的指标。表8-6中列出的分析项目和相应的验证指标可供参考。

表 8-6 检验项目和验证指标

项目	鉴别	限量检查		含量测定	校正因子
		定量	限度		
准确度	−	+	−	+	+
重复性	−	+	−	+	+
中间精密度	−	+[①]	−	+[①]	+
重现性[②]	+	+	+	+	+
专属性[③]	+	+	+	+	+
检测限	−	−	+	−	−
定量限	−	+	−	−	+
线性	−	+	−	+	+
范围	−	+	−	+	+
耐用性	+	+	+	+	+

① 已有重现性验证，不需验证中间精密度。
② 重现性只有在该分析方法将被法定标准采用时做。
③ 如一种方法不够专属，可用其他分析方法予以补充。

（1）准确度 准确度系指用该方法测定的结果与真实值或参考值接近的程度，一般用回收率（%）表示。准确度应在规定的范围内测定。用于定量测定的分析方法均须做准确度验证。

① 测定方法的准确度。可用对照品做加样回收测定，即向已知被测成分含量的供试品中再精密加入一定量的被测成分对照品，依法测定。用实测值与供试品中含有量之差，除以加入对照品量计算回收率。在加样回收试验中须注意对照品的加入量与供试品中被测成分含有量之和必须在标准曲线线性范围之内；加入的对照品的量要适当，过小则引起较大的相对误差，过大则干扰成分相对减少，真实性差。

$$\text{回收率}=\frac{C-A}{B}\times 100\%$$

式中，A 为供试品所含被测成分量；B 为加入对照品量；C 为实测值。

② 校正因子的准确度。对色谱方法而言，绝对（或定量）校正因子是指单位面积的色谱峰代表的待测物质的量。待测定物质与所选定的参照物质的绝对校正因子之比，即为相对校正因子。相对校正因子计算法常应用于中药材及其复方制剂中多指标成分的测定。校正因子的表示方法很多，本指导原则中的校正因子是指气相色谱法和高效液相色谱法中的相对重量校正因子。

相对校正因子可采用替代物（对照品）和被替代物（被测物）标准曲线斜率比值进行比较获得。采用紫外吸收检测器时，可将替代物（对照品）和被替代物（被测物）在规定波长和溶剂条件下的吸收系数比值进行比较，计算获得。

③ 数据要求。在规定范围内，取同一浓度的供试品，用至少测定 6 份样品的结果进行评价；或设计 3 个不同浓度，每种浓度分别制备 3 份供试品溶液进行测定，用 9 份样品测定结果进行评价，一般中间浓度加入量与所取供试品中待测成分量之比控制在 1∶1 左右，建议高、中、低浓度对照品加入量与所取供试品中待测定成分量之比控制在 1.5∶1、1∶1、0.5∶1 左右，应报告供试品取样量、供试品中含有量、对照品加入量、测定结果和回收率（%）计算值，以及回收率（%）的相对标准偏差（RSD,%）或置信区间。对于校正因子，应报告测定方法，测定结果和 RSD。样品中待测定成分含量和回收率限度关系可参考表 8-7。在基质复杂、组分含量低于 0.01%及多成分分析中，回收率限度适当放宽。

表 8-7 样品中待测物质成分含量和回收率限度

待测成分含量	回收率限度/%
100%	98～101
10%	95～102
1%	92～105
0.1%	90～108
0.01%	85～110
10μg/g	80～115
1μg/g	75～120
10μg/kg	70～125

（2）精密度 精密度系指在规定的测试条件下，同一个均匀供试品，经多次取样测定所得结果之间的接近程度。精密度一般用偏差、标准偏差或相对标准偏差表示。

精密度包含重复性、中间精密度和重现性。在相同操作条件下，由同一个分析人员在较短的间隔时间内测定所得结果的精密度称为重复性；在同一个实验室，不同时间由不同分析人员用不同设备测定结果之间的精密度称为中间精密度；在不同实验室由不同分析人员测定结果之间的精密度称为重现性。

用于定量测定的分析方法均应考察方法的精密度。

① 重复性。在规定范围内，取同一浓度的供试品，用至少 6 份的结果进行评价；或设计 3 种不同浓度，每种浓度分别制备 3 份供试品溶液进行测定，用 9 份样品的测定结果进行评价。采用 9 份测定结果进行评价时，一般中间浓度加入量与所取供试品中待测定成分量之比控制在 1∶1 左右，建议高、中、低浓度对照品加入量与所取供试品中待测定成分量之比控制在 1.5∶1、1∶1、0.5∶1 左右。

② 中间精密度。为考察随机变动因素如不同日期、不同分析人员、不同仪器对精密度的影响，应设计方案进行中间精密度试验。

③ 重现性。国家兽药质量标准采用的分析方法，应进行重现性试验，如通过不同实验室检验获得重现性结果。协同检验的目的、过程和重现性结果均应记录在起草说明中。应注意重现性试验用样品质量的一致性及贮存运输中的环境对该一致性的影响，以免影响重现性结果。

④ 数据要求。均应报告偏差、标准偏差、相对标准偏差或置信区间。样品中待测定成分含量和精密度可接受范围参考表 8-8。在基质复杂、含量低于 0.01%及多成分等分析

中，精密度接受范围可适当放宽。

表 8-8 样品中待测成分含量与精密度 RSD 可接受范围

待测成分含量	重复性(RSDr/%)	重现性(RSD_R/%)
100%	1	2
10%	1.5	3
1%	2	4
0.1%	3	6
0.01%	4	8
10μg/g	6	11
1μg/g	8	16
10μg/kg	15	32

（3）专属性 专属性系指在其他成分可能存在的情况下，采用的方法能正确测定出被测成分的能力。鉴别试验、限量检查、含量测定等方法均应考察其专属性。

① 鉴别试验。应能区分可能共存的物质或结构相似化合物。不含被测成分的供试品，以及结构相似或组分中的有关化合物，均不得干扰测定。显微鉴别、色谱及光谱鉴别等应附相应的代表性图像或图谱。

② 含量测定和限量检查。以不含被测成分的供试品（除去含待测成分药材或不含待测成分的模拟复方）试验说明方法的专属性。采用色谱法、光谱法等应附代表性图谱，并标明相关成分在图中的位置，色谱法中的分离度应符合要求。必要时可采用二极管阵列检测和质谱检测，进行峰纯度检查。

（4）检测限 检测限系指供试品中被测物能被检测出的最低量。检测限仅作为限度试验指标和定性鉴别的依据，没有定量意义。常用的方法如下。

① 直观法。用一系列已知浓度的供试品进行分析，试验出能被可靠地检测出的最低浓度或量。

可用于非仪器分析方法，也可用于仪器分析方法。

② 信噪比法。仅适用于能显示基线噪声的分析方法，即把已知低浓度供试品测出的信号与空白样品测出的信号进行比较，计算出能被可靠地检测出的被测成分最低浓度或量。一般以信噪比为 3∶1 或 2∶1 时相应浓度或注入仪器的量确定检测限。

③ 基于响应值标准偏差和标准曲线斜率法。按照下式计算。

$$\mathrm{LOD}=3.3\delta/S$$

式中，LOD 为检测限；δ 为响应值的偏差；S 为标准曲线的斜率。

δ 可以通过下列方法测得：测定空白值的标准偏差；用标准曲线的剩余标准偏差或截距的标准偏差来代替。

④ 数据要求。上述计算方法获得的检测限数据须用含量相近的样品进行验证，应附测定图谱，说明测试过程和检测限结果。

（5）定量限 定量限系指供试品中被测成分能被定量测定的最低量，其测定结果应符合准确度和精密度的要求。对微量或痕量兽药分析、限量检查的定量分析应确定方法的定量限。常用的方法如下。

① 直观法。用已知浓度的被测物，试验出能被可靠地定量测定的最低浓度或量。

② 信噪比法。用于能显示基线噪声的分析方法，即把已知低浓度试样测出的信号与空白样品测出的信号进行比较，计算出能被可靠地定量的被测物质的最低浓度或量。一般以信噪比为 10∶1 时相应浓度或注入仪器的量确定定量限。

③ 基于响应值标准偏差和标准曲线斜率法。按照下式计算。

$$LOQ=10\delta/S$$

式中，LOQ 为定量限；δ 为响应值的偏差；S 为标准曲线的斜率。

δ 可以通过下列方法测得：测定空白值的标准偏差；用标准曲线的剩余标准偏差或截距的标准偏差来代替。

④ 数据要求。上述计算方法获得的定量限数据须用含量相近的样品进行验证，应附测定图谱，说明测试过程和定量限结果，包括准确度和精密度验证数据。

（6）线性 线性系指在设计的范围内，测定响应值与供试品中被测物浓度呈比例关系的程度。

应在规定的范围内测定线性关系。可用一对照品贮备液经精密稀释，或分别精密称取对照品，制备一系列对照品溶液的方法进行测定，至少制备 5 份不同浓度的对照品溶液。以测得的响应信号对被测物的浓度作图，观察是否呈线性，再用最小二乘法进行线性回归。必要时，响应信号可经数学转换，再进行线性回归计算。或者可采用描述浓度-响应关系的非线性模型。

数据要求：应列出回归方程、相关系数和线性图（或其他数学模型）。

（7）范围 范围系指分析方法能达到一定精密度、准确度和线性要求时的高低限浓度或量的区间。

范围应根据分析方法的具体应用和线性、准确度、精密度结果及要求确定。对于有毒的、具特殊功效或药理作用的成分，其验证范围应大于被限定含量的区间。溶出度或释放度中的溶出量测定，范围应为限度的±20%。

校正因子测定时，范围一般应根据其应用对象的测定范围确定。

（8）耐用性 耐用性系指在测定条件有小的变动时，测定结果不受影响的承受程度，为所建立的方法用于常规检验提供依据。开始研究分析方法时，就应考虑其耐用性。如果测定条件要求苛刻，则应在方法中写明，并注明可以接受变动的范围，可以先采用均匀设计确定主要影响因素，再通过单因素分析等确定变动范围。典型的变动因素有：被测溶液的稳定性，样品提取次数、时间等。高效液相色谱法中典型的变动因素有：流动相的组成和 pH 值，不同品牌或不同批号的同类型色谱柱，柱温，流速等。气相色谱法变动因素有：不同品牌或批号的色谱柱、固定相，不同类型的担体、载气流速、柱温、进样口和检测器温度等。薄层色谱的变动因素有：不同品牌的薄层板，点样方式及薄层展开时温度及相对湿度的变化等。

经试验，测定条件有小的变动应能满足系统适用性试验要求，以确保方法的可靠性。

8.6.4.4 非无菌产品微生物限度检查技术要求

非无菌兽药中污染的某些微生物可能导致兽药活性降低，甚至使兽药丧失疗效，从而对患病动物健康造成潜在的危害。因此，在兽药生产、贮藏和流通各个环节中，应严格遵循兽药 GMP 的指导原则，以降低产品受微生物污染的程度。非无菌产品微生物计数法（附录 1102）、控制菌检查法（附录 1103）及兽药微生物限度标准（附录 1104）可用于判断非无菌制剂及原料、辅料是否符合《兽药典》的规定，也可用于指导制剂、原料、辅料等微生物质量标准的制定，及指导生产过程中间产品微生物质量的监控。本技术要求对微生物限度检查方法和标准中的特定内容及应用作进一步的说明。

（1） 非无菌产品微生物限度检查过程中，如使用表面活性剂、灭活剂及中和剂，在确定其能否适用于所检样品及其用量时，除应证明该试剂对所检样品的处理有效外，还须确认该试剂不影响样品中可能污染的微生物的检出（即无毒性），因此无毒性确认试验的菌株不能仅局限于验证试验菌株，而应当包括产品中可能污染的微生物。

（2） 供试液制备方法、抑菌成分的消除方法及需氧菌总数、霉菌和酵母菌总数计数方法应尽量选择微生物计数方法中操作简便、快速的方法，同时，所选用的方法应避免损伤供试品中污染的微生物。对于抑菌作用较强的供试品，在供试品溶液性状允许的情况下，应尽量选用薄膜过滤法进行试验。

（3） 对照培养基系指按培养基处方特别制备、质量优良的培养基，用于培养基适用性检查，以保证兽药微生物检验用培养基的质量。

（4） 进行微生物计数方法适用性试验时，若因没有适宜的方法消除供试品中的抑菌作用而导致微生物回收的失败，应采用能使微生物生长的更高稀释级供试液进行方法适用性试验。此时更高稀释级供试液的确认要从低往高的稀释级进行，但最高稀释级供试液的选择应根据供试品应符合的微生物限度标准和菌数报告规则而确定，如供试品应符合的微生物限度标准是1g需氧菌总数不得过10^3cfu，那么最高稀释级是1∶10^3。

若采用允许的最高稀释级供试液进行方法适用性试验还存在1株或多株试验菌的回收率达不到要求，那么应选择回收情况最接近要求的方法进行供试品的检测。如某种产品对某试验菌有较强的抑菌性能，采用薄膜过滤法的回收率为40%，而采用培养基稀释法的回收率为30%，那么应选择薄膜过滤法进行该供试品的检测。在此情况下，生产单位或研制单位应根据原辅料的微生物质量、生产工艺及产品特性进行产品的风险评估，以保证检验方法的可靠性，从而保证产品质量。

（5） 控制菌检查法没有规定进一步确证疑似致病菌的方法。若供试品检出疑似致病菌，确证的方法应选择已被认可的菌种鉴定方法，如细菌鉴定一般依据《伯杰氏系统细菌学手册》。

（6） 兽药微生物检查过程中，如果《兽药典》规定的微生物计数方法不能对微生物在规定限度标准的水平上进行有效的计数，那么应选择经过验证的，且检测限尽可能接近其微生物限度标准的方法对样品进行检测。

（7） 用于手术、烧伤及严重创伤的局部给药制剂应符合无菌检查法要求。对用于创伤程度难以判断的局部给药制剂，若没有证据证明兽药不存在安全性风险，那么该兽药应符合无菌检查法要求。

（8） 兽药微生物限度标准中，药用原料、辅料及兽用中药提取物仅规定检查需氧菌总数、霉菌和酵母菌总数。因此，在制定其微生物限度标准时，应根据原辅料的微生物污染特性、用途、相应制剂的生产工艺及特性等因素，还需控制具有潜在危害的致病菌。

（9） 对于制剂通则项下有微生物限度要求的制剂，微生物限度为必检项目；对于只有原则性要求的制剂（如片剂、丸剂、锭剂、颗粒剂），应对其被微生物污染的风险进行评估。在保证产品对患病动物安全的前提下，通过回顾性验证或在线验证积累的微生物污染数据表明每批均符合微生物限度标准的要求，那么可不进行批批检验，但必须保证每批最终产品均符合微生物限度标准规定。上述固体制剂若因制剂本身及工艺的原因导致产品易受微生物污染，应在品种项下列出微生物限度检查项及微生物限度标准。

（10） 含动物类原药材粉的内服兽用中药制剂要求不得检出沙门菌。其中的动物类原药材粉是指除蜂蜜、王浆、动物角、阿胶外的所有动物类原药材粉，如牡蛎、珍珠等贝类，海蜇、冬虫夏草、人工牛黄等。

（11）制定兽药的微生物限度标准时，除了依据“非无菌兽药微生物限度标准”（《兽药典》附录 1104）外，还应综合考虑原料来源、性质、生产工艺条件、给药途径及微生物污染对患病动物的潜在危险等因素，提出合理安全的微生物限度标准，如特殊品种以最小包装单位规定限度标准。必要时，某些兽药为保证其疗效、稳定性及避免对患病动物的潜在危害性，应制定更严格的微生物限度标准，并在品种项下规定。

8.7

毒理药理及药效研究

8.7.1 安全性评价

8.7.1.1 概述

参照中华人民共和国农业部令第 55 号发布的《新兽药研制管理办法》，安全性评价是指在临床前研究阶段，通过毒理学研究等对中兽药对靶动物和人的健康影响进行风险评估的过程，包括急性毒性、亚慢性毒性、致突变、生殖毒性（含致畸）、慢性毒性（含致癌）试验以及用于食用动物时日允许摄入量（ADI）和最高残留限量（MRL）的确定。承担中兽药安全性评价的单位应当符合《兽药非临床研究质量管理规范》的要求，并参照有关技术指导原则进行试验。采用指导原则以外的方法和技术进行试验的，应当提交能证明其科学性的资料。

8.7.1.2 GLP 认证

2015 年 12 月 9 日起，由农业部发布施行的《兽药非临床研究质量管理规范》（以下简称兽药 GLP）是兽药进行临床前研究必须遵循的基本准则，是指有关非临床安全性评价研究机构运行管理和非临床安全性评价研究项目试验方案设计、组织实施、执行、检查、记录、存档和报告等全过程的质量管理要求，共 46 条，详细定义了相关术语，明确了组织机构和人员、实验设施、仪器设备和实验材料、标准操作规程、研究工作的实施、资料档案等的具体要求。

根据中华人民共和国农业部公告第 2464 号《兽药非临床研究质量管理规范监督检查标准》，首次开展兽药安全性评价的单位、已开展兽药安全性评价但尚未接受过农业部兽药非临床研究质量管理规范或兽药临床试验质量管理规范监督检查的单位，应向中国兽医药品监察所提交报告及有关资料，并接受监督检查。未经相关部门监督检查或监督检查不合格的兽药安全性评价单位，其完成的研究、试验数据资料不得用于兽药注册申请。兽药安全性评价单位应严格按照《兽药管理条例》和《兽药非临床研究质量管理规范》《兽药非临床研究与临床试验质量管理规范监督检查办法》等有关规定开展相关工作。

兽药非临床研究质量管理规范监督检查标准共涉及检查条款 285 项，内容涵盖组织机构和人员（组织管理体系、人员、机构负责人、质量保证部门、项目负责人、其他岗位负责人）、实验设施与管理（实验设施、实验动物饲养管理设施、受试品和对照品的处置设施、实验资料保管设施）、仪器设备和实验材料（仪器设备、受试品和对照品、实验室的试剂和溶液、动物的饲养和使用、体外实验材料）、标准操作规程（SOP 的制定、SOP 的管理和实施）、研究工作的实施（项目名称与代号、实验方案的制定、实验方案的内容、研究过程中实验方案的修改、实验操作与记录、动物出现与受试品无关的异常反应的处理、总结报告、总结报告的内容、研究报告的修改）、资料档案（试验项目归档材料、档案管理符合要求、其他归档资料完整）、其他［实验技术现场考核（抽查）、计算机管理系统、数据采集系统、未发现弄虚作假行为、现场检查中无干扰或不配合检查行为、按照兽药 GLP 的要求完成此次申报试验项目的兽药安全性评价研究］、申请的试验项目（急性毒性试验、亚慢性毒性试验、繁殖毒性试验、遗传毒性试验、慢性毒性试验、局部毒性试验、安全性药理试验、毒代动力学试验、放射性或生物危害性药物毒性试验、其他毒性试验）。通过逐项打分后，得出评定结果，形成兽药非临床研究质量管理规范监督检查报告表。

GLP 认证分为申请与受理、资料审查与现场检查、审核与公告、监督管理、检查人员的管理五大部分。兽药 GLP 监督检查资料清单包括申请机构法人资格证明文件，单位概要，组织机构的设置与职责，主要人员情况，动物饲养区域及动物试验区域情况，机构主要仪器设备一览表，仪器、仪表、量具、衡器等计量检定情况和分析仪器验证情况，标准操作规程，计算机系统运行和管理情况，兽药安全性评价研究实施情况，实施兽药 GLP 的自查报告，既往接受兽药 GLP 和相关检查的情况，其他有关材料。

8.7.1.3 急性毒性试验

（1）概述 急性毒性试验是指一日内对动物单次或多次给药，连续观察给药后动物产生的毒性反应及死亡情况的试验方法。经口（注射）一次性或 24h 内多次给予受试物后，在短时间内观察实验动物所产生的毒性反应，引起半数致死的剂量称为半数致死剂量，通常用 LD_{50} 表示。中华人民共和国农业部 1247 号公告发布了兽药急性毒性试验（LD_{50} 测定）指导原则，适用于兽用化学药品、中兽药、消毒剂及饲料药物添加剂的急性毒性作用测定。

（2）试验设计

① 材料与方法。

a. 实验动物。采用两种性别的初成年小鼠和/或大鼠进行试验。小鼠体重为 18～22g，大鼠体重为 180～220g。动物购买后环境适应饲养 3～5 天。

b. 受试药物及配制。申报兽药的原料或制剂应为与其他试验同一批号的产品；受试物溶液一般采用水或食用植物油（如玉米油、花生油、橄榄油等）配制。可考虑用吐温-80 作为助溶剂，或用羧甲基纤维素钠、明胶、淀粉等配制成混悬液，不能做成混悬液时，可制备成其他形式（如糊状物等）。必要时可选用二甲基亚砜（DMSO）溶解受试物，但不能采用具有明显毒性的有机溶剂。若采用未知毒性的溶剂应设对照组观察。

c. 受试药物给药方法。按受试药物检测要求经口或注射给药。一般一次性给予受试药物。如估计受试物的毒性很低或溶解度很低，可一日内多次给予，每次间隔 2～3h，但仍合并为一次剂量计算。若总剂量达到 5000mg/kg 仍不引起动物死亡时，则停止更多次的给予。

给予受试物体积要求，小鼠为 0.1～0.2mL/10g 体重，大鼠为 0.5～1.0mL/100g 体重。经口给予受试物，动物应隔夜空腹进行（一般禁食 8～12h，不限制饮水）。

② 试验步骤。

a. 预试验。每组设 4 只实验动物（雌、雄各半），拟定高剂量组剂量，再按 3～5 的倍数递减设定若干剂量组，依次进行试验，找出 4/4 和 0/4 致死剂量。

如果高剂量组已达 5000mg/kg 的剂量，实验动物死亡率为 0/4，并且将动物数增至 10 只（雌、雄各半），重复两次试验，动物均未出现死亡，则可结束整个急性毒性试验，急性毒性试验（LD_{50} 测定）结论为：受试物 LD_{50} 大于 5000mg/kg。

b. 正式试验。一般设 5～7 个剂量组。根据预试验获得的 4/4 致死剂量（b）和 0/4 致死剂量（a）的比值来确定正式试验组数（N）。比值为 2～3 时，设 4～5 组；比值为 3～10 时，设 5～7 组；比值大于 10 时，设 7 组。

按下列公式求得相邻两组剂量比值(r)：$r=\lg^{-1}(\frac{\lg b-\lg a}{N-1})$

以预试验获得的 4/4 致死剂量（b）作为正式试验高剂量组（第一组）的剂量，按 r 值等比求得其他各剂量组的剂量。

实验动物称重、标记编号和分组：雄、雌动物分开进行正式试验，每组不少于 10 只动物。分别对雄、雌动物进行编号标记及称重，按设计试验组数（N）对实验动物进行分组。分组采用完全随机法。

受试药物溶液配制：按“1∶K 系列稀释法”等容量配制各剂量组所需的受试药物溶液，根据设计的试验剂量，按实验动物给予受试药物的体积要求，首先确定最大剂量组（如第一组）所需配制的受试药物溶液浓度 C_1 以及各剂量组所需受试药物溶液的体积 υ。

受试药物母液应配制的浓度 $C=C_1$，应配制的体积 V（mL）按下列公式计算：

$$V=\frac{\upsilon}{1-K}(\text{其中 } K=\frac{1}{r})$$

根据母液浓度及体积计算需称取的受试药物量（mg 或 mL）。

称取受试药物，置烧杯内，加入选定的溶剂溶解或稀释，转入容量瓶内，充分混匀并定容，即获得浓度 $C=C_1$ 的受试物母液。从中取出供最大剂量组（如第一组）给药用的溶液体积 υ，向原溶液中加入同体积的溶剂，混匀后溶液浓度为 $C_1\times K$，正好是第二组所要求的剂量浓度 C_2；从中取出供第二组给药用的溶液体积 υ，再加入同体积的溶剂，混匀后溶液浓度为 $C_2\times K$，正好是第三组所要求的剂量浓度 C_3。依此类推，配制得到各剂量组所需浓度及体积的受试药物溶液。

给药方法：按实验动物经口（注射）给予受试药物的体积要求，根据各实验动物的体重，计算各实验动物给予的受试药物体积。

按要求对实验动物进行灌胃或注射给药。如在给药过程中因挤压、呛肺等造成死亡，须及时补足每组的动物数量。

试验观察：实验动物给药后一般观察 7 天，若给药 4 天后继续有死亡的，则需观察 14 天，必要时可延长观察时间至 28 天。认真观察实验动物中毒的发生、发展过程，获取中毒特点及毒作用特征，对死亡动物需进行解剖，观察其中毒病理变化，并做好记录。

③ 数据整理。当雄性和雌性实验动物对受试药物反应差异显著时，应分别对其试验数据进行整理，计算各自的半数致死量（LD_{50}）；性别差异不显著，则将雄性和雌性实验动物的试验数据集中整理，统一计算分析。

根据试验记录，整理获得表 8-9 中的各项数据。

表 8-9　实验动物对受试药物反应差异显著时试验数据的记录

组别	动物数 n	给药剂量 /(mg/kg 或 mL/kg)	剂量对数 x	死亡动物数 r	死亡率 p	存活率 q	pq
……							

半数致死量（LD_{50}）计算方法：

将试验获得的各项数值代入下列公式：

$$LD_{50}=\lg^{-1}[X_m-i(\sum p-0.5)]$$

$$S_{x50}=i\sqrt{\sum\frac{pq}{n}}$$

$$LD_{50}\text{ 的 }95\%\text{可信限}=\lg^{-1}(\lg LD_{50}\pm1.96\times S_{x50})$$

式中，X_m 为最大剂量的对数值；i 为组距，即相邻两组剂量对数值之差；p 为各剂量组死亡率（以小数表示）；q 为各剂量组存活率，$q=1-p$；$\sum p$ 为各剂量组死亡率之和；n 为各组动物数；S_{x50} 为 $\lg LD_{50}$ 的标准误差。

④ 结果评定。根据实验动物给药后中毒症状出现的时间、症状表现、死亡出现时间、尸体解剖病理变化及半数致死量（LD_{50}），参照化学物急性毒性（LD_{50}）剂量分级表，对受试药物进行评定。评定内容包括受试物主要中毒症状表现；受试物半数致死量（LD_{50}）及其 95%可信限（单位 mg/kg）；受试物毒性分级。

⑤ 注意事项。本方法仅对寇氏（Karber）法的技术环节及要求进行了规定，采用其他方法进行急性毒性试验需参照国家标准 GB 15193.3—2014 的相关内容。

除特别注明外，试验用水为蒸馏水，试剂为分析纯试剂，动物为无特定病原体（SPF）级实验动物。

实验动物饲养环境要求达到 SPF 级。

（3）试验报告　为公正、科学地评价药物的毒性，试验报告应包含以下内容：

a. 试验目的。

b. 试验时间与地点。

c. 试验设计者、负责人、参加者及电子邮箱。

d. 受试药物须注明兽药名称、生产厂家、规格、生产批号及用法与用量。

e. 实验动物的品种与品系、体重、日龄或月龄、健康状况、检疫情况等。

f. 归纳总结该药物的试验结果，确定受试药物的 LD_{50} 并对其急性毒性进行评定。

g. 参考文献。

h. 试验数据，应有详细的试验原始记录。原始资料保存处、联系人、电话。

i. 试验单位（加盖公章）。

（4）附录及说明　化学物急性毒性（LD_{50}）剂量分级及啮齿动物中毒表现观察项目见表 8-10、表 8-11。

表 8-10 化学物急性毒性（LD_{50}）剂量分级表

级别	大鼠口服 LD_{50}/(mg/kg)	相当于人的致死量/(g/人)
极毒	<1	0.05
剧毒	1～50	0.5
中等毒	51～500	5
低毒	501～5000	50
实际无毒	5001～15000	500
无毒	>15000	2500

表 8-11 啮齿动物中毒表现观察项目

器官系统	观察及检查项目	中毒后一般表现
中枢神经系统及躯体运动	行为	改变姿势、叫声异常、不安、呆滞
	动作	震颤、运动失调、麻痹、惊厥、强直性动作
	各种刺激的反应	易兴奋、知觉过敏/缺乏
	大脑及脊髓反射	减弱/消失
	肌肉张力	强直/弛缓
自主神经系统	瞳孔大小	缩小/放大
	分泌	流涎、流泪
呼吸系统	鼻孔	流鼻涕
	呼吸性质和速率	徐缓、困难、潮式呼吸
心血管系统	心区触诊	心动过缓、心律不齐、心跳过强/过弱
胃肠系统	腹形	气胀/收缩、腹泻/便秘
	粪便硬度和颜色	粪便不成形、黑色/灰色
泌尿生殖系统	阴户、乳腺	膨胀
	阴茎	脱垂
	会阴部	污秽
皮肤和被毛	颜色、张力	发红、皱褶、松弛、皮疹
	完整性	竖毛
黏膜	黏膜	流黏液、充血、出血性发绀、苍白
	口腔	溃疡
眼	眼睑	上睑下垂
	眼球	眼球突出/震颤
	透明度	混浊
其他	直肠/皮肤温度	降低/升高
	一般情况	姿势不正确、消瘦

8.7.1.4 长期毒性试验

（1）概述 依据中华人民共和国农业部第 1247 号公告发布的兽药 30 天和 90 天喂养试验指导原则，当评价某受试药物的毒作用特点时，在了解受试药物的纯度、溶解特性、稳定性等理化性质和有关毒性的初步资料之后，可进行 30 天或 90 天喂养试验，以提出较长期喂饲不同剂量的受试药物对动物引起有害效应的剂量、毒作用性质和靶器官，估计亚慢性摄入的危险性。90 天喂养试验所确定的最大未观察到有害作用剂量可为慢性试验的剂量选择和观察指标提供依据。临床用药期 30 天以上时毒性试验给药期为 6 个月。

（2）试验设计

① 材料与方法。

a. 实验动物。选择啮齿类动物大鼠。为了观察受试药物对动物生长发育的影响，使用雌、雄两种性别的离乳大鼠（出生后 4 周）。试验开始时动物体重的差异应不超过平均体重的±20%。

b. 试剂。哺乳动物血细胞计数配套试剂、血液生化学指标测定配套试剂、组织标本固定用试剂、组织病理学检查常用试剂。

c. 主要仪器。生物显微镜、全自动生化分析仪、血细胞计数仪、组织病理学检查常用仪器。

② 试验步骤。

a. 剂量组设计。设3～5个剂量组和一个对照组。剂量选择：高剂量组的动物在喂饲受试药物期间应当出现明显的中毒症状但不造成死亡或严重损害；低剂量组不引起毒性作用，从而估计或确定出最大未观察到有害作用剂量；在高剂量和低剂量之间再设1～3个剂量组，以期获得比较明确的剂量-反应关系。

剂量的设计可参考以下原则：

以LD_{50}的10%～25%为30天或90天喂养试验的最高剂量组，此LD_{50}百分比的选择主要参考LD_{50}剂量反应曲线的斜率。然后在此剂量下设几个剂量组。最低剂量不能低于靶动物可能摄入量的3倍。

对于求不出LD_{50}的受试药物：30天喂养试验应尽可能涵盖靶动物可能摄入量100倍的剂量。对于靶动物摄入量较大的受试药物，高剂量组可以按最大耐受剂量设计。90天喂养试验根据30天喂养试验结果确定剂量，或者以靶动物可能摄入量的100～300倍作为最大未观察到有害作用剂量，然后在此剂量以上设几个剂量组，必要时亦可在此剂量以下增设剂量组。

每个剂量组至少20只动物，雌、雄各半。如果在试验期间要处死实验动物进行检查，则需适当增加各组动物数。

b. 实验动物标记称重、标记编号和分组。试验前购置离乳大鼠（出生后4周），雌、雄各半，饲养观察3～5天。分别选择健康雌、雄大鼠进行称重和标记编号，采用完全随机法，将其分为4～6组，每组两种性别大鼠均不得低于10只。

c. 给药方案。首选将受试药物混入饲料中喂养（注意受试药物在饲料中的稳定性）。如有困难，也可加入饮水中或灌胃。

当受试药物混入饲料时，需将受试药物给予剂量按大鼠每日饲料摄入量折算为饲料中受试药物浓度（mg/kg），30天喂养试验大鼠每日饲料摄入量按体重的10%折算，90天喂养试验大鼠每日饲料摄入量按体重的8%折算。

饮水给予受试药物时，动物每日饮水量按体重的15%～20%计算。

灌胃时，大鼠灌胃量按1mL/（100g体重·d）计算。每天灌胃的时间点也应一致。

d. 试验观察。试验期间，每天观察记录动物的一般行为表现、中毒及死亡情况；并同时记录大鼠饮水投入量和饮水剩余量；按周测量记录实验大鼠体重、投入饲料量及剩余饲料量。

e. 检测。血液学指标：必测血液学指标包括血红蛋白（Hb）、红细胞计数、白细胞计数及嗜中性（NL）、嗜酸性（AL）、嗜碱性（BL）、淋巴（LM）、单核（MO）细胞的分类计数等，必要时增加测定血小板（PLT）和网织红细胞（RET）数。30天喂养试验一般于试验结束时测定一次，90天喂养试验一般于试验中期和结束时各测定一次。各组不少于10只大鼠（雌、雄各半）采血进行血液学指标测定。

血液生化指标：必测血液生化指标包括谷丙转氨酶（ALT或SGPT）、谷草转氨酶（AST或SGOT）、尿素氮（BUN）、肌酐（Cr）、血糖（Glu）、血清白蛋白（Alb）、总蛋白（TP）、总胆固醇（TCH）和甘油三酯（TG）等。30天喂养试验一般于试验结束时测定一次，90 天喂养试验一般于试验中期和结束时各测定一次。各组不少于 10 只大鼠（雌、雄各半）采血进行血液生化指标测定。

病理检查：

大体解剖：30 天喂养试验于试验结束，90 天喂养试验于试验中期和试验结束，各组取 10 只大鼠（雌、雄各半）进行剖检（可结合采血进行）。做好记录，并将重要器官和组织固定保存。

脏器称量：剖检试验大鼠的同时，称取大鼠体重及各主要脏器（包括肝、肾、脾、胃肠、睾丸、肺、心、卵巢、子宫等）重量，做好记录。计算各脏器的相对重量（脏器系数）。

组织病理学检查：对高剂量组及对照组大鼠的主要脏器进行组织病理学检查，发现病变后再对较低剂量组大鼠的相应器官及组织进行检查。肝、肾、脾、胃肠、睾丸及卵巢的组织病理学检查为必测项目。

f. 试验记录。逐项记录受试药物编号、样品名称、检测依据、检验项目、检验开始日期及完成日期、检验结论等；实验动物的来源、合格证号、实验动物许可证号、种属和品系、年龄、体重范围、数量、性别、购置日期、健康状态等；各项观察结果及数据等。

③ 试验结果整理及数据分析。

a. 数据整理。整理归纳各试验组大鼠的临床表现。

整理试验大鼠的饮水量，求取各剂量组大鼠饮水量的平均值（表述为 $\overline{x}\pm s$）。

整理大鼠的饲料摄入量和增重，求取各剂量组大鼠的平均增重率（表述为 $\overline{x}\pm s$）。

整理测得的血液学指标，求取各指标的组内平均值（表述为 $\overline{x}\pm s$）。

整理测得的血液生化指标，求取各指标的组内平均值（表述为 $\overline{x}\pm s$）。

整理测得的大鼠体重及各主要脏器重量，计算脏体比（脏器系数），求取各试验组大鼠脏器系数的平均值（表述为 $\overline{x}\pm s$）。

归纳各试验组大鼠剖检和组织病理学检查结果，并与对照组进行比较分析。

b. 数据分析。以适当的统计学方法分析上述整理的数据，比较试验组与对照组之间的差异显著性。计量资料采用方差分析或 t 检验，计数资料采用 χ^2 检验、泊松分布等。

④ 结果评价。

a. 综合试验观察结果，评价受试药物作用下大鼠的临床表现。

b. 结合数据评价受试药物对大鼠增重率、饮水量及总体生长情况的影响。

c. 结合数据评价受试药物对大鼠血液学指标和血液生化指标的影响。

d. 评价受试药物各剂量对大鼠脏器系数的影响。

e. 评价受试药物各剂量对大鼠组织器官造成的病理变化。

⑤注意事项。

a. 除特别注明外，试验用水为蒸馏水，试剂为分析纯试剂，动物为 SPF 级实验动物。

b. 实验动物饲养环境要求达到 SPF 级。

（3）试验报告 为公正、科学地评价药物的毒性，试验报告应包含以下部分：

a. 试验目的。

b. 试验时间与地点。

c. 试验设计者、负责人、参加者及电子邮箱。

d. 受试药物需注明兽药名称、生产厂家、规格、生产批号及用法与用量。

e. 实验动物的品种与品系、体重、日龄或月龄、健康状况、检疫情况等。

f. 归纳总结该药物的试验结果，确认受试药物引起有害效应的剂量、毒作用性质和靶器官等，估计亚慢性摄入的危险性。

g. 参考文献。

h. 试验数据。应有详细的试验原始记录、原始资料保存处、联系人、电话。

i. 试验单位（加盖公章）。

（4）附录 啮齿动物中毒表现观察项目见表 8-11。

8.7.1.5 特殊毒性试验

特殊毒性试验包括致突变试验（遗传毒性试验）、生殖毒性试验和慢性毒理学试验（包括致癌试验）三个方面。根据中华人民共和国农业部公告第 1247 号，致突变试验主要包括 Ames 试验、小鼠骨髓细胞微核试验、小鼠精子畸形试验、小鼠骨髓细胞染色畸变试验和显性致死试验。原料药必做前三个试验，各种制剂可不做致突变试验；生殖毒性试验主要包括大鼠传统致畸试验和繁殖毒性试验，原料药必做生殖毒性试验，两类试验可任选其一；慢性毒理学试验包括慢性毒性试验和致癌试验，作药物饲料添加剂使用的原料药必做慢性毒性试验，致突变试验有阳性结果、可疑有致癌作用的原料药必做致癌试验。现分述如下：

（1）致突变试验

① Ames 试验。Ames 试验又称为鼠伤寒沙门菌回复突变试验，是目前检测基因突变最常用的方法。其原理是鼠伤寒沙门菌的突变型（即组氨酸缺陷型）菌株在无组氨酸的培养基上不能生长，在有组氨酸的培养基上可以正常生长。但如果在无组氨酸的培养基中有致突变物存在时，则沙门菌突变型可回复突变为野生型（表现型），因而在无组氨酸的培养基上也能生长，故可根据菌落形成数量，检查受试药物是否为致突变物。某些致突变物需要代谢活化后才能使沙门菌突变型产生回复突变，代谢活化系统可以用多氯联苯（PCB）诱导的大鼠肝匀浆（S9）制备的 S9 混合液。

a. 材料。

标准诱变剂：叠氮化钠（NaN_3）、2-氨基芴（2-AF）、敌磺钠（敌克松）。

一般试剂：磷酸氢钠铵、柠檬酸、磷酸氢二钾、七水硫酸镁、氯化钠、氯化钾、氯化镁、氢氧化钠、盐酸、磷酸氢二钠、磷酸二氢钠、二甲基亚砜（DMSO）、D-生物素、L-组氨酸、葡萄糖、葡萄糖-6-磷酸二钠、还原型辅酶Ⅱ、琼脂粉、牛肉膏、胰胨。

以上试剂均为分析纯。

b. 仪器设备。酸度计（或精密 pH 试纸）、微波炉、微量移液器、恒温摇床、直径 6mm 滤纸片、麦氏比浊管、容量瓶、移液管、玻璃平皿等其他实验室常用仪器设备。

c. 培养基及试剂配制。

1mol/L 盐酸溶液：量取原浓盐酸 10.0mL 倒入有适量蒸馏水的烧杯中，稀释，转入 100mL 容量瓶内，用蒸馏水定容。转入试剂瓶，贴标签常温保存备用。

1mol/L 氢氧化钠溶液：称取氢氧化钠 4.00g 置于烧杯中，加适量蒸馏水溶解，转入 100mL 容量瓶内，用蒸馏水定容。转入试剂瓶，贴标签保存备用。

营养肉汤培养基：牛肉膏 2.50g、胰胨（或混合蛋白胨）5.00g、氯化钠 2.50g、磷酸氢二钾（$K_2HPO_4 \cdot 3H_2O$）1.30g。称取上述物质置锥形瓶中，加蒸馏水 500mL，加热溶解，用 1mol/L 氢氧化钠溶液调 pH 值至 7.4，分装后 0.103MPa 20min 灭菌，4℃冰箱保存备用。保存期不超过半年。

营养肉汤琼脂培养基：称取琼脂粉 1.50g 置于盛有 100mL 营养肉汤培养基的锥形瓶中，加热融化后用 1mol/L 氢氧化钠溶液调 pH 为 7.4，0.103MPa 20min 灭菌。趁热无菌操作倒入平板（直径 90mm），约 25mL/皿，待平板冷却凝固后，37℃培养过夜去除表面水分并检查有无污染，叠放于保鲜袋内，4℃冰箱保存备用。

底层培养基

磷酸盐贮备液（V-B 盐贮备液）：磷酸氢钠铵（$NaNH_4HPO_4 \cdot 4H_2O$）17.50g、柠檬酸（$C_6H_8O_7 \cdot H_2O$）10.00g、磷酸氢二钾（K_2HPO_4）50.00g、硫酸镁（$MgSO_4 \cdot 7H_2O$）1.00g。称取上述物质，先将前三种物质置烧杯中，加 100mL 蒸馏水搅拌，待试剂完全溶解后再将硫酸镁缓缓加入其中继续溶解。将溶液转入耐高温瓶中，0.103MPa 20min 灭菌，4℃冰箱保存备用。

40%葡萄糖溶液：称取葡萄糖 40.00g 置烧杯中，加蒸馏水 100mL 搅拌溶解，0.055MPa 20min 灭菌，4℃冰箱保存备用。

1.5%底层琼脂培养基：称取琼脂粉 6.00g 置锥形瓶中，加蒸馏水 400mL，稍加热搅拌融化后 0.103MPa 20min 灭菌。1.5%琼脂培养基（400mL）灭菌后，趁热依次无菌操作加入磷酸盐贮备液 8mL 和 40%葡萄糖溶液 20mL，充分混匀，待凉至 80℃左右时倒入平皿（直径 90mm），约 25mL/皿，待冷却凝固后，37℃培养过夜除去水分及检查有无污染后叠放于保鲜袋中，4℃冰箱保存备用。

顶层培养基

顶层琼脂：称取琼脂粉 3.00g 和氯化钠 2.50g 置锥形瓶中，加蒸馏水 500mL，稍加热搅拌，待琼脂粉融化后按 100mL/瓶分装于锥形瓶中，0.103MPa 20min 灭菌，4℃冰箱保存备用。

0.5mmol/L 组氨酸-生物素溶液：准确称取 D-生物素（分子量 244）30.5mg 和 L-组氨酸（分子量 155）19.5mg 置烧杯中，加入适量蒸馏水溶解，转入 250mL 容量瓶内，混匀定容。将溶液转入耐高温瓶内，0.103MPa 20min 灭菌，4℃冰箱保存备用。

顶层培养基配制：临用前加热融化 100mL 顶层琼脂，加入 10mL 0.5mmol/L 组氨酸-生物素溶液，混匀后无菌分装于灭菌小试管中，每管 2mL，45℃水浴中保温待用。

10% S9 混合液

1.65mol/L 氯化钾溶液：称取 KCl 12.30g 置烧杯中，加适量蒸馏水溶解，转入 100mL 容量瓶内，混匀定容。转入耐高温瓶内 0.103MPa 20min 灭菌或过滤除菌，4℃冰箱保存备用。

0.4mol/L 氯化镁溶液：称取 $MgCl_2 \cdot 6H_2O$ 8.10g 置烧杯中，加适量蒸馏水溶解，转入 100mL 容量瓶内，混匀定容。转入耐高温瓶内 0.103MPa 20min 灭菌或过滤除菌，4℃冰箱保存备用。

0.2mol/L 磷酸盐缓冲液（pH7.4）：称取磷酸氢二钠（Na_2HPO_4）14.20g 置烧杯中，加入适量蒸馏水溶解，转入 500mL 容量瓶内，混匀定容。称取磷酸二氢钠（$NaH_2PO_4 \cdot H_2O$）13.80g 置烧杯中，加入适量蒸馏水溶解，转入 500mL 容量瓶内，混匀定容。量取上述配制的磷酸氢二钠溶液 440mL 和磷酸二氢钠溶液 60mL 置锥形瓶中，混匀，用 1mol/L 氢氧化钠或盐酸调 pH 值至 7.4，0.103MPa 20min 灭菌或过滤除菌，4℃保存备用。

0.025mol/L 辅酶Ⅱ（氧化型）溶液：准确称取辅酶Ⅱ（分子量 743.4）0.93g 置烧杯中，加适量蒸馏水溶解，转入 50mL 容量瓶内，混匀定容，即得 0.025mol/L 的辅酶Ⅱ溶液。过滤除菌，低温保存（－20℃以下）备用。

0.05mol/L 葡萄糖-6-磷酸溶液：准确称取葡萄糖-6-磷酸二钠盐（分子量 304.1）0.76g 置烧杯中，加适量蒸馏水溶解，转入 50mL 容量瓶内，混匀定容，即得 0.05mol/L 葡萄糖-6-磷酸溶液。过滤除菌，低温保存（－20℃以下）备用。

10% S9 混合液配制：每 10mL 10% S9 混合液由 0.2mol/L 磷酸盐缓冲液（pH7.4）6.0mL、1.65mol/L 氯化钾溶液 0.2mL、0.4mol/L 氯化镁溶液 0.2mL、0.05mol/L 葡萄糖-6-磷酸盐溶液 1.0mL、0.025mol/L 辅酶Ⅱ溶液 1.6mL 和大鼠肝 S9 1.0mL 组成，临用时无菌操作配制。将上列试剂置冰浴中预冷，然后用灭菌移液管和移液器按体积依次取出各成分加入一支预冷的灭菌空试管（15mL）中，混匀，置冰浴中待用。

d. 试验菌株。采用鉴定合格的 TA_{97}、TA_{98}、TA_{100} 和 TA_{102} 4 株鼠伤寒沙门菌突变型菌株进行试验。试验菌株的特性应符合要求。菌株的基因型、自发回变率、对阳性致突变物反应标准及鉴定方法参见“j. 附录及说明”。测试兽药的诱变性时，必须通过这 4 个菌株的检测，必要时可增加 TA_{1535}、TA_{1537} 或 TA_{104} 任一菌株。

增菌培养取 4 个已灭菌的 25mL 三角烧瓶，分别加入 10mL 灭菌营养肉汤，从 4 个试验菌株的母板上分别刮取少量细菌，接种至肉汤中。37℃振荡培养 10h 或静置培养 16h，用麦氏比浊管测定并调整菌液浊度达 1×10^9/mL～2×10^9/mL 备用。

e. 标准诱变剂溶液配制。试验用标准诱变剂见表 8-12。

表 8-12　试验用标准诱变剂

试验菌株		TA_{97}		TA_{98}		TA_{100}		TA_{102}	
S9		－	＋	－	＋	－	＋	－	＋
浓度	点试验/(μg/片)	敌克松	2-AF	敌克松	2-AF	NaN_3	2-AF	敌克松	2-AF
		50.0	20.0	50.0	20.0	1.0	20.0	50.0	20.0
	掺入试验/(μg/皿)	敌克松	2-AF	敌克松	2-AF	NaN_3	2-AF	敌克松	2-AF
		50.0	10.0	50.0	10.0	1.5	10.0	50.0	10.0

点试法各纸片加标准诱变剂及试样溶液 10μL，平板掺入法各平皿加标准诱变剂及试样溶液 100μL，故三种标准诱变剂需配制几种浓度，如表 8-13。

表 8-13　标准诱变剂配制浓度

标准诱变剂		敌克松	2-氨基芴(2-AF)	叠氮化钠(NaN_3)
浓度	点试法	50.0μg/10μL	20.0μg/10μL	1.0μg/10μL
	平板掺入法	50.0μg/100μL	10.0μg/100μL	1.5μg/100μL

50.0μg/10μL 敌克松溶液：准确称取敌克松 250.0mg 置烧杯中，用适量 DMSO 溶解，转入 50mL 的容量瓶内，混匀，用 DMSO 定容。转入耐高温瓶内，0.103MPa 20min 灭菌，贴签，4℃保存备用。

50.0μg/100μL 敌克松溶液：准确吸取上述未灭菌的 50.0μg/10μL 敌克松溶液 10.0mL 置 100mL 的容量瓶内，用 DMSO 定容。混匀后转入耐高温瓶内，0.103MPa 20min 灭菌，贴签，4℃保存备用。

20.0μg/10μL 2-氨基芴溶液：准确称取 2-氨基芴 100.0mg 置烧杯中，用适量 DMSO 溶解，转入 50mL 的容量瓶内，混匀，用 DMSO 定容。转入耐高温瓶内，0.103MPa

20min 灭菌，贴签，4℃保存备用。

10.0μg/100μL 2-氨基芴溶液：准确吸取上述未灭菌的 20.0μg/10μL 2-氨基芴溶液 10.0mL 置 100mL 的容量瓶内，用 DMSO 定容。混匀后转入耐高温瓶内，0.103MPa 20min 灭菌，贴签，4℃保存备用。

1.0μg/10μL 叠氮化钠溶液：准确称取叠氮化钠 5.0mg 置烧杯中，用适量蒸馏水溶解，转入 50mL 的容量瓶内，混匀，用蒸馏水定容。转入耐高温瓶内，0.103MPa 20min 灭菌，贴签 4℃保存备用。

1.5μg/100μL 叠氮化钠溶液：准确称取叠氮化钠 1.5mg 置烧杯中，用适量蒸馏水溶解，转入 100mL 的容量瓶内，混匀，用蒸馏水定容。转入耐高温瓶内，0.103MPa 20min 灭菌，贴签，4℃保存备用。

f. 预试验。预试验采用点试法。将 5mg/10μL 或出现沉淀的剂量设为受试药物每个点的最高剂量，再按 10 倍递次稀释，下设 4 个剂量组，另外设阴性（溶剂）对照组及相应的阳性对照组。每个剂量分加 S9（＋S9）和不加 S9（－S9）两个系列，设 2 个平行平皿。受试药物溶液每皿点样 10μL，按设定的最高剂量确定受试药物溶液需配制的最高浓度和需配制的体积。计算配制溶液需称取/量取受试药物的量。准确称取受试药物于烧杯内，加入适量选定的溶剂溶解，转入容量瓶内，混匀定容，即得预试验最高剂量组所需的受试药物溶液。分取足量供最高剂量组试验用，剩余溶液用溶剂进行 10 倍递次稀释，可获得其余几个剂量组所需的受试药物溶液。取备用底层培养基平皿 128 个，分 4 个菌株重复，每个重复 8 组，每组 4 个平皿，在平皿上做好标记。取已融化并在 45℃水浴中保温的顶层培养基一管（2mL），用灭菌移液管加入测试菌液 0.05～0.2mL（＋S9 组同时加 10% S9 混合液 0.5mL），迅速混匀，倒在底层培养基上，转动平皿使顶层培养基均匀分布在底层上，平放固化，取直径 6mm 的灭菌滤纸圆片小心贴放在已固化的顶层培养基中心位置，用移液器吸取 10μL 受试物（或阳性对照物）小心点在纸片上，37℃培养 48h，观察结果。归纳 5 个递减剂量对 4 个试验菌株的预试验结果，初步判断受试药物的诱变性，确定受试药物的最低细菌毒性剂量（μg/皿）。

g. 正式试验（平板掺入法）。将 5mg/皿或经预试验获得的最低细菌毒性剂量（μg/皿）确定为平板掺入法试验的最高剂量，再按 5 倍梯度递减，下设 4 个剂量组，另外设阴性（溶剂）对照组及相应阳性对照组。每个剂量分加 S9（＋S9）和不加 S9（－S9）两个系列，设 3 个平行平皿。每皿加入受试药物溶液 0.1mL，按设定的试验最高剂量，确定受试药物溶液需配制的最高浓度和需配制的体积。计算配制溶液时需称取/量取受试药物的量。准确称取受试物于烧杯内，加入适量选定的溶剂溶解，转入容量瓶内，混匀定容，即得试验最高剂量组所需的受试药物溶液。分取足量供最高剂量组试验用，剩余溶液用溶剂进行 5 倍递次稀释，可获得其余几个剂量组所需的受试药物溶液。

取备用底层培养基平皿 192 个，分 4 个菌株重复，每个重复 8 组，每组 6 个平皿，在平皿上做好标记。取已融化并在 45℃水浴中保温的顶层培养基一管（2mL），用移液管依次加入受试药物溶液 0.1mL、测试菌液 0.05～0.2mL（＋S9 组同时加入 10% S9 混合液 0.5mL），迅速混匀，倒在底层培养基上，转动平皿使顶层培养基均匀分布在底层上，平放固化，37℃培养 48h，观察结果。如第一次平板掺入法试验结果为阴性，需再重复一次试验；如第一次平板掺入法试验结果为阳性，需再重复两次试验。

试验结果判断

整理各次试验结果，菌株回变菌落数表述为（$\overline{x}\pm s$）/皿。试验结果列表。

点试法试验结果如在滤纸片周围长出一圈密集的回变菌落，与空白对照比较有明显区别，可初步判定该受试药物为诱变阳性；如仅在平板上出现少数散在自发回变菌落，与空白对照无明显区别，则为诱变阴性；如在滤纸片周围出现抑菌圈，表明受试药物具有细菌毒性。

掺入法试验结果如阴性对照组每皿自发回变菌落数在正常范围内，试验组每皿回变菌落数增加 1 倍以上（即试验组回变菌落数等于或大于阴性对照组回变菌落数的 2 倍），并有剂量-反应关系或至少某一测试点有重复的并有统计学意义的阳性反应，即可认为该受试药物为诱变阳性；当试验组受试药物浓度达到 5mg/皿，每皿回变菌落数与阴性对照组比较，差异无统计学意义，可认为是诱变阴性。

结果评价

阳性结果至少进行三次重复测试，阴性结果至少进行两次重复测试，才能对受试药品做出最终评价和判定。受试药物的点试法试验结果要用平板掺入法进行确证。

如果受试药物对 4 种菌株（+S9 和－S9）的平皿掺入试验均得到阴性结果，可认为此受试药物对鼠伤寒沙门菌无致突变性。如受试药物对一种或多种菌株（+S9 或－S9）的平皿掺入试验得到阳性结果，即认为此受试药物是鼠伤寒沙门菌的致突变物。

报告的试验结果应是两次以上独立试验的重复结果，并注明试验条件和附上全部结果资料，同一样品必须包括活化和非活化的结果，剂量单位为 μg/皿，特殊例外。

h. 注意事项。除特别注明外，试验用水为蒸馏水，试剂为分析纯试剂，无诱变性。

试验者必须注意个人防护，尽量减少接触阳性致突变物的机会。

阳性致癌物与致突变物的废弃处理，按 GB 15193.19—2015 的规定进行。

Ames 试验所用沙门菌菌株一般毒性较低，具有 R 因子的危害性更小，但要防止沙门菌污染动物饲养室。

i. 试验报告。为公正、科学地评价药物的毒性，试验报告须包含以下内容：试验目的；试验时间与地点；试验设计者、负责人、参加者及电子邮箱；受试药物需注明兽药名称、生产厂家、规格、生产批号及用法与用量；试验动物的品种与品系、体重、日龄或月龄、健康状况、检疫情况等；归纳总结该药物的试验结果，确认受试药物是否具有诱导细菌回复突变的能力，判断受试药物对遗传行为的影响等；参考文献；试验数据，应有详细的试验原始记录；原始资料保存处、联系人、电话；试验单位（加盖公章）。

j. 附录及说明。推荐用于点试和掺入平板的标准诱变剂见表 8-14。

表 8-14　标准诱变剂添加表

试验方法	S9	试验菌株			
		TA_{97}	TA_{98}	TA_{100}	TA_{102}
点试	－	敌克松	敌克松	叠氮化钠	敌克松
	+	2-氨基芴	2-氨基芴	2-氨基芴	
掺入	－	敌克松	敌克松	叠氮化钠	敌克松
	+	2-氨基芴	2-氨基芴	2-氨基芴	

Ames 试验用菌株的鉴定和保存

采用鉴定合格的 TA_{97}、TA_{98}、TA_{100} 和 TA_{102} 4 株鼠伤寒沙门菌突变型菌株进行试验。菌株的特性要求包括基因型、自发回变率、对致突变阳性物的反应三个方面。由于鼠伤寒沙门菌突变型菌株的某些特性（易丢失或发生变异），因此有下列情况时应对菌株进行鉴定：新购置或获得的试验菌株投入使用前；制备一批新的冷冻保存株或冰冻干燥菌株；菌株的自发回变数不在正常范围内；菌株对标准诱变剂丧失敏感性；母菌株反复传代。

试剂与仪器设备

除 a. 和 b. 所列试剂及仪器设备外，还需要如下试剂和设备：丝裂霉素 C、甲基磺酸甲酯、结晶紫、玉米油、氨苄青霉素、四环素、低温冰箱（−80℃）或液氮罐、冰冻干燥机、无菌冻存管。

试剂配制

除 c. 所列“培养基及试剂配制”中的各种培养基及试液外，还须特别配制如下试剂：

0.02mol/L 氢氧化钠溶液：称取氢氧化钠 80mg 置烧杯内，加蒸馏水溶解，转入 100mL 容量瓶内，混匀定容，转入耐高温瓶内，0.103MPa 20min 灭菌，贴标签保存备用。

0.02mol/L 盐酸溶液：量取浓盐酸 2mL 置 100mL 有适量蒸馏水的容量瓶内，稀释并定容，转入耐高温瓶内，0.103MPa 20min 灭菌，贴标签保存备用。

0.8%氨苄青霉素溶液：称取氨苄青霉素 40mg，用灭菌 0.02mol/L 氢氧化钠溶液 5mL 无菌溶解配制，贴签存于 4℃冰箱备用。

0.8%四环素溶液：称取 40mg 四环素，用灭菌 0.02mol/L 盐酸溶液 5mL 无菌溶解配制，贴签存于 4℃冰箱备用。

0.1%结晶紫溶液：称取 10mg 结晶紫，用灭菌蒸馏水 10mL 无菌溶解配制，贴签存于 4℃冰箱备用。

0.1mol/L L-组氨酸溶液：称取 L-组氨酸 0.4043g，溶于 100mL 蒸馏水，0.103MPa 20min 灭菌，保存于 4℃冰箱备用。

0.5mmol/L D-生物素溶液：称取 D-生物素 12.2mg，溶于 100mL 蒸馏水，0.103MPa 20min 灭菌，存于 4℃冰箱备用。

2.5μg/10μL 丝裂霉素 C 溶液：准确称取丝裂霉素 C 2.5mg 置烧杯中，用适量 DMSO 溶解，转入 10mL 的容量瓶内，混匀，用 DMSO 定容。转入耐高温瓶内，0.103MPa 20min 灭菌，贴签，4℃保存备用。

0.5μg/100μL 丝裂霉素 C 溶液：准确吸取上述 2.5μg/10μL 丝裂霉素 C 溶液 1.0mL 置 50mL 的容量瓶内，用 DMSO 定容。混匀后转入耐高温瓶内，0.103MPa 20min 灭菌，贴签，4℃保存备用。

2.0μL/10μL 甲基磺酸甲酯溶液：准确量取甲基磺酸甲酯 2.0mL 置 10mL 的容量瓶内，用 DMSO 定容。混匀后转入耐高温瓶内，0.103MPa 20min 灭菌，贴签，4℃保存备用。

1.0μL/100μL 甲基磺酸甲酯溶液：准确吸取上述 2.0μL/10μL 甲基磺酸甲酯溶液 1.0mL 置 20mL 的容量瓶内，用 DMSO 定容。混匀后转入耐高温瓶内，0.103MPa 20min 灭菌，贴签，4℃保存备用。

试验操作

增菌培养：取 4 个已灭菌的 25mL 三角烧瓶，分别加入 10mL 灭菌营养肉汤，从 4 个试验菌株的母板上分别刮取少量细菌，接种至肉汤中。37℃振荡培养 10h 或静置培养 16h，用麦氏比浊管测定并调整菌液浊度达 1×10^{9}/mL～2×10^{10}/mL 备用。

组氨酸缺陷型鉴定：加热融化底层培养基两瓶（各 100mL），一瓶于其中同时加 0.1mol/L L-组氨酸 1mL 和 0.5mmol/L D-生物素溶液 0.6mL，另一瓶仅加 0.5mmol/L D-生物素溶液 0.6mL。冷却至 50℃左右，各倾倒两组平皿。分别取有组氨酸组和无组氨酸组平皿，按菌株号顺次划线接种试验菌株，经 37℃培养 24～48h，观察生长情况。4 种试验菌株在有组氨酸培养基平板表面各长出一条菌膜，无组氨酸培养基平板上无菌膜，说明受试菌株确为组氨酸缺陷型。

脂多糖屏障缺陷鉴定：用移液器吸取 0.1%结晶紫溶液 20μL，在营养肉汤琼脂平板表面涂成一条带，待结晶紫溶液干后，在与结晶紫带垂直方向划线接种试验菌株。经 37℃培养 24～48h，观察生长情况。4 种试验菌株均在结晶紫溶液渗透区出现抑菌，证明试验菌株存在脂多糖屏障缺陷，结晶紫等大分子物质可进入菌体内并抑制其生长。

uvrB 修复缺陷型鉴定：在营养肉汤琼脂平板上划线接种 4 种试验菌株，接种后的平板用黑纸覆盖一半，在 15W 紫外线灭菌灯下距 33cm 处照射 8s，37℃培养 24h，观察生长情况。对紫外线敏感的 TA_{97}、TA_{98}、TA_{100} 菌株仅在没有照射过的一半生长，而菌株 TA_{102} 在没有照射过的一半和照射过的一半均能生长。

R 因子和 pAQ1 质粒鉴定：在两组营养肉汤琼脂平板上分别滴加氨苄青霉素溶液 20μL 和四环素溶液 20μL，并在平板上涂成一条带，待溶液干后，垂直划线接种 4 种试验菌株。经 37℃培养 24～48h，观察生长情况。4 种试验菌株生长均不受氨苄青霉素抑制，证明它们都带有 R 因子，具有氨苄青霉素抗性特性；TA_{102} 菌株生长也不受四环素抑制，证明其携带 pAQ1 质粒，具有四环素抗性。

自发回变率测定：加热融化 100mL 顶层琼脂，加入 10mL 0.5mmol/L 组氨酸-生物素溶液，混匀后无菌分装于灭菌小试管中，每管 2mL，45℃水浴中保温。分别向小管中加入各试验菌菌液 0.05～0.2mL，迅速混匀，倾布于底层培养基上，转动平皿使顶层培养基均匀分布，平放固化。37℃培养 48h，观察结果。计算 4 种试验菌的自发回变菌落数。各试验菌株的生物学特性应符合表 8-15 的要求。

表 8-15　试验菌株生物学特性鉴定标准结果

菌株	基因型					自发回变菌落数(S9)
	组氨酸缺陷	脂多糖屏障缺陷	R 因子(抗氨苄青霉素)	pAQ1 质粒(抗四环素)	uvrB 修复缺陷	
TA_{97}	+	+	+	−	+	90～180
TA_{98}	+	+	+	−	+	30～50
TA_{100}	+	+	+	−	+	120～200
TA_{102}	+	+	+	+	−	240～320
注	"+"表示需要氨基酸	"+"表示有抑制带	"+"表示具有 R 因子	"+"表示具有四环素抗性	"+"表示无紫外线损伤修复能力	

对标准诱变剂的反应：试验菌株对不同的致突变物反应不同，使用标准诱变剂，分别进行点试法和平板掺入法试验，观察各试验菌株对标准诱变剂的反应。其结果应符合表 8-16 和表 8-17 的要求。

表 8-16　标准诱变剂对试验菌株在点试中的测试结果

诱变剂	剂量/(μg/片)	S9	试验菌株			
			TA_{97}	TA_{98}	TA_{100}	TA_{102}
叠氮化钠	1.0	−	±	−	++++	−
丝裂霉素 C	2.5	−	inh	inh	inh	+++
甲基磺酸甲酯	2.0(μL)	−	+	−	+++	++++
敌克松	50.0	−	++++	+++	++	+++
2-氨基芴(2-AF)	20.0	+	++	++++	+++	+

注：1. 每皿回变菌落数（扣除自发回变）的符号："−"为<20；"+"为20~100；"++">为100~200；"+++"为>200~500；"++++"为>500；"inh"为因毒性引起生长抑制。

2. 叠氮化钠溶解在水中，其他所有化合物溶解在DMSO中。

3. S9由PCB诱导大鼠制备，用于活化2-氨基芴（20μL/皿）。

表 8-17　标准诱变剂对试验菌株在平板掺入中的测试结果

诱变剂	剂量/(μg/皿)	S9	试验菌株			
			TA_{97}	TA_{98}	TA_{100}	TA_{102}
叠氮化钠	1.5	−	76	3	3000	186
丝裂霉素 C	0.5	−	inh①	inh	inh	inh
甲基磺酸甲酯	1.0(μL)	−	174	23	2730	6586
敌克松	50.0	−	2688	1198	183	895
2-氨基芴	10.0	+	1742	6194	3026	261

注：1. 所列数值代表his+回变菌落数值。取自剂量反应的线性部分，对照值已扣除。

2. 用S9活化2-氨基芴（2-AF）。

①"inh"指没有检出诱变性，丝裂霉素C对uvrB菌株是致命的。

菌种保存：鉴定合格的菌种加入9%色谱纯的DMSO作为冷冻保护剂，保存在低温冰箱（−80℃）或液氮罐（−196℃）内，或者冰冻干燥制成干粉，4℃保存。

除液氮条件保存外，保存期一般不超过2年，存于4℃条件的菌株母板，使用2个月后丢弃，TA_{102}菌株母板保存2周后丢弃。

大鼠肝S9的诱导和制备

试剂与仪器：氯化钾（分析纯）、多氯联苯（PCB-五氯，分析纯）、玉米油、低温高速离心机、玻璃匀浆器、超净工作台、制冰机、无菌抗冻管、液氮罐（或−80℃低温冰箱）、手术器械、注射器及其他实验室常规仪器。

实验动物：健康雄性成年SD或Wistar大鼠，体重150g左右，周龄5～6周。

试剂配制

0.15mol/L氯化钾溶液：称取11.175g氯化钾置烧杯内，加入适量蒸馏水溶解，转入1000mL容量瓶内，混匀，用蒸馏水定容。转入耐高温瓶内，0.103MPa 20min灭菌，贴签，4℃保存备用。

200mg/mL多氯联苯玉米油溶液：称取2.00g多氯联苯（PCB-五氯）置烧杯内，加入适量玉米油溶解，转入10mL容量瓶内，混匀，用玉米油定容。转入耐高温瓶内，0.103MPa 20min灭菌，贴签，4℃保存备用。

试验操作

称量大鼠体重，按500mg/kg体重剂量计算每只大鼠给药体积，用灭菌注射器按给药体积吸取灭菌多氯联苯玉米油溶液一次性腹腔注射。5天后断头处死动物，取出肝脏，称重后用预冷的无菌0.15mol/L氯化钾溶液冲洗肝脏数次，除去可能抑制微粒体酶活性的血红蛋白。然后按每克肝（湿重）加预冷的0.15mol/L氯化钾溶液3mL，连同烧杯移入冰浴中，用消毒剪刀剪碎肝脏，在灭菌玻璃匀浆器（低于4000r/min，1～2min）中制成肝匀浆。以上操作须注意无菌和局部冷环境。将制成的肝匀浆在低温（0～4℃）高速离心机上，以 9000r/min 离心 10min，吸取上清液即为 S9 组分，分装于无菌抗冻管中，每管 2mL 左右，制备的 S9 须进行无菌检查、蛋白含量测定及生物活性鉴定，各项指标合格后方可贮存使用。用液氮罐或－80℃低温冰箱保存，贮存期不超过 1 年。

② 小鼠骨髓细胞微核试验。微核试验是通过测量微核率来评价染色体损伤的一种细胞遗传学方法。微核是在细胞的有丝分裂后期染色体有规律地进入子细胞形成细胞核时，仍然滞留在细胞质中的染色单体或染色体的无着丝粒断片或环。它在末期以后，单独形成一个或几个规则的次核，包含在细胞的胞质中，由于比核小得多，故称微核。这种情况的出现往往是受到染色体断裂剂作用。另外，也可能在受到纺锤体毒物的作用时，主核没有能够形成，代之以一组小核。此时小核往往比一般典型的微核稍大。微核可以出现在多种细胞中，但在有核细胞中较难与正常核的分叶及核突出物相区别。由于红细胞在成熟之前最后一次分离后数小时内可将主核排出，而仍保留微核于嗜多染红细胞（PCE）中，因此通常计数哺乳动物骨髓 PCE 的微核。

a. 实验动物。SPF 级小鼠，7～12 周龄，体重 25～30g，100 只左右，雌、雄各半。

b. 试剂。

致突变阳性对照物：环磷酰胺，分析纯以上，含量不低于 98.5%。

其他试剂：甲醇、甘油、磷酸二氢钾、磷酸氢二钠、吉姆萨（Giemsa）染料、小牛血清。以上试剂均为分析纯。小牛血清过滤除菌后放入 56℃恒温水浴中保温 1h 进行灭活，储存于 4℃冰箱或冰盒里备用。

Giemsa 贮备液配制：称取 Giemsa 染料 3.80g 于研钵中，加入 375mL 甲醇（分析纯）一起研磨，待完全溶解后再加入 125mL 甘油。移入试剂瓶内，置 37℃恒温箱保温 48h，其间振摇数次，两周后过滤可用。

1/15 mol/L 磷酸盐缓冲液（pH 6.8）配制：分别称取磷酸二氢钾（KH_2PO_4）9.08g 和磷酸氢二钠（$Na_2HPO_4 \cdot 12H_2O$）23.88g，加蒸馏水 980mL 溶解，调整 pH 至 6.8，转入 1000mL 容量瓶，用蒸馏水定容至 1000mL。

Giemsa 工作液配制：取 1 份 Giemsa 贮备液与 6 份 1/15mol/L 磷酸盐缓冲液（pH 6.8）混合即成，临用时配制。

c. 仪器设备。台式离心机、生物显微镜（带 100×油镜头）、恒温水浴（温控误差±0.5℃）、细胞计数器、解剖器械、载玻片、注射器、灌胃针头等实验室常用仪器设备。

d. 试验步骤。设 3 个剂量组，即 1/2 LD_{50}、1/4 LD_{50}、1/8 LD_{50}。当受试药物 LD_{50} 大于 5000mg/kg（或 mL/kg）时，试验组高剂量设为 5000mg/kg（或 mL/kg），将 2500mg/kg（或 mL/kg）和 1250mg/kg（或 mL/kg）分别设为中剂量和低剂量；另外设 1 个阴性（溶剂）对照组和 1 个阳性对照组。阳性对照物可选用环磷酰胺，剂量为 40mg/kg 体重，经口给予。每组小鼠 16 只，雌、雄各半，确保给药后雌、雄小鼠至少各存活 5 只供采样、制片。

根据受试药物理化性质，选定溶剂，将受试药物配制成水溶液（或乳化剂、混悬液、糊状物等）。必要时加入增溶剂或助悬剂（如吐温-80、淀粉、羧甲基纤维素钠等）。各剂量组受试药物溶液可采用 2 倍递次稀释法配制。根据受试药物的小鼠 LD_{50}，按小鼠 0.1～0.2mL/10g 体重要求给予受试药物体积，先确定 1/2 LD_{50} 剂量组（即高剂量组）受试药物溶液需配制的浓度，再确定各剂量组所需受试药物溶液体积，以及将 1/2 LD_{50} 剂量组受试药物溶液作为初始溶液需配制的体积，计算配制溶液时需称取或量取受试药物的量。

用天平或移液管称取或量取受试药物置烧杯内，加入适量选定的溶剂溶解或稀释，转入容量瓶内，混匀并定容，即获得 1/2 LD_{50} 剂量组（高剂量组）所需浓度的受试药物溶液。用量筒分取 1/2 体积的溶液供 1/2 LD_{50} 剂量组给药，向原溶液中加入同体积的溶剂，混匀后溶液正好是 1/4 LD_{50} 剂量组（中剂量组）所需的剂量浓度；用量筒分取 1/2 体积的溶液供 1/4 LD_{50} 剂量组给药，再加入同体积的溶剂，混匀后溶液正好是 1/8 LD_{50} 剂量组（低剂量组）所需的剂量浓度，可供其给药。

按受试药物给予要求，采用灌胃（或注射）给药，给药两次，两次给药间隔 24h。每次给药先称取小鼠体重，按 0.1～0.2mL/10g 要求给予小鼠受试药物体积，用注射器吸取受试药物溶液通过灌胃（或注射）对各小鼠进行给药。

在第二次给予受试药物 6h 后，采用颈椎脱臼法每组处死雌鼠和雄鼠各不少于 5 只。按下列方法制片：取下每只小鼠的两侧股骨，剔去肌肉，用滤纸或纱布擦去表面血污，剪去股骨两端。用配有 6 号针头的 1mL 注射器吸取小牛血清 0.2～0.5mL 冲洗骨髓腔数次，将冲洗物滴在已对应编号的载玻片上。将玻片上的骨髓腔冲洗物调匀后，推片，每只小鼠 2～3 张，迅速干燥（可在酒精灯上短时烘烤）。将干燥的涂片置甲醇中固定 5～10min，取出晾干。固定好的涂片用 Giemsa 工作液染色 15～30min，蒸馏水冲洗，晾干，待检。

用双盲法阅片。先用低倍镜观察涂片，以有核细胞形态完好作为判断制片优劣的标准。选择细胞完整、分散均匀、着色浓淡适中的区域，用油镜观察。Giemsa 染色法嗜多染红细胞（PCE）呈灰蓝色，成熟红细胞（RBC）呈粉红色。典型微核呈圆形、边缘光滑整齐，嗜色性与核质一致，呈紫红色或蓝紫色，直径通常为主核的 1/20～1/5。

每只小鼠涂片计数嗜多染红细胞（PCE）1000 个以上，观察并计数其中含有微核的 PCE 细胞（一个 PCE 细胞中出现两个或多个微核时仍按一个微核细胞计算）。另外，观察计数 PCE 时，在同一视野下也对成熟红细胞（RBC）进行观察计数。记录各组每只小鼠嗜多染红细胞（PCE）检查数、含微核 PCE 数、成熟红细胞（RBC）数等。

e. 数据整理与分析。分别计算雌、雄小鼠各试验组的嗜多染红细胞（PCE）数、含微核 PCE 数及成熟红细胞（RBC）数，将计算结果列入表 8-18。

表 8-18　试验组 PCE、含微核 PCE、 RBC 的数据记录

组别	动物数	PCE 检查数	含微核 PCE 数	RBC 数
……				
阴性(溶剂)对照				
阳性对照				

按下列公式计算雌、雄小鼠各试验组的嗜多染红细胞（PCE）微核率和 PCE/RBC 值，同时计算各自的标准差，将结果列入表 8-19 中。

$$\text{嗜多染红细胞微核率}=\frac{\text{含微核 PCE 数}}{\text{PCE 检查数}}\times 1000‰$$

$$\text{PCE/RBC 值}=\frac{\text{PCE 检查数}}{\text{RBC 数}}$$

表 8-19　各试验组计算结果

组别	剂量/(mg/kg 或 mL/kg)	动物数	PCE/RBC 值	PCE 微核率/‰	差异显著性
……					
阴性(溶剂)对照					
阳性对照					

利用卡方检验分析致突变阳性对照组以及3个试验组小鼠嗜多染红细胞（PCE）微核率与阴性（溶剂）对照组结果的差异显著性。

f. 结果评价。小鼠的正常PCE/RBC值约等于1，正常范围为0.6～1.2。如果比值小于0.1，则表示PCE形成受到严重抑制；如比值小于0.05，则表示受试药物的剂量过大，试验结果不可靠，须重新设计剂量进行试验。

阴性对照组和阳性对照组小鼠嗜多染红细胞的微核率应与试验所用阳性对照物、动物种属品系的文献报道或者与本实验室研究的历史数据相一致。一般阴性对照组的微核率小于千分之五。

试验组与对照组相比，如试验组小鼠嗜多染红细胞的微核率与阴性（溶剂）对照组结果比较有显著性差别，并且呈现剂量-反应关系，即可判定受试药物微核试验结果为阳性，即受试药物有致突变性；若统计学上虽有显著性差别，但无剂量-反应关系，则须进行重复试验。如试验结果能重复，则也判断为阳性。

g. 注意事项。除特别注明外，试验用水为蒸馏水，试剂为分析纯试剂，动物为SPF级实验动物。实验动物饲养环境要求达到SPF级。

h. 试验报告。为公正、科学地评价药物的特殊毒性，试验报告须包含以下内容：试验目的；试验时间与地点；试验设计者、负责人、参加者及电子邮箱；受试药物须注明兽药名称、生产厂家、规格、生产批号及用法与用量；实验动物的品种与品系、体重、日龄或月龄、健康状况、检疫情况等；归纳总结该药物的试验结果，评价受试药物的致突变作用；参考文献；试验数据，应有详细的试验原始记录；原始资料保存处、联系人、电话；试验单位（加盖公章）。

③ 小鼠精子畸形试验。小鼠精子畸形试验是通过观察精子在药物影响下出现畸变，以评价药物对生殖细胞的致突变作用的一种毒理学评价方法。小鼠精子畸形受基因控制，具有高度遗传性，许多常染色体及X、Y性染色体基因直接或间接地决定精子形态。精子的畸形主要是指形态的异常，已知精子的畸形是决定精子形成的基因发生突变的结果，因此形态的改变提示有关基因及其蛋白质产物的改变。小鼠精子畸形试验可检测药物对精子生成、发育的影响。

a. 实验动物。SPF级雄性小鼠，6～8周龄，体重25～35g，数量60只左右。

b. 试剂。

致突变阳性对照物：可选用环磷酰胺40～60mg/（kg·d）或甲基磺酸甲酯（MMS）50mg/(kg·d）或丝裂霉素C（MMC）1.0～1.5mg/（kg·d），经口给予。所有致突变阳性对照物要求分析纯以上，含量不低于98.5%。

其他试剂：氯化钠、甲醇、伊红，均为分析纯。

生理盐水配制：称取NaCl 0.90g置烧杯内，加适量蒸馏水溶解，移入100mL容量瓶内，混匀并用蒸馏水定容。转移至试剂瓶内贴标签备用。

4.2%伊红水溶液配制：称取伊红2.00g置烧杯内，加适量蒸馏水溶解，移入100mL容量瓶内，混匀并用蒸馏水定容。移至试剂瓶内贴标签备用。

c. 仪器。生物显微镜（带滤光片及100×物镜）、细胞计数器、其他实验室常用仪器。

d. 剂量分组。设3个剂量组，即1/2LD_{50}、1/4LD_{50}和1/8LD_{50}剂量组。当受试药物LD_{50}大于5000mg/kg（或mL/kg）时，试验组高剂量设为5000mg/kg（或mL/kg），将2500mg/kg（或mL/kg）和1250mg/kg（或mL/kg）分别设为中剂量和低剂量。另外设1个阳性对照组和1个阴性（溶剂）对照组。每个剂量组10只小鼠，确保给药后每组至少存活 5 只动物供采样、制片。

e. 受试药物溶液配制。根据受试药物理化性质，选定溶剂，将受试药物配制成水溶液（或乳化剂、混悬液、糊状物等）。必要时加入增溶剂或助悬剂（如吐温-80、淀粉、羧甲基纤维素钠等）。

各剂量组受试药物溶液可采用 2 倍递次稀释法配制。根据受试药物小鼠 LD_{50}，按小鼠 0.1～0.2mL/10g 体重要求给予受试药物体积，先确定 1/2LD_{50} 剂量组（即高剂量组）受试药物溶液需配制的浓度以及各剂量组所需受试药物溶液体积，再拟定 1/2LD_{50} 剂量组受试药物初始溶液需配制的体积，计算需称取或量取受试药物的量。

用天平或移液管称取或量取受试药物，置烧杯内，加入适量选定的溶剂溶解或稀释，转入容量瓶内，混匀并定容，即获得 1/2LD_{50} 剂量组（高剂量组）所需浓度的受试药物溶液。分取一半供 1/2LD_{50} 剂量组给药，再向原溶液中加入同体积的溶剂，混匀后溶液正好是 1/4LD_{50} 剂量组（中剂量组）所需的浓度；分取一半供 1/4LD_{50} 剂量组给药，再加入同体积的溶剂，混匀后溶液正好是 1/8LD_{50} 剂量组（低剂量组）所需的浓度，可供其给药用。

f. 实验动物称重、标记编号和分组。试验前对购置的小鼠饲养观察 1 周。选择 50 只健康雄性小鼠进行个体称重和标记编号，采用完全随机法，将小鼠分为 5 组，每组 10 只。

g. 给药。按受试药物要求，采用灌胃（或注射）给药，1 次/d，连续 5 天。每次给药前先称取小鼠体重，按小鼠 0.1～0.2mL/10g 体重剂量要求计算各小鼠应给予的受试药物体积。用注射器抽取受试药物溶液进行给药。

h. 采样与制片。在第一次给药后 35 天进行采样、制片，每个剂量组采样不少于 5 只小鼠。操作如下：

用颈椎脱臼法处死小鼠，剪开腹腔，分离并摘取两侧附睾，放入盛有 2mL 生理盐水的平皿中；以眼科剪将附睾纵向剪 1～2 刀（不宜过碎），用吸管吸取其中的生理盐水吹打数次，静置 3～5min；用 4 层擦镜纸过滤除去组织碎片，吸取滤液滴 1～2 滴于载玻片上，推片，每只小鼠样制片 4 张；推片并在空气中自然干燥后，用甲醇固定 5～10min，干燥；用 2%伊红染色 45min 至 1h，用水轻轻洗去染液，自然晾干后镜检。

i. 阅片。先用低倍镜（加绿色滤光片）在片中找到背景清晰、精子重叠较少的部位，再用高倍镜检查精子形态。精子有头无尾（轮廓不清），或头部与其他精子及碎片重叠，或明显是人为剪碎者均不进行计数。判断双头、双尾畸形时，要注意与 2 条精子的部分重叠相鉴别，判断无定形时要与人为剪碎及折叠相鉴别。每只小鼠涂片检查计数正常精子 200 条以上，每个剂量组至少检查 1000 条精子。在检查计数正常精子时，检查同一视野中的畸形精子，并对它们进行分类计数（分无钩、香蕉形、无定形、双头、胖头、尾折叠、双尾 7 类）。

j. 数据整理与分析。统计各剂量组小鼠的正常精子检查数、畸形精子数及各类畸形精子数，记录于表 8-20。

表 8-20　各剂量组小鼠的正常精子检查数、畸形精子数及各类畸形精子数

组别	正常精子检查数	畸形精子数	各类畸形精子数						
			无钩	香蕉形	无定形	双头	胖头	尾折叠	双尾
……									
阴性（溶剂）对照组									
阳性对照组									

计算各剂量组小鼠的精子畸形率（%）及各类畸形精子百分率（%），并计算各剂量组小鼠精子畸形率的标准差，将结果列入表8-21。计算公式如下：

$$畸形率=\frac{畸形精子数}{正常精子检查数+畸形精子数}\times 100\%$$

$$畸形精子百分率=\frac{单类畸形精子数}{畸形精子数}\times 100\%$$

表8-21　小鼠精子畸形率

组别	动物数	正常精子检查数	畸形精子数	畸形率/%	差异显著性
……					
阴性（溶剂）对照组					
阳性对照组					

各类畸形精子百分率

组别	畸形精子数	各类畸形精子百分率/%						
		无钩	香蕉形	无定形	双头	胖头	尾折叠	双尾
……								
阴性（溶剂）对照组								
阳性对照组								

每个剂量组的小鼠精子畸形率分别与阴性（溶剂）对照组的小鼠精子畸形率进行统计比较。用Wilcoxon秩和检验（非参数等级秩和检验）计算各剂量组精子畸形率的差异显著性。

k. 结果评价。首先观察阳性对照组和阴性对照组的试验结果。要求阳性对照组精子畸形率增高应在质控范围（试验历史记录）之内，阴性对照组的畸形精子率也应在质控范围（一般为0.8%～3.4%）之内，并且阳性对照组的畸形精子率与阴性对照组的畸形精子率有显著性差异（$p<0.01$），否则所得结果不可靠，试验应重做。

当试验组小鼠的精子畸形率为阴性对照组的2倍或2倍以上，或经统计有显著差异，并且有剂量-反应关系，试验结果也能重复，可判断试验结果为阳性，即受试药品为精子畸形诱变剂。

如果试验组的给药剂量已使动物发生死亡，而精子畸形仍未见增加，则可判定试验结果为阴性。

l. 注意事项。除特别注明外，试验用水为蒸馏水，试剂为分析纯试剂，动物为SPF级实验动物。

实验动物饲养环境要求达到SPF级。

镜检时要注意鉴别人为造成的精子损伤，特别要注意由精子重叠和交叉所造成的如多头、双头、双尾及多尾等畸形精子假象。

结果判定时，要注意排除机体缺血、变态反应、感染和体温增高等导致精子畸形率增高的因素，以免造成假阳性结果。

m. 试验报告。为公正、科学地评价药物的特殊毒性，试验报告应包含以下内容：试验目的；试验时间与地点；试验设计者、负责人、参加者及电子邮箱；受试药物须注明兽药名称、生产厂家、规格、生产批号及用法与用量；实验动物的品种与品系、体重、日龄或月龄、健康状况、检疫情况等；归纳总结该药物的试验结果，评价受试药物对生殖细胞的致突变作用；参考文献；试验数据，应有详细的试验原始记录；原始资料保存处、联系人、电话；试验单位（加盖公章）。

（2）生殖毒性试验

① 大鼠传统致畸试验。传统致畸试验是通过观察药物对母体子宫内的胚胎或胎儿产生的毒作用，包括外观、内脏和骨骼畸形，对药物的胚胎毒性进行评价的一种方法。母体在孕期受到可通过胎盘屏障的某种有害物质作用，影响胚胎的器官分化与发育，导致结构和功能的缺陷，出现胎儿畸形。因此，在受孕动物的胚胎着床后，并已开始进入细胞及器官分化期时给予受试药物，可检出受试药物对胎儿的致畸作用。

a. 实验动物。选择 SPF 级健康性成熟（90～100 天）大鼠。未交配过的青年雌鼠 80～90 只，雄鼠减半。

b. 药品和试剂。

阳性对照物：可选用敌枯双［N,N'-亚甲基-双（2-氨基-1,3,4-噻二唑），MATDA］，要求分析纯以上，含量不低于 98.5%。给药剂量为 0.5～1.0mg/kg 体重，经口给予。或选用五氯酚钠（30mg/kg 体重）、阿司匹林（250～300mg/kg 体重）及维生素 A（7.5～13mg/kg 体重）等。

试剂：甲醛、冰乙酸、2,4,6-三硝基酚、氢氧化钾、甘油、水合氯醛、茜素红。

茜素红贮备液：冰乙酸 5.0mL，甘油 10.0mL，1%水合氯醛 60.0mL 配成混合液，取适量茜素红边加边搅拌，直至饱和。置棕色瓶中保存。

茜素红应用液：取茜素红贮备液 1mL，加 1%氢氧化钾溶液稀释至 1000mL，置棕色瓶中。临用时配制。

透明液 A：甘油 20mL，2%氢氧化钾溶液 3mL，加蒸馏水至 100mL 混合。

透明液 B：甘油 50mL，2%氢氧化钾溶液 3mL，加蒸馏水至 100mL 混合。

固定液（Bouins 液）：2,4,6-三硝基酚（苦味酸）饱和液 75 份、甲醛 20 份、冰乙酸 5 份混合。

c. 仪器设备。生物显微镜及体视显微镜、游标卡尺（百分尺）、实验室其他常用设备。

d. 试验设计。设 3～5 个试验组，另外设一个阴性（溶剂）对照组和一个阳性对照组。试验组高剂量原则上应使部分孕鼠（和/或胎鼠）出现毒性作用，如体重减轻等，低剂量不应引起毒性作用，各组可采用 1/4 LD_{50}、1/16 LD_{50} 和 1/64 LD_{50} 等剂量。急性毒性试验给予动物受试药物最大剂量（最大使用浓度和最大灌胃容量）无死亡时，以 30 天喂养试验的最大未观察到有害作用剂量为高剂量，以下设 2～4 个剂量。每组至少保证 12 只孕鼠。性成熟雌、雄大鼠按 1∶1（或 2∶1）同笼后，每日早晨观察阴道栓（或阴道涂片），以查出阴道栓（或从阴道涂片中观察到精子）确认雌鼠已交配，将该雌鼠作为试验用鼠，并以当日作为“受孕”零天。连续将雌、雄大鼠进行同笼交配，反复检查雌鼠的受精情况，直到检出的“受精鼠”数足以进行试验。如果 5 天内均未交配，则更换雄鼠。动物交配以室温在 20～25℃为宜，环境应安静，必要时喂以麦芽、蛋糕等营养物质。不断将同一天检查确认的“受精鼠”进行称重、标记编号，采用完全随机法分组，直到各组“受精鼠”达 12 只以上。

阳性对照物按 0.5～1.0mL/100g 体重给予大鼠受试药物灌胃，计算阳性对照物溶液需配制的浓度，拟定需配制的体积，计算配制溶液时需称取阳性对照物的量。根据受试药物理化性质，选定溶剂，将受试药物配制成水溶液（或乳化剂、混悬液、糊状物等），必要时加入增溶剂或助悬剂（如吐温-80、淀粉、羧甲基纤维素钠等）。

各剂量组受试药物溶液可采用倍比稀释法配制。根据设计的受试药物剂量，按大鼠灌胃容量要求，确定高剂量组（即第1剂量组）受试药物溶液需配制的浓度以及各剂量组所需受试药物溶液体积，再拟定第1剂量组受试药物初始溶液需配制的体积，计算需称取或量取受试药物的量。

采用经口灌胃给药方式。从受孕的第7日至第16日，1次/d，连续10天。分别在受孕的第0天、第7天、第12天、第16天及第20天对孕鼠进行称重，按大鼠灌胃容量要求，调整各时段受试药物溶液灌胃量。

e. 检测指标。在试验期间检查记录妊娠大鼠的摄食、饮水及增重情况，观察妊娠大鼠的一般行为表现、中毒及死亡情况。于妊娠第20天称取孕鼠体重，断头处死孕鼠，剖腹取出卵巢、子宫，检查黄体数、吸收胎数、死胎数、活胎数、活胎鼠雌雄比、胎鼠在子宫内位置，称取卵巢重、子宫连胎鼠重（包括羊水）、子宫重等。测量活胎鼠的体重、体长、尾长，检查活胎鼠外观畸形。胎鼠体表检查项目见表8-22。

表8-22 致畸试验活胎鼠体表检查项目

头部	躯干部	四肢
无脑症	胸骨裂	多肢
脑膨出	胸部裂	无肢
头盖裂	脊椎裂	短肢
脑积水	脊椎侧弯	半肢
小头症	脊椎后弯	多指
颜面裂	脐疝	无指
小眼症	尿道下裂	并指
眼球突出	无肛门	短指
无耳症	短尾、卷尾	缺指
小耳症	无尾	
耳低位	腹裂	
无腭症		
小腭症		
下腭裂		
口唇裂		

f. 胎骨标本制作与检查。

胎骨标本制作：将每窝一半的活胎放入95%乙醇中固定2～3周，取出胎鼠流水冲洗数分钟后放入2%氢氧化钾溶液内（至少5倍于胎鼠体积）浸透8～72h，然后放入茜素红应用液中染色6～48h，并轻摇1～2次/d，直至头骨染红。再取出胎鼠依次放入透明液A中1～2天，透明液B中2～3天，待骨骼染红而软组织基本褪色即可。

胎骨标本检查：将胎仔标本取出放入小平皿中，用透射光源，在体视显微镜下作整体观察，然后逐步检查骨骼（检查项目见表8-23）。测量头顶间骨及枕骨缺损情况，然后检查胸骨的数目、缺失或融合（胸骨为6个，骨化不完全时首先缺第5胸骨，次缺第2胸骨），检查肋骨（肋骨通常为12～13对，常见畸形有融合肋、分叉肋、波状肋、短肋、多肋、缺肋、肋骨中断等），检查脊柱发育和椎体数目（颈椎7个，胸椎12～13个，腰椎5～6个，骶椎4个，尾椎3～5个）以及椎骨有无融合、纵裂等，最后检查四肢骨。

表8-23　致畸试验胎鼠骨骼检查项目

骨骼类型	骨骼检查项目
枕骨	骨化中心数、发育不全
脊柱骨	数目、融合、纵裂、部分裂开、骨化中心数、发育不全、缩窄、脱离、形状
骨盆	弓数目、骨化中心数、形状异常、融合、裂开、缩窄、脱离
四肢骨	形状、数目
腕骨	骨化中心数
掌骨	形状
趾骨	形状
肋骨	数目、形状、融合、分叉、缺损、发育不全
胸骨	形状、完全缺损、胸骨节融合、裂开、形状异常、发育不全

胎鼠头部、内脏检查

将每窝的另一半胎鼠放入Bouins液中，固定两周后做内脏检查（检查项目见表8-24）。先用自来水冲去固定液，将鼠仰放在石蜡板上，剪去四肢和尾，用刀片从头部到尾部逐段横切或纵切，按不同部位的断面观察器官的大小、形状和相对位置。正常切面见图8-6。

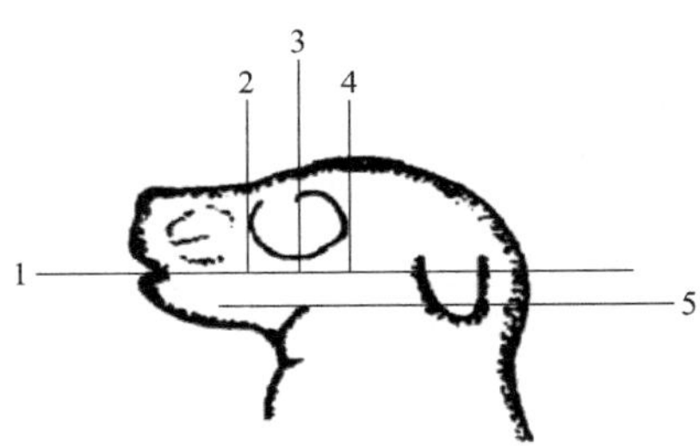

图8-6　胎鼠头部切面

经口从舌与两口角向枕部横切（切面1），可观察大脑、间脑、正脑、舌及腭裂。在眼前面作垂直纵切（切面2），可观察鼻部。从头部垂直通过眼球中央作纵切（切面3）和沿头部最大横位处穿过脑作切面（切面4），该两切面可观察舌裂、双叉舌、腭裂、眼球畸形、鼻畸形、脑和脑室异常。沿下颌水平通过颈部中部作横切面（切面5），可观察气管、食管和延脑或脊髓。

然后自腹中线剪开胸、腹腔，依次检查心、肺、横膈膜、肝、胃、肠等脏器的大小、位置，检查完毕将其摘除，再检查肾脏、输尿管、膀胱、子宫或睾丸位置及发育情况。然后将肾脏切开，观察有无肾盂积水与扩大。

表8-24　致畸试验胎鼠内脏检查项目

头部（脊髓）	胸部	腹部
嗅球发育不全	右位心	肝分叶异常
侧脑室扩张	房中隔缺损	肾上腺缺失
第三脑室扩张	室间隔缺损	多囊肾
无脑症	主动脉弓	马蹄肾

续表

头部(脊髓)	胸部	腹部
无眼球症	食管闭锁	膀胱缺失
小眼球症	气管狭窄	睾丸缺失
角膜缺损	无肺症	卵巢缺失
单眼球	多肺症	卵巢异位
	肺叶融合	子宫缺失
	膈疝	子宫发育不全
	气管食管瘘	肾积水
	内脏展异位	肾缺失
		输卵管积水

g. 试验结果整理及数据分析。

受试药物对妊娠大鼠的一般行为表现、中毒及死亡情况的影响。

受试药物对妊娠大鼠摄食、饮水及体重增长的影响。

受试药物对大鼠生殖功能的影响（见表 8-25）。

受试药物对大鼠的胚胎毒性（见表 8-26）。

受试药物对大鼠的致畸作用（见表 8-27）。

受试药物的致畸类型分布（见表 8-28～表 8-30）。

表 8-25　受试药物对大鼠生殖功能的影响

组别	孕鼠数	平均黄体数	平均活胎数	平均死胎数	平均吸收胎数	平均着床数①
……						

①着床数 = 活胎数 + 死胎数 + 吸收胎数。

表 8-26　受试药物对大鼠的胚胎毒性

组别	孕鼠数	着床率①/%	吸收胎率/%	死胎率/%	活胎率②/%	雌雄比(♀/♂)
……						

① 着床率 = 着床数/黄体数。

② 活胎率 = 活胎数/着床数。

组别	孕鼠数	活胎数	平均卵巢重/g	平均子宫重/g	平均胎盘重/g	平均胎鼠重/g	平均体长/cm	平均尾长/cm
……								

表 8-27　受试药物对大鼠的致畸作用

组别	孕鼠数	外观畸形				骨骼畸形				内脏畸形			
		活胎数	畸胎数	出现畸胎孕鼠数	畸形总数	检查胎鼠数	畸胎数	出现畸胎孕鼠数	畸形总数	检查胎鼠数	畸胎数	出现畸胎孕鼠数	畸形总数
……													

组别	孕鼠数	活胎数	外观畸形		骨骼畸形		内脏畸形	
			畸胎出现率①	母体畸形率②	畸胎出现率	母体畸形率	畸胎出现率	母体畸形率
……								

① 畸胎出现率 = 畸胎数/检查胎鼠总数。

② 母体畸形率 = 出现畸胎孕鼠数/检查孕鼠总数。

表 8-28 受试药物的致畸类型分布表（外观畸形）

畸形类型	各试验组胎鼠外观畸形分布						
皮下出血							
头颅异常							
五官异常							
躯干异常							
前肢异常							
后肢异常							
脐带异常							
尾异常							
肛门异常							
尿道异常							
其他							
外观畸形平均数①							

① 外观畸形平均数 = 外观畸形总数/检查胎鼠数。

表 8-29 受试药物的致畸类型分布表（骨骼畸形）

畸形类型	各试验组胎鼠骨骼畸形分布						
枕骨异常							
脊椎骨异常							
胸骨异常							
肋骨异常							
骨盆异常							
四肢骨异常							
其他							
骨骼畸形平均数①							

① 骨骼畸形平均数 = 骨骼畸形总数/检查胎鼠数。

表 8-30 受试药物的致畸类型分布表（内脏畸形）

畸形类型	各试验组胎鼠内脏畸形分布						
脑异常							
眼异常							
食管、气管异常							
心脏异常							
肺脏异常							
肝异常							
肾、膀胱异常							
生殖器官异常							
其他							
内脏畸形平均数①							

① 内脏畸形平均数 = 内脏畸形总数/检查胎鼠数。

h. 数据分析。各种率的统计用 X^2 检验，孕鼠增重用方差分析或非参数统计，胎鼠身长、体重、平均活胎数、子宫连胎重量用 t 检验。结果能得出受试药物是否有母体毒性和胚胎毒性、致畸性，最好能得出最小致畸剂量。

为比较不同有害物质的致畸强度，可计算致畸指数：

$$致畸指数=\frac{雌鼠LD_{50}}{最小致畸剂量}$$

为表示有害物质在食品中存在时人体受害概率，可计算致畸危害指数：

$$致畸危害指数=\frac{最大不致畸剂量}{最大可能摄入量}$$

i. 结果评价。致畸指数＜10 为不致畸；10≤致畸指数≤100 为致畸；致畸指数＞100 为强致畸。

致畸危害指数＞300 表明受试药物对人危害小；100≤致畸危害指数≤300 表明受试药物对人危害中等；致畸危害指数＜100 表明受试药物对人危害大。

j. 注意事项。除特别注明外，试验用水为蒸馏水，试剂为分析纯试剂，动物为 SPF 级实验动物。

实验动物饲养环境要求达到 SPF 级。

有的吸收胎仅有着床腺附着于子宫系膜上，呈黄白色小结节状，观察时要认真辨认。

打开胸腹腔检查内脏时，要避免刀片切入过深或剥离过重的情况，以免造成脏器移位的损伤。

当试验组大鼠的受孕率较对照组明显降低时，应考虑受试药物引起胚胎早期死亡、流产、机化的可能性。

k. 试验报告。为公正、科学地评价药物的特殊毒性，试验报告应包含以下内容：试验目的；试验时间与地点；试验设计者、负责人、参加者及电子邮箱；受试药物须注明兽药名称、生产厂家、规格、生产批号及用法与用量；实验动物的品种与品系、体重、日龄或月龄、健康状况、检疫情况等；归纳总结该药物的试验结果，评价受试药物的母体毒性和胚胎毒性、致畸性等；参考文献；试验数据，应有详细的试验原始记录；原始资料保存处、联系人、电话；试验单位（加盖公章）。

② 繁殖毒性试验。繁殖毒性试验是研究药物对动物整个生殖过程影响的评价方法，如对性周期、性腺功能、交配、受孕、胚胎发育等的影响。受试药物能引起生殖功能障碍，干扰配子的形成或使生殖细胞受损，其结果除可影响受精卵或孕卵的着床而导致不孕外，尚可影响胚胎的生成及胎儿的发育，如胚胎死亡导致自然流产、胎儿发育迟缓以及胎儿畸形。如果对母体造成不良影响会出现妊娠、分娩和乳汁分泌的异常，亦可出现胎儿出生后发育异常。

a. 实验动物。选用 5～9 周龄大鼠，试验开始时动物个体间体重差异不超过平均体重的 20%。购买后至少适应性饲养 3 天。每组应有足够的雌鼠和雄鼠配对，产生约 20 只受孕雌鼠。为此，一般在试验开始时两种性别每组各需要 30 只（F_0）；在继续的试验中用来交配的动物每种性别每组需要 25 只（至少每窝雌雄各取 1 只，最多每窝雌雄各取 2 只）。选用的亲代雌鼠应为非经产鼠、非孕鼠。

b. 剂量及分组。至少设 3 个剂量的受试药物组和一个对照组，即高剂量组、中剂量组、低剂量组和空白对照组。高剂量设计可选最大耐受剂量或有胚胎毒性的剂量，但一般不应超过饲料的 5%。低剂量对亲代动物应不产生全身毒性或繁殖毒性（可按最大未观察到有害作用剂量的 1/30 或可能摄入量的 100 倍）。对照组的饲养和处理方式与受试药物组相同，根据情况，对照组可以是未处理对照、假处理对照，如果给予受试药物时使用某种介质，则应设介质对照。如果受试药物通过加入饲料的方式给予并引起食物摄入量和利用率的降低，需要考虑使用配对饲养的对照组。

c. 受试药物配制。一般用蒸馏水作溶剂，如受试药物不溶于水，可用食用油、医用淀粉、羧甲基纤维素等配成乳浊液或悬浊液。受试药物应于灌胃前新鲜配制，除非有资料表明以溶液（或乳浊液、悬浊液）保存具有稳定性。同时应考虑使用的介质可能对受试药物的吸收、分布、代谢或潴留的影响；对理化性质的影响及由此引起的毒性特征的影响；对摄食量或饮水量或动物营养状况的影响。

d. 给药方法。经口给药，可加入饲料、饮水中或灌胃。如果受试药物是灌胃给予，应每周称体重两次，根据体重计算给予受试药物的量。

亲代和子代接受的受试药物剂量（按动物体重给予，mg/kg 体重或 g/kg 体重）、饲料和饮水相同。F_1 代的雌鼠和雄鼠在断乳后每日给予。两种性别的大鼠（亲代和 F_1 代）在交配前应每日给予受试药物至少连续 10 周，并继续给予受试药物至试验结束。

试验期间，所有动物应采用相同的方式给予受试药物；连续给药，每周 7 天。

e. 交配。每次交配时，每只雌鼠应与从同一剂量组随机选择的单个雄鼠同笼（1∶1 交配），直到检测到阴道栓，或者经过 3 个发情期或两周。查到阴道栓后应尽快将雌、雄鼠分开，如果经过 3 个发情期或两周还未进行交配，也应将雌雄鼠分开，不再继续同笼。配对同笼的雌雄鼠应做标记。所有雌鼠在交配期应每天检查精子或阴道栓，直到证明已交配。查到阴道栓的当天为受孕 0 天。预计已受孕的雌鼠应分开放入繁殖笼中，孕鼠临产时应提供筑巢的垫料。

f. 每窝仔鼠数量的标准化。将每窝仔鼠于出生后第 4 天调整至相同的数量（一般每窝 8～10 只，不应少于 8 只），尽量做到每窝内雌、雄鼠数量相等，也可以窝内雌、雄鼠数量不等，但各窝之间两性别的鼠数应分别相同。原窝中多余的鼠应随机抽出，而不应按体重选择。

g. 观察代数。观察代数随受检目的而异，可作一代、二代、三代或多代观察。如果在两代繁殖试验中观察到受试药物对子代有明显的生殖、形态或毒性作用，则需要进行第三代繁殖试验，确定受试药物的蓄积作用。

h. 一代、二代、三代繁殖试验法。

一代繁殖试验法见图 8-7。

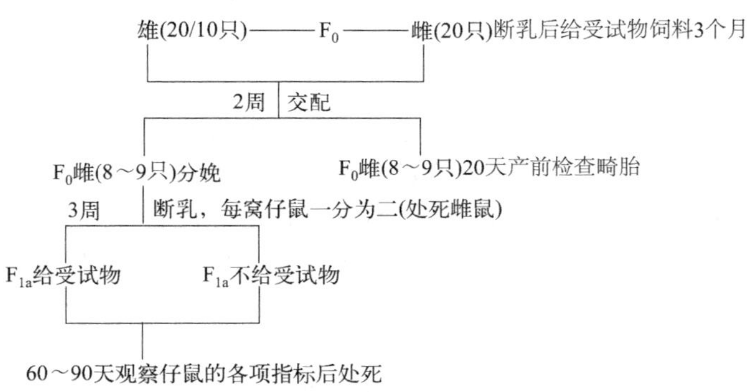

图 8-7　一代繁殖试验法示意图

两代繁殖试验法见图 8-8。

亲代 F_0 断乳后，喂含受试药物饲料三个月，雌雄鼠即可交配，所产仔鼠为 F_{1a}。F_{1a} 断乳后饲以不含受试药物的基础饲料，观察三个月。F_{1a} 断乳后 10 天使 F_0 再次交配，所

产仔鼠为 F_{1b}，使 20 只孕鼠自然分娩，所产仔鼠 F_{1b} 继续繁殖。F_{1b} 断乳后喂含受试药物饲料三个月，进行交配，所产仔鼠 F_{2a} 在断乳后喂不含受试药物的饲料，观察三个月。仔鼠 F_{2a} 断乳后 10 天，F_{1b} 再次交配，产 F_{2b} 前将 F_{1b} 孕鼠分成两群，每群 10 只。

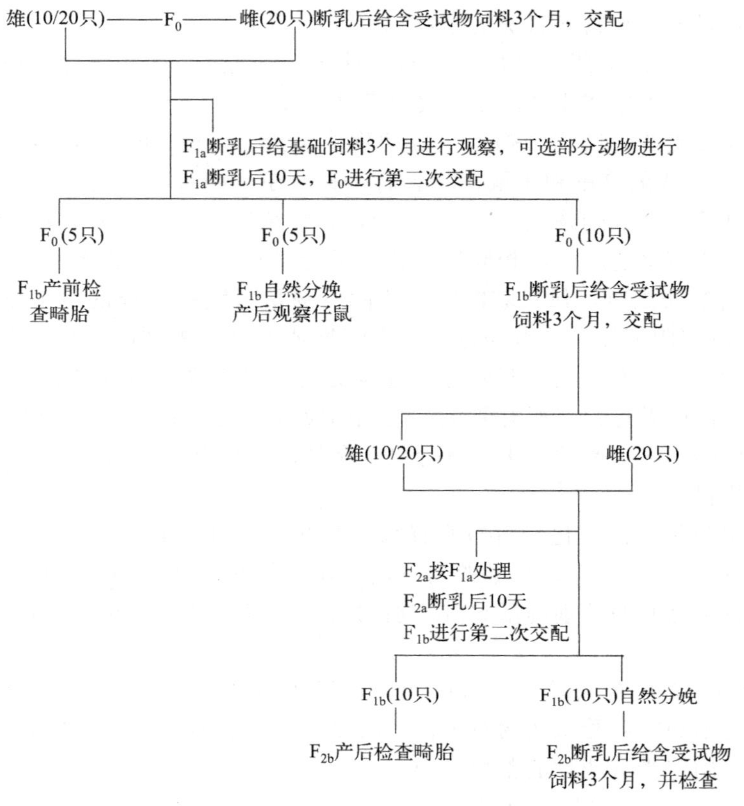

图 8-8　两代繁殖试验法示意图

三代繁殖试验法见图 8-9，试验过程是在两代繁殖试验法的基础上再进行第三代试验。

i. 观察指标。

一般情况观察：做全面的临床检查，记录一般健康状况、受试药物的所有毒性和功效作用所产生的症状、相关的行为改变、分娩困难或延迟的迹象、所有毒性指征及死亡率，通过每日检查（各代雌鼠）阴道栓估计性周期长短和正常状态。

称体重，亲代动物（F_0、F_1 代、F_2 代和 F_3 代，根据繁殖的代数确定）在给予受试药物的第一天称重，以后每周称重，母鼠应在受孕的第 0、7、14 和 21 天称重，在哺乳期应同时称仔鼠的窝重。

在交配前及受孕期，至少每周称一次食物消耗量，如受试药物掺在饮水中喂养，则至少每周测量一次饮水消耗量。

试验结束时，所有亲代（F_0、F_1 代、F_2 代和 F_3 代，根据繁殖的代数确定）雄鼠均应对附睾的精子进行检查，对精子的活动性、形状及数量进行评价。

（3）慢性毒理学试验　慢性毒性和致癌试验是预测药物在临床应用中诱发癌症危险性的评价方法。在动物的大部分生命期间，经过反复给予受试药物后观察其呈现的

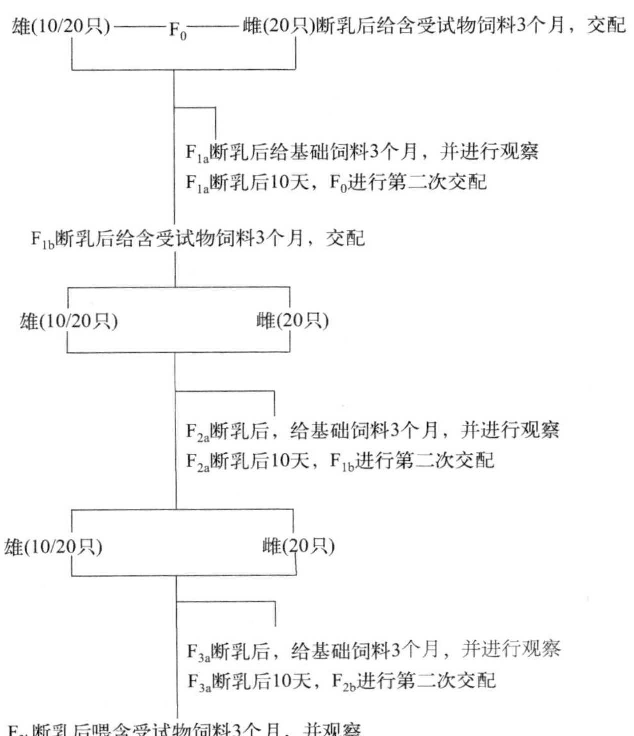

图 8-9 三代繁殖试验法示意图

慢性毒性作用及其剂量-反应关系，尤其是进行性和不可逆毒性作用及肿瘤疾患。确定受试药物的无作用剂量（NOEL），作为最终评定受试药物能否应用于动物尤其是食品动物的依据。

长期毒性试验发现有可疑肿瘤发生、某些器官组织细胞异常、药物结果与已知致癌物有关或代谢物与已知致癌物有关、作用机制为细胞毒性等情况下，要求进行致癌试验。

a. 实验动物。一般要求选用两个种属的实验动物，即啮齿类和非啮齿类，目前已掌握大鼠和小鼠各品系的特点及诱发肿瘤的敏感性，故可优先将其用于慢性毒性和致癌试验。对活性不明的受试药物，则应选用两种性别的啮齿类和非啮齿类动物。

慢性毒性试验期长，故一般用刚断乳的大鼠或小鼠。大鼠 50～70g（出生 3～4 周），小鼠 10～15g（出生 3 周）。动物个体体重的变动范围不应超出各性别平均体重的 20%。

每个剂量组的动物数应满足试验结束时进行统计学处理的要求，如大鼠 40～60 只（小鼠数应据此适当增加），一般雌雄各半，雌鼠应为非经产鼠、非孕鼠。如果将慢性毒性试验与致癌试验结合进行，每组雌雄动物数均应在 50 只以上。如计划在试验过程中定期剖杀动物，则动物数应相应增加。

实验动物的自然肿瘤发生率原则上是控制得越低越好，但试验结果评价时主要是以在相同条件下观察对照组与各剂量组的肿瘤发生率及其剂量-反应关系作为判定依据。

b. 受试药物。应与其他做非临床和临床试验的兽药为同一批次产品。

c. 仪器设备。一般生理生化和剖检仪器。

d. 剂量组设计。设 3～5 个剂量组和一个对照组。高剂量组根据 90 天喂养试验确定

（若临床用药期 30 天以上时，应按 6 个月喂养试验确定），一般应引起一些毒性表现或损害作用，但不引起太多动物死亡；低剂量组不引起任何毒性作用；在高剂量和低剂量之间再设 1～3 个剂量组，剂量可按几何级数或其他规律划分。对照组除了不给予受试药物外，其他各方面都应与试验组相同。如果受试药物使用了某种毒性不明的介质，则应同时设未处理对照和介质对照。

e. 给药方法。经口给药，可加入饲料、饮水中或灌胃。如果是灌胃给药，应每周称体重两次，根据体重计算给予受试药物的量。

f. 受试药物的配制及存放。一般用蒸馏水作溶剂，如受试药物不溶于水，可用食用植物油、医用淀粉、羧甲基纤维素等配成乳浊液或悬浊液。受试药物应于灌胃前新鲜配制，除非有资料表明以溶液（或乳浊液、悬浊液）保存具有稳定性。同时应考虑使用的介质可能对受试药物的吸收、分布、代谢或储存的影响；对理化性质的影响及由此引起的毒性特征的影响；对摄食量或饮水量或动物营养状况的影响。

受试药物加入饲料中的量不能大于饲料量的 5%；受试药物制备或存放时，要求不影响饲料的营养成分含量和性质。饲料中加入受试药物的量很少时，宜先将受试药物加入少量饲料中充分混匀后，再加入一定量饲料混匀，如此反复 3～4 次。

g. 饲料。饲料中营养成分应能满足实验动物的营养需要。饲料污染物如残余杀虫剂、多环芳烃化合物、雌激素、重金属、亚硝胺类化合物等的含量要控制；不饱和脂肪酸与硒的含量要限制，均应使其不影响受试药物的试验结果。

h. 实验动物饲养管理。同一间动物房中不得放置两种实验动物，也不能同时进行两种受试药物的毒性试验；动物料槽中的饲料每周至少要更换两次。

试验期间，动物最好采用单笼饲养，且要求各组动物饲养条件（笼具、温度、光照、饲料等）严格一致。

i. 试验期限。一般情况下，慢性试验期限不能少于 6 个月，致癌试验小鼠定为 18 个月，大鼠定为 24 个月。

j. 观察指标。

一般观察

对实验动物的一般健康状况每天至少进行一次观察和记录。对死亡动物要及时剖检；对有病或濒死的动物须分开放置或处死，并检测各项指标。动物出现异常，需详细记录肉眼所见、病变性质、时间、部位、大小、外形和发展等情况，对濒死动物要详细描述。试验期的前 13 周，每周要对全部动物分别称量体重，以后每 4 周一次，每周要检查和记录一次每只动物的采食量。如以后健康状况或体重无异常改变，可以每 3 个月检查一次。

血液学检查

试验的第 3、第 6 个月及以后每半年一次，采试验鼠血进行血液学检测。血液学检测指标包括血红蛋白、红细胞压积、红细胞计数、白细胞计数及分类计数（中性粒细胞、嗜酸性粒细胞、嗜碱性粒细胞、淋巴细胞、单核细胞）、血小板计数和网织红细胞计数，以及血凝试验等。大鼠、小鼠每组每一性别不少于 5 只，且每次检查尽可能安排为同一动物。

血液生化检测

试验的第 3、第 6 个月及以后每半年一次，采试验鼠血进行血液生化指标检测。血液生化检测指标包括谷丙转氨酶（ALT 或 SGPT）、谷草转氨酶（AST 或 SGOT）、尿素氮（BUN）、肌酐（Cr）、血糖（Glu）、血清白蛋白（Alb）、总蛋白（TP）、总胆固醇（TCH）和甘油三酯（TG）等。此外还可考虑测定碱性磷酸酶（ALP）、乳酸脱氢酶

(LDH)、胆酸等。大鼠、小鼠每组每一性别不少于 5 只，且每次检查尽可能安排为同一动物。

病理检查

大体剖检：所有实验动物，包括试验过程中死亡或濒死处理的动物以及试验结束处死的动物都应进行解剖和全面系统的肉眼观察。观察到的可疑病变和肿瘤部位均应固定保存，以备进一步做组织学检查。在试验过程中各组应剖检部分动物进行病理组织学检查，一般情况是每 3～6 个月检查一次。

脏器称量：剖检实验动物的同时，称取体重及重要脏器重，计算脏器系数。脏器包括肝、肾、肾上腺、肺、脾、睾丸、附睾、卵巢、子宫、脑、心等，必要时还应选择其他脏器。

组织病理学检查：凡是试验过程中死亡或濒死处理的动物都应进行组织病理学检查。试验期间和试验结束处死的动物先对高剂量组和对照组进行组织病理学检查，发现病变后再对较低剂量组相应器官及组织进行检查。应进行组织病理学检查的器官和组织见表 8-31。

表 8-31 组织病理学检查的器官和组织

剖检系统	器官组织
消化系统	食管、胃、十二指肠、空肠、回肠、盲肠、结肠、直肠、胰腺、肝
神经系统	脑、垂体、周围神经、脊髓、眼
腺体	肾上腺、甲状腺(包括甲状旁腺)、胸腺
呼吸系统	气管、肺、咽、喉、鼻
心血管系统及造血系统	主动脉、心、骨髓、淋巴结、脾
泌尿及生殖系统	肾、膀胱、前列腺、睾丸、附睾、精囊、子宫、卵巢、雌鼠乳腺
其他	大体检查中观察到有损害的组织、肿块、皮肤

电镜检查

有条件和需要时可酌情进行。

k. 试验记录。认真填写“慢性毒性和致癌试验”原始记录。内容包括受试药物名称、试验依据、试验日期、试验人员签名等；实验动物来源、种属和品系、年龄、体重范围、数量、性别、购置日期、健康状态等；动物分组、受试药物记录等；试验观察（包括动物的一般表现、行为、中毒表现和死亡情况等）记录；血液学指标测定结果；血液生化指标测定结果；组织病理学检查（包括大体解剖、脏器重量、病理组织学检查等）结果等。

l. 数据处理分析。

数据处理

整理归纳各试验组动物的临床数据。

整理实验动物的饮水量，求取各试验组动物饮水量的平均值（表述为 $\overline{x}\pm s$）。

整理实验动物的饲料摄入量和增重，求取各试验组动物的平均增重率（表述为 $\overline{x}\pm s$）。

整理测得的血液学指标，求取各指标的组内平均值（表述为 $\overline{x}\pm s$）。

整理测得的血液生化指标，求取各指标的组内平均值（表述为 $\overline{x}\pm s$）。

整理测得的动物体重及其主要脏器重量，计算脏体比（脏器系数），求取各试验组动物脏器系数的平均值（表述为 $\overline{x}\pm s$）。

归纳各试验组动物剖检和组织病理学检查结果。

数据分析

以适当的统计学方法分析上述整理的数据，比较试验组与对照组之间的差异性。计量资料采用方差分析或 t 检验，计数资料采用 X^2 检验、泊松分布等方法。

m. 结果评价。根据试验结果确定该兽药的最大无作用剂量（NOEL），并经有关专家评审后制定 ADI。

n. 注意事项。除特别注明外，试验用水为蒸馏水，试剂为分析纯试剂，动物为 SPF 级实验动物。

实验动物饲养环境要求达到 SPF 级。

o. 试验报告。为公正、科学地评价药物的特殊毒性，试验报告应包含以下内容：试验目的；试验时间与地点；试验设计者、负责人、参加者及电子邮箱；受试药物须注明兽药名称、生产厂家、规格、生产批号及用法与用量；实验动物的品种与品系、体重、日龄或月龄、健康状况、检疫情况等；归纳总结该药物的试验结果，评价受试药物在临床应用中诱发癌症危险性，确定受试药物的无作用剂量（NOEL）；参考文献；试验数据，应有详细的试验原始记录；原始资料保存处、联系人、电话；试验单位（加盖公章）。

8.7.2 药效学研究

8.7.2.1 一般原则

中兽药的药效研究，以中兽药理论为指导，运用现代科学方法，制订具有中兽药特点的试验方案，根据中兽药的功能主治，选用或建立相应的动物模型和试验方法，其目的是为中兽药的有效性评价提供科学依据。试验设计应遵循随机、对照和重复的原则。

8.7.2.2 药效学研究的常用方法

药效试验应以体内试验为主，必要时配合体外试验，从不同层次证实其药效。

（1）体内试验 体内试验是对整体动物进行药物作用的观察，包括正常动物和病理模型。体内试验可以采用与临床一致的途径给药，观察药效发生、发展和消失的动态过程以及药物作用于机体后诱导机体产生某些活性物质所出现的作用。按照试验的周期，体内试验可以分为急性试验和慢性试验，前者一般指观察一次性给药后的反应，后者指在较长时间内多次给药需较长时间连续观察的反应。体内试验有时所得结论比较笼统，要深入分析药物作用的靶点或机制时，往往较为困难；且一般来说消耗药量较多，尚在研究中的纯品药物有时难以供应。

（2）体外试验 体外试验是在体外进行的试验观察方法，包括对各种动物离体器官、离体组织、体外培养的细胞，以及试管内或培养基内的细菌、病毒等病原体或肿瘤细胞的试验等。体外试验可以按要求严格控制试验条件，有重复性好、用药量少、节省实验动物等优点，且所得结果较易分析，是药物作用机制研究的重要手段。

8.7.2.3 常用给药方法

不同的给药途径对药物的作用、作用强度和时间，以及其在体内的过程等都有很大影响，因此应尽可能与临床应用途径一致。如有困难，可选用其他相似给药途径进行试验，但应说明原因，并分析试验结果，排除可能存在的干扰因素及假象，充分估计不同给药途径可能产生的影响，正确判断试验结果。有疑问的结果仅供参考，不能作为新药有效性评价的主要依据。常用给药方式包括胃肠给药、注射给药、吸入给药、经皮给药及其他途径给药等。其中，胃肠给药包括灌胃给药、强制口服给药、自动口服给药和直肠给药；注射给药包括皮下注射、皮内注射、肌内注射、腹腔注射、静脉注射、脑内注射、足掌注射、鼻内注射、眼角膜注射、椎管内注射等；吸入给药分为瓶式给药、柜式给药、特制流动柜式给药、气管注入法等；经皮给药包括浸皮法、浸尾法、浸眼法等；其他途径有滴眼给药、滴鼻给药、眼结膜给药、阴道给药等。具体方法简述如下。

（1）经口给药

① 灌胃。适用于小鼠、大鼠和家兔等动物。一般动物灌胃前应禁食4～8h，以免胃内容物太多增加注入物质的阻力和影响注入物的吸收速度。小鼠、大鼠一般采用灌胃针（器）；豚鼠一般采用开口器，也可用灌胃针（器）；兔、猫一般采用开口器；犬一般采用开口器或灌胃管；猴、猪一般采用灌胃管；禽鸟一般采用灌胃针（器）。

各种动物灌胃最大容积和常用量见表8-32。

表8-32 实验动物灌胃最大容积和常用量

动物种类	体重/g	最大容积/mL	常用量/mL
小鼠	18～25	0.8	0.2～0.6
	>25～30	1.0	
大鼠	100～200	3.0	1.0～2.0
	>200～300	4.0～6.0	
	>300	8.0	
豚鼠	250～300	4.0～6.0	1.0～2.0
	>300	8.0	
家兔	2000～2500	100	10～50
	>2500～3500	150	
	>3500	200	
猫	2500～3000	50～80	10～30
	>3000	100～150	
犬	5000～15000	100～500	20～50

② 强制口服给药。一般用于固体给药。给药时，掰开上下颌，用镊子将固体药物送入动物的舌根部，合起上下颌，使动物咽下。

③ 自动口服给药。把药物放入饲料或溶于饮水中让动物自动摄取。此法简单方便，不费工夫，也不会因操作失误而导致动物死亡。但因为动物状态和嗜好的不同，饮水和饲料的摄取量不同，不能保证给药量的准确性。另外，室温下有些药物会分解，药物投入量很小时，也很难准确平均添加。

（2）注射给药

① 皮下注射。小鼠通常选用颈背部皮肤（从头上方看，由于固定牵拉和躯干部形成的三角形部位）。大鼠皮下注射时，通常选在左侧下腹部或后腿皮肤处。豚鼠皮下注射一般是选用大腿内侧面、背部、肩部等皮下脂肪较少的部位，通常在豚鼠大腿内侧面注射。家兔的皮下注射一般选用背部和腿部皮肤。猴的颈后、腰背皮肤疏松，可大量注射。犬的皮下注射，一般选用颈部及背部皮下。猫一般选用臀部，可左右臀分别注入。猪的皮下注射通常选取耳根部皮下，仔猪选取股内皮下。禽类皮下注射通常选取翼下部位。

② 皮内注射。常用于观察皮肤血管的通透性变化及观察皮内反应，多用于接种、致敏试验等。小鼠、大鼠、豚鼠和家兔皮内注射通常选用背部脊柱两侧的皮肤。猴常选用上眼睑皮肤。

③ 肌内注射。因大鼠、小鼠和豚鼠肌肉较少，一般不做肌内注射。如试验必须做肌内注射时，可选择股二头肌内注射，但应避免伤及坐骨神经，否则会导致后肢瘫痪。兔、猫、犬和猴一般选用臀部的肌肉。猴还可采用前肢肱二头肌注射。禽类肌内注射常选取胸肌或腓肠肌。

④ 腹腔注射。为避免刺破内脏，可将动物头部放低，尾部提高，使脏器移向横膈处。操作者用酒精棉球消毒注射部位，右手将注射针刺入腹部皮下，然后再使针头向前推进5～10mm，以一定角度穿过腹肌，然后将针筒回抽，观察是否插入脏器或血管，确定已插入腹腔后，固定针头，缓缓注入药液。大鼠、小鼠、豚鼠、兔、猫、犬多采用这种方法。

⑤ 静脉注射。小鼠一般采用尾静脉注射法。大鼠除采用尾静脉注射外，还可采用阴茎静脉注射、足跖静脉注射和舌下静脉注射。豚鼠一般采用耳缘静脉注射或足跖静脉注射。兔一般采用耳缘静脉注射。猫一般采用前肢内侧头静脉注射、后肢外侧小隐静脉注射。犬一般采用前肢内侧头静脉注射、后肢外侧小隐静脉注射、前肢内侧正中静脉注射、后肢内侧大隐静脉注射、舌下静脉注射、颈外静脉注射。猴一般采用前肢桡静脉或后肢隐静脉注射。

⑥ 脑内注射。此法常用于微生物学动物试验。将病原体等接种于被检动物脑内，观察接种后的各种变化。常用于大鼠、小鼠、兔和犬。

⑦ 足掌注射。足掌注射时一般取后足掌，注射时，先将小鼠需注射的足掌消毒，然后将针尖刺入足掌约5mm，推注药液。一次最大注射量为0.25mL。注意不能使用弗氏完全佐剂，因其注入足掌后可导致足掌部位严重肿胀、溃烂甚至坏死。

⑧ 鼻内注射。一般用于小鼠、大鼠、豚鼠和兔。动物进行麻醉后，以左手食指和拇指抓住动物双耳部，翻转动物身体置于左手掌内，使其鼻尖朝向操作者。右手持注射器，做鼻内注射，但应注意注射量不宜过多。

⑨ 眼角膜注射。豚鼠可采取这种方法。由助手抓取固定好动物，在动物左眼滴入局部麻醉剂（一般使用2%盐酸可卡因），5min后，助手将已局麻的动物平卧桌上，左眼朝上，头部面向操作者。固定好动物后，操作者手持注射器，针头由角巩膜连接处的眼球顶部斜刺入，眼球会向下移动，用力刺入角膜约3mm深。由于眼球的转动，角膜可转到下眼睑内，达到此深度后即可推液，注入量5μL。若针头已正确插入，则在角膜上注入的液体应形成2～3mm的浑浊。拔出针头后不需任何处理。

⑩ 椎管内注射。将家兔麻醉后做自然俯卧式，尽量使其尾向腹侧屈曲。用剪毛剪剪去第七腰椎周围被毛，并用3%碘酒消毒，晾干后再用75%乙醇将碘酒擦去。用腰椎穿刺针头（6号注射针）插入第七腰椎间隙（第七腰椎与第一尾椎之间）。当针头到达椎管内时（蛛网膜下腔），可见到兔的后肢颤动，即证明穿刺针头已进入椎管。这时不要再向下刺，以免损伤脊髓。若没有刺中，不必拔出针头，以针尖不离脊柱中线为原则，将针头稍稍拔出一点，换个方向再刺，当证实针头在椎管内，固定针头，将药液注入。

不同动物不同给药途径的不同剂量见表8-33。

表8-33 不同动物不同给药途径的不同剂量

途径	小鼠	大鼠	豚鼠	兔	猫	犬	猴	猪	禽类
皮下注射	0.1～1.0mL	0.3～1mL/100g	0.5～2.0mL	1～3mL	2.0mL	10.0mL	1.0～3.0mL		0.3～0.5mL
皮内注射	最多0.05mL								
肌内注射	0.1mL(一侧)	0.5mL(一侧)	0.5mL	0.1～2mL	2.0mL	4.0mL	4.0mL	4.0mL	

续表

途径	小鼠	大鼠	豚鼠	兔	猫	犬	猴	猪	禽类
腹腔注射	0.1～0.2mL/10g	1～2mL/100g	2～5mL	最多20.0mL	5mL				
静脉注射	0.05～0.25mL/10g	0.5～1.0mL/100g	1～5mL	2～5mL	2～5mL	10～15mL			
脑内注射	0.02～0.03mL	0.02～0.03mL	0.02～0.03mL	0.2～0.3mL					
足掌注射		最多0.25mL	最多0.25mL						
鼻内注射	0.03～0.05mL	0.05～0.1mL	2mL	2mL					
眼角膜注射			5μL						
椎管内注射				0.5～1.0mL					

（3）吸入给药 呈气雾状态的药物，均需要通过动物呼吸道给药。

① 瓶式给药法。适用于小鼠。将小鼠放在磨口瓶塞的大口玻璃瓶内，然后在瓶中用悬滤纸作为滴药装置。用移液管在滤纸上滴上药液，立即盖上玻璃盖，并密封好，接触期间，细致观察动物的反应情况。

② 柜式给药法。使用木制柜或铁式柜均可，但必须严密无缝隙，适用于体积较大或数量较多的动物。给药方法同上。

③ 特制流动柜式给药法。可采用机械通风装置，连续不断地向柜内送入受检药物和新鲜空气，并排出等量的污染空气，以造成一个稳定的、动态平衡的给药环境。此法适用于大鼠、豚鼠、兔、猫等体积较大动物的低浓度药物慢性中毒试验。

④ 气管注入法。气管注入法可采用经喉插入法、气管穿刺法、暴露气管穿刺法三种方法。大鼠、豚鼠多采用经喉插入法；兔气管较粗，多采用气管穿刺法。

（4）经皮给药 动物常用经皮和黏膜给药方法，包括浸尾法、浸皮法和浸眼法。浸尾法常用于大鼠、小鼠经尾皮给药，用于定性地判断毒物经皮吸收的能力。浸皮法常用于家兔、豚鼠和猪，经皮给药的部位为脊柱两侧的皮肤。浸眼法一般适用于家兔。

8.7.2.4 给药剂量的确定

（1）按临床等效剂量估算 不同动物对同一药物的耐受性相差很大，可按照临床等效剂量进行估算。临床等效剂量是指根据体表面积折算法换算的在同等体表面积（m^2、cm^2）单位时的剂量。根据动物体型系数和标准体重，查阅换算系数（R_{ab}，见表 8-34）及校正系数（S_a，S_b，见表 8-35）两个数值，按照下式计算由动物 a 到动物 b 的剂量（mg/kg）：其中 D_a 和 D_b 是标准体重剂量 mg/kg，$D_{a'}$ 和 $D_{b'}$ 是非标准体重剂量。R_{ab}、S_a、S_b，可由表中查出。在药理试验设计中主要用标准体重，在±20%范围内基本适用。

由标准体重到标准体重 $D_b = D_a \cdot R_{ab}$

由标准体重到非标准体重 $D_b = D_a \cdot R_{ab} \cdot S_b$

由非标准体重到非标准体重 $D_{b'} = D_{a'} \cdot S_a \cdot R_{ab} \cdot S_b$

表 8-34 标准体重动物的由动物 a 到动物 b 的 mg/kg 剂量折算表（表中数值为换算系数 R_{ab}）

动物品种	小鼠 b	仓鼠 b	大鼠 b	豚鼠 b	家兔 b	家猫 b	猕猴 b	比格犬 b	狒狒 b	微型猪 b	成人 b
标准体重 W/kg	0.02	0.08	0.15	0.4	1.8	2.5	3.0	10.0	12.0	20.0	60.0
表面积/m^2	0.0066	0.016	0.025	0.05	0.15	0.2	0.25	0.5	0.6	0.74	1.62

续表

动物品种	小鼠 b	仓鼠 b	大鼠 b	豚鼠 b	家兔 b	家猫 b	猕猴 b	比格犬 b	狒狒 b	微型猪 b	成人 b
体重系数 K	0.0898	0.0862	0.0886	0.0921	0.1014	0.1086	0.1202	0.1077	0.1145	0.1004	0.1057
系数 S	3	5	6	8	12	12.5	12	20	20	27	37
小鼠 a	1.00	0.600	0.500	0.375	0.250	0.240	0.250	0.150	0.150	0.111	0.081
仓鼠 a	1.67	1.00	0.833	0.625	0.417	0.400	0.417	0.250	0.250	0.185	0.135
大鼠 a	2.00	1.20	1.00	0.750	0.500	0.480	0.500	0.300	0.300	0.222	0.162
豚鼠 a	2.67	1.60	1.33	1.00	0.667	0.640	0.667	0.400	0.400	0.296	0.216
家兔 a	4.00	2.40	2.00	1.50	1.00	0.960	1.00	0.600	0.600	0.444	0.324
家猫 a	4.17	2.50	2.08	1.56	1.04	1.00	1.04	0.625	0.625	0.463	0.338
猕猴 a	4.00	2.40	2.00	1.50	1.00	0.960	1.00	0.600	0.600	0.444	0.324
比格犬 a	6.67	4.00	3.33	2.50	1.67	1.60	1.67	1.00	1.00	0.741	0.541
狒狒 a	6.67	4.00	3.33	2.50	1.67	1.60	1.67	1.00	1.00	0.741	0.541
微型猪 a	9.00	5.40	4.50	3.38	2.25	2.16	2.25	1.35	1.35	1.00	0.730
成人 a	12.33	7.40	6.17	4.63	3.08	2.96	3.08	1.85	1.85	1.37	1.00

表 8-35　非标准体重动物的校正系数（S_a，S_b）

$B=W/W_{标}$	0.3	0.4	0.5	0.6	0.7	0.8	0.9	1.0	1.1	1.2	1.3	1.4
$S_a=B^{1/3}$	0.669	0.737	0.794	0.843	0.888	0.928	0.965	1.0	1.032	1.063	1.091	1.119
$S_b=1/B^{1/3}$	1.494	1.357	1.26	1.186	1.126	1.077	1.036	1.0	0.969	0.941	0.916	0.894
$B=W/W_{标}$	1.5	1.6	1.7	1.8	1.9	2.0	2.2	2.4	2.6	2.8	3	3.2
$S_a=B^{1/3}$	1.145	1.17	1.193	1.216	1.239	1.26	1.301	1.339	1.375	1.409	1.442	1.474
$S_b=1/B^{1/3}$	0.874	0.855	0.838	0.822	0.807	0.794	0.769	0.747	0.727	0.709	0.693	0.679

（2）根据临床用量计算　具有长期大量用药经验的中药及其制剂，可根据人用剂量按体重折算，用量一般以计算单位内所含生药量（g 或 mg）表示，以体重（kg 或 g）计算用量。动物试验用量为人用剂量的几倍至几十倍。其粗略的等效倍数为 1（人）、3（犬、猴）、5（猫、兔）、7（大鼠、豚鼠）、10～11（小鼠）。

（3）根据半数致死量（LD_{50}）计算　凡能测出 LD_{50} 者，可用其 1/10、1/20、1/30、1/40 等相近剂量作为摸索药效试验高、中、低剂量组的基础。

（4）根据文献估计剂量　文献中相似药物的用量，若处方相似，提取工艺相似，可作为参考，估计出供试药的剂量范围。

不论以何种方法选用的给药剂量，均应通过预试验，摸索到能出现药效的适宜剂量范围，然后再确定正式试验的剂量。

8.7.2.5　受试动物

采用健康动物。对动物的饲养管理应达到一级或一级以上实验动物的管理要求。受试动物来源、品种、日龄、性别、体重、健康状况、免疫接种、日粮组成及饲养管理等背景资料应清楚，同一试验应尽可能使用背景相对一致的动物。

8.7.2.6　动物模型的选择

动物模型有自发性动物模型与诱发性或实验性动物模型两大类。前者包括突变系的遗传疾病和近交系的肿瘤模型，如高血压大鼠、高血糖小鼠、肥胖症小鼠、无胸腺裸鼠、青光眼兔等。实验性动物模型，即通过物理、化学和生物等致病因素，人工诱发动物某些组织器官或全身的损伤，在功能、代谢和（或）形态学上出现与靶动物相应疾病类似的病变。这类模型有可以在短期内大量复制及适应研究目的等特点，但其与靶动物自然发生的疾病模型存在一定差异。

8.7.2.7 观察指标的确定

药效学检测指标应能反映主要药效作用的相关药理本质，所选指标一般应具有关联性、客观性、精确性、灵敏性和特异性。关联性是指所选指标与研究目的有本质的联系，应与疗效和安全性密切相关，并能确切反映试验兽药引起的效应。客观性指应选择具有较强客观性的指标，或建立对定性指标或软指标观测的量化体系，以减少或克服观测过程中因研究者主观因素造成的偏倚。客观性包括两个方面的含义，一是指标本身应具有客观特性，能通过适当的手段和方法被客观地度量和检测，并以一定的量值表述其观测结果；二是指度量、观测的客观性，即度量、观测的结果应能恰当地、真实地反映其状态及程度。精确性包括准确性和可靠性，前者反映观测值与真实值接近的程度，后者表示观测同一现象时，多次结果取得一致或接近一致的程度。灵敏性高可以提高观测结果的阳性率，但需注意灵敏性过高所导致的假阳性结果。特异性指选择的指标应能反映效应的专属性，且不易受其他因素干扰。

除此之外，应该看到许多疾病往往表现为机体功能、代谢、组织结构等多方面的综合改变，对所使用兽药的反应也可能是多方面的，因而评价药物效应的指标也必须是综合性的。一般来说，如果有必要而且可能，应从临床症状、体征指标、功能或代谢指标、病原学和血清学等多方面设置观测指标，以便能对疗效做出全面综合的判定。

8.7.2.8 数据统计方法的确定

（1）量反应资料的统计分析

① 量反应资料的基本参数。量反应资料的基本参数包括均数（$\bar{x}$）、标准差（SD）、标准误（$S_{\bar{x}}$，SE）、变异系数（CV）、可信限（CL）。

均数（$\bar{x}$，arithmetic mean，样本平均数）：一组测量值的算术平均数，它反映这一组数据的平均水平或集中趋势。

标准差（SD，standard deviation，样本标准差）：标准差是描述该组数据的离散性代表值。

标准误（$S_{\bar{x}}$，SE，standard error，均数的标准误）：标准误是表示样本均数间变异程度的指标。

变异系数（CV）：当两组数据单位不同或两均数相差较大时，不能直接用标准差比较其变异程度的大小，这时可用变异系数作比较。

可信限（CL）：可信限用来衡量试验结果的精密度，即均数的可信程度，从某试验所得部分动物实测值参数推算总体（全部动物）均数范围。

② 量反应资料的显著性检验。

t 值法及 t' 值法：用于两组均数的统计分析，t 值法应用很广，但使用时应注意以下问题。一是数据中有无应舍弃的异常值，数据中的特大或特小值，应查找其原因，若属技术差错，应予舍弃；如查不出原因，但该值已在 $\bar{x}\pm3$SD 范围之外，可考虑舍弃。二是数据应符合正态分布，如有明显偏态，不宜用 t 值法，应改用非参数统计。三是两组方差应基本相齐，若方差不齐，应改用校正 t' 值检验。

配对 t 值法：又称“差值均数 t 值法”，是同一组试验对象用药前后或接受两种不同处理方式时，观察值差值的显著性检验。

参比差值法：两组中任一组数据有明显偏态或有不确定值时，不宜用 t 检验，应改用非参数统计，常用方法是 W-M-W 法（Wilcoxon-Mann-Whitney 法）。

方差分析：又称 F 值法或变异系数分析法（ANOVA，analysis of variance），用于多组（3 组或 3 组以上）量反应资料间的比较。

（2）质反应资料统计分析 质反应资料又称定性资料，每一观察对象不能得到一个具体的数据，只能从性质上归属于某一类型。基本参数只有两种，即例数（n）与出现率（P），后者常用小数表示（0.85=85%）。

质反应资料的显著性检验方法有：

① χ^2 检验。χ^2 读作“卡方”，又称“四格表”，使用时应注意，若四格表中出现 0 或 1，应改用 Fisher 直接概率法。有配对关系的质反应资料，应改用配对 χ^2 法。

② 等级资料的统计分析。免疫学中的抗体滴度、凝集效价等有序分类资料称为等级资料。等级资料可用 Ridit 法、秩和检验或等级序值法进行统计分析。

（3）统计分析的计算机软件 用于统计分析的计算机软件很多，如 Microsoft Excel、SPSS、SAS 等软件已广泛应用。

8.7.2.9 撰写报告

为公正、科学地评价药物疗效，试验报告应包含以下部分：

a. 试验目的。

b. 试验时间与地点。

c. 试验设计者、负责人、参加者姓名及电子邮箱。

d. 受试药物须注明兽药名称、生产厂家、规格、生产批号及生产日期。对照药物需注明兽药名称、生产厂家、规格、生产批号及用法与用量。

e. 实验动物的品种与品系、体重、日龄或月龄、健康状况、检疫情况等。

f. 总结评价该药的疗效，确认受试药物的适应证、推荐剂量、给药方法、给药次数和给药间隔等。

g. 试验数据，应有详细的试验原始记录。原始资料保存处、联系人、电话。

h. 试验单位（加盖公章）。

8.8

中兽药临床研究与评价

8.8.1 GCP 认证

《兽药临床试验质量管理规范》（兽药 GCP）于 2015 年 12 月 9 日经农业部公布实施。兽药 GCP 是临床试验全过程的标准规定，包括方案设计、组织实施、检查监督、记录、分析总结和报告等。规范共 72 条，内容涉及兽药临床试验机构与人员、试验者、申请人、协查员、临床试验前的准备与必要条件、试验方案、记录与报告、数据管理与统计分析、试验用兽药的管理、试验动物的选择与管理、质量保证与质量控制、多点试验等具体要求。

根据《兽药管理条例》和《兽药非临床研究质量管理规范》《兽药临床试验质量管理规范》《兽药非临床研究与临床试验质量管理规范监督检查办法》，农业部于2016年10月27日颁布了《兽药非临床研究质量管理规范监督检查标准》《兽药临床试验质量管理规范监督检查标准》及其监督检查相关要求。《兽药临床试验质量管理规范监督检查标准》（化药、中药）共涉及条款235条，其中包含监督检查综合标准［组织机构、组织机构负责人、兽药临床试验机构办公室负责人及设施、兽药临床试验管理制度、试验设计技术要求、标准操作规程（SOP）、已完成兽药临床试验情况］57条、试验项目监督检查标准［试验项目负责人、兽药临床试验方案、试验用兽药的管理、数据统计与统计分析、实验室技术人员、现场测试、实验室条件及办公设施、实验室配备常规仪器设备、临床试验实验室管理制度、临床试验实验室标准操作规程（SOP）、质量保证措施、试验记录、动物试验技术人员、现场测试、动物试验管理制度及SOP、试验设施与动物的管理、质量保证实施情况、试验记录、不良事件、多中心试验］151条、试验项目关键仪器设备监督检查标准［药效评价试验、药效评价田间试验、药代动力学试验、药物代谢试验、生物等效性试验（血药法）、残留消除试验、靶动物安全试验、消毒剂试验（实验室消毒试验和现场消毒试验）］27条。在实施监督检查时，须确定相应的检查范围和内容，按照试验项目进行评定，结果记入相应试验项目评定表中。

兽药GCP监督检查程序包括四个阶段。第一阶段：首次会议；被检查单位简要汇报按兽药GCP标准实施临床试验的情况；检查组宣读检查纪律，确认检查项目；检查组介绍检查要求和注意事项。第二阶段：软件和设施及硬件和设施的管理；检查报告单位的周围环境、总体布局；检查报告单位的实验室设施、设备情况；检查试验动物试验场所的设施、设备情况。第三阶段：查看兽药临床试验管理制度、标准操作规程和试验记录等文件；设备、检测仪器的管理、验证或校验；检查机构与人员配备、培训情况；现场测试。第四阶段：检查组综合评定，撰写检查报告；末次会议；检查组宣读现场评定意见。

8.8.2 中兽药靶动物安全性试验研究

8.8.2.1 概述

（1）定义与目的 靶动物安全性试验是观察不同剂量受试兽药作用于靶动物后从有效作用到毒性作用，甚至到致死作用的动态变化过程。其目的是了解畜禽对受试药物推荐剂量、多倍剂量和延长用药时间时的临床反应、组织病理学和生理生化指标变化的特征，从而为明确受试药物的不良反应和临床应用时的注意事项提供依据。

（2）适用范围 依据中华人民共和国农业农村部公告第326号《畜禽用药物靶动物安全性试验指导原则》，适用于申报用国内外已上市的原料药研发的畜禽用药物新制剂或增加靶动物的已上市制剂等。对局部应用的药物通常不要求进行靶动物安全性试验，但供全身皮肤用药、可能引起全身吸收作用的药物以及通过局部用药发挥全身作用的药物则应进行靶动物安全性试验。对于用全新创制的原料药制成的制剂进行的靶动物安全性试验应参照 VICH 的《兽药靶动物安全性指导原则》（VICH GL43 Guideline on target animal safety for veterinary pharmaceutical products）进行。

8.8.2.2 试验设计

（1）实验动物 一般选择受试药物拟用的健康且具有代表性的动物种属和类别。应根据药物的推荐使用阶段慎重选择动物的年龄。如果该制剂预期用于幼龄未成熟动物，则靶动物安全性试验中的动物通常选用拟申请产品适用的最低年龄；否则，应使用成熟健康动物。所用动物应从有试验动物资质证明的饲养单位购买，如果动物没有资质证明，应来源清楚，并经检疫合格后才能用于试验。

动物应在试验环境下进行适应性饲养后再开展试验。饲养环境不应对试验结果造成影响。处理组和对照组的动物应进行相同饲养管理，试验动物在试验前通常应有 1 周或更长的时间适应新环境。并且在试验基线期之前完成预防性治疗（如免疫和驱虫等）。试验期间不能同时使用其他兽药。

（2）受试药物 受试药物应与拟上市的制剂完全一致，有完整的产品质量标准，有符合规定格式的说明书。受试药物应来源于同一批号，由申报单位自行研制并在符合 GMP 条件的车间生产，并提供中国兽医药品监察所或其他兽药检验机构出具的产品检验合格报告。

（3）给药方案 一般采用与临床应用相同的给药途径、间隔时间和疗程。按标签说明书中推荐的给药途径和方法给药。按照受试药物拟在临床推荐的给药周期制订给药方案，对于只给药一天的制剂，应至少连续给药 3 天；对短期用药（2 天及以上）的制剂，试验持续用药至推荐用药时间的 2 倍，但一般不超过 15 天；对于推荐长期应用（15 天或更长）的药物，必须持续至推荐的最长时间。

（4）试验周期 每个靶动物安全性试验都要进行一个完整的试验周期，试验周期包括试验环境适应期、给药周期和停药后观察期。一般情况下环境适应期为一周，给药周期按给药方案进行，停药后观察期一般不能少于 7 天；用于繁殖动物药物的靶动物安全性试验周期应为一个繁殖周期。

（5）剂量与分组 一般设置 4 个试验组：空白对照组、推荐剂量组、中间剂量组（高于推荐剂量）和估计的药物中毒剂量组。一般选择最大推荐剂量的倍数，分别为 1、3、5 倍剂量组，另设空白对照组。毒性强的药物可以根据具体情况设计 1、2、3 倍最大推荐剂量试验组。对安全范围较窄的药物，还可按 1、1.5 和 2 倍的最大推荐剂量进行试验。

靶动物安全性试验样本量至少应达到最低临床试验病例数规定（表 8-36），实际应根据统计学的要求科学而灵活地确定样本量。

表 8-36 靶动物安全性试验每组最低动物数

受试动物种类	动物数
马、牛等大动物	5
羊、猪等中动物	8
兔、貂、狐等小动物	10
犬、猫等宠物	8
家禽	15

（6）观察指标

① 临床观察。试验周期内应每天观察试验动物采食和饮水情况、临床表现（如体温、呼吸、行为、精神状况等）、生长性能以及相关动物产品的产量等；应详细观察和记录不良反应；拟长期使用的药物还应记录给药前和给药结束时动物体重和饲料消耗量。对试验中出现死亡的动物应进行尸检，如果可能，最好进行组织学分析，并尽可能明确病因。

② 血液学检查。给药前和给药结束时，每个动物分别采集血样进行血常规、血液生理生化指标及其他与受试物相关的生理参数的检测。必要时在用药中期增加血液学检查。

③ 病理学检查。a. 尸体解剖学检查：在试验期间出现与药物有关的临床症状或生理生化指标明显异常的动物均应屠宰并进行尸体解剖学检查；如果未见异常的试验，只对最高剂量组和空白对照组全部动物进行剖检（用于繁殖母畜的药物除外），分别在给药结束时和试验结束时各屠宰 50% 的动物，详细检查心、肝、脾、肺、肾、胸腺、胰腺、胃、十二指肠、回肠、直肠、淋巴结、脑、骨髓等器官有无异常。b. 组织病理学检查：尸体解剖学检查时出现异常的器官均应进行系统的组织病理学检查；如果各器官未见异常时，取高剂量组和空白对照组的心、肝、脾、肺、肾等器官进行组织病理学检查。

④ 其他特异性观测指标。根据受试药物的作用特点和用途，增加相应的特异性观测指标和敏感性功能指标（如对在繁殖母畜上使用的药物，应考察受孕情况、产活仔数和哺乳成活数等；对在泌乳母畜上使用的药物，则应考察断奶仔畜的体重和断奶成活率等；对具有免疫调节作用的药物，则应增加免疫学观察指标等）。

（7）结果分析 选择合适的统计分析程序，对数据进行分析。比较试验组与对照组间各项指标（如血液学和血液生理生化等）的显著性差异，分析药物不良反应产生的原因，并提出注意事项。

8.8.2.3 试验报告撰写

兽药临床试验报告是反映兽药临床试验研究设计、实施过程，并对试验结果作出分析、评价的总结性文件，是正确评价兽药是否具有临床实用价值的重要依据，是兽药注册所需的重要技术资料。报告撰写者负有职业道义，报告出具单位负有法律责任。

临床试验报告不仅要对试验结果进行分析，还需对临床试验设计、试验管理、试验过程进行完整表述，能对兽药的临床效应作出合理评价。兽药临床试验报告的撰写表述方法、方式直接影响着受试兽药的安全性、有效性评价，因此，试验报告的撰写方法和方式十分重要。真实、完整地描述事实，科学、准确地分析数据，客观、全面地评价结果是撰写试验报告的基本准则。只有可靠真实的试验结论才能经得起重复检验，而经得起重复检验是科学的基本特征。

中兽药的临床试验报告应该重视分析和描述受试兽药在适应证、靶动物、使用方法等方面的中医中药特色。

依据《兽用中药、天然药物临床试验报告的撰写原则》，临床试验报告的结构与内容包含以下部分：

（1）报告封面或扉页

a. 报告题目。

b. 临床试验单位盖章及日期。申明已阅读了该报告，并对报告的真实性负责。

c. 主要研究者签名和日期。

d. 临床试验实施单位盖章及日期。

e. 主要研究者对研究试验报告的声明。申明已阅读了该报告，确认该报告准确描述了试验过程和结果。

f. 执笔者签名和日期。

（2）报告目录 每个章节、附件、附表的页码。

（3）缩略语 正文中首次出现的缩略语应规范拼写，并在括号内注明中文全称。应以列表形式提供在报告中所使用的缩略语、特殊或不常用的术语定义或度量单位。

（4）报告摘要 报告摘要应当简洁、清晰地说明以下要点，通常不超过600字。

a. 试验题目。

b. 试验目的及设计、方法。

c. 研究结果。

d. 有效性和安全性结论。

（5）报告正文

a. 试验题目。

b. 前言。一般包括受试兽药研究背景；研究单位和研究者；目标适应证和实验动物或病例、治疗措施；受试动物样本量；试验的起止日期；临床试验审批；制订试验方案时所遵循的原则、设计依据。申请人与临床试验单位之间有关特定试验的协议或会议等应予以说明或描述。简要说明临床试验经过及结果。

c. 试验目的。应提供对具体试验目的的陈述（包括主要、次要目的）。具体说明本项试验的受试因素、受试对象、研究效应，明确试验要回答的主要问题。

d. 试验方法。试验设计

概括描述总体研究设计和方案。如试验过程中方案有修正，应说明原因、更改内容及依据。对试验总体设计的依据、合理性进行适当讨论，具体内容应视设计特点进行有针对性的阐述。提供样本量的具体计算方法、计算过程以及计算过程中所用到的统计量的估计值及其来源依据。

随机化设计

详细描述随机化分组的方法和操作，包括随机分配方案如何随机隐藏，并说明分组方法，如中心分配法、各试验单位内部分配法等。

研究对象

应描述受试动物的选择标准。包括所使用的诊断标准及其依据，所采用的纳入标准和排除标准、剔除标准。注意描述方案规定的疾病特定条件；描述特定检验、分级或体格检查结果；描述临床病史的具体特征，如既往治疗的失败或成功等；选择研究对象还应考虑其他潜在的预后因素和年龄、性别或品种因素。应对受试动物是否适合试验目的加以讨论。

以疾病与病证结合方式进行研究的，既要明确疾病诊断标准，又要列出中兽医病证的诊断标准。人工发病或人工复制模型的临床试验，应描述实验动物的来源、种类、品种或品系、日龄、体重、性别分布、健康及免疫接种状况等。同样也应对受试动物是否适合试验目的加以讨论。

对照方法及其依据

应描述对照的类型和对照的方法，并说明合理性。应说明对照用兽药与临床试验用兽药在功能和适应证方面的可比性。

试验过程

应描述受试兽药的名称、来源、规格、批号、包装和标签。提供对照用兽药的说明书。如果涉及菌、毒、虫种，应说明来源、毒力大小、染毒途径、染毒剂量以及染毒后发病的情况等。具体说明用药方法（即给药途径、剂量、给药次数和用药持续时间、间隔时间），应说明确定使用剂量的依据。

疗效评价指标与方法

应明确主要疗效指标和次要疗效指标。对于主要疗效指标，应注意说明选择的依据。应描述需进行的实验室检查项目、时间表（测定日、测定时间、时间窗及其与用药的关系）及测定方法。适应证为中兽医证候的，应注意描述对相关证候疗效的评价方法和标准。

安全性评价指标与方法

应明确用以评价安全性的指标，包括症状、体征、实验室检查项目及其时间表、测定方法、评价标准。明确预期的不良反应；描述临床试验对不良反应观察、记录、处理、报告的规定。说明对试验用药与不良事件因果关系、不良事件严重程度的判定方法和标准。

质量控制与保证

临床试验必须有全过程的质量控制，应就质量控制情况作简要描述。在不同的试验中，易发生偏倚、误差的环节与因素可能各不相同，应重点陈述针对上述环节与因素所采取的质控措施。

数据管理

临床试验报告必须明确说明为保证数据质量所采取的措施，包括采集、核查、录入、盲态审核、数据锁定等措施。

统计学分析

描述统计分析计划和获得最终结果的统计方法。重点阐述如何分析、比较和统计检验以及离群值和缺失值的处理，包括描述性分析、参数估计（点估计、区间估计）、假设检验以及协变量分析（包括多中心研究时中心间效应的处理）。应当说明要检验的假设和待估计的处理效应、统计分析方法以及所涉及的统计模型。处理效应的估计应同时给出可信区间，并说明计算方法。假设检验应明确说明所采用的是单侧检验还是双侧检验，如果采用单侧检验，应说明理由。

试验结果

建议尽可能采用全数据集和符合方案数据集分别进行疗效分析。对使用过受试兽药但未归入有效性分析数据集的受试动物情况应加以详细说明。

应对所有重要的疗效指标进行治疗前后的组内比较，以及试验组与对照组之间的比较。多中心研究的，各中心应提供多中心临床试验的各中心小结表。该中心小结表由该中心的主要研究者负责，须有该单位的盖章及填写人的签名。内容应包括该中心受试动物的入选情况、试验过程管理情况、发生的严重和重要不良事件的情况及处理、各中心主要研究者对所参加的临床试验真实性的承诺等。

临床试验报告需要进行中心效应分析

应描述严重的不良事件和其他重要的不良事件。应注意描述因不良事件（不论其是否被否定与药物有关）而提前退出研究的受试动物或死亡动物的情况。严重不良事件和主要研究者认为需要报告的重要不良事件应单列并进行总结和分析。应提供每个发生严重不良事件和重要不良事件的受试动物的病例报告，内容包括病例编号、发生的不良事件情况（发生时间、持续时间、严重程度、处理措施、结局）和因果关系判断等。

讨论

在对试验方法、试验质量控制、统计分析方法进行评价的基础上，综合试验结果的统计学意义和临床意义，对受试药物的疗效和安全性结果以及风险和受益之间的关系做出讨论和评价。其内容既不应是结果的简单重复，也不应引入新的结果。

围绕受试兽药的治疗特点，提出可能的结论、开发价值，讨论试验过程中存在的问题及对试验结果的影响。鼓励探讨中兽医理论对临床疗效和安全用药的指导作用，提倡通过病证结合进行疗效分析。

结论

说明本临床试验的最终结论，重点在于安全性、有效性最终的综合评价，明确是否推荐申报注册或继续研究。

参考文献

列出有关的参考文献目录。

（6）附件

a. 所在省兽医行政管理部门出具的临床研究批件。

b. 最终的病例记录表（样张）。

c. 相关部门对涉及一类病原微生物临床试验的批件。

d. 对照用兽药的说明书、质量标准，临床试验用兽药（如为已上市药品）的说明书。

e. 严重不良事件及主要研究者认为需要报告的重要不良事件的病例报告。

f. 多中心临床试验的各中心小结表。

8.8.3 中兽药靶动物实验性临床试验研究

8.8.3.1 概述

（1）定义与目的 实验性临床试验是以符合目标适应证的自然病例或人工发病的实验动物为研究对象，确证受试兽药对靶动物目标适应证的有效性及安全性，同时为扩大临床试验合理给药剂量及给药方案的确定提供依据。实验性临床试验的目的在于对新兽药临床疗效进行确证，保证研究结论的客观性和准确性。

（2）适用范围 适用于考察和评价兽药治疗或预防靶动物特定疾病或证候的有效性过程。

8.8.3.2 试验设计

（1）试验动物 人工发病一般采用健康动物，自然病例以自然发病的动物作为受试对象。对动物的饲养管理应达到一级或一级以上试验动物的管理要求。受试动物来源、品种、日龄、性别、体重、健康状况、免疫接种、日粮组成及饲养管理等背景资料应清楚，同一试验应尽可能使用背景相对一致的动物。自然病例应制定病例选择的诊断标准、纳入标准、排除标准以及病例剔除和脱落的条件。在确定合格受试动物时，诊断标准、纳入标准和排除标准互为补充、不可分割，以避免产生选择性偏倚。

(2)受试药物 一般情况下，受试兽药包括临床试验用兽药和对照用兽药。临床试验用兽药应为中试或已上市产品，其含量、规格、试制批号、试制日期、有效期、中试或生产企业名称等信息应明确，且应注明“供临床试验用”字样。对照用兽药应采用合法产品，选择时应遵循同类可比、公认有效的原则。在试验方案及报告中应阐明对照兽药选择的依据，对二者在功能以及适应证上的可比性进行分析，并明确其通用名称、含量、规格、批号、生产企业、有效期及质量标准推荐的用法用量等。对照用药物使用的途径、用法、用量应与质量标准规定的内容一致。临床试验用兽药和对照用兽药均须经省级以上兽药检验机构检验，检验合格的方可用于临床试验。

(3)给药方案 给药方案包括给药剂量、给药途径及方式、给药时间及间隔、给药周期、观察时间和动物的处置等。给药剂量的选择、单次给药剂量的设定、给药周期的确定等都应以药效学试验和安全性试验的数据为依据。

(4)试验周期 以药效学试验和安全性试验的数据为依据，按照受试药物拟在临床推荐的给药周期制定。

(5)剂量与分组 试验各组的设置取决于所考察兽药的特性，也与是否要进行有效剂量的筛选相关。一般应设置不少于三个剂量的试验组（即高、中、低剂量组，中剂量为拟推荐剂量）和三个对照组（即兽药对照、阳性对照和阴性对照组）。每组的样品量应符合靶动物实验性临床试验每组最低动物数（表 8-37）。

表 8-37 靶动物实验性临床试验每组最低动物数

受试动物种类	动物数	
	自然病例	病证模型
马、牛等大动物	10	5
羊、猪等中动物	20	10
兔、貂、狐等小动物	20	15
犬、猫等宠物	15	10
家禽	30	15

(6)观察指标 兽用中药、天然药物临床试验中评定治疗结局指标的确立，不应只从单纯生物医学模式出发，仅着眼于外来致病因子或生物学发病机制的微观改变和局部征象，而应从整体水平上选择与功能状态、证候相关的多维结局指标。在中药临床试验设计时，将治疗效能定位于对病因或某一疾病环节的直接对抗，或仅仅对用药后短期内的死亡率等极少指标进行考察，显然是不合理的。对适应证疗效的定位，除了治疗或预防作用外，也完全可定位于配合使用的层面，如辅助治疗、缓解病情或对某类药物的增效作用等。

一般来说，应从临床症状、体征、功能或代谢、病原学和血清学等多方面设置观测指标，以便能对疗效做出全面综合的判定。

(7)结果分析 对试验数据的分析处理，要借助适宜的统计方法。临床研究统计资料一般可分为计量资料和计数资料。不同类型的数据资料，须采用不同的统计分析方法，不可混淆。建立在对资料、数据的分析，统计学显著性检验的基础上，可进行结论外推，即由样本的信息推及总体。结论外推时须以研究样本的同质性为基础，兼顾差异的统计学意义和实际临床意义。

8.8.3.3 试验报告撰写

同 8.8.2.3。

8.8.4 中兽药靶动物扩大临床试验研究

8.8.4.1 概述

（1）定义与目的 扩大临床试验是对受试兽药临床疗效和安全性的进一步验证，一般应以自然发病的动物作为研究对象。

（2）适用范围 适用于考察和评价兽药治疗或预防靶动物特定疾病或证候的有效性过程。

8.8.4.2 试验设计

（1）试验动物 一般采用健康动物或自然发病的病例，对病例的选择应有确切的诊断标准和恰当的纳入标准，以降低品种、体格、性别等因素对试验结果的影响。

（2）受试药物 受试兽药包括临床试验用兽药和对照用兽药。临床试验用兽药应为中试或已上市产品，其含量、规格、试制批号、试制日期、有效期、中试或生产企业名称等信息应明确，且应注明“供临床试验用”字样。对照用兽药应采用合法产品，选择时应遵循同类可比、公认有效的原则。在试验方案及报告中应阐明对照用兽药选择的依据，对二者在功能以及适应证上的可比性进行分析，并明确其通用名称、含量、规格、批号、生产企业、有效期及质量标准推荐的用法用量等。对照用药物使用的途径、用法、用量应与质量标准规定的内容一致。临床试验用兽药和对照用兽药均须经省级以上兽药检验机构检验，检验合格的方可用于临床试验。

（3）给药方案 推荐剂量、给药方法和疗程等应与标准、说明书草案中的推荐用法相一致。

（4）给药周期 与标准、说明书草案中的推荐用法相一致。

（5）剂量与分组 治疗试验一般设置推荐剂量组和药物对照组，预防试验设置推荐剂量组、兽药对照组和不处理对照组。推荐剂量应有试验依据。每组的样品量应符合扩大临床试验每组最低动物数（表 8-38）。

表 8-38 扩大临床试验每组最低动物数

受试动物种类	动物数	
	散发病例	群发模型
马、牛等大动物	20	30
羊、猪等中动物	30	50
兔、貂、狐等小动物	30	50
犬、猫等宠物	20	30
家禽	50	300

（6）观察指标 兽用中药、天然药物临床试验中评定治疗结局指标的确立，不应只从单纯生物医学模式出发，仅着眼于外来致病因子，或生物学发病机制的微观改变和局部征象，而应从整体水平上选择与功能状态、证候相关的多维结局指标。在中药临床试验设计时，将治疗效能定位于对病因或某一疾病环节的直接对抗，或仅仅对用药后短期内的死亡率等极少指标进行考察，显然是不合理的。对适应证疗效的定位，除了治疗或预防作用外，也完全可定位于配合使用的层面，如辅助治疗、缓解病情或对某类药物的增效作用等。

一般来说，应从临床症状、体征、功能或代谢、病原学和血清学等多方面设置观测指标，以便能对疗效做出全面综合的判定。

（7）结果分析 对试验数据的分析处理，要借助适宜的统计方法。临床研究统计资料一般可分为计量资料和计数资料。不同类型的数据资料，须采用不同的统计分析方法，不可混淆。建立在对资料、数据的分析，统计学显著性检验的基础上，可进行结论外推，即由样本的信息推及总体的过程。结论外推时须以研究样本的同质性为基础，兼顾差异的统计学意义和实际临床意义。

8.8.4.3 试验报告撰写

同 8.8.2.3。

8.8.5 饲料中添加的中兽药靶动物有效性评价

针对饲料中长期添加的中兽药，除上述靶动物安全性试验、实验性临床试验和扩大临床试验外，还应根据农业农村部 2019 年第 226 号公告《新饲料添加剂申报材料要求》，对饲料中添加的中兽药靶动物有效性进行评价。

（1）试验方案 试验开始前，应根据受试物和靶动物的特点，对试验进行系统设计，形成试验方案。试验方案应包括试验目的、试验方法、仪器设备、详细的动物品种和类别、动物数量、饲养和饲喂条件等，并由试验负责人签字确认。具体要求如下：

① 试验动物：品种、月龄、性别、生理阶段和一般健康状况。

② 试验条件：动物来源和种群规模、饲养条件、饲喂方式；预饲期的条件要求。

③ 试验分组：试验组和对照组数量、每组重复数和每个重复的动物数（必须满足统计学要求）、统计方法。

④ 试验日粮：描述日粮的加工方法、日粮组成及相关的营养成分含量（实测值）和能量水平；注意根据受试物特点和使用方法配制日粮，使用的原料应符合我国法规和相关标准要求，各试验处理组试验因子以外的其他因素（如料型、粒度、加工工艺等）应一致。

⑤ 受试物的测定：受试物及其有效成分的通用名称、生产厂家、规格、生产批号，有效成分含量的测试方法及测试结果、测试机构，受试物有效成分在试验日粮中的含量。

⑥ 观测项目和时间：检测和观察项目名称、实施和持续的确切时间。

⑦ 疾病治疗和预防措施：不应干扰受试物的作用模式并逐一记录。

⑧ 突发状况处理：动物个体和各试验组发生的所有非预期的突发状况，都应记录其发生的时间和范围。

（2）试验方法

① 受试物。对于申请产品审定或登记的受试物，应与拟上市（或拟进口）的产品完全一致。产品应由申报单位自行研制并在中试车间或生产线生产，同时提供产品质量标准和使用说明。试验机构应将受试物样品送国家或相关部门认可的质检机构对其有效成分的含量进行实际测定。

② 有效性评价试验的基本类型。受试物的靶动物有效性评价试验一般分为长期有效性评价试验和短期有效性评价试验。消化率或氮、磷减排等明确的指标可通过短期有效性评价试验进行测定，生长性能、饲料转化效率、产奶量、产蛋性能、胴体组成和繁殖性能

等一般性指标必须通过长期有效性评价试验进行测定。

a. 短期有效性评价试验。生物有效性、生物等效性、消化和平衡试验均属于短期有效性评价试验。必要时，也可进行其他短期有效性评价试验。短期有效性评价试验应遵循公认的方法进行。

生物有效性是指活性物质或代谢产物被吸收、转运到靶细胞或靶组织并表现出的典型功能或效应。生物有效性应通过可观察或可测量的生物、化学或功能性特异指标进行评价。

生物等效性试验用于评价可能在靶动物体内具有相同生物学作用的两种受试物。如果两种受试物所有相关效果均相同，则可认为具有生物等效性。

消化试验可用于评价受试物对靶动物体内某种营养素消化率（如表观消化率、真消化率、回肠消化率）的影响。

平衡试验还可获得营养素在靶动物体内沉积和排出数量等额外数据。

b. 长期有效性评价试验。应针对受试物适用的靶动物，按照规定的试验期、试验重复数和动物数量的要求开展长期有效性评价试验。具体要求见表 8-39 至表 8-44。试验分组应遵循随机和局部控制的原则。表中没有列出的其他动物品种，长期有效性评价试验应参照生理和生产阶段相似物种的要求进行。如果受试物仅适用于动物的特定生长阶段并且短于表中规定的试验期，试验时间应根据具体情况进行调整，但不得少于 28 天，而且应考察相关的特异性指标。

长期有效性评价试验的必测指标包括试验开始和结束体重、饲料采食量、死亡率和发病率。其他指标根据动物品种和受试物的特殊功效确定。如果需要测定产奶或产蛋性能，则应分别提供有关奶成分和蛋品质的数据。在评价受试物对养殖产品质量的影响时，长期有效性评价试验也可用来采集相关样品。

表 8-39 靶动物猪的试验期和动物数量

类别	试验阶段[①]（体重或日龄）			最短试验期	最少试验重复和动物数量
	起始	结束日龄	结束体重/kg		
哺乳仔猪	出生	21～42	6～11	14 天	每个处理 6 个有效重复，每个重复 6 头，性别比例相同
断奶仔猪	21～42 日龄	120	35	28 天	
哺乳和断奶仔猪	出生	120	35	42 天	
生长育肥猪	≤35kg	120～250（或根据当地习惯）	80～150（或根据当地习惯直到屠宰体重）	70 天	
繁殖母猪	初次受精			受精至断奶，至少两个繁殖周期	每个处理 20 个有效重复，每个重复 1 头
泌乳母猪				分娩前两周至断奶	

① 试验阶段指试验用动物所处的生长阶段，最短试验期应处于所对应的试验阶段。

表 8-40 靶动物家禽的试验期和动物数量

类别	试验阶段（体重或日龄）			最短试验期	最少试验重复和动物数量
	起始	结束日龄	结束体重/kg		
肉仔鸡	出壳	35 天	1.6～2.4	35 天	每个处理 6 个有效重复，每个重复 15 只，性别比例相同
蛋用雏鸡	出壳	16(20)周龄		112 天[①]	
产蛋鸡	16～21 周龄	13(18)月龄		168 天	
肉鸭	出壳	35 天		35 天	
产蛋鸭	25 周龄	50 周龄		168 天	

续表

类别	试验阶段(体重或日龄)			最短试验期	最少试验重复和动物数量
	起始	结束日龄	结束体重/kg		
育肥用火鸡	出壳	母:4(20)周龄 公:16(24)周龄	母:7～10 公:12～20	84天	每个处理6个有效重复,每个重复15只,性别比例相同
种用火鸡	开始产蛋(30周龄)	60周龄		6个月	
后备种用火鸡	出壳	30周龄	母:15 公:30	全程②	

① 仅当肉仔鸡的有效性评价试验数据无法提供时进行。

② 仅当育肥用火鸡的有效性评价试验数据无法提供时进行。

表 8-41 靶动物牛（包括水牛）的试验期和动物数量

类别	试验阶段(体重或日龄)			最短试验期	最少试验重复和动物数量
	起始	结束日龄	结束体重/kg		
犊牛	出生或者60～80kg	4月龄	145	56天	每个处理15个有效重复,每个重复1头,性别比例相同
生产小牛肉的肉用犊牛	出生	6月龄	180(250)或直到屠宰体重	84天	
育肥牛	瘤胃发育完全(至少完全断奶)	10～36月龄	350～700	126天	
泌乳奶牛				84天①	
繁殖母牛	初次受精			受精至断奶,至少两个繁殖周期②	

① 需报告整个泌乳期的情况。

② 仅当需要测定繁殖指标时进行。

表 8-42 靶动物绵羊的试验期和动物数量

类别	试验阶段(体重或日龄)			最短试验期	最少试验重复和动物数量
	起始	结束日龄	结束体重/kg		
育成羔羊	出生	3月龄	15～20	56天	每个处理15个有效重复,每个重复1只,性别比例相同
育肥羔羊	出生	6月龄或以上	40或直到屠宰体重	56天	
泌乳奶绵羊				49天①	
繁殖绵羊	初次受精			受精至断奶,至少两个繁殖周期②	
育肥绵羊	6月龄			42天	

① 需报告整个泌乳期情况。

② 仅当需要测定繁殖指标时进行。

表 8-43 靶动物山羊的试验期和动物数量

类别	试验阶段(体重或日龄)			最短试验期	最少试验重复和动物数量
	起始	结束日龄	结束体重/kg		
育成羔羊	出生	3月龄	15～20	56天	每个处理15个有效重复,每个重复1只,性别比例相同
育肥羔羊	出生	6月龄或以上	40或直到屠宰体重	56天	
泌乳奶山羊				84天①	
繁殖山羊	初次受精			受精至断奶,至少两个繁殖周期②	
育肥山羊	6月龄			42天	

① 需报告整个泌乳期情况。

② 仅当需要测定繁殖指标时进行。

表 8-44　靶动物家兔的试验期和动物数量

类　别	试验阶段(体重或日龄)		最短试验期	最少试验重复和动物数量
	起始	结束日龄		
哺乳和断奶兔	出生后一周		56 天	每个处理 6 个有效重复，每个重复 4 只，性别比例相同
育肥兔	断奶后	8～11 周	42 天	
繁殖母兔	从受精开始		受精至断奶，至少为两个繁殖周期①	
泌乳母兔	第一次受精		分娩前 2 周至断奶	

① 仅当需要测定繁殖指标时进行。

③ 观察与检测。应根据受试物的作用特点和用途，增加相应的特异性观测指标和敏感性功能指标。应按照国家标准、国际认可方法或经确证的文献报道方法确定检测方法。如果采用文献报道方法或新建方法，应提供方法确证的数据资料，说明其合理性。

④ 数据记录。在试验实施过程中，试验方案所涉及的内容均应逐一记录。数据记录应真实、准确、完整、规范、清晰，并妥善保管。数据的有效位数以所用仪器的精度为准，采用国家法定计量单位和国家推荐使用的单位。

⑤ 统计分析。以重复为单位，根据不同的试验设计采用相应的统计分析方法进行数据分析。统计显著性差异水平至少应达到 $P<0.05$。

⑥ 试验报告。试验报告应提供试验获取的所有数据，包括所有试验动物和试验重复。统计分析中未采用的数据或由于数据缺乏、数据丢失而无法评价的情况也应报告，并说明在各组别中的分布情况。每个靶动物有效性评价试验必须单独形成最终报告。应对试验报告每页进行编码，格式为“第 页，共 页”，并加盖试验机构骑缝章，确保报告的完整性。每个试验最终报告中应包含试验概述（见表 8-45）和报告正文。

试验报告正文至少应包括以下内容：试验名称；摘要；试验目的；受试物；试验时间和地点；试验材料和方法；结果与讨论；结论；原始数据及相关的图表和照片；统计分析中未采用的数据或由于数据缺乏、数据丢失而无法评价的情况应具体说明；参考文献；试验机构和操作人员，包括试验机构的名称，试验操作人员、试验负责人和报告签发人的签名，报告签发时间，加盖签发机构的单位公章或专门的分析测试章；委托检测的数据应提供检测机构出具的检测报告。

⑦ 资料存档。最终报告、原始记录、图表和照片、试验方案、受试物样品及其检测报告等原始资料应存档备查，保存时间一般不得少于 5 年，作为产品申报的，保存时间至少为 10 年。

表 8-45　试验概述表（畜禽）

试验编号：		第 1 页，共__页
受试物	受试物通用名称：	有效成分：
	有效成分标示值：	有效成分实测值：
	产品类别：	外观性状：
	生产单位：	生产日期及批号：
	样品数量及包装规格：	保质期：
	收(抽)样日期：	送(抽)样人：
	抽样地点：(适用时)	抽样基数：(适用时)

试验编号：			第 1 页，共__页
实验动物	实验动物品种：		
	性别：		生理阶段：
	起始日龄：		起始体重：
	健康状况：		
	动物来源和种群规模：		饲喂方式：
	饲养条件：		
时间与场所	试验起始时间：		试验持续时间：
	试验场所：		
设计与分组	分组设计方法：		
	试验组数量(含对照组)：		每组重复数：
	每个重复动物数：		实验动物总数：
		日粮中有效成分添加量	日粮中有效成分含量
	试验组 1		
	试验组 2		
	试验组 3		
	……		
	对照物质名称：(适用时)	对照物质在日粮中添加量	对照物质在日粮中含量
试验日粮	日粮组成(营养素和能值)		
		计算值	实测值
	成分 1		
	成分 2		
	成分 3		
	……		
	日粮形态	粉料□　颗粒□　膨化□	其他______
检测项目和实施时间			
治疗和预防措施(原因、时间、种类、持续时间等)			
数据统计分析方法			
突发状况的处理、不良后果发生的时间及发生范围			
结论			
原始记录保管			
备注			

主要参考文献

[1] 陈奇．中药药理研究方法学[M]. 3 版．北京：人民卫生出版社，2011.

[2] 彭成．中医药动物实验方法学[M]. 北京：人民卫生出版社，2008.

第 9 章
中兽药方剂与中兽药临床应用

9.1

中兽药组方

9.1.1 组方理论

9.1.1.1 方剂与治法的基本概念及其相互关系

方剂是在辨证审因、明确治法的基础上选择合适的药物和剂量，按照方剂组成的原理（结构）妥善配伍、恰当调剂而成的利用药物治疗动物疾病的重要手段和基本形式。其“方”之谓，既有医方、药方、处方之谓，更有规定、法度、规矩之意；而“剂”通“齐”，有和合审度、整齐、整合、排列的要求，体现了方剂具有的一定规定和有序性。同时，“剂”还有调剂、调配的意思。因此，所谓方剂，是须按严格的规矩和法度精心选配药物，并经适当调剂用以治病的药剂。辨证论治，其实质是辨证立法、方从法立、依法选方、以法统方的一个系统性临床治病工作，而强调临床中“方证统一”就成为历代医家遵循的基本原则。即方剂是在辨证、立法的基础上选药配伍而成的用以治疗疾病的药物组成及其调剂形式，是临床选用药物治疗疾病的重要手段。

治法是针对病机而确立的基本治疗原则，而方剂必须相应地体现治法。故治法是指导遣药组方的原则，方剂是体现和完成治法的主要手段。尽管“方因药成”，但却必须注意“方从法出，法随证立”，组方所选的药物，绝不是简单的药味拼凑和堆砌，也不是信手拈来的药效物质的简单拼接和相加，而是医师辨证审因察机，在明确治法的基础上根据药物药性特征，严谨地遣药以制方。或选用典方，或选用成方，或医师根据组方理论拟定的针对个体治疗的协定处方，经过适当调剂方可用以治疗动物疾病。

治法，归纳起来有两个层次。其一，概括性的、针对共性病机所定立的治法，也即清代程钟龄在《医学心悟》中概括的药物治疗“八法”：汗、吐、下、和、温、清、消、补。其二，是针对患病动物具体证候所确定的治疗方法，即具体治法。某一方剂的“功效”项下的内容即表述了该方的具体治法。对于方剂在临床中的运用，只有准确地把握具体治法，明确方剂的功效指征才能保证药物对病证治疗具有较强的针对性，才能保证药物的安全、有效使用。

由此可见，辨证立法、方从法立、依法选方、以法统方是遣药制方的基本原则。为此，理解方剂的组成原理时，首先需要理解方剂与治法的关系。

9.1.1.2 常用治法

经过历代医家的总结和传承，临床辨证论治形成了多种体系，如八纲（八证）辨证、脏腑辨证、六经辨证、卫气营血辨证、三焦辨证、经络辨证等。为此确立的治法内容极其丰富。而目前针对药物治疗的基本法则，则主要沿袭于清代医家程钟龄“八法”的高度概括。程氏在《医学心悟》中说：“论病之源，以内伤、外感四字括之。论病之情，则以寒、热、虚、实、表、里、阴、阳八字统之。而论治病之方，则又以汗、和、下、消、吐、清、温、补八法尽之。”因此，下面就药物治疗“八法”内容简要介绍如下。

（1）汗法 汗法又称解表法，是选用辛温或辛凉药物以发汗、疏散表邪的治疗方法。通过开泄腠理、调和营卫、宣发肺气等效用，使表邪随汗疏解。其主要用于表证或兼有表证的病证。汗法在不同的动物上其表现各不相同，如在马属动物上施以汗法可以见“汗出”表现，但用在汗腺不发达或缺失的动物，则不一定有“汗出”表现。因此，汗法并不以汗出为目的，而是通过发汗效用，使腠理开阖有度、营卫调和、肺气宣畅、血脉通顺，从而祛邪外出，邪去正安，正气调和。所以，除主要治疗外感六淫之邪所致的表证外，凡是腠理闭塞，营卫郁滞的寒热无汗，或腠理疏松，虽有汗但寒热不解的病证，皆可用汗法治疗。例如，马属动物常见的遍身黄、大头瘟、破伤风、风寒束肺；猪、鸡、牛等常患的感冒；疮疡初起而有恶寒发热；肝热传眼或肝经风热所致的眼疾；痢疾而有寒热表证等均可应用汗法治疗。然而，由于病情有寒热，邪气有兼夹，体质有强弱，故汗法又有辛温、辛凉的区别，汗法常与补法、下法、消法等其他治疗法则结合运用。临床上宜仔细辨别。

（2）吐法 吐法，又称为涌吐法，是通过使用药物或方剂促使动物涌吐的方法。该法可以使停留在咽喉、胸膈、胃脘的痰涎，停滞于胃脘及其以上的难消宿食或毒物从口中吐出以达治疗目的。但该方法对马属动物不适用。临床上主要用于易致呕吐动物，如猪、猫、狗以及家禽均可施用该法。但因吐法药剂作用剧烈，易伤胃气，不良反应大，现已很少使用。且体虚气弱、产后动物以及孕畜等均应慎用。

（3）下法 下法是通过泻下、荡涤、攻逐等作用，使停留于胃脘以下的宿食、燥屎、冷积，以及瘀血、结痰、停水等从下窍而出，以祛邪除病的一类治法。凡邪在肠胃，宿食停滞、燥屎内结大便不通，或热结旁流，以及停痰留饮、瘀血积水、火热壅盛等标本俱实之证均可使用。而对于复杂病情的寒热兼夹，本虚标实等证，下法又有寒下、热下、润下、逐水或攻补兼施之别，宜与其他治法结合运用。下法是兽医临床上最常应用的治法之一。下法为攻逐病邪的治法，易于伤阴伤正，应用时一般掌握“中病即止”的应用法度，并注意不要反复应用，以免伤正。

（4）和法 和法是通过和解、调和的方法，使半表半里之邪，或脏腑、阴阳、表里失和、肠寒胃热、气血营卫失和等证得以解除的一类治法。和法早在仲景治疗邪在半表半里的少阳证中就加以应用。宋代成无已在《伤寒明理论》中更进一步解释说：“伤寒邪气在表者，必渍形以为汗；邪在里者，必荡涤以为利；其于不外不内，半表半里，既非发汗之所宜，又非吐下之所对，是当和解则可矣。”所以和解是专治邪在半表半里的一种方法。在兽医临床中由于动物在受到外邪的侵袭后，疾病被发现时往往受邪侵袭已过一定的时间，因此单纯的表证在动物疾病中其实是较少见的，大多表现为半表半里证或表里兼证，因此和法也就被广泛应用于马、牛、羊、猪等动物疾病的治疗中，往往获得较好的疗效。

而调和之意，如《广瘟疫论》中说：“寒热并用之谓和，补泻合剂之谓和，表里双解之谓和，平其亢厉之谓和。”由此可见，和法是一种既能祛邪，又能调整脏腑功能的治法，制方遣药时往往无明显寒热补泻之偏，或性质平和，或攻补兼施，祛邪扶正全面兼顾。使所用方药既适用于邪犯少阳之证，又可用于调和肝脾（胃）失和、肠寒胃热、气血营卫失和诸证。和法细分起来有：和解少阳、透达膜原、调和肝脾、疏肝和胃、分消上下、调和肠胃、调和营卫等。而扶正祛邪或祛邪扶正，或寒热并用的制方形式也可归入调和治法。桂枝汤、小柴胡汤、痛泻要方、当归散等均是该法应用的具体实证。

但和法的使用，应特别注意疾病的轻重缓急和病理发展过程。仅为表证，或仅为里实证，或病属阴寒，症见耳鼻俱凉、四肢厥逆者，禁用和法。

（5）**温法** 温法是通过温里祛寒的作用，以治疗里寒证的一类治法。里寒证的形成，有外感内伤的不同，或由寒邪直中中焦脾胃或其他脏腑、肌肉、经络，或因失治误治而损伤畜体阳气，或因素体阳虚，以致寒从中生等均可施用温法加以治疗。临床中常用的温中祛寒、回阳救逆，或温经散寒、除痹止痛等具体的法则均体现了温法的不同临床应用。其中理中汤、参附汤、厚朴散、桂心散、四逆汤等均是温法应用的常见方剂。应注意素体阴虚，或真热假寒证禁用温法。

（6）**清法** 清法是通过清热、泻火、解毒、凉血等效用，以清除里热病邪，治疗各个脏腑的里热证、暑热证、火证、热毒证、燥证以及虚热证等的一类治法。也适用于温病表现为气分、营分、血分或火热壅盛化毒的各类热证。清法在方剂应用中，具体体现为清热燥湿、清热泻火、清热解毒、清气分热、清热凉血、清脏腑热、清暑热、清虚热等的不同功效。

临床中使用清法，应特别关注热邪最易伤阴耗气，所以在清热剂中常配伍生津、益气之品。若温病后期，热灼阴伤，或久病阴虚而热伏于里的，又当清法与滋阴并用，不可纯用苦寒直折之法，否则热必不除。加之热邪易迫血妄行，致血离经脉，表现为鼻衄、咯血、胃肠道出血所致便血、膀胱尿道出血所致尿血、皮下出血等出血证候，导致血瘀、气滞兼证，故在使用清法时也常常与止血、行气、活血等具体法则合用。临床中也可见里热证而兼见燥屎难下所致的各类结症，其中尤以火畜马最为常见，临床应用时也常常配合下法应用。临床中常用的黄连解毒汤、犀角地黄汤、消黄散、双黄连散、清瘟败毒饮、香薷散、知柏地黄丸等均属清法的具体应用。

使用清法应注意，表邪未解，阳气被郁而发热者禁止单用清法；体质素虚，脏腑本寒，胃火不足，粪便稀薄者禁用清法；过劳及虚热证禁止单用清法；真寒假热证禁用清法。另外，清法也为攻伐治法，不宜反复长时间使用。

（7）**消法** 消法是通过消食导滞、行气活血、化痰利水、驱虫等方法，使气、血、痰、食、水、虫等渐积形成的有形之实邪渐消缓散的一类治法。适用于饮食停滞、气滞血瘀、癥瘕积聚、水湿内停、痰饮不化、疳积虫积以及疮痈肿毒等病证。消法与下法虽同是治疗内蓄有形实邪的方法，但在适应病证上有所不同。下法所治病证，大抵病势急迫，形证俱实，邪在肠胃或胃脘以下，治宜速除，使其从下窍而出。消法所治，主要是病在脏腑、经络、肌肉之间，邪坚病固而来势较缓，属渐积形成，且多虚实夹杂，尤其是气血积聚而成之癥瘕痞块、痰核瘰疬、疳积痰饮等，不可能迅即从后阴消除，必须渐消缓散。用消法时，也常与补法、下法、温法、和法及清法等其他治法配合运用，或以消法为主，或以其他治法为主而配合消法治疗以达标本兼治的目的，临床上宜灵活应用。

（8）**补法** 补法是通过补益机体气血阴阳，以主治各种里虚证的一类治法。补法的应用主要体现在以下三个方面：其一，主要使机体气血阴阳的虚弱以及脏腑之间因“乘侮”关系导致的功能失和得以纠正并归于平衡，达到脏腑之间“生克制化”的健康目的；其二，机体素虚，不能祛邪外出时，也可以适当使补法与其他治法（如吐法、清法、下法、消法等）配合应用，达到促进“邪去正安”的目的，应用时应注意病情及体质，或祛邪兼扶正，或先祛邪后扶正，或先扶正后祛邪等方法的灵活配合；其三，通过补益药剂的使用，以达“正气存内，邪不可干”，增强动物机体抵御外邪的能力，达到防病以促进生产性能提高的目的。补法的具体应用，应注意气、血、阴、阳之分，且五脏补益各有侧重，但应以补益“脾、肺、肾”三脏为主。另外，补法最易被乱用和泛用。为避免“闭门留寇”“误补益疾”的错误，一般须在患病动物无外邪表证时使用。

上述八种药物治疗大法，适用于表、里、寒、热、虚、实、邪等不同的证候，也是临证制方遣药时应了然于心的基本法则。对于多数动物疾病而言，病情往往较为复杂，单一治法尚不满足临床治疗的需要，数种治法配合运用，才能治无遗邪，标本同治，更好地服务于患畜。所以虽有八法之分，实则变化多端。正如程钟龄在《医学心悟》中所说："一法之中，八法备焉，八法之中，百法备焉。"兽医在临证遣药处方时，必须针对具体病证，灵活运用八法，坚持"以法统方""方证统一"的原则，切合病情制方遣药，根据病情的变化进行加减化裁，方能收到满意的疗效。

9.1.2 组方原则

如前说述，须根据病情的需要，在辨证立法的基础上，按照一定的组织原则，选择适当的药味组合并经适当调剂而成方剂。除单方外，一般方剂均由若干味药物组成。其组方原则，承续于《素问·至真要大论》："主病之谓君，佐君之谓臣，应臣之谓使。"张介宾《类经》谓："主病者，对证之要药也，故谓之君，君者味数少而分两重，赖之以为主也。佐君者谓之臣，味数稍多而分两稍轻，所以匡君之不迨也。应臣者谓之使，数可出入而分两更轻，所以备通行向导之使也。此则君臣佐使之义。"由此，奠定了方剂组成的主（君）、辅（臣）、佐、使的结构组成。四部分的组成既体现了方剂的组成结构，更反映了药物之间配伍的主从关系。

主（君）药是针对病因或主证起主要治疗作用的药物。可选用一味或两味以上配伍，以解决疾病的主要矛盾。如马患中结（大结肠阻塞），为里实证，根据"实则泻之"的原则，确立"下法"为制方治法，遣药时以攻下药物为主药，如《痊骥通玄论》中无失丹（芒硝、生大黄、黑牵牛、郁李仁、槟榔、木香、木通、青皮、三棱）中的生大黄、芒硝即为主药。

辅（臣）药是辅助主药，是加强治疗作用的药物。如无失丹中的黑牵牛、郁李仁、槟榔以增强主药的泻下功效，强化对中结的治疗作用。

佐药有三方面的作用。一是治疗兼证或次要证候，如银翘散（金银花、连翘、桔梗、薄荷、竹叶、甘草、荆芥穗、淡豆豉、牛蒡子、芦根）治风热表证，其中金银花、连翘清热解毒、辛凉透表为主药；桔梗、牛蒡子、甘草宣肺祛痰，利咽止咳，竹叶、芦根清热生津止渴，治疗兼证，均为佐药；二是因主药之偏而在方中起监制之用，即能消除或缓和组方中某些药物的毒性或偏性，如四逆汤（附子、干姜、炙甘草）为回阳救逆之剂，其中炙甘草能缓和干姜、附子辛温燥烈之性；三是反佐，用于因病势拒药须加以从治者，如在温热剂中加入少量寒凉药，或于寒凉剂中加入少许温热药，以消除病势拒药"格拒不纳"的现象。

使药指方中的引经药，引导他药直达病所，或协调、缓和药性的药物。如后肢痹症常选用牛膝，而前肢痹症常选用桂枝，"引药上行"常选用桔梗等均是引药的具体应用。而甘草缓和药性，常用作协调药。

一般来说，主药量多而效宏，其他药的用量相对较小，药力相对较为缓和。甚至有人认为，药量的多寡是区分主、辅、佐、使的主要依据。如李东垣在《脾胃论》中说："君药分两最多，臣药次之，使药又次之，不可令臣过于君。君臣有序，相与宣摄，则可以御邪除病矣。"但因药物质地及药性的不同，依此来确定组方中药的主次并不一定是确定的，应加以注意。

至于组成一个方剂主、辅、佐、使各药药味的多少并非定数，应根据辨证立法和病畜病情的需要灵活配伍。临床上对一些典方、经方进行加减化裁以更好地适应具体病情需要才能取得更好的疗效，减少不良反应的发生。

制方时主、辅、佐、使的组成划分，是为了使医者在制方时注意药物的配伍和主次关系，并注意疾病的标本表现及轻重缓急的复杂变化，并非刻板固定。医者制方，须坚守辨证论治和以法统方的原则灵活选用组方中药。针对危急病例或简单病例，可能仅选一味药物，力求药专而效宏，如独参汤、一味黄芩汤。或有些方剂，药味虽少，如二妙散（苍术、黄柏），其中的主药或辅药本身就兼有佐使作用。

总之，方剂的组成，既要有主、辅、佐、使的结构安排，又要强调明确辨证立法、以法统方和方证统一的基本原则。这样不仅达到制方有据、遣药精妙、配伍严谨的要求，也可使制方主次分明，全面兼顾，扬长避短，从而提高疗效。

9.1.3 兽用经典名方

9.1.3.1 医马方

（1）清热方

白虎汤(又名石膏知母汤)(《伤寒论》)

【组成】石膏120g，知母60g，甘草20g，粳米40g。石膏研碎先煎，再下各药，去渣候凉，马1～2次灌服。

【功效】清热泻火，生津止渴。

【主治】温病气分高热。症见高热不退，烦渴喜饮，舌燥少津，或口燥唇干，上腭红肿，口气秽热。脉洪大有力，或滑数。

【方解】本方为治疗里热伤津气分热盛所设。方中石膏甘寒，泻肺胃火而透肌热的力量颇强，为主药；知母苦寒清泄肺胃之热，并善生津，为辅药，知母与石膏配合，则清热除烦生津作用更强；甘草、粳米益胃护津，共为佐使药。

【现代临床应用】为治疗各种高热病证的基础方，除用于气分高热病证外，加减化裁既可治疗阳明高热病证，又可用于多种疫疠高热病证。临床若现津气两伤，本方加党参治之；若胃热呕浊，去粳米、甘草，加半夏、竹茹治之；高热神昏兼便秘，加大黄、芒硝，名“白虎承气汤”治之；热毒炽盛，发斑狂躁，本方合黄连解毒汤，或加玄参治之。

清肺解毒汤(《活兽慈舟》)

【组成】石膏200g，知母60g，黄连30g，黄芩60g，黄柏30g，栀子30g，金银花20g，连翘30g，玄参50g，芒硝60g，枯矾30g，当归20g，川芎20g，甘草20g，绿豆100g磨浆。煎水候温兑入绿豆浆，日服一剂，分2～3次内服。

【功效】清热泻火，解毒。

【主治】主治气分实热，肺热壅盛之证。春夏受热，或染毒所致气分实热，热在肺胃，故症见壮热，汗出，口渴急饮贪饮，神志不宁，躁动不安，严重者可见鼻翼煽动，出气粗而腥臭，喘息有声。口色红黄，口津干，脉象洪数。

【方解】方中重用石膏、知母，清气分实热，泻肺火，为主药；辅以黄连解毒汤，清热解毒，直折火邪，配金银花、连翘、玄参，增强解毒泻火之功，共为辅药；芒硝引热下行，枯矾敛肺消痰解毒；当归、川芎活血化瘀，共为佐药。甘草、绿豆，解毒、调和诸药，为使药。诸药合用主治肺胃实热证。

【现代临床应用】用于治疗高热或染疫后所致肺胃实热之证。临床如肺痈明显，呼气腐臭，鼻翼有脓性分泌物结痂可重用连翘，并加入鱼腥草、芦根、瓜蒌等药。如神志狂躁，舌色瘀绀，皮下出血者，可减枯矾，加大黄、丹参、牡丹皮、赤芍、生地黄，加强保津凉血作用。

二母汤(《司牧安骥集》)

【组成】知母 60g，天花粉 60g，贝母 20g，栀子 60g，生姜 20g。煎汤候温内服，日服一剂。

【功效】清肺泻热，化痰平喘。

【主治】痰热壅肺证。症见咳喘，鼻煽气粗，体热，口渴，口色红，苔黄，脉数有力。

【方解】燥热伤肺，灼津为痰，痰热阻肺，气道不利，而为咳喘。方中知母、天花粉清肺，兼能生津养阴为主药；贝母清热化痰，栀子清泻肺胃实热，泄三焦火，并引热下行为辅药；生姜辛散宣肺，又防诸药寒性伤胃为佐使药。诸药相合，共奏清泻肺热、化痰平喘之功。

【现代临床应用】常用于治疗大叶性肺炎、气管炎等病证。若肺热燥盛，减生姜量，加麦冬、天冬、石膏治之；邪热盛者，加石膏、玄参、黄芩治之；大便秘结者，加大黄、芒硝治之。

凉膈散(《太平惠民和剂局方》)

【组成】连翘 72g，黄芩 24g，薄荷 24g，栀子 24g，竹叶 12g，大黄 36g，芒硝 36g，蜂蜜少许，甘草 24g。共为末，开水冲调或水煎，一次灌服。

【功效】泻热通便。

【主治】上焦、中焦热邪炽盛，烦躁口渴，口舌生疮，咽喉肿痛，便秘，尿赤等。

【方解】本方所治中上二焦火热，是由上焦郁热炽盛，中焦燥热内结所致。治宜清热解毒，通便泻火。方中连翘清热解毒，疏散风热，为君药。臣以黄芩助连翘清热解毒；薄荷助连翘疏散风热；栀子清泻三焦；竹叶利尿导热，大黄、芒硝、蜂蜜清泻燥结，导热外出。使以甘草调和诸药。诸药协同，共奏清热解毒、通便泻火之功。

【现代临床应用】若热盛而大便不燥者，可去芒硝，加石膏、知母；口疮咽肿者，加马勃、山豆根。

洗心散(《元亨疗马集》)

【组成】天花粉 60g，黄连 60g，黄芩 60g，黄柏 60g，栀子 50g，连翘 50g，茯神 30g，木通 40g，牛蒡子 40g，桔梗 30g，白芷 30g。水煎，取汁，加鸡子清 2 枚，蜂蜜 250g，米泔水 1 碗，马 2～3 次灌服；或为末，开水冲服。

【功效】清心凉膈，解毒利咽。

【主治】上焦壅热，舌肿生疮，咽喉肿痛，鼻煽喘粗，躁动不安，小便短赤，口色红，脉洪大或滑数。

【方解】心经热盛，热扰神明，故躁动不安；舌乃心之苗，故舌肿生疮；心热下移小肠，故小便短赤；热毒壅滞于肺，故咽喉肿痛。方中天花粉、黄连、黄芩清泄上焦热毒，为主药；黄柏、栀子、连翘清热解毒，茯神宁心神，木通清心火，并引火下行，为辅药，主辅合用，清火解毒之功尤显；牛蒡子、桔梗泻火利咽，开泄肺气，白芷活血消肿止痛，为佐药；鸡子清、蜂蜜、米泔水清热解毒，引经，为使药。全方清心凉膈、解毒利咽疗效良好，凡属上焦壅热者，皆可选用。

【现代临床应用】常用于感冒等外感类疾病兼有严重的口舌生疮、咽喉肿痛的病证。

消黄散(《元亨疗马集》)

【组成】黄连 50g，黄芩 50g，栀子 60g，知母 60g，连翘 60g，黄药子 40g，白药子 40g，浙贝母 20g，郁金 40g，大黄 40g，朴硝 200g，甘草 20g。共为细末，调蜜 50g，鸡子清 2 枚。浆水 1 碗为引，开水冲或煎汤灌服。

【功效】清热解毒，散瘀消肿。

【主治】一切阳证黄肿，患部硬肿或软肿，发热微痛，口色红，脉洪有力。

【方解】阳黄属有余之证。皆因脏腑积热，迫血妄行，溢于肌肤腠理而成。故本方以黄连、黄芩、栀子、知母、连翘、二药子清热降火解毒，方中大队的清热解毒药物，使脏腑积热得清，壅毒得解；配浙贝母清热化痰散结，郁金凉血散瘀，兼能行气，大黄、朴硝泻火软坚，导热从下焦出。清热解毒药配散结消肿药，则消散黄肿之功尤显；甘草、蜜、鸡子清、浆水引经，解毒，调和药性。诸药合用，共奏清热解毒、散瘀消肿之效。

【现代临床应用】常用于各种感染性的皮肤或肌表局部热性肿痛。若热毒盛者，加金银花、蒲公英、紫花地丁治之；肿痛盛者，加赤芍、乳香、没药治之；如黄肿在头部、颈部，加牛蒡子、僵蚕、升麻、柴胡等；在肩、背、胸胁，加柴胡、陈皮等；在臀、后胯、下腹、后阴，加茵陈、木通、龙胆、土茯苓等。此外，《元亨疗马集》中还有几个类似方，如治疗马遍身黄的消黄散（大黄、知母、甘草、瓜蒌、朴硝、黄柏、栀子），治马热毒、槽结、喉骨胀、咽水草难的济世消黄散（本方去连翘，加冬花、黄柏、秦艽）等。

清肺散(《元亨疗马集》)

【组成】葶苈子 50g，浙贝母 50g，板蓝根 90g，桔梗 30g，甘草 25g。共为末，开水冲调，加蜂蜜 120g，候温灌服。

【功效】清热泻肺，化痰止咳。

【主治】肺热咳喘，咽喉肿痛。因热痰互结，肺气壅阻，宣降失常，故见气促喘粗，热痰壅塞，咳嗽，口干，舌红等。

【方解】本方证为肺热壅滞，气失宣降所致的肺热气喘。方中以浙贝母、葶苈子清泻肺热、清化热痰以定喘为主药；辅以桔梗开宣肺气而祛痰，使升降调和而喘咳自消；板蓝根、甘草清热解毒，蜂蜜清肺止咳，润燥解毒，均为佐使药。诸药合用，共奏清肺化痰平喘之功。

【现代临床应用】本方适用于马的肺热喘咳。支气管炎、肺炎等均可加减使用。若热盛痰多，加知母、瓜蒌、桑白皮等；喘甚，加紫苏子、苦杏仁、紫菀等；肺燥干咳，加沙参、麦冬、天花粉等；咽肿喉痛敏感者可酌加马勃、射干、薄荷等。

黄连散(《司牧安骥集》)

【组成】黄连 60g，黄芩 30g，大黄 30g，知母 30g，郁金 30g，黄药子 35g，浙贝母 30g，天冬 50g，麦冬 30g，生地黄 30g，黄芪 60g。共为末，开水冲调，加 5 枚鸡子清调服。日服一剂，连用 3～5 剂。

【功效】清肝利胆，养阴生津。

【主治】肝黄。症因热邪蕴积，或劳役过度，奔走太急，或六淫郁久化热，或饲料霉变，或湿热蕴积致肝经积热，疏泄失常而致黄疸。症见黄染，表现为结膜、尿液、口色、皮肤及牙龈、舌底等处黄染。大便黏结，表面有黏膜，小便赤短或赤黄，体热，精神沉郁，食欲减退或废绝，口渴喜饮，腹胀或腹痛。口色黄红，口津黏稠，脉象弦数等。

【方解】本方主治热毒内陷型肝阳黄证。方中选用黄连、黄芩、知母、黄药子直折火邪，清肝泻热解毒，为主药；大黄泻热退黄，引热下行为辅药；以郁金、浙贝母开郁结，消胀满，清肝火，利胆退黄，引药入肝，黄芪利水消肿为佐药；另配天冬、麦冬、生地黄清热养阴，诸药合用，共奏清肝热、利胆退黄、疏肝解郁的功效。

【现代临床应用】常用于马的急性肝炎病证。若肝胆胀痛，加龙胆、柴胡、栀子、板蓝根、叶下珠等增强其清肝疏肝利胆功效。如肝热传眼，症见眼生翳膜，眼眵增多，可酌加菊花、密蒙花、蝉蜕、木贼等。

泻肝散(《元亨疗马集》)

【组成】石决明30g，决明子24g，龙胆30g，黄连24g，栀子24g，郁金24g，旋覆花21g，生甘草18g，青葙子24g。共为细末，羊肝切碎为引，开水冲。候温，1次灌服，或煎汤灌服。

【功效】泻肝火，明眼目。

【主治】目赤肿痛，内障眼。主治肝热传眼所致翳障遮睛，行走不稳，撞墙冲物，黑眼珠呈黄色者。如见内障，眼内呈蓝色者不治。

【方解】本方主症为肝经风热所致。故方中的石决明、决明子、龙胆清降肝火，明目退翳；黄连、栀子、郁金，清散三焦郁火，助泻肝热；再以旋覆花、青葙子明目退翳而治表，生甘草调和诸药以治里。诸药配合，为清肝明目退翳之剂。凡见肝热目赤之症可以应用。

【现代临床应用】常用于各种感染性结膜炎、角膜炎等属肝经风热的病证。

决明散(《元亨疗马集》)

【组成】决明子30g，石决明30g，黄芩30g，栀子30g，白药子30g，黄药子30g，大黄30g，黄芪30g，没药30g，黄连30g，郁金30g，鸡蛋清12个，蜂蜜120mL。共为细末，开水冲调，候温加入鸡蛋清、蜂蜜灌服。1日1剂。

【功效】清肝明目，消肿退翳。

【主治】马外障眼，眼生翳膜，双目皆肿，眵盛难睁。

【方解】方中用决明子疏散风热，退翳明目，石决明清肝明目，消肿退翳，为主药。黄连泻中焦之火，黄芩泻上焦之火，栀子泻下焦之火，郁金行气解郁而清热凉血，没药散瘀消肿，黄药子、白药子清热消肿，大黄泻火散瘀，为辅药。目之所能视，皆禀五脏之精气，脾胃为后天精气之本，故用黄芪补气益脾以防肝亢乘脾，反佐诸药寒凉之性，为佐药。鸡蛋清、蜂蜜清热和中，为使药。

【现代临床应用】常用于各种纤维性结膜炎、角膜炎等病证。

马热不食水草方(《太白阴经》)

【组成】芒硝20g，郁金20g，酥25g。芒硝、郁金共为末，加热水适量拌匀，加酥(牛羊奶酥)搅拌均匀，1次灌服。

【功效】清热泻火。

【主治】暑热炎天，患马少食或不食，饮水减少，精神不振。

【方解】该方用药专一，巧取芒硝一味清热泻下，直达胃府，直折火邪，郁金辛、苦、咸，凉血清心，行气解郁，利胆以防热传肝心。用药之巧，实属罕见。

【现代临床应用】常用于马伤暑不食病证。

龙胆泻肝汤(《医宗金鉴》)

【组成】龙胆（酒炒）60g，栀子（酒炒）60g，黄芩（炒）60g，木通 40g，车前子 50g，泽泻 50g，当归（酒炒）30g，生地黄（酒炒）40g，柴胡 20g，甘草 15g。水煎，或为末，开水冲调，1～2 次灌服。

【功效】泻肝清热，利胆退黄，清三焦湿热。

【主治】肝火上炎，目赤肿痛；或肝经湿热下注，小便淋浊，后躯内侧、阴户、阴囊湿疹瘙痒或发疮痈；或湿热带下。舌红，苔黄，脉滑数者。

【方解】本方为清利肝经实火及湿热下注之要方。肝外应于目，肝火上炎，则目赤肿疼，易生结膜炎。肝经下络阴器，故肝经湿热循经下注而引起子宫内膜炎、膀胱炎、尿道炎等。本方以龙胆泻厥阴肝经之实火，除下焦之湿热，为主药；柴胡清少阳胆经之热，栀子清心泻火，黄芩清热泻肺，为辅药。木通清热利水，兼止淋痛；泽泻清热利水，兼止淋浊；车前子清热利水，兼能明目；火盛则伤阴，故用生地黄凉血滋阴，当归养肝补阴；五药伍之共助主药清热利湿，为佐药。甘草调和诸药，为使药。本方泻中兼补，使邪去而不伤正，扶正而不恋邪。

【现代临床应用】常用于各种肝胆湿热病证。如急性黄疸性肝炎，传染性角膜炎、结膜炎，湿热皮炎，急、慢性尿道炎，母畜子宫、阴道炎，公畜阴囊、睾丸炎等。若目赤肿痛甚者，加菊花、青葙子、决明子以明目退肿；肝火上乘，脉络损伤而导致鼻衄，加牡丹皮、侧柏叶、大黄以凉血止血；治急性结膜炎，可加菊花、白蒺藜；治疗急性尿路感染，可加萹蓄、金钱草等。此外，本方苦寒较甚，易伤脾胃，应中病即止，不宜久服。对脾胃虚弱者，可加入适量苍术、厚朴、木香等辛温芳香之品，以助脾胃纳运。

郁金散(《元亨疗马集》)

【组成】黄连 60g，黄芩 60g，黄柏 60g，大黄 50g，栀子 50g，郁金 40g，白芍 40g，诃子 40g。水煎，1～2 次灌服，或为末，开水冲调，2～3 次灌服。

【功效】泻火解毒，散瘀止泻。

【主治】急性或慢性肠黄。症见暴泻或缓泻，粪腥臭难闻，夹有黏膜，甚则粪中夹有脓血，里急后重，体热。口色鲜红，脉洪数或滑数。

【方解】本方为热毒深陷胃肠之急慢性肠黄而设。热毒壅结胃肠伤及血分，故见大便急泻，且夹有黏膜脓血；热郁肠道，气滞不行，而致腹痛里急后重。方中以黄连、黄芩、黄柏苦寒清热，解毒祛湿，为主药；大黄除积滞，泻热毒从大便出，栀子散三焦郁火，导湿热从小便解，二药相配，使热毒自有去路，为辅药；郁金凉血散瘀，兼能行气，白芍养血敛阴，缓急止痛，为佐药；诃子涩肠，兼缓其大泻之势，为使药。方中大黄配白芍，攻收并用，可治腹中实痛；诃子涩肠，大黄攻肠，两者合用收而不留毒邪，攻而不致大泻。诸药合用，药虽八味，配伍严密，使热邪郁毒得解，阴血得滋，痛泻即止。所以，本方对热毒郁滞胃肠引起的急慢性肠黄有良好的治疗作用。

【现代临床应用】本方主治肠黄。对于胃肠实热积滞引起的胃肠炎、痢疾属于热毒壅盛者，均可酌情加减使用。肠黄初期，因有积滞，应重用大黄，加芒硝、枳壳、厚朴，少用或不用白芍、诃子，以防留邪于内；热毒盛者，加金银花、连翘，以加强清热解毒功能；腹痛甚者，加乳香、没药、延胡索，以利活血散瘀，消黄止痛；黄疸重者，应重用栀子，加茵陈，以清热利湿退黄；若积滞已去，热毒已解，则可少用或不用大黄，重用白芍、诃子，加乌梅、石榴皮、猪苓、泽泻等，以加强涩肠止泻之功。此外，《痊骥通玄论》郁金散：郁金、黄药子、白桔梗、川大黄、甘草，各等份。上药为末，每次用一两半，羊血一盏，白矾一两。有类似功效。

研究证实，本方的主要成分有鞣质、黄连素、芍药苷、姜黄素、黄芩苷、黄芩素、大黄苷、大黄酸、小檗碱、栀子苷、黄柏碱及挥发油等。现代药理学研究表明本方主要有以下几种作用。抗腹泻、抗炎、降血脂、缓解血瘀以及调节和保护多脏器；修复肠黏膜机械屏障、化学屏障、免疫屏障和生物屏障；调控脂质代谢、微循环和能量代谢、视黄醇代谢、消化道免疫网络和稳态；加强脂质分解、脂肪酸β-氧化、葡萄糖有氧氧化，调节色氨酸代谢和苯丙氨酸代谢等。

栝蒌牛蒡汤(《医宗金鉴》)

【组成】栝蒌仁（瓜蒌子）60g，牛蒡子30g，连翘30g，金银花30g，黄芩25g，栀子25g，天花粉30g，陈皮25g，柴胡25g，皂角刺25g，甘草15g，青皮15g。共研末，开水冲，候温，1日1剂。

【功效】清热疏肝，通乳散结。

【主治】适用于热毒壅盛型奶肿。

【方解】方中栝蒌仁清热，化痰，消肿，散结；牛蒡子清热解毒，散结消肿，共为君药，金银花、连翘清热解毒；天花粉、甘草清热泻火消痈肿；黄芩、栀子清热解毒，导火下行，均为臣药。柴胡透邪外达，并轻宣解热；青皮、陈皮调理气机，解除郁热，并使郁热外达；皂角刺消痈散结，共为佐药。

【现代临床应用】常用于临床型乳房炎病证。若乳汁壅滞，加漏芦、王不留行、木通、路路通；断乳后仍漏乳，加麦芽；兼有恶露未净，加当归、川芎、益母草；溃后气血双亏，加熟地黄、当归、白术、川芎、白芍等治之。

青蒿鳖甲汤(《温病条辨》)

【组成】青蒿45g，鳖甲30g，生地黄45g，知母30g，牡丹皮30g，乌梅21g。共为细末，开水冲或煎汤灌服。马1次灌服。

【功效】养阴清热，透邪外达。

【主治】老龄、久病体虚或产后血虚所致的阴虚发热，舌质红绛而干，脉象细数。

【方解】本方治阴虚内热。方中以青蒿透阴分之邪而泻伏火，鳖甲养阴清热，青蒿得鳖甲能深入阴分而透邪外达，为主药；以生地黄、知母养阴清热为辅药；又以牡丹皮助清虚热，乌梅敛阴止汗，共为佐使。凡见伏热于内者均可应用。

【现代临床应用】常用于阴虚发热较重的病证。若暮热早凉，口渴喜饮，去生地黄，加天花粉以清热生津止渴；兼肺虚气短，加沙参、麦冬滋阴润肺；若阴虚火旺，低热不退，加地骨皮、石斛等以退虚热。

香薷散(《元亨疗马集》)

【组成】香薷60g，黄芩45g，黄连30g，甘草15g，柴胡25g，当归30g，连翘30g，天花粉60g，栀子30g。为末，开水冲调，候温加蜂蜜60g，同调灌服。

【功效】清心解暑，养血生津。

【主治】伤暑。症见发热气促，精神倦怠，四肢无力，眼闭不睁，口干，舌红，粪干，尿短赤，脉数。

【方解】本方为治伤暑之剂。暑病皆因负重奔走太急，上受烈日暴晒，下受暑气熏蒸，以致邪热积于心胸，气血壅热而发。治宜清心解暑，养血生津。方中香薷解表祛暑化湿，是治夏季伤暑表证的要药，为主药；辅以黄芩、黄连、栀子、连翘、柴胡通泻诸经之火；暑热最易耗气伤津，故以当归、天花粉养血生津为佐药；甘草和中解毒，蜂蜜清心肺而润肠，皆为使药。诸药相合，成为清热解暑、养血生津之剂。

【现代临床应用】常用于中暑病证。若高热不退，加石膏、知母、薄荷、菊花等；昏迷抽搐，加石菖蒲、钩藤等；津液大伤，加生地黄、玄参、麦冬、五味子等。

（2）解表方

桂枝汤(《伤寒论》)

【组成】桂枝 45g，白芍 45g，甘草 30g，生姜 30g，大枣 30g。共为细末，开水冲，候温灌服，或煎汤灌服。1～2 次灌服。

【功效】解肌发表散寒，调和营卫。

【主治】外感风寒表虚证。

【方解】本方为治外感风寒之太阳表虚证的基础方。本方以桂枝解肌表散风寒，为主药，白芍敛阴和营止汗，使桂枝辛散而不伤阴，为辅药，二者一散一收，调和营卫，使表解里和。大枣助白芍和营，生姜佐桂枝发散，共为佐药。甘草调和诸药，为使药。

【现代临床应用】常用于年老体弱或幼畜的风寒感冒。若兼有时而喘咳，可用本方加厚朴、苦杏仁以平喘止咳，名“桂枝加厚朴杏子汤”(《伤寒论》)治之；本方倍用白芍，加饴糖，名“小建中汤”(《伤寒论》)，治虚寒腹痛；再加黄芪，名“黄芪建中汤”(《金匮要略》)，治疗气虚兼腹痛者。此外，本方去甘草，加黄芪，名“黄芪桂枝五物汤”，治气血不足，肌寒痹痛；去大枣，加白术、附子、麻黄、防风、知母，名“桂枝芍药知母汤”(《金匮要略》)，治风寒湿痹，郁而化热，关节发热肿痛。

大黄散(《司牧安骥集》)

【组成】麻黄 45g，防风 60g，大黄 60g，黄芩 45g，栀子 45g，甘草 20g，蜂蜜 20g。为末，开水冲或煎汤灌服。1 日 1 剂。

【功效】祛风散寒，泻热通便。

【主治】表寒未解，入里化热，或暑热炎天热郁肺里，或招阴雨苦淋，或入秋复感寒凉之邪。属外寒里热实证。症见皮温不均，寒颤，遇凉辄啌嗽连连，小便赤黄，大便干结或体热，舌体干红。

【方解】本方主治暑热郁肺，秋冬复感寒凉所致外寒里热实证。方中麻黄、防风为主药，祛风散寒，治在表之邪，以防邪气乘虚而入；但因里热壅甚，故选用黄芩清肺热为辅药，栀子利小便以泄热，大黄通利大便以引热下行，共为佐药；蜂蜜清热润肠通便，甘草调和诸药为使药。诸药合用，共奏表里双解之功。

【现代临床应用】常用于外感风寒咳喘又兼里热便秘等属外寒里热实证者。

发汗散(《元亨疗马集》)

【组成】升麻 21g，当归 30g，川芎 30g，麻黄 21g，白芍 21g，葛根 21g，香附 21g，党参（原为人参）30g，紫荆皮 21g，生姜 15g，葱白 3g，黄酒 500mL。共为细末，生姜、葱白捣碎，开水冲调，候温加黄酒灌服。1 日 1 剂。

【功效】发散风寒，行气活血。

【主治】感冒兼体虚之证。症见恶寒发热，身颤肢冷，咳嗽流涕，运步无力。

【方解】方中麻黄散表寒，葛根解肌退热，升麻升散阳明之热毒。三药伍用，散风寒，清郁热，为主药。当归活血通络，川芎行气活血，紫荆皮通络散邪，香附行气止痛开郁，四药配伍助主药祛邪外出，且可消散寒邪所致气血凝滞的身痛等症，为辅药。党参补气生津，以助扶正祛邪，白芍敛阴和营，防止麻黄辛散伤津之弊，共为佐药。葱白、生姜温经散寒，黄酒温经祛寒，三药伍之协助辅药增强行血活血之力，为使药。

【现代临床应用】常用于体虚易感病者。若咳嗽严重者，加款冬花、苦杏仁治之；兼肚胀者，加莱菔子、草果治之；大便干者，加大黄、芒硝治之。

麻黄汤(《伤寒论》)

【组成】麻黄 45g，桂枝 60g，苦杏仁 60g，甘草 21g。共为末，开水冲，候温灌服，或煎汤灌服。马一次量。

【功效】解表散寒，发汗平喘。

【主治】外感风寒表实证。症见精神倦怠，耳耷头低，恶寒战栗，无汗而喘，舌苔薄白，脉象浮紧等。

【方解】本方主治太阳表实证。方中麻黄解表发汗散寒，宣肺平喘，为主药。桂枝振奋心阳，温通经络，促进营血运行，解肌发汗，为辅药。故麻黄与桂枝为伍，可祛浅深之邪，缺一不可。苦杏仁辛开苦降，既宣肺透邪，又止咳平喘，故为佐药。甘草缓中，牵制麻黄之散、桂枝之辛，配合苦杏仁又化痰止咳，为使药。

【现代临床应用】常用于各种外感风寒病证。若喘急胸闷、咳嗽痰多、表证不甚，去桂枝，加紫苏子、半夏治之；若鼻塞流涕重，加苍耳子、辛夷治之；若夹湿邪而兼见骨节酸痛，加苍术、薏苡仁治之；兼里热之烦躁、口干，酌加石膏、黄芩治之。

苍耳子散(《景岳全书》)

【组成】白芷 45g，薄荷 30g，辛夷 45g，苍耳子 45g，葱白、绿茶适量。共为细末，开水冲或煎汤灌服。马一次量。

【功效】散风通窍。

【主治】鼻渊。

【方解】本方所治鼻渊，是由风寒束表郁肺，湿浊留滞鼻窍所致。治宜疏风散寒，通利鼻窍。方中苍耳子散风燥湿，通窍止痛；辛夷发散风寒，宣通鼻窍，共为君药。臣以白芷疏风散寒，通窍止痛，燥湿排脓；葱白解表散寒。佐以薄荷疏风散邪，清利头面；绿茶清头面，利小便。诸药合用，共奏疏风散寒、通利鼻窍之功。

【现代临床应用】常用于治疗化脓性鼻额窦炎等病证。若风热为病，加桑叶、菊花、连翘、黄芩；若头痛明显者加蔓荆子、藁本、川芎。

（3）和解方

小柴胡汤(《伤寒论》)

【组成】柴胡 45g，黄芩 45g，半夏 24g，党参（原方用人参）45g，炙甘草 21g，引用生姜 9g，大枣 9g。共为细末，开水冲或煎汤灌服。马一次量。

【功效】和解少阳，扶正祛邪。

【主治】外感引起的少阳病证。症见寒热往来，时热时退，不欲食，精神倦怠，苔白、脉弦等。

【方解】本方主治证在少阳。方中柴胡透少阳半表之邪，为主药。黄芩清泻少阳半里之邪，为辅药，主辅伍之表里之邪皆可透解。半夏降逆止呕，党参、炙甘草益气和中，扶正而鼓邪外出，并使邪无向里之机，为佐药。生姜能制半夏之毒，与大枣同用，又能调和营卫，为使药。

【现代临床应用】常用于体质虚弱，免疫低下，易外感风热类病证者。如用本方治疗产后外感，若热伤阴血，可加生地黄、牡丹皮以凉血养阴；兼有瘀血未尽，去党参、炙甘草、大枣，加延胡索、当归、桃仁以祛瘀止痛；若兼寒，加桂心以祛寒；气滞较甚，加香附、枳壳以行气；兼有咳嗽，加苦杏仁、桔梗治之。若治少阳与太阳表证合病之证兼有肢体运动不灵者，则在本方基础上加桂枝、白芍，名“柴胡桂枝汤”（《伤寒论》）；若治寒热往来，大便秘结，有少阳与阳明里证合病者，则减党参、炙甘草，加白芍、枳实、大黄，名“大柴胡汤”（《伤寒论》）。

四逆散(《伤寒论》)

【组成】柴胡、枳实、白芍、炙甘草各 60g。水煎，候温灌服 1～2 次。

【功效】透解郁热，疏肝理脾。

【主治】肝郁乘脾，肚胀腹痛，食欲不振，泄泻后重，脉弦。

【方解】方中柴胡疏肝解郁，条达气机，透解郁热，为主药；辅以枳实行气消积，且柴胡配枳实能升清降浊，使气机调顺；白芍敛阴和营，与枳实配用，能疏畅气机，与炙甘草配用，能平肝缓急，和中止痛，调和肝脾，为佐使药。合而用之，肝脾调和，枢机运转，阳气得以宣畅，则诸症可解。

【现代临床应用】常用于肝郁气滞，腹痛胀满的消化道病证。若兼食滞不消，加麦芽、山楂、神曲以消食导滞；若有黏膜黄染，加郁金、茵陈以利胆祛湿；若气滞较甚，加香附、木通、陈皮、厚朴以行气解郁。

逍遥散(《太平惠民和剂局方》)

【组成】柴胡 45g，白芍 45g，当归 45g，白术（土炒）45g，茯苓 30g，炙甘草 30g，薄荷 10g，煨姜 15g。共为细末，开水冲调，候温灌服。1 日 1 剂。

【功效】疏肝补脾养血。

【主治】各种家畜肝郁脾虚。症见食欲不振，倦怠乏力。

【方解】本方为疏肝补脾的常用方。方中用柴胡疏肝解郁，为主药。肝郁则血病，故用当归养血，白芍养血柔肝，为辅药。脾虚则气病，故用白术、炙甘草补脾益气。脾虚可致湿，茯苓利水渗湿以健脾，与白术、炙甘草共为佐药。薄荷辛凉升散，防肝郁化火，煨姜辛温发散，二药伍之助主药疏肝解郁，协佐药速补脾气，为使药。

【现代临床应用】常用于各种具有腹痛腹胀症状的消化不良病证。本方加牡丹皮、栀子，名“加味逍遥散”，用于因血虚有热而不孕的母畜。

痛泻要方(《医方集解》)

【组成】白术（炒）36g，白芍（炒）30g，陈皮（炒）24g，防风 21g。共为末，开水冲调，或水煎，1～2 次灌服。

【功效】平肝，调和脾胃。

【主治】痛泻。肝气乘脾，脾胃运化失常，腹痛肠鸣，泄泻痛不止者。

【方解】本方为土虚木乘之肝脾不和、脾失健运所设。治疗以补脾柔肝、祛湿止泻为主。方中白术苦温，补脾燥湿，为君药。白芍酸寒，柔肝缓急止痛，与白术配伍，为臣药。陈皮辛苦而温，理气燥湿，醒脾和胃，为佐药。防风燥湿以助止泻，为脾经引经药，故为佐使药。

【现代临床应用】常用于慢性胃肠炎、虚性腹痛泄泻等属脾虚肝郁不和病证者。若脾虚清阳下陷，久泻不止者，加炒升麻以升阳止泻；舌苔黄腻者，加黄连清热燥湿；脾阳虚而四肢不温、完谷不化者，加煨肉蔻、干姜温阳止泻。

（4）攻下方

大承气汤(《伤寒论》)

【组成】大黄 60～90g，芒硝 240～375g，枳实 30g，厚朴 30g。共为细末，加大量水使芒硝浓度在 3%～5%，胃管投服。马一次量。

【功效】攻下泄热，软结消胀。

【主治】结症，便秘。大肠结粪引起的大便秘结，腹痛起卧症。

【方解】本方主治实热便秘病证，“痞、满、燥、实”为本证特点。方中大黄攻积泻热，荡涤积滞，以缓解腹中实痛，为主药。芒硝咸寒，咸可软坚，寒可清热，故能软坚化积，荡涤肠中之热结，为辅药。主辅同用可增强通肠泻便之力。厚朴宽中消胀，以利大黄、芒硝泻便，为佐药。枳实下气破结，为使药。诸药合用，主辅着重于攻积泻热，除燥粪，可使实热去而阴液存，佐使着重于破结行气，排除肠中蓄积的气体，使气结散而胀满消。

【现代临床应用】常用于各种便秘，尤其是实热性肠燥便秘。本方减芒硝，名“小承气汤”（《伤寒论》)，用于治阳明腑实证，或痢疾初起，腹痛，里急后重，即主治仅有痞、满、实而无燥者；本方去枳实、厚朴，加炙甘草，名“调胃承气汤”(《伤寒论》)，主治燥热内结而不伤正；本方去枳实、厚朴，加地黄、玄参、麦冬，名“增液承气汤”(《温病条辨》)，专治热病后期里实兼有津液不足，阴亏便秘。

特别注意孕马慎用。

无失丹(《痊骥通玄论》)

【组成】槟榔 20g，黑牵牛 35g，郁李仁 40g，木香 50g，木通 35g，青皮 45g，三棱 40g，芒硝 120g，生大黄 60g。共为末，加葱白 100g，开水冲，温后加白酒 120mL，灌服。

【功效】攻逐泻下，行气止痛。

【主治】马中结。多因暑热炎天劳役过度而饮水失调，内热集聚所致。症见马匹食欲减退或废绝，精神躁动不安，前肢刨地，回头顾腹，或起卧腹痛，粪便燥结，小便赤黄，结膜血管充血发绀，口津干，舌色红、红绛或红黄。

【方解】本方为主治马属动物大肠中结之剂。方中生大黄、芒硝破结通肠，为主药；黑牵牛、槟榔攻逐峻泻，郁李仁润下滑肠，助主药攻逐泻下，皆为辅药；木香、青皮、三棱理气消滞止痛，木通利尿导热下行，均为佐使药。诸药合用，共成攻逐泻下、行滞止痛之功。

【现代临床应用】常用于食草动物的各种便秘病证。若继发肚胀，可加莱菔子、厚朴、砂仁、茴香等以理气消胀；若久病体弱者，加党参、当归、甘草、大枣、黄芪等以辅助正气；若津液损耗多者，可加玄参、麦冬、生地黄、熟地黄等以滋阴润燥。

马价丸(《痊骥通玄论》)

【组成】大黄 60g，五灵脂 60g，牵牛子 60g，木通 60g，续随子 60g，甘遂 60g，滑石 60g，大戟 60g，瞿麦 60g，香附 60g，巴豆 200 粒（制霜）。为末，醋和为三十丸，每次用一丸，温开水化开灌服，或适当调整剂量作散剂冲服。

【功效】峻下通便，理气止痛。

【主治】主治马属动物中结。症见粪结不通，肚腹胀满，疼痛起卧，脉实等。

【方解】马患中结，结粪难下，故宜峻泻猛攻。方中以巴豆峻泻通肠，为主药；大黄、牵牛子、续随子、甘遂、大戟助巴豆攻逐泻下，滑石滑肠通便，皆为辅药；五灵脂、香附理气止痛，木通、瞿麦导热下行，均为佐使药。诸药相合，有峻泻通肠、理气止痛之效。

【现代临床应用】常用于马、骡大结肠或小结肠便秘病证。使用时宜适当补液，防止马匹脱水。若肚胀明显，加莱菔子、厚朴、砂仁、枳实、乌药以增强导滞行气、消胀止痛之功；素体脾虚，加党参、白术、大枣以益气健脾；伤津甚者，加玄参、生地黄、麦冬以生津润燥。孕畜禁用。

温脾汤(《备急千金要方》)

【组成】附子 40g，党参 60g，干姜 50g，大黄 60g，甘草 20g。先煎附子，然后加党参、干姜、甘草，最后下大黄。1 次灌服。

【功效】温补脾阳，攻下寒积。

【主治】寒积便秘。症见腹胀疼痛，喜温喜按，肢体不温，寒颤，口色青白，脉迟缓者。若久痢后重，见有寒象者亦可应用。

【方解】便秘有寒热之分，本方主要治疗便秘喜温者，见肢体寒凉，口色青白，脉迟缓，属寒积便秘者。此证是由脾阳不足，阳气不行，寒积阻滞于肠间，以致大便秘结；若久痢后重，伤及脾气，虚寒内生，积滞久留，以致传导失常。方中大辛大热的附子温阳散寒，为主药；党参、干姜温补脾阳，为辅药；大黄“去性取用”，专攻积滞，为佐药；甘草调药，和中，为使药。诸药共奏温脾攻下之功。

【现代临床应用】常用于各种疫病后期的便秘，或素体阳虚便秘者。

通关散(《痊骥通玄论》)

【组成】郁李仁 60g，火麻仁 60g，生猪油（菜油）250g，皂角（烧）30g，大黄 40g，桃仁 40g，当归 60g，防风 25g，羌活 25g。水煎，1 次灌服，或为末，加化猪油 200g，开水冲服。

【功效】润肠攻下，活血祛风。

【主治】机体瘦弱，积滞壅阻，大便秘结或泄泻，里急后重，频频努责，肛门脱出难收。

【方解】家畜力伤气耗，大肠传导乏力，以致积滞内停，无论大便或秘或泻，脏气常随努责下陷而成脱肛，加之肛脱血瘀，多遭风邪侵袭。此乃虚中夹实，治当润肠攻下，活血祛风。方中郁李仁、火麻仁、生猪油润燥滑肠，缓下积滞；皂角、大黄通肠攻下，二药一苦寒，一辛温，辛通苦泄，使攻下通肠而不损阳；再配桃仁、当归活血养血，且能润肠，肠络血行通畅，干涩得润，更有助于肠脱内收；“下陷之病必用升阳风药”，故用防风、羌活辛散祛风，又升举下脱之肠。诸药合用，润肠攻下，活血祛风。

【现代临床应用】常用于体弱久病后期的积滞便秘，或慢性结肠炎严重发作期。若兼肚胀，加枳壳、槟榔、青皮、陈皮以行气消胀；阴液亏损，加生地黄、麦冬、玄参以生津增液。

麻子仁丸(《伤寒论》)

【组成】麻子仁 60g，苦杏仁 40g，白芍 60g，大黄 30g，枳实 40g，厚朴 40g。共为末，加蜂蜜 500g，开水冲调，马 1～2 次灌服。

【功效】润肠通便。

【主治】胃肠燥热，大便秘结，排便困难，小便多。

【方解】本方证的特点是大便燥结，又同时出现小便数多。阳明燥热，胃强脾弱，脾不能为胃行其津液，津液失去约束不得敷布，而下输膀胱，故小便数多；阴液不足，肠失濡润，故大便燥结。麻子仁质润多液，润肠通便为主药；辅以苦杏仁降气润肠，白芍养阴和里；佐以小承气汤之大黄通下，枳实破结，厚朴除满；使以蜂蜜润肠缓下，调和药性。本方润肠与攻下并用，取其泻而不峻，润而不腻，胃肠燥热所致大肠秘结者用之最适宜。

【现代临床应用】常用于消化功能下降或饲养管理不当造成的营养不良性便秘。若燥结不重，酌减大黄、枳实、厚朴用量；热邪不重，可减大黄；阴液虚极，酌加玄参、生地黄以养阴生津。

（5）祛湿方

防风散(《元亨疗马集》)

【组成】防风 30g，独活 25g，羌活 25g，连翘 15g，升麻 25g，柴胡 20g，附子 15g，乌药 20g，当归 25g，葛根 20g，山药 25g，甘草 15g。研为细末，开水冲调，候温灌服，或煎汤服。

【功效】宣散表湿，调和气血。

【主治】肌表风湿。症见恶寒微热，肌肉紧硬，腰肢疼痛。

【方解】本方用于风湿在表之痹痛。方中防风、羌活、独活宣散肌表及周身之风湿，利关节而通痹，为主药。升麻、柴胡、葛根升散在表之风湿，以助主药宣散周身表湿，为辅药；山药壮腰肾而祛湿，附子温阳气而除寒，乌药理气，当归活血，连翘防寒化热，均为佐药；甘草调和诸药为使药；诸药合用，具有散表湿、祛寒邪、理气血的作用。

【现代临床应用】本方对于风湿在表，里有寒邪之痹痛较为合适。凡感冒、肌肉风湿、风湿性关节炎等属于风湿在表者，均可酌情使用本方。若湿热重，关节疼痛跛行显著，可酌加苍术、黄柏、防己等以清热除湿；若寒重，宜去连翘、升麻、柴胡、葛根，加小茴香、桂枝。

独活散(《元亨疗马集》)

【组成】独活 30g，羌活 30g，防风 30g，肉桂 30g，泽泻 30g，酒黄柏 30g，大黄 30g，当归 15g，桃仁 10g，连翘 15g，防己 15g，炙甘草 15g。研为细末，开水冲，候温加酒 120mL，同调灌服。

【功效】疏风祛湿，活血止痛。

【主治】风湿痹痛。症见腰胯疼痛，项背僵直，四肢关节疼痛，肌肉震颤等。

【方解】本方适用于因汗出当风，或久处阴冷潮湿之地，复外感风寒湿浮邪，侵于腰胯，滞于腠理，营卫经络气机受阻致腰胯风湿痹证。方中独活、羌活、防风疏风祛湿，逐邪外出，为君药。辅以肉桂、泽泻、防己温阳散寒，温阳化气，行水祛湿，以助君药祛除寒湿之邪，为臣药。当归、桃仁、大黄活血化瘀止痛；酒黄柏、连翘清热燥湿，共为佐药。炙甘草温中，调和诸药，为使药。诸药相合，共收疏风通络、散寒祛湿、活血止痛之效。

【现代临床应用】常用于腰胯风湿，后肢疼痛麻痹。

活络丹(《太平惠民和剂局方》)

【组成】制川乌 180g，制草乌 180g，地龙 180g，制天南星 180g，乳香 60g，没药

60g。共为细末，酒面糊为丸。

【功效】祛风活络，祛湿止痛。

【主治】寒湿痹痛及湿痰留滞经络。症见肢体疼痛，关节屈伸不利等。

【方解】风寒湿邪或湿痰留阻经络，致使气血不能宣通，营卫不得通畅，故出现肢体麻木疼痛等症。治宜搜风祛湿，温经逐瘀。方中制川乌、制草乌散寒祛风，温经通络，为君药；臣以制天南星燥湿化痰，祛风活络；乳香、没药行气活络止痛为佐药；地龙通经活络，酒助药势，引导诸药直达病所，为使药。各药合用，发挥疏风活络、祛湿止痛的功效。

【现代临床应用】常用于以疼痛为特征的风寒湿痹。

独活寄生汤(《备急千金要方》)

【组成】秦艽30g，防风30g，桑寄生30g，独活30g，当归30g，川芎30g，熟地黄30g，白芍30g，桂枝24g，茯苓24g，杜仲30g，牛膝30g，党参30g，甘草15g，细辛15g。水煎去渣，候温灌服。1日1剂。

【功效】祛风胜湿，补益肝肾。

【主治】肝肾亏虚，风寒湿痹痛。

【方解】风寒湿三邪，乘肝肾之虚而侵入机体，肝肾位居下焦，腰又为肾府，故其病重点在腰与后肢。肝肾亏虚是致病的根本原因。方中用熟地黄滋阴补肾，牛膝补肝肾强腰肢，杜仲补肝肾而壮筋骨，桑寄生补肝肾而除风湿，四药伍之以治本扶正，为主药。独活祛风散湿，细辛祛风散寒，秦艽祛风除湿，防风祛风胜湿，桂枝温经祛寒，五药伍之以治标祛邪，为辅药。党参补中益气，茯苓利湿健脾，当归补血活血，白芍敛阴止痛，川芎补血行血，后三药伍之取血活风自灭之意，共为佐药。甘草调和诸药，为使药。本方标本同治，肝肾俱补，风湿痹痛皆除。

【现代临床应用】常用于慢性风湿性关节炎，风湿性坐骨神经痛及腰胯肌肉劳损等属于肝肾两亏、气血不足者。产后气血俱损的瘫痪，亦可用本方加减治之。

滑石散(《元亨疗马集》)

【组成】滑石60g，泽泻30g，灯心草20g，茵陈60g，知母30g，酒炒黄柏45g，猪苓60g。共为细末，开水冲，候温灌服，或煎汤，调童便一碗，1～2次灌服。

【功效】清利湿热，通利小便。

【主治】下焦湿热。症见小便短赤或淋漓，蹲腰踏地，起卧不安。

【方解】湿热蕴结于膀胱，阻滞气机，气化失常，湿热壅滞伤及脉络，因而血液外溢，故症见小便艰涩淋漓，血尿点滴而下。方中滑石利水通淋，清热散结；茵陈清利湿热，疏通小便，为主药。小便不通，多因肾火而致，故用知母、酒炒黄柏泻肾中之火，为辅药。猪苓利水渗湿，泽泻利水泻热，为佐药。灯心草气轻味淡，轻者上浮，直达心肺，使上部郁热下行，从小便而解；童便引热由下窍而出，为使药。诸药相合，共奏清热、利湿、通淋之效。

【现代临床应用】常用于膀胱炎、尿道炎、膀胱麻痹、膀胱括约肌痉挛等引起的尿闭、小便不利等属湿热淋证者。若小便淋涩痛甚，见有沙石，可加瞿麦、萹蓄、石韦、冬葵子、海金沙、金钱草、桃仁、厚朴等；若血淋较重，加白茅根、大蓟、小蓟、仙鹤草、血余炭等；若湿热重而出现黄疸，加栀子、黄芩、大黄等。

平胃散(《元亨疗马集》)

【组成】苍术60g，陈皮60g，厚朴40g，大枣30g，生姜30g，甘草15g。共为末，开水冲调，2次灌服。

【功效】燥湿散寒，健脾和胃，行气消胀。

【主治】胃寒食少，寒湿困脾。症见食欲减退，脘腹胀满，喜卧懒动，大便溏泻，舌苔白腻，脉迟缓等。

【方解】本方最早出自《太平惠民和剂局方》，后被《元亨疗马集》收载以治寒湿内侵中焦，脾胃受困的食滞病证。治宜燥湿散寒，健脾和胃，行气消胀。方中重用苍术，燥湿以健脾，为主药；厚朴下气化湿，陈皮理气燥湿，二药合用，燥湿健脾，行气消胀，为辅药；生姜温中散寒，降逆健胃，为佐药；甘草甘缓和中，调和诸药，大枣调和脾胃，共为使药。诸药合用，发挥化湿浊、散胃寒、畅气机、健脾运、和胃气的作用。

【现代临床应用】常用于料伤腹泻，慢性胃肠弛缓。本方为燥湿健脾名方，多部兽医专著中均有收载，治疗脾胃病证的许多方剂均是由其随证加减演化而来，如本方加麦芽、神曲，名“加味平胃散”（《医方考》），治食滞不消，少食；本方加党参、茯苓，名“参苓平胃散”，治脾虚少食，大便溏泻；本方加黄连、木香，名“香连平胃散”，治食滞发热，腹痛泄泻；本方加猪苓、茯苓，名“二苓平胃散”，治肠鸣水泻，小便短赤；本方加山楂、槟榔，名“消食平胃散”，治脾困不磨，少食，肚胀；本方加白术、枳实，名“枳术平胃散”，治脾虚，肚腹胀满；本方加木香、砂仁，名“香砂平胃散”，治伤食肚胀，少食或见呕吐；本方加藿香、半夏，名“不换金正气散”（《太平惠民和剂局方》），治脾胃虚寒，兼受外感而致的腹痛呕吐、肚腹胀满等症；本方加山楂、香附子、砂仁，名“消积平胃散”（《元亨疗马集》），主治马伤料不食症。

五皮饮(《华氏中藏经》)

【组成】桑白皮45g，生姜皮30g，茯苓皮60g，大腹皮30g，陈皮24g。共为细末，开水冲，候温灌服，或煎汤灌服。马一次量。

【功效】化湿利水，行气消肿。

【主治】脾虚水泛所致水肿或妊娠水肿症。症见头面四肢水肿，或腹下水肿、胸前水肿，小便不利，胸腹胀满，呼吸喘促，舌苔白腻，脉象沉缓等。

【方解】治疗脾虚水湿泛滥所致的各种水肿症。此方集醒脾健脾与利水消肿为一体。方遣茯苓皮甘淡实脾而利水，生姜皮辛散宣胃阳而散水，大腹皮辛温行气宽中，利水以退肿，三味以行水为功共为主药。另陈皮理气燥湿，醒脾化湿，气行则水行，脾健而湿化，固运化水湿之本，助主药健脾化湿，为辅药。配桑白皮泻肺水清上源，源清流自洁，气降喘自宁。五药合用，共呈醒脾利水、行气消胀功效。

【现代临床应用】常用于各种皮肤水肿或浮肿。若偏热，加车前子、薏苡仁、防己清利湿热；偏虚，加防己、黄芪、白术以实脾利水；偏实，加牵牛子、槟榔、防己、椒目、葶苈子以疏利二便；腹中胀满，加莱菔子、厚朴、麦芽以消滞行气；若腰前水肿，加麻黄、紫苏、秦艽、防风以疏风除湿；腰后水肿，小便短少者，加桂枝、附子以温阳利水；本方去桑白皮，加五加皮，亦称“五皮饮”（《医方集解》），主治与本方基本相同。

除湿壮筋汤(《抱犊集》)

【组成】苍术60g，黄柏60g，牛膝40g，知母60g，羌活40g，独活40g，防风40g，没药30g，当归30g，青皮40g，乌药40g，川楝子20g。共为末，开水冲调，加白酒100mL，1～2次灌服。

【功效】清热祛湿，除痹止痛。

【主治】湿热痹证，四肢灼热，关节肿痛，行走拐跛，大便燥结，小便短黄，口色淡黄，脉滑数者。

【方解】湿热下注，留注经络，阻遏气血，故见下肢灼热，行走跛行；湿热盛于下，故见大便燥结，小便短黄。方中黄柏苦寒清热，苍术苦温燥湿，牛膝通利经络，并引药下行而利关节，三药配伍，名“三妙散”（《丹溪心法》），共奏清热燥湿通络之功，为治湿热传经之妙方。湿热伤津，筋脉不利，配以知母清热养阴，津液之源易于恢复，使清除下焦湿热更著；羌活、独活、防风除痹止痛；痹阻血瘀，不通则痛，故配当归、没药、白酒行血，青皮、乌药行气，气血通利，经脉和畅，痹证易除。妙用川楝子苦寒降泻，一则兼制辛温风药的燥性，一则引湿热下行，导湿热从下窍出。诸药合用，配伍严密紧守病机，对湿热下注，湿阻痹痛者用之较为适宜。

【现代临床应用】常用于温热性关节肿痛、屈伸不利，或四肢末端丹毒、瘀、疽、肿痛等。

（6）止咳化痰平喘方

二陈汤(《太平惠民和剂局方》)

【组成】半夏 50g，陈皮 60g，茯苓 40g，甘草 20g。共为末，开水冲调，马 1～2 次灌服。

【功效】燥湿化痰，理气和中。

【主治】痰湿咳嗽，痰多稀白，咳时偶见呕吐，或见吞咽，心动过速。苔腻，脉滑。

【方解】脾为生痰之源，肺为储痰之器。故治痰当从治脾开始。方中半夏辛温性燥，燥湿和脾，祛痰降逆，标本兼顾，为主药。陈皮芳香醒脾，疏利气机，协助半夏化湿健脾，使脾健运而湿痰去，气机宣而胀满除，逆气降而呕恶止。茯苓淡渗利湿，味甘补脾，不仅引导湿从下行，且与甘草共奏和中之效。

【现代临床应用】本方为化痰和胃之常用基础方剂，临床常用本方加减治疗各种痰证。如属风痰者，加制南星、白附子以祛风化痰；属热痰者，加黄芩、栀子、竹茹、瓜蒌、枇杷叶以清热化痰；属寒痰者，加干姜、细辛以温化寒痰。又如本方加肉桂、附子，名“桂附二陈汤”，用以治脾肾虚寒，小便不利，湿痰盛者；加竹茹、黄连，名“连茹二陈汤”，用以治湿痰化热，咳吐痰涎，苔黄腻，脉滑数；加麻黄、苦杏仁，名“麻杏二陈汤”，用以治风寒犯肺，咳喘痰盛；加苦杏仁、紫苏叶，名“苏杏二陈汤”，用以治湿痰咳嗽而兼风寒感冒；加干姜、砂仁，名“和胃二陈汤”，用以治胃寒呕吐涎沫；加山楂、神曲、麦芽，名“楂曲二陈汤”，用以治伤料食滞，嗳气酸腐，甚则吐食；加白术、苍术，名“二术二陈汤”，用以治脾虚痰湿不运，呕吐涎水或唾沫。

二胡散(《安骥集》)

【组成】前胡 60g，柴胡 60g，羌活 40g，独活 40g，桔梗 30g，茯苓 60g，川芎 30g，枳壳 30g，党参 60g，甘草 20g。共为末，开水冲服，1～2 次灌服。

【功效】疏风散寒，燥湿化痰。

【主治】马风寒啌嗽。多因秋冬厩舍透风，或劳役奔跑后受凉所致。症见受凉或夜间马匹啌嗽加重，不耐劳役，皮毛乍立，吐沫垂涎，口鼻俱凉，呼气觉冷，精神倦怠，口色青白，脉迟细。

【方解】本方治风寒束肺所致啌嗽之症。风寒束肺，肺失宣降，故啌嗽，寒邪直中中焦脾胃，故气机阻滞，脾阳受损湿聚成饮，寒饮犯肺，上泛而致马啌嗽，且遇冷加重。方中前胡降气祛痰，柴胡疏风散寒解表，为主药；配伍桔梗，化痰止咳，党参健脾化湿，茯苓利湿化痰，枳壳理气降气化浊，川芎活血理气调理气机，共为辅药；二活祛湿，解浮邪侵犯为佐药；甘草调和诸药，且和中补气健脾，为使药。诸药共用以治风寒束肺所致咳嗽之症。

百合散(《痊骥通玄论》)

【组成】百合 45g，贝母 30g，大黄 30g，甘草 20g，天花粉 45g，蜂蜜 120g，荞面 60g。共为末，开水冲调候温，加萝卜汤灌服。

【功效】滋阴清热，润肺化痰。

【主治】肺壅鼻脓证。症见体瘦，毛焦肷吊，动辄咳嗽连连，声音低沉，鼻翼煽动，鼻翼两侧有结痂，呼气腐臭，精神不振，口色干红。

【方解】方中百合甘寒清润，善治肺热壅滞，贝母滋阴清热，润肺化痰，散结消痈共为主药；辅以天花粉清热化痰，润肺生津，萝卜润肺化痰，荞面健脾化湿祛痰为辅药；大黄导热下行，以泻上壅之火，为佐药；甘草生用，与蜂蜜共奏润肺止咳之功，并调和诸药，为使药。诸药合用，具有清热润肺化痰的功效。

【现代临床应用】常用于急性气管炎伴有脓性鼻漏，或原发性化脓性鼻炎、鼻额窦炎。如上焦热盛，选浙贝母，加黄芩、瓜蒌、苇茎、连翘、鱼腥草以增强其清热消痈散结之功；如久病肺阴虚较重，宜选川贝母，重用天花粉，酌加生黄芪治之；若咽喉疼痛敏感，加玄参、牛蒡子、射干治之。

养阴清肺汤(《重楼玉钥》)

【组成】生地黄 60g，麦冬 24g，玄参 30g，白芍（炒）30g，牡丹皮 24g，浙贝母（去心）24g，薄荷 15g，生甘草 15g。水煎或为末冲调，1 次灌服。

【功效】滋阴清肺，解毒。

【主治】劳伤咳嗽，肺阴亏伤，虚火上炎，熏灼咽喉而成慢性咳咳之症，症见食欲大减，口干舌红，呼吸有声，似喘非喘，低热或不发热。

【方解】本方中重用生地黄以清热养阴，为主药；玄参养阴生津，泻火解毒，麦冬清肺养阴，共为辅药；炒白芍益阴养血，牡丹皮清内热而凉血，浙贝母化痰润肺，清热散结，薄荷辛凉疏表而利咽，共为佐药；生甘草泻火解毒，调和诸药，为使药。诸药配伍，具有养阴清肺、解毒散邪之功。

【现代临床应用】常用于慢性肺炎、气管炎、支气管炎及久咳喘息病证。若阴虚甚者，加熟地黄滋阴补肾；热毒甚者，加金银花、连翘以清热解毒；燥热甚者，加天冬、鲜石斛以养阴润燥。

理肺散(《蕃牧纂验方》)

【组成】蛤蚧 30g，山药 30g，百合 40g，天冬 30g，麦冬 30g，知母 30g，栀子 25g，升麻 30g，白药子 20g，天花粉 30g，秦艽 30g，枇杷叶 25g，瓜蒌皮 25g，贝母 15g，紫苏子 30g，防己 25g，蜂蜜 200g。共为末，开水冲调，加蜜、糯米粥 1 碗，候温，1～2 次灌服。

【功效】润肺滋肾，清热化痰。

【主治】温燥伤肺津，久壅成毒；或虚劳损肺。症见咳嗽气逆，呼气恶臭，鼻流脓涕，咳声嘶哑，日轻夜重，时有低热，舌干少津，脉细数。

【方解】本方为温燥伤肺，或虚劳损肺而设。方中以蛤蚧、山药、百合滋肺益肾，纳气定喘为主药；肺阴耗损，虚火内生，故以天冬、麦冬滋阴润肺，知母、栀子、升麻、白药子、天花粉、秦艽清肺火，解郁毒为辅药；枇杷叶、瓜蒌皮、贝母、紫苏子、防己化痰止咳，利水渗下为佐药；蜂蜜、糯米粥清热润燥，调和诸药共为使药。合用共奏润肺滋肾、清热化痰之效。

【现代临床应用】常用于秋季调理、预防呼吸道疾病。

知母散(《元亨疗马集》)

【组成】知母 40g，贝母 20g，桑白皮 50g，栀子 50g，玄参 50g，马兜铃 40g，葶苈子 30g，当归 30g，白芍 30g，没药 30g，生姜 20g。共为末，水煎去渣，童便 1 碗，调蜜 120g，候温，1～2 次灌服。

【功效】润肺，定喘，止痛。

【主治】胸痛喘咳。症见胸膈疼痛，呼吸喘促，咳嗽频甚，痰涎稀少。口色青，脉细弦。

【方解】因痰热阻肺，或因饱后走急，气出不及，蹩损肺经；或因跌扑撞击胸部，内伤肺络或胸膜，痞满瘀血阻滞肺气，均可发生胸痛喘咳之证。方中以知母、贝母、桑白皮润肺止咳为主药；痞气瘀血郁而化热，故辅以栀子、玄参、马兜铃、葶苈子清肺祛痰，下气止咳。主辅并用，润而兼清，不致润而闭邪。佐以当归、白芍、没药、童便活血散瘀止痛，同时，白芍配当归尚能养血和营，使祛瘀血而不伤阴。生姜辛散走上，引药直达病所；重用蜂蜜，意在润肺补中，对肺络损伤尤佳。

【现代临床应用】常用于偶发于剧烈运动后出现的胸廓吸气疼痛病证。

（7）理气方

橘皮散(《元亨疗马集》)

【组成】陈皮 30g，青皮 25g，厚朴 30g，槟榔 15g，桂心 15g，茴香 30g，白芷 15g，当归 25g，细辛 5g。共为末，引用醋 100mL。开水冲调，候温，加葱白 3 支、炒盐 10g，1 次灌服。或水煎服。注意保暖。

【功效】理气散寒，和血止痛。

【主治】马伤水起卧，又名冷痛症。该病发病急，一般由急走奔跑或劳役以后过饮或过食寒凉饮水或冰冻饲料所致。症见头低耳耷，起卧腹痛，肠鸣如雷，口鼻俱凉，口内垂涎，鼻流清涕。口色青舌苔薄白，脉迟缓者。

【方解】本方为寒邪直中中焦，气机阻滞所致急性腹痛起卧之证而设。方中以陈皮、青皮行气温中，当归行血，共奏通理气血、行郁止痛之功；寒入于内，阳气不通，故用桂心、厚朴、茴香温中散寒以止疼痛；白芷、葱白、细辛性辛散温通而走上，槟榔导滞下气而出下窍，气机调顺，腑气疏通则痛止；炒盐、醋引药入经，且活血化瘀。诸药合用，具有理气和血、散寒止痛之效。对冷痛具有良好的疗效。

【现代临床应用】常用于急性冷痛症。若兼有食滞，本方加山楂、麦芽、神曲以消食导滞；因伤水腹痛，肚胀肠鸣，小便不利，加木通、猪苓、泽泻以渗湿利水。《元亨疗马集》中另一同名方“橘皮散”，其组成除官桂易桂心外，加枳壳、白术、木通、甘草、砂仁、益智仁等六味，功效为健脾理气，散寒止痛，用于治脾胃虚寒引起的肚腹冷痛。本方去槟榔，名“厚朴散”(《痊骥通玄论》)，用于治马的冷痛。马属动物对槟榔敏感，用量宜有所控制。

健脾散(《元亨疗马集》)

【组成】当归、白术、砂仁、厚朴、官桂、青皮、陈皮、干姜、茯苓各 60g，泽泻、菖蒲各 50g，五味子 40g，甘草 30g，生姜 30g，飞盐一捻，苦酒 200mL，同煎三沸，灌之。

【功效】温中行气，健脾利水。

【主治】脾气痛，症见前肢刨地，精神不安，蹇唇似笑，肠鸣泄泻，摆头打尾，蹲腰卧地等。

【方解】本方证系因冷伤脾胃，气失升降而致的腹痛作泻，法当温中行气，健脾利水。或因脾肾俱虚，宿水停注肠胃所致。故本方用白术、砂仁、官桂、甘草、厚朴、生姜健脾行气，温中暖胃；茯苓、泽泻利水通窍，又用飞盐引导入肾，以加强利水作用；当归补血活血，青皮、陈皮理气燥湿，菖蒲芳香化湿和中，五味子补肺肾虚而止泻；苦酒散瘀，调和气血。诸药合用，具有温中行气、健脾利水之效。凡属脾肾虚弱、脾胃虚寒、胃肠寒湿所引起的水湿泛溢，腹痛腹泻诸证，均可运用此方加减。

【现代临床应用】本方为《元亨疗马集》中治疗脾气痛的方剂。此外，还有治疗宿水停脐和治疗胃冷吐涎的另外两个“健脾散”。前者除官桂易桂枝外，余药完全相同；后一健脾散为本方减去青皮、陈皮、茯苓、五味子，加枳壳、升麻、半夏、赤石脂，其功用偏于健脾暖胃，燥湿祛痰涎，均可用于脾虚腹痛病证，即兼有食欲不振、消化不良的腹痛泄泻病证。

三圣散(《元亨疗马集》)

【组成】干姜 60g，木香 30g，厚朴 60g。共为末，开水冲服，或煎服。灌服时加入酒 120mL，葱 100g，盐 10g 为引。

【功效】理气消胀，除湿健脾。

【主治】寒邪直中中焦。或饮冷水太过，或久露风霜，或过食冷冻饲料，或阴雨苦淋致寒邪直中中焦，脾阳受损，中焦虚寒。症见耳鼻俱凉，口色青黄，前肢刨地，回头顾腹，寒颤，肠鸣如雷，不时起卧，脉沉迟。

【方解】本方证为寒邪直中中焦脾胃所致冷痛。该方重用干姜，温中散寒，为主药，佐以木香辛温散寒，行气止痛，和胃止泻；厚朴降气消胀，散寒除湿健脾。引用酒、葱辛温发散，温中散寒。共奏理气消胀、除湿健脾的功效。该方用药简单，药专效宏，疗效确切。

【现代临床应用】常用于各种动物受寒所致的胃痛腹胀病证。

越鞠丸(《丹溪心法》)

【组成】香附（醋炙）30g，苍术 30g，川芎 30g，六神曲 30g，栀子 30g。水煎服，或研末，开水冲调，候温灌服。

【功效】行气解郁，疏肝理脾。

【主治】由气、火、血、痰、湿、食诸郁所致的肚腹胀满、嗳气、水谷不消等属于实证者。

【方解】本方重在行气解郁，调畅气机。方中选用具有“气病总司”之谓的香附行气解郁以治气郁，为主药。川芎行气活血，以治血郁诸痛；苍术燥湿健脾，以治湿郁；六神曲消食和胃，以治食郁；栀子泻火清热，以治火郁，皆为辅佐药。至于痰郁，多因水湿凝聚而成，亦与气、火、食郁有关，故不另用治痰郁之药。综观本方，六郁并治，但以行气解郁治疗气郁为主。

【现代临床应用】常用于治疗胃肠神经官能症、胃及十二指肠溃疡、慢性胃炎及其他消化不良等疾病见有肚腹胀满，或嗳气，或呕吐等症状者。如气郁偏重，以香附为主，并加入厚朴、枳壳、木香、青皮等，以加强行气解郁的功用；湿郁偏重，以苍术为主，加入茯苓、泽泻以利湿；食郁偏重，以六神曲为主加山楂、麦芽、莱菔子等以加强消食作用；血郁偏重，以川芎为主，加入桃仁、红花等加强活血作用；火郁偏重，以栀子为主，再加黄连、黄芩等以清热；痰郁为主，加前胡、半夏、陈皮、胆南星、瓜蒌等以化痰；若气郁挟寒，加吴茱萸以祛除寒邪。总之，应随证加减，灵活使用。

（8）理血方

桃红四物汤(《医宗金鉴》)

【组成】桃仁 45g，当归 45g，赤芍 45g，红花 30g，川芎 20g，生地黄 60g。水煎去渣，候温灌服。1 日 1 剂。

【功效】活血化瘀，通络止痛。

【主治】血瘀证。

【方解】本方为治疗瘀血阻滞的基础方，由四物汤加桃仁、红花组成。四物汤具有补血活血的作用，将其中补血养阴的白芍代以活血祛瘀的赤芍，或赤白芍并用均可。另外因郁久化热，故常将补肾养血的熟地黄代以清热凉血消瘀的生地黄，强化本方活血化瘀、凉血止血的功效。在此基础上加入活血祛瘀的桃仁、红花为主药，保证方证统一，强化活血化瘀的疗效，成为一个活血化瘀、调血和血的基础方剂。

【现代临床应用】常用于血瘀所致肢体疼痛、产后血瘀腹疼、跌扑闪伤、瘀血内阻、子宫肥厚不孕、胃肠道出血等病症。现代兽医临床尤以奶牛产后瘀血相关病证应用较多。

定痛散(《元亨疗马集》)

【组成】当归 30g，鹤虱 21g，红花 24g，乳香 20g，没药 30g，血竭 21g。共为细末，开水冲调，候温加酒、童便灌服。1 日 1 剂。

【功效】活血化瘀，通络止痛。

【主治】马跌扑闪挫所致瘀血疼痛病证。

【方解】跌扑闪挫损伤，或伤及脉络，或致气滞，导致气滞血瘀证引起疼痛。治当活血化瘀止痛。当归活血止痛，红花活血祛瘀，血竭行瘀止痛，为主药。乳香散瘀止痛，偏于调气，没药散瘀止痛，偏于理血，两味药相配可治瘀血疼痛，为辅药。鹤虱味辛能散。方中鹤虱行散走串，以祛瘀活血，为佐药。酒能活血消肿，又助主药止痛，童便散瘀，为使药。诸药合用，共奏活血化瘀止痛的疗效。

【现代临床应用】常用于四肢闪伤、跌打损伤、捻挫、胸膊闪伤等外伤所致瘀血气滞疼痛之症。若前肢损伤可以酌加桂枝、桑枝、木香等药；胸膊损伤可以酌加桂枝、桔梗、牡丹皮等药；后肢损伤可酌加牛膝、大黄、香附等药物加减应用。

血府逐瘀汤(《医林改错》)

【组成】当归 30g，生地黄 30g，桃仁 30g，红花 30g，枳壳 25g，赤芍 25g，柴胡 20g，甘草 20g，桔梗 25g，川芎 25g，牛膝 30g。水煎去渣，候温灌服。1 日 1 剂。

【功效】活血祛瘀，理气止痛。

【主治】血瘀证。治疗跌打损伤等致瘀血疼痛诸症。

【方解】本方系由桃红四物汤合四逆散加桔梗、牛膝而成，具有活血化瘀而不伤血、疏肝解郁而不耗气的特点，用于治疗血瘀气滞诸证。方中桃红四物汤活血化瘀养血，四逆散行气活血疏肝，且解郁散热，桔梗开肺气，载药上行，牛膝通利血脉，引血下行。诸药合用，互相配合，达到活血行瘀、理气止痛之效。该方为活血化瘀、理气止痛的基础方。随证加减可以治疗血瘀诸证。

【现代临床应用】常用于跌打损伤致腔体有瘀血疼痛的病证。若膈膜以下、上腹部血瘀积块等，用“膈下逐瘀汤”：当归 30g，五灵脂 25g，川芎 20g，桃仁 24g，牡丹皮 25g，赤芍 24g，乌药 24g，延胡索 25g，甘草 21g，香附 24g，红花 24g，枳壳 21g；若少腹血瘀积块，虚寒腹痛，阴道出血等，可用“少腹逐瘀汤”：小茴香 10g，干姜炮 10g，延胡索 30g，没药 30g，当归 30g，川芎 25g，官桂 21g，赤芍 2g，生地黄 30g，五灵脂 30g。

红花散(《元亨疗马集》)

【组成】红花 30g，当归 30g，没药 30g，小茴香 30g，川楝子 24g，巴戟天 30g，血竭 30g，枳壳 30g，木通 21g，乌药 21g，藁本 21g。共为细末，引飞盐，开水冲调，候温加黄酒灌服。1 日 1 剂。

【功效】活血祛瘀，理气止痛。

【主治】马跌打损伤，闪伤腰胯痛。

【方解】方中红花活血祛瘀，当归活血行血，没药活血止痛，血竭行血散瘀，四药伍之共奏活血祛瘀、行血止痛之功，为主药。气行则血行，气滞则血凝，故用枳壳宽胸下气，行滞散瘀；乌药辛开温道，顺气止痛，且助主药活血散瘀，为辅药。小茴香暖腰肾止痛，木通通利血脉，为佐药。黄酒活血温经，促进气血运行；因腰为肾之府，损伤腰部易损及肾，故盐引药入肾，为使药。诸药合用共奏活血祛瘀、理气止痛之功，用以治腰背闪伤等疾病。

【现代临床应用】常用于腰背部外伤所致的疼痛病证。若血瘀肿胀明显，加桃仁、赤芍以增强散瘀消肿之功；陈旧性闪伤，加麻黄、肉桂、土鳖虫以温阳破瘀。另外，《元亨疗马集》另一同名方剂“红花散”，其组成为红花 20g，没药 20g，桔梗 20g，六神曲 30g，枳壳 20g，当归 30g，山楂 30g，厚朴 20g，陈皮 20g，甘草 15g，白药子 20g，黄药子 20g，麦芽 30g 等药，功效为活血理气，清热散瘀，消食化积。主治马料伤五攒痛（即因过食，或饲喂霉变或腐败的饲料所致胃肠道炎症，并继发中毒性蹄叶炎的一种疾病）。该病为危重症候，治宜中西医结合，尤其应注意补充水液电解质。

当归散(《元亨疗马集》)

【组成】当归 45g，大黄 45g，天花粉 30g，白药子 21g，黄药子 21g，枇杷叶 21g，桔梗 24g，没药 30g，红花 21g，白芍 21g，牡丹皮 24g，甘草 20g。水煎去渣，候温加童便灌服。1 日 1 剂。

【功效】活血止痛，宽胸理气。

【主治】胸膊痛。本方证多由踏空跌倒，跨越沟渠等时闪伤前肢胸膊，瘀血痞气凝结不散所致。症见频频换脚，束步难行，站立困难或见胸膊肌肉震颤疼痛，或见左右肩胛高低错落不齐，触摸敏感躲闪等症。

【方解】方中用当归活血止痛，红花活血祛瘀，没药祛瘀止痛，白芍活血养血，四药伍之共奏活血通络、祛瘀止痛之功，为主药。瘀血日久则致郁而化热，故用牡丹皮凉血祛瘀，大黄清热破瘀，为辅药。白药子、黄药子皆可清热解毒，但黄药子偏于消肿凉血，白药子偏于消肿祛瘀，胸膊与肺脏并居，故用天花粉清肺热以消瘀肿，枇杷叶清肺胃之热，祛痰饮利膈，宽胸下气，桔梗祛痰，且载药上行直达病所，五药伍用共奏清热消肿、祛瘀止痛之功，为佐药。童便祛瘀通经，甘草调和诸药为使药。

【现代临床应用】常用于闪伤瘀血积于胸中的胸膊痛。若瘀血肿痛明显，加赤芍、桃仁、三七、青皮以加强散瘀消肿、理气止痛之力；损伤病久，去大黄、二药子，加桂枝、细辛、白芷以温经活血止痛。本方去桔梗、白药子、红花，名“止痛散”（《元亨疗马集》)，亦可治疗马胸膊痛。临床治疗胸膊痛时，若先放胸膛血或蹄头血，或用夹气针针刺，或用手术整复胸膊后再灌服本方，则疗效更好。

槐花散(《普济本事方》)

【组成】炒槐花、侧柏叶、荆芥穗、枳壳各60g。共为末，开水冲，1～2次灌服。

【功效】清肠止血，疏风行气。

【主治】主治肠风下血。症见大便下血，血色鲜红；或粪中带血，大便或稀或干，弓腰努责，欲便难便。口色红，脉滑数。

【方解】本方为治肠风下血而设。肠风下血系因风热或湿热壅遏肠道，肠络受损，血溢肠间所致。方中槐花清大肠湿热，并能止血，经炒后止血作用更强，用为主药；辅以侧柏叶凉血，收敛止血，荆芥穗理血疏风；使以枳壳行气，宣通大肠。各药合用，止血与行气相伍，既能止血，而又不使血瘀气滞，标本同治，对肠风下血具有良好疗效。

【现代临床应用】常用于出血性肠炎病证。若大肠热盛，加大黄炭、白头翁、黄连、黄柏以加强清热凉血止血之效；弓腰努责，欲便难便者，加白芍、郁金、木香、厚朴以散瘀行气，缓急止痛。

血竭散(《元亨疗马集》)

【组成】血竭45g，当归60g，没药45g，巴戟天40g，补骨脂40g，胡芦巴40g，小茴香40g，白术40g，牵牛子30g，木通30g，藁本30g，川楝子20g。共为末，开水冲调，加醋200mL，1～2次灌服。

【功效】活血止痛，温肾壮阳。

【主治】产后步行拘紧，后腿难移，卧地难起，或见肢节水肿，重者腰腿瘫痪，卧地不起。

【方解】本方为治产后风之要剂。母畜在生产过程中不慎损伤产道脉络或产后腠理不固，风寒湿邪入侵，寒凝腰胯经脉；产后血虚，肾精亦多亏损，精虚骨痿，以致步行拘紧，或腰腿瘫痪，爬卧不起。故需活血以消瘀滞；温肾以壮骨强腰。故以活血止痛与温肾壮阳并行。方中血竭、当归、没药活血散瘀，通络止痛；巴戟天、补骨脂、胡芦巴、小茴香暖腰肾，补命门，肾阳旺，则精足骨充；肾为主水之脏，阳虚水泛则壅滞成肿，须考虑兼顾祛湿行水，故用白术健脾燥湿，牵牛子、木通逐湿利水，藁本祛风除湿而止腰痛，川楝子行气以利膀胱，醋消瘀引经。全方行腰胯之力专，故产后风致腰腿痿弱，甚则瘫卧不起者适用。产后风轻者易治，瘫痪不起者难医，故运用本方宜早。

【现代临床应用】常用于产后瘫痪。若兼有气虚，减木通、牵牛子，加黄芪、茯苓、防己以补气除湿，利水消肿；肝血虚，或见拘挛抽搐，减木通、牵牛子，加蝉蜕、僵蚕、熟地黄、白芍、煅牡蛎、煅龙骨以益阴养血，息风解痉；兼有风湿者，加秦艽、独活、桑寄生、延胡索以祛风胜湿止疼。

疗经暖脏汤(《活兽慈舟》)

【组成】当归45g，川芎30g，巴戟天45g，枸杞子30g，补骨脂45g，桃仁45g，续断30g，仙茅45g，薏苡仁30g，肉桂30g，广木香30g，硫黄25g，薄荷25g，甘草25g，萱草根45g，白酒60mL。水煎，1日2～3次，连用2～3剂即可。

【功效】补益心肾，温肾活血。

【主治】马的宫寒不孕。发情周期紊乱或不发情，屡配不孕，阴道有白色黏液分泌。

【方解】当归、川芎养血调血，充盈血海为主药；枸杞子、巴戟天、补骨脂、肉桂、续断补肾益肝，壮阳除寒为辅药；桃仁、仙茅、硫黄、广木香、白酒理气活血，暖脏祛寒为佐药，薏苡仁、薄荷、甘草、萱草根解毒，健脾除湿，调和诸药为使药。

【现代临床应用】常用于母畜产后卵巢静止、持久黄体、慢性瘀血性子宫内膜炎等屡配不孕者。

生化汤(《傅青主女科》)

【组成】川芎 50g，桃仁 40g，当归 45g，黑姜 30g，炙甘草 20g。共为末，开水冲调，候温，加童便 1 碗，黄酒 100mL，1～2 次灌服。

【功效】活血化瘀，温经止痛。

【主治】产后受寒，恶露不行，或行而不畅，其色紫暗，肚腹疼痛，回头顾腹。口色瘀红，脉沉细涩。

【方解】本方为产后受寒，瘀血凝滞胞宫而设。母畜产后，正气不足，或寒邪入侵，致瘀血内阻胞宫，症见瘀血浊液排出不畅，恶露不尽，颜色紫暗，肚腹疼痛，回头顾腹，治宜温经散寒，养血化瘀，以使瘀去新生，故取名为“生化”。方中用川芎、桃仁活血化瘀为主药；辅以当归养血活血，使瘀去新生。佐以黑姜（即干姜炒黑）温经散寒祛瘀，一则助川芎、桃仁温化瘀血，二则和炙甘草温中止痛。使以炙甘草调和药性，黄酒、童便引血归经。诸药配伍，血瘀得化，寒凝得消，恶露排而肚腹疼痛自解。

【现代临床应用】常用于母畜产后恶露不行、腹内瘀血作痛的病证。若瘀阻不重，适当减桃仁用量；瘀阻重，恶露不下，腹痛甚者，加丹参、生蒲黄、五灵脂、乌药以祛瘀行气止痛；气虚者，加黄芪以补气；寒甚者，加肉桂、茴香、川楝子以温里散寒止痛；产后血瘀发热甚者，加牡丹皮、丹参、赤芍，以清热凉血。本方加党参、炙黄芪、醋炒龟甲（为末）、血余炭，名“参芪生化汤”，主治胎衣不下；本方加益母草、葛根、血余炭，名“益母生化汤”，主治血瘀所致的胎衣不下。亦用作产后促进子宫复旧的保健用药。

小蓟饮子(《济生方》)

【组成】鲜地黄 45g，淡竹叶 24g，通草 12g，甘草 21g，当归 24g，蒲黄（炒黑）24g，小蓟 30g，藕节 30g，炒栀子 30g，滑石 30g。共为细末，开水冲，候温，马一次灌服，或煎汤灌服。

【功效】凉血止血，清热通淋。

【主治】马骡尿血，小便短赤，口渴烦躁，心热舌疮等。

【方解】血淋多由下焦热邪灼伤脉络而致，或为心火下移小肠所致。故方中用小蓟凉血止血，鲜地黄清热凉血，为主药；当归活血行血，藕节凉血止血，蒲黄止血活血以防止血留滞，为辅药。炒栀子清热利尿，通草利水通淋，淡竹叶清心火利小便，滑石利六腑之涩结，四药伍用共奏清热泻火、利水通淋之功，为佐药。甘草缓急止痛，调诸药，为使药。

【现代临床应用】常用于急慢性肾炎、膀胱炎、尿道炎等见血尿者。若小便赤涩疼痛甚者，加石韦、蒲公英、黄柏清热利湿消瘀；血淋茎中疼痛剧烈者，加琥珀末、海金沙、鸡内金、冬葵子、延胡索、乌药、厚朴化瘀通淋，行气止痛；若血淋日久，气阴两伤者，可酌减木通、滑石渗利之品，加党参、黄芪、阿胶等补气养阴，以图标本兼治。

下乳涌泉散(《清太医院配方》)

【组成】当归 30g，白芍 25g，生地黄 25g，柴胡 25g，天花粉 25g，川芎 25g，穿山甲（珠）25g，漏芦 15g，桔梗 15g，通草 15g，白芷 15g，甘草 15g，青皮 20g，木通 10g，

王不留行 60g。共研末，开水冲，候温，2～3 次灌服。

【功效】活血通乳。

【主治】气血瘀滞型缺乳症。多因受惊或环境改变所致肝气瘀滞所致乳汁不通之证。症见乳房硬肿，敏感疼痛，不愿哺乳，挤压可见少量乳汁泌出，或见乳凝块，触之敏感疼痛。

【方解】乳汁乃气血所化生，方中四物汤养血活血，培其本源；柴胡、青皮疏肝理气以通其经脉；天花粉、桔梗散结导滞，助其药力；白芷、漏芦、木通、通草、穿山甲、王不留行活血化瘀，通经下乳，为佐药。本方立意巧妙，标本兼顾，寓补于通，服后乳汁自通，如泉水之涌，故名之。

【现代临床应用】常用于母畜产后无乳，或乳汁排出不畅所致的乳房炎等病证。

秦艽散(《元亨疗马集》)

【组成】秦艽 30g，瞿麦 24g，当归 24g，赤芍 30g，蒲黄 21g，黄芩 24g，栀子 24g，大黄 30g，天花粉 21g，红花 21g，车前子 21g，竹叶 6g，甘草 15g。共为细末，开水冲，候温，一次灌服，或煎汤灌服。

【功效】清热散瘀，利水通淋。

【主治】肾经损伤所致血尿。多因马负载过重，劳役过度损伤小肠或腰胯所致患马尿血症。症见毛焦肷吊，精神萎顿，小便频数，尿中混杂血液，或先血后尿，头低腰弓，口色红，脉数有力。

【方解】本方主治心热下移小肠致尿血病证。家畜因驮运等用力太急；或因跌扑闪伤；或重物撞击腰府；或公畜配种过度以致肾与膀胱脉络受损，血液外溢，郁而化热。治宜祛瘀止血，利水通淋，使瘀热俱去。方中秦艽活血，除劳热，红花、蒲黄、大黄祛瘀凉血止血为主药；因病势下迫，宜因势利导，则辅以车前子、栀子、竹叶、瞿麦利水通淋，黄芩、天花粉清热降火，止血妄行；佐以当归、赤芍活血养血，祛瘀清利而不伤正；使以甘草缓急止痛，调和药性。诸药配合，补泻兼施，祛瘀凉血，清热通淋。

【现代临床应用】常用于体虚努伤尿血证。亦曾有治疗马肌红蛋白尿症的报道。若治心热下移小肠，迫血离经，渗入膀胱，而成心热尿血，或下焦热结血淋者，方中应以黄芩、栀子、天花粉清心泻火为主药，用量适当大。本方加红花、炙龙骨，名“瞿麦散”(《中兽医验方集》)，用于治热蓄膀胱，血尿淋漓，排尿疼痛，身热，口色红，脉数者。

白及散(《司牧安骥集》)

【组成】栀子 60g，茵陈 60g，黄连 40g，白及 50g，阿胶 40g，杏仁 30g，防风 40g，甘草 15g。为末每用 150g，浆水 1L，同煎，候温，喂饱灌之。

【功效】清肝止血，敛肺止咳。

【主治】肝旺侮肺，久咳血痰。症见久咳不止，鼻孔粘有稠痰，痰中带血，眼赤，眵盛。舌质红，苔黄，脉弦数。

【方解】久咳不已，咳血痰稠是本方的主症；肝火旺反侮肺是本证病机。邪热伤肝，肝火犯肺，肺络受损，遂致咳血。目赤眵盛，舌质红，苔黄，脉弦数，则是肝火的表现。治当泻肝火，敛肺止血，肝火得清，肺也安宁。方中栀子、茵陈、黄连清泻肝热，其中栀子又能凉血止血，为主药；久咳伤及肺阴，络脉受损，用白及、阿胶敛肺止血，止咳，为辅药；杏仁温润，宣肺止咳化痰，防风理肝祛风，甘草调和药性，兼能止咳，共为佐使药。诸药合用，清肝宁肺，止血止咳。

【现代临床应用】常用于急、慢性肺炎，气管或支气管炎之久咳不止，痰中带血，又兼肝郁火旺的病证。若咳甚痰多，酌加瓜蒌子、浙贝母以清肺化痰；咳血甚者，可加入侧柏叶、白茅根、茜草根以凉血止血；火盛伤阴，可加入沙参、麦冬以清热滋阴。

（9）消导方

曲蘗散(《元亨疗马集》)

【组成】神曲 30g，麦芽 30g，山楂 30g，苍术 24g，厚朴 24g，陈皮 24g，青皮 24g，枳壳 24g，甘草 15g。共为末，加童便 1 碗，开水冲调，候温，麻油 250mL、生萝卜 1 个，捣烂，1～2 次灌服。

【功效】消积导滞，宽肠行气。

【主治】食滞胃脘，腹胀少食，大便溏泻，消化不良，脉滑，舌苔厚腻。

【方解】本方为主治料伤食滞的常用方剂。因突然改变饲料，食滞中脘，胃失腐熟，脾运不及，造成传导受阻。积之未甚，故见腹胀少食，触诊胃部坚实；食郁腐败，浊气上泛，则嗳气秽臭；食滞不消注于下，则见泄泻；苔厚腻说明胃脘内有食浊，有向湿热转化的象征；脉滑则主宿食。综上所述，唯以平和之品消而化之。方中神曲、麦芽、山楂消食导滞为主药；辅以陈皮、苍术、厚朴燥湿健脾，湿祛有利于食消，则胀满除矣；佐以青皮、枳壳、童便行气解郁破结；使以萝卜化食，麻油滑肠，甘草和胃调药。各药合用，消食导滞，宽肠行气。

【现代临床应用】常用于消化不良，胃肠慢性弛缓鼓气。若食积甚者，本方加槟榔、枳实以消导化积；伤食泄泻明显，加枳实、木香、黄芩以消积行气，兼除里热；兼见脾虚，加白术、党参以益气健脾。该方去陈皮，各药等量，方名为“麦蘗散”（《元亨疗马集》），主治马过食精料所致料伤，或料伤五攒痛症。

保和丸(《丹溪心法》)

【组成】神曲、山楂各 45g，莱菔子 30g，陈皮 24g，茯苓 21g，半夏 21g，连翘 24g。共为细末，开水冲，一次灌服，或煎汤灌服。

【功效】消食理气，清热祛湿。

【主治】食积停滞。症见肚腹胀满，食滞不化，口内酸臭，胃纳不佳，苔厚而腻。

【方解】食积停留于胃，治宜消食化积。方中山楂善消内积，神曲善消陈腐之积，为君药；臣以莱菔子消食下气宽胸，以增强君药消导作用；配以陈皮、半夏、茯苓化湿和中，连翘清热散郁，共为佐使药。

【现代临床应用】常用于消化不良、慢性胃炎等食积滞病证。若食积较重者，加枳实、槟榔；若热盛，苔黄脉数者，加黄连、黄芩、黄柏以清热泻火；大便秘结者，加大黄、芒硝、槟榔以通便导滞。本方加白术，名“大安丸”（《丹溪心法》），用于治脾虚食滞不化，粪便溏薄等症。此外，本方可协治犬一次性摄入过多肉食造成的伤食消化不良或胰腺炎。

（10）温里方

厚朴散(《元亨疗马集》)

【组成】厚朴 24g，青皮 24g，陈皮 24g，官桂 30g，砂仁 18g，麦芽 30g，牵牛子 24g，五味子 21g。共为细末，黄酒 120mL 为引，开水冲或煎汤，一次灌服。

【功效】温中散寒，行气导滞。

【主治】脾胃寒，不食。多因外伤风寒，内伤阴冷而致脾胃中焦受寒。症见慢草或不食，大便带水，口色黄或淡白。

【方解】本方用于治脾胃寒气过盛，阻遏脾阳，运化受阻所致的脾胃寒而慢草不食之症。方中以厚朴温胃散寒，行中气；青、陈二皮调和肝脾；官桂、砂仁温中散寒降胃逆；又以麦芽、牵牛子专消积滞而下行，五味子辛温以助化导。诸药配合，凡见耳鼻俱凉，口色淡白、苔白，脉迟，水草迟细者皆可应用。

【现代临床应用】常用于脾胃虚寒引起的慢草不食、腹痛泄泻等，如慢性胃肠炎、十二指肠溃疡等。

桂心散(《元亨疗马集》)

【组成】桂心 21g，白术（炒）30g，茯苓 30g，炙甘草 15g，厚朴 24g，青皮 20g，陈皮 24g，当归 30g，益智 20g，干姜 25g，砂仁 25g，五味子 25g，肉豆蔻 25g。共为末，开水冲调，一次灌服。

【功效】暖胃温脾，温中祛寒，和血顺气。

【主治】脾胃虚寒，不食草谷，鼻寒肢冷，肠鸣泄泻，口垂清涎，舌色青黄，脉象迟细等。

【方解】方中桂心温中祛寒；白术、茯苓、炙甘草健脾燥湿；厚朴、陈皮、青皮理气宽中，当归和血，益智、干姜、砂仁、肉豆蔻共温脾胃，五味子滋肾，共奏温中健脾、调气和血之效。

【现代临床应用】常用于脾胃虚寒引起的消化不良、气滞腹胀等。若慢草不食重者，可加山楂、神曲、麦芽；泄泻重者，可加猪苓、泽泻，去厚朴、当归；冷痛严重者，可加木香，去五味子。

四逆汤(《伤寒论》)

【组成】附子 30g，干姜 60g，甘草（炙）45g。水煎，一次灌服。

【功效】回阳救逆，温中散寒。

【主治】阴寒内盛，真阳衰微之证。

【方解】本方治肾阳衰微，阴寒内盛，是回阳救逆的主要方剂。阴寒内盛，则阳气不能敷布，以致四肢厥逆；寒邪深陷入里，脾肾阳衰，下关不固，则下利清谷；阳虚不能温运全身，故见恶寒倦卧，不能鼓动血液运行，故见脉沉微。当此衰微之证，非用大辛大热纯阳之品不能破阴寒而复阳气。方中附子大辛大热，温肾散寒，回阳救逆，使心阳振奋，为主药。辅以干姜温中散寒，回阳通脉，使脾阳得温，并协助附子加强回阳之力；重用炙甘草和中缓急温养阳气，一则可缓和姜、附的燥热，二则寓有扶正气、固中气的功能，从而协助姜、附更好地发挥回阳固脱作用。

【现代临床应用】常用于急性胃肠炎、大汗、大泻、阳虚阴盛而致的四肢厥逆病证。对于急性心衰、休克、急慢性胃肠炎吐泻失水过多，或急性病大汗休克等属阳气虚脱者，亦可加减治之。本方加茵陈，名“茵陈四逆汤”(《类证治裁》)，用于治中焦寒湿，四肢厥冷，口眼发黄，大便溏泻。本方加人参，名“四逆加人参汤”(《伤寒论》)，用于治亡阳虚脱。本方减炙甘草，加葱白，名“白通汤”(《伤寒论》)，用于治阳虚衰微，下利肢厥，身热脉微。

益智散(《元亨疗马集》)

【组成】益智仁 50g，官桂 50g，肉豆蔻 40g，草果仁 40g，白术 30g，砂仁 30g，广木香 25g，厚朴 30g，青皮 30g，枳壳 30g，槟榔 25g，细辛 15g，白芷 15g，五味子 30g，川芎 20g，当归 20g，白芍 20g，大枣 20g，甘草 10g，生姜 20g。水煎，或为末，开水冲调，加醋 500mL，2～3 次灌服。

【功效】温中祛湿，和胃行气。

【主治】脾胃寒湿，浊阴上泛之翻胃吐草。症见鼻寒耳冷，呕吐清涎，多兼见腹胀，腹痛，泄泻；或翻胃吐草，吐出物酸腐秽臭。口色青白或淡黄，脉迟缓者。

【方解】本方主治皆与脾肾相关，为脾胃受寒、湿困中阳所致的胃寒吐草、微冷吐涎和胃寒冷痛而设。方中益智仁温肾暖中，官桂祛寒暖脾，以复脾胃升降之能，当归养血和血，白芍补血和营，川芎行气活血，五药配伍，补血生精以助肾阳，为主药。白术健脾强中，甘草补脾益气，大枣补脾和胃，三药合伍，健旺后天气血生化之源，生精养骨，为辅药。细辛祛少阴之寒，白芷祛阳明之寒，生姜散肌表之寒以助主药暖脾，肉豆蔻温中祛寒，槟榔行气利水，青皮理气健脾，厚朴化湿导滞，枳壳理气降逆，共奏温中散寒、理气健脾之功，为佐药。五味子滋肾敛肺，醋活血止痛，为使药。诸药合用，祛邪而不伤正，扶正而不留邪。

【现代临床应用】用于时常嗳酸呕吐的慢性胃炎病证。若翻胃吐草，其实是马属动物的假性呕吐。是因马患骨软症所致上颚肿胀，或牙齿松动致马咀嚼困难，将咀嚼不全之草料吐出之症状为翻胃吐草。症见体瘦毛焦，水草迟细或异嗜，粪球粗松带水，鼻骨上弓，上颚肿胀，重者可见四肢骨骼变形，肋骨成串珠样变形，口吐不完全咀嚼的草团等症候。现代研究表明该病常与骨代谢异常或骨营养不良有关。

茴香散(《元亨疗马集》)

【组成】茴香 60g，藁本 40g，白附子 30g，肉桂 30g，巴戟天 40g，白术 40g，肉豆蔻 30g，荜澄茄 40g，当归 40g，牵牛子 20g，槟榔 30g，木通 30g，川楝子 20g，盐 20g。共为末，或水煎，候温，调醋 250mL，1～2 次灌服。

【功效】散寒除湿，温肾强腰。

【主治】腰胯板硬，疼痛，前行后拽，难移后肢，甚则后肢浮肿，小便清利。口色青白夹黄，脉沉迟而细。

【方解】本方专为寒伤腰胯而设。方中茴香入肾经，散寒止痛，藁本行膀胱经，祛风止痛，白附子善祛经络之风而止痛，三药合用，逐腰胯寒湿，止疼痛效果特显，为主药；以肉桂、巴戟天补肾壮阳，白术、肉豆蔻、荜澄茄温中健脾，为辅药；用当归活血，牵牛子、槟榔、木通行气逐水止痛，川楝子兼制诸药的温燥，疏气下达，为佐药；醋消瘀，盐引经，使诸药能达。综观全方，专行腰胯，下走肾与膀胱，散寒除湿，温肾强腰。

【现代临床应用】常用于寒邪偏胜的腰背及后肢寒湿痹痛病证。若患病日久，加附子增强止痛作用。本方去藁本、白附子、巴戟天、白术，加没药、荆芥、防风、肉苁蓉、烧酒、葱白、童便，用于治风寒湿邪流注腰胯，后肢难移，腰拖胯靸，皮紧腰硬。

（11）祛暑方

香薷散(《元亨疗马集》)

【组成】香薷 24g，柴胡 24g，黄芩 24g，黄连 24g，栀子 21g，连翘 24g，当归 24g，天花粉 30g，甘草 21g。共为细末，开水冲，调蜂蜜 120g，童便、浆水各 1 碗，候温，灌服或煎汤灌服。

【功效】祛暑泄热，养血生津。

【主治】夏月伤暑。

【方解】本方为治伤暑之主方，适用于阳暑。暑邪内侵，故见体热亢盛，躁动不安；热盛于经，故见脉洪大，口色红；暑为阳邪，主升主散，易伤气耗津，故见口渴，无汗；或见暑热过度，逼液外泄，反见汗出过多；火热灼金，故见气促喘粗。为此在治则治法上，不但要祛暑热，还需要养血生津。本方香薷发汗解暑，柴胡退热，为主药；辅以黄连、黄芩、连翘、栀子清上焦表里之热，清心火，泻肺热；佐以当归、天花粉养血生津。使以蜂蜜、童便、浆水、甘草润肺，泻热，解毒，调和诸药，蜂蜜兼润肠通便清热。

【现代临床应用】常用于牲畜中暑。若高热不退，气促喘粗甚者，可加石膏、知母清热泻火；行如酒醉者，可加钩藤、远志以平息内风，宁心安神；津气大伤者，减去黄连、黄芩，加麦冬、生地黄、党参、石斛以清热，益气，生津；大便秘者，加大黄、芒硝以泻热攻下。

清暑益气汤(《温热经纬》)

【组成】竹叶 21g，荷梗 60g，西瓜皮 120g，黄连 12g，知母 21g，党参 21g，粳米 24g，甘草 15g，石斛 24g，麦冬 24g。水煎，候温，一次灌服。

【功效】清暑益气。

【主治】暑热伤气，出汗、口渴，烦热之证。或温热病后期余热未清。

【方解】方中黄连清心胃之火而祛暑邪，为主药。竹叶导心火，从上至下引热自小便而解，西瓜皮、荷梗清热祛暑，三药共为辅药。用党参补脾益气，与麦冬、知母、石斛共奏益气生津、养阴清热之功，为佐药。粳米、甘草益胃和中，调和诸药，为佐使药。

【现代临床应用】常用于高温高湿引起的食欲不振，消化不良，腹胀泄泻等属湿热困脾病证。若倦怠严重者，可重用党参，补气健脾，培补后天之本，再加五味子，敛心肾益津气。《脾胃论》中亦有一方“清暑益气汤”，由党参、黄芪、炙甘草、麦冬、五味子、当归、苍术、白术、青皮、陈皮、建曲、黄柏、泽泻、升麻、葛根、生姜、大枣组成。功效主治与之相似。而《活兽慈舟》的“清暑益气汤”，由香薷、青蒿、槟榔、青果、黄芩、生石膏、枯矾、青皮、芒硝、黄连、泡参（沙参）、黄芪、甘草组成。功效为祛暑益气，泻热解毒。用于治马暑伤外感病证。

（12）祛风方

天麻散(《安骥集药方》)

【组成】天麻 30g，川乌 15g，白附子 30g，南星 30g，乌蛇 30g，全蝎 21g，麻黄 30g，半夏 21g，蔓荆子 21g，朱砂 10g。共为细末，开水冲调，候温灌服。1 日 1 剂。

【功效】除风化痰。

【主治】破伤风（揭鞍风）等。

【方解】方中天麻治厥阴之风，全蝎定风止痉，乌蛇搜刮骨节筋间之风，为主药。蔓荆子祛头部之风，麻黄辛散祛肌表之风寒，川乌祛风，温经止痛，三药伍之共奏祛风散寒止痛之功，为辅药。风行津动，则痰盛涎壅，故用白附子祛风痰而逐寒湿，半夏燥湿祛痰，南星燥湿祛痰兼祛风解痉，为佐药。朱砂镇惊安神，为使药。

【现代临床应用】常用于惊厥抽搐属风邪疫疠病证的配合治疗。

乌头汤(《太平惠民和剂局方》)

【组成】川乌 21g，麻黄 45g，白芍 60g，黄芪 120g，甘草 24g。共为细末，引黄酒 250mL，开水冲或煎汤，候温，一次灌服。

【功效】祛风逐寒，固表和营。

【主治】风寒湿邪所致的四肢痹痛，皮肤筋肉紧硬。

【方解】本方所治为寒邪较重的痹症，方中以辛甘大热大毒的川乌温散全身寒湿；麻黄发散全身风寒；以黄芪、白芍固表和营；川乌得麻黄散内外之寒湿；麻黄得黄芪、白芍发汗而防脱；甘草健脾燥湿以扶正；黄酒能引药深入筋骨。

【现代临床应用】常用于风湿性关节炎、类风湿性关节炎、三叉神经痛、腰椎骨质增生等属寒湿痹痛者。若病久夹有瘀血者，加乳香、没药、延胡索、红花、全蝎、蜈蚣、乌梢蛇；兼气血两亏者，加人参、当归；寒阻痰凝，兼有麻木者，酌加半夏、桂枝、南星、防风；病久肝肾两虚，关节畸形，酌加当归、牛膝、枸杞子、熟地黄等。

千金散(《元亨疗马集》)

【组成】防风 40g，蔓荆子 40g，天麻 25g，羌活 50g，独活 50g，细辛 15g，川芎 20g，全蝎 25g，乌蛇 50g，僵蚕 30g，蝉蜕 20g，制南星 30g，旋覆花 30g，阿胶 25g，沙参 25g，桑螵蛸 25g，何首乌 40g，升麻 20g，藿香 20g。共为末，开水冲调或水煎，2～3 次灌服。

【功效】祛风定搐，息风化痰，补血养阴。

【主治】破伤风。

【方解】破伤风系因皮肉破损后，毒气风邪经破损处而入侵，循经窜络，风性劲急，攻注太阳经脉，则肢体僵直，角弓反张；攻注阳明经脉，则牙关紧急，唇颤眶动。治疗上述诸症，应采取导邪外出、祛风止痉、定搐为主的治疗措施。方中防风、蔓荆子、天麻、羌活、独活、细辛、川芎疏散经络风邪，导邪外出，为主药；辅以全蝎、乌蛇、僵蚕、蝉蜕息风止痉定搐，制南星、旋覆花化痰。主辅合用，使风痰得以清解，除致病之因。再则，川芎行血活血，配入方中体现了“治风先治血，血活风自灭”之意。何首乌、阿胶、沙参、桑螵蛸养血补阴，可缓和大队祛风定搐，化痰药物之燥烈，使祛邪而不伤正；藿香、升麻升清避秽，各药合用，使风散痰消，诸症缓解。

【现代临床应用】常用于破伤风等外感抽搐病证的早期。本方药味较多，临床应用时可减去藿香、升麻、旋覆花、桑螵蛸、阿胶，酌加白附子，可增强祛风止痉作用；若加入少许麝香，其疗效更佳。若仅用蝉蜕、天南星、全蝎、天麻、僵蚕组成的方剂，名“五虎追风散”(《晋南史全恩家传方》)，用于治破伤风，项背强直，四肢抽搐。

(13) 安神开窍方

镇心散(《元亨疗马集》)

【组成】栀子 60g，黄连 40g，黄芩 60g，郁金 40g，朱砂 40g，茯神 40g，远志 30g，党参 40g，麻黄 30g，防风 40g，甘草 15g。共为细末，蜂蜜 200g、鸡子清 4 个、猪胆汁 1 碗，调匀，2～3 次灌服。

【功效】清热泻火，镇心祛风。

【主治】癫狂神乱，眼急惊狂，奔驰吼叫，咬人咬物；或精神抑郁，呆立不动，目光无神。口色红，脉数有力。

【方解】古人有“热极生惊，惊急生风”之说。方中栀子、黄连、黄芩、郁金、鸡子清清心泻火解毒，为主药；朱砂清心重镇安神，茯神、远志祛痰宁心，党参益气宁心，四药相伍，安神宁心作用更著，为辅药；麻黄、防风疏风透邪，以散热出表；甘草、猪胆汁、蜂蜜解毒，调和药性，均为佐使药。诸药相合，热清毒解，痰祛神安。

【现代临床应用】常用于高热抽搐。若痰火盛，原方减党参，加竹茹、天竺黄、天南星以清热涤痰；热盛伤阴，加玄参、生地黄、麦冬、柏子仁以养阴清心。

朱砂散(《元亨疗马集》)

【组成】朱砂、人参各 10g，茯神 45g，黄连 20g。为细末，引猪胆汁、童便，同调灌服。

【功效】清心益气，扶正安神。

【主治】马心热风。症见全身出汗，肉颤头摇，气促喘粗，左右乱跌，口色赤红，脉洪数。

【方解】方中朱砂、茯神重在安神，人参补气生津，黄连清热泻火、解毒、燥湿。

【现代临床应用】用于高热神昏休克的救治。若正虚邪实者，加栀子、大黄、郁金、天南星、明矾等；火盛伤阴，加生地黄、麦冬、竹叶、连翘以滋阴清心泻火。

通关散(《丹溪心法》)

【组成】猪牙皂角、细辛各等份。研极细末，和匀，吹少许入鼻中取嚏。

【功效】通关开窍。

【主治】气厥，痰厥，突然气塞，牙关紧闭，痰涎壅盛，面色青白，脉实。

【方解】卒倒无知，病情危急，当使其苏醒，用本方搐鼻取嚏，乃是一种应急性施。方中细辛辛通气机，猪牙皂角涤痰泻浊，二药辛窜刺激鼻窍，促患畜打喷嚏使通畅气机，通关开窍。

【现代临床应用】常用于休克昏迷的抢救。

（14）补益方

四君子汤(《太平惠民和剂局方》)

【组成】党参（原方为人参）60g，白术40g，茯苓40g，炙甘草20g。共为细末，开水冲，候温，2～3次灌服。

【功效】益气健脾。

【主治】脾气虚证。症见体瘦毛焦，精神倦怠，少食便溏，四肢无力。口色淡白，舌质软绵，脉虚缓无力或细缓无力。

【方解】本方主治脾气虚证。方中党参扶脾养胃，补中益气为主药，使脾胃健旺，运化得力，以资气血；辅以白术健脾除湿，促进脾胃运化；佐以茯苓渗湿补脾；使以炙甘草补中和胃。共奏益气健脾之效。

【现代临床应用】本方长于补脾益气，很多补气方剂都由此方加减化裁而来。常用于各种原因引起的肠胃功能减退，消化不良，以及各种慢性疾病表现为脾气虚弱者。本方加陈皮，名“异功散”（《小儿药证直诀》），用于治脾胃虚弱兼有气滞者；本方加陈皮、半夏，名“六君子汤”（《医学正传》），用于治脾胃虚弱，肚腹胀，再复加砂仁、木香，名“香砂六君子汤”（《太平惠民和剂局方》），用于治脾虚，肚腹胀满之症；或添加山楂、神曲、麦芽，名“楂曲六君子汤”（《古今名方》），用于治脾虚而兼食滞不化，消化不良之症；或伍用白芍、柴胡、当归，名“柴芍六君子汤”（《医宗金鉴》），用于治脾虚而肝木乘脾所致脾虚腹痛泄泻；或伍用黄连，名“黄连六君子汤”，用于治脾虚少食，食滞郁热者；本方加诃子、肉豆蔻，名“加味四君子汤”（《世医得救效方》），用于治脾虚湿泻；加木香、藿香叶、葛根，名“七味白术散”（《六科准绳》），用于治脾虚久泻，水草迟细，体瘦毛焦。

四物汤(《太平惠民和剂局方》)

【组成】熟地黄60g，白芍45g，当归45g，川芎20g。水煎，候温，1～2次灌服。

【功效】补血调血。

【主治】营血虚弱，精神短少，毛焦无光，体瘦，口色淡白，脉细。

【方解】本方既是补血的基础方，又是调经的基础方。方中熟地黄滋肾补血，以养胞宫，为主药；辅以白芍养血和阴养肝；佐以当归补血养肝，活血调经；使以川芎活血行气，畅行气血，使补而不滞。四药合用，具有补血调经的作用。

【现代临床应用】常用于各种血虚病证。如用于胎产调经，则重用当归；若血虚兼有气虚，加党参、黄芪以益气生血；血虚兼有寒者，加肉桂、炮姜以温阳散寒；血虚兼有郁热者，加黄芩、牡丹皮以清热凉血；血虚胎动，加桑寄生、续断、杜仲以养血安胎；血虚兼有气滞腹痛，加香附、延胡索。本方加四君子汤，名“八珍汤”，用于治气血两虚证；加桃仁、红花，名“桃红四物汤”（《医宗金鉴》），用于治母畜发情期紊乱，阴道分泌物黏稠，血块紫黑；加生地黄、党参、黄芪，名“圣愈汤”（《兰室秘藏》），用于治气血两虚或疮疡溃后脓水过多，久不收口，脉细无力者；加乳香、没药、肉桂、罂粟壳，名“托里定痛散”（《疡医大全》），用于治痈疽溃后疼痛久不收口；加牛膝、木瓜、茜草、松节，名“四五牛膝散”（《中兽医外科学》），用于治肢节或关节闪伤扭挫，日久血虚，体瘦毛焦；加阿胶、艾叶、甘草，名“胶艾汤”（《金匮要略》），用于治孕畜冲任虚损所致胎前产后阴道下血，淋漓不止。

补中益气汤(《脾胃论》)

【组成】黄芪60g，党参60g，白术40g，炙甘草30g，当归30g，陈皮40g，升麻15g，柴胡15g。共为细末，开水冲调或水煎，2～3次灌服。

【功效】补中益气，升阳举陷。

【主治】虚劳内伤，中气不足，脱肛，子宫脱垂，阳虚自汗以及体虚发热等。

【方解】本方所治之证，属于中气不足，气虚下陷。方中黄芪、党参补中益气，升阳固表为主药；白术、炙甘草甘温益气，补脾和胃为辅药。陈皮理气运脾，当归补血和营，升麻、柴胡协同党参、黄芪以升阳举陷，均为佐使药。

【现代临床应用】常用于各种垂脱证。若久泻大肠收摄无力，加诃子、乌梅以涩肠固脱；气虚小便频数，加山药、益智仁以益气缩小便；元气下陷，小便不通者，加木通、车前子以升清降浊，通利小便；久痢后重，气滞腹痛，加赤芍、木香以活血调气；母畜阴道慢性下血，脾虚失统，加炮姜、酒白芍、灶心土以温经和营止血。

白术散(《元亨疗马集》)

【组成】白术50g，当归30g，川芎20g，党参60g，炙甘草30g，熟地黄60g，白芍40g，阿胶40g，陈皮30g，紫苏30g，砂仁30g，黄芩30g，生姜20g。水煎，候温，2～3次灌服。或为末，开水冲服。

【功效】补气健脾，养血安胎。

【主治】虚寒及损伤引起的胎动不安。症见体瘦毛焦，胎动不安，频频努责，阴道流出黏液或血液，体倦懒动，少食，口色淡白，脉沉细或沉滑。

【方解】本方是由八珍汤去茯苓，加黄芩、紫苏、陈皮、砂仁、阿胶、生姜而组成，其安胎作用照顾周全。方中八珍汤去茯苓，加阿胶双补气血，以养胎元。紫苏、陈皮、砂仁调气，止痛，安胎；黄芩清热除烦；生姜温通血脉，开胃。

【现代临床应用】常用于孕畜气虚血亏，胎动不安。若阴道下血者，原方减去砂仁、紫苏，加艾叶、麻根以止血安胎；习惯性流产，加续断、杜仲、菟丝子以壮肾安胎；阴虚血热胎动，减党参、炙甘草、砂仁，改熟地黄为生地黄，加墨旱莲、牡丹皮。

泰山磐石散(《景岳全书》)

【组成】熟地黄45g，当归45g，白芍45g，黄芪45g，党参45g，白术45g，续断45g，川芎 45g，炙甘草 30g，砂仁 30g，黄芩 30g。水一盅半，煎至七分，食远服，三五日用一服。

【功效】益气健脾，养血安胎。

【主治】气血虚弱所致的堕胎、滑胎。胎动不安，或屡有堕胎宿疾，面色淡白，倦怠乏力，不思饮食，舌淡苔薄白，脉滑无力。

【方解】本方为治驴、马产前不食或胎动不安的常用方。方中以四君子汤去茯苓，加黄芪健脾益气；四物汤加续断补血固肾以养胎元；砂仁调气安胎；更以白术、黄芩同用以安胎。各药合用，益气健脾，养血安胎。

【现代临床应用】常用于气血虚弱致堕胎、滑胎等。该方早期被引用于治疗驴怀骡之“妊娠毒血症”的气血衰弱致胎动不安。若热较盛，倍黄芩以清热安胎，少用砂仁以防辛温助热；胃弱者，多用砂仁以助脾胃之运化，少加黄芩以免苦寒伤胃。

苁蓉散(《元亨疗马集》)

【组成】肉苁蓉 30g，荜澄茄 30g，白附子 30g，川楝子 30g，当归 30g，槟榔 20g，肉豆蔻 21g，肉桂 30g，盐小茴香 30g，木通 21g，大葱 3 根。水煎去渣，候温加入炒盐、酒、童便灌服。1 日 1 剂。

【功效】温肾壮阳。

【主治】主治肾败，垂缕不收之症。

【方解】方用肉苁蓉补肾壮阳，肉桂温补命门火，以达壮元阳、启阳痿、疗垂缕不收之功，为主药。辅以盐小茴香暖肾散寒止痛；荜澄茄温中散寒，白附子逐寒除湿，木通利水消肿，寒祛阳复，共为辅药。当归活血通络，川楝子疏肝理气止痛，槟榔行气，为佐药。大葱、酒辛温，可助阳气行药力，盐、童便咸而入肾，引诸药直达病所，为使药。诸药合用以达温补肾阳。

【现代临床应用】用于种公畜配种过度，肾阳不足，阳痿不举，垂缕不收等病证。

巴戟散(《元亨疗马集》)

【组成】巴戟天 30g，槟榔 21g，肉桂 30g，陈皮 30g，肉苁蓉 30g，肉豆蔻 30g，川楝子 30g，小茴香 30g，补骨脂 30g，胡芦巴 21g，木通 21g，青皮 21g，大葱 3 根。水煎去渣，候温加酒、童便灌服。1 日 1 剂。

【功效】温肾强腰，散寒除湿，通经止痛。

【主治】主治命门火衰，肾阳虚寒所致腰拖胯靸，腰胯疼痛，后腿难移之症。该病多由劳役过度，或配种过度，或年老肾衰所致。

【方解】方中用肉桂温补命门，巴戟天补肾益精，肉苁蓉补肾壮阳，胡芦巴散寒止痛，补骨脂壮元阳强筋骨，为主药。肉豆蔻温中祛寒，小茴香祛寒湿温脾肾，为辅药。川楝子调理肝气，槟榔行气利湿，青皮、陈皮理气畅血而止痛，为佐药。木通利小便而通阳气，大葱、酒、童便通阳祛寒为使药。诸药合用，利其水，通其阳，温命门。

【现代临床应用】用于寒伤腰胯疼痛，或肾阳虚损之后躯运动困难。

参附汤(《妇人良方》)

【组成】人参 30g，附子 60g。水煎，候温，1 次灌服。

【功效】回阳，益气，救脱。

【主治】元气大亏，阳气暴脱。症见四肢厥逆，神衰眼闭，呼吸微弱。舌青苔润，脉细微，甚则无脉。

【方解】本方主为阳气暴脱之危证而设。阳气脱，四肢不得温，故逆冷。阳脱不秘，阴则失守，故汗出脉微。阳脱阴离，神明不主，故神昏气短。方中用人参重补后天之气于脾胃之中，用附子重补先天之气于命门之内。二药相伍，力专效宏。

【现代临床应用】用于阳气暴脱，脉微欲绝之危证的救治。本方去人参，加黄芪，名“芪附汤”，用于治马阳虚自汗；本方去人参，加白术，名“术附汤”（《金匮要略》），用于治寒湿肢体疼痛。

归脾汤(《济生方》)

【组成】党参 30g，白术 30g，茯神 25g，黄芪 30g，龙眼肉 20g，酸枣仁（炒）30g，木香 15g，炙甘草 15g，当归 15，远志 15g，生姜 10g，大枣 10 个。水煎去渣，候温灌服。1 日 1 剂。

【功效】健脾益气，补心安神。

【主治】劳伤心脾之证。劳役过度，损伤心脾，倦怠盗汗，食欲不振，心悸怔忡，舌淡脉细，慢性出血。

【方解】本方为劳伤心脾而设。家畜若劳役过度，伤及气血。方中用党参补中益气，白术健脾摄血，黄芪补气升阳以固表实卫，炙甘草补脾益气以生心血，为主药。当归补血和血，龙眼肉养血补心，为辅药。茯神宁心安神，酸枣仁养肝宁心，远志利窍安神，为佐药。木香醒脾理气使补而不腻滞，生姜、大枣补脾开胃，为使药。诸药合用，气血双补，心脾同治。

【现代临床应用】用于治疗心脾两虚证及脾虚不能统血的各种慢性出血病证。凡久病体虚、自汗、再生障碍性贫血、胃肠道慢性出血、马患麻痹性肌红蛋白尿症（腰腿风）、功能性子宫出血等属于心脾两虚者，均可加减应用。

透脓汤(《外科正宗》)

【组成】黄芪 60g，穿山甲（炒）30g，川芎 30g，当归 45g，皂角刺 30g。共为末，开水冲服，或水煎去渣，加兑白酒 100mL，候温灌服。1 日 1 剂。

【功效】补气养血，托毒溃脓。

【主治】气血虚弱所致的疮疡久不成脓，或脓成而不溃者。

【方解】本方所治疮疡，系正虚不能托毒外透，以致脓成不溃。方中用黄芪补气扶正，托毒外出；当归、川芎养血活血；穿山甲、皂角刺解毒软坚，通透溃脓；以白酒助药力，增强行血，活血的作用。诸药相合，扶正祛邪，托毒排脓。本方的组成特点是祛邪中兼有扶正，目的在于托毒排脓，使毒随脓泄，腐去新生。

【现代临床应用】用于气血虚弱所致的疮疡不能成脓，或脓成而不易破溃，痈肿不消。若疮疡已成脓，但不破溃，加白芷、金银花解毒；气虚亏损，不能化毒成脓者，加党参、白术、炙甘草。

保产无忧散(《傅青主女科》)

【组成】当归 60g，川芎 60g，白芍 30g，菟丝子 30g，贝母 15g，厚朴 25g，枳壳 15g，黄芪 30g，艾叶 30g，羌活 25g，荆芥穗 25g，甘草 15g。水煎，冲甜酒 125mL 内服。配种后期每日一剂，连用 7 天；也可在临产前服用，以正胎位，催产下胎。

【功效】益气养血，理气安胎。

【主治】胎动不安及习惯性流产。

【方解】本方原为临产催生之剂。方中以黄芪、当归、白芍益气补血以养胎；菟丝子、艾叶温经暖宫；荆芥穗、羌活辛温，通行血脉；川芎、厚朴、枳壳行气活血催生；贝母清热散结催生；甘草益气和中，调和诸药。

【现代临床应用】用于牲畜的保胎防流产。若孕早期阴道出血，合胶艾汤；养肝止漏，常去川芎，腰酸甚加补骨脂、肉苁蓉；腹坠合补中益气汤，主选黄芪、升麻，黄芪量至少15g；腹痛合芍药甘草汤，重用白芍至少15g，或加砂仁2～3g；口干苔黄，酌加黄芩、生地黄。本方黄芪替黄芩，加黑杜仲15g、续断30g、补骨脂25g，名“保胎安全散”，治肾气不足型先兆流产。

（15）收涩方

乌梅散(《元亨疗马集》)

【组成】乌梅15g，黄连15g，诃子15g，郁金15g，干柿饼1个。共为细末，开水冲或煎汤，候温，1～2次灌服。

【功效】涩肠止泻，清热散瘀止痛。

【主治】初生马驹奶泻。症见幼畜久泻久痢，里急后重，粪夹黏液或脓血，秽臭，体瘦毛焦，精神倦怠，食欲减少，眼球下陷，口色淡白。

【方解】本方是治幼驹奶泻的收敛止泻方剂。幼畜脏腑娇嫩，若误食腐败污浊草料，伤及胃肠，郁而成毒，致疫毒下痢，粪中常夹黏液或脓血，若久泻不愈，气血津液耗损，恐伤及幼畜生命。治宜涩肠止泻，解毒散瘀。方中乌梅涩肠止泻，生津止渴，为主药；辅以诃子、干柿饼敛涩大肠；佐以黄连清热燥湿止泻，郁金行气活血止痛。诸药合用，涩肠止泻，清热散瘀。

【现代临床应用】常用于沙门菌、致病性大肠埃希菌、痢疾志贺菌、伤寒杆菌、溶血性链球菌、变形杆菌及疱疹病毒感染等引起的幼驹或其他幼畜奶泻，或疫毒泄泻等病证的治疗。若发热较盛，加金银花、蒲公英、黄柏；体虚严重，加党参、白术、茯苓、山药等。亦可加大剂量用于成年动物的泻痢。

四神丸(《内科摘要》)

【组成】补骨脂45g，肉豆蔻（煨）45g，吴茱萸30g，五味子45g，生姜30g，大枣30g。共为细末，淡盐水1碗，开水冲或煎汤，候温，1～2次灌服。

【功效】温肾健脾，涩肠止泻。

【主治】脾肾阳虚作泻。

【方解】本方为脾肾阳虚久泻所设。方中五味子酸敛固涩，煨肉豆蔻涩肠止泻，兼能暖脾，是为主药；辅以补骨脂温补肾阳；佐以吴茱萸温中祛寒，又能条达肝气；使以生姜温胃散寒，大枣补脾健胃，淡盐水引药下行。合而用之，固肠止泻，温肾暖脾。

【现代临床应用】常用于各虚寒性泄泻病证。若久泻无度，肾阳虚极，加附子、干姜以增强温肾暖脾之功；若气虚下陷，脱肛失禁，加党参、黄芪、升麻、柴胡以益气升阳；若兼小腹疼痛，加小茴香、木香以暖肾行气止痛。

牡蛎散(《太平惠民和剂局方》)

【组成】麻黄根30g，黄芪90g，牡蛎120g，浮小麦120g。研末，开水冲，候温，2～3次灌服。

【功效】敛汗潜阳，益气固表。

【主治】体虚自汗。症见虚汗频出，夜间尤甚，心动过速，易惊搐，精神倦怠，劳役短气，口色淡白，脉虚。

【方解】本方主治自汗证。无论阳虚自汗，或是阴虚盗汗，皆可用本方加减治之。方中牡蛎敛汗、潜阳、镇静，为主药；麻黄根、浮小麦除虚热，止虚汗，敛心阴，为辅药；黄芪益气固表，为佐使药。

【现代临床应用】本方为敛汗之基础方，临床的阳虚、气虚、阴虚、血虚之虚汗证均可用本方加减治疗。但主要用于阳虚卫气不固之虚汗证。若气虚明显者，可加人参、白术以益气；偏于阴虚者，可加生地黄、白芍以养阴；阳虚较甚者，加白术、附子以助阳固表；偏血虚者，加熟地黄、何首乌以滋阴补血。

金锁固精丸(《医方集解》)

【组成】沙苑蒺藜 60g，芡实 60g，莲须 45g，龙骨 60g，牡蛎 60g。共为末，开水调或水煎，1～2 次灌服。

【功效】补肾，固精。

【主治】肾精不固，症见滑精，早泄，腰胯四肢无力，尿频，舌淡，脉细弱。

【方解】本方为肾虚精关不固滑精所设。方中以沙苑蒺藜补肾益精，莲须交通心肾；龙骨、牡蛎涩精秘气，固敛下元，芡实固肾补脾，与龙骨、牡蛎同用为固精止遗的要药。

【现代临床应用】常用于肾虚滑精病证。若见有肾阴虚而火旺者，加入生地黄、牡丹皮、知母、黄柏以滋阴降火；若严重尿频，加入补骨脂、益智、山药以温肾缩尿。

玉屏风散(《世医得效方》)

【组成】黄芪 120g，白术、防风各 45g。研末，或煎汤，1～2 次灌服。

【功效】益气，固表，止汗。

【主治】表虚自汗以及体虚易于外感者。

【方解】家畜体瘦，卫气不固，腠理空疏，则自汗恶风。气虚抵抗力降低，故易感冒。虚则易补，故方中重用黄芪补气实卫，固表止汗，为主药。肺虽主气，其气源于中焦，欲补当先补脾，故用白术健脾以充气血之源，为辅药。防风加快黄芪补气固表的步伐，为佐使药。但防风属辛温发汗之品，不利于止汗，故与健脾实腠的白术同用，以达止汗之目的。本方属散中寓补，补中兼疏之良剂，能振奋卫气，固密腠理，恶风自汗皆除。

【现代临床应用】常用于幼畜或年老体弱易感风邪者。近代主要用于增强免疫功能不全或低下动物的非特异性免疫及疫苗的特异性免疫应答。

(16)外用方

雄黄散(《痊骥通玄论》)

【组成】雄黄、白蔹、白及、大黄、龙骨各 30g。共为细末，温醋调匀，敷患部。

【功效】解毒消肿，和血止痛

【主治】各种黄肿、疮疡。症见红、肿、热、痛，而未溃脓者。

【方解】本方专为阳性疮黄外敷而设。阳性疮黄在未溃脓时，主要表现为红、肿、热、痛。血分热盛，迫血妄行，脉管充盈，则见局部红肿；热壅血瘀，气血阻滞，则见肿痛。故以清热消肿为治法。方中雄黄解毒散痈；白蔹清热消肿散结；白及消肿敛疮，止血；大黄清热泻水，散瘀消肿；龙骨敛疮。诸药合用，共奏清热消肿止痛之功。

【现代临床应用】用于外科各种炎性肿胀未破溃者。本方减龙骨，加花椒、草乌、官桂、白芥子、生没药，名“大黄散”(《中兽医治疗学》)用于治急性黄证。另外，《中兽医外科学》中有一“雄黄散”：雄黄 30g、大黄 60g、白芷 30g、天花粉 30g、川椒 15g、天南星 15g。其用法与本方同，具有使疮毒收缩不致扩散，轻症可消，已成易溃的作用。而

《抱犊集》中也有一“雄黄散”：雄黄、川椒、白及、白蔹、草乌、大黄、官桂、白芥子。共末和面粉调匀，混水敷肿处，用于治诸肿毒及筋骨胀。

桃花散(《医宗金鉴》)

【组成】白石灰500g，大黄90g。先将石灰用水泼成末，再与大黄同炒，以石灰变成红色为度，去大黄，将石灰研细末用凉水调敷。

【功效】敛伤，止血。

【主治】创伤出血。

【方解】本方专为创伤出血而设。因锐性或钝性外力作用于机体，使局部皮肤肌膝创伤，脉络破损血溢于外。若小量出血对机体影响不大，当出血量多，或陈旧伤经常出血，会对机体有害，须速止血。方中石灰敛伤止血，大黄凉血止血。二药同炒，协同增强敛伤止血之功。

【现代临床应用】用于外科肌肤经常出血的陈旧创伤，或经久不愈的渗出性疮疡等病证。若加入少许冰片，既止血敛伤，又清热止痛，防腐，可加速创伤愈合。

9.1.3.2 医牛方

(1)必效散(《元亨疗马集》)

【组成】青葙子、石决明、决明子、石膏、龙胆、玄精石、木贼、黄芩。研为末，每服50g，蜂蜜200g，朴硝150g，以水灌之。

【功能】清热散风，明目退翳。

【主治】主治肝胆实热证，如牛肝胆风病。由于肝经热盛而生风，病畜出现狂妄的急性热型症状，表现为狂走急奔，起卧不停，瞪眼视物，继而出现浑身肌肉颤抖，两耳上竖，闻声惊惶，口内呈现青色。

【方解】治则“清肝胆实热，使热去而风自消”。方中青葙子、石决明、决明子、龙胆、木贼入肝经，祛风清热；玄精石、石膏、黄芩、朴硝清实热；蜂蜜调和各药，清热解毒，润燥补中。

【现代临床应用】在临床以本方为基础，加减化裁，改作汤剂，治疗水牛肝经风热、白翳遮睛、胬肉攀睛等病证。本方去木贼，加苍术可用于治疗马属动物月盲和骨眼病。临床见有胆汁排出障碍的消化不良，且多因体内毒素蓄积而自体中毒，出现奔走往来不住，时有阵发皮肌颤抖，亦可用本方去玄精石、木贼，加栀子治之。

(2)三黄天竹散(《元亨疗马集》)

【组成】天竹、黄芩、玄参、天竺黄、车前子、青葙子、石决明、甘草、大黄、木贼、斑竹笋。为末，每服100g，朴硝200g，枳壳200g，加酒适量，用筒灌之。

【功能】清肝泻热，安神，行气通利。

【主治】主治肝经积热而生的一种内黄证候，如牛肝黄病。因遭受暑热侵袭，内侵肝经而引起急性发热的黄症，病畜出现狂乱不避障碍奔走、头昂尾拱、眼目红赤等癫狂症状。

【方解】天竹、天竺黄、黄芩、大黄、玄参泻热、安神为主；青葙子、石决明、木贼清肝热为辅；斑竹笋、朴硝、车前子、枳壳清凉解热，行气通利以助主药；甘草调和诸药，酒引导各药从速入经。

【现代临床应用】临床上牛豆类中毒见上述症状时，本方减去天竹、斑竹笋二味，其他皆用50g，朴硝、枳壳仍为200g，水煎，不加酒用之。

（3）消风散（《抱犊集校注》）

【组成】黄芩、黄连、蝉蜕、木贼、龙胆、菊花、青葙子、决明子、车前、甘草、防风、杭菊、苍术、白芍、井泉石、石膏。为末，米泔水冲服。

【功能】祛风清热除湿，清肝明目。

【主治】主治肝经风热，如牛结膜炎。病畜出现两眼发红肿胀，怕光流泪，生眼屎等症状。

【方解】黄芩、黄连解热凉血；蝉蜕、木贼退翳；龙胆、菊花、青葙子、决明子退风热以明目；白芍养血柔肝；防风、苍术祛风胜湿。

【现代临床应用】本方可酌情用于过敏性皮炎、湿疹、疥癣等症。风毒盛者，可加连翘、金银花；血热盛者，可加赤芍、紫草；湿热盛者，可加地肤子、车前子。

（4）洗肝散（《抱犊集校注》）

【组成】防风、荆芥、木贼、白菊、白芷、川芎、龙胆、厚朴花、当归尾、红花、车前、黄芩、蔓荆子，共研末，开水冲服。

【功能】疏风散热，清肝泻火。

【主治】主治肝经郁火上冲，眼目暴肿，如牛眼痛症。由肝火炽盛所引起，病畜表现为眼睑发红，胬肉增长发肿，甚至遮盖瞳孔，影响视力等症状。

【方解】防风、荆芥、木贼、蔓荆子疏散风热；川芎、红花养血活血；白菊、车前养肝明目；白芷、川芎、当归尾镇痛；龙胆可泻肝火。

【现代临床应用】临床用于治疗春季卡他性结膜炎、角膜炎，舌苔厚腻、脉濡者，加苍术、木通；痒甚难忍者，加白蒺藜、蝉蜕、蛇蜕、地肤子；眼内黏丝（炎性渗出物）较多者，加蒲公英；睑结膜型为主者，加生石膏、藿香；球结膜型为主者，加茵陈、决明子；混合型者，加赤芍、连翘、桔梗。每日 1 剂，早晚 2 次温服。晚上服药后再用药渣煎液熏洗眼部 15min 左右。

（5）人参散（《元亨疗马集》）

【组成】芍药、人参、黄芩、贝母、知母、防风、白矾、黄连、郁金、黄芪、桔梗、瓜蒌、大黄、栀子。为末，每服 100g，砂糖 50g，用生姜水，灌之。

【功能】补助元气，泻三焦实火，凉血泻毒，解毒散表，舒挛止痛，润肺滋阴，化瘀和血，健脾清湿。

【主治】主治热性瘟疫病，如牛热瘟疫。症见被毛焦枯，肚腹胀满，四脚癫狂乱走。

【方解】用人参散治疗本病，不完全是用来补养，而是用人参、黄芪补助元气，元气即壮，就能助药力驱疫毒外泄，避免疫毒因气衰而内陷固封为害。方中黄芩泻上焦肺火，黄连泻中焦脾火，大黄泻下焦大肠火，栀子泻三焦实火，郁金凉血泻疫毒，白矾解毒除热，防风解毒散表，芍药舒挛止痛，贝母、知母、桔梗和瓜蒌润肺滋阴而去热，砂糖化瘀和血，生姜水调和诸药。

【现代临床应用】人参散见于《备急千金要方》，人参、甘草、细辛各六分，麦冬、桂心、当归各七分，干姜二两，远志一两，吴茱萸二分，川椒三分。具有温胃健脾、散寒止痛、补中益气、养血安神之功。临床上以脾胃虚寒，气血亏虚，中气不足之证而论治，处以人参散改汤加减：生晒参、吴茱萸各 6g，党参、远志各 12g，干姜、麦冬各 24g，花椒 9g，肉桂 21g，炒甘草、细辛、桔梗、炒枳壳各 18g，姜半夏 15g。

（6）清心散（《元亨疗马集》）

【组成】人参、茯苓、板蓝根、青黛、大黄、甘草、栀子。为散，每服 50g，蜂蜜

200g，水 2L，同调服。

【功能】泻实火，清热解毒，补气生津。

【主治】急性热证，心胸积热极盛，热血瘀积于内，如牛心黄病。病畜呈现癫狂、睁眼、竖尾，不避障碍地奔走，体内外均发热。

【方解】治疗方药以苦寒大泻实火的栀子、大黄为主；青黛、板蓝根清热解毒，茯苓宁心去热为辅；人参（或党参）补气生津而助药力，祛热毒外泄为佐；甘草、蜂蜜调和各药以泻热毒为使。

【现代临床应用】在临床诊疗中发现患牛发病急骤，初起神志混乱，狂奔乱跑，躁动少卧，眼急惊惶，见物冲撞，两目发黄，身热口赤，气促喘粗，口吐白沫，有时吼叫，舔食泥土。继而肌肉颤抖，步态不稳，倒地抽搐，可辨证为牛心黄证。

（7）人参散（《元亨疗马集》）

【组成】人参、茯苓、黄柏、郁金、升麻、青黛、甘草、板蓝根。为末，每服 150g，生姜 25g，水 1L，同酒灌之。

【功能】补气养正，养心益脾，清热凉血，泻火解毒。

【主治】牛心风狂病。本病是五脏蕴蓄热毒，以肺内积蓄最深，因为心为一身主宰，所以称心风狂。病牛呈现喘息而发声响，口内流涎；肺中热毒反映于体表，则皮肤生疮痈，而眼眶肿胀，耳不煽动，头抬起难以低下等症状。

【方解】方中人参、茯苓养心益脾，青黛散五脏郁火、凉血解毒，黄柏泻火，郁金、板蓝根清热凉血，开郁解毒，甘草解毒益气、补虚和中为辅，升麻升提清阳、清热解毒为佐；生姜、酒辛散而调和以引导各药。

【现代临床应用】牛心风黄又称心黄、心风狂，是在炎热气候时多发的一种以发热、神乱、狂躁、行为异常为主要特征的急性热性病。由于天气酷热，内伤劳役，外感热邪积于心肺，久郁而化火，热极生风，灼生成痰，痰火上扰，蒙蔽心窍，神志逆乱而成本病。与现代临床的急性脑炎或脑膜炎早期病症相似。

（8）定风散（《元亨疗马集》）

【组成】天竺黄、防风、人参、川芎、干地黄、紫苏、麻黄、天麻、白蒺藜、甘草。为散，每服 25g，水 1L，入蜂蜜 100g，同拌，温服。

【功能】清热解毒，安神镇静。

【主治】使役过度或受热邪，使热毒积聚上注于脑引起的疾病，如牛脑中黄病，又称“脑旋风”（相当于脑膜脑炎的兴奋期症状）。病畜出现旋转盘身不停，舌红脉洪，系热盛之症；严重时，神志昏迷，狂奔乱走，头向后弯，眼呈黑色，口吐涎沫，体表出汗。

【方解】方以天竺黄凉心安神，天麻祛风镇惊，防风、麻黄、紫苏疏散肌表，发汗解热为主；川芎养血疏风，干地黄滋阴降火，白蒺藜除风热为辅；人参扶正助阳以助祛之力为佐；甘草、蜂蜜调和诸药，泻热补中为使。

【现代临床应用】临床上见患牛有上述症状者，用本方加减之，如：天竹黄 35g，黄柏、黄芩各 25g，防风、党参、生地黄、紫苏、天麻、白蒺藜各 30g，川芎 25g，黑附子 20g，木通、车前、麻黄、甘草各 15g，水煎取汁候温，兑蜂蜜 250g 灌服。

（9）牙硝散（《元亨疗马集》）

【组成】马牙硝、甘草、黄芩、黄连、郁金、大黄（各 155g），朴硝（145g）。为末，每服 50g，蜜猪脂 200g，调水频繁灌服，立见效；本方内服不如涂擦舌体有效。

【功能】去脏腑积热，泻热解毒，泻上焦湿热，导热下行。

【主治】牛木舌病，因热毒侵蚀舌体或心经热毒上逆于舌，而形成毒血凝结在舌体。症见病畜舌肿胀，麻木不仁，舌体不热。

【方解】马牙硝去五脏积热伏气，朴硝逐六腑热结，黄连泻心火解毒，配大黄泻热行瘀；导热下行，黄芩泻上焦湿热，郁金入血分，凉血开郁，甘草清热解毒，和药补虚，蜂蜜泻热解毒，补虚和中，猪脂滋营解毒散宿血。

【现代临床应用】现代医学研究认为牛木舌病是放线菌侵入舌体中所致，兼有上述症状，舌体肿硬而冷，宿于口中不能伸屈。应用本方加减（芒硝60～120g，黄连、黄芩、郁金、大黄、栀子、生地黄、昆布、海藻各30～45g，甘草25g；视牛的病情轻重加减，加水煎服，一日一次）配合5%碘酊溶液局部分点注射治之。

（10）麻黄散（《元亨疗马集》）

【组成】麻黄、当归、桂心、川芎、半夏、干姜、白芷、蜈蚣、黑附子（酒浸）、葛根、白附子。为末，每服100g，用酒1L，同煎，待温灌之。

【功能】祛风解表，温中散寒，燥湿化痰，活血疏风。

【主治】主治牛膊肢风证，因遭受风邪侵袭，致使膊肢部气血凝滞，筋肉麻痹。症见病牛患肢移步艰难，随着风邪的蔓延扩大，更出现脊背僵硬。

【方解】治方以麻黄、白芷、葛根、白附子、蜈蚣祛风解表为主；桂心、干姜、黑附子温中散寒，以通营卫为辅；半夏燥湿化痰，当归、川芎活血疏风佐助主药；酒辛温散寒而引药到达病所。

【现代临床应用】临床上见病牛精神不佳，鼻镜汗少，卧倒于地，抽打后后肢撑起而前肢跪地不起，四肢体温如常，诊为膊肢风。用本方加减（桂枝60g、当归60g、川芎55g、白芷55g、五加皮50g、牛膝45g、羌活55g、威灵仙50g、黄藤150g、山木通100g、大血藤250g、鲜柳枝300g、白面风250g），每日1剂，水煎2次，候温灌服，并配合针灸丹田、三台、中膊、涌泉、苏气、百会等穴治之。

（11）麻黄细辛汤（《抱犊集校注》）

【组成】麻黄、细辛、茯苓、葛根、桔梗、苍术、枳壳、白芍、车前子、薄荷、木通、柴胡、桂枝、白术、猪牙皂、厚朴、枳实、青皮、青葱七根，煎水冲服。

【功能】温经解表。

【主治】主治素体阳虚，加上外感风寒的表证，如表寒闭症。病畜表现为浑身冰冷，肌肉震颤，大便稀溏，小便短黄，鼻干无汗，鼻流清涕，喘满腹胀，体温较高等症状。

【方解】麻黄、细辛、桂枝辛温解表；白术、白芍补气补血；薄荷疏散风热；柴胡和解退热；葛根发表解肌；车前子、木通清热利水；苍术发汗解表，燥湿健脾；厚朴、枳实、青皮理气；桔梗化痰；茯苓利水渗湿，健脾化胃；猪牙皂开窍祛痰；枳壳利气，行痰，消积；青葱发汗解热。诸药相合可解表散寒，温里升阳，除湿利水。

【现代临床应用】冷闭症是中兽医临床常见病症之一，多由雨淋、受寒、感冒等引起，属外感风寒表虚证，其主症为口耳鼻、四肢发冷。若口鼻严重厥冷，脉微欲绝之危重症先用参附汤急救，症状缓解后再服本方。

（12）发表青龙汤（《抱犊集校注》）

【组成】麻黄、杏仁、川芎、桂枝、紫苏叶、陈皮、枳壳、桔梗、干姜、贯众、茯苓、甘草、苍术、厚朴、前胡、旧草帽汗圈，煎水冲服。

【功能】发汗解表，清热除烦。

【主治】主治表寒重证。因受冷，毛窍闭塞而致，病畜表现为浑身发热，喘息气粗，食欲不振或不食，瘤胃蠕动弱而缓等症状。

【方解】麻黄、桂枝、紫苏叶、干姜解表发汗；川芎活血止痛；枳壳镇静，利尿；桔梗止咳祛痰；茯苓、甘草、苍术、厚朴健脾益胃。

【现代临床应用】常用于治疗牛慢性阻塞性肺气肿、肺炎、百日咳、过敏鼻炎、急性支气管炎、卡他性中耳炎等外寒里证。

（13）通灵散（《元亨疗马集》）

【组成】细辛 100g、官桂 55g、茵陈 50g、青皮 50g、陈皮 50g、桂心 50g、苍术 50g、芍药 50g、藁本 50g、茴香 50g。为末，每服 50g，用酒适量，与葱白汤同煎调，灌之。

【功能】暖胃散寒，醒脾助食，平肝理气，燥湿健脾。

【主治】寒伤脾胃引起的脾痢病，症见病畜毛焦、口鼻冷、腹痛频发，出现起卧症状，有时出现回头顾腹和四肢肌肉颤抖情况，排出的粪中夹杂有脓状物。

【方解】方中藁本用来解除痢病初期的表寒头重（头低下及触墙）症状，茵陈除去舌苔黄腻，细辛止腹痛，官桂、桂心、茴香暖胃散寒，醒脾助食，青皮、陈皮、苍术平肝理气，燥湿健脾，以酒散寒暖胃为引。

【现代临床应用】耕牛拉稀症主要是耕牛脾胃虚弱、消化不良或因风寒内侵导致寒、湿伤脾，引起脾胃运化无力，体内升清降浊功能受阻，水湿困扰脾胃，见有上述症状，时有血液混杂。在临床治疗中采用“通灵散”加减，苍术 35g、官桂 20g、细辛 10g、茴香 25g、陈皮 30g、青皮 30g、芍药 30g、茵陈 25g、桂心 15g、藁本 30g，共为细末，开水冲服，候湿灌服。拉稀日久食欲减退者，方中加木香 15g、山楂 30g、神曲 30g、炒麦芽 30g；粪便中混杂血液者，方中加黄芪 60g、黄芩 30g、地榆炭 30g；粪便稀如水样，精神倦怠，行走乏力者原方中加白术 30g、茯苓 30g、猪苓 25g。

注意事项：临床诊治耕牛拉稀，一定要辨证准确，“通灵散”主治脾胃虚寒引起的拉稀，对肠道痢疾则禁用。稀粪中带有血液者，宜酌加补气药，以达到补气摄血之目的，既能增强脾胃的运化功能，又能起到止血作用。

（14）灵应散（《元亨疗马集》）

【组成】槟榔、豆蔻、白术、黄芪、桂心、附子、高良姜、苍术、甘草。为末，每服 75g，生姜 25g，水煎灌之。

【功能】助阳散寒，健补脾胃。

【主治】脾胃虚寒之症，症见病牛形体消瘦，肌肤颤抖，卧地不起，头伏地面，张口伸舌，呈虚喘状，口内流涎，口鼻俱冷，有的两耳溃烂。

【方解】治方取：附子、桂心、生姜、高良姜大辛大热，助阳散寒；黄芪、甘草补气和中、健补脾胃以助运化功能，槟榔散结消积，破气下水。

【现代临床应用】临床研究发现脾胃虚寒症是外感风寒，内伤阴冷，轻则胃冷吐流涎，重则胃寒不食的一种疾病。该病极易与感冒混淆，容易误诊。感冒的主要症状为体温升高，食欲废绝、喜饮冷水，呼出之气发热，喜食少量青绿草；而脾胃虚寒症则主要表现为体温基本正常或略低，呼出之气发凉，喜食少量干草，饮水基本废绝，而该病主要发生在 6～8 月，此间正是夏至立秋之际，有明显的季节性。临床见上述症状，应用加味健脾益胃散：豆蔻 24g、黄芪 45g、厚朴 24g、益智仁 30g、姜黄 30g、党参 30g、陈皮 30g、砂仁 24g、炙甘草 25g、肉桂 15g。共为末一次灌服，与本方有异曲同工之效。

（15）平胃散（《抱犊集校注》）

【组成】苍术、甘草、前胡、陈皮、厚朴、砂仁、草果、山楂、枳实、山药、白扁豆、牵牛子、车前、木通、生姜，煎水灌服。

【功能】祛湿健脾，消食化积。

【主治】脾胃虚寒。因脾胃运化失职，久渴失饮，骤饮冷水过多，为寒所伤导致，病畜出现消化不良，畏寒不食草，呕吐，肠鸣腹泻，日渐消瘦等症状。

【方解】以苍术为主药，助以生姜去胃内寒湿；前胡、草果、砂仁、枳实、厚朴理气下气；山楂、山药、白扁豆、陈皮和中开胃，助消化吸收；木通、车前、牵牛子配甘草清湿热，去积利尿。

【现代临床应用】本方广泛用于调整脾胃诸证，无论寒热虚实，均可酌情加减应用。兼食滞不化者，可加神曲；阳弱阴盛，见泻下清水，肠音雷鸣，粪渣粗长，脉象迟沉，酌加附子、肉桂；小便不利，四肢虚肿，酌加猪苓；形体消瘦，四肢无力，眼窝下陷，口色清白，口腔湿腻尿少，口液黏稠，全身虚弱，酌加党参、黄芪、当归、川芎。

（16）健脾散（《元亨疗马集》）

【组成】官桂、厚朴、茴香、青皮、甘草、陈皮、苍术、五味子、白术、青木香等。为末，每服75g，酒适量，同煎灌之。

【功能】燥湿暖胃，理气止呕，健脾行气。

【主治】牛胃翻（胃寒性呕吐），脾虚胃弱，冷热相冲，胃气上逆（逆蠕动），呕吐物多是粪浆草料。

【方解】方中以平胃散（苍术、陈皮、甘草、厚朴）加官桂、茴香等组成，目的是燥湿暖胃，健脾行气（解除胃痉挛），本方须用生姜、大枣为引，姜、枣（炒、研）实有良好的止吐作用，且价廉易行，用时药量宜大（100～150g）。

【现代临床应用】临床上牛前胃弛缓属中兽医学的脾虚不磨，脾胃不和，脾胃虚弱之范畴，是牛多发的一种内科疾病。中兽医辨证分为虚寒型和湿热型两种，用健脾散随证加减治之。现代健脾散基本方：党参40g、黄芪40g、茯苓50g、白术50g、三仙（山楂、神曲、麦芽）各60g、木香50g、陈皮80g、厚朴50g、泽泻60g、大黄50g、枳壳50g、槟榔20g、翻白草75g。此方具有健脾益气、消食导滞、行气利水之功。治虚寒型者减大黄，加苍术、煨肉蔻、砂仁、当归，以温中散寒，健脾燥湿。治湿热型者减党参、黄芪，湿偏重者加猪苓、滑石、苍术、草果、薏苡仁，以健脾利湿；热偏重者加麦冬、栀子、藿香、佩兰、龙胆、茵陈，以清热除湿。体质消瘦者多用党参、黄芪，以扶正祛邪；大便秘结者重用大黄（孕牛慎用），以导滞通便；反刍消失或无力者，加大基本方中槟榔用量，重用翻白草。

（17）扶脾散（《抱犊集校注》）

【组成】山药、白扁豆、枳实、乌药、贯众、苍术、白术、槟榔、薄荷、荆芥、车前子、白芍、木香、大黄、当归尾、猪牙皂、焦山楂、青皮、葛根。气胀用木香、乌药、萝卜蔸煎水冲服，大胀用葛根、茵陈、葫芦壳煎水冲服。

【功能】燥湿健脾，行气消胀。

【主治】主治脾肿胀，如牛连贴症。因脾湿，脾气不升所致，病畜表现为食后虚胀，粪渣带水，脉迟无力，口色淡白等症状。

【方解】萝卜蔸宣肺化痰，消食利水；山药、白扁豆、苍术、白术、木香、焦山楂补脾胃；贯众、槟榔、荆芥止血凉血；白芍、当归尾、青皮补血活血；大黄、车前子、葛根渗湿止痢。

【现代临床应用】临床主要用于治疗牛前胃弛缓。原发性前胃弛缓，应抓住脾虚这个根本，以扶脾健脾为主，并根据临床症状适当加减。如遇脾虚慢草，反刍减少或停止，瘤胃蠕动减少或停止，精神不振，鼻镜干燥或汗不成珠，腹围缩小，日久则体瘦毛焦，四肢无力，口色淡，脉无力的病患，亦可用本方加减治之。

（18）温脾散（《元亨疗马集》）

【组成】茴香、苍术、厚朴、防风、枳壳、芍药、陈皮、甘草、细辛、当归、青皮。为末，每服 50g，酒适量，生姜 50g，煎温灌之。

【功能】温中燥湿，利气健脾。

【主治】牛水伤病，症见水泻（寒泻），鼻冷如冰，浑身肌肉颤抖，也是寒伤脾胃的症状。

【方解】方中以茴香温中暖胃为主，以陈皮、苍术燥湿健脾为辅，以生姜为使。

【现代临床应用】高寒地区牦牛胃寒吐草不食症比较多发，具有明显的季节性，特别在冬春两季发病率较高，发病个体也有较明显的不同，一般是年老体弱畜及幼畜多发。兽医临床上应用加减温脾散治之。如临床见患畜反刍时吐草团，口色青白，滑利，有时可听到流水声似的肠音，脉象沉迟，尿清而细长，有时伴有阵发性腹痛，行走拘谨等症。其基本方：益智仁 25g、半夏 20g、白术 25g、党参 35g、砂仁 15g、厚朴 25g、陈皮 25g、肉豆蔻 25g、茯苓 30g、苍术 25g、小茴香 20g、生姜 20g、大枣 7 枚。研磨开水冲调，候温灌服。一日一次，连用 2～3 天。若有流水般肠音者加猪苓 30g、木通 20g；若伴有腹痛症状者加细辛 20g、白芷 30g；寒湿过盛，口色青白，鼻端四肢末梢俱凉者重用肉豆蔻、小茴香；食欲减少，粪中带有未消化的草料甚至食欲废绝者，加焦三仙各 60g，炒莱菔子 45g。

（19）五积散（《元亨疗马集》）

【组成】益智、厚朴、白术、官桂、青皮、陈皮、细辛、芍药、甘草、肉豆蔻。为末，每服 100g，生姜 50g，酒适量，同调灌之。

【功能】健脾暖胃。

【主治】牛水伤五脏病，有咽喉肿痛、鼻流脓浆、舌肿大等症状。

【方解】益智温脾止泻，暖肾固精；厚朴燥湿消痰；白术、陈皮健脾燥湿；官桂散寒止痛，温通经脉；青皮、肉豆蔻消积化滞；细辛祛风散寒，通窍止痛；芍药舒挛止痛；甘草益气和中，调和诸药。

【现代临床应用】常用于治疗家畜寒、食、气、血、痰五积之症的方剂出自《太平惠民和剂局方》，其组成：当归 30g、苍术 30g、川芎 20g、白芷 25g、茯苓 30g、枳壳 30g、陈皮 30g、白芍 20g、姜半夏 20g、肉桂 20g、干姜 20g、厚朴 30g、桔梗 25g、麻黄 15g，生姜 15g、葱白 50g 为引。与本方组成有较大差别，应予辨验。

（20）槟榔散（《元亨疗马集》）

【组成】槟榔、红豆、豆蔻、芍药、干姜、甘草、当归、缩砂、青皮、官桂、白芷、陈皮。为末，每服 50g，枣一枚，水煎，放温灌之，立见效。

【功能】下气行水，暖胃健脾。

【主治】牛患浮凉气怯病，症见畏寒怕冷，肺气虚，脾寒吐涎，呼吸浅频无力。其证属脾气虚，寒邪伤脾，使脾气不升，胃气不降，土不能生金而产生气怯病。

【方解】方中红豆是赤小豆（通称赤豆），用以渗湿利水，青皮健胃行气，官桂暖胃散寒而醒脾，甘草健脾和胃。

【现代临床应用】有报道用本方加减（即本方加山药、白术、白芷，减干姜、当归、官桂、豆蔻、槟榔），配合西药，治疗耕牛“喘气病”（牛黑斑病甘薯中毒）见有上述症状者。

（21）四顺散（《元亨疗马集》）

【组成】茴香50g、桂枝50g、苍术50g、白术50g。为细末，炒盐一匙，生姜50g，水煎灌之。

【功能】醒脾燥湿，散寒解表。

【主治】牛困水膈痰病，症见痰凝中膈，不食水草，舌苔黄，精神委顿，耳角俱冷，甚至肌肉震颤发抖，眼流清泪，腹内有水鸣声。

【方解】茴香温阳助脾，苍术燥湿健脾，白术健脾行水，桂枝发汗通阳，生姜温中散寒，炒盐引药下行。本方可连服三五剂，也可同时针刺脾俞穴。

【现代临床应用】困水膈痰证，经观察研究，初步认为属虚寒便秘，并用本方为基础方，将方中生姜改为干姜，另加草果仁、青皮、牵牛子、槟榔、当归等行气活血、泻下逐水药，对该证有较好的疗效。

（22）青皮散（《元亨疗马集》）

【组成】青皮、陈皮、芍药、细辛、茴香、白术、桂枝、官桂、甘草。为散，每服25g，生姜50g，盐25g，水煎灌之。

【功能】祛寒，解表，燥湿，止痛，破气，化痰。

【主治】牛腹泻病，较适用于使役后，牛体疲困，饮水过多，冷伤脾胃，食欲不振或废绝，也不饮水，大便水泻的病例。

【方解】青皮健胃行气，桂枝、茴香、官桂暖胃散寒而醒脾，白术利湿健脾，甘草健脾和胃。

【现代临床应用】现代临床主要用于牛脾虚泻痢，见有上述症状者，采用本方加减治之。现代基本方：厚朴、当归、青皮、焦白术、川芎、猪苓、泽泻、枳壳、滑石、山楂、神曲、甘草、桂心、茴香、官桂。具有健脾调中、补虚散寒的作用。

（23）三黄散（《抱犊集校注》）

【组成】黄连、白术、槐花、厚朴、诃子、黄芩、枳壳、青皮、黄柏、川芎、当归、地榆、桑白皮、葵花根煎水冲服。

【功能】健脾益气，助运化湿。

【主治】主治脾胃虚弱，湿热相搏，如牛血痢症。由湿热积于肠所致，病畜表现为精神沉郁，形体瘦弱，便泻不止，水样腹泻或便溏混有少量脓血等症状。

【方解】黄连、黄芩、黄柏可清胃肠湿热；白术、厚朴、枳壳、青皮、桑白皮健胃宽肠；诃子、槐花、地榆、葵花根收敛止血；当归、川芎使血行瘀散，血痢自止。

【现代临床应用】耕牛湿热泄泻多由外感暑湿或感染疫病之气或饲喂霉败秽浊的饲料引起，见有上述症状兼腹痛，加延胡索、五灵脂；泻痢初期减诃子；泄泻重时加大腹皮、乌梅；畜体瘦弱者加党参、黄芪。共研细末，每天一剂。加开水适量，候温一次灌服。

（24）白术散（《元亨疗马集》）

【组成】白术125g、苍术225g、紫菀150g、牛膝100g、麻黄150g、厚朴150g、当归175g、藁本165g。为末，每服100g，用酒适量，煎沸温服，灌之。

【功能】散寒燥湿，渗湿利水，活血止痛。

【主治】脾胃虚热病，症见病牛水草少进，口色青黄、腹痛、高热、水泻。适用于风寒外感，寒邪在表，虚热在里，食欲不振，轻微腹泻的病例。

【方解】方中紫菀渗湿利水，并用二术（白术、苍术）健脾燥湿，以当归、藁本、牛膝、麻黄等活血、散寒、止痛。

【现代临床应用】《元亨疗马集》中同名不同方应用较多，如：白术 30g、当归 30g、熟地黄 30g、党参 30g、阿胶 60g、陈皮 30g、紫苏叶 20g、黄芩 20g、砂仁 20g、川芎 20g、生姜 15g、甘草 15g、白芍 20g，具有养血安胎之功效。适用于马、牛胎动不安、习惯性流产、先兆性流产等。

（25）破血散（《抱犊集校注》）

【组成】生蒲黄、当归须、粉丹皮、大生地黄、炒红花、陈枳壳、淡竹叶、槟榔、茯苓皮、金银花、小木通、泽泻、枯黄芩、生石膏、灯笼草。煎水冲服。

【功能】凉血活血，止血化瘀。

【主治】主治身热血痢。

【方解】生蒲黄、粉丹皮、大生地黄、槟榔可止血化瘀；当归须、炒红花可散寒止痛、消肿；枳壳、茯苓皮、灯笼草有行滞消胀的功效；淡竹叶、金银花、小木通、枯黄芩、生石膏有清热、利尿的功效；泽泻利水渗湿。

【现代临床应用】临床用于治疗牛肠炎血痢兼有低热的病证。

（26）牵牛散（《抱犊集校注》）

【组成】牵牛子、猪苓、泽泻、车前子、木通、枳壳、青皮、黄柏、槟榔、茵陈、贯众、滑石、红花、槐角、生地黄、当归尾、甘草梢、生石膏，煎水冲服。

【功能】渗湿清热，凉血散瘀。

【主治】主治脾虚湿盛，肝郁气滞。因下焦湿热蕴结，迫血妄行而致，病畜表现为尿中带血，伴有食欲不振、尿道口红肿和尿频等症状。

【方解】甘草梢清火解毒；生地黄、当归尾、红花、生石膏、槐角、贯众有凉血止血、生血活血之功；泽泻、黄柏泻肾火；车前子、滑石、牵牛子、茵陈、木通、猪苓利水通淋；槟榔、枳壳、青皮理气行气。

【现代临床应用】临床用于治疗慢性肾炎或者膀胱湿热等病证。

（27）穿肠散（《元亨疗马集》）

【组成】牵牛子、大黄、甘遂、大戟、黄芩、滑石、黄芪，等量。为末，朴硝 150g，猪脂 500g，水 1L，同调灌之。

【功能】软结泻下，补脾健胃。

【主治】牛草伤脾病，因长期饲喂干硬而缺乏营养的蒿秆饲料，使胃肠消化能力逐渐受损，病情缓慢加剧以致成病（似为慢性前胃弛缓）。症见病牛呼吸粗厉，喘或哽噎，精神沉郁或兴奋不安，鼻镜干、口涩、涎稠、舌红，被毛焦乱，大便干硬而少，前胃蠕动音减弱甚至停止，此时食欲废绝，病入沉重期。

【方解】方中牵牛子、大黄、朴硝、甘遂、大戟等药物用量不多，能强烈刺激胃肠蠕动和分泌，兴奋鼓舞前胃功能，更得黄芪、黄芩、滑石的制约缓和峻下，故不会发生剧泻。同时，一旦宿草积粪泻下，即宜改用健脾散以调理之。本方只适用于阳明实证，瘦弱而有腹泻症状者不可用。服用时以煎剂较好，如以煎汤与煎渣同灌服，则药量还可酌减。

【现代临床应用】牛肠梗阻是耕牛的常见病之一，多由于采食花生藤、山芋藤为主的饲料引起。临床见有上述症状，可用内服加减“穿肠散”［大黄 60g、芒硝 250g、牵牛子 60g、大戟 30g、甘遂 30g、枳实 30g、黄芩 30g、玄参 30g、黄芪 30g、甘草 21g，猪油（无猪油可用植物油）250～500g，鲜萝卜 2500～5000g（无鲜萝卜用莱菔子 60g）］治之。体虚瘦弱者及老畜，加党参、当归；热甚者，加黄柏、栀子、金银花；阴虚火旺者，加麦冬、生地黄等。

（28）猪膏散（《元亨疗马集》）

【组成】滑石、牵牛子、甘草、川大黄、官桂、甘遂、大戟、千金子、白芷、榆白皮。为末，每服 75g，水 2L，猪油 250g，蜂蜜 100g，同煎灌之。

【功能】攻坚消积，暖胃止痛，润肠通便。

【主治】血虚胃燥之症，瓣胃津液枯涸，燥而难通。病初精神沉郁，食欲、反刍减少，有时空口咀嚼或磨牙。体温、脉搏、呼吸均正常；后期体温稍高，脉搏、呼吸加快。排粪减少或呈顽固性便秘，粪干燥呈球状或扁薄硬块，有时附着白色黏液或排胶沫泥类样粪便。

【方解】方内有一半是逐水攻下药，即刺激胃肠黏膜增加分泌，使胃肠内液体增多，由大便泻下。本方以反药同用而著称，其甘草与甘遂、大戟配伍系反药，但实践证明，却能促攻坚消积之功，为治牛百叶干病较理想的方剂；另用官桂暖胃，白芷止痛。榆白皮甘平滑利，对燥结瓣胃更为适用。燥宜润，重点还要用猪油和蜂蜜来滋润，所有油类中唯猪油最滋养而润，对保护百叶黏膜十分有利。治本病宜用散剂煎后，以煎汁和渣同灌，其比单用汤剂为好。

【现代临床应用】临床上牛百叶干（瓣胃阻塞）是牛常见的前胃疾病之一，一般冬季和早春多发。在临床应用中，见有上述症状者，瘤胃轻度臌气且蠕动极弱，第三胃无蠕动音，叩诊浊音区扩大，有疼痛感，可用本方加减治之。现代猪膏散基本方：大戟 40g、甘遂 30g、牵牛子 40g、滑石 60g、大黄 80g、千金子 40g、肉桂 30g、槟榔 40g、三棱 30g、青皮 30g、当归 30g、甘草 20g，水煎（大黄后放），调和猪脂 500g，蜂蜜 100g，芒硝 300g，候温灌服。体质虚弱，正气已衰，心气不足者或有溃疡出血者以及孕畜忌用此方剂。

（29）穿肠散（《抱犊集校注》）

【组成】生西庄①、风化硝②、枳实、青皮、山楂、猪牙皂、麦芽、厚朴、苍术、车前子、木通、蜣螂③，如果不通，加巴豆 40g，通了不用，炒莱菔子半升，煎水冲服。

注释：① 生西庄，即生大黄，为未加炮制的干燥品。

② 风化硝，是失去结晶水的芒硝。

③ 蜣螂，又名牛屎虫、屎壳螂，主治二便不通食滞不化。

【功能】健脾益气，润肠通便。

【主治】主治胃肠燥热，积滞，如便秘症。由大肠燥热太重，热则耗津；肺与大肠相表里，肠热灼肺，使肺不布津，气机阻滞所致，病畜表现为食欲不振，前胃蠕动减退，粪便燥结不通等症状。

【方解】生西庄、风化硝、厚朴、巴豆可泻下通便；枳实、蜣螂、炒莱菔子可攻积导滞；山楂、青皮、麦芽消食健胃。

【现代临床应用】临床用于治疗牛肠梗阻及瘤胃积食见有上述症状者。体虚瘦弱者及老畜，加党参、当归；热甚者，加黄柏、栀子、金银花；阴虚火旺者，加麦冬、生地黄等。

（30）大戟散（《元亨疗马集》）

【组成】大戟、滑石、甘遂、牵牛子、黄芪、巴豆、川大黄。为末，每服75g，猪脂250g，朴硝50g，水1L，同调灌之。

【功能】逐水通便，消积破滞。

【主治】以“口中流涎吐舌长”为特征的牛水草胀肚病。

【方解】方中巴豆一药素以开通闭塞、峻利谷道而著称，因此本方选用巴豆以加强肠道内容物的排出，从而恢复和增强前胃功能。应用峻泻的大戟散方，有大戟、甘遂、牵牛子、巴豆这类峻泻药用之宜慎，量不宜多（用药75g是指总量），并宜配加黄芪、滑石以补气去热（滑石有保护胃肠黏膜的作用）。同时还应用散剂投入胃中，使药在胃内缓慢发生作用，而不宜煎汤服用。

【现代临床应用】本方所治主证与现代临床的耕牛前胃弛缓、急性鼓胀发展到出现“胸式呼吸，有时舌伸出，口腔中流出唾液”的症状基本一致。尤其以冬季最为多见，而且患牛病程较长，难以治愈。临床主要症状为食欲减少和废绝，反刍无力或停止，缺乏嗳气，前胃蠕动次数减少或无蠕动等。采用本方加减（大戟30g、甘遂30g、牵牛子40g、朴硝150g、大黄50g、滑石60g、黄芪50g、甘草15g、猪油250g。用法：将朴硝与猪油用少量水加热熔化，其他药共末开水冲之，候温全部混合灌服）治之。

（31）益胃散（《抱犊集校注》）

【组成】益智、槟榔、白豆蔻、白术、白芍、陈皮、细辛、五味子、当归、厚朴、砂仁、官桂、甘草、木香、川芎、草果、枳壳、藿香。

【功能】消导和里，暖胃补脾。

【主治】主治脾胃虚热。因暑热而引起的翻胃呕吐，病畜表现为胃热不食草，夏季突发的呕吐不食等症状。

【方解】以白术健脾益气，厚朴理气下气，再加草果、砂仁、枳壳、陈皮和中开胃，助消化吸收，甘草和中益气，补虚解毒。

【现代临床应用】脾胃虚弱，消化不良的患牛，兼有上述症状，可重用白术调和营血；陈皮温中理气，使阴阳气血受到补益、营卫得以调和；脾胃虚弱的病畜易积湿，阴阳气血不足导致患牛抵抗力差，可加柴胡、防风、羌活、独活升阳散风，加泽泻利湿。症见烦热口渴、咽干、舌质红、舌干苔少的病畜，也可以考虑应用益胃散来治疗。

（32）消食散（《抱犊集校注》）

【组成】焦山楂、麦芽、枳壳、枳实、厚朴、丁香、草果、青皮、山药、神曲、大黄、车前子、木通、苍术、炒莱菔子。

【功能】健脾开胃，消食化积。

【主治】主治水草胀肚。因饲养管理不当或应激反应造成消化功能减弱，病畜表现为瘤胃弛缓、食欲减退、精神沉郁、逐渐消瘦等症状。

【方解】焦山楂、神曲、麦芽、草果健脾，消积食；大黄行积滞，消坚满，荡涤肠胃；车前子、木通利尿；炒莱菔子消食除胀；山药可补虚益中。

【现代临床应用】奶牛前胃弛缓，因脾气升降失常，腐热功能降低，见有上述症状者，可以用本方加党参、白术、茯苓健脾燥湿，加香附子止呕，加益智仁温脾止泻而治之。消食散在临床中还用于治疗急慢性的胃炎和萎缩性胃炎，缓解消化不良、呕吐、腹泻等症状。

（33）通气散（《元亨疗马集》）

【组成】狼毒、滑石、牵牛子、大戟、黄芩、黄芪、大黄。为末，每服 50g，猪脂 250g，朴硝 200g，水 1L，同煎，温灌之。

【功能】峻泻逐水，破积通滞。

【主治】牛宿草不转，与现代的瘤胃积食所表现的腹胀坚实、疝痛踢腹等症状相符。

【方解】方中以黄芪补气，提高瘤胃的蠕动功能，以狼毒、朴硝、大黄攻积食以泻下，以牵牛子、大戟逐水以泻下，以猪脂软坚，配以黄芩、滑石以清热消炎，实为攻补兼施的理想方剂。

【现代临床应用】临床用本方加减（加郁李仁、木通、槟榔、枳实、香附、紫苏子、莱菔子，减黄芪、黄芩、朴硝）治牛宿草不转。若母牛产后宿草不转，本方去狼毒、滑石，加熟地黄、山药、槐花、通草治之。

（34）白矾散（《元亨疗马集》）

【组成】白矾、贝母、黄连、白芷、郁金、黄芩、大黄、甘草、葶苈子。为末，每服 50g，蜂蜜 200g，猪脂 250g，研和同灌。

【功能】泻肺，祛痰，消肿。

【主治】牛气喘病（气滞肺胀）系实证型喘气证候，为热毒直接积聚在肺内引起的原发性气喘。病牛呈现的主要症状是呼吸困难，喉内声响如雷，喉头部胀大等。

【方解】方中白矾、葶苈子、贝母、郁金等为主药。白矾燥湿祛痰；贝母及葶苈子清热化痰，止咳平喘；郁金行气化瘀，清心解郁。

【现代临床应用】牛烂红薯中毒又称牛黑斑病甘薯中毒，俗称“牛喘气病”。指牛采食了有黑斑病甘薯后，所致的一种以急性肺水肿与间质性肺气肿以及严重呼吸困难，后期呈现缺氧及皮下气肿为病理和临床特征的中毒病。现代临床采用的本方加减方是：白矾 30g、贝母 30g、黄连 30g、白芷 30g、郁金 30g、黄芩 30g、大黄 30g、甘草 30g、石韦 30g、蜂蜜 30g、葶苈子 30g，煎水内服，1 剂/天，连用 3～5 天。

（35）消黄散（《元亨疗马集》）

【组成】知母、贝母、黄芩、大黄、甘草、荆芥、栀子、瓜蒌、川芎、牙硝、白矾、朴硝、蛇蜕。为末，每服 100g，蜜水适量，同调灌之。

【功能】清肺滋燥，清热泻火，祛风行气，解毒镇惊。

【主治】牛喉风病，因肺内积热上冲于喉，热极生风，致使喉部气血凝滞而发生肿胀，呼吸困难，气如拉锯，口吐白沫，水草不进，有时肌肤颤抖，严重急性的在数小时内发生窒息死亡。

【方解】方以知母、贝母、瓜蒌、蜂蜜甘润之品，清肺滋燥为主；黄芩、栀子苦寒泻火，牙硝、朴硝咸寒泻火，白矾清热解毒为辅；并加荆芥、川芎、蛇蜕祛风行气、解毒镇惊以佐之；甘草和中益气，调和诸药。

【现代临床应用】喉风即结喉症，主要因风热之邪所致，即现代临床上的急性肿胀性喉炎，以呼吸时发生痰鸣、声似拉锯为特征，多发于夏秋季节。采用消黄散加减（知母、贝母、黄芩各 100g，大黄、荆芥、栀子、瓜蒌、朴硝、甘草各 60g，山豆根、桔梗、桑白皮、车前草各 50g，薄荷 30g，蛇蜕 20g，共煎水内服）治之。

（36）南硼砂散（《元亨疗马集》）

【组成】薄荷、川芎、桔梗、南硼砂、白矾、黄柏、甘草、青黛、黄连、人参。为末，每服 100g，蜂蜜一杯，酒、水适量，同调灌之。

【功能】清凉散郁，去肿消痛，活血解毒，宣通肺气。

【主治】肺嗓黄又叫嗓黄，乃牛喉嗓间毒热壅滞之症。其症蔓延时间长，肿处硬而顽坚，皮肉不变，食草如常，往往十天半月之久，始熟软成脓，破流成疮。肿胀比较大时，病牛表现为气塞喘高，项直颈伸，呼吸时有响亮的“嘎嗝”的鸡叫般声响。

【方解】方中南硼砂、青黛、薄荷清凉散郁，去肿消痛为主；川芎、桔梗、白矾活血解毒，宣通肺气，助主药治咽喉肿痛为辅；黄连、黄柏泻热解毒；人参、甘草、蜂蜜益气生津，养正缓急为佐；酒引各药入经，以加速其功效。

【现代临床应用】嗓黄类似于咽喉炎，喉嗓间肿胀，触之疼痛灼热，水草难咽，口内流涎，呼吸困难。治疗此类实热型黄肿，除采用南硼砂散加减（知母 30g、黄芩 40g、栀子 40g、荆芥 20g、薄荷 10g、朴硝 40g、桔梗 40g、白矾 40g、南硼砂 20g、青黛 30g、贝母 20g、玄参 30g、甘草 20g，共研末，蜂蜜 100g 为引，开水冲，连渣灌服）外，还应配合抗生素类西药全身用药。

(37) 瓜蒌散（《元亨疗马集》）

【组成】知母、瓜蒌、贝母、桂心、槟榔、陈皮、红豆、栀子、青皮、缩砂仁、当归。为末，每服 60g，蜂蜜适量，同调，灌之。

【功能】清肺润燥，行气宽胸，清热解毒，利水通便。

【主治】牛肺热气喘，病牛呈现鼻干舌燥，呼吸喘满，烦躁不安，四蹄不宁，粪干尿少等症状。

【方解】方中瓜蒌、知母、贝母、蜂蜜清肺润燥为主；槟榔、陈皮、青皮、缩砂仁行气宽胸、破气消胀为辅；栀子、红豆清热解毒，利水通便；桂心、当归温经通络以活血，引主药而降肺气。

【现代临床应用】现代主要用于治疗肺炎、支气管炎、干咳等见有上述症状的疾病。

(38) 菖蒲散（《元亨疗马集》）

【组成】石菖蒲、白芷、知母、大黄、贝母、文蛤、甘草、瓜蒌子。为末，每服 150g，白矾 50g，蜂蜜 200g，水 1L，同调服之。

【功能】振发清阳，宣通心窍，清肺解热，滋阴润燥，解热利水，解毒泻火。

【主治】牛肺黄病，热毒停积于肺，致使气血凝滞在肺而发生黄症。其症状为：呼吸促迫，口鼻流沫，眼内白珠现黄色；又出现心神昏迷，用头抵墙，四肢发生痉挛难以着力，故经常颠仆于地。

【方解】方以石菖蒲、白芷芳香之品，振发清阳，宣通心窍，搜风宣气为主；知母、贝母、瓜蒌子、蜂蜜清肺解热，滋阴润燥为辅；文蛤解热利水，去胸痹；大黄泻实火；白矾清热解毒为佐；甘草益气和中，调和诸药。

【现代临床应用】现代主要用于治疗间质性化脓性肺炎见有上述症状者。

(39) 消暑散（《抱犊集校注》）

【组成】香薷、白扁豆、麦冬、薄荷、木通、猪牙皂、藿香、茵陈、白菊花、金银花、茯苓、甘草、人参叶、石菖蒲。煎水冲服。

【功能】解表祛暑，化湿和中。

【主治】主治伤暑夹寒，湿热内阻，如伤暑症。病畜表现为突然倒地，张口伸舌，呼吸急促，可视黏膜紫红色，体温升高等症状。

【方解】香薷、藿香发汗祛暑；白扁豆、茯苓、甘草清暑健脾；麦冬养阴润肺；薄荷发散风热；茵陈、白菊花、金银花、人参叶清热解毒，利湿；石菖蒲安神镇静。

【现代临床应用】临床上牛日射病见上述症状。症见病畜突然发病，精神不振，目瞪头低，行走不稳，严重时则四肢发冷，舌色青紫，脉象沉微，浑身颤抖出汗，倒地不起而死亡，间或有汗，无寒战现象。可对“消暑散”适当加减，方药：香薷 60g、藿香 25g、麦冬 25g、薄荷 25g、木通 60g、菊花 30g、生地黄 30g、黄柏 25g、茯苓 25g、茵陈 20g、猪牙皂 20g、甘草 15g、石菖蒲 20g、白扁豆 30g，共煎水候温内服。

（40）治肺散（《元亨疗马集》）

【组成】紫苏 100g、知母 100g、紫菀 115g、大黄 75g、甘草 75g、黄芩 165g、桔梗 170g、贝母 165g、白矾 155g、白术 120g。为末，每服 100g，生姜 25g、蜂蜜 100g，水 2L，同煎灌之。

【功能】清肺降逆，滋阴润燥，清热解毒，理气宽中。

【主治】牛肺扫病，多为心热亏损肺阴的一种病证。初期症状是流涎不止，呼吸不畅；继而形体消瘦，被毛焦枯，皮肉紧贴骨骼，咳嗽声低，有时呈虚喘。

【方解】方以知母、贝母、紫菀、桔梗、蜂蜜清肺降逆，滋阴润燥为主；白术理气宽中，甘草益气缓急为辅；配加大黄泻实热，黄芩泻肺热，白矾清热解毒佐助，生姜辛散而调和诸药。

【现代临床应用】临床上本病是由于饲管不当，患牛感受风寒后，邪入前焦，郁而成湿，湿为阴邪，凝阻肺窍，郁久化火犯肺，使肺气不得宣降，并失通调水道之功，最终形成以肺气不畅、痰聚前焦为主证的痰湿内阻型肺扫病。畜体遇邪之后，肺受干扰和侵袭，而并非心脏有实热，仅是由于肺气不畅、气机不利所致的郁热，故方中黄芩、知母、大黄、紫菀等即为此而遣。采用本方加减（紫苏 250g、黄芩 90g、知母 90g、贝母 50g、桔梗 90g、紫菀 120g、大黄 50g、白术 80g、白矾 120g、甘草 30g、黄药子 150g、白药子 150g、生姜 60g、蜂蜜 300g，水煎去渣，冲蜂蜜灌服）治之。

（41）半夏散（《元亨疗马集》）

【组成】半夏 50g、知母 50g、贝母 50g、苍术 75g、白芷 70g、芜荑 50g、细辛 75g、铅粉 50g、川芎 55g、黄芩（炒）50g。为末，每服 50g，酒适量，生姜 25g，同调灌之。

【功能】润肺止咳，化痰止痛，活血行气，滋阴散结。

【主治】牛肺痛病，多因负力过重而急奔，或跌扑撞压，致使气滞血瘀于胸膊而发生疼痛。病初胸膊疼痛，气促微喘，有时短声咳嗽，束步难行；病情加重后，日益站立不稳，形体消瘦，最后卧地不起，强迫行走则见前肢跪地移步。

【方解】方以半夏化痰止咳，去胸痹疼痛，川芎活血行气而止痛，知母、贝母润肺止咳，滋阴散结，细辛化痰止痛、辛温发汗为主；白芷、苍术通经利窍，生肌行血，铅粉消胀止痛，黄芩泻肺实为辅；配以芜荑辛温之品，使气血调和，安养肢节；酒、生姜辛散活血，引诸药入经。

【现代临床应用】临床上用本方加味治疗黄牛肺寒吐沫证，以理肺、顺气、祛寒为原则，拟半夏散加味汤（姜半夏、枯矾、防风、升麻、紫菀各 60g，砂仁 20g，共研细末，开水冲匀，再加入荞麦面、蜂蜜各 120g，并以米粥调和灌服）治之。

（42）杏仁散（《元亨疗马集》）

【组成】杏仁、百合、瓜蒌、知母、白矾、贝母、秦艽、栀子、荆芥、佩兰、荞麦。为末，每服 100g，蜂蜜 150g，水 1L，一日灌服两次。

【功能】理肺清浊，滋阴补虚。

【主治】牛肺败，相当于牛的化脓坏死性肺炎（肺坏疽），多因长期伤力过度，使肺气受亏，又未能及时补救，肺脏不能恢复其气化功能。因而，外不能促进津液输送滋润皮毛；内不能促进输送精气荣养五脏，使肺无力生新排浊，浊秽郁结，日久使之发生溃烂，鼻中流出臭秽浓涕，喘咳气逆，形体日益消瘦。

【方解】方中杏仁、百合、瓜蒌、知母、贝母、蜂蜜润肺降气，养阴生津，去浊痰之胶结；白矾解毒清肺；秦艽通络活血，清热止痛；栀子清热泻肺，凉血解毒；荆芥泻肺散表；佩兰芳香化浊，去腐臭恶气；荞麦下气宽胸。

【现代临床应用】临床上若患牛出现日夜干咳，毛焦体瘦，有时大便干燥，病程月余的病症，可使用杏仁散合治肺散加减（紫苏 20g、知母 40g、杏仁 40g、瓜蒌子 40g、白矾 40g、贝母 40g、秦艽 30g、荆芥 20g、栀子 40g、桔梗 40g、黄芩 40g、甘草 20g、百合 40g、紫菀 40g，共研细末，蜂蜜 100g 为引，开水冲，连渣灌服）治之。

（43）白槐花散（《元亨疗马集》）

【组成】甘草、乌药、贝母、马兜铃、黄芩、白矾、知母、桑白皮、槐花。为末，每服 75g，水适量，盐一捻，同煎灌之。

【功能】止咯血，解毒清肺，滋阴润肺，止咳平喘。

【主治】牛肺劳病，是一种劳役伤力的肺部慢性病（相当于牛结核病）。症见形体日渐消瘦，食欲减退，眼闭无神，四肢无力，不愿行走，时发轻度咳嗽，口张虚喘，鼻流臭涕。

【方解】方中槐花止咯血；白矾解毒清肺；贝母、知母、马兜铃、桑白皮清肺气，止咳嗽，滋阴润肺；黄芩泻肺实，治肺痿；乌药顺气解郁，温中止痛；甘草补虚益气，和中缓急；食盐润燥收敛，去胸中喘逆。

【现代临床应用】方中槐花苦寒入大肠经，专泻热清肠，凉血止血，为君药。现代药理研究证明，本方槐花中含芸香苷和槲皮素，除能减少血管通透性外，还有抗炎、抗菌作用，并对病毒、真菌有抑制作用。

（44）三圣散（《元亨疗马集》）

【组成】杏仁、苍术、阿胶、麦冬、白芷、瓜蒌、牛蒡子、桔梗。为末，每服 100g，白矾、姜黄各 100g，以水灌之。

【功能】解劳理气，健脾和胃。

【主治】牛拖犁力弱痿病，因牛在食饱后立即使役，或过度劳役，均能使呼吸不匀而伤肺气，逐渐使肺痿弱。病牛呈现水草少进，形体消瘦，口色苍白，卧多立少，颈弯头昂，流泪不止，粪便干燥，卧地时呼吸不舒畅，催赶起立则张口虚喘等症状。

【方解】本方以杏仁润肺定喘而降肺气，阿胶养阴补肺而补养营血，麦冬补肺养胃，滋阴生津，瓜蒌润肺宽中而化痰浊之胶结为主；苍术燥湿痰，健脾胃，白芷通窍止痛，破瘀生新，姜黄行血力气，通利筋脉为辅；牛蒡子清利咽喉、平喘为佐；白矾、桔梗解毒润肺、敛肠平喘而载诸药上行。

【现代临床应用】主治伤寒病后虚羸，哕逆不已；或吐利后，胃虚膈热呃逆；或产后呃逆；或四时伤风咳逆。而本方专治劳伤肺虚，子病犯母，脾失健运。

（45）郁金散（《元亨疗马集》）

【组成】郁金、苦参、人参、麻黄、薄荷、沙参、甘草。为末，每服 25g，蜂蜜 200g，水 1L，同调热啖之。

【功能】清肺热，治皮疮。

【主治】牛皮肤生疮，因肺内积聚热毒而起。因肺主皮毛，肺毒外注，故有脱毛生疮现象。

【方解】方中郁金清热凉血，薄荷退热解表，沙参清肺养阴为主药；人参补气益血为辅；苦参清热凉血，杀虫解毒，麻黄发汗解表，平咳利水为佐；甘草、蜂蜜补中益气、清热解毒而调和诸药。

【现代临床应用】郁金散作用于肺，主治肺积热成毒而致的牛皮肤生疮、脱毛、低头乱喘、尿血症。

（46）追风顺气散（《抱犊集校注》）

【组成】生黄芪、皂角刺、连翘、白芷、穿山甲珠、枳壳、木香、金银花、桔梗、乌药、青皮、甘草。

【功能】清热解毒，理气透脓。

【主治】解毒排脓，如黄症。因热毒郁积，血离经络，瘀于肌肤或脏腑，而引起组织肿胀或全身性病理状态，病畜表现为皮下肌肉出现显著的软性肿胀，刺破后流出黄水或淡血水而不是脓汁者等症状。

【方解】生黄芪可补气固表；白芷、金银花、桔梗、皂角刺可消肿，排脓。

【现代临床应用】肿毒坚硬不透，加川芎、独活、麻黄、连须葱，煎汤热服。

（47）天麻散（《元亨疗马集》）

【组成】天麻50g、麻黄50g、川芎50g、知母47.5g、全蝎50g、乌蛇50g、半夏50g、朱砂少许。

【功能】祛风解表，化痰镇痉。

【主治】牛破伤风，又名强直症，是由破伤风梭菌产生的毒素侵害运动神经末梢引起的一种创伤性传染病。以全身或局部肌肉强直性痉挛为特征。

【方解】方中天麻平肝益阳，通络祛风，息风止痉；麻黄发汗解表，宣肺平喘，利水消肿；川芎行气开郁，活血化瘀，止痛；知母清热泻火，滋阴润燥；全蝎、乌蛇散寒止痛，疏经通络，攻毒散结；半夏燥湿化痰；朱砂清热解毒，镇惊安神。

【现代临床应用】江西中兽医研究所曾用本方加减（天麻、附子、南星、乌蛇、蝉蜕、羌活、防风、荆芥、川芎、薄荷、半夏，烧酒、葱为引，灌服；并用朱砂、麝香，为末吹鼻）治疗牛破伤风。

（48）百补散（《元亨疗马集》）

【组成】白芷、陈皮、厚朴、没药、萆薢、茴香、当归、自然铜、五灵脂、苦楝子、黄芩、骨碎补、延胡索、鹿茸、牛膝。为末，每服100g，酒和蜂蜜适量，温灌之。

【功能】强腰利肾，活血散瘀止痛。

【主治】牛肾伤病，因内肾损伤疼痛，主见腰胯疼痛。相当于现代临床上常见的腰胯闪伤等症。病牛腰痛拒按，起立艰难，后肢拘急难移，有时出现尿血。

【方解】骨碎补、鹿茸、牛膝补肾强骨，续伤止痛；自然铜散瘀止痛，续筋接骨；没药、苦楝子行气散瘀，止痛；茴香温阳散寒；当归、延胡索、五灵脂行气活血，化瘀；白芷、萆薢祛风通痹，止痛；陈皮芳香化湿；厚朴温中下气；黄芩清热燥湿。

【现代临床应用】《中兽医治疗学》中取本方治牛内肾损伤症，略有加减（去延胡索、鹿茸、牛膝、黄芩、生姜，另加胡芦巴、童便，而没药减量。当归改用当归尾）。

（49）壮阳散（《抱犊集校注》）

【组成】五味子、苍术、茴香、枸杞子、木通、覆盆子、黄芩、紫苏叶、猪牙皂、甘草梢、车前子，如果浑身冷者，加麻黄、淫羊藿、食盐，煎水冲服。

【功能】温阳益肾，补精添髓。

【主治】主治性欲减退，阳痿，滑精。因肾阳虚兼肾精不足而致，病畜表现为形寒肢冷，耳鼻四肢不温，腰痿，腿脚不灵，难起难卧，四肢下部浮肿，粪便稀软或泄泻，尿少，口色淡，舌苔白，脉沉迟无力。

【方解】枸杞子、五味子补血养肝；苍术、木通、黄芩、紫苏叶、猪牙皂、车前子可燥湿清热；覆盆子、淫羊藿可益肝补肾。

【现代临床应用】临床主要用于治疗腰膝酸痛、头晕耳鸣、神疲健忘、倦怠乏力、畏寒肢冷、小便清长、大便溏泄、阳痿、早泄、遗精、遗尿等症状。

（50）十全大补汤（《抱犊集校注》）

【组成】西洋参30g、当归30g、黄芪30g、川芎30g、炙甘草30g、白芍40g、威灵仙20g、白术30g、香附30g、茯苓40g，水酒引，煎水冲服。

【功能】补气养血，活血化瘀。

【主治】主治脾气虚弱，血虚，血滞，如牛瘦弱及胎衣不下。由于气血运行不畅，不能促使胎盘自行娩出，病畜表现为食欲减退，形体瘦弱，畏冷喜热，阴道排出暗红色恶臭液体，患畜卧下时排出量增多等症状。

【方解】西洋参、黄芪、白芍补气养血；当归、川芎、威灵仙活血化瘀；炙甘草、香附可止痛；白术、茯苓益气健脾。

【现代临床应用】临床主要用于气虚血瘀所引起的母畜产后胎衣不下，恶露不行及后期恶露不尽。体温高者加金银花、柴胡；黄染重者加龙胆、茵陈；食欲不振者加三仙（山楂、神曲、麦芽）；便干者加大黄、人工盐。

（51）大七伤散（《抱犊集校注》）

【组成】知母、贝母、防风、青皮、陈皮、干姜、白芍、当归、瓜蒌、桔梗、肉豆蔻、补骨脂、西洋参、茯苓、甘草、茴香、大白药、肉桂、广木香、生猪油，煎水冲服。

【功能】清肺利咽，滋阴补肾。

【主治】由肺气不宣及肾虚所致，病畜表现出皮肤、毛发干燥，容易疲劳，逐渐衰弱，精神萎顿，食欲减少等症状。

【方解】知母生津润燥；贝母、青皮、陈皮、瓜蒌、桔梗清热化痰，润肺；干姜、补骨脂、肉桂温肾助阳。

【现代临床应用】临床治疗慢性劳伤症，用本方加减（知母、贝母、瓜蒌、陈皮、大黄、白芷、益智仁、补骨脂、肉桂、当归、白芍、陈皮、茯苓、槟榔、防己、甘草、红花、血竭、炒山药、炙黄芪），减食明显加炒三仙，四肢水肿加木通、泽泻、猪苓；四肢疼痛加乳香、没药，红花宜加重用量；粪便不干者，可少用或不用大黄；冬季加干姜。

（52）乌金散（《元亨疗马集》）

【组成】没药、芍药、茴香、麒麟竭（血竭）、黄柏、牵牛子、山茱萸、地骨皮、甘草、大黄、胡黄连。为末，每服100g，水1L，醋半盏，同煎，放温灌之。

【功能】散瘀止痛，温补肾阳，逐水消肿。

【主治】牛黄癫瘦病，多因劳役过度，力伤膀胱。症见病牛形体消瘦，皮毛焦枯，尿短而不通畅，小腹部隐痛不安，内发虚热，四肢虚肿。

【方解】方以血竭、没药散瘀止痛而治内伤；山茱萸、芍药均治肾亏腰痛；甘草养阴；茴香温肾阳；地骨皮、大黄、胡黄连清虚热，直下三焦；牵牛子逐水消肿；醋散瘀而引药。

【现代临床应用】用本方加减治疗虚性肾炎、尿血、水肿等病症。

（53）滑石散（《元亨疗马集》）

【组成】滑石、当归、慈姑、轻粉、木通、芫花、朴硝、没药、细辛、甜芥子。为末，每服 100g，水草同煎三五沸，温灌之。

【功能】泻膀胱湿热，通利水道。

【主治】牛胞转，湿热郁结而发的一种痉挛收缩的急性尿闭症。病牛剧烈腹痛，起卧不安，前肢扒地，蹲腰努责，欲尿不尿，小便闭塞或淋沥而下。

【方解】滑石、木通泻热利水，芫花行水而止挛痛，没药止痛散滞，朴硝泻实热，甜芥子通窍利气，轻粉利便滑肠，慈姑行气血通淋。

【现代临床应用】临床上治疗马胞转的药方为：滑石、猪苓、泽泻、茵陈、知母、黄柏、灯心草，童便为引等药。现代兽医临床治疗家畜胞转，常用的滑石散为本方的加减方。

（54）芍药散（《元亨疗马集》）

【组成】赤芍、山茱萸、当归、细辛、肉桂、龙骨、干姜。为末，每服 100g，酒适量，葱油、盐同调灌之。

【功能】补虚助阳，破血通瘀，活血理气，散寒利尿。

【主治】牛胞虚症，继发的膀胱麻痹引起的一种尿闭症。本病特征是形体消瘦，口色淡白，脉象迟细，尿液淋沥而下，排尿不畅，尿色清而量少，拉尿时无明显痛感。

【方解】方以赤芍破血通瘀、调营卫而利膀胱，山茱萸温补肝肾，秘气助阳，当归养营活血以利气，细辛温中通窍而下气，肉桂温肾调冷气，干姜散内寒，龙骨益肾固涩，葱油升阳通气，盐引诸药入肾。

【现代临床应用】尿闭是指牛膀胱内充满尿液而不能正常排出的一种病理现象，临床上主要表现为排尿困难，尿量减少，甚至尿不出，尿淋沥，腹痛腹胀，烦躁不安。临床上分为实热型尿闭、肾虚型尿闭和瘀阻型尿闭，本方适用于跌打损伤、经络瘀阻而引起的瘀阻型尿闭，在临床应用中可以随证适度加减。

（55）大戟散（《元亨疗马集》）

【组成】大戟、千金子、厚朴、豆蔻、木通、牵牛子各 110g，滑石、川楝子、茴香、白术各 105g，桂心、海金沙各 25g。为末，每服 50g，酒适量，油 100g，同煎温服灌之。

【功能】泻热通淋，理气散结，利水行气，活血止痛。

【主治】牛劳役后突然发生的一种急性热性肾脏病。症属热淋，排尿困难，涩滞疼痛淋沥不成线，尿液混浊或带血，大便干，内热盛。

【方解】组方中有滑石、木通、海金沙利水通淋而泻热，川楝子、茴香、厚朴理气散结除下焦湿热，千金子、大戟、牵牛子利水破结，豆蔻行气止痛，桂心活血止痛，油润下，酒辛散。

【现代临床应用】现代临床用于治疗家畜水肿的大戟散（大戟、芫花、甘遂各 25g，葶苈子、牵牛子、茯苓、猪苓、桂枝、滑石、泽泻、薏苡仁、苍术、黄芪、白扁豆、山药、干姜、栀子各 30g）实为本方加减变方，具有泻水逐引、渗湿利尿的功效。方中大戟、芫花、甘遂 3 味药毒性较强，其作用也峻猛，故不宜量大；本方虽对水肿病疗效较好，但对老弱孕畜禁用或慎用。

（56）滑石散（《元亨疗马集》）

【组成】滑石 75g、木通 25g、千金子 125g、桂心 170g、厚朴 5g、豆蔻 17.5g、白术 150g、黄芩 150g、牵牛子 200g。为末，每服 200g，水冲，候温灌之。

【功能】泻膀胱湿热，利水通淋。

【主治】牛砂石淋，又称尿结石症。常见于公牛，多发于尿道“S”状弯曲部。病初小便由不通畅而逐渐变为淋沥至不通，排尿时表现疼痛难忍，摇尾不安，后肢时刻张开作排尿状。当尿久不能排出，形成膀胱破裂时，尿毒浸润到血液和各组织时，则发生尿毒症死亡。

【方解】滑石、木通利尿通淋；千金子逐水消肿，破血消癥；桂心清热解暑，利尿通便；厚朴燥湿；豆蔻醒脾化湿；白术健脾益气，燥湿利水；黄芩清热燥湿；牵牛子解毒除湿，利水消肿，泻下通便。

【现代临床应用】临诊中见病牛精神不振，吃食反刍减少，弓腰掉尾，阴茎略见粗肿，小腹壅胀，尿道不通，小便时淋沥点滴，且兼有疼痛不安即可诊断此牛罹患砂石淋症。用加味滑石散（滑石 40g、虎杖 40g、木通 40g、车前草 40g、黄芩 40g、千金子 30g、桂心 30g、厚朴 30g、白术 30g、豆蔻 30g、秦艽 30g、瞿麦 30g、薏苡仁 25g、防风 25g、甘草 20g）治之。

（57）青石散（《抱犊集校注》）

【组成】滑石、甘草、猪苓、泽泻、淡竹叶、车前子、木通、枳壳、青皮、生地黄、麦冬、知母、牵牛子、黄柏、生石膏，煎水冲服。

【功能】利尿排石，清热。

【主治】泌尿系结石、尿路感染属湿热下注，如牛砂石淋尿血症。由于湿热蕴结下焦，使尿液受其煎熬，日积月累，尿中杂质凝结而成砂石，因而阻塞尿路，并带有血。

【方解】青石散以滑石、青皮为主药，清热利尿，凉血散瘀；甘草缓急止痛，清热解毒；猪苓、泽泻、淡竹叶、车前子、木通、牵牛子利尿；枳壳镇静；体温不高，口色不红赤者，麦冬、生石膏可不用，改用生地榆较好。若尿闭，不宜用本方。

【现代临床应用】用于治疗牛膀胱结石、小便短赤热淋、血淋、石淋、膏淋等病证。

（58）当归散（《元亨疗马集》）

【组成】没药、赤芍、山茱萸、益智、巴戟天、牛膝、秦艽、地骨皮、甘草、莪术、当归尾。为末，每服 50g，煎红花汤灌之。

【功能】清热利尿，凉血止血。

【主治】牛尿血症，病牛精神不振，水草不进，粪干尿赤，排尿时呈痛苦状，卧多立少。

【方解】当归尾活血养血、行瘀生新为主；莪术、赤芍、牛膝、秦艽、没药以行血化瘀而治损伤，地骨皮清热凉血、滋肾水以制心火，山茱萸、益智、巴戟天暖腰补肾，甘草和中益气。

【现代临床应用】牛尿血症属传统兽医学五淋（膏淋、石淋、劳淋、气淋、血淋）范围，多见于现代医学的膀胱炎、尿道炎等病。临诊中病牛见上述症状者，可用本方加减治之。现代中兽医学中的秦艽散（秦艽 150g、蒲黄炭 100g、瞿麦 150g、栀子 100g、车前子 150g、三七 80g、地榆 100g、竹叶 80g、泽泻 80g、血余炭 100g、甘草 50g）是运用中兽医理论在本方之基础上加减变化发展而得的。

（59）神圣散（《元亨疗马集》）

【组成】穿山甲、大戟、滑石、海金沙。为末，每服25g，水1L，猪油200g，灰汁（柴草杂木烧余的新鲜灰，用沸水冲之取其汁液）一盏，同调，灌之。

【功能】逐瘀活血，利水下衣。

【主治】牛胎衣不下，其病因多是孕牛缺乏运动，饲料中缺钙、盐、维生素及其他矿物质，也有的是由于饮喂失调，体弱气虚而引起的子宫弛缓。

【方解】方中以穿山甲散血通络，海金沙、滑石利水，大戟通瘀峻泻。病初可内服本方以理气散瘀而下胎衣，但服药后2～3天胎衣仍不排出者，就须施用剥离手术。

【现代临床应用】本方又名催衣散，在临诊中治疗马、牛胎衣不下，用此原方效果甚佳。另有治疗牛胎衣停留，用滑胎行气散（即本方加益母草、枳壳，甜酒引，去灰汁引的变方）。

（60）追风散（《元亨疗马集》）

【组成】乌梢蛇、干蝎、蝉蜕、厚朴、当归、麻黄、川芎、乌头、桂心、防风、白附子、天冬。为末，每服50g，用酒适量，水煎，放温灌之。

【功能】祛风散寒，除湿通络，活血止痛。

【主治】主治牛脚风证，因暑、湿二邪集于四肢所致的痛风病。症状主要表现在四肢，病初多为一肢行走跛拐，患肢不能移步或强拖移行，或颤挛不停。随着病情的发展，病畜卧地不起，有的关节肿胀，有的患肢抽搐。

【方解】治疗方药应以蝉蜕凉血息风；乌梢蛇、干蝎祛风止痛；当归补血活血以疏风；麻黄、防风疏散外风；厚朴、桂心、白附子温中，逐风寒湿；乌头通行经络直达病所，散风逐寒湿；天冬清肺去热，酒引诸药速见效。

【现代临床应用】用本方加减治疗耕牛脚痛风显效。

（61）活血散（《抱犊集校注》）

【组成】五加皮、续断、枳壳、槟榔、苍术、细辛、茜草、独活、羌活、桂枝、钩藤、当归、大血藤、茵陈各30g，麝香适量，水酒一盏为引煎水冲服。

【功能】活血散瘀，祛风湿，通经络。

【主治】主治瘀肿疼痛，风湿，如风湿性筋骨胀痛症。因肌腱炎或腱鞘炎引起，病畜表现为肌肉筋骨关节酸痛、麻木、肿胀，甚至关节变形等症状。

【方解】麝香可开窍，辟秽，活血，散结；五加皮、细辛、独活、羌活可祛风，除寒；续断强筋壮骨；枳壳、钩藤镇静；槟榔、茜草、当归、大血藤活血通络。

【现代临床应用】临床可用于治疗牛跌打损伤，局部关节肿痛或者是急性软组织的挫伤，风湿痹痛兼有气血亏虚者，加人参、熟地黄、黄芪等；痰瘀痹阻者，加桑寄生、杜仲、狗脊、熟地黄、胆南星等；肢体痛剧，红肿发热者，加黄芩、金银花以清热解毒。

（62）金钱草散（《元亨疗马集》）

【组成】金钱草100g、密陀僧100g、附子185g、磁石105g、金钗（石斛）5g、草乌50g、乌鳖壳（龟甲）95g、当归150g。为末，每服75g，用酒适量，煎温灌之。

【功能】散寒祛湿，止痛，行血活血。

【主治】牛肩膊痛证，因劳役时受重力压迫或跌打损伤，致使气血凝结在前膊部，症见膊部发生肿痛，前肢负重艰难，喜卧不立，强令行走则前肢移步畏缩。

【方解】治疗方药以金钱草治跌打损伤为主，密陀僧镇惊去痛，附子、草乌温阳逐痹，磁石通关节，石斛祛痹止痛，乌鳖壳软坚散结，当归行血活血，酒散结而引药入经，以达到行血气、消肿痛的目的。

【现代临床应用】临床上见患牛跛行、肩膊痛等上述症状者，应用金钗草散治疗，实为本方之加减方（即密陀僧 100g、附子 150g、磁石 100g、金钗 5g、草乌 10g、乌鳖壳 100g、当归 150g)。上药为末，酒为引，开水冲调。

（63）五如散（《元亨疗马集》）

【组成】生地黄 100g、寒水石 200g、石膏 200g、乌头 100g、玄精石 200g。为末，每服 25g，又用猪脂 250g，大黄 25g，同以水煎，灌之。

【功能】养阴清热，泻火利水，通肺解肌，润燥生津。

【主治】牛热发退毛，是血热引起的脱毛症，血热则津损，被毛得不到营养滋润，枯焦而易脱落。

【方解】方以生地黄养阴清热，壮水制火；寒水石泻火利水，去皮内火热；石膏清火生津，通肺解肌；玄精石泻热滋阴，益气解肌；猪脂润燥泻火；大黄泻实热。

【现代临床应用】本方主治病症多见于现代临床牛锥虫病、焦虫病之病程中。

（64）麝香散（《元亨疗马集》）

【组成】麝香少许、铅丹 35g、没药 15g、蜈蚣 15g、砒石少许（火煅）、枯矾 30g。为末，细研麝香、砒石、铅丹三味，同熬涂之。

【功能】活血消肿，敛口生肌，散结解毒，去腐杀虫。

【主治】牛肺热，肺积热毒，外注于皮毛而生疮的证候。病牛毛脱皮粗，浑身生满小疙瘩似疥疮，瘙痒难忍，紧靠硬物揩擦，出现皮破血淋。结痂后复被揩擦而掉落，食欲不振，影响生长。

【方解】本方以麝香辛香之力活血消肿，辟秽化浊，铅丹敛口生肌，没药活血止痛，和营舒筋，蜈蚣散结解毒，去恶血，砒石去腐杀虫，枯矾清肃秽浊，杀虫解毒。

【现代临床应用】麝香散涂搽时，不能一次在全部疮面上使用，须将患部划分几个区域，然后分区治之；否则肺毒不能外泄，则会内窜伤损其他脏腑，使病势恶化。病牛经过治疗后，患部表现为疼痛，这是病势好转的趋势；若病牛出现鼻翼张开呼吸，则为病势恶化。严重病例，除用麝香散外涂，还须结合内服瓜蒌散。主治病证与现代疥、痒螨等全身细菌感染病证相似。

（65）乳香散（《元亨疗马集》）

【组成】乳香 25g、龙骨 32.5g、铅丹 27.5g、麝香少许、人发灰少许、砒石少许。为末，每服用药，看疮患贴之。

【功能】活血止痛，敛疮生肌，消肿去秽。

【主治】水牛患前蹄病，役牛在陆地或水田劳役，其行走使力均以前蹄为大，故易遭损伤，或受湿伤蹄而多发漏蹄，或叫蹄叉腐烂。

【方解】乳香活血止痛，龙骨敛疮生肌，铅丹止痛生肌，麝香消肿去秽，人发灰（血余）消瘀止血，砒石蚀疮腐肉。

【现代临床应用】临床用其治疗脚转筋，疼痛挛急，嵌甲疼不可忍，有妨步履等病证。

（66）白陀散（《元亨疗马集》）

【组成】密陀僧、白矾各 150g，川椒 125g，缩砂仁、五倍子各 75g，龙骨 110g，木鳖子 55g。为末，每服 100g，用温浆水净洗，用纸包之后，送进肛门。

【功能】收涩固脱。

【主治】牛脱肛，中气不足，气虚下陷，使直肠向外努责而翻出。

【方解】本方是一个收敛性外涂药方，以密陀僧（氧化铅，收敛性止血药）与白矾（清凉性收敛消炎药）等相配，以消散肿胀。

【现代临床应用】临床上患牛见有上述症状，使用密陀僧、白矾各90g，川椒75g，缩砂仁、五倍子各45g，龙骨65g、木鳖子33g。上药为末，每用60g，温水洗净后，用纸包药纳入肛门即可。

9.1.3.3 医猪方

编写说明：现代兽医临床上应用的中兽药方大都是牛、马、猪、羊等的通用剂，从古代流传至今专治猪病的经典方剂很少，本次选编的主要是《猪经大全》的部分，但这部分方剂都没有标准的方名，是以主治病症列出的。其现代临床应用也很难考证，因此没有写入。

（1）猪扯惊风之症

【组成】防风、桂枝、麻黄、芍药、杏仁、川芎、黄芩、防己、炙甘草、附片、生姜，合煎喂。

【功能】祛风解表，宣肺利湿，息风止痉。

【主治】慢脾风证。病畜多表现摇头吐舌、眼合不开，或噤口切牙、四肢微搐而不收；或身冷、四肢厥冷，或身温。

【方解】本病多由饲养管理失当，损伤脾胃，以致中气虚损，易生痰湿；复感六淫或疫毒之邪，又或暴受惊吓所致。方中重用防风，祛风、胜湿、止痛。佐以麻黄、桂枝、防己、杏仁，祛风散湿，兼能宣畅气机，利水消肿；芍药敛阴益脾；川芎活血通络、解痉止痛；黄芩清透郁热；附片、炙甘草、生姜温中健脾，生化有源。诸药共用，以达息风止痉之效。

（2）猪风火便结

【组成】当归、生地黄、熟地黄、天冬、麦冬、黄芩、大黄、防风、秦艽、火麻仁、甘草，水煎喂下。

【功能】养阴清热，峻下热结。

【主治】阴津亏损，火热内结肠道所致的大便秘结证。病畜多表现为身大热，口渴喜冷饮，呼吸急促，焦躁不安，大便困难、大便干结，舌赤少津。

【方解】本证多由阳明经邪热不解，由经入腑，或热自内发，灼伤津液，与肠中糟粕互结，阻塞肠道所致。当归、熟地黄滋阴补血；生地黄、天冬、麦冬、黄芩养阴生津，清热凉血；大黄、火麻仁软坚润燥，泄热通便；防风、秦艽解表祛风，退湿；甘草益气和中。诸药共用，以达通便泻热之效。

（3）猪打摆子

【组成】槟榔、常山、陈皮、青皮、厚朴、草果、炙甘草，煎汤，露后温服。

【功能】化湿，祛痰，截疟。

【主治】疟原虫引起的疟疾，俗称“打摆子”。病畜多表现为寒热往来，食欲不振，倦怠乏力，或口色淡白，咳喘。

【方解】本方为《杨氏家藏方》的截疟七宝饮，方中以常山为君药，截疟化痰；槟榔、草果为臣药，行气燥湿化痰，均能治“瘴疠寒疟”；厚朴、陈皮、青皮行气理脾，燥湿祛痰，为佐药；炙甘草和中，调和诸药为使药。诸药配伍，共奏化湿、祛痰、截疟之功。诸药偏温，故露后温服（静置一夜），增其凉降之性，防温燥助热。另须与寒热往来之少阳证加以区分。

（4）猪病疟症

【组成】附片、干姜、肉桂、白术、茯苓、半夏、陈皮、五味子，生姜为引煎汤调下。又方附子、干姜、炙甘草为末调喂。

【功能】温中祛寒，燥湿化痰。

【主治】寒疟。病畜多表现为热少寒多，日发一次，或间日发作，精神倦怠，不思饮食，痰饮喘咳，不得平卧；或见但寒不热，四肢不温、浮肿。

【方解】本病多是寒邪内伏，复感风邪而诱发的一种疟疾，即寒疟。方中附片、干姜、肉桂温肾助阳，破除里寒；佐以白术、茯苓、半夏、陈皮，健脾燥湿，并得生姜辛散之性，温化寒痰；佐以敛阴止咳、益气生津之五味子，防温燥伤阴。诸药合用，内寒得除，痰饮皆化，疟症即罢。又方四逆汤，有温阳散寒、回阳救逆之功，可治寒邪所致四肢厥冷、脉微欲绝之证，待阳复通脉之后，随证加减。

（5）猪膏淋白浊症

【组成】萆薢、乌药、益智、石菖蒲、茯苓、甘草梢，加盐少许，熬水喂下。

【功能】温肾利湿，分清化浊。

【主治】下焦虚寒，湿浊不化。病畜多表现为饮食不佳，口色淡白，小便频数、浑浊不清，白如米泔或凝如膏糊。

【方解】本病多初起于湿热下注膀胱，后久病不治转为脾肾两虚，脾虚则升清降浊失常，肾虚则封藏不固，膀胱失约，故小便频数，尿浊如米泔，或如脂膏。本方为《杨氏家藏方》的萆薢分清饮，方中萆薢利湿而分清化浊，为治白浊之要药，故以为君；石菖蒲辛香苦温，化湿浊以助萆薢之力，兼可祛膀胱虚寒，用以为臣；佐以益智、乌药温肾散寒，除膀胱冷气，缩尿固精；入盐煎服，取其咸以入肾，引药直达下焦，用以为使。加茯苓、甘草梢，则其利湿分清之力更佳。诸药合用，利湿化浊以治其标，温暖下元以固其本。若兼虚寒腹痛者，可加肉桂、盐茴以温中祛寒；久病气虚者，可加黄芪、白术以益气祛湿。

（6）猪肿腰子

【组成】桔梗、石膏、猪苓、黄芩、葛根、天花粉、甘草、滑石、黄豆，猪腰一对同煮喂下。

【功能】清热养阴，利尿除湿。

【主治】肾、膀胱湿热之证。病畜多表现为发热，小便不利，尿频、短赤，口渴贪饮，舌红苔腻，或烦躁不安，腹痛，或遍身浮肿，喘咳。

【方解】本证多由感受外邪而引起的脾胃运化失常，水湿内停，郁而化热，湿热之邪蕴结肾脏、膀胱所致。石膏、黄芩泻上焦之心肺火，清热透郁；葛根、天花粉生津止渴，助桔梗祛痰利咽，宣降肺气；猪苓、滑石利湿通淋，消肿除胀；黄豆宽中下气，利大肠，合猪肾补肾虚劳，和理肾气，利尿消肿；甘草益气补中。诸药并用，上清郁热、生津除烦，下泻湿热、利尿消肿，共奏护肾之功。另肾阴不足、脾肾两虚或饮食毒素累积均可致肾脏肿大、损伤，需辨证治之。

（7）猪受风寒湿卧症

【组成】苍术、细辛、炙甘草、藁本、白芷、羌活、川芎，姜葱熬喂。

【功能】解表祛湿，散寒止痛。

【主治】外感风寒湿邪。病畜多表现为头痛项强，发热恶寒，身体疼痛，或见咳嗽气喘、呕吐泻痢。

【方解】本病多由外感风寒湿邪或脾胃虚弱、湿气偏盛而外感风寒所致。本方为《太平惠民和剂局方》神术散，方用苍术芳香辟秽，祛寒燥湿，发汗解表为君；藁本、白芷、细辛解表散寒，祛湿止痛为臣；羌活、川芎疏风通络，活血止痛为佐；炙甘草甘缓和中，姜、葱辛温透邪为使。诸药相合，共奏发汗解表、化浊辟秽之功。

（8）猪风瘫症

【组成】当归、川芎、茯苓、陈皮、半夏、乌药、香附、白芷、细辛、防风、麻黄、羌活、甘草、生姜，熬水灌下。

【功能】疏风解表，散寒止痛，理气化痰。

【主治】筋脉拘急，麻痹不仁。病畜多表现为筋脉拘挛，四肢麻木、重着、屈伸不利，起卧走动困难。

【方解】本病多由久卧湿地，风、寒、湿邪侵犯肌表，郁遏卫阳，闭塞腠理，致使气血痹阻不通，筋脉关节失于濡养。方中麻黄、细辛、白芷辛温发表，羌活、防风疏风祛湿，当归、川芎养血活血，共同起到通经活络、散寒止痛之效；陈皮、茯苓、半夏燥湿化痰，理气和中，得香附、乌药相佐，理气化痰之效更佳；生姜辛温发散，以助解表散寒、温肺化饮；甘草益气和中，调和诸药。诸药相合，共奏舒筋活络、通痹之功。

（9）猪时行感冒

【组成】葛根、升麻、陈皮、甘草、川芎、紫苏、白芷、赤芍、麻黄、香附，姜、葱熬水灌之。

【功能】疏风散寒，理气和中。

【主治】时气瘟疫，风寒湿痹，内有气滞证。病畜多表现为发热，恶寒，咳嗽，鼻塞声重，不思饮食。

【方解】本病多由时令不正，瘟疫妄行，两感风寒（表里同病）所致。本方为《千金翼方》十神汤，方中葛根、升麻解肌透表，逐邪外出；陈皮、香附疏调脾胃、肝胆气机，有助解表逐邪；川芎、赤芍行血活血，助气血运行以发汗解表；白芷辛温解散阳明肌肉之寒邪；紫苏、麻黄开启玄府腠理以发汗解表；姜、葱、甘草调和营卫，宣肺散寒。诸药合用解表逐邪，病愈可期。猪汗腺几无，猪病后，极易化热，可佐以黄芩、金银花、连翘清热透邪；若津伤可佐以天花粉、玄参、生地黄生津；若热痰可佐以桔梗、牛蒡子、车前子宣肺利咽，导热下行，诸药合用，则邪去病安。

（10）彘子欠月

【组成】杜仲（糯米汤浸透，炒研细）、续断（酒浸）、山药。三味共为末，米汤和喂，效验。

【功能】益气生津，滋补肝肾。

【主治】频繁堕胎。病畜多表现为习惯性早期流产，体瘦毛焦，食欲不振，神倦乏力，或见长期泄泻、肠鸣腹胀等症。

【方解】本病多由先天肾气不足或繁殖过度、营养不良、久病等致肾气亏虚，冲任不固，胎失所系而致。本方出自《简便单方俗论》，杜仲、续断滋补肝肾，益精填髓；山药健脾补中，温养肌肉。糯米助杜仲补虚之力；酒增续断舒筋活血之功。诸药合用，使肾气健旺，胎有所系，载养正常，则自无堕胎之虑。

（11）猪胀肚子症

【组成】大蒜捣泥，入蛤粉为丸，紫菀、半夏、大戟，多熬水和丸，灌下自安然。

【功能】逐水化痰，降气平喘。

【主治】肺气壅滞，腹满。病畜多表现为咳喘，身体浮肿，短气胀满，不思饮食，昼夜不得卧，或见张口呼吸。

【方解】本病多由外感六淫、痰饮内停所致；或因季节气候变换，饮食不洁引起胃肠异常胀气。方中蛤粉清热利尿，化痰止咳；紫菀、半夏燥湿化痰；大戟善逐水邪痰涎，泻湿热胀满；大蒜性温佐大戟、蛤粉之寒，味辛助紫菀、半夏宣通肺气。诸药合用，可降逆化痰，消肿。大戟性峻厉，体弱、久病、妊娠母猪须慎用，本方见效（中病）即止，不必尽剂。久病咳嗽或大病耗伤元气者，亦可发展为此病。其病机多与肺、脾、肾三脏相关，如肺气虚耗，脾失健运，肾不纳气，均可导致咳逆上气或腹满，故应辨证治之。

（12）猪阴证脱肛

【组成】伏龙肝、鳖头骨、五倍子，为末掺之，先以紫苏熬水，洗猪肛门。

【功能】收敛化湿，益气固脱。

【主治】阴证脱肛。病畜多表现为精神倦怠，嗜睡，不思饮食，体瘦毛焦，久泻、久痢，口色淡白；脱出部分色青白。

【方解】本病多由饮食劳倦，损伤脾胃，以致脾胃气虚，运化无权，清阳下陷、固摄失司所致。本方出自元代曾世荣撰写的《活幼心书》，伏龙肝温中止泻，疗疮消痈；鳖头骨益气助阳，消肿止痛；五倍子涩肠止泻，收湿敛疮；紫苏辛温解表，煎液外洗可散热除湿，止痒，止痛，便于还纳患处。本方为急治之方，归位后应辅以补中益气、升阳举陷方药固本培元，以防反复。

（13）猪阳证脱肛

【组成】地龙、玄明粉，二味为末，见肿消，荆芥、生姜、葱白，浓煎水洗。

【功能】清热解毒，利水消肿。

【主治】阳证脱肛。病畜多表现为精神亢进、烦躁不安，口渴痰饮，大便干硬；或小便赤热，大便黏腻、恶臭，里急后重；脱出部分红肿。

【方解】本证多由里热炽盛，阴液亏损，或湿热下注所致。玄明粉、地龙研末外用清热燥湿，活血散瘀，消肿止痛。荆芥、生姜、葱白煎液外洗，散热除湿、止痛，便于还纳患处。本方为急治之方，归位后应辅以汤药消除病因，以防反复。若脘腹痞满，腹痛拒按，大便不通，可用增液承气汤加减通便泻热，急下存阴；若湿热下注，可用白头翁汤加减清热解毒，凉血止痢。

（14）猪生癞子症

【组成】苍耳子、青蒿、忍冬藤、艾叶、桑树条、槐条、柳条，槌碎熬水，入炒盐一两，热洗数次。

【功能】清热利湿，疏风通络，杀虫止痒。

【主治】猪疥癣。病畜多表现为病变始于头部、眼窝、耳根，蔓延到腹部或四肢，患部剧痒，皮肤起皱褶或皲裂。

【方解】本病是由疥螨和痒螨侵袭引起的，以剧痒和脱毛为主要特征的慢性接触性皮肤病。本方中苍耳子祛风散热，消肿排脓，解毒杀虫；青蒿清热除蒸，治疥痂瘙痒；艾叶、忍冬藤、桑树条、槐条、柳条共奏疏风通络、活血祛瘀之功；盐水热洗，软坚散结，清热凉血。

（15）猪黄膘症

【组成】鲜茵陈、生大黄（酒炒）、生栀子，将药水熬浓，每日喂三次。

【功能】清热解毒，利湿退黄。

【主治】肝胆湿热所致黄疸。病畜多表现为皮肤、可视黏膜黄染，胸胁胀痛，腹满而躁，小便短赤，或见舌痿而黄，恶心呕吐。公畜多见阴囊湿疹或睾丸肿胀，母畜多见外阴瘙痒。

【方解】本证多由感受外邪，或脾胃运化失常，湿邪内生，郁而化热所致。本方出自《伤寒论》，方中重用茵陈为君药，其苦泄下降，善能清热利湿，为治黄疸要药。臣以栀子清热降火，通利三焦，助茵陈引湿热从小便而去。佐以大黄泻热逐瘀，通利大便，导瘀热从大便而下。诸药合用，导湿热从二便而出，使湿热瘀滞下泄，黄疸自退。本方皆为苦寒之品，久服攻伐脾胃。若因过服寒凉致脾湿肾寒，病畜表现为黄色晦暗如烟熏，伴有不思饮食、畏寒肢冷、气短乏力、舌淡苔白等症，此为阴黄，当以茵陈四逆汤治之。

9.2

现代中兽药的临床应用

9.2.1　抗感染类

9.2.1.1　抗菌类

（1）荆防败毒散（2020年版《兽药典》二部）

【处方】荆芥45g、防风30g、羌活25g、独活25g、柴胡30g、前胡25g、枳壳30g、茯苓45g、桔梗30g、川芎25g、甘草15g、薄荷15g。

【功能】辛温解表，疏风祛湿。

【主治】风寒感冒，流感。外感风寒湿邪，以及时疫、疟疾、痢疾、疮疡等具有风寒湿表证者。症见恶寒发热，咳嗽流涕，肢体疼痛，腹下浮肿，触之凉者。

【用法与用量】为末，开水冲调，候温灌服，或煎汤服。马、牛250～400g；羊、猪40～80g；兔、鸡1～3g。

【现代临床应用】

本方是由败毒散去人参、生姜加荆芥、防风而成，是辛温解表的主要方剂，为治疗外感风寒湿邪的常用方剂。对一般传染病初期，如流感、痢疾、伤寒等，用本方随证加减效果颇佳。菌痢初期，兼有风寒夹湿之证者，可加黄连、木香，黄连有抑菌清热燥湿之功，木香有理气疗后重之能。畜体衰弱者，可加党参，以扶正祛邪。疮痈初起，伴有恶寒发热症状时，可加金银花、野菊花等清热解毒消痈肿之圣品。本方辛温解表作用较强，对于风热表证夹湿者，不宜使用。

本方的主要有效成分有挥发油、荆芥苷、黄酮、多糖类、香豆素类化合物、有机酸类等。现代药理研究表明，本方能促进体表血液循环，抑制病毒，抗菌，可用于感冒、流感、接触性皮炎、麻疹、皮肤瘙痒症、风湿病、关节炎、支气管炎、鼻炎、痈疮肿毒。

（2）银翘散（2020 年版《兽药典》二部）

【处方】金银花 60g、连翘 45g、淡豆豉 30g、荆芥 30g、桔梗 25g、淡竹叶 20g、薄荷 30g、牛蒡子 45g、芦根 30g、甘草 20g。

【功能】辛凉解表，清热解毒。

【主治】风热感冒，咽喉肿痛，疮痈初起。症见发热，口渴咽痛，咳嗽，口色偏红，脉浮数。

【用法与用量】为末，开水冲调，候温灌服，或煎汤服。马、牛 250～400g；猪、羊 50～80g，兔、禽 1～3g。

【现代临床应用】

本方由清热解毒药与解表药组成，是辛凉解表的主要方剂，常用于治疗各种畜禽的风热感冒或温病初起，也用来治疗流感、急性咽喉炎、支气管炎、肺炎及某些感染性疾病初期而见有表热证者。热盛者，加栀子、黄芩、石膏以清热；津伤渴甚者，加天花粉生津止渴；咽喉肿痛甚者，加马勃、射干、板蓝根以利咽消肿；疮痈初起，有风热表证者，应酌加紫花地丁、蒲公英等以增强清热解毒之力。

本方的主要有效成分有绿原酸、连翘苷、牛蒡苷、甘草苷、甘草酸等。挥发油和脂肪油是银翘散的主要有效成分。现代药理研究表明，本方具有显著的抗病毒、抗菌和解热、抗炎、抗过敏及增强免疫力等作用。

（3）桑菊散（2020 年版《兽药典》二部）

【处方】桑叶 45g、菊花 45g、连翘 45g、薄荷 30g、苦杏仁 20g、桔梗 30g、甘草 15g、芦根 30g。

【功能】疏风清热，宣肺止咳。

【主治】外感风热。症见咳嗽，身热不甚，口不渴或微渴，舌尖红，苔薄白，脉浮数等。

【用法与用量】制成散剂，开水冲调，候温灌服。马、牛 200～300g；羊、猪 30～60g；犬、猫 5～15g。

【现代临床应用】

本方主要应用于风温或风热犯肺的轻证，见于上呼吸道感染、急性扁桃体炎、肺炎等属于风热表证者。方中桑叶清透肺络之热，菊花清散上焦风热，共为君药；薄荷辛凉透表，助君药散上焦风热，桔梗开肺，苦杏仁降肺，二药宣降相伍，既助君药祛邪，又能理肺气止咳，共为臣药。连翘清热，芦根生津，共为佐药。甘草润肺止咳，调和诸药。诸药配伍，共奏疏风清热、宣肺止咳之功。

本方的主要有效成分有咖啡酸、绿原酸、甘草酸等。现代药理研究表明，本方对免疫系统有较好的调节作用，具有抗炎、止咳、祛痰、平喘、抑菌等药理活性。

（4）防风通圣散（《宣明论方》）

【处方】防风 15g、荆芥 15g、连翘 15g、麻黄 15g、薄荷 15g、川芎 15g、当归 15g、白芍（炒）15g、白术 15g、栀子（炒）15g、大黄（酒蒸）15g、芒硝 15g、石膏 30g、黄

芩 30g、桔梗 30g、甘草 60g、滑石 60g，干姜适量。

【功能】解表通里，疏风清热。

【主治】风热表里俱实证。症见恶寒壮热，口干舌赤，大便秘结，小便短涩等。方中防风、荆芥、麻黄、薄荷疏风散表，使风邪随汗而解；大黄、芒硝通秘结引热下行，配栀子、滑石清热利湿，使热随二便而解；桔梗、石膏、黄芩、连翘解肺胃之热；当归、川芎、白芍活血祛风；白术健脾燥湿，甘草和中缓急。诸药合用，上下分消，表里并治。

【用法与用量】为末，开水冲调，候温灌服，或煎汤服。马、牛 300～400g；猪、羊 50～100g。

【现代临床应用】

本方现代用于治疗感冒、急性扁桃体炎、大叶性肺炎、顽固性湿疹、中毒、急性化脓性中耳炎、多发性疖肿、产后中风等。现代药理研究表明，本方具有解热、通便、降低胰岛素、降糖、抑菌与抗病毒等作用。

（5）洗心散（2020 年版《兽药典》二部）

【处方】黄连 30g、黄芩 45g、黄柏 30g、栀子 30g、连翘 30g、牛蒡子 45g、白芷 15g、茯苓 20g、天花粉 25g、木通 20g、桔梗 25g。

【功能】清心，泻火，解毒。

【主治】心经积热，口舌生疮。症见舌红，舌体肿胀溃烂，口内垂涎，草料难咽。方中黄连、黄芩、黄柏、栀子通泻三焦火，导热下行，为君药；连翘助主药泻火解毒，为臣药；牛蒡子、白芷消肿止痛，茯苓安心神，天花粉清热生津，木通清心火，利尿，皆为佐药；桔梗排脓消肿，载药上达病所，为使药。诸药合用，共奏泻火解毒、散瘀消肿之效。

【用法与用量】为末，开水冲调，候温加鸡蛋清 4 个，同调灌服。马、牛 250～350g；猪、羊 40～60g。

【现代临床应用】

本方系由黄连解毒汤加味而来，为治心热舌疮的常用方剂，常用于心经积热所致舌体肿胀、溃破成疮的病症。临床上常与外用方冰硼散或青黛散同用，治疗口炎，疗效显著。

本方的主要成分有小檗碱、黄连碱、黄芩苷、黄芩素、汉黄芩素、汉黄芩苷、黄柏碱、挥发油、栀子素、栀子苷等。现代药理研究表明，该方具有明显的抗病毒、抗菌、解热、利尿的作用。

（6）清瘟败毒散（2020 年版《兽药典》二部）

【处方】石膏 120g、水牛角 60g、地黄 30g、黄连 20g、栀子 30g、牡丹皮 20g、黄芩 25g、赤芍 25g、玄参 25g、知母 30g、连翘 30g、桔梗 25g、淡竹叶 25g、甘草 15g。

【功能】泻火解毒，凉血。

【主治】热毒发斑，高热神昏。症见气血两燔，大热烦躁，渴饮干呕，昏狂，发斑，舌绛，脉沉细而数，或浮大而数等。方中重用石膏、知母，大清阳明经热，为君药；水牛角、地黄、玄参、牡丹皮、赤芍清营凉血解毒，黄连、黄芩、栀子、连翘清热泻火解毒，为臣药；君臣相合，气血同治。淡竹叶清心利尿，导热下行，桔梗开肺，载药上行，为佐药；甘草清热解毒，调和药性，为使药。诸药配合，共奏清热凉血之功。

【用法与用量】为末，开水冲调，候温灌服，或煎汤服。马、牛 300～450g；猪、羊 50～100g；兔、禽 1～3g。

【现代临床应用】

本方为气血两清的方剂。适用于一切疫毒火邪充斥内外、气血两燔之证。对家畜脑膜脑炎或其他高热而有脑症状及败血症等急性重症热病者，均可酌情加减应用。抽搐者，加僵蚕、石菖蒲、钩藤等；热毒炽盛发斑紫暗者，加金银花、大青叶、紫草等。

本方的主要成分有去乙酰基车叶草苷酸、鸡矢藤次苷甲酯、京尼平苷酸、京尼平龙胆双糖苷、栀子苷、芒果苷、异芒果苷、芦丁、西红花苷-Ⅰ等。现代药理研究表明，本方具有显著的解热、抗炎、抗感染、抑制细菌毒素和增强肾上腺皮质激素功能等作用。

（7）黄连解毒散（2020年版《兽药典》二部）

【处方】黄连30g、黄芩60g、黄柏60g、栀子45g。

【功能】泻火解毒。

【主治】三焦实热，疮黄肿毒。症见大热烦躁，口燥咽干，或热病吐血、衄血；或热甚发斑，或身热下利，或湿热黄疸；或外科痈疡疔毒，口渴，小便黄赤，口色红，脉洪数有力等。方中黄芩泻肺火于上焦，黄连泻脾胃火于中焦，黄柏泻肾火于下焦，栀子通泻三焦之火，且导热下行从膀胱而出。四药合用，苦寒直折，泻其亢盛之火而解热毒，故非实热，不可轻投。

【用法与用量】煎汤，或研末，开水冲调，候温灌服。马、牛150～250g；猪、羊30～50g；兔、禽1～2g。

【现代临床应用】

本方由清热药组成，是清热解毒泻火的主要方剂，常用于治疗各种畜禽败血症、脓毒（败）血症、痢疾、肺炎、泌尿系统感染、流行性脑脊髓膜炎、乙型脑炎等属于火毒炽盛者。

本方去黄柏、栀子加大黄名为泻心汤(《金匮要略》)，功效似本方而更适用于口舌生疮、胃肠积热。吐血、衄血、发斑者，酌加玄参、生地黄、牡丹皮以清血热；发黄者，加茵陈、大黄，以清热祛湿退黄。本方加蒲公英、金银花、连翘还可用于治疗疮疡肿毒，可内服，也可调敷外用。本方加石膏、淡豆豉、麻黄，名三黄石膏汤(《外台秘要》)，功能为表里双解，主治表证未解，里热已炽。方中药物苦寒，易于化燥伤阴，故热伤阴津者不宜使用。

本方主要含有生物碱、黄酮、环烯醚萜类三大类成分。现代药理学研究表明，该方对多种致病菌有抑制作用，具有很好的抗病毒、抗菌消炎、抗氧化、抗脑缺血、抗肿瘤、降血糖及神经保护作用。

（8）五味消毒饮（《医宗金鉴》）

【处方】金银花60g、野菊花60g、蒲公英60g、紫花地丁60g、紫背天葵子30g。

【功能】清热解毒，消散疮肿。

【主治】各种疮痈、疔毒疖肿。症见患部红肿热痛，坚硬根深，舌质红，脉洪数。方中金银花清热解毒，消散痈肿，为君药；紫花地丁、紫背天葵子、蒲公英、野菊花清热解毒，为臣佐药。五药合用，共同发挥清热解毒、消散疮肿的功用。

【用法与用量】为末，开水冲调，候温灌服，或煎汤服。马、牛250～350g；猪、羊40～80g。

【现代临床应用】

本方是治疗疮肿疔毒的重要方剂。热甚者，可加黄连、连翘；肿甚者，可加防风、蝉蜕、白芷；血热毒盛者，加赤芍、牡丹皮、生地黄等。亦可用于治疗乳痈，加瓜蒌皮、贝母、青皮等。

本方含有绿原酸、木犀草素、白菊醇、白菊酮、野菊花内酯、蒲公英甾醇、胆碱、菊糖、果胶、有机酸、黄酮及其苷类。现代药理研究表明，本方对大肠埃希菌、铜绿假单胞菌、变形杆菌、金黄色葡萄球菌、枯草杆菌等有很强的抑制作用，且具有明显的抗炎、解热、解毒、增强免疫功能等作用，可用于化脓性皮肤病、上呼吸道感染、大叶性肺炎、急慢性肾盂肾炎、急性肾炎、病毒性肝炎等。

（9）双黄连口服液（2020年版《兽药典》二部）

【处方】金银花375g、黄芩375g、连翘750g。

【功能】辛凉解表，清热解毒。

【主治】感冒发热。症见体温升高，耳鼻温热，发热与恶寒并见，被毛逆立，精神沉郁，结膜潮红，流泪，食欲减退，或有咳嗽，呼出气热，咽喉肿痛，口渴欲饮，舌苔薄黄，脉象浮数等。方中黄芩苦寒，清热燥湿，泻火解毒，长于泻上焦肺火，金银花、连翘长于疏散风热，清热解毒透表。诸药合用，辛凉解表，清热解毒。

【用法与用量】每1mL相当于原生药1.5g。犬、猫1～5mL；鸡0.5～1mL。

【现代临床应用】

本方既能清表热，又能解热毒，对流行性上呼吸道感染疗效确切，是目前临床上治疗流行性上呼吸道感染较为理想的药物。用于治疗肺炎、支气管炎、扁桃体炎效果显著。风寒感冒者不宜使用。

本方的主要有效成分包括新绿原酸、绿原酸、隐绿原酸、咖啡酸、3,5-二咖啡酰奎宁酸、3,4-二咖啡酰奎宁酸、异连翘酯苷、黄芩素、黄芩苷、野黄芩苷、汉黄芩苷、汉黄芩素和千层纸素A、连翘酯苷A、连翘苷、金丝桃素、芦丁等。现代药理学研究表明，本品不仅具有抗菌、抗病毒的作用，而且还能增强机体的免疫功能，同时具有抗感染及免疫调节的双重作用。能抗多种病原微生物，具有广谱的杀菌作用，尤其对乙型链球菌、藤黄微球菌、大肠埃希菌、肺炎链球菌、金黄色葡萄球菌、铜绿假单胞菌等有很强的杀灭或抑制作用；能降低毛细血管的通透性，减少炎性渗出，具有抗炎作用，并能中和细菌产生的内毒素；可增强机体产生干扰素的能力，促进溶血素的生成和淋巴细胞的增殖反应，增强机体细胞免疫和体液免疫作用。

（10）香薷散（2020年版《兽药典》二部）

【处方】香薷30g、黄芩45g、黄连30g、甘草15g、柴胡25g、当归30g、连翘30g、天花粉30g、栀子30g。

【功能】清热解暑。

【主治】伤暑，中暑。症见体热，喜阴凉，精神倦怠，行立如痴，卧多立少，口色鲜红，脉象洪数等。方中香薷辛温发散，兼能利湿，乃暑月解表要药，为君药；黄连、黄芩、栀子、连翘、柴胡清热于里，为臣药；心肺热盛，上扰神明，故用当归和血以治风，热盛伤津，故用天花粉清热生津，甘草清热和中，共为佐使药。诸药合用，清热解暑。

【用法与用量】为末，开水冲调，候温加蜂蜜适量灌服，或煎汤服。马、牛250～300g；羊、猪30～60g；兔、禽1～3g。

【现代临床应用】

本方由清热解暑药和清热解毒药组成，为清热解暑代表方剂。常用于治疗各种畜禽炎夏酷热所伤，心肺热盛，表里俱热等中暑。《太平惠民和剂局方》中的香薷散（香薷、白扁豆、厚朴），治夏月乘凉饮冷，外感于寒，内伤于湿，阳气为阴邪所遏，脾胃不和，故以香薷配白扁豆、厚朴清暑解表，化湿和中。二者虽然方名相同，但功用有别。若高热不退，加石膏、知母、薄荷、菊花等；昏迷抽搐，加石菖蒲、钩藤等；津液大伤，加生地黄、玄参、麦冬、五味子等。

本方的主要有效成分有香荆芥酚、麝香草酚、黄芩苷、连翘苷、天花粉蛋白、栀子苷等。现代药理研究表明，本方具有显著的抗病毒、抗菌、解热、抗炎、抗过敏及增强免疫力等作用。

（11）六一散（《黄帝素问宣明论方》）

【处方】滑石 180g、甘草 30g。

【功能】清暑利湿。

【主治】暑热夹湿所致的暑湿证。症见身热汗出，小便短赤，舌红，苔薄黄，脉浮等。方中滑石清心解暑，渗利通窍，导湿下行；甘草清热泻火，益气和中，既能防滑石利小便伤津，又能固护阳明胃气。二药配伍，共奏利湿清热之效。

【用法与用量】每服 9～18g，煎汤去渣，候温灌服，或甘草粉碎成细粉，与滑石粉混匀，过筛，开水冲调，候温灌服。

【现代临床应用】

本方由清热利尿药组成，是清热解暑的主要方剂，常用于治疗各种畜禽的暑温、湿温、伏暑诸证，风热感冒或温病初起，也用来治疗胃肠型感冒、胃肠炎、中暑、膀胱炎、尿道炎、泌尿系结石，以及某些皮肤病等属湿热者。本方对防治仔猪黄白痢有效。湿甚者，加石榴皮、藿香、石菖蒲以化湿；暑热盛者，加石膏清暑解热；小便淋涩或砂淋者，加瞿麦、金钱草、海金沙等以利水通淋；小便涩热者，加车前子、石韦等以利水通淋泄热，血尿者，加小蓟、白茅根、侧柏叶等以通淋止血。

本方的主要有效成分是甘草酸。现代药理研究表明，本方具有较好的利尿、抗菌、抗病毒及保护黏膜等作用。

（12）郁金散（2020 年版《兽药典》二部）

【处方】郁金 30g、诃子 15g、黄芩 30g、大黄 60g、黄连 30g、黄柏 30g、栀子 30g、白芍 15g。

【功能】清热解毒，燥湿止泻。

【主治】肠黄，湿热泻痢。症见荡泻如水，赤秽兼腥，口色赤红，舌苔黄厚，脉数等。方中郁金清热凉血，行气破瘀，为君药；黄连、黄芩、黄柏、栀子清三焦郁火兼化湿热，为臣药；诃子敛肺涩肠，白芍养血敛阴，二药配伍涩肠止泻，更以大黄清血热，下积滞，推陈致新，均为佐药。诸药合用，发挥清热解毒、燥湿止泻的功用。

【用法与用量】研末，开水冲调，候温灌服，或煎汤服。马、牛 250～350g；羊、猪 45～60g。

【现代临床应用】

本方是治疗肠黄的有效方剂。对于胃肠实热积滞引起的胃肠炎、痢疾属于热毒壅极者，均可酌情加减使用。肠黄初期，因有积滞，应重用大黄，加芒硝、枳壳、厚朴，少用或不用白芍、诃子，以防留邪于内；热毒盛者，加金银花、连翘，以加强清热解毒功能；腹痛甚者，加乳香、没药、延胡索，以利活血散瘀，消黄止痛；黄疸重者，应重用栀子，加茵陈，以清热利湿退黄；若积滞已去，热毒已解，则可少用或不用大黄，重用白芍、诃子，加乌梅、石榴皮、猪苓、泽泻等，以加强涩肠止泻之功。

本方的主要成分有鞣质、芍药苷、姜黄素、黄芩苷、黄芩素、大黄苷、大黄酸、小檗碱、栀子苷、黄柏碱及挥发油等。现代药理学研究表明，本方主要作用有：抗腹泻、抗炎、降血脂、缓解血瘀以及调节和保护多脏器；修复肠黏膜机械屏障、化学屏障、免疫屏障和生物屏障；调控脂质代谢、微循环和能量代谢、视黄醇代谢、消化道免疫网络和稳态；加强脂质分解、脂肪酸 β-氧化、葡萄糖有氧氧化，调节色氨酸代谢和苯丙氨酸代谢等。

（13）三子散（2020年版《兽药典》二部）

【处方】栀子200g、诃子200g、川楝子200g。

【功能】清热解毒。

【主治】①三焦热盛。症见发热，发斑，狂躁不安，或疮黄疔毒，舌红口干，苔黄，脉数有力等。②疮黄肿毒。症见初起局部肿胀，硬而多有疼痛或发热，最终化脓破溃。轻者全身症状不明显，重者发热倦怠，食欲不振，口色红，脉数。③脏腑实热。症见发热，咽喉肿痛，咳嗽痰盛，大便干燥。方中栀子性寒凉，清泻三焦实热，凉血解毒，为君药；诃子味涩清热降火，为臣药；川楝子味苦清热，行气止痛，为佐使药。三药合用，清热解毒、凉血止血。

【用法与用量】为末，开水冲调，候温灌服，或煎汤服。马、牛120～300g；驼250～450g；羊、猪10～30g。

【现代临床应用】

本方系蒙古族验方，可用于治疗一切热证。若食欲不振，粪便干燥，加芒硝；热泻或肺热咳嗽，加连翘、拳参、木通、麦冬；幼畜红痢，加制胆粉；白痢，加酒炒红花、红糖；羊痘，加苦参、苦杏仁、甘草、绿豆粉。本品制成糊状外用具有收敛、止痛、消炎的作用，可治疗脓疱疹、毛囊炎、疖肿、单纯疱疹和带状疱疹等。

本方的主要有效成分有栀子苷、羟异栀子苷、京尼平龙胆双糖苷、西红花苷Ⅰ和西红花苷Ⅱ、没食子酸、绿原酸、苦楝子醇、川楝素等。现代药理研究表明本方具有抗菌、抗炎、解热、驱虫、收敛、修复创伤等作用。

（14）公英散（2020年版《兽药典》二部）

【处方】蒲公英60g、金银花60g、连翘60g、丝瓜络30g、通草25g、芙蓉叶25g、浙贝母30g。

【功能】清热解毒，消肿散痈。

【主治】乳痈初起，红肿热痛。症见乳汁分泌不畅，泌乳减少或停止，乳汁稀薄或呈水样，并含有絮状物；患侧乳房肿胀、变硬、发热、疼痛，不愿或拒绝哺乳；体温升高，精神不振，食欲减少，站立时两后肢开张，行走缓慢；口色红燥，舌苔黄，脉象洪数等。本方证系因湿热毒气熏蒸乳房而生痈，或因乳汁蓄留，阻塞经络引起乳房胀满所致。方中蒲公英清热解毒，消痈散结，为君药；金银花、连翘、芙蓉叶助君药清热解毒，丝瓜络、通草通络消肿，浙贝母消肿散痈，为臣佐药。诸药合用，清热解毒，消肿散痈。

【用法与用量】为末，开水冲调，候温灌服，或拌料喂服。马、牛250～300g；羊、猪30～60g。

【现代临床应用】

本方与《中兽医治疗学》中收载的公英散除了剂量不同外，以芙蓉叶易芙蓉花，浙贝母易穿山甲。二者功能与主治相同。本方是治疗乳痈常用、疗效确切的方剂。适用于乳痈初起，凡急性乳房炎红肿热痛者，均可酌情加减使用。

本方的主要有效成分有蒲公英甾醇、绿原酸、连翘苷、延胡索酸、芦丁、浙贝母碱（即浙贝甲素）、去氢浙贝母碱（即浙贝乙素）等。现代药理研究表明，本方具有显著的抗炎活性，能有效抑制炎症所致血管通透性增加，阻止炎性细胞的渗出，进而降低奶牛隐性乳房炎乳汁中的体细胞数，同时，又能促进乳房血液循环通畅和乳汁分泌。

（15）苇茎汤（《备急千金要方》）

【处方】苇茎 150g、薏苡仁 90g、冬瓜仁 60g、桃仁 60g。

【功能】清肺化痰，逐瘀排脓。

【主治】肺痈。症见发热，咳嗽，鼻脓腥臭或带血丝，呼吸喘促，舌红苔黄，脉滑数。方中苇茎清泄肺热，治肺痈要药，为君药；冬瓜仁祛瘀排脓，为臣药；薏苡仁清热利湿，桃仁活血祛瘀，为佐使药。四药合用，发挥清热化痰、逐瘀排脓的功用。

【用法与用量】煎汤去渣，候温灌服；或苇茎煎汤，其他药研末冲服。马、牛 200～300g；猪、羊 50～150g；其他动物用量酌减。

【现代临床应用】

本方适用于肺脓肿、大叶性肺炎、胸膜肺炎等。为增强疗效，使用时应酌情加减。如肺痈将成，宜加蒲公英、鱼腥草、金银花、连翘、牛蒡子、薄荷等以增强清热解毒之力，促其消散；脓已成，宜加桔梗、贝母、甘草等，以增强其化痰排脓之效。现代药理学研究表明，本方有抗病原微生物、抗炎、解热、镇咳、平喘、改善肺部血液循环等作用。

（16）真人活命饮（《医方集解》）

【处方】金银花 90g、当归 25g、陈皮 25g、乳香 15g、没药 15g、防风 20g、白芷 20g、贝母 20g、天花粉 20g、穿山甲 30g、皂角刺 15g、甘草 15g。

【功能】清热解毒，消肿散结，活血止痛。

【主治】疮痈肿毒初起。症见红肿热痛，舌红苔黄，脉数有力等。方中金银花性味甘寒，最善清热解毒，消散疮肿，前人称之“疮疡圣药”，故重用，为君药；然单清热解毒，则气滞血瘀难消，肿结不散，又以当归、乳香、没药活血散瘀，消肿定痛；疮疡初起，其邪多羁留于肌肤腠理之间，更用辛散的防风、白芷相配，除湿祛风，并能排脓消肿，使热毒从外透解，共为臣药；气机阻滞每可导致液聚成痰，故配陈皮理气行滞，贝母、天花粉清热化痰，散结消肿，使脓未成即消，共为佐药；穿山甲、皂角刺善走能散，能贯穿经络，直达病所，而溃痈破坚，甘草清热解毒，并调和诸药，为使药。加酒以助药势，增强活血通络作用，使药力速达病所。各药相合，清热解毒，消肿散结，活血止痛。

【用法与用量】煎汤，或为末开水冲调，候温加酒灌服。马、牛 240～420g；猪、羊 45～75g。

【现代临床应用】

本方以清热解毒、活血化瘀、通经溃坚诸法为主，佐以透表、行气、化痰散结，其药物配伍全面，体现了外科阳证疮疡内治消法的配伍特点。前人称本方为“疮疡之圣药，外科之首方”，是治疗阳证疮黄肿毒的常用方。脓未成者，服之能消；脓已成者，服之可使外溃。本方适用于痈肿疮毒初起溃破之前。如已溃破出脓者忌服；本方性偏寒凉，阴证疮疽不红不痛者，忌用本方；脾胃本虚，气血不足者均应慎用。如热毒盛，可加蒲公英、紫花地丁、野菊花、连翘、黄连等；痛不甚，可减乳香、没药；脓已成，可减少穿山甲及皂角刺的用量。本方对葡萄球菌有很强的抑制作用，临床上常用于治疗多种化脓性炎症，如蜂窝织炎、脓疱疮、疖肿、化脓性扁桃体炎、乳腺炎、深部脓肿等属阳证、实证者。

现代药理研究表明，本方对金黄色葡萄球菌和乙型溶血性链球菌有高度抑制作用，能对抗家兔蛋清性足肿，抑制棉球肉芽肿增生，降低毛细血管通透性，改善血液流变性，提高家兔和小鼠痛阈，呈明显的镇痛作用，能增强机体的非特异性和特异性免疫功能。

（17）四味穿心莲散（2020 年版《兽药典》二部）

【处方】穿心莲 450g、大青叶 200g、辣蓼 150g、葫芦茶 200g。

【功能】清热解毒，除湿化滞。

【主治】①泻痢：症见精神沉郁，食欲降低，排灰白色或绿白色稀便，或白色水样便，肛门周围羽毛附着粪污，嗉囊内食物停滞，腹部膨大。②积滞：症见精神沉郁，缩头闭眼，或扎堆而卧，羽毛蓬乱，食欲减少或不食，嗉囊内食物停滞，腹部膨大，粪便中可见未消化的食物。方中穿心莲清热解毒，消肿止痛，为君药；大青叶清热解毒，凉血消斑，助君药清热解毒，为臣药；葫芦茶微苦性凉，清热解暑，消积利湿，辣蓼祛湿止泻，散瘀止痛，共为佐使药。四药合用，清热解毒、除湿化滞。

【用法与用量】为末，开水冲调，候温灌服，或拌料喂服。鸡 0.5～1.5g。

【现代临床应用】

本品在兽医临床广泛用于畜禽泻痢、积滞等病证，治疗效果较好。

（18）白头翁散（2020 年版《兽药典》二部）

【处方】白头翁 60g、黄柏 45g、黄连 30g、秦皮 60g。

【功能】清热解毒，凉血止痢。

【主治】湿热泄泻，下痢脓血。症见泻痢脓血，排粪黏滞不爽，泻痢频繁，里急后重，腹痛，渴欲饮水，舌红苔黄，脉数等。方中白头翁清热解毒，凉血，清大肠血热而专治热毒血痢，为君药；黄连清化湿热而固大肠，秦皮清肝经湿热以凉血，黄柏清下焦湿热，黄柏、黄连、秦皮三药配合，助君药清热解毒，燥湿止痢，共为臣佐药。诸药合用，清热解毒，凉血止痢。

【用法与用量】煎汤去渣，候温灌服；或研末，开水冲调，候温灌服。马、牛 150～250g；猪、羊 30～45g，狗、猫 5～15g，兔、禽 2～3g。

【现代临床应用】

本方为治疗热毒血痢要方，常用于细菌性痢疾和阿米巴痢疾。凡马、牛肠炎，猪下痢等属于湿热证者，均可酌情使用。里急后重者，加木香、槟榔以行气导滞；食滞者，加枳实、山楂以消食导滞；血虚者，加阿胶、甘草以养血滋阴，名白头翁加甘草阿胶汤（《金匮要略》）。

本方的主要有效成分包括小檗碱、巴马汀、药根碱、七叶亭、秦皮苷、白头翁皂苷、黄柏内酯、甾醇类和木脂素类等。其中小檗碱、巴马汀、药根碱、黄柏内酯主要来源于黄连、黄柏；白头翁皂苷 A_3 和白头翁皂苷 B_4 来源于白头翁；七叶亭、秦皮苷主要来源于秦皮，是白头翁汤中主要的化学成分，可能是汤剂发挥药效的主要物质基础。现代药理研究表明，白头翁汤具有抗菌、抗炎、修复溃疡、免疫调节、抑制肠管运动、抗腹泻等作用。无论在体外或体内，对志贺菌属均有抑制作用，并能增强机体抗病能力。

（19）止痢散（2020 年版《兽药典》二部）

【处方】雄黄 40g、藿香 110g、滑石 150g。

【功能】清热解毒，化湿止痢。

【主治】仔猪白痢。症见里急后重，粪稀量少、味腥臭、色灰暗，并混有白色胶冻样物。方中雄黄燥湿解毒，为君药；滑石清热，渗湿，止泻，为臣药；藿香化湿行气，和胃止泻，为佐药。诸药合用，具有清热解毒、化湿止痢的功用。

【用法与用量】研末，制成舐剂内服。仔猪2～4g。

【现代临床应用】

本方适用于仔猪白痢、黄痢，猪胃肠炎，雏鸡白痢等。凡属仔猪和幼雏痢疾，用之皆见显效。里急后重者，加秦皮、白头翁以清热止痢；热甚津亏者，加沙参、麦冬以解热生津。

现代药理研究表明，本方中起主要作用的药物为雄黄，它具有广谱抗菌、抗病毒、抗肿瘤作用，本方对小肠蠕动有一定促进作用，有利于毒素排出。

（20）苍术香连散（2020年版《兽药典》二部）

【处方】苍术60g、黄连30g、木香20g。

【功能】清热燥湿。

【主治】下痢，湿热泄泻。症见精神沉郁，食欲减退或废绝，泻粪腥臭、黏稠或水样，呈黄色、黄白或棕褐色，混有黏液或血丝，烦渴喜饮，口色赤红、红黄或绛红，口津黏腻，苔黄腻，脉洪数，尿短赤，体温升高等，甚者里急后重，粪便失禁。方中黄连清热燥湿解毒而固大肠，为君药；苍术燥湿健脾为臣药；木香理气和胃止泻，为佐药。各药相合，具有清热燥湿的功用。

【用法与用量】研末，开水冲调，候温灌服，或煎汤服。马、牛90～120g，猪、羊15～30g。

【现代临床应用】

本方由化湿药、清热燥湿药与理气药组成，重在燥湿行气止痢，是清热燥湿的主要方剂，常用于治疗仔猪黄痢、副伤寒、传染性胃肠炎及多种急慢性腹泻、痢疾。腹满胀痛者，加砂仁、陈皮以健脾止痛。凡马、牛肠炎，猪、羊下痢、肠炎等热不重者，可酌情使用。

本方的主要有效成分有苍术素、盐酸小檗碱、木香烃内酯、去氢木香内酯等。现代药理研究表明，本方对仔猪腹泻具有显著的预防效果。

（21）雏痢净（2020年版《兽药典》二部）

【处方】白头翁30g、黄连15g、黄柏20g、马齿苋30g、乌梅15g、诃子9g、木香20g、苍术60g、苦参10g。

【功能】清热解毒，涩肠止泻。

【主治】雏鸡白痢。方中白头翁清热解毒，凉血止痢，善清胃肠湿热，为君药；黄连为清热燥湿要药，善清中焦肠胃湿热，黄柏善清下焦湿热，苦参清热燥湿，利水，马齿苋清热解毒，凉血止痢，以上四药助君药清热解毒，燥湿止痢，共为臣药；乌梅、诃子涩肠止泻，木香行气止痛，健脾消食，苍术燥湿健脾，共为佐使药。诸药合用，清热解毒，涩肠止泻。

【用法与用量】粉碎，过筛，混匀，即得。混饲。雏鸡0.3～0.5g。

【现代临床应用】

现代药理研究表明，本制剂对鸡白痢沙门菌有较好的抑制作用，其治疗雏鸡白痢的机制可能是抗病原体、调节机体免疫、诱导干扰素合成、抗细菌毒素、解热、抗炎等多重作用所致。

(22)葛根芩连汤(《伤寒论》)

【处方】葛根150g、黄芩90g、黄连60g、甘草(炙)30g。

【功能】解表清热，燥湿止痢。

【主治】外感表证未解，热邪入里，下痢不止。症见发热，下痢臭秽，喘而汗出，口干而渴，苔黄，脉数等。方中重用葛根，既能解表清热，又能升发脾胃清阳之气而治下痢，使表解里和，为君药；黄芩、黄连专泄胃肠之热，苦寒燥湿而止下痢，为臣药；甘草和中，协调诸药，为使药。合而用之，具有解表清热止痢的功用。

【用法与用量】煎汤去渣，候温灌服，或研末开水冲调，候温灌服。马、牛300～400g；猪、羊40～80g，其他动物适量。

【现代临床应用】

本方适宜表证未解，体热下痢之症。热泻、热痢而无表证者，亦可使用。对于急性肠炎见有发热、泄泻、口渴、苔黄、脉数者，可用本方加金银花、车前子、泽泻等以清利湿热。对于急性菌痢见有发热、下痢脓血、腹痛、里急后重、苔黄、脉数者，可用本方加金银花、白头翁、木香、枳壳等以调气清热。

本方的主要成分有葛根素、黄芩苷、盐酸小檗碱等。现代药理研究表明，该方具有抗炎、抗菌、抗病毒、抗缺氧、抗心律失常以及提高免疫力等作用。

(23)保和丸(《丹溪心法》)

【处方】山楂60g、神曲60g、半夏30g、茯苓30g、陈皮30g、连翘30g、莱菔子30g。

【功能】消食和胃，清热利湿。

【主治】食积停滞。症见肚腹胀满，食欲不振，嗳气酸臭，或大便失常，舌苔厚腻，脉滑等。本方所治之病多因饲养管理不当，动物贪食过多，肠胃受伤，水谷停积于胃肠所致，宜用平和之品，消而化之。方中山楂、神曲消食导滞，为君药；莱菔子消食下气，宽胸利膈，以增强君药消导作用，为臣药；因积滞易化热生湿，故用陈皮、半夏、茯苓化湿和胃，连翘清热散结，共为佐使药。诸药相合，而有消食和胃之功。

【用法与用量】为末，开水冲调，候温灌服，或煎汤服。马、牛200～350g；猪、羊50～100g。

【现代临床应用】

本方治一切食积。若食积较甚，加麦芽、枳实、槟榔等以行气消胀；热盛，加黄连、黄柏以清热泻火；便秘，加大黄、芒硝、槟榔以通便导滞。本方加白术，名大安丸(《丹溪心法》)，能消食补脾，主治脾虚食滞不化，粪便溏薄等症。《古今医鉴》中的保和丸，为本方加麦芽、枳实、厚朴、香附、白术、黄连、黄芩，功用相似。

本方的主要有效成分有枸橼酸、苹果酸、抗坏血酸、连翘酚、齐墩果(醇)酸、β-谷甾醇、茯苓酸等。现代药理研究表明，本方对金黄色葡萄球菌、肺炎链球菌、伤寒杆菌、溶血性链球菌有抑制作用，对消化道有刺激作用，有利于胃肠积气的排出。此外，还能够促进胃液分泌，并具有降低胆固醇的作用。

(24)消积散(2020年版《兽药典》二部)

【处方】炒山楂15g、麦芽30g、六神曲15g、炒莱菔子15g、大黄10g、玄明粉15g。

【功能】消积导滞，下气消胀。

【主治】伤食积滞。凡消化不良、料伤少食或不食者均可运用。方中炒山楂、麦芽、六神曲消食导滞；炒莱菔子下气，大黄、玄明粉泻下。诸药合用，消食导滞，开胃宽肠。

【用法与用量】为末，开水冲调，候温灌服。马、牛 250～500g；猪、羊 60～90g。

【现代临床应用】

本方的主要有效成分有枸橼酸、苹果酸、抗坏血酸、大黄酚、大黄素、大黄酸等。现代药理研究表明，本方对葡萄球菌、链球菌、肺炎链球菌、伤寒杆菌、志贺菌属、铜绿假单胞菌、大肠埃希菌以及多数皮肤真菌有抑制作用，此外还具有扩张血管、降低血压、降低胆固醇等作用。

（25）木香导滞丸（《松崖医径》）

【处方】木香 20g、槟榔 20g、枳实 45g、大黄 60g、神曲 45g、茯苓 30g、黄芩 20g、黄连 15g、白术 20g、泽泻 15g。

【功能】调气导滞，清热利湿。

【主治】湿热、食积所致的下痢后重。本方病因食积与湿热互结于肠胃，气机受阻所致。方中以枳实破气消积导滞，神曲消食化积，大黄荡涤实结，为君药；木香、槟榔下气导滞，黄芩、黄连清热燥湿，为臣药；茯苓、白术、泽泻渗湿和中，均为佐使药。各药配合，积滞可去，湿热能清。

【用法与用量】为末，开水冲调，候温灌服。

【现代临床应用】

本方为调气导滞与清热利湿并用之剂，专治湿热积滞所致的下痢后重、腹胀、泄泻等证。

本方的主要有效成分有蒽醌衍生物、槟榔碱、小檗碱、黄芩苷、茯苓酸、β-茯苓聚糖以及挥发油 α 和β-木香烃、右旋柠檬烯等。现代药理研究表明，本方对大肠埃希菌、志贺菌属、金黄色葡萄球菌、肺炎链球菌等细菌具有抑制作用，对流感病毒有抑制作用，还具有镇静、降压、利尿等作用。

（26）半夏散（《元亨疗马集》）

【处方】半夏 30g、升麻 45g、防风 25g、枯矾 45g、生姜 30g。

【功能】燥湿化痰，平胃止呕。

【主治】马肺寒吐沫。症见吐沫垂涎，有时频频空口咀嚼，口鼻俱凉，精神倦怠，口色青白，脉象沉迟等。方中半夏温化寒痰，枯矾燥湿利痰，为君药；防风、升麻理脾助阳，增强脾运化水湿的功能，为臣药；生姜温中和胃止呕，既助半夏降逆，又可制半夏之毒，为佐药。半夏与升麻，一降一升，防风与枯矾，一散一收，升、降、散、收各司其职。气机通畅，津液布散，则痰沫自消。

【用法与用量】为末，开水冲调，候温灌服。马、牛 120～200g；猪、羊 40～80g。

【现代临床应用】

本方由止咳化痰平喘药与解表药组成，是温化寒痰的主要方剂。若寒重腹胀者，可加木香、草豆蔻。

现代药理研究表明，本方具有显著的镇咳、镇吐、解热、镇静、降压及抗惊厥作用，对结核杆菌、皮肤真菌、疟原虫、铜绿假单胞菌及金黄色葡萄球菌等有抑制作用。

（27）辛夷散（2020 年版《兽药典》二部）

【处方】辛夷 60g、酒知母 30g、酒黄柏 30g、北沙参 30g、木香 15g、郁金 30g、明矾 20g。

【功能】滋阴降火，疏风通窍。

【主治】脑颡鼻脓。症见鼻孔流脓（一侧鼻孔为多），颜色灰白，气味恶臭，每当低头时流出大量脓液。方中辛夷入肺，为治脑颡鼻脓之要药，散风通鼻窍，为君药；酒知母、酒黄柏清上部热毒，为臣药；北沙参清热养阴润肺，郁金活血化瘀，木香理气止痛，与郁金合用以助君药通窍，明矾化痰坠浊，与郁金相配以消痰涎，均为佐使药。诸药合用，滋阴降火，透脑化痰。

【用法与用量】共为末，开水冲调，候温灌服。马、牛 200～300g，猪、羊 40～60g，其他动物用量酌减。本方为治脑颡鼻脓之专用方。凡鼻窦炎、上颌窦蓄脓属肺热上蒸者，均可酌情加减运用。病初有热者，可加荆芥、薄荷、桑叶等以疏散风热；热盛者，加金银花、连翘、蒲公英等以清热解毒；脓多而腥臭者，加桔梗、贝母等以排脓散结；鼻骨肿痛者，加乳香、没药，或骨碎补、姜黄、红花、土鳖虫等活血散瘀消肿。

【现代临床应用】

现代药理学研究表明，本方有镇痛、镇静及收缩鼻黏膜血管的作用；有利胆、利尿、扩张血管、降血压及退热作用；体外试验对志贺菌属、伤寒杆菌、大肠埃希菌、霍乱弧菌、铜绿假单胞菌等革兰阴性菌及葡萄球菌、溶血性链球菌、肺炎链球菌等革兰阳性菌以及常见致病性皮肤真菌有抑制作用。

《济生方》中的辛夷散（辛夷、川芎、木通、细辛、防风、羌活、藁本、升麻、白芷、甘草），《三因极一病证方论》中的苍耳子散（苍耳子、辛夷、白芷、薄荷），均可治疗鼻流浊涕，与本方功用相近。

（28）止咳散（2020年版《兽药典》二部）

【处方】知母 25g、枳壳 20g、麻黄 15g、桔梗 30g、苦杏仁 25g、葶苈子 25g、桑白皮 25g、陈皮 25g、石膏 30g、前胡 25g、射干 25g、枇杷叶 20g、甘草 15g。

【功能】清肺化痰，止咳平喘。

【主治】肺热咳喘。症见咳嗽不爽，气粗喘粗，肷肋煽动，鼻涕黄而黏稠，口色赤红，苔黄燥，脉洪数等。方中知母、石膏清泻肺热，为君药；麻黄、苦杏仁、枇杷叶止咳平喘，葶苈子、桑白皮泻肺平喘，利水消肿，为臣药；陈皮燥湿化痰，枳壳开胸理气，前胡降气化痰，射干清热解毒，消痰利咽，为佐药；桔梗宣肺祛痰，利咽排脓，引药入肺，甘草祛痰止咳，和中缓急，调和药性，为使药。各药相合，共同发挥清肺化痰、止咳平喘的功用。

【用法与用量】为末，开水冲调，候温灌服，或水煎服。马、牛 250～300g；羊、猪 45～60g。

【现代临床应用】

现代药理学研究表明，本方具有祛痰、止咳、平喘和抑制金黄色葡萄球菌的作用。

（29）滑石散（《元亨疗马集》）

【处方】滑石 60g、泽泻 25g、灯心草 15g、茵陈 25g、知母 25g、酒黄柏 25g、猪苓 20g。

【功能】清热化湿，利尿通淋。

【主治】马胞转，即小便不利。症见尿液短赤、淋沥，肚腹胀痛，蹲腰踏地，欲卧不卧，打尾刨蹄等。方中滑石性寒而滑，寒能清热，滑能利窍，兼清热利尿之功，为君药；茵陈、猪苓、泽泻清利湿热，助君药利水，为臣药；知母、酒黄柏清热泻火为佐药；灯心草清热利水，引湿热从小便出，为使药。诸药合用，共奏清热、利尿、通淋之功。

【用法与用量】为末，开水冲调，候温灌服，或煎汤服。马、牛 250～400g；猪、羊 40～60g，其他动物用量酌减。

【现代临床应用】

本方主要用于膀胱湿热所致的尿闭或小便不利。凡膀胱炎、尿道炎、膀胱麻痹、膀胱括约肌痉挛所引起的尿闭、小便不利，属于湿热证者，均可加减应用。若湿热重兼见黄疸，加栀子、黄芩、大黄以加强清热除湿作用；血淋，加瞿麦以增强清热凉血、利尿通淋作用。《司牧安骥集》中也有滑石散（滑石、朴硝、木通），主治马小便不通。

现代药理研究表明，本方具有利尿、抗菌、抗炎、降血糖等作用。本方加冰片外敷，对放射线皮肤损伤有显著的防治效果。

（30）厚朴苓术散（《牛经备要医方》）

【处方】厚朴 15g、广木香 12g、泽泻 30g、白扁豆 60g、苍术 25g、车前子 60g、胡椒末 30g、赤茯苓 30g。

【功能】燥湿运脾，利水止泻。

【主治】冬令寒湿伤脾之水泻。症见耳耷头低，四肢沉重肯卧，草料迟细，小便不利，泄泻，水肿等。方中厚朴、苍术燥湿健脾，善治湿阻中焦、脾阳不运之泄泻，为君药；广木香助厚朴行气止痛，白扁豆助苍术健脾化湿，均可除湿止泻，为臣药；车前子、泽泻、赤茯苓分利水湿，以止泄泻，胡椒温中散寒，行气止痛，缓泄泻，均为佐使药。诸药合用，燥湿运脾，利水止泻。

【用法与用量】为末，开水冲调，候温灌服，或水煎灌服。马、牛 250～350g，其他动物用量酌减。

【现代临床应用】

现代药理研究表明，本方具有抑菌、镇静、抗凝血、抗氧化、抗溃疡、保肝、利尿、调节免疫、抗肿瘤等作用。

（31）萆薢分清饮（《丹溪心法》）

【处方】益智 45g、川萆薢 60g、石菖蒲 45g、乌药 45g（一方加茯苓、甘草、食盐）。

【功能】温肾利湿，分清化浊。

【主治】膏淋，白浊。症见小便频数，混浊不清，色如米泔，稠如膏糊等。方中萆薢利湿，分清湿浊，为君药；益智温肾阳，缩小便，为臣药；乌药温肾化气，石菖蒲化浊利窍，共为佐药。一方加茯苓、甘草以增强利湿分清之力，使以少许食盐，咸以入肾。诸药合用，温肾利湿，分清化浊。

【用法与用量】水煎去渣，候温灌服，或研末冲服。马、牛 200～300g；猪、羊 50～80g，其他动物用量酌减。

【现代临床应用】

本方为治疗膏淋的常用方剂，《医学心悟》的萆薢分清饮，与本方相比，少益智、乌药，多黄柏、白术、莲子心、丹参、车前子，有清热利湿作用，主治膏淋、白浊属于湿热下注者。《猪经大全》所载治“猪膏淋白浊症”方，即本方。

现代药理研究表明，本方具有抑菌、加速血液循环、缓解肌肉痉挛、促进肠蠕动等作用，并对肾性水肿、乳糜尿有一定疗效。

（32）十黑散（2020年版《兽药典》二部）

【处方】知母 30g、黄柏 25g、地榆 25g、蒲黄 25g、栀子 25g、槐花 20g、侧柏叶 20g、血余炭 15g、杜仲 25g、棕榈 25g。

【功能】清热泻火，凉血止血。

【主治】膀胱积热，尿血，便血。症见精神倦怠，食欲减少，发热，排尿困难，尿色鲜红，口色淡红，脉象细数等。方中黄柏、知母、栀子降肾火，以治疗热淋尿血，为君药；地榆、槐花、侧柏叶凉血止血，蒲黄、血余炭、棕榈收敛止血以治疗尿血，共为臣药；杜仲补肝益肾，固本清源以治劳疾，为佐药。各药炒炭存性，可增强止血之效。

【用法与用量】除血余炭之外，各药炒黑后研为末，开水冲调，候温，或水煎，灌服。马、牛 200～250g，猪、羊 60～90g。

【现代临床应用】

本方仿自《十药神书》十灰散（大蓟、小蓟、荷叶、侧柏叶、白茅根、茜草、栀子、大黄、牡丹皮、棕榈各等份），可用于尿中混有血液或血块，口色偏红之尿血。

现代药理研究表明，本方具有清热泻火作用，对金黄色葡萄球菌、肺炎链球菌、白喉杆菌、草绿色链球菌、志贺菌属等有良好的抑制作用。

（33）槐花散（《普济本事方》）

【处方】炒槐花 100g、炒侧柏叶 500g、炒荆芥穗 30g、枳壳 30g。

【功能】清肠止血，疏风行气。

【主治】肠风下血。症见便血，血色鲜红，或粪中带血等。方中槐花专清大肠湿热，凉血止血，为君药；侧柏叶助槐花凉血止血，荆芥穗炒用理血疏风，并入血分而止血，共为臣药；枳壳行气宽肠，为佐使药。诸药合用，清肠止血，疏风理气。

【用法与用量】为末，开水冲调，候温灌服，或煎汤灌服。马、牛 100～200g；猪、羊 50～80g。

【现代临床应用】

本方为治肠风下血常用方。凡慢性肠炎、慢性痢疾、大肠出血等病证伴有便血鲜红者，均可加减应用。大肠热盛者，加黄连、黄芩；下血多者，加地榆；大便下血不止者，加生地黄、当归、川芎；便血日久而血虚者，加熟地黄、当归、川芎。

现代药理研究表明，本方对金黄色葡萄球菌、大肠埃希菌、变形杆菌、志贺菌属等具有明显的抑制作用，并能降低毛细血管的通透性和脆性，与清热、止血作用相关。

（34）盐粟散（《中兽医方剂》）

【处方】小米 30g、食盐 30g。

【功能】收敛止血，去腐生肌。

【主治】化脓创、新鲜创、鞍伤及烫火伤等。方中食盐去腐排脓生肌，小米炭收敛止血，止痛生肌。二药合用，收敛止血，去腐生肌。

【用法与用量】二药混合，加水少许，使食盐附着在小米上，然后用麻纸 3～4 层包好（纸包约 1.5cm 厚），再用水浸湿纸包，烧黑存性。待凉，除去外层纸灰，研成细末，过筛，装瓶备用。外用掺撒或油调涂于创面。

【现代临床应用】

本方中两种药物用量配比可视创伤的种类不同而灵活变化。如属化脓创，小米与食盐的比例为 1∶1；若属新鲜创，可加大小米用量，小米与食盐的比例可调整到 3∶2 或 2∶1。

用本方治化脓创、鞍伤和烫伤等有效。现代药理学研究表明，盐粟散具有较强的杀菌与抗炎作用，尤其对于金黄色葡萄球菌、铜绿假单胞菌等化脓菌效果显著。

（35）紫草膏（《全国兽医中草药制剂经验选编》）

【处方】紫草 60g、金银花 60g、当归 60g、白芷 60g、麻油 500mL、白蜡 24g、冰片 6g。

【功能】清热解毒，消肿止痛，润肤生肌。

【主治】烧伤，烫伤，也可用于鞍伤、化脓创等。方中紫草清热解毒，活血凉血，为君药；金银花清热解毒，当归加强活血解毒、养血生肌之力，为臣药；白芷散结消肿排脓，冰片辛香走窜，活血消肿止痛，为佐药；麻油、白蜡为赋形剂，兼有生肌、湿润和保护创面的作用。诸药合用，泻火解毒，生肌止痛。

【用法与用量】将紫草、金银花、当归、白芷放入容器内，加麻油浸泡 24h，用文火加热，油沸后药即浮起，不时搅拌，微火煎熬 15～20min，过滤去渣，加白蜡，边加边搅拌使其融化，候温加入冰片混合均匀，待凉后装瓶备用。用时涂于患处。

【现代临床应用】

本方的主要有效成分有紫草素、绿原酸、挥发油、阿魏酸等。现代药理研究表明，本方具有抗炎、杀菌、解热、镇痛、止血等作用。

（36）如意金黄散（2020 年版《兽药典》二部）

【处方】天花粉 60g、黄柏 30g、大黄 30g、姜黄 30g、白芷 30g、厚朴 12g、陈皮 12g、甘草 12g、苍术 12g、生天南星 12g。

【功能】清热除湿，消肿止痛。

【主治】红肿热痛，痈疽黄肿，烫火伤。方中大黄、黄柏清热燥湿，泻火解毒，共为君药；姜黄破血通经，消肿止痛，白芷、天花粉燥湿消肿，排脓止痛，加强君药解毒消肿之效，共为臣药；陈皮、厚朴燥湿化痰，行滞消肿，苍术燥湿辟秽，逐皮间结肿，生天南星燥湿散结，消肿止痛，共为佐药；甘草清热解毒，调和药性，为使药。诸药合用，具有清热除湿、消肿止痛的功用。

【用法与用量】为极细末，外用适量。红肿热痛，漫肿无头者，用醋或鸡蛋清调敷；烫火伤，用麻油调敷。

【现代临床应用】

本方临床用于疮疡肿毒未成脓者或湿疹等，凡疮疡症见红肿热痛的阳证均可应用，亦可用于烫火伤。

现代药理学研究表明，本方具杀菌、抗炎及镇痛作用，体外对溶血性链球菌、金黄色葡萄球菌、铜绿假单胞菌和大肠埃希菌具有显著的抑制作用；外敷也可抑制炎性肉芽组织增生，减少炎症范围及炎症病灶坏死，减少炎性渗出。

9.2.1.2 抗病毒类

（1）荆防败毒散（2020 年版《兽药典》二部）

【处方】荆芥 45g、防风 30g、羌活 25g、独活 25g、柴胡 30g、前胡 25g、枳壳 30g、茯苓 45g、桔梗 30g、川芎 25g、甘草 15g、薄荷 15g。

【功能】辛温解表，疏风祛湿。

【主治】风寒感冒，流感。外感风寒湿邪，以及时疫、疟疾、痢疾、疮疡等具有风寒湿表证者。症见恶寒发热，咳嗽流涕，肢体疼痛，腹下浮肿，触之凉者。

【用法与用量】为末，开水冲调，候温灌服，或煎汤服。马、牛 250～400g，猪、羊 40～80g；兔、鸡 1～3g。

【现代临床应用】本方是由败毒散去人参、生姜加荆芥、防风而成，是辛温解表的主要方剂，为治疗外感风寒湿邪的常用方剂。对一般传染病初期，如流感、痢疾、伤寒等，用本方随证加减效果颇佳。菌痢初期，兼有风寒夹湿之证者，可加黄连、木香，黄连有抑菌清热燥湿之功，木香有理气疗后重之能。畜体衰弱者，可加党参，以扶正祛邪。疮痈初起，伴有恶寒发热症状时，可加金银花、野菊花等清热解毒消痈肿之圣品。本方辛温解表作用较强，对于风热表证夹湿者，不宜使用。

本方的主要有效成分有挥发油、荆芥苷、黄酮、多糖类、香豆素类化合物、有机酸类等。现代药理研究表明，本方可促进体表血液循环，抑制病毒，抗菌，可用于感冒、流感、接触性皮炎、麻疹、皮肤瘙痒症、风湿病、关节炎、支气管炎、鼻炎、痈疮肿毒。

（2）麻黄附子细辛汤（《牛经备要医方》）

【处方】麻黄 30g、附子（制）25g、细辛 15g、干姜 30g、当归 30g、川芎 25g、升麻 25g、木通 20g、滑石 30g、车前子 30g、青皮 25g、甘草 15g、葱头 30g。

【功能】解表散寒，温中理气。

【主治】风寒感冒兼里寒者。症见恶寒重，发热轻，精神萎靡，神疲乏力，脉沉等。方中麻黄发汗解表，为君药；细辛、陈酒、升麻、葱头助君药解表，为臣药；附子、干姜温中散寒，当归、川芎活血通脉，青皮调理气机，木通、滑石、车前子渗湿利水，共为佐药；甘草调和药性，为使药。诸药合用，共奏解表散寒、温中祛湿、理气通脉的功效。

【用法与用量】共为末，加陈酒 100mL，开水冲调，候温灌服，或煎汤服。马、牛 250～350g；猪、羊 30～80g。

【现代临床应用】本方的主要有效成分有生物碱、挥发油、乌头碱、次乌头碱、新乌头碱等。现代药理研究表明，本方具有发汗、利尿、镇咳、平喘、解热、抗病毒、强心、升压、缓解慢性心律失常以及镇痛、抗炎等作用。

《伤寒论》中的麻黄附子细辛汤（麻黄、附子、细辛）治疗阳虚感冒，与本方相似。

（3）银翘散（2020 年版《兽药典》二部）

【处方】金银花 60g、连翘 45g、淡豆豉 30g、荆芥 30g、桔梗 25g、淡竹叶 20g、薄荷 30g、牛蒡子 45g、芦根 30g、甘草 20g。

【功能】辛凉解表，清热解毒。

【主治】风热感冒，咽喉肿痛，疮痈初起。症见发热，口渴咽痛，咳嗽，口色偏红，脉浮数。

【用法与用量】为末，开水冲调，候温灌服，或煎汤服。马、牛 250～400g；猪、羊 50～80g，兔、禽 1～3g。

【现代临床应用】本方由清热解毒药与解表药组成，是辛凉解表的主要方剂，常用于治疗各种畜禽的风热感冒或温病初起，也用来治疗流感、急性咽喉炎、支气管炎、肺炎及某些感染性疾病初期而见有表热证者。热盛者，加栀子、黄芩、石膏以清热；津伤渴甚者，加天花粉以生津止渴；咽喉肿痛甚者，加马勃、射干、板蓝根以利咽消肿；疮痈初起，有风热表证者，应酌加紫花地丁、蒲公英等以增强清热解毒之力。

本方的主要有效成分有绿原酸、连翘苷、牛蒡苷、甘草苷、甘草酸等。现代药理研究表明，本方具有显著的抗病毒、抗菌和解热、抗炎、抗过敏及增强免疫力等作用。

（4）麻杏石甘口服液（2020 年版《兽药典》二部）

【处方】麻黄 300g、苦杏仁 300g、甘草 300g、石膏 1500g。

【功能】宣肺，清热，平喘。

【主治】肺热咳喘。症见发热，身热不解，咳嗽气喘，咳逆气急，鼻煽，口渴，有汗或无汗，舌苔薄白或黄，脉滑而数。方中石膏发散肺经郁热，为君药；麻黄宣肺开腠，配石膏透邪外出，平喘止咳，为臣药；苦杏仁化痰浊，降肺气，助麻黄平喘，助石膏宣肺，为佐药；甘草调和药性，缓喘急，为使药。诸药合用，共起宣肺、清热、平喘的作用。

【用法与用量】每 1L 水，鸡 1～1.5mL。

【现代临床应用】本方对伤寒、副伤寒引起的发热、上呼吸道感染、肺炎、急性支气管炎均有良好的效果。方中石膏剂量应为麻黄的 3～10 倍，以保其辛凉之性。临证应用时，热甚者，加黄芩、栀子、连翘、金银花；痰多气急者，加枇杷叶、桑白皮、车前子、葶苈子；咳嗽者，加桔梗、贝母；津伤者，加天花粉。临床常用于治疗感冒、上呼吸道感染、急性支气管炎、肺炎、支气管哮喘、麻疹合并肺炎等属表证未尽，热邪壅肺者。加减化裁，对马、牛、猪、禽等的肺热咳喘，效果确切。

本方的主要有效成分有麻黄碱和伪麻黄碱、苦杏仁苷、甘草苷和甘草酸等。现代药理研究表明，本方具有镇咳、祛痰、平喘和解热、抗炎等作用，近年来被广泛用于治疗各种呼吸系统疾病，如上呼吸道感染、慢性支气管炎、支气管哮喘、肺炎等。

（5）桑菊饮（《温病条辨》）

【处方】桑叶 45g、菊花 45g、连翘 45g、薄荷 30g、苦杏仁 20g、桔梗 30g、甘草 15g、芦根 30g。

【功能】疏风清热，宣肺止咳。

【主治】外感风热，咳嗽。症见咳嗽，身热不甚，口不渴或微渴，舌尖红，苔薄白，脉浮数等。

【用法与用量】煎汤灌服，现常制成散剂，开水冲调，候温灌服。马、牛 200～300g；羊、猪 30～60g；兔、禽 5～15g。

【现代临床应用】本方主要应用于风温或风热犯肺的轻证，见于上呼吸道感染、急性扁桃体炎、肺炎等属于风热表证者。方中桑叶清透肺络之热，菊花清散上焦风热，共为君药；薄荷辛凉透表，助君药散上焦风热，桔梗开肺，苦杏仁降肺，二药宣降相伍，既助君药祛邪，又能理肺气止咳，共为臣药。连翘清热，芦根生津，共为佐药。甘草润肺止咳，调和诸药。诸药配伍，共奏疏风清热、宣肺止咳之功。

本方的主要有效成分有咖啡酸、绿原酸、甘草酸等。现代药理研究表明，本方对免疫系统有较好的调节作用，具有抗炎、止咳、祛痰、平喘、抑菌等药理活性。

（6）防风通圣散（《宣明论方》）

【处方】防风 15g、荆芥 15g、连翘 15g、麻黄 15g、薄荷 15g、川芎 15g、当归 15g、白芍（炒）15g、白术 15g、栀子（炒）15g、大黄（酒蒸）15g、芒硝 15g、石膏 30g、黄芩 30g、桔梗 30g、甘草 60g、滑石 60g，干姜适量。

【功能】解表通里，疏风清热。

【主治】风热表里俱实证。症见恶寒壮热，口干舌赤，大便秘结，小便短涩等。方中防风、荆芥、麻黄、薄荷疏风散表，使风邪随汗而解；大黄、芒硝通秘结引热下行，配栀子、滑石清热利湿，使热随二便而解；桔梗、石膏、黄芩、连翘解肺胃之热；当归、川芎、白芍活血祛风；白术健脾燥湿，甘草和中缓急。诸药合用，上下分消，表里并治。

【用法与用量】为末，开水冲调，候温灌服，或煎汤服。马、牛 300～400g；猪、羊

50～100g。

【现代临床应用】本方现代用于治疗感冒、急性扁桃体炎、大叶性肺炎、顽固性湿疹、中毒、急性化脓性中耳炎、多发性疖肿、产后中风等。现代药理研究表明，本方具有解热、通便、降低胰岛素、降糖、抑菌与抗病毒等作用。

（7）白虎汤（《伤寒论》）

【处方】石膏（打碎先煎）250g、知母45g、甘草25g、粳米45g。

【功能】清热生津。

【主治】阳明经证或气分热证。症见高热大汗、口干舌燥、大渴贪饮、脉洪大有力。方中石膏辛甘大寒，清阳明气分实热而除烦，为君药；知母苦寒质润，清热润燥，为臣药；甘草、粳米益胃养阴，又缓和石膏、知母寒凉伤胃之弊，共为佐使药。诸药合用，有清热生津之效。

【用法与用量】水煎至米熟汤成，去渣服。马、牛300～500g，猪、羊100～150g。

【现代临床应用】本方在治疗乙型脑炎、中暑、肺炎等热性病兼见上述证候时，均可加减应用。本方加人参，名人参白虎汤(《伤寒论》)，用于伤寒表证已解，热盛于里，气津两伤，口干、汗多、脉浮大无力者。本方加玄参、犀角（水牛角代），名化斑汤(《温病条辨》)，具有清热解毒、滋阴凉血的作用，主治温病发斑。

本方的主要成分有含水硫酸钙（$CaSO_4 \cdot 2H_2O$）、知母皂苷、黄酮苷、甘草苷、甘草酸、还原糖等。现代研究表明，本方具有一定的解热作用，同时还能降低血管的通透性而有消炎的作用。

（8）洗心散（《元亨疗马集》）

【处方】黄连30g、黄芩45g、黄柏30g、栀子30g、连翘30g、牛蒡子45g、白芷15g、茯神20g、天花粉25g、木通20g、桔梗25g。

【功能】清热，泻火，解毒。

【主治】心经积热，口舌生疮。症见舌红，舌体肿胀溃烂，口内垂涎，草料难咽。方中黄连、黄芩、黄柏、栀子通泻三焦火，导热下行，为君药；连翘助主药泻火解毒，为臣药；牛蒡子、白芷消肿止痛，茯神安心神，天花粉清热生津，木通清心火、利尿，皆为佐药；桔梗排脓消肿，载药上达病所，为使药。诸药合用，共奏泻火解毒、散瘀消肿之效。

【用法与用量】为末，开水冲调，候温加鸡蛋清4个，同调灌服。马、牛240～360g；猪、羊45～60g。

【现代临床应用】本方系由黄连解毒汤加味而来，为治心热舌疮的常用方剂，常用于心经积热所致舌体肿胀、溃破成疮的病证。临床上常同时外用冰硼散或青黛散，治疗口炎，疗效显著。

本方的主要成分有小檗碱、黄连碱、黄芩苷、黄芩素、汉黄芩素、汉黄芩苷、黄柏碱、挥发油、栀子素、栀子苷等。现代药理研究表明，该方具有明显的抗病毒、抗菌、解热、利尿的作用。

（9）清肺散（《元亨疗马集》）

【处方】浙贝母50g、葶苈子50g、桔梗30g、板蓝根90g、甘草25g。

【功能】清肺平喘，化痰止咳。

【主治】肺热咳喘，咽喉肿痛。症见气促喘粗，咳嗽，口干，舌红等。方中浙贝母、葶苈子清热定喘，为君药；桔梗开宣肺气而祛痰，使升降调和而喘咳自消，为臣药；板蓝根、甘草清热解毒，蜂蜜清肺止咳，润燥解毒，为佐使药。诸药合用，共奏清肺平喘之功。

【用法与用量】为末，开水冲调，加蜂蜜120g，候温灌服。马、牛200～300g；猪、羊30～60g。

【现代临床应用】本方适用于马属动物肺热喘咳证。常用于支气管炎、肺炎等肺热而有喘咳者。若热盛痰多，可加知母、瓜蒌、桑白皮、黄药子、白药子等；喘甚，可加紫苏子、苦杏仁、紫菀等；肺燥干咳，可加沙参、麦冬、天花粉等。

本方的主要成分有浙贝母碱、去氢浙贝母碱、挥发油、甘草苷、甘草酸等。现代药理研究表明，该方具有扩张支气管平滑肌、镇咳、利尿的作用。

（10）清肺止咳散（2020年版《兽药典》二部）

【处方】桑白皮30g、知母25g、苦杏仁25g、前胡30g、金银花60g、连翘30g、桔梗25g、橘红30g、黄芩45g、甘草20g。

【功能】清泻肺热，化痰止咳。

【主治】肺热咳喘，咽喉肿痛。症见气促喘粗、咳嗽、呼气热、口色红干、脉象洪大等。方中黄芩、知母、桑白皮清泻肺热，止咳嗽，为君药；金银花、连翘助君药清肺热，为臣药；苦杏仁、橘红、前胡、桔梗化痰止咳，为佐药；甘草调和药性，为使药。各药相合，具有清肺、化痰、止咳的功用。

【用法与用量】为末，开水冲调，或煎汤，候温灌服。马、牛200～300g；猪、羊30～50g；兔、禽1～3g。

【现代临床应用】本方适用于急性支气管炎和肺热咳喘兼见上述证候者。

（11）二母冬花散（2020年版《兽药典》二部）

【处方】知母30g、浙贝母30g、款冬花30g、桔梗25g、苦杏仁20g、马兜铃20g、黄芩25g、桑白皮25g、金银花30g、白药子25g、郁金20g。

【功能】清热润肺，止咳化痰。

【主治】肺热咳嗽。症见呼气热、咳嗽声大、口色红干、脉象洪大等。方中黄芩、知母、金银花、白药子清肺热，为君药；苦杏仁、款冬花、桑白皮、马兜铃、浙贝母润肺止咳化痰，为臣药；郁金协助君药清热，为佐药；桔梗宣肺止咳，并能载药上行，为使药。各药相合，具有清热润肺、止咳化痰的功用。

【用法与用量】为末，开水冲调，或煎汤，候温灌服。马、牛250～300g；猪、羊40～80g。

【现代临床应用】现代药理学研究表明，本方行气解郁的功效与对平滑肌张力降低的抑制作用、促进胆汁分泌以及解热镇痛、抗炎作用有关。

（12）玄参散（《元亨疗马集》）

【处方】玄参25g、当归25g、黄芩25g、黄连25g、栀子25g、大黄25g、半夏25g、黄柏25g、柴胡25g、枯矾15g。

【功能】清热润肺，化痰止咳。

【主治】肺热咳嗽。症见发热、呼吸喘促、咳嗽、口色红干、脉象洪大等。方中玄参泻火解毒，利咽消肿，为君药；黄芩、黄连、栀子、黄柏、大黄清热泻火，以治咳嗽之本，半夏、枯矾敛肺化痰，以治咳嗽之标，为臣药；当归、柴胡活血利气，以利于散壅止咳，为佐药；蜂蜜、麻油润肺为使药。诸药合用，清热泻火，祛痰止咳。

【用法与用量】为末，开水冲调，加蜂蜜 100g、麻油 100mL 灌服，或煎汤服。马、牛 250～350g；猪、羊 30～60g。

【现代临床应用】本方主要适用于肺热咳嗽之热象较盛者。

（13）栀连二石汤（《牛经备要医方》）

【处方】栀子 30g、黄连 15g、生石膏 200g、鲜地黄 60g、木通 20g、滑石 60g、车前子 60g、白矾 30g、青皮 30g、芒硝 30g、生甘草 30g、广木香 25g、青木香 30g。

【功能】清热泻火，利水顺气。

【主治】牛里实热证。症见口渴，身热，角热，目赤，尿赤短，脉洪数等。方中栀子、黄连、生石膏清热泻火以除烦热，生甘草清热解毒，为君药；鲜地黄清热生津，木通、滑石利小肠，导热下行，为臣药；车前子、白矾利水止泻，青皮、芒硝、广木香、青木香等理气疏导，为佐使药。诸药相合，清热泻火，利水调气。

【用法与用量】煎汤去渣，候温灌服。牛 400～600g。

【现代临床应用】本方通治牛的热证，临证应用时，可根据所患热证的气血、虚实和脏腑不同，酌情加减。据《牛经备要医方》原方载，牛角热，目赤，皮毛、肌肉俱热，躁扰不眠，口渴苔黄，便秘，皆属实热在于五脏，宜以大黄芩连汤（大黄、黄芩、赤芍、车前子、黄连、生石膏、白矾、芒硝、滑石、生甘草、木通、野椒根、陈茶叶、生姜，水煎服）通泄之；便通者，宜栀连二石汤主之。

本方和白虎汤均能清热生津，但白虎汤以石膏配知母等，侧重肺胃。而本方以石膏配黄连等，侧重胃肠，且本方为佐理气利水之药，更能适应牛热病的特点。

本方的主要成分有含水硫酸钙（$CaSO_4 \cdot 2H_2O$）、栀子素、栀子苷、硅酸镁、地黄素等。现代药理研究表明，本方具有明显的解热作用。

（14）清营汤（《温病条辨》）

【处方】犀角（水牛角代）10g、生地黄 60g、玄参 15g、竹叶心 15g、麦冬 45g、丹参 30g、黄连 25g、金银花 45g、连翘 30g。

【功能】清营解毒，透热养阴。

【主治】温热病邪初入营分。症见高热、口渴或不渴、躁动不安、舌绛而干、脉细数或见斑疹隐隐等。方中犀角（水牛角代）咸寒清解营分之热毒，为君药；热甚则伤阴，玄参、生地黄、麦冬甘寒清热养阴，为臣药；温热病邪初入营分，以苦寒之黄连、竹叶心、连翘、金银花清心解毒，并透热于外，使营分邪热转出气分而解，以免进一步内陷，体现了本方气营两清之法；丹参清热凉血，并能活血散瘀，以防热与血结，为佐药。合而用之，共奏清营解毒、透热养阴之功。

【用法与用量】为末，开水冲调，候温灌服，或煎汤服。马、牛 250～400g；猪、羊 50～90g，其他动物酌减。

【现代临床应用】本方由清热药、滋阴药和活血化瘀药组成，适用于温热病热邪由气分转入营分之证。脑膜脑炎、中暑以及某些败血症属营分热者，均可酌情应用。加大青叶、板蓝根等治疗乙型脑炎、流脑、败血症而有上述症状者。若气分热重而营分热轻，应重用金银花、连翘、黄连、竹叶心，并相对减少犀角、生地黄、玄参的用量。

本方的主要有效成分有绿原酸、丹酚酸、连翘苷、梓醇等。现代药理研究表明，本方具有显著的解热作用、抗炎作用、免疫调节作用、抗氧化作用，可改善血液流变性、保护血管内皮、改善心肌损害、抗中枢神经系统损伤等。

（15）犀角地黄汤（《备急千金要方》）

【处方】犀角（水牛角代，另研）10g、生地黄150g、赤芍60g、牡丹皮45g。

【功能】清热解毒，凉血散瘀。

【主治】温热病之血分证或热入血分。症见发热，神昏，皮肤发斑，各种出血，舌绛，脉细数等。方中犀角（用10倍量的水牛角代）清营凉血，清热解毒，为君药；生地黄清热凉血，协助犀角清解血分热毒，并能养阴，以治热甚伤阴，为臣药；赤芍、牡丹皮清热凉血，活血散瘀，既能增强凉血之力，又可防止瘀血停滞，为佐使药。诸药相合，共奏清热解毒、凉血散瘀之功。清热之中兼以养阴，使热清血宁而不耗血，凉血之中兼以散瘀，使血止而不留瘀。

【用法与用量】为末，开水冲调，候温灌服，或煎汤服。马、牛250～400g；猪、羊40～60g，其他动物酌减。

【现代临床应用】本方由清热凉血药组成，是治疗热入血分之各种出血症的重要方剂。用于败血症，热盛动血所致的出血，热病发斑或紫斑。热扰心神所出现神昏、体热、舌绛、脉细数者，加石菖蒲、胆南星、人工牛黄等；鼻衄者，加茅根、侧柏叶以凉血止血；便血者，加地榆、槐花以清肠止血；尿血者，加茅根、小蓟以利尿止血；心火盛者，加黄连、黑栀子以加强清心泻火。《抱犊集》中也载有一个犀角地黄汤，治“牛心黄狂风病”，组方为犀角、生地黄、牡丹皮、黄连、淡竹叶、石菖蒲、黄芩、茯苓、猪苓、泽泻、瓜蒌子、栀子、远志、车前子、木通、牵牛子、川贝母、白矾、麦冬、灯心草、灶心土，水煎温服。大便结者，加大黄、枳实。

本方与清瘟败毒饮均为清热解毒凉血之剂，但本方重在清热凉血散瘀，而清瘟败毒饮清热凉血解毒之力较强。

现代药理研究表明，本方具有显著的抗炎、镇静、抗惊厥和增强肾上腺皮质激素功能等作用。

（16）清瘟败毒散（2020年版《兽药典》二部）

【处方】石膏120g、水牛角60g、地黄30g、黄连20g、栀子30g、牡丹皮20g、黄芩25g、赤芍25g、玄参25g、知母30g、连翘30g、桔梗25g、淡竹叶25g、甘草15g。

【功能】泻火解毒，凉血。

【主治】热毒发斑，高热神昏。症见气血两燔，大热烦躁，渴饮干呕，昏狂，发斑，舌绛，脉沉细而数，或浮大而数等。方中重用石膏、知母，大清阳明经热，为君药；水牛角、地黄、玄参、牡丹皮、赤芍清营凉血解毒，黄连、黄芩、栀子、连翘清热泻火解毒，为臣药；君臣相合，气血同治。淡竹叶清心利尿，导热下行，桔梗开肺，载药上行，为佐药；甘草清热解毒，调和药性，为使药。诸药配合，共奏清热凉血之功。

【用法与用量】为末，开水冲调，候温灌服，或煎汤服。马、牛300～450g；猪、羊50～100g；兔、禽1～3g。

【现代临床应用】本方为气血两清的方剂。适用于一切疫毒火邪充斥内外、气血两燔之证。对家畜脑膜脑炎或其他高热而有脑症状及败血症等急性重症热病者，均可酌情加减应用。抽搐者，加僵蚕、石菖蒲、钩藤等；热毒炽盛发斑紫暗者，加金银花、大青叶、紫草等。

本方的主要成分有去乙酰基车前草酸、鸡矢藤次苷甲酯、京尼平苷酸、京尼平龙胆双糖苷、栀子苷、芒果苷、异芒果苷、芦丁、西红花苷-Ⅰ等。现代药理研究表明，本方具有显著的解热、抗炎、抗感染、抑制细菌毒素和增强肾上腺皮质激素功能等作用。

（17）黄连解毒散（2020 年版《兽药典》二部）

【处方】黄连 30g、黄芩 60g、黄柏 60g、栀子 45g。

【功能】泻火解毒。

【主治】三焦实热，疮黄肿毒。症见大热烦躁，口燥咽干，或热病吐血、衄血；或热甚发斑，或身热下利，或湿热黄疸；或外科痈疡疔毒，口渴，小便黄赤，口色红，脉洪数有力等。方中黄芩泻肺火于上焦，黄连泻脾胃火于中焦，黄柏泻肾火于下焦，栀子通泻三焦之火，且导热下行从膀胱而出。四药合用，苦寒直折，泻其亢盛之火而解热毒，故非实热，不可轻投。

【用法与用量】制成散剂，开水冲调，候温灌服。马、牛 150～250g；猪、羊 30～50g；兔、禽 1～2g。

【现代临床应用】本方由清热药组成，是清热解毒泻火的主要方剂，常用于治疗各种畜禽败血症、脓毒（败）血症、痢疾、肺炎、泌尿系统感染、流行性脑脊髓膜炎、乙型脑炎等属于火毒炽盛者。

本方去黄柏、栀子加大黄名为泻心汤（《金匮要略》），功效似本方而更适用于口舌生疮、胃肠积热。吐血、衄血、发斑者，酌加玄参、生地黄、牡丹皮以清血热；发黄者，加茵陈、大黄，以清热祛湿退黄。本方加蒲公英、金银花、连翘还可用于治疗疮疡肿毒，可内服，也可调敷外用。本方加石膏、淡豆豉、麻黄，名三黄石膏汤（《外台秘要》），功能为表里双解，主治表证未解，里热已炽。方中药物苦寒，易于化燥伤阴，故热伤阴津者不宜使用。

本方主要含有生物碱、黄酮、环烯醚萜类三大类成分。现代药理学研究表明，该方对多种致病菌有抑制作用，具有很好的抗病毒、抗菌消炎、抗氧化、抗脑缺血、抗肿瘤、降血糖及神经保护作用。

（18）五味消毒饮（《医宗金鉴》）

【处方】金银花 60g、野菊花 60g、蒲公英 60g、紫花地丁 60g、紫背天葵子 30g。

【功能】清热解毒，消散疮肿。

【主治】各种疮痈、疔毒疖肿。症见患部红肿热痛，坚硬根深，舌质红，脉洪数。方中金银花清热解毒，消散痈肿，为君药；紫花地丁、紫背天葵子、蒲公英、野菊花清热解毒，为臣佐药。五药合用，共同发挥清热解毒、消散疮肿的功用。

【用法与用量】为末，开水冲调，候温灌服，或煎汤服。马、牛 250～350g；猪、羊 40～80g。

【现代临床应用】本方是治疗疮肿疔毒的重要方剂。热甚者，可加黄连、连翘；肿甚者，可加防风、蝉蜕、白芷；血热毒盛者，加赤芍、牡丹皮、生地黄等。亦可用于治疗乳痈，加瓜蒌皮、贝母、青皮等。

本方含有绿原酸、木犀草素、白菊醇、白菊酮、野菊花内酯、蒲公英甾醇、胆碱、菊糖、果胶、有机酸、黄酮及其苷类。现代药理研究表明，本方对大肠埃希菌、铜绿假单胞菌、变形杆菌、金黄色葡萄球菌、枯草杆菌等有很强的抑制作用，且具有明显的抗炎、解热、解毒、增强免疫功能等作用，可用于化脓性皮肤病、上呼吸道感染、大叶性肺炎、急慢性肾盂肾炎、急性肾炎、病毒性肝炎等。

(19) 济世消黄散（《元亨疗马集》）

【处方】款冬花 30g、白药子 30g、黄药子 30g、栀子 30g、知母 30g、贝母 25g、大黄 30g、黄连 30g、秦艽 25g、郁金 25g、黄芩 30g、甘草 15g、黄柏 30g。

【功能】清热解毒，利咽消肿。

【主治】热毒，槽结，喉骨胀。方中黄连、黄芩、黄柏、栀子清热解毒，泻三焦之火热，为君药；黄药子、白药子、大黄清热解毒，消肿散结，款冬花、知母、贝母清肺祛痰，利咽排脓，为臣药；郁金清热凉血，理气祛痰，秦艽清热，为佐药；甘草调和诸药，为使药。各药相合，有清热解毒、利咽消肿之功。

【用法与用量】煎汤或为末，开水冲调，候温加蜂蜜、蛋清、芒硝适量灌服。马、牛 240～360g；猪、羊 30～60g。

【现代临床应用】现代研究表明，本方具有抗菌、抗过敏、解热、镇痛、镇静，改善血流动力学和微循环，减少或抑制炎性渗出，促进炎性渗出物的吸收及抗变态反应性炎症的作用。

(20) 泻心汤（《活兽慈舟》）

【处方】黄连 30g、黄芩 45g、大黄 45g、石膏 200g、赤芍 45g、竹茹 15g、灯心草 10g、车前子 60g。

【功能】清心火，解热毒。

【主治】心火舌疮等。症见口舌生疮、胃肠积热等。方中黄连泻心火，兼泻中焦之火，石膏清热泻火，为君药；黄芩泻肺火，竹茹清热除烦，大黄、赤芍清热散瘀，为臣药；车前子、灯心草清热利水，引热下行，共为佐使药。诸药相合，清热泻火，解毒散瘀。

【用法与用量】水煎，或为末，开水冲调，候温加芭蕉油适量灌服。马、牛 400～500g。

【现代临床应用】本方为治各种动物舌部诸病的方剂，适用于心经热盛，火毒上冲于舌所致的木舌、舌黄、舌疮等证。凡各种舌炎、火毒炽盛等兼见上述证候者，均可酌情应用。现代药理研究表明，本方具有明显的解热作用。

(21) 苇茎汤（《备急千金要方》）

【处方】苇茎 150g、薏苡仁 90g、冬瓜仁 60g、桃仁 60g。

【功能】清肺化痰，逐瘀排脓。

【主治】肺痈。症见发热，咳嗽，鼻脓腥臭或带血丝，呼吸喘促，舌红苔黄，脉滑数。方中苇茎清泄肺热，是治肺痈要药，为君药；冬瓜仁祛瘀排脓，为臣药；薏苡仁清热利湿，桃仁活血祛瘀，为佐使药。四药合用，发挥清热化痰、逐瘀排脓的功用。

【用法与用量】煎汤去渣，候温灌服；或苇茎煎汤，其他药研末冲服。马、牛 200～300g；猪、羊 50～150g；其他动物用量酌减。

【现代临床应用】本方适用于肺脓肿、大叶性肺炎、胸膜肺炎等。为增强疗效，使用时应酌情加减。如肺痈将成，宜加蒲公英、鱼腥草、金银花、连翘、牛蒡子、薄荷等以增强清热解毒之力，促其消散；脓已成，宜加桔梗、贝母、甘草等，以增强其化痰排脓之效。现代药理学研究表明，本方有抗病原微生物、抗炎、解热、镇咳、平喘、改善肺部血液循环等作用。

（22）香薷散（《元亨疗马集》）

【处方】香薷 30g、黄芩 45g、黄连 30g、甘草 15g、当归 30g、连翘 30g、天花粉 30g、栀子 30g。

【功能】清热解毒。

【主治】伤暑。症见体热，喜阴凉，精神倦怠，行立如痴，卧多立少，口色鲜红，脉象洪数等。方中香薷辛温发散，兼能利湿，乃暑月解表要药，为君药；黄连、黄芩、栀子、连翘清热于里，为臣药；心肺热盛，上扰神明，故用当归和血以治风；热盛伤津，故用天花粉清热生津；甘草清热和中，共为佐使药。诸药合用，清热解暑。

【用法与用量】为末，开水冲调，候温加蜂蜜适量灌服，或煎汤服。马、牛 250～300g；猪、羊 30～60g；禽、犬、猫适量。

【现代临床应用】本方由清热解暑药和清热解毒药组成，为清热解暑代表方剂。常用于治疗各种畜禽炎夏被酷热所伤，心肺热盛，表里俱热等中暑。《太平惠民和剂局方》中的香薷散（香薷、白扁豆、厚朴），治夏月乘凉饮冷，外感于寒，内伤于湿，阳气为阴邪所遏，脾胃不和，故以香薷配白扁豆、厚朴清暑解表，化湿和中。二者虽然方名相同，但功用有别。若高热不退，加石膏、知母、薄荷、菊花等；昏迷抽搐，加石菖蒲、钩藤等；津液大伤，加生地黄、玄参、麦冬、五味子等。

本方的主要有效成分有香荆芥酚、麝香草酚、黄芩苷、连翘苷、天花粉蛋白、栀子苷等。现代药理研究表明，本方具有显著的抗病毒、抗菌、解热、抗炎、抗过敏及增强免疫力等作用。

（23）六一散（《黄帝素问宣明论方》）

【处方】滑石 6 两（180g），甘草 1 两（30g）。

【功能】清暑利湿。

【主治】暑热夹湿所致的暑湿证。症见身热汗出，小便短赤，舌红，苔薄黄，脉浮等。方中滑石清心解暑，渗利通窍，导湿下行；甘草清热泻火，益气和中，既能防滑石利小便伤津，又能固护阳明胃气。二药配伍，共奏利湿清热之效。

【用法与用量】每服 9～18g，煎汤去渣，候温灌服，或甘草粉碎成细粉，与滑石粉混匀，过筛，开水冲调，候温灌服。

【现代临床应用】本方由清热利尿药组成，是清热解暑的主要方剂，常用于治疗各种畜禽的暑温、湿温、伏暑诸证，风热感冒或温病初起，也用来治疗胃肠型感冒、胃肠炎、中暑、膀胱炎、尿道炎、泌尿系结石，以及某些皮肤病等属湿热者。本方防治仔猪黄白痢有效。湿甚者，加石榴皮、藿香、石菖蒲以化湿；暑热盛者，加石膏清暑解热；小便淋涩或砂淋者，加瞿麦、金钱草、海金沙等以利水通淋；小便涩热者，加车前子、石韦等以利水通淋泄热，血尿者，加小蓟、白茅根、侧柏叶等以通淋止血。

本方的主要有效成分是甘草酸。现代药理研究表明，本方具有较好的利尿、抗菌、抗病毒及保护黏膜等作用。

（24）清开灵（《江苏中医杂志》）

【处方】胆酸、珍珠母、猪去氧胆酸、栀子、水牛角、板蓝根、黄芩苷、金银花。

【功能】清热开窍。

【主治】邪热炽盛，内陷心包，燔灼营血；或痰火上扰，蒙闭清窍，神志昏迷等。本方是在安宫牛黄丸的基础上改制而成，对外感高热证等具有良好的疗效。

【用法与用量】制成注射液，肌内注射或静脉滴注。马、牛 150～300mL，猪、羊、犬 10～60mL。

【现代临床应用】本方用于温热病过程中出现的高热、神昏。静脉滴注可用于治疗猪瘟、猪乙型脑炎、犬瘟热、犬传染性肝炎、牛流行热等疾病。

本方的主要有效成分有胆酸、胆烷酸、氨基酸、栀子素、鞣酸、栀子苷、黄芩苷、靛苷、β-谷甾醇、靛红、绿原酸、异绿原酸、木犀草素等。现代药理研究表明，本方具有显著的利胆、解热、镇静、强心、抗休克、利尿、抑菌、抗炎、降血压、抗流感病毒等作用，且无明显毒副作用。

9.2.1.3 抗真菌类

（1）冰硼散（《外科正宗》）

【处方】冰片 50g、朱砂 60g、硼砂 500g、玄明粉 500g。

【功能】清热解毒，消肿止痛，敛疮生肌。

【主治】舌疮、口腔及咽喉肿痛。方中冰片、硼砂芳香化浊，泄热解毒，消肿；朱砂解毒防腐，玄明粉清热泻火，解毒消肿。四药协同共奏清热解毒、防腐消肿的功效。

【用法与用量】共为极细末，混匀，装瓶备用。用时取药少许，吹撒于患部。

【现代临床应用】现代药理学研究表明，本方可明显促进口腔溃疡愈合，对口腔正常黏膜无明显不良影响，还具有抗菌、抗炎和镇痛作用。

（2）青黛散（2020 年版《兽药典》二部）

【处方】青黛 200g、黄连 200g、黄柏 200g、薄荷 200g、桔梗 200g、儿茶 200g。

【功能】清热解毒，消肿止痛。

【主治】口舌生疮，咽喉肿痛。方中青黛清热解毒，为君药；黄连、黄柏助青黛清热解毒，消肿，为臣药；薄荷、桔梗疏散风热，清利咽喉，祛痰排脓，为佐药；儿茶收敛生肌，止痛，为使药。诸药相合，清热解毒，消肿止痛。

【用法与用量】共为细末，装瓶备用。用时取适量，装纱布袋内，用水浸湿，两端各系一条绳带，固定在口内噙之。

【现代临床应用】本方用于心热舌疮，咽喉肿痛。现代研究表明，用于治疗牛、羊口炎效果较好。《痊骥通玄论》中的蛾青散（青黛、黄柏、白矾、诃子），《元亨疗马集》转载时亦名青黛散，主治相同。《元亨疗马集》中的胆矾散（胆矾、黄连、黄柏、儿茶），与本方功效近似，可供选用。《杂病源流犀烛》中的青黛散（青黛、黄连、黄柏、牙硝、朱砂、雄黄、牛黄、硼砂、冰片、薄荷），亦可治口舌生疮。

（3）雄黄散（《痊骥通玄论》）

【处方】雄黄 30g、白及 30g、白蔹 30g、龙骨 30g、大黄 30g。

【功能】清热解毒，消肿止痛。

【主治】各种阳证疮黄。凡疮黄初起，症见红肿热痛未破溃脓者均可应用。方中雄黄解毒，为君药；大黄、白及、白蔹清热解毒，消肿止痛，为臣药；龙骨生肌敛疮，为佐使药。诸药配合，共奏清热解毒、消肿止痛的功用。

【用法与用量】为细末，用醋或水调敷。敷后为保持湿润可洒醋或水。也可撒布创面。

【现代临床应用】临床用于各种外科炎性肿胀，无破溃者。加白矾、冰片、黄连可加强清热解毒功效，用于非开放性急性炎症，疗效较好。《司牧安骥集》中的雄黄散（雄黄、川椒、白及、白蔹、肉桂、草乌头、芸苔子、白芥子、川大黄、硫黄），治马诸般肿毒，筋骨大硬；《抱犊集》中的雄黄散（雄黄、川椒、白及、白蔹、肉桂、草乌、大黄、硫黄、白芥子），治牛诸般肿毒及筋骨胀，均可酌情选用。

（4）三子散（2020 年版《兽药典》二部）

【处方】栀子 200g、诃子 200g、川楝子 200g。

【功能】清热解毒。

【主治】①三焦热盛。症见发热，发斑，狂躁不安，或疮黄疔毒，舌红口干，苔黄，脉数有力等。②疮黄肿毒。症见初起局部肿胀，硬而多有疼痛或发热，最终化脓破溃。轻者全身症状不明显，重者发热倦怠，食欲不振，口色红，脉数。③脏腑实热。症见发热，咽喉肿痛，咳嗽痰盛，大便干燥。方中栀子性寒凉，清泻三焦实热，凉血解毒，为君药；诃子味涩清热降火，为臣药；川楝子味苦清热，行气止痛，为佐使药；三药合用，清热解毒，凉血止血。

【用法与用量】为末，开水冲调，候温灌服，或煎汤服。马、牛 120～300g；驼 250～450g；羊、猪 10～30g。

【现代临床应用】本方系蒙古族验方，可用于治疗一切热证。若食欲不振，粪便干燥，加芒硝；热泻或肺热咳嗽，加连翘、拳参、木通、麦冬；幼畜红痢，加制胆粉；白痢，加酒炒红花、红糖；羊痘，加苦参、苦杏仁、甘草、绿豆粉。本品制成糊状外用具有收敛、止痛、消炎的作用，可治疗脓疱疹、毛囊炎、疖肿、单纯疱疹和带状疱疹等。

本方的主要有效成分有栀子苷、羟异栀子苷、京尼平龙胆双糖苷、西红花苷Ⅰ和西红花苷Ⅱ、没食子酸、绿原酸、苦楝子醇、川楝素等。现代药理研究表明本方具有抗菌、抗炎、解热、驱虫、收敛、修复创伤等作用。

9.2.2 抗寄生虫类

9.2.2.1 抗原虫类

（1）鸡球虫散（2020 年版《兽药典》二部）

【处方】青蒿 3000g，仙鹤草 500g，何首乌 500g，白头翁 300g，肉桂 260g。

【功能】抗球虫，止血。

【主治】鸡球虫病。

【用法与用量】以上 5 味，粉碎、过筛、混匀，即得。混饲，每 1kg 饲料，鸡 10～20g。

【现代临床应用】本方用于防治禽球虫病，修复球虫引发的肠道黏膜损伤。对肠毒综合征及坏死性肠炎引起的拉白色石灰汤样便或粪便稀薄水泻，血便，料便，黄绿色稀便，采食量下降，消瘦，增重缓慢，蛋鸡产蛋下降，蛋色变白等有特效。

（2）草果饮（《太平惠民和剂局方》）

【处方】紫苏叶、草果仁、川芎、白芷、高良姜（炒）、青橘皮（去白，炒），甘草（炒）各等份。

【功能】温中，燥湿，截疟。

【主治】脾寒疟疾；瘴疟头疼身痛，脉浮弦寒热；寒热疟疾初愈。

【用法与用量】上为末，每服 6g，水 150mL，煎至 100mL，去滓热服，二滓并煎，病发当日连进三服。

【现代临床应用】草果含挥发油、无机元素等。炮制对无机元素含量及药理作用均有一定影响。生草果、炒草果、姜草果均可拮抗 Adr 引起的兔回肠运动抑制和 Ach 引起的回肠痉挛，其中以姜草果的作用较佳。三种草果均可拮抗由 HAC（腹腔注射）引起的小鼠腹痛，且以姜草果效果最佳。

（3）龙胆泻肝散（2020 年版《兽药典》二部）

【处方】龙胆 45g，黄芩 30g，栀子 30g，泽泻 45g，木通 20g，车前子 30g，当归 30g，生地黄 45g，柴胡 30g，甘草 15g。

【功能】泻肝胆实火，清三焦湿热。

【主治】目赤肿痛，淋浊，带下。家禽弧菌性肝炎、卡氏住白细胞原虫病（也叫白冠病）、组织滴虫病。

【用法与用量】马、牛 250～350g；羊、猪 30～60g。

【现代临床应用】龙胆泻肝散临床上可应用于皮肤病尤其是疱疹的治疗，在其有效成分与药理作用机制等方面研究深入。并且具有免疫调节、抗炎、镇痛、抗病原微生物、清除自由基与抗氧化作用，仍需进一步进行研究。

9.2.2.2 抗肠道寄生虫类

（1）化虫丸（《太平惠民和剂局方》）

【处方】胡粉（炒）30g，鹤虱 30g，槟榔 30g，苦楝子 30g，白矾 10g。

【功能】杀肠道诸虫。

【主治】肠中诸虫。有时表现为腹痛、腹胀。

【用法与用量】为末，面糊为丸。马、牛每次投服 100～150g；羊、猪投服 10～30g；或研磨开水冲调，候温灌服。

【现代临床应用】本品主要用于虫积腹痛，发作时腹中疼痛，往来上下，其痛甚剧，呕吐清水，或吐蛔虫。现代除用于驱杀蛔虫外，还用于驱杀蛲虫、绦虫、姜片虫等多种虫体，为治疗肠道诸寄生虫的常用方药。

（2）万应散（《医学正传》）

【处方】槟榔 30g，大黄 60g，皂角 30g，苦楝根皮 30g，牵牛子 30g，雷丸 20g，沉香 10g，木香 15g。为末，温水冲服。

【功能】攻积杀虫。

【主治】蛔虫、姜片吸虫、绦虫等虫积证。方中雷丸、苦楝根皮杀虫，为君药；牵牛子、大黄、槟榔、皂角既能攻积，又可杀虫，为臣药；木香、沉香行气温中，为佐药。诸药共奏攻积杀虫的功用。

【用法与用量】为末，温水冲服。马、牛 150～200g，猪、羊 30～60g。

【现代临床应用】万应散是治疗胃肠道虫积症的有效方剂，只要诊断准确，对症加减，即可药到病除。对于个别服用万应散疗效不明显的患畜，可用“敌百虫”“丙硫苯咪唑”“左咪唑”等西药辅助治疗，但应严格掌握剂量，以避免中毒事故的发生。

（3）驱虫散（2020 年版《兽药典》二部）

【处方】鹤虱 30g，使君子 30g，槟榔 30g，芜荑 30g，雷丸 30g，绵马贯众 60g，干姜（炒）15g，淡附片 15g，乌梅 30g，诃子 30g，大黄 30g，百部 30g，木香 15g，榧子 30g。

【功能】驱虫。

【主治】胃肠道寄生虫病。方中鹤虱、使君子、绵马贯众、雷丸、芜荑、百部、榧子驱杀胃肠内寄生虫，共为君药；槟榔杀虫攻积，大黄泻下，乌梅安蛔，杀虫以祛邪，共为臣药；木香、淡附片、干姜行气散寒，温运脾阳以扶正，诃子收敛涩肠，以防泻下太过，共为佐使药。诸药合用，共奏驱杀攻逐胃肠道寄生虫之功。

【用法与用量】为末，开水冲调，候温灌服，或煎汤服。牛、马 250～350g，猪、羊 30～60g。

【现代临床应用】本方主要药物及其提取物可杀死线虫、毛滴虫、蛔虫、绦虫等。

（4）贯众散（《中兽医治疗学》）

【处方】贯众 60g，使君子 30g，槟榔 30g，鹤虱 30g，芜荑 30g，大黄 40g，苦楝子 15g。

【功能】驱杀胃肠寄生虫。

【主治】马瘦虫（胃蝇蛆）及其他肠寄生虫。方中贯众、鹤虱、芜荑可驱杀胃肠之虫；使君子杀虫，又能助脾之运化，疏导肠中积滞；槟榔杀虫攻积，下气行滞；苦楝子杀虫，疏肝止痛；大黄通便，驱虫外出。诸药合用，有驱杀攻逐寄生虫之功。

【用法与用量】为末，开水冲调，候温灌服，或煎汤服。马、牛 150～300g；猪、羊 40～80g。

【现代临床应用】除了用于虫积腹痛等症，还可用于热毒疮疡，痄腮肿痛，崩漏出血，预防感冒、麻疹等疾病。有研究表明贯众散能够促进兔体重增加，以及提高蛋鸡产蛋率。

（5）胆蛔汤（《临证医案医方》）

【处方】槟榔 18g，榧子、苦楝根皮各 15g，使君子 12g，乌梅 5 枚。

【功能】驱蛔止痛，收敛止泻。

【主治】胆道蛔虫病。右上腹阵发性剧痛，大汗淋漓，面色苍白，屈膝体位。乌梅味酸能制蛔虫蠕动，安蛔止痛；使君子、苦楝根皮、榧子均为驱杀蛔虫的要药，合用则驱蛔之力更强；槟榔能驱杀蛔虫消积，且又具行气缓泻之功。全方诸药配伍以成驱虫止痛方剂。

【用法与用量】乌梅去核先煎，候温灌服。

【现代临床应用】本方治疗犬蛔虫病有一定疗效。

（6）君子仁散（《中兽医治疗学》）

【处方】使君子 20g，槟榔 9g，石榴皮 15g，贯众 15g，芜荑 9g，牵牛子 20g，大黄 9g，芒硝 12g，甘草 3g。

【功能】驱杀蛔虫，通肠泻下。

【主治】猪蛔虫。症见贪食而不长，体瘦，肚腹膨大。

【用法与用量】煎汤分两次混食内喂之。

【现代临床应用】使君子中含使君子酸钾，有小毒，可引起呃逆和呕吐或致泻。药理实验表明，使君子水浸剂或乙醇浸剂在体外对猪蛔虫有麻痹作用，并对某些皮肤真菌有抑制作用。

（7）苦楝根皮汤（《经济动物方》）

【处方】鲜苦楝皮 25g。

【功能】驱蛔止痛，疏肝行气。

【主治】本方治疗鸡蛔虫病有一定效果，另可加乌梅或使君子、南瓜子等增加驱蛔虫效果。

【用法与用量】水煎去渣，加红糖适量，按 2% 比例拌料，空腹喂给，每日 1 次，连服 2～3 天。

【现代临床应用】方中苦楝皮含有苦楝素、苦楝酮、苦楝内酯、苦楝萜酮内酯、山柰酚、苦楝子三醇及鞣质，还含 β-谷甾醇、正三十烷及水溶性成分。本方可驱虫，抑制呼吸中枢，影响神经肌肉传递功能，对肉毒中毒具有治疗作用，可影响心肌电和机械特性。对实验性曼氏血吸虫病有一定疗效。

（8）球虫九味散（《经济动物方》）

【处方】白术、茯苓、猪苓、桂枝、泽泻各 15g，桃仁、生大黄、土鳖虫各 25g，白僵蚕 50g。

【功能】利水渗湿，止血杀虫。

【主治】本方治疗球虫病有一定疗效。

【用法与用量】共研末，雏鸡每天 0.3～0.5g，成年鸡 2～3g 拌料喂服，每天 2 次，连用 3～5 天。

【现代临床应用】治疗兔球虫效果显著，并且在治疗初期效果明显。

（9）蛇蒲加盐汤（《经济动物方》）

【处方】蛇床子 100g，蒲公英 150g，加水 2000mL，食盐 150g。

【功能】杀虫解毒。

【主治】本方用于治疗兔球虫病有一定疗效。

【用法与用量】蛇床子、蒲公英加水 2000mL 煎汤，去渣后加食盐，每只兔每次给药 5～10mL，每天 1 次，7 天为 1 个疗程。

【现代临床应用】方中蛇床子含有挥发油、香豆素类，如蛇床明素、花椒毒素等成分，其具有抗真菌和霉菌、扩张支气管、祛痰平喘、抗心律失常、延缓衰老、提高记忆力、抗过敏、抗骨质疏松等作用。

（10）三黄一仙汤（《经济动物方》）

【处方】黄芪 20g，黄柏 10g，黄连 7g，仙鹤草 30g，贯众 15g。

【功能】杀虫清热解毒。

【主治】本方用于治疗兔球虫病有一定疗效。

【用法与用量】煎汤去渣，候凉，分早晚 2 次约 1g/只兔灌服或喂服。

【现代临床应用】有效成分主要包括大黄素、盐酸小檗碱等，具有改善心血管血液系统、抗菌、抗炎、保护黏膜、改善脑缺血再灌注、降压、降糖等作用。

（11）四黄散（《经济动物方》）

【处方】黄连 100g，黄柏 100g，黄芪 240g，大黄 80g，甘草 120g。

【功能】清热杀虫。

【主治】本方用于治疗兔球虫病有一定疗效。

【用法与用量】研为细末，每次 4g 内服，每天 2 次，连服 5 天。

【现代临床应用】四黄散对木瓜蛋白酶诱导的兔急性滑膜炎有显著疗效，黄柏、大黄的有效成分能抑制血管生成，减少血管浸润。

（12）常山红藤饮（《经济动物方》）

【处方】常山 6g，大血藤、柴胡、陈皮、白头翁各 15g，木香 6g。

【功能】清热解毒，杀虫解热。

【主治】本方用于治疗兔球虫病有一定疗效。

【用法与用量】煎汤去渣，拌入饲料中按 1g/只幼兔，连服 3～5 天。

【现代临床应用】常山对疟原虫、阿米巴虫都有显著的抑制作用。

9.2.2.3 抗体外寄生虫类

（1）擦疥散（《元亨疗马集》）

【处方】猪牙皂、狼毒各 120g，巴豆 30g，雄黄 9g，轻粉 6g。

【功能】杀虫止痒，主治疥癣。

【主治】主治疥螨病。方中狼毒攻毒杀虫药力最强；猪牙皂杀虫消痈，巴豆杀虫蚀疮，雄黄杀虫解毒，轻粉杀虫消肿。用时以植物油作赋形剂，有浸润、软化痂皮作用，增强攻毒杀虫药力。诸药合用，具有毒杀疥螨、消肿止痒的功用。

【用法与用量】共研细末，用植物油烧热调药成流膏状，外用适量，涂擦患处。

【现代临床应用】本方中药物具有显著的杀虫、抗炎、镇痛、抗感染作用。

（2）硫黄膏（《中兽医方药应用选编》）

【处方】硫黄粉 500g，棉籽油 500mL。

【功能】解毒杀虫，止痒润肤。

【主治】主治疥癣病。硫黄杀虱灭疥力强，棉籽油滋润肌肤尤甚。

【用法与用量】熬制软膏，涂擦患部。

【现代临床应用】本方可以治疗兔、犬、猫的螨病，疗效显著。

（3）复方石灰雄黄液（《经济动物方》）

【处方】石灰、雄黄各 1000g，大风子、蛇床子、密陀僧、巴豆、黄柏各 60g，紫草 15g。

【功能】杀虫灭疥止痒。

【主治】本方治疗兔疥癣病有一定疗效。

【用法与用量】石灰、雄黄研细，其余各药用纱布包好，加水 7500mL，先加石灰，后加雄黄，文火熬至深黄色，取出药包，冷却，沉淀，次日取上清液装瓶备用。用时洗净患处后涂抹，每隔 5 天用药 1 次。

【现代临床应用】本方碱性作用强，对蜱、螨、介壳虫及其卵有较强的杀灭作用。

（4）明雄散（《经济动物方》）

【处方】明矾（白矾）500g，雄黄 100g。

【功能】毒杀疥螨，消痈止痒。

【主治】用明雄散治疗猪牛疥癣病，效果甚佳。此药对猪牛虱亦有很好的驱杀作用。

【用法与用量】用时取上述药粉 50g 与植物油（棉籽油、菜籽油）或柴油 500mL 充分调匀。涂擦患处即可。

【现代临床应用】本方对疮疖疔毒、疥癣和虫蛇咬伤等症效果显著。

（5）百部汤（《外台秘要》）

【处方】百部、苦参、地肤子、蛇床子、黄柏各等份。

【功能】驱除疥螨。

【主治】各类动物的疥螨病。

【用法与用量】水煎成每毫升含 1g 生药，待汤药凉至 37℃时，涂抹患部，每天 1 次，连用 15 天。

【现代临床应用】方中百部含有生物碱、糖、蛋白质、脂类等多种成分，有湿润肺气、化痰止咳、抗菌杀虫的作用。百部中的生物碱能对抗组胺引起的气管痉挛，并能降低呼吸中枢兴奋性，抑制咳嗽反射而镇咳。百部的水浸液及乙醇浸液，对蚊蝇幼虫、头虱、体虱、臭虫等均有杀灭作用。百部煎剂及醇浸剂，对肺炎球菌、乙型溶血性链球菌、大肠埃希菌、志贺菌属等均有不同程度的抑制作用。

9.2.3 镇咳平喘类

9.2.3.1 热咳类

（1）清肺止咳散（2020 年版《兽药典》二部）

【处方】桑白皮 30g、知母 25g、苦杏仁 25g、前胡 30g、金银花 60g、连翘 30g、桔梗 25g、橘红 30g、黄芩 45g、甘草 20g。

【功能】清泻肺热，化痰止咳。

【主治】肺热咳喘，咽喉肿痛。症见气促喘粗、咳嗽、呼气热、口色红干、脉象洪大等。

【用法与用量】马、牛 200～300g；猪、羊 30～50g；兔、禽 1～3g。

【现代临床应用】现代研究表明，本方对大肠埃希菌和金黄色葡萄球菌有明显的抑制作用。适用于急性支气管炎和肺热咳喘兼见上述证候者。

（2）清肺散（2020 年版《兽药典》二部）

【处方】浙贝母 50g、葶苈子 50g、桔梗 30g、板蓝根 90g、甘草 25g。

【功能】清肺平喘，化痰止咳。

【主治】肺热咳喘，咽喉肿痛。症见气促喘粗、咳嗽、呼气热、口色红干、脉象洪大等。

【用法与用量】为末，开水冲调，加蜂蜜 120g，候温灌服。马、牛 200～300g；猪、羊 30～50g。

【现代临床应用】本方适用于马属动物肺热喘咳证。常用于支气管炎、肺炎等肺热而有喘咳者。若热盛痰多，可加知母、瓜蒌、桑白皮、黄药子、白药子等；喘甚，可加紫苏子、苦杏仁、紫菀等；肺燥干咳，可加沙参、麦冬、天花粉等。

本方的主要成分有浙贝母碱、去氢浙贝母碱、挥发油、甘草苷、甘草酸等。现代药理研究表明，该方具有扩张支气管平滑肌、镇咳、利尿的作用。

（3）止咳散（2020 年版《兽药典》二部）

【处方】知母 25g、枳壳 20g、麻黄 15g、桔梗 30g、苦杏仁 25g、葶苈子 25g、桑白皮 25g、陈皮 25g、石膏 30g、前胡 25g、射干 25g、枇杷叶 20g、甘草 15g。

【功能】清肺化痰，止咳平喘。

【主治】肺热咳喘。症见咳嗽不爽，气粗喘粗，肷肋煽动，鼻涕黄而黏稠，口色赤红，苔黄燥，脉洪数等。

【用法与用量】为末，开水冲调，候温灌服，或水煎服。马、牛 250～300g；羊、猪 45～60g。

【现代临床应用】现代药理学研究表明，本方具有祛痰、止咳、平喘和抑制金黄色葡萄球菌的作用。

（4）甘草颗粒（2020 年版《兽药典》二部）

【处方】甘草。

【功能】祛痰止咳。

【主治】咳嗽。

【用法与用量】猪 6～12g；禽 0.5～1g。

【现代临床应用】本方针对繁殖与呼吸综合征，猪多系统衰竭综合征，猪皮炎与肾病综合征，伪狂犬，非典型猪瘟，口蹄疫，传染性胸膜肺炎，传染性萎缩性鼻炎，链球菌、副嗜血杆菌、巴氏杆菌、沙门菌、支原体、霉菌（黄曲霉菌）等继发感染或混合感染引起的呼吸道疾病。本方可解除体内代谢产物毒素、霉菌毒素及细菌毒素，减缓热应激，与药物配合使用可迅速提高疗效，加速疾病康复，提高治愈率。

（5）金花平喘散（2020 年版《兽药典》二部）

【处方】洋金花 200g、麻黄 100g、苦杏仁 150g、石膏 400g、明矾 150g。

【功能】平喘，止咳。

【主治】气喘，咳嗽。

【用法与用量】马、牛 100～150g；羊、猪 10～30g。

【现代临床应用】本方可治疗鸡的传染性支气管炎、传染性喉气管炎、流行性感冒、鼻炎、非典型新城疫以及气候变化等原因引起的呼吸道病。对输卵管炎、蛋禽产蛋下降、品质降低、排黄白色稀便、腺胃乳头出血、肠道广泛性出血、蛋禽卵巢变形、卵黄性腹膜炎等病症有很好的治疗效果。对猪喘气病，牛羊的气管、支气管炎及肺炎疗效确切。

（6）定喘散（2020 年版《兽药典》二部）

【处方】桑白皮 25g、苦杏仁（炒）20g、莱菔子 30g、葶苈子 30g、紫苏子 20g、党参 30g、白术（炒）20g、关木通 20g、大黄 30g、郁金 25g、黄芩 25g、栀子 25g。

【功能】清肺，止咳，定喘。

【主治】肺热咳嗽，气喘。

【用法与用量】马、牛 200～350g；羊、猪 30～50g；兔、禽 1～3g。

【现代临床应用】主要用于防治细菌所致的呼吸道疾病，特别是禽的慢性呼吸道疾病（CRD），以及猪喘气病、猪肺疫等疾病的预防和治疗。

（7）桑菊散（2020 年版《兽药典》二部）

【处方】桑叶 45g、菊花 45g、连翘 45g、薄荷 30g、苦杏仁 20g、桔梗 30g、甘草 15g、芦根 30g。

【功能】疏风清热，宣肺止咳。

【主治】外感风热。

【用法与用量】马、牛 200～300g；羊、猪 30～60g；犬、猫 5～15g。

【现代临床应用】现代药理学研究表明，该方具有广谱抗病毒作用，同时可以刺激机体巨噬细胞系统，增强机体免疫功能。主要用于多种病毒和细菌混合感染引起的急性热性疾病，如禽流感、新城疫、法氏囊、鸡痘、传喉、传支、病毒性肠炎等疾病引起的冠髯发紫、咳嗽、怪叫、头颈歪斜、呆立、拒食或采食量降低、拉黄绿色粥样稀便、产蛋率急剧下降等症状。

（8）麻杏石甘散（2020 年版《兽药典》二部）

【处方】麻黄 30g、苦杏仁 30g、石膏 150g、甘草 30g。

【功能】清热，宣肺，平喘。

【主治】肺热咳喘。

【用法与用量】马、牛 200～300g；羊、猪 30～60g；兔、禽 1～3g。

【现代临床应用】内清里热，外散表寒，则汗自止，喘自平；现代医学研究发现，麻杏石甘散有镇咳平喘、抗变态反应、抗病毒、抑菌等作用。

（9）麻黄鱼腥草散（2020 年版《兽药典》二部）

【处方】麻黄 50g、黄芩 50g、鱼腥草 100g、穿心莲 50g、板蓝根 50g。

【功能】宣肺泄热，平喘止咳。

【主治】肺热咳喘，鸡支原体病。

【用法与用量】混饲。每 1kg 饲料，鸡 15～20g。

【现代临床应用】本方可治疗猪传染性胸膜炎、猪肺疫、副猪嗜血杆菌病、传染性萎缩性鼻炎等引起的体温升高、鼻流泡沫样分泌物、呼吸困难、喘气、咳嗽、犬坐式呼吸等。猪流行性感冒、繁殖与呼吸综合征（蓝耳病）、猪瘟、圆环病毒病、伪狂犬病等引起的高热等；鸡传染性喉气管炎、鸡传染性慢性呼吸道病等。对痰多、咳嗽、喘气、呼吸困难等症疗效显著。

（10）清肺颗粒（2020 年版《兽药典》二部）

【处方】板蓝根 900g、葶苈子 500g、浙贝母 500g、桔梗 300g、甘草 250g。

【功能】清肺平喘，化痰止咳。

【主治】肺热咳嗽，咽喉肿痛。

【用法与用量】一次量，猪 20～40g，一日 2 次，连用 3～5 日。

【现代临床应用】本方主要治疗猪牛羊鸡呼吸道肺炎以及有痰饮症状的疾病。

（11）镇喘散（2020 年版《兽药典》二部）

【处方】香附 300g、黄连 200g、干姜 300g、桔梗 150g、山豆根 100g、皂角 40g、甘草 100g、人工牛黄 40g、蟾酥 30g、雄黄 30g、明矾 50g。

【功能】清热解毒，止咳平喘，通利咽喉。

【主治】鸡慢性呼吸道病，喉气管炎。

【用法与用量】鸡 0.5～1.5g。

【现代临床应用】本方主要为止咳平喘剂。主要治疗有以下症状的疾病：精神沉郁，羽毛松乱，怕冷挤堆，减食，张口呼吸伴有喘鸣音、频频甩头、流泪、咳嗽黏液血块、喘息、喷嚏、气管啰音、鼻分泌物增多、颜面轻度水肿、肠炎腹泻及蛋鸡产蛋量明显下降等。

（12）白矾散（《元亨疗马集》）

【处方】白矾 60g、浙贝母 30g、黄连 20g、白芷 20g、郁金 25g、黄芩 45g、大黄 25g、葶苈子 30g、甘草 20g。

【功能】清热化痰，下气平喘。

【主治】肺热咳喘。

【用法与用量】为末，开水冲调，候温灌服。马、牛 250～350g；羊、猪 40～80g；

兔、禽 1～3g。

【现代临床应用】现代药理研究表明，本方具有平喘、缓解组胺及乙酰胆碱所引起的气管痉挛性收缩，扩张气管管腔的作用。

(13)百合散(《痊骥通玄论》)

【处方】百合 45g、贝母 30g、大黄 30g、甘草 20g、天花粉 45g。

【功能】滋阴清热，润肺化痰。

【主治】肺壅鼻脓。

【用法与用量】为末，开水(或萝卜汤)冲调，候温灌服。马、牛 150～300g。

【现代临床应用】本方可用于急性气管炎伴有脓性鼻漏，也适用于单纯原发性的脓性鼻炎。如上焦热盛，加黄芩、栀子、黄连、柴胡以清热解毒；咽喉敏感，加玄参以养阴生津，有咳嗽症状，配伍止咳化痰药。《中兽医治疗学》中治马肺壅的加味百合散(百合、贝母、花粉、白药子、苦杏仁、葶苈子、知母、防己、马兜铃、大黄、桔梗、甘草、栀子、连翘、黄芩)和花粉清肺散(天花粉、百合、大黄、知母、贝母、玄参、栀子、郁金、黄芩、黄连、黄柏、瓜蒌、桔梗、款冬花、紫菀、当归、秦艽、甘草)，皆由本方加味而成。

(14)辛夷散(《中兽医治疗学》)

【处方】辛夷 45g、酒知母 30g、酒黄柏 30g、沙参 20g、木香 10g、郁金 15g、白矾 10g。

【功能】降火滋阴，透脑化痰。

【主治】脑颡鼻脓。

【用法与用量】为末，开水冲调，候温灌服。马、牛 200～300g，猪、羊 30～40g，其他动物用量酌减。

【现代临床应用】现代药理学研究表明，本方有镇痛、镇静及收缩鼻黏膜血管的作用；有利胆、利尿、扩张血管、降血压及退热作用；体外试验对志贺菌属、伤寒杆菌、大肠埃希菌、霍乱弧菌、铜绿假单胞菌等革兰阴性菌及葡萄球菌、溶血性链球菌、肺炎链球菌等革兰阳性菌以及常见致病性皮肤真菌有抑制作用。

(15)贝母散(《元亨疗马集》)

【处方】贝母 30g、栀子 30g、桔梗 30g、甘草 30g、苦杏仁 30g、紫菀 30g、牛蒡子 30g、百部 30g。

【功能】清热润肺，化痰止咳。

【主治】肺热咳嗽。症见连声咳嗽，咽喉疼痛，痰涕黄稠，口色赤，脉数等。

【用法与用量】为末，开水冲调，候温灌服或煎汤服。马、牛 200～300g，猪、羊 40～80g。

【现代临床应用】贝母散主要功效是清热润肺，化痰止咳。原方治马肺热喘粗及咳。因肺为热邪所侵，津液被炼成痰，病畜发生咳嗽，故以贝母散治之。全方特点是清润，化痰止咳力量较强。

(16)加味知柏散(2020年版《兽药典》二部)

【处方】酒知母 120g、酒黄柏 120g、木香 20g、连翘 20g、金银花 30g、桔梗 20g、醋乳香 25g、醋没药 25g、荆芥 15g、防风 15g、甘草 15g。

【功能】滋阴降火，解毒散瘀，化痰止涕。

【主治】脑颡鼻脓，额窦炎。

【用法与用量】马、骡 250～400g。

【现代临床应用】本方是治马脑颡的基本方，还可随证加减治疗家畜湿疹、肚底黄和出血性肠炎等。

（17）理肺散（2020 年版《兽药典》二部）

【处方】蛤蚧 1 对、知母 20g、浙贝母 20g、秦艽 20g、紫苏子 20g、百合 30g、山药 20g、天冬 20g、马兜铃 25g、枇杷叶 20g、防己 20g、白药子 20g、栀子 20g、天花粉 20g、麦冬 25g、升麻 20g。

【功能】润肺化痰，止咳定喘。

【主治】劳伤咳嗽，鼻流脓涕。亦为秋季预防调理方。

【用法与用量】为末，蜂蜜适量，开水冲调，候温灌服。马、牛 250～300g。

【现代临床应用】本方为秋季预防调理方。秋季多燥，肺为娇脏，易受燥邪侵袭，故秋季常发肺经病证。本方以清润见长，主治咳喘鼻脓，甚合时令。《元亨疗马集》中的蛤蚧散为本方减山药、加没药而组成，功能为养阴润肺，纳气平喘，主治马劳伤咳喘。

9.2.3.2 寒咳类

（1）远志酊（2020 年版《兽药典》二部）

【处方】远志流浸膏 200mL，加 60%乙醇使成 1000mL。

【功能】祛痰镇咳。

【主治】痰喘，咳嗽。

【用法与用量】马、牛 10～20mL；羊、猪 3～5mL。

【现代临床应用】现代药理研究表明，该药有祛痰镇咳和抗菌等作用。

（2）远志流浸膏（2020 年版《兽药典》二部）

【处方】远志中粉 1000g。

【功能】祛痰镇咳。

【主治】痰喘，咳嗽。

【用法与用量】马、牛 10～20mL；羊、猪 3～5mL。

【现代临床应用】现代药理研究表明，该药有祛痰镇咳和抗菌等作用。

（3）二陈散（2020 年版《兽药典》二部）

【处方】姜半夏 45g、陈皮 50g、茯苓 30g、甘草 15g。

【功能】燥湿化痰，理气和胃。

【主治】湿痰咳嗽，呕吐，腹胀。

【用法与用量】水煎去渣，候温灌服，或研末冲服。马、牛 150～200g；羊、猪 30～45g。

【现代临床应用】本方为治痰基础方，在临证上对各种家畜急性、慢性气管炎及支气管炎所致的咳嗽、痰症，及伴有胃肠功能障碍（如食欲不振）之咳嗽等，常随证加减运用。本方加枳实、竹茹，名温胆汤(《千金要方》)，治热痰咳嗽。加紫苏子、苦杏仁，名杏苏二陈汤，治咳嗽、痰多、气喘。加熟地黄、当归，名金水六君煎(《景岳全书》)，治肾虚久咳。《中兽医治疗学》治马肺热咳嗽流涕的橘红散（橘红、法半夏、陈皮、紫苏子、苦杏仁、炙马兜铃、贝母、杭菊花、甘草、炙紫菀、炙桑白皮、桔梗、款冬花），亦由本方加味而成。本方还可用于脾胃失和、湿浊内停所致的消化不良。

本方的有效成分有左旋麻黄碱、β-茯苓聚糖、橙皮苷、甘草酸、甘草次酸等。现代药理研究表明，本方具有显著的镇咳、祛痰、平喘作用。

（4）半夏散（《元亨疗马集》）

【处方】半夏30g、升麻45g、防风25g、枯矾45g、生姜30g。

【功能】燥湿化痰，平胃止呕。

【主治】马肺寒吐沫。

【用法与用量】为末，开水冲调，候温灌服。马、牛120～200g；猪、羊40～80g。

【现代临床应用】现代药理研究表明，本方具有显著的镇咳、镇吐、解热、镇静、降压及抗惊厥作用，对结核杆菌、皮肤真菌、疟原虫、铜绿假单胞菌及金黄色葡萄球菌等有抑制作用。

9.2.3.3 虚咳类

（1）百合固金散（2020年版《兽药典》二部）

【处方】百合45g、熟地黄30g、生地黄30g、当归25g、麦冬30g、川贝母30g、白芍25g、桔梗25g、甘草20g、玄参30g。

【功能】养阴清热，润肺化痰。

【主治】肺虚咳喘，阴虚火旺，咽喉肿痛。

【用法与用量】为末，开水冲调或煎汤，候温灌服。马、牛250～300g，猪、羊45～60g。

【现代临床应用】现代药理研究表明，该方具有良好的抑菌、抗炎、退热、祛痰止咳、镇静、镇痛、止血等作用。

（2）理肺止咳散（2020年版《兽药典》二部）

【处方】百合45g、麦冬30g、清半夏25g、紫菀30g、甘草15g、远志25g、知母25g、北沙参30g、陈皮25g、茯苓25g、浮石20g。

【功能】润肺化痰，止咳。

【主治】劳伤久咳，阴虚咳嗽。

【用法与用量】为末，开水冲调或煎汤，候温灌服。马、牛250～300g，猪、羊40～60g。

【现代临床应用】本方由止咳平喘药、补益药和理气药等组成，常用于治疗劳伤久咳，阴虚咳嗽等病证。本方药味较多，可酌情加减使用。

（3）沙参散（《新编中兽医学》）

【处方】制半夏30g、陈皮30g、茯苓45g、沙参60g、麦冬60g、白芍30g、牡丹皮30g、贝母30g、苦杏仁45g、甘草20g。

【功能】养阴润肺，化痰止咳。

【主治】阴虚咳嗽。

【用法与用量】为末，开水冲调，候温灌服，或煎汤服。马、牛250～400g；猪、羊50～100g。

【现代临床应用】本方适用于燥伤肺阴之咳嗽，对气管炎、支气管炎、肺炎之属于阴虚咳嗽者，有一定治疗效果。气虚者，加党参、黄芪、山药；热盛者，加黄芩、地骨皮、玉竹；气喘者，加核桃仁、马兜铃、旋覆花。

（4）清燥救肺汤（《医门法律》）

【处方】桑叶45g、石膏（煅）75g、苦杏仁（炒）30g、党参（原方为人参）30g、甘草 15g、胡麻仁（炒）15g、阿胶（烊化）15g、麦冬 30g、枇杷叶（去毛蜜炙）25g。

【功能】清燥润肺止咳。

【主治】燥热伤肺，气阴两伤之证。

【用法与用量】为末。开水冲调，候温灌服，或煎汤灌服。马、牛 250～400g；猪、羊 50～100g。

【现代临床应用】本方秋令多用，对燥热所致的支气管炎、支气管肺炎等可酌情选用。本方所治多为温燥伤肺，气阴两伤之证，当以甘寒之品清肺燥，滋肺阴。燥热伤肺，既不能用辛香之品，亦不可用苦寒泻火之药，以防耗气伤阴，故设此宣肺泄热养阴润燥之剂。因此，本方为轻宣润燥之剂，用于治疗温燥伤肺之证，如急性支气管炎、咳嗽无痰或痰液黏稠者。若阴虚血热，加生地黄以养阴清热；痰多，加贝母、瓜蒌以清润化痰。

《症因脉治》中的清燥救肺汤无胡麻仁，其功能、主治与本方相似。

（5）苏子降气汤（《太平惠民和剂局方》）

【处方】紫苏子 60g、制半夏 30g、前胡 45g、厚朴 30g、陈皮 45g、当归 30g、甘草（炙）15g、肉桂 15g、生姜 10g。

【功能】降气平喘，温化寒痰。

【主治】上实下虚的喘咳证。

【用法与用量】为末，开水冲调，候温灌服，或煎汤服。马、牛 150～300g；猪、羊 50～100g；其他动物用量酌减。

【现代临床应用】本方由止咳化痰药、平喘药、理气药、温里药和补血药组成，是理气的主要方剂，常用于肺有痰壅，肾不纳气的上实下虚喘咳证。慢性支气管炎引起的咳嗽气喘，呼吸困难属痰涎壅盛者，以及轻度肺气肿均可酌情应用。

现代药理研究表明，本方平喘化痰的功效多与镇咳解痉、祛痰、抗炎、调节免疫功能等作用有关。

（6）款冬花散（《元亨疗马集》）

【处方】款冬花 60g、黄药子 60g、僵蚕 30g、郁金 30g、白芍 60g、玄参 60g。

【功能】滋阴降火，止咳平喘。

【主治】阴虚肺热引起的咳嗽气急，咽喉肿痛。

【用法与用量】为末，加蜂蜜开水冲调，候温灌服，或煎汤服。马、牛 250～350g；羊、猪 50～100g，兔、禽 1～3g。

【现代临床应用】本方用于阴虚火旺引起的咳嗽气急，咽喉肿痛。兼有表证时可在方中加桑叶、薄荷等，咳嗽剧烈时加桑白皮、枇杷叶等。

（7）镇喘散（2020 年版《兽药典》二部）

【处方】香附 300g、黄连 200g、干姜 300g、桔梗 150g、山豆根 100g、皂角 40g、甘草 100g、人工牛黄 40g、蟾酥 30g、雄黄 30g、明矾 50g。

【功能】清热解毒，止咳平喘，通利咽喉。

【主治】鸡慢性呼吸道病，喉气管炎。

【用法与用量】开水冲调，候温灌服，或煎汤灌服。鸡 0.5～1.5g。

【现代临床应用】现代药理研究表明，本方适用于传支、传喉、新城疫、流行性感冒等各种呼吸道病。临床表现为家禽咳嗽、呼噜、打喷嚏、伸头张口呼吸、甩头甩鼻、咳血、尖叫、鸡冠发紫、眼睑肿胀、流泪、扭头瘫痪、拉黄绿色或水样稀便，以及喉头肿胀出血，气管潮红，内有干酪样渗出物或血条阻塞，心肌点状出血，腺胃乳头点状出血，盲肠扁桃体溃疡出血，输卵管内有蛋清样或干酪样分泌物，卵泡出血。

9.2.4 解热消暑类

（1）藿香正气散（2020年版《兽药典》二部）

【处方】广藿香 60g、紫苏叶 45g、白芷 15g、大腹皮 30g、茯苓 30g、白术（炒）30g、法半夏 20g、陈皮 30g、厚朴 30g、桔梗 25g、甘草 15g。

【功能】解表化湿，理气和中。

【主治】外感风寒，内伤食滞，泄泻腹胀。

【用法与用量】共为末，生姜、大枣煎水冲调，候温灌服，或煎汤灌服。马、牛 300～450g，羊、猪 60～90g；犬、猫 3～10g。

【现代临床应用】现代药理研究表明，本方具有调整胃肠、发汗解热的功能，且能镇痛，利尿，抗菌，抗病毒。

（2）藿香正气口服液（2020年版《兽药典》二部）

【处方】苍术 80g、广藿香油 0.8mL、紫苏叶油 0.4mL、白芷 120g、大腹皮 120g、茯苓 120g、生半夏 80g、陈皮 80g、厚朴（姜制）80g、甘草浸膏 10g。

【功能】解表祛暑，化湿和中。

【主治】外感风寒，内伤湿滞，夏伤暑湿，胃肠型感冒。

【用法与用量】每 1L 水，鸡 2mL，连用 3～5 日。

【现代临床应用】现代药理研究表明，本方具有调整胃肠，发汗解热的功能，且能镇痛，利尿，抗菌，抗病毒。

（3）香薷散（2020年版《兽药典》二部）

【处方】香薷 30g、黄芩 45g、黄连 30g、甘草 15g、柴胡 25g、当归 30g、连翘 30g、天花粉 30g、栀子 30g。

【功能】清热解暑。

【主治】伤暑，中暑。

【用法与用量】为末，开水冲调，候温加蜂蜜适量灌服，或煎汤服。马、牛 250～300g，猪、羊 30～60g；禽、兔 1～3g。

【现代临床应用】现代药理研究表明，本方具有显著的抗病毒、抗菌、解热、抗炎、抗过敏及增强免疫力等作用。

（4）清暑香薷汤（《牛经备要医方》）

【处方】藿香 30g、滑石 90g、陈皮 25g、香薷 25g、青蒿 30g、佩兰叶 30g、苦杏仁 30g、知母 30g、生石膏 60g。

【功能】清热解暑，化湿利气。

【主治】畜禽中暑。

【用法与用量】汤去渣，候温灌服，或研末，开水冲调，候温灌服。马、牛 350～450g，猪、羊 50～100g；其他动物适量。

【现代临床应用】现代药理研究表明，本方具有显著的抗病毒、抗菌、解热、抗炎、抗过敏及增强免疫力等作用，且无明显的毒副作用。

（5）六一散（《黄帝素问宣明论方》）

【处方】滑石 180g、甘草 30g。

【功能】清暑利湿。

【主治】暑热夹湿所致的暑湿证。治疗各种畜禽的暑温、湿温、伏暑诸证，风热感冒或温病初起，也用来治疗胃肠型感冒、胃肠炎、中暑、膀胱炎、尿道炎、泌尿系结石，以及某些皮肤病等属湿热者。本方对防治仔猪黄白痢有效。

【用法与用量】煎汤去渣，候温灌服，或甘草粉碎成细粉，与滑石粉混匀，过筛，开水冲调，候温灌服。

【现代临床应用】现代药理研究表明，本方具有较好的利尿、抗菌、抗病毒及保护黏膜等作用。

（6）解暑抗热散（2020 年版《兽药典》二部）

【处方】滑石粉 51g、甘草 8.6g、碳酸氢钠 40g、冰片 0.4g。

【功能】清热解暑。

【主治】热应激，中暑。常用于治疗各种畜禽的夏季高湿高温引起的热射病、日射病。本方对防治禽热应激有效。

【用法与用量】混饲，每 1kg 饲料，鸡 10g。

【现代临床应用】现代药理研究表明，本方具有显著的解热、抗炎、抗过敏等作用。

（7）清暑散（2020 年版《兽药典》二部）

【处方】香薷 30g、白扁豆 30g、麦冬 25g、薄荷 30g、木通 25g、猪牙皂 20g、藿香 30g、茵陈 25g、菊花 30g、石菖蒲 25g、金银花 60g、茯苓 25g、甘草 15g。

【功能】清热祛暑。

【主治】伤暑、中暑。

【用法与用量】马、牛 250～350g，猪、羊 50～80g，兔、禽 1～3g。

【现代临床应用】本方在盛暑季节对蛋鸡保健祛邪有较好的效果。

9.2.5 治疗痢疾、腹泻类

9.2.5.1 治疗寒湿泄泻类

（1）理中散（2020 年版《兽药典》二部）

【处方】党参 60g、干姜 30g、白术 60g、甘草 30g。

【功能】温中散寒，补气健脾。

【主治】脾胃虚寒，食少，泄泻，腹痛。肠鸣泄泻，腹痛起卧，四肢不温，舌淡津滑，脉沉迟无力等。

【用法与用量】马、牛 200～300g；羊、猪 30～60g。

【现代临床应用】现代研究表明，本方能明显抑制正常小鼠及大黄所致脾虚小鼠、新斯的明负荷小鼠的小肠推进运动，能拮抗乙酰胆碱、氯化钡引起的肠管强直性收缩；但对肾上腺素所致的肠管运动抑制无明显作用。本方还对实验性胃溃疡的愈合有明显的促进作用。

（2）二苓平胃散（《猪经大全》）

【处方】猪苓 80g、茯苓 80g、苍术 80g、厚朴 50g、陈皮 50g、甘草 30g。

【功能】益胃助脾，行气和胃。

【主治】草料减少，肚腹胀满，或泻粪稀溏，舌苔白而厚腻，脉缓。

【用法与用量】马、牛 200～250g；羊、猪 30～60g。

【现代临床应用】现代研究表明，二苓平胃散可以增强胆碱酯酶活力，达到止泻之功效。二苓平胃散提取液可增强胃蛋白酶及淀粉酶的活性，有助于食物的消化，可显著提高白细胞数量，使 T 淋巴细胞增多，增强细胞免疫功能，还可增强巨噬细胞的吞噬功能，提升免疫球蛋白数量，使免疫功能增强。临床上可治疗猪白痢的寒湿痢，治肠鸣水泻，小便短赤。对仔猪寒痢治疗效果显著。

（3）猪苓散（2020 年版《兽药典》二部）

【处方】猪苓 30g、泽泻 45g、肉桂 45g、干姜 60g、天仙子 20g。

【功能】利水止泻，温中散寒。

【主治】冷肠泄泻。

【用法与用量】马、牛 200～250g。

【现代临床应用】凡急性胃肠卡他，表现水泄者，可酌情使用。但若为寒泻者，宜加干姜、肉桂之类除寒；若兼虚者，可加党参、白术等以健脾；若泻久，适当收涩。若配伍黄芩、黄连、郁金等药，也可治疗湿热泄泻。

（4）藿香正气散（2020 年版《兽药典》二部）

【处方】广藿香 60g、紫苏叶 45g、茯苓 30g、白芷 15g、大腹皮 30g、陈皮 30g、桔梗 25g、白术（炒）30g、厚朴 30g、法半夏 20g、甘草 15g。

【功能】解表化湿，理气和中。

【主治】外感风寒，内伤湿滞，泄泻腹胀。症见呕吐，舌苔白腻等。

【用法与用量】马、牛 300～450g；羊、猪 60～90g；犬、猫 3～10g。

【现代临床应用】现代研究发现，藿香正气散能抑制家兔离体十二指肠平滑肌的自发收缩，对水杨酸毒扁豆碱和氯化钡所引起的离体平滑肌的紧张收缩有显著的解痉作用。对水杨酸毒扁豆碱所引起的狗及家兔在体肠管的痉挛有抑制作用；藿香正气散与肾上腺素抑制肠管的作用比较表明，其抑制作用并非通过兴奋 α-受体而发挥。

（5）藿香正气口服液（2020 年版《兽药典》二部）

【处方】苍术 80g、陈皮 80g、厚朴（姜制）80g、白芷 120g、茯苓 120g、大腹皮 120g、生半夏 80g、甘草浸膏 10g、广藿香油 0.8mL、紫苏叶油 0.4mL。

【功能】解表祛暑，化湿和中。

【主治】外感风寒，内伤湿滞，夏伤暑湿，胃肠型感冒。

【用法与用量】每 1L 水，鸡 2mL，连用 3～5 日。

【现代临床应用】临床上主要适用于内伤湿滞，更感风寒的四时感冒，尤其是夏季感冒、流行性感冒、胃肠型流感、急性胃肠炎、消化不良等属外感风寒，而以湿滞脾胃为主者。

（6）五苓散（2020 年版《兽药典》二部）

【处方】猪苓 100g、泽泻 200g、白术（炒）100g、茯苓 100g、肉桂 50g。

【功能】温阳化气，利湿行水。

【主治】水湿内停，排尿不利，泄泻，水肿，宿水停脐。外有表证，内停水湿的痰饮、水肿、泄泻、小便不利等证。

【用法与用量】马、牛 150～250g；猪、羊 30～60g；其他动物用量酌减。

【现代临床应用】本方的主要有效成分有甾体类、茯苓三萜和茯苓多糖、四环三萜类、挥发油、肉桂酸、桂皮醛等。现代药理研究表明，本方利水渗湿的功效与降低抗利尿激素分泌，增加尿中的钠、钾而达到利尿作用，调节水、电解质代谢，抑制尿路结石的生成等作用有关。

9.2.5.2 治疗湿热泄泻类

（1）葛根芩连汤（《伤寒论》）

【处方】葛根 35g、甘草 20g、黄芩 30g、黄连 30g。

【功能】解表清里，祛除湿热。

【主治】各种家畜的肠炎。症现发热腹泻，口渴喘粗等。

【用法与用量】马、牛 200～300g；羊、猪 40～60g。

【现代临床应用】现代研究表明，本方对肺炎链球菌、志贺菌属有显著的抵抗作用。同时对五联疫苗感染引起的高热家兔有显著的降温作用，其降温效果与阿司匹林相比无明显差异。本方水醇法提取液，对氰化钾等引起的急性动物缺氧现象有不同程度的对抗作用，使急性缺氧的动物存活时间延长。

（2）白头翁汤（《伤寒论》）

【处方】白头翁 90g、黄连 45g、黄柏 45g、秦皮 45g。

【功能】清热燥湿，凉血止痢。

【主治】各种家畜的菌痢。症见下痢腹痛，里急后重，红白杂下，小便短赤，舌苔黄腻，脉象滑数等。

【用法与用量】马、牛 200～300g；羊、猪 45～60g。

【现代临床应用】现代研究表明，白头翁对金黄色葡萄球菌、铜绿假单胞菌有抵抗作用，黄连对志贺菌属、大肠埃希菌作用较强。方用苦寒而入血分的白头翁为君，清热解毒，凉血止痢。黄连苦寒，泻火解毒，燥湿厚肠，为治痢要药；黄柏清下焦湿热，两药共助君药清热解毒，尤能燥湿治痢，共为臣药。秦皮苦涩而寒，清热解毒而兼以收涩止痢，为佐使药。四药合用，共奏清热解毒、凉血止痢之功。

（3）白龙散（2020 年版《兽药典》二部）

【处方】白头翁 600g、龙胆 300g、黄连 100g。

【功能】清热燥湿，凉血止痢。

【主治】湿热泻痢，热毒血痢。仔猪白痢，粪便白黄或带血丝。

【用法与用量】马、牛 40～60g；羊、猪 10～20g；兔、禽 1～3g。

【现代临床应用】现代研究表明，白头翁对金黄色葡萄球菌、铜绿假单胞菌有抵抗作用。食前少量服用龙胆能促进胃液分泌，使游离盐酸增加，改善食欲。黄连对志贺菌属、大肠埃希菌作用较强。三药配合，治疗仔猪白痢疗效较佳。

（4）连朴饮（原出《霍乱论》）

【处方】黄连 12g、栀子 36g、制厚朴 24g、制半夏 12g、石菖蒲 12g、豆豉 36g、芦根 240g。

【功能】清热泻火，理气化湿。

【主治】湿热阻中。症见上吐下泻，胸脘痞闷，心烦躁扰，小便短赤，舌苔黄腻，脉滑数。

【用法与用量】马、牛 250～350g；羊、猪 45～60g。

【现代临床应用】药理作用表明，本方具有解热、抗菌等作用。现代临床中，本方常用于家畜急性肠胃炎、肠伤寒、副伤寒等见有上述症状者。

（5）七味胆膏散（2020 年版《兽药典》二部）

【处方】胆膏 50g、连翘 150g、木鳖子 125g、麦冬 100g、香附 200g、关木通 50g、丹参 80g。

【功能】清热解毒，止泻止痢。

【主治】羔羊腹泻，痢疾。

【用法与用量】羔羊 1～5g。

【现代临床应用】现代研究表明，七味胆膏散为治疗羔羊腹泻、痢疾的常用方剂，其疗效确切。处方中胆膏的主要来源为猪胆汁，具有清热解毒、保肝利胆的作用，连翘具有清热解毒、消肿散结的作用，木鳖子具有散结消肿、攻毒疗疮的作用，麦冬具有养阴生津、润肺清心的作用，香附具有疏肝解郁、理气宽中、活血止痛的作用，关木通具有清心火、利尿、通经下乳的作用，丹参有活血祛瘀、通经止痛、凉血消痈的作用。猪胆汁、鸡胆汁、蛇胆汁对金黄色葡萄球菌表现出较强的抵抗作用，主要抗菌成分为牛磺结合型胆汁酸和游离型胆汁酸，连翘对大肠埃希菌有显著的抑制作用，主要抗菌成分为连翘酚、苯乙醇苷类；香附的总黄酮类和乙酸乙酯提取物对肠炎沙门菌、金黄色葡萄球菌、粪肠球菌有显著的抑制作用；木通醇提液体外对革兰阳性菌、革兰阴性菌均有抵抗作用，抗菌主要成分为木通皂苷；丹参提取液对大肠埃希菌、金黄色葡萄球菌、铜绿假单胞菌均有抵抗作用。

（6）郁金散（2020 版《兽药典》二部）

【处方】郁金 30g、黄芩 30g、诃子 15g、大黄 60g、黄连 30g、黄柏 30g、栀子 30g、白芍 15g。

【功能】清热解毒，燥湿止痢。

【主治】肠黄，湿热泻痢。马急慢肠黄。症见大便恶臭，腹内疼痛，湿热黄疸。

【用法与用量】马、牛 250～350g；羊、猪 45～60g。

【现代临床应用】本方是治疗马急慢性肠黄的一个常用方。凡马急性胃肠炎、痢疾而属于热毒壅积者，均可酌情加减应用。

（7）乌梅散（2020 年版《兽药典》二部）

【处方】乌梅 15g、柿饼 24g、黄连 6g、姜黄 6g、诃子 9g。

【功能】清热解毒，涩肠止泻。

【主治】幼畜奶泻。

【用法与用量】驹、犊 30～60g；羔羊、仔猪 10～15g。

【现代临床应用】乌梅散能涩肠止泻，清热燥湿。主治新驹奶泻。临床应用时，热盛者，可加金银花、蒲公英等以清热解毒，并减柿饼、诃子；水泻重者，可加猪苓、泽泻以利水渗湿；体虚者可加党参、白术以益气健脾。

（8）通肠芍药散（2020 年版《兽药典》二部）

【处方】大黄 30g、槟榔 20g、山楂 45g、枳实 25g、赤芍 30g、木香 20g、黄芩 30g、黄连 25g、玄明粉 90g。

【功能】清热通肠，行气导滞。

【主治】湿热积滞，肠黄泻痢。

【用法与用量】牛 300～350g。

【现代临床应用】本方原为夏秋之际牛患痢疾所设。治疗之法，一方面应清热解毒以泻火，另一方面应调气和血而导滞。在临床实践中，凡牛湿热泻痢，腹痛后重者，可酌情应用本方。

（9）七清败毒颗粒（2020年版《兽药典》二部）

【处方】黄芩100g、虎杖100g、白头翁80g、苦参80g、板蓝根100g、绵马贯众60g、大青叶40g。

【功能】清热解毒，燥湿止泻。

【主治】湿热泄泻，雏鸡白痢。

【用法与用量】混饮，每1L水，禽2.5g。

【现代临床应用】本方具有清热解毒、扶正祛邪、利湿退黄、抗菌、抗病毒之功效。对猪可用于防治猪繁殖与呼吸综合征、温和性猪瘟、皮炎肾病综合征、附红细胞体病、猪链球菌病、烂蹄跛行、口腔溃烂症及其混合或继发感染等。特别对顽固性波状热等热病综合征疗效显著。对禽类可用于防治禽温和型流感、非典型新城疫、慢性呼吸道病、传染性支气管炎、传染性喉气管炎、法氏囊病、减蛋综合征、禽肠毒综合征、肉鸡低血糖-尖峰死亡综合征、雏鸭病毒性肝炎、番鸭花肝病、鸭瘟、小鹅瘟、鹅副黏病毒病等。对大肠埃希菌病、沙门菌病、坏死性肠炎也有很好的疗效。

9.2.5.3 治疗脾虚泄泻类

（1）四君子汤（原出《太平惠民和剂局方》）

【处方】党参40g、白术45g、茯苓45g、炙甘草30g。

【功能】补气健脾。

【主治】各种家畜的脾胃气虚，运化失司，食少便溏，四肢无力，口色淡白，脉细无力等。

【用法与用量】马、牛250～350g；羊、猪45～60g。

【现代临床应用】本方为脾胃气虚所设，常用于治疗家畜慢性肠胃炎、消化性溃疡等。

（2）温经化气汤（《医方囊秘》）

【处方】党参18g、焦白术15g、炮姜9g、附子12g、吴茱萸3g、补骨脂6g、益智9g、砂仁3g、豆蔻3g、粳米3g。

【功能】温阳祛寒，理气止痛。

【主治】胃虚寒，胃脘疼痛，五更泄泻。

【用法与用量】马、牛200～300g；羊、猪35～60g。

【现代临床应用】本方以胃脘冷痛、胃寒肢冷、喜温喜按、溲清便溏，或五更泄泻、舌淡苔白、脉沉迟细弱为辨证要点。现代常用于治疗家畜慢性胃炎、慢性肠炎、消化性溃疡等。

（3）理中散（2020年版《兽药典》二部）

【处方】党参60g、干姜30g、白术60g、甘草30g。

【功能】温中散寒，补气健脾。

【主治】脾胃虚寒，食少，泄泻，腹痛。肠鸣泄泻，腹痛，四肢不温，舌淡津滑，脉沉迟无力等。

【用法与用量】马、牛200～300g；羊、猪30～60g。

【现代临床应用】现代研究表明，本方能明显抑制正常小鼠及大黄所致脾虚小鼠、新斯的明负荷小鼠的小肠推进运动，能拮抗乙酰胆碱、氯化钡引起的肠管强直性收缩；但对肾上腺素所致的肠管运动抑制无明显作用。本方还对实验性胃溃疡的愈合有明显促进作用。

（4）参苓白术散（2020年版《兽药典》二部）

【处方】党参60g、茯苓30g、白术（炒）60g、山药60g、甘草30g、白扁豆（炒）60g、莲子30g、薏苡仁（炒）30g、砂仁15g、桔梗30g、陈皮30g。

【功能】补脾胃，益肺气。

【主治】脾胃虚弱，肺气不足。

【用法与用量】马、牛250～350g；羊、猪45～60g。

【现代临床应用】现代临床中，本方以四肢无力，体瘦毛焦，草料减少，或泄泻，口色淡白，脉虚缓为辨证要点。临床上对于一些慢性疾病，如慢性消化不良、慢性胃肠炎、久泄、贫血等，呈现消化功能减退、食欲不振、消瘦乏力者，均可酌情应用。对幼畜脾虚泄泻，尤为适宜。

（5）理脾汤（《元亨疗马集》）

【处方】当归25g、厚朴25g、青皮25g、陈皮25g、甘草20g、益智25g、牵牛子15g、细辛15g、苍术25g、大葱3根、醋60mL。

【功能】温中健脾，逐水止痛。

【主治】胃寒草少，冷肠泄泻。

【用法与用量】马、牛250～350g；羊、猪45～60g。

【现代临床应用】据现代医学研究，牵牛子所含的生物碱，有促进胃肠蠕动的作用，用之量小，起调节胃肠之作用，若用量大，可导致泄泻。

（6）桂心散（《元亨疗马集》）

【处方】肉桂25g、青皮20g、白术30g、厚朴30g、益智20g、干姜25g、当归20g、陈皮25g、砂仁25g、五味子25g、肉豆蔻25g、甘草25g。

【功能】温中散寒，理气止痛。

【主治】胃寒草少，胃冷吐涎，冷痛。

【用法与用量】马、牛250～350g；羊、猪45～60g。

【现代临床应用】现代临床中，桂心散加减用于治疗家畜胃冷吐涎病和家畜脾肾阳虚泄等。

9.2.6 治疗热病类

9.2.6.1 治疗温热病类

（1）银翘散（2020年版《兽药典》二部）

【处方】金银花60g、连翘45g、薄荷30g、荆芥30g、淡豆豉30g、牛蒡子45g、桔梗25g、淡竹叶20g、甘草20g、芦根30g。

【功能】辛凉解表，清热解毒。

【主治】风热感冒，咽喉肿痛，疮痈初起。患畜表现为发热，微恶风寒，无汗或有汗不畅，口渴头痛，咽痛咳嗽，舌尖红，苔薄白或薄黄，脉浮数。

【用法与用量】马、牛 250～400g；羊、猪 50～80g；兔、禽 1～3g。

【现代临床应用】本方是治疗风温初起之常用方。以发热、微恶寒、咽痛、口渴、脉浮数为辨证要点。试验证明，银翘散对流感病毒有一定抑制作用，还有解热、抗炎、抗过敏及广谱抗菌等作用。

（2）桑菊散（2020年版《兽药典》二部）

【处方】苦杏仁 20g、连翘 45g、薄荷 30g、桑叶 45g、菊花 45g、桔梗 30g、甘草 15g、芦根 30g。

【功能】疏风清热，宣肺止咳。

【主治】外感风热。患畜有风热表证的症状，但咳嗽较重，或以咳嗽为主症。

【用法与用量】马、牛 200～300g；羊、猪 30～60g；犬、猫 5～15g。

【现代临床应用】本方可治疗属于风热的各种病证，如流行性感冒、急性支气管炎、咽喉炎等。若药力嫌轻，可酌情加知母、贝母、黄芩、天花粉等。

（3）麻杏石甘散（2020年版《兽药典》二部）

【处方】麻黄 30g、苦杏仁 30g、甘草 30g、石膏 150g。

【功能】清热，宣肺，平喘。

【主治】肺热咳喘。表邪化热、壅遏于肺所致的咳喘。患畜表现为发热，咳嗽，气促喘粗，口干舌红，苔白或黄，脉浮数。

【用法与用量】马、牛 200～300g；羊、猪 30～60g；兔、禽 1～3g。

【现代临床应用】家畜患肺热咳喘，或急性支气管炎、肺炎属于肺热炽盛的，均可用麻杏石甘散治疗。麻杏石甘散与麻黄汤同治身热而喘，但麻黄汤治风寒实喘，麻杏石甘散治风热实喘，寒温不同，不能混淆。

（4）清营汤（《温病条辨》）

【处方】犀角（水牛角代）10g、生地黄 60g、玄参 15g、竹叶心 15g、麦冬 45g、丹参 30g、黄连 25g、金银花 45g、连翘 30g。

【功能】清营解毒，透热养阴。

【主治】邪热初入营分。患畜表现为发热，舌绛口干，脉细数或斑疹隐隐。

【用法与用量】马、牛 250～400g；羊、猪 50～90g。

【现代临床应用】本方可治疗温热病热邪由气分转入营分之证。邪初入营而气分之邪尚未尽解者，亦可用之。例如脑炎、败血症等，凡属营分热者，均可酌情应用本方。

（5）犀角地黄汤（《备急千金要方》）

【处方】犀角（水牛角代）10g、生地黄 150g、赤芍 60g、牡丹皮 45g。

【功能】清热解毒，凉血散瘀。

【主治】血分证或热入血分，除清热解毒外，还需凉血散瘀。

【用法与用量】马、牛 200～300g；羊、猪 30～60g；犬、猫 5～15g。

【现代临床应用】本方可治疗属于风热的各种病证，如流行性感冒、急性支气管炎、咽喉炎等。若药力嫌轻，可酌情加知母、贝母、黄芩、天花粉等。

（6）白虎汤（2005年版《兽药典》二部）

【处方】石膏 50g、知母 18g、炙甘草 6g、粳米 9g。

【功能】清热生津。

【主治】主治温热病后期，气分热盛证。壮热面赤，烦渴引饮，汗出恶热，脉洪大有力。

【用法与用量】马、牛 200～300g；羊、猪 30～60g。

【现代临床应用】本方为治疗伤寒阳明经证，或温病气分热盛证之基础方。以身大热、汗大出、口大渴、脉洪大为辨证要点。

（7）生脉散（《内外伤辨惑论》）

【处方】党参 45g、麦冬 45g、五味子 30g。

【功能】益气生津，敛汗养阴。

【主治】温热、暑热，耗气伤阴证。汗多神疲，体倦乏力，气短懒言，咽干口渴，舌干红少苔，脉虚数。

【用法与用量】马、牛 200～300g；羊、猪 30～60g；犬、猫 5～15g。

【现代临床应用】本方是治疗气阴两虚证的基础方。临床以气短、汗出、舌干红少苔、脉虚为辨证要点。本方现代临床常用于治疗冠心病、心绞痛、心律不齐、心肌炎、心力衰竭，以及肺心病、肺结核、慢性支气管炎等属于气阴两虚证者。

（8）板青颗粒（2020 年版《兽药典》二部）

【处方】板蓝根 600g、大青叶 900g。

【功能】清热解毒，凉血。

【主治】风热感冒，咽喉肿痛，热病发斑等温热性疾病。

【用法与用量】马、牛 50g；鸡 0.5g。

【现代临床应用】本方对猪可防治猪流行性感冒、高热症、繁殖与呼吸综合征、细小病毒病、出血性败血症、丹毒、链球菌病、副伤寒、病毒性肠炎、附红细胞体病、伪狂犬病、仔猪断奶多系统衰竭综合征等免疫抑制病。对于禽类（鸡、鸭、鹅、鸽），可治疗鸡流行性感冒、非典型新城疫、鸡传染性法氏囊炎、鸡减蛋综合征、鸡传染性支气管炎、鸡传染性喉气管炎、急慢性呼吸道病等疾病。

（9）茵陈木通散（2020 年版《兽药典》二部）

【处方】茵陈 15g、连翘 15g、桔梗 12g、川木通 12g、苍术 18g、柴胡 12g、升麻 9g、青皮 15g、陈皮 15g、泽兰 12g、荆芥 9g、防风 9g、槟榔 15g、当归 18g、牵牛子 18g。

【功能】解表疏肝，清热利湿。

【主治】温热病初起。

【用法与用量】马、骡 150～250g；羊、猪 30～60g。

【现代临床应用】本方在临床上常用作春季调理剂。

（10）神犀丹（《温热经纬》）

【处方】犀角（水牛角代）10g、石菖蒲 30g、黄芩 30g、生地黄 60g、金银花末 60g、金汁 10g、连翘 30g、板蓝根 45g、豆豉 20g、玄参 20g、天花粉 30g、紫草 30g。

【功能】清热开窍，凉血解毒。

【主治】温热暑疫，邪入营血，热深毒重，耗液伤津。

【用法与用量】马、牛 150～250g；羊、猪 30～50g。

【现代临床应用】本方以高热、斑疹、舌质紫绛为辨证要点。现代常用于乙型脑炎、流行性出血热、口腔炎、幼畜呼吸道感染、紫癜等。

9.2.6.2 治疗湿温病类

（1）三仁汤（《温病条辨》）

【处方】苦杏仁 30g、滑石 60g、薏苡仁 45g、厚朴 21g、通草 21g、白蔻仁 21g、半夏

25g、竹叶 21g。

【功能】宣化畅中，清热利湿。

【主治】各种家畜湿温初期，邪在气分，尚未化热，运步跛行，四肢沉重，午后发热，口渴不欲饮，舌苔白腻，脉濡等。

【用法与用量】马、牛 250～400g；猪、羊 40～60g；其他动物用量酌减。

【现代临床应用】本方为治湿温初起之专剂，湿重于温用之为妥。本方质轻不助邪，还可益脾胃。

（2）宣清导浊汤（《温病条辨》）

【处方】寒水石 45g、猪苓 30g、茯苓 45g、晚蚕沙 56g、皂荚子 36g。

【功能】宣清导浊，开窍启闭。

【主治】湿温久羁，三焦弥漫，神昏窍阻，少腹硬满，大便不下或小便不通。

【用法与用量】马、牛 200～250g；羊、猪 30～60g。

【现代临床应用】本方可用于三个方面：一是湿浊闭阻机窍的神昏，二是少腹硬满而大便不下，三是前列腺肥大引起的小便不通。

（3）白虎加苍术汤（《温病条辨》）

【处方】知母 18g、炙甘草 6g、石膏 50g、苍术 9g、粳米 9g。

【功能】清热利湿。

【主治】各种家畜湿温初期，邪在气分，尚未化热，运步跛行，四肢沉重，午后发热，口渴不欲饮，舌苔白腻，脉濡等。

【用法与用量】马、牛 250～400g；猪、羊 40～60g；其他动物用量酌减。

【现代临床应用】本方用于治湿温病之热重于湿者。

（4）茵陈蒿散（2020 年版《兽药典》二部）

【处方】茵陈 120g、栀子 60g、大黄 45g。

【功能】清热，利湿，退黄。

【主治】湿热黄疸。马、牛阳黄体热，可视黏膜黄如橘子色，小便短赤或黄，大便干，口渴，舌苔黄腻。

【用法与用量】马、牛 200～300g；羊、猪 30～45g。

【现代临床应用】临床上主要适用于家畜黄疸中的阳黄之症，在临床应用中，应与阴黄之症区分开。

（5）滑石汤（《元亨疗马集》）

【处方】茵陈 45g、酒知母 45g、酒黄柏 45g、泽泻 30g、猪苓 30g、滑石 60g、灯心草 10g、童便 1 小碗。

【功能】清热利水。

【主治】牛、马湿热郁结于膀胱，小便不通。

【用法与用量】马、牛 200～250g；羊、猪 45～55g。

【现代临床应用】临床应用中，滑石利水通淋，清热泻结；茵陈疏通小便，知母、黄柏可泻肾中之火，童便引热由下窍而出，可解牛、马等家畜小便不通，舌苔黄腻等症状。

（6）白头翁口服液（2020 年版《兽药典》二部）

【处方】白头翁 300g、黄连 150g、黄柏 225g、秦皮 300g。

【功能】清热燥湿，凉血止痢。

【主治】湿热泄泻，下痢脓血。各种家畜的菌痢。症见下痢腹痛，里急后重，红白杂下，小便短赤，舌苔黄腻，脉象滑数等。

【用法与用量】马、牛 150～250mL；羊、猪 30～45mL；兔、禽 2～3mL。

【现代临床应用】现代研究表明，白头翁对金黄色葡萄球菌、铜绿假单胞菌有抵抗作用，黄连对志贺菌属、大肠埃希菌作用较强。方用苦寒而入血分的白头翁为君，清热解毒，凉血止痢。黄连苦寒，泻火解毒，燥湿厚肠，为治痢要药；黄柏清下焦湿热，两药共助君药清热解毒，尤能燥湿治痢，共为臣药。秦皮苦涩而寒，清热解毒而兼以收涩止痢，为佐使药。四药合用，共奏清热解毒、凉血止痢之功。

（7）八正散（2020 年版《兽药典》二部）

【处方】木通 30g、车前子 30g、萹蓄 30g、酒大黄 30g、瞿麦 30g、炒栀子 30g、甘草 25g、滑石 60g、灯心草 15g。

【功能】清热泻火，利尿通淋。

【主治】湿热下注，热淋，血淋，石淋，尿血。渴欲饮冷，脉实而数。

【用法与用量】马、牛 250～300g；羊、猪 30～60g。

【现代临床应用】本方可用于一切泌尿道感染，如肾炎、膀胱炎、尿道炎等。

9.2.7 治疗感冒类

9.2.7.1 治疗风寒感冒类

（1）荆防败毒散（2020 年版《兽药典》二部）

【处方】荆芥 45g、防风 30g、羌活 25g、独活 25g、柴胡 30g、前胡 25g、枳壳 30g、茯苓 45g、桔梗 30g、川芎 25g、甘草 15g、薄荷 15g。

【功能】辛温解表，疏风祛湿。

【主治】风寒感冒，流感。

【用法与用量】马、牛 250～400g；羊、猪 40～80g；兔、鸡 1～3g。

【现代临床应用】本方可用于体质虚弱而外感风寒湿邪之证。临床上，凡气虚明显、年老、幼小、产后、病后复感风寒湿邪的家畜，均可酌情使用。

（2）麻黄桂枝散（2020 年版《兽药典》二部）

【处方】麻黄 45g、桂枝 30g、细辛 5g、羌活 25g、防风 25g、桔梗 30g、苍术 30g、荆芥 25g、紫苏叶 25g、薄荷 25g、槟榔 20g、甘草 15g、皂角 20g、枳壳 30g。

【功能】解表散寒，疏理气机。

【主治】风寒感冒。

【用法与用量】牛 300～400g。

【现代临床应用】本方可用于牛外感风寒。

（3）桂枝汤（《伤寒论》）

【处方】桂枝 45g、芍药 45g、生姜 45g、大枣 20g、炙甘草 15g。

【功能】解肌发表，调和营卫。

【主治】外感风寒表虚证。患畜表现为发热，汗出恶风，舌苔薄白，脉浮缓。

【用法与用量】马、牛 250～300g；羊、猪 40～60g。

【现代临床应用】桂枝汤可广泛用于家畜的一些表证性疾病，尤其适用于表虚患畜。诸如伤风感冒或流行性感冒、风寒犯肺、外感腹痛、风寒束腿、母畜产后发热、过劳中风证。

（4）发表汤（《抱犊集》）

【处方】尖杏仁 45g、北细辛 20g、炙麻黄 30g、漂苍术 30g、酒知母 30g、嫩桂枝 30g、广陈皮 30g、炒枳壳 30g、炙桑白皮 30g、瓜蒌子 45g、马兜铃 30g、款冬花 30g。

【功能】辛温解表，利肺止咳。

【主治】风寒感冒，证属表寒；但寒邪束表，郁闭肺气，又往往容易引起咳嗽，发表汤所治为风寒表证而兼有咳嗽的情况。

【用法与用量】牛 300～400g。

【现代临床应用】本方可用于牛外感风寒，主要治疗牛咳嗽的症状。

9.2.7.2 治疗风热感冒类

（1）银翘散（2020 年版《兽药典》二部）

【处方】金银花 60g、连翘 45g、薄荷 30g、荆芥 30g、淡豆豉 30g、牛蒡子 45g、桔梗 25g、淡竹叶 20g、甘草 20g、芦根 30g。

【功能】辛凉解表，清热解毒。

【主治】风热感冒，咽喉肿痛，疮痈初起。患畜表现为发热，微恶风寒，无汗或有汗不畅，口渴头痛，咽痛咳嗽，舌尖红，苔薄白或薄黄，脉浮数。

【用法与用量】马、牛 250～400g；羊、猪 50～80g；兔、禽 1～3g。

【现代临床应用】本方是治疗风温初起之常用方。以发热、微恶寒、咽痛、口渴、脉浮数为辨证要点。试验证明，银翘散对流感病毒有一定抑制作用，还有解热、抗炎、抗过敏及广谱抗菌等作用。

（2）桑菊散（2020 年版《兽药典》二部）

【处方】苦杏仁 20g、连翘 45g、薄荷 30g、桑叶 45g、菊花 45g、桔梗 30g、甘草 15g、芦根 30g。

【功能】疏风清热，宣肺止咳。

【主治】外感风热。患畜有风热表证的症状，但咳嗽较重，或以咳嗽为主症。

【用法与用量】马、牛 200～300g；羊、猪 30～60g；犬、猫 5～15g。

【现代临床应用】本方可治疗属于风热的各种病证，如流行性感冒、急性支气管炎、咽喉炎等。若药力嫌轻，可酌情加知母、贝母、黄芩、天花粉等。

（3）麻杏石甘散（2020 年版《兽药典》二部）

【处方】麻黄 30g、苦杏仁 30g、甘草 30g、石膏 150g。

【功能】清热，宣肺，平喘。

【主治】肺热咳喘。表邪化热、壅遏于肺所致的咳喘。患畜表现为发热，咳嗽，气促喘粗，口干舌红，苔白或黄，脉浮数。

【用法与用量】马、牛 200～300g；羊、猪 30～60g；兔、禽 1～3g。

【现代临床应用】家畜患肺热咳喘，或急性支气管炎、肺炎属于肺热炽盛的，均可用麻杏石甘散治疗。麻杏石甘散与麻黄汤同治身热而喘，但麻黄汤治风寒实喘，麻杏石甘散治风热实喘，寒温不同，不能混淆。

（4）犀角地黄汤（《备急千金要方》）

【处方】犀角（水牛角代）10g、生地黄150g、赤芍60g、牡丹皮45g。

【功能】清热解毒，凉血散瘀。

【主治】血分证或热入血分，除清热解毒外，还需凉血散瘀。

【用法与用量】马、牛200～300g；羊、猪30～60g；犬、猫5～15g。

【现代临床应用】本方可治疗属于风热的各种病证，如流行性感冒、急性支气管炎、咽喉炎等。若药力嫌轻，可酌情加知母、贝母、黄芩、天花粉等。

（5）板青颗粒（2020年版《兽药典》二部）

【处方】板蓝根600g、大青叶900g。

【功能】清热解毒，凉血。

【主治】风热感冒，咽喉肿痛，热病发斑等温热性疾病。

【用法与用量】马、牛50g；鸡0.5g。

【现代临床应用】本方对猪可防治猪流行性感冒、高热症、繁殖与呼吸综合征、细小病毒病、出血性败血症、丹毒、链球菌病、副伤寒、病毒性肠炎、附红细胞体病、伪狂犬病、仔猪断奶多系统衰竭综合征等免疫抑制病。对于禽类（鸡、鸭、鹅、鸽），可治疗鸡流行性感冒、非典型新城疫、鸡传染性法氏囊炎、鸡减蛋综合征、鸡传染性支气管炎、鸡传染性喉气管炎、急慢性呼吸道病等疾病。

（6）小柴胡散（2020年版《兽药典》二部）

【处方】柴胡45g、黄芩45g、姜半夏30g、党参45g、甘草15g。

【功能】和解少阳，解热。

【主治】少阳证，寒热往来，不欲饮食，口津少，反胃呕吐。

【用法与用量】马、牛100～250g；羊、猪30～60g。

【现代临床应用】兽医临床上应用小柴胡散的指征为：①外感发热，纳食不佳，反刍减弱，或食滞不清，或腹胀，或二便失调，或兼咳者；②外感六日以上，甚者月余，少阳证（寒热往来，精神时好时差，纳食和反刍欠佳等）仍在者；③其他疾病所致脾胃失和，食欲反刍久不恢复，服健胃药效果不佳者；④肝气郁滞所致神疲、食减、睾丸肿痛，或见黄疸者。

9.2.8 治疗痛风、腹水综合征类

9.2.8.1 治疗痛风类

（1）乌头汤（《太平惠民和剂局方》）

【处方】麻黄45g、芍药45g、黄芪45g、甘草（炙）45g、川乌10g。

【功能】温经散寒，除湿宣痹。

【主治】寒湿痹阻关节证。骨节冷痛，屈伸不利，舌苔白润，脉沉弦或沉紧。

【用法与用量】家禽1.5g。

【现代临床应用】本方是治疗寒湿痹阻关节证的常用方。临床应用以关节疼痛剧烈，痛不可触、关节不可屈伸为辨证要点。本方常用于治疗风湿性关节炎、类风湿性关节炎、

肩关节周围炎、三叉神经痛、腰椎骨质增生等属寒湿痹阻者。

（2）八正散（《太平惠民和剂局方》）

【处方】木通30g、车前子20g、萹蓄30g、大黄15g、瞿麦20g、栀子20g、甘草梢30g、滑石60g、灯心草5g。

【功能】清热泻湿，通利小便。

【主治】湿热下注，小便热涩淋痛，渴欲饮冷，脉实而数。

【用法与用量】马、牛250～300g；羊、猪30～60g。

【现代临床应用】家禽痛风症的特征是拉白色石灰渣样稀粪，内脏及关节腔内尿酸盐沉着，酷似中兽医的砂石淋。八正散原方减灯心草，加泽泻、海金沙、茯苓，重用甘草梢可治疗痛风。若关节痛风，再加牛膝，以引药下行；若伴发球虫病，可加黄柏炭、白头翁、地锦草、墨旱莲等。

9.2.8.2 治疗腹水综合征类

（1）三子下气汤（《牛经备要医方》）

【处方】白芥子30g、紫苏子40g、莱菔子40g、葶苈子25g、车前子40g、陈皮40g、青皮40g、广木香20g、厚朴25g、麦芽40g、附子25g、当归20g、炙甘草20g。

【功能】平气降喘，温阳化痰。

【主治】寒痰阻肺，胸腹胀满，气促而喘，呼多吸少，形寒肢厥，口色青白，舌苔白滑，脉沉细而滑。

【用法与用量】马、牛200～250g；羊、猪50～80g；家禽1.5g。

【现代临床应用】现代研究表明，白芥子可以促进支气管黏液分泌，有利于痰液排出。中医上认为腹水综合征的根本是肺气虚，诸药合用共奏化痰平喘之功。

（2）芪苓归腹方（《山西农业大学中兽医学报》）

【处方】黄芪6g、茯苓4g、大腹皮2g、当归4g。

【功能】补气补血，活血行气。

【主治】肉鸡腹水综合征。

【用法与用量】家禽每千克体重1.5g。

【现代临床应用】现代研究表明，补气药可能有促进内源性一氧化氮（NO）生成效应，NO生成增多，可使肺血管产生舒张作用，还可改善机体营养状况，有利于受损气道组织的修复，增强呼吸肌功能，从而改善肺通气，以降低由缺氧导致的一系列损害，这对改善预后具有重要作用，能加强心脏收缩，有强心作用，能使冠状血管及全身末梢血管扩张，因而使血压下降。

（3）五苓散（《伤寒论》）

【处方】猪苓30g、泽泻45g、白术30g、茯苓30g、肉桂25g。

【功能】利水渗湿，温阳化气，和胃止呕。

【主治】外有表证，内停水湿的痰饮、水肿、泄泻、小便不利等病证。

【用法与用量】马、牛250～400g；猪、羊40～60g；其他动物用量酌减。

【现代临床应用】本方的主要有效成分有甾体类、茯苓三萜和茯苓多糖、四环三萜类、挥发油、肉桂酸、桂皮醛等。现代药理研究表明，本方利水渗湿的功效与降低抗利尿激素分泌，增加尿中的钠、钾而达到利尿作用，调节水、电解质代谢，抑制尿路结石的生成等作用有关。

9.3

饲料中添加的中兽药应用

畜禽养殖业中抗生素的不规范使用与滥用会引起食品安全问题，导致细菌耐药、环境污染、动物源食品药物残留及公共健康安全隐患等问题。欧盟于 2006 年全面禁止抗生素作为饲料添加剂使用。我国自 2018 年开始实施兽用抗菌药物减量化行动，农业农村部通过实施兽用抗菌药综合治理，重点以药物饲料添加剂退出行动、兽用抗菌药使用减量化行动、规范用药宣教行动以及兽药残留监控、动物源细菌耐药性监测等措施为抓手，推动实现抗菌药类饲料添加剂退出、畜禽养殖场兽用抗菌药使用量减少的目标，促进“用好药、少用药”。我国农业农村部于 2019 年 9 月发布 194 号公告，“自 2020 年 1 月 1 日起，退出除中药外的所有促生长类药物饲料添加剂品种”，自此，我国畜牧养殖业进入饲料无抗时代。

为贯彻落实党的十九大精神，紧密围绕实施乡村振兴战略和党中央、国务院关于农业绿色发展的总体要求，加快推进养殖业绿色发展，大力推进质量兴农、绿色兴农、品牌强农，农业农村部决定开展兽用抗菌药使用减量化行动。2018 年 4 月农业农村部印发《兽用抗菌药使用减量化行动试点工作方案（2018—2021 年）》，力争通过 3 年时间，实施养殖环节兽用抗菌药使用减量化行动试点工作，推广兽用抗菌药使用减量化模式，减少使用抗菌药类药物饲料添加剂，兽用抗菌药使用量实现“零增长”，兽药残留和动物细菌耐药问题得到有效控制。

2019 年 7 月 10 日，根据《兽药管理条例》《饲料和饲料添加剂管理条例》有关规定，按照《遏制细菌耐药国家行动计划（2016—2020 年）》和《全国遏制动物源细菌耐药行动计划（2017—2020 年）》部署，为维护我国动物源性食品安全和公共卫生安全，农业农村部决定停止生产、进口、经营、使用部分药物饲料添加剂，并对相关管理政策作出调整，农业农村部公告第 194 号发布，自 2020 年 1 月 1 日起，退出除中药外的所有促生长类药物饲料添加剂品种，兽药生产企业停止生产、进口兽药代理商停止进口相应兽药产品，同时注销相应的兽药产品批准文号和进口兽药注册证书。此前已生产、进口的相应兽药产品可流通至 2020 年 6 月 30 日。自 2020 年 7 月 1 日起，饲料生产企业停止生产含有促生长类药物饲料添加剂（中药类除外）的商品饲料。同时指出，改变抗球虫和中药类药物饲料添加剂管理方式，不再核发“兽药添字”批准文号，改为“兽药字”批准文号，可在商品饲料和养殖过程中使用。自 2020 年 7 月 1 日起，原农业部公告第 168 号和第 220 号被废止。

2020 年 6 月 16 日，为规范养殖者自行配制饲料的行为，保障动物产品质量安全，按照《饲料和饲料添加剂管理条例》有关要求，农业农村部公告第 307 号发布，养殖者在日常生产自配料时，不得添加农业农村部允许在商品饲料中使用的抗球虫和中药类药物以外的兽药。因养殖动物发生疾病，需要通过混饲给药方式使用兽药进行治疗的，要严格按照兽药使用规定及法定兽药质量标准、标签和说明书购买使用，兽用处方药必须凭执业兽医处方购买使用。

在出台促进兽药行业健康发展的指导意见中，明确要加快中兽药产业发展，建立符合中兽药特点的注册制度，加强疗效确切中兽药和药物饲料添加剂研发。

9.3.1 可长期饲添中兽药

截至 2022 年，农业农村部共批准了博落回散［（2011）新兽药证字 34 号］、山花黄芩提取物散［（2016）新兽药证字 67 号］、女贞子提取物散［（2019）新兽药证字 41 号］、裸花紫珠末［（2020）新兽药证字 38 号］四种可长期添加到饲料中的中兽药。

9.3.1.1 博落回散

针对养殖业饲料中添加抗生素后导致药物残留和耐药性等食品安全问题，湖南农业大学与湖南美可达生物资源有限公司等单位联合开发出我国首个二类新中兽药原药和制剂博落回提取物和博落回散，其中博落回散被农业农村部批准为我国第一个中兽药类药物饲料添加剂，作为饲用抗生素的替代产品，可添加到猪、鸡饲料中，用于预防动物疾病和促进动物生长。

2016 年农业部公告第 2374 号批准变更兽药使用的博落回散增加含量规格和靶动物，靶动物在原猪、鸡基础上增加肉鸭、淡水鱼类、虾、蟹、龟、鳖，并发布修订后的产品质量标准、说明书和标签，2017 年博落回散纳入新版《药物饲料添加剂品种目录及使用规范》目录。

博落回散的有效成分是血根碱和白屈菜红碱，具有抗菌消炎、开胃和促生长的作用，在猪、鸡、肉鸭，淡水鱼类、虾、蟹和龟、鳖等的饲料中应用广泛。用量为每 1kg 饲料，猪 0.2～0.5g；仔鸡 0.3～0.5g，成年鸡 0.2～0.3g；肉鸭 0.2～0.3g；草鱼、青鱼、鲤鱼、鲫鱼、鳊鱼、鳝、鳗、泥鳅、虾、蟹、龟、鳖 0.3～0.6g，可长期添加使用。博落回散能够有效抑制畜禽常见致病菌，遏制有害微生物增殖，减少机体活性氧自由基产生，提高肠道黏膜免疫功能，维护肠道健康，减少发病率和提高动物生产性能。

9.3.1.2 山花黄芩提取物散

2016 年，农业部公告第 2462 号首次批准山花黄芩提取物散作为三类新兽药用于动物养殖。山花黄芩提取物散作为中药类药物允许长期添加在动物日粮中，具有重要的研究价值和应用前景。2018 年农业农村部公告第 86 号和 2021 年农业农村部公告第 457 号新增山花黄芩提取物散靶动物母猪，发布修订后的工艺规程、质量标准、说明书和标签，断奶仔猪用量为每 1kg 饲料添加 0.5g，连用两个月；妊娠母猪则为每 1kg 饲料添加 0.5g～1.0g，妊娠中后期至仔猪断奶使用。

山花黄芩提取物散的主要成分是山银花提取物和黄芩提取物，其主要活性物质为绿原酸和黄芩苷。绿原酸可以与病原微生物细胞内的酶结合，降低其活性进而抑制病原微生物的繁殖。黄芩苷具有抗氧化、抗炎、抑菌以及免疫调节等生物学功能。因此山花黄芩提取物散具有抗炎、抑菌、促生长的功能，可以促进肉鸡、断奶仔猪生长，提高妊娠母猪产仔成活率、健仔率、仔猪初生窝重、泌乳期母猪泌乳能力。

9.3.1.3 女贞子提取物散

2019 年，农业农村部公告第 187 号批准北京生泰尔科技股份有限公司、爱迪森（北京）生物科技有限公司、北京喜禽药业有限公司、生泰尔（内蒙古）科技有限公司等单位联合申报的女贞子提取物散为三类新兽药，核发《新兽药注册证书》，发布产品试行规程、质量标准、说明书和标签。

女贞子在我国分布广泛、产量大、价格低廉，具有抗炎抑菌、降血压、降血脂、保肝、抗癌、抗衰老、抗疲劳以及强心的作用。女贞子含三萜类、环烯醚萜类、苯乙醇苷类及黄酮类等多种化学成分，新兽药女贞子提取物散是以女贞子为主要成分的灰褐色散剂，每 1g 相当于原生药 5g，目前的靶动物为鸡，用量为每 1kg 饲料添加 0.5g，可长期添加使用，具有增强鸡免疫力、促进生长发育的作用。

9.3.1.4 裸花紫珠末

2020 年，农业农村部公告第 327 号正式批准广州格雷特生物科技有限公司和华南农业大学联合申报的裸花紫珠末为三类新兽药，允许其作为中兽药类药物饲料添加剂长期添加在猪日粮之中。

裸花紫珠属于马鞭草科紫珠属的植物，主要分布在广东、海南、广西等地，根据《中国药典》记载，裸花紫珠具有消炎、解肿毒、化湿浊、止血的功效。新兽药裸花紫珠末是在此基础上制成的粉剂，气微香，味微涩、苦，当前靶动物仅有猪，具有抗炎、抑菌、止血、促生长的功效，用量为每 1kg 饲料添加 3g，连用 28 天。

9.3.2 混饲中兽药

9.3.2.1 枣胡散

2018 年，农业农村部公告第 36 号批准湖南加农正和生物技术有限公司、河南后羿实业集团有限公司、武汉回盛生物科技股份有限公司、北京农学院、中国农业大学、中悦民安（北京）科技发展有限公司联合申报的枣胡散［(2018) 新兽药证字 30 号］为三类新兽药，核发《新兽药注册证书》，发布产品试行规程、质量标准、说明书和标签。

枣胡散源于我国传统医学经典《金匮要略》中的酸枣仁汤，由酸枣仁、茯苓等组成。根据临床辨证，新兽药枣胡散是在酸枣仁汤原方的基础上经加减研制而成的散剂，主要成分为酸枣仁、延胡索、川芎、茯苓、知母，气微香，味微甘、微酸，每 1g 相当于原生药 1g。具有镇静安神、健脾消食的作用。目前靶动物有断奶仔猪，用量为每 1kg 体重，混饲 1g，连用 14 日。

9.3.2.2 益母草提取物散

益母草提取物散［(2021) 新兽药证字 16 号］由 2021 年农业农村部公告第 408 号正式被批准为三类新兽药，并核发《新兽药注册证书》，发布产品质量标准、说明书和标签。由北京生泰尔科技股份有限公司、爱迪森（北京）生物科技有限公司、北京喜禽药业有限公司、生泰尔（内蒙古）科技有限公司联合申报。

益母草为唇形科植物益母草的新鲜或干燥地上部分，最早收载于《神农本草经》，味苦、辛，性微寒，归肝、心包、膀胱经，具有活血调经、利尿消肿、清热解毒的功效，含有黄酮、生物碱类、二萜类等有效化学成分。新兽药益母草提取物散则是在此基础上制成的散剂，每 1g 相当于原生药 7g，具有活血化瘀的功效，主治蛋鸡产蛋后期的产蛋率下降，用量为每 1kg 饲料混入 0.5g，产蛋后期连续添加使用。

9.3.2.3 味连须散

2020 年农业农村部公告第 350 号批准由西南大学、北京中农劲腾生物技术股份有限公司、成都乾坤动物药业股份有限公司、河南后羿实业集团有限公司、重庆和美保健药业有限公司联合申报的味连须［(2020) 新兽药证字 56 号］、味连须散［(2020) 新兽药证字 57 号］2 种兽药产品为二类新兽药，核发《新兽药注册证书》，发布产品质量标准、说明书和标签。

黄连是传统的中药材，最早记载于《神农本草经》，有泻火解毒、清热燥湿之功效。黄连又称味连，采收时，其根茎上长有大量的不定根，将其收集、清洗、烘干，称为味连须。味连须和味连同样含有小檗碱、黄连碱、药根碱、巴马汀、表小檗碱等多种生物碱，含量是味连的三分之一，但味连须价格低廉，将其开发成新药具有广阔的市场应用前景。味连须散是以味连须为主要成分制成的散剂，气微，味极苦。具有清热燥湿、泻火解毒功效，目前靶动物为仔猪，主治仔猪白痢，用量为每 1kg 体重，饲料中添加 1～2g，一日 2 次，连用 3 日。

9.3.2.4 藿蜂散

2020 年，农业农村部公告第 327 号正式批准由南京农业大学、山东百力和生物药业有限公司、芮城绿曼生物药业有限公司、青岛创生药业有限公司、山西农业大学联合申报的藿蜂散［(2020) 新兽药证字 36 号］为三类新兽药，核发《新兽药注册证书》，发布产品质量标准、说明书和标签。

藿蜂散是以淫羊藿和酒制蜂胶为主要成分制成的散剂，每 100g 相当于原生药 4g，具有补益正气、增强免疫的功效，目前靶动物为雏鸡和仔猪，主要配合疫苗使用，用于提高鸡对新城疫疫苗和猪对猪瘟疫苗的免疫应答，用法及用量：混饲，雏鸡 0.2g，连用 3 日；仔猪 1～1.5g，连用 3 日。

9.3.2.5 青蒿甘草颗粒

2019 年，农业农村部公告第 239 号正式批准由郑州大学、中国农业科学院兰州畜牧与兽药研究所、商丘爱己爱牧生物科技股份有限公司、郑州百瑞动物药业有限公司、河南中盛动物药业有限公司、太原恒德源动保科技开发有限公司联合申报的青蒿甘草颗粒［(2019) 新兽药证字 69 号］为三类新兽药，核发《新兽药注册证书》，发布产品试行规程、质量标准、说明书和标签。

青蒿甘草颗粒处方依据来源于《圣济总录》，处方为：青蒿叶一两，甘草一钱，水煎服。该组方以青蒿作为主药与甘草配合，利用现代提取工艺制备成颗粒剂，每 1g 相当于原生药 2.2g，应用到临床后疗效确切，主要用于治疗和缓解动物机体发热症状。用法及用量：混饲，每 1kg 体重，猪 0.5g，连用 3 日。

9.3.2.6 七味消滞颗粒

2019 年，农业农村部公告第 253 号正式批准由西安雨田农业科技有限公司、河北地邦动物保健科技有限公司、湖北武当动物药业有限责任公司、四川德成动物保健品有限公司、河北新世纪药业有限公司、济南亿民动物药业有限公司、福建贝迪药业有限公司联合申报的七味消滞颗粒［(2019) 新兽药证字 76 号］为三类新兽药，核发《新兽药注册证书》，发布产品质量标准、说明书和标签。

七味消滞颗粒的成分为薏苡仁、稻芽、山楂、淡竹叶、钩藤、蝉蜕和甘草，气微，味甜、微苦，每 1g 相当于原生药 3.461g。具有开胃消滞、清热定惊的功效，主治仔猪积滞化热，症见少食懒动，鼻盘干燥，粪便酸臭或燥结等。用量为每 1kg 饲料添加 4g，连用 3 日。

9.3.2.7 芩黄颗粒

2009 年，农业部公告第 1220 号正式批准由洛阳惠中药业有限公司申报的芩黄颗粒［(2009) 新兽药证字 22 号］为三类新兽药，核发《新兽药注册证书》，发布产品质量标准、说明书和标签。2018 年，农业农村部公告第 86 号变更注册增加靶动物猪。

黄芩主治上呼吸道感染、痢疾、咳血、目赤、肺热咳嗽、肺炎、胎动不安、湿热黄疸、高血压、痈肿疖疮等症。《滇南本草》记载："上行泻肺火，下行泻膀胱火，(治) 男子五淋，女子暴崩，调经安胎，清热，胎中有火热不安，清胎热，除六经实火实热。"芩黄颗粒由黄芩、板蓝根、甘草、山豆根、麻黄等药材组成，每 1000g 相当于原生药 2132g，具有清热解毒、止咳平喘的功效。用于鸡传染性支气管炎的预防与辅助治疗；用于猪肺热咳喘的治疗，症见精神不振、咳嗽气喘、呼出气热、体温常升高。用法及用量：混饮，每 1L 水，鸡 1g，连用 2～3 日；混饲，每 1kg 饲料，猪 4g，连用 5 日。

9.3.2.8 芪翁黄柏散

2020 年，农业农村部公告第 374 号批准北京生泰尔科技股份有限公司、爱迪森（北京）生物科技有限公司、北京喜禽药业有限公司、生泰尔（内蒙古）科技有限公司联合申报的芪翁黄柏散［(2020) 新兽药证字 65 号］为三类新兽药，核发《新兽药注册证书》，发布产品质量标准、说明书和内包装标签，自发布之日起执行。2022 年，农业农村部公告第 520 号批准变更兽药使用的芪翁黄柏散说明书，在说明书中增加"【注意事项】可在商品饲料和养殖过程中使用"。

芪翁黄柏散是以黄芪、白头翁、黄柏为主要成分研制而成的浅黄色至棕黄色散剂，每 1g 相当于原生药 2g。黄芪作为中医临床常用的中药材之一，其性微温，味甘，具有补气升阳、固表止汗、生肌托毒排脓等功效，被誉为"补药之长"；白头翁性味苦、性寒，归胃、大肠经，可用于治疗热毒血痢、阴痒带下、阿米巴痢疾等；黄柏味苦、性寒，具有清热燥湿、泻火解毒及除骨蒸之功用，可用于湿热诸证、骨蒸劳热、盗汗、遗精、疮疡肿痛等证的治疗。因此芪翁黄柏散集三味药之长，具有抗炎、止泻的功效，用于预防仔猪腹泻，提高生长性能。用法及用量：混饲，每 1kg 饲料，断奶仔猪 1g，连用 2 个月。

9.3.3 饲用植物及添加剂

饲用植物即可饲用天然植物，是指农业农村部相关文件批准可用于商品饲料（或基质）生产的有一定应用功能的植物，具体产品表现形式有以干燥粉或粗提物为基础的饲料原料和以精提取物为基础的饲料添加剂，其中产品形式为饲料原料，如饲料原料甘草粉、饲料原料甘草粗提物等。

目前可饲用天然植物多为药食同源的中草药，可饲用天然植物及其提取物具有资源丰富、来源天然、功能全面、安全性高及低毒副作用等优势，且含多种功能活性成分，具有抗微生物、抗炎、抗氧化、促生长、防治腹泻、增强免疫力、改善肠道健康等作用，是饲料替抗产品和替抗技术开发的重要来源。

2018 年国家颁布了《天然植物饲料原料通用要求》(GB/T 19424—2018)，对天然植物饲料原料的质量安全和使用规范进行了约束，对饲用植物相关产品的开发和应用具有规范性意义。

饲用植物提取物是指以植物提取物（活性成分）为主要有效成分，按照饲料添加剂注册程序开发的饲料添加剂产品，《饲料添加剂品种目录》中，列出了杜仲叶提取物等 12 种植物提取物产品。饲用植物提取物根据其提取分离工艺和产品质控标准区分为饲用植物粗提取物和饲用植物精提取物。

9.3.4 可饲添中兽药的开发研究

9.3.4.1 抗应激作用

（1）环境与家畜的适应性反应

① 适应范围。动物在其长期系统发育过程中对环境形成了要求，并且具备了适应环境变化的能力，环境因素的变化刺激动物，就会引起机体适应性反应。动物通过调整内稳态和环境变化之间达成平衡和统一，即对环境产生适应性，适应范围分为适宜区和代偿区（图 9-1)。当环境因素在适应范围内的适宜区时，动物需通过应激反应来适应环境变化，保持其内环境及其与环境的平衡和统一，与此同时生产性能将受到不同程度的影响，但仍能维持生命活动。动物能够适应的这一环境变化范围叫作“适应范围”。

② 病理过程。当环境变化超出动物的适应范围时，机体各方面表现出功能障碍，自身生理环境不能维持内稳态，生产力下降或丧失，生命活动进入病理状态，最后导致死亡。

目前，国内外动物疾病的形式已经发生很大变化，不仅有传染性疾病的暴发，而且更多出现的是病毒与细菌的多种感染、非典型疫病、内科杂症等综合性疾病，这类疾病往往难以诊断且发病率高，对畜牧行业造成巨大经济损失。而这些疾病的发生与应激的诱发密不可分，这一区域主要在代偿区和障碍区之间。

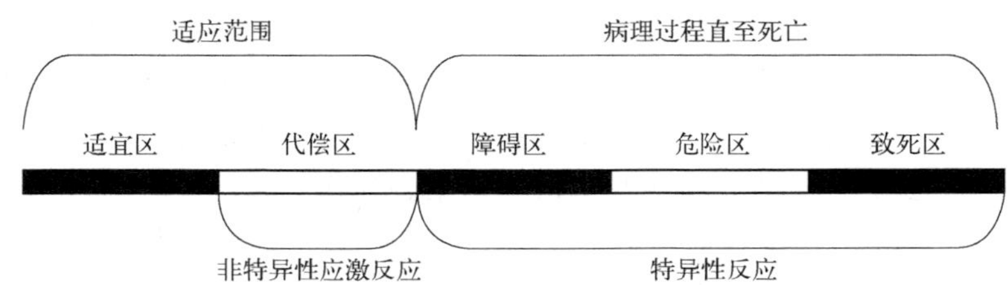

图 9-1 机体对环境的适应性

（2）应激的定义及发展阶段 在 1936 年，加拿大病理生理学家 Hans Selye 首先提出了“应激”的概念，把应激定义为：机体对外界或内部的各种刺激所产生的非特异性应答反应的总和。这些非特异性应答反应主要是肾上腺皮质变粗大，分泌活性提高；胸腺、脾脏、淋巴系统萎缩，血液中嗜酸性粒细胞和淋巴细胞减少，中性粒细胞增多；胃和十二指肠溃疡、出血。将这些与刺激原关系不大的非特异性变化称为一般适应综合征（general adaptation syndrome，GAS），凡能引起集体出现 GAS 的刺激叫应激原或激原（stressor）。

应激引起的 GAS，在典型情况下可分为以下三个阶段。

① 惊恐反应或动员阶段。机体对激原作用的早期反应和动员全身防御阶段。以交感-肾上腺髓质系统的兴奋为主，动员全身能量抵御激原作用，有利于机体快速防御，出现典型的 GAS 症状，此时尚未获得适应。动员阶段的总持续时间一般为 6～48h。

② 适应和抵抗阶段。在此阶段，机体克服了激原的作用获得了适应，此阶段以交感-肾上腺髓质系统的兴奋为主的反应逐渐消退，表现出合成代谢占优势，应激初期的不良作用得到补偿，机体各种功能得到平衡，生产力和抵抗力恢复甚至可高于原有水平，如激原作用不强烈或停止则应激反应在此阶段结束，相反，如激原作用不断加强或长时间持续作用，则机体获得的适应或重新丧失，应激反应进入下一阶段——衰竭阶段。

③ 衰竭阶段。表现与惊恐反应相似，但反应程度急剧增加，继而机体储备耗竭，新陈代谢表现出不可逆变化，适应功能破坏，各系统陷入混乱状态，最终导致动物死亡。

综上所述，应激反应的目的在于使动物机体的防御功能克服激原的不良作用，保持机体在极端情况下的内稳态，因此，应激反应是机体在长期的进化过程中形成的一种扩大适应范围的生理反应。

（3）应激的机制 应激反应的机制十分复杂，在应激反应中，动物作为一个有机的整体，通过神经-内分泌途径几乎动员了所有的组织和器官对付激原的刺激，其中，神经中枢系统特别是大脑皮质起整合作用，而交感-肾上腺髓质系统、下丘脑-垂体-肾上腺皮质轴、下丘脑-垂体-甲状腺轴及下丘脑-垂体-性腺轴等起执行作用。

应激引起神经系统和内分泌系统产生一系列变化。这些变化将重新调整内环境的平衡状态以应对激原的不良反应，但是这种变动的内环境常以增加器官功能的负荷或自身防御功能的消耗为代价。

（4）应激的来源

① 环境因素。温度、湿度、强辐射、气流（通风不良、贼风等）、空气质量差、强噪声、照明不足或过度及有害有毒气体等。

② 饲养管理因素。密饲、运动不足、捕捉、过饥或过饱、饲料营养不足或不平衡、断奶、断喙、去势、转群或并群、饲养员的态度、日粮突变等。

③ 运输因素。抓捕、环境不断变化、晃动、拥挤、饥饿、缺水等。

④ 防治因素。接种疫苗、各种投药、体内驱虫、各种抗体检测等。

⑤ 中毒因素。饲料中毒、药物中毒、其他中毒等。

⑥ 其他因素。微生物的潜在感染、外伤等。

综上，在畜牧生产中，应激原对动物正常生理活动和生产的影响存在于环境管理、饲养管理的全过程，环境因素亦是其中对动物作用最为广泛和不可避免的应激因素。因此，畜牧生产的管理与抗应激管理密切相关。

（5）应激调控的关键点

① 应激引起的病理性变化。应激引起的病理变化很多，研究资料表明，机体在正常情况下，全身循环血量的30%流经胃肠道。当遭受严重应激、创伤或休克时，机体为了保护心、脑等重要器官，使全身血液重新分配，胃肠道血流量明显减少。若全身血流量减少10%，即可导致胃肠道血流量减少40%。因此，肠道是应激反应的中心器官，常出现胃肠溃疡。应激性溃疡一般指在严重应激因素存在的情况下所出现的胃、小肠黏膜、盲肠等胃肠道急性损伤，其主要表现为胃肠黏膜的糜烂、溃疡、出血等。

应激性溃疡产生的原因主要是黏膜缺血。应激中由于交感-肾上腺髓质系统兴奋，血液重新分布而且胃肠道小血管强烈收缩，血液灌流量显著减少，黏膜缺血导致黏膜上皮代谢异常，黏液产生量减少，使黏膜上皮细胞间的紧密连接及覆盖于黏膜表面的黏膜屏障受到破坏。与此同时，胃液中的 H^+ 顺浓度差弥散进入黏膜组织中，由于不能被血液中的 HCO_3^- 中和或被血流带走，从而使黏膜中 pH 降低，导致黏膜损伤。其次是由于应激中糖皮质激素显著上升，一方面可抑制胃的黏液合成和分泌，另一方面可使胃肠黏膜细胞的蛋白合成减少，分解增强，从而使黏膜上皮细胞更新减慢，再生能力降低而削弱黏膜屏障功能。此外，在胃肠道缺血-再灌注时，将生成大量氧自由基，引起黏膜损伤。

因此，在畜禽应激中，一方面表现为影响机体的整体免疫功能，另一方面由于应激激素作用和胃肠道黏膜受损，营养物质的消化吸收受到很大影响，生产性能大幅度降低。

② 应激发生发展与转归。人的状态分为健康状态、病理状态，在两者之间是“亚健康状态”，即介于健康与非健康之间的中间状态。以此为依据，把动物的状态细分为健康状态、最佳生产状态、亚健康状态（应激状态）、亚临床状态及临床状态。上述五种状态中健康状态代表了中医的阴阳平衡状态，即满足了动物心理、生理、行为需求的高效优质生产畜产品的最佳状态；最佳生产状态是以规模化养殖、工厂化养殖中人类以经济效益为前提所追求的状态。按照资源分配理论，正常情况下动物生存中包含对环境的适应能力、抗病能力（免疫力）以及生产性能。当人类追求生产性能最大化时，必然挤压动物的环境适应能力和抗病能力，导致动物的亚健康状态，也就是应激状态，这是动物健康的关键点，及时干预到位则向健康方向发展，不干预则走向发病，甚至死亡。所以，畜牧生产的管理就是应激的管理。

（6）应激对家畜健康和生产力的影响

① 应激对家畜健康的影响。

a. 肠黏膜损伤。以畜牧生产中对家畜作用最广泛的热应激为例。肠道是营养物质消化和吸收的主要场所，同时也是机体最大的免疫器官，肠道黏膜结构完整，功能才能正常。肠道屏障包括肠黏膜机械屏障、肠道化学屏障、肠道免疫屏障及肠道生物屏障。当热应激时，机体为了促进外周散热和保护心脑等重要器官的血氧供应，机体的血液分流发生改变，流经胃肠道的血液显著减少，造成肠绒毛缺血缺氧，进而肠上皮细胞损伤、水肿、细胞间连接断裂、细胞坏死，从绒毛顶端开始脱落甚至黏膜全层脱落而形成溃疡。肠黏膜损伤不仅严重影响其吸收功能，降低家畜的生产性能，同时还因其破坏肠黏膜的机械屏障和免疫屏障，致使细菌、病毒、内毒素等有害物质穿过肠道屏障进入血液，进而入侵机体内部，诱发各种疾病，如腹泻。热应激对肠道黏膜损伤导致营养物质吸收障碍和黏膜免疫下降，一直以来，通过系统生物学引入转录组、蛋白质组、代谢组、miRNA 以及各种 EST 分析、GO 分析、PATHWAY 分析以及不同信号蛋白与接头蛋白的网络关系，都是损伤修复的分子机制、营养物质吸收代谢以及黏膜免疫相关研究的热点。

b. 应激对肠黏膜免疫的影响。胃肠道不仅是消化和吸收营养物质的场所，也是动物体内最大的免疫器官。正常生理状况下，肠道内的细菌和毒素并不对机体产生危害。此外，细菌之间的微生态平衡对维持肠道正常功能也起到重要作用。一旦肠黏膜在应激中的机械屏障和免疫屏障遭到破坏，细菌之间的微生态平衡被打破，细菌和毒素可穿过肠壁，入侵肠系膜淋巴结、血液及肝、脾等，即发生肠道细菌移位（bacterial translocation，BT）。肠道细菌移位是内源性感染发生率难以降低的主要原因之一，同时肠道损害是许多疾病或损伤后多器官功能衰竭的中心器官和始动因素。由上皮内淋巴细胞、固有层淋巴细胞和派氏结等肠相关性淋巴细胞组织构成的肠道黏膜免疫系统，在防御和抵制细菌、病毒和毒素的入侵中起着重要作用。黏膜效应部位主要包括固有层的淋巴细胞和位于上皮内基底膜之上的上皮内淋巴细胞，有关应激对黏膜免疫的影响发生在组织、细胞、分子及信号通路的各个层面。热应激不仅导致了猪和大鼠体温显著升高及糖皮质激素分泌增加，也破坏了猪和大鼠的肠道屏障结构并且降低了 TLR2、TLR4 及 SIgA 蛋白的表达量，从而导致肠道黏膜免疫水平的下降。

② 应激对家畜生产力的影响。应激反应中，家畜通过动员神经-内分泌系统全力抵抗应激因子的影响，主要反应集中在肾上腺髓质轴和肾上腺皮质轴，并消耗大量能量和营养物质，而与其生长、繁殖相关的激素被抑制，从而导致生产性能下降。如蛋鸡在高温季节产蛋率可下降 10%～30%；猪在冬季、夏季生长缓慢，受胎率显著下降；奶牛的生产性能在高温季节也会受到明显的影响。

应激对猪肉品质也会产生明显的影响。这是因为，应激使机体异化作用占主导地位，耗氧量可达平时的 10 倍，产热量比平时提高 5 倍，导致葡萄糖酵解产生大量乳酸，使肌肉组织 pH 在宰后迅速下降，猪肉在 45min 内可降至 6.0 以下（正常情况下应为 24h 降至 6.0 以下），从而加快了肉质的陈化，并出现肌浆蛋白（包括肌红蛋白）变性，带有红色细胞色素的线粒体减少，肌肉颜色变浅；同时，物质代谢的加强使 ATP 和肌酸磷酸大量消耗，则 ATP 与钙、镁离子结合形成的提高组织持水力的化合物减少，故宰后的肌肉组织出现松软和渗出液，因此，宰前应激可以导致宰后肌肉色泽苍白（pale）、肉质松软（soft）、有渗出液（exudative），即“PSE 肉”。如果宰前应激不强烈但持续时间较长，由于肌糖原消耗多，产生的乳酸反而被呼吸碱中和，则宰后 pH 不下降，肌纤维不萎缩，水和蛋白质仍呈结合态，肌浆保持在细胞内，往往出现肌肉切面干燥；同时因 pH 升高，细胞色素酶活化，氧被消耗，从而形成暗红色的肌红蛋白，因此，这种长时间的应激会形成切面干燥（dry）、肉质较硬（firm）、肉色深暗（dark）的“DFD 肉”。上述猪肉的适口性、耐储性及烹调合用性都变差。

（7）中兽药在抗动物应激中的应用

① 镇静安神类抗应激。凡以安定神志，治疗心神不宁病证为主要作用的一类中药，称为安神药。安神药以归心经为主，具有镇静安神作用，如酸枣仁、柏子仁、远志等，具有养心滋肝作用，用于心肝血虚、心神失养所致的神志不宁等虚证。

针对应激中的神经内分泌反应，常用的中药为酸枣仁或其活性成分酸枣仁皂苷。酸枣仁汤（由酸枣仁、茯苓、知母、川芎、甘草组成）源于我国《金匮要略》：“虚劳虚烦不得眠，酸枣汤主之。”《张氏医通》云：“虚烦者，肝虚而火气乘之也，故特取枣仁以安肝胆为主，略加芎，调血以养肝。”酸枣仁汤中酸枣仁养心安神，知母滋阴清热，茯苓补中健脾、宁心安神，川芎活血行气，甘草调和诸药。诸药相配，酸收辛散并用，相辅相成，可使阴血充盛，气血畅通。

研究表明，酸枣仁汤具有镇静催眠、抗惊厥、抗抑郁、抗焦虑作用，常用于治疗肝病、心血管系统疾病。还有研究运用酸枣仁汤加减治疗多种证型眩晕，眩晕发病多为元神之府及清阳之窍失养、被扰，相当于现代医学的脑组织缺氧、缺血。现今科学家已经从酸枣仁中发现130多种小分子化合物，其中主要发挥镇静催眠作用的活性成分为皂苷、黄酮、生物碱、酸枣仁油。尤其是酸枣仁皂苷A能够抑制钙通道，减少心肌细胞凋亡，减少再灌注心律失常，减轻心肌的损伤，改善心功能。酸枣仁皂苷、生物碱能减少小鼠的自发活动，加强巴比妥钠的中枢抑制作用，使小鼠协调运动能力下降。酸枣仁皂苷对热应激肉仔鸡生产性能的改善幅度为采食量提高15%～25%，平均日增重提高50%～55%，饲料转化率可提高25%～30%，屠宰率可提高1.4%～2.5%，降低皮下脂肪厚度，改善胴体品质。

② 多糖类抗应激。植物活性多糖是一种广泛存在于自然界，由10个以上单糖分子脱水缩合而成的有机物质。淀粉、菊糖、树胶、黏纤维素是中草药中最常见的多糖类。多糖具有提高动物生长性能、增强免疫、抗氧化、抗病毒、调节肠道菌群等多种生理活性功能。目前甘草、黄芪、苜蓿、蒲公英、茯苓等已广泛用于畜牧行业。

黄芪含有黄酮类、皂苷类、多糖类、生物碱、叶酸、亚麻酸、葡萄糖醛酸、单糖、氨基酸及微量元素等多种成分。近年来，研究发现，黄芪中除了具有较强的小分子生物活性物质（例如：甲苷和黄酮等）外，其中大分子黄芪多糖（ASP）也具有较强的免疫活性，它在黄芪中的含量最多。ASP具有抗病毒、延缓衰老、抗辐射、抗应激、抗氧化等功能。给小鼠注射黄芪多糖，实验发现ASP能使正常及虚损小鼠的抗寒生存时间延长，能维持辐射后动物的白细胞数量及结构。同时，能有效上调甲状腺功能减退症大鼠超氧化物歧化酶（SOD）水平，抑制体内自由基产生和氧化应激反应。

ASP具有抗不同应激所致的免疫功能低下的作用。在运输前、后给予肉牛ASP可以稳定肉牛运输过程中的血清无机离子平衡，改善机体抗氧化能力和提高Na^{+}/K^{+}-ATP酶活性，减少呼吸道和消化道发病率，降低肉牛运输应激产生的危害。有研究表明，ASP和人参多糖能够缓解脂多糖刺激引起的仔猪肝脏ALT、AST活性和促炎因子含量的升高，并提高机体的抗氧化功能，对肝脏起到保护增益的作用。据相关文献报道，IL-1、NO和TNF-α等炎性因子可诱导猪产生厌食、嗜睡和发热等症状，而ASP能抑制仔猪分泌这些炎症因子，进而提高仔猪生产性能，增强仔猪抗病力。

蒲公英多糖能够显著提升肝组织中的抗氧化基因铜锌超氧化物歧化酶（Cu-Zn SOD）、锰超氧化物歧化酶（Mn-SOD）、谷胱甘肽过氧化物酶-1（GPX-1）、谷胱甘肽过氧化物酶-4（GPX-4）的mRNA表达量，进而增加相应抗氧化活性物质，提高小鼠抗氧化、延缓衰老的能力。在饲粮中添加蒲公英水提物，肉鸡血清中总抗氧化能力（T-AOC）、超氧化物歧化酶（SOD）、谷胱甘肽过氧化物酶（GSH-Px）水平明显升高，从而提高鸡的免疫力和血清抗氧化能力。松茸多糖可有效清除自由基，并可螯合金属离子进而抑制自由基生成，且表现出剂量依赖性。

杜仲叶中的多糖具有如下作用：a. 调节免疫系统；b. 诱导产生干扰素；c. 促进抗体生产，提高疫苗效价；d. 广谱抑菌、抗病毒，对畜禽免疫抑制性疾病、呼吸道疾病及胃肠道疾病等有良好的预防效果；e. 促进双歧杆菌和乳酸菌的生长、增殖，调节动物肠道微生态平衡，抑制病菌生长，预防胃肠疾病发生，促进营养物质消化吸收，提高畜禽日增重和存活率，提高饲料利用率；f. 促进机体糖代谢，加速机体蛋白质和酶的合成，促进动物生长；g. 镇静安神、抗应激，减少畜禽在转群、发病、高温等情况下的应激反应，稳定生长性能。

在多年研究中发现，多糖对于物理、化学、生物性来源的应激原具有很好的抵抗作用，特别是对多种活性氧（ROS）具有强烈的清除作用，所以近年来对中药中多糖抗应激的报道逐渐增多。多糖主要通过清除氧化自由基、提高机体自身氧化酶活性、与金属离子螯合、提高机体免疫力、增强机体抵抗力而达到抗应激的作用。

③ 挥发油类抗应激。挥发油又名精油、香精油或芳香油，是植物中具有芳香气味，在常温下能挥发的油状液体的总称，在植物界中分布广泛，具有抗肿瘤、抗菌、驱虫、抗过敏的作用。挥发油一般是以植物的花、根、叶或果实等为原料，经过特定的提取方法（如水蒸气蒸馏法、吸收法、压榨法和溶液萃取法）制成的。挥发油种类繁多，从其所含成分的性质的角度进行分类，可分为脂肪族化合物、芳香化合物、含硫化合物以及萜烯类化合物。常用“熏、嗅、洗、涂”等给药方法，通过鼻腔、皮肤、肺部、胃肠道等进入机体，发挥防治疾病的作用。可在动物生产中用于抗应激，促进动物生长，提高机体和肠道免疫能力，提高抗氧化能力。

不同植物所含精油成分不同。如百里香精油的主要成分是麝香草酚和香芹酚，肉桂精油的主要成分为肉桂酚。而同一植物的不同部位所含精油的成分不同。如樟科桂属植物的树皮、叶、根内所含成分就不相同，在树皮中主要含桂皮酚，在叶中主要含丁香酚，在根内木质部分主要含樟脑成分。植物采集时间的不同，也会使得同一部位的精油成分完全不一样。如胡颓子，当果实没有成熟时主要含肉桂醛和异肉桂醛，成熟时主要含芳樟醇、杨梅叶烯。同一植物的精油成分含量差异也很大。

以广藿香、苍术为主的抗热应激剂，能显著改善夏季高温条件下母猪的繁殖性能，提高仔猪成活率及其生长速度；并能提高热应激蛋鸡血清中甲状腺素 T3 和 T4 的水平，改善生产性能和产蛋性能。利用人工气候室模拟夏季高温高湿环境，研究热应激对猪血液流变学及其体表微循环的影响，发现高温刺激可导致猪血清中 NO 含量降低，血细胞浓度升高，由广藿香、苍术等植物制备的抗热应激剂可显著降低热应激猪血细胞浓度，促进血清中 NO 水平的提高，改善热应激猪的体表循环。也可显著提高高温环境下鸡的抗应激能力，修复热应激鸡小肠黏膜的损伤，从而提高热应激鸡小肠的吸收功能。同时还可以调控热应激鸡小肠黏膜 IgA^+ 的表达。总之，广藿香、苍术等复合提取物在家禽生产上具有明显的抗热应激效果，其抗应激机制可能是提高动物免疫性能、减缓热应激对动物小肠等组织器官的损伤。

肉桂中含挥发油 1%～2%。给断奶仔猪饲喂混有肉桂油的基础日粮，能够有效抑制肠道中大肠埃希菌和沙门菌，显著提高断奶仔猪 GSH-Px 的活力，改善其营养状况和抗氧化能力。研究表明，香酚和肉桂醛复合型植物精油能够提高仔猪肠黏膜 T-SOD、GSH 的活性，增强仔猪抗氧化能力。热应激的肉鸭在饲喂肉桂醛后，其血清 SOD 活性显著上升，饲料转化率增加，其生长性能和抗氧化能力明显改善。

④ 黄酮类抗应激。

黄酮类化合物是一类中药中分布很广且重要的多酚类天然产物，是植物生长过程中的次级代谢产物。它在植物的生长、发育、开花、结果以及抗菌防病等方面起着重要作用。目前已经发现的天然类黄酮有 2000 多种，主要集中在被子植物中。

黄酮类化合物以 C_6-C_3-C_6 为基本骨架，即由两个芳香环 A 和 B，通过中央三碳链互相连接而成。根据 C_3 结构的不同，黄酮类化合物可以分为几个亚类，包括黄酮、黄酮醇、二氢黄酮、二氢黄酮醇、异黄酮、二氢异黄酮、查耳酮、二氢查耳酮、橙酮、花色素等。黄酮类化合物的化学结构在一定程度上决定了其多样的生物活性，结构不同生物活性也有差异。研究发现，黄酮类化合物具有抗氧化、促生长、抗癌防癌、抗心血管疾病、抗辐射、雌激素样等多种保健作用。

黄酮类化合物可抑制由应激引起的自由基对机体的氧化损伤，发挥抗细胞损伤作用。金银花、杭菊花、甘草和陈皮中总黄酮清除自由基的作用呈剂量依赖性增加趋势，其中的不饱和双键可以直接捕获自由基反应链中的自由基，通过酚羟基阻断自由基链反应。黄酮类化合物通过释放的 H^+ 与活性氧相结合而直接清除自由基；通过抑制黄嘌呤氧化酶、环氧化酶、脂氧合酶、NADH 氧化酶等的活性，进而减少超氧化阴离子的生成，能够提高抗氧化酶（如谷胱甘肽 S-转移酶等）的活性，清除亲电子物质，缓解氧化应激；黄酮能够与金属离子螯合，进而减少自由基的产生。

有研究发现，植物中提取的沙棘黄酮和藤茶黄酮能够有效增加热应激的肉鸡体内抗坏血酸酶和抗氧化物酶，如超氧化物歧化酶、过氧化氢酶和谷胱甘肽过氧化物酶等的活性，清除自由基，提高肉鸡抗氧化能力。葛根异黄酮类化合物能够直接清除自由基或阻断自由基形成，进而减少自由基导致的红细胞膜脂质过氧化，减少哺乳母猪的氧化损伤，提高其泌乳性能，与王不留行黄酮苷具有协同作用。

酸枣仁醇提取物中的以黄酮类物质为主的活性物质具有抗焦虑作用。通过进一步研究，发现酸枣仁中 C-糖苷黄酮-斯皮诺素通过调节 GABAA 和 5-HT1A 受体，在小鼠高架十字迷宫实验、明暗箱及旷场实验中发挥抗焦虑作用。

主要参考文献

[1] 刘凤华．家畜环境卫生学[M]. 2 版．北京：中国农业大学出版社，2021.

[2] 陈杰．家畜生理学[M]. 4 版．北京：中国农业出版社，2008.

[3] TAN S Y，YIP A. Hans Selye（1907-1982）：Founder of the stress theory[J]. Singapore Medical Journal，2018，59（4）：170-171.

[4] 万长荣．酸枣仁汤及 JUA 对模拟运输应激大鼠心肌细胞凋亡的作用机制[D]. 北京：中国农业大学，2015.

[5] 陈百泉，杜钢军，许启泰．酸枣仁皂苷的镇静催眠作用[J]. 中药材，2002，25（6）:429-430.

[6] 朱铁梁，胡占嵩，李璐，等．酸枣仁总生物碱抗抑郁作用的实验研究[J]. 武警医学院学报，2009，18（5）:420-422，425.

[7] 田玉民，王军，苏玉虹．酸枣仁皂苷对热应激肉用仔鸡生产性能、消化道和免疫器官的影响[J]. 畜牧与兽医，2013，45（1）:15-18.

[8] 李先荣，康永，程霞，等．注射用黄芪多糖药理作用的研究——1. 对应激反应的实验研究[J]. 中成药，1989（3）:27-29.

[9] 杨晓晖，李超，崔茂香，等．黄芪及其发酵物对甲状腺功能减退症大鼠肾损伤和氧化应激的影响[J]. 医学综述，2021，27（15）:3102-3106.

[10] 刘延鑫，孙宇，李业亮，等．黄芪多糖缓解肉牛短途运输应激的效果研究[J]. 中国畜牧兽医，2017，44（1）:87-93.

[11] 韩乾杰．植物多糖对仔猪生长性能、免疫功能和肠道健康的影响研究[D]. 杭州：浙江农林大学，2019.

[12] 康文锦，徐兴军，刘佳人，等．蒲公英多糖对小鼠体内抗氧化酶活性及相关基因表达的影响[J]. 动物营养学报，2020，32（12）:5910-5915.

[13] 王留，刘秀玲．蒲公英水提物对肉仔鸡免疫功能和血清抗氧化功能的影响[J]. 饲料研究，2018（3）:20-23.

[14] 付晶，林桐，陈艾玲，等．茶多酚对过氧化氢诱导鹅小肠上皮细胞氧化损伤的保护作用[J]. 东北农业大学学报，2020，51（4）：61-69.

[15] 吴琳琳．乔木蒿精油的脂质体及其体外抗病毒活性[J]. 国外医药（植物药分册），2005（5）：206.

[16] 宋小珍．藿香、苍术提取物复合制剂对高温应激猪小肠消化吸收的影响[D]. 南京：南京农业大学，2008.

[17] 方秋红，侯永清，赵迪，等．植物精油对断奶仔猪生长性能及血液生化指标的影响[J]. 饲料工业，2014，35（17）:44-47.

[18] 周选武．植物精油在经产母猪及断奶仔猪上的应用效果研究[D]. 雅安：四川农业大学，2018.

[19] 宋文静，韦启鹏，赵品，等．包被肉桂醛对夏季高温条件下肉鸭生长性能、屠宰性能、血清抗氧化指标及空肠形态结构的影响[J]. 动物营养学报，2020，32（3）:1188-1195.

[20] 李佳．杜仲叶黄酮的提取方法及其生物活性研究进展[J]. 食品工业科技，2019，40（7）：346-350.

[21] 孙雨晴．石榴皮多酚及其酶解产物的抗氧化活性和对氧化应激小鼠的保护作用研究[D]. 南京：南京农业大学，2016.

[22] 李垚，王宝东，王艳波，等．沙棘黄酮对 AA 肉鸡生长性能和内分泌的影响[J]. 中国家禽，2008，30（2）：13-15.

[23] 冯猛，周健，黄业咸．藤茶黄酮对海兰蛋鸡生产性能的影响[J]. 畜牧与兽医，2008，40（1）：48-50.

[24] 周本宏，刘刚，罗顺德．葛根素对红细胞膜脂质过氧化损伤的防护作用[J]. 中国医院药学杂志，2004（8）:24-26.

[25] 王芳芳，武洪志，刁华杰，等．王不留行黄酮苷和葛根异黄酮对哺乳母猪泌乳性能及血清激素和抗氧化指标的影响[J]. 动物营养学报，2016，28（12）:3977-3987.

[26] 荣春蕾，代永霞，崔瑛．酸枣仁对阴虚小鼠焦虑行为的影响[J]. 中药材，2008，31（11）：1703-1705.

[27] 贺一新，赵素霞，崔瑛．酸枣仁抗焦虑活性物质分析[J]. 中药材，2010，33（2）:229-231.

[28] Liu J，Zhai W M，Yang Y X，et al. GABA and 5-HT systems are implicated in the anxiolytic-like effect of spinosin in mice[J]. Pharmacol Biochem Behave，2015，128（1）:41.

9.3.4.2 抗球虫作用

球虫是一种能在畜、禽肠道壁细胞内寄生的属原生微生物的寄生孢子虫。

（1）球虫的分类 球虫对宿主有严格的选择性，不同种的家畜有不同种的球虫，互不交叉感染。不同种的球虫又各有其固定的寄生部位，如鸡的柔嫩艾美耳球虫寄生于盲肠，毒害艾美耳球虫寄生于小肠的中 1/3 段。根据球虫的孢子化卵囊中有无孢子囊、孢子囊数目和每个孢子囊内所含子孢子的数目，可将球虫分为不同的属。

① 泰泽属：1 个卵囊内含 8 个子孢子。无孢子囊，主要寄生于鸭和鹅，其中毁灭泰泽球虫对家鸭有严重的致病性。

② 温扬属：1 个卵囊内含 4 个孢子囊，每个孢子囊内含 4 个子孢子。主要寄生于鸭，其中菲莱氏温扬球虫对家鸭有中等的致病性。

③ 艾美耳属：1 个卵囊内含 4 个孢子囊，每个孢子囊内含 2 个子孢子。寄生于各种畜禽。

牛以邱氏艾美耳球虫和牛艾美耳球虫最常见，致病性也最强。绵羊和山羊以阿氏艾美耳球虫和浮氏艾美耳球虫最为普遍。兔以寄生于胆管上皮细胞内的斯氏艾美耳球虫最为普遍，受其危害最重。鸡以柔嫩艾美耳球虫和毒害艾美耳球虫致病性最强，常在鸡群中引起暴发型球虫病；致病性比较弱是堆型艾美耳球虫和巨型艾美耳球虫。鹅以寄生于肾小管上皮细胞的截形艾美耳球虫最为有害。

④ 等孢属：1个卵囊内含2个孢子囊，每个孢子囊内含4个子孢子。主要寄生于猫和犬。

(2) 球虫的生活史 球虫在其生活史中只需单一宿主。在寄生前期为裂体生殖（schizogony），寄生后期为配子生殖（gametogony），在宿主体外为孢子生殖（sporogony）。

球虫从宿主体内新鲜排出者均为球形至卵形的卵囊，卵囊为一厚囊壁，内含圆形原生质。在外界适宜温度下即可进行孢子生殖，形成数个孢子虫，此过程称为孢子形成（sporulation）。

(3) 球虫寄生方式 土壤、饲料或饮水中的感染性卵囊被畜禽吞入后，子孢子在消化道内脱囊逸出，进入上皮细胞吸取营养，长成第一代裂殖体，经分裂而成为第一代裂殖子。每个裂殖子进入一个新的上皮细胞，再发育为第二代裂殖体，并再分裂产生第二代裂殖子，重新进入新的上皮细胞内生长发育。如此不断反复，可使上皮细胞遭受严重破坏，导致疾病发作。

经两代或多代后，一部分裂殖子发育为大配子母细胞，最后发育为大配子。另一部分发育为小配子母细胞，继而生成许多带有2根鞭毛的小配子。活动的小配子钻入大配子体内（受精），成为合子。合子迅速由被膜包围而成为卵囊，随粪便排出体外。卵囊多呈卵圆形、椭圆形或近似球形，长度多为11～48μm，宽度为9～35μm，初排出的卵囊内含1个合子，在适宜的温、湿度条件下完成孢子发育后便具有感染性。粪便检查发现卵囊是诊断本病的一种重要方法。

(4) 球虫的危害 养殖业中高发球虫病的物种是鸡和兔。

鸡球虫病以柔嫩艾美耳球虫的致病力最强，寄生于盲肠，俗称盲肠球虫病。21～50日龄雏鸡多发。病初羽毛竖立，缩颈、呆立，之后由于肠上皮细胞的大量破坏和机体中毒，病情转重，出现共济失调、腹泻带血等症状，死亡率高，甚至全部死亡。

兔球虫病以断乳后到12周龄幼兔最多见。中国曾报道7种兔球虫病原体，除斯氏艾美耳球虫寄生于胆管上皮外，其余的均寄生于肠上皮细胞。病兔精神不振，伏卧不动，腹泻和便秘交替，腹围膨大；肝受损害时可发现肝肿大，可视黏膜轻度黄染；末期可出现神经症状，如痉挛、麻痹等，多数因极度衰弱而死。死亡率有时可达80%以上。

球虫病每年都给全国禽类养殖业带来巨大的经济损失，养殖中多采用在饲料中添加药物的方式预防或治疗球虫，因为球虫具有容易耐药、停用后重新恢复敏感性的特征，养殖户需要每隔一段时间就更换不同种类的药物。为了减抗、替抗，减少对人和动物的药物代谢物累积，提倡用中草药逐渐替换抗生素及驱虫药。

(5) 防治球虫病的中药临床归类 自古以来，便有医者利用中草药治疗动物的各种寄生虫病。其中有如下几种。

① 能够驱除或杀死虫体、抑制虫卵或虫体发育的药物，如常山、青蒿、苦楝根皮、槟榔、使君子、蛇床子、大蒜、百部等。

② 球虫会导致下痢、口渴，因此也能够使用清热燥湿药，如黄连、黄芩、苦参等。

③ 血便是球虫病的常见症状，常用的清热凉血药有白头翁、白茅根、赤芍等，常用的止血药有地榆、仙鹤草、墨旱莲等。

④ 中医理论中的“热毒”泛指各种感染性疾病导致的发热和伴随的病理性改变及毒性反应，与之相对的清热解毒药有马齿苋、蒲公英、地锦草、穿心莲、败酱草等。

⑤ 球虫病在中医被归为湿热证，故常用车前草、薏苡仁等渗湿利水药。

⑥ 用于球虫的解表药主要为青蒿和柴胡。

⑦ 补气益血药具有扶正和提高机体自身功能的作用，常用黄芪、党参、白术、甘草等。

针对球虫临床的各种辨证还能采用各种中药进行治疗。不同药物经过科学组方、合理搭配以后，能够使各药物相互协调，多方位发挥作用，在治疗疾病的同时，进行机体的整体调节和调理，扶正祛邪，标本兼治。

（6）中药活性物质在球虫病中的应用 在球虫发育的每一阶段中，细胞内均有大量的线粒体存在，以裂殖生殖阶段最为明显。根据报道，青蒿能明显降低柔嫩艾美耳球虫第2代裂殖子线粒体的膜电位，并明显提高促凋亡蛋白酶 caspase-3 的活性，诱导第2代裂殖子凋亡，减轻感染鸡盲肠组织病变。与此同时，青蒿素及其衍生物可增强巨噬细胞的吞噬作用以及促进T细胞数量增加，通过超微结构观察发现，使用青蒿素处理鸡的球虫病，球虫配子发育正常，但卵囊壁的形成显著改变。这导致卵囊发育受阻，产孢率降低。在鸡的饲粮中分别添加不同剂量浓缩提取的青蒿粉，发现可以显著降低鸡粪便中球虫卵囊的排泄数量，且具有剂量依赖性。而在日粮中直接加入青蒿叶不但能起到抗球虫作用，还能够显著改善蛋鸡的采食量、产蛋量以及蛋重和蛋黄颜色。但也有研究表明，添加了人工合成的青蒿素后虽然可以有效控制鸡死亡数量，却不能进一步控制病变和卵囊的产生，并且对鸡柔嫩艾美耳球虫预防效果较差。因此，目前有关青蒿抗球虫的作用机制及使用方法仍需要更多的探索研究。

常山具有杀虫、截疟、祛痰的功效。氢溴酸常山酮在肉鸡球虫疾病防治中主要是通过将糖酵解的通路途径作为作用靶点来抑制球虫的生长发育，通过抑制球虫能量代谢的通路，同时结合氢溴酸常山酮对球虫卵囊壁结构的破坏来保障球虫治疗药物可以顺利地进入球虫的卵囊内部，破坏球虫细胞的超微结构，进而导致球虫失活，达到防治球虫疾病的目的。有实验把常山提取物和地克珠利同时用于人工感染柔嫩艾美耳球虫病鸡，发现二者具有接近的中等抗球虫效果。对人工感染球虫病鸡只给予常山口服液，发现其抗球虫疗效优于妥曲珠利，同时，常山口服液能促进感染球虫病鸡的生长。

白头翁具有清热解毒、凉血止痢的功效。球虫病在临床上按中兽医学辨证原则为湿证，故用清热燥湿类药物亦有治疗效果。白头翁提取液能够抑制鸡艾美耳球虫卵囊体外孢子化，降低球虫病鸡的死亡率、盲肠病变，但对体内的球虫孢子化卵囊抑杀作用较弱。槟榔提取物含有生物碱，具有拟胆碱作用，对柔嫩艾美耳球虫具有麻痹作用，促使不成熟球虫卵囊从盲肠上皮细胞中释放，从粪便中排出体外。日粮中添加200、400和600mg/kg槟榔提取物粉剂时，对球虫感染鸡的抗球虫药效中等，中、低剂量可维持感染球虫鸡血清中Na^{+}、Cl^{-}浓度的稳定，降低肝脏损伤。通过饮水给药的方式给予人工致球虫病罗曼雏公鸡不同浓度的苦楝根煎剂稀释液，发现苦楝根煎剂具有低效抗球虫作用，副作用是抑制增重，因此不建议单独使用苦楝根煎剂。

经过研究筛选出具有抗球虫作用的中药后，可以进一步考虑组方或者结合西药使用，能够起到事半功倍的效果。

（7）复方制剂在球虫病中的应用 采用复方给药的方式，增强驱虫效果的同时，能兼顾治疗球虫引起的发热、出血下痢、贫血、消瘦、虚弱等。

有把常山、使君子作为驱虫主药，把泄下、促球虫排出、清热解毒的大黄作为辅药，以止血、补血、收敛解毒的地榆、当归作为佐药组成驱球虫方剂，用于人工感染球虫的

13 日龄艾维茵肉鸡，发现该组方可抑制未孢子化卵囊的成熟，杀灭孢子化卵囊，提高外周血液淋巴细胞活性，起到高效抗球虫作用。

把青蒿和常山组方，给混合感染盲肠球虫和小肠球虫的白羽鸡分别使用青蒿常山混合颗粒和癸氧喹酯，两组症状均有显著改善，青蒿常山颗粒与癸氧喹酯的治疗效果无显著差异，特别是青蒿常山颗粒使用 3 天能显著改善便血问题。

球虫净（由常山、柴胡组成）、驱球散（由常山、柴胡、苦参、青蒿、地榆炭、白茅根组成）、白头翁苦参散（由白头翁、苦参、鸦胆子组成）、五草汤（由墨旱莲、地锦草、鸭跖草、败酱草、翻白草组成）、藿香正气散（由藿香、紫苏等 13 味中药组成）分别煎汤，按 1%、0.5%和 0.25%的 3 个浓度饲喂人工感染球虫的 15 日龄白来航鸡。五个试验组均无死亡，但对照组死亡率约 23%。五个试验组增重效果显著，所有中、高浓度给药组血便发生率为 0，其中白头翁苦参散组和五草汤组抗球虫指数最高。

中药“包囊净”（由青蒿、常山、秦皮、鸦胆子、白头翁、地锦草、仙鹤草、金鸡纳组成）以 1.5%、1%及 0.5%的浓度混日粮，饲喂人工感染球虫的 15 日龄海兰灰蛋公雏，中、高浓度给药能够提升因病下降的红细胞数量，降低白细胞总数，高浓度给药能使盲肠恢复到正常生理状态，存活率最高，具有高效抗球虫作用。

有研究将复方制剂（由使君子、常山、仙鹤草、陈皮、白头翁、板蓝根、大青叶、金银花、黄芪、当归、甘草组成）用于新西兰肉兔幼兔球虫病，降低发病率，同时能够提高幼兔对饲料营养物质的消化吸收，而且复方中药制剂对幼兔生长性能的改善和对幼兔球虫病的预防、控制效果优于地克珠利。组方（由苦参、白头翁、大蒜、黄芪、白术等组成）可有效提高幼兔的生长性能和成活率，抗球虫作用与地克珠利接近。

复方制剂抗球虫的效果比单一中药抗球虫的效果明显更好，同时能够兼治球虫病导致的其他症状，如发热、出血下痢、贫血等，提高动物的存活率以及增重率，复方制剂在治疗球虫病中很有前景，但实际应用中仍需摸索更优的组方及剂量配比。

（8）中西医结合疗法在球虫病中的应用 球虫病以预防为主。针对鸡球虫常被用作饲料添加剂的预防药物有氨丙啉、球痢灵和可爱丹等，抗生素类有莫能霉素、萨拉霉素和盐霉素等。还可以每天给雏鸡吞服少量感染性卵囊，使之获得免疫力。针对兔球虫病多用磺胺类，如磺胺喹噁啉钠、复方磺胺二甲氧嘧啶和磺胺噻唑等。

在适宜条件下，球虫的增殖传播速度相当快，甚至有些病例在没有任何明显症状情况下，突然死亡。针对球虫病的治疗，主要还是采用化学抗球虫药物，可以很大程度上治疗球虫病，但是药物残留较多，寄生虫容易产生耐药性，治疗成本也居高不下。中药治疗的方式具有药物残留少、不易产生耐药性的优点，还能提高畜禽的生产性能，但具有治疗周期较长、不能立即见效等缺点。

中西医结合疗法一方面能够取长补短，互相弥补双方的不足，另一方面能发挥协同增效作用。已有科学家开始研究中西药联合使用治疗球虫病，希望减少西药用量，利用中药的协同作用提高治疗效果，同时改善患病动物体质，缓解球虫病并发症带来的伤害。

把穿心莲和复方磺胺间甲氧嘧啶联用以治疗人工感染球虫的黄羽肉鸡，可有效减缓球虫病的发病程度，使球虫病鸡血便概率减少，球虫卵囊产量也相应减少。二者联用的效果，比单独使用中药或者西药更佳，表明穿心莲和复方磺胺间甲氧嘧啶具有协同作用。

复方粉剂（由当归、常山、青蒿等组成）与磺胺氯吡嗪钠的盐霉素注射液联合使用，中药治疗方式和西药盐霉素治疗方式与中西结合治疗方式相比，前两者治疗效果略有下降，且西药经过长时间注射，鸡球虫易产生耐药性，治疗效果明显下降。

对比复方（由白头翁、苦参、地榆、乌梅、黄柏、黄芪、甘草等组成）与马杜霉素单独使用及联合使用的效果，马杜霉素与中药复方组联合应用抗球虫效果明显优于单独用中药复方组或单独用马杜霉素组，联合用药组呈现高效的抗球虫作用，可以迅速控制病情，提高存活率。

把复方（由白头翁、苦参、地榆、乌梅、黄柏、黄芪、甘草、青蒿、白茅根、当归等组成）和地克珠利单独及联合用于人工感染球虫的公雏鸡，发现中西药联用效果最佳，具有减轻血便和病变、恢复增重的效果，显著促进鸡生长，并能防止球虫抗药性的产生。但有研究把复方（由青蒿、常山、仙鹤草、地榆炭、当归等组成）和盐霉素进行比较，发现单用中药的效果比单用盐霉素更好，中西联用无明显抗虫效果。而且中药浓度过高或者过低均对球虫无有效抗虫效果，分析可能是浓度过高会诱导中药的毒副作用及影响饲料的适口性，浓度过低未能发挥抗虫作用。目前抗球虫中药饲料添加剂正处于探索阶段，和西药结合使用还需要更多的研究。

我国目前对中药抗球虫的试验多停留在临床试验阶段，多是用一味或多味药对离体球虫卵囊进行杀灭试验和抑制球虫卵囊孢子化试验，但是大多的作用机制仍未明确。中草药抗球虫的作用机制，仅从中兽医理论、组方原则和治疗效果上来推理解释是不完善的。还需要进一步探索和检测现代医学中的相关指标。为了更好地利用中草药治疗球虫病，要研究清楚中草药中的何种活性成分对球虫在宿主机体内发育的哪一个环节起到抑制或杀灭作用，作用于球虫的哪一个代谢途径和代谢环节，有效剂量的范围等。而对复方制剂，除了需要阐明对球虫发育的影响之外，还需要探讨对动物机体的影响，通过何种方法调节机体自身免疫以增强机体的抗球虫能力，不同成分之间是否存在协同或拮抗作用。

主要参考文献

[1] 韩玲，李培英．鸡球虫病免疫学研究进展[J].动物医学进展，2005，26（8）:26-30.

[2] 卢福庄，张雪娟，付媛，等．中草药防治鸡、兔球虫病的研究进展[J]. 浙江农业学报，2007，19（3）:253-257.

[3] 彭广辉．中草药防治鸡球虫病研究进展[J]. 养禽与禽病防治，1999（11）:19-20.

[4] Cacho E D，Gallego M，Francesch M，et al. Effect of artemisinin on oocyst wall formation and sporulation during Eimeria tenella infection[J]. Parasitology international，2010，59（4）: 506-511.

[5] 黄鑫．青蒿粉抗鸡球虫的药效研究[D]. 北京：中国农业科学院，2017.

[6] Brisibe E A，Umore U E，Owai P U，et al. Dietary inclusion of dried Artemisia annua leaves for management of coccidiosis and growth enhancement in chickens[J]. African Journal of Biotechnology，2008（22）:4083-4092.

[7] 郭志廷，梁剑平，韦旭斌，等．常山提取物对人工感染鸡柔嫩艾美耳球虫病疗效的观察[J]. 中国兽医学报，2013，33（7）:1083，1085，1118.

[8] 王玲，郭志廷，龚振兴，等．常山口服液抗鸡柔嫩艾美耳球虫广东分离株的疗效研究[J]. 中国兽药杂志，2018，52（6）:46-51.

[9] 田美杰，沈红，李秋明．3 种中药提取液对鸡艾美耳球虫卵囊孢子化的影响[J]. 中国农学通报，2015，31（14）:51-55.

[10] 李文超，时维静，顾有方，等．白头翁不同提取物及复方抗鸡柔嫩艾美耳球虫研究[J]. 中兽医医药杂志，2012，31（3）:9-11.

[11] 李韦，周璐丽，王定发，等．槟榔提取物对球虫感染鸡血液指标及抗球虫效果的影响[J]. 中国畜

牧兽医，2015，42（11）:3056-3064.
[12] 王天奇，董发明，白喜婷，等．苦楝根煎剂对鸡盲肠球虫病的防治试验研究[J]. 中兽医医药杂志，2004，23（1）:13-15.
[13] 马海利，郑明学，李元平，等．中药抗柔嫩艾美尔球虫机制研究[J]. 中国预防兽医学报，2001，23（1）:33-35.
[14] 孙营，张月娇，黄占山．青蒿常山颗粒对鸡球虫病的防治效果[J]. 北方牧业，2021（15）:30.
[15] 王承民，何宏轩，秦建华，等．几种中草药复方制剂抗鸡柔嫩艾美耳球虫的研究[J]. 安徽农业科学，2006（10）:2155-2156.
[16] 许丽，郭兵，王海凤．中药复方对人工感染鸡球虫病的疗效观察[J]. 黑龙江畜牧兽医，2012（17）:134-137.
[17] 向凌云，胡虹，刘丽，等．复方中药制剂对幼兔生长性能、养分表观消化率、血液免疫指标和球虫发病的影响[J]. 饲料研究，2019，42（10）:53-57.
[18] 王新，张秀英，靳锐，等．中药添加剂防治兔球虫病及其增重效果试验[J]. 黑龙江八一农垦大学学报，2001（1）:63-66.
[19] 刘家男，陈祥帅，周钰奇，等．穿心莲与复方磺胺间甲氧嘧啶联合用药对鸡球虫感染的预防作用研究[J]. 黑龙江畜牧兽医，2016（14）:160-162.
[20] 陈学军．中西结合及单独用药对鸡球虫病的疗效对比试验[J]. 畜牧兽医科学（电子版），2021（14）:14-15.
[21] 李佩国，李蕴玉，陈丽凤，等．马杜霉素与中药联合用药抗鸡球虫病的疗效试验[J]. 黑龙江畜牧兽医，2002（5）:26-27.
[22] 李蕴玉，李佩国，陈丽凤，等．地克珠利与中药联合应用对鸡球虫病的疗效试验[J]. 中国兽医科技，2002（4）:26-27.
[23] 都业良，刘焕奇，李迎梅，等．复方中药和西药单独及联合用药对鸡 E. tenella 的疗效研究[J]. 安徽农业科学，2009，37（13）:5992-5993.

9.3.4.3 调节机体免疫作用

（1）免疫的概念 动物在长期进化过程中，形成了一套完整的组织器官结构，即免疫系统，其具有精确地识别自身和非自身的能力，对自身组织不发生任何反应（称为天然免疫耐受现象），对非自身物质（外来入侵者如微生物、寄生虫、有害理化因素、致癌物质等；内部破坏者如衰老破损细胞、突变细胞）进行排除和消灭。

免疫系统让动物机体具有免疫力（免疫功能）。免疫力是机体自身的防御机制，是机体识别和消灭外来侵入的任何异物，处理衰老、损伤、死亡、变性的自身细胞以及识别和处理体内突变细胞和病毒感染细胞的能力。这里很多时候需要涉及抗原（antigen，Ag）和抗体（antibody）的反应。

抗原是指能引起抗体生成的物质，是任何可诱发免疫反应的物质。

抗体是指机体由于抗原的刺激而产生的具有保护作用的蛋白质。

（2）免疫系统的组成 免疫器官根据其功能不同分为中枢免疫器官和外周免疫器官。中枢免疫器官又称为初级免疫器官，是淋巴细胞形成、分化及成熟的场所，包括骨髓、胸腺和腔上囊（法氏囊）；外周免疫器官又称为次级免疫器官，是淋巴细胞定居、增殖分化以及对抗原的刺激产生免疫应答的场所，包括淋巴结、脾脏、哈德腺和黏膜相关淋巴细胞组织。

① 中枢免疫器官。

骨髓：骨髓是机体的造血器官。动物出生后所有血细胞均来源于骨髓，骨髓同时也是各种免疫细胞发生和分化的场所，具有造血和免疫双重功能。

胸腺：哺乳动物的胸腺是由第三咽囊的内胚层分化而来，位于哺乳动物胸腔前部纵隔内，由两叶组成。

胸腺的免疫功能主要有以下两个方面：a. 胸腺是T细胞分化成熟的场所；b. 胸腺上皮细胞还可以产生多种胸腺激素。

腔上囊：又称法氏囊，是鸟类特有的盲囊状淋巴器官，位于泄殖腔的背侧，以短管与之相连。

腔上囊是B细胞分化和成熟的场所。哺乳动物和人没有腔上囊，B细胞的形成、分化和成熟在骨髓中完成。

② 外周免疫器官。

淋巴结：呈圆形或豆状，遍布于淋巴循环路径的各个部位。

淋巴结分为皮质和髓质。皮质又分为皮质浅区和皮质深区（又称副皮质区）；髓质又分为髓索和髓窦。皮质浅区和髓索为B淋巴细胞的分布区，副皮质区为T淋巴细胞的分布区，淋巴结中T淋巴细胞较多，占75%，B淋巴细胞仅占25%。

脾脏：具有造血贮血和免疫双重功能。脾脏外部包有被膜，内部实质分两部分：一部分称为红髓，主要功能是生成红细胞和贮存红细胞，还有捕获抗原的功能；另一部分称为白髓，是产生免疫应答的部位。

脾脏的免疫功能主要表现在四个方面：a. 脾脏具有滤过血液的作用；b. 脾脏具有滞留淋巴细胞的作用；c. 脾脏是免疫应答的重要场所；d. 脾脏能产生吞噬细胞增强激素。

哈德腺：又称瞬膜腺、副泪腺，是禽类眼窝内腺体之一，能接受抗原的刺激。

免疫细胞：凡参加免疫应答或与免疫应答相关的细胞统称为免疫细胞。根据它们在免疫应答中的功能及作用机制，可分为免疫活性细胞和免疫辅佐细胞两大类。此外还有一些其他细胞，例如K细胞、NK细胞、粒细胞、红细胞等，也参与了免疫应答中的某一些特定环节。

（3）免疫的基本特征

① 识别特性。能够精确地识别自身与非自身。

② 特异性。某种抗原刺激机体产生的免疫力，只针对相应物质。

③ 记忆性。相同抗原物质再次进入时，将其更快更有效地消灭和排除。

（4）免疫的方式 机体保护自身的机制分两大类。天然免疫性，又称先天免疫作用的成分，有机体表面的皮肤、黏膜，机体分泌的脂肪酸，以及机体内部的各种细胞因子、血清中的补体成分和溶菌酶等，它们的作用没有专一性。获得免疫性是机体接触外来侵染物后才获得的免疫性，对抗原有专一性。

机体的免疫系统是由许多免疫器官、免疫细胞和免疫分子组成的。骨髓是最重要的造血器官，也是所有淋巴细胞和免疫细胞的发生地。免疫反应可分为体液免疫和细胞免疫。

① 体液免疫。抗原进入机体后，一方面诱导B细胞（在骨髓中发生和成熟）产生针对抗原的抗体分子，另一方面有些B细胞不产生抗体但对接触过的抗原有记忆能力，再次接触同样的抗原时，机体就会产生更多的专一性抗体。生物体对多种抗原都能产生相应的抗体。

② 细胞免疫。T细胞（要运往胸腺器官中去分化发育成熟）几乎能参与包括体液免疫应答和细胞免疫应答在内的所有免疫应答。

（5）中药在免疫调节中的应用　在我国传统医药中，免疫研究最早出现于战国时期或者更早，其主要内容是"治未病"和"既病防变"，中药作为免疫增强剂药物资源丰富，具有免疫活性的中药约200种，而中药的成分复杂，药效各异。单味中药中含有多种活性成分，这就是所谓的单味中药可自成一个复杂的"小复方"，每种活性成分都发挥了独特的疗效，根据现代医学理论，药物作用是通过药物中含有的小分子与机体内大分子作用来实现的，因此，药物中一定含有许多活性成分负责相应的生物效应，中药中许多活性成分都具有免疫增强作用，随着植物化学分离纯化技术的不断进步和现代免疫学和药理学研究的发展，已经从中药中分离出多糖、苷类、生物碱、挥发油、有机酸等多种具有免疫增强作用的活性成分。

① 对免疫器官的调节作用。中草药可以影响畜禽免疫器官，主要体现在对胸腺、脾脏、淋巴结和腔上囊重量的影响。免疫器官的发育和重量的增减是由于其自身细胞生长发育和分裂所致，所以很大程度上免疫器官重量的增加，反映了机体免疫功能的增长；免疫器官重量的减少，就意味着机体免疫状况的衰退。当归的有效成分在一定剂量范围内能对抗环磷酰胺引起的脾萎缩，增加小鼠脾重；黄芪的有效成分经腹腔注射到因烧伤导致脾脏和胸腺指数下降的小鼠后，不仅能明显提高小鼠脾脏、胸腺指数，还能使二者指数恢复正常。

② 对单核吞噬系统的促进作用。单核吞噬细胞可以直接消除各种异物，杀伤细胞内寄生的病原体和肿瘤细胞。单核巨噬细胞系统具有强大的吞噬能力，参与机体非特异性免疫和特异性免疫。中药能够增强单核吞噬细胞的吞噬作用，增加吞噬细胞的数量，或使细胞增大，通过多种方式促进单核吞噬系统的功能。黄芪能提高小鼠腹腔巨噬细胞对肿瘤的杀伤活性。灵芝中的有效成分能够使巨噬细胞激活，腺苷酸环化酶活化和巨噬细胞内cAMP浓度升高，这均与巨噬细胞表面受体结合相关。

③ 对体液免疫的促进作用。体液免疫是由B细胞介导的重要机体免疫反应。B细胞通过对抗原的识别、活化、增殖，最后分化成浆细胞并分泌抗体来实现，抗体是体液免疫的重要分子，在体内可发挥多种免疫功能。中药可以促进抗体的产生，进而提高机体的体液免疫功能。巴戟天中的有效成分可显著促进小鼠脾细胞增殖和抗体产生。用不同剂量的牛膝水提物给未进行免疫的小鼠灌胃，能显著提高卵清白蛋白的抗原特性。

④ 对细胞免疫功能的促进作用。细胞免疫主要由T细胞介导。机体通过致敏阶段和反应阶段，促使T细胞分化为效应细胞并产生细胞因子。T细胞能够抵抗细胞内寄生的病毒、细菌、真菌以及原虫的感染。中药原料及其有效成分可以从提高动物T、B淋巴细胞的增殖能力，增强NK细胞的杀伤力，促进T细胞活化等方面增强细胞免疫功能。枸杞子有效成分可以增强淋巴因子激活的杀伤细胞/IL-2联合治疗癌症患者的疗效。天麻素可以改善$CD8^+$ T细胞介导的免疫反应。

⑤ 对红细胞免疫的促进作用。红细胞是机体内运输氧气和二氧化碳最主要的媒介，且本身具有许多与免疫相关的物质和功能。红细胞能够增强机体吞噬外源性微生物，识别、携带、黏附直至杀伤抗原，清除循环中免疫复合物，增强T淋巴细胞依赖性等。中药的有效成分能够加强红细胞免疫黏附力，增强红细胞膜流动性，提升红细胞C3b受体花环率和红细胞免疫复合物（IC）花环率等。山楂煎剂对小鼠红细胞C3b受体花环率及红细胞免疫复合物花环率均有明显的提高作用，对小鼠红细胞免疫有促进作用。

⑥ 对细胞因子的促进作用。细胞因子能调节细胞生长分化，调节免疫功能，参与炎症发生和创伤愈合等。中药通过调节细胞因子（如干扰素IFN-α、IFN-γ，白介素IL-1、

IL-2、IL-5）的表达以及促进其分泌，进而调控细胞因子的免疫作用。熟地黄中的有效成分作用于 IL-2 分泌细胞，促使其分泌 IL-2 的数量增多或活性增强，从而增强机体的免疫功能。赤灵芝的有效成分在体内能够促进免疫雏鸡外周血淋巴细胞 IL-6、IFN-γmRNA 的表达。

（6）多糖在免疫增强的应用 植物多糖是由 10 个以上单糖分子脱水缩合而成，大多为无形的化合物，是生物有机体内普遍存在的一种大分子，不仅参与细胞骨架的构成，还是多种内源性生物活性分子的重要组成部分。多糖在调节动物机体免疫系统、预防疾病方面具有极高的利用价值，具有免疫激活作用的中药多糖可以通过作用于免疫细胞，如巨噬细胞、中性粒细胞、淋巴细胞等，激活并调节机体免疫系统。如它可以促进免疫细胞增殖和分化，调节神经-内分泌-免疫网络的平衡等。大量药理实验证明，多糖不仅能激活 T、B 淋巴细胞，还能促进细胞因子的生成，激活补体系统，促进抗体产生，对免疫系统具有多方面调节的作用。同时，许多多糖具有降血糖、降血脂、抗肿瘤、抗氧化的作用。

① 对免疫器官的调节作用。研究发现，太子参、黄芪、沙棘、枸杞子、当归、刺五加、党参、香菇、车前草、车前子、高良姜、桑叶、洋槐花等多种药物的多糖类成分对免疫器官具有调节作用。

太子参多糖通过增强环磷酰胺所致免疫抑制小鼠的体液免疫和细胞介导的免疫功能发挥免疫调节作用。沙棘多糖可调节机体的免疫功能，提高机体免疫能力，表现为增强细胞的吞噬能力，刺激免疫细胞产生细胞因子。槐花多糖对胸腺和脾脏增重，提高吞噬率和吞噬指数，提高淋巴细胞增殖活性，提高细胞因子水平，提高溶血素和溶血空斑水平有显著影响。

目前对黄芪多糖的研究与应用较为广泛。长期使用黄芪多糖的肉鸡的免疫器官指数及免疫器官重量均升高，同时，饲料转化率更高，长期使用黄芪多糖对肉鸡有促生长及增强免疫的作用。黄芪多糖粉能够提高巨噬细胞的吞噬功能，一定程度上能够保护健康猪免受感染猪繁殖与呼吸综合征。把不同剂量的黄芪多糖混在日粮中饲喂生长育肥猪，观察黄芪多糖对生长育肥猪在不同生长阶段的影响，发现生长育肥猪增重明显，血清总蛋白、球蛋白有增加的趋势，白球比有降低的趋势，甘油三酯含量降低，炎症因子减少同时免疫细胞增加，证明黄芪多糖具有促进生长育肥猪生长性能、改善屠宰性能和血液生化代谢的作用，还可提高生长育肥猪的免疫功能。

② 对单核吞噬系统的促进作用。研究发现，丹参、白术、芦荟、无花果、西洋参、香菇、柴胡、白扁豆、车前子、刺五加、荷叶等多种药物的多糖成分对单核吞噬系统有促进作用。

白术多糖可以作用于机体的免疫器官、免疫细胞和免疫分子，多层次协同作用调节机体的特异性免疫和非特异性免疫，从而使机体的免疫系统达到平衡。芦荟多糖可以显著增强小鼠的非特异性免疫功能。白扁豆多糖能够显著提高正常小鼠腹腔巨噬细胞功能，有效促进溶血素的形成，改善机体下降的防御功能，改善小鼠的体液免疫功能。

③ 对体液免疫功能的促进作用。研究发现，茯苓、黄芪、天麻、沙枣、灵芝、草苁蓉、牛膝、淫羊藿、葛根、山药等多种中药的多糖类成分对体液免疫功能有促进作用。

茯苓多糖体内给药或体外刺激均能促进小鼠的脾细胞产生 IgM 和 IgG。沙枣多糖能有效抑制呼吸道合胞病毒的感染，它可以增强被病毒感染的机体的体液免疫功能。在仔猪的基础日粮中添加0.04%玉屏风散多糖，能够显著提高血清中IgG和IgA水平，提高仔猪机体免疫能力，促进机体吸收营养物质，提高仔猪的生长性能。

疫苗带来的应激和免疫反应，会影响疫苗的效果。而根据多糖能够增强免疫的特点，研究人员把许多不同类型的植物多糖用作疫苗免疫增强剂。巴戟天多糖作为口蹄疫疫苗的免疫增强剂，可显著增加小鼠的特异性抗体IgG和细胞因子IFN-γ、IL-4的含量，从而增强小鼠免疫应答。把灵芝多糖作为蓝耳病疫苗的免疫增强剂用于内江猪，能抑制炎症因子IL-1β，从而缓解免疫应激造成的生长抑制，同时提高特异性抗体浓度。银耳多糖可作为猪口蹄疫疫苗的免疫增强剂，增加仔猪外周血的淋巴细胞转化率，从而发挥增强仔猪免疫功能的作用。党参多糖作为新城疫疫苗的免疫增强剂，增多特异性抗体的同时，能明显提高肉仔鸡肠内SIg A的分泌量，表明党参多糖可溶性粉可同时增强肉仔鸡的疫苗效果和肠黏膜免疫功能。

④ 细胞免疫功能的促进作用。研究发现，芋头、正红菇、冬虫夏草、蝉花、牛膝、铁皮石斛、甘草、黄芪、桑白皮及山药等多种中药的多糖成分对细胞免疫功能有促进作用。

正红菇菌盖和菌柄的多糖水提物能够促进巨噬细胞增殖、吞噬作用以及NP和细胞因子的释放量。百合多糖能促进免疫低下小鼠的细胞免疫功能，是一种免疫促进剂。桑白皮多糖能够通过促进淋巴细胞增殖和减少B细胞抗体的生成，产生免疫调控作用。

⑤ 对红细胞免疫功能的影响。研究发现，板蓝根、枸杞子、黄芪、南瓜、当归、落葵、大枣、龙葵等多种中药的多糖成分对红细胞免疫功能有影响作用。

枸杞多糖通过增强化疗小鼠红细胞内自然杀伤细胞增强因子（NKEF）的表达水平进而提高NK细胞杀伤活性。板蓝根多糖能够有效提高青脚麻雏鸡红细胞的免疫黏附功能。黄芪多糖对肿瘤机体红细胞结构及免疫功能具有较好的调节作用，能够改善并恢复肿瘤模型小鼠红细胞膜的主要结构组分的含量，提高其细胞膜脂质流动性，增加细胞膜结构的稳定性。

（7）酯类对免疫增强的应用 中药中所含酯类成分多数是萜类化合物形成的内酯，分布十分广泛。在天然药物化学研究领域，关于酯类的研究逐渐受到重视。许多其他类的化合物都是以内酯的形式存在，且具有抗肿瘤、增强免疫的作用。

① 对免疫器官的调节作用。研究发现，白术、墨旱莲、当归等多种药物的酯类成分对免疫器官有调节作用。白术内酯Ⅰ能够改善自身免疫性肝损伤小鼠肝功能，抑制肝组织氧化及炎症损伤。白术内酯Ⅰ和白术内酯Ⅲ均对小鼠脾脏淋巴细胞具有较强的增殖作用，并且呈浓度依赖性。墨旱莲提取物能显著上调小鼠的胸腺指数、吞噬指数，促进脾单核细胞增殖，改善环磷酰胺所致的小鼠免疫低下状态，具有扶正固本的功效。

② 对单核吞噬系统的促进作用。研究发现，穿心莲、含笑及墨旱莲等多种药物的酯类成分对单核吞噬系统有调节作用。莲必治注射液（穿心莲内酯）能提高豚鼠腹腔单核巨噬细胞对鸡红细胞的吞噬百分率及提高人外周血中自然杀伤细胞的活性，证明穿心莲内酯具有免疫调节及增强作用。体外模拟禽致病性大肠埃希菌E058株被异嗜性粒细胞吞噬杀伤的过程，发现1mg/L穿心莲内酯能够显著提高异嗜性粒细胞吞噬大肠埃希菌的能力，降低大肠埃希菌-O78诱导的鸡肺Ⅱ型上皮细胞形态学损伤、细胞超微结构损伤的程度。

③ 对体液免疫功能的促进作用。现已发现穿心莲、当归等多种药物的酯类成分对体液免疫功能有促进作用。当归内酯对产生IgG总抗体和IgG1亚型具有促进作用。当归内酯作为新城疫疫苗的免疫增效剂，实验鸡在每次免疫前连续3天皮下注射当归内酯，测得

免疫后的新城疫效价升高，法氏囊指数增高，显著促进B、T淋巴细胞增殖。穿心莲内酯能显著提高TLR4的mRNA表达水平，并能够增强吞噬细胞的吞噬功能，配合疫苗也能增强机体体液免疫功能。

④ 对细胞免疫功能的促进作用。研究发现，穿心莲、洋金花、墨旱莲、雷公藤等多种药物的酯类成分对细胞免疫功能有促进作用。

穿心莲内酯治疗脓毒症小鼠后，小鼠脾脏CD^{+} T淋巴细胞、$CD8^{+}$ T淋巴细胞、$CD19^{+}$ B淋巴细胞数目显著增高，小鼠胸腺$CD3^{+}$ T淋巴细胞的凋亡明显减少，其对脓毒症小鼠细胞免疫具有调节功能。墨旱莲提取物中的蟛蜞菊内酯能选择性抑制伴刀豆球蛋白（ConA）刺激的T细胞增殖，呈现较强的抗炎免疫活性。

（8）生物碱对免疫增强的应用 生物碱是存在于自然界（主要为植物，但有的也存在于动物）中的一类含氮的碱性有机化合物，大多数有复杂的环状结构，有显著的生物活性，是中草药中重要的有效成分之一。生物碱作用丰富，可用于抗菌、抗病毒、杀虫、抗肿瘤、调节免疫及心血管等。

① 对免疫器官的调节作用。研究发现，黄柏、砂生槐、甘肃棘豆、白毛藤、天葵子及白屈菜等药物的生物碱类成分对免疫器官有调节作用。

白屈菜碱能提高育雏期固始鸡的免疫脏器指数，促进免疫器官（法氏囊、胸腺、脾脏）生长发育，提高机体抗感染性能及抗氧化性。黄柏生物碱在热应激导致脾脏淋巴细胞增殖受到抑制时，具有显著增强体外脾脏淋巴细胞增殖的作用。砂生槐生物碱在治疗感染棘球蚴小鼠后，胸腺指数有增高的趋势。甘肃棘豆生物碱能够改善肿瘤小鼠的脾指数和胸腺指数，以及脾细胞增殖率。

② 对单核吞噬系统的促进作用。研究发现，灵芝、北豆根、钩吻、黄连及千金藤等药物的生物碱类成分对单核吞噬系统有促进作用。灵芝生物碱提取物能够显著增强小鼠巨噬细胞吞噬能力和T淋巴细胞转化能力。北豆根总碱可显著增强免疫低下小鼠巨噬细胞的吞噬能力。钩吻总碱可促进大鼠红细胞生成，保护红细胞、白细胞的抗辐射损伤能力。

③ 对体液免疫功能的促进作用。研究发现，砂生槐、白毛藤、鹅绒藤、苦豆子等药物的生物碱类成分对体液免疫功能有促进作用。白毛藤生物碱对小鼠免疫功能及部分细胞因子mRNA表达有促进作用，能提高IL-2、IL-12、IFN-γ和TNF-αmRNA表达水平，有效提高机体免疫功能。苦参总碱能对抗免疫抑制剂的作用，显著对抗氢化可的松的免疫抑制，促进小鼠脾细胞产生干扰素。把氧化苦参碱和黄芪多糖联用作为鸡新城疫疫苗免疫增效剂，可以促进T淋巴细胞增殖，提高免疫器官指数。

④ 对细胞免疫功能的促进作用。研究发现，灵芝、马钱子、高乌头、小花棘豆及砂生槐等药物的生物碱类成分对细胞免疫功能有促进作用。高乌甲素在一定程度上能够稳定血浆CD3、CD4及NK细胞水平，调节细胞免疫。小花棘豆生物碱具有提高机体免疫功能的作用。另外，博落回具有较好的免疫增强作用，对T淋巴细胞和B淋巴细胞功能均有刺激作用，其生物碱为血根碱。血根碱具有抗肿瘤、增强免疫力等生理作用。在饲料中添加血根碱可以改善生产性能，改善肠道健康和机体免疫力，并促进生长。在雪峰乌骨鸡日粮中添加200mg/kgMCE可提高抗氧化能力和免疫水平，调节激素分泌，改善蛋品质。对多种药物所致的急性肝损伤，博落回显示出良好的改善肝脏功能的作用，可显著降低血清乳酸脱氢酶（LDH）水平，降低动物死亡率，提高血清白蛋白/球蛋白（A/G）的值，有效保护肝细胞膜，抑制肝脏纤维化。

⑤ 对红细胞免疫功能的影响。研究发现，龙葵、苦豆子等药物的生物碱类成分对红

细胞免疫功能有影响。龙葵生物碱可以提高红细胞的膜流动性，同时增加红细胞对肿瘤细胞的免疫黏附作用，抑制肿瘤生长。苦豆子中的槐定碱对小鼠红细胞免疫功能具有明显增强作用，促进红细胞黏附癌细胞的活性。

（9）黄酮类对免疫增强的应用 天然黄酮类化合物多以苷类形式存在，并且由于糖的数量、种类、连接位置和连接方式的不同组成了各种各样的黄酮苷类。其具有优异的抗氧化、促生长、防癌抗癌、抗炎免疫、调节心血管的作用。

① 对免疫器官的调节作用。研究发现，骨碎补、淫羊藿、红景天、金银花、黄芩、葛根、飞机草、沙葱及大豆等多种药物的黄酮类成分对免疫器官有调节作用。

大豆异黄酮可以促进蛋鸡免疫器官发育，提高淋巴细胞和免疫球蛋白的含量，增强蛋鸡细胞免疫功能和体液免疫功能，还能增加抗氧化酶活性，减少自由基，起到抗氧化应激作用，但会减缓蛋鸡的小肠肠道黏膜发育。红景天黄酮对自然衰老大鼠具有免疫调节功能，使其胸腺、脾脏指数显著提高，T、B 淋巴细胞增殖能力明显增强。金银花黄酮可以提高免疫抑制小鼠的脏器水平，对小鼠脾脏、胸腺具有保护作用。

② 对单核吞噬系统的促进作用。研究发现，淫羊藿、沙棘、沙葱、金花葵、薯蔓、地锦草、大豆等多种药物的黄酮类成分对单核吞噬系统具有促进作用。

沙葱黄酮能提高小鼠血液中 NO 含量，进而活化巨噬细胞发挥非特异免疫杀菌和抑制肿瘤的作用。淫羊藿总黄酮能够增加正常小鼠单核巨噬细胞的吞噬功能，拮抗环磷酰胺所致小鼠单核巨噬细胞吞噬能力下降。金花葵粗黄酮提取物能够增大小鼠巨噬细胞的吞噬百分率、单核吞噬细胞的吞噬指数。

③ 对体液免疫功能的促进作用。研究发现，山楂、甘草、滨蒿、黄芩、大豆、白花蛇舌草及苜蓿草等多种药物的黄酮类成分对体液免疫功能有促进作用。

黄芩黄酮能提升小鸡的生长性能、免疫器官指数和免疫球蛋白含量，血清中 IgA 和 IgG 含量显著增加，说明黄芩黄酮在一定程度上可以提高肉仔鸡的生长性能，促进免疫器官的发育并提高体液免疫功能。苜蓿黄酮能显著提高扬州鹅脾脏和法氏囊等免疫器官的指数及血清 IgG 含量，进而说明苜蓿黄酮能够提高扬州鹅的体液免疫能力。山楂总黄酮能够诱导小鼠淋巴细胞增殖，促进 IL-6 分泌，促进体液免疫。白花蛇舌草总黄酮能够促进免疫功能低下小鼠的脾淋巴细胞的增殖反应，并提高小鼠血清免疫细胞因子及抗体的含量，白花蛇舌草总黄酮具有增强机体特异性免疫功能和非特异性免疫功能的作用。

④ 对细胞免疫功能的促进作用。研究发现，黄芪、银杏、大豆、淫羊藿、石榴皮、黄芩、杜仲、地锦草等多种药物的黄酮类成分对细胞免疫功能有促进作用。

在仔猪和育肥猪的饲料中添加大豆异黄酮，结果显示血液中 $CD4^+/CD8^+$ 值、T 淋巴细胞转化率升高，表示大豆异黄酮具有改善仔猪的细胞免疫水平的作用。把大豆异黄酮和黄芪多糖按比例混合日粮饲喂哺乳期母猪，发现血清 IgG、IL-2、乳脂率和乳蛋白含量均显著高于对照组，可见在饲粮中添加大豆异黄酮和黄芪多糖能够改善哺乳母猪的生产性能、血清生化免疫指标以及乳成分。

⑤ 对红细胞免疫功能的影响。研究发现，淫羊藿、青刺果、大豆、元宝枫等多种药物的黄酮类成分对红细胞免疫有影响。

淫羊藿黄酮可以提高红细胞 C3b 受体花环率并降低红细胞免疫复合物（IC）花环率，从而增强红细胞免疫功能。大豆黄酮和元宝枫黄酮均能够提高红细胞 C3b 受体花环率，但对红细胞免疫功能的影响大豆黄酮优于元宝枫黄酮。

(10)皂苷对免疫增强的应用 皂苷，是苷元为三萜或螺旋甾烷类化合物的一类糖苷，主要分布于陆地高等植物中，也少量存在于海星和海参等海洋生物中。许多中草药如人参、远志、桔梗、甘草、知母和柴胡等的主要有效成分含有皂苷。有些皂苷还具有抗菌的活性或解热、镇静、抗癌等有价值的生物活性。

① 对免疫器官的调节作用。研究发现，黄芪、苜蓿、三七、大豆、酸枣仁、酸浆宿萼、芦笋、绞股蓝及积雪草等多种药物的皂苷类成分对免疫器官具有调节作用。

黄芪总皂苷通过提高模型小鼠胸腺、脾脏指数，增强淋巴细胞增殖能力与T淋巴细胞转化能力，从而抑制肿瘤细胞增殖。苜蓿皂苷能够显著减轻X射线照射小鼠胸腺指数和脾脏指数的降低程度，随着苜蓿皂苷浓度增加，小鼠脾脏指数和胸腺指数升高的程度减弱。

② 对单核吞噬系统的促进作用。研究发现，黄芪、三七、人参、绞股蓝、绿茶、薯蓣、白头翁、大豆及丁香等多种药物的皂苷类成分对单核吞噬系统具有促进作用。

黄芪皂苷干预小鼠腹腔巨噬细胞后，NO分泌量增加，杀瘤活性增强，且呈量-效依赖性关系。白头翁皂苷对脂多糖诱导巨噬细胞具有较好的抗炎保护作用。丁香可提高免疫低下小鼠的廓清指数K值和吞噬指数α值，提高免疫低下小鼠的吞噬功能。

③ 对体液免疫功能的促进作用。研究发现，黄芪、苜蓿、三七、大豆、党参、绞股蓝、远志、山茱萸、地榆、知母、酸枣仁、天冬等多种药物的皂苷类成分对体液免疫功能具有促进作用。

人参皂苷能够提高法氏囊病毒抗体阳性率，显著增加脾脏和法氏囊指数，可作为法氏囊病毒疫苗的免疫增强剂，同时显著提高母鸡肠道总SIgA和特异性SIgA含量，增强母鸡肠道黏膜免疫。给雏鸡点眼鸡新城疫-传染性支气管炎二联活疫苗的同时，肌内注射柴胡皂苷作为免疫增强剂，柴胡皂苷能够显著提高淋巴细胞转化率，提高血清中新城疫抗体效价和NO浓度。在断奶仔猪的日粮中添加苜蓿皂苷，发现随着苜蓿皂苷用量的增加，血清中谷胱甘肽过氧化物酶的活性不断增强，血清中IgG含量显著提高，在饲粮中添加一定量的苜蓿皂苷有利于提高仔猪的抗氧化性能和免疫功能。

④ 对细胞免疫系统的促进作用。研究发现，黄芪、赤芍、柴胡、球兰、三七、牛膝、苜蓿、六月青、绞股蓝、商陆、地榆、白头翁、威灵仙、猫爪草等多种药物的皂苷类成分对细胞免疫功能具有促进作用。

赤芍总苷具有调节IL-10、IL-12、TGF-β1细胞因子分泌的作用，增加$CD8^+$ T细胞数量，调节荷瘤鼠的免疫功能。牛膝皂苷能够提高球虫免疫鸡的淋巴细胞转化水平，提高$CD4^+/CD8^+$ T淋巴细胞亚群比值，进而增强细胞免疫效果。把甜菜碱与苜蓿皂苷混合后饲喂断奶仔猪，发现甜菜碱和苜蓿皂苷均可提高断奶仔猪外周血和免疫器官的T淋巴细胞数量，但总体上看，单独添加效果优于复合添加，其中苜蓿皂苷高添加组效果最好。

⑤ 对红细胞免疫功能的影响。研究发现，人参、三七、绞股蓝、芦笋等多种药物的皂苷类成分对红细胞免疫功能具有影响作用。

三七皂苷能够升高红细胞C3b受体花环率及免疫复合物花环率，增强机体红细胞免疫功能，且具有剂量依赖性。

主要参考文献

[1] 崔治中．兽医免疫学[M]. 北京：中国农业出版社，2014.

[2] Wang J，Tong X，Li P， et al. Bioactive components on immuno-enhancement effects in the traditional Chinese medicine Shenqi Fuzheng Injection based on relevance analysis between chemical HPLC fingerprints and in vivo biological effects[J]. Journal of Ethnopharmacology，2014，155（1）：405-415.
[3] 李发胜，徐恒瑰，李明阳，等．熟地多糖提取物对小鼠免疫活性影响[J]. 中国公共卫生，2008（9）:1109-1110.
[4] 姜世金，张绍学，牛钟相，等．泰山赤灵芝提取物对雏鸡免疫系统影响的研究[J]. 动物医学进展，2003（4）:114-116.
[5] 杜海东，邢媛媛，金晓，等．植物多糖对动物免疫细胞的影响及调节机制研究进展[J]. 饲料研究，2021，44（2）:117-121.
[6] 邹思维．香菇多糖的抗肿瘤活性及其对免疫系统的调控[D]. 武汉：武汉大学，2019.
[7] 赵红，翟少卿，许国洋．黄芪多糖的提取及其对肉鹅免疫增强效应的研究[J]. 畜禽业，2015（10）:18-20.
[8] 彭婷，唐作顺，胡庭俊，等．黄芪多糖脂质体对肉鸡生长性能及免疫器官指数的影响[J]. 西南农业学报，2018，31（7）:1543-1546.
[9] 曾相杰．板蓝根颗粒及黄芪多糖粉调节动物免疫力和降低猪血液中 PRRS 残留毒核酸载量的研究[D]. 雅安：四川农业大学，2016.
[10] 彭宏刚．黄芪多糖对生长育肥猪生产性能及免疫力影响的研究[D]. 石河子：石河子大学，2016.
[11] 蒋龙．柴胡多糖对小鼠腹腔巨噬细胞功能的影响[D]. 上海：复旦大学，2010.
[12] 王天然．淫羊藿多糖对初次和再次体液免疫应答的作用[J]. 中药药理与临床，1989（4）:11-13.
[13] 龚泽修，李章奕，穆永胜，等．益生菌和玉屏风散多糖对生长猪生长性能和血清免疫指标的影响[J]. 饲料工业，2019，40（4）:26-30.
[14] 王征帆，吉庆栋，万曾培，等．巴戟天多糖对口蹄疫疫苗免疫增强作用研究[J]. 黑龙江畜牧兽医，2020（6）:122-125.
[15] 易霞，杨沁洁，李清亮．灵芝多糖对内江猪免疫功能的影响[J]. 中国畜牧兽医文摘，2017，33（10）:217-218.
[16] 石振斌，张振营，林丽，等．银耳多糖提取物对仔猪口蹄疫免疫增强作用研究[J]. 饲料研究，2018（3）:59-61.
[17] 石轶男，杨绒娟，庞妍妍，等．党参多糖可溶性粉对肉仔鸡血清 ND 抗体水平、IgG 及肠道 SIgA 含量的影响[J]. 中国兽药杂志，2016，50（9）:47-52.
[18] 程鹏，白云静，于晓红，等．甘草多糖提取工艺的研究及其对小鼠免疫口蹄疫后细胞免疫的影响[J]. 北京农学院报，2015，30（3）：30-34.
[19] 贾绍华，张秀娟，彭海生，等．芦荟多糖对 S18 小鼠红细胞免疫功能的影响[J]. 哈尔滨商业大学学报（自然科学版），2002（6）：707-609.
[20] 刘鹏，胡阳黔，曹扶胜，等．白术内酯 Ⅰ 对自身免疫性肝损伤小鼠 JAK/STAT 信号通路的调节作用研究[J]. 现代中西医结合杂志，2021，30（27）:2975-2980，2986.
[21] 周锋，秦健，朱建中，等．莲必治注射液（穿心莲内酯）对免疫功能的调节作用（英文）[J]. Journal of Nanjing Medical University，2004（1）:40-43.
[22] 秦倩倩．黄芪甲苷和穿心莲内酯促进鸡异嗜性粒细胞吞噬杀伤 *E. coil* O78 作用的分子机制[D]. 长春：吉林大学，2013.
[23] 郭勋．穿心莲内酯调控鸡致病性大肠杆菌群体感应系统的机制研究[D]. 长春：吉林大学，2015.
[24] 张余蓬，邓华英，李前勇，等．当归内酯对鸡新城疫疫苗免疫效价、免疫细胞及相关因子的影响[J]. 中国兽医学报，2021，41（6）:1053-1059.
[25] 张晓慧．（5R）-5-羟基雷公藤内酯醇在系统性红斑狼疮疾病动物模型中的疗效作用及机理研究[D]. 上海：上海中医药大学，2021.
[26] 徐丹，吉莉莉，徐超，等．白屈菜碱对固始鸡雏鸡生长性能、血清抗氧化功能及免疫功能的影响[J]. 饲料工业，2021，42（6）:31-34.
[27] 朱莉，刘晶星，钱富荣，等．苦参总碱对小鼠脾细胞产生干扰素的影响[J]. 上海第二医科大学学

报，1998（3）:204-206.
[28] 陈茜，邢玉娟，陈玉库，等．黄芪多糖和氧化苦参碱协同增强鸡新城疫疫苗免疫效果研究[J]. 西北农林科技大学学报（自然科学版），2015，43（6）:41-46.
[29] Kumar G，Hazra S. Sanguinarine，a promising anticancer therapeutic: photochemical and nucleic acid binding properties[J]. Rsc Advances， 2015， 46（8）:56518-56531.
[30] Liu G，Aguilar Y M，Zhang L，et al. Dietary supplementation with sanguinarine enhances serum metabolites and antibodies in growing pigs[J]. Journal of Animal Science， 2016（94）:75-78.
[31] Bojjireddy N，Sinha R K，Panda D，et al. Sanguinarine suppresses IgE induced inflammatory responses through inhibition of type Ⅱ PtdIns 4-kinase（s）[J]. Archives of Biochemistry & Biophysics， 2013， 537（2）:192-197.
[32] Guo S，Lei J，Liu L ，et al. Effects of Macleaya cordata extract on laying performance，egg quality and serum indices in Xuefeng Black-Bone Chicken[J]. Poultry Science， 2021，100（4）:101031.
[33] 佟冬娟，周娅，赵建宁，等．槐定碱对小鼠红细胞免疫功能的影响[J]. 陕西中医，1999（6）:283-284.
[34] 张蕊．大豆异黄酮对蛋鸡免疫功能、抗氧化反应及肠道组织结构的影响[D]. 郑州：河南农业大学，2012.
[35] 曾满红，黄清松，张德兴，等．红景天总黄酮对自然衰老大鼠抗氧化和免疫功能的影响[J]. 解剖学研究，2021，34（2）：135-137.
[36] 梁英，任成财，姜宁，等．黄芩黄酮对肉仔鸡生长性能和免疫功能的影响[J]. 动物营养学报，2011，23（8）:1409-1414.
[37] 陈银银．苜蓿黄酮对扬州鹅生产性能、血液生化指标和免疫性能的影响[D]. 扬州：扬州大学，2017.
[38] 王宇翎，张艳，方明，等．白花蛇舌草总黄酮的免疫调节作用[J]. 中国药理学通报，2005（4）:444-447.
[39] 程忠刚，林映才，周桂莲，等．大豆黄酮对仔猪生产性能及血液生化指标的影响[J]. 河南科技大学学报（农学版），2003（4）:44-48.
[40] 程忠刚，林映才，余德谦，等．大豆黄酮对肥育猪生产性能的影响及其作用机制探讨[J]. 动物营养学报，2005（1）:30-34.
[41] 王志龙，武洪志，王芳芳，等．大豆异黄酮和黄芪多糖对哺乳母猪生产性能、血清生化和免疫指标以及乳成分的影响[J]. 动物营养学报，2016，28（12）:3970-3976.
[42] 谢晶，杨晓梅，林毅，等．元宝枫黄酮、大豆黄酮和金霉素对肉鸡生长性能和免疫机能影响的比较研究[J]. 畜禽业，2008（8）：12-13.
[43] 周燏．积雪草总皂苷抗肿瘤作用及机制研究[D]. 苏州：苏州大学，2008.
[44] 毕师诚，马晓丹，吴烨，等．口服人参皂苷 Rg1 提高鸡的肠道黏膜免疫[J]. 中国兽医学报，2019，39（11）:2215-2221.
[45] 郭兵．柴胡皂苷对鸡新城疫-传染性支气管炎二联活疫苗免疫效果的影响[J]. 黑龙江畜牧兽医，2015（20）:136-138.
[46] 王成章，王彦华，史莹华，等．苜蓿皂苷对断奶仔猪脂质代谢、抗氧化和免疫的影响[J]. 草业学报，2011，20（4）:210-218.
[47] 王丽景，孙洪海，刘传敏，等．牛膝皂苷对肉仔鸡球虫免疫的影响[J]. 畜牧与兽医，2011，43（8）:81-84.
[48] 武志敏．甜菜碱和苜蓿皂苷对断奶仔猪生长性能及免疫功能的影响[D]. 大庆：黑龙江八一农垦大学，2010.
[49] 陈浩凡，周长华，谭敏宜，等．参麦皂苷促进环磷酰胺化疗小鼠免疫和造血功能恢复实验研究[J]. 中国药师，2011，14（7）：926-928.

9.3.4.4 调节肠道菌群作用

根据对宿主健康的影响，肠道菌群可分为益生菌、有害菌和机会致病菌 3 大类。当宿主肠道中益生菌（如双歧杆菌和乳酸菌等）占优势时，宿主相对而言会处于一个健康的状态。大量研究证明，中药能调整胃肠道菌群失调，促进益生菌生长，抑制有害菌过度繁殖，从而使肠道内环境保持健康的状态。

（1）增加肠道益生菌 乳酸菌和双歧杆菌是肠道的益生菌，可以分解碳水化合物，产生多种有机酸，促进营养物质的吸收，甚至能够竞争性抑制某些入侵的病原菌或者有害菌，无疑对畜禽的健康有极大的益处。

关于中药对肠道菌群调整作用的研究，在中药选择上既可采用组方以发挥作用，也可采用单味药对肠道菌群进行调整，中药成分组成比较复杂，尤其是组方使用具有多重药理作用。

多糖是中药中具有益补效果的物质基础，能够改善肠道内环境，有助于益生菌生长，可充当益生元的角色。这些益生元通过改变肠道内菌群生长环境或作为底物被益生菌利用，从而促进益生菌的生长。有些植物中所含的有机酸类成分具有 pH 缓冲剂的作用，能维持肠道 pH 稳定，为益生菌的增殖提供适宜的生活环境。研究发现，补益类植物如人参、灵芝、党参等的多糖成分，对益生菌的生长有一定的促进作用。这些成分进入肠道后可以促进益生菌（双歧杆菌、乳酸菌、嗜热链球菌等）的生长。党参多糖体外对大肠埃希菌没有促进或抑制生长的作用，对双歧杆菌有促进生长的作用。黄芪多糖和盐酸林可霉素相比，前者能使双歧杆菌、乳酸菌数量显著上升，可显著地促进益生菌的生长。菊粉，又叫菊糖或者天然果聚糖。Roberfriod 研究发现，菊粉可显著促进大肠中双歧杆菌、乳酸菌等生长，使梭菌、拟杆菌、大肠埃希菌等数量减少。

薏苡仁含有丰富的淀粉成分，可利用多种物理方法制备薏苡仁抗性淀粉，研究薏苡仁抗性淀粉对小鼠肠道微生态环境的影响，结果表明薏苡仁抗性淀粉能够促进肠球菌、双歧杆菌、乳酸菌等肠道益生菌增殖，改善肠道菌群环境，同时能够显著提高小鼠肠道中厌氧菌群代谢物乙酸、丙酸、丁酸和异丁酸等短链脂肪酸的浓度，短链脂肪酸是最主要的结肠上皮细胞能量来源，并且对于维持上皮细胞的形态和肠绒毛具有重要作用。

在蛋鸡日粮中添加苜蓿皂苷可显著增加双歧杆菌的数量，促进肠道中益生菌的生长繁殖，改善蛋鸡的肠道环境。在三黄鸡基础日粮中添加杜仲提取物具有提高盲肠和回肠乳酸菌、双歧杆菌数量的趋势，同时抑制盲肠大肠埃希菌增殖。

中药组方（由党参、黄芪、苍术、陈皮、青蒿、大蒜、山楂、麦芽、神曲、甘草等组成）和芦荟多糖联用，可以增加仔鸡盲肠中乳酸菌和双歧杆菌数量，促进肠道健康微生物菌相形成，进而改善肠腔内环境，促进仔鸡消化吸收。而成鸡由于肠道内微生物区系已达到平衡，中草药或芦荟多糖的添加无显著效果。茯苓能够显著提高双歧杆菌水平，党参对于肠道乳酸菌水平有提升作用，党参、茯苓及白术混合应用可增加乳酸菌、双歧杆菌数量，减少肠球菌数量。

（2）减少肠道有害菌 白头翁汤和黄连解毒汤均对大肠埃希菌具有抑菌作用，两种中药均对试验性鸡感染大肠埃希菌有很好的预防作用，尤其是黄连解毒汤对该病的保护率和治愈率均优于白头翁汤。清热解毒类药物可以抑制病原微生物，尤其是肠道有害菌的生长。比如金银花、黄连、连翘、穿心莲及蒲公英等对体外志贺菌属有较强的作用，但是这些中药具有苦寒之性，长期饲喂可损伤动物脾胃，有导致肠道菌群失衡之弊。在应用过程中应当注意用量的控制，以及与其他中药联合使用，消除或最大限度地减轻其对胃肠道的不良影响，使其更有效地抑制有害菌的生长。

博落回作为一种新兴中草药，是一种优秀的促生长饲料添加剂。在药敏试验中，博落回生物碱对金黄色葡萄球菌、沙门菌、禽巴氏杆菌、大肠埃希菌等都有抑制作用，博落回口服给药对某些消化道疾病（如禽霍乱、仔猪白痢）的治疗效果等于或优于注射给药，对仔猪白痢的治愈率较青霉素、链霉素显著提高。在人工攻毒大肠埃希菌鸡的饲料中添加博落回生物碱，随着剂量增加，死亡率逐渐下降，体重逐渐上升，博落回生物碱对雏鸡大肠杆菌病具有显著的治疗效果。

张旭等人发现，小檗碱可预防肥胖和胰岛素抵抗，其机制可能是通过改变肠道菌群结构来减少机体外源性抗体，并提高短链脂肪酸水平，从而缓解炎症。在育肥猪的饲粮中添加杜仲叶，结果发现杜仲叶添加组猪肠道中大肠埃希菌和沙门菌数量显著降低，而双歧杆菌与乳酸菌数量变化不明显。利用黄芩苷及其酯类衍生物，对大肠埃希菌、铜绿假单胞菌、甲型副伤寒沙门菌、乙型副伤寒沙门菌、伤寒沙门菌、金黄色葡萄球菌进行体外抑菌活性测试，发现黄芩苷及其酯类衍生物体外对 6 株菌均具有抑制作用。

有研究发现，植物精油中含有较多的抑菌活性成分，如百里香酚、香芹酚、芳樟酚、肉桂酚等。这些活性物质具有抑菌（细菌、真菌）、抗病毒及抗球虫的特性。例如，0.05%百里香精油与牛至精油的混合物（主要成分是香芹酚和百里香酚）能够有效抑制家禽消化道中的沙门菌。

（3）维持肠道菌群结构平衡 动物消化道微生物的分布随着日龄的增长和肠道部位的不同而发生变化，建立一个相对稳定的菌群结构，有利于保证肠道的正常消化和吸收功能，更重要的是正常而稳定的菌群结构为肠道内壁黏膜提供了重要的保护屏障，能够有效抑制病原菌在消化道的定植。

人参多糖可促进某些人参皂苷的肠道代谢和吸收，人参皂苷被代谢为小分子的次级人参皂苷反作用于调节菌群生态平衡，特别是促进了乳酸菌的生长。小鼠灌胃人参皂苷后，小鼠肠道菌群结构发生改变，荧光假单胞菌和丁酸梭菌数量明显增加，推测人参皂苷可能以肠道菌群作为发挥生物学作用的靶点，进而发挥提高健康水平等保健作用。

黄连对肠道菌群的影响不仅在各肠段不同，还有明显的量-时规律。研究黄连对大鼠肠道菌群的影响，分析各肠段肠球菌、大肠埃希菌、拟杆菌、乳酸菌及梭菌等 5 种肠道主要优势菌群的数量变化，发现在各段肠道促进和抑制的菌群均有差异，且促进或抑制效应在不同的给药剂量、不同的连续给药时间及不同的肠段等条件下有着显著差异。

长期大量使用抗生素可造成仔猪肠道黏膜损伤，进而造成肠道屏障受损，肠道生物多样性降低。黄芩苷可显著提高仔猪因使用林可霉素降低的体重，修复受损黏膜，恢复厚壁菌门、变形菌门、克雷伯菌属和柠檬酸杆菌属的相对丰度，重新建立肠道屏障。把复方制剂（由杜仲叶、山楂、黄芪等组成）按一定比例和基础日粮一起饲喂断乳仔猪，能不同程度降低大肠埃希菌和肠球菌的数量，而肠道中的乳酸杆菌和双歧杆菌得到明显增殖，进而提高断乳仔猪生产性能。

越来越多的研究发现，中药单方及复方均对胃肠道菌群有明显调节作用，并且大多具有增加益生菌、抑制有害菌的特点，通过调节肠道菌群可以有效治疗胃肠道疾病，促进动物消化吸收能力，增强动物体质，从而提高动物生产性能及免疫能力，还能避免抗生素的滥用以及有害残留物的累积，对畜牧行业的绿色可持续发展有着重要意义。

主要参考文献

[1] 谢莉敏，李丹，程秀芳，等．益生菌及其在药学研究中的应用[J]. 药学研究，2013，32（4）：238-240.

[2] 敖梅英，汪孟娟，姜淑英，等．传统中草药对肠道益生微生物的作用研究进展[J]. 中国微生态学杂志，2011，23（5）：475-478.

[3] 刘晋仙，林永强，汪冰，等．中药促进益生菌生长的研究进展[J]. 药学研究，2015，34（9）：537-538.

[4] 张宇，沈宇，胡新俊，等．黄芪多糖对微生态调节作用的物质基础研究初探[J]. 中国微生态学杂志，2012，24（2）：113-116.

[5] 宋克玉，江振友，严群超，等．党参及茯苓对小鼠肠道菌群调节作用的实验研究[J]. 中国临床药理学杂志，2011，27（2）：142-145.

[6] 包辰．薏苡仁抗性淀粉结构特性及其对肠道菌群调节机制的研究[D]. 福州：福建农林大学，2017.

[7] 侯永刚，黄仁录，陈辉，等．苜蓿皂苷对蛋鸡肠道菌群及粪便氮磷排泄的影响[J]. 中国饲料，2009（11）:26-27.

[8] 吕武兴，贺建华，王建辉．杜仲提取物对三黄鸡生产性能和肠道微生物的影响[J]. 动物营养学报，2007（1）:61-65.

[9] 戴必胜，蒋林，陈少雄．中草药和芦荟多糖对肉仔鸡肠道微生态、免疫功能及生产性能的影响[J]. 中国家禽，2007（16）:21-24.

[10] 李姣清，赖美辰，翁茁先，等．中药复方制剂对雏鸡生产性能、肠道结构及微生物菌群的影响[J]. 中国畜牧杂志，2020，56（5）:147-151，156.

[11] 吕颜枝，李华坤，康永刚，等．白头翁汤和黄连解毒汤对鸡大肠杆菌病的治疗作用[J]. 中兽医医药杂志，2021，40（1）:65-67.

[12] 于莲，马丽娜，杜妍，等．微生态制剂研究进展[J]. 中国微生态学杂志，2012，24（1）：84-86.

[13] 郁建生．博落回制剂对禽霍乱、仔猪白痢的对比治疗试验[J]. 黑龙江畜牧兽医，2007（2）：91-93.

[14] 张玥，王广泽，陈燕乐，等．博落回生物碱对鸡大肠杆菌病的疗效观察[J]. 中兽医医药杂志，2021，40（2）:71-75.

[15] 石海仁，滚双宝，张生伟，等．杜仲叶对育肥猪生长性能、胴体性状、抗氧化能力及肠道菌群的影响[J]. 动物营养学报，2018，30（1）:350-359.

[16] 周红潮．黄芩苷及其酯类衍生物抗牛病毒性腹泻病毒及抑菌活性研究[D]. 长春：吉林农业大学，2019.

[17] 罗兰，陈光，遇常红，等．香菇多糖对微生态失调小鼠肠道菌群及免疫功能的调节作用[J]. 中国微生态学杂志，2013，25（1）：36-38.

[18] Zhou S S，Xu J，Zhu H，et al. Gut microbiota-involved mechanisms in enhancing systemic exposure of ginsenosides by coexisting polysaccharides in ginseng decoction[J]. Sci Rep，2016，6:22474.

[19] 刘艳艳，张凯，关家伟，等．人参皂苷对 BALB/c 小鼠肠道菌群的影响[J]. 现代生物医学进展，2015，15（6）:1041-1045.

[20] 段学清，陈瑞，朱晨，等．黄连对大鼠肠道菌群的影响[J]. 时珍国医国药，2021，32（5）：1065-1070.

[21] 张顺芬．黄芩苷对抗生素引起的仔猪肠道黏膜损伤的修复作用及其机制研究[D]. 北京：中国农业科学院，2021.

[22] 曹国文，曾代勤，戴荣国，等．中草药添加剂对断奶猪肠道菌群与生产性能的影响[J]. 中国兽医科技，2003（11）:54-58.

9.3.4.5 促生长作用

将一些中药适当地加入饲料中，不仅可以增强饲料营养，还能提升饲料适口性，对提升动物食欲具有重要作用。中药饲料添加剂可促进动物的生长和生产，调节其雌激素和性激素水平，增加饲料转化率和日增重，提高产蛋、产奶性能，一方面具有促进动物生长和提高生产性能的作用，另一方面具有提高动物产品质量的作用。在《饲料原料目录》中，已经列出了很多药食同源的可饲用天然植物；在《饲料添加剂品种目录》中，列出了杜仲叶提取物等植物提取物产品。

（1）促生长和提高生产性能方面的应用 中药饲料添加剂保健预防可以按照猪只的生长阶段来划分，即分为母猪妊娠阶段、产前阶段、产后阶段、仔猪哺乳阶段、小猪保育阶段、育肥猪阶段。母猪妊娠阶段，在这一阶段要调理好母猪身体功能，防止流产，增强免疫力。可用茵陈蒿散或黄连解毒散配合安胎药物按说明拌料连喂7～10天。若便秘现象较普遍，则健胃消导，可使用平胃散配合安胎药物拌料使用。母猪产前阶段，主要是清除掉母源毒素，净化初乳，防止母猪产末腹泻。可于母猪产前20天用黄连解毒散配合乌梅散，按说明拌料投喂7～10天，实施药物养生保健。母猪产后阶段，分娩后，母猪耗损严重，出血较多，机体常常处于气血不足或气血瘀滞的状态中，宜于用产后康复散配合催奶灵散拌料投喂，连用5～7天，以养血活血、祛瘀生新、促进恶露排出和子宫复原，防止子宫内膜炎和乳房炎发生，促进乳汁分泌。仔猪哺乳阶段，这一阶段用药是以全面保护乳猪免疫器官发育，促进免疫功能形成，增强仔猪抗病能力，预防疾病，提高成活率和断奶窝均重为目的。宜从诱食开始至断奶，按说明使用扶正解毒散拌料供仔猪采食。小猪保育阶段，可以使用扶正解毒散配合茵陈蒿散。育肥猪阶段，可按照季节使用茵陈蒿散、清瘟败毒散、黄连解毒散、扶正解毒散拌料，为了促生长育肥，可以增加开胃药，如平胃散、膘旺散等。

断肠草、虫草真菌和黄芪等中药混合发酵后添加到三元杂交猪饲料中，能提高育肥猪的生产性能，降低料肉比，改善育肥猪胴体品质。在饲料中添加0.2%～0.4%由黄芪、金银花、山楂等混合提取制成的中药提取物，可显著提高育肥猪的眼肌面积和屠宰率。将由枳壳、神曲等11味中药组成的复合添加剂添加到日粮中，可提高胴体瘦肉率和眼肌面积。饲料中添加一定比例发酵复方中药可提高胴体瘦肉率和降低背膘厚度。

鸡养殖业主要分为蛋鸡和肉鸡的养殖。生产性能和生长性能是评价鸡饲养经济效益的重要指标。蛋鸡主要以产蛋率、料蛋比、日平均产蛋重等来评价其生产性能，而肉鸡则以平均日增重、料重比、平均日采食量等作为衡量生长性能的指标。大量的研究数据表明，中药饲料添加剂有利于提高鸡的生产性能和生长性能。在提高蛋鸡生产性能方面，常用温里祛寒、补中益气、健胃消食、滋阴助阳类中药。女贞子是一味能改善热应激状态下蛋鸡的产蛋率并降低料蛋比的药材，效果明显。山楂、麦芽可提高机体消化吸收能力；益母草、当归和淫羊藿有补血、兴奋子宫、促进排卵的功效。一些单味中药可以提高蛋鸡的生产情况，运用中药复方的效果可能会更加好。在海兰蛋鸡的饲料中添加不同剂量的复方中药（由淫羊藿、马齿苋、女贞子、金樱子、松针等组成），可显著提高海兰蛋鸡的产蛋率和日平均产蛋重，提高饲料转化率。采用发酵中草药饲料添加剂提高京红蛋鸡产蛋后期的产蛋率，改善蛋品质和脂肪代谢能力。对450日龄的蛋鸡研究发现，熟地黄、何首乌、菟丝子、枸杞子、甘草、黄芪等中药添加剂可促进其FSH、LH和E2这3种生殖激素的分泌，从而提高高龄蛋鸡的产蛋率。以生地黄、柴胡、当归、炒白芍等组成的方剂，在蛋鸡产蛋周期中连续给药，可以提高蛋鸡产蛋高峰时的产蛋率，并能延长高产天数。

肉鸡养殖方面，在白羽肉仔鸡饲料中添加0.3%的由黄芩、山楂、白术、丹参和神曲等11味中药配合而成的中药复方，能显著提高肉仔鸡的活重、料重比、日增重和采食量。何首乌、黄芪、苍术、白术、山楂组成的中药添加剂，能有效改善麻鸭的生长性能和免疫功能。将党参、白术、陈皮、麦芽、鸡内金等九味中药组成的方剂，以1%的比例混入基础日粮中，可使1日龄艾维茵肉仔鸡在45个饲养日内增重提高3.25%，死亡率降低为5.03%，料重比提高3.90%。将黄芪、当归、丹参、马齿苋、地榆、黄芩、腐殖酸钠和山楂制成中药复方超微粉加板蓝根作为添加剂，能显著提高肉鸡生产性能、屠宰性能和肉品质，且经济效益较好，适合在生产应用中推广。

中药成分复杂，可为牛羊生长发育提供营养物质，除含有防病治病的有效成分外，还含有一定量的维生素、碳水化合物、蛋白质等，可以为牛羊生长发育提供额外的营养，不同的成分、营养物质都对加快机体生长、提高抗病力有重要的作用。中药饲料添加剂对育肥后期肉牛增重效果显著，将松针粉、紫苏子、贯众、山楂、神曲、苍术、女贞子、甘草等粉碎后混合均匀，在基础日粮中添加1.5%，牛日增重达5.67%，且经济效益最高。具有理气、消食、益脾、健胃作用的中药，可以增加牛羊的进食量，加快其生长，如山药、麦芽、山楂、陈皮、青皮、苍术、松针等。由党参、白术、当归、山楂、麦芽等11味中药为主的曲蘗散合归脾汤加减方，按照1.0%日采食量的用量添加，可以使肉羊平均日增重达到252.11g，最高日增重可达358g。刘瑞生等人在研究中草药添加剂对肉羊体重、激素水平和羊肉理化性状的影响中，发现试验组不同阶段肉羊体重和血清中三碘甲腺原氨酸（T_3）、甲状腺素（T_4）、生长激素（GH）和类胰岛素样生长因子-1（IGF-1）水平均不同程度地高于对照组，这说明中草药添加剂能够增加肉羊体重，促进羊的生长。

有些中药虽然本身不含有激素成分，但可以起到激素样作用，从而促进牛羊的生长，如香附、当归、甘草、细辛、高良姜、五味子等。此外，中药饲料添加剂应用于奶牛可有效增加产奶量，改善乳品质，降低乳中体细胞数。取党参、白术、茯苓、甘草、王不留行、漏芦、蒲公英、大黄、栀子、连翘等按一定比例混合，以100g/d添加到基础日粮中，奶牛平均产奶量显著提升，延缓了产乳后期产奶量下降的时间；乳汁中乳脂、乳糖含量显著提高，牛乳中体细胞数大幅下降。在奶牛日粮中添加适量的苜蓿黄酮能够提高营养物质消化率以及提高奶牛的采食量和产奶量；“四黄”保健剂对小尾寒羊生长性能的提高效果显著。按黄芪35%、黄芩20%、大黄10%、牛黄解毒片1%、板蓝根15%、蒲公英15%、桔梗4%的组方比例混合均匀，按精料补充料饲喂量的2%～3%饲喂，可显著提高小尾寒羊的粗饲料采食量，促进日粮的消化吸收，提高饲料报酬，同时还可有效预防常见疾病的发生，提高其机体免疫力。

（2）提高动物产品质量方面的应用 肉、蛋、奶等动物源性食品的品质影响着消费者的选择。在蛋鸡中主要以蛋壳强度、蛋黄比率、蛋黄颜色等级、哈氏单位以及脂肪酸、维生素含量等衡量蛋品质；以肉营养价值、肉嫩度、肉风味等来评价猪肉、鸡肉及牛羊肉的品质。中兽药中含有丰富的有机酸、矿物质、多种氨基酸，对改善蛋品质、肉品质及奶品质有一定的帮助。

在单味中药饲料添加剂方面，青蒿茎叶、金荞麦茎叶、茶叶和杜仲叶可明显改善蛋壳的强度、蛋黄色泽、哈氏单位、蛋黄比例等评价参数。松针、仙人掌、辣蓼、白头翁、诃子、板蓝根、淡竹叶有较好的提高蛋黄比率和哈氏单位的疗效。在饲料中添加1%的杜仲，鸡胸肉纤维明显变细，试验表明杜仲具有使肌肉细嫩，改善鸡肉口感的作用，而其中的机制可能是通过杜仲调节乳酸脱氢酶活性，影响pH以保护肌肉细胞膜。五味子萃取物的添加在一定程度上增加了肌肉中肌苷酸含量，从而增加了肉鲜味。

有研究表明，用黄芪、神曲、鸡矢藤等中药熬制而成的汤药作为饲料添加剂，可提高矮脚三黄鸡肌肉的肌苷酸含量，提高肌肉风味，具有改善鸡肉口感的功效。在饲料中添加麦芽及中药增香剂（桂皮、胡椒、小茴香和陈皮），可提高鸡氨基酸含量，提高肉品质，增加肉风味，其中1.5%麦芽+1%中草药增香剂+基础饲料效果最好。用大蒜、紫苏、小茴香、肉桂、牛膝、黄芪、当归组成的方剂，可提高鸡肉中鲜味氨基酸的含量，以及肌肉中风味化合物的种类及有益风味化合物的含量，有利于改善鸡肉风味。以沙棘果渣和松针粉为主的“增蛋着色宝”不仅能提高产蛋率和产蛋量，还能增加蛋黄中的蛋白质，降低胆固醇含量。由党参、黄芪、山药、枸杞子、陈艾、肉桂组成的中药复方，除能改善指标外，还能增加鸡蛋中Zn、P、Se元素含量及人体七种必需氨基酸含量，具有降低鸡蛋胆固醇等作用。

通过大量生产实践和试验研究发现，对牛羊产品风味及肉品质产生影响的单味（复方）中药有肉豆蔻、丁香、生姜、小茴香、沙葱、地椒、五味子、黄芪、枸杞子、陈皮、苍术、芦荟、蜂胶、肉桂、大蒜、干姜、甘草、神曲、麦芽、八角、茯苓、党参、川芎、山楂、紫草、丹参、桑叶等100多种。它们可以通过增加肌肉氨基酸、肌苷酸、不饱和脂肪酸等的含量，加强脂质代谢，提高瘦肉率，改善肉品色泽度，对抗脂质氧化，保障肌肉品质，提高肌肉系水力，防止水分流失，增加肉品口感嫩度等方法改善牛羊肉品质及风味。康艳梅等在滩羊的全混合日粮中添加不同比例的百里香，通过饲养试验、屠宰试验和对滩羊肌肉中风味物质的分析，发现在滩羊日粮中添加一定比例的百里香能提高滩羊屠宰性能和胴体品质，提高肌肉中肌苷酸、必需脂肪酸、不饱和脂肪酸、多不饱和脂肪的含量。日粮中添加党参渣的羊肉中含有较多的亚油酸、软脂油酸、亚麻酸、十七烷酸等脂肪酸，而日粮中添加黄芪渣的羊肉中含有较高的花生四烯酸、二十碳五烯酸等脂肪酸，说明日粮中添加党参渣、黄芪渣可以提高羊肉品质。应用中药添加剂能够改善巴美肉羊的肉品质及鲜味。将甘草、麦芽、小茴香、陈皮、白扁豆、草豆蔻、大枣按2∶2∶2∶1∶1∶1∶1的比例混合，浸泡阴干后制成颗粒，添加于精料中饲喂，发现羊肉品质显著提高，粗脂肪含量及肌苷酸含量显著提高。

主要参考文献

[1] 夏道伦．规模养猪场药物保健的用药原则及其药物保健方案[J]. 饲料广角，2011（12）:35-37.

[2] 潘耀荣．中草药在猪场的合理应用[J]. 今日畜牧兽医，2014（5）:26-28.

[3] 邱运梅，潘百明．消食平胃散对仔猪增重效果的试验[J]. 中国兽医杂志，2013，49（10）:50-52.

[4] 仝雅静．从中兽医角度看脾胃之气对保育猪的重要性[J]. 今日畜牧兽医，2017（5）:65.

[5] 戴朝洲，孟秀丽，江涛，等．虫草真菌发酵中草药培养基对生长肥育猪生产性能和胴体品质的影响[J]. 饲料与畜牧，2011（11）:14-18.

[6] 蔡令，陈红兴，禚梅，等．中草药提取物和维吉尼亚霉素对猪胴体组成和肉品质的影响[J]. 猪业科学，2013，30（9）:112-114.

[7] 王宏军，蒋红，周铁忠，等．中草药复方添加剂对荷包猪肉品质的影响[J]. 中国饲料，2013（22）:26-28.

[8] 隋明，岳文喜，朱克永，等．饲料中益生菌发酵复方中草药对育肥猪生长性能和胴体品质的影响[J]. 中国饲料，2018（5）:45-48.

[9] 张艺源．中草药在蛋鸡饲养过程中的应用[J]. 当代畜牧，2020（9）:20-22.

[10] 陈志炫，曾国榕，张少华，等．复方中草药添加剂对海兰蛋鸡生产性能的影响[J]. 福建农业科

技，2019（6）:49-52.
[11] 许栋，彭箫，李海英，等．饲料中添加发酵中草药对蛋鸡产蛋后期生产性能、血清生化指标和脂代谢的影响[J]. 饲料研究，2021，44（3）:25-29.
[12] 董晓龙，孙越，张立永，等．中草药组方对450日龄蛋鸡生产性能及生殖激素分泌的影响[J]. 养殖与饲料，2019（6）:8-9.
[13] 张翠珍．不同中药方剂对蛋鸡生产性能的影响[J]. 中兽医医药杂志，2019，38（6）:87-88.
[14] 李玉秀．复方中草药饲料添加剂替代抗生素对肉仔鸡生产性能的影响[J]. 畜牧兽医杂志，2010，29（6）:22-26.
[15] 杨春花．复方中草药添加剂对肉鸭生长性能与血清生化指标的影响[J]. 饲料研究，2021，44（17）:35-38.
[16] 王占红，朱延旭，张喜臣．促生长型中草药添加剂在肉仔鸡生产中应用效果[J]. 现代畜牧兽医，2012（4）:45-48.
[17] 宋丽丽，张华，陈国顺，等．中草药复方对黄羽肉鸡生产性能、肉品质以及免疫功能的影响[J]. 中国畜牧杂志，2022，58（3）:169-173.
[18] 赵明净，董发明，张蒙蒙，等．中草药饲料添加剂对育肥后期肉牛增重效果的影响[J]. 黑龙江畜牧兽医，2013（7）:60-61.
[19] 冯涛，张金合．肉羊中草药育肥饲料添加剂组方及应用[J]. 今日畜牧兽医，2020，36（3）:66-67.
[20] 刘瑞生，徐建峰，王珂，等．中草药添加剂对肉羊体重、激素水平和羊肉理化性状影响研究[J]. 中国饲料，2020（13）:64-67.
[21] 王凤霞，郑宝莲，王建强．中草药饲料添加剂对奶牛不同泌乳阶段泌乳性能的影响[J]. 黑龙江畜牧兽医，2013（13）:54-56.
[22] 占今舜．苜蓿黄酮对奶牛生产性能、瘤胃代谢和免疫性能影响的研究[D]. 扬州：扬州大学，2017:137.
[23] 单洪涛，汪宗霞，文明伟，等．天然植物对鸡蛋品质改善的功能饲料研究[J]. 贵州畜牧兽医，2017，41（5）:11-14.
[24] 韦庭江，周艳海，彭忠，等．中草药提取物对广西麻鸡蛋品质的影响[J]. 饲料博览，2017（5）:40-43.
[25] 胡忠泽，王立克，周正奎，等．杜仲对鸡肉品质的影响及作用机理探讨[J]. 动物营养学报，2006（1）:49-54.
[26] 闫俊书，单安山．五味子萃取物有效成分含量测定及其对鸡肉中肌苷酸含量的影响[J]. 中国畜牧兽医，2008，35（12）:36-39.
[27] 谢燕妮，周贞兵，梁珠民，等．黄芪等中草药添加剂对矮脚三黄鸡的生长性能、胴体品质及肉品质的影响[J]. 广东农业科学，2012，39（24）:129-131.
[28] 凌欣华，吴文超，刘兴隆，等．使用麦芽和中草药增香剂技术对鸡肉品质与风味的改善[J]. 养禽与禽病防治，2021（1）:11-14.
[29] 陈红梅，郝肖赟，赵恒寿．中草药饲料添加剂对鸡蛋品质的影响[J]. 饲料博览，2011（1）:4-7.
[30] 锡建中，赵超．复方中草药对鸡肉风味化合物组成的影响[J]. 中国家禽，2016，38（2）:25-28.
[31] 屈倩，蔡卓珂，吕伟杰，等．中药复方对鸡蛋营养成分及蛋品质的影响[J]. 养禽与禽病防治，2016（11）:13-16.
[32] 王雪飞，闫俊桃，付文艳，等．中草药饲料添加剂对畜产品风味影响研究进展[J]. 中兽医医药杂志，2008（5）:68-71.
[33] 康艳梅，李爱华，杨志峰．日粮中添加百里香对滩羊肉中肌苷酸和肌苷含量的影响[J]. 畜牧与兽医，2015，47（3）:18-23.
[34] 王旭东．日粮中添加党参、黄芪渣对羊肉品质的影响[J]. 中国草食动物科学，2015，35（2）:32-36.
[35] 高治国，邸娜，赵智香，等．中草药添加剂对巴美肉羊肉品质及主要鲜味因素的影响[J]. 饲料研究，2020，43（11）:23-26.
[36] 贾万臣，刘根新，刘皓栋，等．“四黄+”保健剂对小尾寒羊生长性能和生化指标的影响[J]. 黑龙江畜牧兽医，2021（14）:102-106.

9.4

中兽药方剂与中兽药使用方法

9.4.1 中兽药方剂使用方法与用药禁忌

9.4.1.1 中兽药方剂的使用方法

（1）给药途径　给药途径是影响药物疗效的重要因素之一，畜禽机体组织不同对药物的吸收性能也不一样。畜禽种类不同对药物的敏感性也存在着差异，药物在不同组织中的分布、消除情况也不同。所以给药途径不同，会影响药物吸收的速度、数量以及作用强度。有的药物甚至必须以某种特定途径给药，才能发挥药物效应。中兽药的传统给药途径，除口服和皮肤给药两种主要途径外，还有吸入、黏膜表面给药、直肠给药等多种途径。20 世纪 30 年代后，中兽药的给药途径又增添了皮下注射、肌内注射、穴位注射和静脉注射等。

（2）应用形式　无论以什么形式给药，都需要将药物加工制成适合治疗、预防应用的一定剂型。在传统中兽药的剂型中，药物的用法有口服和外用之分，口服多制成汤、丸、散、膏、酒和露等剂型，外用有敷、灸、涂搽、洗浴、吹喉、点眼、温熨、熏剂等，还有供体腔使用的栓剂、药条、钉剂等。20 世纪 30 年代研创出了中药注射剂，以后又发展了胶囊剂、冲剂、气雾剂、膜剂等新剂型。但汤、散剂型，仍然是中兽医目前应用最广的剂型，并且大多由畜主自制。为了保证临床用药能获得预期的效果，兽医应将汤剂的正确煎煮和服用方法向畜主交代清楚。

（3）剂量　所谓剂量，是指每种药物的常用治疗量。剂量的大小，直接关系到治疗的效果和药物对畜体的毒性反应。一般中药的用量安全度比较大，但个别有毒的药物仍需注意。药物的毒性与剂量通常是成正比关系，如果剂量超越一定的范围时，还会引起功效的改变，如大黄少量使用能健胃，大量则泻下。所以，对待中药的剂量必须持严谨的态度。确定剂量的一般原则如下。

① 根据中药的性能。凡有毒的、峻烈的药物用量宜小，并应从小量开始使用，逐渐增加，中病即止，谨防中毒事故的发生。对质地较轻或容易煎出的药物，可用较小的量，对质地较重或不容易煎出的药物，可用较大的量。此外，对于新鲜的药物，用量可大些。

② 根据配伍与剂型。方剂中各药有君、臣、佐、使之分，主药的用量一般要大些。同一中药在大复方中的用量要小于小复方甚至单味方。在吸收较快的汤剂、酒剂中的用量要小于吸收较慢的散剂、丸剂中的用量。

③ 根据方剂的组成。各种药物剂量的变化可使处方的功能和主治都发生变化。

④ 根据病情及其轻重。一般来说，病情轻浅的用量宜轻，病情较重的用量可适当增加。病证的不同，用量也有讲究。如著名医学家张锡纯在石膏与麻黄的配伍剂量上，亦根据病证的不同而变化。治汗出而喘、无大热者石膏与麻黄的比例为 2∶1，治温病无汗而热重者比例为 10∶1，治白喉、烂喉病比例可高达 20∶1。

⑤ 根据动物种类和体型大小。动物种类和体型大小不同，剂量大小悬殊。各种动物一般用药剂量的相对比例见表 9-1。

表 9-1 不同种类动物用药剂量比例

动物种类		剂量比例
马	（体重 300kg 左右）	1
黄牛	（体重 300kg 左右）	1/4～1
水牛	（体重 500kg 左右）	1/2～1
驴	（体重 150kg 左右）	1/3～1/2
羊	（体重 40kg 左右）	1/6～1/5
猪	（体重 60kg 左右）	1/8～1/5
犬	（体重 15kg 左右）	1/16～1/10
猫	（体重 4kg 左右）	1/32～1/20
鸡	（体重 1.5kg 左右）	1/40～1/20
鱼	（每 1kg 体重）	1/30～1/10
虾蟹	（每 1kg 体重）	1/300～1/200
蚕	（5%熟蚕时，10000 头）	1/20～1/10
蜂	（每 1 标准群）	1/100～1/50

注：表中假设马的用药剂量为1，其他种类动物的用药剂量为相对于马的剂量值。

此外，还要根据动物的年龄、性别以及地区、季节等不同来确定用量。剂量不仅与药物产地、品种、采集、炮制、贮藏、药材性质有关，也与动物机体的生理和病理状况密切相关。要根据临床治疗的具体情况全面考虑，适当增减。

（4）煎煮方法 中药汤剂沿用至今已有数千年历史，为了提高汤剂的疗效，我国历代医家都很重视中药煎煮法。明代李时珍说："凡服汤药，虽品物专精，修治如法，而煎药者，卤莽造次，水火不良，火候失度，则药亦无功。"清代名医徐灵胎说："煎药之法，最宜深讲，药之效不效全在乎此，夫烹饪禽、鱼、羊、豕，失其调度，尚能损人。况药专以之治病，而可不讲乎？"所以，中药的煎煮方法直接关系到临床疗效，它包括煎器的选择、药材的加工、煎煮水量、煎前浸泡、煎煮火候、入煎次序和煎煮次数等几个方面。

① 煎药器具。中药汤剂的质量与选用的煎煮器具有密切关系。古人强调用陶器煎药，因陶器与药物所含各种成分不发生化学反应，煎出的汤剂质量好，又因砂锅传热均匀、缓和，价格低廉，自古沿用至今。玻璃和搪瓷制的煎器亦可使用。铁质煎器虽传热快，但其化学性质不稳定，易氧化，并能在煎煮时与中药所含多种成分发生化学反应，如与鞣质生成鞣酸铁，使汤液的色泽加深，与黄酮类成分生成难溶性配合物，与有机酸生成盐类等，均可影响中药疗效。实践证明，采用铁质煎器煎熬的汤液色泽不佳。如诃子、苏木、地榆等所含的酚羟基化合物易与铁起化学变化，产生深紫色、墨绿色或黑色沉淀。有的经过长时间的煎煮给药液带入铁锈味，甚至可引起恶心和呕吐。铜质和锡质锅均可煎出微量的铜及锡的离子。所以，宜用砂锅、瓦罐、陶瓷器皿、白色搪瓷器皿或不锈钢锅煎煮中药，忌用铜、铁和铝等金属器具。

② 药材加工。为了使药物的有效成分易于煎出，凡作为汤剂所用之药材必须切制成饮片或粗颗粒，颗粒大小以使其在煎煮时不成糊状为宜。从理论上讲，饮片越薄越好，因水与药物接触面积越大，有效成分渗出速度越快，浸出物质就越多。实践证明，将药材切制成适宜大小与薄厚的饮片，比打碎成粗颗粒要好。因为切片较打碎破坏药材组织细胞少，其杂质浸出的亦少，有利于煎煮与过滤，从而保证了质量，提高了药效。

③ 煎药水量。煎煮中药必须采用含矿物质及杂质少、无异味和洁净澄清的水，通常生活上可供饮用的水都可用来煎煮中药。煎药的加水量是一个很重要的问题，加水量的多少，直接影响汤剂的质量。中药材质地不同其吸水量有显著差别，一般为 5～10 倍，个别

的如胖大海可吸水达 20 倍。因此，煎药用水量，要根据药物的用量及质地而定。

按理论推算，加水量应为饮片吸水量、煎煮过程中蒸发量及煎煮后所需药液量的总和。将饮片置煎锅内，加水至超过药物表面 3～5cm 为度，第二次煎可超过药渣表面 1～2cm。这是一种行之方便，也易掌握的加水方法。或按每克中药加水约 10mL 计算，然后将计算的总水量的 70%加到第一煎中，余下的 30%留作第二煎用。但还应根据饮片质地疏密、吸水性能及煎煮时间长短确定加水多少。通常用水量为将饮片适当加压后，液面淹没过饮片约 2cm。质地坚硬、黏稠，或需久煎的药物，加水量可比一般药物略多；质地疏松，或有效成分容易挥发、煎煮时间较短的药物，则液面淹没药物即可。但对于吸水量较多的药物如灯心草、大腹皮等，则水量可以多些，通常为药物体积的 2～3 倍。所以，应根据煎药时间长短，水分蒸发量之多寡，中药吸水性能之大小，以及所需药液收得量等来具体掌握加水量。

④ 煎前浸泡。中药饮片煎前浸泡，既有利于有效成分的充分溶出，又可缩短煎煮时间，避免因煎煮时间过长，导致部分有效成分耗损或破坏过多。多数药物宜用冷水浸泡，一般药物可浸泡 20～30min，使药物充分湿润，即可煎煮。以种子、果实为主的药可浸泡 1h。夏天气温高，浸泡时间不宜过长，以免腐败变质。

⑤ 煎煮火候。把药物放入容器内，先加入适量的水浸泡 20～30min，再加入适当的洁净水（河水、泉水、井水或自来水），盖紧其盖，然后煎煮。煎煮中药还应注意适宜的火候与煎煮时间，火候的控制可根据药物的性质和质地而定。煎一般药宜先武火后文火，即未沸前用大火，沸后用小火保持微沸状态。对于解表药、攻下药、涌吐药及其他芳香性药物，一般宜用武火急煎，迅速煮沸，煮沸数分钟后改用文火维持 10～15min 即可，否则药效减弱；滋补药物质地滋腻，宜用文火久煎，使药汁浓厚，否则有效成分难以煎出。煎药时不宜频开锅盖，尽量减少挥发性成分的损失。煎药时的水分如果有损失，则可用温水补充。煎药的时间一般为 20～30min，待煎液煎至原加入水量的半量即可。但也应根据药物的性能而加以区别，否则就会影响疗效。

a. 对于龙骨、石决明、石膏、滑石、赤石脂、龟甲、猪苓、槟榔等石类，介类或坚硬的根、果类药物，可采用久煎，时间约 60min 为宜。

b. 对于黄连、黄芩、黄芪、党参、白芍、桔梗、甘草、厚朴、知母、沙参、远志、黄柏、大黄、泽泻、牛膝、黄精、石菖蒲、京大戟、天麻、何首乌、山楂、巴豆、酸枣仁、车前子、牛蒡子等一般根茎和果类，可采用平煎，时间约 50min 为宜。

c. 对于金银花、红花、藿香、桂枝、青蒿、小茴香、肉豆蔻、细辛、益智、香薷等花类、叶类或气味厚的药物，可采用少煎，时间约 10min 为宜。

d. 对于广木香、肉桂、雷丸、沉香、牛黄、麝香、朱砂、琥珀、鸡内金等一些贵重的或加热容易破坏的药物，可研为细末或单煎，然后用煎好去渣的药液冲服或单服。

⑥ 入煎次序。一般药物可以同时入煎，但部分药物因其性质、性能及临床用途不同，所需煎煮时间不同。有的还需做特殊处理，甚至同一药物因煎煮时间不同，其性能与临床应用也存在差异。所以，煎制汤剂还应讲究入药方法。

a. 先煎。将药物放入煎煮器皿中，加水煎煮 10～30min 后，再放入其他药物煎煮。主要适用于质地较硬，或有效成分不易煎出的药物。如石膏、龙骨、磁石、牡蛎、石决明、鳖甲等。因其有效成分不易煎出，应先煎 30min 左右再放入其他药同煎。也适用于煎煮以降低毒性的药物，如乌头、附子等。

b. 后下。先煎煮其他药物 10～30min，再加入后下的药物，煎煮 5min 左右即可。主要适用于气味芳香、气轻力薄或久煎有效成分易于破坏的药物。如砂仁、钩藤、薄荷、豆蔻、大黄、紫苏叶、荆芥、陈皮、青皮和番泻叶等药，因其有效成分煎煮时容易挥散或破坏而不耐煎煮，入药宜后下，待他药煎煮将成时投入，煎沸几分钟即可。大黄、番泻叶等药甚至可以直接用开水泡服。

c. 包煎。将药物用纱布包裹后，和其他药物一同放入器皿中加水煎煮。主要适用于入煎后会使药液浑浊难以入口、细小种子类药物，煎后会浮于液面、附有绒毛的药物，对咽喉有刺激作用的药物。如枇杷叶、蒲公英、紫苏子、蔓荆子、蒲黄、海金沙等因药材质地过轻，煎煮时易漂浮在药液面上，或成糊状，不便于煎煮及服用的药物；车前子、飞滑石较细，又含淀粉、黏液质较多的药，煎煮时容易粘锅煳化焦化；赤石脂、石膏、龙骨等质重易散的药物；辛夷、旋覆花等药材有毛对咽喉有刺激性的药物。这几类药入药时宜用纱布包裹入煎。

d. 另炖或另煎。将另炖或另煎的药物单独炖或煎，而不和其他药物同煎煮。主要适用于贵重药物，避免与其他药物同煎时其有效成分被其他药物吸附。如人参等贵重药物宜另煎，以免煎出的有效成分被其他药渣吸附，造成浪费。

e. 烊化。将要烊化的药物放入煎好去渣的药液中微煮，同时搅拌，使其溶解后服用。亦可将要烊化的药物放入煎煮器皿中加水蒸化，然后倒入已煎好去渣的药液中搅匀服用。主要适用于胶类及性黏而易于溶解的药物，以防与其他药物同煎时黏附其他药物或粘锅煮焦。如阿胶、龟甲胶等类药物，容易贴附于其他药物及锅底，既浪费药材，又容易熬焦，宜另行烊化，再与其他药汁兑服。

f. 冲服。入水即化的药物如芒硝，汁液类药物如竹沥、蜂蜜等，以及沉香等加水磨取的药汁都不需入煎，宜直接用开水或煎好的其他药汁冲服。

⑦ 煎煮次数。煎煮中药时，药物有效成分首先会溶解在进入药材组织的水分中，然后再扩散到药材外部的水液里。当药材内外溶液的浓度达到平衡时，因渗透压平衡，有效成分就不再溶出了。这时，只有将药液滤出，重新加水煎煮，有效成分才能继续溶出。在中兽医临床的煎药实践中，一剂药通常至少要煎 2 次（即头汁及二汁），滋补药可煎煮 3 次。将两次滤液合并，分次服用。各种药物的质地、性质往往有显著差异，煎煮方法或煎煮时间常不相同。临床兽医师处方时应予注明，以便药房配药及畜主煎煮时遵循。如在方剂中指明加酒时，可注明把酒加入药汁里直接灌服，不必与其他药物同煎。

⑧ 榨渣取汁。通常药物加水煎煮后都会吸附一定药液，已经溶入药液中的有效成分也可被药渣再次吸附，若药渣不经压榨取汁就抛弃会造成有效成分损失。所以，汤剂煎煮后应榨渣取汁。

（5）灌药方法 由于中药主要以汤、散剂型为主，口服仍然是临床使用中药的主要给药途径。口服灌药的效果，除受到剂型等因素的影响外，还与服药的时间、服药的多少及服药的冷热等给药方法有关。所以，专就汤剂及散剂的用法加以叙述。方剂在配制使用时，必须注意下列六点。

① 药前准备。给动物灌药前准备工作虽然很多，但对所灌药物的质量、配方要求不能有丝毫的马虎。既要比对处方中的配伍情况，又要对加工药物的外观质量进行观察。只有这样，才能把一切不安全的因素消灭于萌芽之中。

a. 药前查对。在配药时，必须注意药味的配合是否恰当，剂量是否合适，方剂中的各药味是否有配伍禁忌。在称量药物时，剂量必须准确，包药时必须把异物除净，并应注意每味药的质量，配完后要查验，避免遗漏或拿错。

b. 适度研药。在研药时，可采用小型电动粉碎机粉碎，也可采用药碾或臼捣的方法。

机械粉碎法非常方便，首先将各药干燥，统一混合，慢慢少量入机粉碎至所需细度即可。但此法浪费较大，方剂药物太少时就不适用。

药碾或臼捣通常是将干燥而量少的或易碎的药物先研，其次再碾粗皮或较硬的根茎或果实类药物，最后才将各味药粉混合均匀，过筛应用。需要临时炮制的药物，可分研、合研，或先研后合，先合后研，应斟酌情形而行。对于普通的药物，可将其混合研细。药粉应研至不粗不细，以适中为度；因为太粗，则药物难以吸收，奏效慢；而太细，则粘喉难咽。研药时要注意清洁，若无筛具时，应详细检查药粉里是否有碎石头、黑炭块、铁片、瓷片、小洋钉、细毛发等混入，如经发现，应立即取出，以免伤害畜禽胃肠。

c. 稀稠适度。在冲药时，首先要用白开水将药冲成糊状，稍待片刻，使药粉浸透；其次加入方剂上的引药，再添加一些冷水，调成半稀半稠的程度（如稀粥），因为太稀容易误咽，太稠又难以咽下。对于药液的温度，一般是在冬天可稍温，在夏天宜稍凉。

d. 因病调剂。对于三喉症、中风口紧而不能咽药者，可不必研细，只需将药切成薄片或捣碎，即可加水煎熬，然后去渣灌服。

② 灌药时间。适时灌药也是合理用药的重要方面，具体灌药时间应根据畜禽胃肠状况、病情需要及药物特性来确定。所以，《图经集注衍义本草序例》有言："病在胸膈以上者，先食后服药；病在心腹以下者，先服药而后食；病在四肢血脉者，宜空腹而在旦；病在骨髓者，宜饱满而在夜。"在《蕃牧纂验方》《安骥药方》及《元亨疗马集》里也有"空肠""草后""草饱""空草""草前""喂饱""草半灌之""隔日再灌"等记载。

一般来说，在空肠、空草或草前灌药，则药物吸收较快，而且可以直接作用于胃肠，适用于脾、胃、大小肠病症及急症和虫积症；而草后、草饱、草半、喂饱后，则药物的吸收较慢，适宜于慢性病或刺激性大的药物，以及滋养药等；病在胸膈以前的病畜，先投草料后灌服药物；病在心腹以后的病畜，则应先灌服药物而后投喂草料；病在四肢血脉的患畜，宜在清晨空腹时灌服；病在骨髓的患畜，宜在夜间投喂草料之后灌服；清晨空腹灌喂时，因胃及十二指肠内均无食物，所服药物可避免与食物混合，能迅速进入肠中充分发挥药效；峻下逐水药晨起空腹时灌服，不仅有利于药物迅速入肠发挥作用，且可避免夜间频频小便影响病畜休息；投喂草料前，胃中较为空虚，有利于药物的消化吸收，驱虫药、攻下药及其他治疗消化道疾病的药物，均宜在投喂草料前服用；对胃肠道有刺激性的药物，于草料后服用，因胃中存有较多食物，药物与食物混合，可减轻其对胃肠的刺激；消食药亦宜投喂草料后及时灌服，以利充分发挥药效。对于一般药物，无论喂前或喂后灌服，服药与投喂草料都应间隔 1h 左右，以免影响药物、草料的消化吸收和药效的发挥。

此外，为了使药物能充分发挥作用，有的药还应在特定的时间服用。如镇静安神药宜在夜间休息前 30～60min 灌服，缓下剂亦宜在夜间休息前灌服，以便翌日清晨排便，涩精止遗药也是如此。截疟药应在疟疾发作前 2h 投喂，急性病则不拘时间灌服。

③ 灌药次数。畜禽疾病若采用汤剂治疗，多用温服，一般每日 1 剂，煎煮 2 次，滤液取汁，合并滤液分 2 次或 3 次候温灌服。病情急重者，可每日 2 剂甚或 3 剂，每剂分 2～3 次灌服，即每隔 4h 左右灌服 1 次，昼夜不停，使药力持续利于顿挫病势。慢性病可隔日灌服 1 次，或 1 剂分 2 日灌服。应用发汗药、泻下药时，如药力较强，灌服药应适可而止。一般以得汗、得下为度，不必尽剂，以免汗下太过，损伤正气。呕吐病畜灌服宜少量频服，少量药物对胃的刺激小，不致药入即吐，频频灌服，才能保证一定的服药量。

④ 灌药温度。临床用药时，灌服药物的冷热应具体分析，一般汤药多宜温时灌服。若治寒证用热药，宜于热时灌服，特别是辛温发汗解表药用于外感风寒表实证，不仅药宜热灌服，灌药后还需温覆取汗。至于治热病所用寒药，如热在胃肠，病畜欲饮冷水者可凉灌服，如热在其他脏腑，不欲冷饮者，寒药仍以温时灌服为宜。若用从治法，则温热药冷灌服，寒凉药热灌服。对于丸、散等固体药剂，除特别规定外，一般都宜用温开水调匀冲服。

⑤ 灌药操作。灌药操作及注意事项，可分为下列五点。

a. 器皿：一般指灌角、灌勺、竹筒、黄铜所制的灌药器、灌药瓶、投丸器、胃导管等灌药器具。

b. 地点：对大动物要选择宽敞平坦，光线充足，四周无障碍物，且有保定栏或树的场所，若没有保定栏可设立粗圆光滑木柱一支，埋地深度约在1m，木柱上要有分叉，或钉拉环（如临时灌药，可以树杈或梁柱代之）。对于中小动物，只要选择平坦的地方即可。

c. 保定：灌药时，应做适当的保定，大家畜宜固定在木桩或保定栏内。临灌药时，对马骡可先将吊口绳戴在牲畜的头上，将口吊平，对牛可将缰绳拴到与肩部同高，因为太高伤气恐错咽，太低容易流出药汁，如遇戴有夹板笼头的家畜，可将吊口套在笼头底下，以免妨碍张口，将缰绳从左边活套在木柱上，不可拴紧或打结，否则家畜猛扑或后退时，容易发生危险。对于猪、兔、鸡等，则应妥当保定。

d. 潜药：将药盛入灌药器，从一侧口角喂到口中时应先轻插之，将药液送入口中，刺激舌根，使其吞咽，即可将药灌入，不宜直冲咽喉以免异物伤肺，对咽喉肿痛、破伤风或中风的患畜，以及有刺激性的药物，最好使用胃导管从口或鼻直接投入胃中，待病畜将药咽干净后放下吊绳。

e. 注意事项：灌药前，应将冲好的药盆放在安稳的地方，勿使病畜接近，以防踩翻；药液温度，冬季宜温，夏季宜凉，寒证宜温，热证宜凉。灌药时，不要马虎玩笑，时刻留神，如遇有呼吸道病的牲畜（如咳嗽、吊鼻和三喉证）和老瘦气虚、出汗或喘息者，要缓一缓再灌。对于灌药不咽的家畜，要在药内临时添水，使其变稀一些，然后以手掌轻拍其头部，或用空灌药器插入口中使其舌活动，再少灌、慢灌，且应以盆接药，多灌几下，勿使误咽或将药物洒失；如遇喉症和风症不能灌研药时，可灌熬成的药汁，待灌入三口后，应缓一缓再灌，尤其是应避免速灌或高灌，以防药汁误入气管；在灌服洗药盆的稀水时，要将头放低些再灌。灌完时，要停片刻，再放开家畜。拉吊口绳的人员，要站在家畜的左前方，灌药的人员，要站在右前方，千万不可站在正前方，以免病畜的前蹄和头碰伤人，或者发生咬伤。遇猛扑顽强的家畜，可临时筹划各种妥当的办法，如以绳缚其肢体，或以布掩其眼，或扭其耳唇等。最好是先软后硬，以平安灌药为目的，如灌药中途，家畜忽又顽抗急动，这时可暂停，不可强灌。

⑥ 灌药后注意事项。

a. 对于气胀的家畜，服灌药后，病轻者应牵蹄，病重者应系于安静通风的厩舍内。

b. 服药后，轻症的至少应休息1天，重症者除外。

c. 服药后，如有同槽合喂的，宜隔槽喂。

d. 服药后，当夜忌喂面粉和绿豆粉，但可在翌日中午喂。

e. 服药后3天内，忌饮空肠水，也忌淋雨、驮重或快走。

f. 服药后30min左右，如有口流清水者，一般是由于胃内有虫，其接触药味，在胃内窜动的表现，隔2～3h后，可恢复原状，特别是瘦弱的家畜，常见有这样的反应，应予注意。

9.4.1.2 中兽药及方剂用药禁忌

（1）各中药的用药禁忌 中药可防治疾病，但也有毒副作用。学习中药的配伍，既要了解其防治疾病的作用，也要了解其可能产生的不良反应。如寒凉药既能清热，又能伤阳；温热药虽可散寒，但易耗阴；攻下药固然可以祛邪，但每致伤正；滋补药虽能扶正，但可恋邪；升阳药阳亢者用之阳升更甚；降逆药气陷者投之反致病剧；等。如苦寒的黄连能治湿热泻痢，但不宜用于脾阳虚的泄泻；辛热的干姜能治肺寒咳嗽，但肺热燥咳者忌用。总之，从药性之偏来认识其对动物不利的一面，避其所短，是掌握用药禁忌的关键。

① 配伍禁忌的原因。配伍之所以有禁忌，是因为某些药物配伍应用会产生毒副作用，危害动物的健康，甚至危及生命。中药配伍禁忌历来以"十八反"作为理论标准，但结论不一，争论颇多，从古至今临床上应用反药来治疗动物顽疾，也不乏其人。在现成的古方与成方中含有"十八反"的内服和外用方剂也很多，说明相反药配伍并非绝对禁忌，有些相反配伍，掌握因动物、因证用药，注意控制剂量，有时还可收到奇特的效果。

A. 对"十八反""十九畏"的考究。"十八反"即乌头反半夏、瓜蒌、贝母、白蔹、白及；甘草反海藻、大戟、芫花、甘遂；藜芦反人参、沙参、丹参、玄参、苦参、细辛、芍药。"十九畏"即硫黄畏朴硝，丁香畏郁金，川乌、草乌畏犀角，牙硝畏三棱，官桂畏五灵脂。必须说明，这里所说的"畏"是相恶之意，与中药配伍关系中的"相畏"含义不同。现代学者对其进行了大量药理实验和临床研究工作，都是仁者见仁，智者见智。

a. 有些反药合用无毒性。如官桂与赤石脂、丁香与郁金、人参与五灵脂，经文献、药理及临床研究证实不属于配伍禁忌。

b. 有的反药合用后能缓解消除副作用。多数反药可以合用，只要能够依据患病动物症状及炮制、煎法、剂量与给药途径，就可消除其毒副作用。

c. 反药合用后有副作用。有些药物如大戟、芫花、甘遂、乌头等本身毒性较强，加上不适当配伍更使毒副作用增加。

d. 反药配伍妨害治疗。反药配伍对方剂的功效、病证的疗效均可形成干扰，这可能是中药"十八反"的新含义。

由此可见，"十八反"和"十九畏"中的药物配伍，结论还不完全一致。因此，尚难给予肯定或否定，还有待于进一步研究。但在未得出结论之前，应慎重应用，一般情况下，仍遵循传统习惯，避免同用。

B. 有毒中草药。中草药至今已多达12800多味，其中有毒中草药500余种，有些药物的毒性成分与有效成分并存，多数有毒中药都可以通过加工炮制、药物配伍等方式使其毒性降低。

a. 大毒类。毒性剧烈，生品不宜内用或内服用量很小，中毒量与治疗量间的安全阈值很小，超量用药可致严重毒性反应，且极易致动物中毒死亡。包括马钱子、巴豆、川乌、草乌、闹洋花、天仙子、红粉、斑蝥等。

b. 有毒类。毒性较大，治疗量与中毒量较为接近，过量也可致动物中毒，甚至死亡。包括甘遂、洋金花、罂粟壳、芫花、蟾酥、全蝎、制草乌、土荆皮、山豆根、雄黄、苍耳子、两头尖、轻粉、附子、蜈蚣、硫黄、蓖麻子、牵牛子、千金子、天南星、白果、制川乌、干漆、千金子霜、水蛭、京大戟、木鳖子、仙茅、白附子、朱砂、华山参、苦楝皮、金钱白花蛇、常山、商陆、蕲蛇等。

c. 小毒类。有一定毒性，治疗量和中毒量差距较大，但剂量过大也可发生毒副作用。包括吴茱萸、鸦胆子、南鹤虱、土鳖虫、蛇床子、川楝子、蒺藜、重楼、艾叶、绵马贯众、北豆根、九里香、地枫皮、小叶莲、红大戟、苦木、草乌叶、猪牙皂、苦杏仁、两面针、急性子等。

② 配伍禁忌类型。配伍禁忌药物又可分为禁用和慎用两大类。所谓禁用是指必须严格禁止使用，慎用则要求在一定条件下可谨慎使用，但必须观察动物病情变化及用药后的各种反应。而使用禁忌又可分为使用对象禁忌、使用证候禁忌与使用方法禁忌等。

A. 使用对象禁忌。母畜妊娠期间，有些药物不能使用，而有些药物应谨慎使用，否则会损伤胎元或引起坠胎。妊娠用药禁忌一般分为两类：一类为禁用药，多是毒性强烈或药性峻猛药；一类为慎用药，主要是活血祛瘀药、行气药、攻下药、温里药中的部分药，这些药物应用不当亦可损伤胎气，引起坠胎。凡是妊娠禁忌或慎用的药物，若无特殊需要，孕畜应尽量避免使用，以防发生意外，造成不良后果。但如遇到受孕动物，或患有严重疾病的动物，不用禁忌或慎用类药物不能治愈时，亦可慎重地酌情使用。

a. 孕畜禁用：水银、斑蝥、砒霜、马钱子、雄黄、蟾酥、轻粉、草乌、蜈蚣、川乌、藜芦、三棱、胆矾、瓜蒂、水蛭、巴豆、干漆、甘遂、大戟、麝香、芫花、牵牛子、商陆、虻虫、莪术等。

b. 孕畜忌内服药：巴豆、蜈蚣、川乌、斑蝥、雄黄、商陆、硫黄、皂角刺、王不留行、射干、蟾酥、硇砂、大皂角、阿魏、马鞭草、麝香、关白附、千金子、玄明粉、瞿麦、薏苡仁、猪牙皂。

c. 孕畜慎用：制川乌、番泻叶、白附子、瞿麦、天南星、虎杖、王不留行、干漆、漏芦、大黄、草乌叶、硫黄、牛膝、生姜黄、急性子、西红花、肉桂、华山参、冰片、关木通、红花、枳壳、枳实、蟾蜍、禹余粮、桃仁、常山、赭石、三七、苏木、郁李仁等。

B. 使用证候禁忌。体弱便溏动物忌服千金子，心脏病、心动过速忌服天仙子，大便滑泻动物忌用亚麻子，体虚无瘀动物慎用干漆，虚寒动物慎服青叶胆，肝炎、肾炎动物慎服苦楝皮，出血动物慎用肉桂，外感及痰热咳喘动物慎用洋金花，咯血、吐血动物禁用猪牙皂等。

C. 使用方法禁忌。苦杏仁内服不宜过量以免中毒，雄黄不可久用，常山有催吐作用用量不宜过大，罂粟壳易成瘾不宜长期服，华山参与闹羊花不宜多服或久服，草乌、白附子、乌头与马钱子不宜生服、多服或久服，白果生服有毒，轻粉不可过量内服，红粉有毒，只可外用不可内服，斑蝥内服慎用，蓖麻油忌与脂溶性驱虫药同用。

D. 忌铜、铁的中药。

a. 铜、铁皆忌的药物：玄参、益母草、地黄、肉豆蔻等。

b. 忌铁的药物：石榴皮、人参、苦楝子、五味子、桑寄生、山药、雄黄、朱砂、猪苓、何首乌、皂角、石菖蒲、甘遂、茜草根、龙胆、刺蒺藜、槐花、瓜蒌、芍药、香附子、麻黄、雷丸、牡丹皮、商陆、知母、藜芦等。

③ 相畏药物。硫黄畏芒硝（包括玄明粉）；水银畏砒霜；狼毒畏密陀僧；巴豆（包括巴豆霜）畏牵牛（黑白两种）；丁香（公母两种）畏郁金（黑黄两种）；芒硝（包括玄明粉）畏荆三棱；川乌、草乌（包括附子）畏犀角（水牛角代）；人参畏五灵脂；官桂（包括肉桂、桂枝）畏石脂（包括赤白两种），可使疗效降低。

④ 相反药物。甘草反海藻、红大戟、甘遂、芫花；乌头（包括川乌、草乌、附子）反半夏（包括各种半夏和半夏曲）、瓜蒌（包括皮、仁霜、根）、贝母（包括浙贝母、川贝母）、白蔹、白及，藜芦反诸参（人参、党参、丹参、南沙参、北沙参、苦参、玄参）、白芍、赤芍、细辛。

⑤ 常用中药使用禁忌。如表 9-2～表 9-17 所示。

表 9-2　常用解表药使用禁忌

名称	禁忌	名称	禁忌
麻黄	表虚、多汗者忌用	藁本	凡阴虚内热者忌用
桂枝	温病发热，阴虚火旺，血热妄行者忌用	薄荷	病后自汗者忌用
		柴胡	马脉迟而弱者忌用
细辛	肺虚咳嗽者忌用	升麻	凡上盛下虚及火旺者忌用
防风	凡阴虚火旺，血虚发痉者忌用	牛蒡子	脾胃虚寒性泄泻忌用

表 9-3　常用清热药使用禁忌

名称	禁忌	名称	禁忌
石膏	胃肠无实热者忌用	白茅根	虚寒无实热及不渴者忌用
栀子	脾胃虚寒、无湿热无瘀火者忌用	金银花	虚寒作泻及气虚而脓清者忌用
芦根	脾胃虚寒者忌用	连翘	心热已祛，脓血尚多，疮久不愈时忌服；阴证寒证禁用；脾胃虚寒慎用
天花粉	脾胃虚寒、无实热者禁用		
黄芩	脾胃虚寒、无湿热实火者禁用	青黛	中寒者忌用
黄连	虚弱者禁用	蒲公英	阴证及疮毒已溃者忌用
龙胆	脾胃虚弱及无湿热实火者忌用	山豆根	脾胃虚寒性泄泻者忌用
苦参	肾冷、脾胃虚弱者忌用	白头翁	虚寒泻痢及下泻淡红者忌用
玄参	脾虚泄泻者忌用	香薷	伤暑大汗、口渴急饮时忌用
牡丹皮	妊娠者忌服	地骨皮	脾胃虚寒及下痢者忌用
赤芍	中寒腹痛及血虚者忌用，反藜芦	胡黄连	脾胃虚弱者忌用
水牛角	血分无实热者禁用		

表 9-4　常用温里药使用禁忌

名称	禁忌	名称	禁忌
附子	妊娠家畜忌用	丁香	马多热时忌用
肉桂	孕畜和阴虚而阳盛者忌服，忌与生葱及赤石脂同用	川椒	本品不可久服
		艾叶	阴虚血热者忌用

表 9-5　常用消食药使用禁忌

名称	禁忌
神曲	泌乳母畜或妊娠母畜忌用
麦芽	孕畜和产奶期家畜忌用

表 9-6　常用泻下药使用禁忌

名称	禁忌	名称	禁忌
大黄	秘结而体虚、血虚或不实者忌用；脾胃虚弱、胃肠无积滞者忌用；产前产后无湿热者忌用	郁李仁	津亏、孕畜忌服
		大戟	体质虚弱和孕畜忌用，忌与甘草配伍
		甘遂	体质虚弱和孕畜忌用，忌与甘草配伍
芒硝	虚弱病畜和孕畜忌服	牵牛子	元气虚弱、便溏、尿频、妊娠忌服，忌与巴豆配伍
巴豆	体虚无积滞、妊娠母畜忌用；牛、羊慎用		
		葶苈子	虚证、肺痈脓成后，肺无实邪而喘咳及脾虚胀满、气虚的小便不利等均忌用
番泻叶	孕畜和虚弱家畜忌用		
火麻仁	肠滑者忌用		

表 9-7 常用收涩药使用禁忌

名称	禁忌	名称	禁忌
诃子	咳嗽、痢疾初期时忌用	五味子	若肺中火邪上逆，胸膈胀满时，多服则生虚热
乌梅	表证与里实证忌用		
肉豆蔻	热泻热痢和病初时忌用	金樱子	有实热者忌用
五倍子	肺火实盛者禁内服	桑螵蛸	阴虚多火者忌用
石榴皮	有实邪者禁用	益智	凡属燥热及精亏水痼者忌用
麻黄根	有表邪者忌用		

表 9-8 常用理气药使用禁忌

名称	禁忌	名称	禁忌
枳实	多用能损胸中之气	青皮	气虚体弱而多汗者忌用
厚朴	马腹胀而虚弱时不可多服	乌药	气虚者忌用
木香	血虚、阴虚火旺、气虚发热者忌用	大腹皮	气虚病畜慎用
陈皮	对马、牛、羊自汗、盗汗、肺虚者不可多用	沉香	气虚下陷者忌用
		川楝子	脾胃虚弱者禁用

表 9-9 常用活血化瘀药使用禁忌

名称	禁忌	名称	禁忌
川芎	阴虚火旺者忌用	延胡索	血虚及血热无瘀者忌用
丹参	反藜芦	三棱	气虚无瘀及孕畜忌用
红花	孕畜及无瘀血者忌用	莪术	气血两虚，脾胃虚弱而无积滞者忌用
桃仁	孕畜忌用	没药	疮疡已溃者均不宜用
郁金	阴虚而无瘀滞者忌用	牛膝	孕畜及无瘀血者忌用

表 9-10 常用止血药使用禁忌

名称	禁忌	名称	禁忌
地榆	虚寒血证及下痢初期忌用	侧柏叶	无湿热者忌用
槐花	妊娠及无实火者忌用	茜草	尿涩者忌用

表 9-11 常用祛风除湿药使用禁忌

名称	禁忌	名称	禁忌
独活	无风寒湿邪及阴虚火旺者忌服	猪苓	虚弱不食者忌用
威灵仙	阳盛火旺及表虚有汗者忌用	茯苓	多汗、尿频、津液耗伤者忌用
五加皮	无寒湿而有火邪者忌用	泽泻	肝肾亏、无湿热者忌用
防己	无下焦血分实热及二便不利者忌用	木通	自汗不止及尿频数者忌用
秦艽	下部虚寒及小便多者忌用	瞿麦	虚弱羸瘦及胎前产后者忌用
乌头	孕畜忌用	萹蓄	无湿热以及产前产后者忌用
砂仁	马心热时忌用	茵陈	血虚萎黄，瘀血发黄者忌用
豆蔻	忌用于热证	薏苡仁	中焦极寒者忌用
草豆蔻	孕畜忌用	海金沙	肾虚无湿热，真阳不足者忌用
苍术	阴虚多汗者忌用		

表 9-12 常用化痰止咳平喘药使用禁忌

名称	禁忌	名称	禁忌
半夏	口渴、肺虚、多汗、液耗、阴虚及孕畜忌用，反乌头	苦杏仁	阴虚咳嗽者慎用
		桔梗	阴虚咳嗽者忌用
天南星	阴虚燥痰以及孕畜忌用	百部	脾胃虚弱、大便泄泻者忌用
瓜蒌	脾胃虚寒、无实热者忌用	紫菀	阴虚肺热者忌用
贝母	脾胃虚寒及有湿痰者忌用	旋覆花	泄泻者忌用
马兜铃	肺虚寒喘咳嗽者忌用	芥子	肺虚咳嗽者忌用

表 9-13　常用补益药使用禁忌

名称	禁忌	名称	禁忌
党参	实证忌用，反藜芦	淫羊藿	精滑阳虚者禁用
黄芪	内有积滞实证、外有表邪及胸膈胀满、胃肠积滞者忌用	当归	凡腹痛而有血热时忌服
		枸杞子	脾虚有湿及有外邪实热者忌用
白术	阴虚燥渴及草料积滞者忌用	沙参	肺寒咳嗽忌用，反藜芦
山药	实证湿热者忌用	天冬	脾虚寒泻者忌用
肉苁蓉	泄泻及肾内有热者忌用	麦冬	有寒者忌用
补骨脂	尿血、粪结者忌用	女贞子	脾胃虚寒泄泻者忌用

表 9-14　常用平肝息风药使用禁忌

名称	禁忌	名称	禁忌
决明子	冷肠泄泻者忌用	钩藤	无风热及实火者忌用
青葙子	瞳仁散大者忌用	僵蚕	血虚而无风寒病邪者忌用
木贼	阴虚火旺者忌用	蜈蚣	孕畜忌用
谷精草	凡无风热者忌用	石决明	脾胃虚寒无实热者忌用
天麻	阴虚者忌用		

表 9-15　常用安神开窍药使用禁忌

名称	禁忌	名称	禁忌
朱砂	忌火煅，多服易引起汞中毒	麝香	阴虚病畜及孕畜忌用
远志	心经实火者忌多服	冰片	无实邪者忌用
柏子仁	下泻多痰者忌用	牛黄	无热及孕畜禁服
酸枣仁	有实邪郁火者禁用		

表 9-16　常用驱虫和杀虫药使用禁忌

名称	禁忌	名称	禁忌
槟榔	气虚下泻时忌服用	榧子	脾虚泻下病畜忌用
苦楝皮	脾胃虚寒者忌用		

表 9-17　常用外用中药使用禁忌

名称	禁忌
雄黄	本品切忌火煅，煅后便被氧化为三氧化二砷，即砒霜，有剧毒，孕畜忌用
硫黄	屠宰家畜忌用，忌与朴硝同用

（2）各方剂的用药禁忌

① 解表方。

A. 辛温解表方。

a. 麻黄汤。

组成：麻黄、桂枝、杏仁、甘草。

本方为解表剂，具有发汗解表、宣肺平喘之功效。主治外感风寒表实证，症见恶寒发热，头身疼痛，无汗而喘，舌苔薄白，脉浮紧。临床常用于治疗感冒、急性支气管炎、支气管哮喘等属风寒表实证者。

禁忌：本方为辛温发汗之峻剂，故《伤寒论》对“疮家”“淋家”“亡血家”，以及外感表虚自汗、血虚而脉兼“尺中迟”、误下而见“身重心悸”等，虽有表寒证，亦皆禁用；麻黄汤药味虽少，但发汗力强，不可过服，否则，汗出过多必伤正气。正如柯琴指出：“盖此乃纯阳之剂，过于发散，如单刀直入之将，投之恰当，一战成功。不当则不戢而召祸。故用之发表，可一而不可再。”（《伤寒来苏集·伤寒附翼》卷上）

b. 桂枝汤。

组成：桂枝、芍药、甘草、大枣、生姜。

本方为解表剂，具有辛温解表、解肌发表、调和营卫之功效。主治头痛发热，汗出恶风，鼻鸣干呕，苔白不渴，脉浮缓或浮弱者。临床常用于治疗感冒、原因不明的低热、产后或病后低热、妊娠呕吐、多形红斑、冻疮、荨麻疹等属营卫不和者。

禁忌：外感热病，阴虚火旺，血热妄行者，均当忌服，孕畜慎用。

c. 荆防败毒散。

组成：羌活、独活、柴胡、前胡、枳壳、茯苓、荆芥、防风、桔梗、川芎各一钱五分（4.5g），甘草五分（1.5g）。

本方出自《摄生众妙方》卷八，为发表剂。具有疏风解表、败毒消肿、祛痰止咳之功效。主治外感风寒湿邪。症见外感风寒初起，恶寒发热，头疼身痛，胸闷咳嗽，痰多色白，苔白脉浮，及一切疮疡肿毒，肿痛发热，脉浮数者。

禁忌：本方药性偏温燥，凡里有实热或阴虚内热者不宜用。

d. 防风通圣散。

组成：防风、大黄、芒硝、荆芥、麻黄、栀子、芍药、连翘、甘草、桔梗、川芎、当归、石膏、滑石、薄荷、黄芩、白术。

本方为表里双解剂，具有解表攻里、发汗达表、疏风退热之功效。主治表里俱实证。症见憎寒壮热无汗，口苦咽干，大便秘结，舌苔黄腻，脉数。临床常用于治疗感冒、头面部疖肿、急性结膜炎、高血压、肥胖症、习惯性便秘、痔疮等属风热壅盛、表里俱实者。

禁忌：本方汗、下之力峻猛，有损胎气，体虚及怀孕动物慎用。若时疫饥馑之后胃气亏损者，须当审察，非大满大实不用。荆芥、麻黄、防风疏风解表，使在皮肤的风热之邪得汗而泄，但麻黄量不宜太大，少用即可。

B. 辛凉解表方。

桑菊饮。

组成：桑叶二钱五分、菊花一钱、苦杏仁二钱、连翘一钱五分、薄荷八分、苦桔梗二钱、甘草八分、芦根二钱。

本方为解表剂，具有辛凉解表、疏风清热、宣肺止咳之功效。主治风温初起，咳嗽，身热不甚，口微渴，苔薄白，脉浮数者。临床用于治疗感冒、急性支气管炎、上呼吸道感染、肺炎、急性结膜炎、角膜炎等属风热犯肺或肝经风热者。

禁忌：若风寒感冒，不宜使用。

② 清热方。

A. 清热泻火方。

a. 白虎汤。

组成：石膏、知母、粳米、甘草。

白虎汤为清热剂，具有清气分热、清热生津之功效。主治气分热盛证，壮热面赤，烦渴引饮，汗出恶热，脉洪大有力。临床常用于治疗感染性疾病，如大叶性肺炎、流行性乙型脑炎、流行性出血热、牙龈炎以及小儿夏季热等属气分热盛者。

禁忌：表证未解的无汗发热，口不渴者；脉见浮细或沉者；血虚发热，脉洪不胜重按者；真寒假热的阴盛格阳证等均不可误用。

b. 清胃散。

组成：升麻、黄连、当归、生地黄、牡丹皮。

清胃散为清热剂，具有清脏腑热、清胃凉血之功效。主治胃火牙痛，症见牙痛牵引头痛，面颊发热，其齿喜冷恶热，或牙宣出血，或牙龈红肿溃烂，或唇舌腮颊肿痛，口气热臭，口干舌燥，舌红苔黄，脉滑数。临床常用于治疗口腔炎、牙周炎等属胃火上攻者。

禁忌：风寒及肾虚火炎者不宜使用。

B. 清热解毒方。

黄连解毒汤。

组成：黄连、黄芩、黄柏、栀子。

黄连解毒汤为清热剂，具有清热解毒之功效。主治三焦火毒证，症见大热烦躁，口燥咽干，或热病吐血、衄血，或热甚发斑，或身热下利，或湿热黄疸，或外科痈疽疔毒，小便黄赤，舌红苔黄，脉数有力。临床常用于治疗败血症、脓毒血症、痢疾、肺炎、泌尿系统感染、流行性脑脊髓膜炎、乙型脑炎等属热毒证者。

禁忌：本方为大苦大寒之剂，不宜久服或过量服用，非火盛者不宜使用。

C. 清营凉血方。

a. 清营汤。

组成：犀角（水牛角代替）30g、生地黄15g、玄参9g、竹叶心3g、麦冬9g、丹参6g、黄连5g、金银花9g、连翘6g。

清营汤为清热剂，具有清营解毒、透热养阴之功效。主治热入营分证，身热夜甚，神烦少寐，目常喜开或喜闭，口渴或不渴，斑疹隐隐，脉细数，舌绛而干。临床常用于治疗败血症、肠伤寒或其他热性病证属热入营卫者。

禁忌：使用本方应注意舌诊，原著说："舌白滑者，不可与也。"并在该条自注中说："舌白滑，不惟热重，湿亦重矣，湿重忌柔润药。"以防滋腻而助湿留邪。

b. 犀角地黄汤。

组成：犀角（水牛角代替）、生地黄、芍药、牡丹皮。

犀角地黄汤为清热剂，具有清热解毒、凉血散瘀之功效。主治热入血分证，热扰心神，舌绛起刺，脉细数；热伤血络，斑色紫黑、吐血、便血、尿血等，舌绛红，脉数；蓄血瘀热，漱水不欲咽，大便色黑易解等。临床应用于治疗重症肝炎、肝昏迷、弥漫性血管内凝血、尿毒症、过敏性紫癜、急性白血病等属血分热盛者。

禁忌：阳虚失血、脾胃虚弱者忌用。

c. 清瘟败毒饮。

组成：生地黄、黄连、黄芩、牡丹皮、石膏、栀子、甘草、竹叶、玄参、犀角、连翘、芍药、知母、桔梗。

清瘟败毒饮为清热剂，具有气血两清、清热解毒、凉血泻火之功效。主治温疫热毒，气血两燔证，症见大热渴饮，干呕狂躁，或发斑疹，或吐血、衄血，四肢或抽搐，舌绛唇焦，脉沉数，可沉细而数，或浮大而数。临床常具有解热，抗血小板聚集，降低血液黏度，抗炎，镇痛，镇静，抗菌，抗病毒，保肝，解毒，强心，利尿等作用。

禁忌：本方为大寒解毒、气血两清之剂，能损阳气，故素体阳虚，或脾胃虚弱者忌用。

D. 清热燥湿方。

a. 龙胆泻肝汤。

组成：龙胆、栀子、黄芩、木通、泽泻、车前子、柴胡、甘草、当归、生地黄。

龙胆泻肝汤为清热剂，具有清脏腑热、清泻肝胆实火、清利肝经湿热之功效。主治肝胆实火上炎证，症见头痛目赤，胁痛，口苦，耳聋，耳肿，舌红苔黄，脉弦细有力；肝经湿热下注证症见，症见阴肿，阴痒，筋痿，阴汗，小便淋浊，或带下黄臭等，舌红苔黄腻，脉弦数有力。临床常用于治疗阴虚而不甚、阳亢而不烈之高血压及滴虫性阴道炎、阴痒、带下等证。

禁忌：方中药物多苦寒，易伤脾胃，故对脾胃虚寒和阴虚阳亢之证皆非所宜。

b. 茵陈蒿汤。

组成：茵陈、栀子、大黄。

茵陈蒿汤为祛湿剂，具有清热、利湿、退黄之功效。主治湿热黄疸，症见一身面目俱黄，黄色鲜明，发热，无汗或但头汗出，口渴欲饮，恶心呕吐，腹微满，小便短赤，大便不爽或秘结，舌红苔黄腻，脉沉数或滑数有力。临床常用于治疗胆囊炎、胆石症、钩端螺旋体病等所引起的黄疸，证属湿热内蕴者。

禁忌：脾胃气虚虽见有阳黄黄疸者，亦当慎用，方中药物皆属苦寒之性，易伤脾胃，方中大黄通下之力较强，尤当禁用于脾虚大便稀溏或泄泻者。此外大黄有攻下、活血化瘀之功，易于引起子宫收缩而导致流产，故当忌用。

茵陈蒿汤方剂虽仅由三味药物组成，但三药却不宜放在一起下锅煎熬，其中茵陈宜先用水浸泡，并另外先煎，大黄宜后下，不可久煎，以保证药效的发挥。茵陈蒿汤方剂中药物多味苦性寒，其攻下、利尿功用颇强，故不可久用、过用，以免伤及正气。

c. 白头翁汤。

组成：白头翁、黄连、黄柏、秦皮。

白头翁汤为清热剂，具有清热解毒、凉血止痢之功效。主治热毒痢疾，症见腹痛，里急后重，肛门灼热，下痢脓血，赤多白少，渴欲饮水，舌红苔黄，脉弦数。临床常用于治疗阿米巴痢疾、细菌性痢疾等证属热毒炽盛者。

禁忌：素体脾胃虚弱者当慎用。

E. 清热祛暑方。

香薷散。

组成：香薷、白扁豆、厚朴。

香薷散为祛暑剂，具有祛暑解表、化湿和中之功效。主治阴暑，症见恶寒发热，头痛身重，无汗，腹痛吐泻，胸脘痞闷，舌苔白腻，脉浮。临床常用于治疗夏季感冒、急性胃肠炎等属外感风寒夹湿证者。

禁忌：若属表虚有汗或中暑发热汗出、心烦口渴者，不宜使用。

F. 清虚热方。

秦艽鳖甲散。

组成：柴胡、鳖甲（去裙襴，酥炙，用九肋者）、地骨皮各 30g，秦艽、当归、知母各 15g。

秦艽鳖甲散主治虚劳阴亏血虚，骨蒸壮热，肌肉消瘦，唇红颊赤，困倦盗汗。

禁忌：久痛虚羸，阴虚血燥，精竭髓衰之证，大便滑者忌用。不与牛奶同服。

③ 泻下方。

A. 攻下方。

大承气汤。

组成：大黄、枳实、厚朴、芒硝。

大承气汤为泻下剂，寒下，具有峻下热结之功效，主治阳明腑实证，症见大便不通，频转矢气，脘腹痞满，腹痛拒按，按之则硬，舌苔黄燥起刺，或焦黑燥裂，脉沉实；热结旁流证，症见下利清谷，色纯青，其气臭秽，脐腹疼痛，按之坚硬有块，口舌干燥，脉滑实；里热实证之热厥、痉挛或发狂等。本方临床常用于治疗急性单纯性肠梗阻、急性胆囊炎、呼吸窘迫综合征、挤压综合征、急性阑尾炎等。

禁忌：本方为泻下峻剂，凡气虚阴亏、燥结不甚，以及年老、体弱等应慎用；孕畜忌用；注意中病即止，以免损耗正气。

B. 润下方。

当归苁蓉汤。

组成：当归 200g、肉苁蓉 100g、番泻叶 60g、广木香 15g、厚朴 30g、炒枳壳 30g、醋香附 30g、瞿麦 15g、通草 10g（有加神曲 60g 者）。

本方为治疗马大肠燥结的润下剂，主治老弱、久病、体虚患畜之结症，具有润燥滑肠、理气通便之效。

禁忌：泄泻禁用，不能用铁器。

C. 逐水方。

大戟散。

组成：大戟 30g、滑石 60g、甘遂 30g、牵牛子 60g、黄芪 30g、大黄 60g、芒硝 90～150g。

本方主要用于水谷停滞胃腑而引起的肷腹胀满，主治牛水草胀肚，症见肷腹胀满，口中流涎，舌吐出口外，具有泻下逐水之效。

禁忌：体弱者慎用大戟，孕畜忌用。

D. 消导方。

消滞汤。

组成：山楂（炒）30g、麦芽 30g、神曲 30g、莱菔子 30g、大黄 20g、芒硝 30g。

本方具有消积导滞、下气消胀之效，治疗猪伤食积滞。

禁忌：消导方虽较泻下剂缓和，但总属攻伐之剂，不宜久服，纯虚无实者禁用。

④ 和解方。

a. 小柴胡汤。

组成：柴胡 45g、黄芩 45g、党参 30g、制半夏 25g、炙甘草 15g、生姜 20g、大枣 60g。

本方为治伤寒之邪传入少阳的代表方，主治少阳病，症见寒热往来，精神不振，饥不欲食，口干色淡红，脉弦，具有和解少阳、扶正祛邪之效。

禁忌：阴虚血少者忌用。

b. 四逆散。

组成：柴胡、芍药、枳实、甘草。

四逆散为和解剂，具有调和肝脾、透邪解郁、疏肝理脾之功效。主治阳郁厥逆证，症见腹痛，或泄利下重，脉弦；肝脾气郁证，症见胁胀，脘腹疼痛，脉弦。临床常用于治疗慢性肝炎、胆囊炎、胆石症、胆道蛔虫病、肋间神经痛、胃溃疡、胃炎等属肝胆气郁，肝胃不和者。

禁忌：肝阳上亢，肝风内动，阴虚火旺及气机上逆者忌用或慎用。

⑤ 化痰止咳平喘方。

A. 化痰方。

二陈汤。

组成：半夏、陈皮、白茯苓、甘草。

二陈汤为祛痰剂，具有燥湿化痰、理气和中之功效。主治湿痰证，症见咳嗽痰多，色白易咳，恶心呕吐，胸膈痞闷，肢体困重，或头眩心悸，舌苔白滑或腻，脉滑。临床常用于治疗慢性支气管炎、慢性胃炎、神经性呕吐等属湿痰者。

禁忌：因本方性燥，故燥痰者慎用；吐血、消渴、阴虚、血虚者忌用本方。

B. 止咳平喘方。

a. 止嗽散。

组成：桔梗、荆芥、紫菀、百部、白前、甘草、陈皮。

止嗽散为解表剂，具有辛温解表、宣肺疏风、止咳化痰之功效。主治外感咳嗽，症见咳而咽痒，咳痰不爽，或微有恶风发热，舌苔薄白，脉浮缓。临床用于治疗上呼吸道感染、支气管炎、百日咳等属表邪未尽，肺气失宣者。

禁忌：痰中带血者慎用。阴虚劳嗽者，不宜使用。

b. 定喘汤。

组成：白果（去壳，砸碎炒黄）9g、麻黄9g、紫苏子6g、甘草3g、款冬花9g、苦杏仁（去皮、尖）4.5g、桑白皮（蜜炙）9g、黄芩（微炒）6g、法制半夏9g，如无，甘草汤泡七次，去脐用。

定喘汤出自《摄生众妙方》，为理气剂。具有宣降肺气、清热化痰之功效。主治风寒外束，痰热内蕴证，症见咳喘痰多气急，质稠色黄，或微恶风寒，舌苔黄腻，脉滑数者。临床上用于治疗支气管哮喘、慢性支气管炎等属痰热壅肺者。

禁忌：若新感风寒，虽恶寒发热、无汗而喘，但内无痰热者，或哮喘日久，肺肾阴虚者，皆不宜使用。

⑥ 温里方。

理中汤。

组成：人参、干姜（炮）、甘草（炙）、白术。

理中汤治疗脾胃虚寒证，症见自利不渴，呕吐腹痛，腹满不食及中寒霍乱阳虚失血，如吐血、便血或崩漏，胸痞虚证，胸痛彻背，倦怠少气，四肢不温。现用于急、慢性胃炎，胃窦炎，溃疡病，胃下垂，慢性肝炎等属脾胃虚寒者。

禁忌：本方由辛温燥热之品组成，针对中焦虚寒而设，应用时应注意辨清寒热真假，对于阴虚、失血之症，不可使用。

⑦ 祛湿方。

A. 祛风胜湿方。

独活寄生汤。

组成：独活、桑寄生、杜仲、牛膝、细辛、秦艽、茯苓、肉桂心、防风、川芎、人参、甘草、当归、芍药、干地黄。

独活寄生汤为祛湿剂，具有祛风湿、止痹痛、益肝肾、补气血之功效。主治痹证日久，肝肾两虚，气血不足证，症见腰膝疼痛、痿软，肢节屈伸不利，或麻木不仁，畏寒喜温，心悸气短，舌淡苔白，脉细弱。临床常用于治疗慢性关节炎、类风湿性关节炎、风湿性坐骨神经痛、腰肌劳损、骨质增生症等属风寒湿痹日久、正气不足者。

禁忌：痹证属湿热实证者忌用。

B. 理气燥湿方。

a. 平胃散。

组成：苍术、厚朴、陈皮、甘草。

平胃散为祛湿剂，具有燥湿运脾、行气和胃之功效。主治湿滞脾胃证，症见脘腹胀满，不思饮食，口淡无味，恶心呕吐，嗳气吞酸，肢体沉重，怠惰嗜卧，常多自利，舌苔白腻而厚，脉缓。临床常用于治疗慢性胃炎、消化道功能紊乱、胃及十二指肠溃疡等属湿滞脾胃者。

禁忌：因本方辛苦温燥，故阴虚气滞，脾胃虚弱者，不宜使用。

b. 藿香正气散。

组成：大腹皮、白芷、紫苏、茯苓、半夏曲、白术、陈皮、厚朴、苦桔梗、藿香、甘草。

藿香正气散为祛湿剂，具有解表化湿、理气和中之功效。主治外感风寒，内伤湿滞证，症见恶寒发热，头痛，胸膈满闷，脘腹疼痛，恶心呕吐，肠鸣泄泻，舌苔白腻，以及山岚瘴疟等。临床常用于治疗急性胃肠炎或四时感冒属湿滞脾胃、外感风寒者。

禁忌：本方重在化湿和胃，解表散寒之力较弱，故服后宜温覆以助解表。湿热霍乱之吐泻，则非本方所宜。

C. 利水渗湿方。

a. 五苓散。

组成：猪苓、茯苓、白术、泽泻、桂枝。

五苓散为祛湿剂，具有利水渗湿、温阳化气之功效。主治膀胱蓄水证，症见小便不利、头痛微热、烦渴欲饮，甚则水入即吐；或脐下动悸，吐涎沫而头目眩晕；或短气而咳；或水肿、泄泻；舌苔白，脉浮或浮数。临床常用于治疗急慢性肾炎、水肿、肝硬化腹水、心源性水肿、急性肠炎、尿潴留、脑积水等属水湿内停者。

禁忌：若汗下之后，内亡津液，而便不利者，不可用五苓，恐重亡津液，而益亏其阴。阳虚不化气，阴虚而泉竭，以致小便不利者不用。

b. 八正散。

组成：车前子、瞿麦、萹蓄、滑石、山栀子仁、甘草、木通、大黄。

八正散为祛湿剂，具有清热泻火、利水通淋之功效。主治湿热淋证，症见尿频尿急，溺时涩痛，淋沥不畅，尿色浑赤，甚则癃闭不通，小腹急满，口燥咽干，舌苔黄腻，脉滑数。临床常用于治疗膀胱炎、尿道炎、急性前列腺炎、泌尿系统结石、肾盂肾炎、术后或产后尿潴留等属湿热下注者。

禁忌：当肾阴亏损，膀胱津少，气化不行，临床常见有小便淋涩疼痛不畅等症者，尤其是老年患畜，应禁用；八正散方剂中的多种利水之品，必然会伤津耗液，导致阴虚之证加重；孕畜禁用。

⑧ 理气方。

a. 健脾散。

组成：当归 30g、白术 30g、甘草 15g、石菖蒲 25g、泽泻 25g、厚朴 30g、肉桂 30g、青皮 25g、陈皮 30g、干姜 30g、茯苓 30g、五味子 20g、砂仁 25g。

本方主治脾气痛，症见蹇唇似笑，肠鸣泄泻，摆头打尾，卧地蹲腰等。用于脾胃虚寒、胃肠寒湿性腹痛、泄泻等证。

禁忌：理气药物以辛燥者居多，易于耗气伤阴，气虚及阴亏者慎用。本类药物大多含有挥发性成分，不宜久煎，以免影响药效。

b. 消胀汤。

组成：酒大黄35g、醋香附30g、木香30g、藿香15g、厚朴20g、郁李仁35g、牵牛子35g、木通20g、五灵脂20g、青皮20g、白芍25g、枳实25g、当归25g、滑石（另包）25g、大腹皮30g、乌药15g、莱菔子（炒）30g、麻油250g。

本方主治马急性肠气胀，有消胀破气、宽肠利便之效。

禁忌：本方为行气力强之品，易伤胎气，孕畜慎用。

c. 丁香散。

组成：丁香30g、木香20g、藿香25g、青皮30g、陈皮30g、槟榔20g、牵牛子30g。本方主治气滞性胃肠臌胀，有理气消胀、疏肝和胃之效。

禁忌：忌醋物、苋菜。

⑨ 理血方。

A. 行血方。

生化汤。

组成：全当归、川芎、桃仁、干姜、甘草。

生化汤为理血剂，具有养血祛瘀、温经止痛之功效。主治血虚寒凝，瘀血阻滞证，症见产后恶露不行，小腹冷痛。临床常用于治疗产后子宫复旧不良、产后宫缩疼痛、胎盘残留等属产后血虚寒凝、瘀血内阻者。

禁忌：若产后血热而有瘀滞者不宜使用；若恶露过多、出血不止，甚则汗出气短神疲者，当属禁用。

B. 止血方。

槐花散。

组成：槐花、柏叶、荆芥穗、枳壳。

槐花散为理血剂，具有清肠止血、疏风行气之功效。主治风热湿毒，壅遏肠道，损伤血络证，症见便前出血，或便后出血，或粪中带血，以及痔疮出血，血色鲜红或晦暗，舌红苔黄脉数。临床常用于治疗痔疮、结肠炎或其他大便下血属风热或湿热邪毒，维遏肠道，损伤脉络者。肠癌便血亦可应用。

禁忌：本方药性寒凉，故只可暂用，不宜久服。便血日久属气虚或阴虚者，以及脾胃素虚者均不宜使用。

⑩ 收涩方。

A. 涩肠止泻方。

a. 乌梅散。

本方选自《元亨疗马集·七十二症》的新驹奶泻。

组成：乌梅（去核）3个、干柿半个、诃子6g、黄连6g、姜黄6g。

本方主治幼驹奶泻，有涩肠止泻、清热燥湿之效。

禁忌：本方收敛止泻作用较强，为避免闭门留寇，粪便恶臭或带脓血者慎用。

b. 四神丸。

组成：补骨脂60g、煨肉豆蔻30g、五味子30g、吴茱萸15g、生姜60g、大枣30个。

本方主治脾肾虚寒泄泻，症见久泻不止，完谷不化，食少神疲，四肢不温，舌淡苔白，脉沉迟无力。有温肾暖脾、固肠止泻之效。

禁忌：胃肠道阻塞性疾病禁用。

c. 粉葛散。

粉干葛 60g、栀子 30g、黄柏 30g、木通 25g、五味子 25g、乌梅 20g、甘草 15g。

本方为治疗胃肠虚热久泻而设，主治慢性肠炎、胃肠虚热久泻，症见毛焦肷吊，腹内微痛，泻粪如浆，久利不止，口渴多饮，舌红苔黄。有清热祛湿、收敛止泻之效。

禁忌：脾胃虚寒的患畜不适用。

B. 敛汗涩精方。

a. 牡蛎散。

组成：黄芪、麻黄根、牡蛎。

牡蛎散为固涩剂，具有敛阴止汗、益气固表之功效。主治体虚自汗、盗汗证，症见常自汗出，夜卧更甚，心悸惊惕，短气烦倦，舌淡红，脉细弱。临床常用于治疗病后、术后或产后身体虚弱、自主神经功能失调以及肺结核等所致自汗、盗汗属体虚卫外不固、又复心阳不潜者。

禁忌：若为阴虚火旺所致之盗汗，或大汗淋漓不止属于阳虚欲脱者，不宜使用本方。

b. 玉屏风散。

组成：黄芪 90g、白术 60g、防风 30g。

本方主治表虚自汗及气虚易感风邪者，症见自汗，恶风，苍白，舌淡，脉浮缓。有益气健脾、固表止汗之效。

禁忌：阴虚盗汗的病畜不适合使用玉屏风散。

⑪补虚方。

A. 补气方。

a. 四君子汤。

组成：党参、白术、茯苓、甘草。

四君子汤为补益剂，具有补气、益气健脾之功效。主治脾胃气虚证，症见气短乏力，食少便溏，舌淡苔白，脉虚数。临床常用于治疗慢性胃炎、消化性溃疡等属脾胃气虚者。

禁忌：热证、实证、虚实夹杂证不宜用。

b. 参苓白术散。

组成：白扁豆、白术、茯苓、甘草、桔梗、莲子、人参、砂仁、山药、薏苡仁。

本方补脾胃，益肺气。用于脾胃虚弱，食少便溏，气短咳嗽，肢倦乏力。

禁忌：孕畜禁用。

c. 补中益气汤。

组成：黄芪、白术、陈皮、升麻、柴胡、人参、甘草、当归。

补中益气汤为补益剂，具有补中益气、升阳举陷之功效。主治脾虚气陷证，症见饮食减少，体倦肢软，大便稀溏，舌淡，脉虚，以及脱肛、子宫脱垂、久泻久痢、崩漏等。临床常用于治疗慢性胃肠炎、慢性菌痢、脱肛、重症肌无力、乳糜尿、慢性肝炎、子宫脱垂、胎动不安、眼睑下垂、麻痹性斜视等脾胃气虚或中气下陷者。

禁忌：阴虚发热及内热炽盛者忌用。

B. 补血方。

a. 四物汤。

组成：熟地黄 15g、当归 15g、白芍 10g、川芎 8g。

主治营血虚滞证。表现为舌淡，脉细弦或细涩；冲任虚损，脐腹痛，崩中漏下，血瘕块硬，时发疼痛；胎动不安，腹痛血下；产后恶露不下，结生瘕聚，少腹坚痛，时作寒热；跌打损伤，腹内积有瘀血。

禁忌：阴虚发热证禁用。

b. 当归补血汤。

组成：黄芪、当归。

当归补血汤为补益剂，具有补血之功效。主治血虚阳浮发热证，症见肌热面红，烦渴欲饮，脉洪大而虚，重按无力。亦治产后血虚发热头痛；或疮疡溃后，久不愈合者。临床常用于治疗冠心病、心绞痛等心血瘀阻者；产后发热等血虚阳浮者；各种贫血、过敏性紫癜等血虚有热者。

禁忌：阴虚内热证禁用。

C. 滋阴方。

a. 六味地黄丸。

组成：熟地黄 80g、山茱萸 40g、山药 40g、泽泻 30g、茯苓 30g、牡丹皮 30g。

本方是补阴的主要方剂，主治肝肾阴虚证，症见潮热、腰膝痿软无力、耳鼻四肢温热、舌燥喉痛、盗汗、舌红苔少、脉细数等，有滋阴补肾之效。

禁忌：脾虚气滞、食少纳呆者慎用。

b. 百合固金汤。

组成：熟地黄、生地黄、当归身、白芍、甘草、桔梗、玄参、贝母、麦冬、百合。

百合固金汤为补益剂，具有滋养肺肾、止咳化痰之功效。主治肺肾阴亏，虚火上炎证，症见咳嗽气喘，痰中带血，咽喉燥痛，头晕目眩，午后潮热，舌红少苔，脉细数。临床常用于治疗肺结核、慢性支气管炎、支气管扩张咯血、慢性咽喉炎、自发性气胸等属肺肾阴虚、虚火上炎者。

禁忌：寒邪袭肺或阳气不足、痰湿阻肺、脾虚者不用。

D. 助阳方。

炙甘草汤。

组成：甘草、生姜、桂枝、人参、生地黄、阿胶、麦冬、麻仁、大枣。

炙甘草汤别名复脉汤，为补益剂，具有益气滋阴，通阳复脉之功效。主治阴血阳气虚弱，心脉失养证，症见脉结代，心动悸，虚羸少气，舌光少苔，或质干而瘦小者；虚劳肺痿，症见干咳无痰，或咳吐涎沫，量少，形瘦短气，虚烦不眠，自汗盗汗，咽干舌燥，大便干结，脉虚数。临床常用于治疗功能性心律不齐、冠心病、风湿性心脏病、病毒性心肌炎、甲状腺功能亢进等而有心悸、气短、脉结代等属阴血不足、阳气虚弱者。

禁忌：虚劳肺痿属气阴两伤者，使用本方，是用其益气滋阴而补肺，但对阴伤肺燥较甚者，方中生姜、桂枝减少用量或不用，因为温药有耗伤阴液之弊，故应慎用。

⑫平肝方。

A. 清肝明目方。

a. 决明散。

煅石决明 45g、决明子 45g、栀子 30g、大黄 30g、白药子 30g、黄药子 30g、黄芪 20g、黄芩 20g、没药 20g、黄连 20g、郁金 20g。

本方为明目退翳之剂，清肝明目，退翳消瘀，主治肝经积热，外传于眼所致的目赤肿痛，云翳遮睛等。

禁忌：忌铁器。

b. 洗肝散。

组成：羌活 30g、防风 30g、薄荷 30g、当归 20g、大黄 20g、栀子 20g、甘草 15g、川芎 15g。

本方为治风热上攻，目赤肿痛之剂，主治肝经风热，症见目赤肿痛，羞明流泪，四肢、关节肿痛等，具有疏散风热、清肝解毒之效。

禁忌：需空腹服用，忌长期服用。

B. 平肝息风方。

a. 牵正散。

组成：白附子、白僵蚕、全蝎。

牵正散为治风剂，具有祛风化痰、通络止痉之功效。主治风中头面经络；症见口眼㖞斜，或面肌抽动，舌淡红，苔白。临床常用于治疗颜面神经麻痹、三叉神经痛、偏头痛等属风痰阻络者。

禁忌：若属气虚血瘀，或肝风内动之口眼㖞斜、半身不遂，不宜使用。方中白附子和全蝎有一定的毒性，用量宜慎。

b. 镇肝息风汤。

组成：怀牛膝、生赭石、生龙骨、生牡蛎、生龟甲、生杭芍、玄参、天冬、川楝子、生麦芽、茵陈、甘草。

镇肝息风汤为治风剂，具有镇肝息风、滋阴潜阳之功效。主治类中风，症见肢体渐不利，口眼渐㖞斜脉弦长有力。临床常用于肝肾阴虚、肝风内动者。

禁忌：若属气虚血瘀之风，则不宜使用本方。

⑬安神开窍方。

A. 宁心安神方。

a. 朱砂散。

组成：朱砂（另研）10g、党参 30g、茯神 45g、黄连 45g。

心热风邪多由外感热邪，重积于心，扰乱神明所致。本方主治心热风邪，症见全身出汗，肉颤头摇，气促嘴粗，左右乱跌，口色赤红，脉洪数，有安神清热、扶正祛邪之效。

禁忌：朱砂另研细水飞用，不宜多服。

b. 镇心散。

组成：朱砂（另研）10g、茯神 30g、党参 30g、防风 30g、远志 30g、栀子 30g、郁金 30g、黄芩 30g、黄连 20g、麻黄 20g、甘草 20g。

本方为心热炽盛的标本同治方剂。主治马心风黄，症见眼急惊恐，浑身肉颤，咬身咽足，口色赤红，脉象洪数。具有清热泻火、镇心安神之效。

禁忌：同朱砂散。

B. 通关开窍方。

a. 通关散。

组成：猪牙皂、细辛。

通关散具有通关开窍之功效。主治痰浊阻窍所致的气闭昏厥，牙关紧闭，以及胃肠寒痛等。

禁忌：热闭神昏、舌质红绛、脉数者忌用；闭证转为脱证时禁用。

b. 安宫牛黄丸。

组成：牛黄 30g、郁金 30g、犀角 30g、黄连 30g、朱砂 30g、栀子 30g、雄黄 30g、黄芩 30g、珍珠 15g、冰片 8g、麝香 8g。

本方为治痰热内闭证而设。主治热入心包，症见高热神昏、惊厥等，具有清热解毒、祛痰开窍之效。

禁忌：虚寒，特别是脾胃虚寒的病畜应当慎用。

⑭驱虫方。

化虫汤。

组成：鹤虱 30g、使君子 30g、槟榔 30g、芜荑 30g、雷丸 30g、贯众 30g、乌梅 30g、百部 30g、诃子 30g、大黄 30g、榧子 30g、干姜 15g、附子 15g、木香 15g。

本方主治胃肠道虫积症，有驱虫消积、调理胃肠之效。

禁忌：用时注意剂量，用量过大，易伤正气。

⑮痈疡方。

a. 苇茎汤。

组成：苇茎、冬瓜仁、薏苡仁、桃仁。

本方主治肺痈，热毒壅滞，痰瘀互结证，症见身有微热，咳嗽痰多，甚则咳吐腥臭脓血，胸中隐隐作痛，舌红苔黄腻，脉滑数。临床常用于治疗肺脓肿、大叶性肺炎、支气管炎等肺热痰瘀互结者。

禁忌：孕畜禁用。

b. 仙方活命饮。

组成：白芷、贝母、防风、赤芍、当归尾、甘草节、皂角刺（炒）、穿山甲（炙）、天花粉、乳香、没药、金银花、陈皮。

仙方活命饮为清热剂，具有清热解毒、消肿散结、活血止痛之功效。主治阳证痈疡肿毒初起，症见红肿焮痛，或身热凛寒，苔薄白或黄，脉数有力。临床常用于治疗蜂窝织炎、化脓性扁桃体炎、乳腺炎、脓疱疮等化脓性炎症。

禁忌：本方只可用于痈肿未溃之前，若已溃断不可用；本方性偏寒凉，阴证疮疡忌用；脾胃本虚，气血不足者均应慎用。

c. 公英散。

蒲公英 15g、金银花 12g、连翘 9g、丝瓜络 15g、通草 9g、芙蓉花 9g、穿山甲 6g。

本方为治乳痈初起的方剂，主治乳痈、局部红肿热痛，具有清热解毒、消肿散痛之效。

禁忌：阴寒证，无热象，病程较长使病畜虚弱，不宜用此方。

d. 大黄牡丹汤。

组成：大黄 45g、牡丹皮 30g、桃仁 50g、冬瓜仁 60g、芒硝（另包）100g。

本方为内治肠痈而设，主治肠痈，症见肚腹疼痛，按之痛甚，发热或恶寒，舌红苔黄腻，脉弦数或滑数，具有清热解毒、泻火逐瘀、散结排脓之效。

禁忌：凡肠痈溃后以及老、孕或者体质过于虚弱的病畜均应慎用或忌用。

⑯外用方。

a. 生肌散。

组成：煅石膏 50g、轻粉 50g、赤石脂 50g、黄丹 10g、煅龙骨 15g、血竭 15g、乳香 15g、冰片 15g。

生肌散是外用中药方剂，主要用于疮疖久溃，肌肉不生，久不收口等病症。主治外科疮疡，有去腐、敛疮、生肌之效。

禁忌：孕畜禁用。

b. 青黛散。

组成：青黛、黄连、黄柏、薄荷、桔梗、儿茶各等份。

本方主治口舌生疮及咽喉肿痛等，具有清热解毒、消肿止痛之效。

禁忌：孕畜慎用，不宜同服温补性药；阴虚，虚火上炎引起的咽喉肿痛不适用。

（3）中西药间的用药禁忌 西药联合应用，可以发生协同作用与拮抗作用。中药联合应用，也可以发生协同和拮抗作用。科学研究和临床实践也证明，中药和西药联合应用，既可以发生协同作用，使疗效增强，也可以发生拮抗作用，使疗效减弱，毒性增强。因此，在临床上，病情确须同时使用中药和西药时，定要慎之又慎，精心选用有协同作用的中西药联合应用，有拮抗作用的中西药不要一块配伍。

① 中西药用药出错的原因。

A. 误认为制剂低毒。将中西药结合制剂误认为纯中药制剂，目前研制的中西药结合制剂很难从名称上分辨是西药制剂还是纯中药制剂。如以大青叶、板蓝根等中药配伍马来酸氯苯那敏（扑尔敏）、对乙酰氨基酚（扑热息痛）、盐酸吗啉胍等的感冒清片，这些药物中的对乙酰氨基酚成分，可直接对动物造成过敏等不良反应，兽医师或畜主不明其组成误认为其是纯中药制剂，又重复加用有相同作用的西药，造成剂量增大而引起不良反应。又如消渴丸，其每 10 丸即含 1 片优降糖的剂量，若不明其组成，在用消渴丸的同时，服用优降糖等降血糖药物，长期服用会因优降糖过量，易发生犬猫优降糖的不良反应。

B. 对制剂组分缺乏了解。对中西药制剂的组成和性质缺乏了解，如动物腹水症，服用西药氨苯蝶啶或安体舒通等利尿药，配伍中药茵陈术附汤或桂附地黄丸，从理论上应该协同增效，但两种利尿药都有排 Na^+ 保 K^+ 的作用，而使用的中药中含 K^+ 量也较高，若长期同用，可引起高血钾症；又如仔猪缺铁性贫血，服用西药硫酸亚铁片，同时服用磁朱丸，可使汞离子还原成汞增加毒性；再如有心脏疾患的动物，长期应用地高辛治疗，若加服含有蟾酥的制剂，则可加剧心脏疾病的发生，原因是蟾酥含强心作用的成分，可引起心动过缓，传导阻滞、室性早搏，故与洋地黄毒苷合用易引起中毒。

② 中西药用药禁忌的原因。

A. 产生难溶性螯合物、复合物或沉淀，降低疗效。含有酰肼结构及四环素类的西药与含有 Ca^{2+}、Mg^{2+}、Al^{3+}、Bi^{3+} 等的中药配伍，或含有 Ca^{2+}、Mg^{2+}、Al^{3+}、Bi^{3+} 等的西药与含有槲皮素的中药配伍，会形成螯合物而降低疗效；含有大量鞣质的中药与蛋白质、重金属、离子生物碱盐类制剂配伍，会产生沉淀而影响疗效。

B. 发生化学反应，产生或增加毒性。丹参注射液与维生素 C 注射液混合可发生氧化还原反应，导致两药作用消失或减退；主要成分为硫化汞的朱砂与溴化钠、碘化钾、硫酸亚铁等还原剂同用，会发生化学反应，使汞还原，以增加毒性。

C. 相互拮抗，降低药效。半夏与阿朴吗啡配伍，半夏拮抗吗啡的催吐作用。

D. 酸碱中和，降低药效。木瓜、川芎、北五味子、青皮、陈皮及成药川芎茶调散、五味子糖浆、金匮肾气丸等含有机酸的中药及其制剂不宜与复方氢氧化铝片（胃舒平）、吲哚美辛（消炎痛）、碳酸氢钠等碱性西药合用，因为会酸碱中和，减少吸收，降低疗效。

E. 酶促作用，降低药效。含乙醇的药类及酊剂均不宜与安乃近、苯妥英钠和华法林等药物配伍使用，乙醇为肝药酶诱导剂，使两药代谢加快，半衰期缩短而药效下降。

F. 酶抑作用，增强毒副作用。含麻黄的汤剂、成药，不宜与呋喃唑酮（痢特灵）、帕吉林（优降宁）、异卡波肼（闷可乐）、丙卡巴肼（甲基苄肼）等单胺氧化酶抑制剂合用。单胺氧化酶抑制剂可抑制体内单胺氧化酶的活性，使多巴胺、去甲肾上腺素、5-羟色胺不被破坏，随血液循环到达全身各组织，促使贮存于神经末梢的多巴胺、去甲肾上腺素、5-羟色胺大量释放，因而可导致动物血压升高和脑出血。

③ 临床常见的配伍禁忌。

A. 与抗菌药的配伍禁忌。

a. 配伍降低药效。乌梅、五味子、山楂等有酸化中和作用，能使碱性的抗生素如红霉素、四环素等排泄加快，药效降低；牛黄解毒丸与四环素同用，两者的消炎作用可以相互抵消，其原因是牛黄解毒丸是以石膏为基质，石膏的主要成分为硫酸钙，而四环素与含钙、镁、铁等元素的无机盐结合可形成难以吸收的螯合物，从而降低疗效；延胡索、栀子、甘草等与四环素等抗生素合用，除影响抗生素的吸收，还能降低血药浓度；生姜、龙胆、萝芙木可破坏红霉素的作用，影响疗效；巴豆、黑豆角可缩短红霉素在肠道的停留时间，减少其吸收；珍珠、水牛角含有蛋白质，水解后能产生多种氨基酸，可拮抗黄连素的抑菌作用；茵陈可拮抗氯霉素的抗感染能力；血余炭、艾叶炭、煅瓦楞子能吸附多种抗生素，减少其在胃肠道内的有效浓度；神曲、麦芽含有消化酶，若与抗生素并服，其消化酶可被抑制，如与磺胺类合用，可干扰磺胺类药物与细菌的竞争，使磺胺类药物失去疗效；石膏、赤石脂、滑石粉等也含有镁、铝、铁等元素，可与多种抗生素相互发生作用，而使双方药效降低；龙骨、牡蛎、海螵蛸含有多种有机物质，易与抗生素形成螯合物，在影响疗效的同时，还可能产生毒性反应；硼砂与青霉素、头孢菌素同用，亦会影响吸收，降低疗效；土霉素配伍白矾、赤石脂等含铝中药，其中所含铝离子可与土霉素结合生成不溶于水，且难以吸收的铝配合物。阳起石、寒水石、滑石、赤石脂、伏龙肝等含镁中药，其中所含镁离子可与土霉素结合生成不溶于水且难以吸收的镁配合物。龙骨、瓦楞子、石膏、阳起石、牡蛎、海螵蛸、寒水石等含钙中药，其中所含钙离子可与土霉素中的酰胺基和酚羟基结合生成不溶于水且难以吸收的配合物。

b. 配伍降低喹诺酮类药物疗效。禹余粮、赭石、磁石、自然铜等含铁中药，其中的铁离子可与喹诺酮类药物的氧基和羟基结合生成螯合物，使其吸收减少，导致疗效降低；所有含镁中药中的镁离子，可与喹诺酮类结合生成不溶于水且难以吸收的配合物；白矾、赤石脂等含铝中药，其降效机制与含镁中药相同。

B. 与非抗菌药的配伍禁忌。

a. 降低酶制剂疗效的中药。大黄及其制剂中含有大黄酸，它可通过吸附或结合的方式抑制胃蛋白酶的活性，使其疗效降低；延胡索、槟榔、硼砂等药含有碱性物质，可中和部分胃酸，使胃蛋白酶的活性降低；女贞子、五味子、山楂、山茱萸、木瓜、乌梅等富含有机酸，可提高肠内酸度，使胰酶及其他在碱性肠道中起作用的酶制剂，不能正常发挥作用；朱砂及其制剂含有对酶蛋白的巯基有强亲和力的汞离子，可使酶的活性受到抑制。

b. 降低活菌制剂疗效的中药。促菌生、乳酶生、乳康生、EM 原露、整肠生、克痢灵、赐美健等，都是活菌制剂，若将其灭活则会失去疗效，所以禁止与金银花、黄连、连翘、栀子、蒲公英、鱼腥草、紫花地丁、黄芩、白头翁、黄柏、龙胆、穿心莲、草河车等具有广谱抗菌作用的中药配合使用。

c. 降低其他中药疗效的西药。穿心莲及其制剂配伍红霉素或庆大霉素等抗生素，可抑制穿心莲有效成分的活性，使其疗效降低；丹参及其制剂与含铝离子的西药如胃舒平等配伍，其中所含铝离子可与丹参中的有效物质结合生成难以吸收的铝配合物；维生素 C 可与丹参的有效成分发生还原反应而使其降低或失去疗效；番泻叶、虎杖、芦荟、大黄等含蒽醌类中药若与碳酸氢钠、人工盐等抗酸西药配合，则会导致有效成分被破坏而失效；

碳酸氢钠、人工盐等碱性西药若与乌梅、木瓜、女贞子、山楂、山茱萸等酸性中药配合，可发生中和反应，降低其治疗动物疾病的疗效；人工盐与碳酸氢钠等碱性西药，可破坏山药所含的淀粉酶，从而使其疗效降低。

C. 增强西药毒副作用的中药。

a. 增强磺胺类药物毒副作用。芒硝、寒水石、硫黄、朴硝、石膏等含硫中草药，所含硫元素可加重磺胺类药物的毒性，引起硫化血红蛋白血症；乌梅、山茱萸、女贞子、山楂、五味子、木瓜等含有机酸的中草药，可使尿液变酸性，引起磺胺类药物在肾小管中析出结晶，引起血尿、尿闭。

b. 增强肝毒性抗生素毒副作用。如地榆、五倍子等含鞣酸的中草药，可加强氯霉素、红霉素、四环素等肝毒性抗生素的毒副反应，甚至可引起药源性肝病。

c. 增强肾毒性抗生素毒副作用。如山楂、山茱萸、五味子等含有机酸的中草药，可加强先锋霉素、利福平等肾毒性抗生素在肾小管中的吸收，增强其毒性。

d. 增强痢特灵毒副作用。麻黄、丹参可促进去甲肾上腺素大量释放，痢特灵可抑制单胺氧化酶的活性，两者配伍可严重升高动物血压，甚至引起脑出血；乙醇及其制剂，有增强痢特灵毒性反应的作用；参苓白术散可与痢特灵发生酪胺反应，呈现毒性，轻者引起动物呕吐、血压升高，重者危及动物生命。

D. 增强中药毒副作用的西药。敌百虫可促使乙酰胆碱蓄积，使槟榔产生毒性反应，以增强槟榔的毒副作用。维生素 C 可使虾类中药中所含无害的五价砷转变为有剧毒的三价砷，导致砷中毒，从而增强虾类中药的毒副作用。

E. 互相增强毒副作用的配伍禁忌。氯丙嗪与洋金花、曼陀罗、天仙子，中西药两方面都具有抗胆碱的作用，配合应用则彼此增强毒副作用；碘化钾、溴化物、硫酸亚铁与朱砂及其制剂，溴化物所含溴离子有抑制大脑皮质运动区的作用，朱砂及其制剂都含有汞离子，有抑制中枢神经的作用，溴离子与汞离子生成溴化汞，其毒性增强；碘化钾中的碘离子、硫酸亚铁中的硫酸根离子均与汞离子发生反应，生成有毒物质，毒性增强，易致中毒，对眼睛毒害严重；对乙酰氨基酚与乙醇及其制剂配伍，乙醇的代谢产物可与对乙酰氨基酚共同危害肝脏，重者可引起急性肝坏死；地高辛与蟾酥，双方都具有强心作用，合用易引起中毒。

④ 兽医临床常见的几种中西药注射剂的配伍禁忌。

a. 双黄连粉针剂与硫酸阿米卡星注射液配伍出现浑浊或沉淀，与注射用氨苄西林钠配伍，溶液颜色加深、pH 值下降，与青霉素、头孢拉定、地塞米松配伍后不溶性微粒分别增加 2、23、94 倍。

b. 穿琥宁注射液与环丙沙星、卡那霉素、庆大霉素、阿米卡星、氧氟沙星等药物配伍可有沉淀产生，因为穿琥宁注射液是二萜类酯化合物，其水溶液易水解氧化，尤其在酸性条件下不稳定，酸后易产生沉淀。

c. 莪术油葡萄糖注射液与头孢哌酮、头孢曲松、头孢拉定配伍时含量下降，溶液可变为棕色。

d. 葛根素注射液与辅酶 A、三磷酸腺苷、利巴韦林配伍，pH 值有显著改变，故不宜配伍使用。

e. 刺五加注射液与双嘧达莫、维拉帕米注射液配伍后可有沉淀产生，清开灵注射液在 pH 6.8～7.5 时稳定，而在酸性环境中不稳定，在 pH 为 5.34 时澄清度下降，如与维生素 C、阿米卡星等酸性药物配伍时可立即产生沉淀。

f. 麝香保心丸、六神丸、益心丹等中成药与奎尼丁、心律平同服，可致心搏骤停。

g. 止咳定喘膏、麻杏石甘片、防风通圣丸等含有麻黄的中成药与降血压药同用，可因麻黄中的有效成分麻黄碱的收缩动脉血管作用而致血压升高，会抵消降压药的疗效，甚至会升高血压。

h. 中药白果、桃仁、苦杏仁与地西泮（安定）等镇静药合用会抑制呼吸中枢，损害肝脏。

i. 乌梅、山楂、五味子、蒲公英等含有机酸的中药与磺胺类药物合用，会使磺胺类药物在尿中结晶，发生尿闭、血尿等不良反应。

j. 含雄黄的中成药与胃蛋白酶、多酶、淀粉酶、硫酸镁、菠萝蛋白酶、硫酸锌、硫酸亚铁、硝酸盐类等西药合用，雄黄中所含的硫化砷会与某些酶活性中心的必需基团巯基结合使酶失活，降效或失效；硫化砷被硝酸盐、硫酸盐类药物氧化而使毒性增加。

k. 鹿胎膏、甘草合剂、镇咳宁胶囊、参茸安神丸等与胰岛素、优降糖、甲苯磺丁脲等合用，可因甘草、鹿茸中所含有的糖皮质激素样物质，能使血糖升高，抵消了降血糖药物的部分降糖作用，不利于犬猫糖尿病的治疗。

l. 含麻黄的中成药与单胺氧化酶抑制剂，强心苷类的洋地黄、西地兰和硝苯地平等西药合用，前者可因单胺氧化酶抑制剂口服后抑制单胺氧化酶的活性，而使去甲肾上腺素、多巴胺、5-羟色胺等单胺类神经递质不被酶破坏而贮存于神经末梢中，而中成药中麻黄所含的麻黄碱促使被贮存于神经末梢中的去甲肾上腺素大量释放，严重时可导致高血压危象和脑出血；合用后可因麻黄碱对心肌的强大兴奋作用，心率明显加快，且对心肌的毒性加大，引起心力衰竭。

m. 含乙醇的中成药与苯巴比妥、苯妥英钠、安乃近及降血糖西药合用，则因乙醇的药酶诱导作用，增强肝药酶的活性，使上述西药在体内的代谢加快、半衰期缩短，以致疗效显著降低。

（4）其他中西药用药禁忌

A

阿司匹林：与肉桂、桂枝同用，有协同的抗炎药效，但也可增强发汗作用和毒性反应；与麻黄联用，易致家畜大汗虚脱；与鹿茸、甘草、鹿茸片、参茸片、全鹿丸、甘草浸膏片等含激素样物质的中药和中成药同用，可加剧阿司匹林的胃肠道不良反应。

阿托品：与丁香联用，可抑制其刺激胃酸分泌作用；与独活联用，可部分或全部抑制独活的降压作用；与牛黄同用，可拮抗牛黄的降压作用；与胡椒并用，可拮抗白胡椒镇静和抗惊厥作用，还可拮抗橙黄胡椒的兴奋肠管作用；与罗布麻共用，可部分对抗其降压作用；与丹参为伍，可阻断其降压作用；与人参联用，可拮抗人参的降压作用；与木贼同用，可减弱或阻断木贼降压作用；与石吊兰共用，可减弱石吊兰降压作用；与商陆并用，可拮抗商陆祛痰作用；与桑白皮合用，可拮抗其降压和祛痰作用；与半夏为伍，可抑制半夏收缩平滑肌作用，产生抗利尿效应；与浙贝母配伍，有相同的靶标部位，但不宜联用；与麻黄联用，可抑制其升压和发汗作用；与栀子同用，可消除栀子降压作用；与蒲黄并用，可拮抗蒲黄降压和降心率作用；与石蒜并用，可减弱和拮抗石蒜兴奋胆碱能神经作用；与石膏、海螵蛸、龙骨、雄黄、朱砂等含有重金属离子的药物及其中成药共用，易产生沉淀或变色反应，降低药效；与野百合配伍，其收缩肠管作用可被阿托品所阻断；与附子同用，其降压作用和收缩肠管作用，可被阿托品阻断；与枳实并用，可抑制枳实增强小肠平滑肌收缩张力的作用。

艾叶：具有肝素样抗凝作用，能抑制肾上腺素所致血小板聚集和对抗异丙肾上腺素的强心作用；与戊巴比妥钠配伍，可延长戊巴比妥钠的致眠时间；与可拉明配伍，可拉明对艾叶的镇咳具有抵消作用。

氨茶碱：与大蒜合用，可使茶碱代谢减慢，半衰期延长，合用时氨茶碱应减量，停用大蒜后应适当增加茶碱用量；与大黄、大黄片、三黄片、牛黄解毒片、上清丸等同用，可竞争性拮抗大黄素的抑菌作用，两药不宜联用；与麻黄、通宣理肺丸、半夏露、气管炎丸等并用，毒性反应增强，可发生呕吐、震颤、心律失常及心动过速等不良反应；与止痉类中药并用，可发生药理性拮抗作用，相互降低疗效；与山楂、五味子、山楂丸、保和丸、五味子丸、六味地黄丸、肾气丸等共用可发生中和反应，相互降低疗效。

B

八角枫：与新斯的明同用，可消除八角枫碱的肌肉松弛作用。

巴豆：与碱性药物并用，可使巴豆油大量析出，加剧泻下和腹痛，故两药不宜同服；与含树脂类药物并用，可加剧巴豆的泻下和腹痛反应。

白矾（明矾、枯矾）：与四环素族抗生素同服，可形成难溶性配合物，影响吸收与药效的发挥。

白芍、赤芍：赤芍注射液对垂体后叶素所致的心肌缺血和子宫平滑肌痉挛有拮抗作用；白芍则可增强催产素所致的子宫收缩；白芍、五倍子、诃子、地榆、重楼、锁阳、石榴皮等含鞣质较多的中药，与强心苷、重金属盐制剂、维生素C、生物碱类、明胶、蛋白质并用，可在胃内形成难溶性化合物，从而减少吸收，降低疗效；含鞣质较多的中药可影响利福平、四环素类、磺胺类等药的代谢速度，增加其在肾的重吸收，加重肝脏损害，可发生中毒性肝病；氨茶碱可减弱白芍抑制肠收缩作用；肾上腺素可对赤芍抑制血小板聚集产生抑制作用；凝血酶、尿激酶与赤芍同用，有相互抑制的作用。

白术：与肾上腺素配伍，有药理拮抗性作用。

白头翁：具有类似洋地黄的活性成分，不宜与洋地黄类联用，以免中毒。

百部：与巴比妥类并用，可延长巴比妥类的致眠时间，但有抑制呼吸和降低血压的作用，故禁止并用。

苯巴比妥、戊巴比妥等：苯巴比妥与大黄联用，存在交叉过敏现象；苯巴比妥与牛黄同用，可增强镇静作用和毒性作用；苯巴比妥与醋竹桃霉素合用，可使血药浓度下降；苯巴比妥与行军散、硼砂等碱性中药同用，可使尿液碱化，加速苯巴比妥排泄，降低疗效；苯巴比妥与十灰散并用，可吸附苯巴比妥，减少吸收，降低疗效；苯巴比妥与苦杏仁并用，可加重呼吸抑制，甚至引起呼吸衰竭；苯巴比妥与桃仁、枇杷仁、白果、苦杏仁等含氰苷中药不宜联用；戊巴比妥与薄荷醇同用，可使戊巴比妥致眠时间缩短；戊巴比妥与麝香并用，可缩短戊巴比妥致眠时间，但大剂量麝香则能延长致眠时间；环己巴比妥与穿心莲合用，可缩短环己巴比妥致眠时间；戊巴比妥与人参茎叶同用，可缩短戊巴比妥致眠时间；硫喷妥钠与枸杞子同用，可缩短硫喷妥钠的致眠时间。

苯海拉明、扑尔敏：与枸杞子联用，可阻断其肠管平滑肌兴奋作用；与吴茱萸同用，可拮抗其降压作用；与天麻片、止痛散、五虎追风散等中成药合用，可拮抗其降压、镇静及抗惊厥作用，降低中成药疗效；与罗布麻并用，可阻断罗布麻降压作用；与麻黄根同用，可抑制其降压作用；与瞿麦联用，其肠管兴奋作用可被苯海拉明或罂粟碱所拮抗；与茵陈同用，可拮抗苯海拉明兴奋子宫的作用；与苦楝皮合用，可对抗苯海拉明兴奋肠肌的作用，但不被阿托品阻断。

苯妥英钠：与人参联用，可出现行步不稳、共济失调，以及血药浓度增高等中毒症状。

槟榔：毛果芸香碱与槟榔同效，作为缩瞳剂可用后者代替；与敌百虫、有机磷杀虫剂并用，可加重中毒反应，故槟榔驱虫时不可与敌百虫、有机磷杀虫剂接触。

冰片：冰片中的龙脑和异龙脑有延长戊巴比妥致眠时间，前者作用强于后者。

C

苍耳子：与阿片类药、巴比妥类、利尿药联用时可加重肝损害。

柴胡：庆大霉素与柴胡注射液混合注射，有发生过敏性休克的危险；含铁、铝、钙、镁、铋等元素的药物不宜与柴胡、槐角、桑叶、山楂、旋覆花、银柴冲剂、龙胆泻肝丸、补中益气丸、地榆槐花丸、清瘟解毒丸、桑菊感冒片、逍遥丸、首乌片、利胆片等含有槲皮素的中药同时服用，以避免相互降低药效。

蟾酥：与止吐药并用，有延误诊断和加重中毒之危险，故禁止配伍应用；与强心苷类药物并用，有加重心肌中毒，甚至有诱发心搏骤停之危险。

赤石脂：与四环素类抗生素配伍，因为可形成配合物，影响抗生素吸收，降低其疗效，故不宜同服。

臭梧桐：与戊巴比妥钠并用，有协同性镇静作用。

川楝子：新斯的明与川楝子均有阻断神经肌传导的作用，不宜联用。

川芎：心得安不利于川芎嗪的强心、扩冠作用；罂粟碱与川芎有协同性扩张血管作用；利血平与川芎有协同性降压效果，应用时注意药量。

次水杨酸铋：次水杨酸铋不宜与中成药红管药片联用，红管药片所含槲皮素可与铋离子形成螯合物，降低铋剂疗效。

次碳酸铋：不宜与香连丸同用。次碳酸铋可降低香连丸的抗菌作用。

刺蒺藜（白蒺藜）：有增强有机磷农药中毒、毒扁豆碱等药物毒性反应的作用；有促进皮质激素释放与升高血糖的作用，故与各种降糖药相拮抗。

催产素：与细辛联用，可对抗垂体后叶素所致心肌缺血；与祖师麻同用，可对抗垂体后叶素所致子宫收缩。

D

大黄：与四环素类、红霉素、利福平、灰黄霉素、制霉菌素、林可霉素、新霉素、阿莫西林等抗生素同用，可生成鞣酸盐沉淀物，降低抗生素的生物利用度；与氯霉素同用，可降低大黄对胃肠道的泻下作用，但治疗急性泌尿系统感染时可提高疗效；与铁、钙剂同服，可在胃肠道结合形成难以吸收的沉淀物，降低疗效；与利血平、复方降压片、奎宁等含生物碱药同用，可形成难溶性鞣酸盐沉淀，降低疗效；与洋地黄类同用，可形成鞣酸盐沉淀物，使药物失活，降低疗效；与维生素 B_1 同用，可形成稳定结合而失去作用，故长期使用大黄，应酌情补充维生素 B_1；核黄素、烟酸、咖啡因、茶碱与大黄呈竞争性拮抗，同用可降低大黄的疗效；大黄鞣质可与胃蛋白酶、胰酶等酶制剂结合，抑制酶活性，降低疗效；维生素 B_6 与大黄鞣质结合，可降低疗效；吐温与大黄可发生配合反应，使其注射剂产生沉淀；苯巴比妥、磺胺类、青霉素、复方阿司匹林、去痛片与大黄存在交叉过敏，对这些药物过敏的患畜应慎用大黄；与阿司匹林同用，可减弱大黄的泻下作用；与酚妥拉明并用，可拮抗大黄止血效应；与活性炭、鞣酸蛋白同用，可减弱大黄的口服吸收和泻下作用；与氯丙嗪、利福平、四环素、异烟肼、依托红霉素并用，可加剧鞣质的肝毒性，易发生药物性肝病；与去痛片、酚氨咖敏（克感敏）等含氨基比林的药物配伍，可形成不易吸收的沉淀，使药效降低。

大戟：与肾上腺素并用，可抑制肾上腺素的升压作用。

丹参：与细胞色素 C 大剂量配伍，30min 后即形成丹参酚-铁配合物，呈现混浊沉淀，颜色加深，属于配伍禁忌；维生素 C 与丹参注射液混合后易发生氧化还原反应，导致两药作用减弱或失效，但在拮抗自由基方面有协同作用；不可与庆大霉素混合应用，但分头试用可减轻庆大霉素对肾的损害作用；丹参、降香提取物灭菌水溶液 pH 为 6.8，而临床上常用的环丙沙星乳酸盐注射液的 pH 为 4.0～4.5，当其 pH 在 5.5～6.5 时即析出结晶；氧氟沙星的 pH 为 7.1，与复方丹参注射液混合可产生絮状沉淀，故它们不宜同用；与胃舒平混合，可形成丹参酚-铝配合物，不易被胃肠道吸收；与雄激素类并用，可降低雄激素活性与疗效；士的宁、麻黄碱、山梗菜碱、维生素 B_1、维生素 B_6 与丹参中的鞣质结合产生沉淀，使药物的吸收率和疗效降低，故应间隔 2h 以上服用；阿托品可阻断丹参的降压作用；与罂粟碱混合易发生混浊；抗酸药与丹参酮可形成金属离子配合物，使丹参的生物利用度降低，影响疗效；丹参注射液具有抑制血小板功能的作用，可降低维生素 K、凝血酶等止血药的功效。

胆汁：奎尼丁与胆汁中的阳离子可生成不溶性配合物，影响吸收和降低药效。

党参：党参浸膏和煎剂对微量肾上腺素的升压有对抗作用；党参与小剂量戊巴比妥、氯丙嗪等中枢抑制药有一定的协同抑制作用，但当神经抑制剂药量增大时它们之间又表现为拮抗作用。

丁香：与阿托品同用，有减弱丁香刺激胃液分泌和胃肠蠕动的作用。

东莨菪碱：与大麻合用，可掩盖东莨菪碱的作用，但不能拮抗四氢大麻酚抑制通气和降压作用，两药联用有协同性麻醉作用，临床试用效果良好；与延胡索、槟榔、麻黄、川乌、附子、黄连、香连丸、黄柏、小活络丹、贝母枇杷糖浆等含生物碱中药及中成药联用，易增加毒性作用，可发生药物中毒反应，还可增强乌头碱的镇痛作用。

冬凌草：与巴比妥类并用，可延长巴比妥类致眠时间；与咖啡因、烟碱并用，可拮抗咖啡因、烟碱中毒所致的惊厥和强直性痉挛；与毛果芸香碱并用，可抑制毛果芸香碱所致的流涎作用。

毒扁豆碱：与汉防己联用，可拮抗汉防己碱的肌肉松弛作用；与蒺藜合用，有协同效应，联用时加重毒性反应；与甘草同用，可拮抗毒扁豆碱的药理作用；与樟柳碱并用，可拮抗樟柳碱的行为兴奋作用。

独活：阿托品对独活的降压有部分或全部抑制作用。

杜仲：可拮抗糖皮质激素的免疫抑制作用。

F

防己：毒扁豆碱对汉防己的肌肉松弛效应有拮抗作用；与巴比妥类并用，可缩短巴比妥类的致眠时间，后者可用于纠正汉防己过量所致的兴奋状态；钙剂与防己可直接拮抗，并对汉防己甲素对抗强心苷毒性有消除作用。

蜂蜜、蜂乳：阿托品对蜂乳的胆碱酯酶样效应有拮抗作用。

佛手：可抑制新斯的明的收缩平滑肌作用。

附子：附子可抑制嘌呤类利尿药的利尿效应；附子强心活性在林格氏液中 24h 降至 10%，在碱性溶液中完全丧失；酚妥拉明、六烃季铵可拮抗附子水溶液的升压作用。

G

甘草：与麻黄素并用，可增加毒性反应；甘草针剂可增强肾上腺素毒性，而口服剂有增强其升压和强心的作用；与奎宁、奎尼丁、利血平并用，可形成难溶性物质，减少吸收，使生物利用度降低；由于甘草有排钾作用，与强心苷并用易诱发中毒；与速尿或噻嗪类利尿药并用，易发生药理性拮抗，增加不良反应，甚至出现严重低钾性瘫痪；与阿司匹林配伍，因甘草含甘草酸，在体内经某些酶的作用可水解成甘草次酸和葡萄糖醛酸，甘草次酸有类似肾上腺皮质激素的作用，而阿司匹林对胃黏膜有刺激作用，可促使消化性溃疡发生，甚至可引起消化道出血，二药合用可致出血加剧；甘草酸有类似皮质激素样作用，与氨茶碱合用可镇咳祛痰、平喘，并增强利尿效应，但对心脏有兴奋作用，可使心悸、心律失常、激动不安等副作用加强；与呋塞米（速尿）、两性霉素 B 并用，可减弱利尿，增加钾排泄，引起水肿、血压升高、全身无力，甚至发生瘫痪；甘草有加快水杨酸盐消除的作用，可降低疗效并诱发或加重消化性溃疡，增加水钠潴留；与糖皮质激素并用，在增强解毒抗炎、抗变态反应等药效的同时，可加重不良反应；与口服降血糖药、胰岛素并用，有降低口服降血糖药及胰岛素疗效的作用，使糖尿病失控；与口服抗凝药并用，有使华法林、香豆素类药物抗凝效果降低的作用，需增加它们的用量；与水合氯醛、毒扁豆碱并用，可产生药理性拮抗作用。

干姜、生姜：与妥拉苏林同用，对姜烯酚的升压有抑制作用；与硫酸铜同用，可减轻硫酸铜所致的呕吐作用；与阿托品同用，对生姜所致的肠收缩有抑制作用。

干酵母：与碱性中药同用，可中和胃酸及抑制胃酸分泌，联用时降低干酵母的药效。

葛根：与肾上腺素并用，可拮抗肾上腺素的收缩血管作用，对抗异丙肾上腺素的升压作用，减弱或消除肾上腺素的升压作用。

枸杞子：阿托品对枸杞子的拟胆碱样作用有拮抗性。

贯众：硝酸异山梨酯可对抗贯众注射剂收缩周围血管的作用。

桂枝、肉桂：阿司匹林与桂枝并用，易因发汗力过强而发生毒性反应；酚妥拉明对桂皮醛的升压有拮抗作用。

H

海螵蛸：四环素类抗生素与海螵蛸中的钙离子可形成配合物，影响吸收，降低疗效，故应间隔 2h 以上服药；海螵蛸粉具有吸附性，不应与其他药剂同煎或同服，以免影响药效。

海参：与酚妥拉明、维拉帕米并用，对海参皂苷、棘皮皂苷的持续收缩大血管效应有抑制作用。

海带、海藻：金属离子药物与海藻酸可形成难溶于水的金属盐，影响吸收，使疗效降低；海藻酸钠具有沉淀钙、铁等元素的作用，故可作为净水剂。

红霉素：与五味子、乌梅、山楂等含有机酸的中药同用，易使其失去抗菌活性；与颠茄、洋金花、天仙子、山莨菪碱、华山参等莨菪碱类药物联用，可抑制胃肠蠕动和排空，延长其在胃内停留时间，药物被胃酸破坏增加，减少吸收，降低疗效；与穿心莲配伍，可抑制穿心莲促进白细胞吞噬功能的作用，降低穿心莲药效；与千里光合用，可降低药物吸收和抗菌活性；红霉素不宜与虎杖、石榴、金钱草及地锦草等含鞣质的中药同用；与炭类中药联用，可影响吸收，降低生物利用度；与牵牛子、巴豆、瓜蒌、何首乌并用，可加速肠蠕动，降低口服红霉素吸收，影响药物疗效。

厚朴：士的宁（马钱子）对厚朴的肌肉松弛有拮抗作用；与链霉素并用，可使箭毒样不良反应加重。

虎骨（代用品）、狗骨、豹骨：与四环素族抗生素并用，可形成螯合物而影响吸收，使药效降低；应间隔 2h 以上再服用。

虎杖：与抗生素合用，可提高抗感染效果，但不宜同时服用；因含鞣质较多，与生物碱类药物同服可影响吸收；与强心苷、亚铁盐、维生素 B_{12} 并用，影响吸收，故应间隔 2h 以上用药；虎杖中鞣质可使消化酶减效或完全失效，故不宜同时服用。

滑石：与硫酸镁并用，易引起镁盐过量中毒；与四环素族抗生素并用，易与镁离子配合而影响药物吸收，使疗效降低。

黄柏：心得安对黄柏增加心率的效应有抑制作用；丁氧胺对黄柏降压的效应有抑制作用；酚妥拉明对黄柏的 α-肾上腺素能受体兴奋性有拮抗作用。

黄连、黄连素：碘化钾、碘喉片、碘化钠、碱性药物、硫酸亚铁、次碳酸铋、枸橼酸铁铵糖浆、氢氧化铝凝胶、胃舒平、硫酸镁等盐类，不宜与槟榔、黄连、黄柏、川乌、马钱子以及相关中成药并用，以避免降低药效；黄连总生物碱对咖啡因、苯丙胺中枢神经系统兴奋效应有抑制作用；利血平、酚妥拉明对黄连的降压有抑制作用；黄连素对箭毒具有竞争性拮抗作用，但作用发生很慢；黄连素可削弱肾上腺素升压作用，但恢复很快；维生素 B_6 可拮抗黄连素的抗菌作用；黄连素对解磷定、双复磷等胆碱酯酶复活剂、阿托品、颠茄片、普鲁本辛等解痉剂有拮抗作用；黄连、黄柏及甘草均分别可使胰蛋白酶的活性降低 84%～100%、34%～87%及 49%～93%；不宜与青霉素配伍应用。

黄芩：与氢氧化铝并用，可形成配合物，影响吸收，故不宜同服。

黄体酮：与郁金、姜黄联用，存在药理性拮抗作用；与莪术同用，会抑制莪术的致早期流产作用。

磺胺甲恶唑、复方新诺明、甲氧苄啶：磺胺类药物与硼砂联用，可减少吸收，从而降低疗效；与大山楂丸、乌梅丸、川芎茶调散及生脉散等合用，可能使尿液酸化，减少磺胺类药物排泄，易发生毒副作用，增加磺胺结晶形成；与神曲并用，可拮抗磺胺类药物的抑菌作用；与十灰散同用，可吸附磺胺类药物，降低疗效，因而磺胺类药物不宜与含药炭的中成药同时服用；与地榆、石榴皮、五倍子、诃子、大黄、虎杖等含鞣质的中药合用，可与磺胺类结合，减少排泄，导致血中和肝内磺胺类药物浓度增高，严重者可发生中毒性肝炎；与保和丸联用，磺胺类药物可抑制神曲、麦芽等多种消化酶的活性，联用时可降低中药健胃消食作用，并降低磺胺类药物的抗菌效价；与乌梅、山楂、山茱萸、五味子、乌梅丸、参麦饮、五味消毒饮、川芎茶调散等含有机酸中药同用，可使乙酰化后的磺胺溶解度降低，易在肾小管内析出结晶阻塞和损伤肾脏，引起血尿和尿闭，甚至发生急性肾功能衰竭；与白陶土果胶共用，可使复方新诺明的血药浓度降低，从而抑制药效的发挥。

灰黄霉素：与黄连素、硫酸镁联用，可使灰黄霉素的吸收降低至 1/3；与维生素 B_6 合用，可使灰黄霉素代谢灭活加速，甚至丧失疗效；与秋水仙碱并用，可加重血卟啉代谢障碍。

J

姜黄：黄体酮对姜黄的抗生育功能有拮抗作用；麦角浸膏、黄连碱对姜黄的降压功能有翻转作用。

金钱草：使尿酸化，可降低庆大霉素对泌尿系统感染的疗效。

菊花、野菊花：与肾上腺素并用，对肾上腺素的升压有拮抗作用。

K

咖啡因：与人参并用，易发生“滥用人参综合征”；与桑寄生同用，具有中枢抑制作用，能明显抑制咖啡因的兴奋作用；与钩藤联用，可对抗咖啡因的兴奋作用；与三七配伍，总皂苷可对抗咖啡因的兴奋作用；与牡丹皮为伍，可对抗咖啡因所致运动兴奋，延长环己巴比妥钠的致眠时间。

苦参：氟哌啶醇可完全拮抗苦参碱的解热作用；与苯丙胺等中枢神经系统兴奋药相互拮抗。

苦楝皮：新斯的明与苦楝皮均对神经传导有阻断作用，两药并用可致肌无力。

款冬花：氯丙嗪、巴比妥类，可使款冬花的兴奋作用抑制。

L

辣椒：阿托品对辣椒素所致的支气管收缩有解除作用。

雷丸：雷丸中含的大量镁盐具有通便作用，故不宜再服泻下剂；雷丸中的镁盐可与四环素族抗生素形成配合物，从而降低吸收和药效。

利福平：不宜与四季青片、虎杖浸膏片、肠风槐角丸、紫金粉、七厘散等含鞣质中药合用，因可形成鞣酸盐沉淀物，不易被吸收，使利福平的作用减弱；与山楂等含有机酸类中药联用，可增加利福平在肾小管的重吸收作用，加重肾毒性。

痢特灵（呋喃唑酮）：与硼砂及其中成药合用，可碱化尿液，减弱呋喃唑酮杀菌力，减少肾小管的重吸收，使呋喃唑酮血药浓度降低；与麻黄及其中成药同用，使麻黄碱促释的神经递质不易被破坏，可发生呕吐、腹痛、呼吸困难、心律不齐、运动失调或心肌梗死等。

链霉素：与安宫牛黄丸、至宝丹、紫金锭等含雄黄中药合用，硫酸链霉素、新霉素中的硫酸根可使雄黄中硫化砷氧化，增加毒性作用；与厚朴合用，所含木兰箭毒与链霉素、卡那霉素、多黏菌素有协同作用，加重其抑制呼吸的毒性反应。

灵芝：灵芝对垂体后叶素所致的子宫收缩与冠状动脉收缩有抑制作用；毛果芸香碱与灵芝水溶液并用，可抑制毛果芸香碱所致的流涎和促分泌作用。

硫黄：可与多种化学药物发生化学反应，形成毒性物质。

硫酸镁：与牛黄消炎丸同用，可使雄黄所含硫化砷氧化，使毒性增加；与滑石并用，可发生镁过量中毒。

芦荟：吗啡有加重芦荟中毒的作用。

鹿茸：与奎宁并用，可产生沉淀，影响吸收；与降血糖药并用，可减弱降血糖药的效果。

罗布麻：罗布麻根浸膏或煎剂含有 4 种速效强心苷，药理作用及毒性作用与洋地黄类似，与强心苷类并用易加重毒性反应；阿托品对罗布麻叶的降压有部分拮抗作用；苯海拉明对罗布麻叶的降压作用可阻断 50% 以上。

氯丙嗪：与蟾酥联用，可对抗氯丙嗪和“冬眠 1 号”的降压作用；与麻黄合用，可产生药理性拮抗作用；与新降片、利血平同用，可产生严重低血压反应；与华山参片等含莨菪碱类药物并用，可相互增强作用，加重口干、视物模糊、尿闭等不良反应。

氯化钙、葡萄糖酸钙、乳酸钙：与汉防己联用，钙剂可消除汉防己对抗强心苷毒性作用；与铃兰毒苷、北五加皮同用，均含强心苷，用药期间一般禁忌静脉给予钙剂。

氯霉素：与十灰散合用，可吸附氯霉素，减少吸收，降低疗效；与茵陈配伍，易致氯霉素疗效降低；与绛矾丸合用，可降低绛矾丸的抗贫血疗效；与四季青糖浆并用，可降低治疗急性菌痢的疗效；与大黄同用，可降低泻下作用；与右旋糖酐铁、硫酸亚铁、赭石、阳起石、磁石、禹余粮、桑螵蛸、绿矾、鹿茸归芪丸、强阳保肾丸、生血片等含铁药物同用，可直接抑制红细胞对铁的摄取和吸收，使铁剂的药效减弱或消失；与大黄苏打片、龙胆合剂、龙胆苏打片、肝胃气痛片、陈香露白露片、胃乐片、健胃散、行军散、保气清凉散、通窍散、蛇犬化毒散、喉症丸、大金丹等碱性中药并用，可导致水解反应，使药物失效；与胃康宁片、痢炎宁、复方斑蝥胶囊、复方斑蝥片、复方胃宁片、胃钙宁片、当归浸膏片、溃疡片、胃灵片等含有氢氧化铝药物同用，可延缓胃排空速率，使氯霉素的吸收降低。

M

麻黄、麻黄根：与肾上腺素并用，血压升高过快，易发生呕吐、心律失常等不良反应，并用时应减量或交替使用；与强心苷并用，有增加强心苷心脏毒性的可能；麻黄及其中成药不宜与痢特灵、异烟肼、甲基苄肼、苯乙肼等单胺氧化酶抑制剂并用，后者停药2周以上才可应用麻黄及其中成药；与巴比妥、异丙嗪等中枢神经系统抑制药并用，对麻黄碱的兴奋有拮抗作用；与氯丙嗪并用，有使血压降低过快的危险；与氨茶碱并用，虽有协同性止喘作用，但毒性增加2～3倍，应减量；酚妥拉明可拮抗麻黄碱的药理作用；与异丙肾上腺素并用，易致血压过高、心悸或心律失常，应间隔数小时使用；阿托品对麻黄根生物碱的降压有抑制作用；与阿司匹林等解热镇痛药并用，易导致大汗虚脱。

麻醉乙醚：与罗布麻、利血平合用，可引起严重低血压反应。

马齿苋：不宜与保钾利尿药同用，以避免发生高钾血症；与酚妥拉明同用，能消除马齿苋的收缩动脉血管和升压作用，对抗马齿苋对肠平滑肌的松弛作用。

马钱子：与酒同用，可增加马钱子碱的胃内吸收，加大中毒概率和中毒程度；与硝酸一叶萩碱并用，对脊髓有协同性兴奋作用，故不宜同用。

麦芽：由于麦芽、神曲及其中成药含有大量淀粉酶，与四环素类抗生素、水杨酸钠、阿司匹林、鞣酸蛋白、烟酸同用，可降低这些药物的疗效，故应禁用。

毛冬青：钙剂对毛冬青的抗血栓和抗凝有拮抗作用；毛冬青对肾上腺素、加压素的收缩血管、降低升压有拮抗作用。

毛果芸香碱：与青风藤、马兜铃、白屈菜、半夏、半边莲、黄芩、赤芍、灵芝、石斛等合用，均可抑制或对抗毛果芸香碱的一部分作用。

牡丹皮：丹皮酚对咖啡因所致的兴奋效应和惊厥有拮抗作用；与利血平并用，可减弱丹皮酚的镇痛效应；与缩宫素并用，可减弱缩宫素对子宫的收缩作用。

牡蛎：牡蛎的制酸作用可降低四环素族抗生素的溶解度，且钙与四环素形成螯合物，从而相互降低吸收。

木通：与保钾性利尿药并用，可发生钾潴留，引起高钾血症。

N

牛黄：与苯巴比妥钠并用，可增强苯巴比妥钠的镇静与毒性作用；牛黄对樟脑、咖啡因、苯丙胺、苦味毒等药物的兴奋及其所致的惊厥有对抗作用，但不能用于对抗马钱子碱所致的惊厥；与肾上腺素并用，可拮抗肾上腺素的升压作用；阿托品在降压方面可拮抗牛黄的作用，但在解痉和利胆方面又有轻微的协同作用。

P

胖大海：阿托品对胖大海的泻下功能有拮抗作用；抗组胺药对胖大海的降压功能有消除作用。

硼砂：硼砂及其中成药均可减少氨基苷类抗生素、弱酸性药物、阿司匹林、苯巴比妥类、四环素族抗生素等药物的吸收，从而降低疗效；与左旋多巴联用，可加速左旋多巴降解，生成无生物活性的黑色素；与奎尼丁联用，硼砂碱化尿不利于奎尼丁排泄，易发生奎尼丁蓄积中毒；与铁剂并用，易形成沉淀，减少吸收。

蒲黄：阿托品、六甲溴胺对蒲黄的降压有拮抗或逆转作用；碱性药物可影响蒲黄的药理活性，$pH<4$ 时蒲黄的抗凝和促纤溶作用较强，$pH>6$ 时促纤溶作用消失，抗凝作用减弱。

普鲁卡因：与八厘麻毒素片合用，可减弱八厘麻的降压作用；与杏仁同用，对呼吸中枢有抑制作用，如与利多卡因或硫喷妥钠等麻醉药联用，可加重呼吸中枢抑制。

Q

铅丹：四环素族抗生素与铅离子能形成配合物而使吸收减少，疗效降低。

强心苷：与北五加皮联用，可增加毒性，并干扰地高辛检测结果；不宜与蟾酥及其制品六神丸、养心丹、麝香保心丸、金盏花、附子、乌头及其中成药合用，必需合用时应减量和加强监测；与含鞣质较多的中药及七厘散、槐角丸等中成药同用，可产生沉淀，影响吸收；与阿托品、华山参、骨碎补，以及中成药胃痛散、固肠丸、陈香白露片等含颠茄类生物碱药物并用，可增加地高辛吸收，易发生中毒反应；与石膏、龙骨、海螵蛸、牡蛎，以及牛黄解毒片、乌贝散、龙牡骨冲剂等含钙较多的中药共用，可增加强心苷药理作用和毒性作用，但不宜与麻黄及麻杏石甘片、川贝精片等同用；与洋金花、颠茄类药物联用，可增加洋地黄类吸收，毒性增加；与番泻叶、大黄、黄连同用，可增加肠蠕动，降低生物利用度；与硼砂及其制剂合用，影响强心苷的胃肠道转化和吸收速率；与山楂及其制剂合用，可增强强心苷的作用，减轻毒性反应；与北五加皮、金盏花、万年青、羊角拗等含有强心苷成分的中药同用，可增加强心苷毒性；与麻黄及麻黄根、枳实及其制剂并用，可产生协同作用，使强心苷毒性增加；与汉防己联用，可对抗强心苷的毒性，提高强心苷的致颤阈和致死剂量；与罗布麻同用，强心苷在体内蓄积量大增，故两药不宜联用；与萝芙木并用，可引起心动过缓及传导阻滞，甚至可诱发异位节律，两药不宜联用；与川乌、草乌、雪上一枝蒿、附子、四逆汤、小活络丹等含乌头碱的中药共用，可增强毒毛旋花子苷G对心肌的毒性作用，可致心律失常；与升麻、清胃散、补中益气丸等并用，其药理作用与强心苷相反，对心脏有抑制作用；与甘草、鹿茸及其制剂联用，可使体内钾离子减少，导致心肌对强心苷的敏感性增高，易发生中毒反应；与阿胶及其制剂共用，可促进钙吸收，提高血钙浓度，易致强心苷中毒；与金钱草、泽泻并用，易引起强心苷毒性反应，发生心律失常；与浮萍、马齿苋合用，可减轻强心苷的毒性作用并促进排泄，减少强心苷的体内蓄积；与党参、地黄同用，可导致药源性低钾血症，易致洋地黄类药物中毒；与黄连、黄芩、黄柏、附子、乌头、麻黄、延胡索、三颗针、十大功劳、苦参、黄连上清丸、清胃黄连丸、葛根芩连丸、牛黄清心丸、三妙散、香连丸等含生物碱的中药联用，可改变肠道菌群，使洋地黄类药物代谢减少，血药浓度增高，易发生中毒反应；与煅龙骨、煅牡蛎、煅蛤壳、侧柏炭、血余炭、蒲黄炭、十灰散等含炭类中药，以及明矾、滑石、磁石、紫雪丹、白金丸、磁珠丸、六一散等含阳离子中药并用，在消化道吸收下降，减少血药浓度，从而降低药物的治疗效果。

青蒿：青蒿琥酯可显著缩短戊巴比妥的致眠时间；维生素 E 可拮抗青蒿素的抗疟效应，当体内维生素 E 缺乏时，青蒿素的抗疟效力较强。

青皮、陈皮：与毒扁豆碱并用，可消除毒扁豆碱所致的动物肠管强直性收缩；酚苄明、妥拉苏林对青皮、陈皮的升压有阻断作用。

青藤：新斯的明可拮抗青藤碱的作用；青藤碱可拮抗毛果芸香碱的肠管收缩作用；高钙离子可减弱青藤碱的镇痛作用；抗组胺药可拮抗青风藤的镇痛作用；西咪替丁可消除青

藤碱抑制肉芽增生的抗炎作用；青风藤可消除或抑制去甲肾上腺素的升压作用；阿托品对青藤碱兴奋胃肠平滑肌有部分阻断作用。

轻粉：食盐可增加汞盐溶解度，加重汞中毒。

庆大霉素：与柴胡注射液混合后肌内注射，可产生严重过敏性休克；与含钙中药联用，可降低血浆蛋白与庆大霉素的结合率，增加毒性反应；与山楂、山茱萸、五味子等酸性中药为伍，可使庆大霉素、卡那霉素、链霉素的抗菌效价降低，从而降低疗效。

去甲肾上腺素：与牛黄、吴茱萸、夏天无配伍，可对抗肾上腺素升压作用；与葛根、五味子同用，可拮抗肾上腺素血管收缩作用；与乌头碱合用，可加剧肾上腺素对心肌的直接作用，联用时可发生室性自搏心律或结性心律；与皮果衣同用，可减弱肾上腺素升压作用；与野菊花共用，具有抗肾上腺素作用；与麻黄根同用，可降低去甲肾上腺素升压作用；与苍术、白术并用，具有抗肾上腺素作用；与益母草、茺蔚子并用，可降低甚至翻转肾上腺素升压作用；与毛冬青共用，可对抗去甲肾上腺素的血管收缩作用；与鹿衔草、粉防己碱、苏冰滴丸共用，可对抗或减弱去甲肾上腺素的血管收缩作用；与萝芙木同用，可拮抗肾上腺素的升压作用；与黄连并用，可减弱肾上腺素的升压反应；与银杏叶、金银花、仙鹤草、猪胆、熊胆、三颗针、玉米须、青风藤联用，均有不同程度的抗肾上腺素作用；与天麻、人参、红花、川芎联用，均可不同程度对抗或抑制肾上腺素的作用；与何首乌、苦参、延胡索同用，可拮抗异丙肾上腺素致心肌缺血和心律失常作用。

R

人参：与咖啡因、苦味毒、樟脑等中枢神经兴奋剂同用，有协同中枢神经兴奋作用，易发生滥用人参综合征；与水合氯醛、巴比妥类、氯丙嗪等中枢神经抑制剂同用，可拮抗这些药物的中枢神经抑制作用，使抑制程度减弱；人参乳油剂可增强眠尔通、巴比妥类、水合氯醛或氯丙嗪的中枢抑制作用；与地高辛并用，有相互增效的作用，但易发生地高辛中毒反应；与糖皮质激素同用，对人参的免疫激活效应有拮抗作用；与苯乙肼同用，可诱发躁狂症；与阿托品并用，可拮抗人参乙醇提取物的降压作用。

乳酶生：与黄连素、磺胺类、痢特灵、红霉素、氯霉素、吡哌酸类等抗菌药物合用，可使乳酶生失活，从而降低药效，必须合用时，应间隔 2～3h 分别服；与金银花、黄芩、黄柏、大黄、连翘等含生物碱中药和广谱抗菌药联用，可降低乳酶生药效；与十灰散同用，可降低乳酶生的活性。

S

三七：不宜与肝素、口服抗凝药联用；与异丙肾上腺素并用，可增加心肌对异丙肾上腺素的敏感性，易发生心脏毒性；与咖啡因、苯丙胺同用，可拮抗两者的药效。

三颗针：与新斯的明并用，可拮抗小檗胺的类箭毒样肌松作用。

桑白皮：其水溶性物质有下泻作用，效力与10％硫酸镁相当，故不宜与泻下药并用；阿托品对桑白皮的降压、扩张血管和祛痰有抑制作用。

桑寄生：阿托品可消除桑寄生减慢心率的作用，但对其降压作用无影响。

山楂：与吐温同用，可使山楂溶液产生絮状沉淀；山楂、柴胡、旋覆花、桑叶、槐花、侧柏叶等中药含有较多的糖苷，与钙、铁、镁、铝、铋等金属离子药物合用可形成螯合物，影响吸收，降低疗效；山楂、山茱萸、乌梅、五味子等含有机酸，与碱性药物易发生中和反应，降低疗效；与氨基糖苷类抗生素同用，可减少这类抗生素吸收，降低抗菌活性，影响疗效。

商陆：与阿司匹林并用，虽有协同作用，但可增加诱发宠物胃溃疡和出血的危险；阿托品可拮抗商陆的祛痰作用。

蛇床子：心得安对蛇床子的 α-肾上腺素能受体兴奋性有阻断作用。

麝香：与巴比妥类并用，可缩短巴比妥类药物的致眠时间。

伸筋草：与戊巴比妥钠并用，可明显延长戊巴比妥钠的致眠时间；伸筋草既对士的宁等所致的中枢兴奋无抑制作用，又可增强可卡因的毒性反应。

神曲：与抗生素并用，既降低酶活性，又影响抗菌作用。

升麻：具毒扁豆碱样作用，可使有机磷的毒性反应加剧；禁止去甲肾上腺素与升麻并用。

石膏：与四环素族抗生素同服，可减少吸收，降低药效；石膏有增强洋地黄类药物作用和毒性的可能；碱性药物、淀粉、蛋白质、胶质均可使石膏钙离子溶解度降低；禁止与溴苄胺配伍；石膏及龙骨、海螵蛸、牛黄上清丸、橘红丸等含金属离子中药，与异烟肼、鞣酸蛋白、芦丁合用，可产生螯合物，降低吸收，影响疗效；东莨菪碱、阿托品与石膏等含金属离子的中药同用，可发生沉淀或变色反应，影响疗效。

石斛：有抑制阿托品对心肌和肠平滑肌作用的效应。

使君子：使君子氨酸是从使君子中分离出来的一种兴奋性氨基酸，链霉素可选择性阻断使君子氨酸受体的离子通道，使其所引起的皮质神经元兴奋得到抑制；戊巴比妥是使君子受体拮抗剂，可使其在大脑海马区诱发的去极化幅度降低。

双氢克尿塞（氢氯噻嗪）：与福寿草合用，可致低钾血症，两药联用时应补钾；与甘草联用，可增加低血钾或瘫痪的危险。

水合氯醛：与人参联用，可拮抗氯丙嗪等中枢神经系统抑制药的抑制作用；与牛黄合用，具有镇静、解热作用，可增加动物机体对水合氯醛、乌拉坦和吗啡的中枢抑制作用；与舒络片、乙醇同用，可降低水合氯醛代谢，使动物体内血药浓度升高、作用时间延长，两药联用有协同或相加的中枢神经系统抑制效果。

水牛角、羚羊角、黄羊角、山羊角或绵羊角：与四环素族抗生素同服，影响吸收，有相互降低药效的特点。

四环素类：石膏、瓦楞子、石决明、牡蛎、龙骨、钟乳石、海螵蛸、龙齿、花蕊石、海蛤壳、海浮石、珍珠、珍珠母、鸡子壳、寒水石、珊瑚等含钙中药及其中成药，马宝、青礞石、滑石、琥珀等含镁中药及其中成药，白矾、赤石脂等含铝中药及其中成药，赭石、阳起石、磁石、禹余粮、桑螵蛸、绿矾等含铁中药及其中成药，硼砂、行军散等含碱性成分较多药物，虎杖、白芍、儿茶、牡丹皮、地榆、荆芥以及七厘散、槐角丸等含鞣质较多的药物，神曲、麦芽、豆豉等含消化酶较多的药物，均不宜与四环素类药物同时配用，如需联用应间隔 2h 以上；复方五味子片和当归浸膏片等亦不宜与四环素类药物同服。

速尿：与甘草方剂联用，可加剧假性醛固酮增多症，所以不宜与含甘草的方剂联用。

T

碳酸氢钠：与丹参联用，可与抗酸药形成螯合物，降低生物利用度和疗效；与虎杖、保和丸、酸性中药合用，可降低疗效；与四季青同用，可使碳酸氢钠分解失效。

桃仁：苯巴比妥、可待因、吗啡、杜冷丁、阿片制剂，不宜与桃仁、苦杏仁、白果、枇杷仁以及含氰苷成分较多的中成药并用，以免加重呼吸抑制；桃仁能增加戊巴比妥吸收，可使其所致的睡眠潜伏期缩短；桃仁可增强戊四氮的毒性。

天花粉：与雌二醇同用，可减弱雌二醇与激素受体的亲和力及其对蜕膜的调节作用。

天麻素：有对抗咖啡因兴奋的作用。

葶苈子：含强心苷，与强心苷类药物并用，易发生强心苷过量中毒。

W

威灵仙：茶可降低药效，威灵仙有降低髓袢利尿剂利尿效应的作用。

维生素 B_1：与槟榔、大黄、诃子、虎杖、四季青、地榆、麻黄、贯众、拳参、石榴皮、仙鹤草、钩藤、茶叶、儿茶、秦皮等含鞣质的中药及其中成药同用，易与鞣酸结合生成沉淀，降低维生素 B_1 在消化道的吸收，联用时应间隔 2h 以上；与马兜铃合用，可拮抗其木兰碱的箭毒样神经节阻断作用。

维生素 B_{12}：与乌梅同用，可降低维生素 B_{12} 的生物利用度，两药并用时应相隔 2～3h。

维生素 B_2：与大黄合用，可降低大黄的抑菌作用。

维生素 C：与龙胆泻肝汤联用，可降低龙胆泻肝汤疗效；与氨茶碱同用，由于 pH 改变，既易析出氨茶碱，又促使维生素 C 氧化水解，混合液混浊变黄，所以亦不宜与胰岛素、水解蛋白、谷氨酸钠、氯丙嗪等配伍；龙胆、党参、白头翁、三七、五加皮、牡丹皮、仙鹤草、白芥子、皂荚、连翘、知母、鱼腥草、柴胡、罗布麻、秦皮、骨碎补、黄药子等含苷类中药易与维生素 C 结合降低疗效，故不宜同时服用。

胃蛋白酶：与生大黄联用，可抑制胃蛋白酶活性；与槟榔、麻黄、延胡索、川乌、黄连、黄柏、附子等含生物碱中药同用，可与消化酶产生沉淀，降低酶活性；与虎杖、牡丹皮、地榆、白芍、重楼、五倍子、荆芥、诃子、大黄、锁阳、石榴皮等含鞣质中药共用，可吸附或络合消化酶制剂，使其生物利用度降低；与远志、苦杏仁、白芥子、桂枝、三七等含苷类中药并用，可使消化酶制剂分解失效；与炭类中药合用，可吸附消化酶制剂，降低其生物利用度；与雄黄、六神丸、牛黄解毒丸、解毒消炎丸等含金属盐类中药并用，均可影响消化酶活性，从而降低疗效。

胃复安（甲氧氯普胺）：与华山参片合用，可使胃复安降效；与藿香正气丸同用，产生药理性拮抗作用，可使胃复安疗效降低；与洋金花、莨菪、颠茄、罂粟壳并用，可阻断胆碱能神经受体，延缓胃排空，产生拮抗效应。

乌梅：含钾、钙、镁等金属离子的化学药物可与乌梅、山楂、五味子等中药中的有机酸生成相应盐类，不利于吸收；与维生素 B_{12} 并用，可降低维生素 B_{12} 的生物利用度，故应间隔 2～3h 使用；与碳酸氢钠、氨茶碱、盖胃平等碱性药物并用，可发生酸碱中和反应，使药物失效。

乌头、川乌、草乌：与肾上腺素并用，可增强肾上腺素对心肌的直接作用，促进室性自搏心律或结性心律的发生；与毒毛旋花子苷 G 并用，可增强毒毛旋花子苷 G 的心肌毒性作用。

乌药：异丙肾上腺素与去甲乌药碱同用，小剂量时呈相加作用，大剂量时则又呈拮抗作用。

吴茱萸：吴茱萸可对抗肾上腺素升压作用；抗组胺药能消除吴茱萸的降压作用。

五倍子：与重金属盐、生物碱、苷类并用，可形成不溶性物，影响吸收；五倍子水煎液可作为去水吗啡、辛可纳生物碱、士的宁、强心苷类，以及含铅、银、钴等药物口服中毒时的洗胃液或胃肠道解毒剂，但用量不宜过大。

五味子：可对抗咖啡因、苯丙胺对主动运动的兴奋作用；五味子可对抗毛果芸香碱对胃肠平滑肌和胃液、胆汁分泌的影响；五味子可拮抗烟碱和北美黄连碱所致强直惊厥和肠平滑肌收缩作用；五味子可拮抗安非他酮（安非他明）兴奋作用；与肾上腺素并用，可减弱其升压效应。

X

细辛：有与异丙肾上腺素相似的钙离子慢通道激动作用，与心得安并用可阻断细辛兴奋 β-肾上腺素能受体的效应。

夏枯草：螺内酯、氨苯蝶啶等保钾性利尿药及其钾盐，不宜与白茅根、夏枯草、龙胆泻肝丸、萹蓄、六味地黄丸、泽泻、济生肾气丸、金钱草、牛膝、知柏地黄丸、首乌片、利胆片、五苓散等含钾较多的中药和中成药联用。

夏天无：对肾上腺素升血压有拮抗作用。

仙鹤草：蓖麻油可增加鹤草酚的毒性；仙鹤草中的鞣质可与酶蛋白和生物碱结合产生沉淀，使药物相互降效或失活。

消炎痛：与芫花联用，可消除芫花部分缩宫作用；与强心苷合用，可使强心苷的半衰期延长，减少肾脏对地高辛的消除率，联用时应监测强心苷的血药浓度。

新霉素：与乌梅丸联用，可使新霉素疗效降低；与安宫牛黄丸、至宝丹合用，可使安宫牛黄丸、至宝丹中雄黄的硫化砷氧化，增加药物毒性；与黄连解毒丸、石膏同用，新霉素中的硫酸或磷酸盐可与石膏的钙离子形成难溶性化合物，降低抗菌效果。

杏仁：杏仁在酸性介质中或胃酸过高时，氰化物形成加速，中毒危险也随之增加；由于杏仁、桃仁等中药中含氰苷成分，与酸性药物配伍易引起呼吸中枢抑制，甚至发生呼吸衰竭。

雄黄、雌黄：与硝酸盐、硫酸盐、亚硝酸盐、亚铁盐类并用，可生成砷酸盐，影响疗效，且使砷中毒的发生率升高，故宜相隔 3h 以上使用。

Y

异丙嗪：与十灰散同用，吸附作用降低异丙嗪口服吸收；与防己合用，可产生协同性镇痛作用，但会加重不良反应，故两药不宜联用；与厚朴并用，其降压作用可被异丙嗪所拮抗；不可与氨茶碱、生物碱、碱性溶液联用。

益母草：益母草和茺蔚子水浸出液，对肾上腺素的升压作用有减弱或翻转的作用；益母草的作用部分与 β-肾上腺素能受体拮抗剂类似，可拮抗异丙肾上腺素的作用。

薏苡仁：阿托品、咖啡因、毒扁豆碱对薏苡仁抑制肌肉收缩有拮抗作用。

茵陈：氯霉素对茵陈的抑菌有拮抗作用，可降低甚至完全抵消氯霉素的疗效。

银杏（白果）、银杏叶：心得安可抵消银杏扩张支气管平滑肌的作用；与含氰药物并用易造成氰化物中毒。

淫羊藿：与肾上腺素并用，可非竞争性拮抗肾上腺素收缩血管的作用。

元胡（延胡索）：优降宁对延胡索中四氢帕马丁等的降压有消除或逆转作用；延胡索、缬草中的生物碱可降低咖啡因、苯丙胺等中枢兴奋剂的药效。

芫花：与丙烯吗啡、纳洛酮并用，能抑制前列腺素释放，使芫花的镇痛作用减弱；阿司匹林、消炎痛可对抗芫花醇引产时过强的子宫收缩，延长分娩时间。

Z

赭石（代赭石）：四环素族抗生素可与其中的铁配合降低抗菌作用，应相隔 2～3h 再应用；与强的松同服，可降低强的松类药物的生物利用度及其疗效；异烟肼与铁离子易形成螯合物，减少吸收，降低疗效；左旋多巴可与铁离子形成配合物，降低吸收和生物效应。

浙贝母：作用与阿托品重叠，草贝母（山慈菇）所含大量秋水仙碱的中毒症状与阿托品相似，故均不应与阿托品配伍，以防中毒加剧。

珍珠母：不宜与四环素族抗生素同服，如果必须使用，应相隔 2h 以上。

栀子：预先应用阿托品，对栀子的降压有消除作用；栀子对东莨菪碱所致的兴奋躁动有拮抗作用。

枳实：酚妥拉明可逆转枳实及四逆散的升压作用，应间隔 30min 以上给药；正在应用单胺氧化酶抑制剂或停药不足 2 周时，禁用枳实类药剂；碱性药剂可与枳实注射液发生中和反应，不宜并用；枳实有增强洋地黄类强心苷的作用，使地高辛毒性加剧，易引起心律失常。

朱砂：与碘化物、溴化物、咖溴合剂（巴氏合剂）、亚硝酸盐等还原性药物在肠道可生成碘化汞或溴化汞，导致医源性赤痢样便肠炎，或形成可溶性汞盐，吸收后可产生汞中毒；与苯甲酸钠并用，可在肠道形成苯汞盐，导致急性汞中毒；亚硝酸异戊酯、硫酸亚铁、碘剂可使朱砂的 2 价汞离子还原为毒性较强的 1 价汞离子或形成碘化汞，引起汞中毒；与食盐并用，使朱砂溶解度增加，有加重汞中毒的危险；与汞撒利并用，可增强利尿作用，但中毒的危险亦大大增加。

9.4.2 中兽药（注册）用药禁忌与使用方法

9.4.2.1 注册中兽药概述

注册中兽药是严格按照《兽药注册管理办法》《中兽药、天然药物分类及注册资料要求》等文件法规开展新兽药研发，且已通过农业农村部审核、批准上市销售的中兽药。新兽药注册分为创新型兽药注册和改良型兽药注册。创新型兽药注册是指未曾在中国境内上市销售的兽药的注册。改良型兽药注册是指与已上市兽药相比，在已知活性成分的基础上，对其结构、剂型、处方工艺、给药途径、靶动物、适应证、功能与主治等进行优化，改变或增加生产用菌（毒、虫）种、佐剂、保护剂，且具有临床优势的兽药注册。

申请人在申请兽药注册前，应当完成兽药临床前研究和临床试验等。兽药临床前安全性评价研究应当在通过《兽药非临床研究质量管理规范》（GLP）监督检查合格的机构开展，并遵守 GLP 的要求。中药类兽药的临床试验应当备案，经备案的兽药临床试验应当在通过《兽药临床试验质量管理规范》（GCP）监督检查合格的机构开展，并遵守 GCP 的要求。中试生产应当遵守《兽药生产质量管理规范》（GMP）的要求。申请人提交的临床试验资料应全面反映该兽药的临床试验过程和结果，包括已经开始实施但因任何原因导致最终未能完成的临床试验，以及因任何原因导致的非预期结果。

9.4.2.2 常见注册中兽药使用方法与用药禁忌

新兽药（含中兽药）注册是一个非常严格、系统化的研发过程。中药组方时必须考虑到每味中药的药性（四气、五味、升降浮沉、归经和毒性），配伍禁忌（十八畏、十八反），有毒的药材一般不使用。中药复方生产工艺确定后，先在小鼠或大鼠上开展急性、亚慢性毒性试验，临床前研制结束后，开展临床验证试验（靶动物安全性、实验性临床和扩大临床），反复验证药物的安全性和有效性，因此绝大多数已注册中兽药的不良反应描述为：暂未发现不良反应；或者按规定剂量使用，暂未发现不良反应。注意事项：大多数中药口服液放置一段时间后，瓶底如有沉淀，使用前振摇均匀即可，不影响疗效。

但也有个别例外，如葛根芩连片（由葛根、黄芩、黄连、炙甘草组成），主治湿热蕴结所致的痢疾、泄泻，但泄泻腹部凉痛者忌服。藿蜂注射液（由淫羊藿、酒制蜂胶组成）和芪藿注射液（由黄芪、淫羊藿组成），主治鸡免疫抑制，提高鸡、猪疫苗的免疫效果，但本品需单独使用，不得与疫苗混合注射。蟾酥注射液（主要成分是蟾酥），主治仔猪白痢，但使用中应注意：超剂量使用对肝脏和肾脏具有毒性，避免大于3倍推荐剂量（即0.3mL/kg体重）使用；局部注射体积过大会引起疼痛增加、注射部位出现肌肉变性、水肿等，若一个注射部位的体积超过6mL，宜分点注射；孕畜慎用。蒙脱石粉（主要成分是蒙脱石），主要用于仔猪腹泻的辅助性治疗，但使用中应注意：治疗急性腹泻时，应注意纠正脱水；如需服用其他药物，建议与本品间隔一段时间；极少数仔猪可出现轻微便秘，减量后可继续服用。

在临床实践中，已注册中兽药的使用与禁忌还需注意以下几点。

（1）正确诊断畜禽疫病，这是科学用药的基础和前提，只有诊断结果准确才能科学选择药物。如果诊断结果出现偏差，则会导致用药失误，延误治疗时机，增加治疗成本，严重时会造成动物死亡，经济损失严重。

（2）掌握药物的疗效和不良反应，在畜禽疫病的治疗过程中，既要注意观察动物的康复情况，也要注意观察药物可能产生的不良反应，以便及时调整药物的使用方案，进而既能充分发挥药物的作用和效果，也能减少药物对动物机体所造成的损害。

（3）畜禽个体差异的影响，即使是种类相同、体重大体相同的不同畜禽个体，对相同药物的耐受量也会存在一定的差异。例如，对高敏性个体，即便应用的剂量较小，也会引起个体的强烈反应，甚至会出现中毒现象；而针对耐受性较强的个体，即使应用超大剂量的药物，也不会对其机体造成损害。

（4）选择适宜的给药途径

① 注射给药。根据注射部位可以分为腹腔注射、肌内注射、皮下注射以及静脉注射等。刺激性较强的药物，需要采用深部肌内注射。对危重病症，可以采用静脉注射，使药物直接进入动物的血液循环系统，快速产生药效。对腹泻脱水，则可以采用腹腔注射给药，可有效调节体液。

② 内服给药。与注射给药相比，内服给药的影响因素较多，很容易导致药物吸收不规律、不完全，影响药效发挥。一般治疗肠道感染，应选择肠道不吸收或吸收率较低的药物；而对全身感染的疾病，则应选择易于吸收的药物。另外在内服给药的过程中，还应考虑到生病动物采食量下降对内服剂量的影响。

③ 皮肤给药。通常，皮肤给药主要用于局部治疗，对畜禽体外寄生虫病具有显著的治疗效果。